后浪出版公司

王铭铭 著

人类学讲义稿

LECTURES IN ANTHROPOLOGY

民主与建设出版社
· 北京 ·

目　录

上　篇

中　篇

下　篇

说　明

一、我说这是“讲义稿”，但我深知，其所收录的篇章，并不全都是严格意义上的“讲义”。它们形式各异，其中，不少确是讲稿或课程概述，但也有不少是论文及学术随笔。

我之所以意识到“名副其实”的重要性，同时还坚持用“讲义稿”这个名号来形容此书，事出有因。

无论是以何种形式出现，这些兴许有芜杂之嫌的文章均为教学体会之表达，均涉及对于如何学习和研究一门学科的看法。当我们按一定学理对其顺序加以编排之后，便可以了解，这些形式各异的文章，实汇成一部不成熟但具连贯性的教材。

二、这里要讲的是关于人类学这门学科里的一些事儿。

“人类学”让人莫衷一是。

就国内学界而论，至今仍有将人类学视作自然科学的一部分的学术机构（特别是科学院）。在这些机构里，所谓“人类学”等同于研究人的体质衍生史的“古人类学”。在另外一些机构里（特别是综合性高等院校），人类学被当作社会学的一个组成部分来对待。在一些与“民族”相关的特殊教学科研机构（特别是民族院校与民族研究机构），人类学则时而被等同于“民族学”，时而被视作与之对立的学科（不少人误以为，“民族学”是“本土的”、有用于政治的，而人类学则是某种无用的、西式的文字游戏）。

我国学科定位的这种“错乱”，并非独自生发的，而是与对我们有深刻影响的“西方”有关。

说人类学是人的体质衍生史研究，说对于形容文化的研究，民族学之名优于人类学之名，有欧陆（包括苏联）之根据；说人类学是社会学的一部分，则有法国年鉴派社会学及英式社会人类学之根据；说人类学是可无所不包的“大学科”，则与美国尚存的“大人类学”相关。

我不怀疑“大人类学”（即包含人的体质与文化研究的人类学）之存在价值，甚至还总是相信，理想上，人类学应如其在美国高校依旧追求的那样，成为自然科学与人文学之间的桥梁。

矛盾的是，我所从事的人类学研究，却又是一门与人文思想、社会学、民族学、历史学息息相关的，与“体质人类学”不同，甚至与之“对立”的学科。[①]

三、我要讲述的是近代人类学的一种形式。

这一形式的人类学，不主张进行“体质测量”“种族区分”“人体解剖”与“基因分析”，而致力于将人视作有内涵的完整形态来研究。它更关注人的“身心”与“身外之物”之间关系的探究，更侧重于“小我”与“大我”的辩证，更集中于人与物之间、人与人之间（包括“我”与“他”、前人与后人之间）、自由与规范之间、“分离”的必然与“团结”的必要之间（包括认同与等级之间）的关系之理解。

文艺复兴、启蒙、科学世界观、近代西方世界体系及欧洲各国的“民族自觉”，既孕育了我们所不主张的那种“人类学”，也孕育了我们采取的这一形式的人类学。

人们已将这一“土壤”界定为“现代性”。若这一定义合宜，则我们这一形式的人类学，大抵便可谓是“现代性”内部的反思性局部。

“借古论今”是这一形式的人类学之特殊“戏法”。

人类学的叙述，“情节结构”为古史上及“未开化的民族”中的思想世界与生活方式。人类学家关注各社会或文化体系如何以各自不同却又相通的方式对万物加以分类、对已身与他人之间的关系加以定义、对维系关系的可触摸或不可触摸之物加以强调，而形成若干“整体”。人类学关注的那些社会或文化体系，有着鲜明的“混融”特征，其经济、政治、社会、法律、宗教、礼仪、神话、语文表达方式等，均处在紧密的杂糅状态中。人类学家从古史和“未开化民族”中的“杂糅”状态中提炼出整体社会的形象，将之与人们想象的“层级化”或“破碎化”的现代社会相比较，使之成为一种远在的“他者”（Other）。

我所谓“致力于将人视作有内涵的完整形态来研究”的人类学，即是以这种“他者”的观念为基础的。

四、上编诸章，以自己的方式概括人类学在分类与社会、亲属制度、交换、经济、政治、法律、宗教、神话、符号与艺术等方面研究的主要成就，集中反映了我所理解的人类学面貌。

---

① 之所以在对学科的综合性不加怀疑之同时，将学科表述为“文科”，一方面是考虑到自己的学术旨趣、教学之便及知识局限，另一方面则是考虑到，这样的定义更符合扩大中国学术视野的要求。

19世纪是人类学最辉煌的时代。当时，人类学家通过比较文化研究得出的结论，对于人文学与社会科学总体，有着出乎我们今日之想象的冲击力。

那个时代，让我深有“今不如昔”之感。但鉴于我们需务实地面对时代，我的人类学教学，始终是以20世纪学术为基点的。

产生于20世纪初的英式现代社会人类学及其“中国表达”①，确是我理解的人类学的主要来源。然而，我又并不满足于这一特殊种类的人类学，而有心在法国社会学年鉴派“民族学阶段”②中寻找社会、文化、民族、文明与世界等观念之综合的可能。

对于年鉴派“民族学阶段”的这一“回归”，出自两个思考：其一，人类学与“民族学”有藕断丝连的关系；其二，对这一“民族学阶段”有深刻影响的欧陆式（尤其是德国式）民族学及其“阴影”下的美国现代文化人类学有着突出优点。

法国年鉴派“民族学阶段”，以特殊的方式有选择地保留着古典人类学的特征，而这对于我们更完整地理解人文世界，有着重要的意义。

我在中编的各篇章中指出，人类学有从19世纪的“三圈论”到20世纪的“二元论”退化的趋向。19世纪人类学家眼中的世界，有“未开化民族”“古代文明社会”与“现代文明人”（这些在不同的人类学著述中有不同的概括）；到了20世纪，过往的“中间环节”（古代文明社会）被人类学家“取缔”；之后，将野蛮与文明、“未开化民族”与现代人二分的叙述占据了主流。因之，现代人类学出现了自我蒙蔽的倾向。③

在诸多人类学形式中，法国年鉴派“民族学阶段”的人类学，在20世纪的学术风范内部兼容了19世纪的遗产。这一形式的人类学若得到改良，则可成为新人类学成长的“养料”。

五、在我国，人类学与“社会学”和“民族学”有着种种纠葛。而我所说的人类学，是在这一关系与纠葛中得到定义的。

1926年，蔡元培（1866—1940）发表《说民族学》一文，将民族学区别于人类学，认为民族学“是一种考察各民族的文化而从事于记录或比较的学问”④，

---

① 吴文藻：《功能派社会人类学的由来与现状》，见其《吴文藻社会学人类学论集》，122—133页，北京：民族出版社，1990。

② 杨堃：《法国社会学派民族学史略》，见其《社会学与民俗学》，142—159页，成都：四川民族出版社，1997。

③ 王铭铭：《三圈说——中国人类学汉族、少数民族与海外研究的遗产》，载其主编：《中国人类学评论》，第13辑，125—148页，北京：世界图书出版公司，2009。

④ 引自蔡元培：《蔡元培民族学论著》，1页，台北：中华书局，1962。

而人类学则“是以动物学的眼光来视察人类全体，求他在生理上与其他动物的异同”。[①] 而因人类学在求索人类全体之特征及人与动物之异同中，“不能不对人类各族互有异同的要点”有所关注，于是，也有学者用它来代指民族学。[②]

蔡氏的这一定义，显然是德国式的。

后来，蔡元培还在《社会学与民族学》一文（该文为1929年2月8日蔡元培在中国社会学社成立大会上的发言稿）[③] 中，重申了他的主张，且补充说，美国人类学有将人类学分为体质与文化两大门类的做法，其中，文化人类学指的便是民族学。

该文还侧重考察了民族学与社会学的关系。蔡元培说：

> 社会学的对象，自然是现代的社会。但是我们要知道现代社会的真相，必要知道他所以成为这样的经过；一步步的推上去，就要到最简单的形式上去，就是推到未开化时代的社会。然而文明人的历史，对未开化时代的社会状况，记得很不详细。我们要推到有史以前的状况，要靠考古学所得的材料是不能贯串的。我们完全要靠现代未开化民族的状况，作为佐证；然后可以把最古的社会，想象起来。这就是民族学可以补助社会学的一点。[④]

在蔡元培看来，民族学与社会学本质上都与“人类学”不同。它们不从事生物学方面的研究，而是对于古今的“社会状况”进行研究，二者之间的区别不过是：前者更关注古代“未开化民族”，后者更关注现代“文明人”。

蔡元培的观点发表之后，杨堃（1901—1998）发表同题“作文”（原文刊于1934年4月出版的《社会学刊》四卷三期），回应了他的言论。

杨堃采用法国社会学年鉴派的观点来看待“人类学”“民族学”和“社会学”这几个范畴之间的关系，认为蔡元培以德国学术为出发点所做的界定是可以接受的。接着，他给予“人类学”“民族学”和“社会学”更为细致的关系界定。杨堃指出，民族学和人类学之间的关系观点可分四类：一是19世纪早期的观点，即，认为民族学等同于人类学；二是19世纪晚期的观点，即，认为民族学是人类学的一部分；三是认为民族学是广义的、包括人类学的学科；四是认为人类学

① 引自蔡元培：《蔡元培民族学论著》，台北：中华书局，1962，6页。

② 同上。

③ 杨堃：《民族学与社会学》，见其《民俗学与社会学》，44—64页，成都：四川民族出版社，1997。

④ 引自蔡元培：《蔡元培民族学论著》，12页。

与民族学是两门不同学科，人类学是致力于人类体质特征与种族研究的学问，而民族学则是以民族和文化为研究对象的另一门学科。杨堃采纳最后一种观点［该看法来自法国社会学年鉴派莫斯（Marcel Mauss，1872—1950），是其“民族学阶段”的反映］，且认为，民族学与社会学正在融合，社会学局限于现代社会研究，是一门初级学科，未来需与民族学融合，成为一门比较的学科。作为比较之学的民族学，不是像蔡元培所说的那样，仅仅对不同民族的异同进行比较，而是包括了原始社会、乡民社会和都市社会的比较。这就使民族学有成为社会学之未来的可能。

蔡元培和杨堃对于人类学、民族学和社会学的有关看法，是20世纪前期国内众多不同看法中的两种。两位前辈一个受德国民族学教育，一个受法国社会学与民族学训练，成为欧陆人文学两大派之差异与关联的“东方体现”。

当年我国学界亦存在“英美派”，该派与杨堃的观点有些许重合之处，如，它亦认为人类学（杨堃意义上的民族学）与社会学应融合。但与蔡元培和杨堃不同，该派更侧重现实主义的社会学研究，有以社会学涵盖“人类学”之倾向，如吴文藻（1901—1985）即认为，英式的社会学化的人类学，有比民族学和美式文化人类学高超的方面。①

20世纪50年代之后30年，此前人类学、民族学、社会学的百花齐放之势大为减弱。国家直接介入学科建制后，社会学在一个相当长的阶段中“缺席”了，人类学和民族学也按照苏式的定义得到了“统一规定”，分别指体质人类学（尤其是古人类学）及“民族问题研究”。②

80年代以来，50年代之前学科多元并存的状况得到了部分恢复，人类学、民族学、社会学之称均“恢复名誉”，其区分与联系亦得到了广泛重视。然而，学界却广泛存在对这些名称背后的学理区分及其历史形成未加深究的问题。认为人类学之称优于民族学之人，并不了解我们之所以可以这样认为的原因；认为民族学之称优于人类学之人，并不了解民族学的本意；认为社会学更全面之人，并不追究其“全面性”与人类学和民族学的渊源关系。

50年代苏式的人类学与民族学建制，实与法国社会学年鉴派的有关看法接近，而这一看法在50年代的中国也被接受过；同样，80年代以来的“三科并立”

① 吴文藻：《文化人类学》，见其《吴文藻人类学社会学文集》，39—74页。

② 关于中国人类学的演变史，参见胡鸿保主编：《中国人类学史》，北京：中国人民大学出版社，2006。

状况，也有其历史基础。

人类学（或民族学）学科的20世纪是连贯的百年。

在充分认识到这一事实之同时，我认为，在当下学科区分并无实质学理内涵的状况下思考学科时，我们有必要站在自己的立场上对待学科的历史。

我借助对于20世纪前期中国论述的回归，反观20世纪后期以来学科建制之乱的成因，并基于此，对人类学提出一种综合性的论述。

概言之，我论述的“人类学”（此后我将继续用“人类学”这个词汇，而不再赘述其与“民族学”“社会学”的差异与关联），虽与中外晚近论述有关，但却承受着沉重的“负担”，与20世纪前期有关人类学、民族学及社会学的论述形成密切关系（尽管这一关系表现得有些间接）。这一意义上的人类学，大抵是指蔡元培眼中的民族学，吴文藻眼中的文化人类学、社会人类学与社会学及杨堃眼中的社会学与民族学若干元素的有选择的汇合。

六、基于某种“学科史”的回归而得到定义的这一形式的人类学，在下编的各篇章中，得到更清晰的表达。与此同时，我亦侧重以中国人类学的“汉族研究”与“少数民族研究”为中心，表达这一回归在具体研究上的具体含义。

“回归”不等于重复。借助“回归”，新的见解也能得到表达。

在这部讲义稿中，“文明”这个20世纪以来遭受众多人类学家批判的词汇，[①]堪称关键词。

20世纪人类学有其缺陷，其中，主要者为文野二分的世界观。19世纪时西式人类学的“三圈说”，有欧洲中心主义嫌疑，因之，其在20世纪之被抛弃，乃为必然。代之而起的，是那种将“未开化民族”视为“文明人”的“另类”人类学；此时，“文明人”被等同于“西方人”或“现代人”，“未开化民族”这个概念不再流行，“他者”一词替代了此前存在的那些“圈子化”更细致的形容。

对于这一世界观的转变之是非，学界已有不少讨论。保守的现代派，讴歌现代人类学，革命的后现代派，则恨不能早日摧毁它。

对于现代人类学，我采取一种“中间立场”：欣赏它的精彩，质疑它的问题。

在我看来，现代人类学建立了“自我”与“他者”相分的二元世界观，使我们有了“尊重他者”的可能，但却在学科中“删除”了至关重要的“第三

---

① George W. Stocking, *Victorian Anthropology*, New York: The Free Press, 1987, pp.8–45.

元”——介于“未开化民族”与“现代民族”之间的古文明研究。而“第三元”的消失，后果是严重的。将本已是“文明”的民族统统归入“他者”，是对非西方、非现代文明的贬低。[①]

若可以将19世纪西式人类学的“三圈”形容为文化或文明意义上的“我”“你”（在场的“他”），那么，人类学“主流观念”的20世纪之变，便可以说是以“你”的缺席为特征和后果的。

20世纪前期，中国“南派”人类学因深受德国式和法国式民族学的影响，而保留着对于中国古史研究的兴趣，这就使其论述不同于主流西式人类学的“二元论”。这一人类学类型，将古代与“夷夏之辨”相关的知识与考古学、历史民族学、神话学及民族志的研究联系起来，视中国为一个由“夷夏”构成的“另类”体系。

以燕京大学社会学为主导的“北派”，则将近代中国描述成一个由“乡土中国”与“工业社会”（或“都市社会”）构成的格局。其总体形态，既不同于“未开化民族”，又不同于“文明人”，堪称一个“另类”社会体系。

“北派”因深受功能主义主张的影响，而有将西式人类学“二元论”中国化的追求。但当时无论是“南派”还是“北派”，都致力于呈现中国这一介于“未开化民族”与“文明人”之间的“文化”或“社会”的特殊性。

50年代后期，阶段论成为中国大陆民族研究的主导思想。阶段论的划分确是对19世纪西式人类学进化论的“复辟”，但也使中国民族学论述不受“二元论”的制约。

鉴于中国人类学迄今依旧深陷简单的社会进化论的泥潭，我主张以并非毫无问题的现代西式人类学“自我”与“他者”概念框架，重新思考我们的学科理想。然而，与此同时，我亦企图针对西式人类学“二元世界观”之缺憾，阐述人类学的文明“第三元”对于21世纪世界人类学将有的意义。

七、基于“第三元”的概貌而设想的人类学，具有中国相关性，但这一中国相关性却不是脱离世界格局而单独生成的。

知识体系之构成，有其自身的逻辑，但也时常为“世俗秩序”所牵连。

有社会学家指出，“全球化”之前，世界分化为以欧洲为典范的古典式民族

---

① 人类学界也有研究“东方文明”（如中国、印度、两河流域、埃及）之人，但他们叙述下的这些“文明”不再被描述为文明体，而被多数人类学家认定为至多是某些“扩大式的部落社会”或“部落结合体”。

国家、以北美和澳洲为典范的殖民化国家、以亚洲和非洲等地为主的后殖民国家及以德国和日本为典范的“现代化国家”。①

近代人类学诞生于欧洲古典式民族国家。在绝对主义国家基础上形成的欧洲民族国家，是现代世界观和政治观的发祥地，也是这些观念最早得到反思之地。近代以来，这些国家的人类学家较早开始借用“异文化”以反省“本文化”（甚至是在其19世纪的“古典时代”，反省的因素亦广泛存在于进化论与传播论中），而这一意义上的“异文化”，便是欧洲以外的人们，特别是“未开化”“未有国家”的“部落”，是远离欧洲“全权国家”的“另类”。

以北美和澳洲为中心的殖民化国家，是在对抗欧洲帝国主义的过程中形成的。但从种族和文明的角度看，殖民化的国家与欧洲古典民族国家之间存在着明显的一致性。

所谓“殖民化”意指来自欧洲的白人对于部分非西方部落的“殖民”，“殖民化”的成功实现依赖于白人对于非白人的灭绝或边缘化。②

与种族相关，在文明体系方面，殖民化的北美和澳洲诸国，与欧洲古典民族国家共享一个体系。尽管18世纪之后的一段时间里，来自欧洲的移民曾与欧洲形成隔离和敌对状态，但到了20世纪，以希腊罗马和西方基督教为符号核心的文化认同和哲学一致性，再度表现出其历史创造力。③

社会科学主流学科的现代性话语，无论在欧洲民族国家，还是在北美和澳洲（以及新西兰），都有广阔的市场。第二次世界大战之后，作为新世界格局中心的美国，在传播现代性的知识和生活方式中，更是替代了欧洲的地位。但以人类学为名义的研究，却在殖民化的国家中表现出与“殖民宗主国”不同的特点。

作为殖民化的国家，美国、加拿大、澳大利亚有一种特殊的人类学。这一人类学面对着欧洲老牌国家中的人类学研究者不曾面对的“土著人问题”。从种族灭绝政策中死里逃生的印第安人、澳洲土著等族群，在殖民化国家中人类学的“文化良知”中一向有特殊地位。尽管殖民化国家的人类学的主要概念和模式是从欧洲借用来的，但在具体撰述上，这些国家中的人类学家相对更多地从国内“土著人”的研究中获得“文化良知”的滋养。他们对现代性的反思，在地位

---

① Anthony Giddens, *The Nation-State and Violence*, Cambridge: Polity, 1985, pp.267–275.

② Tzvetan Todorov, *The Conquest of America*, New York: Harper & Row, 1984.

③ 亨廷顿：《文明的冲突与世界秩序的重建》，周琪等译，31—33页，北京：新华出版社，1997。

上向来被摆在族群与文化关系问题的后面。因这一形式的人类学与国家内部事务的处理关系密切，故它们与其他门类的社会科学一般有着较为亲近的关系，而其“国际特色”（对于海外的研究）则只是到了美国取得世界体系支配权之后才得以显现。

亚洲、非洲、拉丁美洲等所谓的“第三世界国家”（当然，拉丁美洲也可以与北美、澳洲一同归入殖民化国家的行列），大多是在第二次世界大战之后才获得现代民族国家地位的。此前，它们以部落或传统国家（包括帝国）为面目，出现于殖民地或半殖民地的体系中。除了欧洲移民较早而美国势力影响较大的中美洲和种族人口相对平均分布的南非，这些国家形成后，来自殖民宗主国的种族人口完全为人口的极少数。

“后殖民国家”指的就是殖民时代以后兴起的“新国家”，其与殖民化国家之间的差异主要表现在人口中欧洲殖民人口的退出。

因欧洲种族人口在“后殖民国家”不占人口多数，故其在殖民时代遗留下来的文化，必与“土著民族”文化自觉过程中兴起的“本地文化”及“内外之间”的中间形态，构成既矛盾又统一的关系。在对西方经济依赖较重的拉丁美洲和种族人口平均分布并存在种族隔离状态的南非，文化之间、社会秩序观念之间的矛盾，经常能够引发暴力冲突和两极分化的阶级斗争。在欧洲人口完全退出历史舞台的其他后殖民国家中，民族主义对于现代性和民族传统的双重追求，大多取代了殖民和反殖民的斗争。在这些国家中，对于原本存在的团体纽带的强调，致使新成立的政府有敌视西方知识体系（尤其是社会科学知识体系）的态度。不过，与此同时，急于求成的现代化追求却又使这些国家焦虑地模仿西方，以期未来在世界体系中谋得一席之地。基于完全殖民状态形成的民族国家，较易于接受西方知识体系，而半殖民地基础上形成的民族国家，则相对易于强调自身传统的优势。

第三世界国家借现代社会科学理论改造己身。它们有现代化的信仰，对于政治经济学和社会学尤其重视。西方风格的人类学，在这些国家中也得到重视，但其现代性反思，却不一定能得到这些急于“赶上”西方的民族的重视。启蒙运动的历史观念、社会进化论和古典人类学的“适者生存”逻辑，长期影响着第三世界国家的“主流思想”。即使这些国家有其人类学，那也多数是以政治经济学化、社会学化和“应用化”的面目出现的。

现代西方人类学尊重非西方人文价值，借助严谨的研究方法，梳理出这些价值的谱系。这些价值的谱系，在西方有其别样的意义，在非西方，也有其别于自身的功用。

叙述这些人文价值谱系的外来民族志，为“新国家”的文化自我认同提供着素材。而这些志书中频繁出现的“部落”“酋邦”“王国”等概念，则被改造成与民族统一的国家概念相适应的“少数民族”“土著民”“国民”等概念，在“土著”进行的人类学（或民族学）研究中扮演着特殊角色（这些概念始终与国内群体间关系的规定相联系）。[①]

以德国和日本为典范的现代化国家，是在欧洲古典民族国家的模式中建立起来的新模式。它们的基本特征是强调现代化和军事在国家统治当中的意义，尤其强调在新的国际环境下采取产业和军事产业现代化的策略来建构具有世界影响力的国家力量体系。

典型的现代化国家，存在于第二次世界大战前后，后来即为其他类型的国家联盟所击败。

现代化的民族国家倾向于运用在欧洲古典民族国家中早已过时的帝国主义策略，它们的一切努力均集中于在国家组成的国际体系中重新确立跨国的“帝国体系”。

在现代化国家中，启蒙主义的进步历史观在人类学中之地位，远不如形成于第一次世界大战前后的传播论高。德国和日本的人类学中，传播论的影响至深。即使在欧洲其他国家产生了人类学的功能主义理论之后，把文化当成古代文化传播、文明化或衰落的结果这一观点，一直在德国和日本有很广泛的市场。

第二次世界大战之后，以传播论为特色的人类学被英美式的社会和文化人类学所取代，德国和日本的“民族学”也随之改名为“文化人类学”或“人类学”。然而，对于文化地理分布的研究，一直在这些国家的人类学界享有较高声誉。

在现代化的国家中，对世界其他地区展开的民族志、田野调查和对国内进行的民俗学调查，集中在文化资料的收集工作上，其在理论思考上的价值，显然有限。[②]

---

① Dell Hymes, ed., *Reinventing Anthropology*, New York: Pantheon Books, 1969; Andre Beteille, “The idea of indigenous people”, *Current Anthropology*, 1998, 39 (2), pp.187–92.

② Andre Gingerich & Hermann Muckler, “An Encounter with Recent Trends in German-Speaking Anthropology”, *Social Anthropology*, 1997, 15 (1), pp.83–90; 中生盛美:《现代中国研究与日本民族学》，载《人类学与民俗研究通讯》（北京大学），1998，第 47—48 期。

中国本非“一族一国”。历史上，中国“摇摆”于“统一”与“分裂”之间，无论在哪个阶段，“夷夏”包含的多民族成分都是并存的。经历19世纪的“国耻”，到20世纪，中国面对着在新世界格局下处理民族与国家关系之使命。中国较早成为“后殖民国家”，处境与此类国家有接近。不过，带着数千年文明史的“负担”进入一个近代世界的中国亦长期承受着某种压力。

中国既与基于王权而建立的国家不同，又与由部落归并而来的“新国家”不同，其特殊性表现为，一个分合不定的“天下”，到了20世纪，面临着将自身套入“一族一国”的民族国家观念体系中的“必要性”。

在近代世界格局下，中国人类学的本质追求既不同于欧洲古典民族国家的人类学，又不同于殖民化国家的人类学。西欧主要国家的人类学，都以研究海外“未开化民族”为己任，有时将这些民族视作欧洲的“史前史”，有时将之美化为欧洲的“他者”；包括美国在内的殖民化国家的人类学，直到第二次世界大战结束之前，长期关注的是殖民者与被殖民者之间的关系，它也以“自我”与“他者”的欧式观念来面对“未开化民族”，但又不得不承认，这些民族是以欧洲人为主的殖民化国家的“内部他者”。中国人类学兴许与殖民化国家的人类学更接近，它长期致力于处理与“内部他者”相关的问题，其中农民与少数民族问题，乃是其研究之要点。然而，与殖民化国家不同，中国的人类学研究的人群，与在近代以前已与朝廷及其推崇的“教化”有长期的互动，二者之间的关系绝非美国白人与美洲印度安人之间或澳洲白人与澳洲土著之间的关系。这决定了中国的人类学需采取一个远比古典民族国家和殖民化国家历史化的方法论体系来展开研究。然而，19世纪的“国耻”，使中国人长期心存追赶先进的古典民族国家、殖民化国家及现代化国家的愿望。因之，中国的人类学既长期注重大量引进这些国家的理论与方法，又将之落实到解决本国现代化问题的政治实践中。加之中国本属后殖民国家行列，对自身传统的再创造，时常会与其现代化的作为相混合，于是，中国的人类学，既可有历史主义倾向（以“南派”为主），又可有现实主义倾向（以“北派”为主），在学术文化上具有“双重人格”。

对于“他者观”下的人类学及以“第三元”为出发点的文明人类学的强调，是在这个“双重人格”的阴影下提出的，必然也带有它的特征。

“他者观”下的人类学，是针对“双重人格”的一面——进化论下的现代化追求——提出的，其核心主张是，通过人类学研究呵护“和而不同”的人文世界。文明人类学则是“反思地继承”民族史或历史民族学的叙述提出的，其核心主张是，通过人类学研究为与“天下”这个旧式世界图式相关的观念形态、制度安排与象征体系寻找“社会科学地位”。

八、20世纪世界人类学的分化，及情愿或不情愿地嵌入于这一分化格局的中国人类学，也与“冷战”息息相关。

“冷战”时期，世界被分裂为三个部分。由美国为首的资本主义工业国家集团，与由苏联为首的集团，分为两大国际阵营。二者展开了军事、意识形态和政治、经济竞争。第三世界国家处于两极之间，有时认同于其中一方，有时自身联合为阵营，有时成为两极化世界格局的牺牲品。

苏联社会科学，是马克思主义的，但它也局部因袭了俄罗斯帝国时期的学术传统，而这一传统具有欧洲特性。西方具有的学科，苏联大抵也有；所不同的只不过是，其社会科学强化了哲学和政治经济学的支配性，弱化了社会学、政治学和微观经济学的研究。

苏联定义的“人类学”，为“自然科学化”的人类学，其定义下的“民族学”，与德式和法式的民族学有诸多相通之处，亦相当于英美的社会人类学和文化人类学。作为其加盟共和国的反映，苏联民族学固然在某些阶段中曾有注重民族生活方式的生态–经济形态多样性研究的特点，但阶段论的社会研究，一直占据主导地位。①

“冷战”期间意识形态分化影响了“超级大国”之外的社会科学。在社会主义阵营的欧亚社会主义国家中，历史唯物主义的阶段论，也被视为“真理”。以中国大陆为例，西式社会科学学科如社会学、政治学、人类学，都曾被当成“资产阶级学科”加以批判，其遗留的知识资源（包括知识分子本身）被分流入政治经济学、历史学和民族学的领域里。而对立阵营的另一方，情况则正相反，这些地区与美国有着密切关系，其人类学研究，也同样被纳入美国的“学术文化圈”中。以台湾地区为例，直到20世纪80年代，该地区的人类学，曾从“中央研究院”欧陆式民族学，演化为美式的文化人类学。

冷战下的第三世界，依旧是后殖民民族国家；为了“立国”，它们必须考虑本土文化与外来文化之间的关系，但它们却又几乎命定地分属于两个对立阵营。在文化和观念形态上，这些国家既基于具备超级大国学术文化的某些特征，又对

---

① Yu Petrova-Averkieva, “Historicism in Soviet Ethnographic Science” , in Ernest Gellner, ed., *Soviet and Western Anthropology*, London: Duckworth, 1990, pp.19–58.

这些特征保持着警惕。

19 世纪 80 年代以来，世界出现了一些新变化。有政治学家认为，冷战后的世界，文明“既是分裂的力量，又是统一的力量”；“人民被意识形态所分离，却又被文化统一在一起”，“社会被意识形态或历史环境统一在一起，却又被文明所分裂”。[①] 在文明多极化发展局面中处于主要地位的文明包括：（1）中华文明，（2）日本文明，（3）印度文明，（4）伊斯兰文明，（5）西方文明，（6）拉丁美洲文明，（7）非洲文明。[②] 世界从“一个世界”变成“两个世界”，再从“两个世界”变成“不同的世界”，经历了从西方中心的世界体系，向冷战的意识形态阵营二元化，再向“文明冲突”的演变，最终，世界上“文化的共性和差异影响了国家利益、对抗和联合”，而“权力正在从长期以来占支配地位的西方向非西方的各文明转移”。[③]

世界政治确已出现文明多极化的走势，但学术却与之背道而驰。

一位来自莫斯科的人类学家抱怨说，越来越多的苏联民族学家由于受经费和新思想的诱惑，而放弃苏联的学术传统，转向美国式的学科传统。与此同时，美国人类学家在向苏联的田野工作渗透之时，却还没有意识到他们所从事的研究向来有着国家利益的考虑和文化价值的偏向，还沉浸于对冷战时期苏联的想象中。[④]

在苏联如此，在非西方民族国家中，更是如此。

冷战以后，模仿西方社会科学体系的努力，似乎已成为非西方学术的总特征。

然而，现实却总是双重的。与其“西方化”之同时，学术多极化的势头，愈演愈烈。在不少非西方国家中，“土著观点”或“局内人的人类学”正在成为民族文化自觉的认识手段。强调从“土著人”（这里指的是研究者本身的社会）出发理解“土著人”，反对运用西方社会科学的外来模式，也成为诸多非西方社会科学研究者热衷探讨的课题。

这些“土著化”的论述，不时引用西方社会科学观点，但却以“国族史”的

---

① 亨廷顿：《文明的冲突与世界秩序的重建》，7 页。

② 同上，23—42 页。

③ 同上，8 页。

④ Velery Tishkiv, “U. S. and Russian Anthropology: Unequal Dialogue in a Time of Transition”, *Current Anthropology*, 1998, 39 (1), pp. 1–18.

叙述为追求。

怀着“文化良知”的人类学，一直寻求着人们能借以超脱现代性的“另类”。这种类型的人类学，生发于欧洲古典式民族国家和殖民化的北美和澳洲国家中，其核心概念为“他者”。另一种类的人类学广泛分布于后殖民和现代化的民族国家中，它视自身为现代性知识体系（虽不一定以现代性为旗号）的一个门类，主张视人类学为国家“营造法式”的一个组成部分。

在各民族国家类型中，两类人类学也出现过综合，但在后殖民的民族国家及在冷战期间的非西方阵营中，综合是在符合本土主义的“理论需要”前提下实现的。

文明多极化现象，历史上早已存在。文明多极化的状态，与历史上国家形态的“帝国”特色密切相关，是前民族国家的传统国家的基本文化特征。政治学家之所以认为这是冷战后出现的新问题，是因为欧洲中心的世界体系和冷战曾经相继把这个复杂的人文世界简化为一个、两个或三个世界。

生存于非西方诸文明体系中的知识分子，兴许会对世界转折过程中出现的新形势采取乐观其成的态度，但他们兴许也会意识到，历史转变并未给我们带来一个文明与自由的结局。

70 多年来，非西方文明体系中新创建的民族国家，削弱了殖民主义和帝国主义对于世界的支配。但第三世界对殖民主义与帝国主义记忆犹新。作为结果，非西方各文明体系的文化认同危机、民族国家的全权主义统治及敌视（或恐惧）外来文化的民族主义持续升温。与之相对，在发达的资本主义国家一端，避免“文明冲突”的努力，既促发着新国际政治伦理的产生，又为支配体系的扩张提供着合法性。

“他者观”和“文明论”这两种主张，有过深刻的相互矛盾。“他者观”下的人类学，因生发于欧洲古典式民族国家，而带有对于 19 世纪意义上的“文明”①的抵触。“文明论”采用“文明”一词时，必定给人一种“坏印象”，让人以为，这是要将人类学带回 19 世纪的老路上去。

我之所以采纳“文明”概念来重新构思人类学，确是因为有着回归于 19 世纪的“三圈说”的主张。但回归于“三圈说”不等于回归于 19 世纪西欧（尤其是英国和法国）“文明”的自负。②

---

① Stocking, *Victorian Anthropology*.

② Ibid., pp. 25–29.

如中编各章所表明的，我所谓的“文明”，乃指一种“自我约束”，既有的或新兴的超国族体系存有的“自我约束”及“对外开放”的辩证法，这在精神上与广义的“他者观”是汇通的。

作为“他者观”和“文明论”之综合体的特殊形式的人类学，实有“双重人格”的特征。然而，在一个融合与分化共生的世界中，这一特征既是不可避免的，也是必要的。试想，中国学术若无其自尊心，那何言学术？而它若是因有了自尊心而丧失了对于“他者”的在场的宽容，那又何言“良知”？从欧洲古典式民族国家中孕育出来的作为现代性反思的局部的“他者观”下的人类学，本来即旨在指出，解释西方－非西方之间历史差异形成的诸种理论过多地把生活的智慧看成是西方文化独一无二的成就；① 这一理论的雄心，实为文明的辩证法开辟了道路，它与我们称之为“第三元”的人类学论述并无根本矛盾。

九、西方人类学史的研究，曾由人类学联想到古希腊罗马的思想成就，将人类学的基本观念——如文化与演化的观念——上溯到欧洲古史中。②19 世纪 80 年代以来，此方面研究者则有反古史倾向，他们主张，人类学之源，至多可上溯到文艺复兴与启蒙运动，认为，“人类学话语”的基础观念“他者”，本是文艺复兴前后犹太－基督教对于包括魔鬼在内的“异类”的称呼，到启蒙运动之后，才渐渐转变成为一个科学名词。③

两种人类学史观，都是西方中心主义的，前者认为，唯有古代西方可能孕育人类学，后者认为，人类学作为一门近代“科学”，其观念形态之所以让人不可接受，乃因其与某些带有伦理偏见的“错误观念”有渊源关系。

我从这两种对立的人类学史研究中都获得过不少启发，我相信，将人类学之源追溯到欧洲古史，为我们揭示出近代知识的古老基础，而将人类学之“病”与近代联系起来，则有助于我们认识学科的根本问题之所在。

然而，与此同时，我也认为，20 世纪前后出现的两种人类学史研究，都将人类学视为西方独有的产物，未能承认，这门学科的基本观念，也曾在欧亚大陆的其他文明体中萌生。

以中国为例，作为上古史文献的《尚书》《山海经》《诗经》《礼记》之类文本，实含有浓厚的“描述民族志”因素，而汉代以后的大量史迹，则亦有丰厚的

---

① Jack Goody, *The East in the West*, Cambridge: Cambridge University Press, 1996, pp.2–3.

② Clyde Kluckhohn, *Anthropology and the Classics*, Providence: Brown University Press, 1961.

③ Bernard McGrane, *Beyond Anthropology: Society and the Other*, New York: Columbia University Press, 1989.

“外国”记述（包括列传与地理志）。后来，随着“帝制中期”朝贡贸易体系的拓展，“志国”与“志物”之类更得到高度发展。而若说人类学的基础研究为民族志，则中国历史上广泛存在的方志及游记，亦可被列为汉文人类学撰述史上之典籍。至于这些文献除了有民族志素材是否也有文化、演化和“他者”的观念，则李约瑟（Joseph Needham，1900—1995）[①]、谢和耐（Jacques Gernet）[②]等人已给予肯定的解答。

近代以来，中国的人类学本可如其欧美之同类那样，通过古典研究建立自己的概念谱系[③]，但事实却恰恰相反。西式人类学清末进入中国，自此以来，其历史充斥着“东腔西调”。中国人类学的译述，固然主要是以汉文为中心的，但汉文书写的人类学，多有浓厚的“外文”色彩。清末中国人类学译述的“东腔西调”，先是从“东洋”学来的。自20世纪20年代起，学科建设的潮流涌现，“西调”直接经由留学归国学者引进，其时，燕京大学为主的“英美调”，与中央研究院的“德法调”，遥相争鸣。到50年代，“中腔俄调”的民族学，替代了其他。80年代以来，中国人类学中支配性的声音，则变成了“中腔英调”。

弃己身传统于不顾，取“西天”之“经”入华，乃为20世纪以来中国社会科学的主要追求。中国的人类学，并非例外。

为了“把我们文化中好的东西讲清楚使其变成世界的东西”[④]，我主张在中国古史中寻找人类学叙述的另一种可能，也主张视汉文为人类学学术语言。然而，这部讲义稿的“声调”，依旧杂糅，脱离不了“异类”，特别是欧洲古典式民族国家、殖民化国家及现代化国家的学科状况。书中的确大量存在对于这些形式的人类学的“否思”，也大量存在旨在表明人类学的“中国特殊性”的“言论”。不过，即使是这些“否思”和“言论”，也都是在西学框架下的人类学之基点上提出的。

在“东腔西调”的学科史阴影下制作出来的文本，难以避免地会带有它的特征。但这并不意味着我们对于这一特征不假思索。

生存于一个“后殖民民族国家”中，我们易于急躁地模仿现代性，也易于对

---

① Joseph Needham, *The Shorter Science and Civilization in China*, 2, abridged by Colin Ronan, Cambridge: Cambridge University Press, 1981, pp.237–285.

② 谢和耐：《人类学和宗教》，见其《中国人的智慧》，何高济译，75—103页，上海：上海古籍出版社，2004。

③ 王铭铭：《西学“中国化”的历史困境》，桂林：广西师范大学出版社，2005。

④ 费孝通：《论人类学与文化自觉》，197页，北京：华夏出版社，2004。

我们自己的传统加以神化，使之成为闭门造车、排斥他人的理由。因之，在传统中寻找交流与兼容的因子，在当下生活中寻找与过去的关联，将是本有“解放思想”之功的人类学研究者所应担当的任务。

这部讲义稿若能在这一方面起到作用，哪怕它很微小，也是值得的。

十、讲义稿分三编：上编叙述如何认识西式人类学的诸种类型之特征与内涵（该编也涉及中国观点，但这些观点是零星的，是为了更好地“衬托”西学的特征而提出的）；中编叙述我对西式人类学的一般局限及对克服这些局限的“出路”的思考（这些思考是在西学内部展开的）；下编则旨在表明既有中国人类学研究何以同时兼有“自身特色”及“世界抱负”（我深信，在未来一个长期的阶段中，中国的人类学研究者应做一种“实验”，即，试着从古史上提炼出自己的概念，将之运用于海外民族志研究，以便检验这些概念的适用性。但本书将不对此加以集中论述，而将讨论焦点放在如何“反思地继承”前人在汉人与少数民族研究方面的研究建树问题上）。

致　谢

本书的篇章多数都曾发表过。为这些篇章提供“版面”的，曾有《西北民族研究》《中国人类学评论》《社会学研究》《中华读书报》《南方文物》《民族学刊》《中国社会科学辑刊》等杂志和报刊。书中的个别篇章曾收录于我的其他集子，出版这些集子的有广西师范大学出版社（北京贝贝特）、中国人民大学出版社及三联书店。书中论及我眼中的人类学，这一理解固然主要来自我对前人著述的认识或理解，但也深受健在的杰出人类学家 Marshall Sahlins 先生等的影响，这类影响对我十分重要。书中论及中国民族学、社会学及文明人类学问题，关于这些问题，我曾与 Michael Rowlands、Stephan Feuchtwang、汪晖、纪仁博（David Gibeault）等诸位同仁有过多次的交流，从他们那里获得了不可多得的启发。不同篇章形成于不同阶段，因之，在风格和内容方面，它们之间有明显的不连贯性，这给编订本书的工作带来不少困难。杨清媚、伍婷婷、李金花对书中若干篇章进行过校订，吴银玲等对本书的前一部分做过梳理，在本书最后的形成过程中，夏希原、师云蕊给予我重要协助。

对诸种报纸杂志（尤其是为这些杂志工作的郝苏民、渠敬东、周广明、赵晋华、彭文斌、邓正来等先生），对诸位前辈、同仁的眷顾与诸位青年的支持，我感怀于心，并愿借此表示谢忱。

本书的出版得到中央民族大学“985 工程”当代民族问题研究哲学社会科学创新基地的资助，我为自己这部不成熟的讲义稿能被列为该基地的成果而感到荣幸，也愿借此机会，感谢该基地自 2006 年以来给予我的支持。

王铭铭

2010 年 12 月 7 日

上　篇

第一章

人类学作为人文科学

大师泰勒（Edward B. Tylor，1832—1917）1881年写就《人类学》一书，他在书中定义了人类学：

> 人类科学的各部门是极为多样的，扩展开来可分为躯体与灵魂，语言与音乐，火的取得与道德。[①]

在后来相当长的一段时间里，撰写教科书的人类学家大多因袭泰勒的这一观点，认为人类学研究的是人的文化和身体。尽管泰勒罗列的躯体与灵魂、语言与音乐、火的取得与道德等更为具体，但后世多数将这些名目划在文化人类学（cultural anthropology）和体质人类学（physical anthropology）内。“文化人类学”与“体质人类学”，容纳名目繁多的分支。文化人类学下面一般包括考古、语言、社会、文化的专门领域，后来还包括生态、环境、城市、医疗、心理等领域，而体质人类学则又分为化石、动物学、人种、解剖学、基因的研究。

翻开1910年英国探险家与人类学家哈登（Alfred C. Haddon，1855—1940）所著的《人类学史》[②]，我们看到，体质人类学、古代人类的发现、比较心理学、人类的分类与分布、民族学、考古发现的历史、工艺学、宗教社会学、语言学、文化分类与环境等知识门类，被融为一体，成为“人类学”的组成部分。

造就一门可谓是“大人类学”的学科，是19世纪后50年至20世纪初欧美人类学家共同拥有的雄心。

后来，欧洲人类学的研究范围缩小，而在北美等地，“大人类学”则在教育

---

① 泰勒:《人类学》，连树声译，2页，桂林：广西师范大学出版社，2004。

② 哈登:《人类学史》，廖泗友译，济南：山东人民出版社，1988。

体系中得到保留。在“大人类学”体系里，诸如化石、神话、探险、考古、宗教与巫术、野外生活等，都有与之相对应的一套学术说法。

一般说来，“人类学”，即“anthropology”，是由希腊文的“人”（anthropos）与“学”（logos）结合而成，所指就是“人的科学”。“人”的所指，就是包括我在内的“我们自己”这些有别于其他动物的动物；而“logos”（逻各斯）表示的是“science”（科学）。

先不说“人类”这种似乎显而易见的现象，就说“学”。从哲学的“学”到科学的“学”，是西方知识近代化转变的成果，这个转变给人一种印象：到了“科学”时代，知识会因有了清晰的学科之分而变得相对易于深入把握。假如历史真的如此演绎，那么，我们恐怕只好说，人类学这门学问有幸或不幸地属于“科学”中的一个不大不小的例外。

一、人类学

一提“人类学”，人们眼前便浮现出某种古怪人物的形象——用放大镜费力端详一块化石（通常是猿人头盖骨或牙齿化石）的老学究，在神话堆里漫游的哲人，身着探险家制服（有点像军服）“东一榔头西一棒子”的考古学家，坐在摇椅上玄想关于人的宗教本性的哲人，穿越于丛林、山地、雪山、草原、农田之间，亲近自然的过客，总是不着边际地追问最平凡不过的生活的“好事者”……

人类学确实与这种种形象所代表的求知方式有关。

而如上所说，近代以来，欧美人类学形成不同的风格。风格的差异，使我们面对一个困境：既然人类学汇聚的知识从如此众多的渠道涌来，那么人类学家所涉足之范围，便因此不容易界定。为什么古人的化石、神话、考古、宗教、日常生活的研究可以叫作“人类学”？这本身更不好理喻。加之，人类学家用以把握其具体研究内容的理路似乎过于芜杂，此人类学家说，人类学是对个别社会的素描，彼人类学家说，人类学的追求在于从广泛的跨文化比较中获得具有普遍意义的认识，人类学家说东道西，常导致迷雾重生的“乱象”。

在人类学界，即使已成专家，对这门学科到底为何存有这样或那样似是而非的印象，似乎也很正常。特别是在我们中国，专家们之所以是专家，好像由于他们对于这门学科的边界，向来没有存在过一致意见。这个现象既有浅层次的解释——兴许专家不一定很“专”，也有深层次的解释——同一名称的学科，在不同国家却有风马牛不相及的不同定义。

19世纪80年代初期，中国学术刚从破坏中走出来，百废待兴。一些高校里致力于重建这门学科的老师教导学生说，若要重建这门学科，就要效仿国外，而所谓“国外”，当时主要是指以上所说的“大人类学”及其在当今美国的遗存。在重新引进人类学时，老师们面对一些问题。美国人类学依旧如19世纪的西方人类学，是个宏大的体系，但国内这门学科却因为“四分五裂”，而难以作为整体立足于学林。记得我的老师们一提到人类学包括体质、考古、语言、民族，便迅即遭到同行们的质疑：“这些能不能被你们包进去？”于是，老师们便反复写文章，致力于澄清学科之间的区别，就此，他们消耗了不少光阴。当时中国人类学家面对的难题，今日尚存。今日，人们似乎不再过分质疑人类学存在的合理性了，但搜索一下带“人类学”三个字的学术期刊，就能发现，那本叫《人类学学报》的杂志，还是科学院古脊椎动物与古人类研究所创办的；它刊登的文章，大多数属于体质人类学的范围。你去图书馆查阅人类学的书籍时会发现，它们有些被放在社会学或民族学边上，有些居然与动物学和植物学并列。倘若你问一位知情的专家，要了解人类学这门学科，可看的学术杂志有哪些，那他肯定会举出一些例子。这些例子可能大多与“人类学”这三个字无关。不少人类学研究者的科研成果，如果不是发表在综合性的学术杂志（如各大学学报）上，便是发表在《民族研究》《社会学研究》这样的非人类学杂志上。这到底是怎么回事？兴许历史就是解释。1949年前，中国学者理解的人类学，确与我的老师们所理解的“大人类学”相似。到了50年代，因政治原因，人文社会科学进行学科重组，人类学一部分进了民族研究，一部分进入生物学，一部分进了语言学，再到80年代学科重建之时，这门学科又有一部分进到社会学里去了……这段历史，令那些致力于学科重建的老师们感到无比郁闷。

对学科存在的这种中外“不接轨”现象，我们实在没有必要太过“抱怨”。对人类学接触愈多，我们愈加明了，国外对这门学科的定义，与国内一样混乱。美国式的“大人类学”，在英国子虚乌有。英国除了伦敦大学大学学院（UCL）比较有“大人类学”的野心，其他四五十个人类学系，都自称拥有“社会人类学家”（social anthropologists）。这些学者对于体质人类学漠不关心，还时常讥讽这类研究，说它们不三不四。法国人类学过去长期叫“民族学”（ethnologie），德国与人类学接近的研究也长期叫“民族学”。令人困惑的还有，在西欧各国内部，不同时代的学者对于同一门学科的定义如此不同。比如，20世纪初，法国人类学曾以“民族学”为名，为社会学年鉴派学者提供比较社会学的素材；到50年代，随着结构主义的确立，这门学科才在称呼上模仿英国，改称“社会人类学”，而内涵上却保持其民族学的追求，注重文化异同的研究，尤其注重对意识与无意识深层思维结构之分析。加之人类学下属分支的领军人物一旦成为“大师”，则也可能将局部的研究推向普遍化，使局部成为学科的象征，“人类学”这三个字代表的东西，就愈加捉摸不透了。①

人类学到底是什么？兴许是因带着同样的焦虑，当年的哈登才企图给人一个更为清晰的印象。他在其《人类学史》的“导论”中说，人类学经历了以下三个阶段的“科学进步”：

> 首先，[人类学]是一堆杂乱的事实或猜想，是历史学家、冒险家、传教士的遗物，它乃是各种认真程度不同的业余学问家所喜欢涉猎的地方。其次，我们看到从混乱中产生了秩序，在此基础上建立了许多建筑物，但却有着不稳定性和不完美性。最后，它们为一座具有坚固结构的连贯整体所取代。②

哈登所言固然不是要骗人。到20世纪初期，人类学这门“科学”，确实有从“杂乱的事实或猜想”中解脱出来的趋向，它至少已形成了某种学科“秩序”，俨然成为一部巨大的认识机器。不过，他对于学科可能有过于乐观的一面——或者说，他说这话，可能主要是在表达他自己的雄心——将古今种种与人类学相近的知识视作人类学知识机器的零部件。把人类学视作一部巨大的认识机器，赋予这门学科“超大的兼容力”，已被后世看成是不合时宜的。历史使人郁闷。假如哈登在世，那么，他肯定会悲凉地发现，时至21世纪的今天，知识的进化与他个人的雄心，都尚未实现。生活于不同国家和地区的人类学家对人类学的定义依旧五花八门，即使某些学者共享一种定义，在这个定义下给出的分支却也必定因人而异。加之，人类学家相互之间辩论得喋喋不休，对人类学研究的宗旨莫衷一是，这就使我们更难以理解他们研究的究竟为何。

耗了不少年头学习和研究人类学，对于这门稍显古怪的学科，如我这样的人，

---

① 为什么美国人类学保留了“大人类学”，而欧洲人类学蜕变为“小人类学”？背后的原因很多，但其中最主要的恐怕是：美国人类学主要以研究印第安人为主，对这些人的种族属性、历史、语言、风俗、精神风貌、物质文化的研究，都服务于作为美洲征服者的白人对成为美国内部“异族”的印第安人的认识；而在欧洲，学科的区分严密得多，研究现存“异族”的人类学者，与研究包括己身在内的人的体质特征、古史、语言的学者之间早已产生“分工”。

② 哈登:《人类学史》，1页。

态度难免会有一些矛盾。一方面，我可以想见，我们所从事的这门学科，是个时下多得难以引述的后现代主义者批判的“殖民现代性”西学的“烂摊子”或“大杂烩”，它杂乱无章，捉摸不透，以捕捉遥远的故事、邻近的奇风异俗为己任，缺乏“科学”的严谨性；另一方面，我却不易放弃对这门学科的信念，长期感到，这门学科起码还是有不同于其他所谓“科学”的精神的。人类学求知方式的“放浪”，为了求知而展开的身心旅行，为了将我们从常识的偏见中解放出来所做出的牺牲，都让大家觉得这门学科已达到一个一般社会科学不易达到的境界。人类学对于自身的质疑，又使我们反观社会科学界广泛存在的那些“方法论伪君子”（即那些以为引申一些外国的本科教材上的方法公式，就可以落实国内博士教育政策的人），使我们认识到，人类学的人文主义对我们而言有着至为珍贵的价值。

对人类学的反感，没有使人放弃对它的盲从；对它的盲从，没有使人放弃对它的反感。

就在态度上的矛盾中，我不止一次以这门学科之“乱象”为开场白，阐述其意义，面对人类学这门“混合”与“混沌”的学科，向它的“受众”表明，要把握这门学科，先要把握它的“乱”。

这不意味着，伪装出一副“道家”模样，追求“绝圣弃智”，体认“道可道，非常道”，是我的目的；我只不过是要表明，人类学作为有关人类自身的“一堆杂乱的事实或猜想”的“堆放处”，显示出这门学科的“诚意”。

如何理解这一“诚意”？先说在我心目中占核心地位的人类学。

于我看，人类学与知识的种种“乱象”紧密相关，但这些“乱象”背后，隐约还是有某种“核心”。那么，这个“核心”是什么呢？人类学研究的核心固然也在变，但就我所认识的人类学总貌而言，它还是有某种连贯性的。人类学的“核心”——它的理论与方法动力源——总在其社会与文化的研究领域之内。如美国现代人类学的奠基人波亚士（又译博厄斯，Franz Boas，1858—1942）所说，研究人自身的学科很多，解剖学家、生理学家、心理学家可算在内。在众多其他学科中，作为类型的个体，是核心的研究内容。而“对人类学家而言，个人只有作为种族或社会群体的成员时才具有重要的意义……人类学家一致关注的重点主要是群体而不是个人”[①]。说人类学家关注的主要是作为“群体”的人，不是说人类学家与其他研究人的学科毫无关系，更不是说他们从其同行从事的体

① 波亚士:《人类学与现代生活》，刘莎等译，4页，北京：华夏出版社，1999。

质、考古、语言的研究中不能得到启发，而是说，世界各地的多数人类学家认定要研究人类，首先要认识人的实质，而人的实质从其活生生的社会存在中透露得最为清晰。人类学始终关注人的“活生生的社会存在”；人类学虽指代过各式各样不同的东西，但这门学科保有的“身份”，一向主要是社会科学。

波亚士在论述人类学的定位时，举出一些事例，与人类学意义上的“活生生的社会”做了比较，推演到他自己的定义。这个定义，突出反映了20世纪初以来人类学的人文主义。人类学不是自有学科以来就具备了这种定义的。作为社会科学之一门的人类学，前身深受“人是机器”这个近代哲学笼罩下的“社会物理学”的影响，其近代轮廓在1850年出现。今日我们理解的人类学，是在这门学科此后的一些年头里才渐渐发育的。19世纪人类学家对他们的学科的看法接近于生物学，但其所受的影响、提出的观点，与这一阶段中的西方社会思潮息息相关。

在19世纪后半期，无论是称自己为“人类学家”“民族学家”，还是“社会学家”，与其他学科的从业者不同的是，人类学家将自身的研究对象定义为“作为团体的他人”。这个“团体的他人”，在后来的人类学反思中被概括为大写的“他者”（Other）。什么是大写的“他者”？这实指西文中相对于我群的“异类”（alterity或alien）。异类的类别，在所有人群中都广泛存在。西方人类学“他者”观念之前身，可以向前推到希腊时代史学和哲学的先驱有关异族的论述；即使将视野局限于近代，这类观念，至少也可以推到16世纪的文艺复兴及之后的启蒙运动的“他者”观念。文艺复兴时期，欧洲的“他者”是非欧洲的“异类”，对这些“异类”的解释，凭靠的是基督教的宇宙图式，“异类”常被“妖魔化”，与“魔鬼”“撒旦”的意象接近。启蒙运动期间，欧洲的“他者”观念产生了变化，对于“异类”的解释，与“无知”“错误”“未开化”“迷信”这些字眼紧密结合起来，“异类”成为“所有真理与知性的对立面”。① 到19世纪，人类学家才在远古历史上及偏远的非西方寻找实属自己的同类的“异类”，以期理解“我群”的源流。在将“他者”与“自我”相联系的过程中，人类学家重组了文艺复兴与启蒙运动的“他者”观念，将欧洲之他者定义为历史阶段的差异，将启蒙运动时出现的无知–知性、谬误–真理、未开化–启蒙、迷信–认识等人类

① Bernard McGrane, *Beyond Anthropology: Society and the Other*, New York: Columbia University Prees, 1989, p.ix.

状况的“对子”整合为落后－进步的“认识论对子”，将欧洲近代化进程中涌现出的新观念运用于自己的研究，还从生物学和地理学中汲取养分，在社会与文化研究领域里提出了有深远影响的进化论（evolutionism）。

直到19世纪终结，给后世留下深刻印象的人类学家，多数是采用进化论观点的。然而，由改造文艺复兴与启蒙运动密切相关的“他者”观念而形成的进化论，不过是作为社会科学的人类学的一个方面。不久前，一位美国人类学家赫茨菲尔德（Michael Hertzfeld）说：

> 很久以来，人类学这一学科就对它自己的社会和文化背景表现出一种讽刺意味，它特别适于对把现代性和传统、把理性和迷信割裂开来的做法提出挑战。[①]

赫茨菲尔德紧接着指出，可笑的是，现代性和传统、理性和迷信这些“对子”的出现，确实应该部分归因于人类学自身所发挥的巨大作用。对于人类学家，一个最生动的形容是，他们在现场把自己的文化背景不断暴露在“异类”文化前面，一方面，他们对于自己带来的世界权力中心的文化有虚荣心，另一方面，在被研究的“异类”文化前面，他们又时常感到不自在。[②]

吊诡从何而来？源于一个最简单不过的事实：大凡要理解“他者”，不能不理解“自我”，反之亦成。

就人类学而言，其所采用的“他者”观念，与近代欧洲的“文化自觉”，有着密不可分的关系。正是在观念的近代化过程中，人类学接受了其所在国各自的“民族自觉”模式，形成了各自的学术风格与认识旨趣。西方人类学主要有三种传统，第一种是英国与实利主义哲学有密切关系的人类学传统，很现代，也很实在，尽管大量吸收了欧陆的观点，却一向保持自身的特征；第二种是德国和美国的，是以“民族精神”（ethnos）或“文化”（culture）概念为出发点的，相对古朴而注重历史，广泛流传于德语系，两次世界大战之间在美国得到发扬；第三种是法国的社会学年鉴派传统，社会哲学意味很浓。我已指出，人类学的国别传统与欧洲三种启蒙传统有关系，比如，英国启蒙以苏格兰的实利主义为特征，注重制度与个体理性，而法国社会学派则侧重社会理性与现代性（所谓“现代”指的是有一种不同于以前的社会），德国传统则注重集体文化的历史命运及其对于个

---

① 赫茨菲尔德:《人类学：付诸实践的理论》，载《国际社会科学杂志》（中文版），1998（3），7页。

② 同上。

体的“号召”（要求个人承载历史命运，使集体产生“民族自觉”）。[①]

二、文明与文化：人类学与欧洲的“民族自觉”

要理解西方人类学出现不同学术传统（“学派”）的缘由，并进而对这门学科的内涵有所把握，梳理人类学内部的种种说法之哲学之根，固然是有必要的；不过，要把握学派区分之概貌及历史背景，借助社会思想家埃利亚斯（Norbert Elias，1897—1990）的论著理解欧洲近代的“民族自觉”，则更加重要。

埃利亚斯很早就开始大部头历史社会著作的书写和出版，但直到晚年都很低调，在英国一家大学担任讲师。他的论点到20世纪末期引起了学界的重视。他的《文明的进程》[②]等书，对于我们有多方面的启发。首先，是他的“礼仪”理论。这个理论特别强调“宫廷社会”对于“民间社会”的影响。埃利亚斯指出，社会的礼仪化，是近代化的一个“和谐模式”（我的理解），它的典型事例来自法国近代史。在近代法国，社会的近代化是由介于社会上下层的精英推动的，这些人上承宫廷，下接“民俗”，将上层的各种优雅风度传播于民间，使民间法国成为优雅一族。埃利亚斯从礼仪理论延伸出“文明理论”，这是一种对于近代化过程中“风雅”（我的解释）在欧洲不同国度“民族自觉”中所取得不同作用的研究。他的看法大体是，欧洲近代化过程既可以被理解为不同声部的交响，也可以被理解为主题的“变奏”；交响与变奏有其观念的结局：英法以内在有区分的“文明”概念为核心想象民族的现代生活，德国以内在无区分的“文化”概念为核心想象现代生活。

在《文明的进程》上卷的“前言”中，埃利亚斯说：

> 通过“文化”与“文明”这两个概念所体现出来的民族意识是很不相同的。德国人自豪地谈论着他们的“文化”，而法国人和英国人则自豪地联想起他们的“文明”。尽管这两种自我意识有着很大的差别，大家却都完全地、理所当然地把“文化”或“文明”作为了观察和评价人类世界这一整体的一种方式。德国人也许可以试着向法国人和英国人解释他们所谓的“文化”，但是他们无法

---

① 王铭铭：《关于西欧人类学》，见其《漂泊的洞察》，43—77页，上海：上海三联书店，2003。

② 埃利亚斯：《文明的进程》，上卷，王佩莉译；下卷，袁志英译，北京：生活·读书·新知三联书店，1998—1999。

> 表述那种特殊的民族传统和经验，那种对于他们来说这个词所包含的不言而喻的感情色彩。
>
> 法国人和英国人也许可以告诉德国人，是哪些内容使“文明”这一概念成了民族自我意识的总和。然而，不管这一概念在他们看来是多么理性，多么合理，它也是经过一系列特殊的历史积淀而形成的，它也是被一种感情的、传统的氛围所环绕的……①

英法的“文明论”，为其各自的人类学风格做了铺垫，而德国的“文化”概念，也为德－美人类学风格奠定了基础。观念差异的典型表现于德国与法国的差异中。德国人在近代化过程中用来想象历史的工具，是“文化”“大众”“民族精神”这些字眼，它们背后的观念是：任何一个民族的生活方式和观念体系都是一体的、共享的、没有内在（阶级）差异的，也即是说“文化”是共享的，你不可能说我的文化可以比别人高。而法国人则相反，他们认为对一个社会来说，关键的是“文明”，“文明”不是共享的，它可以得到，可以增添，可以比别人多。这个区别有政治文化背景。近代化的德国人与法国人各有自相矛盾之处，德国人采取君主立宪制，但很向往集体生活，法国人最早提出平等和革命的思想，但对君主制度却保持景仰之心。可在政治上采取等级主义制度的德国，在观念上却强调民众的文化平等；在政治上出现平等主义行动的法国，在观念上却反而强调等级。自相矛盾不要紧，更重要的是，德国的文化观里包含着“原始”“野蛮”色彩，使近代德国具有比较强的侵略性。相比而言，将自己纳入文明观控制下的法国人，更有能力压抑本我，使自身成为文雅的民族。按照我的理解，埃利亚斯的意思是说，重视文化共享的德国人，对于文明的压抑感受得比较少，因而坚信历史的“自我解放”，而重视文明的法国人，更易于在文明的压抑下追求“解放历史”。在法国社会思想中，卢梭（Jean-Jacques Rousseau，1712—1778）对不平等展开的历史反思，是“解放历史”的典型表现，而后来法国社会学派的“整体论”，与德国文化的一个方面，即它的“无区分的文化”概念差别不大。

埃利亚斯并非人类学家，他并不关心西欧三国观念差异导致的人类学思想差异。然而，他揭示的历史，作为背景，衬托出了西方人类学的历史特征。

---

① 埃利亚斯:《文明的进程》，上卷，64 页。

三、民族学、社会人类学与文化人类学

我们可以将第一次世界大战作为“古典”与“现代”人类学的分水岭。在第一次世界大战之前，西欧人类学的相互影响比相互之间的差异重要，而后来大战的发起国德国的民族学，在人类学中有着尊贵地位。19世纪后期的人类学家多数主张人类学应以实证的方法探究人的精神史，这个主张源于德国民族学家巴斯蒂安（Adolf Bastian，1826—1905）的论著，到19世纪末，得到了英国、法国、美国学者的共同拥护，与其时业已形成的社会进化论合流。巴斯蒂安是一位德国巨商的儿子，学过法学、生物学、病理学，后来成为医生。然而，巴斯蒂安关于民族学的知识主要来自旅行。1851年，巴斯蒂安在一艘船上充任外科医生，就此开始了历时8年的漫游，随船到过澳大利亚、太平洋诸岛、秘鲁、墨西哥、西印度尼西亚。1861年，他又出发漫游到东南亚大陆与岛屿地区，及日本、中国、中亚，1865年才由高加索回国。巴斯蒂安“行万里路，读万卷书”，根据旅行见闻与相关阅读，写出了大量游记及学术论著，并于1860年出版对于后来各国人类学有重大影响的《历史中的人类》一书（全书三卷）。1865年回国后，巴斯蒂安致力于民族学博物馆及人类学学科的建设，1866年私人刊行《民族学杂志》，又倡议建立德国人类学学会。此后，巴斯蒂安又多次出行，于1905年在西班牙逝世。他已9次出行，每次都有丰厚的收获，根据这些收获，他写出了迄今从质和量上都难以超越的著作。巴斯蒂安可谓是后来埃利亚斯所定义的“德国文化论”在人类学中的最主要阐释者。在其所著《历史中的人类》等书中，他提出了“基本概念”（elementargedanken）与“民族观念”（v-lkerdedanken）两个名词，指出在浅化的“民族观念”之下，存在明显的人类一致性。巴斯蒂安深信，人类心性是一致的，其民族之间的相互差异是后天的文化使然，而文化则又是在特定物质环境下产生的。所谓“基本概念”，是指生活于不同地区的人类在其哲学、语言、宗教、法律、艺术中包裹着的人类共通的若干观念。这种观念采取特殊形式，与环境形成关系，往往又表现为“民族观念”。要理解“基本概念”与“民族观念”之间的联系，巴斯蒂安建议用“地理区域”（geographische provinzen）的研究法，探索“基本概念”如何在本地地理因子和对外接触的双重过程中衍化为“民族观念”的过程。①

① 关于巴斯蒂安的人生与学术的简介，见戴裔煊:《西方民族学史》，88—94页，北京：社会科学文献出版社，2001。

巴斯蒂安博览群书，周游列国，对于人的文化的基本特质与民族差异形成了对后世有巨大影响的看法，可谓是个大学者。他在论述自己的观点时采取的资料多数来自世界各地的异邦，但其要论证的观点，是埃利亚斯笔下有别于英法“文明”概念的“文化”概念。作为一个德国人，他解释着所谓的“文化”，说的多与德国自身无关，似乎都是有关一个民族区分于另一个民族的客观过程，但所表述的特殊民族传统和经验，包含着某种微妙的德国色彩。这个色彩就是重视民族之间的差异，而忽视民族内部的差异。

在 19 世纪的欧洲人类学中，巴斯蒂安的思想影响了英国人类学。然而，由于英国人类学家更注重“文明”概念，因而，他对人类的一致与差异的文化地理学解释被纳入了文明的进步论体系中，成为进化论人类学的一个脚注。英国人类学家与德国人类学家一样，以“读万卷书，行万里路”为志趣，对于文化的“异类”，也充满着好奇心。然而，他们同时也接受了 19 世纪前期滋生的国内阶级间文化差异的思想，对于“文明”潜在的传播新贵文化的作用深信不疑。对他们而言，将国内阶级间（而非民族间）文化差异的因子，推行于所见之“异类”，才是人类学的使命。野蛮与文明之间的区分，在 19 世纪英国人类学及受英国人类学影响至深的美国进化论人类学中是关键的。巴斯蒂安的“基本概念”所隐含的对于人类心性一致性的看法，在英美人类学中也有它的“市场”。不过，它的“民族观念”所预示的文化差异理论，则被历史阶段论所替代。此后，区分文明化程度的高低，成为英美人类学的主要作为。

到 19 世纪末 20 世纪初，随着进化论的“逆流”——传播论（diffusionism）的出现，巴斯蒂安的思想在欧洲得到了广泛的赞赏——无论是德国人类学家还是英国人类学家，此时都转向了将野蛮与文明的先后历史顺序倒置的研究，转而认定，当今世界存在的“野蛮的落后文化”，乃是古代文明在其传播到边缘过程中衰败的结果。进化与传播论这两种理论致力于“科学地”度量西方的“自我”与非西方的“他者”之间的时间与空间距离。进化论将二者之间的空间距离形容为文化进步史的时间距离，传播论则兴许反其道而行，将文化的中心悬置于遥远的异邦，将西方视作这些遥远的异邦古代辉煌的流域文明的边缘。到传播论阶段，德国的文化论与英国的文明论还是维持着它们各自的特色。人类学领域产生了德国的文化圈学派与英国的传播学派，分别注重研究多元文明中心的地理分布规律与以所谓“泛埃及论”为特色的单一文明理论。“多中心”与“单中心”之别，恰是“文化论”的特殊主义与文明论的普遍主义之别。

第一次世界大战前几十年间，西方各国虽存在势力竞争，但在“一致对外”中维持着“内部团结”。西方与非西方、殖民与被殖民、市场与资源、文明与野蛮之间，形成了世界性的中心－边缘关系格局。此时代之人类学，围绕“文化”与“文明”之分所产生的国别特征刚刚显露。到了20世纪前期数十年里，欧洲“国家意识”得到进一步增强，这种意识不仅成为两次世界大战的温床，而且也使社会科学出现了更为鲜明的国别特征。无疑，19世纪中期大学的社会科学分类体系依旧得到共同坚持，不同风格的人类学照旧共同寻找着对于非西方的认识论把握。作为社会科学之一门的人类学，进入一个新时代。在这个新时代中，人类学的社会科学性得到了更强烈的申明。人类学家共同意识到，“出于种种不言而喻的理由，进化论已经变成西方非神职人士的宗教事务”[①]，他们转向了非进化论的人类学。不无矛盾的是，也就是在这一对过去的人类学出现共同批判的过程中，人类学进一步与殖民地研究结合，更深地嵌入西方的殖民事业。此外，学科的国别色彩也进一步增强了。在战争发起国德国，以研究民族与文化为己任的人类学，几乎退出了历史舞台——如果说在德国人类学还存在，那么，这门学科对于人类一致与差异的学究式阐释已彻底“科学化”为种族优劣论与优生学实践。在西方的另一阵营，作为社会科学之一门的人类学则在世界大战中得到了空前的深化。

以研究人的社会存在为己任的人类学，有时被称作“社会人类学”（social anthropology）。人类学界起初对于“社会人类学”中的“社会”二字，理解得似乎相当随意。最早在大学里获得“社会人类学教授”头衔的，是英国人类学家弗雷泽爵士（Sir James Frazer, 1854—1941）。他所做的人类学，牵涉各种各样的巫术生命力，他将探险家、传教士、民族学家在世界各地搜罗来的资料，都纳入对所谓“原始宗教”的研究里。这些研究是很具创见性的，但绝非“真理”——他倾力探知人的心灵奥秘，未来得及直接涉及人的社会生活。他之所以得到“社会人类学教授”这个头衔，主要是因他的学术建树，而这些建树本身不一定牵扯“社会”二字的本义。赋予“社会人类学”这个称呼一定实质内容的人物之一，是马林诺夫斯基（Bronislaw Malinowski，或译“马凌诺夫斯基”，1884—1942）。

马林诺夫斯基是波兰裔英国籍人类学家，受到19世纪欧洲中部哲学，特别

① 塞尔维埃：《民族学》，王光译，148页，北京：商务印书馆，1996。

是哲学家和物理学家马赫（Ernst Mach, 1838—1916）、哲学家尼采（Friedrich Wilhelm Nietzsche，1844—1900）的影响，后于1910—1916年在伦敦经济学院学习人类学，又深受弗雷泽人类学思想的影响。1915—1916年及1917—1918年，他在特罗布里恩德岛进行了长期人类学调查，借助调查所获资料与体会，阐述了一种具有革命性意义的现代民族志田野工作（ethnographic fieldwork）方法。他将人类学重新定义为一个深入的参与观察过程，认为人类学不应是基于二手资料对历史进行的"臆断"，而应是对被研究的社会生活的亲身研究，这种研究需以居住于被研究的社区、学习当地语言和文化为基础，以整体把握被研究者如何创造和维持自己的社会为目的。

马林诺夫斯基是将人类学社会科学化的先驱之一，他为这门学科奠定的经验研究方法，对于整个20世纪的世界人类学有着深远的影响。在他眼里，作为社会科学的人类学，除了其搜集第一手资料的民族志田野工作方法与书写，还有其对于微型社会中生产与交换的细致研究，及在认识上对于文化的现实作用的尊重（在这方面，马林诺夫斯基的"文化科学"，似接近于英国实利主义哲学，其运用的制度及功能的概念，与后者关于制度与个体的人之间关系的论述，颇为相像）。

有关于此，在其名著《西太平洋的航海者》中，马林诺夫斯基说，要达到民族志田野工作的目标，人类学家有以下"三条必由之路"：

> 1. 部落组织及其文化构成必须以翔实明确的大纲记录下来，这一大纲必须以具体的、统计性资料的方式提供。
>
> 2. 这一框架应以实际生活的不可测度方面以及行为类型来充实。这方面资料必须通过精细的观察，以某种民族志日记的形式来收集，而这只有密切接触土著人的生活才有可能。
>
> 3. 应当提供对民族志陈述、特殊叙事、典型说法、风俗项目和巫术程式的汇集，作为语言材料集成和土著精神的资料。[①]

接着，他还说：

> 这三条路线都导向最终目标，一个民族志者对这目标要时刻铭记在心。简单地说，这目标就是把握土著人的观点、他与生活的关系，搞清楚他对他的世

---

① 马林诺夫斯基：《西太平洋的航海者》，梁永佳、李绍明译，18页，北京：华夏出版社，2002。

界的看法。我们必须考察人，研究与他密切相关的东西，研究生活给予他的立场。文化价值各有分殊，人们渴望不同的结果，追求不同的冲动，追求不同形式的幸福。每一种文化都存在不同的制度让人追求其利益，都存在不同的习俗满足其渴望，都存在不同的法律与道德信条褒奖他的美德或惩罚他的过失。研究制度、习俗和信条，或是研究行为和心理，而不理会这些人赖以生存的情感和追求幸福的愿望，这在我看来，将失去我们在人的研究中可望获得的最大报偿。①

在马林诺夫斯基的方法创新之外，人类学的"社会学化"，更可视为人类学成为一门特殊社会科学的另一动因。19世纪末20世纪初，法国出现社会学年鉴学派。这一学派的领袖涂尔干（或译"迪尔凯姆"或"杜尔干"，Emile Durkheim，1858—1917）指出，社会科学应研究"社会事实"，而所谓"社会事实"指"对于个人意识而言它的外在性；它对个人意识产生或容易产生强制作用"。②"社会事实"包罗万象，如涂尔干所说：

一切行为方式，不论它是固定的还是不固定的，凡是能从外部给予个人以约束的，或者换句话说，普遍存在于该社会各处并具有其固有存在的，不管其在个人身上的表现如何，都叫做社会事实。③

"社会事实"是社会学年鉴学派的方法基础，而这个概念之实质所指，是"把社会事实视为物"的认识姿态。对于涂尔干而言，物是在与观念的对立关系中给予社会科学家启发的。"把社会事实视为物"，意思是说："在着手研究事实时，要遵循这样一个原则：对事实的存在持完全不知的态度；事实所特有的各种属性，以及这些属性赖以存在的未知原因，不能通过哪怕是最认真的内省去发现。"④

一批人类学家在涂尔干周围从事学术研究，在涂氏逝世后，他们更为广泛地综合社会学与历史学的欧洲、东方学研究及人类学家现代民族志研究，将社会学改造为具有比较特征的学科。其中，莫斯及广泛运用汉学资料进行社会理论思考的葛兰言（Marcel Granet，1884—1940），对于年鉴派社会学下的人类学，有重

① 马林诺夫斯基：《西太平洋的航海者》，梁永佳、李绍明译，18页，北京：华夏出版社，2002。

② 迪尔凯姆：《社会学方法的准则》，狄玉明译，1页，北京：商务印书馆，1995。

③ 同上，34页。

④ 同上，7页。

大贡献。在代表法国人类学派的结构理论出现之前，法国人类学一直在“社会学”的名义下研究，这就使年鉴派笼罩下的法国人类学家无法如英国人类学家那样，更独立而旗帜鲜明地致力于人类学知识体系的营造工作。不过，也正是在年鉴派社会学深刻影响下，人类学出现了一次革新。对这一革新有重大贡献的，有拉德克利夫－布朗（A. R. Radcliffe-Brown，1881—1955）。这位英国学者将法国社会学家关于“社会”的阐述运用到人类学研究里来，创建了严格意义上的人类学社会研究方法。拉德克利夫－布朗深感在他的时代之前，人类学家多沉浸于古史，特别是沉浸于对不同民族之间、外在于民族内部社会生活的历史关系的猜测中。如他所说：

> 1908—1909 年我写这本书时，人类学家和民族学家所关注的，或者是建立关于制度起源的假说，或者是尝试对文化历史的细节进行假说性的构拟。在他们的研究中，历史的观点占据了上风。我基本上也是采用历史的观点来研究安达曼人，并试图通过调查其身体特征、语言和文化来对安达曼人的历史以及整个印度群岛、菲律宾等地的小黑人（Negritos）的历史进行假说性的构拟。书中的技术附录就体现了本人的这一意图。在工作过程中，对学者们用来构拟未知历史的现有方法进行系统推究之后，我断定：采用这些方法不大可能得出可论证的结论，而且从推测的历史中，得不出真正重要的结果来帮助我们理解人类的生活和文化。纵观历史民族学家们过去 22 年的工作，我对此更是深信不疑。
>
> 民族学家过去思考的大多是起源和历史方面的问题，现在许多人依然如此；而法国的社会学家却独辟蹊径，用民族学资料来理解人类的生活。①

拉德克利夫－布朗了解不少法国年鉴派社会学的著作，认为自己从中找到了一种能为人类学家深究所研究的民族的内部社会结构的办法，于是，在人类学中推崇社会学，使“社会人类学”这个词名副其实。后来，这种专注于民族的内部社会结构的研究法②，得到了广泛的推广，在欧美，以至于在世界有人类学这门学科的国家和地区中，都得到了高度重视，形成一股势力，并逐渐获得了学科地位。

---

① 拉德克利夫－布朗：《安达曼岛人》，梁粤译，1 页，桂林：广西师范大学出版社，2005。

② 拉德克利夫－布朗《安达曼岛人》一书，在导论之后，分为社会组织、仪式习俗、宗教及巫术信仰、神话与传说、安达曼习俗和信仰的解释诸章节，书写宗旨在于将民族志改造为符合社会结构理论的宗教生活研究方法。

另外一种可谓也是致力于探知人的社会存在的学派，与波亚士这个德裔美籍著名人类学家有密切关系。

波亚士的知识基础，是在德国打下的，他19世纪末加入美国国籍，后来成为哥伦比亚大学人类学教授及美国自然历史博物馆民族学馆馆长，是美国人类学现代派的奠基人。假如可以说英国人类学家从法国社会学年鉴派习得的是一种社会理性的思想，那么，在波亚士引领下的美国人类学，则从德国近代思想那里引申出文化理论。可以说，"文化"这个概念，也从社会科学角度对人的本质加以社会存在的定位。波亚士认为，人没有天生的本质，其本质是可变的，是在传统中习得的，作为传统的文化，是无意识、非理性的，不能用普遍的人性论加以阐释，而应注重从人的相互关系中考察。人类学的研究方法是民族志（ethnography），其宗旨即在于理解人的这一文化特质。也就是说，对于英国人类学而言，民族志是一种"科学方法"，而在同时期的美国人类学家看来，如果说它是"科学方法"，那么，它自身并非认识存在的前提，因为人类学认识存在的前提是对于不同民族人文价值的认可与深入，民族志不过是手段。如波亚士所说：

> 只有在每种文化自身的基础上深入每种文化，深入每个民族的思想，并把在人类各个部分发现的文化价值列入我们总的客观研究的范围，客观的、严格科学的研究才有可能。①

在一个相当长的阶段中，美国人类学以"文化人类学"为名，区分于英国"社会人类学"。这个意义上的人类学，所用的基本方法也称作"民族志"，但40年代以前，这种"民族志"是作为人种、考古、语言、神话研究的一分子存在的。另外，美国文化人类学家更注重通过甄别文化中的个别之物，认识文化特征及其历史流变，在人文价值观方面，更强调文化意义的相对性及独立性（他们旗帜鲜明地反对政治经济学的普遍主义）。在阐述他们的学科时，美国人类学家相对英法人类学家更强调"文化"，似亦将"社会"二字代表的解释体系视作一种接近于政治经济学的欧洲中心主义"决定论"。对他们而言，人存在的实质，完全可以用无所不包的"文化"来形容，"文化"是隐藏在人的生活背后的一套观念，在它面前，个体的差异不过是表面的、浅层次的，"传统"对人的行为起着决定作用。有

---

① 波亚士:《人类学与现代生活》，131页。

了这样的“文化论”，美国人类学家借一条独特的途径，接近于以研究人的集体行为为己任的社会科学。

四、作为人文科学的人类学

人类学的历史决定了它的认识特征。人类学的历史，正式肇始于19世纪中叶，其时，社会科学以欧洲为中心出现了一个学科初创的时代，人类学在欧洲主要大学的社会科学布局中占据了显要地位。19世纪中后期，人类学与其他社会科学的分工明晰：其他社会科学研究国家的内部事务，人类学充任研究欧洲海外殖民地状况的使命。作为19世纪社会科学之一门，无论是其学科建制，还是其知识积累，人类学这棵知识之树，都已结出了丰硕的果实。19世纪的人类学家，多为诚恳的学者。后世批判那个时代的人类学家，说他们的学科是“殖民主义的侍女”，其实，这些人类学家从主观上还是有尊重“异类”的心境的。[①]19世纪的人类学家是渊博的学者，他们漫游于大量的文献之中，为了求知，他们中还有不少耗费了大量精力周游列国，他们著述丰厚，为后世留下了弥足珍贵的学术遗产。然而，那时人类学刚从其无所不包的幻想中脱离出来，无论是在研究方式上，还是在解释风范上，都存在着想象超过实证的缺陷。后世学者用“臆想”一词形容他们的人类学，不免有过分之嫌。但19世纪的人类学确在为这门社会科学做了重要铺垫的同时，犯有“历史臆断”的错误。

将20世纪初期人类学的创新视作这门学科的“核心”，是针对我们今天的知识状况而言的。尽管这门学科在19世纪已有了丰厚的积累，但我们今日定义的人类学，却是基于20世纪初形成的学术传统而论的。

之所以将这些新学术传统形容成人类学社会科学化的成果，是因为考虑到此前形成的学术传统尚未奠定于当下人类学家认可的研究机理上，而这些研究机理的形成，恰是以在20世纪初期各“人类学发达国家”——特别是英国、法国、美国——之学术思想从19世纪的观念桎梏中解放出来为前提的。马林诺夫斯基

---

① 比如，美国人类学家摩尔根，受进化论的影响，论述了人类文化从蒙昧进步到野蛮，从野蛮进步到文明的历程。这个颇遭非议的社会形态进化学说，因将西方社会形态当作人类文明的“高端”，而被后世人类学家视作“西方中心主义”的代表。摩尔根的理论确有时代局限性，但他的研究之本意，并非崇尚“西方中心主义”。终其一生，摩尔根对于印第安人这些“异类”在情感上十分亲近，他长期与易洛魁族结缘，成为他们的养子，与他们形成亲密的关系，也致力于消除文明之间的鸿沟（见王铭铭：《裂缝间的桥——解读摩尔根〈古代社会〉》，济南：山东人民出版社，2004）。

的民族志、英法社会学化的人类学、美国文化人类学，分别针对19世纪进化论的历史观、传播论的文化关系史观、政治经济学派的“意识形态观”阐述自身观点，从不同的角度将人类学定义为一门有自身独到的方法论、解释体系及价值的认识体系，为作为一门现代学科的人类学做了认识与解释方式方面的铺垫。

那么，20世纪上半叶人类学家给我们留下的遗产，有何一般特征？

我以为，受文明观念影响的英法人类学家，与受文化观念影响的德美人类学家，各自缔造出不同的学科定位与基本研究方式，但二者之间还是有重要的共同点的。对于科学的冷静、理智与被研究的人自身的非冷静、非理智之间差异的深刻认识，使不少国家的人类学大师觉悟到，发现一种实实在在的“人”的概念，是人类学家应承担的使命。早在20世纪20年代，莫斯即在《一种人的精神范畴》一文中探索了这个概念。采取一种精彩的比较社会学观点，莫斯分析了原始民族、古代社会、现代社会的“人”的概念，并借此指出，在西方心理学“革命”出现以前存在的诸社会，没有一个不将“人”与“物”、“人”与“他人”相联系。“人”的定义，从人与物、人之间的道德，向人的神圣性衍化，其终点似为心理学的“自我”的概念的显露，但却向来以“非我”的方式进行着。[①]致力于从个体与个体之外的物、人、神之间相互依赖的方式，来呈现人“活生生的社会存在”之意义，不仅在作为法国年鉴派看护者莫斯那里成为志业，而且也在英美人类学中成为主流。不同国度中的人类学家，共同参与了一项伟大的事业。他们将知识与人生紧密结合，重新定义了社会科学，使它成为人文科学，从而有别于将世界与人生都看成冷静、理智的存在的非人文科学。人类学在各国志同道合者的共同努力下，成为一种接近于专注于研究人的生命力的学问，它致力于使“科学”走进人生这个广大而复杂的世界中。

人文主义哲学家钱穆（1895—1990）说过：

> 人体解剖，据说是科学家寻求对于人体知识所必要的手续。然而人体是血和肉组成的一架活机构，血冷下了，肉割除了，活的机构变成了死的，只在尸体上去寻求对于活人的知识，试问此种知识真乎不真？面对着一个活泼泼的生人，决不能让你头脑冷静，绝不能让你纯理智。当你走进解剖室，在你面前的，是赫然的一个尸体，你那时头脑是冷静了，你在纯理智地对待他。但你莫忘却，人生不是行尸走肉。家庭乃至任何团体，人生的场合，不是尸体陈列所。若你

---

① 莫斯：《社会学与人类学》，佘碧平译，271—298页，上海：上海译文出版社，2003。

> 真要把走进解剖室的那一种头脑和心情来走进你的家庭和任何人群团体，你将永不得人生之真相。从人体解剖得来的一番知识，或许对某几种生理病态有用，但病态不就是生机。你那种走进人体解剖室的训练和习惯，却对整个人生，活泼泼的人生应用不上。①

人类学家如同钱穆，拒绝人类解剖学。

不同年代的人类学家对于学科有共同贡献，但如同其他任何人，他们亦不是超然的“上帝”，他们之中也存在差异。过去的人类学家往往将自己隔离于被研究者之外，使自身代表客观性；现在他们越来越深刻地意识到，假如人类学研究的是人，那么，人类学家也应当算是自己的“研究对象”。采取田野工作方法，对人类学家进行人类学研究，我们能发现，不存在超脱于时代与人群的人类学家。人类学家用自己的“行话”翻译被观察的“他者”。这些“行话”被他们说成是区分于“自然语言”的“科学语言”。其实，包括“民族”“社会”“文化”等关键词在内的“行话”，都不过是在某个国度的某个历史过程中产生的。

人类学本身是对于异邦文化的“翻译”，它未曾脱离历史而存在。19世纪中后期，欧美人类学家反复考究文化之别到底出自何由，得出进化论和传播论两种结论，要么将人之间的差异解释为“文明进步史”的附属品，要么将之解释为“民族精神”或“文明传播”所致。人类学家的解释，可谓是对“他者”的文化翻译（没有一个被人类学家研究的“土著人”关注自己的生活是否全球资本主义历史的一部分），这一翻译，与当时欧洲中心的世界体系之形成紧密相关。到了20世纪初期，人类学分化为英法派与德美派，一方主张注重研究社会内部的分化及解决办法，另一方注重研究文化之间的差异与关系。分化背后的直接历史背景是欧洲内部的国族纠纷，更长远的原因，是欧洲近代化进程中出现的国族组织的不同模式。

现代人类学诸学派形成后，分化没有阻碍相互之间的交流。比如，代表英国学派的拉德克利夫－布朗不仅在学术上受到法国年鉴学派影响，而且足迹也广涉世界各大洲，他1920—1925年在南非开普敦大学任教，1925—1931年在澳洲悉尼大学任教，1931—1937年也访问过中国，此后才在英国牛津大学任教，而马林诺夫斯基、波亚士等人类学家，都可谓是移民，他们本是“国际人”，且其理论对于世界各地人类学都有影响。

---

① 钱穆：《湖上闲思录》，56—57页，北京：生活·读书·新知三联书店，2000。

作为人类学国际知识流动的一个组成部分，20 世纪上半叶中国的人类学，深受德国、英国、法国、美国的影响，形成一个多学派并存的局面。通过翻译传入中国的进化论，曾于 19 世纪末 20 世纪初起到启发民智的作用。20 世纪 20 年代以后，正是人类学现代派兴起的阶段，此时，不少中国学者直接受惠于欧美人类学大师，回国后，形成各自的研究特点。除了在日本间接接受欧美人类学的一些学者［如卫惠林（1904—1992）］，1918 年留学美国的李济（1896—1979），1921 年留学法国的杨堃，1923 年留学美国的吴文藻，1926 年留学法国的凌纯声（1902—1981），同年留学英国的吴定良（1893—1969），1927 年留学德国的陶云逵（1904—1944），1931 年留学美国的冯汉骥（1899—1978），1934 年留学美国的李安宅（1900—1985）等人，在所到之国从师，直接接受了各现代人类学派的教育，在回国后，顺其所学展开大量研究，其中吴文藻又输送自己的学生［如费孝通（1910—2005）、林耀华（1910—2000）等］出国深造。20 世纪 20—30 年代，两代留学海外的中国学人既深受本土文史治学传统的熏陶，又接受了最新人类学训练。他们无论是在教会大学还是在国立教学科研机构工作，都致力于造就一门超越翻译与启蒙局限的人类学。①

若说 20 世纪上半叶欧美人类学具有“国别特征”，那么，便可以说，同一时期中国人类学的“国别特征”正在于兼收并蓄了欧美人类学的种种“国别特征”，成为一个多元的学术体系。到 30 年代，中国人类学已形成三种具有地区特色的风格。其中，受社会人类学与文化人类学影响的“北派”与“南派”，分别以燕京大学与“中央研究院”为中心形成自己的圈子，前者关注深入的民族志研究（社区调查），后者注重物质文化与跨民族关系研究，在经验资料与理论知识的积累方面，分别都有各自独到的开拓。此外，20 世纪初，即有大量外国人类学家或业余人类学研究者存在的成都华西协和大学，在同一阶段也开始增添中国人类学家。“抗日战争”期间，国民政府政治中心暂时西迁，内地成为“抗战基地”，西南地区一时成为中国人类学家的聚集区。燕京大学、“中央研究院”等教学科研机构各在西南建立了自己的研究基地，华西协和大学的人类学家们更致力于西部民族的研究，他们结合民族志与中国传统的文史研究，开创了有特色的学术类型。

---

① 关于 20 世纪上半叶中国人类学的状况，见王建民：《中国民族学史》（上卷），昆明：云南教育出版社，1997；胡鸿保主编：《中国人类学史》，47—77 页，北京：中国人民大学出版社，2006。

"北派""南派""华西派"，各自在不同的名义下研究人类学，社会学、民族学、社会人类学、文化人类学等同时并举的学科名称。尽管各派有自己的解释倾向，但综合似也是各派的共同特征。当时的中国人类学家，已在汉族乡村及少数民族村寨做了广泛而深入的调查，不少人类学家也基于见闻或规范民族志田野工作，草创了中国人类学的海外研究视野。尽力在中国语境内完备人类学这门西学，似为当时各派（包括倡导"中国化"的"北派"）之共同追求，但这却没有妨碍人类学渐渐获得了"中国特色"。在欧美，人类学与其他社会科学的分工主要在于人类学致力于研究作为殖民主义"治理对象"的非西方。而在中国，人类学与其他社会科学的区分，却没有那么显然。对于境内各乡村与民族地区的人类学把握，既有学术自身的宗旨，也呼应当时社会变迁规划与边疆政策实施的需要。

五、情景化的人类学

学习研究人类学，把握它的历史性与社会性，能使我们更好地把握其精髓——包括人类学在内的人的任何造物，都是情景化的，与历史相关的。

19 世纪中后期与 20 世纪上半叶，西方人类学经历了两个历史阶段，从文化进步主义转向现代功能主义、社会学主义、文化相对主义。这个转向的历史大背景，是帝国时代向现代国族时代的过渡。但不能简单认为，人类学是这一历史大背景的反映。在不同的阶段中，人类学与其身处的政治，既有"迎合"的一面，也有"反迎合"的一面，既有"实用派"，也有"批评派"。特别是在两次世界大战之间，人类学的"反迎合"与"批评"特征获得了主流地位。在同一时期，人类学的这一特征也在中国等非西方"近代化中"的国家中得到了学者们的认同。然而，第二次世界大战以后，世界格局发生了巨大变化，人类学也随之出现转变。第二次世界大战结束后，西方内部及西方与世界其他地区之间的关系发生了根本变化。在西方内部，美国对于西方社会和社会科学整体面貌产生了深刻影响，使此前的社会科学"欧洲中心主义"向"美国中心主义"转变。发达国家分为战胜国与战败国。西方以外的地区，殖民地和半殖民地寻求民族国家主权的运动愈演愈烈，并在国际关系的新格局中获得制度化支持。接着，一大批"新国家"随之产生。"三个世界"的论断比较精确地体现了这 20 多年间的世界格局。在这个新的世界格局里，西方人类学出现了危机。殖民地脱离殖民地宗主国，使人类学田野工作的深度和广度都受到限制。尽管第三世界人类学家继承了西方人类学的部分遗产，但他们对那种将他们当成“原始人”“古代人”的做法极为反感。为了使人类学与自己的国家一样具有民族自主性，他们不仅对帝国主义时代的人类学加以抵制，也力求创造一种适合自己国家的新人类学。面对世界格局的这些变化，西方内部的人类学也做出了一些调整。

在英国人类学界，功能主义和结构－功能主义的理论主张得到部分修正。从人类学学科定位来看，这个时期出现了将人类学与“科学”区分开来的人文主义主张。为了排除人类学的知识霸权色彩，人类学家开始重新思考其所从事的工作与文化格局之间的关系，主张将人类学视为“人文学”之一门，以此表明人类学在跨文化理解中的重要意义。到了 50 年代，人类学也出现了重视历史过程和社会冲突的研究。在这些研究中，英国人类学家反观了他们的前辈在想象非西方文化时忽视的文化动态性和文化内部多元性。在美国人类学界，文化相对主义的极端形态遭到了批评。人类学家的眼光不仅从美国本土的印第安人研究放大到海外研究，而且也对人类学史展开了重新梳理。在这个基础上，美国人类学家提出了新进化论（neo-evolutionism）、文化生态学（cultural ecology）、文化唯物主义（cultural materialism）等学说，比较深入地探讨了文化演进中一致与差异、经济生活与符号体系之间的关系。随着农民社会的人类学研究的开展，也开始有人类学家深入接触到马克思主义关于阶级社会的理论。在法国人类学中，对法国传统的社会结构理论进行重新诠释，提出了结构人类学（structural anthropology）的主张。这一主张显示出法国人类学家特有的对于社会中人和平相处机制的关怀，从通婚、神话以至任何文化事项的研究，推论出有助于协调“原始思维”与“科学思维”之间关系的模式。

非市场性的人际交往模式（互惠、再分配、自给自足经济）反映的市场资本主义导致的 20 世纪社会内聚力缺憾的问题，一直是这一时期经济人类学（economic anthropology）研究的重要主题之一。在这个时期中，政治人类学（political anthropology）也引起了广泛关注。于 20 世纪 40 年代正式出现于英国人类学中的政治人类学，对非集权政治学有专攻。通过对集权型国家之外的政治组织形态的研究，人类学家拓深了对国家社会的认识，间接地反思了西方集权主义政治的现代性与弊端。在美国新进化论派人类学和英国考古学中，国家起源问题的研究重新崛起。在丰富的考古资料和民族志素材的基础上，人类学家重新考察了“文明脱离野蛮”过程中人的生活面对的种种问题，从一个具有历史深度的侧面，反映了近代政治文明的内在问题。政治人类学对权力、领导权、服从等进行细致的人类学考察，对法律实践中的条文与习俗之间的紧张关系，对政治支配与反支配，对政治－权力符号和意识形态，展开了广泛而深入的调查研究。

在同一个时期，象征人类学（symbolic anthropology）也在西方人类学中得到了特别关注。尽管象征人类学家不乏将象征与知识相提并论的做法，但象征人类学的主要启发来自年鉴派社会学的宗教－仪式理论、结构人类学的符号理论和解释社会学的文化理论，其集中关注的焦点依然是社会构成原理。在对象征的研究中，有的人类学家将象征当成社会体系的核心内容来研究，主张象征是社会的观念形态，从一个接近于意识形态的方式，扭曲地表达、强化或创造着社会结构；有的将象征与日常生活的仪式联系起来，认为它们是潜在于实践中的道德伦理界线，社会通过它们维持着自身的秩序；有的将象征当成涵括社会结构（不为社会结构所决定）的文化体系，既是社会生活的观念形态又是社会生活的浓缩形态（condensed form）。

意识形态的阵营对垒，造就了世界性的政治分化。在西方，人类学在两次世界大战之间形成的人文价值观得到了进一步开拓。而在非西方，却出现了完全不同的潮流。以中国人类学为例，到了50年代，因政治原因，"人类学"这三个字遭到禁用，之前积累的现代派人类学知识[①]，被置于重新获得正统地位的进化论民族学之下，此前奠定的多元学科基础则在先后服务于"民族识别"与"少数民族社会历史调查"过程中渐渐为一元化的"民族研究"所替代。80年代以来，耗费大量精力复兴人类学的中国学者，对于学科的定义与定位存在着激烈的争论。或固守50年代的政治主张，或急迫地想一下子跳出无知，直接飞入西方人类学的所谓"前沿"（如"后现代主义"），是我们时代人类学家表现出的两种最常见姿态。50年代的"正统"，不必赘述[②]，而所谓"前沿"是什么则值得一说。

在我看来，所谓"前沿"，与70年代以来西方人类学发生的重大变化有关。此前20多年间人类学内部产生的学派并立的局面得以持续。同时，对既有理论

---

① 20世纪20—40年代，人类学在中国更经历了时代转变。50年代以前的中国人类学，在西学与国学之间寻找连接点，中国人类学家引进西学，创建自己的学问，将主要是研究"他者"的西方人类学改造为研究国内的"他者"（主要是乡村社会与少数民族）的人类学，并因地区差异而形成学术风格差异。

② 然而，无论论者的观点为何，有一点似不能忘记——20世纪50年代的"正统"，恰是政治生活的直接"衍生物"，也因此，相比于20世纪20—40年代早期中国人类学的营建者为我们留下的学术遗产更缺乏"反迎合"与"批评"的格调。20—40年代的"遗产"，主要内涵是什么？——对人的社会与文化进行社会科学的探究，是它的"核心"。如同欧美人类学，20世纪上半叶的中国人类学，在为学风格上，有的倾向于社会人类学，有的倾向于文化人类学；在某些阶段，这两种学科称谓又被赋予时代性的内涵（如边疆研究与民族学）。

的反思，对世界格局的新认识，也催生了新的人类学理论。人类学著述中一度隐含的对殖民主义、帝国主义和资本主义支配的反思，到 70 年代初期得到了直白的表述。西方人类学与殖民主义之间的关系，以及这一关系对于人类学认识的影响，引起了不少西方人类学家（包括在西方受过学科训练、从事学科教学科研工作的非西方移民人类学家）的充分关注。马克思主义从对帝国主义和资本主义的批判中提炼出来的政治经济学原理，也为人类学家深化其对世界格局的理解提供了重要参考。在知识论方面，对于知识、话语、权力之间关系的揭示，以及对于西方社会科学知识论的现代主义意识形态的历史谱系的研究，共同推进了人类学学科理念的再思考。

在这样的条件下，西方人类学研究者不再满足局限于个别群体、个别地区、个别文化的民族志研究。西方人类学家越来越感到，自从 15 世纪以来，被西方人类学当成研究对象的非西方人类共同体、地方、宇宙观形态，已被纳入了一个以西方为中心的世界体系，并在这个体系中处在边缘地位。怎样在人类学著述中真实地体现世界格局的中心 – 边缘关系？这成为诸多西方人类学作品试图回答的问题。将人类学回归世界政治经济关系的历史分析，成为西方人类学的潮流。更多人类学家主张在坚持人类学的民族志传统的基础上，汲取政治经济学分析方法的养分，使民族志撰述双向地反映处在边缘地位的非西方人类共同体、地方、宇宙观形态的现代命运与不断扩张的帝国主义与资本主义势力的世界性影响。

与此同时，西方人类学家对于自己的工作方式所包含的世界性紧张关系，也展开了深入的反思。他们意识到，自己的学科以跨文化交流为己任，但与被他们跨越的文化相互之间的关系是不平等的。文化之间的不平等关系是怎样生成的？当今支配西方文化的政治经济学前提为何？怎样在跨文化研究时保持人类学家的“文化良知”？什么是人类学的“文化良知”？这些问题被提到人类学讨论的日程上来了。在讨论过程中，西方人类学家一度深陷于难以自拔的“知识政治学忏悔”之中，以为西方霸权的“忏悔”能自动地促成“文化良知”的发现。在这方面，“后现代主义”的种种论述是典型的表现。“后现代主义”促使人类学家对自己的学科提供的叙述框架进行了解剖，在此基础上，又促使人类学家看到自己从事的“人的科学”的“非科学性”（如权力性与意识形态性）。为了揭开人类学的“科学面纱”，部分西方人类学家试图将人类学回归于人文学，从文学、文化研究、文化批评、艺术等门类中汲取养分，重新滋养处于“哲学贫困”中的人类学。这一做法的确为人类学在思想和文本形式方面的“百花齐放”起到了积极的推动作用。然而，将人类学纳入西方启蒙运动以来的现代性的反思中，也使部分西方人类学家将学科推回到西方观念、政治经济体系和世界霸权的重复论证中去了。俨然成为西方人类学“前沿”的那些“后现代论述”，给世界人类学带来了深刻影响。这些论述对于西方近代思想与世界活动的批判，诱使不少第三世界人类学家投身于效法它们的话语的努力中。“后现代论述”是一种“仁义”，还是一只“披着羊皮的狼”？西方人类学内部争论不休。身处新时代的中国人类学家是否可以借反思性和批判性极强的“后现代论述”来重新定位自身，使自己卸去知识现代性带给非西方世界的沉重负担？西方学术内部的自我反思是否足以充当非西方学术确立自身自主地位的基础？种种问题摆在我们面前……

六、遭遇“写文化”

> 民族志学者越来越像北美印第安人的克里族猎人，（故事说）他来到蒙特利尔的法庭上作证，法庭将决定他位于新詹姆斯湾水电站规划之内的狩猎地的命运。他将描述他的生活方式。但在法庭宣誓的时候他犹豫了：“我不敢肯定我能说出真相……我只能说我知道的。”①

上面这小段话，引自“后现代主义”人类学代表作《写文化》一书主编之一克利福德（James Clifford）为该书写的导言，说的是一个克里人到了一个现代法庭，按要求，去描绘自己的生活方式，以作为判决的佐证。法庭要断的案子，牵涉克里人的利益，但他的态度却不卑不亢，应付了宣誓仪式之后，悄悄挑战了刚刚在一个现代法庭礼仪上的宣誓，他宣布自己将要说的事儿，与证人宣誓仪式中必须大声说的“真相”一词无关。在克利福德看来，以自认的“表述”，替代誓言般的“真相”，是民族志学者必须完成的一项新使命。所谓“民族志学者”（实可改译为“民族志作者”），就是工作（特别是书写）中的人类学家。克利福德说，人类学家的心境，变得越来越与克里人接近。如同谦逊的克里人，人类学家不再相信“亲眼看见的事实”，他们也已不敢声称，他们所观察到的等同于“真相”，而只敢说，这是他们“知道的”。在人类学的现代主义成为过去之时，追求所谓“真相”的人类学家，越来越强烈感到，他们如履薄冰。

---

① 克利福德、马尔库斯主编：《写文化》，高丙中、吴晓黎、李霞等译，37 页，北京：商务印书馆，2006。

《写文化》中收录的论文，于1984年提交一个小型学术研讨会讨论，之后，编辑成书，于1986年正式出版。也就是在该书出版一年之后（1987），我去伦敦大学东方非洲学院（SOAS）读人类学，当年，便在“席明纳”（seminar，意为“研讨课”）上遭遇了它。

我们系的老师，退休的不乏痛恨《写文化》的（如一些老教授所言，这类“后现代”之作，鹦鹉学舌，其背后的社会哲学观念，只不过是对英美而言的“舶来品”——特别是法国式“权力”及德国式“批判”），但没有退休的，则只有少数属于《写文化》一书的反对者。老师们多数激情拥抱着形形色色的新著作。不同的老师对于这本书，自然有不同的看法：比较赶时髦的几位“后现代”，抱着它到处宣扬，逼着我们读它；几位虽也十分“时尚”，但对美国文化人类学嗤之以鼻的“新经验派”符号人类学家，不否定它的影响，但却又怀疑它重复了英国人类学界早已熟知的法国“后结构”论调。

带着中国老师教给我的人类学（特别是摩尔根的进化论）来到英国，我被英国老师认定为认识方法有问题的人。我在包括《写文化》在内的众多西方人类学和区域研究名著的帮助下，走出了进化论的阴影。然而，到我临近完成论文时，我变得有点“自以为是”。了解多一点社会理论，我便同意起我们系的退休老教授来，此后，在国内从事田野工作，便增加了把握“真相”的欲望。我感到，无经验基础的反思与有经验基础的反思之间，存在巨大区别。写完论文，我带着对于《写文化》及其他“后现代”著作的反思，踏上归国之路，于1994年落脚于北京大学，对“中国问题”开始了我的“参与观察”。

在国内，社会科学似乎充满着一种《写文化》着重批判的“经验主义”。之所以给“经验主义”打上引号，是因为这里头包含着某种混淆。在我们的思想中，“真相”与“真理”常常混同（《写文化》的中译者显然都遭遇此一混淆导致的翻译危机），而这种混淆有其用途——它使国人产生一种信念，认定文字书写下来的东西，不仅是“真相”，而且还接近“真理”。国人如西人一样，展开社会观察，而且，过去25年来，观察、统计、概括……总之归纳的所有方法，应有尽有，出台于种种所谓的“实证研究”报告里。我们的社会科学家书写出文本，在它上面涂绘经验主义色彩，使文本在印刷时代的仪式中扮演各自的角色，创造出被认为是“真理”的“真相”……所谓“经验”，使我们的学术论文必须有自己的假设、内容及具有“现实意义”的结论。既然“经验”来自对于“真相”与“真理”的混淆，那么，我们观察到什么，便已不重要；重要的是，所观察的，必须符合我们的想象。

厌烦加引号的“经验主义”；回国不久后，我转而推崇起《写文化》这类书来。于国内情形看，“后现代”之作，迫使我们看到，任何“真相”或“真理”都是局部的（克利福德导言的副题即为“部分的真理”）。我开始翻译《写文化》一书的主编之一马尔库斯（George E. Marcus）及其亲密伙伴费彻尔（Michael E. J. Fischer）合写的《作为文化批评的人类学》[①]一书。我开始谈论“后现代”。1995年夏天，在北大召开的第一届社会文化人类学高级研讨班上，我提交了《对于功能主义人类学的重新评估》及《民族志与实验民族志》两篇讲稿。选择在高研班上讲授这两次课，并非毫无针对性。直到十多年前，功能主义与实利主义依然充斥着我们的学术。这两种相互关联的“主义”之所以有其强大作用，部分原因在于：此前，我们经历过一个漫长的“革命主义”时代，而这两种古老的西方理论，竟如此不同于“革命主义”。我充分理解它们对于塑造新时代新精神的作用，但不能理解为什么中国社会科学如此单一、如此缺乏反思。重新评估功能主义，在人类学内部寻找另外一些不同的模式，既使我想到英国功能学派战后的自我反思，也使我想到“实验民族志”之说。在“实验民族志”兴起之前，现代人类学已从业余研究中摸索出一条专业化道路，到20世纪30—40年代，更创造出了缤纷多样的学术成果；经历50年代的理论化，到了60—70年代，人类学家开始意识到，一个成熟的学科必定面临危机。所谓“实验”，就是迎接危机的挑战；诸如《写文化》和《作为文化批评的人类学》，是对种种“实验”进行探索的理论之作。我深感，“实验”对于更新我们的社会科学研究，有着不可多得的启发。

《写文化》的书写，意图不在推翻前人的所有成就。不过，如同克利福德在其导言中所透露出来的，作者对于他们的老师辈，都是倾向于批判的。在这批“后现代”看来，他们的老师辈并不仅仅是在从事研究，而且还是在调动社会资源，创造社会资源，在运用修辞学技巧掩饰学者的无知，在运用虚构的“真相”表达自己的权威。这批自以为是的年轻一代（现在已是老人了），书写出文风和观点都不尽相同的论文。论文中，有的一再想说服自己，不要去寻找老师们已寻找过的“事实”；有的反省自身，诉说自己如何因受学术制度之害，而在文本

---

① 马尔库斯、费彻尔：《作为文化批评的人类学——一个人文学科的实验时代》，王铭铭、蓝达居译，北京：生活·读书·新知三联书店，1997。

中掩盖了不利于自己立论的细节；有的批判西方学者在被研究者面前表露出来的“霸气”；有的将人类学研究当成医治人类学家自身的心理疾病的手段。书中固然也有属于经验派的作品（如主编之一马尔库斯对于现代世界体系中民族志研究和书写方法革新的畅想，即属此类）。但一如《写文化》这一书名巧妙地隐含的，此书的主旨在于为人类学指出一条非经验的、反思的道路。《写文化》说的事儿正是：人类学家宣称自己在研究文化，他们很少意识到，他们自己的研究中，一个最核心的部分，就是书写；书写使文字带着作者所处的“我群”的文化价值与偏见，“翻译”着被书写的“他群”的文化，使其意义发生根本改变；由此，人类学家是在书写自身，他们使自身成为一个约束着书写的西方制度。

克利福德称民族志为“虚构”。什么是民族志的“虚构”？虚构“只不过是相对的”；如今虚构“已经没有了虚假、不过是真理的对立面这样的含义。它表达了文化和历史真理的不完全性（partiality），暗示出它们是如何成为系统化的和排除了某些事物的”[①]。如克利福德所意识到的，将民族志说成是“虚构”，会开罪经验主义者，但这对于他们来说，其实价值颇高。我承认，《写文化》对于以经验为信条的学者来说，的确是一种崭新的刺激。然而，也就是在过去的几年里，《写文化》的这一刺激，再度引起我的质疑。我的质疑不仅来自对书的解读，而且来自过去十年来中国学术自身的变化。中国学术的伪经验主义还没有破除，中国学术的现实主义还没有充分确立，严厉批判经验主义的“后现代”已露出锋芒。中国学术的“后现代”，让我们得到了一个“优美的借口”，直接从伪经验主义跃入反经验主义的“反思”，使我们的“后现代”，与我们的“现代”，成为区别不大的东西——它们都反对经验研究，主张将学术当成“真相的虚构”。

是什么原因导致这一状况的出现？有一点是必须指出的：20世纪的中国，向来不缺少西方“后现代”以为他们自己缺乏的文化极端主义（无论是伪经验主义或拒绝“真相”的“伪后现代”都与此有关）。对照《写文化》与国人数十年前已展开的、对西方人类学文化相对主义、功能主义、新进化论、结构主义、象征符号研究、“异化论”的批判，我们能发现，在西方作为“实验”的《写文化》，其基调早已蕴涵在改革前的中国民族学（文化人类学）中了。记得20年前，我曾向一家专业杂志投出一篇译稿，编辑来信说：“年轻人对于西方人类学要先批

---

① 克利福德、马尔库斯主编：《写文化》，34—35页。

判，才可翻译，特别是对文化相对主义，更是要批判。”接着他劝我说：“你要学好历史唯物主义。”也许那个中国编辑是因为思想僵化才对我做出如此批评的。可是，令我不解的是，在那位中国编辑私下对我提出对文化相对主义的批判之后两三年，作为有影响的美国人类学家，马尔库斯公开在《写文化》一书中发表了《现代世界体系中民族志的当代问题》[①]，该文竟也以历史唯物主义的观点来颠覆文化的相对性……

从摇摆于“反思”与“经验”之间，到推崇《写文化》，再到厌烦它的“虚构主义”——对于《写文化》，我前后有不同的看法……现在，我认定，《写文化》这一西学内部的反思，如同它所反思的东西一样，是一层遮蔽“真相”的话语迷雾；它将“虚构”当成社会科学的事业，为学者以言辞替代观察提供了另一个借口。

---

① 克利福德、马尔库斯主编：《写文化》，209—239页。

第二章

物以类聚，人以群分：分类研究

对于人类学与社会哲学而言，分类这一话题意味深长。早在20世纪初出版的《原始分类》中[①]，法国年鉴派导师涂尔干与莫斯已指出这一话题的内容与值得我们重视的理由：

> 所谓分类，是指人们把事物、事件以及有关世界的事实划分成类和种，使之各有归属，并确定它们的包含关系或排斥关系的过程。[②]
>
> 我们现今的分类观念不仅是一部历史，而且这一历史本身还隐含着一部值得重视的史前史。实际上，我们可以毫不夸张地说，人类心灵是从不加分别的状态中发展而来的。[③]

认识法国派人类学，可以从理解它对分类的研究出发，而要理解这些研究，我们不妨阅读以下三本书：

1. 萨林斯（Marshall Sahlins）的《文化与实践理性》[④]
2. 福柯（Michel Foucault，1926—1984）的《词与物》[⑤]
3. 涂尔干和莫斯的《原始分类》[⑥]

除了萨林斯是受法式人类学影响的美国人类学家，其他几位都是法国学者。我们采取时间和空间倒叙的方式，将美国人类学家萨林斯著于20世纪70年代的《文化与实践理性》当作开端，将法国哲学家福柯著于1966年（“文革”开

---

① 涂尔干、莫斯:《原始分类》，上海：上海人民出版社，2000。

② 同上，4页。

③ 同上，5页。

④ 萨林斯:《文化与实践理性》，赵丙祥译，上海：上海人民出版社，2002。

⑤ 福柯:《词与物》，莫伟民译，上海：上海三联书店，2001。

⑥ 涂尔干、莫斯:《原始分类》。

始的那年）的那本当作过渡，将完成于20世纪初的法国年鉴派大师之作放在最后。如此“倒叙”，意图在于比较和前后贯通。

让我们先看看美国人萨林斯。萨林斯这个人，并非毫无争议。他早年是个进化论者，写的书很像唯物主义那老一套，后来，他受到结构主义的刺激，成为结构主义者。60年代后期，列维－施特劳斯（Claude Lévi-Strauss，1908—2009）的出现，使一代人类学家改头换面，他的魅力过于强大，人人争当其弟子，萨林斯也不例外。加上同一时期，哈佛大学出现一批社会生物学教授，拿到大笔钱财，从事人类基因的生物学研究，提出一些资本主义人性论观点，偏重论证个体主义的资本主义精神。社会生物学让萨林斯感到郁闷。为了表达郁闷与愤怒，他写了一本小书《生物学的运用和滥用》（1972），在书中，他痛骂社会生物学违背人的天性。那么，萨林斯笔下的“人”是什么？是集体意识与符号。萨林斯为什么有这个观点？别人说，那是因为他受到结构主义的影响，而成为“变色龙”。他自己的解释是，早在与怀特（Leslie White，1900—1975）学习时，他就受到象征理论的影响。我们不能不猜想，在那个时代，怀特的象征理论已过时，大家觉得他老人家幼稚，对摩尔根（Lewis Henry Morgan, 1818—1881）太好，而摩尔根当时在美国是被痛恨的人之一。萨林斯自己的解释可能有根据，不过，我们不能忘记，也就是在那个时候，他去法国留学，还把儿子送到法国读书（后来成为历史学家）。他的象征理论事出有因。

导致萨林斯转变的原因无关紧要，重要的是，他提出的问题对我们有启发，尤其是对于更新中国人类学的认识更是如此。

几十年前起，国人多数成为简单的唯物主义者，我们一方面相信物质世界的伟大，宣扬其决定我们的生存与思想，另一方面却实践一种主观思想。过去五六十年来，国内理论的所有实践表明，言辞的作用胜过所有一切。试问过去我们有多少时代是因为一个人喊了一句口号就出现一个大转变？答案可能是多数时代。这说明了什么呢？说明“言辞”决定一切。然而，在理论探索方面，我们却咬定物质决定我们的生活。

对于这个矛盾，迄今学术界的思考还很少。尽管大家的思想都似乎是“解放”了，但对于物质－经济主义的信仰，还没有深刻反思。

萨林斯的《文化与实践理性》批判的是庸俗唯物主义，他提出“文化理性”的观点，指出可能不是生产决定消费，而是反之；而人的消费、交换等总是有“集体观念”在背后作怪，所以，可以说是社会中的符号和分类，决定了我们的衣食住行所需之物的生产。萨林斯说，并不是物（我们的生产）在创造人的消费，而是人的消费决定了生产，但是人的消费又受另外一些东西决定。所谓“另外一些东西”，表面上看起来理智，但实际上都富有宗教色彩。比如，吃牛肉，美国人觉得吃牛肉人就比较“牛”，因而，他们牛肉的产量就比中国高；而中国人觉得吃猪肉比较好，所以，猪的产量多。这些在印度都难以想象。

萨林斯的理论解释“改革”，可能比经济学好得多。“改革”不正是来自我们对某种美好生活的符号的综合？“文革”后期，我们突然觉得缺东西，这时候我们开始想象出很多物来，比如，好吃的东西、日本的录音机、英国的皮鞋等。于是，我们想到要“改革”。我们想象一种美好的生活，用一种接近于宗教的强调说，“哦，那是一种好生活”。我们相信它，用它来推进经济。

我上面说的话，可能有玩笑的因素，可不能说毫无严肃的因素。我其实相信，萨林斯《文化与实践理性》中的观点，有一点是对的，那就是，他指出所谓“文化”是符号的语言，这一符号的语言决定我们想象世界的方式，在不同历史时期以不同形态影响我们创造的生活方式。

萨林斯不是中国人，他书写该著作时，没有考虑到中国问题。但是，他的论断并非与我们毫无关联。为什么一个本来属于西方人类学理论辨析的作品，能与中国关联起来？一个原因是，现代文化已经“世界化”了。从一个角度看，萨林斯所要指出的可能是，现代性内部存在自相矛盾：一方面，现代性的信仰者自以为已完全脱离神话、宗教、符号的控制，进入一个人通过物的生产来获得自我解放的时代；另一方面，他们实际却不能摆脱神话、宗教、象征的控制，因为他们无非是更新信仰，而信仰还是信仰。

萨林斯的“文化理性”的基础是结构主义的语言理论，他用这个概念来表明，人的生活受制于我们赋予世界万物的种种“形容”。我所谓的“形容”，便是人对于世界万物、历史与我们自身赋予的符号意义。

让我们从萨林斯转到福柯。对于历史，二者有截然不同的理解。对于萨林斯来说，在文化的交响乐中历史无非是变奏，人们用观念来表现的世界秩序才是恒久的核心，现代性作为历史的一部分无非是种种变奏中的一种。萨林斯在英国人类学界的一次酒会上，读了自己写的“打油诗”《等待福柯》来讥讽福柯的权力理论，说它是一种浅薄的“权力决定论”。他对福柯的讽刺，不是偶然，因为二者观点确存在不同。不过，于我看，二者之间实际还有相通的一面。福柯要告诉我们的是，在“现代”西方符号完全脱离了人，发展成独立的体系，控制着人认识世界的方式。这从一个角度支持了萨林斯的文化理论，只不过，萨林斯认为符号的“自成体系”自古即存在，而福柯认定现代“认识型”的出现才为此奠定了基础。

我特别了解萨林斯与福柯有不同观点，不过，我将萨林斯与福柯放在一起谈有一定用意。

关于福柯，不少人已介绍了，他代表的时代被人们称为“后结构”“后现代”。所谓“后结构”“后现代”，既可能是相对经典社会理论（如年鉴学派）而言的，也可能是指“后列维－施特劳斯”，从后一种所指来说：为什么在列维－施特劳斯之后，我还主张从“结构”读起？答案是：所谓的“后结构”，无非是“结构”的一种。我们这个时代的人类学，基本上还是没有脱离法国结构主义思想的支配。比如，福柯无非是结构派的若干人之一。你们假使读过斯特罗克的《结构主义以来》[①]这本书，就能发现，它开篇就在谈一幅漫画，这幅漫画画着列维－施特劳斯，还有福柯、拉康（Jacques Lacan，1901—1981)、德里达（Jacques Derrida，1930—2004）、罗兰·巴特（Roland Barthes，1915—1980），在漫画里，他们五个人都穿着草裙，仿佛装扮成原始人，意思无非是说，他们都是法国的结构主义者。他们五个人在过去的三四十年影响很大，原因之一，可能还是与美国有关。美国学界在20世纪60年代时，出现了模仿巴黎的伯克利，一批新一代学者出现一种“Francophone”的现象，也就是“法腔法调”，尤其是伯克利那些教授们和博士生们，乐于谈论“后现代”问题，使这套结构主义的东西“美国化”。因为美国的介入，所以我们这些只读英文的人，就接触了许多法国的东西。美国的介入，也使法国思想在传播过程中被“误解”。那些有钱的伯克利教授经常跑到巴黎去喝喝咖啡，想亲身贴近巴黎，但还是跟它隔着一层。在他们解释的法国传统中，这五个结构主义者就经常被他们抬成“后现代”的始祖，在法国和英国被定义为结构社会理论的，在美国就成了“后现代”。

将福柯的《词与物》当成“过渡”，是有理由的；我的理由是，它本来属于结构主义风格。当然，福柯肯定否认自己是结构主义者，也否认自己是什么“后

① 斯特罗克:《结构主义以来——从列维－施特劳斯到德里达》，渠东、李康译，沈阳：辽宁教育出版社，1998。

现代”（这种人一般把自己当成所有的一切，所以他不可能说我是什么主义的）。他确实给人一种特别鲜明的不同于经典结构人类学的特点，他的论述总是强调近代史与古代史的不连贯或“断裂”（discontinuity），而结构人类学者却认为，历史变化不大，我们认为历史变了，只不过是我们现代人太着急，我们太焦急地用时间的前行来标志历史。

福柯认为，现代之变确定无疑。这并不是因为现代社会是一种幸福的生活，而是因为现代社会是至为怪诞的类型，不同于其他类型。我觉得这一点极为精彩，其对欧洲的贡献，就是使欧洲和美国人意识到他们自己的社会才是怪物，怪的不是欧洲之外的“异文化”。为了采用一种“谱系学”方法来描述这种变化，福柯不断用比较短的时段来形容新类型的发生史。《词与物》和《疯癫与文明》[①]主要是形容两个大的转型。第一个大的转型，就是《疯癫与文明》中说的，疯子在历史上是被宗教特别宽容的一种类型，在教堂占支配地位的时期，疯子可能还被认为很神圣，但16—17世纪，他们成了一种完全被社会分类排斥的异类。到了17世纪，古典认识论出台，疯子已被社会跟其他人完全隔开了。疯子的分类，导致的另一个变化是，到了19世纪以后，他们成了心理分析学用以“修补”疯子和常人之间裂痕的手段；出现了弗洛伊德（Sigmund Freud，1856—1939），他说我们每一个人都有疯子的因素。在福柯看来，是他建立了一种新的分类学，此分类学认定人类属于同一个整体，不管他们是不是疯子，他们都是一个整体。心理分析学使我们放弃疯子与常人的截然二分观念，使我们更细致入微地致力于对人的心理“病态”做层次上的区分，使我们对待异类比以前都要文雅些，但这种文雅，实在包含某种不可承受的重量。我说得有点乱，不过我的意思很简单，《疯癫与文明》想要说的是：“现代化”后，我们都成了“心理分析学家”，我们对待疯子时显得比以前文雅，我们把人和疯子联结在一起，造就一个“大人类”的观念，这看起来很“温柔”，但实质上是现代性最有悲剧性的一面。

福柯所谓的“第二个转变”，是认识型（epistemology）方面的。《词与物》就是在说这个转变。现代人怎样认识世界？福柯认为这跟我们怎样认识自己与疯子之间的差异有共同的历程。从他的书，我们看得出人类学对原始分类的研究对他的影响。他将16世纪以前的欧洲认识论描述得很像涂尔干、莫斯笔下的“原

① 福柯：《疯癫与文明》，刘北成、杨远婴译，北京：生活·读书·新知三联书店，1999。

始分类”，认为此前欧洲人的思维还是“巫术思维”，其原则叫作“相似性”，即依据此物与彼物之相似处来造就言辞与分类。到了16世纪之后，人们转而开始用抽象的言辞对事物进行分类，放弃了相似性原则，我们也放弃“原始思维”，使我们的言辞变成一种抽象的力量，凌驾于物之上，成为单独的一套表象。后来虽然出现“人文科学”，似乎人类学和心理分析学在为人文科学的复兴而奋斗，但并没有使言辞重新融入事物之中，科学已支配我们，我们再也不能用相似律来看待这个世界，就好像现代人绝对不会标榜吃猪腰子还能补肾。

福柯已被贴上“后现代”的标签，读他是否意味着我们必须成为“后现代”？我以为，其实不然，因为福柯在两个浅显的意义上是结构主义者：

其一，他和所有的人类学家一样寻找“他者”，所不同的是，他寻找的是欧洲内部最阴暗的角落，这并非印度学者所谓的“底层社会”，而是来自社会内部的一面镜子，这面镜子像一块玻璃，玻璃放置在阴暗的地方，不透明，却能从此反观平时大家司空见惯的事物。这些阴暗的角落是什么？是监狱、学校、诊所、疯人院。对福柯而言，西方近代的理性只能通过内在于西方、被西方近代分类制度排斥、“涵盖”的被压抑主体得到显现。也就是说，他和马克思（Karl Marx，1818—1883）一样，写着“资本主义社会的民族志”，不少人类学家说，《资本论》是最精彩的“西方社会民族志”。

其二，如果说福柯对于现代性话语和制度的研究，也是对于所谓“资本主义社会”的研究，那么，他的一系列研究与结构主义的思想一脉相承（尽管他有时不承认）。细读《词与物》，你会发现，他对于分类与语言的关注，与列维-施特劳斯一样集中。他们之间的确有区别：前者强调现代与古代的不同，后者更愿意看到二者之间的连贯性。但这一区别是有限的，二者从不同角度，对于我们生活时代的历史破坏性做出强烈的抵制，同时，二者对于遥远的过去，都存在向往之心，只不过福柯为了书写现代社会的民族志，几乎将所有精力投入对现代这个时段的分析，而结构人类学者的叙事，总是围绕“原始社会”与“古式社会”。

以上这两点，听起来可能武断；不过，在社会学年鉴派的老祖涂尔干和莫斯的书里，我们的确能找到确凿的证据。就谈《原始分类》吧，这本书基本是要说明两方面的观点：一方面，人对于物的世界的认识，本质上是一种社会知识，图腾是这种知识的“原始形式”，图腾为知识的基础（分类与语言）与社会的组织之间的“相互映照”关系，提供了最典范的例证；另一方面，现代知识与“古式知识”之间存在不同，现代知识将人与物、人与自然截然二分，认定物是没有内容和情感的东西，无非是些人的对象，而“古式”知识，则赋予物如同人的意义和情感。简单地提到这两点就足以表明，两位老祖实际已触及萨林斯与福柯有关分类、符号对于社会生活的“支配”的分析。

萨林斯、福柯、涂尔干和莫斯所写的三本不同的书，也可以顺时间阅读，从20世纪初年的年鉴派之作开始，往萨林斯的方向走。只不过在阅读的过程中，我们应当注意到一个转变——年鉴派到萨林斯的“文化理性”之说的过渡。法国社会学派的早期特征，是一种决定论式的社会学主义，认为社会是基础，它总是有萨林斯所反对的那种基础与上层建筑之分的倾向，跟马克思的经济基础和上层建筑论有相似之处。在马克思看来，基础是经济的，是生产和生产关系，而在涂尔干看来，基础是社会的现实面貌，比如，图腾制度背后是一套部落的社会组织。萨林斯所谓的“文化理性”包含了“社会”，但其所发挥的思想实际是从年鉴派的某个局部延伸出来的，是试图赋予分类独立意义的结构人类学思想。列维－施特劳斯以为，涂尔干的错误在于企图在分类、知识、神话背后寻找实在的社会结构，而他看到的“深层结构”，却是人类知识本身；知识介于人和自然之间，连接了社会与自然，自身又可能源自人的“自然性”，特别是受自然演化过程决定的“两性之别”。萨林斯的“文化理性”，跟列维－施特劳斯说的人类思维（知识）的“结构”接近（它本身是从那里受到启发才提出的）。当然，“文化理性”本身是个综合。萨林斯本人跟我说过，他确实受到法国后期思想的影响，但自认为是美国中西部人类学传统的传人。这块土地是波亚士传统的力量最强的地方，有点像我们北大有吴文藻的传统。在美国沿海的许多地区，人类学被英国学派“殖民化”了，变得特别像“社会人类学”，萨林斯想通过“文化理性”观念来实践的，是“文化人类学”的复兴，特别可能是美国人类学象征理论的复兴。

三本著作，有以上说的连贯性，但相互之间也存在观点的不同。除了行文风格的差异，三者之间还有更实质性的区别。我斗胆认为，萨林斯、福柯、涂尔干和莫斯的著作，从不同角度解析了“现代性”的知识论基础。从一定程度上讲，发轫于法国的结构学派，在解释现代认识论时，存在前后连贯的思路，这个思路的要点是：

其一，原始社会和“古式社会”中，赋予物以人性，使人的言辞与物的本性，保持某种亲密性（或福柯所谓的“相似性”）；

其二，现代知识论区别于“古式认识论”，对万物进行明晰化分类，导致

“物的秩序”产生并成为同时支配人与自然的力量。

这就是说，从涂尔干到福柯，法国学派关注的更多是现代与传统的“决裂”。诚然，在这个学派内部，也存在着分歧。例如，对于经典年鉴派而言，理想是社会的凝聚，而对于“后现代”的福柯而言，包括社会在内的非个人制度，都违背个体的福利，因而，是不同程度上的“暴政”。

在法国学派与萨林斯代表的美国学派之间，既有密切关系，也存在差异。萨林斯对于现代性的解释是，这是古老欧洲宗教传统的变奏，与“古式社会”一样，本身是一种宗教式的符号体系。在萨林斯的著作中，对现代分类和符号体系的分析是核心内容，但这一分析的宗旨，不在于指出现代知识论不同于传统知识论的方面，特别是不在于指出，分类体系的清晰化、体系化及自在化所导致的后果，而在于指出，西方对于理性的西方与非理性的非西方之区分缺乏根据。在萨林斯看来，被认定为有别于原始文化和“古式社会”的西方，一样是由符号化的实践创造出来的。

除了上述需要关注的差异，在三者之间，我们还需辨析出人文价值方面的分歧。相比而言，结构论派更倾向于理解秩序生成的原理，而福柯则对分类与符号构成的“物的秩序”，展开颠覆性解构。福柯对于现代知识的“全能主义支配”的批判，又使他区别于主张在神话思维与逻辑思维之间寻找桥梁的列维－施特劳斯。他的著作指出列维－施特劳斯对于神话的逻辑分析，乃是西方科学对于非西方神话的清理。从这个意义上讲，说福柯是“后结构主义者”并没有太大偏差。然而，将论述的差异搁置起来，我们也可以在二者之间发现共通之处：无论是列维－施特劳斯，还是福柯，对于内在于现代西方知识型的那种文化破坏力，都给予了反思与批判。我认识的西方人类学（及社会哲学），向来是以这种反思与批判为特征的，列维－施特劳斯与福柯，是给这一特征添加上最浓厚色彩的两个人。

人类学家热衷于对事物分类的研究，企图在“原始分类”与“现代分类”中寻找思想空间，他们对于分类与符号的论述，既表现出这门学科一般具备的、有一定自我约束的精神追求，又表现出不同学派多彩多姿的自我呈现方式。

分类研究的阅读使我们看到，法国学派始终贯穿一种理论关怀：尽管他们内部也存在争论，但争论都是围绕语言与社会之间的关系展开的，涂尔干、莫斯、列维－施特劳斯、福柯（当然还有德里达等），概莫能外。而受到法国学派影响颇深的美国人类学家萨林斯，虽也重视语言与社会之间的关系，但他对于英美学派中“决定论”的问题更加敏感。萨林斯的论述，更多牵涉经济与符号体系、社会结构与观念形态之间的关系。他从“文化理性”的角度，批判了经济与社会决定论，表现出美国学派“文化独立论”的传统特征。这一烙印，是德国人类学经过流亡的犹太学者打下的，但其问题意识，却与英国社会人类学的“经验主义”与“实利主义”有很深的纠葛。

第三章

亲属制度：纵式、横式与观念

我推崇人文主义的人类学观，我认为，“做人类学”要有一些思想准备。人文思想方面的准备是首要的，这与学者们常说的“学养”是相通的。而所谓“思想”，其重点则是，形成对于到底人是什么的理解。

与人文思想相关的人类学，主张的不是捉摸不透的玄理，而是一种“人之常情”，即，人之所以为人，乃因人天然地与他人及与物之间，有着相互依赖的关系。

正因为人类学把“人之常情”视作“人天然地与他人及与物之间，有着相互依赖的关系”，所以，人类学家在研究中总是追求一种对于生态体系、物质文化、衣食住行、社会组织、风俗习惯、“土著思想”的民族志综合。

不过，学术研究不是没有步骤或程序，有了人文思想还不够；要“做人类学”，我们还要把握这门学科的前人经过一个多世纪的努力为我们提供的线索。在这些线索中最基本的，除了分类研究，就莫过于围绕“亲属制度”（kinship）这个词衍生出的知识体系了。

何为亲属制度？它是指那些基于非政治的、自然的血缘和姻缘关系属性而建立起来的以关系称谓为特征的制度。亲属制度是人与他人之间关系的表达。我们所说的“三亲六故”，就是这一类人际关系。但亲属制度又是人与物之间依存关系的表达。作为人与物之间依存关系的表达，亲属制度是社会性与生物性的结合。如卡尔斯滕（Janet Carsten）指出的，“亲属制度中的社会面与生物面不应被视作二元对立的”。[①]亲属制度经常被理解为称谓体系，而这个称谓体系有其实质内涵，它恰是通过人身的“液体”，如血、精、骨、肉等类物质体现的；与

---

① Janet Carsten, *After Kinship*, Cambridge: Cambridge University Press, 2004, p.188.

此同时，这个听起来玄乎的称谓体系，除了“血亲”的内涵，通常还会落实在服饰（特别是婚丧嫁娶时穿着的服饰）、土地、房屋，以至各种各样的自然物上，从而得到物化的体现。总之，“亲属制度”既是人与他人的关系体现的方式，也是人与物的关系体现的方式。

在一段相当长的时间里，“做人类学”的起步，通常是做亲属制度研究；其基本步骤是，在所到之地对当地人的相互称谓进行调查，在这个基础上，询问这个地方血缘与姻亲组织的概况，了解当地人对于“人之常情”的解释及社会性与生物性关系的表达方式。

借助前人积累的亲属制度研究成果展开社会研究，固然会被强调“表述”的后现代视作“落后思想作怪”。

某种后现代人类学为不安的研究者提供了一方安慰剂——即使未曾从事过人类学研究，也胆敢以为，只要自己相信“真相”都是“局部的”，那便已是人类学家了。吊诡的又是，恰是后现代人类学，在对人类学“去田野化”之同时，“激励”我们去从事田野工作，特别是在毫无学理准备的情况下，贸然“进村”，以为不管三七二十一，只要是下过乡，到过一些地方，遭遇过“他者”，搜罗过一些材料，再把它们与自己的个人化的感想凑合在一起，写成一篇“反思民族志”，就算是做人类学的了。

这种既否定人类学的“真相”，又吹嘘“田野反思”的所谓“人类学”，若可以成立，则所有导游性杂志，都可以被定义为“人类学核心期刊”了。我认为，“做人类学”虽不是极端复杂而神圣，却也不是那么简单。我坚信，从事诸如亲属制度这样的“传统研究”，不仅是培养人类学研究者的必要步骤，而且还是“解放思想”的方法。

数十年来人类学家在对世界格局展开批判性研究时，确实抱着一种美好的平等理想。但在强调这一理想及其对西方造成的不平等局面的批判性时，西方人类学家却忘记了公正、良知等观念在特定社会中有特定的含义。对15世纪以来的欧洲中心的世界体系展开“写文化”式的反西方中心主义批判中，西方人类学家无意中忘却了非西方的各种文化自身的意义及这种意义对于“西方观念”潜在的挑战。特别是当后现代主义的个体主义与政治经济学的功利主义被导入人类学以来，多数人类学家已淡忘一个事实：基于对西方的方法论个人主义、犹太－基督教宇宙观、平权主义意识形态的反思，发现非西方的“人的观念”、宗教宇宙观、政治形态中的启发，曾是人类学家投身于其中的事业；[①] 这项事业，在当下世界格局下，依旧至关重要。而要从非西方文化的研究中揭示西方文化中的“个人自由”、宗教支配、世俗国家意识形态的文化局限性，人类学家有必要从亲属制度的基本社会结构形态和观念形态入手，展开对于人与他人及人与物之间关系的思考。

以有关“局部真相”的讨论为例，对于一位北美印第安克里族人进入蒙特利尔法庭作证的那个事件，克利福德关注的细节，不过是证人说的那句关于“真相”的局部性的话，而这个事件，本质上却不仅是“表征性的”，而有更实质的内容（见第一章）。一个不断侵袭着“世界的边缘”的势力，在进入“他者”的领地时，影响到了克里人的集体利益。在克里人这群“他者”那里，解决问题的方案，可能与法庭无关，若利益矛盾只牵扯克里人内部关系，且发生在法庭体制未进入北美洲的过去，那纠纷便可能要按照当地“土著”的“习惯法”来解决了。但时下，渐渐成为“正统”的西式法庭，却已有充分权威要求克里人出庭，更甚者，还要按现代西式法庭的仪式规定，在宣誓仪式过后，方可开口说话。

人类学产生于近代西方，在这门学科发育的过程中，“社会的法权化”进程已大体完成，剩下的“工作”就是将之传播到世界的“边缘角落”。

与“社会的法权化”相关，在近代西方，“核心家庭”（the nuclear family）成为私人生活和公共生活的关键制度。

“核心家庭”指的是以单偶的双亲和子女之间的关系构成的小型家庭形态。这一家庭形态，是古老的人类史上遗留下来的横向（双亲）和纵向关系的双重表现。不过，生活在近代西方的普通人，对此却不求甚解。近代西方主流思想多数接受了核心家庭的“常识”，倾向于以个体为单位来定义权利与义务；此时，“爱情”“家的归属感”和“亲情”虽则得到尊重，但与之相关的关系的观念，却在强大的近代法权制度压力下，变得越来越“不合时宜”，并随之成为“边缘观念”。人类学家是一群跟“常识”对着干的人。

当人类学家到达非西方的田野工作地点时，他们开始了解当地的关系；首先，他们从人们怎样相互称呼来探知他们的关系，借此得到一些有关当地人的关系组织的信息。

人类学家对于社会形态和文化差异的好奇心，起源于他们对于非西方亲

① 杜蒙（迪蒙）:《论个体主义——对现代意识形态的人类学观点》，谷方译，上海：上海人民出版社，2003。

属称谓相较于正在随着现代法权观念成为“世界正统”的西方同类称谓体系的繁复状态的关注。亲属称谓及其制度的最早研究者有摩尔根、梅因（Henry Maine，1822—1888）、麦克伦南（John F. McLennan，1827—1881）；他们相互之间有分歧，但也有共识，在他们笔下，非西方社会亲属称谓背后，隐含着与西方的法权观念不同的制度意义，所以在其论著中将之列为社会形态史的首要素材。[①]

人类学家经常因沉溺于对亲属制度复杂性的展示而遭到其他学者的批评，但他们却认为，这样做有很好的理由。比迪（John Beattie）就曾说，在非西方社会起重要作用的亲属制度在西方起极小的作用，人类学家通过探索这种差异的根源就能指出发达的西方人眼中的“技术上最简单的社会”，其实也拥有以“生物学关系来识别并规定社会关系”的智慧[②]。

为了以亲属制度研究来展示非西方社会的人际交往智慧，人类学家在近一个世纪的研究中总结出一些基本的看法，基于这些看法，我们大体上可以将世界各民族存在的那些差异巨大、名目繁多的亲属分类和称谓方式概括为一套模式。这些被利奇（Edmund Leach，1910—1989）戏称为“蝴蝶标本采集学”[③]的分类模式，包括爱斯基摩制（Eskimo System）、夏威夷制（Hawaiian System）、易洛魁制（Iroquios System）、奥马哈制（Omaha System）、克劳制（Crow System）、描述制（Descriptive System）等[④]。

诸如马林诺夫斯基之类的现代派人类学家反对研究称谓本身，而认为应该主要研究两性关系的心理与社会互动的行为[⑤]。虽则人类学史上马氏的支持者不少，但更多数人类学家公认，由称谓体系的研究引发出来的亲属制度研究，具有以下三个层次的意义：

> 其一，在分类和识别的层次上，亲属称谓提供了人们理解和体验他们的环境的概念框架，使他们能以拟人式的图景来与所处的周边事物交往；
>
> 其二，在法权层次上，亲属称谓以分类和识别为方式，构成人们之间权

---

① Robin Fox, *Kinship and Mariage*, Harmondsworth: Penguin, 1967, pp.16–20.

② John Beattie, *Other Cultures: Aims, Methods and Achievements in Social Anthropology*, London: Cohen and West, 1964, pp.93–94.

③ Edmund Leach, *Rethinking Anthropology*, London: Athlone Press, 1961, p.4.

④ Fox, *Kinship and Mariage*, pp.24–62.

⑤ Bronislaw Malinowski, *The Sexual Life of Savages*, London: Harcourt, Brace & World, 1932.

利、责任和义务关系的一般规则；

其三，在人的行为层次上，亲属称谓在事实上影响着人们在性别交往、婚姻及团体互动的实践。[①]

不同的人类学家在亲属制度的研究中，大多从上述个别层次切入主题，而他们之间的观点差异，也大多是因为所关注的层次不同。以此观之，我们能看到，除了在美国人类学中长期盛行的称谓研究，英国拉德克利夫－布朗一脉的社会结构研究（主要探询分类与法权之间的关系）、法国列维－施特劳斯一脉的结构人类学研究（视第三层次，即性别交往、婚姻与团体互动为关键）及后发的美国人类学观念形态的研究（视亲属制度为“文化”），是亲属制度研究的三种主要方式。

一、纵式：继嗣理论

拉德克利夫－布朗把亲属称谓看作社会对于个人之间权利和责任关系的规定。[②]他认为，权利与责任的规定，就是继嗣群体（descent groups）内在社会组织的原则。亲属称谓表面上是语言现象，实质上却远非如此，它们反映着个人在其社会中所占的地位的体系。倒过来说，把有亲缘关系的个人组织成群体的方式，都必然对任何社会中称谓这些个人的方式产生深刻影响。说亲属称谓是适应于亲属群体而存在的，并不是说要排斥称谓制度中的其他因素——比如，性别、代际的区别或家系之别——的影响，而只不过是说，不管亲属称谓制度所强调的是其中哪种因素，它们都具有社会意义上的双重角色：一方面，它们被当时人归入单一特定部属；另一方面，它们被不同种类的人分为不同的部属。也就是说，如果两个或两个以上亲戚的地位类似，则属同一称谓。对于不同的亲属称谓制度的划分，是基于这个双重角色原则。

社会缘何对人之间的关系做如此双重规定？

拉德克利夫－布朗引领的结构－功能派力图从“自下而上”及“自上而下”两个方向给予解释。

---

① Jack Goody, “Comparing Family Systems in Europe and Asia : Are There Difference Sets of Rules?”, *Population and Development Review*, 1996, 22 (1), p.312.

② Alfred R. Radcliffe-Brown & Daryll Forde, eds., *African Systems of Kinship and Marriage*, London: Kegan Paul International, 1950.

“自下而上”地，他们认为，继嗣群的形成与超越西方式核心家庭概念的群体合作的需要构成密切关系：所有社会都可以某种“家”的形式来解决群体生活面临的两性间经济合作、儿童的养育以及性关系控制问题，而社会还需要解决“家”不能解决的一些问题，这是因为一群体的成员还往往需要向另一群体的成员寻求支持与保护，以应对自然的或人为的灾难，并保障人们和谐地协作和共享生产资料。

“自上而下”看，他们认为，许多超越继嗣群的组织方式（如正规的政治制度及保障全民共享法律、和平、资源、规章的各种现代制度）不足以满足群体生活需要，因而使继嗣群的作用变得更为关键。从这样的角度来解释亲属制度，使一些人类学家坚信，以亲属类别为基础营造出来的亲属群（kin groups），是社会组织的基本形态。

亲属群又是以怎样的形式组织起来的？

在拉氏看来，从继嗣的角度看，亲属制度的关键特征是对于由继嗣来推算的亲属（kins，或 relatives）与由婚姻关系来推算的姻亲（affines）之间的区分，更在于亲属之于姻亲的首要地位。其实，从社会的内在组织看，亲属群的圈子确实主要是通过继嗣的路线来推算的，因而最常见的亲属群又是“继嗣群”，即以一个无论是现实的还是虚构祖先的直系后裔作为成员资格的标准而被公认的社会整体。继嗣群的成员构成来自一连串的父母 - 子女关系对于共同祖先的追溯。继嗣群为有效地发挥作用，必然明确规定其成员资格；否则，其成员就会因身份混淆而对该忠于谁这个问题存在混乱的概念。限定成员资格的方法之一就是界定生活的居处，如：（1）依从父方或母方的居住地居住而形成从父居（patrilocal）或从母居（matrilocal）；（2）由夫妇选择在夫方或妻方的任一家庭中居住形成两可居（bilocal）；（3）由夫妇在一独立地点建立一个家庭居住地点形成新居制（neolocal）；以及（4）在较为少见的情况下由夫妇与丈夫的母亲的兄弟住在一起形成从舅居（avunculocal）。①

拉德克利夫 - 布朗在亲属制度研究方面的观点集中表达于“世系群”（lineages）这个概念中。

所谓“世系群”是由有血亲关系的亲属组成的共同继嗣群，这些亲属自称

---

① Alfred Racliffe - Brown, “Systems of Kinship and Marriage”, in Adam Kuper, ed., *The Social Anthropology of Radcliffe - Brown*, London: Routledge & Kegan Paul Ltd., 1977, pp.189–286.

源于一个共同祖先的继嗣群，他们能够通过已知的关系从家系追溯继嗣。“世系群”这个词，通常用在单系继嗣占支配地位，但类似于两可系继嗣的继嗣群伴随存在的地方。世系群一般很重视祖先的作用，这类群体在识别成员资格时，多视“候选者”是否能证明自身与一个共同祖先存在血缘关系而定，而在这类群体中，个人若不是某一个世系群的成员，那他就会失去“法权”上的地位了。由于在群体中的身份，源于世系群成员的资格，而且法律地位要依成员资格而定，所以政治和宗教权力——如那些与神和祖先崇拜有关的宗教权力——也是从世系群成员资格推衍出来的。

在社会关系意义上，世系群的一个共同特征，在于它们都实行外婚制（exogomy），所谓“外婚制”指的是：世系群的成员，必须在其他世系群中寻找婚姻伴侣。世系群外婚制的一个优点就是该群体中潜在的性竞争受到控制，因而促进了该群体的合一。世系群外婚制还意味着每件婚事都不只是两个人之间的安排，它还等于世系群之间的新联盟，有助于使其继续成为较大社会系统的组成部分。最后，世系群外婚制维护一个社会中开放性的交流，这促进了知识从一个世系群向另一个世系群的传播。[①]

世系群之说的提出，与政治制度比较分析的要求有关。在《非洲政治制度》一书中，埃文思－普里查德（E. E. Evans-Pritchard，1902—1973）、福忒思（Meyer Fortes，1906—1982）等人把社会分为两大类，一类是“A 组社会”，即拥有中央化权威、行政机构与法律制度的社会；另一类是“B 组社会”，即无政府统治的社会。无政府社会又分为两种，即政治结构与亲属制度完全融合的社会（社区）和所谓的“裂变世系群制”（the segmentary lineage system）。[②] 埃文思－普里查德和福忒思的世系群研究大多是关于裂变世系群制的阐述，并主要陈述在前者所著《努尔人》[③] 以及后者的泰兰西人（the Tallensi）研究 [④] 之中。

埃文思－普里查德的专著《努尔人》是他研究尼罗河下游的一个苏丹民族努尔人（the Nure）的三部曲之第一部。此书的主要论题是“社会结构”，或由个人形成的群体在群体体系中的相互关系。依据它的陈述，努尔人中最大的地域

---

① Racliffe-Brown, “Systems of Kinship and Marriage” , in Adam Kuper, ed., *The Social Anthropology of Radcliffe-Brown*, pp.200–211.

② Meyer Fortes & E. E. Evans-Pritchard, eds., *African Political Systems*, Clarendon: Oxford University Press, 1940, p.4.

③ E. E. Evans-Pritchard, *The Nuer*, Clarendon: Oxford University Press, 1940.

④ Meyer Fortes, *Time and Social Structure and Other Essays*, London: Athlone Press, 1970.

性、政治性社区是部落，部落的领地被分为裂变区（segments）；裂变区又分为下一级的小裂变区。社会单位越小，越有内聚力。而裂变区没有长远的政治认同。这些地域性的裂变单位只是在特定的场合才为社区行动提供场景[①]。在努尔人中，如果某村的某人杀了另一村的某人，结果便是两村形成对垒状态；如果属于同一区（包括两个村落）的某人杀了另一区的某人，则两区会陷入械斗境地。这种分化和合并的过程，在埃文思－普里查德看来是裂变政治制度的社会动力，其功能在于维持裂变单位的稳定，因为裂变单位在大的体系下是互相融合的。[②]努尔人的裂变制之所以可能既分化又融合，其原因在于他们拥有一套独特的继嗣制度。在他们的社会中，有一组完整的继嗣群提供了社区组织的基础。努尔人继嗣群的基础是父系纽带，最大的地域组织（即部落）是建筑在处于支配地位的氏族的继嗣线之上的，这一氏族声称自己是部落始祖的直接后代。氏族本身又被分为较小的继嗣群，它们的祖先是大氏族的族先的晚辈。氏族进一步分为最大、较大、小型三类世系群，世系群越小，地域性组织越密集。它们是械斗的真正社会实体。埃文思－普里查德认为，努尔人社会结构是由两种原则构造起来的，这两种原则分别是"地缘"（地域性组织）和"血缘"（继嗣性组织）。换言之，世系群组织是地方组织的表现；而反过来讲，地方组织同时也是继嗣组织的表现。[③]

埃文思－普里查德以努尔人民族志表明，没有政府的社会如何通过地域和继嗣方法构造自己的政治秩序。福忒思所力图构造的理论，最终目的与埃文思－普里查德一样，就是要说明为何无国家的社会可以存在。不过，他所提供的民族志材料和人类学分析，却与他的同路人有所出入。

与埃文思－普里查德不同，福忒斯的材料来自西非加纳的泰兰西，而不是东非的苏丹。不过，与努尔人相似，泰兰西人也没有国王和酋长；同样地，家庭关系也至关重要，因为家庭的父系纽带提供了政治秩序的构造基础；社会是一种平均主义的分布，地方性社区是这个非集权社会的存在机制；地方性社区的组织基础则是单线的继嗣群，此类群体又与氏族权紧密相连。泰兰西人与努尔人有不少相同之处，但他们虽有世系群，却未形成像努尔人那样的完美结构。在泰兰西人中，系谱关系没有成为裂变区的分化机制，而且氏族纽带的构造也采用了各种各样的途径。空间分布的远近、仪式性的合作、外婚制规则的共有、通婚的模式等，

① Evans-Pritchard, *The Nuer*, p.6.

② Ibid., p.150.

③ Ibid., p.205.

均可造成氏族纽带。甚至，有些氏族根本与氏族关系无关。氏族关系往往与邻里关系互相重叠。[①] 世系群以不同的层次存在着。有些裂变单位与世系群关系密切，另一些则可能相反。既然世系群与地域单位之间的关系如此复杂，那么，何为社会联系的机制？在《单系继嗣群的结构》一文中，福忒思指出在没有国家的社会中，利益、权利、认同的分化所依靠的法则可能有两种：（1）公共制度对行为的约束；（2）宗教、道德、情感等因素。这两种法则互相补充。在继嗣群处于支配地位的社会单位中，公共制度通常较为重要，而第二种法则起补充作用。[②]

弗里德曼（Maurice Freedman，1920—1975）利用中国世系群（即"宗族"）研究，检验了埃文思－普里查德和福忒思的模式。在他看来，埃文思－普里查德和福忒思的"世系群理论"的前提是无政府、无国家社会的存在，是为了解释没有国家的社会如何建造自己的社会秩序；可是，假使有国家的社会也存在世系群，此一理论便有漏洞。因此，弗里德曼提出一个问题：如何在中国社会中寻找非洲世系群模式的"悖论"？

为了论证"悖论"，弗里德曼提出了以下两个互相关联的问题：

其一，世系群如何适应中国社会的现实并在中国社会的构造过程中扮演角色？

其二，中国世系群的结构与功能是什么？

依据他及其追随者的考察，世系群的确符合中国社会的现实，有严格的构造与功能。弗里德曼认为，传统中国承认两种财产：私产，即可被转让、出租、交易、分割的财产；祖产，即一旦建立便不可被其共有者分割的财产。有能力的人一般会把自己所拥有的财产的一部分捐出来，建立家族公田，使之成为祖先祭祀和各种社区福利的财政支持。在某些情况下，祖产的产出还可以在家族成员中进行分配。也就是说，在中国社会中，世系群之所以成立，根本的原因是共同祖先的认定与祖产的建立，或者说在于财产关系。由于财产并不是直接从世系群谱系中划出来的，而是某一继嗣群的若干成员捐献出来的公有化私产，因此这些个别的捐献者一般更强调把远亲排除在祖产的拥有名单之外。这是为了保证祖产的产出不为太多人口瓜分。与努尔人不同，中国世系群的裂变不是依据系谱。因此，世系群裂变出现不平衡现象。也就是说，在同一个世系群内部存在社会分层。表面上

① Meyer Fortes, *The Dynamics of Clanship among the Tallensi*, Oxford: Oxford University Press, 1945, pp.63, 203–205.

② Meyer Fortes, "The Structure of Unilinear Descent Groups", *American Anthropologist*, 1955, 55 (1), pp.17–51.

看，世系群或世系群的头人是活着的最老的世系群男性成员；这让人感觉中国社会是平均主义的。其实不然，地方领导权和负责权往往集中在富人与士绅手中。[①]

埃文思－普里查德认为，世系群制之所以存在，原因在于它是平均主义的社会组织方式，而平均主义是无国家社会赖以生存的基础。弗里德曼的中国宗族理论提出了一个问题：中国世系群的存在恰恰因为它是不平均的制度。那么，为什么不平均的制度反倒成为中国世系群发展的基础？弗里德曼对此提出了他的解说。他认为，世系群内部权力集中在少数人手中，有利于把世系群成员汇聚成一个团体，使世系群不受强大邻族的侵害，并使国家对地方的剥削减轻。世系群内部的权力分化，使富人和绅士可以充分发挥他们的政治经济保护作用，使穷人可以发挥他们的武力。弗里得曼还认为，世系群内部精英分子的存在，是国家与世系群并存的机制。虽然传统中国的政治体制是中央集权制，但是它充分允许了地方社区的自主性。从中央政府的观点看，地方自主可以使中央减少它在行政上的负担，同时可以使农村地区的社会获得稳定并置于中央政府的控制之下。不过，如果从地方社会的角度看，这却造成了地方世系群势力的强化。处于中介地位的地方精英阶级，使国家与地方处于并存状态之中。[②]

二、横式：联姻理论

由拉德克利夫－布朗引领的学派，虽则未曾全然排斥群与群之间通婚关系的研究，但侧重研究的是亲属的称谓类型与群体内在组织规则之间“结构”与“功能”意义上的关系。对于这派人类学家而言，亲属制度是一些族群营造其内部社会秩序的手段，作为亲属制度的重要组成部分的婚姻，则是第二位的。持其他看法的人类学家却不一定同意以团体的凝聚为核心的探讨代表了亲属制度的真相。例如，列维－施特劳斯即借助从非西方社会的人类学研究中获得的关于婚姻的资料，阐述了亲属制度是群体之间的交往关系制度的观点。

列维－施特劳斯认为，婚姻与乱伦禁忌是同一个铜板的两面之一；与乱伦禁忌（incest taboo）——即在习俗上对于近亲通婚的戒忌——类似，婚姻扮演着为地方性群体避免其内部性自足的角色，因而婚姻也起着促进社会进行更

---

① Maurice Freedman, *Lineage Organization in Southeast China*, London: Athlone Press, 1958, pp.46–77.

② Freedman, *Lineage Organization in Southeast China*, p.158.

广泛的社会联结的作用。换言之，婚姻是“亲属制度的基本结构”（elementary structures of kinship），因为它为不同社会群体奠定了交往的模式。

对于列维－施特劳斯，“亲属制度的基本结构”指的并非是拉德克利夫－布朗意义上的内部功能互动的结构，而毋宁说是群体外部联系的规则。①

如古德（Anthony Good）概括的，列维－施特劳斯用“交换”（exchange）这个概念来描述这些规则，并认为婚姻引起“交换”的方式包括如下三种：

1. 对称性交换（symmetric exchange）

在对称性交换中，A群体的女子与B群体的男子结婚，反过来B群体的女子也与A群体的男子结婚。类似的互惠式（reciprocal）通婚也可以在C群体和D群体之间进行。列维－施特劳斯认为对称性交换是“原初型的社会黏合形式”（rudimentary form of social cohesion），并将它称为“有限的交换”（restricted exchange），因为他认为这种婚姻形式只能联系少数一批人。

双边交表亲通婚（bilateral cross-cousin marriage）是对称性交换的简单模式。如A和B都属于核心家庭，而所有的通婚仅发生于第一代的交表亲之间，其子女则或为交表，即兄妹的子女，即两个兄弟或两个姐妹的子女。这种婚姻形式被称为“双边交表亲通婚”，是因为配偶与父系和母系都构成关系。当然，双边交表亲通婚无非是一个简单的说明，在比家庭规模更大的、由成百上千的人组成的继嗣群之间，也可能发生类似通婚，而通婚的对象也因之可包括数量极多的表亲。A和B构成的二元组织，甚至可以是整个社会，它们也可能不是继嗣群，而是地域化的社会群体（如村落、区域等）。因而，列维－施特劳斯依据对称性交换想说明的，无非是社会群体之间交往和联结的一种机制特性。

2. 非对称性交换（asymmetric exchange）

非对称交换指的是A群体的女子与B群体男子，但B群体的女子不得与A群体的男子结婚，而必须与C群体的男子结婚。同样，C群体的女子与D群体的男子结婚，但D群体的女子却必须在C群体的男子之外寻找配偶。在此模式中，如一些单独的家庭之间发生通婚，则每个男子所娶的配偶，都属于母方的交表。同样的模式也发生在大型的社会群体之间，非对称性交换与对称性交换

① Claude Levi-Strauss, *The Elementary Structures of Kinship*, Boston, London: Eyre and Spotiswoode, 1969 [1949].

一样，无非是一个模式。列维-施特劳斯把这种婚姻形式称为“一般化的交换”（generalized exchange），并认为这种婚姻的交换形式比起“有限的交换”（即对称性交换）提供了更大的社会黏合可能性，因之也使更复杂的社会体系得以发展。

3. **父方交表亲通婚**（patrilateral cross-cousin marriage）

列维-施特劳斯将与父方交表交换单列为第三种通婚模式，这种交换即指男子均与他们的父方交表通婚。在这种通婚制度中，所有的交换每一代都发生颠倒，没有固定的模式。如，第一代A家的女子与B家的男性表亲结婚，成为妻子的给予者（wife-giver），则第二代B家的男子与A家的女子结婚，A家转而成为妻子的获取者（wife-taker）。类似的情况也可以发生在大型社会群体之间。①

列氏力求借助“亲属制度的基本结构”表明，其研究并不局限于通婚领域的规模大小及交换模式的差别，他还关注婚姻在社会群体之间的“战争与和平”关系中的作用。就他的几种模式可以看出，他想论证的无非是一个观点，即通婚交换的范围越受到严格和对称性的限定，社会群体之间的紧张关系和相互矛盾就越容易发生，它们之间的联盟就越难扩大。相反，社会群体之间的通婚交换领域越开放，社会群体之间的和平相处和联盟就越有可能实现。作为一种文化形态和社会逻辑，婚姻是社会群体交往的重要中介，是和平的缔造力量。也就是说以婚姻为基本结构的亲属制度，主要作用并不在于创造分离的社会群体，而在于使这些原来分离的群体有可能相互面对对方，并以人性的基本原则进行交往。

值得强调的是，在对亲属制度进行结构主义的分析中，列维-施特劳斯怀有一个远大的抱负——通过“文化的语法”（cultural grammar）的挖掘，来论证他的社会交往哲学。②

三、作为观念的亲属制度

无论是结构-功能主义一脉的论述，还是结构主义一脉的论述，都赋予亲属制度实在的含义，这使我们产生一个印象，似乎人与人之间互相称呼的方式，完整地反映了他们之间关系的现实。亲属称谓制度的这一“社会实在论”，起源甚

---

① Anthony Good, “Kinship”, in Alan Bernard & Jonathan Parry, eds., *Encyclopedia of Social and Cultural Anthropology*, London: Routledge, 1996, pp.311–318.

② Edmund Leach, *Culture and Communication*, Cambridge: Cambridge University Press, 1976, pp.3–9.

早。如，19 世纪，摩尔根不仅已把亲属称谓视作社会现实，而且还用它来区分社会形态的类型。尽管拉德克利夫－布朗持进化论的社会形态之说，但当他说亲属称谓反映一种社会的“一般规则形式”时，其立论的基点与摩尔根无异。列维－施特劳斯强调“文化的语法”，但其早期的论述，却把亲属制度的理想模式当作事实来叙述。

做人类学研究，对于以往存在的种种“社会实在论”要给予全面把握，同时，又要看到，应在虚与实之间把握“社会实在”，方可形成一个符合研究需要的研究路径。

我前面谈到，做人类学先要理解到，人与他人及人与物之间有着密切的关系，这固然是要指出，这个意义上的关系是实在的，但并不是要固守“社会实在论”的看法。在我看来，研究这些关系，不能不研究被研究者如何看待它们。那么，被研究者对于关系的看法，与他们实践中的关系，是否就是完全等同的？这个问题，又是值得做人类学的人思考的。

对此，利奇曾提出过自己的看法。他认为，亲属称谓只是当地人对社会关系的一种“理想型”（ideal）看法。事实上，所有的社会都存在三个层次的现象：

其一，理想模式（the ideal type），即社会中的人对社会关系的一般看法；

其二，规范模式（the norm），即社会中人们的实践行为在统计学上的趋同状态；

其三，实践（practice），即现实中的人的行为。①

亲属称谓是“本土观念”的一种，属于理想模式，它并不反映当地社会关系的实践，可能反映其趋同状况，也可能不反映任何事实。因此，人类学家不应急于把“本土观念”的亲属称谓体系“翻译”为学术概念，而应深入到制度之中探讨人的认识与行为规则。

利奇的理论，受结构人类学的影响，不免局限于认识结构的分析范围之内。但是，他对三种模式的看法的确有利于亲属称谓和亲属制度研究的深化，尤其是他把亲属称谓当成“理想型”的看法，对于亲属制度研究走进观念形态的领域有着推动意义。

20 世纪 60 年代，美国人类学家施耐德（David Schneider，1918—1995）

① Edmund Leach, *Rethinking Anthropology*, pp.28–53.

则进一步提出把亲属制度当成“文化事实”来研究的看法，他从欧美本土人类学分析的观点出发，指出亲属制度蕴涵着人对于自然的看法和对于行为的编码（code）。在《美国人的亲属制度：一种文化的解说》[①]一书中，他透过亲属制度研究提供了一个对被西方人想当然的社会范畴的认识论批评。在欧美，生物学理念和行为规范不仅是组织亲属制度的观念范畴，而且也是社会赖以建构理性、法理性及宗教性范畴的素材。文化范畴与更为基本的象征因素形成重叠关系，同时也反映这些因素的变化。为了解剖美国社会和文化不同侧面，施耐德主持了一项有关芝加哥中产阶级的研究，从研究中他看到，一般的“事物和人的自然秩序”概念并不是自然赋予的，而是文化建构起来的相对体系。施耐德从分析的角度把象征符号的文化生产与规范陈述区分开来，并把文化生产和规范陈述的分析角度与社会行动和行为的统计模式区分开来。他认为，象征符号就像代数学的单位，规范或标准就像数学等式（为了特定的目的而作的组合式陈述），而这两者都是行为的理想模式，行为充其量只是近似于这种模式，而不可能等同于这种模式。符号和规范之间有逻辑性整合关系，而行为则是以因果机制为特点的。因而，从分析的角度看，符号和规范（即文化）与行为和社会行动有差别。利用这一概念框架，施耐德指出，欧美人类学对“异文化”亲属制度的研究，已广泛渗透了西方人对亲属制度的偏见，并为西方人那种固执的生物学意识形态所“玷污”。

亲属制度一向是人类学研究的主要内容。在印第安、非洲、太平洋岛屿、东南亚、中国等地，人类学家发现了大量有关血亲关系和亲属称谓的资料，并常常利用这些资料来说明“非西方”社会的特质。

针对人类学的这一传统做法，施耐德指出，“异文化”民族志作品中有关社会制度和文化观念的分析，深受西方社会的法权观念的影响。亲属制度等常识性理解、特定分析概念及分析惯例本身来自人类学家自己的社会。施氏把西方对亲属制度的文化分类重新解释成一组人的观念符号，发现亲属制度，作为美国社会研究的重要论题，被诸如法律、民族身份以及宗教等类论题所“奴役”，而法律、民族身份、宗教等类别全都可以按照象征符号概念而被当作文化现象加以理解。

在《巴厘人的时间、人的观念和行为》一文中，格尔兹(Clifford Geertz，1926—2006)论述了把亲属制度放置于当地观念体系中考察的意义。[②]他认为，

---

① David Schneider, *American Kinship: A Cultural Account*, Englewood Cliffs, N. J.: Prentice-Hall, 1968.

② Clifford Geertz, *The Interpretation of Cultures*, New York: Basic Books, 1973, pp.360–411.

亲属称谓与其他的人际称谓体系、人的时间观念体系难以割裂，它们的文化体系叙述着一个社会中人们如何相处的逻辑，作为一种解释，这种逻辑本身就是行为的事实：

> 正如我一直在强调的那样，与体现巴厘个人身份观念的文化模式有关的最显著之处，在于几乎针对每一个人的描述范围：朋友、亲戚、邻居、生人；老人、青年；长辈、晚辈；男人、女人；酋长、国王、祭司和神；甚至死者和未出生者——作为定型的同代、抽象而无名的同胞。人的定位符号秩序的每一种，从隐匿的名字到张扬的称号，其作用都在于强调和加强个人之间关系（他们的主要联系在于他们碰巧生活在同一个时间）中隐含的标准化、理想化和普遍化；闭口不谈或掩饰同伴（直接在个人生活上互相影响的人）之间或者前人和后人（他们互相是难以谋面的遗嘱人和无心的财产继承人）之间关系中隐含的标准化、理想化和普遍化。当然，巴厘人是互相直接、有时深深地参与对方生活的；他们确实感到他们的世界是由那些先他们而来之人的行动塑造的；他们的行动目标是为那些将后他们而来之人塑造世界。但是，在文化上加以突出、通过象征符号加以强调的，不是他们作为人而存在的那些方面（他们的直观性和个人性，或者他们对历史事件的走向所施加的特殊且不可重复的影响）：得到这种突出和强调的，是他们的社会位置、他们在一个绵延的（确切地说是永久的）超现实秩序中的具体位置。巴厘人观的公式化表述揭示的自相矛盾，在于它们是（至少我们认为）去人化的（depersonalizing）。[①]

亲属制度的观念形态研究再往下走，则还要回答人类学在从事“文化的解释”中必然面对的文化异同的问题。

四、“家”的不同含义

在相当长的时间里，人类学家一直在抵制一般社会学界用欧洲看法来界定“家庭”（the family）的做法，认为这种看法局限于核心家庭，而这种形态的家庭只不过是许多种家庭形式的一种。在人类学家看来，把核心家庭当成人类亲属制度的普遍形式，犯了欧洲民族中心主义的错误。

---

① Clifford Geertz, The Interpretation of Cultures, New York: Basic Books, 1973, pp.389–390.

出于这个考虑，多数人类学家倾向于把家庭定义为一个由一个妇女和她的孩子以及至少有个通过婚姻或血缘关系加入该群体的成年男性所组成的群体。

这样的文化差异观，有时也有它的问题。家庭和亲属制度的差异有时并不在于文化，而在于历史。

历史上，罗马时代的“家庭”（familia）指的是一个由服务于一个主人（pater）的奴隶组成的财产单位及其“家户”（household）。早期英国的“家庭”（family）指的团体与罗马时代相似，其成员远远超过亲子关系，也包括仆人在内。17 世纪之后，“家庭”相对地从“家户”的界定中分化出来，单指血亲关系组成的家以及有亲缘关系的亲戚团体。目前，英国人的日常生活延续了血亲关系组成的家的定义，但在仪式中所用的范畴却是亲缘关系的团体。[①]这说明：即使英文的“family”在欧洲历史上也是晚近的发明；或许历史上欧洲家庭的制度与非西方的亲属制度差异不大?

另外，即使文化差异存在，现存亲属制度的观念形态研究，也还没有说明以“家”为中心的观念制度之时间和空间外延的界限在何处。例如，从文化差异来看，传统中国“家”的概念与西方概念有所不同。在中国社会中，历来存在“家天下”的现象。以“家”为中心来构筑社会并由此推衍出的国家和社会形态与西方意义上的“state”和“nation”有很大差异。“家天下”与中国历史上两种制度有密切关系。前一种是周代建立并为儒家治人之道提倡者宣扬的“宗法制”。尽管“礼崩乐坏”在中国历史上常有发生，中国上层统治者和文化精英的社会秩序理想模式仍然保持了上古的“礼治”特点。所谓“礼”主要就是贵族与庶民之间亲属继承模式的分离格局。费孝通在许多地方提到，大家庭大多存在于上层社会，庶民的家庭形式多为小家庭。[②]这种差异在强调区别对待贵族亲属继承和庶民亲属继承的《周礼》中早已出现。

与此相关，格尔兹曾在所著《尼加拉》[③]一书中描述了一种与西方“国家”十分不同的“剧场国家”（theater state）形态，他指出，这是一种展示性和表演性的政治模式。从 16 世纪开始，西方的政治理论一直侧重对政治控制和服从、领土内部暴力的垄断权、统治阶级的存在、不同体制中大众意愿的本质和表述方

---

① Edmund Leach, *Social Anthropology*, London and New York: Fontana, 1983, pp.181–182.

② Fei, Hsiao-tung, *Peasant Life in China: A Field Study of Country Life in Yangtze Valley*, London: Routledge and Kegan Paul, 1939.

③ Clifford Geertz, *Negara: The Theatre State in 19th Century Bali*, Princeton: Pinceton University Press, 1980.

式以及处理冲突的实用手段之类的相关问题进行思考。政治象征符号、庆典、国徽，以及宗教神话，在西方被当作意识形态来处理。在西方人的眼中，它们无非是在追求基本利益和实现权力意愿的过程中，起动员作用的手段而已。相比之下，巴厘人的国家概念强调身份和庆典形式，它是一种“模型和复制”的秩序概念。

中国人“家天下”的形式有可能也是一种与西方意义上的“state”不同的权力格局。格尔兹说，西方人的“state”与巴厘人理解中的政权形态十分不同。在中文，“state”一般被译为“国家”，与原本根源于“权力集装器”（power-container）的“state”已有不同的意思。在西方的界定中，“state”指超离于“家”和社会区位之上的集权，而“国家”则把“家”（以血缘关系为中心的“亲属制度”）和“国”（以地缘为中心的“社会支配制度”）结合起来，形成“无家便无国，无国便无家”的“国家”。经由帝国政治和民间社会制裁的力量延伸，“家天下”作为一种人与人相处的伦理模式和社会统治模式的结合形态的确存在过，因而其符号体系（礼制）也的确反映了中国人的日常生活与政治追求。当然，这种一致性并不排斥中国社会中的权力分化、社会冲突、理想与现实的分离。有一句俗语说，“忠孝难以两全”，意思是中国人往往难以同时实践“忠君”（国）和“尽孝”（家），而不得已在“国”和“家”之间选择一种作为人生的主要义务。这说明“家”与“国”的利益之间现实上存在许多矛盾。可见，“家”并非是中国社会充分一体化的机制。在很大程度上，“家”与“己”的观念是等同的，也是相对于“人”（即“他人”）和“公”而言的单位，其与“国”的结合很可能反映了中国人对“国”的一种理想和意识形态想象。①

中国文化中“家”“国”“天下”三位一体的观点，生动地说明了亲属制度研究牵涉面之广、问题之复杂。而人类学对于亲属制度的研究亦并非毫无意义，因为正是人类学的洞见告诉我们，人围绕生育、养育、社会结合和交往而创造的复杂制度，是十分基本的“原初结构”。

用中国的“家”来与罗马的相关概念相比较，不是为了表明中国观念才是人

---

① 西方也存在亲属继承性的帝国体制，但中国人的生活世界中的生育制度代表的是一个独特的政治伦理和社会互动体系。“家”的中国独特性促使费孝通在写作《江村经济》（1939）一书时采用拼音“Chia”对之加以直接音译，并开宗明义地说：“在该村中，基本的社会团体是家（Chia）。这种团体是一种扩大式的家庭（expanded family），其成员拥有共同财产，保持统一财务记账的制度，通过分工合作构成共同的生活样式。”（Fei, Hsiao-tung, *Peasant Life in China*, p.27.）

类学家应该关注的唯一重要事项；作为一个“文化翻译”上的“练习”，这个比较只不过是为了表明，兴许不同人群、不同国度、不同文明中“家”的观念的比较研究，可以有不同的出发点与立场。华人可以有华人的，阿拉伯人可以有阿拉伯人的，欧洲人可以有欧洲人的，国内蒙古人、藏人、满人、彝人、瑶人、苗人等，可以有他们的，各“世界少数民族”也可以有各自的观点。在众多观点中寻找一个普遍适用的结构固然是可为之事，但容许各种表达的共存，兴许是探寻这一“结构”的道德与学术前提。

对亲属制度研究的纵式、横式、观念三类学术遗产展开这样的反思，不是为了放弃这项研究，而是为了赋予这项研究更加丰富的内涵，为了使不同派别的观点形成相互补充的关系，更全面地看“田野”，更历史地看社会。

第四章

《论礼物》:“物的社会生命”及其限度

拉德克利夫－布朗1906年开始在安达曼岛人当中从事人类学调查，16年后他才发表了其一生唯一的民族志作品《安达曼岛人》[①]。遵照当时的民族志体例，拉德克利夫－布朗分门别类，从社会组织、仪式习俗、宗教与巫术、神话传说等方面，呈现了一个原始部落的社会生活面貌。他是一位主张“体系化”的人类学家，但他没有忽略细节，反而以细节堆积出体系。他缺乏深入思索的是，体例与细节必定存在矛盾。他将细节放在民族志体系内部，使细节屈从于民族志的整体呈现，如此，细节失去了自身的价值。比如，对于当地的好客习俗，拉德克利夫－布朗为了整体的完整，在述及当地社会组织与交换形态的关系时，仅仅给予三言两语的描述（他提到当地牵涉物的礼节、禁忌和物在市集上的流动），对于其中的深刻内涵，他哑口无言。人类学家是幸运儿，民族志并非其学科本身。拉德克利夫－布朗没有因为写了这部民族志而落入它的陷阱。在《安达曼岛人》公之于世后，人类学界思想火花迸发，他的那一小段论述，在比较人类学家那里获得新的价值。1923年，拉德克利夫－布朗发表《安德曼岛人》（这并非偶然的事，马林诺夫斯基发表他的《西太平洋的航海者》）仅不到一年，而莫斯亦即推出其影响深远的《论礼物》（又译《礼物》或《论馈赠》）。

从某个角度看，《论礼物》关注的是物之流动，这一点拉德克利夫－布朗在其民族志中只有浅层描述，而恰是对实地研究和民族志只有“间接经验”的莫斯，才使之闪烁出了其应有的光彩。

一笔带过《安达曼岛人》，我将关注莫斯提出的以下具有强大冲击力的论断：

---

① 拉德克利夫－布朗:《安达曼岛人》，梁粤译，桂林：广西师范大学出版社，2005。

……归根结底便是混融(Mélange)。人们将灵魂融于事物，亦将事物融于灵魂。人们的生活彼此相融，在此期间本来已经被混同的人和物又走出各自的圈子再相互混融：这就是契约与交换。①

莫斯的观点并非是依据安达曼岛人的单个个案归纳出来的。与拉德克利夫-布朗的民族志不同，莫斯采取一种比较方法，其涉及范围广泛包括当时能得到的所有重要的民族志案例(主要分布于太平洋诸岛、西北美洲地区)。莫斯从这些典型的民族志案例转向文献研究，特别是对于欧亚大陆相关文献的分析。对于从孟德斯鸠(Charles de Secondat, Baron de Montesquieu，1689—1755)到孔德(Auguste Comte，1798—1857)和涂尔干一脉相承的归纳论，莫斯既继承又创新。他没有停留于归纳法的抽象表白，而是拥抱19世纪末后的丰富民族志发现，在广泛阅读的基础上获得他那非凡的洞见。莫斯恰是对素材进行深入比较后，才提炼出了一套凌驾于民族志“经验事实”之上的观念。他在比较过程中克制武断，保持案例各自的内在完整性及其所具有的“地方色彩”②。然而，与此同时，他却也不忘应从民族志案例的地方性意义中，概括出一套有助于反观西方现代生活的非地方性观念。

《论礼物》，初于1923—1924年发表在《社会学年鉴》，从章节顺序看，所述及之内容的核心素材来自非西方社会。莫斯开宗明义地说，他要致力于研究的是“所谓的原始社会或古式(archa-que)社会”，而他研究这些社会，关注的是它们中存在的“契约法律制度”(régime du droit contractuel)和“经济呈献”(prestation),《论礼物》一书分析的，正是这些形态中的一种。显然，诸如“契约”“法律”“制度”“经济”等概念都不来自“土著社会”，而来自西方社会本身。在定义他的问题意识时，莫斯指出，他的理论关怀，也并非来自这些“原始社会或古式社会”。莫斯从被研究的所谓“土著观念”(非西方)“出发”，但他搜寻那些“土著观念”，也并不是没有自己的主观意图的：那些社会中的观念，与当时西方的流行观念有极深刻的相关性。我们总将社会哲学中的考古学归功于“后结构主义者”福柯，但事实上，恰是莫斯，早已于福柯之前40年提出这一方法。在《论礼物》的导论中，他明确提出，他研究的两项目标之第一项，是“对于我们外围的社会或刚好落后于我们一步的社会中的人类交易的本质……

① 马塞尔·莫斯:《礼物》，45页，汲喆译，上海：上海人民出版社，2002。

② 同上，6页。

得出某种考古学的结论”。同时，他说由于这一“考古学”能指出“原始社会或古式社会”的道德与经济“在我们的社会中仍然深刻而持续地发挥着作用”，仍然是“我们社会的一方人性基石”，因而，人类学家能“从中推导出一些道德结论，以解答我们的法律危机与经济危机所引发的某些问题”。[①] 莫斯这番表白授予我们一项选择权，使我们有权利从其最后一章读起，以逆行的方式回归他着力铺陈的原始文化。

《论礼物》最后一章是结论部分。从文字本身看，莫斯将“结论”设定为叙事时间的终点：他的著作是以最简单、最原始的社会为起点的。然而，终点既是“结论”要论述的现代西方社会，那么它自身也便是起点。《论礼物》的理论起点是什么？在“结论”中，莫斯表明，他试图从比较研究中得出三种结论：一、道德的结论；二、经济社会学与政治经济学的结论；三、一般社会学与道德的结论。所谓“结论”，其实是莫斯针对现代西方社会中出现的问题提出的以下三方面“对策”：

一、在道德方面，莫斯认为，随着现代经济的兴起与膨胀，工商法越来越严密、抽象和非人性，终于与古老时代遗留下来的道德产生冲突；为了应对冲突，工商界和立法界采取保险、自主基金、慈善、公共援助、互助社团等方式解决问题。莫斯认为这些措施的出现，都表明现代社会中的经济正在回归于古老道德。他肯定了这一趋势，认为它是“一场好的革命”[②]。但是，莫斯却又指出，欧洲人（特别是学者）多数只停留于提出局部对策，而没能看到现代社会与“古式社会”之间的紧密联系，对自己的社会缺乏一种真实的理解。为了更好地实现法律和社会观念改良，莫斯主张“重新回到法律的坚实基础”，“回到正常的社会生活的原则上来”[③]。什么是法律的基础？什么是“社会生活的原则”？莫斯认为，它存在于时间上的“古式的过去”和空间上的遥远的“原始社会”；在“那里”（时空意义上的“那里”），存在真正意义上的“总体呈献制度”（total prestation），那是一种既个体又社会、既有利益又善良的制度，其对于物的拥有权的界定，最符合人的本来特性。

二、在经济与政治方面，莫斯认为，越来越被政治经济学重视的“自然经济论”与“功利主义经济论”，特别是其中有关“利益”（interest）的定义，完全

① 马塞尔·莫斯：《礼物》，5页。
② 同上，190页。
③ 同上，192页。

不符合人类大多数历史时期存在的社会形态。莫斯说，在他那个时代"不久以前"，西方社会出现"使人变成了'经济动物'"的迹象[①]，有些经济学家对"经济动物"之概念报以热烈欢呼。可是，人的"经济动物化"并没有实现，"我们还没有完全变成这副样子"，"在我们的大众和精英中，非理性的单纯花费还是通行的规矩"，"经济人不在我们身后，而在我们前方"，"所幸的是，我们距离这种执著而冰冷的功利计算还很遥远"。[②]什么是符合人的本性的"利益"观念？莫斯认为，它在"古式社会"和"原始社会"那里的价值观中也可以找到，特别是在认定人与物相融的社会中表现最为明显。

三、在所谓"一般社会学"方面，莫斯试图得出一个涉及学术理念的"道德结论"。面对制度、权利不断机械化的西方社会，莫斯认为，社会学家（包括人类学家）能够提出一种具有高贵价值的观念，这就是"总体的社会事实"，而这一事实的存在表明，在"正常的社会"中，人是通过物与精神的融通来实现社会的融通的。这一点，在原始社会和古式社会中也表现得最集中，它为社会学成为"最高超的艺术"［苏格拉底（Socrates，前 470—前 399）的政治学］提供了基础。[③]

与他的前辈涂尔干一样，莫斯不是革命派，而是改良派。他在评论西方社会中的道德危机、经济危机及社会团结危机时，语气至为温和。他从来没有声称他的提议空前绝后，是现代社会完全缺乏的思想，而总是在自己的观点前做谦逊的铺垫。在"结论"中，他处处表明现代社会事实上已开始重新出现他期待出现的、历史上遗留下来的良好制度与观念，处处表明他所做的，无非是赋予这些制度与观念一种历史的梳理和文化的解释。

与现代派所有人类学大师一样，莫斯总是将遥远的过去和偏僻的"原始社会"当成"乌有之乡"，当作自己精神的归宿。这使以"后现代主义"为名号的当代学者，有理由批评他是"西方中心主义者"——的确，他虽然在学术上关注生活在世界偏僻角落的"原始民族"，却没有丝毫表露出对于他们的所谓"爱护"（甚至如果真的有"爱护"之心，也可能被指责为是一种文化帝国主义心态），更谈不上有帮助他们维持自己的文化认同或创造民族国家疆界的意图。如前文所说，他的唯一意图，似乎致力于通过学术探求来改良西方制度、完善西方观念。在今天看来，这也是有问题的：没有涉及他所处年代西方众多新创的、有

---

① 马塞尔·莫斯:《礼物》，200 页。

② 同上，201 页。

③ 同上，210 页。

逆于历史和人类天性的“器物”与制度，及它们对于其赖以提出社会哲学的所谓“原始文化”的破坏，莫斯可能被指责为“漠视欧洲与没有历史的人们”之间近代关系史的“结构主义者”。对此，我反对求全责备，反对以浅薄的权力理论来替代学者的知识求索，反对以语言暴力来替代学术叙事。带着这“三反”去接近业已故去的莫斯，我们从他的灵魂深处看到一线智慧之光：功利主义经济学越充斥着当今世界，莫斯的话语便越显亲切；这套话语激励我们从另外一种历史中思索我们自己，从另外一个空间点出发，回归我们的时间。

莫斯之所以有魅力，还在于他的话语没有停留于唠叨的反思，而能自内而外，自外而内，以一种语言翻译另外一些语言，在众多的语言中求得参照，并将参照结合在一个他所追求的“总体社会事实”中。莫斯超凡脱俗，敢于运用上文引到的“混融”，摆脱了他所处的西方知识界的“逻辑主义圈套”，挣开了语法的锁链，进入一个生动的人文世界。

世界无以穷尽的秩序，在莫斯《论礼物》一书“结论”前的诸章节中得以呈现。在莫斯心中，再复杂的社会，其基本的品质都不过是在最简单的社会当中见到的那一人与物的“混沌”，即使在现代社会中，人与物也难以割舍。历史给予我们一种对比：人与物难以割舍的情状，发自于一种个体主义式的人类中心主义，这种现代独有的观念，不仅让个体凌驾于社会之上，使“小人见利忘义”，而且本身因没有继承历史遗产而险些迷失方向。在世界观的可能迷失中，人与物的“混融”，仅表现为个体对于某种仅有价格而没有价值的物的个别占有；岂不知，如果说这种占有具有绝对性，那么，它的绝对性必定源于占有的宗教观念，因为只有在宗教中，人们才将物与人放置在神圣性的笼罩下。现代西方社会中这种似乎已成主流的物观念，其背后的占有理论实在是一种超越了个体的神，而倘若自古以来神便不是个体所能拥有的，那么它的真实基础除了“古式社会”中道德之化身，便为虚无。可悲的是，在一个不断现代化的世界中，虚假的认识将占有与道德割裂开来，被误以为是真实的假象。

何为真实的“总体社会事实”？相信“社会学式的定义应该表述我们与原始社会的共同点”[①]，莫斯蓦然回首，在人类学家的远方找到了答案。在有关波利尼西亚萨摩亚人的记述中，莫斯发现一个令他最感兴奋的概念——“tonga”。于我

① 杜蒙：《论个体主义——对现代意识形态的人类学观点》，161页，谷方译，上海：上海人民出版社，2003。

看，所谓“tonga”，指的恰是一种将人当作物来处置的观念（如从女方流向男方的小孩），而概念本身也可以泛指所有财产，所有能使人富裕、有权力、得到补偿的东西。在有关毛利人的记述中，他找到了“hau”的概念，这个概念的优美之处，恰在于它将“tonga”升华为一种能够促使物流动起来的灵力（*esprit*）。对于土著人而言，这些观念的东西本身就是法律，因为它们规范着人与人之间的关系。土著人通过灵力的观念来促成一种“一般的义务理论”[①]。在这种观念体系中，人与物相互融通，人与人之间的交流，也与这一融通密切相关。

人与物混融的观念体系之内涵在土著人频繁进行的馈赠习俗中得以淋漓尽致地呈现：

> 在这种观念体系中，所要还给他人的东西，事实上是那个人本性或本质的一部分。因为接受了某人的某物，就是接受了他的某些精神本质，接受了他的一部分灵魂；保留这些事物会有致命的危险，这不单单是因为这是一种不正当的占有，还因为该物在道德上、在物质上和精神上都来自另一个人，这种本质，连同食物、财物、动产或不动产、女人或子嗣、仪式或圣餐，都会使占有者招致巫术或宗教的作用。[②]

灵力起双重作用：一方面，它将物与人融通起来，使它们被对等看待，使物不能分离其原来归属的人；另一方面，恰是由于它不让物离开人，因此，它迫使被送出去之物流回原来的归属地（人）。支持着和诅咒着物的占有的灵力就是“hau”。是“hau”这种力量，为社会提供生命源泉，使之不停留在固定的个体占有状态中，而不断地处于“三种义务”的轮回中，这“三种义务”是：给予、接受和回报。这三种义务发挥着作用，使物的交换在“原始社会”富有浓厚的礼仪色彩。比如，在马林诺夫斯基研究的特罗布里恩德岛，“赠与所采取的形式极其庄严，接受赠与的一方对礼物假装表示出轻视和怀疑，直至它被丢在脚边以后才收下；而赠送的一方却表现出夸张的谦卑：在螺号声中，他恭谨地献出他的赠礼，并为只能奉上自己所余的东西而表示歉意，然后把要送的东西扔在对手——亦是搭档——的脚边。这时，螺号和司仪均以各自的方式宣示这一转让的庄严”。[③]灵力在社会生活中的作用，表现为通过赋予物以流动的活力，来促

① 马塞尔·莫斯:《礼物》，21 页。

② 同上，21—22 页。

③ 同上，48 页。

成人与人之间横向关系的维持和再生，也表现在诸如西北美洲的夸富宴等融合了物、人、祖先、神的仪式上，这些仪式通过物之灵与人之灵的贯通，来创造社会中的等级。对此，莫斯说：

> 人们是通过这一切获得等级的；因为之所以得到等级，是由于获得了财富；之所以获得财富，是由于拥有神灵；而神灵将附于其身，使之成为能够克服障碍的英雄；英雄又因其萨满式附体、仪式之舞和他管辖下的种种服务而得到偿付。这一切都环环相扣、彼此混同；于是事物都有了人格，而这些人格又成了氏族的某种永久性的事物。首领的名号、护符、铜器和神灵都是一回事，具有相同的本质与功能。财物的流通，即伴随着男人、女人、儿童、宴会、仪式、庆典、舞蹈乃至玩笑和辱骂的流通。因为从根本上说它们都是同一种流通。人们之所以要送礼、回礼，是为了相互致以和报以“尊敬”——正如我们如今所谓的“礼节”。[①]

莫斯在比较原始社会的社会交换形态时，采取的叙述框架与进化论无异，尤其是他那“从简到繁”的叙事时间，给人一种与进化论一致的印象。莫斯自己也承认，他梳理的那些事实，“有助于我们理解社会进化中的一个特定时刻”[②]。然而，莫斯这番话不应被误解，我们不应以此为由，将他的观点概括成进化论。对于莫斯而言，民族志呈现的事实的价值，还在于“他们有助于对我们自身的社会做出历史的解释”。莫斯毕竟不同于进化论者，他虽没有声称对于进化论的切割历史法表示极度反感，却明确主张，比较是为了发现人类生活的“基本形式”，而不是为了论证此一“基本形式”向“非基本形式”（现代社会）的“进步”。这个“基本形式”的观念进一步延伸，便是一种“古式主义思路”：社会在所谓“历史进步”的过程中，离远古时代越来越遥远，这使现代社会渐渐远离人性的本来面目。因而，莫斯的“总体社会事实”既是一种理论，又是某种时间回溯；在这一时间回溯中，莫斯企求抵达的境界，乃是现代社会对于“古式社会”的继承。莫斯洞见到，到了20世纪初期，“我们生活在一个将个人权利与物权、人与物截然分开（相反的做法目前正在受到法学家们的批评）的社会中”[③]。矛盾的是，现代西方社会中的生活方式，却恰恰是基于其前身的交换道德和实践建立起

---

① 马塞尔·莫斯:《礼物》，79页。

② 同上，137页。

③ 同上，137页。

来的。莫斯论述现代性时，固然存在模糊和自相矛盾之处，但这一表白已充分显示，他针对的还是观念，特别是正在渐渐成为当时“主流”的“经济人”观念，他认为这种观念歪曲了历史的重要事实。那么，在他眼中，历史事实又是怎样的呢？莫斯认为，现代西方社会的前身，存在着某种不同于“经济人”观念的基础，而这恰是一种值得现代社会继承的基础。

自远而近，在神游过世界各地的原始族群之后，莫斯转向近代欧洲赖以奠基的印欧“古式社会”。《论礼物》的第四章，对欧亚大陆古代物的观念进行考察，集中论述了上古罗马法、古典印度法、日耳曼法中的物观念。饶有兴味的是，莫斯重申在拉丁和古意大利语中，物也并非是“无生气的存在”；相反，物首先是家庭的一部分，其次分为房屋中的物和远离牲口棚的、生活于田野中的牲畜，更重要的是，上古罗马的“物”字（res），意为“礼物”或“令人开心的东西”。可见，那时物与人也混同。古印度的史诗和律法，对于赠礼有更丰富的义务方面的规定，而印度的轮回观念，则最明确地将今生的赠送与来生的回报联系起来。至于日耳曼法，这一体系的礼物理论似乎并不完善，但德语中从“给予”（geben）、“礼物”(gaben) 派生出来的词汇众多，在民俗中，礼物的制度更是比比皆是。古代日耳曼语中，“gift”的意思一方面是礼物，另一方面是毒药[①]，深刻地表现出对于这个民族而言，围绕着物建立起来的“三种义务”——给予、接受和回报——也极其庄严。

哲学家海德格尔（Martin Heidegger，1889—1976）五十多年前曾发表题为“物”的演讲，提出一种天、地、神、人四位一体的物观念。[②]在此之前数十年，莫斯早已从民族志的丰富事例中提炼出一个具有同等哲学意义的概念。在这个概念中，“物我一理”（请允许我采用新儒家的说法），本质在于“混融”，而所谓“混融”，其所标志的境界，恰是海德格尔后来试图借用古希腊的“聚集”（res）一词来呈现的事物。二者之间也有所不同，莫斯因是法国年鉴派的引路人，不可避免地要坚持“社会中心论”，而海德格尔则能展开想象的翅膀，以更广阔的视野观望人与物的混融，指出这种混融不仅发生于人神之间，而且发生于天地之间。相对于海德格尔的宇宙论，莫斯的社会理论的确可能忽略掉那些与世俗意义上的社会构成无关的想象世界。然而，从另外一个角度看，莫斯却可能比海德格

① 马塞尔·莫斯:《礼物》，159 页。

② 马丁·海德格尔:《物》，见《演讲与论文集》，孙周兴译，172—195 页，北京：生活·读书·新知三联书店，2005。

尔相对更具有超越自己的宗教的本领：对于海德格尔来说，物的精神表现在西方的上帝身上，对于莫斯来说，物的精神也表现为上帝，但上帝有许多前身，比如，“原始社会”的巫术理论中的“玛纳”（mana）或“灵力”可能就是，而它可以表现为神，也可以表现为祖先、动物（图腾），以至草木。所谓“上帝的前身”解释了为什么在莫斯眼中，“mana”“hau”（来自非西方），与中世纪欧洲的“礼物之灵”有所不同。在中世纪，世间万物都被认为是上帝赋予人的礼物，反过来说，世界本身，也被理解为为了奉献给上帝而创造出来的礼物。相比而言，莫斯的“hau”，更具有“肉体真实性”（corporeal）[①]。

是什么东西限制了莫斯？又是什么东西赋予他比哲学更广阔的视野？我以为，恰是所谓的“社会中心论”，具有这一双重作用。

生于1872年的莫斯，在而立之年曾配合舅舅涂尔干完成《原始分类》一书，涂尔干逝世五年后，已五十多岁的莫斯才发表自己的《论礼物》。二者都出自年鉴派之手，都以朴实“社会事实”和文风诠释人与物的关系，并且都试图从“原生型文化”绵延到“古代文明”的人文传承，解析现代文明之独特性；而比较两本论著则可发现，二者在行文结构方面完美对称：《原始分类》“从简到繁”，梳理世界各地图腾制度诸类型，从已知最简单的澳洲土著分类（胞族），到相对复杂一些的美洲印第安人（苏人、祖尼人的氏族与方位“图腾”），再到中国这一“开化的古代国家”的太极、四象、八卦、二十四节气等多重分类方式，最后得出有关物的分类的社会理论，《论礼物》一书也“从简到繁”，对于各族馈赠的行为与观念进行排比，从波利尼西亚的“库拉”过渡到西北美洲的夸富宴，再进入欧亚“文明社会”的例证，最终以结论为方式，阐述“礼物”概念对于理解和省思现代社会的重要意义。

《论礼物》与《原始分类》出于同一母体，拥有相同的基因和性情。在《论礼物》被书写之前，《原始分类》已经将它的模样塑造出来。在《原始分类》一书中，涂尔干在莫斯的帮助下已对现代分类与原始分类做了对比。现代分类对他而言，“指人们把事物、事件以及有关世界的事实划分成类和种，使之各有归属，并确定它们的包含关系或排斥关系的过程”。[②]这种分类法的特征是，“我们对事物进行分类，是要把它们安排在各个群体中，这些群体相互有别，彼此之

---

① Natalie Zemon Davis, *The Spirit of Gifts in Sixteenth Century*, France Wisconsin, 2000, p.11.

② 涂尔干、莫斯：《原始分类》，4页，汲喆译，上海：上海人民出版社，2000。

间有一条明确的界线把它们清清楚楚地区分开来"。相比之下，在原始分类（又是现代分类的"史前史"）中，"意象和观念彼此不相分离，因而也不明确。形式的变化，品质的传递，人、灵魂以及肉体的相互替代，坚持认为精神能够物质化，物质对象也能够精神化的各种信念，所有一切，都恰恰是构成宗教思想和民间传说的要素"。① 为了得出上述结论，年鉴派导师不辞辛劳，对澳洲分类体系、美洲土著图腾制度、中国的空间划分、五行说、时间划分进行广泛的对比。

在涂尔干和莫斯看来，近代逻辑分类界线明确，没有情感，而人类刚开始认识自然界时，总是带着情感的。认识的情感来自何处？他们认为"情感在本质上是飘游不定、变动不居的东西"，这种东西只能来自人自身。《原始分类》有段话说：

> 常常有人说，人类刚开始构想事物的时候，必须得把事物与其自身联系起来。通过以上讨论，我们就可以更透彻地理解人类中心论，或者较贴切地了解我们称之为社会中心论到底是怎么一回事了。最初的自然图式的中心不是个体，而是社会。最初的对象化是社会，而不是人。②

如果年鉴派有什么所谓的"中心思想"，那么，上文的"社会中心论"就是。正是它使莫斯沉浸于物的意义的社会解释，而无以设想在社会之外，可能存在社会不能实现的想象世界。也正是它，为莫斯贴近人存在的多样性，做了基础的铺垫；没有它，便没有供莫斯比较的不同社会形态和礼物交换形态（尽管他追求不同形态的共同基础）及莫斯作品本身呈现的远比海德格尔博大的人文世界。

然而涂尔干并非莫斯的牢笼。五十多年前，年鉴派传人杜蒙（Louis Dumont，1911—1998）即已指出，尽管莫斯忠于涂尔干，始终避免对后者的批判，但他的著作却以隐含的方式，阐述一种远比涂尔干高明的社会理论；可以说正是他使法国社会学进入"经验阶段"③。杜蒙于1952年在牛津大学举行的一次演讲中道出这一席话，也使经验主义的英国社会人类学界对自身增加了自信与骄傲。关于莫斯相比于涂尔干的优点，埃文思－普里查德巧妙地放大了杜蒙的洞见，他说道："要了解'全部'（total）现象的全面，必须认识这些现象。"④ 英国

---

① 涂尔干、莫斯：《原始分类》，4页，汲喆译，上海：上海人民出版社，5页。

② 同上，93页。

③ 转见埃文思－普里查德："英译本序"，见莫斯：《礼物：旧社会中交换的形式与功能》，汪珍宜、何翠萍译，6页，台北：远流出版事业股份有限公司，1989。

④ 同上，7页。

人类学对于法国人类学派内部差异的“本土化解释”，有其存在理由。然而，到底莫斯与涂尔干之间的差异应如何理解？用“经验”对于“理论”的所谓“超越”，并不能给人满意的解释。其实，莫斯与涂尔干之间，除了所谓“经验”与“理论”之别，更重要的是二者围绕着如何理解社会秩序与自然象征秩序之间的连接所做的不同诠释。在评论莫斯关于礼物的论述时，列维－施特劳斯曾说：“在民族学思想史上，这是第一次努力超越经验的观察，达到更深刻的现实。”① 什么是列氏所谓“更深刻的现实”？对于道出此言的列氏自己而言，它从根本上不同于英国经验主义人类学，或者说，所谓“更深刻的现实”意味着，存在一种比英国人类学认定的浅显可见的“经验事实”更基本的存在方式，即，潜在于“经验事实”之下的“结构”（特别是将物的认识与人的社会结合起来的文化之语法）。我同意这一解释。

《原始分类》和《论礼物》蕴涵的有关人如何通过赋予物灵性和人性来构成相互关系及社会的深刻观察，已在人类学界留下深刻印记。在此，我无意重申莫斯传人的众多论证，亦无意以列维－施特劳斯这个名字来装扮自己。回归分类与礼物，无非出自莫斯对于我们的真诚激励。莫斯将我们引向那一古老年代，那已远离我们的“原生文化”；在那个远去的人文世界当中，曾对于我们的祖先那么熟悉，那么日常，而到了莫斯书写他的著作的年代里骤然变得陌生起来的文化模式，极其引人入胜。因为期待着再度拥抱古老文化的光辉，我们才睁开双眼，等待经典对我们的启发。

对于在中国阅读西方经典的人而言，遗憾的可能正是：不同于《原始分类》（设专章论述中国分类的体系），《论礼物》仅是在题为“这些原则在古代法律与古代经济中的遗存”一章（第三章）的结尾，简略提到中国的情况，这使我们无法更有针对性地以我们自己的语言和观念进行一种“基于比较的比较”。可是，难道这便表明《论礼物》没有它的中国相关性吗？答案是否定的。《论礼物》中，关于古代中国的相关情况写了几百字，论点大体是：“伟大的中国文明自其古代以来，也确实保有我们所感兴趣的这种法律原则；中国人也认为，在物和其原来的所有者之间，存在着一条无法割断的纽带。”② 莫斯举出的一个晚近证据，是19世纪末一位神父的记述。饶有趣味的是，在注解中，他做了一项中

① 列维－施特劳斯：《马塞尔·毛斯的著作导言》，见毛斯：《社会学与人类学》，佘碧平译，16页，上海：上海译文出版社，2003。

② 马塞尔·莫斯：《礼物》，160页。

西比较，根据清末的制度，中国的不动产法律与欧洲的古代法律一样，承认典卖，并认为亲戚有权赎回已被卖出的但本来不应从家业中流失的财物和地产。他又说，在中国，决定性的土地买卖是非常晚近的事，这与欧洲是一样的，在历史上，其土地一般被各文明列在资本经济之外。①除了有关中国法律中的物权观念，在论及美洲印第安部落的夸富宴时，他曾简略提到中国文人和官吏的“面子”之说，提到夸扣特人和海达人的神话时，将没有给出夸富宴的首领，形容成有“腐烂的脸”的人。②

从莫斯引出的古代法律史上的“人物不分”观念及“面子”观念，可以想见，这位人类学家试图从世界各族文化中礼物交换实践蕴涵的“物论”发掘的东西，可以用古代中国的“以礼入法”之说来理解。

围绕礼与法，春秋战国时期的儒家与法家长期存在辩论，到汉武帝后，却渐渐成为古代中国政治制度的主流，“形成了法律为礼教所支配的局面”，所谓“明刑弼教”，“实质上是以法律制裁的力量来维持礼”。③莫斯的《论礼物》前后贯通，一向关注仪式在所谓“总体呈献”中的核心地位，而如果说“总体呈献”，恰是他的“总体社会事实”的影子，那么，它包含的核心观念与中国的“礼”相近，两种观念都主张社会的治理应通过社会的方式来实现，反对将政治、经济、法权制度分离于社会之外。关于西方文明研究，莫斯在《论礼物》最后提出两个概念，即“civilité”及“civisme”，中文版译者采用微妙的思路，将之分别译为“礼”与“义”④。到底这两对观念是否能完全对称？它们的“可对译程度”是否充分到使我们要如此翻译？问题尚需研究，而其中表露出的“神似”却难以否定。总之，无论问题的答案是正面的，还是负面的，都难以否定一个事实，即莫斯的社会理论与古代中国的“礼”字之间，存在着重要的相通之处。那么，“礼”又是什么？反过来，它是否能恰当地译释莫斯极度关注的礼物的“total prestation”（总体呈献）？

在古汉语中，“礼”字的含义是多元的。《说文》在“示部”将“礼”解释为祭祀，并给予祭祀一个解释，即，“事神致福也”，巧妙地将人与神之间的“事”与“福”之间的交换结合在祭祀中。而“礼”长期以来也形容“礼貌”、人生礼

---

① 马塞尔·莫斯:《礼物》，184，第四章注129页。

② 同上，70—71页。

③ 瞿同祖:《瞿同祖法学论著集》，387页，北京：中国政法大学出版社，1998。

④ 马塞尔·莫斯:《礼物》，210页。

仪、行为规范、宴饮等，这些也恰是莫斯《论礼物》一书始终关怀的现象。在一个文明化了的国度，社会交换不可能脱离等级制度，因而，在古代中国文明中，“礼”字给人的感受首先是等级性的，牵涉人与神之间、人与人（性别、辈分、阶级、官位、主客，等等）之间的地位区分，其政治运用通常跟授与受、事与致、贡与赐、献与颁等观念对子结合，形成某种上下关系，所谓“礼”在这些结合中，意味着自身妥善的关系形态。另一方面，“礼”读起来像夸富宴隐含着“以物品交换声誉”的原则，所谓“礼贤下士”，即指的是地位高的人，对地位低的人呈献出自身的“人品”（通过物化的形式和行为的形式）。“礼”因此有自下而上的“敬”的意思，也有自上而下的诸如“礼贤下士”的意思。

对莫斯缺乏把握的人，为了自己论证之便，常将《论礼物》等同于有关“互惠原则”（reciprocity）的论述，以为莫斯无非是在谈社会中的对等交换。诚然，有关交换（包括人人与人神交换），莫斯确实主张一种“社会中心论”，而“社会中心论”的核心，在于承认居于不同地位和社会空间的人物，在超然的“社会”（神圣）面前“众生平等”。然而，这绝对不意味着“社会中心论”忽略等级。在表达处于超然的“社会”（神圣）面前“众生平等”的意念同时，年鉴派一向重视研究人生中的种种不平等。对于不平等，年鉴派确实没有革命派那么焦虑，但这非但不表明他们不承认不平等，而且恰恰只能表明，他们将不平等当成社会的正常态。杜蒙就在其研究中表明，平等主义的观念，恰是莫斯以来人类学家抵制的西方个体主义的人的观念的怪异表达。[①]《论礼物》处处表现出的物在人与人之间的流动，所带有的“灵力”对于物自身的超越，也恰是在这个“灵力”的超越中，等级得到诠释。在论及古代中国时，莫斯的最后几百个字，的确集中论述的是法律中的人物不分观念，而很少对于古代中国的等级制度进行论述。然而，在有关夸富宴及声誉的论述中，莫斯十分明显地表现出对于“脸面”所代表的等级的关注。

至于“礼”为中心的有等级交换是怎样起源的？只关注礼物的社会原理的莫斯的确没有提供充分解释。而莫斯之所以没有对此做充分解释，有其背景和理由。在年鉴派初创之时，对知识界做“总体社会事实”的呈献，已是一件艰巨的任务，对这一事实覆盖的其余事实的表述，只能退居其次。同时，莫斯采取一种“历史连贯”的叙事方式，其欲求在“古式社会”和现代社会发现的素材，非得

---

① 杜蒙：《论个体主义——对现代意识形态的人类学观点》。

是现代社会的"史前史"不可。因而，在涉及"古式社会"之时，其与"原始社会"之间的分化，实在并非他眼中的"关键事实"。

然而，如同莫斯没有滞留于涂尔干的论述一样，年鉴派的后人也没有滞留于莫斯的作品。在莫斯《论礼物》之后，葛兰言已展开一项对于上古中国"礼"之起源的研究，在所著《古代中国的节庆与歌谣》一书中，他"自下而上"，在乡野寻找上古中国礼仪文明（他所谓的"中国宗教"）的起源，认定古代节庆演变为上层社会礼仪，是这个历史进程的总体特征。[①] 这从一个角度证实了年鉴派关注的"总体社会事实"对于政治生活（特别是政治仪式）的关键意义，并提出一种文明缘起于"社会生活的礼制化"（我的形容）理论［著名考古学家张光直（1931—2001）先生经由列维－施特劳斯的结构人类学继承了这一理论］。

以上我对年鉴派的袒护，出于一种思索：无论是涂尔干还是莫斯，对中国都所知甚少，他们无非能从研究中国的同行——特别是高延（J. J. M. de Groot, 1854—1921）和葛兰言——那里取得间接经验。然而，他们的这一"无知"不能抵消他们诠释中国的权利，因为如果它能，那么，他们书写的有关世界其他各族的纸字，也都应当统统被焚烧。幸而评价并非压抑思考的暴力。缺乏对于直接经验的把握，没有导致人们对于涂尔干和莫斯的诋毁；恰恰相反，在成堆的民族志成为我们司空见惯的书籍之时，年鉴派经由间接经验建立起来的知识大厦非但没有倾倒，反而越来越强烈地吸引着人们的注意力。若说这座知识大厦风采依旧，则所谓"风采"必定是源自它那超越经验的归纳和综合。年鉴派致力于一种"通古今之变"的事业，在其拓展的有限空间里，对于我们思考人的状况给予持续启发。在众多的人类学种类中，年鉴派的人类学所运用的概念，最接近古代中国的思想。如同后来的结构人类学出于"易"的想象，《论礼物》中的人类学（尽管存在对中国文明语焉莫详的缺憾），也与中国"古式社会"中的种种制度息息相关，一旦得到补充，则能发挥其解释的力量。

这样的"袒护之说"，并非是为了滞留于历史中而提出来的，因为它没有使我们盲从。在对比"礼"的关键与《论礼物》之时，我们了解到，关于"礼之灵"的研究，仍然有许多工作要做。一项"基于比较的比较"成为相关的话题：在欧洲这片宗教持续为思想提供源泉的大地上，思考者易于将一切社会事实归于"神性"，"灵力"无非是神性的"史前史"；而在宗教信仰向来为"宗教式行为"

---

① 葛兰言：《古代中国的节庆与歌谣》，赵丙祥、张宏明译，桂林：广西师范大学出版社，2006。

（象征与仪式）覆盖的世界其他地区，“灵力”的本来意义，恰可能与拟人的“神”毫无关系，“灵力”即为物（包括人在内的物）自身的生命力，不必由它的“史后史”来注释。当《说文》谈到“礼”的意义是“事神致福”时，“神”与“福”都以“示”部为意义的核心。今人易于将“示”等同于“神”，而《说文》却说：“示，天垂象，见吉凶，所以示人也。从二。三垂，日、月、星也。观乎天文以察时变，示神事也。”亦即，被我们当作神的东西，古代无非是天象，而“示”既指天象，又指通过占卜方式征求“在上者”意见的方式。《说文》的“天象说”听起来接近古希腊的星象学，其中也含有天在上、人在下的意味。但是，中国的“天”实为大自然的最高本质，还是不同于神化（亦即人化）了的希腊的星象，即使当“天”被注释为“神”，也不同于西方的“God”。一如《说文》所说，“神，天神，引出万物者也”。“天”的世界观，从而与“人类中心论”（及其延伸形态“社会中心论”）构成鲜明反差——因为它是一种“物中心论”，其中包含人这个中心，但它却以比“人类中心论”更开阔的范畴，以高度的“混融精神”，创造出一个丰富的想象世界，而这个意义上的“世界”，远非“社会”（人类生活的神圣超越性）一词所能概括。

第五章

经济嵌入“非经济领域”的方式

亲属制度研究中出现的纵（继嗣）、横（联姻）及观念形态的观点，堪称人类学解释的三种范型；这三种范型，在非亲属制度的领域里，也得以显现。以经济人类学为例，其中，生产（production）、交换（exchange）及经济文化（economic culture）三种概念，实与亲属制度研究的范型对应：

继嗣	生产
联姻	交换
亲属观念	经济文化

经济人类学中活跃着不同观点，但它们如同孙悟空，逃不出亲属制度这个“如来佛的手掌心”，它们可谓都是亲属制度研究的纵、横及观念形态观点在人的物质生活理解上的表达。

纵式的亲属制度理论，强调人的代代相传，或者说，人群的再生产；横式的亲属制度理论，强调人群为了再生产所必须进行的男女之间的互通关系；观念形态的亲属制度理论，则强调研究权利与归属的观念何以是亲属制度的核心。对应于亲属制度的三种理论，经济人类学的“生产”概念，指的是对于人的再生产所需的物的再生产；“交换”概念，指的是人与人之间、群体与群体之间、阶层与阶层之间，互通有无的关系；而经济人类学意义上的“观念形态”，指的则是“经济行为”背后的“经济文化”。如果说，人类学家在致力于亲属制度研究时，侧重于分析人与他人之间的关系，那么，也可以说，他们在从事经济现象研究时，侧重于分析人与物的关系。把经济人类学的“生产”“交换”“观念”理论，看成对人与物关系的“纵式”“横式”“观念式”解释，则可知：在“纵式”看法中，人与物的关系，一般被表达为人创造物，物养育人的关系；在“横式”

看法中，加入了“他人”这个概念，“他人”创造了人自己需要的物，人自己也创造了他人创造的物，社会生活的基本模式是物与物的互通，这个互通关系落实到人自身，则成为人与他人之间以性别为基础的相互依赖性；在“观念式”看法中，无论是人自身，还是物的世界，都经人的思想的过滤，因此，人与物的关系，首先要理解为思想的主客体之间的关系。

我认为，好的经济人类学研究，有赖于综合物的纵向传递与繁衍的“纵式”观点、人人关系的交换观点及观念形态的观点；在这方面，戈德利埃（Maurice Godelier，或译“古德利尔”）的近作《礼物之谜》，做了很好的尝试。[①]戈德利埃致力于为莫斯和列维－施特劳斯相继提出的交换理论补充传递与生产的视野，并将其人类学的交换理论与当下世界的情状相联系；这些都对我们深有启发。不过，我也认为，“生产”“市场”等现代概念长期支配着人们对于经济现象的认识，在这种情况下，人类学研究者仍应强调经济生活的交换维度及嵌入社会的特性。

“生产”“商品/贸易”等概念，有其历史与文化的特定性，不见得能解释地球上的人不同的物质生活形态。以“生产”概念为例，这是现代人所习惯的观点，我们总以为，没有生产，人的基本生活——衣、食、住、行——便不可能，没有生产，人也不可能互通有无，也就是说，不可能有“商品”。因习惯性地接受这一常识，我们便忽略了一个事实：就人类史的总体看，生产人最基本的“需求品”——食物——的做法，其历史并不久远。在人生产自己吃的东西之前，人类是靠大自然的天然赋予生存于地球上的。

研究人的物质生活时，我们不应无视人连自己的食物都不生产的那个漫长阶段。在这个阶段，人处在“食物采集型”或“狩猎－采集社会”（hunting and gathering societies）状态中。

中国老一辈人类学家凌纯声就接触过此类社会，他于1930年春夏前往东北松花江下游考察主要从事渔猎的赫哲人，后于1934年出版《松花江下游的赫哲族》一书。[②]凌纯声的民族志，结合了民族史、语言学、神话传说的研究，在第二部分，重点讲述赫哲人的物质、精神、家庭、社会等文化方面。据他的描述，赫哲人食物以各类鱼肉为主，他们也猎杀鹿麕等野兽，因不是农人，吃的谷食极少。赫哲人可谓是一个“食物采集型”社会，他们吃的是自然给予的，连饮食器

① 古德利尔：《礼物之谜》，王毅译，上海：上海人民出版社，2007。

② 凌纯声：《松花江下游的赫哲族》，上、中、下册，“中央研究院”历史语言研究所单刊甲种之十四，1934。

具、交通工具，都用自然物做成，穿着则夏天是鱼皮衣，冬天是兽皮衣。他们为了渔猎的需要，把房子建在江河沿岸。赫哲人的生活节奏与渔猎的节奏是一致的。他们每年在开江、立夏、封江的时候打三次鱼，每年四次上山打猎，狩猎根据季节，春季打火狐、麅等，夏季打茸角、黑熊、野猪等，秋季打麅、鹿等，冬季打貂、麅子等。

西方人类学界研究狩猎－采集者的人类学家更多；根据他们的记述，在此类社会中，人们的居住地附近有丰富的自然食物。正是为了寻找这样的地方，狩猎－采集者时常迁徙。他们的迁移给我们留下漫无目的的印象，但其实是有其规律和意象的，他们在熟悉之地流动，考虑的主要问题是能否找到水。这是因为食物与水源之间的距离不能太远，否则汲水耗费的能量就会超过从水中获得的能量，从而使采集的食物不足以维持人的生存。因“逐水草而据”，狩猎－采集者就造就群体规模特别小的社会，这些社会，平均只有 25~50 人①；而又因社会规模小，其土地人口容纳量，就易于与住营成员的人数及他们之间关系的密度形成正比关系。在狩猎－采集部落中，社会密度处于相对波动的状态之中，人们需要有规律地离开营地，迁徙到另一个新营地去走访或逗留更长久的时期。

狩猎－采集者有清晰的劳动分工，性别是分工的自然基础，狩猎的事，归男人处理，采集的事，归为女人处理。②但清晰的劳动分工，并不导致不平等。如上所言，狩猎－采集者流动性高，他们必须舍弃辎重，在远途打猎时，只带有限的“动产”，如可用于狩猎、战斗、建屋和制造工具的刀具及烹饪用具，随身携带物和网。这样一来，他们就不可能积聚奢侈品和剩余财富了。③因无人占有比他人更多的财产，狩猎－采集者的社会地位差异，得到了极大限制。

平均主义的狩猎－采集者不是“贫穷社会”，就其基本生活必需品而论，他们相当富裕，大自然就是他们的仓库，那里的食物若非遭受生态灾难，便总是如此充足，以至于萨林斯将狩猎－采集者称作“原初的丰裕社会”。④

---

① Richard Lee and Irven DeVore, eds., *Man the Hunter*, Chicago: Aldine, 1968, pp.30–46.

② 之所以如此，有几种原因。其一，男女之间有生理差异，由于缺乏避孕手段，狩猎－采集者中，壮年妇女易于怀孕生育，徙居跋涉的能力受到严重限制。其二，成为成功的狩猎者的前提，是要能迅速迸发出高度能量，而母性因骨盆结构的限制在奔跑速度等方面，不如男性。其三，在狩猎－采集社会中，狩猎活动的危险性大，从种族的延续需要看，男子是较可牺牲的，少数男性便能使大量女性怀孕，让男子处于危险境地比让妇女处于危险境地，其危害群体繁衍的可能性要比反之小。

③ Tim Ingold, *The Appropriation of Nature*, Manchester: Manchester University Press, 1986.

④ Marshall Sahlins, *Stone Age Economics*, Chicago: Aldine, 1972, p.1.

在狩猎 – 采集者中，家庭易于从一个群体迁移到另一个群体，并定居在以前和他们有亲缘关系的群体中。因此，它们的群体结合方式总是在变动之中。对群体成员资格的不严格规定，促进了更多获得资源的机会，同时也是一种促进社会平等的方法。也因此，在狩猎 – 采集社会中，人们在物物交换中不期望得到任何直接报答，而坚信共享是正常之事。

用中国的老话来形容，规模小、关系简单或富足而平等的狩猎 – 采集者，“含脯而嬉，鼓腹而游”，与我们司空见惯的大规模的、关系复杂的、富足或贫穷、不平等的“文明人”形成反差。

这个形象使人感到难以置信，但恰是它代表着人类史上持续时间最长的生活方式。目前全世界的总人口中，约只有 0.003％的人属于狩猎 – 采集者，但考古学证据说明，一万年前，人尚未驯化动植物，当时全人类都靠植物采集、狩猎、打鱼等方式来维持生活。若将历史上生存过的所有人的数目加起来，那么，其中至少有 90％是狩猎 – 采集者。有鉴于此，一些人类学者曾以“人，狩猎者”（Man the Hunter）为一部研究狩猎 – 采集者的论文集[①]取名。在狩猎 – 采集占主导地位的时代，狩猎 – 采集者居住在世界的最佳生活环境中。这些环境后来为农业社会所占用，近代以来又为工业社会所占用。于是，现存大部分狩猎 – 采集者［尤其如爱斯基摩人（the Eskimo）、澳洲土著人（the Australian aborigines）、昆布须曼人（the Kung Bushman）等］，都居住在“世界的边缘”，如北极冰原、沙漠和森林地区。

对于狩猎 – 采集者而言，连“生产”这个词都难以理喻，因而，他们的思想与现代人所习惯的经济思想很不同。

狩猎 – 采集者虽不生产，但却交换，他们依据自然天成的性别进行社会区分，围绕这一“原始分工”进行食物交换。因人是杂食动物，不仅要吃植物，而且还要吃动物的肉，所以，至少在专门致力于狩猎的男人与专门致力于服装制作和植物性食物采集的女人之间，互换是必然的。

交换先于生产这一事实，为我们将人与物之间的关系摆在经济人类学研究的第一位提供了理由。在“食物采集型”社会（这种社会兴起于约一万年前，是以食物生产或动植物的“驯化”为中心的物质生活方式）中，狩猎 – 采集者虽然也要加工所猎获和采集到的食品，但他们中的人与物之间的关系更为直接——他

① Richard Lee and Irven DeVore, eds., *Man the Hunter*.

们所“消费”的“产品”不是人造的。如此看来，若要使我们的“理论”具有普遍性，就需考虑到人类史上延绵地存在过的“食物采集型”生活方式。假如经济人类学家有胆量真的超越他们自身所处的时代，全面地理解人，那么，他们便能从“边缘化”的“食物采集”生活方式的认识中发现，“生产”这个明显不适用于“原始人”的概念，及“交换”“观念”之类的概念，也可放在人与物关系的平台上加以审视。

一、“经济”的文化土壤

对于解释“无须生产”的社会中人们的生活状态而言，生产、商品、贸易、交换等从近代经济体的研究中提出的概念，远不如人与物这对具有普遍意义的概念有用。这一事实，要求我们在认识经济现象时，避免简单套用经济学的“原理”。考察维持人的生存所需要的食品之来源，我们可将不同的物质生活方式区分为狩猎－采集社会与食物生产社会，不仅如此，我们还应看到，这两种基本生活方式之间的差异，既是物质意义上的，又是社会学意义上的：现代资本主义的“理想状态”，是自由市场的无处不在；相比而论，世界上存在的那些众多的“传统社会”之物质生活，从不脱离社会生活而独存。

故此，经济人类学家总是特别强调“经济文化”（也就是不同文化中的经济观念）之研究。

如萨林斯指出的：

> 我们（资本主义）生产方式中对所有物品的商品化，令我们将所有的行为和欲求都用金钱来衡量，但这只是遮蔽了物质本身的联系，这种物质理性事实上根植于一个庞大的文化体系，这一体系由事物的逻辑－意义属性与人们之间的关系所构成。文化序列在很多场合实际上是一种无意识的惯习：顾客在超市中对购买鸡、鸭、鱼、肉作出的（理性）选择，依据的标准只是需要和昨儿晚上吃的有些“不同”——这个“不同”由主菜和备选菜式的复杂搭配决定；还可以再举，人们选择买大排而不买小排骨，或买羊里脊而不买碎牛肉饼，是因为今儿晚上是个特殊场合，而不是去外面开烧烤会。这不是有没有营养的问题，也不是有的社交场合要吃牛肉，有的场合要吃猪肉。而由西方人理解的人与不同动物肉类供应关系背后，更大的（几乎没有意识到的）文化规则所决定的。

同样，也不是时装款式不同的物质用途，划分了男人和女人、节日与普通日子、商人与警察、工作与休闲、非西方人与西方人、成人与未成年人、社交舞会与迪厅之间的区别——思考一下服装的象征意义。再想一下生产商为了他们的利益，总在挖空心思搞些新花样；进一步的解释，是他们和消费者共享同一文化体系。[①]

相比于直到20世纪60年代方转向观念形态研究的亲属制度研究，经济人类学自一出现就把所谓“经济”的不同文化观念放在其研究的第一位。“观念式”的经济人类学，关注人与物质世界之间的关系，尤其关注不同文化中人们对于物质世界的洞察方式的异同。采用古典经济学及新古典经济学论点的经济人类学者认为，无论是在西方文化还是在非西方文化，人们对于物质世界的洞察都基于人与物质世界的二元对立的认识论，把自然界当成人的利益最大化的对象，从物质的价值及其对于满足人的需要的理性关怀出发理解人与自然之间的关系。这一理性主义和工具主义的认识，进而推衍出“生产”的观念，主张物质生活资料生产是所有社会中人们赖以生存的基本前提，也是人们的社会交往得以维持的前提。在这个视野中理解物质生活方式的变异，一些经济人类学者主张把食物采集型和食物生产型社会视为人理性地利用自然资源的两种途径。例如，马林诺夫斯基就倾向于把所有的文化创造当成人们满足自身需求的工具，当成自然资源为人的生存所用的具体途径[②]。

基于西方古典经济学及新古典经济学模式而展开经济人类学研究，也促使相当多的人类学者采用西方理性主义的模式来解释不同文化中的交换体系。这一解释模式的基本看法是，贸易（trade）、货币（money）、市场（market）的同一经济制度发展过程的组成部分，在任何社会中，构成了人们社会生活的基本特征。在这派学者看来，在任何社会中，即使人们在行为上具有鲜明的非经济特征（如仪式行为所表现出来的非理性特征），其行为的基本诉求依然可以用“保障食物供给”这个目的论的思路来解释。在此一理解的基础上，持这一论点的经济人类学者还认为，非西方社会中存在的诸多庆典，实际上是某种交易－货币－市场模式，马林诺夫斯基对于“库拉圈”（the Kula）的描述，是这一类解释模

① 萨林斯:《石器时代经济学》，张经纬、郑少雄、张帆译，6页，北京：生活·读书·新知三联书店，2009。

② Bronislaw Malinowski, *A Scientific Theory of Culture*, Chapel Hill: North Carolina University Press, 1944.

式的范例。“库拉圈”是特罗布里恩德岛岛民中的一种交易系统，其交易的物品主要是价值昂贵的由红色贝壳制成的项圈（soulava）和由白色贝壳制成的臂甲（mwali）。项圈和臂甲各有它们的名称和历史，当它们在一个地区出现时，总是造成轰动。这种贸易在全部岛屿上都在进行，项圈顺时针从一个岛传播到另一个岛，臂甲则反时针传播。没有一个人能长期掌握这些贵重物品，而每个人都使用计谋来改进他的地位。如何既不欺诈他人又能赢利，是特罗布里恩德岛交易的基本规则。一个人不能太狡猾，否则没人会跟他做交易。每个岛上只有少数人参加库拉交易圈，他们在其他岛上有交易伙伴。一个重要人物可有多达 100 人的交易伙伴，这些伙伴的关系是终身的。许多仪式和巫术都附属于库拉交易圈。库拉交易圈包括 50 英里（约 80.47 千米）以上的海上航线，可想而知，他们交换的物品不仅是项圈和臂甲。一个人只能和他的库拉伙伴交换项圈和臂甲，但他可自由地用他在贸易途中顺便带来的其他商品进行物物交换。这些岛民用这种方法就能够见到他们自己岛上见不到的物资。①

马林诺夫斯基承认，库拉是由仪式、社会关系、经济交换、旅行、巫术和社会一体化合并而成的复杂综合体，因而，在阐述库拉时，他运用“互惠”（reciprocity）一词，且认为，“互惠”是社会的基础。但因他过于强调“原始人”与现代人之间的共性，没有意识到，为了探知在理性方面的共性，他自己不由自主地采用霍布斯以后在西方经济思想占据主流地位的“自治个人”的观点，而将“互惠”定义为个体放弃了部分自治来换取保护，进而将库拉解释为与市场制度的理性规定相近的贸易体系。②

另一类解释，则与马林诺夫斯基的观点相对立，持这类观点的学者强调，西方古典经济学和新古典经济学有其文化特殊性，认为这种经济学思考方法无非是近代西方体制的学术表达，不能解释其他文化的事实；一些有普遍解释力的概念，可能存在于被研究的“他者”中，特别是在他们的社会生活中。

非经济理性的解释之基本要点，20 世纪初已在法国人类学家莫斯的著作中得到充分阐述③。而对于“食物采集社会”的深入调查，使一些人类学家有可能

---

① Bronislaw Malinowski, *Argonauts of the Western Pacific*, New York: Dutton, 1922, pp.101–105, 118–120, 275–281.

② Annette Weiner, “Inalianable possessions”, in *Inalianable Possessions: The Paradox of Keeping-While-Giving*, Berkeley: University of California Press, 1991, pp.1–22.

③ Marcel Mauss, *The Gift: Forms and Functions of Exchange in Archaic Societies*, London: Routledge & Kegan Paul, 1990.

对“原始人”的世界观与现代世界观进行富有理论意义的比较分析。以伯－大卫（Nurit Bird-David）为例，她对印度南部那亚卡人（the Nayaka）展开深入研究，并将这项研究所获资料与太平洋、非洲、澳洲土著当中的民族志做比较，她指出，狩猎－采集者有一个共通的精神世界，这个精神世界中的世界观不同于其他。在狩猎－采集者中，人们以亲属关系来看待人与自然之间的关系，认为自然界与人界之间是相互信任、支持的关系，而非敌对关系。既然自然有它的精神，它与人之间的关系犹如父母与子女、丈夫与妻子。在许多狩猎－采集者中，仪式的主要作用就是“感恩”，即感激大自然赐予人的益处。不可否认，在当代世界中，狩猎－采集者虽然难以摆脱商业世界的影响，但他们并没有改变自己的世界观，他们依然以亲属关系的类别来看待个人与机会之间的关系。①

狩猎－采集者民族志描述，激发人类学家进行文化比较的解释。

萨林斯曾于1996年发表论文《甜蜜的悲哀——西方宇宙观的本土人类学探讨》，分析了西方文化中的传统世界观对于西方经济学论点的深刻制约。②在内容上，萨林斯的论文包括八个部分，主要核心在于西方犹太教－基督教文化传统中的宇宙观（cosmology），或者说是对西方现代社会科学概念有着深刻制约性影响的文化观念形态。萨林斯探讨的主题，是18世纪以后出现的西方经济行为（特别是消费问题）模式的远古宇宙观背景，他力图通过此一探讨反思某些在人类学界以至整个西方社会科学界中长期处于支配地位的主要论点，如“罪恶”（evil）、“需求”（need）、“生物学动力”（biological drives）、“权力”（power）、“秩序”[order，或神创秩序（providence）]、“现实”（reality）等。萨林斯明确地指出他的研究就是为了从“考据学”（archeological）的角度揭示西敏司（Sydney Mintz）所界定的“甜蜜的悲哀”（the sadness of sweetness）的文化背景。所谓“甜蜜的悲哀”，指的是西方的现代性（Western modernity）所包含的对人性的双重解释，即一方面认为人有权利从各种外在的社会制约中解放出来，另一方面认为这种解放与资本主义造成的剥削和殖民主义侵略的悲哀不可分割。萨林斯的探讨运用了一条与一般西方社会理论研究者完全相反的路径，在解释现代性的双重困境时，认为它是西方古代宇宙观和宗教中关于“善”和“恶”的双

---

① Nurit Bird-David, “Beyond ‘the Hunting and Gathering Mode of Subsistence’: Culture-sensitive observations on the Nayaka and other modern hunter-gatherers”, *Man*, 1992, 27 (1), p.41.

② Marshall Sahlins, “The Sadness of Sweetness: the Native Anthropology of Western Cosmology”, *Current Anthropology*, 1996, 37 (3), pp.395–428.

重人性论的“资本主义化”。萨林斯认为，现代西方资本主义社会之所以具备上述双重性，主要是因为在西方犹太教－基督教的古老文化传统中长期积淀着一种“亚当堕落”的信仰。他说：当亚当从知识之树上获取食物之时，他将人类送入严重的无知状态。与此同时，人类社会关系产生了不幸的后果。在堕落之前，当上帝要求亚当对动物加以命名之时，亚当证明自己是世界上第一位且最伟大的哲学家：他能根据物种的真正本质和差异恰如其分地对它们加以区分。于是，亚当拥有一种几近神圣的知识。不过，从正确的名称到语言的混乱，人类在知识的精致方面经历了一次全面的退步。在一个人与另一个人以及在人性与世界之间划出一道沟壑。由此，人类接受了对现实的双重（社会的和自然的）掩饰。①

萨林斯对于现代西方文明做出的判断就是，所谓现代性的文化并非启蒙以后人性的新发现创造出来的人的解放（即自由主义者眼中的“自由”），而是西方宗教神话在现代社会中的再度复归；是西方宗教的宇宙观决定了其现代经济、社会、政治制度中的“资本主义特性”，而非反之。

在整篇论文中，萨林斯的关注点因而不再仅仅是现代西方文明生成的文化符号逻辑，而且还包括对一系列西方经济学和社会科学基础理论和范式的批判。他认为，西方经济学和社会科学正是西方文化符号逻辑和宗教神话的合法化和延伸，它们的基础并非是对现实的忠实观察，而是西方对于人与自然关系的宗教神话表述。“需求”“生物学动力”“权力”“秩序”“现实”等概念，是现代西方学术话语的关键词，它们貌似自然科学概念在社会人文学科中的延伸，但实质上却与《圣经》和古代罗马神话中对于人性的神话学界说难以区别。

萨林斯指出，现代西方社会思想中的许多关键词，都具有西方独特的宇宙观和文化背景。该文从宇宙观解说的所有概念，在实利主义者的著作中都出现过，而萨林斯认为词类的社会理论实际上体现的不是一种新创造的政治思想，而只不过是西方宇宙观的现代延续。

在这个观察基础上，萨林斯也对理性主义的经济秩序观念做了深入的文化解剖：

> 那种企图从人类命中注定的苦难中推衍出一个宏伟的利人秩序的计划，是奥古斯汀（公元 354 年—430 年）神正论在 18 世纪的一种翻版。对奥古斯汀来说，罪恶是一种沦丧，而并非上帝的创造。尘世事物之不同程度且难以捉摸的有限性，以反差的方式决定了这个世界具有完美无缺的德性——用十分陈腐的

---

① Sahlins, “The Sadness of Sweetness”, *Current Anthropology*, 1996, 37(3), p.396.

美学比喻来说，这正像为一幅美术作品提供形式和美感的阴影。因此，12 世纪的一篇文章指出，“有善的地方就有恶”。而且，看来有些凑巧的是，在亚历山大教皇对乐观主义哲学的颂扬中，符合天意的秩序竟排除了自傲和罪恶的干扰而得到了完善。与此同时，在西方人对社会的各种科学观到来之际，这种更大程度的和谐也排除了人类的一切知识、意志和理性而凭借相当神秘且机械、好像“看不见的手”的途径得到了实现……

亚当·斯密（Adam Smith，1723—1790）援引的看不见的手就是其中最著名的例子。然而，这种虚构整体的形而上学并非只是古典经济学的知识成就。对于世界结构同样的总体感充斥着中世纪和现时代的自然科学。而且，以国家的神创理论为样板，这种思想也再度出现在那种把“社会”或“文化”当成超验的、功能的和客观的秩序的现代人类学观点之中。[其中读者将认出克罗伯（Alfred Kroeber，1876—1960）、怀特和赫伯特·斯宾塞（Herbert Spencer，1820—1903）的“超有机体论”。] 所有这些同源的观念均具备双层结构：新柏拉图主义、基督教宇宙观中的天堂之城和尘世之城。它们都祈求一个看不见的、行善的且无所不包的整体，而它会减轻经验事物所具有和承受的欠缺和苦难，特别是会减轻人们的辛劳：上帝是对人之罪恶的正面补充。结果是，上帝关爱那些疼爱自己的人。要不是这个想象中的整体为个人的痛苦提供了目标和安慰，或者更进一步地，要不是它使得一个被疏远的实体的部分罪恶成了实现全面福利的手段，那生活可能就无法承受了。所以，每个人都最大限度地增加自己的稀缺资源……

所以，西方社会的高度智慧往往仅仅是尘世间事物所隐含的那种高度智慧。人们时常指出，基督教的上帝是亚里士多德自然目的论的一种变体。确实如此，从伽利略和开普勒到牛顿和爱因斯坦，现代物理学的早期表述者都相信，上帝本无法让这个宇宙变得像日常经验中看起来的那么有序。实际上，牛顿认为，固定不变的自然法则就是上帝所颁布的律令。自然法（natural law）与神创论（Divine Providence）之间的亲缘关系，是由那些显而易见的剧烈变迁所开创的神学连续体的一部分，人们把这些变迁称为文艺复兴的“人文化”（humanization）和启蒙运动的“世俗化”（secularization）。人文化和世俗化的后果就是把无所不在的神性转交给至少同样值得敬畏的自然。尽管长期以来自然处于被蔑视的地位，但它依然表现为上帝的手工制品，而且此时它还盗用了上帝的权力。即使到了当今，我们对上帝的权力的盗用依然存在于我们的生活方式之中。比如，我们常把所有对人类健康有利的称为“自然的”美德。中世纪的伟大自然象征论及其关于神创的科学，都是从同样的宇宙观出发而建构起来的。①

针对西方宇宙观中自然与人两分的观念，萨林斯引用了新几内亚南部高原的卡鲁利人（the Kaluli）的相反观念来揭示它的文化局限性。在卡鲁利人看来，大地形成之初，还不存在树木、动物、溪流和食物。在大地之上，完全只有人类居住着。由于没有遮蔽之物和食物，人们很快就感到痛苦。这时，一个男人站了起来，他命令其他人聚集在他周围，对一群人说，“你们是树”，对另一群人说，“你们是鱼”，对再一群人说，“你们是香蕉”……这些人一一变成了他说的那些物体，最后世界上一切动物、植物和自然特征都被区分和建立起来了。而剩下来的极少数人，则变成了人类。萨林斯认为，卡鲁利人用来指称这一事件的名称表明，他们对它的看法取材于人们如何使自己加盟那些在复仇、婚姻或其他庆典中彼此对立的群体。这些群体作为互相弥补、互相依存的派系，最终要卷入能解决他们之间对抗的交换中去。同样地，人类和自然界的生物也生活在互惠性的社会关系之中：“这不仅且不简单地是基于某种经济意义的，而且，考虑到它们的共同缘起，在本体论意义上它们还是具有同等性质的生命体。”②

二、实质主义

人类学家关注不同文化对于所谓“经济”的不同理解，也因此，关注“他者”的人与物关系的观点之研究。不过，他们强调非西方“他者”与西方的不同，或者说，强调“历史”与“现代性”的不同，不是要顽固地坚持“文化特殊论”，而是想从远处的“他者”那里寻得自身的影子。这就是说，强调现代“经济观”的特殊性，是要指出，在“远处”，存在一个能更好解释现代“经济”的境界。

经济人类学家对于西方经济学概念的文化局限性的揭示，受益于制度经济学家波兰尼（Karl Polanyi，1886—1964），而波兰尼的建树恰在于将人类学的知识纳入一个具有更普遍解释力的理论体系中。

波兰尼的《大转型》是经济人类学研究者的必读书，该书写就于第二次世界大战期间。战争期间，盟国对于“专制国家”和“军国主义”的批判广为流行，

① Sahlins, “The Sadness of Sweetness”, *Current Anthropology*, 1996, 37(3), pp.397–399.

② Ibid., 37(3), p.403.

而波兰尼则致力于一种冷思考，他将20世纪上半叶的两次世界大战与19世纪西方文明的“百年和平”放在一个平台上比较，试图探求二者之间反差的形成原因。1815—1914年之间，欧洲有过“百年和平”，而20世纪一开始，欧洲就不断处于战争之中。波兰尼坚信“和平”与“战争”有着必然的历史联系。在他看来，“百年和平”并不是因为19世纪不存在冲突的原因，而是因为19世纪的西方文明重视贸易，“贸易依赖的国际金融体系不能以战争的方式发挥作用。它要求和平，而所有的大国都想维持和平”。[①] 为此，19世纪的西方文明建立了确保破坏性战争免于发生的权力平衡体系，创造了具有空前财富的“自我调节市场”和自由主义国家。在人类经济史上，“自我调节市场”（即“the self-regulating market”，亦即波兰尼所说的“大转型”）是具有“革命意义”的创造。这种特殊的经济类型，在组织经济生活时，全然不顾非经济因素，与未能脱离社会对它的制约的其他经济类型形成了鲜明差异。

波兰尼反对为自由主义市场寻找存在合理性，他试图站在“历史的远处”，回望近代西方文明，依据韦伯（Max Weber，1864—1920）对于形式理性与实质理性（formal and substantive rationality）的区分，他提出了用以区分经济研究

① Karl Polanyi, *The Great Transformation: The Political and Economic Origins of Our Time*, New York: Rinehart, 1944, p.15.

的形式主义（formalism）与实质主义（substantialism）。[①] 他认为，经济可以是“形式性的”（所谓“形式性的经济”指的是以手段－目的、成本－收益等观点来计算资源的理性概念），也可以是“实质性的”（所谓“实质性的经济”指的是人们用以与物质世界构成任何关系的任何手段）。形式主义的经济概念是现代经济学所运用的解释模式，它是经济生活与社会生活相分离的观念后果；而实质主义的经济概念所涵盖的内容，则要远为广泛，它可以用来解释那些不区分经济与社会生活的形态，并特指与社会、宗教、亲属制度相糅合的体系。

从对非西方经济的实质主义解释，波兰尼推导出了一种制度主义经济理论，这种理论主张，土地与劳动力是所有类型的经济普遍存在的因素，而它们也是社会本身的基础。在西方市场经济出现以前，土地和劳动力为社会关系的过程所制约。因而，人们的物质生活深嵌于（embedded）社会之中。随着市场经济的扩张，土地与劳动力即逐步疏离于（disembedded）社会的制度之外，变成了可供买卖的商品。基于马克思的论述，波兰尼指出，市场经济导致的土地与劳动力的价值变动，就是被西方人称为“大转型”（the great transformation）的东西。进而，波兰尼批判了西方经济学的交易－货币－市场三位一体的模式，认为，从亚里士多德（Aristotle，公元前384—公元前322）到马克思，西方经济学解释长期沿用

① 形式主义与实质主义的对立解释模式之间的差异，发端于人类学者对于西方规范经济学基础概念的普遍解释力所采取的不同态度。波兰尼对于形式主义与实质主义解释模式的区分，使我们看到：接受古典和新古典经济学体系的经济人类学者主张，经济人类学研究可以运用在西方世界观体系和市场体系研究中概括出来的概念，而持实质主义观点的经济人类学者则强调，经济人类学研究应该从事具体的民族志田野考察，通过考察探知非西方生产与交换体系的本土意义，反思西方规范经济学的概念，指出它们的文化局限性。这样的差异在有关乡民社会（peasant societies）性质的经济人类学争论中表现得极为明显。著名的波普金（Samuel Popkin）－斯哥特（James Scott）争论，即围绕着西方理性经济人概念是否可以运用于乡民社会的研究中这个问题展开（Samuel Popkin, *The Rational Peasant*, Berkeley & Los Angels: University of California Press, 1979; James Scott, *Weapons of the Weak: Everydays of Peasant Resistance*, New Haven & London: Yale University Press, 1985）。从这项争论中，经济人类学解释的两种模式的差异，显示如此鲜明，以至于我们可以认为争论双方所持的不同意见，事实上是从各自对经济与社会共同体（community）之间关系的不同关注中形成的：形式主义的经济人类学者，倾向于把经济或物质实践从社会共同体其他领域中区分开来进行专门研究，而实质主义的经济人类学者则倾向于将经济或物质实践当成社会共同体的不可分割的组成部分来研究。当然，两种论点的争论，似乎可以在波兰尼式的经济史的演化解释中得到化解。波兰尼主张，随着历史时间的推演，实质性（或具有社会共同体特征）的经济，必然向区分于社会共同体之外的市场经济演变。不过，这一经济史的主张，也可能遭到另一派人类学者的反驳。例如，格尔兹即认为，在诸多非西方社会的经济发展历程中，文化的因素可能不断强化其作用，从而激活旧有经济模式，使非西方经济出现与变迁方向相反的旧有经济模式“过密化”（involution）的趋势（见 Clifford Geertz, *Peddlers and Princes*, Chicago: Chicago University Press, 1963）。这一趋势不仅存在于一些社会共同体规模弱小的经济类型中，也存在于诸如传统中国这样的经济类型中（见黄宗智：《中国研究的规范认识危机》，香港：牛津大学出版社，1994）。

了一种观点，即把交易看成市场中财物的移动，把货币看成市场中财物移动的辅助手段。而经济史和人类学的研究成果表明，交易、货币与市场的起源各自不同：交易在远古时代即已存在，是人的物质生活与社会交往的基本模式；货币产生于对外贸易的需要，其起源也远早于市场；真正的市场，其实起源于近代资本主义社会的土地与劳动力商品化及经济与社会的分离。由此，波兰尼转向交换的理论。

波氏认为，人类的交换体系包括：（1）互惠交换（reciprocal exchange），（2）再分配交换（redistributive exchange），（3）市场交换（market exchange）。所谓的“互惠交换”，指的是以社会义务作为物品和劳力交换的基础，其交换目的是非物质性、非营利性的，这种交换制度在原始社会中最为常见。“再分配的交换”较常见于政治组织较发达、社会分层较明显的社会中，交换的形式是“自下往上”和“自上往下”的双重组合。“自下往上”的过程就是由社会中的民众向头人或政府交纳一定数额的物品或劳动；“自上往下”的过程就是由头人或政府以施恩的方式，给社会中的民众分配一定的“赏赐”。“市场交换”的动机是以物质的利益为最高目标，交换的过程是以物品和劳动的供求关系为基准。在三类交换中，“市场交换”属于西方式的契约与利益最大化类型；其余两种则嵌入社会关系中，属于原始社会、古代帝国的交换形式。也就是说，西方式的“市场交换”不是交换的唯一形式，也不足以用来解释非西方的交换。

除了波兰尼，一批经济人类学家也在实质主义解释框架内对非西方交换的模式展开了深入的研究。他们认为，在西方社会的“金钱经济”中，劳动所得的金钱在它可直接消费之前必须转化为别的东西。相形之下，在没有极端符号化的交换媒介的非西方社会中，劳动报酬通常是直接的——在以家庭为单位的群体中，人们消费的是他们收获的东西，他们吃的是猎手带回家的东西，用的是自己做的工具。

不过，波兰尼的经济史理论，并不将非西方观念与制度当成是完全与西方“经济”无关的东西；正相反，他的主要贡献在于，将二者放在同一个历史的平台上考察。尽管他对于三类不同的经济方式进行了区分，但其意图并不在于说，它们之间毫无相通之处。对什么是这个“相通之处”，波兰尼有不同于自由主义经济学家的看法。这一看法，与经济的社会性理论息息相关。

对于缺乏交换媒介的社会的进一步研究，使我们看到，即使在不存在正规交换媒介的地方，也进行“产品分配”，“互惠交换”指的就是这一“分配”。在《论礼物》一书中，莫斯指出，再复杂的社会，其基本的品质，都不过是在最简单的社会当中见到的那一人与物的“混沌”。研究人，就是研究社会，要把握

“总体社会事实”。什么是“总体社会事实”？莫斯认为，人类学家对于“简单社会”的研究，给予了我们重要的启示。他通过毛利人的民族志记述发现，被研究的当地人用“hau”这个概念来形容使物流动起来的灵力（esprit）。对于持有这种观念的“土著人”而言，“所要还给他人的东西，事实上是那个人本性或本质的一部分；因为接受了某人的某物，就是接受了他的某些精神本质，接受了他的一部分灵魂”。[①]也就是说，人与物之间的关系，就是人与人之间的关系，其实质是人的“互惠”。

莫斯强调“概化互惠”（generalized reciprocity），即不计算所给的东西的价值，也不指明报偿时间的交换，是人与物关系的首要特质。基于这一首要特质，人类学研究者又可延伸出其他类型的“交换”[②]，如“再分配”。所谓“再分配”一般存在于有足够剩余来供养政府的社会中。因而，这方面的经济人类学分析一般都涉及食物生产型社会中那些拥有城市体系和一定形式的集权的酋邦和传统国家中。在再分配交换中，政府从贡品、赋税以及战利品中获得收入，并将之变为公共财源，然后重新分配给社会。实行再分配的统治者在处理这些收入时有三种动机：第一是显示财富以维护其优越地位；第二是保证那些支持他的人以适当的生活水准；第三是在他的领土之外确立联盟。

在像传统中国这样的有中央集权的乡民社会中，再分配交换模式的发展有其特殊意义。施坚雅（G. William Skinner，1925—2008）在分析传统中国的经济区位等级体系时认为，作为核心区位的城镇具有交易、行政控制、税收的多重功能。[③]其实，这个意义上的经济区位等级体系兼容了民间交换和国家再分配交换的各种特征，既是民间互惠交换、小商品经济的枢纽，又是朝廷征得税收并以行政手段“回馈”于社会的枢纽。在传统中国，如同在任何社会中一样，交换行为与制度是广泛存在的。但是，这里的交换行为和制度与西方式的“超社会”市场机制有着鲜明的差异。当时的交换体制、货物的意义，不是单纯的经济现象。在

---

① Mauss, *The Gift*.

② “概化互惠”主要发生于亲近的亲属或者具有亲密关系的人们之间，而此外，极端者，还有“负性互惠”（negative reciprocity），即给人东西的人，尽量在交换中获得超过对方的地位和利益，交换双方有着相对立的利益，他们住的地方通常有一段距离，而且关系不密切。“负性互惠”的极端形式是用暴力抢走物品，较不极端的形式还有运用诡计、欺骗等手段达到目的的做法（参见 Sahlins, *Stone Age Economics*, p.200）。在群体内进行的交换一般采取概化互惠或平衡互惠的形式，当交换发生在两个群体之间时，因有敌对和竞争因素，而通常采取负性互惠的形式。

③ G. William Skinner, “Cities and the Hierarchy of Local Systems”, in Arthur Wolf, ed., *Studies in Chinese Society*, Stanford: Stanford University Press, 1978, pp.1–79.

广大的中国农村中，原始的互惠交换、物物交换广泛存在；民间“人情”观念的重要性，体现了中国交换形态的社会性与情感－道德意义，也体现了中国人赋予货物的一定社会含义。此外，中华帝国（与分裂状态中的区域性国家）不仅通过行政与意识形态控制社会的相当大的一部分，而且掌握着再分配的主动权，从而使再分配交换成为中国经济的一个重要组成部分。作为社会漂浮力量的地方精英，一方面受制于帝国的象征－意识形态，另一方面动员了大量的民间资源，使自身的社会地位成为一种中介和可供交换的物品（或投资的资本）。中国的集镇及其他核心地点，不可避免地是交换行为的产物，也不可避免地受制于运输资源与地貌特点。但是，一个地域共同体（无论是村落、集镇还是宏观区域）之所以成为一个共同体，很大程度是由于交换的主体之间的社会关系和族群－区域认同意识所致。中国集镇的功能不体现在单一的物品交易方面，而是多方面的。第一，在集镇上通过长年习惯的买卖关系，地方社会形成不同层次的圈子；第二，由于交换的内容涉及一般物品和具有社会性的物品（如通婚或女人的交换），因此市场成为社会活动的展示场所；第三，在市场上，税官、行政官员、军人、士人、农民、手工业者、商人形成互动的社会戏剧，表现了上下左右关系十分复杂的面对面交往；第四，通过核心地点，物质的和象征的物品可以被“进贡”和“赐予”，使帝国的再分配交换成为可能；第五，由于核心地点的重要性与资源的丰富性，因此社会与政治的冲突（如械斗和官民矛盾）也常在此地点发生。也许正是因为这个原因，经济史的研究发现，无论是注重市场概念的规范经济学模式，还是“小农经济”的概念模式，都无法完全解释中国农村经济社会变迁的悖论现象。①

从19世纪欧洲自由市场理论，回归至不同于此一理论的其他理论——特别是“嵌入”的理论，波兰尼奠定了实质主义经济人类学分析的基础。若是倒过来看，这类经济学是否又不足以解释所谓“自由市场”？经济人类学家不断论证实质主义的观点，恰非因为这种观点只能解释“他者”，而是因为，它对于解释西方“经济”，同样是有用的。毕竟，任何一种社会，都不可能置社会、政治因素于不顾，西方也不例外。如萨林斯所言，“诚然，经济理性与文化之间有着深刻的对立，但更糟糕的是，我们长期自负地认为，西方世界的运行完全建立在前者

① 黄宗智:《中国研究的规范认识危机》，1—38页；王铭铭:《社会人类学与中国研究》，134—140页，北京：生活·读书·新知三联书店，1997。

之上，而非西方则被后者所束缚——无可否认，西方的确建立在较高的文明与教育基础上——但这是盲目的乐观。这种盲目不仅因为非西方民族只是以他们自己的方式来对待他们的物质资源，而且因为我们的理性根本上讲也是相对的，追求的也是一种不讲求效用的文化价值。"[①]

三、物、不平等与威望

诸如戈德利埃之类的马克思主义经济人类学者，深受实质主义解释模式的影响；他们借用这一模式，修正了马克思关于经济基础与上层建筑之间划分的论述，指出，社会中经济与社会制度的其他因素之间是相互嵌置、不可分割的关系（如一些社会中亲属制度的经济与社会双重性）。[②]戈德利埃代表的经济人类学解释模式，与马克思主义经济分析有些类似，但它更强调经济是政治权力的组成部分，主张在政治权力的背景下分析经济与物质实践活动的意义，因而可以被称为"政治经济学派"。

从认识论特征上来看，政治经济学派与形式主义经济人类学一样，主张具有普遍解释力的理论模式，认为任何形态的社会和经济体系，都可以用同一个概念框架来分析。不过，政治经济学派反对用"理性经济人"的概念阐述经济实践，主张所谓"经济理性"无非是人追求政治权力的某种表现。这一学派也反对实质主义的经济人类学分析，尤其反对从象征－文化体系的角度来解剖经济行为，主张一切经济的和象征的现象，只不过是权力的化身。于是，"支配－抵抗""等级－平等"等概念，成为政治经济学派的关键词。由此可见，经济人类学的政治经济学派与经典马克思主义的论述之间，存在一个重大的差异：前者认为，任何社会形态，从小型的、原始的狩猎－采集族群到大型的工业文明，都存在等级差异、支配等政治权力格局[③]，而后者则认为，经济的阶级分化发生于所谓的"原始社会"之后，是"文明"的产物。

在政治经济学派的推动下，物品与象征威望之间关系的研究，成为经济人类

---

① 萨林斯：《石器时代经济学》，6 页。值得指出的是，当萨林斯激烈批判西方实利主义理论时，他的意思并非是只有这一理论能解释西方；相反，他的意思是，在"原始人"那里发现的"社会理论"，相比实利主义的"单面人"观念，更有力量。

② Maurice Godelier, *Perspectives in Marxist Anthropology*, Cambridge: Cambridge University Press, 1977.

③ Maurice Godelier, *The Making of Great Men: Male Domination and Power among the New Guinea Baruya*, Cambridge: Cambridge University Press, 1986.

学的又一个重点。在西方规范经济学中，学者们的主要关注点在于物品如何成为物化的价值，以及人们如何通过各种手段获得这种价值。与此不同，不少经济人类学家致力于阐明物化的价值所潜在的符号价值和社会意义，为此，他们借助对于印第安人的夸富宴（potlatch）的研究，考察旨在显示社会威望的“消费”。

杨堃曾介绍夸富宴（他译为“保特拉吃”），说对于此名词之来源，早期人类学家之间有争议，但到波亚士论证这是夸扣特人的制度之后，一般都将它与这个族群联系起来。夸富宴“是原始社会内一种比较普遍并极复杂而属于多方面的制度”[①]。夸富宴多数发生于地位高的人新任酋长之时，是他用宴席为手段，要求人们承认其名号和特权的仪式。这种仪式活动，也发生于诞辰、婚姻、终老、领养和年轻人成年的过渡时间段上，并可能被当成对破坏禁忌的处罚。夸富宴还可用于挽回面子。以夸富宴在人类学界著称的夸扣特人，十分注重社会地位高低，他们的经济交换不只是为了经济本身，还为了获得某种社会威望与地位，它是一种宴请与送礼的盛大仪式，参加仪式的包括主人的所有族人。宴会和礼品都极端地奢侈，形成一种显露财富的竞争。竞争的两方有一方是社会地位较高的，另一方是社会地位较低的。社会地位较高的一方，为了保护自己的地位，尽量地把宴席摆得很大、送出许多礼品；而社会地位较低的一方，为了挑战前一方以获得较高的社会地位，也倾其所有、尽其所能地设宴送礼。如莫斯所言，在夸扣特人当中，交换的意义不在于物品交流本身，而在于物品与威望的互通性，“财物的流通，即伴随着男人、女人、儿童、宴会、仪式、庆典、舞蹈乃至玩笑和辱骂的流通。因为从根本上说它们都是同一种流通。人们之所以要送礼、回礼，是为了相互致以和报与‘尊敬’……”[②]

四、从生态到世界体系

对于人与物之间的关系，人类学家展开过不同方式的研究，提出过不同的看法。就经济人类学领域看，这些看法可以归纳为三类：

其一，对于人与物之间主客关系的理性主义论述（马林诺夫斯基）；

其二，对于世界观或宇宙观的观念体系笼罩下的当地人对人与物之间关系看

---

① 杨堃:《与娄子匡书：论“保特拉吃”（Potlatch）》，见其《杨堃民族研究文集》，40页，北京：民族出版社，1990。

② 马塞尔·莫斯:《礼物》，79页。

法的理论延伸（萨林斯）；

其三，对于人与物共同嵌入社会的历史事实的论述（波兰尼）。

以我前面解释的生产、交换及经济文化三种范型观之，则这三类看法的第一类，将现代生产和交换观念视作“人之常情”，第二类解释，侧重经济文化，而第三类解释，则与注重人与人之间关系的社会学交换理论密切相关。

有必要指出，除了以上三类看法，人类学界对于人的物质生活，也始终存在一种生态学的看法。

在文化生态学者看来，所有生物（包括人类）都需要获得赖以延续生命的基本物质条件，包括食物、水和庇身处。为此，人们与环境需要形成协调的关系，需要以合适的方法获得食物和水以及发展使用这些物质的可靠方法。所谓“适应”（adaptation），就是指确立群体的需求与其环境的潜势之间动态平衡的方法。

拉普波特（Roy Rappaport，1926—1997）在其新几内亚高原居民甄巴加人（the Tsembaga）的个例研究中提出，战争与祭祀的轮回，是地区性的生态适应的周期，它是为人、土地和动物之间保持平衡关系而设置的制度。①

拉普波特的解释是制度性的，并不考虑技术的因素在文化的生态适应中的重要性。与他不同，早期生态人类学家如斯图尔德（Julian Steward，1902—1972）之类，则早已关注到这个问题，他们认为，生态适应的概念若不能与技术的有效程度结合，就不能解释食物生产社会出现的意义。斯图尔德曾依据大平原印第安人的民族志指出，环境资源是否有用，取决于人的技术高低。一度维持过狩猎野牛者生存的草原，同样也可成为作物种植者的生存园地。平原印第安人之所以有农耕条件而不从事农耕，不是因为环境不好，也不是因为缺少农业知识，他们之所以不进行农耕，是因为成群的野牛，足以养活他们，而与此同时，他们又缺乏铲除坚硬草皮所需的铁犁头，空有农业的间接知识，而无农业的技术设备，农耕也就不可能展开。②

拉普波特的甄巴加人研究与斯图尔德的大平原印第安人研究，都采用了生态人类学的理念，但二者之间因对生态的作用有不同解释，而衍生出不同的理论。二者是有相通之处的，这主要在于，二者都重视在人之外的物的氛围里考察习惯

---

① Roy Rappaport, “Ritual Regulation of Environmental Relations among a New Guinea People”, *Ethnology*, 1967, 6 (1), pp.17–30.

② 参见 Richard Clemmer, Danial Myers & Mary Rudden, eds., *Julian Steward and the Great Basin: The Making of an Anthropologist*, Salt Lake City: University of Utah Press, 1999。

和制度形成的过程。它们的不同之处在于，前者侧重在生态环境体系下解释社会习俗的传统形成，而后者则侧重考察人、人造的技术与人之外的物的世界之间的关系。如果说在拉普波特那里，仪式制度是对生态的适应的话，那么，在斯图尔德那里，自然天成的资源与人口量的平衡，才是“适应”的主要表现，而技术，亦是特定资源条件下产生的——这个意义上的“条件”，往往被理解为人口量的膨胀所导致的生态－文化压力。在拉普波特与斯图尔德之间，还存在一个重要的区别，即，前者的论述带有更明显的英国式结构－功能论色彩，注重仪式周期的研究，却不注重历史时间的线条，而后者，则系属一种“新进化论”，自然特别关注技术的演进历程，但与此同时，又对“食物采集社会”这个意象所代表的“平衡”“和谐”等理想，保持着向往之心。

生态人类学对于人与物之间关系的论述，有其哲学上的含义，它给我们留下了某种关于历史的疑问：到底人与物之间的关系，是否总是处在如拉普波特所描绘的“冥冥之中”的“祖灵传统”下，抑或如斯图尔德描绘的那样，总要面对有技术文明创造力的挑战？

观念式的经济人类学与生态人类学，从两个不同的方向，向人与物之间关系的“原初状态”进发；前者强调，在“原初状态”中，人有一种超越自身的世界观，在他们看来，物的世界与人的关系是“物我不分”的，物是人的“亲属”，后者强调，在“原初状态”中，人是物的世界的一个组成部分，难以不“迎合”这个外在世界的“情绪”，适应于它，通过文化制度的设置，使人自身的行动，配合大自然的节律。

人类学家从“原初状态”的研究中得到的启发，有助于我们重新认识人与物之间关系的变化，我同意英格尔德（Tim Ingold）的观点，认为，这一启发主要在于为我们理解人提供一种“关系性思考”（relational thinking）。据英氏讲，“关系性思考”与“群体性思考”（population thinking）针锋相对。“群体性观点”自从达尔文理论和群体遗传的现代综合建立以来就已经存在，这一观点主张，作为有机体的人与其他人截然分开，其构成的群体，也像独立的物体那样与“外在事物”无关。而“关系性思考”则主张，若说人是有机体，人就是整个有机生命统一体（continuum of organic life），这一统一体，不局限于人类社会性领域，超出于它，嵌入于整个物的世界中。[①]

我认为，在人类中心主义依旧流行的今日，人与物的世界之间有机关系的“关系性思考”，特别迫切地需要被关注。人类学研究者之所以应关注这一思考方式的另一个原因却在于，数千年来，“关系性思考”已渐渐地“衰败”。

人类学家意象中的“原初状态”之最典范者，莫过于前面提到的狩猎－采集社会了。停滞于“原初状态”，兴许可以说是某些人类学家的理想，但现实一些，我们应承认，至少从一万年前开始，人类就已经脱离了那个状态，他们中的一些，先在世界的某些地区创造出新的生活方式，接着，这一生活方式渐渐向各地传播，经过古代文明向近代文明的“进步”，覆盖了多数人类居住地。

对于“原初状态”破坏至深的，是以欧洲为中心的近代文明，但这个文明体系，不是突然出现于世界上的，而是在对古代文明的“扬弃”基础上“升华”出来的。追溯起源，我们可以认为，它的最早前身，就是“食物生产社会”。这种社会出现于大约距今一万年前，它的出现意味着人可以通过干预万物生长的规律来维持自己的生命、扩大自己的种族。人的这一“自觉”，可谓是在当时的生态压力下产生的，但它一旦产生，就导致不可逆转的后果。人开始不再顾及人与物的世界之间的有机统一关系，而只顾及自身。生产食物，是这个“自觉”的知识和技术结晶，它的实质是动植物的“驯化”。“驯化”的方式有多种，包括：（1）小型园艺农业型（horticulture），包括较不稳定的刀耕火种（slash and burn）生产方式和较稳定的小型农耕业；（2）强化农业型（intensive agriculture）；（3）牧业型（pastoralism）。这些不同类型的“驯化”，使人脱离“原初的丰裕社会”，成为“食物生产社会”。这种社会形态造就了永久的定居地，永久的定居地的形成，进而促进了食物生产社会的组织结构的复杂化发展。定居地的扩大，为大量人口共享资源，因此，社会组织变得越来越重要。亲属群体性的组织，在狩猎－采集社会中本不重要，但它对食品生产社会（农耕民族）而言，则极其重要，它作为社会组织机制，解决土地使用与所有权问题。[②]在食物生产社会中，部分社会成员的劳动可以创造出可供给所有成员维持生活所用的食物，“有闲阶级”随之诞生，这部分人用他们的时间来从事文化的发明和创造。发达的农业技术导致

---

① Tim Ingold, *The Perception of the Environment: Essays on Livelihood, Dwelling and Skill*, London: Routledge, 2000, p.6.

② Jack Goody, *Production and Reproduction: A Comparative Study of Domestic Domain*, Cambridge: Cambridge University Press, 1976.

高产和人口增长，农业的定居地与全新的生活方式（包括强烈的劳动专业化）相适应而转变为城市。先前曾从事过农业生产的人们可能转而从事其他专门化的生产活动，诸如木匠、铁匠、雕刻家、编篮工和石匠等手工业者，成为食物生产社会的重要组成部分。城市生活也逐步成为人们生活的重要内容。

城市是食物生产社会的产物，可以说是这种社会形态高度集中发展的地理空间结晶。与其他所有的族群不同，城市居民与适应他们的自然环境只有间接的关系。不仅如此，他们不可能如狩猎－采集者自由流动，而必须与他们的城市邻人一起生活和共同相处。

城市生活要求确立复杂的社会管理制度。人们根据他们的职业或家庭出身分为等级，社会关系不再以简单的、面对面的熟人关系为核心，转而由专门化的政治机构来安排。随着城市化而来的是：文字的发明、贸易的加强、技术和工艺的创造。此外，在很多早期城市中，诸如王宫和庙宇的纪念性建筑由成千上万通常是从战争中俘来的奴隶来建造，这些工程的技艺至今仍为现代建筑师与工程师赞叹不绝。这些建筑的居住者（包括贵族与教士的统治阶层）组成支配社会和宗教法规的统治中心，而这些法规又由商人、战士、工匠、农民和其他公民来实行。

在许多人类学家看来，世界的“现代化”，早已在“食物生产社会”中出现端倪。不过，致使“关系性思考”遭到更大打击的，是近代欧洲文明的进程。早期食物生产社会，本保留着物我不分的观念。到了近代，欧洲涌现的一系列认识运动，如宗教改革、文艺复兴与启蒙运动，相继把人从这一观念中“解放出来”，造就一个以人为中心、物我二分的世界观。在这个新世界观的影响下，地球上的一部分“先进人”，萌生了“征服自然”的想法，使人的定义，在观念上，先摆脱了养育人的物的世界，接着又脱离了人造之物与作为个体的人嵌入于人与他人共存的“社会世界”之外，成为韦伯意义上的“新教伦理人”①。

以“理性经济人”观念表达的“新物我关系论”，是一种观念转变，这一观念转变，又是一个特定世界经济史过程的组成部分。

15世纪末以后，欧洲世界经济体系得以产生。这是世界上前所未有的社会体系，它与此前存在过的所有城邦、帝国截然不同，在范围上囊括了城邦、帝国和正在出现的民族国家，并逐步席卷了整个世界，在性质上属于“世界经济体系”，其各部分之间的关联通过经济的基本关系得以实现，并通过文化和政治权

---

① Max Weber, *The Religion of China*, trans. by Hans Gerth, New York: Free Press, 1951.

力的联盟得到加强。

15 世纪以前，世界存在过类似的经济体系，但它们总是转变为帝国政治统治的形态，帝国的强制性再分配制度迫使经济服从于政治秩序的营造和维系。欧洲世界经济体系的出现，使世界史出现了一个断裂。欧洲资本主义的科技发展，使它的世界体系得以繁荣、拓殖和扩张，从而以经济为手段迫使帝国型的政治结构让位于世界型的经济结构。这一经济结构的成长，促使政治权力服从于经济利益的掠夺和剩余价值的剥削。在帝国体系中，国家是征集供品的机制，它意味着以军事和政治保护来换取征集的贡品和税收，而征集的供品和税收的价值大大超过提供的保护的价值。相比之下，在欧洲新创的世界资本主义体系中，国家的力量减弱为中央的经济运行机构，变成保护市场交换和市场垄断权利的手段。同时，市场运行刺激了生产率的提高，产生了现代经济发展的各种后果。①

欧洲资本主义在创建世界经济体系的过程中，大大依赖于世界范围的劳动分工和国家官僚机构的建设，使经济的人力资源和国家行政管理资源服从于世界性市场经济的营造和维系。在华勒斯坦（Immanuel Wallerstein）之前，法兰克（Gunde Frank，1929—2005）曾就近代世界经济变迁和非西方生存方式之间的关系，提出一个“依附理论”（dependency theory）。他认为，近代以来世界的经济霸权是建立在交换和市场基础上的资本主义体系。这个体系造成了两极化，即一方面某些地区高度发达，另一方面，其他地区处于难以解脱的“低度发展状况”（underdevelopment）。发达和低度发展的两极化并不意味着“开发”和“未开发”之别，而是意味着资本主义的世界体系已经完全把全球存在的各种生存方式开发成该体系的一个组成部分了。只不过是世界体系本身分化成中心 - 卫星地带的二元对立统一局面，中心地带剥削卫星地带，西方资本主义市场的中心地带消费卫星地带的资源和产品并迫使卫星地带成为依赖于中心地带的经济类型。②

法兰克的理论对于理解现代世界的经济关系做出了重要的贡献，它揭示了资

---

① Immanuel Wallerstein, *The Modern World-System: Capitalist Agriculture and the Origins of the European World-Economy in the Sixteenth Century*, New York: Academic Press, 1974, pp.12–13.

② Andre Gunder Frank, *World Accummulation* 1492–1789, New York: Academic Press, 1978.

本主义市场和经济体系的发展对于原存的非西方生存方式的威胁。①

华勒斯坦描述资本主义世界体系所依据的，也是法兰克式的中心－边缘经济关系分析，他对世界政治和经济发展做出了中心的（central）、半边缘（semi-peripheral）和边缘（peripheral）地区的具体划分，并分析了这些地区之间的关系转变的历史状况。就这一分析的内容而言，华勒斯坦指出一个事实，近代以来，世界以欧洲为中心转变为一个以经济等级来划分的体系；在这个体系中，资本主义生产方式的核心地带也充当了世界经济体系的中心，它不仅在生产上支配了非西方世界的劳动，而且在交换模式上保证了欧洲为中心的国家利益集团的利益。而从另一个角度看，这个时代以来的世界政治权力集团的划分，无非是经济利益集团划分的手段，其作用主要在于保证中心－半边缘－边缘的经济地理结构的“正常运行”。②

世界经济体系之所以是世界性的，原因不在于世界各民族共同拥有一种欧洲资本主义的理性世界观，而在于这种理性世界观是经济强制性迫力和行政力量发展的后果。

世界体系成长的过程和主要后果是现代性的发展，而现代性的成长又与“配置性资源”（allocative resources）、“权威性资源”（authoritative resources）和“生活政治”（life politics）的重新安排有着难以切割的关系。民族国家是把“现代社会”与“传统社会”区别开来的关键特征，其突出表现形式是国家与社会的高度融合，而造成这种国家与社会高度融合的动因，包括生产力与生产关系的变迁，同时也包括其他三种力量的发展：以信息储存和行政网络为手段的人身监视力 、军事暴力手段的国家化，以及人类行为的工业主义。现代社会之所以与传统社会形成对照，是由于现代社会中物质生产高度发达、信息和行政监视大幅度延伸、暴力手段为国家所垄断、工业主义渗透到社会的各部分。在欧洲，这个

① 这个理论同时也隐含着另一个不十分恰当的论点，即似乎资本主义世界体系形成之前不存在中心地带与卫星地带的差异，不存在作为中心的都市与作为卫星或边缘地带的农业等生产－生存方式的差异。因而，它片面地主张交换体系、市场和都市均属于西方资本主义的独特发明，否认同类体系在非西方社会的存在事实。事实上，这一理论缺失并非法兰克一人所为。在多数的现代化理论中，都市化常被当成现代化的一部分，似乎只有在现代工业化之后才有可能出现都市。从而，许多发展理论家费了许多力气去论证部落和乡民社会的都市化过程。对于许多社会来说，问题并不在于部落和乡民经济被世界体系改造为“卫星地带”，而在于非西方的市场和都市如何被侵入并吸纳到世界体系中去。实际上，在西方资本主义世界体系之前就已存在许多都市，也已存在城乡之别以及中心－边缘地带之别，以市场为中心的经济体系早在西方殖民时代到来之前就已发展得相当完整。除了上文提到的美洲前工业城市，中国市场空间结构和城市的体制也是很好的例证。

② Immanuel Wallerstein, *The Modern World-System*, pp.296–398.

过程发端于16—17世纪，其时传统国家向现代国家过渡，并表现为绝对主义国家（absolutists states）的出现，即大型帝国逐步蜕变为分立的国家。绝对主义国家的发展为现代民族国家奠定了基础，它为后者提供了疆域概念和主权性。不过，现代民族国家最终只是到19世纪初才开始在欧洲出现，其推动力在于行政力量、公民观以及全球化，而主要基础是配置性资源和权威性资源的增长。所谓“配置性资源”指的就是物质资源，而“权威性资源”指的是行政力量的源泉。如社会学家吉登斯（Anthony Giddens）指出的，这两种资源是不可分的，它们的联系机制就是“工业化”。工业化不仅导致物质资源的增长，而且还导致“工业主义”作为一种行政力量和个人行为取向的发展以及权威性资源的开发。商品化进一步使法律成为全民准则，税务成为国家控制工业的手段，劳动力成为“工作区位”的附属品，国家成为世界体系的一员。此外，传播媒体、交通、邮电等资源的开发，使国家更容易渗透到社会中，强化其监视力。①

此外，作为现代性的民族国家的社会构成，不是一个美好的时代成长的历史，而与四种离人性相去甚远的“制度丛结”密切相关，这些就是高度监控、资本主义企业、工业生产及暴力的集中化。尽管这四个制度丛结不能互相化约，但从吉登斯的叙述中，我们可以感受到，权力及暴力控制随着现代性的成长不断对人的活动产生制约力的过程。从本质上讲，这种制约力本身就是民族国家的制度，它是在近代史上国界纷争多端的欧洲兴起的，但是在20世纪（尤其是“二战”以后）已经成为全球化的制度。民族国家是一个权力的集装器。这个集装器的内部装着的是被国家垄断的武器，可它的外表涂着的广告——民族主义的意识形态——宣扬着一种现代化的公民意识（citizenship），民族国家的高度监控、资本主义企业、工业生产及暴力的集中化既是现代化本身，也是人的生活所必需的物品。这个广告具有的政治诱惑力如此之大，以至于所有步欧洲的后尘致力于国家现代化的社会，几乎完全不能幸免于“购买”它所推广的产品。十分矛盾的是，身居全球意识形态霸主地位的民族主义，通常宣扬的不是它自身的霸主地位，而是一个把人类从各种压迫（制度的制约）中解放出来的事业。

尽管这种新交往方式要求产生一种“后传统的”（post-traditional）秩序，但现代性并没有创造出新的可供信任的秩序，反而是在“疏离化”的过程中导致了一系列危机的出现。现代批判理性出现之后，便渗入人们的日常生活中去，成为

---

① Anthony Giddens, *The Nation-State and Violence*, Cambridge: Polity, 1985.

人们的人生哲学和存在意识的重要组成部分，这就导致了怀疑意识的广泛流传。与此同时，知识体系也越来越专门化，各种权威随之生成并在社会上造成了权威多元的现象，使自我在关于生存的问题上产生无穷的困惑。风险（risk）的意识，即对未来的不确定性顿时成为广泛存在的人生体验。加之现代性导入了先前年代所知甚少的风险参数，如核武器的毁灭性可能、生态灾难的危险、远距离灾难对地方个人生活的远距离影响等，所有这些使得人类产生了在风险中把握命运的欲求。在这种特定的情况下，出现了“拓殖”（colonialize）历史时间（过去、现在、未来）的图谋，历史性（historicity）的意识在个人的心灵中被不断强化了。为了把握历史的命运和应对现代性成长的过程中权威和知识体系的多元化，人们努力对自己的生活加以细致的规划，对自己的生活方式也加以细心的选择。与此同时，对超离传统的关系、义务、责任的“纯粹关系”（pure relatioship）的追求也变得十分重要，这种新型关系的存在前提是长期的相互承诺和信任，它的作用是用抵御性方式来对抗外来社会关系风险的包围。相应地，个体对生活的有意识计划创造了自我实现和自我把握的方案，但与此同时也为原本外在于个体的现代性创造了力量延伸的空间。而且，由于现代社会中制度丛结具有高度的外延性，因此个体对生命历程有越自觉的规划，现代性的控制力就会越强大。其结果是，个体的经验会逐步被“存封”（sequestrated）起来，变得与事件和情景越来越疏远，从而丧失生命历程的道德性。进步主义的启蒙运动的普遍律令就是“解放”，即个人和集体层面上的人类实现，这个概念的背后带着一种“生活政治”的诉求，也就是说，个人的解放越被强调，就越有可能出现制度性压抑力的扩展①。

在世界经济体系、民族国家、现代生活政治的大历史背景下，我们看到“理性经济人”观念的发生或强化，这实质是欧洲现代性的人生观和历史观的副产品和文化动力。这个观念的第一基础就是人作为自主的市场经济的组成部分应当获得“自我解放”，它的主要表现形式就是黑格尔（Georg Wilhelm Friedrich Hegel，1770—1831）意义上的“大写历史”观念，即作为理性发展后果的人对于历史的意识和创造。从这个意义上讲，“理性经济人”表达的关怀，就是作为世界经济体系的文化动力的单线、理性化社会进化观念在个人生活领域的延伸。从华勒斯坦的角度看，它所服务的目的，就是西方中心主义的世界经济体系的不

① Anthony Giddens, *Modernity and Self-Identity*, Cambridge: Polity, 1990.

断强化；而从吉登斯现代社会批判理论的角度看，它则属于现代性政治和现代生活政治的“解放逻辑”的延伸。

持规范经济学观点的人类学家，并不是西方中心主义世界观的宣扬者。以“理性经济人”的解释模式来分析非西方物质生活方式的人类学家，不乏具有自我文化反思追求者。[①]然而，理性主义（形式主义）的经济人类学者，在其民族志的实践中，确实可能在无意中犯了在非西方文化场合中延伸西方观念的错误，或者，至少可以说，因为被理性经济人的观念潜移默化，而未能看到，物的流动过程，同时也是社会、政治意义上的人与他人关系的过程[②]，诸如库拉这样的奢侈品交换制度，可能存在政治性[③]。

实质主义的经济研究指出的市场不能脱离社会的观点，对于我们理解“原始社会”与现代“商品社会”之间的通性，似更有力。西方市场经济（或华勒斯坦意义上的“世界经济体系”），不过也是特定文化、特定经济史的产物。因而，从其中概括出来的经济学理论不一定能够适用于非西方和传统社会的物质生活分析。政治经济学派把经济与权力关系勾连起来的做法，虽然也属于普遍主义解释的一种，但是它较为尖锐地解剖了经济领域中广泛存在的掠夺性（包括世界经济体系的掠夺性）。文化生态学的解释指出，非西方物质生活方式是“土著人”对于其生存环境的独特适应，是外来的经济观念无法完全解释的事实。这意味着，经济和文化的进化，应遵循地方性适应的多线规律，而不应由外来的单线性、全球化世界体系来操纵。

萨林斯在其《文化与实践理性》[④]一书中，对西方社会科学思潮中的功利主义和理性主义经济学理论进行了批判。他认为，文化人类学所该做的，不是证实“异文化”的特质或西方文化的理性，而应是发明一种文化概念，把思想与物质、唯心论与唯物论等古代二元论丢在脑后，使对文化意义的探讨优先于对实践利益和物质关注的探讨。在萨林斯看来，人类学的任务是写作文化的报道，

---

① 例如，马林诺夫斯基对于特罗布里恩德岛的民族志研究，表现出对于普遍主义理性论的支持。但这种支持主要表达了一个反种族主义的倾向，马林诺夫斯基通过人类通性表述的，是对于非西方文化的价值的强调，是在特定的历史时刻反思西方主流的非西方无知论的实践。形式主义经济人类学者和现代化论者的理性主义倾向，大多属于类似的实践。

② Arjun Appadurai, “Introduction: Commodities and Politics of Value”, in his ed., *The Social Life of Things: Commodities in Cultural Perspective*, Cambridge: Cambridge University Press, 1986, p.18.

③ Ibid., p.57.

④ Marshall Sahlins, *Culture and Practical Reason*, Chicago: Chicago University Press, 1976.

揭示文化的独特意义结构，而现代人类学方法的创立者在从事这方面工作时确有缺失。他指出，这些大师从未真正地克服深藏于他们概念框架中的实践理性（practical reason），从而使英国和美国的人类学风格从未真正地领悟到他们所关注的文化的核心。由于不能够窥探到异文化意义的深层结构，早期人类学者几乎不可能提供一种强有力的、批评性的文化理解和解释模式。为了对二元论的文化观进行批判，萨林斯主张回到人类学成长的环境（西方社会）中去，对物质社会的符号性加以结构主义的阐释。

萨林斯的这一批判性研究，从实质主义的立场出发阐明了“理性经济人”观念的认识论局限性，也为经济理性发展的其他批判提供了方法论基础。

20世纪50年代以来，发展问题已经成了世界性的支配话题，多数政治家和知识分子都把“发展”看成以经济增长为核心的过程。萨林斯在《文化与实践理性》一书中提出的实质主义论点，旨在使我们认识到，发展无非是特定的文化对于自身价值的重新演示。换言之，在诸多场合中，发展经常不一定能构成经济利益最大化的手段，而是构成民族身份的自我确认、地方性的“夸富宴”式交换和民族国家意识形态治理的手段，从而使“理性经济人”的解释失去它的解释力。此外，发展中国家广泛存在的经济发展实践与民族主义意识形态及社会控制密切结合的现象，为实质主义的经济人类学与政治经济学批判进路的新综合提供了极为有价值的前景。实质主义经济人类学指出，经济实践与社会与文化符号体系不可分割，而政治经济学指出，这种不可分割性主要体现为物质实践与政治实践的结合。从这两种理论的综合中则能看出，经济、文化、权力三个领域，通常在一般人印象中的“物质生活”中构成相互勾连的关系，从而使古典经济学逻辑无法把握它的脉络。

在《资本主义的宇宙观》一文中，萨林斯延伸了这一看法，关注了从18世纪中叶到19世纪中叶这样一个早期阶段“太平洋群岛及毗邻的亚、美洲大陆的人民如何以互惠方式塑造了资本主义的‘冲击’，从而也塑造了世界历史的进程”。他借此指出，“泛太平洋地区”，当农业屈服于工业革命时，西方物品甚至西方人都被整合成了本土权力，欧洲商品作为神性恩惠和神话恩赐的符号而出现，在那些庆典交换和展示（它们也都是定期献祭）中用来交易，随之，各地对某些欧洲货物表现出浓厚兴趣，在一种原有逻辑的激活下，这些物品被某些关于哪些事物具有社会价值或称得上是“神圣种类”的本土观念同化了。由此，萨林斯对于“发展”进行了新的诠释，他指出，“从本土人的观点看来，世界体系的剥削可能正意味着地方体系的繁荣。即使通过不平等交换比率，劳动力被输往都市，但腹地人民仍然能够比在其祖先之日付出更少的努力，就能获取更多具有非常社会价值的物品。随之而来的就是规模空前的宴会、交换与舞会。因为这意味着神性恩惠以及人类的社会权力的最大积累，因此，从人民孜孜关怀的文化方面来说，整个过程是一种发展"[①]。

经济人类学研究集中于非西方世界展开，它的这一地理空间特色，给它带来了思考方式上的重要影响，这一影响固然有其问题，但不可否认，其所促成的研究成果，对于我们回过头来考察现代经济观念，有其裨益。

在其研究过程中，对于西方经济学概念体系，无论是持正面支持态度还是持反思批判态度，经济人类学家向来没有脱离这个已经在世界范围内取得支配地位的学科。经济人类学者之所以与西方经济学形成这一难以割断的"暧昧关系"，原因主要在于西方经济学是近代世界体系中的"学究型权威"。西方经济学无非是经济史上市场交换模式取得支配地位的动力和产物。它主张人在经济交往过程中获取利益是天经地义的事情，因而也主张人们可以（甚至应该）视自身的劳动力为可以自由流动、出售，从而按照一定价值标准获得自身价值的东西。这种在市场经济以外的社会中可能被当成"罪过"的新伦理观念（即韦伯所谓的"资本主义精神"），在西方经济学内部被看成放之四海而皆准的理论。

以解释模式及其发生的历史背景观之，经济人类学家提出的关于生产和交换的诸多看法，大抵脱离不了西方经济学认识中的"理性经济人"是否具有全球意义这个问题。而由这个问题想开去，我们似乎可以认为，实质主义经济人类学之所以有意义，正是在于，它迫使我们在做经济研究时，由"经济"想到其他，尤其是想到，人不能脱离于他人与他物而独存。

---

① 萨林斯：《资本主义的宇宙观》，赵丙祥译，载《人文世界》，第1辑，81—133页，北京：华夏出版社，2001。

第六章

从“没有统治者的部落”到“剧场国家”

古迪（Jack Goody）在追忆其所亲历的英国人类学的转变时说过以下一段话：

涂尔干的事业，对于人类学家界定其问题意识，无疑起到巨大影响，而这种影响不仅来自埃文思－普里查德本人，而且也来自那些受牛津大学训练的学者以及诸如福忒思、格拉克曼（Max Gluckman，1911—1975）、斯瑞尼瓦斯（Srinivas，1916—1999）等较年长的学者，这些人与杜蒙一样，曾担任该大学的教员。除了其他诸多途径，涂尔干的影响体现为对于政治－法权体系，尤其是裂变体系的关注……在没有集权的条件下，秩序如何被维系？这个主题不仅具有历史的和比较的旨趣，它还涉及社会组织的另类形式的本质问题。另类形式是战后气氛中产生的诸多关怀的一种，它特别是在公社、垦顿村（kibbutzim）及其他“社会主义”实验中十分引人注目。埃文思－普里查德对于努尔人的研究，实属这一问题意识的经典表述，这一研究在20世纪30年代已部分发表，后来于1940年以专著形式出版。有人认为，殖民地政府有意让人类学者来研究这群人，以达到控制这个族群的目的。诸如此类的族群对于一些集权政府确实都是一个谜，这直到今天依然如此。但是，对于人类学者来说，这些族群的魅力与此十分不同……人类学者为他们所吸引，部分是涂尔干以后理论的进步引起的，部分则是因为他们在“没有统治者的部落”（tribes without rulers）中看到了某种有价值的东西。[①]

古迪指出，社会学年鉴派对于牛津大学人类学有巨大影响，但这个来自法兰

① Jack Goody, *The Expansive Moment: Anthropology in Britain and Africa*, 1918–1970, Cambridge: Cambridge University Press, 1995, pp.88–89.

西的学派却也在20世纪30—40年代得到英国人类学家的修正。继拉德克利夫－布朗之后，埃文思－普里查德再度将英国人类学纳入涂尔干的社会学视野中，且使英国人类学有了一种“学术创新”与“政治觉悟”。

20世纪前期，英国人类学与殖民主义有着千丝万缕的关系，但它却又是富有政治良知的；这一政治良知，表达为其对“没有统治者的部落”的价值的思考，而“没有统治者的部落”，又指埃文思－普里查德眼中的“有秩序的无政府状态”[①]。

“没有统治者的部落”或“有秩序的无政府状态”之意象，出现于特定时代，与西方人类学家对于遥远的“好社会”的向往有着密切关系[②]。古迪将被后人称为“政治人类学”的那些研究，与一个和战争相关的特殊时代——第二次世界大战——相联系；他这样做，有其根据。

有社会学家指出，70年前，在欧洲政治舞台上，国家开始展演其在社会生活中空前重要的角色。“全权式统治”（totalitarianist rule）在德国纳粹的“国家社会主义”号召下得到了淋漓尽致的发挥。这种表面上与现代民主政体格格不入的体制，并非是纳粹的独创。“当代世界没有哪一类国家能与潜在的极权统治完全绝缘。”[③]“全权式统治”，不过是一系列以欧洲为中心，但具有全球范围后果的政治体制发展的后果，这一系列发展与世界经济体系和商品流动方式有一定的关系，但主要是基于19世纪后期以来得以大幅度发展的暴力统治手法。19世纪后期，西方工业资本主义高度发达，与此同时，西方主要工业资本主义国家促使国家控制的军事力量得以工业化。基于工业化的暴力手段，西方开始了大规模的殖民战争，对非西方社会进行掠夺与侵略，并在相互之间形成了相对稳定且互认主权的“国际关系”。在这样的国际条件下，西方各国在国内推崇“公民意识”和“民族觉悟”，形成了政权－公民二位一体的意识形态，使作为社会主体的公民直接参与到作为民族的国家的政治事务中，进而使维护国家和公民利益成为发达工业资本主义国家进行内部绥靖和对外战争的理由。此时，“用来鼓动极权统治的目标会与民族主义强烈地搅和在一起，因为民族主义情绪提供了基本的意识形态手段，把原本可能分崩离析的人口团结在一起。民族主义的重要性在于确保极权主义之‘极’的一面，因为它携带着它自己的‘象征历史性’，为人民提供了

① 亦见 John Middleton & David Tait, eds., *Tribes without Rulers*, London: Routledge & Kegan Paul, 1958, p.89。

② Ernest Gellner, *Culture, Identity and Politics*, Cambridge: Cambridge University Press, 1983, p.48.

③ Anthony Giddens, *The Nation-State and Violence*, Cambridge: Polity,1985, p.302.

一个神秘的来源，也为人民提供了一个为之奋斗的共同的未来归宿”[①]。随之，西方蜕变为侧重依赖国家主义来进行内部绥靖的政体，在对外关系上，国家之间在竞争中分出胜负，却仍旧如19世纪那样，依赖着军事力量的工业化。于是，无论是采取民主主义，还是采取希特勒的法西斯主义为意识形态，国家都倾向于利用民族主义理想来宣扬它的救世大业、排外性，甚至侵略性[②]。20世纪民族国家的高度发达，意味着国家对于社会和个人的监控能力的极大提高。

用吉登斯的话说：

> 民族国家在监控的最大化方面与传统国家有着根本的差别，监控的最大化与国内绥靖一道创造了一个拥有确定边界的行政统一体……极权统治有赖于国家能够成功地渗透到多数属民的日常活动中去。这反过来又要求高水平的监控，它基于前面分析过的那些条件——对重要人员的行为举止进行信息编码和监视。极权主义首先是监控的极端集中，其目的在于通过紧急政治动员来达到国家权威设想的政治目标。监控大致集中在（a）国家对其管辖的人口实行的各种建档分类方式——身份证、许可证和其他官方文件，它需要所有成员照准执行，即使是最鸡毛蒜皮的事情也要遵循成规；还有（b）由警察或他们的线人对这些活动进一步监视的基础。[③]

民族国家及其效法者为了维持长治久安，广泛采取了监控的集中化（包括强化信息编码、警察治安等）、“道德整体主义”（即把政治共同体的命运嵌入人民的历史性中）、恐怖（警察权力的最大化以及掌握发动工业化战争与隔离规避的手段）及领袖人物的全民推崇等手段[④]。这就使以欧洲为中心的现代性时代，出现了权力无处不在的状况。

欧洲国家权力实质之暴露，为知识分子重新理解政治生活提供了新的机会。19世纪，进化论人类学家尚有理由对于政治的文明化怀抱美好的期待，而到了20世纪，欧洲国家内乱与外患的交织，却使人不禁联想到此前欧洲曾存在过的绝对主义王权国家时代。在那个时代，君王等于国家，他兼有所有政治组织的宝座，自身等同于法律、法律的制定者与执行者。近代以来，欧洲产生了“政治解

① Anthony Giddens, *The Nation-State and Violence*, Cambridge: Polity,1985, p.303.

② Ibid., p.302.

③ Ibid.,p.302.

④ Ibid., pp.303–304.

放运动”，人们力图将自身从君主的绝对权力中解放出来，形成以“民族自觉”为基础的“民主国家”，通过分立的行政官、立法者以及为数众多的公民来实施“治理”。但吊诡的是，绝对主义王权国家缔造的主权、认同等概念，却以新的名义延续于民族国家中；由法权阶层组成的官僚体制，也已替代国王。如此，政治表面上反绝对主义，实质上却同样集权。

“(西方)不要期待他人来解决西方思想体系的形而上学问题”①，这话说得合情合理，但却不能说明古迪笔下20世纪40年代人类学家的心境；那时，西方的学者们，确怀有在他人那里寻找解决自身问题的答案的志趣。西方人类学者的“自身问题”，就是20世纪以欧洲为中心的民族国家极权统治方式的高度发展以及它所带来的“全权式统治”问题，而“没有统治者的部落”这一意象所表达的，无非是知识界对于那种实质为“全权式统治”的现代式国家的反思。

“没有统治者的部落”这个意象，代表一种看法：在“外面的世界”，存在着依靠较不正规的组织手段而存在的社会。在这些社会中，政治依靠的是一种变通的亲属制度，它们的领导缺乏实际权力，诸如杀人和偷窃一类的社会问题被视为严重的“家庭不和”，而并非能影响整个共同体。在这种截然不同的政治组织之间，还存在许多种类，包括有着酋长、头人、神职头人的社会以及有着多元权力中心的分割性部落社会。

一、“没有统治者的部落”

对于全权式国家疑虑重重，对于另类的“好社会”充满期望，是后来被定义为“政治人类学家”的学者的本来心境，它们在这一研究领域的奠基之作——福忒思和埃文思–普里查德所编著的《非洲政治体制》——中得到了系统表达②。

《非洲政治体制》这本书的主旨，是政治体制的比较研究。在书中，福忒思和埃文思–普里查德把非洲分为两种类型的政治体制，一种是集权化(centralized)的制度，或称“原始国家”(primitive states)，另一种是无集权(uncentralized)制度的社会。

---

① Marilyn Strathern, *The Gender of Gift*, Berkeley: University of California Press, 1988, p.3.

② Meyer Fortes & E. E. Evans-Pritchard, eds., *African Political Systems*, Clarendon: Oxford University Press, 1940.

两位政治人类学的引路人，不排斥集权政体之研究，他们将之视作一种重要的政治体制类型来分析，也花费不少精力采取以下三个标准对于不同类型的政体进行比较：

1. 权力集中化的程度；
2. 政治运作的专业化程度；
3. 政治权威配置的方式。①

不过，福忒思和埃文思–普里查德的志趣主要在于通过比较烘托出非集权政体的形象。在他们看来，非集权制度，如游群（bands）、部落（tribes），是“无政府”的，但有其秩序，有政治首领的酋邦（chiefdoms）是“过渡”，而国家（the state）这一“有政府政体”，自古属于集权政治这一行列。

非集权型政治体制样貌是什么？大致而言，它们不具有严格意义上的“政府”或政治贵族。在这一类型的传统政治体制中，权力分散而暂时，各个家族、世系群和社团都可能共享政治权力。在遇到外来威胁时，人们可自动组成临时政治团体，一旦问题解决，政治团体则自动解散。这种临时的政治团体富有流动性，决策的拟定属于社会成员的集体事务。个人的地位有所不同，但没有阶级区分和集权组织。

“最非集权的”政治体制，是人类学家想象中最原始的狩猎–采集社会。这些“游群”社会规模小，基本的组织单元是核心家庭，劳动分工属自然分工（根据年龄和性别进行分工），技术没有专门化，而以群体组织的风俗、共同价值和象征为基础。在经济、社会组织和政治结构方面，人与人之间平等互惠，决策由群体做出，领导的选择以个人品格决定，通常由一些在狩猎中勇敢的、成功的、具有安抚超自然力之能力的，并为人公认受其他成员尊敬的老年男人担当。人为他人所追随，并不是因为他有强制力，而是因为他在过去表现出良好的观察判断力、技术和成就；当他不能很好地领导人们，不能做出正确决定之时，成员们则将会追随他人。这种首领只是平等的众人中间的领头人，他之所以有个人权威是因为他有能力。②

---

① John Beattie, *Other Cultures: Aims, Methods and Achievements in Social Anthropology*, London: Routledge & Kegan Paul Ltd., 1966, pp.143–145.

② Max Gluckman, *Customs and Conflict in Africa*, Manchester: Manchester University Press, 1956; Lorna Marshall, “The Kung Bushmen Bands”, in Ronold Cohen, John Middleton, eds., *Comparative Political Systems*, Gardon City and New York: Natural History Press, 1967, p.41.

埃文思－普里查德并非游群研究家，其经典是对处于部落社会形态中的努尔人的研究[①]，这项研究虽不见得能如游群研究那样“立场鲜明”，但却一向被尊为部落人类学研究的最高典范。

埃氏的《努尔人》，是我们了解部落政治体制及人类学对它的表述的主要依据。努尔人是一个有大约20万人的部落，他们生活在东非的沼泽地和热带大草原上。在努尔人当中，大约有20个氏族，氏族是父系的，又分裂为世系群，世系群还有进一步的分支。一个氏族被分为一些最大的世系群，最大的世系群分为较大世系群，较大世系群又分为较小世系群，较小世系群又分为最小世系群。埃文思－普里查德将努尔人的政治体制，放在一个比政治更广阔的视野中考察。他首先指出，努尔部落政治体制，是在这个部落所处的自然环境和生活方式情景中存在着的。努尔人从事游牧、捕鱼及园艺的生活，牧牛对于这个部落中的人们有着关键的意义。努尔地区地势平坦，有黏性土壤，稀疏、纤细的丛林，在雨季里，该地区布满高高的杂草，横穿着一些一年发一次洪水的大河流，季节分雨季和旱季，是一个洪旱分明的环境系统。随着季节的变化，努尔人在高山与草地之间往返迁移。努尔人的生活方式如此，其社会结构亦有季节特性，其人群随季节之变，出现集中与分散之别，最终构成分散与联合不断轮替的结构特征。埃文思－普里查德集中考察努尔人的政治生活，他指出，他们没有政府，也没有法律，一切被欧洲人理解为“政治”的问题，都是在社会关系体系中得到处理。固然，努尔人中有可谓“政治关系”的东西，但这些关系是与部落的血缘和地缘组织不可分离的。努尔人的政治关系的实质为部落及其分支之间的地缘关系。不同于近代国家自上而下的统治，部落及其分支的关系是横式的，是对抗与融合的“辩证法”。部落是努尔人最大的政治群体，部落裂变为一级、二级、三级分支，这三级分支实为由数个村落构成的共同体。作为最小政治单位，村落没有政府和法律，关系却井然有序。各级分支之间有矛盾或世仇，但这些矛盾，都由一些特殊人物（如豹皮酋长、预言家之类）处理。这些特殊人物，不同于近代欧洲的政治家，他们不拥有任何政治权力与权威，无非是在人们的眼中有某些神圣感和魅力。这些人物多为仪式专家，它们起调节群体之间关系的作用。政治体制如此“非集权”的努尔人，有高度发达的亲属结构和年龄组制度，它们围绕着亲属

① E. E. Evans-Pritchard, *The Nuer*, Clarendon: Oxford University Press, 1940.

关系与“辈分”，形成一个严密的组织体系，对于分裂与统一[①]，采取全然不同于现代人的看法，他们不认为统一是以分裂的消灭为前提的，而是认为，相互对立是达成社会整合的前提。总之，努尔人通过血缘和地缘关系，形成对立统一混合的政治体制，以此平衡社会关系，在没有统治者的情况下，组成一个有秩序却不乏活力的社会。

《努尔人》一书“操练”了人类学家在亲属制度研究中对于人与他人、人与物之间关系的强调。在埃文思－普里查德笔下，人通过生态性和社会性的时间节律，与人之外的物的世界构成关系，这一关系，对于努尔人社会结构形态有着重大影响。在这个接近生态状况的前提条件下，努尔人围绕血缘、地缘与“年龄组”构筑起来的“自然社会”呈现在我们面前。在埃文思－普里查德看来，这个由地区性的人与他人之关系构成的“自然社会”，背负着努尔部落政治的使命。如果说，对于涂尔干而言，国家乃是社会培育出来为自身服务的机构，那么，对于埃文思－普里查德而言，社会自身可以有自然而然的政治生活，它无须培育出国家机构，便有了自身的秩序与动态。在埃氏看来，人类学家要理解这一秩序与动态，有必要预先理解它的自然属性，因为正是未曾摆脱自然节律的规范的社会，与近代集权国家构成了鲜明的差异。由此，埃文思－普里查德的脑海中，浮现着一条历史的途径：古代君主国家通过建立统治者与神之间的关系，切断社会与物的世界的关系，而近代集权国家，则在切断统治者与神之间的关系中，有意或无意地塑造出了统治者在“世俗”政治生活中的“至上神”形象。

二、权威、权力与比较政治学的终结

20 世纪 40—60 年代，集权与无集权政治体制的比较，是政治人类学研究的核心。在英国，这一分析在功能主义和新功能主义的著作中广泛流传。在美国，新进化论出现后，社会结构和国家进化的研究也采用了类似的分类方法。[②] 从政治体制的比较研究中，政治人类学家延伸出了两种不同解释。美国人类学界把非

---

① 萨林斯也探讨过分支世系制这种政治组织形式发生作用的方式，他认为，分支是部落成长的正常过程，是暂时统一分裂的部落借以参加一个特定行动的社会手段，是不能维持固定政治结构的部落的“政治代用品”（Marshall Sahlins, “The Segmentary Lineage: An Organization of Predatory Expansion”, *American Anthropologist*, 63［3］, pp.332–345）。

② Morton H. Fried, *The Evolution of Political Society: An Essay in Political Anthropology*, New York: Random House, 1967.

集权型和集权型政治体系包含的诸种类型纳入社会组织与国家进化的时间序列，以游群–部落–酋邦–国家为线索，论述国家起源的历史轨迹。而英国人类学界则主张将不同政治体制视作在同一时间存在于不同空间的不同体制。对于政治体制是否存在历史时间先后顺序，英美人类学家之间存在分歧，但双方却都把游群、部落、酋邦当成与现代文明中的国家构成反差的另类体制，都基于政治体制的同一分类表，展开比较政治学的研究。

在求索另类制度模式的过程中，人类学家培养出一种具有高度反思性的“政治觉悟”，有了这一“觉悟”，政治人类学家在思想上与当时的“主流观点”格格不入，成为带有某种“无政府主义”调调的学究。不过，这绝非意味着致力于政治研究事业的人类学家，就此可被誉为出世而清高的“道家”。

在诸如埃文思–普里查德《努尔人》之类的作品中，我们确能看到某种接近于道家“物论”的因素，但这一“物论”，并不全来自人类学家个人的“内炼”；人类学家对于非集权政治的兴趣，与当时欧洲殖民统治模式的变动，也有着不可忽视的关系。

早在埃文思–普里查德的老师马林诺夫斯基和拉德克利夫–布朗红火一时的年代里，为了改善殖民地文化关系，使殖民统治“长治久安”，殖民宗主国就已开始资助人类学家进行“土著文化”研究[①]。殖民宗主国的这一新态度，为人类学家阐述非西方风俗习惯和社会制度的合理性提供了“许可证”。此后，人类学与新殖民主义文化观之间便存在着微妙关系，这一关系，也在一代政治人类学家的论述中得到表达。

有学者指出，20世纪前期，西方人类学有了某种新殖民主义特性，因而，诸如福忒思和埃文思–普里查德之类的人物，在观点上存在着两个方面的重要缺陷：其一，它忽视了非洲政治体制生存的殖民主义政治框架的作用[②]；其二，它忽视了这些制度本身的历史演变。有这样的“先天不足”，福忒思和埃文思–普里查德引领下的政治人类学研究，存在理论解释上的内在矛盾。如比迪所言，集权–非集权的区分，意在表明，“大体来说，某些社会确实具有某种近似于集权的政府的执行机构的制度，其中西方型的国家是极端的案例，而相形之下，其他

① Bronislaw Malinowski, *The Dynamics of Culture Change: An Inquiry into Race Relations in Africa*, New Haven: Yale University Press, 1945.

② Talal Asad, *Anthropology and the Colonial Encounter*, London: Ithaca Press, 1973; Joan Vincent, *Anthropology and Politics: Visions, Traditions and Trends*, Tucson: University of Arizona Press, 1990.

社会从任何层面上则都不具备这种制度”。[①]然而，人类学家却又主张，我们不应因所研究的部落社会“缺乏西方式的统治者”，而“误认为此类社会中的人们生活在无政府的状态中”——“在这些社会中，通常不存在可以与西方国家相比拟的法官或法庭，但这不意味着它们等于一种无法无天的状态”。[②]

这种无政府而有“法”的社会是怎样组织的？

为了解答这个问题，政治体制的比较研究者，对非集权政治体制下法律和社会控制的非正式方式，给予了集中关注。

社会冲突与整合的辩证关系模式，起源于埃文思－普里查德对于裂变制度的分析，而它的系统论述，则更应归功于格拉克曼的法律人类学研究。格拉克曼的法律人类学研究产生于战后的“冷战”前期，这一理论模式悄然吸收了当时依然被以美国为主的西方资本主义阵营所排斥的马克思主义思想的某些因素，反思地继承了以描述和想象“社会平衡整合”为基本使命的结构－功能主义理论。由于马克思主义批判政治理论的介入，格拉克曼的政治人类学与“有秩序的无政府状态”这一意象，拉开了一定距离。格拉克曼明确指出，政治人类学研究的政治体制，很可能属于历史过程的一个部分，与西方政治体制有着某种必然的渊源关系。然而，他的冲突理论却以其奇特的方式重新表达了政治人类学者的“有秩序的无政府状态”的理想。

格拉克曼认为，无论是在简单的部落社会，还是在有人称王的复杂部落社会，社会秩序的生发与政治动态过程中的危机和冲突都有着密不可分的关系。在权力斗争和争端的情况下，秩序又是如何得到维系的？格氏认为，被埃文思－普里查德等解释为社会动态平衡规则的裂变制度，与政府治理的原则有着巨大矛盾，这一矛盾致使社会时常出现为了舍弃无能的国王而以维护王权为名展开的暴乱。当然，这类暴乱不同于马克思主义意义上的“革命”。

格拉克曼对结构－功能主义依依不舍，依旧侧重考察暴乱在秩序营造中的意义。在他的解释中，暴乱无非是诸多类型的骚动的集中爆发，它激发人们通过宗教、仪式、风俗、法律等途径来表达和创造克服无序的状态，而这些，都可被定义为与正规法不同的习惯法（customary law），它们是使神秘的社会控制力量得以强化的办法，它们通过支持或逆转社会地位，在“无政府状态”中重新创造秩

---

① Beattie, *Other Cultures: Aims, Methods and Achievements in Social Anthropology*, p.145.

② Ibid., p.139.

序。这就是说，平衡并不意味着静态或稳定，而意味着一套互相冲突的关系与另一套关系互相整合和吸收。不同部落之间的巫术斗争，往往是取代部落之间政治斗争的方式，这种巫术斗争缓和了部落之间的敌对。①

从埃文思－普里查德到格拉克曼，政治人类学家追随的路线出现分支，但他们共同追求一个在西方以外的社会寻找民族国家的替代模式的目标。他们所论述的“有秩序的无政府状态”，正是不同于维持民族国家的长治久安的监控、“道德整体主义”、军事工业化及领袖人物的全民推崇等手段的体制。因而，游群、部落、酋邦等社会形态中的社会自主运行机制（如裂变制度）、道德具体主义（如与社会地位相联系的利益团体观念）、军事的弥散性（如暴乱）及王权的附从性（如王权在仪式中的附属展示意义），成为他们的论述要点。

以涂尔干社会学的角度观之，这一系列政治人类学的探索，完全符合以自主的社会概念为研究对象的“社会学主义路线”，而政治人类学者也毫不讳言他们与这条路线的亲密关系。

如果说“没有统治者的部落”，是追随涂尔干“社会学主义路线”的政治人类学研究者借以表达其政治理想的意象，那么，这个意象是否有实在的根据？埃文思－普里查德在描绘努尔人的政治体制时，浓描了这个部落的政治生活的社会基础，淡写了对于调节关系有特殊作用的酋长之类人物，但他却无以否定，虽则这个部落社会“没有统治者”，但它不见得没有“杰出人物”与“百姓”之分。这个社会中，诸如豹皮酋长之类的“杰出人物”，与现代意义上的“政治人物”，不见得完全没有相通之处。但是，为了论证努尔人是一个“没有统治者的部落”，埃文思－普里查德强调了“杰出人物”受制于社会结构的特性。对于“杰出人物”的结构特性的强调，在格拉克曼等人关于神圣王权（sacred kingship）的论述中，得到了继承。在格拉克曼的解释中，酋邦王权是神圣的社会仪式的附属成就，也就是社会的派生物。这些社会中的王，不是“统治者”，而只不过是社会一体化的象征－宗教机制。而格拉克曼本人，却也提到非洲酋邦中存在“不适当或无能的国王”。对他而言，这种国王的存在表明，社会中存在区分政治人物好坏的标准，而“不适当或无能的国王”这一观念的存在则又表明，在有神圣王权的社会中，政治人物的实践，不见得一定符合社会秩序建构的理想模式。

---

① Max Gluckman, *Customs and Conflict in Africa; Order and Rebellion in Tribal Africa*, London: Routledge, 1961; Max Gluckman, ed., *Closed Systems and Open Minds: The Limits of Naivety in Social Anthropology*, Chicago: Aldine, 1964.

酋长与神圣王权的存在方式提示我们，“没有统治者的部落”这一意象，一如马林诺夫斯基与莫斯笔下不同的互惠交换，没有充分关注到“大人物”与“小人物”的区分为等级、谋略与支配提供的“原始基础”。有鉴于政治人类学的这一缺憾，人类学家开始转向马克思和韦伯，试图从其对于政治权力与权威的论述中汲取涂尔干社会学所缺少的东西。

20 世纪 50 年代中期，政治人物与政治过程的复杂性，开始被纳入政治人类学的视野中。利奇发表了影响广泛的《上缅甸诸政治体制》一书，对政治体制的动态进行了比较全面的研究。利奇所研究的地区是缅甸的卡钦（Kachin）山地。经他的研究，发现卡钦山地这个地区有三种形态的政体共存。一种是原始的政治形式，第二种是过渡类型，第三种是小型集权国家。这个地区分成好几个社区，不同的社区有不同的语言、文化和次群，但社会、政治结构是不断变化的。例如，第一种政治类型和第二种政治类型正在向相反方向变迁。当地人对社会有一套观念上的理想。这一套理想有点类似结构人类学者所讲的结构，也类似于心理人类学所讲的“认知地图”。但在实际行动中，人们却受现实的动力性变迁的影响，并不固守结构。

政治体系与政治家的实践之间缘何竟会存在如此的差异？利奇的解释初步显示出马克思和韦伯对于权力和权威本质的关注，他认为，这样的差异，是在超地区的历史场景中形成的，也受生态因素的影响，但从政治的具体过程看，则主要与政治家的选择有关。政治家为了营造自身在社会中的权威需要以不同的意识形态来吸引人们的向心力，在他们的作用下，政治体系就成了他们的意识形态的借口，不再作为“结构”或“体系”存在①。

在利奇之后，对于领导权社会功能的失望观点，更广泛地流行于政治过程的人类学研究中。例如，巴特（Frederick Barth）在研究苏瓦特人（the Swat Pathans）中领导人之间的争端时，即渲染了权力实质的灰暗图景。在苏瓦特人中，领导人物包括两类，即“汗王”（Khan）和“圣者”（Saints）。汗王经常在社会中挑起争端，从而激发暴力斗争，他们是冲突的源头；圣者则扮演与具有侵略性的汗王对立的角色，他们力求把争端局限在一定的范围内，从而达到维系社会稳定的目的。汗王的权威来自暴力和侵略性，而圣者的权威来自他们的中立性和学识；前者拥有世俗的暴力手段，而后者与超自然力相接近。汗王经常引起暴

① Edmund Leach, *Political Systems of Highland Burma*, London: Athlone Press, 1954.

力斗争，当他们之间的斗争无法解决时即诉诸圣者，圣者即以巫术的诅咒来威胁汗王，但有时他们的随从却不以和平为目的，诉诸暴力镇压手段，重新挑起纷争。汗王和圣者这两种势力的并存，本来与非洲裂变制度和王权的并存一样，具有结构上的互补关系。然而，作为追求权力的个人，这些领导人物经常不惜以牺牲社会秩序为手段来创造自身的权威地位。①

利奇与巴特的贡献是多方面的，他们除了注重政治人物的角色揭示，还分别从宏观历史和微观宇宙论的角度，致力于破除静态社会体系论。然而，他们的观点，客观上却导致另一个后果，即，人类学的政治研究从社会学主义这一极端，走向了政治人物的“政治理性论”的另一极端。利奇与巴特兴许不是故意要导致这个后果的，但他们造成的意料之外的学术后果，却是严重的。他们二人的学术缘何会产生意图与结果的分离？原因可能与当时欧洲广泛出现的“政治人”观点有关。②

第二次世界大战过后，世界并未随着战争的停止而趋向“无争”，随着导致世界大战的“政治阴谋家”的消失而趋向“平和”。那么，人与他人之间关系的紧张，祸根是否恰在每个人都传承着的人性中？20世纪60年代之后，给予这个问题以肯定答案的社会思想家越来越多，结果，人们对于此前兴许尚能给人一定希望的社会学解释产生了严重的怀疑。恰是在中国发生“文革”的那年，在法国人类学界出现了杜蒙的《等级人》一书，据印度种姓制度的整体社会学研究，对当时再度流行起来的个体主义论调做出了批判。

杜蒙注重社会学年鉴派强调的总体社会研究法，尤其注重社会内部要素赖以相互依存的“关系结构”之研究。杜蒙理论是对西方流行的形形色色的个体主义理论的批判，他叙述的种姓–等级制度的社会整体构成原理，全然不同于在“政治人”观念引导下出现的“阶级”“社会分层”等西方概念。杜蒙指出，与“阶级”“社会分层”等概念紧密结合的“自由”“平等”等概念，不仅不能

---

① Frederick Barth, *Political Leadership among Swat Pathans*, London: The Athlone Press, 1959.

② 到20世纪70年代初期，人类学家阿伯纳·科恩（Abner Cohen）开创了政治象征论（political symbolism）以后，对于权力的利己主义本性的普遍存在，社会人类学有了一个更为尖刻的认识。据科恩本人的看法，人的本性有两面，一面是象征性，另一面是政治性。他所指的象征性包括很多方面，如亲属制度、婚姻、人生礼仪、民族性、贵族主义、群体仪式、利他行为等。在他看来，政治是通过象征性来表达的，而象征行为表面上是利他的，实质上与政治经济利益的追求关系密切（Abner Cohen, *Two-Dimensional Man*, London: Routledge and Kegan Paul, 1974.）。科恩在这里似乎已经把巴特的汗王（政治人）和圣者（象征人）综合成一个普遍主义的人性论看法了。

解释印度种姓制度，也不能解释西方本身；在世界上，不存在与他人无关的“平等的人”。[①]

然而，杜蒙在复兴整体主义社会学上所做的努力，却未能阻止个体主义价值观对于社会思想的冲击。

70年代，随着“权力”概念的广泛传播，人文社会科学诸学科越来越将整体社会视作自由个人的敌人。福柯关注的主要是现代性和话语，尤其是近代以来在西方文明中监控个人的命运的社会与符号制度。在他的历史谱系学中，一部近代欧洲文明史，完全等于是一部作为个人的异己力量的社会日益内化地制约个人行为和思想自主性的历史。在这样一部历史中，权力渗透如此至深，以至于个人在其福利的谋取中，也不得已采取社会提供的、用以支配他们的“技术”，从而使自我的福利完全纳入社会权力的福利之中。这也就意味着，权力以生产、符号、支配、自我的“技艺”等面目出现，无处不在地成为个人生活史历程无法偏离的轨道[②]。福柯的这一广义权力概念，有意无意地模糊了国家与社会之间的概念界限，将它们视作与自我相对立的权力实体。因而，探索批评性沟通行动可能性的法兰克福学派有理由认为，福柯因过于悲观地强调了权力的社会强制性和普遍存在，而漠视了“启蒙式”的知识自觉所潜在的“思想解放”作用[③]。然而，这个批评似乎没能否认福柯所表达的困境的现实性。80年代以来，社会理论界对于当代国家展开的探讨证明，20世纪是民族国家的“全权式统治”（totalistic rule）达到高度强化的世纪。这种“全权式统治”带来的后果，就是促使福柯对他所处的社会做诸多揭露的条件。具体而言，这一条件就是，国家的强制性（cohesion）对原来相对自主的社会的影响达到如此深刻的程度，以至于国家与社会的概念区分失去了它的意义[④]。

三、“剧场国家”

政治人类学研究中，“权欲”的普遍主义解释之流行，致使结构－功能主义

---

① Louis Dumont, *Homo Hierarchicus*, Chicago: George Weienfeld and Nicolson Ltd. and University of Chicago Press, 1980.

② Michel Foucault, *Politics, Philosophy, Culture*, London: Rouledge, 1988.

③ Michael Kelly, ed., *Critique and Power: Recasting the Foucault/Habermas Debate*, Cambridge and Mass.: The MIT Press, 1995, pp.1–16.

④ Anthony Giddens, *The Nation-State and Violence*, pp.17–30.

的“好社会”理想几近流于幻灭。然而，对于现代民族国家全权统治在非西方民族志研究中的反思，却以新的形式继续在人类学中得以延续。

西方民族志反思实践的这一延续力，自然而然地也是在一定历史时期世界政治的新环境中展开的，而这个新环境大抵由三项主要因素组合而成：（1）1945—1968 年间，数十个殖民地摆脱殖民统治而独立为以民族主义为旗号的新兴国家；（2）1968—1973 年美国在对越南的侵略战争中沦为失败的一方及随之而起的西方左翼知识分子反战情绪的高涨；（3）“冷战”带来的国际阵营差异使东西方意识形态出现激烈的斗争。

在新的复杂状况下，人类学者对于政治的解释，不免也与其他一切政治思考一样出现格尔兹表达的“阴郁情绪的迹象”。殖民地的独立运动为国际场合中的人类学研究者带来一种双重的感受：一方面，它使诸多民族志田野研究经受了来自新兴民族国家的严重阻力的考验，东方和非洲的田野工作地点多数已经再也不向来自殖民宗主国的社会人类学者开放了，于是“摇椅式的人类学”再度成为后者的研究手段；另一方面，后殖民的民族独立运动及美国发动战争的本领，促使西方左翼社会人类学者对帝国主义进行直接的批判，同情被压迫民族、反对新帝国主义战争，为阿萨德（Talal Asad）的《人类学与殖民遭遇》[①]、华勒斯坦的《现代世界体系》[②]及萨伊德（Edward Said, 1935—2003）的《东方学》[③]对于西方文化霸权与政治经济霸权的批判性研究开拓了道路。20 世纪 60 年代以后的上述两个社会人类学感受影响至为深远，甚至到 80—90 年代，依然保持着相当大的力量，致使民族志的文本学派和后殖民主义的反思人类学情结在新一代的人类学者中广为流传。

“殖民主义”“世界体系”“东方学”与人类学自我批评精神的勾连，自然代表了这个时代政治人类学研究的主题。然而，从更为深层的社会哲学悖论现象的思考中，一些人类学家却发现一个更为值得关注的政治的形而上学问题：非西方后殖民的民族解放运动，是不是意味着非西方世界（即一般政治学意义上的“第三世界”）正在重蹈西方现代性道路的覆辙？西方现代性造就的民族国家全权统治方式，是否正在非西方社会中得到“大跃进”？在 20 世纪 40—60 年代的政

---

① Asad, *Anthropology and the Colonial Encounter*.

② Immanuel Wallerstein, *The Modern World-System: Capitalist Agriculture and the Origins of the European World-Economy in the Sixteenth Century*.

③ Edward Said, *Orientalism*, New York and London: Penguin, 1978.

治体制分类中，人类学家至少在非洲、太平洋岛屿部落中发现了理想的“有秩序的无政府状态”的存在。而现在，这样一种埃文思－普里查德式的理想似乎已经幻灭，代之而起的是模仿西方现代全权统治的新兴非西方民族国家。那么，这些国家是否正在迫使“有秩序的无政府状态”退出历史舞台？

格尔兹在同一篇评论中接着对此有所表示：

> 其实，后革命时期的新生事物，从许多方面加重了民族主义。新兴国家与西方之间的力量不平衡，不仅未曾因殖民主义的解体而有所改善，而且反倒在某些方面增强了。同时，由于去除了殖民统治所提供的用来抵消这种不平衡带来的直接影响，那些毫无经验的新兴国家被留下来独自抵抗更强大、更有经验的既定国家，导致民族主义者对“外来干涉”的敏感更加强烈而广泛。同样，作为独立国家出现在世界上，新兴国家对于邻国（这些国家大多也同样是刚刚出现的）的行动和意图高度敏感——当这类国家还不是自由能动体，而只是如其自身一样“属于”一个遥远的强国时，就不存在这样的敏感性。而且，从内部说，由于废除了欧洲统治，民族主义从所有新兴国家都实际具有的民族主义中解放出来，并且产生了地方主义或分离主义，直接威胁到为革命提供名义的新造就的民族认同，以及在某些情况下——尼日利亚、印度、马来西亚、印度尼西亚、巴基斯坦——直接威胁到这样的民族认同。
>
> ……
>
> 在这个过程中，从殖民统治下获得正式解放，并不是高潮，而只是一个阶段。虽然这可能是个关键性的必要阶段，但是却很可能远非是个最重要的阶段。如同在医学上，外在病症的严重性和内在病理上的严重性并非总是密切相关一样，在社会学中，公共事件的戏剧与社会结构变迁的程度，也并非总是严格同步。一些最伟大的革命在暗中发生。①

在这样危机四伏的情景下，理解非西方新兴国家的政治，诸如“有秩序的无政府状态”之类的概念显然再也不完全适用了。然而，文化差异的问题依然存在，无论非集权的还是集权的政治，它们的政治都反映着一定的文化定式。那么，这种文化定式的意义，是否会随着新民族国家的兴起而式微？

格尔兹在20世纪60—80年代的一系列“意义的政治学”（the politics of

---

① Clifford Geertz, *The Interpretation of Cultures*, New York: Basic Books, 1973, pp.337–338.

meaning）探讨中，试图解答这个问题。作为文化格局的意义体系，在格尔兹看来不仅是非集权政治的基础，而且也是他所研究的传统政治的核心。[①]而一如他本人所说的：“在构成政治生活的一系列事件和构成文化的一整套信仰之间，我们很难找出一个居中的术语来。一方面，一切都像一个由种种图谋和各种意外情况组成的混合体，另一方面，一切又像由天意报应所安排的一个巨大几何图形。那么，是什么把事件的混沌无序和情感的完整有序结合起来的呢？这是极其难于理解的，更是非常难于表述的。”[②]

一个国家的政治，不同于另一个国家的政治，或者说非西方国家的政治，不同于西方国家的政治——这就是格尔兹对政治的文化格局带给人类学的难题做出的解答。在他看来，非西方政治中长期存在一种不同于西方文化的、对于作为政治最高形式的国家的不同理解。我们可以从韦伯的“理想型”（ideal type）的意义上去理解这样的理解，从而发现它与表面上正在为非西方国家模仿的国家理念之间的差异，而这个差异又可以说是作为实质性权力体系的西方国家观念与作为仪式－象征展示体系的非西方“剧场国家”（theater state）之间的差异[③]。对于格尔兹来说，所谓“剧场国家”就是建立在非集权政治体制基础上的、以角色和社会裂变单位之间的交往为核心内容的政治舞台。他发现19世纪巴厘岛的国家典范地代表了这样的舞台的“理想型”。

巴厘大约从1759年起归属于荷属东印度的一部分，而1906年该岛东部被入侵之后，巴厘又成为荷兰帝国的一部分。然而，格尔兹认为，19世纪的巴厘国家始终带有本土的结构特点，尽管与任何社会制度一样，在过去几个世纪里经历了变化，但它的这种变化是缓慢的、微小的。所谓“巴厘剧场国家”指的是与国家的文化基础有关的、关于超地方政治的三个本土观念：示范中心教条（the doctrine of the exemplary center）、地位下降观念（the concept of sinking status）、政治的表现观念（the expressive conception of politics）。所有这些本土观念，综合起来使巴厘人相信，统治的主要工具不是行政管理术，而是作为戏剧艺术的表演。

示范中心教条属于一种关于君权的基础和性质的理论。在此教条下，王都是

---

① Geertz, *The Interpretation of Cultures*, pp.311–326.

② Ibid., p.311.

③ Clifford Geertz, *Negara: The Theatre State in Nineteenth Century Bali*, Princeton: Princeton University Press, 1980.

超自然秩序的缩影及政治秩序的物化体现，它不仅是这个国家的核心、引擎或者支点，它本身就是国家。这种把王都等同于王土的做法，不仅仅是一个暂时的隐喻，而且是对一种政治统治观念的陈述：仅通过提供一个模型、一个典范、一个文明生活的完美图像，朝廷把自己周围的世界塑造得至少和自己大致一样完美。因而，宫廷的仪式生活，以及事实上的整个宫廷生活，具有示范性，并不仅仅是社会秩序的反映。就像祭司们声称的那样，它所反映的，是超自然秩序，“永恒的印度诸神世界”，人类应当严格根据自己的相应地位，从中寻找遵循的生活模式。都城的迁移（爪哇贵族，披金戴银，被派到那里去居住）是一个文明的迁移，正是通过反映神圣秩序，王朝的建立也是人类秩序的建立。巴厘人对于他们政治历史的观念，不像美国人那样表现为从原来的多样性形成集权的图景，而是从原来的集权离析为不断增长的多样性。这不是坚定地向着美好社会前进，而是一个尽善尽美的古典模型的逐渐隐退。这种隐退被认为是随着时间和空间的转移而发生的。

示范中心教条引起一个结果，即具有不同程度的实际自治和有效权力的“帝国”叠罗汉：巴厘的主要君主把最高君主放在他们肩膀上，自己又站在所属地位是延伸而来（就像他们自己的地位是从最高君主那里延伸出来的一样）的那些人的肩膀上。

爪哇带来的浓缩魅力向不断减小的中心传播，而它的光彩却未增强而是趋于减弱。整个图景呈现出地位和精神力量的总衰落。衰落不仅是指那些从统治阶级的中心偏移的环线，而且也是指随着那些环线偏移产生的中心的衰落。一度集权的巴厘国家的示范力量，随着边缘的弱化，从心脏内部削弱下来。然而，巴厘人并没有被感觉到这是一种不可避免的衰败，注定要从黄金时代没落。对于巴厘人来说，这种没落是历史的偶然事件所致，而不是非要这样发生不可。因而，人们的努力，尤其是他们的精神领导人和政治领导人的努力，既不应当被引向逆转它，也不应当引向颂扬它，而是应当引向消除它，立即尽最大的力量，生动地直接再现格勒格勒和马贾帕希特的人们在他们那个时代曾用来指导生活的文化范式。

格尔兹认为，在整个已知历史上，巴厘国家的表现性质，并不总是指向专制，甚至也不总是有条不紊地指向治理，而是指向场面、仪式，指向以戏剧公开表现巴厘文化所迷恋的主旨：社会不平等和地位荣耀。

因而，“戏剧国家”的含义是：

> 国王和王子是演员，祭司是导演，农民是配角、舞台工作人员和观众。宏大的火葬、锉牙、寺庙落成典礼、朝圣和血祭，动员成百上千的民众和大量的财富，它们不是实现政治目的的手段，它们是目的本身，它们是国家的目的。宫廷仪式体系是宫廷政治的动力。民众仪式不是支持国家的手段；国家是上演民众仪式的手段。统治，与其说是选择，不如说是操演。仪式不是形式，而是内容。权力为盛况服务，而不是盛况为权力服务。[①]

与埃文思－普里查德眼中的努尔人一样，格尔兹眼中的巴厘国家具有的权威结构的主要点在于：它远非趋向集权化，而是竭力趋向分权化。首先，精英本身不是一个有组织的统治阶级，而是一群竞争激烈的君主或毋宁说是君主候选人。其次，地方村落、继嗣群、寺众、社团，都十分独立自主，十分珍惜他们的权力，像裂变组织一样互相提防，也提防国家。再次，国家和地方社会公共机构综合体之间的结构联系，本身就是多样化和互不协调的。此外，巴厘的超地方政治组织不属于分层组织清晰、彼此间界线分明、跨越明确划分的边界发生“外交关系”的君主国家，更不属于由任何一个专制君主下的“单一中心的国家机器”统治，它存在于一个广大领域内极不相同的诸多政治联系，在整个景观的战略要点上集结成为不同大小的节点和固着点，然后又分散出去，以奇妙的卷绕方式，使它们在事实上全部互相连接起来。在这个复杂多变的领域内，各个点上的斗争是为了争夺人、这些人的服从、他们的支持和他们的个人效忠，而不是为了争夺土地。政治权力不体现在财产上，而体现在人身上，是为了积累声誉，而不是为了积累土地。各个小君主国之间的分歧，其实从不涉及领土问题，而是涉及互相地位的微妙问题，更常见的是为了国家仪式或战争（实际上是一回事），而动员某些群体甚至某些人的权力问题。

在格尔兹描述的文化定式中，19 世纪的巴厘政治处于国家仪式的向心力和国家结构的离心力的双重压力之下。一方面，存在这个或者那个君主领导下的民众仪式的统一效果；另一方面，被看作是一种具体的社会制度、一套权力体系、本身由数十个独立或半独立或部分独立的统治者组成的政体，具有内在的分散和分支的性质。也就是说，文化因素自上而下自中心向外，权力因素自下而上自边缘向里，示范统治者所希望达到的范围越大，支持它的政治结构就越脆弱。这些君主受到至上表现性国家的文化理想驱使，不断努力拓展他们的能力，动员举行更大、

---

① Geertz, *The Interpretation of Cultures*, pp.334–335.

更壮观仪式的人力和物力，调用举行这些仪式的更大、更壮观的庙宇和宫殿。

在格尔兹看来，巴厘的剧场国家，隐含了政治文化解释的双重意义：（1）对于反思西方权力与国家观念而言，这种国家使人类学者更清晰地看清了他们的社会所实践的文化体系的实质；（2）对于解释非西方新兴民族国家而言，它又提供了具有深刻的现实色彩的理解途径。

在西方文化中，权力一直被定义为做出约束他人决定的能力，强制是权力的表现，暴力是权力的根基，而统治是权力的目的。这样定义的权力，可以上溯到16世纪，而这一术语循环圈及相关术语如控制、命令、力量与服从等，将政治权力定义为社会行为的领域。剧场国家的存在和对其的理解为人类学者指出，这种西方本土的权力观点是偏颇的，是对历史经验进行阐释的特定传统的产物，是一个经过推广的、经由社会方式建构起来的假象。针对于此，剧场国家的整个描述，意在进行一种解读："巴厘政治，一如其他任何一种政治，包括我们自己的政治，是象征行动，但这并非是在暗示说，它全部是观念性的，或它全部由舞蹈和焚香组成。此处考察过的政治诸方面——典范庆典、模型－副本型等级级序、展示性竞争及偶像式王权；组织的多元主义、特定的忠诚、分散化权威及联邦型统治——构筑了一个现实世界，一如这一岛屿本身那样紧凑、细密。经由这一现实世界而寻找到其方式的人们（还有作为配偶、情妇和特权筹码的女人）——建造宫殿、起草协议、抽收租金、租赁商业、通婚、排解冲突、投资于庙宇、建立火葬堆、主持宴会及映照诸神——通过他们所拥有的方式追索他们能够构想的终极之物。剧场国家上演的戏剧，以及对它们本身的模仿，在其终极意义上，既非幻象亦非谎言，既非股掌伎俩亦非骗术。它们就是那曾经存在过的。"[①] 基于这样的反省，格尔兹像20世纪40—50年代的非洲政治体制研究者一样，看到了与西方民族国家的全权主义统治形成反差的一个替代性模式。巴厘剧场国家的材料，支持了关于传统政体的分支国家概念（segmentary states），这个概念认为，构成这些传统政体的，是被可望而不可即的辉煌象征环绕起来的不稳定的权力金字塔。

对于格尔兹而言，剧场国家的图景，显然并非历史的久远过去。不可否认，随着传统国家的"文化装置"（如细致的神话、周密的仪式、精致的礼俗）之解体，剧场国家将被抽象得多、更具意愿以及在正式意义上涉及政治属性和目的的更加理性化的一组观念所替代。然而，新兴国家的平民政治家或军方政治家们虽

---

① Geertz, *Negara*, p.136.

是彻头彻尾的极端现代化激进分子，但却更经常为古老的文化精神所困扰。准确地分析过去的政治对于现在的政治的意识形态影响，尤为重要。

在格尔兹看来，并不存在一个从“传统”到“现代”的简单进化过程。任何变化都是曲折的、间歇性的、不规则的，有时趋向于传统，有时又背离于传统。不少关于现代化的分析均始于这样一种假设：现代化就是用外来的取代本土的，用现代的取代以往的。但是，发展进步所呈现出的曲线是无法套入那些有关发展的精妙公式的。这一不可否认（虽然常常被人否认）的事实，使得那些关于现代化的分析很难成立。人们越来越趋向于这样一个双重目标：既保留自己的传统，又跟上时间的步伐。这种情况不独印度尼西亚为然，整个第三世界，乃至整个世界，也都是如此。文化上的保守性和政治上的激进性紧密地结合在新兴国家民族主义的中枢神经之中。

从本土社会走出来的新兴国家的异质性，与现代政治思想的异质性相互发生作用，形成这样一种意识形态层次性：在某一层次上，存在着高度的一致性，即，认为必须全民致力于现代化的事业中，同时也必须全民坚持传统精髓；而在另一层次上，又存在着越来越大的分歧。到底应该从哪个方向向现代化进发？传统的精髓又为何物？问题时常导致困惑与争论。以上两个层次相互制约。国家独立之后，社会精英和社会活跃层面在这些路线问题上完全分裂了，社会重组为一些相互对立的精神派别，各自所关注的，不仅是如何治理国家，而且还是如何界定国家，随之，不同的意识形态阵营也出现了。①

格尔兹20世纪60—70年代末从事的剧场国家政治的研究，富有预见性地反映了后殖民主义时代东西方关系和世界政治格局的人类学观察。从一定意义上说，他的文化解释延续了20世纪40—50年代政治人类学对于传统非集权政治体制的反思性运用，体现了人类学对于西方民族国家全权统治的反思。但从另一个角度看，这项解释没有避开传统政治与现代政治的共同问题，而更具有现实主义态度地洞察了80年代以后引起广泛关注的文化认同、政治合法性、民族主义与现代性等诸多相互关联的现象。

1983年出版的社会史论文集《传统之发明》② 及人类学家安德森（Benedict

---

① Geertz, *The Interpretation of Cultures*, pp.311–326.

② Eric Hobsbawm & Terence Ranger, eds., *The Invention of Tradition*, Cambridge: Cambridge University Press, 1983.

Anderson）的《想象的共同体》①，再度提出了传统与现代性、民族主义与国家的论题，其运用的解释并没有超出格尔兹的"剧场国家"理论。之所以如此，也许是因为格尔兹是在"有秩序的无政府状态"的幻灭后，比较现实地论述了世界政治格局的文化背景，也比较富有魅力地（但不无自相矛盾地）重新燃起了政治人类学对于政治的文化批评热情。从这个意义上讲，剧场国家表达的政治人类学情结，既是现代民族国家全权统治的反讽式隐喻，也是这个隐喻的现实处境本身。

① Benedict Anderson, *The Imagined Community*, London: Verso, 1983.

第七章

从“礼治秩序”看法律人类学及其问题

费孝通先生在20世纪30—40年代那段沧桑的日子里做了许多事。1935年夏天，他与新婚妻子王同惠（1912—1935）一同前往广西大瑶山研究瑶民生活，到冬天，在山里遭遇不幸，王同惠未获生还，费孝通负伤，在广州治疗之后，1936年夏天借养病之机在家乡调研。该年秋天，费孝通把所获材料带到英国，在马林诺夫斯基的指导下，完成了其名作《江村经济》。1938年，费孝通取道西贡进入云南，得到中英庚款资助，在该地开始研究工作，在“魁阁”创办社会学工作站，致力于“类型比较”研究。1944年，费孝通访美归来后，曾在云南大学和西南联合大学兼课，借此开始他的“第二期工作”，即，“社会结构的分析”。[①] 此后，他将授课的内容整理发表，其中，《乡土中国》一书，即为他在西南联大和云南大学所讲的“乡村社会学”一课的内容，此书于1947年出版。费孝通自认为《乡土中国》一书是他在村庄社区研究之上所从事的社会结构和形态的“理想型”研究成果之一。[②] 他将“理想型”界定为“存在于具体事物中的普遍性质，是通过人们的认识过程而形成的概念”。[③] 费孝通说，《乡土中国》“可加深我们对中国社会的认识”的探索，是在西方社会学的脉络下出现的“以中国的事实来说明乡土社会的特性”的著作。[④]

《乡土中国》收录短文14篇，其中，第八篇《礼治秩序》，及紧接着的第九篇《无讼》，是对乡土社会中可以与“法律”相联系或比较的“秩序”的诠释，二者前后呼应，前者从总体上确立了以“礼”为中心的秩序概念形态，后者则主

---

① 费孝通：《乡土中国》，80页，北京：生活·读书·新知三联书店，1985。

② 同上。

③ 同上。

④ 同上，97页。

要分析“讼师”与“律师”的社会地位差异背后的秩序观念差异。

一如既往，费孝通通过呈现乡土社会的“法律实践”，表达他对于现代化进程中社会治理方略的思考，而这一思考，亦可谓是对他的同时代人的思考之回应。

让我们从这两篇文本自身的内涵出发，进入“礼治秩序”观点的“彼时彼地”与“此时此地”之间些许有些“灰暗不清”的地带，再回到与法律人类学相关的解释上。

一、礼治秩序

人们总是把人类学与“跨文化比较”这个概念联系起来，于是大多顺着认为，“法律人类学”就是对“法”的实践与精神的跨文化比较。法律人类学有各种定义，其研究广泛涉及跨文化法理学、地区法律传统、法律多元主义等，而基于地区法律传统的知识展开的比较，的确是它的主要内容。用格尔兹的话说，法律人类学是对于不同类型的“法律感知”（legal sensibilities）的比较。[①]

不过，人类学的比较不等于“对照”；若说“法律人类学”是比较的学问，那么，这门学问的比较通常会引向不同的结论：有的学者认为比较中得出的差异论是重要的，有的学者认为比较中得出的普同论是重要的，也有的学者认为比较中得出的文化之间密切交往的历史是重要的。将比较等同于“对照”。

因此，人类学家相信，研究者若是没有考虑到比较的限度与其他目的，必定会导致一个后果——“误以为”文化之间的模糊地带就是界线。

费孝通写《礼治秩序》与《无讼》两篇文章的目的，似间接地与此有关——它们所针对的，是近代以来中西“法律文化比较”中出现的“人治”与“法治”的对照。

费孝通在《礼治秩序》开篇中说：“普通常有以‘人治’和‘法治’相对称，而且认为西洋是法治的社会，我们是‘人治’的社会。其实这个对称的说法并不很清楚的。”[②]

为什么说这个对称的说法不准确？费孝通认为：“法治的意思并不是说法律本身能统治，能维持社会秩序，而是说社会上人和人的关系是根据法律来维持

---

① Clifford Geertz, *Local Knowledge*, New York: Basic Books, 1983, pp.167–234.

② 费孝通：《乡土中国》，48 页。

的。法律还得靠权力来支持，还得靠人来执行，法治其实是‘人依法而治’，并非没有人的因素。”[①] 西方法律中“人的因素”，已得到某些现代论法理学者的重视，例如，他们中有不少人已注意到，在应用法律于实际情形时，必须经过法官对于法律条文的解释，法官的解释对象虽则是法律条文，但是决定解释内容的却包含很多因素，“法官个人的偏见，甚至是否有胃病，以及社会的舆论都是极重要的”。[②] 那么，人治与法治之间到底有什么区别？不少人认为，人治是法治的对立面，说人治就是“不依法律的统治”，“是指有权力的人任凭一己的好恶来规定社会上人和人的关系的意思”。费孝通指出“人治”是不可能发生的，他说：“如果共同生活的人们，相互的行为、权利和义务，没有一定规范可守，依着统治者好恶来决定。而好恶也无法预测的话，社会必然会混乱，人们会不知道怎样行动，那是不可能的，因之也说不上‘治’了。”[③] 那么，人治与法治的比较到底该得出什么结论？这便成为我们当下所谓“法律文化比较”（我认为这个概念并不易于界定，但因它已广泛流行，故权且用之）必须首先回答的问题。

费孝通说：所谓人治和法治之别，不在人和法这两个字上，而是在维持秩序所用的力量，和所根据的规范的性质。[④] 这就是说，法律文化比较应建立在一个得到妥当界定的概念之上，人与法的比较是不妥当的；妥当的是，比较不同社会中“维持秩序所用的力量，和所根据的规范的性质”。

由此，费孝通进入了乡土社会中的“法律”与现代社会的法律之间差异的比较。

在费孝通看来，我们说乡土社会还不同于现代社会，并不是说乡土社会是“无法无天”“无须规律”的；他批评道家与近代美国大多数人信奉的古典经济学自由竞争理想，对于古今都存在的主张“自由”“无政府”、反对“计划”和“统制”的观点持反对态度，而认为，即使是“无政府”，也绝不等于“混乱”，“无政府”，也是一种“秩序”，“一种不需规律的秩序，一种自动的秩序”，“是‘无治而治’的社会”。[⑤] 费孝通并不赞同道家与西方古典经济学的论调，不仅如此，他不认为这种“无政府”思想能够解释乡土社会。他说：

> ……乡土社会并不是这种社会，我们可以说这是个“无法”的社会，假如

---

① 费孝通:《乡土中国》，48 页。
② 同上。
③ 同上，49 页。
④ 同上。
⑤ 同上。

我们把法律限于以国家权力所维持的规则，但是“无法”并不影响这社会的秩序，因为乡土社会是“礼治”的社会。[①]

换言之，不可以拿人与法比，但可以拿礼与法比，因为礼与法是两种不同的秩序与社会形态。礼与法的差异不在于何者更残酷，不是说相比于法，礼更文质彬彬，更像“文明”“慈善”这些词汇形容的东西，它一样地“可以杀人”，“可以很‘野蛮’”。[②]礼这个概念也不独属于中国，在解释礼缘何可以说与“文明”“慈善”这些概念无关时，费孝通引用了印度与缅甸的例子，说“譬如在印度有些地方，丈夫死了，妻子得在葬礼里被别人用火烧死，这是礼。又好像在缅甸有些地方，一个人成年时，一定要去杀几个人头回来，才能完成为成年礼而举行的仪式”[③]，接着顺便谈到中国旧小说里常有的杀人祭旗的军礼。可见，他的礼的概念不同于新儒家，而更接近于人类学的仪式概念。他将礼定义为“社会公认合式的行为规范”[④]，“合于礼的就是说这些行为是做得对的，对是合式的意思”。费孝通认为，礼为中心的秩序本与法为中心的秩序，在本质是相通的，它们都是行为规范。但礼与法也有不同，其不同之处在于维持规范的力量不同：“法律是靠国家的权力来推行的。‘国家’是指政治的权力，在现代国家没有形成前，部落也是政治权力。而礼却不需要这有形的权力机构来维持。维持礼这种规范的是传统。”[⑤]

靠国家政治力量维持的秩序，与靠传统文化力量维持的秩序，是费孝通致力于比较的两种“法律文化”。

对于这两种秩序，费孝通持一种历史时间性的理解。他在论及两种秩序的实质差异时，提到“现代国家”“现代国家形成前”这些时间性的概念，使我们从字里行间窥见，他的比较，既是空间性的，又是时间性的。[⑥]

费孝通对“法律感知”的比较，目的是从中国事实提炼出有助于理解所有乡土社会的实质特征的概念；为此，在为自己的比较做了空间性和时间性的界定之后，他便进入了不同于现代社会的礼治社会的秩序生成原理分析。他认为，维持

---

① 费孝通:《乡土中国》，49—50页。

② 同上，50页。

③ 同上。

④ 同上。

⑤ 同上。

⑥ 深受功能主义人类学影响的费孝通，不可能因此采取进化论的观点，在传统与现代之间加上过多的历史目的论猜想，但从乡土到现代都市社会的变迁，确是他的空间性比较背后隐藏的时间顺序。

礼为中心的秩序，首要力量是传统，“传统是社会所累积的经验”，“行为规范的目的是在配合人们的行为以完成社会的任务，社会的任务是在满足社会中各分子的生活需要。人们要满足需要必须相互合作，并且采取有效技术，向环境获取资源。这套方法并不是由每个人自行设计，或临时聚集了若干人加以规划的。人们有学习的能力，上一代所试验出来有效的结果，可以教给下一代。这样一代一代地累积出一套帮助人们生活的方法。从每个人说，在他出生之前，已经有人替他准备下怎样去应付人生道上所可能发生的问题了。他只要‘学而时习之’就可以享受满足需要的愉快了”[①]。也便是说，他所说的“传统”，就是人类学家一般所说的“文化”，是普遍存在于任何社会的托祖宗之福得到的“成法”。

比较乡土社会与现代社会，费孝通认为，“在乡土社会中，传统的重要性比现代社会更甚。那是因为在乡土社会里传统的效力更大”[②]；他说：

> 乡土社会是安土重迁的，生于斯、长于斯、死于斯的社会。不但是人口流动很小，而且人们所取给资源的土地也很少变动。在这种不分秦汉，代代如是的环境里，个人不但可以信任自己的经验，而且同样可以信任若祖若父的经验。一个在乡土社会里种田的老农所遇着的只是四季的转换，而不是时代变更。一年一度，周而复始。前人所用来解决生活问题的方案，尽可抄袭来作自己生活的指南。愈是经过前代生活中证明有效的，也愈值得保守。于是“言必尧舜”，好古是生活的保障了。[③]

乡土社会的传统有一个特质，那就是，“不必知之，只要照办”，“照办”之后，人的生活得到保障，随之会发生一套价值，如人们所说的“灵验”，“就是说含有一种不可知的魔力在后面”，“依照着做就有福，不依照了就会出毛病，于是，人们对于传统也就渐渐有了敬畏之感了”。[④]

费孝通将传统、灵验、敬畏等价值观的表达诠释为一种“仪式”的秩序论；他说，“如果我们在行为和目的之间的关系不加推究，只按着规定的方法做，而且对于规定的方法带着不这样做就会有不幸的信念时，这套行为也就成了我们普通所谓‘仪式’了”[⑤]。关于礼即仪式，他强调指出，“礼是按着仪式做的意思。

---

① 费孝通:《乡土中国》，50—51 页。

② 同上，51 页。

③ 同上。

④ 同上，52 页。

⑤ 同上。

礼字本是从豊从示。豊是一种祭器，示是指一种仪式”[①]。依据对于乡土社会与现代社会的比较，费孝通进一步将礼定义为一种内化的秩序，认为，现代社会是靠国家制定的法律，来外在地强加于人身上，使其符合规范的秩序，而乡土社会则“并不是靠一个外在的权力来推行的，而是从教化中养成了个人的敬畏之感，使人服膺”[②]。也就是说，“人服礼是主动的，是可以为人所好的”[③]。

“可以为人所好”的礼，自古与社会的等级秩序是紧密相连的。费孝通在此一笔带过地触及“富而好礼”这个概念，以此来证明他所说的礼这一“可以为人所好”的特点，但却未进一步深入分析等级性对于维持礼治秩序的重要意义。接着，他谈到孔子对于“服礼的主动性”的重视。孔子说过，“克己复礼为仁。一日克己复礼，天下归仁焉”，他将礼视作人内发地克服自我，服务于“天下归仁”秩序的方法。这种以他人为先、秩序为先的观点，是以对等级秩序的服膺为前提的，但持结构秩序论的费孝通，更重视礼这个字含有的文化价值，在一笔带过“富而好礼”之后，费孝通迅即转入对礼与法之间差异的论述：

> 这显然和法律不同了，甚至不同于普通所谓道德。法律是从外限制人的，不守法所得到的罚是由特定的权力所加之于个人的。人可以逃避法网，逃得脱还可以自己骄傲、得意。道德是社会舆论所维持的，做了不道德的事，见不得人，那是不好；受人吐弃，是耻。礼则有甚于道德：如果失礼，不但不好，而且不对、不合、不成。这是个人习惯所维持的。十目所视，十手所指的，即是在没有人的地方也会不能自已。曾子易箦是一个很好的例子。礼是合式的路子，是经教化过程而成为主动性的服膺于传统的习惯。
>
> 礼治在表面看去好像是人们行为不受规律拘束而自动形成的秩序。其实自动的说法是不确，只是主动的服于成规罢了。孔子一再的用“克”字，用“约”字来形容礼的养成，可见礼治并不是离开社会，由于本能或无意所构成的秩序了。

礼治的可能必须以传统可以有效地应付生活问题为前提。乡土社会满足了这前提，因之它的秩序可以礼来维持。在一个变迁很快的社会，传统的效力是无法保证的。不管一种生活的方法在过去是怎样有效，如果环境一改变，谁也不能再依着老法子去应付新的问题了。所应付的问题如果要由团体合作，就得大家接受

① 费孝通:《乡土中国》，52页。

② 同上。

③ 同上。

一个统一的办法，要保证大家在规定的办法下合作应付共同问题，就得有个力量来控制各个人了。这其实就是法律。也就是所谓“法治”。[①]

至此，费孝通的“礼治秩序”之要点可陈述如下：

1. 礼不同于“从外限制人”的法律，也不同于以舆论话语限制人的道德，而是一种由主动服膺于传统的行为构成的秩序；

2. 礼从内作用，但却同时外在于个体的社会秩序，也作为社会秩序从外作用于人，目的在于“克己”；

3. 礼治秩序在规模较小的乡土社会里可以满足人们有效地应付生活问题的需要，但现代社会要求规模更大的团体合作，此时，礼治秩序便要过渡到“法治”。

《无讼》一篇，再度解释了“礼治秩序”。

我私下曾有一种想法，即，进行法律文化比较研究时，一个重要的题目是现代西式律师的社会学分析。以往学者比较传统与现代法律制度，多将前者当成后者的“异类”，而事实上，说后者是前者的“异类”，那也是准确的。人类的文明史已有数千年之久，但像现代社会广泛存在、随着不同社会的“法治化”而渗透到世界各个角落的，除了成文的法律，就是律师这类人物了。可是，社会科学家在进行法律文化的比较研究时，往往过多地重视作为文本和制度的法律，对于律师这个行当，未充分加以关注。令我感到惊讶的是，早在20世纪40年代，费孝通对于律师这群人已给予论述。他的《无讼》一文开篇即写“讼师”，这可谓是现代律师的“前身”，但却又不同于后者——他们在社会中是实际存在的，但却没有在文化体制内部获得正当的地位。如费孝通所言，过去人们一说起“讼师”，便会联想到“挑拨是非”之类的恶行，在乡土社会中，“作刀笔吏的”是没有地位的。相形之下，在现代都市社会中，“律师之上还要加个大字，报纸的封面可能全幅是律师的题名录。而且好好的公司和个人，都会去请律师作常年顾问”，使用传统眼光看事情的人认定，“都市真是个是非场，规矩人是住不得的了”。[②]传统到现代、乡土到都市的变迁进程中，一个明显的变化是“讼师改称律师”。费孝通认为：“加大字在上；打官司改称起诉；包揽是非改称法律顾问——这套名词的改变正代表了社会性质的改变，也就是礼治社会变为法治社会。”[③]律师代表的法治社会形态，与礼仪代表的礼治社会形态之间有一个差异，那就是，

---

① 费孝通：《乡土中国》，52—53页。

② 同上，54页。

③ 同上。

法治的知识是由小部分人把持的，礼治的知识必须是在常人中广泛传播与共享。这不简单是一个知识的专业化程度的差异，它实质是社会形态特质上的差异。在都市社会中，人“不明白法律，要去请教别人，并不是件可耻之事”，“法律成了专门知识，不知道法律的人却又不能在法律之外生活”，于是人们不得已依赖法律上的顾问，律师地位从此获得其重要性；在乡土社会的礼治秩序中做人，与在都市社会里做人完全不同，假使不知道“礼”，就会被认为没规矩，做人成了道德问题。[①]

在对有律师的社会与无律师的社会——或者说，对法律知识得到充分专门化的社会与法律知识弥散的民间社会——进行比较之后，费孝通再次进入了对于礼治社会的界定，他用球赛的规则来形容礼治，认为，“所谓礼治就是对传统规则的服膺”。[②]至于人们如何服膺于传统规则，费孝通则从三个层次来说明：

1. 人与人的关系；
2. 家族内部的关系；
3. 调解的关系。

“知礼”是乡土社会中每个人的责任，这个责任在家族里被设定为家族的责任，且富有人伦意义，“子不教”，“父之过”，因而，打官司成了一种可羞之事，表示教化不够。再者，乡村里的所谓“调解”，其实也是一种教育过程。

注重教化的礼治，与现代都市社会中的法治之间有一个重要不同，这就是个人权利观念与集体的文化观念之间的差异：

> 现代都市社会中讲个人权利，权利是不能侵犯的。国家保护这些权利，所以定下了许多法律。一个法官并不考虑道德问题，伦理观念，他并不在教化人。刑罚的用意已经不复“以儆效尤”，而是在保护个人的权利和社会的安全。尤其在民法范围里，他并不是在分辨是非，而是在厘定权利。在英美以判例为基础的法律制度下，很多时间诉讼的目的是在获得以后可以遵守的规则。一个变动中的社会，所有的规则是不能不变动的。环境改变了，相互权利不能不跟着改变。事实上并没有两个案子的环境完全相同，所以各人的权利应当怎样厘定，时常成为问题，因之构成诉讼，以获取可以遵守的判例，所谓 Test case。在这种情形里自然不发生道德问题了。

① 费孝通:《乡土中国》，54 页。

② 同上，55 页。

> 现代的社会中并不把法律看成一种固定的规则了，法律一定得随着时间而改变其内容。也因之，并不能盼望各个在社会里生活的人都能熟悉这与时俱新的法律，所以不知道法律并不成为“败类”。律师也成了现代社会中不可缺的职业。[①]

费孝通是主张现代化的，但他对现代化采取一个“改良主义”而非“革命主义”的态度。一方面，他意识到这一历史进程难以避免，另一方面，他对那些以过激的手段推行变迁的做法，也加以严肃的批评。通过深入民间，费孝通清醒地认识到，尽管20世纪前期的中国已处在从乡土社会蜕变的过程中，但中国固有的传统依旧存留于民间。《无讼》的礼治社会的延续，阻碍着现代司法制度的推行；而更重要的是，在中国传统的差序格局中，“原本不承认有可以施行于一切人的统一规则，而现行法却是采用个人平等主义的”[②]，现代法治的模式，因而不易得到普通老百姓的理解。在这种情况下，“新的司法制度却已推行下乡了”。[③]费孝通承认，在理论上，“司法下乡”是好现象，“因为这样才能破坏原有的乡土社会的传统，使中国能走上现代化的道路”，但他同时认为，据他观察，民国期间，“在司法处去打官司的，正是那些乡间所认为‘败类’的人物。依着现行法会判决（且把贪污那一套除外），时常可以和地方传统不合。乡间认为坏的行为却正可以是合法的行为，于是司法处在乡下人的眼光中成了一个包庇作恶的机构了”。[④]这表明，“现行的司法制度在乡间发生了很特殊的副作用，它破坏了原有的礼治秩序，但并不能有效地建立起法治秩序”[⑤]。

二、与法律人类学相关的思考

在《乡土中国》“后记”中，费孝通不断重申这部作品是社会学性质的，其宗旨在于求知中国固有的社会结构。书写此书时，费孝通流露出对于经典社会学大师如孔德、斯宾塞的仰慕之情，及对于20世纪社会学专门化“拖着社会学的牌子，其实并不是看得起老家”[⑥]的社会学家和人类学家的鄙夷态度。在《礼治

① 费孝通：《乡土中国》，57页。
② 同上，58页。
③ 同上。
④ 同上。
⑤ 同上。
⑥ 同上，92页。

秩序》与《无讼》这两篇文章里，费孝通呈现一种独到的社会学见解之外，引经据典，广泛综合了古代中国的经典、笔记小说及他自己的所见所闻，提出一种关于中国的社会结构的“理想型”，其意图显然在于从中国提炼出一种既主要针对中国又不无普遍价值的理论。至少从追求上讲，《乡土中国》超出了我们惯于藏身其间的学科。①

然而，我们却不能因彼时的费孝通心存一种对总体社会学的向往而否定另外一个事实，即他的论点与20世纪前期人类学的相关叙述之间，有着密切关系。

《乡土中国》写于20世纪40年代，与20世纪前几十年中英美人类学的若干进展有着密切的关系。人类学关于结构秩序、巫术、宗教、风俗与法的叙述，在19世纪古典人类学那里早已存在，如梅因、摩尔根、斯宾塞等对社会结构、国家和法权观念的历史和民族志研究。随着20世纪的到来，19世纪既有的“臆想历史”的研究遭到批判，民族志与社会学观点得到宣扬。19世纪末20世纪初，欧洲在非洲、中东、大洋洲巩固了殖民领地，而美国则从失败的西班牙手中获得了加勒比、夏威夷、菲律宾，并开始在中国、西非、拉丁美洲扩张其势力。同一时期，人们体会到，欧洲式的国家主义潜藏着导致世界大战的可能，因此，人类学界对于未成为国家的、社会性政治秩序，产生了浓厚兴趣。在20世纪初期的30年，人类学家集中在欧美殖民地和半殖民地中展开政治范畴的研究，出现了诸如马林诺夫斯基对于西太平洋土著犯罪与习俗的研究之类的研究。②为了以新方式优化殖民地统治，人类学家对非直接的政治统治术投以青睐。被称作“间接统治”（indirect rule）的治理术，是指通过殖民地土著权威人士与制度进行殖民统治，自20世纪初发明以来，曾在印度、非洲等地实施，到30年代，渐渐得到英国人类学界的重视。③“间接统治”有大量人类学因素，其中，人类学对于结构秩序、巫术、宗教、风俗的论述，及对于土著头人及非洲神圣王权的研究，均与之有关。

费孝通接受过社会学、体质人类学、民族学、功能主义人类学、结构－功能主义人类学的训练；其中，两种功能主义对于文化与社会的论述，给他留下的印记尤深。

---

① 在费孝通学习人类学的年代里，“法律人类学”（legal anthropology）尚未成为研究与教学的专门类别（据说这个概括是20世纪40年代初才出现的），且费孝通本人一向不愿轻易将自己的研究视作是某一学科的某一细小分支内部的活动。

② Bronislaw Malinowski, *Crime and Custom in Savage Society*, London: Kegan Paul, 1926.

③ Michael Crowder, “Indirect Rule: French and British Style”, *Journal of the International African Institute*, 1964, 34(3), pp.197–205.

有人类学家曾说，功能主义这种具有时代性的人类学理论，发源于西方学者对于非西方的“好社会”的向往。[①]20世纪前期，西方的功能主义人类学家眼中的“好体制”，既非高度集权的国家，亦非自由主义者笔下的“市场经济”，而是带有集体性质的文化体系或超越所有个体的“社会”。费孝通曾于30年代前期从派克（Robert Park，1864—1944）及拉德克利夫－布朗那里学到“社会”的概念，也在此后亲赴英伦，从马林诺夫斯基那里学到“文化”的概念，将这两个人类学的关键词，综合于己身，提出了一种有别于西方新殖民主义治理术的中国社会结构理论。“礼治秩序”这个概念，是这一综合的产物。对费孝通而言，至少在中国变成现代都市社会之前，这一秩序因符合人们的需要，而可以说是一个“好社会”。在《礼治秩序》的开篇，他大谈“人治”与“法治”比较的弊端，接着，讥讽了“法治”背后的国家主义及“无政府”背后的“古典经济学的自由竞争的理想”，他的结论，与社会科学关于秩序的论述一脉相承。

与费孝通展开乡土中国的论述同时，英国人类学在20世纪30—40年代之间出现了将行政化的政治组织放在社会组织基础上看，却不采纳“古典经济学的自由竞争的理想”的观点。这个观点向来被人们认为与“无政府”这个概念相联系，但若说是一种“部落社会的无政府”，那么，它便是一种以社会为中心的自然主义的政治秩序论。人类学家对于“政治组织”的研究始终贯穿着对于“社会性”（而非“国家性”）的秩序构成手段的强调。

“社会性”的观点，与20世纪前期西方人类学广泛流行的“整体论”，“投射”在人类学家对“法律”的论述上。在近代西方正规政治体系中，法律被理解为维持集权政体（包括所有的现代国家）内部秩序的正规手段，它必须由政府来确立并由专业的法律机构代理。相形之下，在人类学家看来，“法律”，等于社会控制的所有手段，是社会以这样或那样的方式试图保证人们以可接受的方式行事的途径。社会控制在这里进而广泛地包括了内化控制（internalized control）和外化控制（external control）两种。如拉德克利夫－布朗定义的，内化控制指的是一种信仰在每个人心中如此根深蒂固，以至每个人都对自己的好行为认真负责，通过内省式的社会伦理自觉来促成社会秩序的建构。外化控制指的是来自内心之外的“制裁”（sanction），或一如拉德克利夫－布朗所说的，“是一个社会或社会的大多数成员对一种行为方式的反映，即赞成该行为方式［正性制裁

---

① Ernest Gellner, *Culture, Identity and Politics*, Cambridge: Cambridge University Press, 1983, pp.48–58.

（positive sanction）]，或反对该行为方式［负性制裁（negative sanction）]”。[①]

1935 年，拉德克利夫－布朗来华，到燕京大学讲学，在以“原始法律”为题的讨论中，述及其以上观点，他说，“法律之起始发展，与玄术和宗教是相联系的，法律制裁与仪节制裁是密切相关的”。[②] 费孝通当时在拉德克利夫－布朗课上，必然受到他的社会控制论影响。尤其是在论述“礼治秩序”的“从内”与“从外”的作用法时，费孝通的措辞更与拉德克利夫－布朗类似。

另外，费孝通的论述也与两次世界大战之间出现于人类学界的、对于制度的“正式”与“非正式”区分有关。

在人类学家看来，社会内部的每个群体都会有独特的风俗，有了风俗，社会便不一定要依靠正规法律来维持秩序。法律固然是一种高级社会制裁方式，但除此之外，还有从闲话到“生产方式”，各种各样的非正式制裁。非正规制裁本质上是弥散型（diffused）的，主要体现在群体成员自发表达的赞同或反对态度之中。

费孝通笔下的“礼治秩序”，可以说就是这样一种弥散型的“非正式制裁”。

在研究社会秩序的生成原理时，人类学者还对巫术、仪式、宗教这类事给予空前的重视。巫术制裁的方式，是人们比较熟悉的。人类学家认为，当人们意识到邻人会用黑色巫术来报复时，他们自然就不太敢去触犯邻人了，同样地，人们在施行巫术时也是有自我控制的，他们不希望因自己施行巫术而受人指责，成为他人眼中的“害群之马”；因而，他们举止谨慎。宗教制裁（religious sanction）相当于费孝通所说的“从内”的尊重传统的“礼治秩序”，但所指远比“礼治秩序”广泛，它可包括教徒因相信有地狱的存在，为避免死后入地狱而信守教规，自然神崇拜者因相信超自然神灵的存在，而“克己”，尽量避免触犯神灵，祖先崇拜者对于亡灵的力量，有同样的恐惧，因之，也能在祖宗面前保持“克己”。上帝、超自然神、祖先、幽灵等的惩罚，可谓是一种“非正式的法律”，它使人为了自身及他人的福利而服膺于规则。

对于人类学关于这类事的论述，国内社会学界是有全面认识的。费孝通的同代人瞿同祖（1910—2008），1947 年完成《中国法律与中国社会》一书，在书中辟有专章，论述这类事在古代中国法律实践中的表现。[③] 而费孝通本人对于礼的

① Alfred Radcliffe-Brown, *Structure and Function in Primitive Society*, London: Cohen and West, 1952, p.205.

② 拉德克利夫－布朗:《原始法律》，左景媛译，见北京大学社会学人类学所编:《社区与功能——派克、布朗社会学文集及学记》，422 页，北京：北京大学出版社，2002。

③ 瞿同祖:《中国法律与中国社会》，250—269 页，北京：中华书局，1981。

仪式性质的论述，也可谓是对于这类实践的某种诠释。

信守功能主义原则的马林诺夫斯基在论及法律时曾承认社会学观点的价值。他说："法律规定被视为一个人的义务和对别人的合法要求，它们不受心理动机的制裁，而是受以……互相依赖为基础的明确的社会约束力机构的制裁。"① 马林诺夫斯基的这个观点，一样地成为费孝通的"礼治秩序"观点的"影子"。

"礼治秩序"观点之所以与20世纪前期人类学对于秩序的种种研究对得上号，与当时中国社会科学研究的"国际性"特征是息息相关的。费孝通成长起来的那个阶段里，部分西洋学问成了中国学问。在费孝通1936年赴英留学之前，他已从吴文藻、史禄国等，及从来华讲学的派克、拉德克利夫－布朗等身上学到了"原版的西学"。1936—1938年，在英伦留学期间，他又进而得到马林诺夫斯基的亲自指导，这些都使他有可能比较直接和全面地了解西学及其走势。在费孝通的"云南时代"，西南那个"偏远"之处，虽不能免于敌机的轰炸，却还是为知识分子提供了"偏安"之所，费孝通在"偏安"云南乡村中展开大量调查。在战乱中，在后方西南，中国学术与盟国学术有了空前密切的交往；这些交往，有助于费孝通保持他的学术水平，跟进"国际前沿"，与置身社会科学"原产地"欧洲的学者同步思考。从他的论述透视出的当时中国社会科学研究的"国际性"，有着一个更加重要的特征，即，诸如费孝通这样的学者，不仅充分了解西学的历史、现状与走势，而且还嵌入于其中，"内在于世界地"谋求创新。

这并不是说"礼治秩序"观点毫无"中国特色"；事实上，这一观点在有着西学基础之同时，又可谓是一幅别样的中国社会风景画。

在费孝通的文本中，西学的"制裁""正－负""正式－非正式"之类的概念没有什么位子；相反，"礼""习惯""传统""乡土"这些概念频繁出现。当西方人类学家致力于强调"制裁"及区分正式与非正式"法律"之时，费孝通却用更为"中性"的词汇如"约束"来替代"制裁"（虽则西方人类学家也极力赋予"制裁"正面与负面的性质，并极其追求定义的中性化，但这个概念在费孝通那里还是没有被接受），同时，用"现代都市社会"与"乡土社会"来替代"正式"与"非正式"。"制裁"是针对社会整体对于个人的压力而言的，这个字眼虽被镀上社会学的金，但在本质上却是费孝通所批评的"个人平等主义"，它将个体与整体两分。而费孝通所追求的与此不同，那是一种更为整体的"中国社

① Malinowski, *Crime and Custom in Savage Society*, 1926, p.55.

会结构”的理论。而当我们看到费孝通悄悄地用“现代都市社会”与“乡土社会”的区分替代了“正式”与“非正式”的区分时，也应当看到，这个替代模式，模糊了西学设定的那些文化界线，淡化了“非正式”这个概念潜在的文化偏见——说部落与乡民社会的“制裁”是“非正式的”，就如同是在说英国工人阶级底层的“生活方式”是“非正规的”一样。

无疑，费孝通的论述与20世纪30年代他的老师吴文藻的乡村社会学设想有关。崇尚“社会学中国化”的吴文藻，曾于1933年出版的《派克社会学论文集》的“导言”中，阐述了在中国开拓乡村社会学视野的主张。他深知，派克的专长是都市与种族关系研究，有关中国社会学的研究视野，派克的理解是远比乡村研究要广泛得多的——如吴文藻自己介绍的，他建议的研究方向，包括“都市生活、殖民社会、边疆民族以及海外华侨等问题”①，但吴文藻强调的却是，在中国展开社会学研究，重点应在乡村。吴文藻的社会学主张，不仅侧重于乡村研究这方面，而且还认为芝加哥学派社会学的都市研究，为中国社会学研究者提供了一面反观自己社会的好镜子，他罗列了美国都市社会与中国乡村社会之间差异的若干要点，说相比于交通、人口流动、工商业发达、社会分工明晰、国家体制发达、利益群体发育完整、理性主义的法治与政治高度制度化、科学的自然主义观点占据主流、进取的社会观广泛普及的“美国现代都市社会”，中国乡村社会交通不便、安土重迁、以农为主、分工简陋、血亲关系密切、重感情而不重利益、法术与神圣的眼光依旧普遍、社会观保守。②这个对于城乡加以比较的社会学，在费孝通的著作里留下了深刻的印记。费孝通在论述到中西法律文化的差异时，用“现代都市社会”来替代以法治为特征的“正式的”现代法治，用“乡土社会”来替代“非正式”的传统“秩序”，他之所以有这一做法，原因显然是他曾师从吴文藻。

人们兴许会欢呼“礼治秩序”观点所含有的“社会学中国化”因素之存在，而我则对之有着双重态度。一方面，“礼治秩序”这个来自古代中国的观点曾通过间接途径（法国学者葛兰言的论述）影响到拉德克利夫–布朗，其“中国性”是确实存在的，与此同时，这个观点又通过拉德克利夫–布朗等影响到费孝通，作为“舶来的中国性”，对于中国社会学起到“国际化”作用。这个互相影响的

---

① 吴文藻：《导言》，见北京大学社会学人类学所编：《社区与功能——派克、布朗社会学文集及学记》，13页。

② 同上，13—14页。

过程，表明“社会学中国化”这个说法是有其所指的。但是，另一方面，我不能不对这一“中国化”因素保持着特殊的警惕。于我看，“现代都市社会”与“乡土社会”这个对子，即使是“中国化”的产物，也绝非是解决“正式”与“非正式”这个对子带有的“现代”与“传统”二元史观问题的好办法。尖刻一点说，西式的“正式”与“非正式”之分，可被视为新殖民主义背景下殖民政府的“法治”与被殖民地部落“风俗”之间地位差异在学术概念上的反映——深想一下，在殖民征服未进入殖民地之前，非洲部落的那些“风俗”哪些是“非正式的”？假如如此质疑可以接受，那么，我们似乎又可以“如法炮制”，将之施加于“现代都市社会”与“乡土社会”这个概念对子上——19世纪中叶之前，“现代都市社会”这个体制与概念尚未进入中国，在此之前，“现代都市社会”与“乡土社会”这个对子显然是不存在于当时的“历史现场”的；也就是说，这个对子不过是近代中国“半殖民地半封建状况”的一个反映。

那么，古代“历史现场”中的中国，是否是一个与“现代都市社会”形成如此鲜明反差的“乡土社会”？如果说历史上曾经有过一个完整的“中国社会结构”，那么，那个“社会结构”是否是可以与“现代都市社会”做对比的形态？

19世纪以来的文化断裂，显然是“乡土社会”概念出现的背景。

对于19世纪中叶之前传统中国的秩序及其在此后产生的断裂，吴文藻是有强烈反应的。五四运动之后，文化断裂的进一步加深，也给吴文藻带来不少担忧，也因为此，他认定，中国社会科学研究者有紧迫地记录“转型社会”的使命。他说：

> 从五四运动起，思想的革命已引起了一般的“社会不安”，而自国民革命以来，社会紊乱的现象，几乎遍及全国，同时社会变迁的速率日益激增，形成了中国空前未有的局势。在这一个变动猛烈的、新旧交替的时节，若不及时去观察、记录、研究，则这一去不复返的眼前实况，这代表过渡时期的现代史料，就会永远遗失在人类知识的宝库中。[①]

在吴文藻看来，通过深入细致的社区调查，理解遗留于乡间的旧礼教（包括被费孝通称为“礼治秩序”的东西），对于减少文化断裂的破坏性影响极为重要：

> 现在大学生所受的教育，其内容是促进中国欧美化和现代化的，其结果是

---

① 吴文藻:《现代社区实地研究的意义和功用》，见其《吴文藻人类学社会学研究文集》，149页，北京：民族出版社，1991。

使我们与本国的传统精神愈离愈远。事实上我们对于固有的文化，已缺乏正当认识，我们的意识中，已铸下了历史的中断。但是还有前辈长老，留存于民间，他们是生长于固有文化中的，他们的人格，是旧礼教的典型。从他们的实际生活中，可以了解民风礼俗的功能，社会结构的基础。从他们的态度、意见、言语、行动，以及一切活的表示，可以明白因袭的心理和传统的精神。不幸这一辈的人，有的已届天年，不久将与世长辞；有的也已失却了顺应新环境的能力，正在社会淘汰之列。我们如不急起直追，向此辈人采风问俗，则势必永无利用此种机会的一日，所以为保留这一部分口述的传统，实地的社区研究，自有它的重大的使命。①

吴文藻的以上观点，对于费孝通不可能没有影响，而作为“最后的士大夫”②，他也并非不了解传统中国的面貌。在《礼治秩序》与《无讼》两篇文章中，为了论述这种独特的“法律文化秩序”，他不断借助文献回归于古史，在孔子那里寻找礼仪理论的原型，在老子那里辨识“中国式自由主义”的原初状态。另外，《乡土中国》一书对于“礼治秩序”的论述，也热切呼应了吴文藻在社区研究的论述里提出的号召。不过，对于费孝通而言，回到这些古史人物与思想的“历史现场”并不重要，重要的是，要将“历史现场”上的意象，融进20世纪中国这个意象中，使之对于社会学的中国论述起到辅助作用。为此，他深入传统中国社会形态的“保留地”——“乡土社会”，欲求使之有别于“现代都市社会”，并因此获得一个历史的目的性。为此，他必须使“礼治”成为“法治”的前身，“法治”成为“礼治”的未来（尽管有功能主义人类学涵养的费孝通充分意识到，这个前身到“法治”这个“后世”的进化不见得会顺利实现）。为了纠正错误的比较导致的误解，费孝通指出：“法治和礼治是发生在两种不同的社会情态中。这里所谓礼治也许就是普通所谓人治，但是礼治一词不会像人治一词那样容易引起误解，以致有人觉得社会秩序是可以由个人好恶来维持的了。礼治和这种个人好恶的统治相差很远，因为礼是传统，是整个社会历史在维持这种秩序。”③然而，他所做的不过是纠正一种错误的比较中的“概念失误”，而不是比较的失误本身——他依旧还是在进行一种比较。

---

① 吴文藻：《现代社区实地研究的意义和功用》，见其《吴文藻人类学社会学研究文集》，149—150页。

② 费孝通：《暮年自述》，费皖整理，见其《费孝通在2003——世纪学人遗稿》，1—7页，北京：中国社会科学出版社，2005。

③ 费孝通：《乡土中国》，53页。

“礼治社会并不能在变迁很快的时代中出现的，这是乡土社会的特色。”[①] 这是费孝通对于“礼”的基本看法。饶有兴味的是，在费孝通拿这个“礼”的意象来与“现代都市社会”的“法”做比较时，早已有人致力于恢复“礼”这个概念的“正式制度”的身份。比如，努力表明中国固有自己的法律体系的陈顾远（1896—1981），早已于1934年著《中国国际法溯源》一书，论证古代中国存在国际法的观点，且提出，“礼”或“礼治秩序”，即为古代中国国际法。陈顾远说：

> 国际规律之在古代，以“礼”为其称谓。盖古代“法”之观念，唯指刑言，与律互训，如师出以律，大刑用兵，即其一例，刑律之外，不再有法也。有之，一皆归之于礼，所谓出乎礼而入于刑是焉。支配国际法关系之规律，同亦属之于礼，莫能以外。以言平时之邦交，则有朝礼、聘礼；以言临时之政略，则有会礼、盟礼；以言战时之法规，则有军礼、戎礼。是故守礼云者，即是今日遵守国际规律之谓也；非礼云者，即是今日违反国际规律之谓也。[②]

“礼”在陈顾远那里被视作国际法的原型，而在费孝通那边则被视作“乡土社会”结构秩序的特征，这一事实表明，“礼”这个字代表的东西，种类多样，意义不同，在不同的时代、不同的空间，形容的东西大相径庭。我们如何理解近代中国学人对于同一事实的“敌对看法”？事实上，陈顾远与费孝通之间的解释虽则不同，却是紧密相关的——二者都是在探究传统中国是否有“法治”这个问题，他们之间的不同在于，陈顾远认为中国古代固有自己的法律传统，甚至可以说，这一法律传统与中国文明史一样久远，而费孝通则认为，“法治”的概念和制度都是外来的，“乡土社会”不存在这种东西。在陈顾远论述的上古与费孝通论述的近代之间，时间的距离数千年，二者当然不是在谈同一件事情，但前者的中国持续地有自己固有的法律传统的观点，与后者认为的中国乡间长期保持着某种不同于“现代都市社会”的传统“礼教主义”，却为我们思索几千年之间“礼”的演化提供了理由。

陈顾远笔下的“国际法”与费孝通的“乡土法”之间关系的历史，经历了难以概括的细节性的变化，但其大致“时间形态”，似可叙述如下：

1. 礼不可能一开始就是“国际法”，它一开始可能还是要源于古代城市尚未兴起阶段中乡间的“俗”的，而这个“俗”字代表的“制度”，恐怕还是如晚费

① 费孝通：《乡土中国》，53页。

② 陈顾远：《中国国际法溯源》，10页，北平：商务印书馆，1934。

孝通一辈的人类学家格拉克曼所说的那样，“风俗首先区分人，然后又将人们联合起来”[①]，就是说，对于乡村中的人起着区分性别、年龄、居所、出身等差异的作用，同时，又通过仪式的方法，把他们团结起来，使他们成为一个社会。

2. 中国境内的文明兴起于不同地区，先由不同地区的王实现其当地社会的统一，为了统一，这些王建立的王朝，吸收了“俗”的成分，将它升华为宫廷之“礼”、贵族之“礼”，并使之与“俗”相区分，使之服务于贵族的统治。

3. 后来，文明又进一步发展，为了把分散的王国联合成为一个统一的天下，“礼”进一步得到发展，在陈顾远所说的西周至战国的阶段成为“国际法”。

4.“礼”在秦时暂时受贬，但很快又复活，如瞿同祖指出的，到西汉“以礼入法”或“法律儒家化”之后，渐渐成为定制[②]，既以家族法的形态存在，也与朝贡制度相结合，扮演着“天下国际法”的角色，而同时还贯穿于帝、王、将、相、士、农、工、商注重人物–阶级形态当中，对于他们的区分与联合起作用，“乡土社会”不是例外。

5. 这种状况在“夷夏关系”复杂或天下分治时代里，会有一些变化，但其“理想型”延续地存在，直到帝制崩溃之后，才变成只“遗留”于“乡土社会”习俗当中的“文化”。

若是可以对陈顾远叙述的历史与费孝通叙述的社会之间存在的漫漫光阴做以上想象，那我们对于费孝通在《乡土中国》中围绕“礼”与“法”展开的比较，便会有不同的认识。

中国的文明有一种特殊的绵延性——它的“礼仪”有上古乡间的“俗”的“遗传基因”，但我们不能因这一绵延性的存在而抹杀本土文明“正式化”的历史（固然，我们也不应反过来，因关注文明复杂的“正式化”进程，而夸大“正式制度”对于“非正式制度”的改造能力）。如果说对于西方人类学家研究的部落社会而言，所谓“非正式”的“法”，是其社会整体的特征，而“正式”则都跟随着殖民征服而来，那么，也可以说，在“俗”与“礼”长期并存、密切互动、相互糅合的传统中国，本来就“非正式”与“正式”两类力量早已在“西方冲击”之前并存了数千年。表明这一点的，不止有法学家陈顾远，还有社会学家瞿同祖。与此相关，如果我们像费孝通那样，用“乡土社会”替代“非正式”，

① Max Gluckman, *Custom and Conflict in Africa*, Oxford: Blackwell, 1956, p.1.

② 瞿同祖:《中国法律与中国社会》，270—325 页。

用“现代都市社会”替代“正式”，那么，同样的问题也依旧是存在的：在古代中国，都市早已形成，并不是等待“西方冲击”来了之后，突然出现的。

是什么力量促使费孝通对历史如此复杂的“礼治秩序”进行概要化的“乡村意象化”？

要解释这个问题，必须考察费孝通依赖的社区研究法既有的比较视野在《乡土中国》成书时期出现的转变。

社区研究法的倡导人吴文藻对于这一方法抱有高度期待；他认为：“通常部落社会是民族学研究的对象，乡村社区是乡村社会学研究的对象，都市社区是都市社会学研究的对象。其实三者名称虽异，而其所研究的对象则同是‘社区’。”[①] 吴文藻还主张用“社区”这个方法论概念来统一民族学、社会学、人类学，他说，“有人主张此种研究可通称为‘社区社会学’。本来民族学与社会学现已越走越近，在美国，文化社会学与文化人类学几乎是二而一的东西”。[②]

在“中国化社会学”中，曾经存在过一种“三圈说”（我的形容），它主张，理想上，中国社会学的研究应建立在部落社会、乡村社会、现代都市社会三者的比较研究基础之上，最普遍的比较研究，不仅应涉及作为“本土社会”的中国乡村，及作为“现代文化集装器”的都市，而且还应涉及为西方人类学家或民族学家专门研究的部落社会。在吴文藻提出他的社区研究法主张时，中国社会学中部落社会的意象，大抵局限于欧美人类学家的研究对象——殖民地，而尚未涵盖中国境内的少数民族，到20世纪30—40年代末，随着社会学对边疆研究的介入，部落社会的意象才在中国境内确立其地位。在吴文藻引领下的“社会学中国学派”，对于部落社会、乡村社会、都市社会加以比较，宗旨在于更好地理解三方中的一方——乡村社会。乡村社会的研究，事实上也大大得益于部落社会研究带来的启发。费孝通《乡土中国》“礼治秩序”观点背后的人类学学术基础，就是一个表现。

我将“礼治秩序”观点与法律人类学联系起来，是因为在许多人看来，法律人类学就是对于“原始人的法”的研究，而费孝通无疑从功能主义人类学那里学到了不少“原始人的法”。

然而，随着“社会学中国学派”的成长，部落社会、乡村社会、都市社会这

---

① 吴文藻：《现代社区实地研究的意义和功用》，见其《吴文藻人类学社会学研究文集》，145页。

② 同上。

“三圈”之间，出现了与吴文藻的初衷不同的转变。本来，三者的比较是一对二的，是乡村社会与部落社会，与都市社会二者的同时比较。但随着社区实地研究工作的深入，比较变成了一对一的，成为乡村社会与现代都市社会的比较。此后，部落社会这个意象渐渐退出了“社会学中国学派”的学术舞台。不是说部落社会研究的成果不再被参考，而是说，这些成果说明的一切，已被合并到乡村社会的研究中，成为与现代对比的传统。我认为，《乡土中国》一书便是这一合并的产物。

集中于城乡比较，自有其自身的理由，但随着部落社会这个“第三元”的“死亡”，一种文化的自我误解也就诞生了。“现代都市社会”成为唯一与乡土中国不同的社会形态；中国学者虽绝无愿望加入非洲、大洋洲部落社会的行列，但从这些社会引申出来的作为西方的他者的社会逻辑，成了他们形容自己的乡土之根的词汇。“礼治秩序”与“原始人的法”被等同看待，所不同的，就是既作为理想又作为压力的“现代都市社会”。忽略“礼治社会”与“原始人的法”之间的差异，只看“礼治社会”与“现代都市社会”之间的差异，使不少学者淡忘了被比较的这二者之间的共通点——它们都不同于部落社会。

我们不应将比较研究中出现的这一“对比化”单独地归咎于20世纪前期的中国学者，因为在同一阶段中，至少是在西方的人类学中，也出现了这一趋势[①]，时至今日，对于文明的自我与野蛮的他者的二分，依旧是各种派别的人类学家借以“说事儿”的凭据。与部落社会不同，而与近代西方文明有长期交往且有更多共同点的“其他文明”，要么被错误地归入部落社会的行列，要么被“主流人类学”遗忘。

然而，当我说20世纪30—40年代的中国社会科学研究者具有高度的国际性之时，我也是在表明，这些前辈对于20世纪前期“国际”社会科学造成的“对比化”后果，及漠视非西方文明史的后果，都承担着同等沉重的责任。

我不拟深挖这个责任的根源，却有意指出，对于非西方文明史的漠视，导致了印度、非洲、中国、东南亚等地区人类学研究的“部落化”；在中国，这一学术意象“部落化”，进一步使我们习惯性地重复一些被以为有意义却实属误解的专题研究，如礼与法对比、法与习惯法对比、国家法与民间法对比、法庭与调解对比等。

---

① Johnnes Fabian, *Time and the Other: How Anthropology Makes Its Object*, New York: Columbia University Press, 1983.

回到法律人类学，我还是认为，这难以避免地是一门比较的学问。人类学家从事法律的研究，要通过深入的考察与描述，为我们勾勒出不同形式的“法律感知”提供基础。格尔兹勾勒出的伊斯兰式的 haqq（真理）、印度式的 dharma（义务）、马来式的 adar（习惯）[①]，是不同文化对于“法律”的“感知”；他勾勒这些的目的，不在于它们总加起来与“现代都市社会”中的“法律感知”形成什么样的差异或“距离”（往往被现代化论者形容成时间性的距离）。对于“现代都市社会”或格尔兹笔下的“我们”中“法律感知”的特征，费孝通的《乡土中国》赋予了再生动不过的描绘。“法律感知”的专门化，在人们凭靠的律师身上得以集中表现，这一门类知识里含有的各种“讼”的知识给予人们“无伤大雅”的印象，其内部包含的关于“权利”“利益”等“个人平等主义”的观念，确与“其他文化”有不同。然而，这个“不同的文化”，不是作为“其他文化”的前景存在的——尽管自近代以来，它在世界上取得了某种强势。比较是为了把自己的文化纳入一个世界图景中思考，而这个世界图景中的“他者”是多元的。对于格尔兹来说，将其所处的以“权利”为核心的“法律感知”纳入伊斯兰式的真理、印度式义务、马来式习惯中比较，并由此获得针对自身的相对化，乃是必要的。对于我们而言，重要的是，把“礼”这个字代表的有关“法”的感知（及其复杂的历史）纳入包括西方、伊斯兰、印度、马来、非洲、大洋洲等在内的种种感知共同构成的世界之中，理解不同文化对于相同事实的不同感知。

在法律文化比较研究中，人类学及其在中国社会学中的运用不是全然不可取，但这一运用所潜在的问题提醒我们，如果可以认为法律人类学是一门比较的学问，那么，它企求的恰好不是比较本身，而是通过比较来约束比较，通过比较来理解“法律文化”的特殊性与普遍性的同时存在，通过比较来揭示比较与跨文化误解之间通常存在的密切关系。若要实现这个意义上的比较，人类学家除了将解释人类学的新整体观（即重视对个别事实背后的文化体系的整体研究）再度带入“田野”，还有许多其他事可做；对于“以礼入法”这一制度意象的中国文化特殊性加以更深入的揭示，对于“礼法”与所谓“法律文化”（包括作为文化的现代都市社会的“法治”）的同义性，及“礼法”可能带有的普遍性（它不仅为“中国特色”，亦为所有“法律文化”的特色）加以追问，就是人类学家可做的“其他事”之一。

---

① Geertz, *Local Knowledge*, p.183.

第八章

一篇讲稿透露出的人类学宗教观

大人类学家埃文思－普里查德于1902年生于英国苏塞克斯，大学时代在牛津大学学习现代史，研究生阶段在伦敦经济学院学习人类学，得到塞里格曼（Charles Seligman，1862—1939）及马林诺夫斯基的指导。20世纪30年代，埃文思－普里查德接触到福忒思及拉德克利夫－布朗，受后者感召，加盟结构－功能学派。从40年代直到逝世，他一直任职于牛津大学社会人类学研究所，成为一代新人类学家的导师。

埃文思－普里查德是非洲人类学的开创者之一，他曾在苏丹南部的阿赞德人和努尔人当中从事长期实地考察，依据考察所获资料，书写了大量民族志作品。但这位以民族志见长的人类学家，从来不拘泥于民族志事实的陈述；作为一位思想活跃分子，他同时也致力于人类学的哲学化，注重从政治、社会科学、原始思维、历史人类学等角度，重新定位人类学。

宗教只是埃文思－普里查德人类学研究的一个方面，但这一主题在他的论述中占有显要地位。

埃氏一生著述丰厚，其中的以下三部，成为宗教人类学研究者的必读书：

1.《阿赞德人的巫术、神谕与魔法》（1937）[①]

2.《努尔人的宗教》（1956）[②]

3.《原始宗教理论》（1965）[③]

---

① E. E. Evans-Pritatchrd, *Witchcraft, Oracles and Magic among the Azande*, Oxford: Oxford University Press, 1937.

② E. E. Evans-Pritatchrd, *Nuer Religion*, Oxford: Clarendon Press, 1956.

③ E. E. Evans-Pritatchrd, *Theories of Primitive Religion*, Oxford: Oxford University Press, 1965.

对于宗教人类学这一主题，不少前人留下了许多概述，但我发现，除了上列三书，埃文思－普里查德1959年3月7日在一个叫“Hawkersyard”的修道院举办的阿奎那讲座（The Aquinas Lecture）上所做的以“宗教与人类学家”为题的发言[①]，亦有独到见地。

《宗教与人类学家》不是对宗教人类学的概说，如题目所示，它旨在厘清宗教与人类学家之间的关系。埃文思－普里查德的讲演是在教会场合中举办的，考虑到听众的特点，他选择“讨论社会学家，尤其是人类学家对宗教信仰和习俗的态度”[②]。

怀着敬仰之心阅读埃氏的这篇叫作“宗教与人类学家”的讲稿，我发现，埃氏虽则是宗教人类学的奠基者之一，但他却出奇地开放，在该讲稿中，别出心裁地提醒我们，人类学家对于宗教展开的研究，含有若干值得我们加以警惕的定见。

此处我拟谈两大方面的内容，即：（1）一般意义上的“宗教人类学”流变之大概；（2）埃文思－普里查德讲稿对于我们重新理解人类学的这一重要分支领域之启迪。

一、宗教人类学

埃文思－普里查德的老师辈拉德克利夫－布朗曾说：

> 在所有的人类社会中，都不可避免地存在两种不同且在一定意义上相互矛盾的自然观念。它们中的一种，是自然主义（naturalistic）的观念，这在所有地方的技术中都潜隐地存在，且已经在我们20世纪的欧洲文化中，成为人们思想中外显的而具有支配性的观念。另一种可以被称为神秘性（mythological）或精神主义（spiritualistic）的观念，这种观念在神化和宗教中潜隐地存在，并经常在哲学中成为外显的观念。[③]

“自然主义”与“精神主义”，实可等同于人类学家长期关注的巫术与宗教。

① E. E. Evans-Pritchard, “Religion and the Anthropologists”, in his *Social Anthropology and Other Essays*, New York: The Free Press, 1962, pp.158–171.

② Ibid., p.155.

③ Alfred Radcliffe-Brown, *Structure and Function in Primitive Society*, London: Cohen and West, 1952.

拉德克利夫－布朗将那些不被视作“宗教”的现象（如巫术）包括在“宗教范畴”之内，强调指出，“所有的人类社会”都存在“宗教”；他从一个不同于一般神学、哲学、宗教学的角度，“宽容”了不同形态的“宗教”。

这种视科学以外的所有“思维方式”为“宗教”的看法，在19世纪即已存在于人类学中。早期人类学家如弗雷泽，集中思考巫术、科学与宗教之间的关系。一方面，他认为，巫术与宗教同属一类，科学理性属另一类，不同于此前所有思维方式的科学理性赋予人类学家认识巫术与宗教的能力。另一方面，他认为巫术、宗教与科学构成一个人类史的连续统，这个连续统犹如人生，有从童年到成年的成长过程，人类史可谓是一部从作为幼儿的原始人向作为成人的现代人演化的历史，而这部历史又可以从另一个角度来认识，原始文化是后来的文化的母体。这个解释本来含有同情原始的非西方宗教（巫术）的态度，但由于弗雷泽采取进化论的态度对待巫术、宗教、科学的历史关系，因此，他们同时也把三个类别之间的关系看成连续的三个环节①，认为原始自然主义经宗教精神主义过渡到现代科学自然主义，是人类精神史的必由之路。

20世纪初，人类学界出现了不同于这一理性主义解释的观点。

法国人类学家列维－布留尔（Lucien Levi-Bruhl，1857—1939）在由巫术、宗教和神话构成的“原始思维”与以逻辑思维和清晰分类为特征的科学之间划出一条明确的界线，认为前者也是一种认识，但它的特点是“混淆”，即具体知识与非理性的表象之间的“互渗”，而后者则完全是基于理性的思考发展出来的富有逻辑的认识和思考方式。②

马林诺夫斯基既反对古典进化论者的理性主义解释，也反对列维－布留尔对于巫术－宗教与科学两分的做法，他认为，再原始的民族都存在宗教和巫术，所有的野蛮民族都不缺乏科学或科学态度。③在马氏看来，巫术、宗教和科学作为文化工具，都满足人的需要。④巫术与科学一样，满足人们对于处理人与自然之间关系的需要，它提供了人赖以促成生产和交换的文化手段。在科学尚未成熟到

① Brian Morris, *Anthropological Studies of Religion*, London: Routledge, 1987, pp.92–99, 103–106.

② Morris, *Anthcopological Studis of Religiou*, pp.278–286.

③ Bronislaw Malinowski, *Magic, Science and Religion and Other Essays*, Chicago: Chicago University Press, 1948.

④ 泰勒、弗雷泽、列维－布留尔、马林诺夫斯基对于宗教与理性之间到底是否存在区别持不同看法，前三位更侧重强调巫术与宗教（或，原始自然主义与精神主义）的延续性及现代自然主义理性的独特性，马林诺夫斯基则更侧重强调原始巫术与科学的连续性，否定“制度化宗教”。

足以控制险境的情况下，巫术和宗教属于有功能的文化手段，与科学一样具有很重要的实用价值，而并非像列维－布留尔所说的，属于思维混乱的表现。原始的巫术和信仰，确实与科学有所不同，但这一不同表现为，它们不属于理性主义思考方式的产物，而与一般人的生活实践密切相关。

19 世纪末 20 世纪初，为了使社会思想摆脱英式理性主义的制约，法国社会学派涂尔干指出，应以社会学的观点考察任何时代的巫术或宗教。他认为，巫术与宗教都具有社会性，任何宗教都是“集体表象”。人世间包括神圣性和世俗性两种现实，神圣性的现实是世俗性的现实的超自然展示和强化，而作为神圣性体系的宗教，表达的是世俗社会的超个人的力量。①

深受这一观点影响的人类学家拉德克利夫－布朗以涂尔干为榜样，把中国礼仪思想与斯密（Robertson Smith，1846—1894）的宗教理论结合起来，分析他所知的民族志素材，推导出一种社会人类学的宗教理论。② 马林诺夫斯基的解释具有个人生理－心理主义色彩，而拉德克利夫－布朗的观点，则注重集体作用的研究。在拉德克利夫－布朗看来，宗教的一个社会作用就是规范人们的行为，起着社会控制的作用。社会控制不仅仅依靠法律，而且依靠宗教。宗教通过善恶观来控制社会，善恶观使人们相信，人若行事妥当，会赢得神灵的赞赏，人若行事不善，则会受到神灵的报应。拉氏认为，宗教不仅有如法律，有其控制作用，而且有如感召力，起维护社会团结的作用。比如仪式，它约束人的行为，同时使共同参加仪式的人团结在一起。

一般把涂尔干、拉德克利夫－布朗等的论点视作一种宗教的“结构秩序观点”。

而涂尔干的同代人阿诺德·凡·杰内普（Arnold van Gennep，1873—1957）则提出另一种“结构秩序观点”。凡·杰内普指出，生命礼仪起着引导个人通过他们生命中的决定性转折点（如出生、发育、结婚、当父母、升入较高等级、职业专门化、死）的作用。凡·杰内普认为，可以把全部生命转折点的礼仪分为三个阶段：隔离期、过渡期、结合期。个人首先在仪式下被调离作为一个整体的社会，然后隔离一个阶段，最后以新的身份重新结合到部落中去。③

---

① Emile Durkheim, *The Elementary Forms of the Religious Life, A Study in Religious Sociology*, New York: Free Press, 1995.

② Alfred Radcliffe-Brown, “Religion and Society”, in Adam Kuper, ed., *The Social Anthropology of Radcliffe-Brown*, London: Routledge, 1977, pp.107–110.

③ Arnold van Gennep, *Rites de Passage*, Chicago: University of Chicago Press, 1960.

凡·杰内普对于仪式的论述，为后来的不少宗教人类学家所引申。例如，特纳（Victor Turner，1920—1983）借助其众多的仪式研究指出，参加宗教仪式会带来个人的超脱感、安慰、安全感、集体亲密感甚至狂喜[①]。对于仪式的社会功能的关注，促使特纳对于这一集体行为模式提出了系统的解释。

特纳还展开过大量的政治仪式研究，力图从仪式的“象征森林”中获得对政治结构的理解。对于特纳而言，仪式的作用则在于解决社会冲突和政治混乱问题。在他的第一部著作《一个非洲社会的分裂与延续》[②]中，特纳对生活在一个非集权社会的恩丹布人（the Ndembu）政治稳定性的象征建构进行分析。

另一个结构秩序论者是道格拉斯（Mary Douglas，1921—2007）。道格拉斯更注重在象征符号的逻辑内部发现社会秩序的伦理逻辑。道格拉斯大致属于英国人类学——尤其是埃文思－普里查德一脉的新功能主义——的行列，但她在思想上所受的门派局限不多，列维－施特劳斯的结构主义，对她也有深刻影响。道格拉斯的研究基本上都集中在对社会中的象征现象的研究，她力图通过日常生活中那些较为隐晦的行为和意义来展示社会秩序的构造。道格拉斯认为，涂尔干的“集体表象”概念能够揭示出人类观念形态的集体本质，运用这个概念，人类学者就能够对社会的道德意识问题加以阐释，从日常生活中意义不甚明确的仪式行为中发现集体道德和社会秩序的作用。为此，社会组织的直观描述就是不充分的。为了解释集体观念在社会秩序形成中的重要作用，修正后的列维－施特劳斯式的“二元对立结构”概念将有其助益。道格拉斯承认，在人们的日常经验中，男－女、黑－白、善－恶以及洁－脏等成对的对立范畴确实存在。不过，她认为，尽管这些范畴经常是无意识地发生作用的，但它们并不是由人脑中的某种生理特征或远古的思维结构形态决定的。道格拉斯主张，结构主义的分析只能解释认识论上的深层文化语法，而无法解释这些语法在现实社会生活中的效力。因此，她针对结构主义人类学指出，只分析思维范畴的关系体系，难以说明这个体系与社会生活的关联，因为思维范畴的关系体系之所以能延续存在，是因为它们在社会关系的体系（或社会结构）中发挥着某种作用。为此，人类学者有必要回到涂尔干那里去寻找理论资源，尤其是他对社会结构的论述。

---

① Victor Turner, *The Forest of Symbols*, Ithaca and London: Cornell University Press, 1967.

② Victor Turner, *Schism and Continuity in an African Society: A Study of Ndembu Village Life*, Manchester: Manchester University Press, 1957.

道格拉斯人类学理论的两大组成部分是：

其一，对分类体系的社会秩序建构作用的分析；

其二，对社会结构的特征和象征构造的分析。

前一部分的思想在她的作品中贯穿始终，更在《洁净与危险》[①]一书中得到系统的阐述。《洁净与危险》的研究主题是不同文化对亵渎的规定和某些食物的禁忌。结构主义分析方法使道格拉斯看到，属于禁忌范围的物类，在特定文化中都带有特定的意义含混（ambiguity）。例如，在《圣经》的研究中存在一个古老的难题，《旧约》的《利未记》中有一段话说，耶和华指派摩西和亚伦去晓谕以色列人饮食的规则，这项规则规定在地上一切走兽中，骆驼不可以吃，竟是因为"骆驼反刍但不分蹄"，而猪因为蹄分两瓣却不反刍，所以也不可以吃。除此之外，这段话也说到，水中可吃的只包括有鳍有鳞的动物，而无鳍无鳞的类别都不属于食用品。最终的解释是，上面提到的那些不可以吃的动物，属于不干净的东西。那么，为什么物品有可吃和不可吃之分？道格拉斯认为，我们可以从《圣经》的宇宙论来加以解释。据《圣经》的记载，创世纪时，整个宇宙被分为大地、海洋与天空三个领域，每个领域都有特定种类的动物生活着，天上活着的是两脚飞禽，地上活着的是四足动物，水中活着的则是有鳍有鳞的动物。在西方的宗教中，任何一种不能被归入这三种类别的动物（或任何一种介于两个种类之间的动物和任何缺乏明确分类特征的动物），都是亵渎神圣的动物，因此成为食物的禁忌。从这个例子可以看出，动物的洁净与肮脏与否，不在于它本身是"洁"或"脏"，而在于它是否符合宗教文化的分类系统。[②]

道格拉斯的分析是从自己所处的西方文化开始的，她描述的围绕洁净和亵渎而展开的分类体系，形成于欧洲犹太－基督教文明的上古时代，而直至今日还部分地影响着西方人的日常生活。

在道格拉斯看来，如果没有对"脏"（dirt 或 uncleanness）这个词的社会含义加以阐释，我们就无法透彻地解剖分类体系之外的事物及其禁忌与社会秩序的关系。"脏"的意义不一定在于"脏"本身，而更在于它作为被防范的对象在不同社会中的普遍存在。也就是说，凡存在"脏"的地方，就存在一个分类体系，"脏"意味着秩序受到违反。带来秩序的活动，都是一种社会性的仪式，而重新

---

① Mary Douglas, *Purity and Danger: An Analysis of the Concepts of Pollution and Taboo*, London: Routledge, 1966.

② Ibid., pp.41–57.

确立秩序的活动是用来重新确立社会的一种手段。

那么，不同文化中的社会和道德秩序如何具有了自身的特点？1970年道格拉斯出版了《自然象征》[①]一书，对这个问题加以解答。

《自然象征》的主要研究重点是象征类型与社会类型之间的对应性，尤其是社会制度特点对象征类型的决定性。道格拉斯在书中提出，我们大致可以用“群体”（group）与“区格”（grid）这一对概念来对社会结构类型加以区分，以此来观察社会关系体系与仪式行为之间的关系。“群体”指具有明显边界的社会特征，而“区格”则指社会中个人之间交往的准则（包括角色、类别、范畴等）。在道格拉斯以前，人类学者向来较注重“群体型社会”的探讨，而忽视了对“区格型社会”的考察。事实上，社会结构类型千差万别，人类学者有必要对它们的不同类型加以总结，并从总结中提出系统的看法。于是，道格拉斯根据“群体”和“区格”这两个维度的排列组合得出群体型社会包含的四种结构可能性：强群体强区格社会、强群体弱区格社会、弱群体强区格社会、弱群体弱区格社会。在道格拉斯看来，象征（尤其是一切维持集体意识的巫术性仪式）与上述四种不同的群体社会形成了不同的关系。在强群体强区格的社会中，巫术支持着社会结构和道德符号。在强区格弱群体的社会中，巫术起着帮助竞争社会中的个人的作用。在弱区格强群体的社会中，巫术起着保护社会组织边界的作用。在弱群体弱区格的社会中，仪式或巫术的作用十分淡漠。换言之，仪式存在的根本原因是社会控制的需要。无论是小型社会群体，还是正式的机构组织和民族－国家，集体的凝聚力越大，确认与重新确认这些集体意识的仪式也就越多。而假使群体只是个别利益的简单组合，那么仪式的角色就非常渺小了。然而，对于道格拉斯来说，这并不意味着现代社会是完全不存在仪式的世俗社会。现代化确实改变了社会面貌，但社会的更新也需要仪式的作用，只不过在当代世界中科学已经取代了宗教和仪式的作用，为人类提供了一种新的宇宙观，扮演着与宗教和仪式类似的作用。也就是说，只要存在集体生活，就存在宗教和仪式、神话、庆典和礼仪，尽管这些东西经常以不同的形态出现在人们的生活世界之中。

人类学的宗教解释在20世纪前期经历了某些转变，出现了以下三类解释：

（1）列维－布留尔式的思维方式比较研究

（2）马林诺夫斯基式的功能主义文化论

---

① Mary Douglas, *Natural Symbols*, Harmondsworth: Penguin Books, 1970.

（3）涂尔干式的社会学

在此之后，人类学的宗教研究又出现了以上所述的诸种“象征人类学”，接着，又出现了解释学。

所谓“解释学派”，通常与格尔兹这个名字相联系。[①]在宗教研究方面，格尔兹的研究追随的是韦伯、帕森斯（Talcott Parsons, 1902—1979）和希尔斯（Edward Shils，1910—1995）。他坚持使用“文化”概念，用它来指从历史沿袭下来的体现于象征符号中的意义模式，是由象征符号体系表达的传承概念体系，是人们借以达到沟通其对生活的知识和态度的渠道。

格氏说：

> 宗教象征符号合成了一个民族的精神气质（ethos）——生活的格调（tone）、特征（character）和品质（quality），即道德与审美的风格（style）及情绪（mood）——和世界观（world view）——即他们所认为的事物真正存在方式的图景，亦即他们最全面的（comprehensive）秩序观念。[②]

在格氏看来，群体的精神气质之所以在宗教信仰与实践中表现出合乎理性，是因为它代表了一种生活方式，这种生活方式理想地适应了该世界观所描述的真实事态，而这个世界观之所以在感情上有说服力，是由于它被描绘成一种反映真实事态的镜像，这种镜像情理精当，符合这样一种生活方式。这种相互对应和相互确证产生了两个基本后果。一方面，它使道德与审美倾向客体化，将它们描述为隐含在一个具有特殊结构的世界里的强加的生活状态，描述为得到不可变的现实格局支持的纯粹常识。另一方面，它支持了那些关于整个世界的普遍信仰，唤起深藏的道德与审美情感，作为经验证据来支持这些信仰的真实性。宗教象征符号在具体生活方式和特定（如果存在，多半是隐晦的）形而上学之间，形成了基

---

① 在英式的宗教人类学定义中，解释学时常被与其自身存在过的以下两个观点相联系：（1）弗雷泽的有关看法。在区分宗教和巫术时，弗雷泽曾说，宗教是对力图控制自然过程的人的劝解或抚慰，而巫术则是操纵自然“法则”的图谋，它与现代科学的不同仅在于它对制约着事件先后次序的特殊法则的本质有错误的看法。（2）埃文思－普里查德的有关看法。把巫术、宗教、科学看成不同文化对于物质世界和人文世界的不同看法的观点，也早已更集中地表达在埃文思－普里查德本人对于阿赞德人的宇宙观的人类学分析中了。埃文思－普里查德曾发现，在阿赞德人当中，西方意义上的“信仰”（belief/faith）概念实际上并不存在，而关于巫术的实践知识却得到了广泛传播。对他而言，这一差异能够说明，人类学家在宗教方面应发挥的作用是用一种文化的世界观来“翻译”另一种文化的世界观。尽管文化解释的观点有其前身，但严格而论，它指的主要是20世纪60年代以来在韦伯的宗教文化比较观点脉络中发展出来的格尔兹解释人类学派。

② Clifford Geertz, *The Interpretation of Cultures*, New York: Basic Books, 1973, p.89.

本的一致，使得双方各自借助对方的权威而互相支持。[①]

换言之，宗教调整人的行动，使之适合假想宇宙秩序（cosmic order），并把宇宙秩序的镜像投射到人类经验的层面上。因而，宗教是一个有助于确立强有力的、普遍的、恒久的情绪与动机（moods and motivation）象征的体系，它阐述关于一般存在秩序的观念，给这些观念披上实在性的外衣，使得人们的情绪和动机仿佛具有独特的真实性。[②]

在格尔兹看来，宗教容纳人们的想象，但却迫使人们无法忍受无序。任何宗教，无论它如何"原始"，只要它希望延存下来，就必须设法应付各种挑战。宗教信仰试图将异常事件——死亡、梦境、精神错乱、火山喷发、配偶不忠——纳入至少有可能解释清楚的范围之内，使肉体痛苦、个人损失、言词受挫、或不由自主地为他人之苦进行的忧思，变得可以忍受，消除难以消除的伦理矛盾，从而借助象征手段系统地表述这样一个真正世界秩序的形象，解释甚至颂扬人类经验中的模糊、困惑和矛盾，将人的生存空间与据信符号系统存在于其中的更广大的空间相连起来。宗教信仰所涉及的不是来自日常经验的培根式哲学归纳（要那样我们便都成为不可知论者了），而是对改变那种经验的权威事先加以接受。挫折、痛苦、道德悖论（即"意义问题"）的存在，是驱使人们信仰上帝、魔鬼、精灵、图腾原则或食人精神效应（追求美感、赞叹权力，则属于另一些）的原因之一，但它还不是这些信仰的基础，而是它的最重要的应用领域。

格尔兹说：

> 宗教与常识的差别在于，它超出日常生活的现实而进入了一个更广阔的、对之加以修正和完善的现实之中。它的特殊关注点不在于对这些更广阔的现实施加作用，而是接纳它们、虔信它们。宗教观与科学观的差别在于，它对日常生活现实的探究，不是出于把既定世界分解为一大堆可能性假设的制度化的怀疑主义，而是出于它所认为的更为广阔的非假设真理。它的口号是献身，而不是超脱；是面对，而不是分析。宗教感与艺术感的差别在于，不是努力摆脱对实在性的整体质疑，不是精心营造一种表面的、幻觉的气氛，而是深化对现实的关注，并力求创造一种彻底的实在性的氛围。正是这种"千真万确"的感觉，成为宗教感的基础；宗教作为文化体系，其象征活动通过来自世俗经验的不和

① Geertz, *The Interpretation of Cultures*, pp.89–90.

② Ibid., p.90.

谐启示，致力于产生、强化和神圣化的，也正是这种感觉。另一方面，从分析的角度看，正是为某一特定符号丛，为这些符号构成的超验性，为它们推崇的生活方式，树立令人信服的权威，构成了宗教活动的本质。[①]

仪式是“宗教概念是真实的”“宗教指引是有道理的”这类信仰被生产出来的过程，因为正是在仪式中，宗教象征符号所引发的情绪和动机，与象征符号为人们系统表述的有关存在秩序的一般观念相遇并相互强化。在仪式中，生存世界与想象世界借助单独一组象征符号形式得到融合，变成同一个世界，从而使人们的现实感产生了独特的转变。在仪式过程中，宗教概念的意义框架得以界定，而仪式结束后人们的心灵又重新回到常识世界。宗教给予日常生活的倾向，在性质上根据所涉宗教的不同及信仰者所接受的特殊宇宙秩序观念引发的具体习性的不同，而有所不同。

20 世纪 60 年代，人类学的宗教研究，也出现了生态学观点。这一观点，通常与拉普波特（Roy Rappaport）相联系。在一项宗教的生态人类学研究中，拉普波特以新几内亚高原居民甄巴加人（the Tsembaga）的宗教生活为案例，呈现了宗教与生态的密切关系。据拉氏的说法，甄巴加人维持生存靠的主要是园艺，他们用简单的工具种植谷物，虽然也养猪，但是只有在生病、受伤、战争或庆典情况下才吃猪肉。猪是献祭祖先之灵的，按当地传统规定，猪肉要在献祭之后才能食用，且应按仪式规定，由那些参加仪式的人分着吃掉。在殖民主义时代到来之前，甄巴加人与他们的邻族有着密切关系，这一关系是靠猪祭周期来建立的。猪祭用来象征群体间敌对行动的结束。生态压力常引起群体间的敌对。在生态压力引起的社会危机下，猪成了一个社会意义上正面的因素。甄巴加人平常很少宰猪，而猪的食物需求量却极大，它们会把一个地域内的谷物吃光。为了维持受尊敬但却犹如饿鬼的猪的生存，甄巴加人就要扩大食物的生产，而为此，他们之间对于适于农耕的土地你抢我夺，只有在某一联盟体把另一联盟体驱逐出境后，敌对行动方能停止。胜利者用猪祭礼来庆祝自己，他们屠宰大量猪，并把猪肉散发给联盟中的各个群体。拉普波特认为，这一战争与猪祭的轮回，构成一个地区性的生态适应周期，而这一周期，即使是在没有战争的情况下，也是如仪式一般地维持着：即使没有敌对行动，一旦猪的数量变得不能控制，差不多每 5—10 年（取决于农业收获情况），甄巴加人就要举行猪祭。战争与盛宴的周期，是为人、

① Geertz, *The Interpretation of Cultures*, p.111.

土地和动物之间保持平衡关系而设置的。[①]

多数人类学家倾向于从思维方式、日常生活、社会结构、生态来理解宗教的存在合理性，但也有人类学家把宗教当作“意识形态”来解析。

意识形态这个概念，通常与马克思主义的分析方法相联系。[②]马克思主义对于宗教的研究路径，强调人们的生活方式对于他们的思考方式的制约作用，认为作为主观思考方式的宗教意识形态，反映了人们物质生活和社会生活方式的特征，尤其是扭曲地反映了政治经济不平等关系的现实。20 世纪 70 年代以后，随着阿尔杜塞（Louis Althusser，1918—1990）意识形态理论的逐步拓宽，马克思主义的宗教人类学研究也得到了发展。这一学派尤其注重从主体与他们生活状况之间的关系来揭示宗教对于世界和社会的想象，主张宗教构成了人们与他们的生活状况之间关系的象征图景。[③]在马克思主义宗教意识形态的分析中，又分化为较为关注宗教象征的内在文化逻辑的一派，以及较为关注政治经济关系转型史对于宗教象征转型的影响的另一派。其中，布洛赫（Marc Bloch，1886—1944）似乎更倾向于前一派，他与格尔兹一样，将宗教视作与认知不同的象征意义体系，但又将宗教（特别是宗教仪式）看成是将诸种权威支配话语——性别、等级及国家——合法化的过程。这一普遍主义的宗教定义，意图在于适应所有的宗教，并体现宗教对立与暴力性的特征。[④]在另一派中有所创树的陶西格（Michael Taussig），则注重世界政治经济史过程中商品拜物教的中介作用，强调某些宗教符号作为资本主义经济与地方性制度之间勾连因素的重要作用[⑤]。

① Roy Rappaport, “Ritual Regulation of Environmental Relations among a New Guinea People”, *Ethnologist*, 1967, 6 (1).

② 不过，象征分类的文化体系解释，已涉及意识形态这一概念的两种理解：从韦伯学派的观点出发，解释人类学把宗教当成一种象征的世界观、社会观和人的观念，进而主张将由此构成的体系视为意识形态，亦即相对并独立于政治经济体系和社会体系的文化体系；从涂尔干的观点出发，道格拉斯式的象征类别分析，则把宗教当成一种由社会结构秩序规则所激活并同时激活这一秩序规则的伦理式意识形态；而这二者之间的差异无非在于，前者认为不应将意识形态归结为其他体系，后者则倾向于将社会结构秩序当成决定意识形态的“基本结构”。

③ Stephan Feuchtwang, “Investigating Religion”, in Mayrice Bloch, ed., *Marxism and Social Anthropology*, London: Malaby, 1975, pp.61–82; Maurice Godelier, *Perspectives in Marxist Anthropology*, Cambridge: Cambridge University Press, 1977.

④ Maurice Bloch, *From Blessing to Violence*: *History and Ideology in the Circumcision Ritual of the Merina at Madagascar*, Cambridge: Cambridge University Press, 1986.

⑤ Michael Taussig, *The Devil and Commodity Fetishism in South America*, Chapel Hill: University of North Carolina Press, 1980.

二、埃文思－普里查德对人类学宗教观的反思与预见

现代人类学在宗教研究中遗留给我们诸种解释[①]，其中，除了我们国内相对熟悉的意识形态解释，其他四种解释，对于我们而言都有耳目一新之感。推崇这些观点的人类学前辈，以令人叹服的技艺，对民族志细节进行分析、甄别、比较、印证，为我们论证了宗教存在的种种基础。例如，马林诺夫斯基对于“非制度化宗教”（即那些没有经典、集会组织及固定活动场所的“宗教”）在满足人们的需要方面所持的肯定看法，拉德克利夫－布朗对于礼仪的社会秩序意义的解释，格尔兹将宗教等同于世界观的做法，生态人类学家对于宗教的生态适应的研究，都为我们理解宗教的“存在基础”，为我们理解宗教持续存在于人文世界中的缘由，提供了精彩的解释。

埃文思－普里查德可谓是人类学界唯一以自己的方法和观点综合了所有看法的角度的学者，他除了与其中的功能主义观点、结构秩序观点、解释学观点有过直接或间接的关系，还在其杰作《努尔人》一书中表现出了对于生态学解释的独到认识。然而，就他的《宗教与人类学家》一文来揣摩，我猜想，这样一位综合性极强的学者，感到“还有什么话没有说”。

在《宗教与人类学家》这篇讲稿中，埃氏对于人类学家以至所有社会科学家与宗教形成的关系提出了根本反思。

在人类学的实地研究中，接触不同的宗教是必然的。可以说，人类学是在经验研究中与宗教形成关系的。我们不能断然认为，所有人类聚落都存在宗教，但至少可以认为，不同形式的巫术、象征、仪式是普遍存在的，田野工作中的人类学家，不能不与这些不同的“宗教”形式打交道。假如我们“顾名思义”，那么，兴许可以想象，埃文思－普里查德在他的讲稿中一定是在论述田野中的人类学家与作为他们的研究对象的各种“宗教”之间的关系。

不能否定，这一“实实在在的关系”，也是埃文思－普里查德的“潜台词”，但他的讲稿却并非是反思人类学式的（这种形容在他那个时代是不存在的），他

---

① 埃文思－普里查德在人类学界有特殊身份。以上几种解释，有三种与埃文思－普里查德这个名字有直接或间接的关系。埃文思－普里查德是在伦敦经济学院功能主义人类学氛围下成长起来的、极端重视民族志的人类学家，同时他又是牛津大学的结构秩序观点的继承人，而作为一代英国人类学家的老师，他对于这一观点的内部更新，起到了更加重要的作用，又因他是一位思想深刻的人类学家，故在其论著中为解释学观点作了重要的铺垫。此外，埃氏还是一位少见的皈依天主教的人类学家，他对于形形色色人类学“理性主义”心怀不满。这位开启了人类学诸多方面视野而有其宗教信仰的人类学家，有其独特的预见性与反思性。

不纠缠于个人的田野之所见。

埃文思-普里查德谦逊地说,《宗教与人类学家》一文是思想史式的——他谦逊地称自己此间所做,不过是“呈现思想史中某一章节的片段”[①]。然而,这种谦逊却未抵消一个事实——他的这篇讲稿,是社会科学界少有的社会科学宗教思想史的纲要。

在讲稿中,埃文思-普里查德自己有过说明。他说:

> 总体而言,可以说社会学家和人类学家要么对宗教漠不关心,要么就是对宗教采取敌视的态度,后一种情况更多。社会学家和人类学家对于宗教的敌意,是有不同表现方法的,因为像圣西门和孔德那样的天主教不可知论者(如若可以那样称呼他们的话),与来自新教背景的斯宾塞和泰勒的不可知论大不相同,与涂尔干和列维-布留尔的犹太教不可知论也大不相同。[②]

一篇短短的讲稿不能涵括所有还没有说过的话,但它可以显露这些话的大体含义,而这其中最主要的含义就是:通常被我们理解为有助于我们理解宗教的种种说法,都与宗教本身的理念格格不入,因之,他们都不能算是对于宗教的“局内人的解释”,而毋宁说不过是近代欧洲广泛流行的宗教不可知论——天主教不可知论、犹太教不可知论及新教不可知论——的不同表达方式。

先说埃文思-普里查德眼中的天主教不可知论和犹太教不可知论。

埃文思-普里查德深知,若不借用另一个国度的思想,学术研究便不可能。在英国,“倘若不提及一点法国背景,那么,讨论社会科学便少有可能”[③]。而“法国背景”,这里特指天主教不可知论和犹太教不可知论。在埃文思-普里查德看来,法国社会科学中的宗教观,先是天主教不可知论的,到涂尔干时代,出现了犹太教不可知论。在天主教不可知论一脉,相继有孟德斯鸠、孔多塞(Condorcet,1743—1794)、圣西门(Saint-Simon,1760—1825)、孔德等。这些哲学家在人生的大多数时光里崇尚一种社会学的实证-理性主义,试图以自然主义的方式来解释宗教,质疑信仰的真实性,强调宗教的社会属性,宣扬人文思想进步为科学的必然性,但在其晚年,总是会或多或少地期待着建立某种足以控制“恶的科学”的世俗性宗教。孟德斯鸠在《论法的精神》中,努力寻找社会生

---

① Evans-Pritchard, “Religion and the Anthropologists”, in his *Social Anthropology and Other Essays,* p.170.

② Ibid., p.163.

③ Ibid., p.155.

活的法则，总是以自然主义为方式，审视宗教的社会作用。他是个天主教徒，但他的著作成为教会的禁书。在孟德斯鸠的影响下去，法国社会学思想出现了令英国学界赞叹的发展。到孔多塞那里，作为社会现象的宗教得到了进一步渲染。孔多塞也以自然主义眼光看待宗教，他区分无机与有机学科，借用物理学和生物学来研究社会，认为宗教不过是社会在某个低度发展阶段中的产物，在未来的社会世界中（social world），宗教将无容身之所。埃文思－普里查德花了更多笔墨介绍法国社会科学的另一位奠基人圣西门，他认为相比于孔德，圣西门是一位更优秀的哲学家，只不过因为文章写得比后者少些，而没有得到充分重视。圣西门在天主教不可知论上的表现，被埃文思－普里查德加以“浓厚的描述”，埃氏说：

> 我们可以把圣西门的追随者看作极权主义哲学的先驱，是法西斯主义、纳粹及共产主义社会形态的传道者，不过，圣西门却是一位更加伟大的社会法则、进步、社会规划及人类复兴的信徒；而我们几乎没有必要补充说，他是一个（更加奇怪的）反教士主义者和自然神论者——当时，任何想装作是哲学家的人都有这种倾向……不过，圣西门意识到了某种宗教的必要性，他说过，“从本质上说，有机时代（organic epochs）的特征是宗教性的”，他设想出一种人类世俗宗教，认为，未来人即为“有限秩序中的上帝自身”。他的这个观点被他的追随者付诸实施，将之与教堂、教义、仪式、主教关联起来，结果，出现了少许有些荒谬的结果。尽管圣西门图谋把基督教化约为一个伦理体系，但他具有的宗教感在后来得到发展，且在其著作《新基督教》（*Nouveau Christianisme*）中得到论述，此书由他的追随者于1825年他临死之前出版。他在《新基督教》一书中表达的宗教感，疏远了他在英国知识分子当中的知音们，其中包括米尔（J. S. Mill，1806—1873）和托马斯·卡莱尔（Thomas Carlyle，1795—1881），他们翻译了这本书。在英国，圣西门后来被当成了一个怪人。这本书也疏远了他与英国工人的关系，披着怪异的圣西门使徒外衣的社会主义宣传家们，起初给英国工人留下了相当深刻的印象，但如他们中一位受过教育的代言人所说，圣西门如此结合宗教感和权威主义，易于综合出某种“野蛮的暴行和欺诈”，因而，圣西门运动在英国和在法国一样熄灭了。于是，在英法思想界所留下的，便剩下了影响更为持久的偏门，即孔德的“邪说”。①

---

① Evans-Pritchard, “Religion and the Anthropologists”, in his *Social Anthropology and Other Essays*, pp.156–157.

在天主教不可知论的社会学思想中，孔德也是集大成者之一。埃文思－普里查德说，孔德的哲学天分不高，但却如同孟德斯鸠左右18世纪的社会思想那样，左右了19世纪的社会思想。他在六卷本著作《实证哲学教程》一书中，一方面常用“必需的”“必不可少的”“不可避免的”这些词汇来形容不可抗拒的社会生活法则无论何时都决定着所有社会存在的必要条件，决定着每一个社会以同样的阶段进化的进程，形容宗教的陈旧与过时，提出一种与传统基督教大不相容的进步理论。另一方面，他却也如同圣西门，尊重宗教感，景仰天主教会。对于宗教，孔德的态度不同于新教、自然神论和形而上学的人文主义，他先是竭力阐述文明替代宗教、“一个新的、利他的、平静的、工业的和科学的时代”将会出现的“预言”，后来在晚年却又如同圣西门，认识到未来世界对于宗教的需要，他由此着手寻找一种新的宗教，“一种世俗主义者自己就是高级牧师的教派”[①]。

在对法国近代社会（学）思想中社会秩序、进步主义和阶段论观点，及它的“世俗性宗教”宿命加以概述之后，埃文思－普里查德进入了也是来自法国的犹太教不可知论。这种形态的不可知论，以19世纪末、20世纪前20年深有影响的涂尔干为代表，涂尔干也是社会学决定论者。与孟德斯鸠不同的是，他寻求的法则是功能主义的，不是历史的和进化论的。涂尔干主张从社会功能角度解释宗教，如同时代英国人类学家那样，他认为，宗教不是幻觉，他指出，没有存在几个世纪的幻觉，幻觉也构不成法律、科学、艺术在其中形成法则的矩阵，相反，宗教有客观基础。在他看来，宗教的这个基础就是社会自身；“人类祭祀的神中有着他们自己的集体的象征”[②]。涂尔干认为，从宗教的社会基础可以推出一个结论，即，不存在超验的个体的上帝，宗教必须在社会中找到自己的容身之处。涂尔干有犹太教背景，但其社会学主张对于犹太教而言是一种怀疑上帝的实在性的邪说，而反过来，他却又在其《宗教生活的基本形式》（1912）一书的结尾，表露出一种接近于圣西门与孔德的观点，他设想出一种“使人联想到法国革命理性主义宗教的世俗宗教”[③]，他认定，没有致力于人类最高尚抱负的世俗主义宗教，未来是不可设想的。

天主教不可知论中，进步主义思想、历史规律观点等近代哲学的观念，与对未来宗教感的期许相结合，显示出一种两相矛盾方面的复合；犹太教不可知论、

---

① Evans-Pritchard, “Religion and the Anthropologists”, in his *Social Anthropology and Other Essays,* p.157.

② Ibid., p.158.

③ Ibid.

社会决定论的世俗社会功能解释，与对未来超越自我的文明的期许的结合，也显示出一种互相矛盾方面的复合。

埃文思－普里查德暗示，从自然主义、世俗主义的角度解释宗教，是社会科学奠基人思想的“早年”，在这个基础上展望终极性的思考，这个“早年”却必定为一个“晚年”所替代——“晚年”的宗教感，似乎总是自然主义、世俗主义的社会科学的“未来”。

在埃文思－普里查德眼中，社会科学家对于宗教的态度含有的这个矛盾与摇摆，是宗教与社会科学家之间关系的基本特征。

埃文思－普里查德对于法国社会科学的叙述最引人入胜的方面，在于他从包括怀疑论在内的宗教——天主教和犹太教——内部阐述近代社会科学的做法。法国的天主教与犹太教不可知论，既是作为英国学者的他的“他者”，又是作为天主教徒的他的“自我”。埃文思－普里查德这一身份的模糊性，是一个优势——至少这使他有可能比他人对于英法学术传统的异同加以更深入地揭示。在结束了对法国社会科学两种奠基性的不可知论的概述之后，埃文思－普里查德回头反观英国。

在讲稿的开篇，埃文思－普里查德既已指出，近代英国社会科学——特别是人类学——大大得益于法国的影响，但这并未使他忘记诠释英法之间宗教差异下可能出现的社会科学风范的差异，可能出现的社会科学对于宗教的态度之差异。

在与孔德到涂尔干相当的时段里，英国社会学思想深受实用主义、孔德主义、圣经批判主义以及比较宗教实用主义的影响。斯密、边沁（Jeremy Bentham，1748—1832）等开启的实用主义哲学，从未给任何形式的宗教留过情面。边沁对于宗教大加批判，而英国社会科学的奠基人、进化论者斯宾塞，被认为是“英国的孔德”，他比孔德还强烈地宣称，在进化法则面前，人类需屈服。在他眼里，宗教一无是处，道德的基石应通过科学研究而非通过宗教来铺垫。在社会历史学界，一样地也存在着把宗教视作与人一样无助的存在，视作“历史的观众”。19 世纪上半叶开始，英国出现圣经批判主义；其时，对世俗知识分子圈子产生冲击的如由乔治·艾略特（George Eliot，1819—1880）等人的翻译与著述，嘲弄《圣经》，以至于“信徒为此深感忧伤”[①]。“在观念正统的基督徒眼里，这本已够糟，但随之情况却雪上加霜。比较哲学获得成功之后，比较神学和比较宗教学（宗教学的一门学科）开始把异教男女神及与之相关的更高级宗教的神变

① Evans-Pritchard, “Religion and the Anthropologists”, in his *Social Anthropology and Other Essays,* p.160.

成太阳、月亮和星星，把所有的宗教信仰和仪式视作具有同样秩序论的现象，这暗示着，所有宗教信仰与仪式，在效用这个概念面前是相通的。这就将人们的视线导向了一种相对主义观点，它主张基督教不是仅有的正确信仰，它只是诸多宗教中的一种，所有的宗教都是谬误。”①

英国人类学产生于孔德主义、实用主义、圣经批判主义以及比较宗教学萌芽的背景下，如同其他一切学科，它是18世纪理性主义哲学的产物，“更是从霍布斯（Thomas Hobbes，1588—1679）和洛克（John Locke，1632—1704）开始，经历休谟（David Hume，1711—1776）、苏格兰的道德哲学家、怀疑论者和自然主义者思想潮流的产物”②。英国人类学的创始人麦克伦南、卢伯克（John Lubbock，1834—1913）、泰勒及弗雷泽，都深信自然进化的法则，相信习俗之间必不可少的相互依赖性，他们又全是不可知论者，都对宗教怀有敌意。在近代英国社会科学出现之时，人类学家已借助哲学和社会学因果关系的认识方法来解释宗教了。对于英国人类学大师而言，宗教不过是一种幻觉。比如，弗雷泽在《金枝》（1890）中提出，所有民族思想都经历三个阶段——巫术、宗教、科学，他在著作中揭示了宗教的某些本质特征（例如，人神的复活）与我们在异教中发现的特征相似的东西之间的共通性，从而揭露了宗教与荒诞的“原始巫术”之间的连续性。与弗雷泽同时或稍晚，所有主要的英国社会学家和人类学家如韦斯特马克（E. A. Westermarck，1862—1939）、霍布豪斯（Leonard Hobhouse，1864—1929）、哈登、里弗斯（Augustus Pitt-Rivers，1827—1900）、塞里格曼、拉德克利夫－布朗、马林诺夫斯基等，都是不可知论者和实证主义者，他们认为宗教可被视作等同于迷信的东西，宗教有待得到“科学的解释”，他们相信，作为“科学家”，他们有能力对宗教进行解释。

埃文思－普里查德认为英法之外的其他欧洲国家的知识分子在对于宗教的态度上也没有什么特别不同的地方，他列举德国的马克思、韦伯及意大利的帕累托（Vilfredo Pareto，1848—1923），说他们一样地总是否定、嘲讽或漠视一切神学教条。

接着，埃氏对于有宗教信仰的学者与新派学者之间围绕着信仰与仪式产生的争端进行了生动的描写，说在信徒这方，“一些人仍保持了他们的信仰，在这个

---

① Evans-Pritchard, “Religion and the Anthropologists” , in his *Social Anthropology and Other Essays,* pp.160–161.

② Ibid., p.161.

战场上，一些忠实的人被自己一方的人攻击，从而有利于他们的对手”[①]；而在新派学者那方，不断通过科学研究来揭示宗教的幼稚，使他们的对手恼羞成怒，对之加以谩骂，他们有的愈加坚定地反对宗教，有的不得已重复地进行自我辩解。正面地设想，宗教与社会科学家之间的关系，似有可能达到和平共处的境界。比如，假如双方承认过去的论战多半既无意义又不经济，假如双方对事情都看得淡一些，甚至接受漠视宗教的态度，那么，就可能出现一种宽容精神，造就相互礼让的一面。然而，事情似乎并没有朝这个和平相处的方向发展，宗教与社会科学家之间的相互敌视，并没有随着时间的推移而减弱。埃氏认为，这是因为，社会科学家接受的自然科学有关物质世界本质的知识，与教会传授的信仰和道德知识之间，原本不存在可供论争的根据——“毕竟，坚持自然法则不会比对奇迹的信仰更坚定”[②]，社会科学家的主张与教会的主张之间之所以仍有冲突，是因为“社会学的决定论与耶稣的学说之间是不可调和的”[③]。

《宗教与人类学家》一文浓缩了大量的思想史信息，时常以短短数语，概括值得进一步追究的社会科学宗教思想史问题。文中提到了不少人物与事件，此处亦无法一一考证。我所能说的是，上述对于埃文思－普里查德论述的再论述，使我们对于人类学界长期保持的某些“替不同宗教做解释”的做法产生了根本性的质疑。

如我刚刚引到的，埃氏的意思不过是，“社会学的决定论与耶稣的学说之间是不可调和的”。此话，固然可能只是针对埃文思－普里查德自己的前辈拉德克利夫－布朗从法国社会学年鉴派那里学来的“社会学的决定论”而言的。不过，话听起来，却似乎针对我们在前文所列的为人类学家感到自豪的所有社会科学的宗教观点。意识形态的观点自不必赘述，这是一支迄今保留着18世纪理性主义精神的“揭露派”，它对于包括宗教在内的所有“扭曲事实的看法”，都抱持极端敌视的态度，甚至试图揭示其他社会科学家所追寻的世俗社会的道德的意识形态根基。但是，对于持功能主义观点、结构秩序观点及生态学观点的人类学家们而言，埃氏的话，可能说得让人感到有些冤屈。功能主义观点和结构秩序观点源于埃氏的老师辈，而生态学观点则在他之后得到发挥，从一般人类学思想史的线索看，埃氏似乎可以说是介于二者之间的人物。然而，正是他通过《宗教与人类

---

① Evans-Pritchard, “Religion and the Anthropologists”, in his *Social Anthropology and Other Essays,* p.163.

② Ibid., p.169.

③ Ibid.

学家》这篇短短的讲稿，提供了这些企图“替不同宗教做解释”的观点的“历史背景”，并将这一“背景”当作一面镜子，照出它们的理性主义真面目。就此，功能主义观点与英国实用主义哲学之间的密切关系，结构秩序观点与法国社会学主义之间的关系，生态学观点与19世纪生物学“适者生存”理论之间的关系，一一得到披露。

埃文思－普里查德在牛津工作，不能不对这所大学里弥漫着的孔德主义气息多费些笔墨。“这些过去或现在主张宗教是社会制度中之一种的学者认为，所有的习俗都与有机体及天体一样，只是自然体系，或者属于自然体系的一部分，但难道他们就要因此感到有责任去削弱宗教吗？”[①]科学家并不因认识到有机体的内在实质或天体的运行规律而痛恨这些事物，难道社会科学家在研究社会现象时，就应对其研究对象有敌意？埃氏在此引用本杰明·基德（Benjamin Kidd，1858—1916）的《社会进化》（*Social Evolution*，1894）一书，含沙射影地讽刺了一度盛行于牛津大学的社会秩序论。基德认为，倘若社会科学家想冷静地探究一种普遍而持久的现象的社会功能，那么，他们必然会发现，社会是有生命力的，而这一生命力与宗教密不可分。历史上，宗教制度确实导致过进步，宗教曾是最重要的进化动力，是自然选择的主要动因。历史上，效率最高的民族，往往是最信奉宗教的民族。因而，可以认为，是自然选择的法则起到的作用，使不同民族逐渐严谨地信奉了宗教。基德可谓是从社会功能的角度，既批评了社会进化论者敌视或漠视宗教的倾向，又批评了孔德主义的理性主义对于宗教的“进步作用”的无知。如埃文思－普里查德所言，“基德观点鲜明，他表明，即便是顽固的唯理论疑病症患者斯宾塞，临死之前都不得不承认，宗教制度是文明取得任何进步的所有社会的组成部分，对于这些进步的社会，必不可少。至于我们提到的圣西门学派和实证论者企图创立的世俗宗教，基德则认为，如此尝试，全属徒劳，原因是，所有宗教都属于理性之外的事，都建立在对超自然事物的信仰基础之上”。[②]

埃氏并不因此对基德的实用主义解释投以青睐；相反，他指出，“实用主义为宗教的辩护也处于两难境地”，作为一种对实用主义、孔德主义、一般社会进化论的反击，它虽则有效，但却依旧与“真理”这个概念或神学宣扬的教义无关。

---

① Evans-Pritchard, “Religion and the Anthropologists”, in his *Social Anthropology and Other Essays*,p.167.

② Ibid.

埃氏在结论中说：

> 我已试图给出导向当前状况的历史发展梗概，我的目的是想说明社会人类学怎样成为某些观念的产物，这些观念如何几乎毫无例外地把所有宗教视作过时的迷信，视作被历史证明为适用于前科学（pre-scientific）时代的东西，就像马克思主义者眼中的阶级那样，过去一个阶段有点用处，但现在已然毫无用处，甚至丧失了道德价值，以至更糟糕，是作为人类理性复兴和社会进步的绊脚石存在的。①

由此，埃氏把矛头指向所有企图引用“科学”的观点（在此广泛地包括他提及的所有类型的理性主义解释），认为无论这些观点如何给宗教的信仰让步，如何丰富自己的诠释，都无法跳出自己为自己而设的知识的圈套。尽管埃氏是位天主教徒，也是致力于寻求社会科学与宗教之间的和平共处之道的一代英才，但他给自己设定的身份定位是清晰的——他首先是位学者。因而，在此，他并不因对宗教的社会科学分析有严重的保留态度，而迅即转回个人的信仰世界。他说：“一些社会科学家（比如基德）重新思考了他们的宗教观，但围绕《圣经》的战斗作为一种断断续续的交火一直持续到本世纪。我们难以知晓何方将取最终得胜，但却可以断定，《圣经》取胜的希望十分之渺茫。”② 此外，尽管人类学界不断赋予宗教理性的解释，但这“并不会意味着人类学家中的信教者数量，会因此比过去和现在增多或者减少”，“人类学研究形式不同，但其影响信仰的可能性很小”。③

埃氏给自己的讲座设定了一个谦逊的目的，声称自己仅仅是在尝试着介绍人类学宗教思想史的片段；对于其精彩的讲稿展现的宏大场景，埃氏轻描淡写地概括说，这不过是对“人类学家对待宗教的态度”的某种介绍。然而，埃氏得出的结论是大胆、精确，具有深刻含义的。在他看来，因理性主义的出现，宗教与社会科学之间的关系落入一个不能令人满意的境地，仅就宗教的社会科学研究者这一方来看，选择的有限，使学者们对于前人难以有多少超越。“当今大不列颠，情况与过去相差无几，绝大部分人类学家即使不对宗教怀有敌意，也对它漠不关心，人类学家要么是无神论者，要么是不可知论者，或者什么都不是，而只有极少数是基督教信仰者，其中，天主教信仰者占相当大比例。”④ 英国人类学界围绕

① Evans-Pritchard, “Religion and the Anthropologists”, in his *Social Anthropology and Other Essays*, p.171.

② Ibid., p.168.

③ Ibid., pp.170–171.

④ Ibid., p.171.

各自对于宗教的态度，区分为两种人，一种对宗教漠不关心，另一种持天主教不可知论的态度。埃氏富有勇气地指出，“导致这种状况的东西，不是人类学的本性”。那么，对于宗教，人类学家在态度上缘何只有两种极端敌对的选择？埃氏认为，这是因为如孔德很早就意识到的，“新教逐渐变为自然神论，自然神论渐渐变为不可知论，并且要么都选要么什么都不选，不允许在一个教派（立场坚定，一点儿都不让步）和完全没有宗教之间的妥协选择”[①]。也便是说，欧洲宗教体系的近代变异，决定了宗教自身的变化，也决定了反宗教的态度（不可知论）的产生，更决定了欧洲近代思想无法摆脱宗教信仰与世俗理性主义二分格局的制约。

埃文思－普里查德自己的宗教观，更接近于解释学的（尽管他的宗教人类学带有浓厚的社会秩序论色彩），因为只有解释学的观点，激励人类学家以最虔诚的态度拒绝在别人的思想世界中强加自己的解释，只有解释学的观点，无视宗教与“非宗教”之间的鸿沟。同时，他的宗教观却令人好奇地亦具有某些犹太教不可知论的色彩——他以自己的风格，有选择地复兴了被他视作犹太教不可知论的代表人物之一的列维－布留尔的人类学，使之与不同宗教内部“逻辑”的深度研究紧密结合，使之摆脱对于自身设定的科学与“原始思维”对比框架的制约，迈出科学，走进人文。

若要给埃文思－普里查德为宗教人类学研究带来的启示下一个简明扼要的定义，那么，我愿意说，埃氏的启示只有一个——人类学家研究宗教，不能从“学”这个带着近代不可知论沉重历史的字出发，外在地“分析”宗教，而应真正从局内的角度将宗教视作一个文化体系来理解。若要对此处的“理解”二字有所解释，那么，我们则可以说，此处的“理解”包括对于埃氏所列举的天主教不可知论、犹太教不可知论及新教不可知论的“宗教学反思”。

在埃氏出现于人类学学林前后，若干人类学研究既已触及了这一反思，就我的有限认识看，以下几方面，值得我们联系起来思考：

1. 对于基督教之外的信仰世界，西方人类学家最易从基督教自身富有的“精神实在论”中延伸出反基督教的“泛灵说”（animism），而更不易看到马雷特（R. R. Marett, 1866—1943）一度重视的充满生命力的“马那”（Mana），“马那”远非人格化的力量，远非神，它极端抽象，感觉不到，但作为一种力量，“泛生

---

① Evans-Pritchard, “Religion and the Anthropologists”, in his *Social Anthropology and Other Essays*, p.171.

说”（animatism）与美德、声誉、权威、好运、感化、神圣、运气息息相关。对之加以认识，对于我们更广泛地理解“宗教”，意义重大。①

2. 任何形式的神性（divinities）与人的经验（experiences）之间的关系，是非洲丁卡人（the Dinka）关注的，在林哈德（Godfrey Lienhardt，1921—1993）的论述中，这种“神性”可以被界定为一种超凡的“力量”（Powers），它们可以包括超越社会界限的宇宙论力量、漂流于社会组织单位之上的“自由式神性”（free divinities）以及诸如非洲氏族神性（clan divinities）一类的具有与社会组织边界对称的神性特征②。作为民族志范例，“丁卡人宗教”构成一个人 - 物相关的世界，有助于我们思考各种不可知论的限度。

3. 宗教与科学的理性思维之间是否存在清晰的界线？这是人类学家值得思考的问题。霍顿（Robin Horton）在对宗教与科学之间一致性特征的分析中指出，从三个主要方面来看，非洲部落传统思维与科学有着巨大相似性：（1）作为科学基础的理论解释基本上是为了在多样化的现象中归纳出一个一体化的规律，而作为非洲世界观的非洲宗教也同样试图在多样化的日常经验中归纳出少数几条规律；（2）科学研究的理论解释把被研究的对象放置在比日常的常识更广泛的场合中考察，这一点在非洲宗教中一样也存在，非洲占卜术将事件与更宽阔的场合联系起来的做法，尤其体现了这一特征；（3）在日常生活中，常识与理论具有互补的作用，对于宗教与常识而言，这一互补特征也广泛存在，在诸多非洲民族中，人们大多也生活在日常常识中，而只有在超常的时间里，他们才会从日常生活常识跳跃到宗教的理论式思考中。③尽管霍顿也承认传统非洲世界观与西方科学之间的差异，仍有不少学者反对他的非洲思维的“科学化”做法，但其所提出的问题，却值得进一步讨论。

4. 人类学的“广义的宗教”观点或“宗教普遍主义”反映了什么？1993 年，阿萨德发表的《宗教的谱系》一书对此做了历史的解答。阿萨德认为，在西方宗教中，神圣性和世俗性之间的界限，一直被不断地重新划定，而 17 世纪罗马天主教失去其最终的权威性，再度致使这一界限的划定出现深刻变化。这一变化使

---

① R. R. Marett, *The Threshold of Religion*, London: Methuen & Co., 1909.

② Godfrey Lienhardt, *Divinity and Experience: The Religion of Dinka*, Oxford: Oxford University Press, 1961, pp.147–170.

③ Robin Horton, “African Traditional Thought and the Scientific Revolution”, in B. R. Wilson, ed., *Rationality*, Oxford: Blackwell Publications, 1967, pp.131–171.

西方人的宗教观一时变得极具普遍论和个体论色彩。相信宗教应当普遍存在于任何社会中，与相信宗教信仰只能通过个人内在的信仰来达成，这两种观念并行不悖地发展起来，使宗教普遍化的可能性和划定神圣性信仰的可能同时生成。于是，到了19世纪，古典人类学者才有可能在西方的思想界论述非西方巫术和“迷信”全面演变为“宗教”的进化论历史观，而20世纪社会人类学者也才可能以普遍主义的神圣性–世俗性两分的概念框架来探索人类宗教信仰的理论意义。换言之，无论是巫术–宗教–科学/理性主义的进化观，还是巫术–宗教–科学的平等主义社会人类学解释，都无非反映了17世纪以后西方宗教普遍主义对于神圣性和世俗性之间界限的重新界定，无非反映了“启蒙了的”欧洲人带领世界各民族走出非理性的黑暗的“必然道路”。①

5. 人类学的宗教观是近代欧洲传教的一个直接或间接的后果。近代欧洲传教大致分为如下阶段：18—19世纪欧洲民族国家（尤其是英国和荷兰）内部世俗势力对于教会事务的广泛介入，19—20世纪欧洲世界扩张及宗教世俗主义在世界范围内的传播及与其他世界宗教之间形成的矛盾关系，及20世纪非西方民族–国家的确立及其带来的非西方现代性或世俗主义的诉求，与传统的本土宗教的神圣主义教条的矛盾统一②。在西方政治经济和宗教扩张的过程中，启蒙以后西方宗教世俗主义的力量与非西方世界中不同类型的本土宗教相遇。当原来这些本土宗教已经具备类似于伊斯兰教那样的强大体系时，宗教相遇的后果可能是对于西方传教的抵制；而当原来的本土宗教较少具备系统性时，则这种相遇可能采取较为综合的新类型（如东亚宗教）。无论如何，在20世纪东方民族主义思潮的覆盖下，非西方的宗教观已经成为界定民族认同及现代性的首要文化资本，其对于宗教的界定也深刻地反映着全球性的过程与地方性的文化认同之间的互动。在这样的“社会史框架”下考察宗教人类学的品质，使我们看到这一社会人类学分支学科以西方意义上的宗教来衡量非西方的神性、象征、仪式、禁忌等现象的做法，这虽能反映社会人类学者尊重非西方文化“多元文化主义”的可贵精神，但却从反面角度落入了西方扩张了的世界观之圈套。

---

① Talal Asad, *Genealogies of Religion: Discipline and Reasons of Power in Christianity and Islam*, Baltimore: Johns Hopkins University Press, 1993.

② Peter van der Veer, *Religious Nationalism: Hindu and Muslims in India*, Berkeley: University of California Press, 1994.

第九章

神话学与人类学

“神话”（myth）一词源于古希腊语 mythos，本意为“语词”“言说”“虚构故事”等；而神话学的“学”字，则从古希腊语中与 mythos 相对的 logos（逻各斯）一词而来，指潜藏在万物混乱的外表下的秩序、规则和本质，即相对于“语词”“言说”“虚构故事”的能完整表达的本质、本源、真理思想和语文体系。

“神话学”一词由两个相对概念组合而成，是个对立统一体。

这个词的出现，既可意味逻各斯对于神话世界的“入侵”，亦可意味神话在逻各斯中的延伸。

德里达指出，自柏拉图和亚里士多德开始，西方形而上学传统以“逻各斯中心主义”为特征。逻各斯中心主义（logocentrism）是以现时为中心的本体论，及以音节语言为中心的语言学之结合体；其基本信仰是，在场的语言能完善表达思想和反映客观世界。①

哲学家中或有人相信，神话为科学的“概念思维”之前身“直接思维”②，但其成员的大多数则视神话为“逻各斯之他者”。不少神话学研究者以理性来“征服”或“消化”神话“他者”，认为，以“征服”或“消化”神话为手段，证实逻各斯的普遍价值，乃为神话学之主旨。不少其他学者则采取一种特殊的相对主义态度对待神话，他们坚信，神话并非没有逻各斯，它的逻各斯，或为关于隐晦地表达的历史真相，或为社会或文明之事实，或为某种表面混乱实则具有高度创造力的智慧。逻各斯中心主义的信仰者自视有能力以准确的语言涵盖所有一切事

① 德里达:《论文字学》，汪堂家译，上海：上海译文出版社，1999。

② 卡西尔（Ernst Cassirer，1874—1945）的神话哲学即是一例。卡西尔:《神话思维》，黄龙保、周振选译，北京：中国社会科学出版社，1992。

物[①]，故亦深信，其对神话之“包容”，乃为天职。

逻各斯中心主义的西方学界，神话学发端甚早。若是我们将古代人文学算在内，则此学术类型之起源可追溯到古代哲学。

古代中国有接近“逻各斯”一词的字，如，“道”。然而，就思想的总体形态而言，则西学东渐之前，“逻各斯中心主义”从未在中国自我完善过，更无机会成为古代思想的主流。

若可用“道”来译解“逻各斯”，则中国历史上“逻各斯”可谓并不鲜见，然而，“道”并不全然疏离于神话，因之，其“逻各斯”方面的含义并不充分。

人们常说：“‘神话’这名词，中国向来是没有的，但神话的材料——虽然只是些片段的材料——却散见于古籍甚多。”[②]

我们的“神话”二字，先由日本学界借来翻译西方文明史中的上古情景，此词20世纪初风行于思想界与学术界。

汉文“神话”两字，字面意思与原文mythos有距离。“神话”确能生动表达mythos中“有关神祇的虚构故事”这层意思，但却并不包含原文的“非逻各斯性”。

把mythos这种本属语言性质的概念翻译为“神话”，让人以为神话可以“归纳为偶像的表演”。[③]

“神话”这一“讹译”了mythos的词汇，是直接或间接从西方化来的，它虽有将具有语文学本质的概念“故事化”的嫌疑，却依旧发挥了将“散见于古籍”的“中国神话”整理为国故的效用。

有学者指出，我国神话学缘起于清末，是帝制与共和的“钟摆阶段”中西学东渐、民族主义、平民意识的产物。[④]百年来，中国神话学经历数个阶段的变化，却始终存在着两股并行的学术思潮，一是西方传来的人类学派神话学的理论和方法，一是以搜神述异传统为主导的中国传统神话理论和方法。这两股思潮来源不同、体系有别，但都体现出现代性的学术自觉。[⑤]

---

① 因此，在犹太－基督教传统下从事神话学研究，甚至可能用宗教范畴内的“逻各斯”来“理解”神话。

② 茅盾：《中国神话研究初探》，1页，南京：江苏文艺出版社，2009。

③ 列维－施特劳斯：《对神话作结构的研究》，见其《结构人类学》，上卷，222页，谢维扬、俞孟宣译，上海：上海译文出版社，1995。

④ 马昌仪所编《中国神话学文论选萃》（上、下编，北京：中国广播电视出版社，1994），收录清末以来中国神话学有代表性的论著，全面了这一领域的思想进程与学术成就，为中国神话学的经典读本。

⑤ 刘锡诚：《20世纪中国神话学概观——〈中国神话学文论选萃〉（增订本）序言》，载《西北民族研究》，2010（1）。

人类学派神话学的理论与方法的引进，及在境内各民族神话研究中的运用，向来有“中国化”的倾向。被引进与运用的理论与方法，被用以“将一部分古代史还原为神话”[①]，其目的在于使中国上古史与古希腊一样富有神奇色彩。

国内民俗学界所谓“中国传统神话理论和方法”其实指“古史辨派”神话学，其特征也是现代性的。这派认为，“中国的古史，为了糅杂许多非历史的成分，弄成了一笔糊涂账”。[②]这也便是说，古史有不少mythos的成分，有待学者去伪存真。具体言之，不少史书，为所述历史时代之后世所撰述，为后世对于前世的虚构性追述（传说），这些虚构性追述背后，存在某种历史真实，但这种历史真实并非其所述之历史时代之真实，而是后世政治生活之真相——权势人物对于历史的虚构。若要揭开虚构性追述的真相，则学者先要质疑此类追述之政治史真实性。

在“古史辨”派中，神话、传说、故事这些词汇被用来指称这个意义上的“古史虚构性”。

人类学派神话学与“古史辨”派的神话学之间，有诸多差异与分歧。人类学派倾向于将神话还原为可知的中国意义上的“人之初”的真实世界与想象世界之面貌，而“古史辨”派则倾向于将某些长期被误以为是历史真实的古史还原为可信度有限的“传说”。二者的研究路径不同，但其主观之外的“客观后果”一致——他们都“将一部分古代史还原为神话”。

中国神话学对于历史真实性的追求，既与西方“逻各斯中心主义”不谋而合，又具有鲜明的“中国特色”。

中国神话学在运用这些学派的解释时，倾向于摘取其中有助于还原中国古史的那部分——如英国人类学家泰勒、安德鲁·朗（Andrew Lang，1844—1912）、库朗热（Fustel de Coulanges，1830—1889）等的文化余存论；而舍弃其他——如那些其实特别具有“西方特色”的部分，包括语文学上的逻各斯中心主义、宗教学上的神圣论、社会学及心理分析学等。

不无矛盾的是，在过去的一百年中，中国神话学对西学的选择性运用并未造成西学译解的停顿；正相反，具有“两面性”的中国神话学，长期以来致力于吸收西学诸传统，这就使西学译解成为它事业的重要组成部分，成为它的成就的另

① 茅盾:《中国神话研究初探》，110页。

② 顾颉刚:《自序一》，见其《中国上古史研究讲义》，1页，北京：中华书局，1988。

一重要特征。

在此条件下，整理有重要影响的西方神话学思想，将有助于我们识别中国神话学的西学之源，也将有助于我们认识我国神话学之既有特征及其形成原因。

"一部分神话是宗教的，一部分神话是历史的，一部分神话是形而上学的，一部分神话是诗歌；但神话作为整体，则既非宗教的，又非历史的，又非哲学的，又非诗歌，而是把它们全部包含在内，以一种特别的形式表现出来……"[①]本无所不包的神话，在近代神话学中常被分开研究，于是，西方神话学便有哲学、文学、史学、人类学、宗教学等传统。

仅以对国内神话学研究影响最深的人类学言之，与之密切相关的近代神话学，便大抵有三类：思想史类，语言学类及社会科学类。思想史类的追溯，多从维柯（Giovanni Battista Vico，1668—1744）、卢梭到赫尔德（Johann Gottfried von Herder，1744—1803）的这一脉络入手；语言学类的追溯，多以英国人威廉·琼斯（Sir William Jones，1746—1794）为起点，以麦克斯·缪勒（Max Müller，1832—1900）为中心；社会科学类的追溯，多与弗雷泽的人类学、弗洛伊德的心理学及涂尔干的社会学相关。晚近人类学、古典学、宗教学及文艺理论方面分别出现的结构神话学、神圣论及"复调"现实论，创新颇多，但未脱离这些传统的轨道。

一个世纪以来，西方神话学的这些成就，都或多或少地得到了中国学者的选择性运用，甚至其宗教学传统，亦有传人［如江绍原（1898—1983）[②]］。然而，因中国神话学家的特殊关怀乃在如何理解历史，乃在证实"一国之神话与一国之历史，皆于人心上有莫大之影响"[③]，故对西方神话学内在的谱系及关怀并不深究。

无需直击中国神话学的问题，只需梳理西方神话学的相关脉络，便可使之以"自然流露"的方式，映衬出"问题"之所在。

西方神话学的汉译工作成就斐然，这使我们有可能局限于汉文、顺着上述线索整理出某一"谱系"。而也正是这一让人宽慰的方面，给我们带来了担忧：逐字逐句进行的神话学译述，与极度有选择的、甚至是不求甚解的"中国化"形成鲜明反差。我们固然不应从这一问题之存在，引申出神话学"再西化"的主张，

---

① 缪勒:《宗教学导论》，陈观胜、李培茱译，56页、159页，上海：上海人民出版社，2010。

② 参见江绍原:《研究宗教学之要素》，见其《江绍原民俗学论集》，36—49页，上海：上海文艺出版社，1998。

③ 观云:《神话历史养成之人物》，引自马昌仪编:《中国神话学文论选萃》，上编，18页。

但却可借此指出，这一反差映照出了我们神话学的问题，暗含着对此类研究加以重新构思的要求。

这就是说，我们的这一评论并非是悲观论调的某种表露，而是乐观的；它表明，神话学在中国学术中的再开拓仍是必要和可能的。

一、维柯、卢梭与赫尔德

“神话”的概念既源于古希腊，那对于这类言辞与故事的研究，便一定也有古老的起源。曾有人将人类学之根追溯到希罗多德（Herodotus，约公元前484—425）；若这一做法合乎情理，那么，神话学也一样可以有其古希腊的源头。

然而，很少人否认，神话学之类学科，为西方近代之产物，是西方思想史的一个相关局部，造就了神话学的观念基础。

这个局部，是由意大利维柯、法国卢梭及德国赫尔德的“近代思想”组成的。这三位近代“文化英雄”，常被视作近代人类学、民族学、民俗学学科的“思想源头”来表述。

维柯有志于开拓人文科学，竭力摸索从原始到文明的衍化规律，但他却推崇神话时代的“诗性智慧”。卢梭一面深究人的“自然史”，主张文化的返璞归真，但却又为“后发”的社会不平等之反思奠定了重要社会哲学基础。赫尔德是一个民粹－民族主义者，却致力于从异邦来想象民族文化。

维柯、卢梭、赫尔德可谓都是“启蒙运动内部的反启蒙主义者”，其思想的双重性，成为神话学与人类学的基本特征。

要充分了解其构成的脉络，需进行专门的思想史研究。不过，若只是想了解近代神话学的思想背景，则可选读他们分别写作的《新科学》[①]《论人类不平等的起源》[②]等，而受译文之限，关于赫尔德，我们先以卡岑巴赫（Friedrich Wilhelm Kantzenbach，1932—2013）的《赫尔德传》为切入点[③]。

维柯的《新科学》为朱光潜（1897—1986）先生所译。所谓“新科学”大抵是指17世纪新学如数学、物理、生物和医学之外的、以“民族世界”为主要关注点的人文科学。哲学与语言学是维柯《新科学》的主要内容。但《新科学》的

---

① 维柯：《新科学》（上、下），朱光潜译，合肥：安徽教育出版社，2006。

② 卢梭：《论人类不平等的起源》，李常山译，北京：商务印书馆，1997。

③ 卡岑巴赫：《赫尔德传》，任立译，北京：商务印书馆，1993。

历史色彩浓厚。该书陈述的历史，起点是各民族习俗的异同，认为人类从原始、野蛮向有社会化文明人的过渡，仰赖于某些“普遍习俗”（如宗教与仪式）。这一“民族世界”的演化史，含有历史演进说的因素。不过，与一般历史演进说的宣扬者不同，维科认为，历史上才华横溢之人及制度创造者对于历史有着关键作用，其诗性智慧，乃是新科学之根本。诗性智慧对于世界有着重要积极性，为人文科学之思想源泉。

《新科学》对于后世神话学家关注的人类精神史也给予了初步的定义，对各民族的历史做了“阶段论”的诠释，认为神的时代、英雄的时代和人的时代的“三级”转变是这一历史的基本面貌。

维柯用童年、青年、壮年来形容神、英雄、人三个时代。维柯所言并非“进化论”；相反，他时常透露出某种宿命主义的“轮回观”与“天意论”，在其中含有“反理性”意识。

与维柯一样，卢梭在《论人类不平等的起源》一书中也涉及人类的三种“状态”或“阶段”，所不同的是，卢梭对于中间状态的评价似乎高些。他说人类从野蛮继而自然，从自然继而文明，自然状态，乃为野蛮与文明之间的、似可称之为“文野之间”或“文质彬彬”的状态。野蛮状态中的人，孤独无助，不会说话，没有房子，相互之间不存在差异，所以不会争斗，没有战争，它与维柯所说的“神的时代”和“英雄的时代”都不同。“社会”如共同语言、共同的闲暇及家户之间的纽带出现了。此时之人，既无野蛮人的愚钝，又无后来的文明人的不幸，是人类史上最可取的状态。不过，它也有宿命，它孕育出了私有制及高度发达的创造发明，把人带入文明状态。

维柯的“诗性的智慧”含有某种对人类最初状态（神的时代）的向往，而卢梭对此状态则给予不同判断。卢梭推崇“自然状态”，这不同于“神的时代”，这使他不全然好古。他对文明时代的不平等有反感，但与此同时，却对孕育等级的“新石器时代”抱有好感。

赫尔德深受卢梭的“自然人”概念的影响，后又接受康德哲学，崇尚人的道德、理性，同时却又矛盾地侧重从“文化”入手，强调在“民众生活”中理解不同民族的精神世界，反对理性主义，主张相对看待不同民族之文化。

卡岑巴赫的《赫尔德传》对于赫氏的人生与思想给予了比较全面的介绍，侧重从宗教思想角度解释赫尔德的著述。

关于神话与宗教，赫尔德说：“世上诸民族有一点是共同的，他们最初设想神，不是在世界之外，而是在世界之中，当然他们也将神置于自己之上……”[①]企图在自然世界中发现神的“原型”，在人、神、世界三者之间寻找一种辩证的“上下关系”，似为赫尔德“反纯粹理性”思想的核心内容。

二、缪勒

神话学中的语言学因素，与威廉姆·琼斯、格林兄弟（Jacob Grimm，1785—1863；Wilhelm Grimm，1786—1859）、麦克斯·缪勒这三个人的名字相联系。对此一传统，20世纪前期国内已有学者对之了解较全。[②]这三位都可谓是印欧中心观下的语言学家和神话学家，他们的眼光却大抵集中于南亚，关怀印欧语言关系，重视探究印欧语言谱系的构造与来历，相信只有在这些构造与来历得以说明之后，方可清楚说明神话和宗教的源流。

威廉姆·琼斯、格林、麦克斯·缪勒既不同于维柯，不注重人类童年时代“诗性智慧”的发掘，又不同于卢梭，不强调用“自然人”来想象人类成长过程“文质彬彬”的状态。维柯和卢梭的叙述围绕的是人类无文字的“初始时代”，而这些语言学的神话学思考，则多围绕文明化的梵文展开。

作为神话学古典语言学派的集大成者，“缪勒的神话学说起源于发现雅利安系各种语言的联系，如克尔特语（Celt）、日耳曼语、梵语、波斯语（Zend）、拉丁语、希腊语都可以推测其起于一源。希腊语种一个无意义的字，在其同属雅利安系的别支语言如梵语、波斯语中也有同样的字，而且可以借以推导其意义。故如要明了希腊神名的起源及意义并推知其神话发生的原因，可以参考拉丁语、日耳曼语、梵语、波斯语而得解决”[③]。缪勒之所以重视语言学研究，是因为在他看来以往存在的宗教起源于原始人的拜物之主张，不能解释历史的真实。他认为，在拜物教之前，一些语言的先决条件已存在，宗教学应研究这些先决条件，而神话学为我们理解它们提供了重要线索。

缪勒确有言称，“宗教是看得见，说得出，摸得到，清清楚楚，能向旁人描绘得出，使别人了解得到的”，是“人类语言中的神圣方言”[④]，而神话则“是语言必

---

① 赫尔德：《反纯粹理性——论宗教、语言和历史文选》，张晓梅译，61页，北京：商务印书馆，2010。

② 如周作人：《童话略论》，见马昌仪编：《中国神话学文论选萃》，上编，48—53页。

③ 林惠祥：《神话学》，8页，上海：商务印书馆，1934。

④ 缪勒：《宗教学导论》，56页。

然要生的一场病"[1]。这一神话与宗教二分观，延续了古基督教的逻各斯说，该说综合了古希腊思想和希伯来犹太思想、主张，如果说逻各斯是世界的神圣原则，那么，神的理性便是一种神圣智慧。作为神的理性和智慧的逻各斯，乃神创世界之原型。

缪勒也耗费许多心血来解析神话阶段人类的自然观，他认为人之初，自然是最不自然的，也就是说，在人们心目中，自然是一种最具有震撼力的语言。"语言必然要生的一场病"，正是因为原始人对于自然有极度的敬畏之心，或者说，自然对于他们有远比现代人严重得多的心灵冲击。缪勒时常也用我们可称之为历史相对主义的观点看神话，主张神话是一个"完整思想阶段"，它在其所流传的时代里是可以理喻的。[2]

三、弗雷泽的《金枝》

神话学被普遍运用于19世纪的古代社会研究中。在人类学史上占据显赫地位的巴霍芬（Johann Jakob Bachofen，1815—1887）、梅因、麦克伦南、摩尔根（Lewis Henry Morgan，1818—1881）、库朗热，本都有神话学与古典学的素养与论述，而泰勒、安德鲁·朗等曾深刻影响神话学研究的人类学家，则对神话有更专门的阐述。

这些人物从制度、法律、社会结构形态及文化诸方面展开大量比较研究，可谓是神话学比较研究法的开创者。但因他们有进化论"历史臆想"的特征，故其比较法甚为粗糙。[3]

神话学比较研究法中建树更高、为后世人类学家接受更多的，非弗雷泽莫属。《金枝》[4]被认为是弗雷泽的代表作。该书的叙述围绕着上演在古罗马附近的阿里奇亚丛林里的一个古老习俗而展开。让弗雷泽着迷的一项观察是：世界各民族都曾有过同时是祭司和王的大人物。弗雷泽认为，这种神－王合一的大人物，自身是原始人心灵中信仰的巫力的展现。在人类的早期，交感巫术盛行，巫师因

---

① 缪勒：《宗教学导论》，62页。

② 同上，136—165页。

③ Franz Boas, "Tylor's 'Adhesions' and the Distribution of Myth-elements", in George W. Stocking, ed., *A Franz Boas Reader: The Shaping of American Anthropology,* 1883–1911, Chicago: University of Chicago Press, 1974, pp.131–134.

④ 弗雷泽：《金枝》，徐育新等译，北京：大众文艺出版社，1998。

而有可能同时握有"神权"与"政权"，成为"神王"。原始的"政教合一"，不源于后发之"宗教"中的人格神，而是与物的崇拜息息相关。被崇拜的"自然之物"被视作拥有特殊的巫力，主宰着自身与其他物的生命。弗雷泽认为，神话是巫力的理论，而仪式则是巫力的实践。在体制化的宗教中，这种巫力的理论与实践得到了继承。

在语言学的神话学研究中，欧洲学者与神话世界已形成某种双重纽带，他们一方面视神话世界（在时间和空间上远在的境界）为近代文明之母体，另一方面则又视之为比近代文明低级而不成熟的"孩童"。

弗雷泽反对缪勒等人将神话与宗教分开的观点，但他一样地将巫术－宗教这个心灵连续体视为文明的幼稚的母体，企图在其中探寻文明之根。然而，同时他却深信，这个母体（即神话世界）与近代科学之间有巨大鸿沟。他相信是近代科学才使他有可能真正地把握神话世界的真相，而巫术－宗教的理论与实践都不包含这种认识力量。

弗雷泽的比较人类学，与维柯的《新科学》一样，浸染着三段论的历史。维柯用童年、青年、壮年来形容神、英雄、人的三个时代，弗雷泽用相近的一个框架来形容巫术、宗教、科学这三个阶段。这个论述的历史感被后世认为是进化论的，但弗雷泽似乎更重视不同的文化与"阶段"中人认识世界、处理其与世界之间关系的各种"智慧"。他对"迷信"与"科学"、神话与理性所做的区分过度清晰，但他对巫术、神话等我们可称之为"力的信仰"的事项之研究方面，却仍最有建树。

四、涂尔干、莫斯的《原始分类》与弗洛伊德的《图腾与禁忌》

弗雷泽围绕巫术－神话、宗教、仪式展开的历史与宇宙论方面的论述，为人类学的神话学研究做了重要开拓。在相近一个阶段，将认识类型的研究纳入人的社会世界的努力，也越来越受到社会科学研究者的重视。在这方面，法国社会学年鉴派的著述算是一枝独秀。

对于神话学研究而言，年鉴派涂尔干和莫斯合著之《原始分类》①，有着深刻的影响。该书将"原始分类"定义成具有道德或宗教性质的符号分类。涂尔干

① 涂尔干、莫斯:《原始分类》，汲喆译，上海：上海人民出版社，2005。

和莫斯称，“原始分类”背后包含了原始人理解世界的方式，乃为原始世界的影子。为了呈现原始世界的影子的社会性——道德性与宗教性，涂尔干和莫斯也对历史做了“分段”。他们认为，在柏拉图之前，人们仍不赋予事物清晰界线，在“原始人”中，流行“图腾”，这些“图腾”的一致特征是，动物、人、非生命体之间的对应关系被构想为圆满的统一体。涂尔干和莫斯追溯的“人之初”时代，不是维柯说的“神的时代”，而是一个“人－物混合”的“图腾时代”。“物以类聚，人以群分”，在澳洲土著、美洲的祖尼人、苏人及中国人中，物的分类体系中都显露着人群关系。在某些澳洲土著部落中，胞族被用来将自然事物进行分类，自身是一条自然的普遍法则，在另一个澳洲部落中，存在图腾和次图腾、氏族和次氏族的区分。而在祖尼人和苏人的部落中，图腾与方位得到了融合。中国人继承了这种图腾与方位的“感受”，有四方对应四种动物的“分类”，有人－物部分的五行观、十二生肖等看法。作为社会学家，涂尔干和莫斯将分类的本质视作是社会的，他们有一种普遍的社会论，认为社会关系是逻辑关系的原型，分类本是社会的“逻各斯”。

与弗雷泽不同，涂尔干和莫斯认定无论是在巫术、宗教时代，还是在科学时代，人们借以“把握世界”的概念类别，都普遍具有社会属性。

在人类学的神话学研究中，社会学解释向来影响至深。学者借助涂尔干等的论著，来诠释神话，将之视作一套以区分事物来达到社会构成的目的的方法。

神话学与古典学领域中，对于涂尔干社会学主张——尤其是其关于宗教的社会本质的主张①——的延伸，最著名的例子之一，为英人赫丽生（Jane Ellen Harrison，1850—1928）的《古希腊宗教的社会起源》一书。②

对于神话学研究有深刻影响的另一学门是心理分析学，这一学门的建立与弗洛伊德的开拓息息相关。

弗洛伊德著述浩如烟海，其对神话学研究最有影响的，是关于图腾、禁忌与文明方面的论述。

对弗雷泽而言，人类有一个文明认知进程，从幼稚的、宗教的到科学的阶段。这些阶段性的进化，其幼年、青年和成年，可以通过神话研究来追溯，“原始人”如同儿童，不可用道德来判断。弗洛伊德则认为，人性本恶，其成长从

---

① 涂尔干：《宗教生活的基本形式》，渠东、汲喆译，上海：上海人民出版社，1999。

② 赫丽生：《古希腊宗教的社会起源》，谢世坚译，桂林：广西师范大学出版社，2004。

性的自恋到成熟，分别为自恋、俄狄浦斯、潜隐、成熟四个阶段。他所谓“成熟”，便是“文明”。

弗洛伊德认为人由两部分组成，意识和无意识。它们之间的界线是“本我”。对弗洛伊德而言，神话为我们回到人类的前几个阶段提供了线索。

要了解弗洛伊德心理分析学对于神话学的运用，可读他的《图腾与禁忌》[①]一书。该书考察保留在儿童时期的图腾崇拜遗迹，由此推导图腾崇拜的本来意义。图腾也是此书的主题。不过，弗洛伊德不将图腾当成分类体系，而是将之与更具有文明制约性特征的乱伦禁忌联系起来。对他而言，澳洲土著人崇拜图腾，是因为他们认为触犯图腾是莫大的罪过，而这种“罪过观”，与乱伦禁忌有关。在弗洛伊德看来，儿童最初与恋爱对象的关系是“乱伦性”的，如，只有到长大以后，乱伦诱惑才会消失。图腾与“塔布”（Taboo）有密切关系，“塔布”意思接近于“可怕的圣物”，是一种禁忌，是不应触犯的东西。弗洛伊德认为，人之初性本恶，也需要用规则来约束自己，图腾、塔布作为“禁忌”，就是一些原始的约束。这一约束之所以可能是由于原始时代人信仰泛灵论，泛灵论既是一种解释现象的宇宙论整体，又“落实”于处理人与世界之间关系的巫术方法，到宗教阶段，集中于神身上。然而，有约束力的图腾、禁忌之类，含义是矛盾的。一方面，其存在表明，所谓“原始时代”已存在文明的禁忌，禁止杀害图腾（物），与禁止和同一图腾氏族中的女子产生性关系，两相映照。另一方面，这一规则的存在亦反映出“原始时代”存在儿童的原初欲望。

弗洛伊德心理分析学，遭到注重具体经验的人类学家马林诺夫斯基的批评。马氏针对其“本能论”提出了文化起源论。[②]

在法国年鉴派的“第二代”中，社会学与心理学曾出现微妙的综合趋势，但面临质疑的社会学家为了维护社会学的立场，最终也选择“消化”心理学的策略。莫斯本人在其著名的论文《一种人的精神范畴：人的概念，“我”的概念》中，以社会学的理念为基准，梳理了“我”的概念的形成史。这篇论文将被心理学家视为天然的“我”的概念放在非西方与西方的广大文化领域中审视。莫斯先以美洲、澳大利亚、印度和中国的民族志资料中有关“人”的概念为例，说明古时“个人”并不永恒，且是与社会不可分割的存在，只有在西方文明中，才渐渐

① 弗洛伊德:《图腾与禁忌》，赵立玮译，上海：上海人民出版社，2005。

② 马林诺夫斯基:《两性社会学》，李安宅译，上海：上海人民出版社，2003。

衍生出永恒的个体的人的观点。莫斯将“我”这一概念的起源追溯到古代希腊罗马世界中，尤其强调，希腊思想、罗马法、基督教、近代哲学中“人”的概念如何从“有道德意识的自我”渐渐演化为“我”。①

弗洛伊德却使用一种个体主义的“人观”，他的研究也侧重解析“本能”，但从其对禁忌与文明的论述看，我们却应承认，他的心理分析学向来不排斥对社会结构性因素的研究，其与人类学及社会学的分歧并非是根本性的。也因之，他的思想先浮现于美国文化人类学的“文化与人格学派”中②，后又为列维－施特劳斯所采用。③

五、列维－施特劳斯

> 从理论的观点来看，50年来这方面的形势无所改观，即仍然是一片混乱。神话仍然被各种矛盾的方法作着漫无边际的解释：作为集体的梦，作为一种审美的表演，或者作为宗教仪式的基础。神话的形象被当作是人格化的抽象、神话的英雄或沦落的神。④

这是列维－施特劳斯在《对神话作结构的研究》一文中对他之前的神话学所做的尖锐批判。

对于20世纪下半叶以来的人类学，对既往研究又持批判的列维－施特劳斯，其神话学之影响，本该比现状高。然而，在他的神话学论著出版之前，民族志传统与社会学思想已在人类学界深入人心，不无遗憾地使描述神话学在地位上远超比较和理论神话学。故而，列氏虽抱负极高，但其重要著述，却常为人们所忽视或误解。

要了解列氏的学术渊源，可从了解他的人生开始，而贝多莱（Denis Bertholet）所著《列维－施特劳斯传》⑤堪称一部人生史佳作。

---

① 毛斯：《一种人的精神范畴：人的概念，“我”的概念》，见其《社会学与人类学》，171—198页，佘碧平译，上海：上海译文出版社，2003。

② Ceza Roheim, *Psychoanalysis and Anthropology: Culture, Personality, and the Unconscious*, New York: International Universities Press, 1950.

③ 列氏称，他有三个学术上的“情人”，即地质学、马克思主义及精神分析学。见叶舒宪编选：《结构主义神话学》，48—88页、190—205页，西安：陕西师范大学出版社，1988。

④ 列维－施特劳斯：《对神话作结构的研究》，见其《结构人类学》，上卷，222页。

⑤ 贝多莱：《列维－施特劳斯传》，于秀英译，北京：中国人民大学出版社，2008。

列维－施特劳斯先有反叛年鉴派之意，但20世纪40年代，却又回归于它的表现。列维－施特劳斯将人类学设想为不同于哲学的“另类哲学”。他的民族学有经验的本质，他沉浸于探究不同文明的内在逻辑，却又坚持普遍主义原则。列维－施特劳斯出名的研究是亲属制度方面的。不过，后来，他的论述集中于神话学、美学等。到了50年代，他坦言其理论与卢梭思想的渊源。

在分析方法上，列氏的结构神话学受语言哲学启发颇多。①

与涂尔干同代的瑞士语言学大师索绪尔（Ferdinand de Saussure，1857—1913）曾区分idea（观念）、word（词）、real world（真实世界），主张语言学重点考察观念与词汇之间的差异关系，消解经验主义所集中考虑的词汇与真实世界的关系。他认为个别词的意义是在一个更大的关系体中产生的，语言现象是一种无意识，词要在系统中理解。

列氏的结构主义先与索绪尔这一学说产生了联系，不过，这一学说在局部上与苏联普洛普（Vladimir Propp，1895—1970）的形式主义神话学之间也有相通之处。

普氏侧重关注句式，研究的专长是民间故事。普氏继承歌德的诗歌传统，但亦如语言哲学，区分深层和浅层结构。普洛普把深层结构看成抽象的句法体系，通过句子的叙事功能表现行动。

另一位对结构主义有贡献的是俄罗斯的巴赫金（M. M. Bakhtin，1895—1975），他先于列维－施特劳斯把syntagmatic（句法性）和paradigmatic（范型性）揉在一起，关心叙事中主人公和文本结构关系之分析。

对列维－施特劳斯有最直接影响的是雅各布逊（Roman Jakobson，1896—1982）。雅氏的贡献在于空前强调了语音研究。他认为词自身是一个体系，其声音的构成和语义的构成本身就是体系化的。与注重研究句子和意义体系的索绪尔不同，雅各布逊认为，任何一个单词都有这个体系，有两个字母构成一个词，字母之间的组合不是随意的。这一点形成范型性的结构主义和句法性的结构主义之分。

列氏因袭了莫斯相关于民族学的一些论点，尤其是其关于物质性与心理学的论述。②

---

① 列维－施特劳斯：《语言与社会法则的分析》，见其《结构人类学》，上卷，59—71页，谢维扬、俞孟宣译，上海：上海译文出版社，1995。

② 列维－施特劳斯：《马塞尔·毛斯的著作导言》，见毛斯：《社会学与人类学》，1—28页，佘碧平译，上海：上海译文出版社，2003。

相对于民族学，列氏对社会学的兴趣少些。他用结构语言学方法修改葛兰言（Marcel Granet，1884—1940）历史和神话"混一"的方法，引申了语言学的传统和美国学派人类学，借用英国的体制为形式，使结构人类学有了法国学派自己的关怀。

在神话学上，列维－施特劳斯所用的资料，大多来源于美国人类学家的美洲神话学研究，其理论思考，也深受美国现代人类学之父波亚士有关论述的启发。[①]

列维－施特劳斯的亲属制度理论的主要关怀是，在某些社会中，人们极端景仰舅舅，在另一些极端类型里，极端重视父亲。越重视父亲的社会中，和舅舅的关系越疏远；越重视舅舅，跟父亲越疏远。这两极之间有无数变体。

列氏认为，父亲的出现，是文明的关键。在他看来，早期神话有一种挣扎，舅权和父权是挣扎的主线，而与此相关，这一挣扎的本质是亲属制度的，是人生于一还是生于二，或者生于同（autochthony）还是生于异（alterity）的对立统一。[②]

由于列氏对人类学的想象，多给予卢梭关于"文质彬彬"状态的思考，因之，他对于制度化的宗教并不十分有兴趣。[③]

列氏认为人与物两相映照，为人类思维的普遍形式。他将民族学的文化与自然之间关系的思考与科学联系起来，认为，神话是有关世界、实在、人的来历及生活的理论，也是对社会生活中观念、风俗和体制存在理由之解释。在神话中，人类学家可以发现人类心智的共同逻辑。

列维－施特劳斯的神话学论著丰厚，在其1963—1971年间出版的四卷本《神话学》中，对于神话的"逻各斯"进行了有层次的分析。

列氏拒绝接受古典人类学将科学与神话对立看待的观点，尤其是拒绝接受他的法国民族学前辈列维－布留尔有关"原始思维"截然不同于科学的看法[④]，他认为，"神话思想中的那些逻辑与现代科学中的逻辑是一样的"。[⑤]

《神话学》第一卷《生与熟》探究神话的"性质的逻辑"（如生与熟、新鲜与腐烂、干与湿），第二卷《从蜂蜜到烟灰》进入神话的"形式的逻辑"（如虚空与充实、内与外、包含与排除），第三卷《餐桌礼仪的起源》探究神话的"命

---

① Franz Boas, "The Mythologies of American Indians", pp.135–157.

② 列维－施特劳斯：《对神话作结构的研究》，见其《结构人类学》，上卷，221—248页。

③ 列维－施特劳斯：《让－雅克卢梭：人的科学的奠基人》，见其《结构人类学》，下卷，38—49页，俞孟宣、谢维扬、白信才译，上海：上海译文出版社，1999。

④ 列维－布留尔：《原始思维》，丁山译，北京：商务印书馆，1994。

⑤ 列维－施特劳斯：《对神话作结构的研究》，见其《结构人类学》，上卷，248页。

题的逻辑”（如亲近与疏远、内婚制与外婚制），即“关系的关系”，第四卷《裸人》从神话的多元进入“唯一的神话”。[①] 以美洲神话的“多元一体格局”为案例，列氏论述了文化与自然部分的思维模式，如何贯通于古今，决定人们如何处置其与世界之间的关系，及处置相互之间的关系的方式。

以上论著的纲要先已发表于《人类学讲演集》[②] 中，《人类学讲演集》，反映了列氏神话学的总追求。天、地及作为人类文明创造的火三者之间的关系，是列氏神话学集中关注的问题。在列氏看来，这实为自然与文化之间的关系，是自然向文化过渡的历史进程中长期存在的结构张力。矛盾的解决办法通常来自矛盾的另外一方，即“他者”，如相对于火的水，或相对于男人的女人。但神话表达的矛盾，因是由文明脱离于自然而来，故不可能“回头”。

结构语言学的三个“关键词”——idea、word、real world——可译为观念、词与真实世界。此三词，实可理解为心、词、物。在列维－施特劳斯那里，此三个“变项”转化为两个，他把词与心的结合视作文化，将物视作自然。

结构神话学有三个核心关怀：祭祀、农业、女人。祭祀是火，女人也是火，也可能是炉子。列维－施特劳斯主要涉及的是农业和女人，祭祀涉及得少。

《人类学讲演集》是列氏讲课材料的汇编。该书用列氏的框架驾驭来自世界各地的民族志材料，用物自身的语言来表露心灵，而心也表示“社会”。该书展现了列氏比较研究的风范。如在有关“亡灵的探访”的阐述中[③]，列氏说，人与他们的祖宗形成过两种关系，一种是让祖宗和自己无关，另一种是害怕祖宗又期待祖宗能保佑我们。

《嫉妒的制陶女》[④] 也是列氏神话学中的一部重要之作。该书通过繁复的分析表明，神话从经验领域中汲取了潜在特性的符号，运用这些符号加以“运算”。神话出现的嫉妒、制陶、夜鹰、嫉妒、粪便、流星等符号之间表面上毫无关系，其实只要加以比较与联想，便能发现它们反映着人脑的二元对立思维结构，这种思维结构既是自然科学式的又是社会道德式的。

书中，列氏围绕着南美部落希瓦罗人的神话将一种工艺（制陶），与精神

---

① 关于列氏所著四卷《神话学》，参见周昌忠：《译者序》，见列维－施特劳斯：《神话学》，第四卷，1—6页，北京：中国人民大学出版社，2007。

② 列维－施特劳斯：《人类学讲演集》，张毅声、张祖建、杨珊译，北京：中国人民大学出版社，2007。

③ 同上，233—236页。

④ 列维－施特劳斯：《嫉妒的制陶女》，刘汉全译，北京：中国人民大学出版社，2006。

情感（嫉妒）及物（夜鹰）联系在一起的事实展开思考。通过广泛的比较研究，列氏发现，相距甚远的不同地区，在神话的结构和内涵上有着惊人的类似性，而这一相似性背后，除了地区之间的人文关系，还隐藏着神话的深层观念逻辑。

《嫉妒的制陶女》一书，除了有语言学和数学的特征，还有精神分析学的"阴影"。弗洛伊德基于比较神话学与民俗心理学提出的文明论，对于列氏有深刻影响。弗洛伊德将神话学与宗教学的研究纳入了心理学的范畴，以人的内在情感、欲望、压抑，解释社会与文明的缘起症结。他以俄狄浦斯情结为"原型"，呈现了人类史上种种献祭仪式与罪感之间的关系，认为这类仪式有着罪恶与赎罪的双重性。列维－施特劳斯《嫉妒的制陶女》则集中分析南美洲印第安部落希瓦罗人的创世神话，将弗洛伊德的"道德语言"化为人与物互为隐喻的"结构语言"，以之为表达方式，呈现文明诞生阶段嫉妒所起的关键作用。

列氏关注不同类型的文化之间的相互转换。他的《乘着太阳和月亮的独木舟去旅行》[①]一文，集中探究了转换的线索。该文处理河流、独木舟及太阳、月亮在神话学中的意义。神话中的河流是双向流动的，区分不同区域世界，自东而西的河流，属于上部世界，自南而北的河流，属于下部世界。独木舟属于旅行与出征之事，与身体的摧毁与繁殖、火与农业的"对立"是一致的。太阳与月亮的关系是亲属制度式的，如夫妻、兄弟，也是天体和身体器官之间位置对应的表达。

从神话学和心理分析学入手开拓人类学理论视野的，还有英国的福忒斯。他在《西非宗教中的俄狄浦斯与约伯》一书中提出，可以从希腊神话中提炼出有普遍解释力的概念。[②]列维－施特劳斯的努力表面与之相近，但本质上是与之有别的。

列氏并不赞同在古希腊寻找普遍概念，而是致力于通过"其他文化"的广泛研究及比较联想来抵达心灵深处，发现共同的"逻各斯"。从神话的"人－物混杂"中，列氏摸索出一种与科学相通的民族学。他认为许多"科学创造"在卢梭说的"文质彬彬"的时代中即已产生，此后的发明，不过是那个阶段的发明的延伸。无论是自然科学还是人文科学，都无法超越那个似乎既已成为往事的年代出现的结构。这个结构有其内在矛盾，即它既有亲近自然的一面，又有脱离自然成

---

① 列维－施特劳斯：《乘着太阳和月亮的独木舟去旅行》，见其《餐桌礼仪的起源》，周昌忠译，北京：中国人民大学出版社，2007。

② Meyer Fortes, *Odedipus and Job in West African Religion*, Cambridge: Cambridge University Press, 1959.

为“人文世界”的大势。神话集中反映了这一结构矛盾。因为有这样的信仰，列氏在诸如《乘着太阳和月亮的独木舟去旅行》之类的论著中，才特别将天上之物、地上之物与人三个领域联系起来看待，用神话中本有的“对立统一”思想来呈现自然与文化的关系。

在这个意义上，列氏与弗雷泽的观点是对反的，后者认为，以“逻各斯”为基础的科学理性，不同于神话－宗教这个“连续统”，而列氏则认为，“逻各斯”是可在其“他者”——即，那个“连续统”——中发掘到的，只不过，为了认识的需要，认识者必须置身于这个“他者”之外。

六、韦尔南

古典学的任务，是“利用科学的方法来复活那已逝的世界”。[①] 这一“复古”的使命，也是神话学所担当的。但神话学意义上的“已逝的世界”不同于古典学意义上作为整体的希腊－罗马文明。它要么是神的时代，要么是“文质彬彬”时代。有的神话学诠释者认为神话是最古老的宗教，是神祇与秩序的“虚拟现实”，有的神话学诠释者则认为，神话是文化与自然关系的一个特定阶段的表现。

列维－施特劳斯在神话学上有双重旨趣。他既想揭示人－物、自然－文化未彻底割裂阶段人的世界想象之特征，又想指出，人群与人群之间的交换关系是“社会”的本质。

这一神话学论说的观念，来源于卢梭的“自然人”概念，与强调神话是最古老的宗教一说形成了对立。

其资料多来自对“无文字社会”（如列氏笔下的美洲）的民族志描述，因之，不同于那些与古典学相配合的神话学（这种神话学显然自视为古典学的一个组成部分）。

列氏对神话展开的比较与关联的研究，有助于我们把握“混沌”阶段“道法自然”的文化生成原理，也有助于我们把握宏观区域内部区分与联系形成的原理。这对于中国神话学的展开，有特殊意义。

清末以来，我国神话学论述多数集中于民族论述，对神话学中历史与神话、

① 维拉莫威兹:《古典学的历史》，陈恒译，1页，北京：生活·读书·新知三联书店，2008。

人与物之间关系的论述关注相对少得多。究其原因，一方面是“民族精神”的重建，成为“后帝制中国”学人自认的文化使命，另一方面则是因为中国文明并不注重“分析”。[①] 中国文明时间感很强，历史发达，但在宇宙论上却接续了“原始人的世界观”。有这一特色的中国文明，很难用神话 – 历史、人 – 物二分的观点来研究，很难用“民族精神”的概念来概括。而对于这一文明之特征的研究，列氏的诠释是有重要意义的。[②]

列氏结构神话学追求文化与自然的平衡关系，批判文明中心论，其研究焦点是“无文字社会”的心灵。

与之不同，另一些结构神话学家致力于神话的宗教 – 道德内涵之诠释。

在《恶的象征》[③] 中，利科（Paul Ricoeur, 1913—2005）提出，古代宗教是以神话的形式出现的。神话是表达亵渎、罪、有罪这些东西的特殊语言，神话把人的体验凝聚为原型，以故事为形式对人的体验加以道德化。神话叙述的是人的沉沦与拯救、罪的起源与终结。神话叙事有创世戏剧型、悲剧型、堕落、灵魂放逐型，分别以苏美尔阿卡德的神统纪神话（这类神话将神的起源放在世界的形成之前，叙说恶的原始与创造秩序的作用，致使人们相信国王是诸神的奴仆，宇宙等同于国家）、古希腊悲剧神话（在这类神话中，神视作既善又恶，既会“劝善”，又会将人引入歧途，在其叙述中，左右人的是“命运”，“自由”不过是与“命运”的对抗）、亚当神话（这类神话把恶的起源归咎于一位人类始祖，叙说人的堕落如何导致人的苦难）、古俄耳普斯教（这类神话创立了灵魂和肉体二分的模式）。

另一位对神话学有重要建树的古典学家兼人类学家韦尔南（Jean-Pierre Vernant, 1914—2007），承认列氏“混沌初开”观点的意义，但主张在神话的“第二个原点”上进行发挥。这“第二个原点”即为众神时代向英雄时代的转变。他的《众神飞飏——希腊诸神的起源》[④] 开端论述的是原始的“卡奥斯”（即“混沌”）宇宙

① 梁启超:《中国历史研究法》，上海：上海古籍出版社，1998。

② 19 世纪早期到 20 世纪早期一百年间，欧洲汉学界有不少中国早期神话的译述。这一阶段中，法国、俄罗斯、德国汉学家，对于《尚书》《山海经》《诗经》《列子》等经典之作有浓厚兴趣，也将这些古代文本译为欧洲语言（参见叶舒宪:《中国神话的特征之新解释》，载《中国社会科学院研究生院院报》，2005 [5]）。以神祇、英雄、人三段式来理解神话的欧洲人在译解本不存在神话 – 历史、人 – 物之分的“中国神话”，其措辞必定有许多值得推敲之处。这些“文化的翻译”包含的矛盾，若得到揭示，则可为比较神话学提供良好的素材。

③ 里克尔:《恶的象征》，公车译，上海：上海人民出版社，2005。

④ 韦尔南:《众神飞飏：希腊诸神的起源》，曹胜超译，北京：中信出版社，2003。

混一阶段如何退让于区分，接着，论述了诸神之战及人神区分的形成。在韦氏那里，神话学成为不同层次的文化区分形成过程的分析：会吃东西的动物怎样沿着食物生与熟分化为人与兽，火在当中如何起到关键作用，献祭怎样区分人与神？

中文世界韦尔南的译本已颇丰，除了《众神飞飏》这样的小书，尚有《希腊思想的起源》[①]《神话与政治之间》[②]及《古希腊的神话与宗教》[③]。这些译本，展现了韦尔南神话学思想的丰富内涵。

古希腊神话呈现的"文明进程"，在韦尔南对赫西俄德（Hesiod，约公元前8世纪—？）的《工作与时日》[④]的研究中得到了解释。该文据诗人作品中黄金、白银、青铜、黑铁诸时代及种族的区分，揭示神话的本质：叙述不朽、有限人生与半神半人的英雄三种人"存在方式"之间的历史关系。

韦尔南集中研究的是希腊的神话、宗教与思想，也光大了结构人类学关于交换、亲属制度与物质文明的有关看法。关于不朽之神与人之间的关系，他认为这既有献祭式的奉献与接受的"开放性交换"，也有两者之间的相互欺骗。韦氏似乎也特别强调解决神话论述的"生于一"到"生于异"的转变问题，对于神话中的晚期时代女人的出现尤其关注。在赫西俄德的《工作与时日》中，妇女的角色得到渲染。这个"妇女"就是潘多拉，她兼具善恶两面，位于人神、神兽之间，可谓是道德问题的原点。神话学关心几个关键概念：女人、祭祀、农业和火。在韦尔南笔下的希腊社会中，女人外善内恶；祭祀一方面是开放的，一方面是掩饰性的；农业使人有吃的，但劳动会使人早衰；火更明确，对人如此重要，不过却是偷来的。上古道德如何诞生，同样是韦氏关心的问题。

韦尔南先受到历史心理学家伊尼亚斯·迈耶松（Ignace Meyerson，1888—1983）的影响，后又结识了路易·热尔奈（Louis Gernet，1882—1962），为其希腊研究所吸引。他探究了古希腊人从宗教世界走向理性世界的进程。作为自由麦克斯主义者，他对于古希腊人的公私观、劳动观及永恒观有着天然的兴趣。

韦尔南的神话学，也间接与汉学家葛兰言的思想形成了关系。葛兰言是法国年鉴派第三代领袖。他同两个人交往甚密——希腊学家热尔耐和历史学家布洛

---

① 韦尔南：《希腊思想的起源》，秦海鹰译，北京：生活·读书·新知三联书店，1996。

② 韦尔南：《神话与政治之间》，余中先译，北京：生活·读书·新知三联书店，2001。

③ 韦尔南：《古希腊的神话与宗教》，杜小真译，北京：生活·读书·新知三联书店，2001。

④ 赫西俄德：《工作与时日》，北京：商务印书馆，2009。

赫。热尔耐的儿子谢和耐，跟葛兰言学汉学，后成为汉学大师。韦尔南专攻希腊学，受热尔耐的影响很深，而一定也从他那里了解到汉学的重要意义。

葛兰言的思想与顾颉刚（1893—1980）关系密切。顾颉刚认为上古中国的历史是传说，并由此认为它们是可疑的。[①]但葛兰言认为这并不表明它们就是可疑的，他相信，中国的许多史书，确是孔子之后制作的，但通过神话学、社会学与历史学的结合研究，我们是可以认识史书记述之前的“历史”的。[②]

葛兰言的一个大的建树在于展示了神话学研究和历史研究结合的可能。

神话、传说和民间故事，是一组容易混淆的相关类别。一般我们用两个标准来区别神话、传说和民间故事。第一个标准是“被认为是真的”，第二标准是“与现在一样”。沉浸于神话世界中的人认为，神话是真的，但它不同于现在的世界。而传说也被认为是真的，但它与现在的世界相同。民间故事则不被认为是真的，但它与现在的世界相同。[③]

这些都牵涉历史。历史被认为身处神话、传说和民间故事之外，不过，人们似乎也用判断后者的两个标准来判断它。历史也被认为是真的，但它与现在的世界不同。如此说来，在人们眼中，神话与历史有相通之处。

“被认为是真的”这一标准，意味着“真实性”，而“与现在不一样”，则意味着时间性的差异。

神话学关注的核心问题之一是：到底我们应该说神话是现实的影子，还是应该说现实是神话的延续？过去有神话学家认为神话是历史的影子。有人解释说，这是因为神话没有被文字完整书写，而历史则是以充分的文献记载为基础的。

关于神话与历史，从20世纪初以来，人类学界就一直认为，真正的神话是口述的，不同于书写下来的历史。

人类学家认为历史是有时间的，而神话是无时间性的，历史是文字性的，神话是口述性的。

葛兰言以中国上古文明为案例，说明口述史与文献史的观念若得到综合，神话学、历史学和宗教学研究，可能出现一个令人兴奋的局面。

与葛兰言相关的，有杜梅齐尔（Georges Dumézil，1898—1986），此人极端憧憬葛氏。葛兰言从中国研究中提炼出一个“希腊罗马神话的东方他者”，十

---

① 顾颉刚：《中国上古史研究讲义》，北京：中华书局，1988。

② 李璜译述：《古中国的跳舞与神秘故事》，上海：中华书局，1935。

③ 王铭铭：《葛兰言（Marcel Granet）何故少有追随者？》，载《民族学刊》，2010(1)（创刊号）。

分注重研究上古时期中国的“礼教”，而杜氏却无缘于东方，故专注于西方，其研究集中于印欧语言、神话与宗教，他以结构方法，揭示了印欧模式的基本特征——王、祭祀、生产者大众这“三重功能”。[①]

韦尔南的神话学与葛兰言的主张，有着某种值得追究的关系。

尽管韦尔南和列维－施特劳斯同为结构主义者，但二者之间却存在鲜明差异。韦氏强调，研究神话要有三个步骤：其一，从文本本身看神话叙述的时代，将时代视作一种“语法”；其二，考察同一神话的不同版本，处理语词和观念的差异；其三，通过神话学进行文化和观念形态的分析，把神话文本放到当时社会情景中分析。在这三点中，第二点是列氏强调过的，但其他两点则具有韦尔南自身的特色。

对于政治理性的起源的关注，使韦尔南自觉或不自觉地在时代的叙述上重新采纳了维柯神话、英雄、人“三段论”的基本框架。这就使他在思想方法上与因袭卢梭“自然人”主张的列维－施特劳斯有了不同。

七、伊利亚德与巴赫金

人类学家对于宗教的“实在性”总有怀疑；[②]虽则如此，他们却不是“同一伙人”。他们围绕着到底如何理解“神圣”而分化为“神圣论”与“物质论”两类。不是说那些采取神的时代、英雄的时代、人的时代看法的人类学家都属“神圣论者”，也不是说那些采取“文质彬彬”看法的都属于“物质论者”，人类学家各自的观点，其实都有相互掺杂之处。以弗雷泽为例，他的历史解释确有人类中心的“科学主义”的嫌疑，但他在具体论述中却显然透露出某种对于神话与宗教时代的向往。以法国结构神话学为例，这个“派别”内分为列氏的“人－物－体”的神话学及以宗教文明研究为中心的神话学，其中，前者似有更多“物质论”的特征，后者更多表现出某种宗教学的特征，但二者对于宗教的态度，都具有逆反性特征。

人类学行内之人会坚信只有自身是最懂得“从文化的局内理解文化”的，而行外之人则会认为，将神话、宗教这些“神圣之事”化约为“文化”，实乃一种

---

① 埃里邦:《神话与史诗——乔治·杜梅齐尔传》，孟华译，北京：北京大学出版社，2005。

② 怀疑并非一无是处，它的优点有二：其一，让我们更易理解那些弥散于生活中的神话、象征、仪式；其二，复原神创论之外的世界观的重要历史与现实地位。

“宗教虚无主义”。

对于神话、象征、宗教、仪式进行语言学、比较人类学、社会学、心理学、结构主义的诠释，似都无法摆脱一个问题之纠缠：倘若人类学家自视为一群有本事“从文化的局内理解文化”之人，那么，他们是否因之有本事“从宗教的局内理解宗教”？

人类学相关于神话、宗教、人事的研究，面对着来自宗教学的挑战。

在宗教学中，一个最值得人类学研究者考虑的“宗教学因素”为伊利亚德（Mircea Eliade，1907—1986），入于“宗教人”的世界，企图“从宗教局内理解宗教”，相关于神话，他也做了重要论述。

伊氏认为，古人置身于宇宙韵律中，将历史想象为宇宙韵律的一部分，而现代人则只能从己身与抽离于宇宙韵律之外的历史之间的关系寻找定位。神话学与比较宗教学若说有什么意义，那么，这便是它能使我们回归于古人的思想世界中。伊氏的这一“宗教论”是开放的，它超越于犹太–基督教传统。伊氏关注的，亦超越“神的时代”，涉及广义上的“古时候”的种种神圣感受。其可谓是基于神话学的想象而来的，他认为，在古人眼里，人之造物及行为，范型都源于初始时期之“天启”，此类范型，由外而内，因之超越社会。

关于神话，伊氏有“永恒回归的神话”之说。此说接近列维–施特劳斯之“无时间论”，其含义为，“旧社会”有对历史时间的抵御之心，其人之存在，乃为对事物起源的神话时代的周期性回归。回归于神话的社会由是摆脱了历史（时间），人们心境不同于我们：生活于这些社会中的人们，心都放在过去，他们反复回归于“原型”，“神话保存并传递典范或范例，它促使人的活动与之呼应。借着神话时代启示给人的这些典型，宇宙与社会便周期性地再生”①。

伊利亚德对“神圣”一词加以重新定义，认为，在古人那里，有一种不同的“存有论”（ontology）。人们相信，某些特殊之物，一旦成为外力之容器或表现，便获得其“神圣性”。神话学意义上对于物的“他者”的“圣化”，与人类学意义上对于人自身行为的圣化（仪式），力量都源于“超越”，而“超越”就是对于“他者”的膺服，对于神话中初始时期的回归。表现神话中初始时期的世界情状的，可以是如地上的山岳、树木等“自然物”，也可以是神殿、寺院与圣城，

---

① 伊利亚德：《宇宙与历史》，杨儒宾译，13页，台北：联经出版事业公司，2000。

这些凸显之物，从仿造神话的黄金时代的天界而来，之所以为人们所膜拜，是因为它们使人所处的世界与超越大地之上的“原型”有了某种相似性。[①]

“神圣”既在人界之上，又在人界的中心，既高于人，又对人的世界的开辟与再生提供无穷的源泉。所谓“神话”，就是对天、大地、万物、人的上下关系秩序的呈现。[②]

伊利亚德论及了天上、地上、人间诸事，但仍将神圣与诸神联系起来。他说：“人类通过对神圣历史的再现，通过对诸神行为的模仿，而把自己置于与诸神的亲密接触之中，也即是置自己于真实的和有意义的生存之中。”[③] 其中既注重复原神圣秩序及诸神“原型”的神话学，就不同于现实主义文化论。

要理解伊利亚德的思想，不妨从他的“对立面”巴赫金的现实主义理论入手。

巴赫金的论述与伊利亚德所想表达的意思，形成了鲜明的反差：伊氏侧重关注包括祭祀、舞蹈、战争等的仪式，认定种种人的种种仪式行为，都是对于神话原型的模仿或重复；巴赫金则更关注狂欢节，在其眼中，节庆不同于日常生活。但其对于生活的含义，不在于使之周而复始，回归于神话原型，而是一种对于闭锁的颠倒，狂欢节破除社会边界，不受规矩限制，平时有君臣相分，此时都参与其中，放弃等级关系。[④]

在巴赫金看来，对秩序与神圣的“去魅”，是狂欢节的精神，而这一精神，在小说体中表露得最为显然。

巴赫金对史诗做了深入研究。[⑤] 在他看来，史诗中的神话“时间上的特征和价值上的特征……融为一个整体……一切参与这一过去的事物，借此也便具有了真正的重要性和价值”。[⑥] 因之，史诗是“封闭的，如同一个圆圈，内中的一切都是现成的”，史诗世界“没有未来的考虑”。[⑦] 此外，史诗中的人物形象刻板，缺乏性格的内在丰富性。相比而言，在小说体中，史诗的单调被破除了，人物形

---

① 伊利亚德：《宇宙与历史》，杨儒宾译，台北：联经出版事业公司，2000。6—7 页。

② 同上，23—28 页。

③ 伊利亚德：《神圣与世俗》，王建光译，118 页，北京：华夏出版社，2002。

④ 巴赫金：《拉伯雷的创作与中世纪和文艺复兴时期的民间文化》，见其《巴赫金全集》，第六卷，石家庄：河北教育出版社，1998。

⑤ 巴赫金：《史诗与小说》，见其《巴赫金全集》，第三卷，505—545 页，石家庄：河北教育出版社，1998。

⑥ 同上，519 页。

⑦ 同上，518 页。

象也产生巨大变化，其性格可以是属于己身，亦可源于他人，叙述结构变得空前地以复调思维为特征。

被伊利亚德崇尚为对现代人有裨益的神圣，得到了相反的评价。

对于古典学与神话学共同追思的“希腊化”阶段，巴赫金所做的判断更是负面的。他认为那个时代的希腊文明，存在着“闭锁”和“集中”倾向。在《长篇小说话语的发端》中[①]，巴氏说：

> 在希腊人生活的那个历史时期，亦即在语言方面较为稳定的单语时期，他们的一切情节、一切指物表象的材料、一切基本的形象、情感和语调等，都是在他们本族语的土壤上诞生的。所有外来的东西（外来的东西是很不少的），在闭锁的单语那种强大的自信的氛围中完全被同化了；因为单语对异邦世界的多语抱着一种鄙视的态度。正是从这个自信而不容置疑的单语环境里，产生出希腊人的伟大的直接的体裁，即他们的史诗和悲剧。这些体裁反映了语言的集中倾向。[②]

巴赫金并没有对古希腊彻底失望，而是抱着某种热情，在它的历史中寻找神话、史诗、悲剧之外的可能。他认为，尽管当时的体裁不具备到文艺复兴时期才充分兴发的复调特征，但在希腊的“底层民众中间，讽拟滑稽化的创作也繁荣起来，它保存了古代语言斗争的痕迹，又从不断发生的语言瓦解和分化过程中获得滋养”，这些“杂语”的存在，必定使“认为只有一种语言的神话，和认为只有一个统一语言的神话”……“同时破灭”。[③]

作为一个现实主义者，巴赫金将狂欢节与小说的“解放”追溯到古老的民间文化，他视叙述神祇力量与英雄业绩的史诗与悲剧为闭锁的“单语”。这一观点，与同是马克思主义者的韦尔南大相径庭，后者深信，英雄这一人物形象滋养了政治理性。

巴赫金与伊利亚德的理论，在一个重要方面是相通的，这就是，二者都认为，正是外来的“他者”构成“内在的土壤”的条件。但也是在这点上，二者的理论有严重分歧。与坚持用神圣来定义“他者”的伊利亚德不同，巴赫金质疑神圣历史的价值，认定宗教与神话一样是“语言的集中倾向”的集中表现。

---

① 巴赫金：《长篇小说话语的发端》，见其《巴赫金全集》，第三卷，464—504 页。

② 同上，486 页。

③ 同上，488—489 页。

在他眼里，“他者”不是宗教学意义上的神圣，而是具体的、非希腊的、东方的“多语”或“复调”，这本是希腊化面对的事实，但却为希腊的主流体裁所压抑。

巴赫金对于神话的“去魅”，折射出伊利亚德神话的宗教学诠释的总体特征——它是一种“反去魅”的、理解的神话学。

* * *

“诗歌是一种非得蒙受歪曲否则便不能翻译的言语；而神话的神话价值却在哪怕是最糟的翻译中也保存着。”[①] 列维-施特劳斯指出，对诗歌，哪怕我再想真实地把握其原来意义，曲解也是必然的，而对神话，即使我们再不解其背后的文化，再不了解其表达的真实，也能体会到它是神话。神话的本质在于它本身——它是“故事”，是一种高超的语言，这种语言脱离一般的逻各斯，在一个特别高的水平上发挥着交流的作用。“神话是语言，要让人知道，神话就必须被说出来”，它又是言语的一部分，它有语言的时间可逆性，也有言语的时间不可逆性，因之，是“第三种时间系”——“神话总是涉及被说成是很久以前就发生的事情。但使神话获得操作价值的乃是，被描述的这种特殊的模式是不在时间中的；它说明现在和过去，也说明未来”。[②]

在列氏提出神话是 mythos 与 logos 之间（而非之外）的“第三类”的观点之前，西方向来有将神话视为逻各斯的对立面的做法。

无论是维科的精神史的时代，缪勒的神话语言学，还是弗雷泽的巫术论或列维-布留尔的非科学的“互渗律”，都有二元对立的倾向。以精神史、语言学及人类学为方式将神话推到逻各斯的对立面，不是出于恶意；恰相反，对神话“诗性思维”（维科）、“整体思想”（缪勒）、巫力与神性（弗雷泽）之信仰的心灵价值所做的诠释，及基于原始思维与科学理性的对照而提出的“他者论”（列维-布留尔），都是其对神话之珍爱的表现。

现代西方人类学中，德国和美国惯用“文化”概念，法国和英国惯用“社会”概念，前者倾向于相对主义，后者则为普遍主义的社会科学（这种社会科学的构建，除了社会学家，也得到了以弗洛伊德为代表的心理分析学家的参与）。

---

① 列维-施特劳斯:《对神话作结构的研究》，见其《结构人类学》，上卷，225 页。

② 同上，224—225 页。

但正是在这两个概念谱系下，神话与逻各斯之间的对立遭到质疑。神话与宗教的缪勒式对反，到了弗雷泽那里得到消解，而弗雷泽对于神话－宗教这个连续统与科学理性之间的界分，到了涂尔干和弗洛伊德那里也遭到了抛弃（涂氏认为社会性贯穿于神话、宗教与科学的观念形态与行为中，而弗氏则认为“本我”与“超我”的张力贯穿于所有人生中）。

认为所有的民族都有其文化，与认为所有的社会都有其共有的“表象”与“良知”，这个观点，为神话在逻各斯世界中找到一席之地。

而正如列氏不断重申的，对于他的“第三类”观点起到启蒙作用的，既有语言哲学的方法，还有卢梭的“文野之间”的境界之说。不过，若无文化的与社会的人类学，则结构神话学亦难以出现。

“文化”与“社会”这两个概念在人文学与社会科学中成为“关键词”，还带来一个副产品，即，宗教世界可以被放在非宗教性的状态中考察。在将神话列为语言与时间的“第三类”时，列维－施特劳斯其实也同时将神话的宗教领悟化约成宇宙观的逻各斯式的方程式。还是有人类学家“同情”宗教，但是，他们的“同情”通常也是他们对于文化或社会的必然性与合理性的“再确认”。即使是韦尔南这样重视研究神话的宗教性的结构神话学家，也相信无论是神话，还是宗教，都应放在其存在的“社会背景”中分析。在这样的大背景下，诸如伊利亚德理解的宗教学，并未真正得到人类学家的理解。近期西方人类学对于巴赫金的“民间文化”理论的重新发现，也是对于“文化”与“社会”概念下现代人类学的现实主义特征的重新发现——这一重新发现已被标榜为一种“思想革命”。

中国的民族主义与平民主义的神话学，既崇尚西学中的逻各斯中心主义，又崇尚古代神话中包含的“民族精神”。如果可以说逻各斯中心主义为这一神话学传统提供了自我创造的工具的话，那么也可以说，在古老的传统中挖掘出“民族精神”，恰是它的目的。梁启超（1873—1929）主张，“说明中国民族成立之迹而推求其所以能保存盛大之故，且察其有无衰败之证”[①]是中国史学的首要任务。可以认为，这一中国史学自认的使命，也为中国神话学所认同。我国神话学似乎总是沉浸于解答三个问题：（1）能不能把一部分古代史还原为神话？（2）能不能把国内不同民族和地区的神话视作一个以国家为单位的神话体系的一个“多元

① 梁启超:《中国历史研究法》，6页。

一体格局”？（3）在汉文献中远比神话丰富的灾异迷信、鬼神说、变形记能否被视为神话或原始信仰的素材来研究？[①] 因要以逻各斯的方法，塑造出一个与印欧及“原始社会”中存在的系统的神话体系一样系统的逻各斯的“他者”——神话体系，是20世纪中国神话学的追求，故对于“多元一体”的神话体系的探索，被局限于二元对立的圈套中。我们无暇顾及的事项实在太多，其中包括了神话–逻各斯的对反所不断诱发的焦虑与美好想象。

① 这些问题早已在茅盾作于1928年的《中国神话研究初探》中全面提出。（茅盾：《中国神话研究初探》，110—111页。）

第十章

符号人类学与“象”的理论

符号为何？一直以来，西方哲学家有时用 symbol（象征），有时用 sign（符号）来谈它。对于二者之间的区分，莫衷一是。索绪尔说，符号是任意的，象征是与它所代表的对象有比较稳定的关系，而皮尔斯（Charles Standers Peirce，1839—1914）则说，symbol 是指随意性较强的、意义有任意性的符号，而 sign 之意义则被认为比较稳定[①]。同是符号学大师，用词如此不同，这给后人带来不少麻烦，今日哲学、语言学、人类学等领域，产生越来越多的困惑和混乱，与之有关。

不过，象征与符号之间界线趋于模糊化，并非全然没有好处；好处之一，是使我可以在这里谈“符号人类学”（不是开玩笑）。

过去西方人类学界有“象征人类学”一课，就我所知，叫“符号人类学”（semiotic anthropology）的，几乎没有。几年前，我提议在北大开设这门新课，以之替代“象征人类学”课程，考虑有两层。一方面，在西方人类学中，“象征人类学”与“宗教人类学”之间的界线太模糊，而我们也有宗教人类学这门课，要与之相区分，就要有所更动。另一方面，国内渐渐流行起“象征”一词相区分，有把什么东西都叫作“象征”的趋势。这就使我更倾向于用“符号”。当时用“符号”而不用“象征”，是操作主义心态作怪，没有太深的考虑。而这一说既然提出来了，只好多想想。

固然，叫作“符号人类学”不妨也有其道理—— 至少这样一来，我们的课程就可以涉猎得更广泛一些。西方符号学传统的集大成者奥古斯汀，在符号方面提出的理论，对后来者有深刻影响。他区分“自然符号”与“意向符号”，所谓“自然符号”，是指已经存在的但不一定会被当成符号的东西被当成了符号，所谓

---

① 茨维坦 · 托多罗夫：《象征理论》，王国卿译，北京：商务印书馆，2004。

“意向符号”，是指专业发明来当符号的东西。人类学家道格拉斯的名著《自然象征》[1]，其中的主要定义，与这个区分有关。她关注的“自然符号”，主要就是人的身体，人的身体是自然产品，但可以作为符号存在。她的书名还有别的含义，认为自然是通过符号而得以存在，那是比较极端的“心性主义”的说法。“自然符号”包括人身之外的事物，比如山水啊，草木啊，等等。“意向符号”与“自然符号”不同，是人们专门创造出来的进行意义构建的工具。这个区分，给符号人类学提供了研究任何一切意义体系的可能，实在是不可多得。

但符号人类学却不能像符号哲学那样无所不包，它有特殊的概念限定和范畴。按我可能的理解，西学中符号学有三大传统。首先是作为语言哲学的符号学，从索绪尔到列维－施特劳斯，再到埃科（Umberto Eco）等，经历了一个变异过程，其中，索绪尔偏重语言哲学，列维－施特劳斯兼有人类学家和哲学家的双重气质，埃科则有更广泛的综合性。其次是集体心理学传统，这种传统曾经与邪教结合，学界对之的引用并不算多，它以荣格学派集体潜意识理论为典范，集体潜意识理论是对集体心灵研究的延伸，集体心理学派认为，可以透过符号来看到民族心态底层存在的结构性因素及这些因素如何决定了人们的思想和行动方式。人类学的符号学传统，可以说是西学中符号学三大传统的第三种。这个传统也存在得相当久了，人类学家一开就对符号感兴趣，泰勒和弗雷泽的书里，都有对接近于自然符号和意向符号的区分，他们也特别延伸此观点，分析自然崇拜和拟人化的神的崇拜之间的差异。不过，一般而言，时下人类学界更通常把自己的符号学传统之起源，追溯到远比泰勒和弗雷泽晚的年代——20 世纪 60 年代。

打开英国人类学家巴纳德（Alan Barnard）和斯宾塞（Jonathan Spencer）合编的《社会与文化人类学百科全书》，查不到我说的“符号人类学”（semiotic anthropology），但能查阅到主编之一所写之“象征人类学”（Symbolic Anthropology）一条[2]。“象征人类学”指哪些东西？在词条下顺着看，能见到几个人的名字，看来是严谨地从数量巨大的人类学家名录里筛选出来的，他们包括 Edmund Leach（利奇）、Victor Turner（特纳）、Mary Douglas（道格拉斯）、Clifford Geertz（格尔兹）、Marshall Sahlins（萨林斯）和 David Schneider（施耐德）。这些学者代表人类学的一个时代，他们恐怕无人愿意承认，自己只不过是“象征

① Mary Douglas, *Natural Symbols: Explorations in Cosmology*, London and New York: Routledge, 1970.

② Jonathan Spencer, “Symbolic Anthropology”, in Alan Barnard and Jonathan Spencer, eds., *Encyclopedia of Social and Cultural Anthropology*, London and New York: Routledge, 1996, pp.535–539.

人类学家”。另外，即使我们硬将他们说成是“象征人类学家”，他们的内部差异也实在太大了。

利奇和萨林斯之间，有两个共同点，那就是他们都受到结构人类学的深刻影响，也比较注重历史过程的研究，但他们的观点差异太大。利奇的人类学，可以叫作“过程人类学”，而萨林斯的人类学（主要是指其1972年之后的人类学），则是结构–历史人类学。特纳与道格拉斯之间，也有一个重要的共同点，那就是他们都以仪式研究见长。然而，也是在二者之间，我们看到的更多是差别，特纳继承格拉克曼的方面有目共睹，而道格拉斯更像埃文思–普里查德和莫斯。施耐德和格尔兹都有诠释学的性格，但之间的差异，更是明显，前者的研究来自弗思（Raymond Firth，1901—2002）的教导，关注社会组织，认为亲属制度是法律制度，于是对不同文化中的法律观念十分重视，谈到“象征”，为的是谈法权观念。格尔兹的著作，频繁出现“符号”，而非“象征”，既有诠释学因素，又与文艺学比较接近。

几位被当作“象征人类学家”来介绍的前辈，对我的影响都不小。不过，若要说符号人类学，那对我而言，比较关键的人，则主要是特纳、格尔兹、道格拉斯这三位。

特纳出生于剧场艺术世家，自己也精通表演，他的人类学理论是从剧场延伸出来又回过头来改造剧场理论的。从剧场理论推导出一种象征人类学，是特纳的建树。

格尔兹以阐释或解释人类学出名，在其思想中，符号的社会观念意义得到了充分重视，象征或符号的人类学（他的做法更像符号人类学），到70年代达到一定高度，与他的贡献有密切关系，把他列到象征人类学里来，既有点不公道，但又是必需的。需提到，1972年美国人文和社会科学院年报 *Daedalus* 办了一本叫作“神话、象征与文化”的专辑，就是由格尔兹和德曼（Paul de Man）召集的。两位教授写了一封信给该刊，说学术界急迫需要讨论这个主题，他们主张在巴黎召开一次会议。在信里，两位教授说人文学和社会科学遭到了重大危机，学者对“什么是事实”这个问题争论不休。有什么东西可以把人文学和社会科学结合在一起？要寻找这样的纽带，符号的研究很重要。他们提出了一个策略或“方程式”，即“对有意义的形式进行系统研究”[①]。实际上，“对有意义的形式进行系统研究”

---

① *Daedalus*, Winetr 1972, p.V.

就是指符号人类学，至少在两位教授看来，符号人类学可以把人文学和社会科学结合，使大家有共同的研究旨趣与关怀。该专辑的前三篇论文值得关注，第一篇就是格尔兹的名篇“Deep play”(《深层的游戏》)，第二篇是芝加哥大学人类学家费南德斯（James Fernandez）的“Persuasions and performances”(《劝说与表演》)，第三篇是道格拉斯写的“Deciphering a meal”(《描绘一餐》)。符号人类学在社会科学中得到广泛认可，与这批人类学家的努力有直接关系。

上面提到的道格拉斯，是我认定与这里要说的符号人类学更紧密相关的人类学家，她是位天主教徒，试图为天主教的社会伦理说话，写了不少书来表白自己，指出符号和仪式的背后是有内涵的，不要轻易舍弃传统教会的仪式。如果说特纳出彩的是剧场理论，那么，道格拉斯从宗教观点看日常生活道德世界的做法，则是她的论著最重要的方面。

要理解包括所谓“象征人类学”在内的西方符号学，便要先理解符号这个概念在西方文化中被赋予的原初意义。翻开许多符号学的著作，都能读到对符号观念这一层次的解释。比如，埃科的《符号学与语言哲学》一书就提到，象征一词的原来意思，相当于“和…… 一起扔掉”再“放在一起”使其“吻合”。他进一步说：

> 就词源学来说，事实上，象征是一种辨认的手段，它能辨认一个硬币或被分割开的徽章的两半。这种类推作用引起了哲学词汇编辑者的注意。我们有着一个东西的两半，而其中的一半可替代另一半（和符号的古典定义一样：某物替代某物），但只有当这个东西（硬币）的两半重新接合而构成一体时，才有着完全的效能。在符号特征的能指（significante）和所指（significato）的辩证法中，这种接合总是不完整的，有缺陷的；每当所指被解释时，即被翻译成另一符号时，我们会发现更多的一些东西，回归不是复原，而是岔开、凹凸不平……相反在象征中，退归的观念是以某种方式找到自己的界定：和原物的重新结合。①

埃科对符号与象征进行的微妙的区分表明，符号的理论更注重二分的符号与事物在回归之后的不完整对应（我拟谓之“合分”)，而象征则更注重符号“和原物的重新结合”(我拟谓之“分合”)。埃科接着吸收了象征人类学的若干成就，

---

① 埃科:《符号学与语言哲学》，王天清译，239 页，天津：百花文艺出版社，2006。

说明象征概念的基本意义及诠释的难题。

对我而言，无论是符号，还是象征，其西方的词源为“辨认一个硬币或被分割开的徽章的两半”。这种西式二元对立统一的辩证法，以不同的方式在特纳、格尔兹及道格拉斯的作品中得到实现。前两位人类学家都关注仪式这种象征行为，而对特纳来说，社会生活中的分与合可以以日常时间与超常时间的区分来理解：日常时间里，人与人是以地位和等级来相区分的，超常时间（往往指仪式庆典时间）中，人的象征活动得到了高度融聚，调动了万物的魔力，使人克服社会结构中“分”字所代表的所有分化，产生“合”。对于格尔兹来说，社会的“分”即是它的“合”，所以，仪式庆典时间中人的象征活动，必定包含有“分合”，象征“分合一体”，浓缩了社会生活的整体意义。道格拉斯并不生硬地区分日常与超常，而努力在日常生活中发现社会生活的超越性。受诠释学与结构人类学的双重影响，这位人类学家将象征当作一种对于世界的分类法，并试图在其中解释社会秩序的由来。以我的理解，道格拉斯想做的是，将象征的分类之“分”，与社会的结合之“合”看成同一过程。

在象征人类学之外，西方思想存在的另一种可能，与埃科所说的“符号”概念有着密切关系，其在立场上不同于象征人类学，更注重分出“原物”的符号体系与“原物”重新结合之后存在的不对称性。这一看法，在过去30年来，在“后现代主义”中得到充分发挥。

象征人类学对于形形色色的仪式展开的研究，是我在中国场景下设想的符号人类学的重要内容，对于中国文化的研究，会有不少启发。传统中国的政治，有不少接近近代政治的内容，但它也似乎有这么一套独特的东西，这套东西的概念观念是“礼仪”这两个字。怎么理解“礼仪”？象征人类学中特纳、格尔兹、道格拉斯等的论述若能得到综合和提炼，兴许可以给予有意义的诠释。无论是特纳，还是格尔兹，关注的都是社会的等级、角色、辈分这类东西，在仪式中怎样得到处理，终究又如何成为社会秩序和一体化的手法。而道格拉斯则为我们指出，礼仪就是在日常生活的轨迹里隐藏着供人们遵循的道德（违反礼仪就是违反道德）。综合来看，仪式也好，礼仪也好，构成文化意义上的“社会表演”，言说生活于社会中的人理想上的相互关系为何，实际上的相互关系为何，告诉人们怎样处理上下、左右的关系。符号或象征，固然可以区分为相对静止的分类知识和活跃于人为的时空场合中的公共仪式，二者得到结合，就造成了关于什么时候该做什么的规范，人们依照规范行事，就是在实践礼仪。

在中国研究符号人类学，继承西方象征人类学的上述遗产是必要的。西方人类学的象征研究，使我们能更清晰地研究社会构成的文化原理。然而，符号人类学研究，终究要考虑到符号与象征的差异，在借重符号一词所蕴含的承认表征与本相的必然区分中，转向对于不同文化中呈现和理解世界的不同方式的诠释。要实现这个转向，就需注重研究“表征”和“体会”的中国方式。

若说二元对立统一的辩证法是西方世界观和符号学的关键特征，那么，也可以说，中国文化中蕴涵着一套难以用这种世界观和符号学加以概括的内容。

为了比较，请允许我以道格拉斯及其有关“自然象征”的思想来说事儿。

玛丽·道格拉斯是1921年出生的，原名不叫道格拉斯，因西方规矩，她嫁给一个叫道格拉斯的经济学家后改了这个名。她起初也不是读人类学的，她读哲学、政治经济学。1943年，她去殖民地工作，对人类学产生了兴趣。1946年回到英国，师从埃文思-普里查德，一位著名天主教人类学家。跟了埃文思-普里查德后，她去扎伊尔调查，也广泛涉猎天主教文献，特别是精读《旧约》。道格拉斯在英国成为著名的人类学家。道格拉斯曾于1977—1986年之间在美国一些大学任教，1988年回到英国，我那年有幸见到这位老太太。道格拉斯写了很多书，我在伦敦上第一堂课，老师就提到她和她的那些著作了。道格拉斯写过一本民族志，叫《莱尔人》，而更多的精力则花费在一般理论的研究上。著名的《洁净与危险》[①]，是其中一部；其对制度的论述，对于经济学、社会学都很有影响，另外，她研究环保主义的论述，也颇令人为之一振。可以说，道格拉斯的人类学来自天主教思想的人类学化，在一个宗教遭受“世俗化”侵袭的时代，她出于社会良知，硬是要论证天主教是有道理的。

至于道格拉斯对于符号的见解，则比较全面地表达于她的《自然象征》一书中。

一如人类学界广为人知的，道格拉斯自称其符号理论主要来自该书不断述及的伯恩斯坦（Basil Bernstein，1924—2000）。伯恩斯坦是伦敦大学著名的教育学家，对于符号，他有一个著名的区分，认为符号有“elaborated code”（得到逻辑化、具有美感的表达和组织的符码）和“restricted code”（有限的符码）之别。前面的典范是西方式的逻辑思维，后者是比较粗制滥造的、自身有很大局

① Mary Douglas, *Purity and Danger: An Analysis of the Concepts of Pollution and Taboo*, London & New York: Routledge, 1966.

限而不一定有逻辑思维因素的符码。实质上，“elaborated code”与“restricted code”的区分，就是对现代知识分子的言语方式与传统社会的言语方式的区分。我的理解是，士大夫一般要用“elaborated code”，要进行优美的逻辑论证才叫士大夫，而像古代皇帝那样的人，一般只要用“restricted code”就行了，这种符码内涵有些混乱，而且有巨大的局限性，这样才形成了皇帝的强大社会控制力。皇帝对我们的约束越大，他自身越失去抽离于社会价值之外的美感。固然，我说士大夫其实并不准确，伯恩斯坦的意思是，符号的逻辑化美感，只是在具有开放思想的现代知识分子思想中才可能发现。

道格拉斯将伯恩斯坦基于西方历史经验而提出的区分，改造成一个具有比较文化意义的区分，这一新区分由“grid”（格栅）和“group”（群体）这个对子组成。礼仪这些东西，就是社会营造的格栅，这种东西有一定的开放性，组织得很优美，逻辑化也相当强，是靠其自身的“道理”来服人的，接近于“elaborated code”。而“群体”则不同，它是硬靠信息量的缩小及信息的强制力来营造社会团结的，属于“restricted code”。格栅式的符号体系靠礼仪和社会契约来维持社会秩序，而群体则靠一种强制力量来维持地位差异。格栅有更好的综合性，有优美的呈现方式（articulation），给人“滴水不漏”的感觉，很逻辑化，讲究秩序。群体则不同，其社会控制来自他人的压力。

道格拉斯将这一区分运用于世界各民族的文化比较中，论证了它的普遍意义。她的比较，这里无法一一铺陈。值得指出的是，在她的论述中，符号与特纳和格尔兹意义上的仪式是不同的，后两人研究的都是公共仪式，而道格拉斯研究的是日常生活中的象征，并且，在她看来，象征是作为道德的符码存在的。她十分关注人的身体象征，分析身体如何被人们当成道德的对立面来看待，又被规范为道德的化身。

道格拉斯对于象征的定义有利于我们比较中西符号论的差异。

在上述著作的开篇，道格拉斯先是承认，她的思想大大受到法国年鉴派社会学的影响，接着说了如下：

> 社会不简单是分类思想追随的模式，它有自己的区分，这些区分为分类体系服务。本来的逻辑分类就是社会分类，事物的本来类别，就是人的类别，这些类别使事物得以类聚。由于人以群聚，并且以这些群组为方式来想象自己，因此，在他们的思想中，这些群组也就组合了其他事物。自然的原初图式的核

心，并非是个人的，而是社会的。在这个有力的观点看来，寻求自然象征，就是寻求象征化的自然体系。①

对于象征符号，道格拉斯采取一种复杂的社会决定论态度，将社会的区分与自然象征二元，使它们听起来像是符号学家定义象征时所说的“被分割开的徽章的两半”，然后，她基于社会学年鉴派提供的社会学想象力，以人类学素材为比较的基础，寻找被割开的两半如何接合为一体。在她的论述中，对人类而言，自然事物向来不是客观地存在的，而是被集体的人依据人自己的组合方式组合成一些自然类别。这个说法颇像古代中国的“物以类聚，人以群分”。可是，它们之间存在着一个明显的差异：道格拉斯的象征之说，是社会学式的人类中心主义，在这个论调中，自然的事物若非受到社会的组合，自身便似乎不存在了。这个观念的背后，是一套人与自然二分的世界观，道格拉斯所做的，无非是选择在西方几种类型的二元对立统一辩证法，来思考人与自然的“决定论关系”（在她看来，社会决定了自然的分类）。与此不同，“物以类聚，人以群分”缺乏这种“决定论关系”，二者之间之所以获得联系，纯粹是因为人观察到的现象有近似性。“物以类聚，人以群分”这一说并没有提出一个宗教伦理的要求，更没有用宗教伦理来否定大自然的自在。

倘若道格拉斯实践的，可以说是西方词源学意义上“象征”一词代表的二元对立统一的辩证法，那么，“物以类聚，人以群分”这个古句，恰不同于这一二元对立统一的辩证法。在二元对立统一的辩证法中，自然与人、事物与符号先要被分为两半，才可能得到思考；而在“物以类聚，人以群分”一说中，物与人存在方式的相似性本身，已允许我们思考。“Symbol”这个词被翻译成“象征”，没有完整地体现原文在其文化源头上的含义，而夹杂了强调物与人的相似性的“象”字。

“象”这个字在金文、甲骨文里，均为大象的形象，“象”既指大象，又以它的逼真形象来表示逼真性。谈《易经》的符号学就是在谈“易象”。《易经》主张“立象尽意”，就是建立以物自身的逼真形象，来类分万物，并穷尽意义。除了“象”，《易经》还论述了数、辞这些东西。《易经》的核心内涵由太极、两仪、四象、八卦这些衍生力极强的“物”之类别之相互关系构成论说。这些类别看起来有限，但能“变”，有了太极生两仪，两仪生四象等“生”的逻辑，有

① Douglas, *Natural Symbols*, p.12.

了多到四千多种的“象数”，各自跟物与人生的命运紧密关联。如《易传》所说，古人主张“仰则观象于天，俯则观法于地，观鸟兽之文与地之宜，近取诸身，远取诸物”。以西学来看这些符号学行动，它们都可以被当作“自然象征”来看待。从西方符号学来看，《易经》里的那些符码，乃是符号，是指代世间万物的“能指”。这一点固然有其道理。然而，“立象尽意”的内涵显然不同于“symbol”。对于古代中国人而言，所谓“符号”不只是符号，属于不能与人分割的“物”。“仰观天象”等符号学行动，并没有像西方的“symbol”所规定的那样，先将东西分为两半，以其中的一半替代另一半，更没有建立统合万物的人类中心主义的企图。相反，如《文心雕龙·原道》篇所说，古代中国的符号学行动，更接近于对《原道》的贴近：

> 文之为德也大矣，与天地并生者何哉？夫玄黄色杂，方圆体分，日月叠璧，以垂丽天之象；山川焕绮，以铺理地之形：此盖道之文也。仰观吐曜，俯察含章，高卑定位，故两仪既生矣。惟人参之，性灵所钟，是谓三才。为五行之秀，实天地之心，心生而言立，言立而文明，自然之道也。

古代中国智慧中，对于“自然之道”而非“自然想象”的偏重，证明主客二分在这个文化中并不重要。这个偏重，亦表现于“人物”这个观念中。讲到有一定重要意义的人，古人不用将人独特化的词汇，而以“物”来形容人的价值，比如，把士大夫说成是“孺子牛”，把人的最高体验说成是对草木自己的感觉，就是要求人融入物中，成为物再成为人。

中国人的“人的观念”，曾受到西方人类学家的关注，但他们关心的主要是包括“面子”在内表现“集体的人”的观念，并没有涉及“人物”。

在一个相对混沌的世界观和符号学传统中，“相似”解释了一切，人们没有感到需要在“相似”之物之间寻找原初的合一（因为那是自然而然的）。自然之声，与人类语言，没有二分为分类－话语或世界－本相，更无须在二者之间寻找接合纽带。在古希腊早期，这么一种心境，恐也是存在于西方的。但当阿伦特（Hannah Arendt，1906—1975）在《人的状况》一书中论述的城邦成为主流之后，分类－话语就成为人的政治存在的核心表现，此后，想象分类－话语与世界－本相之间关系，成了西方哲学家的主要思维习惯。伯恩斯坦钟情于知识分子的“elaborated code”，道格拉斯钟情于天主教仪式的“grid”，延续的恰是分类－话语与世界－本相二元对立统一的世界观。中国的“易象论”促成了一种

“沉默的语言”，这种以象形文字为表征方式的“沉默的语言”，可以被道格拉斯等同于“group”。然而，它的秩序构化方式，却不应被忽视。

在“象”的传统中，人们形成“不求甚解”的理解方式，对于分类－话语与世界－本相之间是否须完美接合，不加以缜密的思索。这种符号学，强调的是上述所谓的“相似性”，它的这一“不求甚解”的态度，对于我们理解符号－话语与世界－本相之间难以克服的不对称关系，是一种珍贵的启示。

怎么理解这一说法呢？请允许我做一个联想。倘若地图是一种由浓缩的符号组合而成的象征，那么，我们便可以借它来解释“象”的观念在符号人类学中具有的意义。比较现代地图与古代地图，人们一定会说，现代地图比古代地图准确。然而，事实是，尽管现代人期待地图与其表现的“地理本相”完美接合，但这种土地永远不可能存在——最完美的地图，只能是“地理本相”自身。在以“象”的观念为基础的符号学传统中，地图难以完美地与“地理本相”接合的特性得到了充分的承认，地图的绘制者转而追求这种表征的“神似”（而非对于本相的细致刻画）。“形似”与“神似”的结合，组成一种“象”的相似性原理，使古代中国的地图，既更抽象，又更逼近“地理本相”的内在逻辑。而我们可以说，这便是《文心雕龙》所说的“自然之道”。《文心雕龙》说“为五行之秀，实天地之心，心生而言立，言立而文明，自然之道也”，意思是说，符号和语言文字体系，乃立于“天地之心”，这种奠定在“天地”基础上的符号与语言文字体系，成为文明；从物的世界衍生而来的文明，是自然而然的事情。“象”便是“天地之心”（而非天地本相）。

第十一章

文字的魔力：关于书写的人类学

> 最近有一两个作者将文字贬低为教士与统治者集团用来奴役更有用的劳动者的工具。这件事是真的。但倘若没有文字，那么，这些作者也不可能为我们揭示不公平的现实了。无疑，这些作者若是想对不公平论个是非曲直，那也需要凭靠文字。①

文字学家迪令格尔（David Diringer，1900—1975）60多年前著述《字母：人类史的一把钥匙》一书，剑桥大学考古学教授敏斯爵士（Sir Ellis Minns，1874—1953）为他写了序言，其中，提出了以上观点。

敏斯并未详细解释缘何文字与文字的批判者都需凭靠文字，而作者迪令格尔也未直接触及文字的价值问题，但按我的理解，《字母》一书的书写，意在表明：人类自有所谓“文化”以来，就有了文字。这也就意味着，文字很可能先于集权政体与阶级产生，也因此，它成为统治者与知识人无法摆脱的“文明母体”。近代以来，不少知识人越来越相信文字与不平等之间存在密切关系，甚至相信，是后者（社会的不平等）造就了作为统治文化的文字，这就使文字蒙上了一层阴影。

就文字史而言，人类学不幸可以充当敏斯此一观点的一个“脚注”。

在19世纪中期—20世纪初，这门学科对于文献与文字学十分关注；“摇椅上的人类学家”不仅通阅文献，而且借助文字学对于不同文化（或文明）之间的关系加以“猜测”。20世纪初以来，人类学家对于“摇椅上的人类学家”的所作所为加以批判，认为凭靠文献与文字，人类学家做的，不过是对于历史的猜想；若

① Ellis Minns, “Foreword” , to David Diringer, *The Alphabet: A Key to the History of Mankind*, New York: Philosophical Library, 1948, p.xi.

要做符合人类文化实在的研究，要理解文化的真面目，人类学家就必须亲身进入“原始社会”，目睹其生活方式，聆听其口述的传奇。正是在这个所谓“方法论革新”的年代里，人类学家越来越偏重于只有口头语言而没有文字的社会的研究。本来，他们研究的社会再“原始”，也会有自己的文字或受到文字体系的影响，[①]但他们却总是相信，口头语言比文字记述的东西更为可信。将文字与文明社会的意识形态密切关联起来，使多数人类学家对之保持警惕。在人类学家看来，文字似乎总是与不平等的思想与政治统治相结合，不反映“原始人淳朴的原貌”，“原始人淳朴的原貌”以口头语言为特征，这是比文字更为直接而真诚的交流工具。

以20世纪最伟大的人类学家列维－施特劳斯为例，他在其《忧郁的热带》中明确否认书写文字之发明给人类带来的好处。列氏否定文字有“前事不忘后事之师”的作用，认为文字的历史，总是与城镇和帝国的历史相关，本身是国家文明史的组成部分。作为早期国家统合社会、划分阶级的工具，书写文字是“用来做剥削人类而非启蒙人类的工具”，文字“用作智识及美学上的快感的源泉等，是次要的结果”。[②]

“看透”文字的本性之后，人类学家淡忘了一个事实：若说文字的记述有其虚假面，那么，这个“虚假面”也存在于人们的口头表达中。历史学家往往不把口头表达当回事，那是因为他们认为只有文字记述的东西才是“证据”，而近期亦有专供口述史的人类学家指出，口述者常常会为了自身叙事的权威性，而不顾事实依据。[③]

另外，如敏斯指出的：学者指责文字的不公正，但他们为了表达这个观点，亦无法摆脱文字这个工具。

人类学家书写民族志，声称依据的是他们自己的观察与被研究者自己的口头表达，可民族志还是用文字写的。人类学家没有意识到，正是民族志传统的创造导致了一个不公正的后果——民族志文字对于所有其他文字的排斥。这一排斥，典型地表现在作为后现代主义人类学经典的《写文化》一书中，“写文化”（writing culture）[④]的意思是说，人类学是一种书写的实践——虽说人类学描述

---

① Jack Goody, ed., *Literacy in Traditional Societies*, London: Cambridge University Press, 1968.

② 列维－施特劳斯：《忧郁的热带》，王志明译，385页，北京：生活·读书·新知三联书店，2000。

③ Elizabeth Tonkin, *Narrating Our Pasts*, Cambridge: Cambridge University Press, 1992.

④ James Clifford & George E. Marcus, eds., *Writing Culture: The Poetics and Politics of Ethnography*, Berkeley: University of California Press, 1986.

他人的文化，但他们自己的描述也构成一种文化。《写文化》承认人类学是书写的实践，却没有承认，这一书写的实践是与其他抒写的实践同时存在、互相映照的；更没有承认，民族志的失败，恰常与其作者漠视其他抒写实践之存在的这一事实相关联。

无疑，人类学中还是有关于“识字”（literacy）的跨文化研究[①]与社会结构研究[②]。不过，这些关于“识字”的研究，并非对“字”本身的探究。当我们把“字”自身的研究改换为“识字”的研究，必然忽略“字”自身的意义研究，因过度强调“识字”是社会－政治过程的反映，特别是因如列维－施特劳斯那样过度强调“扫除文盲的战斗和政府对公民的权威的扩张紧密相连”，[③]而忘却了“字”自身的历史古老性及对于这一历史古老性的研究潜在的对于人类学研究的启示。

一、无文字主义

人类学表达形式有别，但有别的人类学，却或多或少带有“无文字主义”色彩；即使是在有文字的文明社会的人类学研究中，“无文字主义”也找到了自己的位子。于此，将现代人类学原理付诸乡土中国研究实践的费孝通在《乡土中国》[④]一书中的有关讨论，可谓是个例证。《乡土中国》有一个论点是，无文字的乡野（即西方人类学家所说的不同于“文明”的“原始”“野蛮”“未开化”社会）是先于有文字的文明存在的，而若说中国社会有什么延续性，那么，它正表现在乡土社会对于无文字性上。在费孝通看来，乡土社会的一个特点，就是这种社会的人是在熟人里长大的，他们构成“面对面的社群”。在“面对面的社群”里，人之间交流的主要方式是语言而不是文字。费孝通认为，对于“面对面的社群”而言，文字的传情、达意作用是不完整的，文字本质是“间接接触”的符号手段。文字的信息不完整性与间接性，使其自身在传情达意方面存在无可补救的缺陷。人们在利用文字时讲究文法，讲究艺术，都是为了避免文字的“走样”。

---

① Brian Street, ed., *Cross-Cultural Approaches to Literacy*, Cambridge: Cambridge University Press, 1993.

② Harvey J. Graff, *The Literacy Myth, Literacy and Social Structure in the Nineteenth Century City*, New York: Academic Press, 1979.

③ 列维－施特劳斯:《忧郁的热带》，386 页。

④ 费孝通:《乡土中国》。

现代交流工具如电话、广播、传真等，都是为了弥补文字的缺陷而发明的；当这些技术发达之后，人们可以更直接地通过这些媒体用口语交流，此时文字的必要性就成了问题。从这个角度看，只有口语而没有文字的乡土社会，不仅不是"愚"的表现，而且还接近于发达社会的特征。①

在费孝通看来，在乡土社会里，文字既有缺陷又无必要，对于乡土社会"面对面的社群"而言，"连语言本身都是不得已而采取的工具"；在有语言之前，人们是靠象征来交流的，而无论是象征，还是语言，都是"社会的产物"："因为只有在人和人需要配合行为的时候，个人才需要有所表达；而且表达的结果必须使对方明白所要表达的意义。所以象征是包括多数人共认的意义，也就是这一事物或动作会在多数人中引起相同的反应。因之，我们绝不能有个人的语言，只能有社会的语言。"②

从语言演化到文字，原因是社会规模的扩大。在无需文字的"面对面的社群"里，人们可以使用"特殊语言"来交流，而"特殊语言"就是指有着相同经历的人使用的象征，其特点是除了这种语言存在的特殊生活团体，语言便无法理喻。随着人群的扩大，为了使更多人相互理解，语言必须趋于简单化，舍弃本有的其他面对面的表达方式，如"眉目传情""指石相证"等。

费孝通对于"文字下乡"的论述，与人类学关于"识字"的论述一脉相承。费孝通并无批判文字的意图，他的论述，回应的是20世纪前期中国的"扫盲运动"，但如他所说，他"决不是说我们不必推行文字下乡"，相反，作为现代主义者，他认为，"在现代化的过程中，我们已开始抛离乡土社会，文字是现代化的工具"，他用同情的眼光看待无文字的乡土社会，意图在于"要辨明的是乡土社会中的文盲，并非出于乡下人的'愚'，而是由于乡土社会的本质"③。

在《再论文字下乡》里，费孝通进一步从人的生活、学习、记忆等方面诠释了语言与社会生活的密切关系，对于"词"演变到"字"又做了以下说明：

> 在一个每代的生活等于开映同一影片的社会中，历史也是多余的，有的只是"传奇"。一说到来历就得从"开天辟地"说起；不从这开始，下文不是只有"寻常"的当前了么？都市社会里有新闻；在乡土社会，"新闻"是稀奇古怪，

① 费孝通：《乡土中国》，8—13页。

② 同上，12页。

③ 同上，13页。

> 荒诞不经的意思。在都市社会里有名人，乡土社会里是“人怕出名，猪怕壮”。不为人先，不为人后，做人就得循规蹈矩。这种社会用不上常态曲线，而是一个模子里印出来的一套。
>
> 在这种社会里，语言是足够传递世代间的经验了。当一个人碰着生活上的问题时，他必然能在一个比他年长的人那里问得到解决这问题的有效办法，因为大家在同一环境里，走同一道路，他先走，你后走；后走的所踏的是先走的人的脚印，口口相传，不会有遗漏。哪里用得着文字？时间里没有阻隔，拉得十分紧，全部文化可以在亲子之间传授无缺。[①]

然而，费孝通面对一个问题，不同于人类学家笔下的“原始社会”，中国社会显然是有文字的。那么，我们如何解释这个所谓“无文字的乡土社会”文字系统的发达？费孝通的回答是：

> 中国社会从基层上看去是乡土性，中国的文字并不是在基层上发生。最早的文字就是庙堂性的，一直到目前还不是我们乡下人的东西。我们的文字另有它发生的背境，我在本文所需要指出的是在这基层上，有语言而无文字。不论在空间和时间的格局上，这种乡土社会，在面对面的亲密接触中，在反复地在同一生活定型中生活的人们，并不是愚到字都不认得，而是没有用字来帮助他们在社会中生活的需要。我同时也等于说，如果中国社会乡土性的基层发生了变化，也只有发生了变化之后，文字才能下乡。[②]

早在20世纪30年代，费孝通已翻译过马林诺夫斯基的著作，后又亲赴伦敦师从于他，其《乡土中国》带上了马氏理论的深刻烙印。他认为，在乡下人里，语言能充分满足人的需要，所以，他们只懂得语言，而不识文字。他把语言排成语言－文字－语言三段式，认为无论是古老的语言还是未来的电子通信，都是口头性的、工具性的，比起作为间接的语言的文字而言，更接近于实用的技术，这就十分接近马林诺夫斯基对于巫术－宗教－科学的论述，后者认为，巫术与科学一样，是技术性的、理性的，而宗教则不同，这种高高在上的庙堂与经典“大传统”，与人的基本需要关系不大。[③]

生活于一个有文字的文明，费孝通对于文字的社会价值必有深刻认识，在其

---

① 费孝通:《乡土中国》，29—30页。

② 同上，30页。

③ Bronislaw Malinowski, *Magic, Science, and Religion, and Other Essays*, New York: Free Press, 1948.

同时期发表于《皇权与绅权》一书中的论述里，他表露出一个不同于《乡土中国》的观点，即，士大夫是“文字造下的阶级”，且耗费大量笔墨，渲染文字对于士大夫自我认同与政治地位的意义。[①] 然而，在论述乡土社会的识字问题时，费孝通则采取一种“无文字主义”观点，认为存在的就是合理的，又依马林诺夫斯基巫术–宗教–科学三段式来理解语言与文字的历史关系，用口语–文字–口语三段式来理解文字史。这种按照人类“基本需要”的图式来解释文字的历史局限性的做法，显然有别于按照中国文明的基本特质来理解士大夫与文字的直接关系的做法；后者更接近历史学，前者则更接近人类学。作为人类学家的费孝通，因倾向于将口语视作对于社会交流自始至终有用的工具，而无意中得出了一个与一般西方文字史观相同的结论，即口语是文字语言的基础和未来。如此文字史观，前提预设是，世界上最先进的文字是语音文字，因为只有这种文字才真切反映口语的实际。

《乡土中国》让人深感，作为人类学家的费孝通，在试图真切体会“无文字的乡土社会”的优点时，有意无意地借用了人类学对于“不公正的文字”的批判观点，从而在一个有文字的文明社会中复制了无文字的部落社会的形象。

二、巫术作为文字的源头

人类学研究要改弦更张，应重新认识文字的文化意义，而要重新认识文字的文化意义，则应回到诸如《字母》那样的书里。[②]

《字母》一书分“书写的非字母体系”与“字母文字”两大部分，对世界诸文明的文字加以详细介绍。作者迪令格尔身处“字母文字”文明，对于这一书写体系，难以避免地有一种“文化自恋”心态。他认为，相比于“非字母书写体系”，“字母文字”是“最高度发达、最方便使用、有最高适应力的文字”。[③]“字母文字现在被文明民族普遍采用”，这是因为这种书写形式便于儿童学习，相较于诸如汉字这样的“非字母文字”，更易于把握。迪令格尔与不少近代学者一样，将“字母文字”的方便性等同于它的优势，在论述其优势时说：“没有一个汉学家认识约有 45,000 个之多的汉字符号。中国士人一般只掌握大约 9,000 个字，这

① 费孝通、吴晗等:《皇权与绅权》，天津：天津人民出版社，1983。

② Diringer, *The Alphabet: A Key to the History of Mankind.*

③ Ibid., p.37.

已是大为便捷了；而若是只有 22 或 24 个符号，那事情该有多简单啊！”[①] 迪令格尔还认为，“字母文字”远比“非字母文字”更易于跨文化传播，对于文化内部而言，“字母文字”也更便于普及，更易于使文字脱离祭司之流的上等阶层，实现社会的文明化。

认定“非字母文字”先于“字母文字”，意味着认定“字母文字”比“非字母文字”先进。与一般现代文字学家一样，迪令格尔在这一点上流露出了他的西方中心主义文明观。然而，迪令格尔还是有别于一般现代文字学家，他的著作有三点引起了我的关注：

> 1. 在论述“最先进”的欧洲字母文字的起源时，迪令格尔指出，如果说古希腊文字是欧洲文字的根的话，那么，这个“根”并不是单独存在的，它深受希腊周边部落之影响。而“字母文字”不仅不是欧洲自身的发明（它分布于远比欧洲更广阔的欧亚大陆各文明中），而且最接近现代“字母文字”的字母，多数发源于亚欧之间的文明板块。
>
> 2. 将“非字母文字”放在先于“字母文字”的历史阶段上，迪令格尔还有一个有别于一般现代文字学家的意图：他试图论证一个看法，文字文明发源于更接近于原始文化的“非字母文字”中。
>
> 3. 迪令格尔《字母》一书，核心篇章论述了世界不同文字体系的历史沿革，但其导论，则提出了一个具有更广泛影响的论点：文字与巫术、艺术、算术及交流的符号途径同源。

以上三点有各自的重要性，而此处，我们尤其应关注其中的第三点。

多数现代语言文字学家采取语言 - 文字 - 语言三段式来解释人类文明史，认定在人有文字之前必然有一个只有用声音来表达和交流的漫长的“原始阶段”。不同于一般的观点，迪令格尔认为，要深入研究文字史，就要看到，在“语音书写”（phonetic writing）之前，存在过几个“非语音书写”的阶段。迪令格尔承认，“非字母书写体系不总是早于字母文字”，而常常是与字母文字同时发生的，且可能持续存在到现代，因而，对文字史进行阶段性的划分，本身含有高度的不确定性。不过，为了清晰地表明自己的论点，他强调，文字的原初发育经历了几个阶段，包括“胚胎文字”“绘画文字”与“语音文字”。关于“绘画文字”，迪

① Diringer, *The Alphabet: A Key to the History of Mankind*, p.37.

令格尔主张，人们往往将单个的原始图画或图形形容为“绘画文字”，其实，多数原始绘画文字，是由不同的图画或图形组成的，为了将图画或图形组合成“句子”，原始人一般会用抽象的线条将这些单个的元素联系起来。在“图画文字”和“表意文字”里，描绘的符号与用声音表达的“名”之间没有关系，这到了“语音文字”阶段，则出现了变化，此时，“书写成为记录话语的图形性表达方法”，[①]文字进入了一个高级阶段。迪令格尔认为，最原始的文字是“胚胎文字”，它们可包括岩画阶段作为“交感巫术”（sympathetic magic）的偶像绘制、结绳记事及传递信息过程中用的“符”，其中，偶像绘制是核心的。偶像绘制阶段与图画文字是连续的，它是文字的最早阶段。在这个阶段中，文字与巫术及艺术是没有区分的。作为最原初的文字的岩画，在世界各地广泛地分布着，这种原始文字，有的表示动物，有的表示几何图形或实物，通常出现在洞穴中的岩石上，自旧石器时代晚期起，在世界各地均有出现。

迪令格尔指出，文字与绘画不分这一事实，在古代埃及与希腊用来表示文字的词汇中得到印证。古埃及表示文字的词是“s-sh”，古希腊表示文字的词是“graphein”，无论是前者还是后者，都有双重含义，即“文字”与“图画”。迪令格尔用“交感巫术”来解释原始图画文字的作用，指出，原始人创作岩画，“可能的目的在交感巫术或仪式方面”，[②]原始文字不被用来记载重要事件，也不被用来表达观点。

迪令格尔采用的“交感巫术”概念源于古典人类学家弗雷泽的《金枝》，在该书中，弗雷泽指出，“交感巫术”包括两种，其中，一种基于“相似律”，以比拟或模仿为方式施展巫术，此类巫术可称“模仿巫术”，另一种基于“接触律”，通过对一事物的某一部分或与一事物相关的东西来施展巫术，以期影响该事物，此类巫术可称“接触巫术”。[③]迪令格尔并未对到底原始图画文字如何作为“交感巫术”起作用进行具体论述，但一般将岩画与生活于旧石器时代的狩猎人的萨满巫术相联系，认为狩猎巫术有“神秘参与”的力量，或是为了回归“无时间”的神话状态所施行的，或是为了安抚即将被猎杀的猎物举办的仪式。

书中，迪令格尔未对作为“交感巫术”的“胚胎文字”加以详细论述，但他借助考古资料明确表明，巫术时代已存在文字，其时，“胚胎文字”离人们的生

---

① Diringer, *The Alphabet: A Key to the History of Mankind*, p.36.

② Ibid., p.22.

③ 弗雷泽：《金枝》，上卷，汪培基、徐育新、张泽石译，75—91 页，北京：中国民间文艺出版社，1987。

活并不远，是人们赖以与万物沟通并获得自身生计的工具，抒写这些文字的人，多为巫师。巫师并不以施展书写的技艺来迎合统治者的政治需要，其书写的技艺，全然与常人的生活相关。另外，迪令格尔还表明，语音文字的前身字母，也起源于象形文字，且是借用部落文化的符号得来的；起源时代的文字，与所有象征表达不可区分，尤其是与艺术、记数和财产标记相通。

迪令格尔的《字母》一书，更集中于呈现世界诸文明文字的衍化进程，文字兴发于巫术这一观点，不过是他进入文字史叙述的“入口处”。不过，也正是因为他选择了这个特殊的“入口处”，所以他的文字史观才有了自己的境界。

迪令格尔不否定在他所谓的“胚胎文字”与相对系统化的书写体系之间存在的鲜明差异，但他重视从二者之间的连续性看待文字史。他表明，世界诸文明的文字体系，起初要么与祭祀有关，要么与占卜有关，要么与非常事件的记录有关。这一事实表明，“胚胎文字”的巫术力量在系统的文字出现中依旧保持着。

此外，虽然迪令格尔相信语音文字是世界上最便捷、最“文明”的，但是，他的具体论述的前提预设，却不同于一般文字史，他不用“否定之否定”的观点来认识历史，不认为处在“原始”“乡土”状态下的人只有口语，而认为，运用“胚胎文字”这样的象征符号，是人类自古以来普遍具备的“能力”。

我认为，至少在上述两个方面，迪令格尔的看法深有启发。

对于迪令格尔触及的“胚胎文字”意象，中国文字学家并不陌生。在费孝通写作他的《乡土中国》之前，陈梦家（1911—1966）已于1943年在其《中国文字学》一书中指出：“我们从文字发展的历史，知道愈古的文字愈象形，愈接近于图画，因此文字之前身是图画，是从图画中蜕变而来的。”[①] 与迪令格尔不同，陈梦家主张，原始的、自然生发的文字不止于图画，而有形符文字与音符文字两类；与迪令格尔不同，他还在图画与文字之间做更鲜明的区分，将文字视作比图画更为具有“民族性”的符号体系。[②] 不过，虽有这些不同，但陈梦家与迪令格尔对文字史的一个重要方面的看法是一致的。陈梦家引用汉及汉以前的文献指出，古代中国“文字”的名称经过三个时期，第一个时期，文字称为“文”，第二个时期，文字称为“名”，第三个时期，文字称为“字”。他还指出，“文”“名”“字”分别代表“象形”“音读”与“形声相益”。也就是说，依照事

① 陈梦家：《中国文字学》，253页，北京：中华书局，2006。

② 同上，255页。

物的形象书写或“绘制”出来的符号叫作“文”，这是最早的文字，这种文字后来得到了音读，成为“名”，汉字的最后形态是在“文名合一”中得到意义的形声字。陈梦家还引用仓颉造字等说，呈现了汉字萌芽时文字与占卜、农工之事及社会分工、祭祀等之间存在的密切关系。[①]在文字起源于图画及早期文字的用途两个方面，陈梦家与迪令格尔的观点不谋而合。

三、占卜与文字的通神明、类万物作用

> 《易经·系辞下传》说：古者包牺氏之王天下也，仰则观象于天，俯则观法于地，观鸟兽之文，与地之宜，近取诸身，远取诸物，于是始作八卦，以通神明之德，以类万物之情。作结绳而为网罟，以佃以渔，盖取诸离。包牺氏没，神农氏作，斲木为耜，揉木为耒，耒耨之利，以教天下，盖取诸益。日中为市，致天下之民，交易而退，各得其所，盖取诸噬嗑。神农氏没，黄帝、尧、舜氏作，通其变，使民不倦，神而化之，使民宜之。易穷则变，变则通，通则久。是以自天佑之，吉无不利，黄帝、尧、舜，垂衣裳而天下治，盖取诸乾坤。刳木为舟，剡木为楫，舟楫之利，以济不通，致远以利天下，盖取诸涣。服牛乘马，引重致远，以利天下，盖取诸随。重门击柝，以待暴客，盖取诸豫。断木为杵，掘地为臼，臼杵之利，万民以济，盖取诸小过。弦木为弧，剡木为矢，弧矢之利，以威天下，盖取诸睽。上古穴居而野处，后世圣人易之以宫室，上栋下宇，以待风雨，盖取诸大壮。古之葬者，厚衣之以薪，葬之中野，不封不树，丧期无数，后世圣人易之以棺椁，盖取诸大过。上古结绳而治，后世圣人易之以书契，百官以治，万民以察，盖取诸夬。[②]

这段文字本论述华夏诸种技术及文明生活形态生成的过程；其有关“发明”的观念，可谓是文化英雄主义的，其中，包牺、神农、皇帝、尧、舜、“后世圣人”，被列为八卦、农工商、舟楫等交通手段、建筑及书契的发明者。[③]

《易经》没有将文字割裂于其他技术（这里的“技术”是广义的），而是将之

---

① 陈梦家：《中国文字学》，250—251页，北京：中华书局，2006。

② 吴怡注译：《易经系辞传解义》，139—146页，台北：三民书局，1995。

③ 固然，我们不应轻信文中所言，相信古代的发明是个别的王或圣人的作为，而应关注到所有的发明，都与文化间知识的流动有密切关系，从这个意义上讲，发明者的伟大之处在于他们本身是传播中的思想接受者与发挥者。

放在一个文化整体里论述。但许多文字学家从这段文字中读出了中国文字史的基本进程。陈梦家即取“古者包牺氏之王天下也，仰则观象于天，俯则观法于地，观鸟兽之文，与地之宜，近取诸身，远取诸物，于是始作八卦”，及“上古结绳而治，后世圣人易之以书契，百官以治，万民以察，盖取诸夬”两段指出：“文字发展的次序，先后包牺氏的八卦，进而为神农氏的结绳，更进而有仓颉的书契……八卦、结绳、书契三事，是由简单而渐趋于繁复。”[①] 陈梦家说，包牺、神农、仓颉都是“圣人”，但我们从“古者包牺氏之王天下”一句可见，这些“圣人”，同时能“王天下”，且其之所以能够如此，乃因有文化上的奠基性贡献，其中，文字创造上的贡献是极其关键的。从《易经》罗列的圣人名单可以看出，包牺、神农等这一类，都是有名号的，而“后世圣人”则是一个统称。这一差异到底出于何种原因？兴许是因为相比于八卦与结绳这种“原始文字”而言，书契更加繁复，于是，须由专业化的“圣人”而非圣王合一的“圣人”来制作。假使这个猜想得到证实，则另一个推论亦是可行的，那就是，上古文字的衍化过程，经历了从圣王不分的阶段到圣人－王者开始出现分化的两大阶段，这个转变也就是“士”这个“文字阶级”的出现。固然，我认为另一种可能也是存在的，那就是，包牺、神农、皇帝、尧、舜这些古代王者的名号都只不过是时代的标志，说他们发明了什么，就是说他们那个时代产生了什么，在那个时代的“圣人”替他们做了什么。从这个可能看，陈梦家的说法也是准确的。

文字学家多用狭义的文字定义来理解《易经》上述记述的内容，认为，无论是八卦、结绳，还是书契，都不是严格意义上的文字，它们只不过是文字的前身。因而，陈梦家在借助《易经》来论述中国文字史的早期时，着重指出，八卦明显与占卜有关，而结绳与书契，都只不过是古人交换中使用的券契符书。[②]

然而，我们不应因文字学家对文字与“非文字”有严格界分，而轻视二者之间的关系。

不同文化的“原始文字”会制约其后来的文字特点，这一点在文字学中是得到承认的。埃及人、阿兹特克人、玛雅人的原始文字，主要内容是国家的历史记事和祭祀方面的，其早期特征是图画的，记述充斥专有名词，后来这些文明也保留了图画文字和专有名词的特征。晚期的埃及宗教祭祀文献保留的埃及圣书体文

---

① 陈梦家：《中国文字学》，250—251 页。

② 同上，251—253 页。

字，信奉伊斯兰教的各族人民的文献中保留的古阿拉伯文，天主教文献中保留的古拉丁文，东正教祭祀文献中保留的教派式斯拉夫文，也都是祭祀文字的延续影响的证据。而苏美尔人的早期文献，主要涉及经济计算，其图画文字较早分解为单个的表词字符号（数字符号加图画符号），这使后来的苏美尔文字有鲜明的表词字特征。①

中国古文字，显然有国家记事、祭祀及经济计算的综合性，如果说“正式的汉字”之前身，为八卦与结绳 – 券契符书，那么，这两种形态的“原始文字”，同样会在“正式的汉字”中留下深刻的印记，甚至影响其特征之形成。而因八卦先于结绳 – 券契符书出现，它才是中国的“原始文字”，它对于“正式的汉字”影响也广受关注。

对于古代中国占卜文字在文明兴起的阶段中起到的延续作用，考古人类学家张光直做了系统的阐述。在《文字——攫取权力的手段》一文中，张光直考察了早期中国文字的流变。张氏的观点，深受列维 – 施特劳斯的启发，后者除了阐述文字与国家的紧密关系，还说，“每个人都要识字，然后政府才能说：对法律无知不足以构成借口”。②张文指出，中国史前遗址出土的陶器上有不少带符号刻画，这些刻画常被识别为数字和作坊的徽记，其实，它们中的相当大部分，是“赋予亲族政治和宗教权力的符号”——族徽。“文字的力量来源于它同知识的联系；而知识却来自祖先，生者须借助于文字与祖先沟通。”③张光直解释说，史前文字作为“族徽”这一事实表明，“知识由死者所掌握，死者的智慧则通过文字的媒介来显示于后人”。④这种古老的知识观持续影响了商周王朝，其时，“有一批人掌握了死者的知识，因而能够汲取过去的经验，预言行动的后果”。⑤这里张光直所指显然是知识阶级前身——巫师，他认为，这一知识阶级的前身，是文字诞生的历史的缔造者。有必要指出，张光直笔下的早期知识阶级，不是一般意义上的巫师，而是占卜的专门家。占卜师服务于王，如在商代，他们替商王卜问非常事的宜忌，占卜的结果，来自逝去的祖先的智慧，占卜师也会记录占卜的结果以备查询之用。商代的占卜有几道程序。一开始占卜师代表商王卜问，进行

---

① 伊斯特林：《文字的产生与发展》，左少兴译，557—558 页，北京：北京大学出版社，1987。

② 列维 – 施特劳斯：《忧郁的热带》，386 页。

③ 张光直：《文字——攫取权力的手段》，见其《美术、神话与祭祀》，88 页，台北：稻乡出版社，1993。

④ 同上。

⑤ 同上，89 页。

甲骨占卜，观察裂纹，做出吉凶判断，接着，他们刻辞，再将甲骨编入档册。张光直认为，在商代已出现占卜师与专司刻辞的卜官的分工，后者“可能是唯一会文字书写的人，而贞人和卜人只需集中精力从事宗教活动”。[①] 尽管有这些分工，但从事占卜的不同人群构成了一个神职人员阶层，他们既是巫师又是史官。

不少文字学家承认，在世界众多文字体系中，汉字是与原始“胚胎文字”（尤其是“图画文字”）最有继承关系的一种。而在我看来，张光直对中国文明的考古学研究则补充指出，汉字的延续性与中国文明整体的延续性是两相映照的。张光直认为，国家起源于原始社会向阶级社会的转变中，这个转变是世界性的，但在不同地区有不同的实现方式。西方式的文明是断裂性的，而以中国为代表的另一种方式（主要包括亚洲与美洲方式），则是延续性的，前者的特点是文化与自然的割裂，而后者则建立于二者的巫术式联系关系之上。张光直认为，萨满巫术在中国文明起源中占有基础性地位。在原始时代，萨满巫术为任何人所用，人们借助巫的帮助与天相通。[②] 国家兴起之后，为了“攫取权力”，统治者割断了百姓与天地交通的渠道，自身控制了沟通天地的手段，通过握有统治的知识，来掌握权力。因之，巫成为宫廷中的成员。[③]

在王与巫之间关系的论述上，张光直有自相矛盾之处：他一面认为，巫是一个掌握祖先与“天”的智慧的群体，另一面则又认为，三代王朝的王，是“巫的首领”。不过，在文化这一方面，张光直则一贯主张萨满巫术理论。与迪令格尔一样，他认为艺术与文字同源，都是原始巫术的组成部分。原始人普遍借助我们今日称之为“艺术”（包括“原始文字”）的手段来沟通天地，与非人的物的世界形成纽带。国家出现之后，这一手段成为王者攫取权力的方法。例如，商周艺术中的动物纹样是巫觋沟通天地的主要媒介，因之，对带有动物纹样的青铜礼器的占有，就意味着对天地沟通手段的占有，也就意味着对知识和权力的控制。

张光直的观点，深得《易经》的启发。《易经》说：“古者包牺氏之王天下也，仰则观象于天，俯则观法于地，观鸟兽之文，与地之宜，近取诸身，远取诸物，于是始作八卦，以通神明之德，以类万物之情。”[④] 作为“原始文字”，八卦自身是天地万物的纹样，是世界的抽象，其作用在于“通神明之德”“类万物之

---

① 张光直：《文字——攫取权力的手段》，见其《美术、神话与祭祀》，92页。

② 同上，147—157页。

③ 同上，53—82页。

④ 吴怡注译：《易经系辞传解义》，139—146页。

情”。《易经》的“王天下”这三个字，也在张氏的理论解释中留下了深深的烙印。将最早的、有系统的书写文字，与“王”紧密联系起来，使张光直忽视了问题的另一面：尽管上古中国部分通天巫已服务于早期国家的事务，但对于同一阶段的巫医、巫舞的研究则表明，握有书写文字技术的巫，亦持续地通过“生育巫术”服务于一般人类群体所必需的种族繁衍事务，并保持着其出世的“浪漫文学”色彩，这一色彩的局部，可为国家祭祀所用的礼乐制度所运用，但也有自身“浪漫文学”的自主性。①

敏斯若是健在，一定会对张光直的学说给予双重评价。一方面，这个学说与其推荐的迪令格尔“文字兴于巫术论”相互印证，对我们理解文明的原始之根，提供了延续而非断裂的解释；另一方面，这个学说因基于考古学及结构人类学的文明观，而将文明直接与国家的起源相联系，致使其“文字兴于巫术论”成为国家权力论的附注，即使采用一种延续性的文明起源解释，仍旧赋予这个延续性一个过于鲜明的断裂线条。

与费孝通“文字下乡”意象中的“乡土中国无需文字说”相比，张光直的文字学论述有其明显的优点。这位注重文明史研究的考古人类学家，并没有因为人类学注重研究无文字社会而在研究中国时牵强地找出一个无文字社会的局部来形容中国这个整体，而是能够集中于探究这个有文字的文明体系文字的功用。然而，虽则如此，他的解释却依旧有一个地方与费孝通的看法相近。在张光直的笔下，文字本源于巫术，且为一般人民所运用，但到了上古国家兴起之时，它便被抽离出这个原本的土壤，而成为宫廷与术士的政治工具。这个进化论考古学的演化理论，绘出了一幅知识与权力合并的文字史图像，给人留下的印象是，文字与它的巫术力量一旦被当权者垄断之后，就会离开“乡土原野”，即使是尚存知识阶级的独立性，也无以恢复其远古时代的淳朴身份了。无论是费孝通的“文字下乡”，还是张光直的“文字离乡”，都将文字形容成乡土之外的文明，都将之视作手段，而非有“能动性”的存在。

幸而，相形之下，熟知古史的张光直，兴许比社会科学家要广博得多，于是，尽管他在论证自己的观点时坚持己见，强调“文字离乡”的历程即为国家权力扩张的历程，但在具体触及文字的效用时，却未曾漠视与自己的解释相左的材料。

其实，《文字——攫取权力的手段》一文的开篇，说的是《淮南子》的一

① 周策纵：《古巫医与“六诗”考》，台北：联经出版公司，1989。

段话："仓颉作书而天雨粟，鬼夜哭"，[①] 这本成于公元前 2 世纪的书籍告诉我们，"天雨粟，鬼夜哭"这些怪异的现象都因仓颉作书而生。张光直从这个说法一下转入文字作为沟通天地的手段的论点上，却未关注到，《淮南子》一书的作者此处所言含有的一种与一般的文字观大相径庭的看法。这个看法有两个要点：其一，系统化的文字产生之后，自然界与神明界才出现了非常而不吉的现象和征兆；其二，文字是仓颉创造的，但自从它出现之后，就出现了"异化"，摆脱了人，自身成为一种"魔力"，以至于能够导致包括"天雨粟，鬼夜哭"之类的危机征兆。

《淮南子》对文字施加的"妖魔化"表明，长期以来，在中国文明中也存在一种不同于"巫王合一"的文字观。政治权力意义上部分"游离在外"的知识人，是进行文字"妖魔化"的人物；如敏斯所言，"作者若是想对不公平论个是非曲直，那也需要凭靠文字"，这些人物也使用文字，但却不见得对文字的政治属性缺乏反思。

文字这种起"通神明、类万物"作用的交流和表达工具，除了成为王者攫取权力的手段，可以作为其他"手段"存在。除了其有辞赋般的通灵特质的"浪漫文学"价值，通过灾异的书写，来"奉天以约制皇权"，也是文字的另一种运用方式。汉代董仲舒（公元前 179—前 104）的祥瑞灾异之说，即为最重要的范例。萌芽于孔子"凤鸟不至，河不出图，吾已矣夫"[②] 等思路，到董仲舒那里得到"理论化"，祥瑞灾异之说以"天－地－人"统一的宇宙论为"逻辑"，倡导"天人感应"，为研究祥瑞、灾异与人事（政治得失）之间相关性提供了一种"因果解释"，其基本思路是，帝王为政的好坏，可凭知识阶层对于祥瑞、灾异的观察与分析来判断。如董仲舒所说："美事召美类，恶事召恶类，类之相应而起也。……帝王之将兴也，其美祥亦先见；其将亡也，妖孽亦先见。物故以类相召也。……《尚书》传言：'周将兴之时，有大赤乌衔谷之种，而集王屋之上者。武王喜，诸大夫皆喜。周公曰：茂哉！茂哉！天之见此以劝之也。'恐恃之。"[③]

将主张"屈民而伸君，屈君而伸天"[④] 的董仲舒视作汉代官方意识形态的拟定者，可能是错误的，因为他的论述，除了将天视作民意的代表，其中还包含一

① 转引自张光直：《美术、神话与祭祀》，63 页。

② 徐志刚译注：《子罕篇》，见其《论语通译》，105 页，北京：人民文学出版社，2000。

③ 董仲舒：《春秋繁露 · 同类相动》，76 页，上海：上海古籍出版社，1989。

④ 董仲舒：《春秋繁露 · 玉杯》，12 页。

种对“国家之失”的宇宙论思考，如董仲舒所说：

> 凡灾异之本，尽生于国家之失。国家之失乃始萌芽，而天出灾害以谴告之。谴告之，而不知变，乃见怪异以惊骇之。惊骇之，尚不知畏恐，其殃咎乃至。以此见天意之仁，而不欲陷人也。①

董仲舒的祥瑞灾异说，亦可谓是对占卜巫术的继承，只不过比巫术更为系统化和理论化。这一学说有深远的历史影响，到西汉末之后，为谶纬所继承。谶纬，一方面是“验”，即，以隐语、符、图、物等形式来预告人事之吉凶；“纬”，是“经”衍生出的意义解释，纬以配经，成“经纬”，谶以附经，成“经谶”。所谓“谶纬”，即贯通天人，像八卦那样“通神明、类万物”，形成一个自然与社会的统一的思想体系，用来判断人事得失。在“谶纬”里，文字依旧被当作神明的智慧与万物的纹样的表达，它固然是有宣扬天命论以维护统治者统治的作用，但也有“奉天以约制皇权”、表达民意的作用，而无论其政治作用为何，它自身的魔力是得到充分的信仰的。作为神明的智慧与万物的纹样的表达，文字自身的力量被视作是可怖的、外在于人的——它不简单是人的“手段”。

天人感应、谶纬，都同时是“理论”和“技术”，其源流悠长，不应简单归结为董仲舒之类人物的个人性创造，而应追溯到图文部分的巫术年代；这套“理论”与“技术”在汉代之后有兴衰，但在宫廷之外长期存在，尤其是在王朝更迭之时，易于星火燎原。而魏晋之后，谶纬又与道教和佛教融合，依托后者，弥散于民间，经久不衰。②

扶乩（或称扶箕、扶鸾）对于说明汉字的巫术力量有重要意义。扶乩到底起源于何时，并无确切历史记载，但一般认为，它本是占卜的变种，魏晋时期始有记载，到宋以后，则更多流行于文人官僚当中，明清时期最为普及。当时科举制度发达，几乎每府每县的城里都有箕坛，供文人扶乩问试题、功名。③扶乩出现于士人部分丧失了“奉天以约制皇权”的地位、膺服于帝国官僚体制之后，兴许既源于其道统的屈服，又与其权力的梦幻有关。不过，扶乩者的范围，似不局限于文人圈子，扶乩者可以是士大夫、道士，也可以是凡人。它的举办地点可以是

---

① 董仲舒：《春秋繁露·必仁且知》，54 页。

② David Jordan & Daniel Overmyer, *The Flying Phoenix: Aspects of Chinese Sectarianism in Taiwan*, Princeton, N. J.: Princeton University Press, 1986.

③ 许地山：《扶箕迷信的研究》，北京：商务印书馆，2004。

庙宇，也可以是家中，扶乩的时间有时与节日重合（如正月十五日），有时则视必要而定。扶乩人或称“乩人”或“扶手”，多为因与神祇有缘而能与之沟通的凡人，但也要经过一定训练和修身养性，扶乩前先准备带有细沙或灰土的木盘，将乩笔插在一个筲箕、竹圈或铁圈上。扶乩的前提是神明或历史人物附体，被附体的乩人在附体后已身成为空无，而来临的神明或历史人物则借其身，以之为载体，表达“思想”。此时，乩人拿着乩笔，因被附体而身手颤动，口中念某某神灵或人物附降在身，于是，沙盘出现一些混乱的纹样。这些纹样是一般人不能识别的灵异之象，但乩人左右有识别这些神秘符号的专家，他们将这些纹样记录下来，或现场“翻译”成常人理解的文字，而这些文字，就是神谕，经整理或附会为诗词、故事后，成为有灵验的经文。乩人为神明或人物附体，与神秘主义的感应论是一致的，而扶乩仪式中沙盘上出现的纹样，接近于上古占卜仪式中出现的纹样，这些纹样得到言辞或文字的再表达，则亦与上古占卜仪式出现的卜辞相当。扶乩得到的结果神谕，有明确的信息，也有意义比较模糊的诗词或传说，这些最终被收录于经文的集子里，成为“鸾书”。扶乩虽生发于文字高度发达的文明时代，但其中文字的界定，却依旧是巫术时代的神谕，它在明清时期之后，通常与民间秘密教派结合，很难说得上有什么“奉天以约制皇权”的理想，但却常与地方社会克服天灾人祸等危机及重建秩序的努力相关联。

不应否认，中国文明的“乡土”这一局部，识字的人远比城里人少；而因如迪令格尔所说的，汉字这一保留着“胚胎文字”巫术性的体系，远比音符文字体系掌握起来困难得多，其普及也有限得多，故其神秘色彩也更为浓厚。

结合了文字与券契符书特征的汉字，在历史上也别用作符箓，其巫术力量被转化为医术力量，被相信可以治愈一些特殊的疾病。比如，在病人额头上画上道符，被相信可以治愈疑难杂症（包括心理病症），而将写有文字的纸张烧成灰烬，被认为可作为一方有效的药服用治病。文字的神秘力量之广泛存在，还表现在文字时常被用以在节日期间表达家庭的期望，春联是一个典型事例。另外，中国的“宗教”，似有一种不同于以经典的、以“传诵”为主要仪式内涵的犹太–基督教、伊斯兰教，无论是道家，还是佛教，经书对于凡人而言都是难以理喻的、深不可测的神圣之物，它无需“信徒”诵读，而只需由专家“代理”。

然而，具有高度神秘色彩的文字，却似乎从来未因它的神秘性之存在而对乡土社会毫无影响。其实，文字因有了它的神秘性，反倒可能成为乡间必不可少的符号。

科举制度之发达，部分解释了百姓崇拜文字的原因，但这绝对不是唯一的原因。文字的神秘意义，甚至可以说是促发科举制度发达的动因；而兴许也是这个动因，使乡间广泛存在崇拜文字的“风俗习惯”。“敬惜字纸”，本是“乡土中国”研究者务必关注的现象。这种风俗或传统出现的年代肯定在造纸术发明之后，但我们不能因此说，相近的风俗，在刻木、铸铜、竹简时代不曾存在。“敬惜字纸”一方面是一种教化的风俗要求，要求即使是不识字的人，对于写有字的废纸都不可随意处置，另一方面是一种礼仪性的规则，它规定人们将写过字的纸张存放在特制的字纸篓里，加以专门收集，并集中起来，于特殊时间，将之焚烧成灰。焚烧成灰的带字的纸成为“字灰”，也不得随意丢弃，而应收集起来，按照一定的时间规定，用以祭造字之仓颉。“敬惜字纸”仪式的最后一关，是将“字灰”送至江海中，此仪式称为“送字灰”或“送字纸”。与“敬惜字纸”风俗与仪式相关，乡间亦广泛存在专为焚烧字纸的“惜字塔”。“惜字塔”又名“惜字楼”“字库塔”“圣迹亭”“敬字亭”等，即为集中焚烧废纸残书，将之变成“字灰”的场所。①

贯穿着教化式的“敬惜字纸”仪式与道教式的符箓－字灰治疗方法，显然还是文字的巫术力量；如果说这种力量是一种“手段”，那么，也可以说，这是一种既可被用于攫取权力又被用于克服不公正、灾异、病痛，及想象美好生活的“手段”；作为一种“技术”的成果，它自身有力量，其力量的施展固然会得到其他力量的参与，但这一力量本身的存在，是其施展的前提。文字虽然是人为的、为人的，但一旦文字起到“通神明之德”“类万物之情”的作用，则文字自身获得了生命与生命的力量，成为一种具有魔力的体系，具有引发诸如谶纬、扶乩、敬惜纸字、符箓治疗法等“文字拜物教”的作用。

四、书写文字的“拜物教”与“理性”

在以上论述中，我们对于文字得出了以下三点认识：

1. 文字兴发于巫术，是人为了“通神明、类万物”而发明的“交通手段”，而因早期文字的发明者不以为其表达等同于人自身的观念，故这一“交通手段”，亦可谓是神明与万物的“形象的复本”。

---

① 萧登福：《文昌帝君信仰与敬惜字纸》，载《人文社会学报》，2005（4）。

2. 掌握着文字符号（包括“胚胎文字”）的巫师、祭司、知识人，有时服务于人民（如史前岩画的绘制者），有时服务于支配他们的武士和王（如商代占卜者与卜辞的刻画者），有时服务于他们自己（如宋以后的士人扶乩者），但他们的身份，必须有别于“享用服务者”，而其身份的标志，正是文字自身。可以认为，文字既是一种符号，又是一种广义上的“文字阶级”（包括巫师与祭司）的“手艺”（技术）。知识人之所以是社会中特殊的成员，乃是因为他们掌握的“手艺”相比于支配者的“政统”与被支配者的“生产与交换”更神秘。神秘的文字体系的运用，必然涉及非文字因素对于文字因素的渗透，但由于文字因素保持自主性，是其运用的前提，因此，二者之间总是相互“区隔”的。

3. 一个社会、一个文化、一种文明，虽都有碎片、缩影和局部，但其整体性的关系纽带，是其存在的前提条件。我们不能因考虑到掌握文字“手艺”的巫师、祭司、知识人有别于其他“阶级”，而将他们视作与其他“阶级”无关的人。区分是为了明确关系，“文字阶级”之有别于其他“阶级”，结果是明确了关系。而这无疑表明，逻辑上讲，用一个“不识字阶级”来形容一个包含着“文字阶级”的社会（或文明体）整体，用“文字阶级”来形容包含着“不识字阶级”的社会，都是不恰当的。而在历史实际中，那种视“无文字社会”为可能的人类学，并无根据。研究表明，文字是与人类文化共始终，不要以为“原始人”没有文字。就人类学研究所可能触及的历史长度看，“原始人”即使连“胚胎文字”都没有，也必定被周边有文字的部落或文明包围着，并且因在心态上深受这些部落或文明的魅惑力的影响，而可能将自身化为这些有文字的部落或文明的组成部分。对于所谓“乡民社会”而言，同样的关系也是广泛存在的。“无文字的乡土社会”，总是最易于受文字的魅惑力的牵制，而最易于保留和崇拜诸如占卜、谶纬、扶乩、敬字亭之类的“士大夫手艺”。

有鉴于此，谶纬、扶乩、敬惜纸字、符箓治疗法等我称之为“文字拜物教”的东西，起源都与“文字阶级”的长久存在有关。有必要指出，“文字拜物教”之所以可能，乃因在“胚胎文字”阶段，文字已具有了巫术－宗教内涵，这一持续存在的内涵，为其后来的诸种“变相”做了铺垫。另外，也有必要指出，文字虽与“文字阶级”关系密切，但作为“拜物教”的对象，它往往能成为“文字阶级”之外“阶级”的崇拜对象。在“无文字”或“不识字”的“乡土社会”中，文字一向有其神秘力量，不像“文字下乡运动”的推动者和批判者想象的那样

“疏离在外”。

这种“内在于人”的文字观，与现有人类学的文字观有何差异？让我们回到列维－施特劳斯提到的一个“反例”加以思索。

列氏曾到过巴基斯坦吉大港山脉，住在村人不知如何写字的村落里。他发现，当地村人不会写字，但每个村子都有一个代书，他替村人写东西。列氏观察到，尽管村人不会写字，但他们都知道有文字存在，且在需要的时候都会运用这种交流工具。与我们不同的是，他们自己不书写，而是凭靠代书来书写。他们是文字的“外在者”，文字在他们看来与外面的世界紧密关联，不是他们内部的事。本地用口语来沟通，但村人与外界则通过文字来沟通。代书不是村里人，他们流动于村落之间，担任代人写字的工作。他们的知识给他们带来权力，结果是，代书通常也放贷。要放贷就要会写字，而代书正是会写字的人。代书因而成为可以通过知识和经济掌握他人的人。①

列氏顺着这个事例的线索，进入了关于文字作为攫取权力的工具的论述，其前提预设是，对于通常的村人而言，文字是外在的，掌握文字的外人，可以掌握不掌握文字的村人，犹如掌握书写的国家文明，可以控制不掌握文字的人民一样。

这个“文字外在论”的观点，与列氏时常强调的群体不能单独存在的观点有矛盾。群体对于其他群体的依赖，被列氏看作社会人生活的基本结构。从这一点来看，文字在沟通不同群体与社会阶层中起到的“交通作用”，显然是个“内在于社会”的事实。而为了揭露文字天然含有的不平等关系——掌握与被掌握的关系，列氏将流动于群体与阶层之间的文字视作一个近乎“反社会”的因素，将作为群体与阶层之间的纽带的书写者（代书）形容为一个利用知识与金钱的优势来剥削百姓的“阶层”。因有“文字外在论”，列氏全然忽略了一个事实：村人对于代书的依赖，体现的恰是他主张的相互依赖性。

另外，列氏承认，村人虽不懂写字，但知道文字的存在与重要性——不同于列氏，他们并不排斥文字，而是必须依靠文字来与外面的世界打交道。我认为，不识字的村人与代书之间的关系，与“原始时代”中常人与巫师之间的关系及生活与巫术之间的关系异曲同工。尽管不是所有人都会施巫术，但多数人都以巫术来处理危机。这也就意味着，尽管巫术不是所有人都做，但常人对于巫术的效用

---

① 列维－施特劳斯：《忧郁的热带》，383 页。

的信仰，及他们对于巫术“原理”的“迷信”，在程度上恐怕不仅不低于巫师，反倒可能超过巫师。从这个角度看，尽管文字不是所有人都会写，但不会写字的人对于文字的依赖及“信任”，可谓是文字与写字者存在的基础。

谶纬、扶乩、敬惜字纸、符箓治疗法等，都可能被人类学家“解析”为术士、卦师、儒家、道士用以掌握不懂这些“文字巫术”信众的工具。但问题也可以倒过来看：不懂“文字巫术”的信众对于文字的拜物教般的依赖，为这些“文字巫术”的长期存在提供了基础。这无疑意味着，研究这些似乎外在于被研究群体的“文字巫术”（貌似也可包括“扫盲运动”），也就是研究“不懂文字巫术的”被研究群体本身的运行规则。

文字学界一向存在宗教－唯心主义与历史－唯物主义解释的争论，但学者对于文字演化规律似乎存在某种共识：文字史的早期，思维的“蒙昧”决定着书写有神秘主义，但随着时间的推移，逻辑思维渐渐萌发，且对文字提出了要求。文字更接近于语言分析的完善化，适应准确的表达口语，摆脱文字的魅惑，越来越集中地服务于表达与交流，成为文字演化的使命。鉴于口语依旧是不完善的语言，不少文字学家相信，文字的最后一个阶段是书写符号摆脱声音语的制约，变成概念的独立承载者，或成为作为表意符号的科技符号。理性思维是文字的未来，这已成为人们的“常识”或信仰。

在文字进化观中，汉字可谓是一个特例。这一文字体系之早期，最鲜明地表达了文字的通神明、类万物作用，时常被视作文字兴于巫术之说的最佳例证。而因为有其巫教－认识双重性，汉字既是观念形态的承载体，又有高度表意作用。

这一双重性时常引发科技史研究者的争议，有人相信这种带有巫教性质的“语言”的内涵政治性，是集权国家控制社会的手段，有碍于科技的发展。[①]有人则持相反看法，认为，恰是它的双重性中的一重——“类万物”作用，蕴含着某种“有机唯物论”（organic materialism），这是一种不同于形而上唯理主义又不同于机械论的宇宙哲学，它认为，“任何一种现象都与其他现象依某种等级次序形成关系”，[②]这种在重视物之间关系的宇宙哲学，使古代中国有可能比其他

① Arthur Wright, “Chinese Civilization” , in Harold D. Lasswell, Daniel Lettler, Hans Speier, eds., *Propaganda and Communications in World History, The Symbolic Instrument in Early Times*, Honolulu: University Press of Hawaii, 1979, 1, p.222.

② Joseph Needham, *Science in Traditional China*, Cambridge, Massachusetts: Harvard University Press, Hong Kong: The Chinese University Press, 1981, p.14.

文明更早出现科技。[①]

在逻辑思维、理性、科学成为人们的信仰的时代，文字的不完美，成为思考文字未来的理由。而对文字未来的思考者，如同文字的不公正的批判者，依旧需要用文字来表达其畅想。在这样一个时代，对文字的魅惑展开思考，与任何一个历史时期一样，是“历史的要求”，也是“时代的要求”。

对文字的魅惑力展开思考，我们面对一个吊诡：恰是最不强调文字的人类学，对于解释文字的本质特征提出了一个最具启发性的观点，这一观点通常也表达于人类学对于其他现象的论述中，尤其是其对于艺术的本性论述中。

人类学家总是相信，在艺术与理性之间存在着差异，若说逻辑思维、理性、科学属于知识的范畴的话，那么，艺术作为“另类知识”，则是一种“模糊推理”(abduction)，相比归纳推理与演绎推理，都包含更多的不确定性，或对于远不确定的知识的某种模糊的补充。“模糊推理”一词本也意味着艺术带有一种神秘的力量，可使艺术的“受众”被“劫持”入一个非常的“魔法状态”中，如受到巫术的作用一般。相比于通常所谓“知识”，艺术有“模糊推理”、社会性、宗教性，是作为一种关系的中介及有魔力的“技术”存在的。[②]

艺术既与巫术相通，则若我们将文字与巫术时代的艺术相联系，便也不能不用人类学家的艺术论来观察文字。我们说，文字有通神明、类万物的作用，这也是在说，文字如同艺术一样，有着不同于逻辑思维的作用，其属性与巫术－宗教难以分割。

文字的这一“艺术面”，已得到不少学者的关注。除了接受张光直等对于文字的巫－王表征的讨论，另一位著名汉学家还说，“文字的威力肯定可以说明中国官僚阶层独特的政治制度”。[③]对于书法政治性的研究，也延续了考古学家与文字学家在占卜研究中提出的观点，强调书法在表现帝王的特殊政治地位与士人在官僚制度中具体政治的作用。[④]

---

① Joseph Needham, *Science in Traditional China*, Cambridge, Massachusetts: Harvard University Press, Hong Kong: The Chinese University Press, 1981, pp.14–15.

② Alfred Gell, *Art and Agency: An Anthropological Theory*, Oxford: Clarendon Press, 1998, pp.13–16; “The Technology of Enchantment and the Enchantment of Technology” , in Jeremy Coote & Anthony Shelton, eds, *Anthropology, Art and Aesthetics*, Oxford: Clarendon Press,1992, pp.40–43.

③ 谢和耐:《中国人的智慧》，199 页，上海：上海古籍出版社，2004。

④ Richard Krauss, *Brushes with Power: Modern Politics and the Chinese Art of Calligraphy*, Berkeley: University of California Press, 1991.

不过，如果包括书法在内的艺术可以划归宗教领域，可被视作科学理性的补充，那么，这种艺术向来也不是单为政治支配服务的，例如，在历史上，借助龙飞凤舞的“书法巫术”来实现精神的退隐、逃避与叛逆，无疑有不少事例。另外，文字与艺术之间无疑还是存在差异的。文字不仅“通神明”，而且“类万物”，因之，除了宗教－巫术属性，还作为分类体系，成为知识表达与传承的方法。

将“模糊推理”与“归纳－演绎推理”两分，也是将“神话思维”与“逻辑思维”两分。这个两分的“认识型”，或许可以解释艺术，但却不见得可以解释文字，因为，文字既如同艺术那样具有魅惑力，也长期作为“逻辑思维”的工具发挥着作用，孕育着科学。

作为混合体，文字始终包含神话思维与逻辑思维内涵，其在历史中的演化，表现为这两种因素的势力消长。所谓“势力消长”，意思是两种因素总是持续地存在，但二者总是处在“比重关系”中，作为一个总体的文字，有时更多具有“通神明”作用，有时更具“类万物”作用，有时二者势均力敌。倘若我们可以如马林诺夫斯基那样将思维史分为巫术－神话、哲学－宗教、理性－科学几个阶段，则这些阶段具有的不同特征，即为神话思维与逻辑思维的“势力消长”这种关系特征（也因之，广义的“书写者”，可以顺此大致被分为巫术操作者－神话讲述者、哲学家－祭祀－教士、科学家几类）。而无论在何种情况下，都不存在一方彻底消灭另一方的状态：古代士人的巫师色彩，近代科学家的教士色彩，都是明证。因而，对于某些学者而言，文字可以始终是巫术；对于另一些学者而言，文字可以始终是作为攫取权力的手段的知识存在。作为混合体，文字既可以长久地作为巫术起到其“社会作用”，也可以不断地作为宗教与理性排斥巫术的工具。因知识人承载的是作为混合体的文字，因而，他们即使是以理性人自居，在论证理性时，也难以避免要使用有魅惑力的文字；同样，他们即使以巫师自居，也难以避免要使用有“说服力”和“效用”的文字。

第十二章

艺术人类学：艺术与艺术家的魅惑

近来“艺术人类学家”成了不少人自封的雅号；我“附庸风雅”，也于两年前开设了“艺术人类学”这门课。开课之前犹豫过，毕竟自己没有做过专门的艺术人类学研究。不过，我又想，人类学中有一个共识，即对于众多所谓“分支学科”而言，“研究对象”其实都不关键；关键的是，如何运用人类学眼光来看他们的“对象”。这就是，大凡“某某人类学”中“某某”二字，都是虚的，实的是“人类学”三字。所谓“艺术人类学”也一样，它首先是指人类学，而不是指一般的文艺学。

什么是“艺术人类学”？

“艺术人类学”英文表达为“the anthropology of art”，指对艺术进行的人类学研究。

人类学研究中的艺术有哪些？在一段相当长的时间里，艺术人类学几乎等同于原始艺术的研究，以人类学大师波亚士为例，他即著有《原始艺术》一书，概括原始人绘画、造型艺术、表现艺术、象征、文学、音乐、舞蹈等[①]。但艺术人类学之所指，恐非仅是原始艺术，照我的理解，它指的应是一种企图通过原始艺术的研究对“艺术”的文化多样性加以“鉴定”的努力。生活在不同地方、不同社会、不同文化传统中的人，对于艺术难有共识。比如，西方人说的“艺术”，指的多为“fine art”，即“美术”，而根据人类学家弗斯，世界上不少其他民族，对此却有不同看法[②]。无需赘述弗斯的比较，仅需看看中国的情况，我们大体就能对问题有所领悟了。我们说的“艺术”，广义地指包括“声色”，也就是民族

① 博厄斯（波亚士）:《原始艺术》，金辉译，贵阳：贵州人民出版社，2004。

② Raymond Firth, “Art and Anthropology”, in Jeremy Coote & Anthony Shelton, eds., *Anthropology, Art, and Aesthetics*, pp.15–39.

音乐学与视觉人类学研究的对象。对艺术广而论之，恐怕还是我们的传统观念之一。我们向来把琴、棋、书、画都理解成“艺”，甚至把武术叫“武艺”。这种“艺术观”，与欧洲艺术史定义的“艺术”大有不同。从我们的情况推演来看不同的非西方文化，纷繁复杂的艺术观就呈现在了我们面前。

艺术人类学研究的要务之一，是对“艺术”的理解加以跨文化的比较。

艺术人类学中的重点，不是“对象”，而是特定的方法。“人类学”三字，代表的就不简单是“人的科学”，而还是有其自身传统的方法。若要理解什么是艺术人类学，还是需要知道人类学的方法到底是什么。

什么是方法？

不少自称为艺术人类学家的人会罗列一堆人类学方法关键词，如“主位观点”“田野工作”“民族志”“整体论”“比较研究”，等等。我本也可以照这样做，但我认为，如此匠气，不是好办法；要真的把握方法，先要知道人类学家赖以展开其研究工作的基本理念是什么。对于方法上的基本理念，人类学界存在争议，法国人有法国人的看法，英国人有英国人的看法，美国人有美国人的看法，德国人有德国人的看法，我们也有我们的看法……世界人类学里公认的差异，是“社会”与“文化”概念下延伸出来的一些方法学观点分歧，构成了主要差异。撇开这两个概念的“国别差异”与“方法学差异”不说，就我们关注的艺术人类学领域而论，需强调，在艺术研究这个领域，“社会”的概念易于使学者对于艺术产生的社会机制感兴趣，而“文化”的概念易于使学者对于文化的形式与意义体系感兴趣。我自己是得到过英国人类学训练的，在英国人类学的艺术研究中，“社会”概念便占主导地位，也许是因为这个原因，我印象中的艺术人类学便与“社会性”（the social）这个词，密切相关。

何为“艺术的社会性”？

不妨先看看英国人类学家杰尔（Alfred Gell，1945—1997）的观点。杰尔认为，对于“社会性”，社会学与人类学有着不同的理解，说到人类学，就要知道，在这门学科里，“社会性”一般指不同于社会学意义上的“社会”的东西。杰尔认为，社会学家理解的“社会”，是“制度性的”，而人类学家理解的“社会性”，是“关系性的”；艺术社会学家研究的，是艺术生产与消费的制度性因素，人类学家研究的是人与其艺术作品之间的关系，及由此可见的人与人之间的关系[①]。

---

① Gell, *Art and Agency*: *An Anthropological Theory*, Oxford: Clarendon Press, 1998, pp.1–27.

杰尔的观点，基本来自莫斯，他的论述繁复，但意思很简单，这就是，艺术人类学研究的重点是，通过人与可视为“物”的艺术之间的关系来看艺术在形式上产生的、对于人的“作用”，并从这个作用的过程来看艺术家之所以不同于常人的原因。这意味着，对杰尔来说，所谓“艺术人类学”不过是，借作为“物”的艺术与作为人的艺术家和与他们的“受众”之间关系的呈现，达到一般人类学研究本有的目的——基于非西方、非语言学主义的莫斯人物（person）理论，对社会、宗教、认知等，展开“关系式”与“传记式”的论述①。

我对于艺术人类学的方法学理解，大体也是这样。

不过，说艺术人类学只有方法学内涵（这也包括了社会理论内涵），那肯定是有问题的。必须承认，任何一门学问，都是有其关注的特定问题的。同样，艺术人类学也有其关注的特定问题。

人类学是一门不断质问人类的“本质”到底为何的学问，在这门学问里，理解人类“本质”的不同方式，决定了理解事物的不同方式。人类学家具体研究“艺术”二字代表的事物时，总是要将它与这一最大的老问题关联起来，他们首先质问的问题是：艺术是不是人类独有的？是不是人类区分于其他动物的特征？不少人类学家相信，人与动物之间最显然的差异是人有艺术与宗教，而在古代，这两样东西又彼此不分家。这个观点，不能不让人稍觉疑惑：自然界有自身的节律与美景，而人的美感大抵也需与他们相匹配；那么，我们怎么能说艺术不存在于“人之外的世界”中呢？可人类学家的回应是，只有当“人之外的世界”成为“人认识、形容、想象的对象时”，才成为人类学研究的对象。我们似乎找不到理由来反对这种通常被接受的人类艺术–宗教特殊性的观点，具体说，我们找不到证据表明，动物会演奏乐器、会下围棋、会写书法、会画山水画（尽管不少动物园致力于培养它们诸如此类方面的“能力”），但我们有确切的证据表明，“人类的一切活动都可以通过某种形式具有美学价值……身体或物体的有节奏的动作、各种悦目的形态、声调悦耳的语言，都能产生艺术效果。人通过肌肉、视觉和听觉所得到的感受，就是给予我们美的享受的素材，而这些都可用来创造艺术……人的嗅觉、味觉和触觉的感觉，例如混合的香气、一顿美餐，如果能刺激人的感官，使之产生快感，也可以称之为艺术品”②。

---

① Susanne Küchler, “The Anthropology of Art: Introduction”, in Victor Buchli ed., *The Material Culture Reader*, New York: Berg, 2002, pp.57–62.

② 博厄斯：《原始艺术》，1 页。

将艺术视作人之区分于其他动物的本质性特征的观点，是将艺术视作有社会性的事物的观点的基础——虽则不是后者的一切。

不过，说人有艺术，动物没有，似乎更是在说，艺术这个概念可以应用到任何社会形态中去。这里说的是哪些社会形态？我以为，一般而言，它们可包括原始社会、古代文明社会、现代社会这三种形态的结构或文化。在这些不同的社会形态中，艺术的价值是否相同？领悟以上问题，似为艺术人类学的要旨，而为了领悟，我们不妨把上述三段论落实到与艺术关系更为密切的心态史形态论，依据大概的常识，区分出神话思维阶段、哲学历史文学阶段、宗教阶段及科学阶段之类。其中，哲学历史文学阶段经常会被别的学者跟宗教的阶段合在一块，但是我觉得还是有必要加以区别的，原因是，古代文明社会的人文学三门，紧随着神话时代一直延续至今，没有消亡。虽然宗教到现在也没有消亡，但是在科学出现之后，便在知识分子的思想里丧失了"主流地位"，被我们"革命"了。伟大的科学家最终都可能怀疑自己的物质主义解释在精神主义解释面前的软弱无能，但他们人生的大多数时间还是奉献给世界的"去宗教化"。兴许是因为在科学阶段里科学家的发言权最大，所以，宗教的命运如此挫折，以至于可以当作一个与科学不同的阶段来看待。我们身处科学时代，对于我们来说，最易于采取的看法，是把艺术当作被我们分割出来的对象做科学研究。相形之下，在我们这个时代之前，看艺术，也就是看其他事物。在这点上，科学阶段之前的两个阶段在精神上是共通的。特纳曾经以仪式分割出社会的剧场为例，指出只有到了现代，诸如"表演"之类的"艺术"，才是作为脱离于其他社会空间领域而存在的[①]。这个观点，对于理解艺术的其他领域，也基本是适用的。从很大程度上讲，艺术人类学研究借助的框架不是科学阶段出现的分析方法，而是此前漫长的年代里存在于不同的原始社会与古代文明社会的、对事物"混合不分"的观念。

20世纪初以来人类学界不再这么简单地看历史，而期待更加"当代地"看问题，更清晰地看到这个社会–心态阶段论的漏洞。不过，对于梳理我们对于艺术人类学的认识，这个遭受太多指责的阶段论，还是可以被借用来"说事儿"的：艺术在神话阶段，地位是什么？在哲学历史文学阶段，地位是什么？在宗教阶段，地位又是什么？在科学阶段，地位是什么？我们固然可以分别回答这些问

---

① Victor Turner, *From Ritual to Theatre*, New York: Performing Arts Journal Publications, pp.61–88.

题，但如我在上面所说的，与在所有阶段中，尤其特殊的，不是科学阶段之前的阶段，而是我们已然司空见惯的科学阶段自身，因为正是在这个阶段中，无论是“声”还是“色”的艺术，被我们施加了各自有别的理解，此前，艺术是所有人类思想的核心表达方式，且不脱离其他方式存在，此后，它才成为支配性知识体系——科学——的对立面，被排除出人类思维的核心。那么，问题兴许就可化约为一：在科学阶段之前，艺术的“混合不分”状态到底怎么理解？尽管人类学家的观点五花八门，但它们万变不离其宗，总是要考虑这个“混合不分”状态对于我们的启迪。

“混合不分”状态的面貌大致为何？

我们可以借某个教堂的模式来形容。西班牙的圣地亚哥大教堂（de Compostela），它的建筑，树立它自身的世界中心地位的作用，而它的绘画和雕塑重现由善－恶、神－俗力量对比构成的整体。教堂有一个很明显的区分，它外墙的雕塑基本上是魔鬼和不道德之人的形象，尤其是妓女、骗子和其他作恶多端的人的形象，而教堂的内部，则主要有上帝、圣母、耶稣、圣徒的壁画和雕塑，教堂内部的屋顶，则绘有天堂、天使之类，此外，在圣徒雕塑背后的壁画里，我们还能看到有关征服恶魔的“历史场景”。教堂内外都有“美术”，这些美术自身有“美感”，但“美感”导致的震撼，与宗教定义的邪恶与道德之分是有密切关系的。教堂内部的美术，形容的是神圣的人与物，它外部的美术，形容的则是世俗的和不道德的人与物，其中最坏的，可描述为“罪之人”。教堂顶上是意象中的天，这个天，跟中国的天不一样，它是以上帝为中心的，不是中国的“天”代表的那种既自然又神圣的境界。教堂定期举行仪式，仪式必然带来教徒的汇聚，音乐在汇聚人群时起到应有的作用，它的形式与内容，与美术所展示的宗教内容相互呼应，相互结合。仪式的核心步骤，与圣地亚哥大教堂注明的大香炉有关，此香炉吊在教堂的正中，在巨大的教堂空间里，前后摆动，发出浓烈的香味，而其摆动，则极其引人注目。摆动而冒着浓味的香炉，有着一种使人把教堂圣歌与美术混融起来的作用，而有混融作用的仪式，则又使人特别深刻地感受到上帝、圣人和圣徒悲壮的“人生史”。此时，教士、童子军、教徒、旁观者，汇合成一个“整体”，恰如上帝是一个超越一切的“整体”一般……

旁观过这一仪式，不能不深感它是说明艺术“社会性”的最佳案例之一。不是说基督教传统中的教堂是可以解释一切的一切，但通过这个事例，我们确实可以见识声音、味道、形象、“境界”等的汇合。

另外，若是我们深究那个大香炉的来历，则还可以发现，它不简单是西班牙的“特产”，而可能和地中海地区与地中海地区之外的所谓“东方”之间的交流密切相关。因而，汇合还有另一种历史，这个历史，也可在教堂的历史叙述里窥见一斑——教堂奉祀的如同中国的神明一般的圣徒，据传就是西班牙人抵抗阿拉伯人入侵时有贡献而被推戴并得到祭祀的[①]。

“浓厚的描述”与“历史的揭示”都不是我们这里能做到的，但我们的观感却足以支持我们展开有益于理解的设问：“混合不分”“混融”“汇合”等，在古代文明社会形态中是比较容易理解的，因为无论是以什么样的方式，不同的古代文明之所以说是文明，正是因为它们获得了这种特殊的“汇合能力”；那么，在以巫术与神话为特征的原始社会形态中，艺术的汇合，又该如何理解？是否也可以用同一种模式来解释？

人类学家在原始社会的研究上花了许多工夫，让我们大致可以据此勾勒出一幅巫术-神话的风景画，在这幅画中，中心的形象，大致与规模如此巨大的教堂无关，而与那些动员万物之力的巫师有关。巫师的身体就像教堂这样，内外上下，都代表着构成世界整体的部分，教堂所有隐喻，可以在巫师的身上得到汇合，巫师的身体可谓“世界的体现”（embodied worlds），或者说，是为了使人们看见不同于日常生活的另一层次的世界而使世界停留于己身的一种身体[②]。

在科学时代里，艺术成为一个人们眼中“非科学”以至“反科学”的东西。假如我们把科学形容为现代的宗教，则这种宗教的合法性，是建立在对于其他宗教及起着汇合作用的艺术的鞭笞上的。科学家时常也有艺术家的气质，但作为总体的知识体系与思想方式的科学，却与其他有别，它对艺术施加新定义，且使之成为“科学”自身的“独特性”的源泉。

我是反对传统-现代二分的人，我能意识到以上对于科学与巫术-神话-哲学-宗教笼统区分的断言是有问题的，但与此同时，我却又深信，这个粗略的区分，对于艺术人类学问题意识的论述是必要的。

对于历史做必要的分段，使我们看到，艺术人类学研究中首先要有的

---

① 王铭铭：《无处非中》，28—47页，济南：山东画报出版社，2003。

② 卡斯塔尼达：《巫士唐望的世界》，鲁宓译，台北：张老师文化事业公司，1997。

问题意识是：如何使艺术研究与总体人类史、心态史、文化史的研究勾连起来？

与此相关，我接着拟要强调，艺术人类学家有必要研究有"艺术家"身份的人。

时下不少艺术人类学家将其学问定义为对"常人艺术"的研究。所谓"常人"是谁？大抵包括了原始人、农民、少数民族、一般市民之类，也就是那些所谓在文化程度上低于雅文化的把持者——"文化人"——的人。"常人艺术"这种东西，的确好像是人类学家擅长研究的，毕竟人类学家多数是研究上面所列举的那些"老百姓"的。我在上面说，科学阶段之前的年代里，艺术与社会中的其他表达方式与生活方式是不分家的，这也似乎表明，在科学社会形态之外的社会形态中，大家都是"常人"，不存在专门化的艺术家，大家都是艺术品的创造者。的确，资本主义社会来临之前，许多艺术品的"产权"是集体性的和常人性的，如我们在"改革前三十年"经历的那样，许多书的"作者"，被标明是"编写组"。将某些作品说成是某些有独到创造性的"艺术家"个人所为，大抵符合资本主义精神。"常人艺术"这个词含有某种好古幽思，本身是对于"资本主义知识产权说"的某种"原始主义抵御"。而因它还是局部符合了我们所知的原始与古代社会的大体面貌，因而，不是毫无价值。然而，这个概念代表的那个历史图景，好像也不全能给我们贴切的认识。说在某些"常人社会"中"人人皆为艺术家"，兴许很吸引人，但无法解释为什么原始社会形态里对于所谓"原始艺术"如此重要的巫师与"常人"之间的差异。

在人类史的相当长时间里，巫师的地位一直很高，他们除了会呼风唤雨，还有他们不同于常人的"艺术特长"。尽管在原始部落里，人人都会唱歌、跳舞、制造工艺品及具有高度神圣性的"礼器"，但巫师这种人，似乎还是把持着所有"艺术种类"陈设与展演的安排权与宗教意义的解释权。我上面说，巫师可以被形容成原始社会的教堂，恰是因为他们汇合了艺术混融的特性，且通过呼风唤雨、手舞足蹈、替人四处追查"妖孽"，而成为"非常人"。这种人物与科学家一样往往是孤独的，他并不是一般意义上的社会上的人。最原始的时代，的确可能不存在我们今天意义上的"艺术"，假如你硬要把巫师当成"艺术家"，那你得先说明，巫师如何是"非常人"。

从汇合种种本事的巫师，到我们时代被称为"艺术家"的那些人物，这当中经历的历程是漫长的。所谓"艺术家"从社会当中分化出来的历史，是渐进而悄然的，其演化的主要内容，是“专门化”。

“专门化”使“艺术家”获得一个独立于社会的品格，也就是说，随着历史的“进步”，艺术家越来越像“怪人”，且这种“怪人”不同于作为巫师的“非常人”。艺术家也必须“非常”，但这个“非常”不表现为他的巫师般的“通才”，而表现为他除了艺术，最好什么都不懂，甚至连起居都不知如何处置。从“通才”到“怪人”，艺术家的兴起，不能不与所谓的“知识分子”之兴起有密切的关系。艺术家是知识分子吗？这个问题似有必要通过艺术人类学的研究里来回答。当下中国，单位让我们填表，艺术家和教授大抵都被要求填成“干部”这一类别吧？把艺术家当成与知识分子一类的不同于“群众”的干部，这个做法在理论思考上十分有趣，它混淆了时常被认为有所不同的人。在我们一般印象中，艺术家与知识分子还是有不同的，艺术家的狂放、知识分子的肃穆，反映的是我们对于不同类型的人物的印象与期待。然而，话说回来，说艺术家与知识分子有着相通之处，那倒也没有什么大错。中国古时候，士就是指那些不仅有知识，有思想道德境界，而且精通琴、棋、书、画诸门“艺术”的人。中国古时候的“人物分类法”能表明，至少在历史上的某个阶段，艺术家与其他的知识分子是不分家的。那么，他们从什么时候开始分化？那也有追溯。

当下，假如你混同艺术家与科学家，科学家肯定会不大高兴，因为那可能是在说，他的研究“如同艺术家那样不严谨”。艺术的自由表达与科学的规范表达的区分，显然是我们这个时代的一个特点，反映着艺术家与知识分子“人物类别”分化的历史。

要理解艺术家如何作为诸如中国的“士”之类的知识分子从巫师或“宗教专家”中分离出来，又如何从其他知识分子中分立出来，仍有必要参考神话阶段、哲学–宗教阶段、科学阶段的区分。在这三个阶段、三种社会形态中，“艺术家”的身份是不同的。一个粗略的线索是：在神话时代，巫师将不同“人物”的身份汇集于一身，艺术家未有独立的人格，没有从巫师身上分出来。到了早期文明时代，他渐渐被当作服务于“祭祀公业”的人分立出来，此时，他也没有获得独立人格。只有当“士”的精神出现时，独立的艺术家品格才随之出现。在古代中国，“士”的品格很多样，但如徐复观（1903—1982）所说，其品格在艺术精神方面主要表现为孔子与庄子所显出的两个典型。“由孔子所显出的仁与音乐的合一的典型，这是道德与艺术在穷极之地的统一，可以作为万古的标程；但在现实中，乃旷千载而一遇。而在文学方面，则常是儒道两家，尔后又加入了佛教，三者相融相即的共同活动之所。”[①] 相形之下，“庄子所显出的典型，彻底是纯艺术精神的性格，而主要又是结实在绘画上面……在精神上是与……水墨山水画相通的”[②]。这就是说，中国哲学有出世与入世之分，艺术精神也一样，孔子的道德与艺术合一，庄子的艺术超脱于世间，形成两个“典型”。如果是从“纯粹艺术精神”的角度来看，则承继庄子思想者，更像是有独立品格的艺术家。这些人物性格如屈原，其独立性，其“出淤泥而不染”的品质，使他拥有某种宗教般的个体主义特征，这一个体主义既是对世俗社会的超越，又是对“自我”的超越。屈原这样的人，很像是他自己的社会的“陌生人”，在中国古代的道家传统里，作为艺术家的“陌生人”似得到较高地位。《楚辞》《汉赋》及后来士人的艺术，拥有一种在人之外的非人的图景，如山水画，能把孤零零的人放到一个极大的大自然里面去描写，实在具有某种“怪诞”的气质，也可谓是具有这种独立的人格观的“文艺形态”。到了科学时代，这种“怪诞”保留在艺术家的人格里，所以艺术才被视作科学以至所有知识的对立面。

要对“艺术家”这类人物的特质加以研究，除了大时代的比较，还是有必要求知他们到底与哪类人更接近。在古代文明的漫长历史中，“艺术家”与知识分子是相通的，这个相通点固然能表明“艺术家”的特殊性格，但要理解“艺术家”的特质，一个更有效的办法似乎是将他们与巫师联系起来。二者之中，一方为“通才”，另一方为“专才”，有着巨大差异，但这一“通”一“专”之间，却也有不少相通之处。巫师要呼风唤雨，汇合各种力量，“艺术家”要调集“声色”，创造他们的作品；巫师的威信靠的是魔力，“艺术家”的作品要被承认，靠的是魅力，魔力与魅力之间，差异似乎很大，但都是特殊人物对于他人的感召——如杰尔所言，其中共通的机制在于“魅惑”(enchantment)。另外，值得一提的是，杰尔用“变幻式推理”(abduction)来定义艺术魅惑力的来源；他说，与有确定规则的归纳演绎相比，“变幻式推理”捉摸不透，如辞藻生于内涵的文字，能使跨越于正确与错误之间，自身成为“灰色地带”，使推理法则一时失效，使艺术品或艺术场景的观看者，在它面前一时失去了自我，产生了被创造力“劫持”的感觉，进入一个魔法般的非常境界[③]。

---

① 徐复观:《中国艺术精神》，4页，上海：华东师范大学出版社，2001。

② 同上。

③ Gell, *Art and Agency*, pp.13–16.

是不是可以这样来思考艺术人格的兴起？人类学能不能基于这一历史表达来展望艺术民族志研究的前景？

以往的民族志曾基于实验科学来展开，如马林诺夫斯基的“分立群域”（isolates）就是来自实验科学，他是一个尊重事实的人，所描述的西太平洋那几个岛屿上的事，都围绕船的制造与使用展开，而船是将不同的岛屿联系起来的工具。马林诺夫斯基在描述上功夫下得很深，但说到民族志的方法学，他的态度要么是因为过于“科学”要么是因过于随意，而落入实验科学的圈套，所剩下的，就是费孝通笔下的“时空坐落”。民族志自此之后产生社区孤立化的失误。把这与上面谈的作为“陌生人”的艺术家联想起来，我们可以看到，部分因为“陌生人”的广泛存在，任何社区都是与其他社区联系着的，西太平洋小岛上造船的工匠，与我们谈到的艺术家，都在通过自己的创造表达营造着这种联系，如果说他们有着什么“魅惑力”，那么，这种力量一定既表现在其对于特定社会中“当地人”的“魅惑”上，又表现在其对于更广泛地区生活的不同人群的“魅惑”上。另外，有时这些“陌生人”的技艺又是外来的，因而，对于“当地人”，便具有更大的“魅惑力”了。“魅惑”的这个特点，也表现在诸如圣地亚哥大教堂上——这个教堂、它的象征及仪式，曾经吸引过大量朝圣者，而今，则吸引了大量观光的游客。

我是艺术人类学的外行，以上所说若有所依据，也是粗糙的，而我深知，像我上面那样随意运用神话、宗教、科学“三段论”，更有“臆想历史”的嫌疑，不过，我相信，所有可能的错误都是可以得到宽容的，因为，我这里谈的不是历史本身，而是某种针对艺术人类学而言的“历史的想象”，而我的意图只有一个，那就是指出艺术人类学研究需在艺术作品自身形态的实质特征及艺术家的社会身份特征之间寻找关联纽带。中国艺术史研究者，对于艺术作品自身形态的实质特征——尤其是其德与美的汇合在礼仪与美术之间关系的表现[①]——对于艺术家的社会身份特征[②]，都给予了有其各自偏向的关注。不过，对于“作品”与“作者”之间的关系，既有研究却总是采用这样或那样的“社会学解释”，而未充分注意到艺术品或艺术过程的汇合或混融特性与艺术家的“陌生人品格”之间形成的鲜明反差——所谓汇合就是“混合不分”，而艺术家的独特品

① 巫鸿：《礼仪中的美术》，上、下卷，郑岩等译，北京：生活·读书·新知三联书店，2005。
② 白谦慎：《傅山的世界》，北京：生活·读书·新知三联书店，2006。

格的出现，主要结局却是他们自身与“常人”的区隔。为什么艺术品与他们的缔造者之间会有这样的差异？我没有清晰的答案，但我猜想，这必然与“创造性”（creativity）的社会特质息息相关——“创造性”或“魅惑力”的提升，时常以“创造者”人格或社会身份独特性的诞生为前提与手段，因为只有这样的人才有非常的超越能力，而此处，超越能力也是一种汇合能力，而汇合能力，不仅是社会的凝聚，它同时也是时间和空间上“通往远处”的能力——而这一“通往远处”的能力，就可表现为艺术家的魅惑。

第十三章

文化会消失吗？

20世纪80年代是西方人类学的一个特殊时期，在这个时期中，一个局部的人类学深感面对挑战；民族志是否依旧足以展示外部力量成为文化单位本身的内在组成部分的"事实"？问题困扰着以研究分立的社会、别样的文化为己任的人类学家。与此相关，世界体系理论引起的反应十分强烈。除了沃尔夫（Eric Wolf, 1923—1999）《欧洲与没有历史的人民》[①]的宏大叙事，试图综合世界体系核心、半边缘、边缘之间关系和人类学民族志撰述方法的试验性研究得到了重视；研究者考虑到20世纪30—60年代之间，对于文化接触过程中土著文化复兴运动的研究，同时参照了马克思主义与世界体系理论关于"商品拜物教"和"资本主义"等方面的理论，试图重新演示一种新民族志的表述力量[②]。

欧洲中心的现代资本主义世界体系是"冷酷""坚如磐石"的问题[③]，人类学家在面对这一问题时，观点大相径庭。围绕这个问题，他们分化为观念形态对立的两个阵营。如沃尔夫那样，因认识到世界体系的力量之巨大而主张人类学研究应转移方向者数量居多，而具有同样问题意识却坚守人类学文化多元主义信念的人类学家亦非阙如。人类学界围绕着到底世界体系下文化是否会消失、人类学研究是否应追随那些"冷酷""坚如磐石"的问题而"崇新弃旧"，展开了辩论。这类辩论，此后具体表现为有关"全球化"（这是20世纪90年代出现的替代"世界体系"的概念，其所形容的，与"世界体系"无异）和"文化"之间关

---

① Eric Wolf, *Europe and the People without History*, Berkeley: California University Press, 1982.

② Michael Taussig, *The Devil and Commodity Fetishism in South America*, Chapel Hill: University of North Carolina Press, 1980.

③ George Marcus and Michael Fischer, *Anthropology as Cultural Critique*, Chicago: University of Chicago Press, 1986, p.77.

系的讨论。

为了理解这场讨论，不妨细读90年代末期发表的两篇由美国人类学家撰写的针锋相对的文章。

第一篇文章是《作为文化批评的人类学》的作者马尔库斯及费彻尔于20世纪90年代为其第二版所写的序言。《作为文化批评的人类学》一书，被人类学界承认为"后现代人类学"的代表作之一，由此可见书中提出的观点针对的就是后现代对于文化边界以及人类学文化研究和论述体系提出的挑战。除了其他著名论点，这部作品中尤其强调了一个论点，即随着世界体系的发展达到巅峰，文化之间的交往会日益频繁，因此人类学需要面对如何在小社区的民族志研究中体现"宏观世界政治经济史"的叙述方法论挑战。这一点无疑表明两位作者"预示"了"全球化"的到来将对文化及研究文化的人类学者带来的冲击。在第二版序言中，两位作者更进一步地直面这个问题，并声称力求在直面问题的前提下对原有见解做出一番修正。费彻尔和马尔库斯认为，《作为文化批评的人类学》是20世纪80年代针对解释社会文化的旧有模式展开的批判性修正潮流的一部分，而许多在80年代只是一般性地提出的理论问题，到了90年代因产生了对考察方法和研究策略的新需要，而开始具有与之相适应的具体语境。他们还认为在90年代重新阅读《作为文化批评的人类学》一书时，有以下四个问题值得重新评估：

其一，关于文化批评的本质，费彻尔和马尔库斯认为，《作为文化批评的人类学》一书意义上的文化批评，不仅指涉知识的有效性的条件，还指涉以评价文化和社会实践为方向的研究方法。十年后，文化批评进一步面临新的挑战，由于大规模的人口迁移对文化统一的民族国家观念构成了挑战。新模态下的跨国交流和视觉媒介可以说已经促使理性和认知模式产生了与历史上从口头文化到书写文化的转变同样深刻的转型，因为技术科学的新发展不仅提供了影响大众的新技术（即使仅从它所造成的威胁与风险来看），而且提供了人在这个世界上活动的新概念与新隐喻。

费彻尔和马尔库斯认为，对于人类学而言，这一变动要求新的研究和写作形式，以便对现实世界中各种不同的新行动者和过程做出反应。他们说："我们不能仅仅求助于传统的道德主义，也不能仅仅求助于进行价值判断的政治意识形态。文化批评的新形式应当从在各种数目上不断增加的专家和利益领域之间协调产生的空间中生成。个人写就的、以单一学科理论和个人权威的面目出现的传统民族志，将逐渐更多地让位于得以明确表述的合作研究计划。"① 通过跨文化学者合作得以实现的作者－报道人之间关系之转型，要求人类学者在民族志研究计划中促使不同参与者的学术兴趣互相重叠而不乏差异，要求他们对新环境条件下的人类学者之间及其与其他学科专家之间的相互关系做出清晰的表述。想做到这一点，不论是马林诺夫斯基式的职业精神，波亚士式的职业道德观念，还是晚近更为流行的"他者"理论化模式，都没有提供充分的方法论手段。因此，人类学研究将不再简单地"发现新大陆"，不再简单地把异文化翻译成熟悉的可理解之物，抑或把异文化风俗"陌生化"。"它越来越多地致力于发现我们全然陌生而试图揭示的领域。例如，它将关涉全球化的地方性影响，同时摒弃那种把正在重新定义全球化的现代性和现代历史力量看成能够制造处处相似的后果的假设，并且注意到冷战的结束也标志着全球两极化和三个世界的简单划分的终结。在全球化过程中，可能存在着具有强大力量的新兴的替代式现代性。"②

其二，关于从"回归"（repatriation）到《作为文化批评的人类学》的多元方法与立场。在《作为文化批评的人类学》中，费彻尔和马尔库斯认为，为了履行它自20世纪20年代以来即已做出的对世界范围内的文化与社会进行比较研究的承诺，人类学首先需要实现自我的"回归"，也就是说，对其所处的文化和社会进行与"他者"研究同样细致与严谨的研究。在90年代所写的序言中，他们表示这一"回归"的概念过于简单化和二元化。他们认为：多数社会与文化的形成过程之最引人入胜的部分，都体现在它们的跨地区特色之上，致使这一过程跨越了明确的文化边界。80年代，费彻尔和马尔库斯提出过一个观点，即，多视角民族志形式作为概念性框架是必要的，即使这对于民族志作者而言不一定都是切实可靠的田野工作策略。时下，他们则认为，他们在20世纪80年代提出的论点需要进一步得到延伸，而他们力求通过"多视角"这个概念来指出的，并不仅仅是对文化变异的系统性研究，而是一些更为困难的研究过程，如南非的新一代黑人/技术统治者的决策影响着索维托的工人阶级，但是他们的人口调查、金融和经济指标的统计仅仅间接地映射了，或者近似地模拟了后者的经验世界。

为了研究这种复杂的现象，费彻尔和马尔库斯主张，多视角的民族志研究计

---

① Marcus and Fischer, *Anthropologyas Cultural Critique*, p.3.

② Ibid., p.4.

划应彻底地揭示这种影响的众多中介和不可通约的过渡层次。此外，民族志还应涉及道德行动在摆脱消极后果过程中的“无能”。

再次，关于文化研究与科学学论争的兴起及其对“作为文化批评的人类学”所产生的影响。费彻尔和马尔库斯认为，90 年代许多工具实践领域（法律、科学、政治经济学）的基础学科知识持续性的迅速动摇，实属当今时代的“鲜明民族志事实”。这些领域中处于领先地位的实践者，最早地表达出他们对于传统概念和方法逐渐被现实世界所超越的感受。尤其有意思的是非人类学者对民族志方法的运用。一些人类学者可能会对他们视为已有的方法和概念被过于轻易地挪用（例如，文学研究领域最近对人类学者所使用的“文化”概念甚至民族志方法的挪用）感到不满。然而，在当今信息流通高度发达的环境中，在旧有学科因此而得到重新配置的形势下，人类学者可以非常便利地将这些挪用所取得的成果吸收到自己的工作中去，也就是说，把这些挪用当成指导自己在新环境中系统地重新确立民族志传统的线索。

在更为一般性的意义上，费彻尔和马尔库斯意识到自己的主张是：

> 承认人类学不再像 15 世纪的探险者那样在发现新世界的理想之下运作，这对批判人类学是一个优势。人类学更像是进入了一条由新闻职业者、人类学前辈、历史学家和富有创造力的作家的表述以及由他们的研究主题所组成的表述之河。因而，为了建构其框架，任何民族志的首要任务都是并置这些现存的表述，尝试领会其文本产生的不同条件，并将分析的结果充分地结合到当代田野工作的策略中去。从某种意义上说，正是这种将诸如此类的表述当成现存的社会事实的民族志实践，推动着人类学者的多视角的研究方式及田野工作传统核心关系的新认识和新规范的发展。①

最后，关于为人类学的知识生产而制定的新战略问题，费彻尔和马尔库斯原先的出发点是对以往的民族志方法与知识的有效性提出两项高度明确的挑战，即，萨伊德将大多数人类学成果归类为某种形式的“东方学”的做法以及德雷克 · 弗里曼（Derek Freeman，1916—2001）对玛格利特 · 米德（Margaret Mead，1901—1978）田野工作及其对萨摩亚文化的著名解说之准确性问题所提出的质疑。在《作为文化批评的人类学》一书中，费彻尔和马尔库斯把这两项挑

---

① Marcus and Michael Fischer, *Anthropology as Cultural Critique*, p.6.

战视作人类学内部批评的背景衬托，并基于此认为，当时人类学内部出现的一些新趋向早已探讨了这些挑战，而当前的民族志研究可能在事实上已经失去了它在西方官方知识领域中探索和权威性地阐释不同民族之间文化差异的传统的、显要的，甚至独断的功能。但是，这并不像长期以来人类学者所预见和担心的那样具有威胁性和破坏性。不过，人类学者需要把握和发掘新的机会，以自身的勇气、才能和开放性来重新确立自身的权威形式。这就是说，在跨世纪过程中，为了确立这种新的权威形式，人类学者需要重新制定民族志实践的规范和约定性理想。

费彻尔和马尔库斯在他们的新序言中，虽承认其所提供的新信息来自20世纪80—90年代的发展，但坚持相信，他们在80年代所写的文章“预见了”世纪末人类学的方向。既然如此，那么，其研究又当拥有什么新的研究主题？费彻尔和马尔库斯认为，新的主题的核心关注点是现代性问题，但这并非那种局限于西方或欧美社会的狭隘的现代性。目前，晚期现代性和后现代性的关键问题，正是重新塑造着文化的本来面目的跨国进程（即“全球化”），而诸如此类的新主题要求我们在新的环境下对制作民族志个案研究的旧有模式和方法进行重新培育。

为了论证他们提出的新主题的有效性，他们进而具体提供了三个方面的研究方向，以适应他们对晚期现代性的理解：

（1）以电脑为媒介的交流和可视化技术。

（2）创伤后的社会重建。

（3）科学技术所导致的现代性持续转变。

媒介、社会重组、科技这三个主题在20世纪晚期的发展，时常被当作晚期资本主义、后现代主义、政治经济全球化进程的新权力格局下地方形势的重新协调来讨论，有时也被当成反殖民斗争和多元现代性的模态来讨论。费彻尔和马尔库斯认为，从民族志的角度对这种广泛的结构与它们赖以建立的经验状况之间的关系做一番探讨，将会很有意义。

此处要谈的第二篇文章是自80年代初起即致力于结合结构人类学与历史学解释文化内外关系的萨林斯所写的一篇题为“何为人类学启蒙？20世纪的若干教诲”的讲稿[①]。该文与前面引用的费彻尔和马尔库斯的文章构成了观点上的鲜

① Marshall Sahlins: “What is Anthropologcial Enlightenment? Some Lessons of the 20th Century”，迈向文化自觉与跨文化对话国际演讲系列讲稿（北京大学1998年）。

明差异：后者以一种时间不断向前流动的方式叙述了人类学随时代潮流而发展的取向，而前者则从对西方启蒙以来盛行的单向线形时间观的批判入手，展开对于人类学使命的论述。

萨林斯开章名义地说：

> 敢于求知！在我们这个时代中，什么是人类学需要从中解放自身的思想束缚呢？无疑，这些思想束缚即为我们从历史上继承下来的观念，包括性别主义、实证主义、遗传论、效用主义等西方民间传统给出的许多其他对人类状况进行普遍主义理解的教条。我并不想讨论这里提到的所有问题，而只是涉及文明化理论。康德利用这一点对其著名的问题“何为启蒙”做出了反应。对于康德而言，这个问题实为：我们如何能通过逐步使用理性而避免愚昧？对我们来说，问题也变得十分类似：关于理性和愚昧的启蒙论理念，正是我们尚且需要逃避的教条。①

萨林斯认为：

> 现代人类学似乎还在与18世纪的哲学家们所喜欢的启蒙问题做斗争。不过，它的斗争对象已经转变成了一种与欧洲扩张和文明的布道（mission civilisatrice）类似的狭隘的自我意识。确实，“文明”是西方哲学家们发明出来的词汇，它指涉的当然是西方哲学家们自己的社会。在孔多塞看来，他们所引以为荣的精确性，在19世纪变成了一种阶梯式系列的阶段性，在这一系列阶段性中，有适应于各种各样非西方人的阶段。两个世纪以来的帝国主义（这在最近获得了全球性的胜利），本意确实并非要减少被启蒙出来的西方与其他地方之间的对立。相反，与旧的哲学支配一样，在西方支配的觉醒过程中所展露出来的“现代化”与“发展”之意识形态变成了基本的前提。甚至左派对“依附”和资本主义“霸权”的批评，同样是对本土人类历史上的能力和他们文化的生命力持怀疑态度的观点。在众多西方支配的叙述中，非西方土著人是作为一种新的、没有历史的人民而出现的。这意味着，他们自己的代理人消失了，随之他们的文化也消失了，接着欧洲人闯进了人文的原野之中。②

那种“文化消失”的观点，其实已经被证明是“不怎么启蒙的论点”了。也

---

① Sahlins, “What is Anthropologcial Enlightenment?” , pp.1–2.

② Ibid., p.1.

就是说，西方人对“文明”的自觉所引申出来的幻象，被灌输到关于其他民族的学术观点中去时，成了现代人类学一直争论不休，而时常因此落入无用境地的主要问题。然而，简要地思考一下人类学对于“他者”的看法，萨林斯提出如下几点批评：

首先，那套把非西方土著人描述为“没有历史”的文化的论点有其缺陷。这套论点中所谓的非西方人“没有历史”，显然是相对于西方的进步性而论的。当西方人接触到美洲、亚洲、澳洲或太平洋岛屿的人民之前，就把他们标定为“原住民”（pristine）和“土著民”（aboriginal），似乎他们与其他社会没有历史上的联系，从来就不曾被迫在生存上相互适应。

其次，文化冲撞和受西方浸染而出现的心理失常，导致了一个学术上的重要后果，那就是在20世纪中期流行起来的“失望理论”（despondency theory）。“失望理论”是“依附理论”（dependency theory）的逻辑先导。失望理论的一个推论便是，如果土著人幸存下来，他们就会变得与西方人一模一样。启蒙思想认为，理性与进步是全人类的美好未来。19世纪的“单线进化论”是这种普遍理性的启蒙观念的一种人类学延续。而时至1957年，在一部后起的“经典”《经济增长的阶段》一书中，沃特·罗斯托（Walt Rostow，1916—2003）也列出了从“传统社会”到“高度大众消费的时代”的包含五个发展阶段的单线性序列（罗斯托可能是注意到人类社会演化的积累等于购买的头一人）①。然而，事实证明，当受帝国主义伤害的幸存者开始捕捉自己的现代史时，失望在西方“文明”的权力中也就成了另一种“不怎么具有启蒙意义的观念”。现在有许多民族投入保护自己的“文化”的运动中去了。他们为了抗拒国家与国际对自己的“文化”——比如危地马拉的玛亚和哥伦比亚的图卡诺——的支配，既离开了资产阶级的右派，也离开了无产阶级的左派，而认为同化论者的压力应被拒斥，因为这会使他们的民族性变成国家建设与资本帝国主义建设的牺牲品。与西方预料的进化论命运不同，所谓的“野蛮人”各不相同，也永远不会变得与我们完全一样。

随着20世纪的时间推移，韦伯以同样的意向，提出了对不同宗教意识形态所承受的资本主义发展可能性进行比较的日益新奇的计划。韦伯主义者对于实际行动的宇宙观组织的讨论并不新奇。不可思议的似乎倒是，韦伯主义者变得越来

---

① Walt Rostow, *The Stages of Economic Growth: A Non-Communist Manifesto*, Cambridge: Cambridge University Press, 1957.

越僵化于一个问题上，他们不停地追问：为什么某一个社会不能够获得资本主义这种为西方人所知道并热爱的人类历史至善状态？这也是启蒙思想的残余。

针对《作为文化批评的人类学》，萨林斯认为此书所提出的观点，是资本主义晚期人类学成为一种赎罪式的“文化批评”的宣言，它是以一种道德上值得赞许的分析方式使用大量其他社会的例子作为解决西方最近所遇到的麻烦的托词。在这种“文化批评”中，非西方民族似乎是为了西方才建构他们的生活的，似乎是为了解答西方种族主义、性别主论、帝国主义等产生的邪恶问题才存在的。倡导这种文化批评论的人类学，其特点并不简单在于由道德来裁决论点，而在于道德作为一种先验的说服性而成为论点本身了。引萨林斯的话说：

> 真与善变成同一个东西。然而，由于道德价值通常是由（以及为）分析家所提供的一种外在属性，因此要改变那些符号就十分容易，这便导致某种令人好奇的既不赢也不输的双向束缚式争论那样的怪事。这一方面是西方资本主义扩张掠夺的后果，另一方面则是当地人依照自己文化中的处世哲学来自动地把这些效果安排得秩序井然。经验上的结论可能是对立的，在同样的道德背景上，二者都可被否证，并且通常如此。因为谈到土著民族的历史能动性（可能确有其事），就会忽略西方世界体系的专制，而因此在思想上阴谋促成暴力和支配。相反，如果我们讨论帝国主义的制度性霸权（可能也确有其事），那就忽略了人民为文化生存所进行的斗争，这样在思想上也可能促成西方暴力与支配。替代性地，我们可以使全球化的支配和地方性自治在道德上都有说服力，为了那些土著民族的利益而称地方性自治为“反抗”。这是一种不输的策略，因为这两种特征是矛盾的，而且联合起来的话，就能涵盖任何一种历史终极性①。

萨林斯认为，西方观念中历史的终极性的论点并不符合20世纪晚期世界各地文化演变的现状。这首先表现为一个事实：20世纪末期，非西方的所谓“土著文化”出现了重新振作的趋势。换言之，那些西方被依附论者认为已经死了或正在死去的民族，正在使他们的依赖性变成自己独特的文化理论。比如，许多猎人和采集者靠着狩猎和采集生活。直到1966年，在芝加哥大学召开的题为“人类狩猎者”的著名研讨会上，大多数与会者以为他们当时谈论的题目听起来与今

---

① Sahlins, “What is Anthropologcial Enlightenment?” , p.3.

天的生活方式格格不入。然而，时至今日，跨越我们地球的北部地带，在整个北极和欧洲向北极的延伸地带，在西伯利亚和北美，从事狩猎、捕鱼和采集的人们，还是利用工业技术，以旧石器时代式的生活方式生存着。北部地区猎人的生存，也并非简单是他们离群索居的结果。恰恰相反，他们的生存依赖的是现代的生产、运输和通信手段。

萨林斯认为，在世界其他一些地区，“土著民族”（这里指非西方民族）也在充分地捕捉西方现代性的知识与权力来增加自己文化的力量。最近几个世纪以来，在被西方资本主义的扩张所统一的同时，世界也被非西方土著社会对全球化的不可抗拒力量的适应重新分化了。在某种程度上，全球化的同质性与地方差异性是同步发展的，后者无非是在土著文化的自主性这样的名义下对前者做出的反应。因此，这种新的星球性组织才被我们描述为“一个由不同文化组成的（大写的）文化”（a Culture of cultures），这是一种由不同的地方性生活方式组成的世界文化体系。这即是指对于他们的“文化”自觉，是一种被生活和保护着的价值。世界上没有一种族群不在谈论他们的“文化”或者与文化类似的地方性价值，而他们如此谈论是因为目前的状况恰恰是这些文化的生存正在受国家或国际力量的威胁。换言之，“文化自觉”的真实含义就是，不同的民族要求在世界文化秩序中得到自己的空间，它所代表的方案，就是现代性的本土化。

从某种意义上讲，“文化自觉”指的就是如下事实：加入国际资本主义事业已经使非西方民族“发展”出来他们的文化秩序。例如，通过劳工输出、咖啡生产以及其他商品作物的生产，氏族间大型的仪式性交易使这些高地文化的特征性标记在最近几十年中得到了前所未有的繁荣。在印加、哈根、门地、塞纳以及其他地方，此类的庆典不仅在次数上迅速增长，而且参与人数和物品交换的数量也在迅速攀升。随之，土著中的大人物（big men）也越来越多，并且越来越有力量。曾经消失的旧氏族联盟又得以复兴。人际间的亲属网络被扩展并加强了。金钱并没有变成社区的对立面，而变成了社会构成的手段。高面值的银行支票取代了珍珠贝壳而成为核心的交换等价物，托尤塔（Toyota）土地估测者的礼物补充了往常的猪，大量的啤酒成为初次的见面礼。

萨林斯认为：“非西方民族为了创造自己的现代性文化而展开的斗争，摧毁了在西方人中业已被广为接受的传统与变迁对立、习俗与理性对立的观念，尤其明显的是，摧毁了20世纪著名的传统与发展对立的观念。”① 在现代发展经济学

① Sahlins, “What is Anthropologcial Enlightenment?”, p.7.

中，受“非理性”所重负的所谓“传统”，一直被认为是所谓“发展”的阻力。传统文化的“非理性”，就是有问题的东西。矛盾的是，几乎所有人类学家们所研究和描述的“传统的”文化，实际上都是新传统的（neotraditional），都是已经受西方扩张影响而发生改变的文化。在一些情况下，这样的变化发生得很早，因而现在没有一个人，甚至没有一位人类学者会对这些文化是否出于正宗而提出疑问。

新传统的现象在东西方接触的早期，就已经存在过。这里萨林斯举了一个中国的事例：1793 年 8 月，作为乔治三世全权大臣的马嘎尔尼伯爵来到天朝中国。他趾高气扬，意在通过展示英国在技术上的精良来刺激中国人对英国产品的需求。与他的贵族身份相配，他还要显示一种“我们王朝的豪华”，因而向一群重要的帝国官员展示了英国最新的轻型野战炮。使马嘎尔尼懊恼的是，中国的士大夫们拒绝受屈辱：“（大炮）射程很好，形式也极为精美，大炮固定在一辆轻型车上，总之在各个方面都是完美无缺的，一分钟可以发射二三十次。然而，我们的陪同人员（他自己是一位将军）假装略有所思，然后对我们说，这样的东西在中国，好像并不是什么新鲜的玩意儿。”这样的问题不断出现在使团成员当中，因为为了在外交上富于心计地销售英国的产品，这些英国人预先假定技术与文化的精密性之间存在着功能关系，而中国人理解文化与此会有任何深奥关系。访问团中的实验科学家詹姆斯・丁卫帝写道：“为了完成使团的目标，即使中国人对于英国人民的力量、学识及天资产生惊讶，包括天文学、哲学在内的优良品种都要作为礼物送给天朝皇帝陛下。”然而，丁卫帝的想法有多少是成功的呢？这从皇帝看过英国人精巧的装置之后的反应中可以做出判断。皇帝说：“此为幼童嬉戏之佳物也。”（另一方面，当某些广东商人看到所展示的科学器具就问丁卫帝说：“他想从这些东西中赚多少钱呢？”）丁卫帝对外交官的失败做了总结，此时这项失败预示了西方文明化使团将堕落为暴力，而英国使团则随之把中国官方对英国古怪技术的不解看成文化的不完善。①

在这个文化接触的案例中，萨林斯发现：西方的文化自觉，是作为一种整体的系统在技术的基础上或至少在功能上适应技术的基础上建立起来的；而中国人则总是要使技术与文明、基础与上层结构分离开来。甚至在 19 世纪晚期，当西方技术对中国人开始有一些吸引力时，他们还只是接受“中国文化，西方技

① Sahlins, “What is Anthropologcial Enlightenment?”, pp.15–18.

术”，或者用一个更有名的说法，只是接受“中体西用”。

延伸到20世纪末期，萨林斯认为，“晚期资本主义”最令人惊叹处之一就是“传统”文化并非必然与资本主义不相容，也并非必然是软弱无力易被改造的。这向人们所提出的真正问题，并非是金钱经济与传统生活方式之间不可调和的矛盾。当不能够找到足够的金钱来支撑他们的传统生活时，大问题才会出现。如果人们能像某些人类学家做过的那样做个计算的话，就能知道有多少来自政府的资助基金和商业贸易收入已经被投入于扶植本土生产方式中去了。做了这个计算以后，人们就会看到，土著的内部经济显然吸纳并统合了外来经济。更进一步说，在村落当中，一个人或一个家庭，其在金钱经济中越是成功，便越会加入本土的秩序中去。与亲属之间进行资源共享，随着金钱收入的增加而增加，这典型的是通过从狩猎和采集中获得金钱来让大家获益而实现的。研究也表明，在教育和工作上最为见多识广的人，也与其他的人一样乐于参加到地方性基本生计文化中去。

文化没有消失的另一个证据是新近出现的“中心与边陲的颠倒”的文化现象。一个流行的假设认为，城市化必须在各处消除“乡村生活的愚昧”。城市以其复杂的社会和工业体系为特征，使人们之间的关系变得非私人化、功利、世俗、个人主义，若非如此，它会就使人们变得没有幻想、没有部落习俗那样的生活乐趣。这便是雷德菲尔德所说的“乡民–城市连续体”（folk-urban continuum）中的趋势。作为实质性变迁的起始点和结束点，乡村与城市有着结构上不同而对立的生活方式。这个时期的英国社会人类学，也同样在先验的二元论上盘旋。

萨林斯引用证据说，苏门答腊高地的托巴·巴塔克（Toba Batak）村民与他们在莫丹（Medan）城里的亲属之间在认同、亲属关系和习俗上有连续性。从结构的观点来考察，乡村与城市的托巴·巴塔克社区都是社会与仪式体系的一个部分。述及更大范围的东南亚，布鲁纳写道：“与传统的理论不同，我们在许多亚洲城市中发现，社会并没有变得世俗化，个体也没有变得孤立，亲属关系的组织并未崩溃，城市环境下的社会关系也没有变得没有人情味、肤浅和功利。”到了70年代中期，这类观察结果在对拉美人的城乡连续体的家乡研究中，就变得很平常了。在格拉克曼和他的同事在整个亚撒哈拉沙漠的非洲从事田野考察中，也有同样的发现。从城乡对立到跨地方文化秩序的乡民–城市连续体的这种格式塔式转变，接连不断的研究都旨在要摸索出一套恰当的术语。学者们对此有各种各样的说法，如“二元地方社会”、“单一的社会与资源体系”、“无地域的社区网络”、联结乡村与城市的一个“共同的社会领域”、“包括奉献者和主人的定位的一种社会结构”、“一种跨国的移民组织”、“一种存在着成员之间实质性联系的单一社会领域”、“新人类”，云云。

萨林斯主张：

> 所有这些描述所表达的，都是土著的家乡与大城市“外面的家园”之间的结构性互补，它们之间的相互依赖成为文化价值与社会再生产手段的资源。符号象征上是集中在家乡，其成员由此可以导出它们自己的认同和命运，而跨地方的社区从策略上有赖于城市的流动者来获得物质的收益。乡村秩序本身扩展到城市，同时移民之间也依据他们在家乡的关系过渡性地联系在一起。作为移民的关系，亲属、社区以及部落的亲和获得新的功能，也可能获得新的形式：他们组织人口和资源的移动，照顾家乡的各种关系，为家乡的住房和就业提供帮助。由于人们想到的是他们的社会关系以及他们叶落归根时的景况，因此物品的流动一般都会偏向家乡人那一边。本土秩序通过从外国的商业区获得的收入和商品得到维持……跨越了传统与现代之间的历史性界限，跨越了中心与边陲之间的发展距离，跨越了城里人与部落人之间的结构性对立，超地方的社区观念欺骗了一大批已经被启蒙过的西方社会科学家①。

文章最后，萨林斯提出，面对旧式人类学眼界中的文化消失现象，面对受世界体系进程影响所显露出来的一致性逻辑和有限边界的残留，人类学家被引导着屈从于一种后现代的恐慌：诸如“文化”这样的东西是否真的存在过？不过，这种恐慌正好出现于人们大谈他们的“文化”的时代，我们有何理由感到恐慌？其实，在一个所谓“全球化”的时代中，不少“民族文化”正在借助现代性焕发自己的生机，使世界出现了众多新的文化、新的实践和新的政治结构，而这些，恰好表明，这些新的东西，有其旧的基础或文化的根据。

1983 年，也就是在沃尔夫的名著《欧洲与没有历史的人民》发表不到一年，另一本对人类学自我反思产生相当深刻影响的著作也出版了。这就是荷兰人类学家费边（Johannes Fabian）所著的《时间与他者》②。

---

① Sahlins, “What is Anthropologcial Enlightenment? ”, p.26.

② Johannes Fabian, *Time and the Other: How Anthropology Makes Its Object*, New York: Columbia University Press, 1983.

《时间与他者》对民族志的时间表述做出分析。费氏考察了西方社会中从“异教徒”循环时间观念，经由犹太－基督徒的线性时间观念，再到中产阶级的世俗社会文化演进阶段的时间观念的历史变迁，并据此反观人类学；他认为，西方社会中最后一种时间概念，是19世纪人类学发展的依据，而它事实上是被空间化了的时间观，其所表述的问题意识，实为那些距离文明中心最遥远的社会如何可能被认为是属于比较原始或比较早期的文化、心智和社会组织的阶段。进入20世纪，演化阶段论大纲在社会思潮中早已成为不合时宜的想法，但是社会科学界依然普遍地以传统－现代、乡民－工人，乡村－都市、前文字－文字等二分法来衡定文化。同样地，人类学为了对抗进化论，借助田野工作而对被研究者的“此时此地情景”加以捕捉，表面上逃脱了进化论的制约，实质上恰将进化论的观念当作传统继承下来了①。

在早期的人类学思潮中，空间的距离被视为随着时间的拉远而扩大。在现代人类学中，民族志描写的依然是远离自己家园的被研究者，而社会人类学者也一如既往地把后者放置在他们自身的现时历史时刻之外，使在西方思想中的“原始”（primitive）依然继续保持它的“时间概念性质”，成为“是一个范畴，而不是一个思考的对象”②。田野工作指的是民族志作者和被研究者之间的相处，指的是两者共享同一历史时间和空间的“互为主体”（intersubjective）的过程。这可被称为“同时性”（coevalness）。然而，人类学家却通过否认被研究者的现时性和他们自己的现代历史，以民族志为方法，将被研究者放置在遥远的距离之外。在田野工作中，人类学者采用了不同于民族志报告的时间概念，他们因而完全了解被研究者的同时性，并知道他们拥有着自己的历史意识，到了民族志撰述的阶段，人类学则一反其田野工作之所谓，消解被研究者的同时性与历史意识。从人类学的“同时性”或“无时间状”（timelessness）的反思出发，费边得出一个结论：人类学家若要克服自相矛盾，便要真切地考察被研究者的同时性与历史意识。

无论是沃尔夫代表的世界体系下跨社会、跨文化政治经济关系体及与此相关的、将全球性视作民族志研究的新挑战的学者（如马尔库斯与他的同僚），还是如萨林斯那样试图把文化接触的历史事件放置在社会内部等级与观念结构的学

---

① Johannes Fabian, *Time and the Other: How Anthropology Makes Its Object*, New York: Columbia University Press, 1983, pp.11–24.

② Ibid., p.18.

者，其观点，可谓均是为了考察被研究者的“同时性”而提出的。二者之间的差异在于，前者因将注意力集中于近代资本主义世界的客观进程，而未考察身处其中的被研究者自身的历史意识，后者则与此相反，主张坚持人类学的传统，尤其是它的“主位观点”，集中考察文化接触事件频发的年代里内在于被研究者的观念形态中的、对“塑造世界”（这个意义上的“世界”，是有能力将外部力量容纳于其间的、内在于文化的宇宙观世界）所发挥出的重要作用。

面对近代世界体系，人类学家以不同的方式对于现代人类学的“无时间状”提出了不同的质疑，其观点与更早阶段形成的政治经济学派与文化学派的对垒有着深刻的继承关系。对于两个对垒的学派而言，“他者”具有不同的含义。

对于政治经济学派而言，近代世界体系一旦成立，西方与非西方、现代与传统、自我与他者，均必定被世界性政治经济体系中“冷酷”“硬如磐石”的“事实”重新组合，成为具有中心、半边缘、边缘关系的“世界体系”的局部。对这派人类学家而言，他们借以研究“他者”的核心概念“文化”，自身即源于每个“冷酷”“硬如磐石”的“事实”。在《欧洲与没有历史的人民》一书的“后记”中，沃尔夫曾经批评人类学家因袭特定历史时期欧洲民族国家的文化观的做法，他说：

> ……文化这个概念是在一个特定的历史场合中呈现出其显要地位的。在那个历史时期中，一些欧洲国家致力于维系自身的支配性，而其他一些国家则在为各自的认同和独立性而斗争。那种目的在于证实每个斗争中的民族都拥有一个为其文化精神所激活的独特社会的主张，服务于使自身的国家合法化的雄心。分立的、一体的文化观，是这种政治筹划的一种表现。①

文化学派并不否定自我与他者之间在近代以来形成了关系，也不否认欧洲支配世界的图谋的存在，但因此派学者早已接受了结构人类学的关系理论，而更注重认识到社会之间关系纽带之存在远比“近代”古老，且致力于揭示西方宇宙观下理性主义历史观念与功利主义社会科学的局限，因而，他们对近代资本主义世界体系并不乐观其成，而是怀疑其世界性的覆盖力，选择从文化的角度质疑近代世界体系的文化兼容力，并因之，更强调不同文化对于这个体系的不同反应，且远比政治经济学派更注重对被研究者的历史意识加以分析。

---

① Wolf, *Europe and the People without History*, p.387.

两种观点营造了两种“他者”的意象——总是被外来的力量压制的“蒙昧人”，与总是有本事用自己的文化吸收外来影响的“非西方人”；尽管诸如沃尔夫之类“世界史派人类学家”似乎表露出某种回归于古典人类学“三圈说”的旨趣，但无论是这个派别还是它的对立面，依旧依据自我与他者二分的框架所带有的价值来制作各自的言论。情况很像20世纪初；当时，波亚士企图用“原始”替代“蒙昧”与“野蛮”，用“文化”替代进化论的“文明”，但不知不觉地，他以新的方式重新表达了19世纪人类学文明论对于“蒙昧”与“野蛮”的“普遍同情”。

中　篇

第十四章

“自我与普遍同情之间的平衡”

20世纪，人类学家总是以追随某种一致的研究风范与价值取向为荣，且认定，这一风范与取向，乃是在对学科的19世纪前身——古典人类学——的“革命”中诞生的。

采用不完善的对比法，比较20世纪人类学与19世纪的古典人类学，我们可清晰辨别出两种不同的思考风格。古典（19世纪）人类学根据人类心智一致论的看法，历史地建构出不同种类的文化在时间和等级上的先后次序；而现代（20世纪）人类学则徘徊于人类关于文化差异的不同论点之间，致力于在时间的同一平台上营造不同种类的文化在空间平台上共存的局面。

古典与现代之间的这一研究风范的差异，表现出二者对于文明所持态度的鲜明差异。在19世纪人类学中，“文明”这个概念占据着首要位置，古典人类学家未必相信世界上所有人都有文明的潜质，但当时西方所达到的境界，是历史上存在过的不同文化最终抵达的方向；研究人类学，就是研究这一从过去走向“过去的未来”的文明的进程。如果说在19世纪的人类学中，“文明”还带有褒义，那么，这个褒义在20世纪的人类学中便被彻底革除了；此时，“文明”不再必然是好东西，更不必然是世界上所有人该追求的未来，而是一种具有摧毁人自身的完整性的力量，这与“文明”的“另类”——蒙昧（savagery）、野蛮（barbarism）——有所不同，那些曾被历史上的西方人认定为可怕的“蛮子”，因沉浸于一种绵延的亲属制度、人与物部分的思维状态、神秘的交换关系、“无政府而有秩序”的体制及虔诚的神话、信仰、仪式中，而有一种难能可贵的“软弱性”。

就大势而论，人类学的古典派至现代派的转向，实质以“二元说”替代了

“三圈说”[①]。

19世纪的人类学是一种世界文化地理空间的陈述，也是一种世界历史走向时间的展现；这一时空交织的展现，在两个相互糅合的层次上都是“三圈说”的。世界文化地理空间被区分为自我、他者及介于自我与他者之间的三个圈子，世界历史走向时间被分为他者经由介于自我与他者之间的“他者”向自我演变的“过去”。在其中一个层次上，自我、他者及介于自我与他者之间的“他者”，被等同于蒙昧、野蛮、古代文明；在另一个层次上，文明内部又有区分——世界各地文化相对一致的上古，东西方分立的中古，到重新复归于文化一致性的近代，以清晰或隐晦的方式，支配着19世纪人类学的时空展现。

在20世纪人类学中，19世纪的世界时空陈述构架被拆散后得到重组，“三圈说”中的“中间圈”——介于自我与他者之间的“他者”——不复存在，所剩下的只有“文明”与“野蛮”两圈。人类学家分化为以英法人类学家为代表的普遍论者与德美民族学－文化人类学家为代表的相对论者，前者相信“文明”与“野蛮”在“人”这个字面前的一致性，后者相信人尽管都是他人，其意义世界却大不相同，人甚至依据这些不同来缔造不同的民族。两派之间持续争论，但在价值取向上站在同一个不同于19世纪人类学的立场上——在非西方“蒙昧人”面前，西方人的“文明”与“现代”，都不是什么好东西，若一定要承认它有好处，那也应要把它归功于“贵气十足的蒙昧人”（the noble savages）。

一、“贵气十足的蒙昧人”

世界历史走向时间规律向“二元说”的转变，带来了一场“人文思想的革命”，“革命”之后，人类学家变得“他者为上”，他们拒绝接受“文明”与“现代”，主张在研究上和价值上都重视“贵气十足的蒙昧人”。

对于“贵气十足的蒙昧人”的尊重，及对于西方文明采取的谨慎以至批判态度，使现代人类学家惯于穿梭于格式化的自我与他者之间，而没能意识到，恰是为他们鄙视的19世纪人类学，比他们自己多承认了一种文化的可能——介于自我与他者之间的“他者”。恰是因为这些“先进的人类学家”，文化的第三种可

---

① 王铭铭：《三圈说——中国人类学汉人、少数民族、海外研究的学术遗产》，载其主编：《中国人类学评论》，第13辑，125—148页，北京：世界图书出版公司，2009。

能被清除掉了。

在人类学的论述中，自“三圈说”变成“二元论”之时起，“我”与“他者”“文明”与“野蛮”“现代”与传统的对比，便成为研究者的“指南针”。现代人类学的对比固然具有一种深刻的自我反思性，但因其反思依据的一直是二元化的论述框架①，反思的后果时常与反思的目的相左——非西方文化的“原始化”②，通常就是其后果。

“历史地看待问题意识的承继过程，我们也看到了人类学理论被区域化的棘手问题，从某些问题的角度看，有些地区在一般理论上比别的地区占有更显要的地位”③；在一些“民族志区域”，存在着限定“人类学理论化”的“看门概念”（gatekeeping concepts）④，它们比其他地区更具有一般理论意义。哪些区域的“看门概念”更易于为现代人类学家所采纳，这便要看它们中哪些更符合人类学的“贵气十足的蒙昧人”意象了。

20世纪人类学的问题意识，往往来自那些原始或者接近原始的地方和人群，人类学家从这些地方和人群入手，寻找体验和表达方式；安达曼岛人的社会结构、爱斯基摩人的婚姻与家庭、非洲的继嗣群组织与部落制度、美拉尼西亚的性心理人类学和交易圈、波利尼西亚的头人、印第安人的图腾、交换与亲属制度、东南亚的仪式等，正是人类学理论和专题研究的问题意识的核心地带。

人类学的“看门概念”随“民族志地区”的不同而不同，但如库伯（Adam

---

① 20世纪初以来，人类学若有什么所谓“范式转变”，也不足以构成库恩（Thomas Kuhn，1922—1996）界定的“革命”。功能主义、结构－功能主义、历史具体主义、冲突理论、新进化论、结构主义、过程理论、象征人类学、解释人类学、政治经济学、后结构主义、后现代主义，名目繁多的理论派别相继出现，使人类学给人留下一个“不断创新”的印象，但这门学科对于非西方的阐释，却多数总是围绕“我”/“本文化”与“非我”/“异文化”这一二元论世界观展开的。作为人类学基本实践的民族志研究与书写，于20世纪80年代以来遭受“冲击”，这些“冲击”虽猛烈，却也未曾动摇人类学研究方式的根基，更未创造出作为新范式基础的新法则式（lawlike）思考框架。参见：Thomas Kuhn, *The Essential Tension : Selected Studies in Scientific Tradition and Change*, Chicago; London; University of Chicago Press, 1977, p.xvii。人类学家似满足于在既有框架内，容纳对于“非我”（他者）的不同论述，这一做法若说既已导致过什么“革新”，则这些“革新”更像是科恩（Bernard Cohen）所界定的“学科内的范式转换”，参见：Bernard Cohen, *The Newtonian Revolution: With Illustrations of the Transformation of Scientific Ideas*, Cambridge: Cambridge University Press, 1980。

② 正是现代人类学的奠基人之一波亚士，以“原始”一词替代了“蒙昧”“野蛮”等带有对被研究者“污蔑”的词汇。见 George Stocking, *Race, Culture and Evolution: Essays in the History of Anthropology*, New York: Free Press, 1968。

③ Richard Fardon, ed., *Localizing Strategies: Regional Traditions of Ethnographic Writing*, Edinburgh: Scottish Academic Press; Washingtong: Smithsonian Institution Press, 1990, p.26.

④ Arjun Appadurai, “Theory in Anthropology: Center and Periphery”, *Comparative Studies in Society and History*, 1986, p.357.

Kuper）所说，作为学科，现代人类学总是依赖着“原始社会的发明”而存在[①]。

现代人类学对“原始的简单社会”怀有一种迷恋之心，它选择以研究这类社会为己任，兴许是出于方法上的考虑。涂尔干及他的信徒拉德克利夫－布朗认为，人类学家应从“简单的社会组织”中发现的是人类社会构成的“基本原理”，他们也相信，“原始的简单社会”能为“基本形式”（elementary forms）的理解，提供最为简便而有效的手段（巫术、图腾、原始分类、献祭成为“比较社会学”的关注点，便与其对“基本形式”的强调有关）。因此，即使当人类学者进入“复杂社会”的“田野”（之所以加上引号，是因为这些“田野”，多数已有自己的文字，有自己的历史撰述传统）之时，他们依然对作为方法论“时空坐落”的村落社区怀着依恋心境。[②]

人类学的“原始的简单社会”不仅包括小型的游群、村落社区，而且其意象还广泛地覆盖到了非洲的大型裂变型和酋邦型部落、印度的种姓；到了列维－施特劳斯之时，甚至包括了世界上所有人共有的“思维”。

“原始的简单社会”究竟意味着什么？

显然不只是“原始游群”，而是一切可能成为西方现代世界的“非我”映像的体系。

“他山之石，可以攻玉”——这是中国的一句古话，也能代表人类学者的信条；从“原始的简单社会”这个映像中，人类学家所力求得到的是“可以攻玉”的“他山之石”。

亲属制度是人类学研究最主要的专门领域，也是这门学科着力雕琢的第一块“他山之石”。库伯认为，人类学对于亲属制度提出的基本论点，在19世纪的最后10年已经得到明晰界定，当时所有专家对如下五个要点取得一致看法：

> 1. 大多数原始社会都基于亲属关系来营造社会的秩序；
>
> 2. 亲属的组织依赖的是继嗣群；
>
> 3. 继嗣群属于外婚制并与一系列的婚姻交换相联系；
>
> 4. 与灭绝的物种一样，这些原始制度在能够重现早已死亡的实践的诸如仪式和亲属称谓等化石形式中得到保存；
>
> 5. 随着私有财产的发展，继嗣群让位于以地缘纽带为组织基石的国家，而

---

① Adam Kuper, *The Invention of Primitive Society: Transformation of an Illusion*, London: Routledge, 1988.

② 王铭铭：《社会人类学与中国研究》，25—64页，北京：生活·读书·新知三联书店，1997。

国家的兴起标志着古代社会的文明化（含现代化）转变。[①]

在追求全面中，库伯忽视了一个事实——尽管20世纪人类学者基本上继承了上述五个要点的前三项，但他们基本上抛弃了它们中的后面两点。而由此构成的亲属制度研究，大致包括四个方面的内容：

1. 对于亲属称谓的文化变异及其意义的解释；

2. 对于作为原始的简单社会秩序构成原理的继嗣群形式的比较研究与社会理论解释；

3. 对于作为继嗣群之间关系的婚姻交换的结构人类学分析；

4. 对于作为观念差异体系的亲属与法权观念的西方–非西方跨文化比较研究。

20世纪的亲属制度研究，承袭了19世纪“古代社会”研究的基本要点，但人类学家却明确拒绝把亲属制度的这几个特征归结为古代史的“化石形式”，而主张将它们视作与现代西方家庭和公共生活方式形成鲜明反差的社会体系。因而，人类学家对亲属称谓的研究，大多服务于对西方核心家庭的私有观念和人际关系的反思。继嗣群组织的研究为的是说明非西方、非集权社会的秩序构成原理；继嗣群的婚姻交换被视作社会之间缔结和平的根本手段，是民族国家之间紧张的战争关系的“反面教材”；同样地，将亲属制度视作观念体系来研究，表面上为的是反思人类学亲属制度概念的西方根源，实质上为的是反映现代西方法权制度的文化局限性。[②]

人类学的亲属制度研究的“范式转换”，体现为一种“人文思想的革命”，尤其是人类学家在思想上对于19世纪社会进化论的群体反叛，对于启蒙人类宏观历史观念的反思；而这场人文思想革命的具体表达，是对于亲属制度到现代国家文明演变的西方中心主义历史观的批评。

对于经济人类学研究而言，最重要的概念是“生活方式”“交换”“礼物”“原始通货”和“文化理性”。除了波兰尼式的宏大历史社会的经济制度比较研究，其他经济人类学研究集中于萨林斯所谓的“石器时代的经济学”上。因而，尽管大有关注复杂文明社会和乡民社会经济现象的经济人类学者，但经济人类学却不无理由地被人们等同于“原始生产和交换方式”的研究。在经济人类学

① Kuper, *The Invention of Primitive Society*, pp.6–7.

② David Schneider, *American Kinship: A Cultural Account*, Englewood Cliffs, N. J.: Prentice-Hall, 1968.

中，存在着类似于古典和新古典经济学的形式主义论调，甚至有经济人类学者采用“西方化”来解释非西方经济的现代命运。然而，一如波兰尼的研究显示的，经济人类学的核心贡献恰恰就是对于非西方、非市场经济制度的探究。这种研究能够说明什么呢？其所能说明的，当然并非是企业和市场营运的逻辑与成功故事，而是这些逻辑和成功故事如何缘起于一个特定的时代、一种特定的社会、一类特定的“经济人理性”。与马克思、韦伯、涂尔干等资本主义社会的洞察者一样，经济人类学研究者也深切关注成长于西方的资本主义（市场、工业主义和现代法权）。但是，他们与前者采取了不同的研究路径，他们从作为“我”的西方资本主义社会中疏离出来，在诸多原始人的岛屿、丛林、雪原中寻找“没有资本的世界”。这不意味着经济人类学者是一群逃避现实的避世主义哲学家，而是意味着他们试图在“遥远的异邦”中思考家园的一切的弱点。把生产视作生活方式、把交换视作礼物的流动、把经济视作特定社会中象征互动的逻辑，使经济人类学者在资本支配的世界中看到了“富有”与“贫困”的相对性以及“富有社会”（一般意义上的资本主义社会）潜在的社会危机。

专注于“原始无国家政治”的政治人类学者所传递的信息，则是对欧洲“主权”（sovereignty）观念的某种反思。政治人类学的研究集中于非集权政治制度的分类的民族志撰述上，20 世纪 40 年代以来对裂变型部落、酋邦型部落及其他区域性的政治形态和权威营造方式做了广泛的探讨。基于此一系列探讨，政治人类学概括出了结构－功能理论、冲突理论、过程理论、派斗理论、政治象征理论等学说，在政治权力的解释方面对于政治学和社会学的传统理解提出了创新颇丰的论点。然而，与其他社会科学学科不同，政治人类学拒绝在西方意义上的“权力”“国家”“民主”“自由”等方面探讨政治运行的实质，而试图以“有秩序的无政府状态”“剧场国家”等概括来反思西方民族国家的政治形态。尽管 80 年代以来福柯的权力概念、社会理论界的民族国家的民族主义批判、马克思主义的意识形态分析都受到人类学界的重视，但政治人类学的主流一向更重视在对相对集权与相对“裂变”的政治形态的比较中提出看法。这样的比较确实在不同层面上反映了西方民族国家体系以外的政治实体的现实。但是，其提供的图景与人类学者对于后者的反思性思考关系更为密切。①

作为政治人类学分支的法律人类学，依赖“习惯法”与“成文法”这个对

① Joan Vincent, *Anthropology and Politics: Visions, Traditions and Trends*, Tucson: University of Arizona Press, 1990.

子，来寻找“礼治秩序”的踪影，更典型地表现了人类学对于无文字社会的秩序的求索。

与其他专门研究领域相对，宗教人类学研究与19世纪泰勒及后来的弗雷泽的理论之间的关系更具有继承性。可以认为，宗教人类学研究中关于“结构”和“原始思维”的大多数理论论述，大多发源于19世纪古典人类学对于人类心智的看法。不过，20世纪人类学者在这一方面的研究，与此前的时代形成了鲜明差异，这些差异可以从以下两个方面看：

1. 人类学家在区分世俗性和神圣性的基础上解释宗教，论述宗教的世俗性基础（或主张作为社会结构的世俗性决定了宗教的神圣性，或主张神圣性的宗教应被视作一个作为“常人生活－观念”的“文化体系”）。

2. 尽管人类学者在研究其他范畴时有时具有文化相对主义的态度，但在研究宗教时却认为宗教普遍存在，应将非制度化的巫术、仪式、象征等体系当成宗教来看待。

阿萨德指出，宗教人类学的这一双重特征，反映了启蒙运动以后西方宗教世俗主义的基本特征。①

吊诡的是，从本意上讲，宗教人类学研究的主旨却并非是为了复制西方文化中的宗教概念，而是通过研究与西方制度化宗教（和其他地区的古代宗教文明）形成差异的观念与仪式体系来揭示制度化宗教之疏离于社会生活实践的“理性化”特征。因此，在宗教人类学文献中，我们看到诸多将宗教－巫术与科学－技术并置起来考察的研究，它们共同强调启蒙运动以后被西方知识界归为相对立的思维类别的体系。从这个意义上讲，宗教人类学与其他专门化的人类学研究一样，也是在“非我”的空间中寻求“我”的映像与替代“我”的可能性。

从上面列举的几个核心领域发展起来的人类学观念体系，也已经被运用于其他更为专门化的研究领域如都市人类学、医学人类学和教育人类学的研究中。从分析方法上强调一个特定制度方面与其他制度方面之间的整体论关系，虽已为一些人类学家所不齿，但20世纪人类学研究的任何一个专门领域都没有脱离这种整体论的想象。如此一来，都市族群性（urban ethnicity）的人类学研究，脱离不了政治－经济－社会的人与象征－认同的人这双重的人性论的论点②；医学人

---

① Talal Asad, *Genealogies of Religion: Discipline and Reasons of Power in Christianity and Islam*, Baltimore: Johns Hopkins University Press, 1993.

② Abner Cohen, *Two-Dimensional Man*, London: Routledge and Kegan Paul, 1974.

类学的研究，视医疗为文化/社会整体内部的事项，主张在特定社会的时空和宇宙观传承中（而非在医疗科学的制度中）考察医疗①；教育人类学强调教育作为社会事项及其与分离于社会以外的“普遍主义知识的传播”的对立②。

在近期西方本土人类学研究中，我们看到一种人类学回归本文化的趋势③，这是否表明，人类学将真的舍弃“我与非我”的二元世界观？

大致而言，近期西方本土人类学研究成果可以分为三种主要类型：

1. 运用人类学的理论和方法对西方本土文化观念加以反思性的分析；

2. 在文化的并置中体现西方社会科学观念的局限性；

3. 运用人类学的民族志研究和描写方法对西方社会内部的文化差异、社会分化以及现行性加以解释。他们通过不同的方式说明：在面临表述危机的情况下，人类学者可以从本土文化的关怀中重新塑造自身的社会角色和研究范式。

显然，第一种和第二种本土人类学都强调对于西方本土文化的研究，但它们因过于强调这种文化的宇宙观/知识论独特性而比专注于非西方研究的人类学更进一步地把西方-非西方相对化了。第三种研究上与资本主义的社会学研究有诸多相似之处，它强调西方社会内部的象征和经济分化的人类学意义，也指出西方内部“资本”对于社区的“殖民化”与西方世界体系对外的殖民化一样必须得到人类学者的关注。然而，从严格意义上讲，这种本土人类学无非是人类学二元化世界观在西方内部的运用，是在西方内部“发现异己”并从中反思资本主义的“本文化”的努力。换言之，无论是具有认识论反思的本土人类学，还是具有政治经济意义的西方国家内部的社区研究，都依然遵循二元化世界观所提供的阐述逻辑，其中的变化无非在于把“原始的简单社会”看成西方内部也散布着的“象征森林”。

与西方本土人类学研究一样，在文化接触的人类学研究中表现出来的模糊西方-非西方界线的风格，表面上也构成对二元化世界观的挑战，而实际上却从一个独特的角度复制着这个世界观的基本特征。

在这方面，萨林斯的历史人类学研究，就是一个有意味的实例。萨林斯研究

---

① L. Eisenberg, “Disease and Illness: Distinctions between Professional and Popular Ideas of Sickness”, *Culture, Medicine and Psychiatry*, 1977.

② G. D. Spindler, *Education and Cultural Process*, Prospect Heights: Waveland Press, 1987; Ernest Gellner, *Culture, Identity and Politics*, Cambridge: Cambridge University Press, 1983.

③ George Marcus and Michael Fscher, *Anthropology as Cultural Critique*, Chicago: Chicago University Press, 1986.

历史上西方－土著文化接触的宗旨，在于指出文化变迁的“西方动因”的错误，也在于指出文化之间的关联内在于“土著文化”。在《历史的隐喻和虚幻的现实》[①]一书中，萨林斯综合人类学和历史学的方法，试图在结构主义分析的框架内解释早期夏威夷人与欧洲人接触的事件。他以结构主义分析法辨认夏威夷文化中意义的代码，解释这些代码如何既影响了夏威夷人与欧洲人接触事件的过程，同时又如何被事件的展开过程所改造。萨林斯通过集中描写英国探险队长库克的受害故事及其发生的场景，描绘了库克和英国人如何被夏威夷社会的宗教神话结构所吸收和仿造：在夏威夷人的传说中，库克的到来被说成与当地宗教神话的年度仪式同时发生，通过这样做，夏威夷人不仅保证了他们文化结构的持续性，同时也带有对文化结构转型的认可。

二元化世界观对于人类学撰述和解释的关键性，还表现在这门学科对于所谓“复杂社会”研究的矛盾心态上。

早在20世纪30年代，马林诺夫斯基就已号召人类学者从“原始的野蛮文化”转向“复杂社会的文明”[②]，而50年代以后，随着社会科学区域研究（area studies）的发展，对于中国、墨西哥、印度、中东等“复杂社会”的研究也得到重视。在这些“复杂的文明社会”研究中，人类学者已经借用了社会学、政治学、经济学、历史学的一些方法和概念，来解释被研究对象的“社会复杂性”，从而似乎创造了与“原始的简单社会”的人类学知识不同的知识体系。然而，“复杂社会”的人类学研究，向来没有脱离与这些社会中的国家、精英、乡民并存的部落、继嗣群、萨满等。

从“复杂社会”研究中提炼出来的人类学知识，除了与西方人的观念形成极大反差的印度种姓制度[③]，其他区域的知识向来被认为缺乏理论的重要性，在人类学学科内的思想史中能占一席之地的区域研究模式，依然主要是“简单的原始

---

① Marshall Sahlins, *Historical Metaphors and Mythical Realities*, Michigan: Michigan University Press, 1981.

② Bronislaw Malinowski, “Preface”, to *Peasant Life in China* by HsiaoTung Fei, London: Routledge, 1939, pp.xix–xxvi.

③ Louis Dumont, *Homo Hierarchicus: The Caste System and Its Implications*, Chicago: University of Chicago Press, 1980.

社会”。①

对于如何界定非西方民族，人类学家当然并不存在一以贯之的看法；随着民族志知识的深化，人类学家越来越深刻地感到，19世纪指代一个特定社会形态和历史阶段，包含着诸多不同的类型，如存在与部落不同的游群、乡民社会、种姓制度，部落这个范畴内部又可分为裂变型部落和酋邦型部落。于是，20世纪40年代以来，“原始部落”的名称已经逐步为“土著人”这个概念所取代。然而，与“原始部落”一样，所谓“土著人”所指代的，也无非是在特征上与古典人类学者想象的“部落”相近的群体，只不过它更带有一种民族政治伦理的关怀②。

把19世纪古典人类学的原始–文明的进化论时间观，改造成为文化上“我”/本文化和“他者”/异文化之间空间分立、并以“他者”（非西方）来观照“我”（西方）的二元化世界观，是20世纪人类学的大体特征。

二、野蛮与“失落的文明”

文明与野蛮这个对子，不独存在于现代人类学，现代人类学所特有的只不过是它对这个对子曾经表达的文化价值的颠覆。

“‘文明’这个概念中隐含的文化对照，确实与文明的历史一样古老”③。“文明”一般指与野蛮对立的状态。在希腊–罗马时期，“野蛮人”（barbarians）被用来形容那些话说不清楚的异族，而“蒙昧人”（savages）则可追溯到拉丁文的“Sylva”，所指的是那些不住在城里而住在林子里的人。“文明”原来就是指那些不同于“蒙昧人”“野蛮人”，住在城里，说话流畅的“文明人”。到16世纪末，古老的“文野之别”重新出现在意大利发达城市中，“文明”此时指的是市民的文化自豪感。到了17世纪，“今人与古人之战”出现，为“进步”概念的到来铺

① 无论是古典人类学，还是现代人类学，其所研究的区域，都与东方学的地理范畴重叠。参见 Edward Said, *Orientalism*, New York and London: Penguin, 1979。第二次世界大战期间，当一批东方国家的知识分子融入人类学学科阵营之后，东方学的研究对象逐步成为人类学“土著化”的区域地理学手段；而自20世纪50年代以后，随着乡民社会被纳入人类学的视野，人类学与东方学的区域分工已经不复存在。然而，人类学从“原始的简单社会”的研究中提出的论点，一直是这门学科的主要理论体系的核心，而那些来自“古代文明遗存”——如中国、中东、埃及、印度，甚至非洲等地——的民族志报道，若没有完全丧失自身的人类学理解的价值，也时常沦为“原始的简单社会”的人类学观点的附属品。

② Andre Beteille, “The Idea of Indigenous People”, *Current Anthropology*, 1998, 39 (2).

③ George Stocking, *Victorian Anthropology*, New York: The Free Press, 1987, p.10.

平了道路；到18世纪，“文明”先是成为一个法律用语，指正义的行为，指对刑事犯罪进行民事诉讼的审判，接着，变得与“欧洲”这个意象及“进步”概念直接相关，此时，“文明”便开始指“进步的欧洲”了[①]。

在古典人类学时代，“文明”代表的依旧是一种好东西，但作为一种“进步的文化”，它是否只与欧洲有关，问题则早已被提出来了。例如，在英国，18世纪的苏格兰启蒙思想家，在相信“文明”是好东西的同时，并不相信它独属欧洲；相反，这些思想家竭力在原始的“自然秩序”里寻找制度的“原始文明基础”。苏格兰启蒙思想家对于“文明”的新思考，成为19世纪英国进化论人类学的思想基础。受苏格兰启蒙思想影响，当时的人类学家一面坚信“文明”是好东西，一面致力于用超脱欧洲文化的眼光来考察它的源流；他们运用“人类心智一致论”，将之与“蒙昧人”的“文明潜质”关联起来，同时借用当时既已流行的“臆想史研究法”（conjectural history）对既有民族志素材进行比较分析。[②]

19世纪的人类学有其“文明布道”使命，但与此同时，却又对于“蒙昧人”“野蛮人”的文化颇为珍惜，认为，在其中能发掘出世界上所有人共同的历史进程。

如果说20世纪人类学有何总体特征，那么，它便是：除了个别已然成为过去的例外（如莫斯民族学、美国新进化论），多数的学派，都承担起了批判“文明”的“历史臆想”、质疑“文明”相对于“野蛮”优越性的使命。

“他者”的意象替代了“蒙昧”“野蛮”。尽管“他者”在古代，恰指对自我有威胁的异己（alter），其原意本也是“蒙昧”，但人类学家坚持相信，这个概念所代表的意象，更贴近于其学科的志趣。

20世纪西方人类学缘何保持着面向“他者”的姿态？

以下两点解释似乎是首要的：

首先，作为一场“人文思想的革命”的结果，现代人类学这一现代新学统确立之后，给人类学带来两方面的巨大变化：（1）非西方民族不再作为西方中心的社会进化论的佐证，而是作为这种与西方文化形成空间分离的文化而存在的；（2）非西方民族不再作为西方启蒙运动之后的历史的“革命对象”，而是作为这种历史的反思而受到重视的。

---

① George Stocking, *Victorian Anthropology*, New York: The Free Press, 1987, pp.10–11.

② Ibid., pp.110–143.

其次，与上述转变相关，现代人类学越来越倾向于表达其有别于其他社会科学的特征。从19世纪中后期到20世纪末，西方社会科学的诸门类，都以研究西方或以西方为中心的世界体系的“现代性”为己任。社会学中的支配性问题意识，一直是西方“工业社会”中生产力-生产关系、资本主义意识形态及法权制度、现代社会分工及“文化产业”如何成为“现代性的制度性后果”的原因。政治学研究则区分为左、右两大阵营，围绕着自由主义、福利国家理论、社会主义、民主制度、法制等理念展开其内部的辩论，研究的最终目标被视作确认“好政治”“进步的制度”之标准。经济学更集中体现了社会科学研究者对于资本主义市场经济体制运作的复杂而带有普遍理性主义“经济人”的思考。历史学虽然可以侧重以区域史、断代史和社会史为对象，但其核心研究领域如政治实践、经济转型、社会变迁、意识形态更替等，都服务于“近代”以来现代性成长的“规律”的发现。相形之下，人类学者却花费最多的时间去探索一切与现代性的社会、政治、经济、文化、历史并存且“永不消失”的非西方风俗、制度和世界观，花费最多精力去注视与西方现代性不同的东西。

但对于人类学二元世界观的成因，还有其他解释。

20世纪70年代起，不少学者借助知识社会学对人类学学科知识体系加以研究，认为这门学科是殖民主义的产物。起初，这些学者把矛头指向人类学研究的财政支持问题，认为人类学研究者曾直接或间接地接受殖民政府的大量财政支持[①]，因而，其田野工作不能脱离殖民主义的庇护及保护，其撰述留下了殖民主义意识形态和制度的深刻烙印。在他们看来，在非西方社会中发现非西方文化资料，就等于为殖民主义统治提供有关非西方社会的情报；非西方之所以总是成为西方的“他者”，乃因殖民主义总是将殖民地的人民视作被治理的对象。

另外，在《表述就是社会事实——人类学中的现代性与后现代性》一文中，加州大学伯克利校区人类学系人类学家拉宾诺（Paul Rabinow）分析了现代学科特性在后现代主义时代面对的挑战。据他称，哲学家罗蒂（Richard Rorty，1931—2007）曾说过一句话：“现代专业化的哲学代表着‘确定性之追求对于理性之追求的胜利’。”为了论证罗蒂的这一说法，拉氏引用福柯的意识形态与真理无界线说，提出现代人类学之所以陷入一个现代性的圈套，是因为它与其他社会科学一样，在意识形态与真理之间划出过于清晰的界线。据拉宾诺的解释，在

① Talal Asad, *Anthropology and the Colonial Encounter*, London: Ithaca Press, 1973.

后现代主义的时代，人类学应超越现代人类学为自己建立的框套（如民族志传统中的异文化表述模式），而超越这些框框的主要办法，是采用后现代主义知识论的那个“表述就是社会事实”的视角。拉宾诺列举了一些后现代人类学“在走向上尚不清楚的一些表述实践的因素和形式”，包括解释人类学、文化批评、主体政治论（如女权主义）、知识分子的世界身份认同等，以为这些“因素和形式”冲击了现代人类学的学科意识、真理意识、客观主义及身份认同的民族性，从而潜藏着将人类学带入后现代主义时代的力量。[①]

拉宾诺的中心论点围绕这对“理性”（reason）的解构展开，他认为，现代人类学是以“理性”为中心的论述，而其“后现代”替代方式是——承认“表述”的核心意义。

先不提拉氏的主体政治论的性别问题，仅就他所列举的解释学、批判学派、知识分子的世界主义身份认同等“后理性因素”而论，这些所谓的后现代“表述实践的因素和形式”，在他所谓“追求理性”的现代人类学中早已得到重视。拉宾诺对现代人类学进行的批判有其新意，但依据现代性－后现代性革命性转变的框架延伸出来的论述，与其他后现代主义者一样，忽视了现代人文学和社会科学本来就已具备的解释－批评能力及身份认同的世界主义。拉宾诺似乎认为，现代学科必然深潜于现代性之中，作为它的促进剂和文化后果而存在；而20世纪人类学的研究成就却能说明，事实——可能正是拉宾诺意义上的“作为表述的社会事实”本身——与此恰好相反。

与我们这里关注的人类学“他者中心论”相关，拉宾诺认为，人类学写作中对“表述危机”的反思表明了人类学关注的中心已从人类学与异文化之间的关系，开始转向对我们（西方）文化中表述传统和元表述的元传统（尤其是“理性”）的一般性关注[②]。这一说法表面上切中了上面概述的现代人类学表述风格的要害：人类学包含的各个专业方面的研究，似乎确实是围绕着人类学研究者所处文化与他者文化之间的对比建构起来的。但是，承认这一事实并不等于要否定现代人类学对于拉宾诺所谓的“元表述”的兴趣，更不能说明这种二元的文化论必须遭到抛弃。事实上，许多走向“元表述”的研究，不一定要采取舍弃异文化的参考系的做法，反而是在坚持了文化对照的前提下展开的本文化传统（如西方近

① Paul Rabinow, “Representations are Social Facts: Modernity and Post-modernity in Anthropology”, in *Essays on the Anthropology of Reason*, Princeton & New Jersey: Princeton University Press, 1997, pp.30–58.

② Ibid., p.48.

代文明）的反思，这些反思与本文化中的“理性”关系不一定很大，但却从一个现代主义的立场出发，获得了所谓“后现代主义”的结果。

还有一些解释者对于人类学家在非西方社会中“发现”传统文化的做法展开反思；在他们看来，这一做法虽不应被简单看成是为了服务殖民地的行政统治，但他们从研究中“制造出来的”传统习惯和风俗，却应该说是文化帝国主义话语体系的重要组成部分。1991 年，斯托金（George Stocking）主编的《殖民情景》一书收入的几篇论文，即围绕着人类学者挖掘出非西方风俗和制度在殖民话语中的地位展开历史人类学批评。[①] 在该书“后记”中，阿萨德提出一个观点，19 世纪的殖民主义者对于非西方的风俗和制度不感兴趣，他们自信进步的概念已经完全能够解释殖民制度的合法性。到了 20 世纪 30 年代之后，这种信心为一种新的殖民话语所取代。这个新话语体系把来自西方的殖民法权制度也当成一种“风俗”（如西方法律作为殖民地的“新风俗”）来看待。于是，研究殖民地的人类学为这种“西方风俗”提供了一种文化比较的话语资料，而专注于“习惯法”研究的人类学者如格拉克曼却蒙在鼓里，不知道自己所做的一切是这一殖民话语的组成部分。[②]

对人类学的“文化帝国主义”做法加以批评，存在一个问题，即忽视人类学论述本已带有的反殖民意味。尽管大多数田野工作是在殖民政府和后殖民的“买办式”政府的庇护下展开的，但人类学论述却一贯表现出对于非西方“土著人”文化和社会制度的关怀，这些撰述在内容上不仅极力避免鼓吹殖民主义，而且极力表现人类学家对“他者”的热爱。

人类学论述缘何与殖民主义构成这样的差异？

库克利克（Henrika Kuklick）在所著《内在的野蛮人：英国人类学的社会史，1885—1945》一书中结合阶级和民族国家的观点提出了自己的解释。[③] 库克利克认为，两次世界大战之间的英国人类学确实受到了殖民主义者的资助和庇护。然而，在资助后的研究中提出的人类学报告却不能迎合殖民统治者的政治

---

① George Stocking, ed., *Colonial Situations: Essays on the Contextualization of Ethnographic Knowledge*, Madison: The University of Wisconsin Press, 1991.

② 又见：Harvey Feit, “The Construction of Algonquian Hunting Territories: Private Property as Moral Lesson, Policy Advocacy, and Ethonographic Error”, in George Stocking, ed., *Colonial Situations: Essays on the Contextualization of Ethnographic Knowledge*, Madison: The University of Wisconsin Press, 1991, pp.109–135.

③ Henrika Kuklick, *The Savage Within: The Social History of British Anthropology,* 1885–1945, Cambridge: Cambridge University Press, 1991.

需要，人类学者提交的报告和书籍经常被殖民地官员看成毫无用处（或用处不大）的东西，因为它们罗列太多与政治秩序的建构关系不大的“奇风异俗”。因此，我们显然不能说人类学是殖民主义话语的一部分。那么，这一特殊的话语体系又是什么？库克利克认为应当在人类学者的家园中寻找答案。其实，在两次世界大战期间，英国已经逐步失去其帝国的世界性，而逐步沦落为一个民族国家的权威组织。以全民性公民权为制度基础来建构的国家权威体系，需要一种“民间政治意识形态”来配合，因为这种特殊的意识形态提供了公民认同于国家的文化基础。人类学者对于非西方民族中风俗和制度的兴趣，是他们在国内寻找“民间模式”的一种表现。换言之，在非洲等地的“原始部落”中挖掘继嗣群、酋邦、解决冲突的习惯法等各种文化资源，为的是给人类学者的家园——他们的国家——提供意识形态构思的资料。另外，在国家的内部，阶级关系也开始发生变化，人类学者在这样的情景下倾向于中产阶级认同，而当时的中产阶级认同经常表现为对“民间社会”的关注。诸多中产阶级学者试图在社会史的研究中发现自身社会地位的代表性，而人类学者在异邦发现的关于风俗和制度的素材，与社会史在国内历史中发现的民俗相一致，它们对后者的内容起着充实的辅助作用。

这样“把诸多人类学者和观点统成一个单一类别”的做法，很可能“使我们难以理解他们（人类学家）的工作”。[①] 如古迪指出的，最早的一代人类学者并非一个单一的群体，而即使他们之间暂时可能形成某种友情关系或处于意识形态倾向的一致性而结为团体或学派，他们个人的观点差异也很大，作为个人的人类学者也不一定具备一辈子不变的看法。[②]

古迪所言甚是；若是考虑到社会现实、话语制度和作为个人的人类学思考者之间的复杂关系，那么，学科思想史的研究便需要重新定义。

然而，这话的意思不是说，我们不能把知识与知识者的旨趣联系起来考察。

从知识与知识者的旨趣之间的关系角度，考察现代人类学的特性，我们又如何解释那个一以贯之的二元化世界观？

哈贝马斯（Jürgen Habermas）论述过西方社会科学知识旨趣[③]，他认为，被华勒斯坦们看成“一个体系”的诸多研究领域，从19世纪以来便走过了不同的

---

① *Jack Goody, The Expansive Moment: Anthropology in Britain and Africa,* 1918–1970, Cambridge: Cambridge University Press, 1995, p.208.

② Jack Goody, *The Expansive Moment: Anthropology in Britain and Africa,* 1918–1970, pp.58–76.

③ 哈贝马斯:《认识与兴趣》，李黎、郭官义译，上海：学林出版社，1999［1991］。

道路，即从16世纪到18世纪西方科学观念演绎出来的斯宾塞、涂尔干“社会物理学式的”社会科学研究进路，如韦伯那样把社会科学研究当成学者进行历史解释的“天职”的观点，缘起于马克思主义的“实践”观点和强调学术为“批判实践”的做法。与其他社会科学的门类一样，人类学在知识探求上获得的成果，兴许也可以用“三条道路”的观点来概述。

古典人类学的各种类型都属于实证主义社会科学观的具体运用，人类学的实证主义态度十分明确，这集中表现在人类学者对于从自然科学引进的生物进化论世界观的延伸上。两次世界大战之间人类学的奠定阶段，实证主义的态度也在马林诺夫斯基和拉德克利夫–布朗的功能主义理论中得到继承，前者大量引用从生物学和生理学研究中提出的概念对文化进行“自然科学”的类比，甚至把人类学当成“文化的科学”，后者则大量引用涂尔干的“社会物理学”原理来形容“原始社会”的“结构与功能”。然而，必须注意到，从马林诺夫斯基和拉德克利夫–布朗开始，“科学”和“社会物理学”的实证主义色彩已经逐步改变成为一种对于非西方文化加以深入地“参与观察”的理由，而不再简单地是一种实证主义的知识论态度。在实证主义的知识论借口之下，人类学者急于展开的对于非西方文化进行“参与观察”的工作，于20世纪40年代以后，已经被明确地改称为一种“历史学”或“人文学”的“文化译释”工作。人类学变成对“他者”人文思想的诠释，在埃文思–普里查德那里已经得到了全面论证，而60年代以后随着韦伯思想经由格尔兹向人类学界的传播，历史解释的知识旨趣已经在人类学界占有越来越重要的地位。80年代以来，反思人类学的出现，进一步开拓了历史解释的研究旨趣，使格尔兹解释人类学成为新一代人类学者的论述基准，以此为基础，显示了充分的批判社会科学风格的“文化批评人类学”在过去20年间成为人类学撰述的主要追求之一，而即使是依然保持实证主义信念的人类学者，试图在经验素材和历史–解释素材中提炼出文化批评洞见者，也不乏其人。

人类学在过去一个世纪中的演变，固然不是实证主义向历史解释学，历史解释学向批判社会科学的“三段式”进化；自学科建立伊始，人类学即已综合了这三种知识旨趣。人类学者关注的是西方以外的非西方、现代性以外的非现代性，而关注这些空间和制度，为的不是替西方和现代性内部的“进步”提供实证主义的佐证，而主要是到一个拟似“世外桃源”的“时空坐落”中体验对于西方现代性而言属于“远古时代”的生活方式，或主要是为了在这个避开西方现代世俗性的地方发现反思这种世俗性的“象征森林”。前一种体验表现了与视学术为天职的历史解释社会科学的特质，后一种体验则充分显示了批判社会科学的意义，而这两种体验均没有脱离经验民族志田野工作和撰述的拟似实证主义风格。

人类学在研究旨趣上有其综合性，这不意味着这门学科必定比其他学科“先进”，而仅仅说明，这一综合性与人类学家相信自己已在异邦寻找到的一种非西方、非现代的“原始人的睿智”有关。

第十五章

说“文明”

“文明”这个概念意味十足地浓厚，可在人类学里，人们对它重视不够。我主张学习人类学的人，要读点有关“文明”的书。

要理解所谓“文明”，我们可以先读三本书：

1. 福柯的《疯癫与文明》(中文版，刘北成、杨远婴译，北京：生活·读书·新知三联书店，1999)；

2. 埃利亚斯的《文明的进程》(中文版，上卷，王佩莉译；下卷，袁志英译，北京：生活·读书·新知三联书店，1998—1999)；

3. 弗洛伊德的《论文明》(中文版，何桂全等译，北京：国际文化出版公司，2000)。

选这三本书来读，有我的意图。福柯也好，埃利亚斯也好，都受到过弗洛伊德的影响，他们的观点，与弗洛伊德也有所不同。在福柯与埃利亚斯之间，更存在观念差异。在我看来，理解这二者之间的差异，对于理解人类学很重要。

读两位社会哲学家有关“文明”的论述，我时常想起列维－施特劳斯的《忧郁的热带》。若是读过《忧郁的热带》那本书，你就一定会知道，它给我们一个很高的期待。列维－施特劳斯用他的方式形容了那些没有时间的社会，认为在那些社会里，存在一种文化形态，那一形态对于反省我们这些有时间、有历史的社会，有着难得的启发。他憧憬那些社会，并指出，我们为它们承担着一种责任。我们在“改造世界”，而他们一直是停留在这个世界当中。在列维－施特劳斯看来，人类学主要该研究的，恰恰是这些“无时间社会”，恰恰是这些被我们看成“落后”的文化，对于我们过度尊重时间的社会的启迪。他言下之意也就是说，我们所指的“文明”，不管是在福柯的意义上，还是埃利亚斯的意义上，都是一种令人遗憾的历史产物。自然，这里说的“历史”，指的不是我们国内学界一般用的概念，而指的是时间性，其与列维－施特劳斯关注的神话之间的区别，在于它的演绎形式，必须完全依赖于时间的流程、前因后果。人类学家研究神话的人文世界，珍惜这个世界那一“弄不清楚事情发生于何时”的“糊涂”，并希冀借助于它，借助承载神话的“野蛮人”来揭示被我们青睐的“文明”的罪责。

我欣赏列维－施特劳斯的腔调与勇气，我敬仰他那一脱离自身所处的文明，在遥远的地方寻找真正智慧的态度。如列维－施特劳斯一本书的题目《遥远的目光》，人类学家所做的，是要脱离自身，立足于远方，反观自身。

然而，在尊敬列维－施特劳斯的同时，我也感到他要将我引导进入一个悲哀的思想空间。人类学太尊敬所谓的“savages”、所谓的“ barbarians”，太尊敬有蛮气而不善言辞的人。所谓的“savages”，被翻译成“野蛮”，意思大家都一目了然，而 barbarians 的意味则更浓。它本来是指不大会讲话的人，这个很有意思，所谓“barbarians”（即“蒙昧”），在很大程度上，实际是与 the enlightened（开化）、the civilized（文明）相对，而所谓“开化”“文明”又是什么？是能说会道、善于书写，与“discourse”这几个概念完全一致。我斗胆说，所谓“barbarian”指的就是“the people without words”，也就是不善言辞的人。我们从这联想起德里达、福柯所论述的“discourse”，就能知道人类学的所指，与社会哲学的所指经常相反相成，表面对立，内在一致。如果“discourse”所意味的，乃是文明社会的特征，那么，其对立面，便是人类学家引以为骄傲的“barbarianism”。

人类学家想象远方，期待远方对家乡的刺激，已有相当长的历史了。这种跨文化的善心，有其值得我们尊敬的方面。不过，也可能存在自己的问题。

它有什么问题？我们可以从埃利亚斯的论点来看看。埃利亚斯想指出，20世纪德国对欧洲以至世界的破坏，有其文化根源。为什么德国人老是侵略他人，老是把世界搞乱？埃利亚斯认为原因十分简单，那是因为德国人还“乳臭未干”，还没有从“野蛮人”脱离出来。不同于法国人与英国人，德国人有强烈的“文化”观念，认定一个民族共享一种文化、一种民族精神。他们过于强烈地相信大众可以承载历史的使命，因而，忘记追求超越大众的“文明”。而“文明”是什么？埃利亚斯用的概念，接近于弗洛伊德，弗洛伊德说“文明”是“超我”，是对“本我”的制裁、控制、规范。德国人缺乏“文明”的观念，因而，他们对于“本我”中的“野蛮性”缺乏英国人与法国人具备的自我控制能力。缺乏对野性的控制，过于注重文化的疆界及民族内部的一致文化精神，使一个民族保留了原始民族的野性。当野性发挥到淋漓尽致时，就出现像希特勒那样的人，被他们利用来发动战争。

为了解释他对德国人性格的看法，埃利亚斯耗费大量心血研究法国宫廷社会，他以为，法国人与德国人很不同，而关键的不同在于法国人有文明，而德国人有文化。在一个有文明的国度里，生活风尚大受上层社会的影响，使文明永远在象征上归附一个自我约束力强的中心，这个中心，对社会的其他部分本来也存在文化的地方，产生巨大影响，使弥漫于民族大众之中的文化，有希望改造成文明。

对于如此“文明”之说，人类学家一般看不惯，他们受“文化”概念的影响，更愿意研究日常生活中的野性。然而，“文明”，对于埃利亚斯而言，乃是重要遗产，它以法国式的表现方式，在道义上纠正着德国式的野性。在“文明”里，隐藏着一种玄机，这个玄机能使社会稳定持恒，取得长久和平，取得人与人的互敬互爱。玄机来自何处？埃利亚斯是个很不幸的人——当然也可以说他因此很幸运，因为他是一个不成功的生存者，他老年时还在英国最没有名气的大学当讲师，他后来出了名的书，他和他铁哥们儿出版商印了一大堆，结果却没有人买，扔在出版商的家里，他到将近要去世的时候，才突然得到人们的景仰。我刚才说他因有这个不幸而有幸，是因为当比他幸运得多的福柯对于我们的思想产生了太大影响时，老人家埃利亚斯就成了一个崭新的人物。对于福柯的怀疑，突然使大家想到埃利亚斯说过的一些话。

福柯不仅是个理论家、哲学家、社会历史学家，而且如果允许我随便说说，那么，我还想说，他还是一个最伟大的人类学家。从某种意义上讲，他与人类学家，内心相通，致力于揭示“文野”之别的害处。“文野”之别不要了，必定使世界的思想中丧失了“责任的原则”“德性的号召”。于是，有人问：要是什么都不要了，我们的生活到底还要不要规则？还要不要古人说的仁义道德？德里达、福柯这些人，使人感到一种思想的自我解放，可这种完全的没有拘束，恐怕是以牺牲他人为代价的，或者更严谨地说，是以牺牲他者和自我之间和平相处的关系为代价的。福柯出名之后，一些老人跟着出名，是因为他们的想法恰好与他相反。埃利亚斯就是这样。

埃利亚斯的著述很质朴，他没有追求一种什么“后现代”或“后后现代”，他只是想从历史事实出发，解释世界性灾难的动因。我上面提到，他证实他的观点的方法，是比较德国人与英法人，特别是法国人。埃利亚斯特别欣赏法兰西，认为法兰西文明，因为源于宫廷，所以很有风度。在他的论著中，描绘了宫廷怎样经过不同阶层的精英走向民间，使精英成为典范，大众成为典范的模仿者，最终形成优雅的风气。埃利亚斯所说的那些，是有根据的。法国社会学家布迪厄（Pierre Bourdieu，1930—2002）有部著作叫 *Distinction*，就是在说法国人的风雅与社会区分形成的事儿，如果不是生在法国，他不可能体会那么深，写出那么好的书。

按说，法国文明应该是令人类学家痛恨的，人类学家向来反对区分，如果主张区分，也是为了对话交流。法国人有十分令人厌恶之处，他们有时可爱，比德国人容易接近，比较有人文色彩。可是，他们讲究起来，还真的可以说是过分了。过分地讲究礼仪，使人与人之间产生更大距离，使社会丧失朴实的原始性。人类学家所谓的“原始社会”，与法国社会最不同。要是大家去过少数民族地区，一定会看到，那些被我们看成是少数民族的人，之所以是少数民族，恰是因为他们与我们多数人不同，没那么多讲究。他们可以指着你的裤子说：“我喜欢这条裤子，送我吧！”也会说：“啊，你既然喜欢我的裤子，你就拿走吧！”假如我们从少数民族村寨请个人去巴黎，他一定会感到不习惯，因为在那里，不仅自己穿戴要符合特定的场合，而且更不可能指着别人的裤子，说自己想要。巴黎的文明，禁止我们将欲望朴实地表现出来，这一事实，就是埃利亚斯文明论的证据。

埃利亚斯针对的，还是欧洲近代化，或者欧洲现代性生成的历史进程。在他看来，法国式的现代性（“文明”），比德国人的现代性（“文化”），有更多的优点，而之所以法国式的现代性有更多优点，恰是因为这一现代性比其他类型的现代性更有利于社会控制人的野性。

埃利亚斯的观点对于追求“野性的思维”的人类学，是一种极大的挑战：他的追求与人类学家的，正相反，他追求的是“文明性”；他对于“文明”的歌颂，与一般人类学对于“野蛮”的歌颂，唱着反调。那么，我们在人类学内部为什么还要谈他的书？坦白说，我之所以常常引用他的书，是因为他的分析方法对于我分析中国礼仪的历史有用。可是，在这个专业性的运用之外，埃利亚斯的论点又有什么意义？我过去想得不多。现在想来，他的理论不仅有方法论的启发，而且，本身像是一面镜子，为我们“反映”西方人类学提供了不可多得的参照。在近代科学严格的学科分工体系中，人类学被赋予的任务，是研究“野性的原始人”。在“原始人”中混久了，人类学家形成了欣赏他们的习惯，这一习惯，出自“相对地看文化”的善意态度，对于世界各文化间的和平相处，是有裨益的。然而，各文化之间该在什么样的世界制度下进行交流？是不是尊敬了“原始人”，就完事了？我看不一定。从埃利亚斯的《文明的进程》及弗洛伊德的《论文明》，我们看得出一种不同于福柯的《疯癫与文明》的观点，前者，确认压抑“人性”，是人与人和平相处的基础，后者，怀疑这个，挑战这个，像人类学那样，对于我们社会中的规矩，给予极其超然脱俗的批判。二者对我们都有启发。但对于人类学而言，更紧密的任务，似乎应是直面“文明”概念的挑战。

第十六章

从《癫狂与文明》看通常的人类学观

被誉为“当代最伟大的哲学家之一”的福柯于1961年发表其成名作《癫狂与文明》。[①]在该书中，福柯对欧洲文化的过去提出了一种看法，理清了它的乱象。《癫狂与文明》考察了文明化中的西方社会处置癫狂之人的历史，排斥、禁锢、隔离，是这部历史的核心内容。历史的开端是一个“古今之交”的年代，首先是古代欧洲用来隔离麻风病人的“愚人船”。麻风病人是中世纪欧洲文明人的“异类”，他们被强制送往“愚人船”上，随水的流动而漂泊，与定居于陆地的文明人形成反差。装着麻风病人四处漂泊的“愚人船”，是一个有持续作用的隐喻，尽管麻风病并不总是流行，但处置麻风病人的方法却保留了下来。一个著名的例外，是文艺复兴时期，那时，文明人的异类——疯子——成为文学与哲学的核心意象，疯子的妄想，被视作文学的想象与哲学的狂放的源泉。然而，文艺复兴却昙花一现，紧接着是古典时期的到来，文艺复兴时期对癫狂存在的善意，为“愚人船”隐喻的复兴所替代。17世纪，禁闭所大量涌现，据称，在巴黎，被识别为异类而遭到禁闭者，为总人口的百分之一。文明化中的巴黎，17世纪中期建立了总医院，这所总医院固然是个诊疗场所，但更重要的是一个“治安”的机构，在其中，关着违法者、浪子、游民、精神病人，他们被同等对待，统一囚禁。这些被囚禁的异类，被认为逾越了某条神圣的界线，不劳而获，没有文明人基本的道德。到了18世纪晚期，文明人处置异类的手法翻新了，过去那种将所有异类囚禁于一室的做法遭到了反思，随着对于异类的区分越来越细致，将疯子与其他异类分开禁闭的呼声日益高涨，精神病院应运而生。在精神病院中，道德和宗教的说教成为“治疗”病人的新把

---

① 福柯：《癫狂与文明》，刘北成、杨远婴译，北京：生活·读书·新知三联书店，1999。

戏，人们相信，使疯子渐渐意识到自己本为拥有自由和责任的“主体”，使他们产生内心的恐惧，有助于使这些异类成为正常人。这个“治疗”手法有其效果，但经几轮试验，人们也认识到，病人本已精神崩溃，若施加过多的道德与宗教压力，制造过多恐惧的方法，只会破坏病人的心理机能。一种新的手法诞生了。“皮内尔实践”，或者说，舍弃宗教疗法，倒过来，致力于驱除病人脑中的宗教意念，“以德服人”，兼施缄默法、镜像认识法、审判法……在处置癫狂的方式的文明化进程，越来越细致地分门别类、深度地关注疯子的内心世界的医生，也获得越来越高尚的道德地位。

从“野蛮地”将社会的异类“驱逐出境”，到“文明地”将他们禁闭起来“照料”，是近代欧洲文明进程的实质内容。从“文明”内部的角度看，这一历程导致了一个质变，即，社会秩序的生成方式因文明而有别于野蛮，但站在“文明”外部的角度看，它则又是某种“量的累积”，是相对野蛮的手段，到相对不野蛮的手段的递进，或者倒过来说，从粗糙的“技艺”到远为精密的“技艺”的转变。

福柯笔下的文明“特别欧洲”。

无独有偶，在他的论断提出之前数年，人类学家列维－施特劳斯已对欧洲文明的特征加以同样的形容。列氏假中带真，“戏称”所有社会可分两类，一类具有“食人肉风俗”，另一类具有“吐人肉风俗”；前者坚信，处理具有危险能力之人，最好的办法是将他们吃掉，即使不是全部吃掉，只吃一点，那也有助于化其有害性为有利性，使之转化为有益于社会的因素；后者也面对“异类”问题，但却不知道有食人肉这种做法，它们把那些危险人物排斥在外，“把那些人永久地或暂时地孤立起来，使他们失去与其他同胞接触的机会，把他们关在特别为达到这项目的而建设的机构里面”[①]。生活在“食人肉风俗”下的大抵是“原始人”，而欧洲文明的本质特征是“吐人肉”。自视文明欧洲人大凡会认为“食人肉风俗”太野蛮了；而对那些生活在“食人肉风俗”下的人而言，“吐人肉风俗”一样地是可怕的，如列氏所言，“如果我们从另一个角度看”，那些在我们看来似乎是野蛮的“食人肉社会”，可能会变得相当仁慈而且人道。[②]

列维－施特劳斯与福柯唱不同的曲调，但其想表达的意思却大同小异。假如

① 列维－施特劳斯：《忧郁的热带》，王志明译，506页，北京：生活·读书·新知三联书店，2000。

② 同上。

结构主义的后起之秀福柯曾真切理解过列维－施特劳斯，那么，他对于其从比较中得出的对于欧洲文明的论断，必定心服口服：有什么东西能精确地形容欧洲文明？以精确的分类，对社会内部做细致的把握，以知识为手段，获得一种文明地处理野蛮的办法，将后者排斥在外或者禁闭起来，不相信对它局部的“消化”会有助于善的力量的增添，不正是福柯笔下的欧洲近代文明的特征吗？

19 世纪的人类学有其“文明布道”使命，但吊诡的是，与此同时，它还颇珍惜“蒙昧人”“野蛮人”的文化，且因之坚信，在他们那里能找到世界上所有人共同的历史进程或心智结构。列维－施特劳斯说，这种人类学的优点，在受人类学发现启发甚多的法国思想家卢梭那里，早已存在。在人类学界，卢梭总是被误认为是“高贵的野蛮人”形象的塑造者，其实不然，在他的论述中，介于“蒙昧”与“文明”之间的过渡阶段——新石器时代——蕴含对于我们的道德启迪，这才是他的追求。[①] 而列氏自己身体力行，企图在人类学中重新发扬那一可谓是“卢梭优点”的东西——如格尔兹概括的：

> 野性的（“野蛮”“未驯化的”）思维类型原本就存在于人类的精神中，它们是我们大家共有的。现代科学和学问中文明的（“顺从的”“驯化了的”）思维类型，则是我们自己这个（西方）社会特有的产物。它们是从属的、派生的，而且，尽管并非无用，却是人为而矫揉造作的。这些原始的思维方式（因而也是人类社会生活的基础）虽然如“野生三色堇”——这一双关隐喻至为难译，而《野性的思维》正是因此而得名的——一样，是“未驯化的”，本质上却非源于情感、本能和直觉，而是充满着智慧、理性和逻辑性。对人类而言，最好的——却绝非完美的——时期，是新石器时代（即，后农业时代、前都市时代）：卢梭（与通常对他的刻板印象相反，他恰好不是一名尚古主义者）称之为“原初社会”。正是从“原初社会”那时起，这一精神日渐丰富，并从“关于具体事项的科学”之中诞生出了为我们提供生存的基本所需的文明技术——农业、畜牧业、制陶术、编织术、食品贮备法，等等。
>
> 人若是保持“介于原始状态下的懒散和受自身固有的特性激励而进行的探索活动之间的中间状态”，而未曾因不恰当的偶然而受了机械的文明、无休止的野心、傲慢及利己主义的影响，情况兴许就会好些。然而，人事实上已确实抛弃了这一中间状态，于是，社会改革的任务，便在于使人复归这一中间状态。

① 列维－施特劳斯：《忧郁的热带》，王志明译，509—514 页，北京：生活·读书·新知三联书店，2000。

然而，并不是通过将我们拽回到新石器时代，而是通过向我们展示人类的成果、社会的优雅中存留的令人激动的零星观点，从而将我们推向一个理性的未来，在这个理想的未来，我们甚至可以更全面地实现理想——注重自我与普遍同情之间的平衡。这就是得到了科学的充实的人类学（“使野性思维的原则合法化并恢复其正当地位”），是社会改革妥善的机构。人类发展的进程，被卢梭形容为“完美的”、更高的思考能力的逐渐展露过程，但它受到了由半成熟的科学理论武装了的文化地区主义的破坏。于是，用成熟的科学理论武装起来的文化普遍主义，将再次调动起它的积极性。①

我们不能对纷繁复杂的人类学施加任何过于单一的概括，因为那样总是错误的，但假使还是有必要理解到底20世纪人类学有何总体特征的话，那么，我们却可以说，它便是：尽管一百年来有不少致力于研究不同文化之间关系的人类学家，但不知怎么地，人类学总是与批判“文明”的“历史臆想”、质疑“文明”相对于“野蛮”的优越性的论述关联着。也因此，大体上说，20世纪人类学——特别是其欧洲类型——中，“他者”的意象替代了“蒙昧”“野蛮”。有必要注意到，尽管古时候欧洲语言里的“他者”，恰指对自我有威胁的异己（alter），其原意本也是“蒙昧”，但人类学家却鲜有例外地坚信，这个概念所代表的意象，更贴近于“客观”及人类学学科的学术志向。

19世纪与20世纪之间，清晰的界线是难以勘定的，但似乎还是存在——具体而言，我们可以如同福柯那样，将19世纪人类学视作一种野蛮主义的文明自画像，将20世纪人类学视作一种文明主义的关闭野蛮的“技艺”。不过，我们又应承认，我们印象中从前者到后者的“质变”，本质上是一种“量的积累”——事实上，两种似乎有质的不同的处理法，都基于列维-施特劳斯所说的“吐人肉习俗”。将异类分离在外，是对理解他者与“我们”之间差异的方法，无论这一方法表现为进步主义的文明论还是表现为野蛮主义的文化论，其所导引出的认识，都与那种致力于将他者化为己身的力量的“食人肉风俗”不同。

幸而，人类学论述有着与《癫狂与文明》接近的反思性，人类学家有着与福柯接近的揭示能力，人类学并未把“他者”视作癫狂之人，人类学家也并未以“医生”自居。人类学这门学科在19世纪保持着一种在“他者”中寻找自身

① Clifford Geertz, “Thick Description: Toward an Interpretative Theory of Culture”, in his *The Interpretation of Cultures*, New York: Basic Books, 1973, pp.357–358.

的影子的旨趣，在20世纪开拓出“他者为上”的视野，始终试图扮演自我与他者之间桥梁的角色，人类学家也常被形容为穿梭于文化之间的“英雄”，其备受讴歌的传奇，多与他们那奥德赛般的传奇有关。除了那些几乎覆盖全球的民族志叙述，20世纪西方人类学给我们留下的主要遗产，恐怕还是“他者为上”的文化观。文明与野蛮之别，源于文明的自负，现代人类学“他者为上”的认识姿态（无论是文化普遍主义的，还是文化相对主义的），则站在一个不同的立场上。19世纪文明的自负与20世纪西方人类学独特的“他者为上”姿态，是两种复归古史的方式：一个复归于“蒙昧”，寻找文明的基因，一个复归于“野性”，反观致使文明沦为野蛮的动因，希冀达到一种“自我与普遍同情之间的平衡”。人类学的文化观告诫我们，要对“文明”所意味的一切保持高度警惕，对于那些将自己的文化形容为“文明”的人，提出严厉的批评。在人类学中，文明与野蛮是一对不该构成关系的对手，如果说二者之间在接触中确已构成关系，那么，这一关系也被视作不平等的、支配与被支配的不合理关系。“文明”最好是让那些被“文明人”视作“野蛮人”的人们，永久地停留于其本来的状态中，以一个总是“原始”的表情，被人类学家注视，并经由被注视，成为一种从远处注视着“文明人”的目光，而这种目光，总是对“文明人”的自觉有益。

社会科学中，人类学确是一门突出的“复古主义”学科，它的二分世界观，及它的从业者——人类学家——对于作为学科“看门概念”的“他者性”的坚持，有时看起来接近中世纪的“愚人船”——一种将异类排除于自身社会之外的观点，有时看起来像文艺复兴的文学与哲学“癫狂论”——一种将特异性等同于创造性的观点。人类学自身以不同的姿态成为一个“范式”，它虽时常承认“文野相通”，却极难给予现实存在的“文野混杂”“我他合一”状况以清晰的理论概括。

兴许又如列维－施特劳斯再次所“戏称”，多数人类学家总是有能力穿越于文化之间，或者通过穿越扮演自我救赎的角色，但却难得身处“社会之间”：

> 有的时候人们说，欧洲社会是唯一产生人类学家的社会，而且欧洲社会的伟大之处正在于此。人类学家可能会想要否定欧洲社会在任何其他方面的优越性，但是他们必须尊重此处所提出的这一项优越性，因为如果这项优越性都不存在的话，人类学家自己就不存在了。但是，事实上，人们也可以做出正好相反的宣称：西欧之所以会产生人类学家，正是因为西欧深受强烈的自责所苦，

这种强烈的自责迫使它会把自己的形象和其他不同的社会做比较，希望比较之后，那些社会也被表明为具有西欧社会的种种缺陷，或者是可以借以帮助解释西欧社会的种种缺陷是如何从自己社会内部发展出来的。然而，即使把我们的社会和所有的社会，包括过去的和现在的在内，加以比较真的会动摇我们的社会基础的话，其他的社会也会遭受相同的命运……如果我们不是食人魔的社会的话，而且如果我们不是在这种不光彩的食人魔竞赛中得第一名的话，我们就不会是人类学的发明者了……人类学是赎罪的象征。[①]

① 列维－施特劳斯:《忧郁的热带》，507—508 页。

第十七章

从“当地知识”到“世界思想”——对民族志知识的反思

人类学知识如何获得？人类学家对此做过太多复杂的论述。我总想，事情并不像所说的那么复杂，而不过如所有事物那样，包含了两方面。一方面，人类学要获得知识，有一般的规律，要如孔子《论语·学而篇》那段所说的，学了并按时实习，拿它去验证，广交来自远方的友人，与有不同经历与见识的同道形成交流圈子，平心静气，人家不了解自己，自己却不怨恨，将所学的价值与世俗名利做妥善区分，营造一个学习、交流、省思三位一体的“认识制度”（学而时习之，不亦说乎？有朋自远方来，不亦乐乎？人不知而不愠，不亦君子乎？）。另一方面，人类学的所谓“研究方法”，也不过就是《论语·学而篇》说的另一个道理。《论语·学而篇》说，孔子“至于是邦也，必闻其政”，对于“是邦”的知识，“温、良、恭、俭、让以得之”。从事研究的人类学家，所做的，最多也不过就是这个。人类学家声称自己有“主位观点”（emic）和参与观察（participant observation）方法，其实，所谓“主位观点”不过是说，人类学研究的出发点，应是尊重被研究的那个“邦”的当地知识，而“参与观察”，则像是在说，人类学家要做好研究，便要用当地的方式进入当地社会，与当地人长久相处，避免如同入侵的帝国主义者那样地趾高气扬，“温、良、恭、俭、让”，以获得所谓“民族志的事实”（ethnographic facts）。

形成一种“认识制度”，与对被研究者的谦卑态度，二者相互配合，最终成为20世纪初以来人类学界共同承认的“方法规则”。

不过，这么说，也只是“形容”。人类学终究不是儒学。虽然人类学家要求自己做的那些，多半可以用儒家先知以身作则实践的那些看法来形容，但人类学家之追求，却不是儒家式的政治–人伦实践，而本质上，仍是一种居高临下的“科学认识实践”。人类学知识，通常来自一种人类学家对于自身双重的或自相矛盾的要求。人类学家称自己的具体研究为“田野工作”（field work）。谦卑的田野工作者，与高傲的“科学研究者”，两者之间本有形象上的不同，而就过去一个世纪的人类学史来看，好人类学家，大抵都是“两面派”。他们多半需要兼有两种形象，其中，一个形象是给被研究者看的，一个是给同行看的。以最优秀的人类学家之一埃文思－普里查德为例，他自己就提到，为了求解他的学理困惑，在阿赞德人的田野工作，他“尽可能地适应阿赞德人的文化”，“只要条件允许，我都会像接待我的阿赞德人一样地过日子，分享他们的希望和喜悦，落寞与哀愁”[①]。为了进入阿赞德人巫术充满奥秘的领地里，他甚至使用过各种诡计，试图套出他们思想的真实情况，达到“在巫术领域‘思黑人之所思’，或者更准确地说‘惑黑人之所惑’”的境界。[②]然而，就他所著的关于阿赞德人巫术的论著来看，他在田野工作中“心不在焉”，老是记挂着英国与法国学界关于宗教、巫术、进步、社会伦理、法律等方面的辩论；对于英国20世纪政治生活的是非之回应[③]，才是他认识中的“社会科学”。

人类学家借田野工作以“致远”，但却难以抵达其本欲抵达的境界。困境缘何出现？不妨再拿另一位同样优秀的人类学家格尔兹所写的一本书来说事儿。

书名的原文叫*Local Knowledge*，翻译成中文为《地方性知识》。“地方”这个词在中国有特殊含义，与西文的local实不对应。按我的理解，local有地方性、局部性的意思，但若如此径直翻译，则易于与“地方”这个具有特殊含义的词汇相混淆。Local感觉上更接近完整体系的“当地”或“在地”面貌，因而，不妨将*Local Knowledge*翻译为“当地知识”或“在地知识”，而这个意义上的“当地”或“在地”，主要指文化的类型，而非“地方文化”。*Local Knowledge*这本书收录了格尔兹关于解释人类学的一些新论，乃其名作《文化的解释》之续篇。书中，有他于1974年在美国人文和自然科学院院刊上发表的一篇著名论文，叫作“From the Native's Point of View: On the Nature of Anthropological Understanding”[④]，即《从土著观点出发：论人类学理解的实质》。这篇文章，开篇即谈马林诺夫斯基日记公开出版一事。马林诺夫斯基逝世后，他的太太将其私人日记公之于众，

① 埃文思－普里查德：《阿赞德人的巫术、神谕和魔法》，谭俐俐译，117页，北京：商务印书馆，2006。

② 埃文思－普里查德：《阿赞德人的巫术、神谕和魔法》。

③ E. E. Evans-Pritchard, “Religion and the Anthropologists”, in his *Social Anthropology and Other Essays*, New York: The Free Press of Glencoe, 1962, pp.158–171.

④ Clifford Geertz, *Local Knowledge*, New York: Basic Books, pp.55–72.

作为现代派人类学导师之一，马氏田野工作期间心理的阴暗面一时暴露，与他宣扬的光荣的人类学构成了鲜明反差，这导致人们对人类学的失望以至绝望。在格尔兹看来，这个不大不小的丑闻，暴露出人类学家的公共叙事与其个人生活真实写照之间的脱节。人类学家在所至之地文质彬彬的“为人之道”，与其“为学之道”之间形成的反差，是脱节的性质。

人类学家的两类作品——民族志与田野日记——是人类学家的“两张皮”；民族志与日记分公私。

民族志是写给大家看的，如马氏的《西太平洋的航海者》，即是如此。为了给大家看，就要照顾自己的脸面，遮蔽自己的心路历程，于是，作者便不断重复一个光彩的论点：人类学家要跟当地人形成一个共同体，至少要暂时变成他们那样的人，要钻到当地人的脑子里面去，试着像他们那样思考。这样一个人类学的追求，虽则也遭到局部批评，但却改造了人类学，使它成为一个形象上不同于“帝国主义人类学”的“学术慈善事业”。

出乎马氏的意料，其遗孀在他逝世后公开发表他的日记，且在一些人类学同行的鼓动下，名之为《一篇实实在在的日记》，以透露马氏田野期间的躁动；如此躁动，与他要我们去实现的理想，实在不符。马氏在日记里总说，恨不得不在他致力于研究的那个鬼地方。后来，他宣扬“参与观察”，可日记却说，这种活动让人痛恨，而被研究的土著人，更是可恨，他们肮脏，他们生活的地方让人鄙视。马林诺夫斯基的人类学被批评为一种“罗曼蒂克式的逃避”，而实质上，这家伙并不浪漫，没有觉得自己去往的“遥远之处”有什么浪漫可言。①

《从土著观点出发：论人类学理解的实质》这篇文章，从这个“丑闻”出发，进入了一个人类学的重要问题：人类学家与被他们研究的所谓“当地人”之间的关系到底应该作何理解？②

为此，格氏引入了他对“人的观念”（personhood）或“人观”的研究。在他之前，法国年鉴派莫斯（Marcel Mauss）早已精彩陈述了社会和人的观念如何相互建构。③不知出自何由，格尔兹在这篇文章中竟没有提到莫斯，而仅围绕

---

① Geertz, *Local Knowledge*, pp.56–57.

② Ibid., p.56.

③ Marcel Mauss, “A Category of the Human Mind: the Notion of Person; the Notion of Self”, in Michael Carrithers, Steven Colins, Steven Lukes, eds., *The Category of the Person: Anthropology, Philosophy, History*, Cambridge: Cambridge University Press, 1985, pp.1–25.

自己的三个个案展开陈述。他说，西方人观基于“selfhood”（自我）观念，在这一观念中，自我是一体化的、有明确边界的东西，因之，外在于自我的东西，便被认为是完全外在的。①爪哇岛人也把人分为身内与身外，通过 inside（内在）的内敛和 outside（外在）的礼仪之优雅这双重作用来塑造人的观念，回答人是什么这一问题。这种当地的、非西方的解答，与西方的解答相类，但不构成一个西方与非西方之间的二分法。在非西方，不同文化中的人观相互之间也是有区别的。比如说，巴厘人的人观就与爪哇人的不同。爪哇人有点接近西方人，其对 inside 和 outside 的区分很像西方，但不完全一样，如，在外面怎么做人和“内敛”这些东西，在西方心理学里就不存在。②而巴厘人更不一样。他们的人观是一种注重剧场般的表现，可以说是一种“dramatism”（剧场主义）。在剧场主义人观之下，巴厘人也易于怯场。怯场是怎么导致的？是因为他们太关注表演的精确性，过度注重仪式表演如何准确体现人的实质。③在摩洛哥人中，核心的是一种叫 nisba 的制度，这个 nisba 制度有点像中国人理解中国社会时经常说的“关系中心主义”，格尔兹认为它可谓是 contextualism（场合主义）、situationalism（情景主义），将人视作情景化的、关系化的人，无法把个人分离于情境与关系之外。④如果说巴厘人注重个人的表演，那么，摩洛哥则注重所谓“patterns of social relations”（社会关系的样式）。

格尔兹举几个例子不单是为了说这几个例子；那他要说什么呢？首先一点，精彩至极：他主张，人类学家对 symbol system（象征体系）进行主位和客位、近经验和远经验相结合的考察，不要简单停留于主位观点，也不要简单做客位研究。⑤“近经验”又是什么？比如说，大家都是“局内人”，混得很熟，我对你们的一举一动的含义可以揣摩得出，根据揣摩，形成某种看法，比如，对于你们的为人之道观念的看法。“远经验”是什么？我从一种局外的眼光来看你们，且试图贴近得更深，如医生那样，对你们进行诊断，把你们当成“病人”看待。作为“医生”，我的“诊断”是“远经验”。⑥格尔兹区分得很明确，但他试图做的工作是综合。他认为，“symbol system”这个概念是综合的好办法，而他的这篇

---

① Geertz, *Local Knowledge*, p.59.

② Ibid., pp.59–62.

③ Ibid., pp.62–64.

④ Ibid., pp.64–68.

⑤ Ibid., p.70.

⑥ Ibid., pp.57–58.

文章就是想通过人观的研究对此给予阐释。他说的“symbol system”包含哪些内容？研究“symbol system”要关注哪些现象？具体就是一些被研究者当地的词汇、当地的仪式、当地的符号行动，格尔兹企图通过这些层次来说制度，通过“symbol system”来研究当地人，并认为，这个方法能使我们同时关照到主观与客观。

格尔兹同意马林诺夫斯基的民族志方法，说这一文类，有双重性，一方面在写“most local local”，即“最当地的当地现象”，另一方面，通过书写这个“most local local”，人类学家也在讨论“most global global”，即“最全球的全球问题”。[①] 谈当地的事项便是谈具有全球的事项，自马氏加以示范后，即成为现代人类学方法的规则。对于这个观察人文世界的方法主张，格尔兹深信不疑。

然而，关于如何抵达这个“因小见大”的境界，他则认为，马氏主张的深入“当地”是不充分的，因为人类学家建立不同的“当地知识类型”（如不同的人观类型），目的应在于以“一种知识的不断运动”，使这些类型变成相互印证的案例。[②]

至于人类学家与当地人之间的关系，格尔兹与马林诺夫斯基的看法也有所不同，他认为，人类学不是要获得跟当地人的一种“communion”，即不像人们去基督教堂那样跟当地人合为一个整体去做礼拜，成为作为共同体的教众的一部分。表白自己在土著人面前温、良、恭、俭、让，不过是人类学家的“骗局”。人类学家若不做这个，那又是在做什么？在格尔兹看来，人类学家兴许“要保持一定的外部性，才能真正理解土著人的思想”[③]。或者说，如同艺术，人类学研究是从一个有距离的角度，捕捉当地的歌谣、观察当地人的投影，或者看待一个笑话。

一、认识姿态

格尔兹对马林诺夫斯基若有讥讽，那也是源于他对人类学的真诚心。

读马林诺夫斯基的著述，你会发现，这位20世纪初的人类学家，行文中确

---

① Geettz, *Local knowledge*, p.69.

② Ibid.

③ 刘雪婷：《两位大师，两份礼物——从马氏日记到格尔兹》，载王铭铭主编：《中国人类学评论》，第4辑，184页。

时常透露出自诩为“文化科学家”的一面——他表露出一种特殊类型的道貌岸然。书中，他一面以亲身的体会教导读者如何与被研究的土著人打交道，如何在异邦展示自己的职业伦理与道德良知，一面卖弄“文化科学家”相比于土著人而言高级的把握客观性的能力。特别是在论述土著人的情感时，为了表露出作为“文化科学家”的“大视野”，他说，土著人到底怎么感受，他可以漠不关心——如他自己所说，他关心的其实是，“模式化的思想和情感方式”。[①]这一研究方法，被后来的人类学家宣扬为“整体论”(holism)，其中暗藏“杀机”——所谓“整体论”不正是消灭被研究者的情感与解释的那把“科学之刀”吗？就这点来看，格尔兹的论文及其致力于表达的所有观点，即已足够使他成为一位划时代的人物。

如已被人们承认的，格尔兹代表了现代人类学方法的一个新阶段；在这个阶段中，人类学家更真诚地面对研究者与被研究者之间的关系，在摆脱了“文化科学”的虚伪之后，试图采择一条人文主义的道路，来贴近被研究者的生活与思想世界。

如何理解现代人类学方法的“格尔兹阶段”？先得理解“现代人类学”与“古典人类学”的区分。“古典人类学”主要是在19世纪发展起来的，它的方法视野宏大，对于未来人类学的革新，有不可多得的价值(比如，进化论、传播论时代，人类学与民族学、考古学的结合，未来就须引起更多重视)。不过，如前所述，对于现代人类学家而言，19世纪的古典人类学因过于超脱于被研究者的“当地世界”，将思想更多地放在已身的西方想象世界里，犯了太多不该犯的错误。为了纠正这些错误，现代人类学的奠基人(尤其是马林诺夫斯基)另辟蹊径，主张将人类学改造为一门脚踏实地的学科，将人类学研究的焦点，集中在被研究的土著人的内部世界上。

在“现代人类学”初期，即格尔兹所试图揭示的马林诺夫斯基阶段，人类学家对“科学”二字尚存“迷信”，其所作所为，便接近于后现代主义者专门批判的“伪科学”。那个阶段，人类学家过于强调“文化科学”的客观性，当这种强调暴露出它的虚伪性时，人类学家作为人的本来面目，也便暴露了出来。某些人类学家颇自恋，有的甚至接近于英雄狂，结果给人留下了“现代伪科学”的印象。格尔兹出于修正人类学的目的，试图创造一种介于主观和客观之间的人类

① 马林诺夫斯基:《西太平洋的航海者》，17页。

学。他一方面还是试着从当地的观点看问题，但另一方面并不主张人类学家伪装成被他们自己研究的当地人，而是主张要在作为人类学家的自我与作为人类学研究对象的他者之间寻找一种比较（这里格尔兹说的“自我”是西方，并没有局限于美国，但它却可能并不代表欧洲观点）。

格尔兹有一段话活灵活现地概括了他的人类学的总特征：

> 用他人看我们的方法看我们自己，这件事情会让人大开眼界；把他人当作他者（others），跟我们自己共享一个品质的人，承认他人的品质和我们一样，是最起码的礼貌。比较困难的是，在他人当中看我们自己，特别是把我们自己的生活方式当成是和其他人的生活方式在一块的一种。把我们的文化当成是无数个例中的一个个例（a case among cases），诸多世界中的一个世界（a world among worlds），思想的宏大才可能获得。只有这样一种态度才可以避免自我吹嘘，避免虚假的宽容。如果说解释人类学在世界上会有什么样的作用，它就是要重新教给我们已经被排斥了的、逃亡了的真理。①

以上引文说到的，将研究者所处的文化当作“无数个例中的一个个例”“诸多世界中的一个世界”，乃为人类学诠释学派阶段之总特征，此一特征牵涉如何理解人类学的认识者与被认识者之间的关系。诠释派人类学家企求将学科从认识者的理论体系中解放出来，使之成为将自身文化纳入一个丰富而多元的人文世界的志业。

不能不承认格尔兹的返璞归真；在他之前，人类学家再尊重土著人，也不能真正看到自身的学问与构成学问的“素材提供者”的知识之间如何形成更为亲和的关系。格尔兹是人类学界有胆识的少有的几个之一，他较早敢于指出，人类学家应鲜明地区分自己的学问与被研究者的观念世界之间的差异，且在此基础上主动地将被研究者的观念世界视作和平相处的众多观念世界中的一个世界。

时至今日，格尔兹的人类学观，依旧是有限的观点中最值得人类学家骄傲的一种。如何理解这一理解？让我们看看格尔兹之后出现的人类学方法第三阶段。

在人类学方法的第三阶段，人类学的思考方式产生了不少转变；其中不少，既得益于格尔兹又是针对他的论调而来。

格尔兹说过一句名言，他说，把自我与他者看作共享一种人性的看法，无

---

① Geertz, *Local Knowledge*, p.56.

非是一种最起码的礼貌，是虚伪的。也就是说，美国人与印第安人都是“好哥们”，都是“人类”，是一种礼貌，但有骗人的成分。格尔兹认为，对于人类学探索而言，这种“最起码的礼貌”是不够的，人类学探索之目的，在于发掘将人类学家遵循的文化放置于众多文化中加以“相对化”。可以认为，格尔兹的努力，正在于破除人性论中“最起码的礼貌”。

然而，世界变化很快，这句话的信息养分在还未被充分消化之前，便在人类学家中产生了某种“混沌效应”。一方面，这话说得好，毫无疑问，另一方面，也就是在同意这话的时刻，许多人类学家又打出了一张违背格尔兹本意的“牌”来。

在第三个阶段，多数人类学家认为，自我与他者的共同人性（格尔兹认为就是“最起码的礼貌”之说），是人类学家要揭示的。大家可能会问，人类共享的“人性”又是什么呢？涉及这个问题，多数人类学家都异口同声地说，人类的本性要么是对经济利益的追求，要么是对权力的追求。人类学认识方法的第三个阶段，即以这种利益或权力的理论为基础。在这个阶段中，对格尔兹的批判，多基于对他所说的“symbol system”背后的经济或政治理性进行的揭示。

在第三个阶段中，人类学家对自己做了尖锐的质疑。[①] 不少人类学家认为，西方与非西方、自我与他者之间的区分，历史上存在过，但随着时代的变化，随着西方世界霸权及西方中心的世界体系的确立，他者已消亡。也就是考虑到这个，在社会学中，过去十五年来，有些野心勃勃的学者提出了人类学将消亡的说法。他们以为，随着现代化和全球化的到来，所谓非西方民族的“他者”已经荡然无存，人们都进入“后传统社会”（post-traditional society）。“后传统社会”是一种社会形态，所说的是：不断全球化的过程中，传统人类学所关注的原始部落、农民社会、古代帝国就彻底消失了。最早说这话的是社会学家，但人类学内有社会学的“跟屁虫”，企图使人类学成为研究“后传统社会”的学问。于是，过去三四十年，人类学家多数不再像格尔兹那样从“当地观点”看了，他们认为，“当地观点”背后是有值得西方学者用普遍的观点去透视的层次，分析它，像医生那样去诊断它，人类学才有前景。而普遍的观点是什么呢？政治的决定论、经济的决定论以及医疗和心理分析的决定论，是主要的。

新一代人类学家提出一些有优点的看法；其中，特别值得关注的是，他们提

① 参见王铭铭:《西方人类学思潮十讲》，122—172页，桂林：广西师范大学出版社，2005。

出：过去人类学家研究社会、民族、文化这些“东西”，为了研究的方便与“创见”，对于被研究的人文世界给予了过于武断的分类与区划；而至少在过去500年来，最值得关注的是，社会、民族、文化这些“东西”所代表的“当地体系”之间发生的不平等关系。[①] 另外，有更多人类学家致力于指出，人类学自身恰是在这世界性的关系中兴起的。[②]

对于“后诠释时代”的上述两点，我一方面同情，另一方面怀疑。这些新的观点似乎在说明，格尔兹的“当地知识”论点，只适合“传统社会”，在近代西方的世界体系形成之前，非西方世界犹如“一盘散沙”，之间没有纽带，突然间来了西方人，给世界带来了“关系体系”，并从此改造了“世界知识”。如萨林斯所说：

> 在我们接触到美洲、亚洲、澳洲或是太平洋岛屿的人民之前，他们都是“原住民”（pristine）和“土著民”（aboriginal）。这就好像说，他们与其他社会没有历史上的联系，从来就不曾被迫在生存上相互适应。更进一步说，直到欧洲人出现，他们还是“被隔离开的”，或者说“我们不在那里”。他们是“遥远的”和“未知的”，或者说“他们是远离于我们的”，并且我们也没有意识到他们的存在。[我以前的同事史蒂文斯（Sharon Stephens），常常在她的演讲中介绍维科，她也常指出：“尽管传说维科过着一种暗淡的生活，但我肯定他并非如此。”] 故而，在我们看来，这些社会的历史只是欧洲人出现以后才开始的：这是一种主显节的时刻，在性质上是不同于任何以前所经历的和文化上的摧残。与殖民主义以前有所差别的每一件事情，都被我们看成“权力”（power），或西方权力：面对且要服从于西方的支配，没有权力的人民，就失去了他们的文化一致性。[③]

从格尔兹解释人类学到“后现代”，能否被视为一种学术的进步？这个问题需与“后现代”提出的问题合在一起思考。也就是说，假如传统世界果如新一代西方人类学家所说的那样，“一盘散沙”，那么，我们是否可以认为，诸如他的“当地知识”论，也只符合“前现代社会”研究的需要？“前现代社会”与“后

① 如 Eric Wolf, *Europe and the People without History*, Berkeley: University of California Press, 1982。

② 如 Talal Asad, ed., *Anthropology and the Colonial Encounter*, London: Athlone Press, 1973; George Stocking, *Colonial Situations*, Wisconsin: The University of Wisconsin Press, 1991。

③ 萨林斯：《甜蜜的悲哀》，王铭铭、胡宗泽译，111页，北京：生活·读书·新知三联书店，2000。

传统社会”之间的差别，是否是“当地知识”与“世界体系”之间的区别？人类学的叙事，是否必定要采取“现代前后”的线性历史论？

要认识上述问题之实质，不能不触及西方人类学对认识者－被认识者强加的武断区分。西方人类学家在其方法论思考的第三个阶段中，已采取激烈言辞批判了西方自己，但他们实际采用的分析框架却回归于西方知识论的自我中心主义。近来有不少西方人类学家自责说，人类学这种强加于世界的自我与他者之分，缘起于欧洲的“文艺复兴”、启蒙运动，在其中，人类学无非是下属的小小言论。[①]假如这个看法可取实，那么，格尔兹将西方放置于一个由不同的世界构成的世界的说法，便具有重要的内涵。然而，当20世纪人类学方法越过诠释派迈向对于“现代派”之否定时，便不免出现了自相矛盾。人类学家一方面批判自己的认识论自我中心主义，一方面以“普遍主义”为由重新肯定这种自我中心主义。他们不仅否定诠释派，而且还全面否定了现代派那一尊重他者的姿态。这“否定之否定”，被不少人认为是学术进步所必需的，但于我看，却似乎走回了认识论自我中心主义的老路。

人类学方法对诠释派的所谓“超越”，实质等同于舍弃了这个学派中弥足珍贵的方面——文化的相对价值观——重新将西方当作世界的唯一认识者（而非被认识者）。假如我们将这种旨趣定义为“认识姿态”，那么，这个“姿态”的总特征，便是将西方与非西方（或主要包括中南美洲、非洲、太平洋地区的“南方”与以欧洲为中心的“北方”）的二元对立，等同于世界的认识者与被认识者的二元对立。

西方人类学出现的所有问题，根源都在这种简单的“等式化”里。有了这个“等式”，西方人类学才可能提出普遍－特殊、世界－当地、传统－现代的众多时间－空间化的对子。要对这个“等式”背后的认识姿态进行建设性的批判，初步的工作，不应像近期的“反相对主义的后现代主义”那样，恢复某些出自欧洲的理念（如权力、政治经济、话语）的“世界意义”，而应指出，与这一认识姿态有关的人群分类概念如社会、民族、文化等的内在复杂性与外在关系的深刻历史性。

相对于人类学方法第三阶段出现的西方普遍主义论调，格尔兹的人类学，确有其优点。解释人类学下的文化差异论，拒绝以二元对立的世界观为自身的基

---

① 如Bernard McGrane, *Beyond Anthropology*, New York: Columbia University Press,1989。

础；这种文化差异的解释，也能在相对平和的心境中面对他者，谦卑地意识到自身文化的局限与他者文化的重要借鉴价值。这一观点的存在，也表明，人类学方法第三阶段的出现，不过是在对第二阶段的“否定”中肯定了第一阶段的普遍主义。

然而，假如完全用“知识进化”的观点来看待格尔兹的贡献，那就大错特错了。至少在人类学史中，如果有“知识进化”，那也向来不是能脱离特定思想出现的具体空间场合的。如同无法将时间隔离于空间之外，我们无法将知识衍生的时间割裂于其产生的空间氛围之外——具体说，无法单纯将马林诺夫斯基与格尔兹之间的差异形容为时代性的差异。若要理解格尔兹方法出现的背景与意义，那么，我们便有必要进一步解释这一方法自身的文化土壤；对于马林诺夫斯基，这一点也同样适用。

二、英国人类学

马林诺夫斯基是个合格的“国际人”，他是移民英国的波兰学者，且曾长期在西太平洋土著人中从事田野工作。从他的著作中，这个“国际性”，也得以显示。他的关键词并非英国人类学长期使用的“社会”，而是“文化”，这与他在欧陆接触到的民族学及德奥文化理论有着密切关系。然而，马林诺夫斯基的文化论，又可说是英国近代思想的某种现代表现，他对于“功能”的解释，贴近于英国实利主义哲学的制度理论，他对于人类学方法的阐述，长期影响着英国人类学（相比“纯英国人”拉德克利夫－布朗模仿法国年鉴派社会学制造出来的“比较社会学”，实际生命力似更为强大）。

如果说对于格尔兹而言马林诺夫斯基有什么问题的话，那么，我们也可以说，这个问题不是他自己的——英国人类学长期存在着特殊主义的田野工作方法与普遍主义的解释方法相割裂的问题。

英国学派的面貌为何？要认识人类学方法不能不谈这个问题。

近些年来，国内人类学界流行一种观点，以为人类学等于村庄志、民族志。这导致一个现象，即不少人认定只要去了偏远的村子，就算是做人类学研究了。这个观点在世界各国都能找到“学术支持”。比如，法国本来富有社会哲学思想，但近来有不少法国人类学家主张人类学等于民族志。对于这种看法，我持反对意见。我认为，这个现象之所以出现，原因是英国学派的“全球化”。英国学派到底是什么？我先说个事儿。2000年，我去芝加哥萨林斯那里做客，有次在他家里吃饭，我们在餐桌上聊到这个问题；他说，他不喜欢英国学派，我问他对伦敦经济学院人类学家布洛克（Maurice Bloch）怎么看，他说“他是一位优秀的民族志作者”（He is a good ethnographer）。他话中有话，他所谓“优秀的民族志作者”，听起来像是在说布洛克不是一个人类学思考者（thinker），而是个“学匠”。我之所以提到这件事，是因为从萨林斯这席话，我们大体能感受到一位优秀的美国人类学家怎样识别英国派了。

说英国人类学的所作所为主要是民族志的描述，没有大错。不过，这个说法，也可以说有不公道之处。英国人类学还是有理论探索的。

在英国国内过去主要存在三个流派。首先是大家通过前辈费孝通认识到的伦敦经济学院的马林诺夫斯基式经验主义人类学（empiricist anthropology），也就是萨林斯说的那种，其基本论述方式是功能派的，与马林诺夫斯基的传统有关；另外一个是牛津大学的（英国的贵族喜欢学点法文，牛津是个贵族大学，所以他们的学问比较像法国年鉴派），当然是拉德克利夫－布朗、埃文思－普里查德的传统，它前后有些变化，老派的比较注重社会理论，新派的比较注重民族志的人文解释，后来与法国结构主义结盟——比如，尼达姆（Rodney Needham，1923—2007）在青睐于法国派的同时，企图用“情感”概念来补充结构理论[①]。牛津的人类学最后有意义的东西，是埃文思－普里查德留下的，他对于社会的宇宙论模式给予空前关注，企图从物来观察整个社会的世界观，对于解释人类学有重大贡献。20世纪70年代初期，著名汉学家弗里德曼曾任那里的社会人类学研究所所长，可惜他过世得太早，否则牛津的人类学就全变成文明社会的人类学了。[②]更遗憾的是，牛津现在的人类学很实用化，连中国政治都研究，对于移民问题，也很关注，成为政治实用主义的阵营了。第三个比较强的就是曼彻斯特大学的“曼城学派”，代表人物有格拉克曼、特纳[③]等，注重我们今天叫作“法律人类学”的研究，他们从冲突怎么得到解决这一问题入手研究社会。在我看来，“曼城学派”综合了牛津和伦敦经济学院的传统。现在，这一派人数不多了。

---

① 尼达姆著述相关介绍，参见梁永佳：《读罗德尼·尼达姆的象征分类研究》，载《西北民族研究》，2006（2）。

② 王铭铭：《社会人类学与中国研究》，57—61页，桂林：广西师范大学出版社，2005。

③ 特纳著述相关介绍，参见王铭铭主编：《20世纪西方人类学主要著作指南》，286—293页，北京：世界图书出版公司，2008。

三派之间有宗派之争，不过对话却也颇多，它们之间关键的争论焦点在于“一致与冲突”问题，伦敦与牛津分别从文化的一体性与社会的整合性探索社会内部的“一致性”，而局部受马克思主义思想影响的“曼城学派”，则更多关注“冲突”如何解决。

后来的英国人类学发生了许多变化。我20世纪80年代去英国留学，那时，英国大学人类学的职位，不到两百个，个个精兵强将，很活跃。人类学系也很多，有五十几个。就伦敦大学一家，就有4个人类学系，除了伦敦经济学院人类学系，还有东方非洲学院（SOAS）、大学学院（UCL）、哥德斯密学院（Goldsmith College），这些学院的人类学各有风格，力量都很强，老师都蛮有名的。不同学院的人类学，的确还保留着英国社会人类学的民族志传统，聘任教员首先要考虑其所研究的区域是否与他人有区分。尽管英国人类学界中有的人特赶时髦，研究很多新课题，但总体说来，它还是很坚持民族志传统。在坚持民族志传统的基础上，各学院的学术风格才得到区分。比如，我上的东方非洲学院，对跨文化比较特别重视。这个学院本身是从研究“东方学”起家的，所以还带有它的风格。我们确有不少“后现代”的老师，但他们谈起具体问题，隐约还是有“文化相对主义”的腔调。相比而言，伦敦经济学院的人类学，对于文化相对主义就不怎么感冒，那里的人类学家最近特别重视“认知”(cognition)、儿童研究，在理论上表现出普遍主义倾向。我在伦敦读书时，发觉我们系的帕金（David Parkin）教授与伦敦经济学院的布洛克教授关系不怎么和谐，读他们的文章，总能觉察出存在互相批判的方面。[①]他们一个比较讲究文化差异，一个比较讲究人类共性。比如，针对时间研究，帕金感兴趣的是不同民族的不同时间观念，而布洛克感兴趣的则是历史时间与文化时间的交织，他们曾就格尔兹那篇关于时间的著名论文展开过激烈辩论，两个学院分成两派，辩论了很久，很多老师都参加了。

在牛津和曼城人类学式微之后，伦敦大学上述这两个学院，成为英国最强的阵营。不过，这并不是说，英国就没有其他人类学风格了。

在伦敦大学内部，大学学院（UCL）的人类学，就很不同，那个学院的人类学，比较美国式，人类学的四大分科体质人类学、考古学、语言学和社会人类学它全有，他这个系也最大，曾有强大影响力。著名人类学家道格拉斯就曾在

---

① 帕金著述相关介绍，参见刘琪：《多样的“恶”——读〈恶的人类学〉》，载《西北民族研究》，2006(4)。

那里任教，现在过世了。[①]最近，大学学院出现了研究物质文化与文化遗产的热潮，办了个《物质文化研究》杂志，颇有影响。歌德斯密学院的人类学，也有自己的特点。我在伦敦时，那里的系主任、领军人物是我们系主任的太太，注重女性研究和所谓“紧急人类学”（urgent anthropology）。女性研究我不必多讲，大家都了解，而什么是“紧急人类学”？也不复杂，指的是：世界上有很多少数民族文化要消失，人类学家要赶快去研究它们，“拯救”资料。出了伦敦，该提到的还很多，牛津的人类学现在也开始恢复元气，但具体做什么，还是很分散，人事矛盾太多。剑桥过去有著名人类学家利奇（Edmund Leach，1901—1989），是费孝通先生的师弟，他很智慧，学术建树颇高，到剑桥后使那里的人类学具有他的风格，那里所有教授都讲他建立的“钟摆模式”[②]，到80年代，影响力下降，90年代调来著名人类学家斯特雷森（Marilyn Strathern）教授，最近有了起色。[③]

英国还有无数其他值得一谈的大学，英国很小，但每个大学都有自己的人类学博士点。其中值得一谈的，如，北爱尔兰的贝尔法斯特大学，它也很有特色。北爱尔兰的人类学对音乐人类学特别重视，有自己的研究期刊，叫作《民族音乐学杂志》，他们还有口述史研究专才。音乐、口述，都是关于嘴巴的，他们很关注这个，为什么呢？因为爱尔兰人能歌善舞，为其成为音乐人类学、舞蹈人类学和叙事学研究的阵地提供了地方条件。另外，苏格兰的爱丁堡大学和圣安德鲁斯大学，人类学也都不错。苏格兰人类学对于本地社会的关注，是有名的，那里的人类学家研究当地渔民、农牧民及所谓“边缘文化”。圣安德鲁斯大学有一个新人类学系，只有五六个老师，却栽培了不少有建树的人物。

英国派可以引以为自豪的是人类学教育。英国人类学教得很实在，不像美国人类学，教给你一百门学科，每门学科你都只懂得初步知识，英国人类学全是关于社会人类学的课程——除了大学学院。另外，英国的学术讨论风气很好，很尖刻，批评色彩很浓，使学术能在辩论中进步。

要初步了解英国派，除了马林诺夫斯基的《文化论》[④]，读读埃文思–普里查

---

① 道格拉斯著述相关介绍，参见梁永佳：《玛丽·道格拉斯所著〈洁净与危险〉和〈自然象征〉的天主教背景》，载《西北民族研究》，2007（4）。

② Edmund Leach, *Political Systems of Highland Burma*, London: Athlone, 1954.

③ 斯特雷森著述相关介绍，参见王铭铭主编：《20世纪西方人类学主要著作指南》，446—453页。

④ 马林诺夫斯基：《文化论》，费孝通译，北京：华夏出版社，2002。

德《努尔人》[1]也是必要的。读这两本书，一定会感到，对于美国人类学家来说特别重要的“历史”，在英国人类学中地位颇低。在英国人类学中，确实一直有一种设想，即，对于“土著民族”而言，所谓“历史”是研究者强加在被研究者身上的。不过，我们一定要区分两个意义上的历史，即美国文化人类学现代派的“具体历史”，与古典人类学意义上的“人类进步史”。英国人类学之所以不喜欢谈历史，是因为对于英国人类学而言，虚构的“人类大历史”曾是所有一切。在我看来，英国人类学的 19 世纪，对于我们思考文化，还是有许多启发的。比如泰勒与弗雷泽对宗教的论述中谈到的“物灵”与“巫术”理论，还是不错。另外，那个时代人类学的研究比较宏观、丰富，与后来出现的民族志相比，对我更有吸引力。不过，现代英国派对于进化论的历史观念之批判，还是一针见血的。历史有好有坏，进化论的人类学是一种糟糕的历史，它将非西方的历史当成西方的“史前史”来研究，否认了非西方自己的历史及其叙事。这样的历史观念，实际是一种反历史的观念，是西方中心主义的世界观的人类学反映。这样的“历史”，使欧洲创造出一些缺乏历史的人类来，它本身强化了人类学的“无历史性”。功能论反对的是这种将欧洲自身的历史强加于欧洲以外的人民身上的历史。物极必反，功能论在反对伪历史的过程中，却使自己漠视非西方自己的历史。功能论的代表人物们用文化、社会结构这些同样是出自欧洲的概念来掩盖“原始社会”的丰富生活面貌，特别是“谋杀”其历史的生命。

为了更好地理解英国人类学在自我否定的过程中陷入的困境，我们须参考沃尔夫的《欧洲与没有历史的人们》。这本书以一种新的世界史表明，在欧洲登上世界史舞台之前，整个世界已是活生生的，世界各地、各民族、各文化在自己的体系的基础上，形成了相互交流的网络和关系。所谓欧洲中心的近代“世界”，无非是一种新的网络和关系体系对旧的网络和关系体系的取代，并非是一种史无前例的独创。

怎样理解新旧世界的历史关系？在美国人类学界争论颇多。比如，萨林斯和奥比耶斯克勒（Gananath Obeyesekere）的争论，就是一个典型事例。[2]萨林斯和奥比耶斯克勒都想复原真实的“世界史”，前者采取文化理论，后者采取政治经济学，前者想“从土著观点出发”理解历史，后者认为这种所谓“土著观点”

---

① 埃文思－普里查德：《努尔人——对尼罗河畔一个人群的生活方式和政治制度的描述》，褚建芳等译，北京：华夏出版社，2002。

② 萨林斯：《“土著”如何思考——以库克船长为例》，张宏明译，上海：上海人民出版社，2003。

否定了西方帝国主义的历史。两种理论的出发点，都是为了对人类学中的“被研究者”表示亲善，表示关怀。然而，恰是在这两个人物之间，出现了激烈争论，互相攻击对方是“帝国主义神话的制造者”。萨林斯把土著文化的结构看得太重，奥比耶斯克勒就跳出来抗议道：你怎么会如此忽视西方人征服非西方人的殖民史啊？反过来，萨林斯也表现得很精彩，他回应说：那你在反映历史的过程中，怎么用的理论全是西方的（政治经济学），而不是土著的（神话）？

这个争论，焦点问题是：到底是什么代表了“土著观点”？争论双方已形成仇恨关系，不过就学术史的客观效应来说，二者都有巨大贡献，因为，要不是有这个争论，我们就不可能如此清晰地看到文化理论与政治经济学之间的差异，就不可能理解功能派在否定进化论的“人类大历史”时给人类学带来的新问题。

英国功能派的问题出在哪里？要知道问题所在，我们应用新的眼光来重新解读马林诺夫斯基的《文化论》。不过，由于这本书自70多年前被介绍到中国以后，已为大家所熟知，并且，国内学界似乎有一个“共识”在保护着它的尊严，因此，我便不多谈了。为了说明问题，我想可以提到英国人类学的另一本名著《努尔人》。这本书是牛津派从僵化的结构－功能论转向松散的人文主义社会人类学的重要过渡，出自当代英国学派导师埃文思－普里查德之手。按说我是特别喜欢《努尔人》的，这本书可以说是民族志中条理最为清晰、思路最为活跃、文本结构最为精致的一本。它的开篇，用畜生（牛）的“象征意义”来看人及其社会结构的做法，真可谓是精彩至极，令人赞叹。不过，我们这里要谈的是英国学派的特点与问题，以此为出发点，我以为这本精彩的经典，存在两大缺憾；其一，这本书让人感到“土著”没有历史；其二，它让人感到“土著”在西方人到来以前没有邻里，没有我们所谓的“他者”。

在《努尔人》当中，非洲似乎是一个自从有了人类以来便是如此的“部落社会”之松散结合体，而苏丹的少数民族努尔人，无非是其典范。我们研究这样的少数民族固然可以为了弄清它的内在结构而将之切割出来，作为标本来观察。然而，这样做的时候，我们不应忘记，我们是在做切割、找标本，是在为了主观理论而实行“科学实验”；我们更不应忘记，这种“科学实验”，会使我们忘记被实验的对象的自在历史。就我的认识而言，努尔人生活在非洲，非洲历史上曾有不少文明古国存在，作为小部落，诸如努尔人之类的民族，必然与文明化了的古代国家产生过关系。若是我自己要派学生去非洲做田野工作，我一定会建议他们先读读有关非洲历史的有关著作，而我也相信，读了这些历史，学生一定会知道，在那片大陆上，帝国的历史也很漫长。我能想象努尔人生活在漫长的非洲文明史当中，这部文明史在遭遇到欧洲人的侵袭之前，也曾遭遇过印度世界与阿拉伯世界的征服。非洲人当今被认为是“原始社会”的范例，于我看，实际它更是古文明在遭受冲击后衰败为部落的范例。我们不能找到努尔人的远古史资料，但具有一点非洲史方面的知识，我们便能想象到，非洲“逝去的繁荣”导致的后果。为了衬托出这个“后果”，对于古代非洲与当下非洲进行比较研究，是一件重要的工作。

《努尔人》犯的这一忽视少数民族文明史的错误，可以跟中国民族学研究的问题结合起来看。我们研究中国少数民族，曾拼命地寻找资料，去证实这些民族代表某些“社会形态”。为了证明“社会形态”概念的合理性，我们将少数民族之间平等和不平等交往的历史放到一边去了。为了寻找出“理想类型”，学者不惜以历史素材的牺牲为代价，切割出一个个“民族”。遗憾的是，这样的做法还被个别青年学者换了不同面目宣扬。

另外，我上面说到，《努尔人》的叙述，缺乏“他者”。这又怎么理解？我这里所指的“他者”，比一般人类学上说的，要广泛一些，它既涉及人们日常社会交往过程中对于邻人、陌生人、外来人等的经验，又涉及结构人类学意义上的“联结理论”（alliance theory）。英国派的人类学在描述一个族群时，总是将它当成一个只有“他们自己”的社会，这个社会，似乎代代相传，由少数祖先繁衍出一大批后代，构成一个氏族或部落。实际上，无论是在哪个族群，所谓的“社会”恰不是这样构成的。男女之间的结合，是超越于个体之上的“社会”的基础。男女之间，互为“他者”，没有异性，何以谈得起“自我”？这是我理解的结构人类学的“联结理论”。“他者”还可以推及两性联结的单位之外，出现“内外”之间的结合，无内即无外，反之亦成，也还可以推及熟人与陌生人。对于人的生活世界而言，“他者”可能又可以指人无法将之融入自身、却又希望如此做的自然与神灵。《努尔人》并非完全没有涉及这些类别，比如，它谈到丁卡人与努尔人之间相互敌视与相互建构的关系。不过，这本书因还没有脱离功能派的怪圈，而未能在分析努尔人的“社会”时，将丁卡人充分考虑在内。

对于历史与“他者”缺乏关注，英国人类学的现代派的普遍问题。但是，倘若我们说这个学派没有发生内在“革新”，那就不公道了。其实，到了20世纪50年代，英国派已意识到自己制作的民族志存在的诸如此类的问题。利奇可以说是试图一揽子解决这些问题的伟大人类学家之一。利奇的建树主要在于两个方面，一是在民族志内部加进动态过程（历史）的因素，二是试图将专注于个别群体研究的民族志改造为一种区域性的研究。他认为人生活的空间领域，一般超越个别群体或部落；在比较广大的空间领域中，人接触到的文化，是多类型的。人从他们临近的群体或部落中得到反观自身的文化模式，并经常要借着不同于自身的文化模式，来改变自己的社会生活，使社会长期处在动态过程中。他的名著《上缅甸诸政治体制》一书，内容丰富，谈到的问题很多，但从上面说到的两个方面，挑战了英国派自身的传统。后来，利奇大量引用法国学派的论点，宣称自己是结构人类学家，这都是有背景和根据的。

要认识一个学派的特征，最好的办法是理解他的批评者对它的批评。萨林斯从外在的角度批判了英国派，而利奇早已在他之前从内部批判了自己的学派。萨林斯认为英国派人类学不成功，一方面是因为它主张功能论，另一方面是因为它局限于民族志。利奇的批判也有两方面，一方面针对它的“无历史”，另一方面针对它的“无他者”。综合他们的批判，我们可以看出，英国派的“现代传统”有三个特征：一是注重社会的结合与分裂的功能关系探索，二是注重案例的平面解剖分析，三是为了将研究单位营造成一个整体，而往往舍弃一个族群或一个社会共同体的“外交关系”之分析。这三个特征，是相互关联的。

三、格尔兹与美国人类学

格尔兹的著作中文译本出版后，引起比较广泛的关注。这位人类学界思想最活跃的分子，可以说是不典型的美国派，是人类学国际化的表现，他采用的观念不局限于美国，他的影响范围也超过美国。可是，他却实在还是美国派人类学最重要的代表人物之一。怎么理解像格尔兹这样的人类学大师的“国际性”和“美国性”？

先谈美国人类学的演变脉络。

美国的人类学是整个地球上最发达的，它到1990年前后有将近337个人类学系，有数十个人类学博物馆，现在可能更多了。数量巨大的研究与成果展示机构，使美国人类学肉身庞大而沉重，本身成为一个帝国。美国的人类学帝国有过重要的历史变化。大体说来，它的第一个阶段之发展，发生于1851—1889年间。这一阶段的人类学工作，其特点与当下中国的民族学相近，工作由美国民族学局主持。这个机构，派出业余和专业的人类学家走向田野。他们充满渴望和激情，绝望地在印第安人中做田野工作。他们的工作很简单，经历探险式的研究，带着大量材料回家，根据摩尔根和斯宾塞的社会类型比较研究法，对资料进行分类，将它们放置在整齐划一的橱柜里，使其自身的意义丧失殆尽，成为一类一类的社会形态的标志。有人将第一阶段称作“美国人类学史中的发展主义阶段”，就是说，这个阶段人类学只研究“人类文化的童年”，他们将童年的研究当成理解成年的基础。“发展”本来是个心理学的概念，指的是小孩怎么变成大人。进化论跟心理学本来相去甚远，但进化论的人类学由于致力于研究不同民族如何处在人类文化成年过程的不同阶段，因而，其解释模式与心理学无异。到了1890年以后，博厄斯出现于美国人类学舞台上，美国人类学就此进入了第二个阶段。紧接着，出现了大批博厄斯门下的学生，他们或是德国人，或是美国人，多数在博厄斯的引领下基于德国民族学的基本原理缔造新人类学，使美国人类学出现了一个所谓“历史具体主义”（historical particularism）的阶段。因为这一阶段中的人类学不注重“发展”，所以他们能够提出完全不同的看法。这些人在漫长的50年的努力中做出了很多成就，为美国人类学奠定了所有观念的基础（从一定意义上讲，也为法国的结构人类学奠定了符号理论的基础）。①

尽管美国人类学有它的“古典时代”，但美国人类学家们多数似乎更乐于忘本。在他们看来，所谓“美国人类学”不从19世纪开始，而开始于20世纪，其典范特征形成于1900—1950年之间。这段时间，恰好也是美国通过成为世界霸权而使其社会科学成为文化霸权的阶段。

如何理解所谓的“美国人类学”？作为“美国人类学”第一特征的，是“文化独立论”。所谓“文化独立论”，意思就是说，文化决定一切，决定自己，不受别的因素决定，其背后不存在什么，特别是不存在社会或经济的基础结构，文化本身就决定一切。“文化”是什么呢？五花八门，各种各样的定义于是出台。美国人类学不乏有人意识到文化之外还有别的。然而，其大多数的缔造者认定，文化可以包容上层建筑和经济基础。

有了所谓“文化独立论”，在美国派中就必然会出现文化存在自在价值的看法，这个看法一般叫作“文化相对主义”。“文化相对主义”经历不少内涵的变化，对它的解释也各种各样，照我的粗浅理解，它的意思大概就是，文化的

---

① 关于博厄斯的介绍，参见王建民：《远离现代文明之外的对传统的蔑视和反叛》，见博厄斯：《人类学与现代生活》，刘莎等译，1—9页，北京：华夏出版社，1999。

价值在自身，不在别的，因而，一种文化的局外人，对于文化的价值，就不能说三道四、评论好坏了。美国人类学家认定局外人对局内人不该说三道四，但他们不一定也因为考虑这点而接着认定，人类学这个行当毫无价值观和政治性。“文化相对主义”实际还有另一个内涵，那就是通过不同于研究者文化的人文世界的研究，来反观研究者自己的文化，进而以“他者的眼光”来批判自己的文化。

美国派的第三个特点，则是一套研究方法，与英国派一样，叫作“民族志”。与英国派不同的是，美国人类学的民族志采纳的观点是“历史具体主义”的，而非功能主义的个案研究。“历史具体主义”的方法，部分继承了1851—1889年间美国本土的民族学调查方法，部分结合了德国的文化研究方法，它的关键词有“文化特征”“文化丛”“文化区”等。[①] 这些词我们听起来耳熟，那是因为中国考古学时至今日仍没有放弃这些概念。说到这，我有必要指出，与关注社会实际生活情景的英国人类学不同，美国派一出现，就特别关注考古学意义上的物质文化研究，美国之所以有那么多人类学博物馆，跟它的这一物质文化民族志传统有密切关系。要理解“历史具体主义”的方法论，我们不妨了解一点所谓的“民族考古学”。什么是民族考古学？在我大学时代，国内学界曾有概念之争。我的理解比较简单化，在我看来，所谓“民族考古学”，就是那一试图把古代遗物和当代（少数民族）生活中的用物联系起来研究的做法。一派“民族考古学家”认为，今天我们在一些偏远少数民族地区发现的衣食住行及生产中使用器具的方式，可以用来解释地下挖掘出来的用具的古代使用方式。因而，“民族考古学”所做的，就是通过民族志研究来恢复古代社会生活的情景。人类学家亲眼看见的少数民族用具（包括生活、生产用具），自身也有当代地区性分布规律，所谓“文化区”，就是指通过用具的分布探知人文地理学范畴。

美国派最初的追求，是比较谦逊而低调的，在其演变过程中，也有不少学者保持这种谦逊而低调的作风。然而，在两次世界大战之间，这个学派的论著空前流行起来，成为影响大众观念的学术观点。人类学的跨文化“集体人格”比较研究，一时导致洛阳纸贵的现象，到“二战”时，自身已演变成“国民性研究”（national character）。

生于1926年的格尔兹，50年代在哈佛大学受人类学博士教育，60年代成为

---

① 参见威斯勒：《人与文化》，钱岗南、傅志强译，北京：商务印书馆，2004。

知名学者，他是战后美国人类学的一代巨星，他的成长期，正值美国人类学从第二阶段进入第三阶段。20世纪40—60年代，美国人类学出现了若干新变化。首先，美国一些重要大学出现了英式社会人类学家的影子。伦敦经济学院的民族志方法与拉德克利夫－布朗的结构功能论，早已于20世纪30年代渗透进北平（北京），造就了费孝通这一代中国人类学家，更早已被美国人类学界影响（到了40年代，英式社会人类学已大大影响了哈佛大学、芝加哥大学、哥伦比亚大学的人类学研究与教学方式）。此后，曾受到美国人类学熏陶的法国人类学家列维－施特劳斯独创自己的理论，名声大噪，开始影响美国人类学，使美国人类学开始出现法语的腔调，使此前的德语腔调添加了另一种感觉。另外，在这个阶段，美国政府空前地广纳各国人才，将海外精英吸收到美国学界来。在人类学界，这个政策也发挥了重要作用。马林诺夫斯基、拉德克利夫－布朗本人都曾到美国短期讲学，后来更多英国人类学家迁移来美国工作。再者，“二战”前几十年，在犹太人家庭成长起来的青年一代，已成为可造之才。而与此同时，更大量来自欧洲和亚洲的青年才俊涌进美国，为其科学事业输入新鲜血液。随着战争的胜利，美国国际能力空前提高，其“势力范围”空前扩大。美国人类学的田野工作地点，渐渐从本土移到海外。美国人类学本来主要从事印第安人的考古、文化及语言的综合研究，人类学家的调查研究主要是在印第安人中展开的［我们从本尼迪克特（Ruth Benedict，1887—1948）的《文化模式》就可以看出美国人类学这方面的学术遗产最为丰厚］。战后，美国军舰、飞机更多了，对外交通空前发达，为美国人迅速地抵达异地他乡提供良好条件，使他们能在美国的“势力范围”内从事各类活动。人类学也顺应此形势拓展到环太平洋地区的广大地区甚至世界所有大洲。美国人类学的视野空前开阔起来。

格尔兹是这个时代的产物。他的研究方式接近于英国的民族志，而与美国的“历史具体主义”有所不同，他研究的地点是远离美国本土的印度尼西亚，后期还从事其他地区研究，他的思想，综合了欧洲社会哲学、文学与人类学。格尔兹的成果卓著，著作等身，要了解他的全部作品，需要费点心血。不过，若我们只想对他的学术风格有初步把握，我以为阅读他有关巴厘人斗鸡的习俗及有关法律与民族志“地方性知识”的论文，已可获得比较生动的认识。

《深层的游戏：关于巴厘岛斗鸡的记述》，列于其杰作《文化的解释》最后一篇，它是民族志最优秀的作品之一。10年前，我开始筹划《社会与文化丛书》时，将该书列入翻译出版计划。[①]译格尔兹不易，当时译者们耗费了大量精力，最后推出来的文本，仍不可能没有缺憾，不可能“复原”作者的风格。阅读《深层的游戏：关于巴厘岛斗鸡的记述》这篇，我们易于觉察出格尔兹民族志的风范。我以为他的民族志更像埃文思－普里查德的，对于“土著思想”更加重视。他的民族志的这一特点，不能不说受到英国人类学自身革新的启发（他成名之前，英国人类学已从结构－功能论向埃文思－普里查德的“社会解释论”过渡）。不过，格尔兹的思想空间里容纳更多东西；其中，两种东西值得我们重视。其一，他还是试图以德－美的文化论来改造英国的民族志；其二，在他的民族志中，出现了“文学化”的苗头。在研究仪式时，格尔兹与英国社会人类学的一般态度不同。英国人类学家中研究仪式最有名的如特纳，实在已十分不同于他以前的结构－功能论了。不过，在格尔兹看来，他还是在纠缠仪式如何有用于社会的结构化，而他自己的美国人类学，则不一定有这个追求。所谓“深层的游戏”，含有心理学的意味，而格尔兹想用它来说的，无非是，诸如斗鸡这样的仪式，是“浓缩的形式”（condensed form），本身既是社会的结构，又是社会的形态，二者无法分离，我们不能像英国人类学家特纳那样，硬去区分它的结构如何通过仪式的反结构来重新生成自身。对于社会现象产生如此想象，使格尔兹有可能抱持一个新的信念，认定民族志必须接受诠释学的挑战，将自身当成在不同解释体系之间活动的文本。《深层的游戏：关于巴厘岛斗鸡的记述》本身，就构成了一个文本范例。它的描述相比以前的民族志而言，更为零乱。但恰是在相对零乱的情况下，这一文本，具备了某种前后连贯的思想线索，具有了更高的思想启发力。民族志的描述，成为“文学化”的文本，它脱离于僵化的教条，本身成为“意义之网”。

格尔兹的“地方性知识”（即我改译的“当地知识”）概念，已在国内人类学界以外的领域里一石激起千层浪，得到了热烈回应。法学研究者本着刺激中国法学家思想的目的，运用并翻译了《地方性知识》论文集。《地方性知识》（解释人类学续篇）一书中文版出版后，“地方性知识”这个概念更加时髦起来，从法学领域移向政治学领域。国内学者对于格尔兹依据的观察并不了解，不过，大家纷纷想从他的概念存在的问题来提出自己的问题。

国内接受“地方性知识”的方式，存在两点遗憾。其一，人类学行内，对于

---

① 格尔兹：《文化的解释》，纳日碧力戈等译，上海：上海人民出版社，1999。

这个重要概念，实际接触得不够，缺乏理解；其二，在这样的情况下，法学、政治学、社会学反倒对它“别有一番滋味在心头”，将它与这些领域关注的普遍主义与相对主义、世界主义与民族主义、自由主义与“新左派”等问题混合起来研究，延伸出来的论点并非缺乏相关性与启发性，但给我留下“过度诠释”的印象。比如“local knowledge”被翻译成“地方性知识”，接着有不少学者便对“地方”这两个字纠缠不放。实际上“local”既可以指“地方性的”，也可以指广义上的“当地性的”，而它绝对与我们中国观念中的“地方”意思不同。我们说的“地方”，更像“place”“locality”，而非“local”。“Local”可以指包括整个“中国文化”在内的、相对于海外的“当地”，其延伸意义包括了韦伯所说的“理想类型”。遗憾的是，我们中有不少人焦急地将这个概念运用于村庄的政治学研究。我不是说不能这么做，无非是说，如果我们这么做，那么，我们必须考虑到我们的概念改造可能需要考虑的问题。比如说，我们中国人以前脱离不了的“孝道”概念。“孝道”这个概念是村子里来的吗？大家确实能在村子里感受到它，知道它与现在政府所要推行的“法”不同，也知道它不同于历史上的“孝道”（特别是儒家的解释）。于是，围绕着村庄里感受到的“孝道”，人类学家可以思考“大小传统”的关系问题、传统与现代的关系问题、“中国文化”内在的地区差异问题，这些问题，格尔兹的“地方性知识”概念，无法全部将之包罗在内。

格尔兹的解释人类学，与结构人类学一样，持续影响着世界各国的人类学思想。人们在给予它学术定位时，甚至将它与20世纪初至结构人类学时代的所有学派区分开来，认为它是“现代人类学”向“后现代人类学”的过渡阶段。格尔兹的文笔清新，思想活跃，其“浓厚描述”等概念给人深刻印象，他与哲学、宗教学与文艺学的对话，有着拓展人类学视野的功用。拒绝拘泥于英美式的“实证主义”，格尔兹在人类学中恢复了历史－解释学派的元气，宽容更多的学术文本形式。从这个意义上，说他的解释人类学是一个过渡，是有理由的。

在解释人类学之后，美国的人类学出现了政治经济学（历史学的法国年鉴派）和马克思主义，如沃尔夫，即主张用历史唯物主义观点来削弱“文化”这个模棱两可的概念在美国人类学中的支配性。在美国人类学界，理论的“普遍主义”，也有了凌驾于“文化相对主义”情调之上的苗头。受到英国和法国思想的影响，不少美国人类学家将“文化”视作被经济、社会、权力决定的“上层建筑”。然而，我们不能轻易地认为，美国人类学的“文化论”已失去了所有的市场。事实上，70年代以来，坚持“文化独立论”的学者，综合了德国历史－解释学与法国结构人类学的不同因素，与“越战”之后成长起来的极端派人类学家之间长期斗争。于是，过去几十年来的美国人类学界，大多数人的确追逐浅薄的学术时尚，对于“口号话”的学术，给予更多重视，而美国人类学的“上层”，则保留着一贯的“美国作风”，对于“文化”给予一如既往的关注。

四、面对混合的世界

如果我有选择权，那么，我一定会选择以格尔兹那样的现代人类学“修正版”作为自己研究的“初始基础”。那种人类学更自觉地意识到普遍主义科学观的文化界限，且未因此丧失对于人文世界普遍问题的关怀。然而，我却不能因此而使自己完全服膺于格尔兹的人类学“版本”。格尔兹那篇关于人类学认识论的论文，表现出了美国人类学最优秀的一面，其最触动我的方面在于：他将偌大的西方也放在“无数个例中的一个个例，诸多世界中的一个世界”中考察。他继承了美国人类学现代派的思想，综合了德国社会学理论的文化观，认为西方思想只有形成这种根本意义上的文化谦逊心，才能有真正的“宏大”。这一观点，确能起到尊重非西方“小小个例”的作用。不过，格尔兹提出此说的目的，还是在于文化理想型的比较，而要进行这一比较，便首先要通过边界的区分，建立清晰的类型。因而，他崇尚的“文化谦逊心”，与其他研究框架一样，服务于作为研究者的他对于被研究者“世界”的把握。更严重的是，为了理想型的建立，格尔兹需预先割断被研究者的“世界”与其他“世界”之间的关系，而使之成为内在一致的“文化”。

格尔兹的《从土著观点出发：论人类学理解的实质》一文的“慈善”，表达于他将西方基于“selfhood”（自我）观念的人观放在各种“世界”中比较的努力中，而论文的主要内容，比较了接近于西方的爪哇岛人的人观、巴厘人的剧场主义人观、摩洛哥人的关系中心主义人观。

比较不是毫无意义，它显然使人们更清晰认识到文化之间不同的功用。做比较，若说有什么问题，那也不是故意造成的，它们的资料来源于格尔兹在田野生涯中或许是出于偶然才经过的一些地点——爪哇、巴厘、摩洛哥。

然而，在比较中，在跨越不同地点的过程中，格尔兹却不可能不犯错误——为了建立为比较所用的“理想型”，他略去了不同“理想型”之间的历史关系。

在其著作《尼加拉》[①]一书中，格尔兹开篇便触及了巴厘这个小小世界历史与中国、阿拉伯世界、印度有过的文化接触。可格尔兹的学术宗旨不是研究这些接触中产生的关系，不是研究这些关系带来的影响，不是研究地方世界的混合性，因此，在《尼加拉》中，他用一种具有人类学特征的切割法，将巴厘完全悬挂在一个本来有密切来往的地区性体系之外，使之成为一种理想型。在有关人观的那篇名作中，格尔兹更是如此。在该文中，爪哇、巴厘、摩洛哥、西方，在古代和近代相继发生的文化关系，都被切除了，剩下的只是几种有助于格尔兹比较西方人类学的"重头戏"——人观研究——的素材。

我没有研究格尔兹去的那些地区，可能仅有资格表明，对于这些地区进行跨文化研究，格尔兹抛弃了美国人类学曾拥有过的相对复杂的文化史研究法，在方法上转向英式社会人类学的深度民族志。为了制作民族志，他使自己对于不同文化或不同社会之间频繁接触的历史视而不见，致力于清除文化内部的混杂因素、切断其与外部因素之间关系的工作。但凭着我对"小小世界"研究的经验，我怀疑，格尔兹在做这项贡献巨大的工作时，着力点恰在于清除"乱相"，建立干净的类型，这可能使他丧失了对于人文世界中混融的内涵之关注。

如何理解我的这个批评？请允许我引用一些自己的田野所得予以说明。

在我开始东南汉人社区的人类学调查之前，不少海外人类学家已来过此地。他们来这个地区，寻找的只有一种东西，就是诸如宗族和"民间宗教"之类的中国本土社会模式和信仰。假如他们看到的是非本土的，就立即被舍弃，因为他们考虑到，那些东西不"代表"中国。尽管来自西方的人类学家不全采纳格尔兹的观点——他们相互之间区分为不同的流派，但对于干净的类型之追求，却是他们的共同点。[②]我1991年开始在福建溪村调查，就搜集了不少材料，在这种学术规则的引领和约束下，也做过类似的工作。不过，回想起来，要形容我实地观察到的事物，"乱"这个字却可能是最妥当的。

说得明白点，溪村人多数姓陈，他们形成一个人类学家所说的"宗族村"，说他们是"中国儒家文化"的代表，未必算得上太过分。然而，也就是这群多数同姓的人，历史上有过激烈的内在矛盾不说，在象征与仪式上也表现出极其"混乱"的状态。这个村庄若有它的"文化"，那么这个"文化"一定是如巴斯

① 格尔兹：《尼加拉——19世纪巴厘剧场国家》，赵丙祥译，上海：上海人民出版社，1999。

② 王铭铭：《社会人类学与中国研究》。

所说的，在当地的不断再创造中。[①] 它与邻近村庄的差异，表明我们不能将这个村庄简单当作一个“大文化”的缩影。而在村庄内部进行细致调查，我们能从当地象征与仪式的“组织”中发现，起作用的不是显眼的表现形态，而是具有相当隐秘性的人物及与他们相关的文化创造、表达与传递过程。借用巴斯的话，我们可以将溪村的“文化”理解为“一套人们赖以理解与应对他们自己及他们所处之地的观念”[②]。这个人文世界，所涉范围大大超过了“当地”，自身是一个世界。而与巴斯提供的新几内亚个案不同的是，“当地”人文世界的宏大，除了表现为村庄内部文化创造与再创造方面的动态过程，还表现为其宗教的“混杂性”。

溪村大约有四种“宗教”。它的社会组织和人际关系的方式可以说是以儒家学说来建构的。关于儒家的学说如何影响了乡村的生活，我们太缺乏研究。我大致认为，自宋儒提出“礼下庶人”之说后，士大夫思想对农村的影响就特别大了。也就是在这种一千年前才开始的“礼的庶民化”或“庶民的礼仪化”过程中，东南地区出现了大量宗族村。溪村是明初基于一个小小的军户渐渐扩大而成的，这个宗族的扩张过程，有分有合，分房、建立统一的祠堂，时间上基本一致，表现出了古代宗法制度的某种“封建逻辑”。然而，溪村的社会生活中，除了这种儒家式的“封建”，广受重视的还有村庙庆典。这种庆典，以前被海外人类学家定义为“地方认同”（local identity）的表现，我则认为它是当地公共生活的焦聚点。作为当地公共生活的焦聚点的村庙节庆，把握者是当地人，仪式程序的安排者却是由村民共同出资聘任的道士。为溪村服务的道士，来自溪流对岸的另一个村，他们的活动半径远比村庄广，涉及几个乡镇。道士是家传的，擅长的是道教科仪仪式，是职业的、专替村民处理村庄仪式的专家。在村庙与道士之间形成一种内外关系，村庙是村民全体共有的，属于“内”，庙的仪式则是外来的道士负责安排的，村庙的神圣空间为村外的道教科仪仪式所笼罩。在溪村，还存在第三种宗教，这就是佛教。溪村所在的地区，佛教不是纯正的，一些地区性的神庙组织，渐渐佛教化，如城隍庙、祖师庙，都有和尚。这些和尚与乡村的祠堂和家户有着密切关系，他们能为祠堂和家户表演亡灵的超度仪式。在溪村，只要跟人的死亡有关的事，都会被归为佛教事务。如果说死亡是人

---

① Frederik Barth, *Cosmologies in the Making: A Generative Approach to Cultural Variation in Inner New Guinea*, Cambridge: Cambridge University Press, 1987.

② Ibid., p.87.

最终“成圣”的唯一途径，那么，将之交给从印度传来的佛教“管理”，是必要的前提。农民成“圣人”（我说的圣人是广义的），其基本层次，是成为后人的祖宗，要成为祖宗，还是先得过佛教仪式这一关，没有经过和尚超度，亡灵的危险不能免除，只有当亡灵去“西方极乐世界”一趟，回来才会成为祖灵。另外，祠堂重建，也要为没有超度过的所有家族亡灵集体超度。这仪式，也由和尚做。有个老头相信某年命不好了，也叫和尚给自己做“活超度”。佛教的超度仪式，被认为有克服道教推崇的“命”观念的作用。此外，溪村还有第四种宗教，这就是基督教。这种宗教在闽南山区的传播，有相当长的历史了。从这个地区存留下来的教堂来看，民国期间，基督教在这个地区有相当广大的信众。过去20多年来，这个宗教也重新活跃起来，不少教堂得以重建。溪村人中，只有一家基督教徒，是村支书的母亲，她本来就是信基督教的，嫁到了这个村子里来。基督教在村里很没地位，被认定为“不端正的信仰”，但还是存在的。

上面所说的宗教，被我形容成“外来的”。在当地，“外来的”道教与佛教实际也是在必要时才被动用。我们似乎可以认为，这些“外来的”行为程式，代表一些过去人类学家形容的“文化类型”。在这些“文化类型”呈向外环形辐射的文化地理体系中，溪村是边缘，那些类型有各自的“中心”，都在村子之外。[①] 不过，这一内外关系的形成，恐非出于“中心”的压力，由内而外的“向心力”，也显然存在。不过，村子有进香仪式，假使这种仪式可以被形容为“朝圣”，那么，这种“朝圣”便可以说融合众多对村庄的宗族而言“异己”的成分。村子集体朝圣的四个目的地（庙宇），有三个被认为是佛教的，包括了清水岩祖师庙（安溪蓬莱，奉祀清水祖师）、东岳寺（安溪县城，奉祀地藏王）、真觉寺（邻近村庄，奉祀观音菩萨）、石壶寺（德化石牛山，奉祀法主公）。这些寺庙本来奉祀的神灵，三个是本土的，后来佛教化了，一个是地区性道教的。

像我上面叙述的溪村，就很像整个“世界”，其文化特征，富有高度的开放性和综合性，其形成，如同格尔兹在《尼加拉》绪论中铺陈的那样，源自各地的文化向“当地”的流入。在这个村子的人文世界中，村民的“土著性”通过日常生活表现得淋漓尽致，他们在一个大变动的国家中的无力感，给人深刻印象，他们对于外面世界的敌意，更时常表露出来，他们的“性格”，甚至颇接近于19世纪传教士乡村研究者笔下的“可怜的中国人”。然而，在当地的公共生活中，

① 威斯勒：《人与文化》，102—117页。

也就是这同一群人，其文化胸怀之博大程度，远非是我们这些惯于社会科学的类型化工作的人所能想象到的。

许多研究中国的人类学家，秉持民族志传统，将村庄视作一个方法单位，对之作时空隔离，欲求以之为单位，“解剖麻雀”，达到通过小地方认识整体社会的目的。过去半个多世纪以来，对中国市场与所谓“民间宗教”的研究，已充分表明这种切断村庄实际存在的内外关系的做法，遮蔽了中国社会的复杂内涵。然而，村庄依旧给中国人类学家许多幻想，使人以为它能“影射”整个中国。“影射”固然有其理由，但研究者若不能看到村庄在与外界的长期互动中成为一个复合体，那么，“影射”就是空洞的，其实质为：将村庄当作一个孤立却代表一切的类别。

人类学到底应研究他们的日常生活体现出来的“集体性格”和人的观念，还是应研究他们与外面的人文世界的联系？“两者都要做！”这是人类学前辈们告诉我们的。可为什么人类学家一旦到了这样的“小小的世界”中，就非得抓住“当地特色”不放？我以为，原因在于我们已习惯于像格尔兹那样，寻找干净的类型。为了揭示这种干净的类型研究法的错误，我写过《溪村家族》[①]一书，侧重指出这个村庄在近代化的进程中，祠堂、村庙这些空间，如何需与新建的学校、村行政楼并存、混合。而同时我感到有必要将这样的村庄，与更长远的历史结合研究。比如，对这个村庄的宗族制度之由来如何理解？它的道教的区域性如何？它的佛教与中外交通史之间的关系如何？基督教的“中国史”如何？

人类学界并非不存在注重文化之间关系研究的人。我上面这些思考，并非独创，而是受到了萨林斯的启发。30多年来，萨林斯致力于赋予结构的理论文化的动态，赋予文化的动态结构的解释。[②]他认为，将历史视作文化，也就是在将文化视作历史。为了促成一种人类学的新综合，萨林斯将结构人类学的内外、上下之分放在历史过程中考察。他选择文化接触事件作为反映历史过程的“结构性事件”，着力于展现对于内外、上下关系有不同制度性定义的文化之间产生的相互关系。他的研究，主要是针对西方资本主义文化与“土著文化”之间的近代关

---

① 王铭铭：《溪村家族——社区史、仪式与地方政治》，贵阳：贵州人民出版社，2004。

② 萨林斯历史人类学的主要论著有：Marshall Sahlins, *Historical Metaphors and Mythical Realities: Structure of the Early History of the Sandwich Islands Kingdom*, University of Michigan Press, An Arbor,1981; *Islands of History*, Chicago: University of Chicago Press, 1985; *How "Natives" Think: About Captain Cook*, Chicago: University of Chicago Press,1995; *Culture in Practice*, New York: Zone Books, 2000.

系，但他从中得出的解释，也有助于我们理解其他时段。萨林斯继承了从葛兰言到列维–施特劳斯结构人类学的“关系”和“结盟”（alliance）理论，由此告诫我们，人类学研究的使命，不在于求取地理空间意义上的“与世隔绝”的单位（如村庄），而在于追问流行于不同的地理单位中的宇宙观在相互碰撞的过程中如何保持自身的“不同”。从深层看，萨林斯与格尔兹的认识姿态是一致的——他们都主张，人类学家应当将自身的世界当作众多世界中的一个，而不应以自身的世界观来解释世界所有民族的世界观。将萨林斯诠释的“结构”，与格尔兹的“理想型”相比较，我们也能发现，二者之间也有相同点——二者都主张，文化的意义在于其自身。不过，萨林斯不同于格尔兹的一点是，他的“结构”，指的是一个文化对于整个世界的看法，其中主要包含这个文化定义的世界万物（包括人文世界）的内外、上下关系；而格尔兹的“类型”，虽则也有这些因素，却不强调所有类型的文化都是对于世界万物的看法，将注意力集中于考察“人的世界”，格尔兹局限于从“社会的内部”发现问题。相比而言，萨林斯所做的研究，则使人类学有可能形成一种关照等级的内外合一的研究法。

若要深入理解萨林斯与格尔兹的观念差异，最好的办法是比较前者大量关于王者来自社会之外的看法，与后者在《尼加拉》一书中描绘的发自社会之内的王的模式。二者之间的差异恰在于：萨林斯认为，文化是内外、上下合一的，而非内在一致的，在文化的观念体系与制度安排中，外在于社会的力量，被定义为“高等”的；格尔兹的理论则缺乏这一对文化复杂性的思考。

假使可以将萨林斯的思想形容成“他者为上”的文化论，则这一理论对于我们理解从溪村引申出来的问题，是有帮助的。尽管溪村人也有自我中心主义的看法，但其仪式的观念和制度，展现出社会空间的“内小外大”逻辑。地方化的宗族，不过是历史上更大空间范围的宗族模式的地方实践；此外的道士、和尚、基督徒代表的世界，虽则可能被“内部人”贬低，但也被承认代表力量更大的文明体系。古今对于这个村庄实施间接或直接统治的政权，都未曾“内发”于溪村，却自外而内，在该地占据显要位置。说溪村人“抗拒”这些外来力量是不够的，因为，仔细观察他们的仪式会发现，在当地的仪式制度中有一项规定，即在大型祭祀活动中扮演带头角色的人，必须是退休或现任干部。人的分类的上下关系，与地理单位的大小关系，相互结合。如果说，外即是他者，那么，在溪村，也存在“他者为上”的世界观。那里的进香，就是这种世界观的表现。进香将这个村子“往上粘”。为什么要进香？那是因为村子里的神灵若没有定期到大寺庙里“做客”，就会渐渐失去“灵验”。而“灵验”一词在当地被翻译成“圣”，意思大抵是说，“凡圣者，都有灵验”。这种赋予巫术之力以道德之力的看法，使我们看到，在所谓“中国民间文化”中，异己成分一直占有显要位子。

溪村在宗教和文化上的复合性特征，不是一个孤立现象，而与这个村子所处的东南沿海区域息息相关。这个区域自三国至唐，迎来大量南来移民，唐宋之间经海洋与“诸番”形成密切的商业与宗教关系，经陆路与王朝内部其他地区密切交往，到元、明、清，不同朝代对其海洋关系有不同的政策，但向来未曾彻底终结过这一关系。如果说溪村构成什么“缩影”，能“影射”什么，那么，这首先是东南沿海区域长期的内外、上下关系。而在东南沿海区域的关系体系，又可谓是中国这个“天下”的“缩影”。

可以从上面所说延伸出一种对于地方“内部世界”所含有的“内外混杂”现象的认识，及这种“内外混杂”现象在人文地理上的反映。至少在中国，这种认识方式可以在大小不同的空间范围内运用。比如，研究以城市为中心的区域，不能不关注以“围城”为分界的“内部世界”与“外部世界”；即使我们只关注城市的“内部世界”，也不能不看到，内外因素的“混合”，恰是城市的特征。又如，研究所谓“民族”，也不能不看到被识别为“民族”的人群之认同，正是在内外的互动关系中生成的。再如，研究中国的历史人类学，应关注从长城到卫所这些分界线内外的关系，及“中国内部”长期存在着的“夷夏文化综合体”。

格尔兹《从土著观点出发》一文，依据的素材，乃为不同文化中关于“己”的不同看法。其实，世界上不同文化，还各自有关于“他 / 它”的不同看法，并且，应指出，“己”与“他 / 它”各自的意义，必定是在相互关系中产生的。将眼光局限于“己”，格尔兹造就了作为内在一致的群体的“土著”，再将这些“土著”的小小人群当作与偌大的“西方文化”对等的理想型，这确实太尊重“土著”了！不过，也是在太尊重“土著”的理想型世界意义之同时，格尔兹将各“土著”人群的世界想象贬低为“当地知识”，而未能看到，再小的地方中人们的经验与心态，都远远超出“当地”这个范围。

萨林斯于 1988 年发表“Cosmologies of Capitalism”[①]（《资本主义宇宙观》）这篇文章，为我们呈现了如何看待“土著”与西方接触过程中的自我和他者关

① Marshall Sahlins, “Cosmologies of Capitalism: The Trans-pacific Sector of the ‘World System’”, in *Proceedings of the British Academy LXXIV*, 1988, pp.1–51.

系。文中，萨林斯隐晦地声称，当力量弱小的民族接触到西方文化时，会把这个外来的他者当成自己的神来看待，当力量本来远远超过西方的文化接触到西方文化时，则更多地会把外来的他者当成和魔鬼同类的东西。无论怎么说，要认识人类学的历史研究，先要认识历史中对于“土著”而言的内外关系及“土著”对于内外关系的看法。他集中探讨的事例，主要关于夏威夷土著人，这些人群中，存在一种将陌生人当作王者的观点。这种观点，在古代中国，也是存在的。我们的世界观中，从西王母到佛陀，再到马克思，不都有“陌生人－王”的影子吗？即使是我们考察另一类的他者——魔鬼，也应看到，把陌生人当魔鬼，可能出自一个特殊年代的一种矛盾心态。一方面，中国国家大，做它的皇帝甚为恐怖，另一方面，自我尊大也时常会落入“黔驴技穷”的地步，于是诉诸种种排外的灵魂分类学，将人类分为神、鬼、祖先。过去海外中国史学中，常存在一种简单的看法，比如，有人可能将天主教的传入当作中国之他者出现的“创世纪”。持这些简单看法的海外汉学家未能看到，非中国因素，向来是中国的“自我形象”的一部分。人类学界，向来有将中国人的信仰世界划分为神、鬼、祖先三类的做法，同行之间围绕这个分类，产生分歧，如有的认为，这三类“农民信仰”的广泛存在，表明中国有一个统一的文化，又如有的认为，无论是神，还是鬼或祖先，都在从不同的角度定义不同的地方，所以可以说，中国文化是由不同的地方构成的文化差异体。[①] 鬼和神从外部，祖先从内部，对于中国人的社会世界进行了双重定义，这本来已表明，内外合一的研究法，是中国研究必须采纳的。可汉学人类学家却因此进行无谓的争辩。由于没有特别关注内外合一的研究法，汉学人类学家也时常忘记“鬼”这个概念，既有上古时期的根源，又有与外来的佛教的密切关系。这个代指外在灵魂的字，如何在历史中渐渐与佛教的地狱世界联系起来？又如何在建立联系之后重新传入汉人社会中？要解决这个问题，了解内外关系的历史，是必需的。

人类学家在过去被人类学家定义为“土著”的民族中必定能发现，众多的他者观念广泛存在。过去数十年来，人类学家自以为只有人类学才有他者观念，其实不然，被研究者也具有这种观念。比如，在中国历史上，除了存在儒家式的自我定义，道学、玄学则更重视作为人、物、神混杂体的他者。到了汉唐时期，在

① 王铭铭：《社会人类学与中国研究》，149—185 页。

中国已出现以佛国为真正理想的道德王国的思想，这种思想到玄奘时代，还明显存在。不应否认，帝制时代的中国之异域认识，包含着许多与近代西方的异域认识一样的德性问题。比如，古代中国人在将印度浪漫化为“西方极乐世界”时，可能已把“印度”跟“月”之间的关系拉得太近，最终将印度当作无白天黑夜之分的死亡之城。死亡之城也就是神圣之城，所谓“西方极乐世界”也就是这个意思。不过，在对印度做这样的认识和想象时，我们的祖先是否忘记了印度也是一个活生生的国度？玄奘之类的人物之建树，包含了将印度“浪漫化”的因素，也包含了将活生生的印度带到中国来的因素。玄奘所著《大唐西域记》[1]有不少民族志信息，其翔实程度，可与《努尔人》等现代人类学经典比肩。关于印度，他说到当地的观念、生态时间和社会时间，它的度量衡与中国的有什么不同，它的季节是什么样的，人们之间怎么称谓，他们穿什么服装，吃什么东西，文字是什么样的。特别是在论述印度教育时，他指出他们的教育很完备，到三十岁才成才。关于“种姓”，玄奘也给予精确的论述，其定义，与人类学界一千多年后的论述一样准确。他还描绘了印度的洁净观、刑法、“孝道”、物产等。玄奘的《大唐西域记》之所以有对印度活生生世界的细致描述，恐怕是因为此书是玄奘应唐太宗之要求而写。当年他西游印度，没有获得国家许可，回城中，唐太宗要他干什么，他只能乖乖地干了。可以想见，对玄奘而言，书写的最好宗旨是成就慈善，而与其让唐太宗这样一个征服者对世界全然无知，还不如让他有所了解。他接受了太宗的命令，把他所经历之地的地理、文化、物产加以描绘。这一点是否证明玄奘是“中华帝国主义”下的“人类学叙事”？兴许有这一因素。唐玄奘这本书里面最精到的，可能就是他的描述与今日美国电子战术中的GPS相近的东西。《大唐西域记》有一大半信息如同GPS的定位，对所游历之国的地理、风物、宗教、人情的描述，深入细致。

对于玄奘的论述之德性进行再诠释，不是这里的要点；我拟借助于此指出，中国之佛教，融汇了异域与本土的他者世界，其特质一方面是佛教的“非当地性”，另一方面却又是这种“非当地性的当地化”（佛教不能不算是中国文化的一部分）。既然这样，那么，注重“土著观点”的人类学家如何处理这类“土著化的非土著知识”？

① 季羡林:《玄奘与〈大唐西域记〉》，见其《大唐西域记校注》，上卷，1—138页，北京：中华书局，1985。

五、历史与思想

为什么人类学家要在他们的“研究对象”面前表现得如此“儒雅”？作为“文化科学家”的马林诺夫斯基提供了一种解释：温、良、恭、俭、让不过是作为科学家的民族志作者（或人类学家）为了“科学认识”的目的而暂时采取的策略。看到马林诺夫斯基的伪善，格尔兹试图直接切入“为人之道”这个主题。比较西方及三种非西方的人观，格尔兹为我们指出，以“自我”为中心，将“自我”与外在于“自我”的“他人”作截然二分的人观，只是众多类型的人观中的一类；在不少文化中，有将自我与他人理解为剧场式的演员与观众的看法，也有将人与他人之间的关系看作人的本质的看法。格尔兹指出这个文化差异，为的是表明，近代西方的“个体主义”，不能解释人类所有生活的可能性。

马林诺夫斯基与格尔兹各自缔造了自己的人类学类型，学习人类学，对于这些类型的由来、特征、问题、去向，都应做更深入的把握。在不同的认识姿态和方法类型面前，人类学的学习者不可以轻言“取舍”。而我们最不应舍弃的，是解释人类学关于“土著观点”的主张。我们不应认为，格尔兹提出的比较方法毫无意义。然而，我们是否必须如他那样，为了避免普遍主义的错误，而卸去了自己对于其所做的解释承担着的责任？格尔兹在“相对化”西方时没有忘记一个事实，即，无论是“个体主义”，还是“剧场主义”或“关系主义”，都是对人与他人之间关系的“当地解释”（这类解释可谓是中国人所说的“为人之道”）。不过，在免除了自己的道德责任时，格尔兹却似乎没有能够“浓描”一个重要的事实：以割裂自我与他者的本体论为出发点，进入多元的人文世界，表面上是在对自身文明加以相对化，实质上还是以西方为出发点。无疑，在任何文明体系中书写，都应现实地面对这个文明体系中的“读者”习惯的概念，人类学家所能做的，不过是借助他者的“常识”来稍稍“相对化”这些“常识”；因而，我们不能对格尔兹提出过高的道德要求。然而，这一“体察”，却不构成我们彻底免去对格尔兹的高论所做的质疑。尽管格尔兹采取的认识姿态已成就了他对西式的“自我观”与非西式的“人观”的比较，但却没有将他推向另一个层次：“为人之道”，即世界想象（宇宙观）、道德及本体论的综合型（这三类话语、叙事及展现之区分，为的是更高地把握它们在“当地”的综合）。我一直认为，这三类东西的综合，为不同的“当地”造就了各自的道德世界（这个意义上的道德世界，固然不是一元的）。我以为，人类学研究，不单是去追寻不同于自己且相互不同的文化模式，而是寻找不同的模式的当地综合方式。进行现实的人类学研究，基于差异与区分而确立的理想型概念，显然是不充分的；人类学研究者尚需对“三位一体”的文化基础加以宇宙观的结构分析及社会观的道德分析，并在方法论上形成一种基于“当地的广泛综合”。

田野（包括文献研究在内的田野）中的人类学家，不是不可能超越“当地性”的。如萨林斯那样，在“当地性”（“土著宇宙论”）中寻找“当地”与“非当地”的历史结合点，是在保留“当地”中超越“当地”的一种可能。萨林斯致力于完善那套方法，激励我们探知当地世界思想中“他者为上”的观念，这对于我们避免人类学家为了自身认识需要而对非西方世界进行的类型分割，有不可多得的价值。他的作品表明，要实现真正的认识论世界主义，承认“当地性”的“世界性”，是最为重要的。

然而，人类学家何以实现格尔兹所表露的“重新教给我们已经被排斥了的、逃亡了的真理”这个理想？格尔兹的解释人类学，局限于将任何“文化”当作内在一致的整体，在政治伦理学上，这种整齐划一的论调，最终只能推使诠释派崇尚方法论的“平民主义”，从而回避了知识和能力的等级性问题。要实现他的理想，对于他指引的通向这个理想的道路，需要重新思考。

在这方面，巴斯所做的工作，需要引起更多的关注。如巴斯所言，现代人类学认识论存在两个核心问题：其一，为了获得资料，人类学家到底该与被研究的“当地社会”形成何种关系？进行多大程度的参与和互动？其二，现实上，人类学这种知识的内部，是以切近“真相”的程度划分等级的，那么，这种知识的等级与被研究的社会中另外一种知识的等级如何贯通？巴斯认为，研究者的知识与被研究者的知识之间在逻辑上是相通的。人类学家不能为了自身认识的需要，而忘记一个事实：在广大的被西方人类学家研究的非西方，也存在着“试图把握真实世界”的思考者[①]，这些思考者与他们继承和创造的知识之间的关系，无论在逻辑上，还是在实践上，都如同人类学家与人类学之间的关系。要贴近这一关系，人类学家有待在认识姿态上有所改变：

> 人类学家的强项，是借助来自我们研究的其他文化传统的观念，对我们自己的类别进行超越——然而，在做此工作的过程中，我们接着却常倾向于通过抽象化，将这些观念融合到我们既已确立的人类学中。通过赋予其他文化中观

① Barth, *Cosmologies in the Making*, pp.87–88.

念深嵌于其中的实践场合的一体性，我们可以拓宽视野。①

所谓“实践场合的一体性”是什么？巴斯提供的思路，与利奇在其《上缅甸诸政治体制》一书中提供的，有相通之处——二者都重视一个包含不同类型或“亚传统”（巴斯的定义）的区域内部行动者的选择如何影响文化差异的形成。如果说利奇更重视平权、等级、国家形态在一个广大地区的并存、相互替代及“当地权威”的选择，那么，也就可以说巴斯更重视“当地思考者”的作用，更侧重于为我们呈现平行存在的传统宇宙观创造的过程。在巴斯看来，所谓“实践场合的一体性”，就是在一个区域中，不同的“当地思考者”与他们创造的不同观念之间的互动关系体。巴斯在贯通人类学家与人类学、被研究者与他们的“传统”方面所做的努力，将人类学推向了一个新的高度。而如果巴斯定义的“实践场合的一体性”存在，那么，它必定无异于前文所述的“当地的广泛综合”——当地实践－思考者在一个相互关联的区域体系中综摄他们的世界内外的不同“文化”，从而造就一种“具有当地性”的“亚传统”。

从事民族志研究的人类学者，面对着这种“当地的广泛综合”的挑战。利奇与巴斯分别提出的研究区域内部权威人物的历史创造力、区域内部当地思考者在“亚传统”缔造中的作用等观点，都值得我们进行更多的运用与检验，它们对于我们从经验上把握“当地性”的内在差异与动态，至为关键。

固然，这并不意味着我们应停留于这些观点提供的线索上。利奇在先，巴斯在后，致力于为现代人类学的结构方法增添人物个体的能动性因素。二者的努力，成效卓著。但他们“矫枉过正”，在强调个体的能动性时，未能解释一个重要现象：人物再大，也有感到“不得已”的时候。怎样认识这种“不得已”的感觉？人能创造，但必定是在一个限定条件下创造。人确有选择与创造观念形态与传统的能力，但他们不能无端地选择与创造，而只能在历史存在的或现成的资源中选择或综合。这些历史存在的或现成的所谓“资源”，通常构成一个覆盖着“当地”的更大混合型观念体系。这一观念体系是一种社会性的约束，或者说，是一种世界观和人观综合而成的“道德世界”，它的存在，制约着行动者的选择与思考，自身通常转化为一种“命运”的无奈感。那么，人如何通过当地的“命运”观念，接纳天地人神等各种非人势力的影响？它们如何在共同参与当地的历史叙事中，参与造就一个道德话语？人如何运用各种历史资源，定义主体的福利

① Barth, *Cosmologies in the Making*, p.86.

与痛苦？这些问题是人类学研究必须关注的。

形形色色的算命术有丰富的宇宙观内涵，这种宇宙观建立于对宇宙的时间性与个体的时间性之间关系的价值判断上。比如，就中国而论，所谓“吉凶”，就是指人在某个时刻遭遇宇宙间物物关系之特性的影响，而须对自身的行动加以掌控，避免“得罪”天。这种将人置身于一个宇宙的物物关系状态之中的观点，需要得到人类学家的更多关注。固然，“命”的观念，不是脱离历史叙事与道德话语而单独存在的。[①] 在我研究的闽台汉人地区，典范的例子是签诗这种文类。人到庙里去抽签，抽出一个号码，去专职“诠释者”那里换成一张写有诗句的纸条，诗句的内容多为历史故事，历史故事里的人物在历史中发生某种事件，这个事件被解释为对于人把握自己的运气有启迪的“符号策略”。签诗里的历史叙事，也在剧场里被不断重演。演戏，使历史叙事隐藏的意义得到普及，使人更清晰地看到戏如何可以梦人生，也使历史叙事隐含的意义与人的道德判断更紧密地联系起来，成为人“该做什么，不该做什么”的“教科书”。这就触及了主体论。所谓“主体论”，就是指人如何定义自身。格尔兹等人类学家用人观来替代主体论，主要是为了表明个体的社会性。这种社会的观点一定不充分，因而，社会的定义，若无法与个体的福利紧密相关，其传承，必定很困难。

把世界想象、历史叙事中的德性及本体论相结合的“当地的广泛综合”当作人类学研究的焦点，与我自己研究的“当地”有一定关系。这一对欧美现代人类学“他者”概念的坚持，与对于中国古代异域志的领悟相一致。我认为，人类学家要如格尔兹所说的那样，“在他人当中看我们自己，特别是把我们自己的生活方式当成和其他人的生活方式在一块的当中一种而已来看待是比前面说的困难，把我们的文化当成无数个例中的一个个例，诸多世界中的一个世界”。我同时也认为，为了造就人类学的真正“思想的宏大”，“避免一种自我吹嘘，或者是一种虚假的宽容”，格尔兹从“自我”观念引申出来的研究是不充分的。“自我吹嘘”与“虚假的宽容”，都源于“自我的关注”。而无论是中国的“田野”，还是其他地方的田野，都告诉我们，人无法不生活于一个自我与他者的密切关系中——尽管不同文化对于自我与他者有不同的定义。从西方的“自我”迈向一种更普遍的“人观”，格尔兹也是在贴近自我与他者的密切关系。遗憾的是，局限于不同文化中的自我观念之探索，他未能更深刻地启发我们如何解释只有与他者

① 王铭铭:《命与历史》，载《读书》，2007（5）。

不相割裂的人观才是具有普遍解释力的。小到个体的被研究者，大到国家，这一关系都是基本的，它的构成和表达方式不同，固然是重要课题，但这一关系的“基本性”，更加重要。任何群体，任何人，都关注人与非人力量之间的关系，人与过去的人之间的关系，人自身福利的问题，而这三方面，在生活中是相互交叉混合的，分类，不过是为了研究之便而进行的。比如，人自身福利的问题这条，就时常与人与非人力量之间的关系难以区分，而人与过去的人之间的关系，就更难以脱离世界想象与本体论的干系了。只有获得这种认识，人类学的真正的“思想的宏大”，才可能实现。

第十八章

我所了解的历史人类学

只有在他们研究的“当地知识”中的世界想象、历史叙事、德性论及本体论的“广泛综合”中，人类学家才能看到，存在一种能将“当地人”与其种种“他者”（others）关联起来的人类学解释。此类“他者”，包括了天地人神，也包括人自身（死去的人与活着的人）。所谓“当地”的“他者”之存在，使任何作为地方的“当地”，都具备一个宏大的“自我与他者相联系的世界”。在一定意义上，我们以“内”与“外”来区分当地意义上的“自我”与“他者”，无非是为了更好地理解这个混合的世界。

如何面对内外混一的经验世界？将经验当作虚设，如同将它当作纯粹的真相，都不是一种进入这个世界的好办法。而从“当地知识”到“世界思想”这一转变，则将我们引向主观世界与客观世界的汇合处。经验的领悟，既使经验面对思想，又使思想面对经验。在被研究者中，经验的领悟，使过去与现在得以融合，成其“文化”——如同在研究者中，经验的领悟，使学术的历史与现状得以融合，成为“学术文化”。

人类学要迎接经验研究带来的启迪，将观念、心态、经验、过程等放在历史中思索。我将这种做法称为“历史人类学”。

一、无历史的人类学

什么是历史人类学？有不少方面要解释。

这些年，谈历史人类学的人有不少了，将之视作一项宏伟事业的有之，挂羊头卖狗肉的有之，人云亦云者亦有之。历史学家谈历史人类学，是为了在史学里增添新视野，丰富其自身的内涵。作为主要关注当下的社会科学研究者，特别是作为人类学研究者，我们为什么要谈“历史”？对我个人而言，“历史人类学”这几个字，有不少背景需解释。让我从自己的体会入手，加以阐述。

我曾在厦门大学读人类学系的考古学本科，接着读民族史硕士，硕士期间，师从以东南民族研究为专长的老师们，他们是老一辈民族学家的传人，参加过少数民族社会历史调查。厦大给我不少学科上的熏陶，使我渐渐形成对中国人类学的认同。后来，我偶然得到了一个机会，去英国读人类学，拿的是“中英友好”奖学金（那实际上属于“庚子赔款”的新名词）。在英国读书，上了很多人类学的课，经过课程学习之后，进入研究阶段，开始论文研究。英国人类学的理论色彩蛮重，受其影响，我形成某种学术野心，考虑到要颠覆人类学的自我与他者关系，我想要研究非洲或印度的中国人。找老师谈，老师嗤之以鼻。他说，作为一个中国人去非洲或印度，你听不懂那里的话，而作为中国学生，你也得不到那么多钱去做语言培训和调查，“英国的大学能做的，就是让你回中国去收集一些材料，然后回来这边写论文”。“我们对你们中国更感兴趣，而且相信你能做好。”

我只好开始了自己人类学的中国研究。

心中是有不平：我试图以一个中国人的身份进入海外民族志研究，但在学术的“国际局势”压力下，沦为西方汉学的传人。我进入了汉学人类学的研究。

要做研究，须有程序。我经历的第一个程序，就是搜集有关中国的文献。我到图书馆借了施坚雅所编的一套中国研究的论著目录，内容丰富得可怕。幸亏我关注要点只是仪式，即使如此，我发现书里列出了一大堆文献。从头抄了下来，顺着线索，我开始读书。经过一年左右的时间，形成了一个研究报告。报告里说，我要以一个地点为案例，来展现当代中国的时间、空间和仪式之间的关系。时间和空间指的是社会时间和社会空间，仪式这个词的意思也很明白，就是我们说的“礼仪”。当代中国存在着好几套仪式，除了国家安排的节庆，在不同地区的民间，也存在着种种仪式。怎样从时间和空间的角度来看待仪式呢？当时我写了一个开题报告，认为首先要研究仪式时间上的节奏，也要考察仪式的时间体系与社会空间构成的密切。仪式构成社会时间上的一些点，这些点既是社会的“节奏”，又是社会空间的最集中的表现。那么，仪式熔铸了什么呢？熔铸了从国家到地方、从国族到家庭，种种社会力量与空间对时间的定义。人们通过节庆划定出集体生活的领域。单位空间、媒体空间、民间的地方文化管理部门创造的文化空间及作为个人生活在家庭和邻里当中的空间，都存在时间性，构成人类学家所说的不同“年度周期”。

在老师们的帮助下，我的研究报告幸运地得到批准，伦敦中心基金会给了资助，我开始了田野工作。

1989—1991 年初，我在家乡泉州展开了围绕上述主题的调查，后来，回到英国，开始写作。

我在人类学老师的指导下学习，但不知什么原因，我的论文第一稿很像是历史学的书，跟人类学关系不大。写了将近 40 万字的稿子，送给老师看，被退了回来，老师要求我重写。导师预期我做的是小规模的村庄研究，特别是小型社区的横向的研究。按说，初回国时，我本也选择一个小镇，由于那里有个地方文史工作者不断缠着我，硬要我研究佛教寺院，而我对这个题目又没兴趣，于是我转到了大城市。我的民族志田野工作是在泉州城里做的，那里历史资料丰富，基于这些资料，我们能写出不少地方志类的书。老师说，这样做不行，因为人类学不是做这个的，人类学要做的是微型社会学的个案研究，也就是村庄民族志。

老师的话没使我服气。即使我博士后期间所研究的村庄，有书面记载的历史大约也早在明初就开始了；人类学研究者进入田野地点，描述它的生产、生活方式，都主要关注当下日常生活的横切面，对它的历史做出的反应，极其微弱。可在我上学的那个阶段里，这种忽视历史的“方法”，还被当成是“规范”。

不服气没用，决定权在老师手里，而老师也是为我好的，认定我那样的历史之作，实在不能成为人类学的博士论文。我最终将博士论文修改为有民族志风味的东西。我感激我的老师，他们的告诫，为我顺利通过博士学位论文答辩奠定了基础。不过，我不掩饰对他们的不满。我心里甚至偷偷想，人类学的非历史以至反历史，是西方人类学的一种“精神污染”。而西方人类学的“精神污染”，主要来自非洲模式，那种人类学在英国人类学中最强大，我当时的导师之一是非洲人类学专家，而他担任英联邦社会人类学会会长。非洲这个“荒服”，它的一个省城都没有我们的村庄大。人类学家研究那种地方，自以为伟大。一个只有社区而没有城市的大陆，对于城市文化高度发达的欧洲而言，的确是最有吸引力的。然而，作为一个中国学生，回到中国来研究自己的故乡，遭遇的情况却有所不同。我后来于 2000 年造访非洲，见过马里的一个省城，那真的还不如我们中国乡镇一级的村子大。从那种地方提炼出来了人类学的民族志，尽管很有意味，但拿它来描绘中国人的文化，就变得很荒唐了。人类学的基本方法叫民族志，这种方法也被带到中国来，被广为运用。村庄民族志缺乏对整个社会及社会与社会之间关联性的把握，更缺乏对上下关系的重视。所谓“上下关系”，最重要的是行政等级关系、国家与地方之间关系等，而这些关系也有一套文化逻辑值得人类学家研究。博士毕业后，我研究过闽台三村，发现闽南两村，都是明代朱元璋时由军户创造的。这段历史很有意思，对村民的生活和历史记忆影响巨大，若不反映它，又怎能说是在真实地反映村庄生活？中国的村庄都不是孤立存在的，如果村子之间不能互通有无，村子内部的基本生活都成问题。可以想象，一个中国农民，在家里不需要穿衣，也不需要出门，在庭院里挖一块地，就能养猪，光着膀子种庄稼，吃饱了，如同动物一样生活。但是，你不能忘记一个事实，中国农民对衣裳还是欣赏的，他们为了吃饭，为了穿衣，为了有面子，就需要一个更大的社会空间领域。也就是说他要有一个时间延续感和更宽泛的社会领域。因为意识到这些，我在读施坚雅的空间理论的时候，感到至为兴奋。他通过村庄和市镇的关系规律，摸索出了解决村庄研究局限性问题的方法。他使我们意识到，农民可以种地养猪，养活自己，但若是没有他人剪裁的衣服，若是没有他人制造农具，若是没有来自社区之外的对象，若是没有超越村庄的集体生活，那就不可想象了。施坚雅认为，中国农村的基本生活依靠的是市镇为中心的社会空间单位，而不是村庄。施坚雅是个著名的人类学家，但他的人类学素材基本上是来自历史地理文献，他的研究，创造出来汉学人类学的一个新时代，使我感到，人类学的中国研究还是有重要创新意义的。

延伸以上想法，写出《社会人类学与中国研究》[①]一书，其中我谈到，这种“非历史”的民族志，在诠释中国时，出现种种问题。书中，我提到了民间宗教，也就是我们今天在汉人的乡村里看到的“封建迷信”。民间宗教这样一种东西如何理解？我认为不能像美国学者武雅士那样，认为它是一套乡民的观念体系[②]，它是一套观念体系，这没错，但它并非是地方性的，里头隐含着一种超地方的东西。从民间宗教的神谱来看，神、鬼、祖先是核心，武雅士给予了明确界定。可他没有指出，神就是超社区的，外来的官员，鬼也是超社区的，它是陌生人的化身，而祖先到底是不是当地的呢？这个问题也等待着我们去辨析。有多少汉人的祖先是当地的呢？没有。比如说我的祖先据说是河南的，说我的祖先是唐代时从河南迁到福建的，这不等于是在说，假使我拜祖先，那么，就是在崇拜一种超地方的灵魂吗？另外，对民间宗教的考察，能使我们认识到，不存在不进行

① 王铭铭：《社会人类学与中国研究》，北京：生活·读书·新知三联书店，1997。

② Arthur Wolf, “Gods, Ghosts, and Ancestors”, in Arthur Wolf, ed., *Religion and Ritual in Chinese Society*, Stanford, 1974, pp.131–182.

不同程度的“朝圣”的村庄。在闽南，村神不进香，就不能持续有灵性。神要有灵验，就须定期被人扛着去他的老家（根庙）“充电”。在一定意义上，我们必须找到村神的根，找到进香去的那个远方，才能找到神的来历和意义。从这些角度，人类学的汉人民间宗教研究本足以证明，不存在一个平面化的、与世隔绝的乡村。况且，所谓“民间宗教”，也还有其他问题要研究。民间宗教代表的传统，比我们的“新文化”历史漫长得多。它之所以会被我们当成“落后的旧文化”来批斗，恰恰是因为它有漫长的历史性。那么，人类学怎样认识这个历史性？问题很重要。追究民间宗教的历史性，促使我想提出一种历史人类学。但是，这种历史人类学又时常会为一般人类学家所不齿。比如，我的老同事王斯福教授就经常讥讽我，说我这个不叫历史人类学，叫“人类学的史学”，叫“带有人类学关怀的史学”。我不反对这种讥讽，但仍旧感到，它有毛病。

从海外人类学的“未遂”之愿，到汉学人类学式的历史人类学，我的研究经历，可以用“挫败史”来形容。我的所谓“汉学人类学”接受了这门学问几位西方前辈的熏陶，采用的是西式的（包括“中国化”的）民族志方法，而恰也是这种东西，在非洲人类学支配下的英国人类学中遭受了挫折。

二、有历史的人类学

幸亏非洲人类学支配下的英国人类学中，不是没有其他潜流。比如，我的答辩委员之一，是一位专攻印度的人类学家，他就可以说是潜流之一。答辩时，他说我文章中最好的部分，是关于历史背景的那个章节。可叹的是，一段被认为是非人类学的文字，在另一个人类学家那里被赞扬为杰作！

这位教授所说，可能与一个背景有关——他研究的，也是有文字的文明社会，而我以为他所言，并非没有更大的背景。

在我攻读博士学位的那些年里，西方已出现历史人类学的号召，美国有学者在结构人类学和诠释学内部加入了历史的因素，法国的人类学，则早已与年鉴派史学有密切交流，而英国人类学，也没有幸免历史人类学对于社会人类学民族志的批判。这位教授本人，后来参与主编了《历史人类学》杂志，没多少年之间，历史人类学成为主流。不同的学者提历史人类学，有各自不同的原因，结构人类学者之所以要提历史，是因为过去的结构观念缺乏经验基础，其素材缺乏历史的支撑。比如，列维－施特劳斯提到神话时，根本不会告诉我们神话是在什么样的历史条件下、什么样的空间场景下被讲述出来的。在结构人类学的场景里谈历史，就是为了补充结构的“无背景性”“无时间性”“无历史性”。另外，还有另一种同样伟大的学术探索，那就是人类学中出现的将人类学视作历史中的文化翻译的做法。以往不少人类学家为了表现自己叙事的权威性，习惯于抹杀人类学自身的历史。经过一段时间的努力，人类学家开始承认，人类学是文化的自我与他者之间关系的反映，而非全然是“文化的科学”。英国人类学不正是英国与它的殖民地之间关系的历史吗？英国的《历史人类学》杂志，许多文章在回答这个问题。基于学科史的研究，来反映跨文化关系，是这一历史人类学类型的特点。这个类型，在美国也蛮重要，如科马若夫夫妇（John and Jean Comaroff）的许多研究[①]，也有广泛影响。

往远里说，英国人类学史上，从埃文思－普里查德开始，早已有重视历史的态度。这位对于当代世界人类学有最重要启发的牛津大学教授，一再强调过人类学与历史学一样，是一种解释，也一再强调过，人类学如果没有时间观念，只有孤零零的结构观念，那便不能理解“土著人”的思想。[②]跟随其后，不少英国人类学家对于古史上的事儿也极其重视，他们对于事物分类及社会形态的关注，实在已构成了某种历史人类学的风格。

20世纪60年代末以来，历史人类学这个说法，则渐渐在西方学界得到了正式认可。什么是“历史人类学”？这个称呼是一种号召，但作为号召，它并不是要迫使所有人类学家成为历史学家。历史人类学里包含了好几种不同的风格与类型，并且这些风格与类型之间可以相互参考，但特点是多元、多样的。

据我所知，第一种类型，大约是在20世纪60年代末期提出的。当时英国出现了一批重视历史研究的人类学者，他们发现没有历史的人类学不行，于是企图回到部落历史的研究，想借重时间的观念，来梳理部落社会经历的历史变化。之后，他们编出一本叫《历史与社会人类学》[③]的书，其内容主要涉及小社群的微观社会变迁史。

这种历史学与人类学结合的做法，有其优点，可以使我们更清晰地理解小群体历史的重要性研究，特别是小群体的制度如何形成与变化，与外面的接触发

---

① 如 John and Jean Comaroff, *Ethnography and the Historical Imagination*, New York: Westview, 1992.

② E. E. Evans-Pritchard, “Anthropology and History”, in his *Social Anthropology and Other Essays*, New York: The Free Press, 1962, pp.172–191.

③ Ioan Lewis, ed., *History and Social Anthropology*, London: Tavistock, 1968.

生后，会产生什么转变。《历史与社会人类学》的关怀很简单，是想在人类学的共时性研究之上加进历时性的线索。它代表的是英国社会人类学的成果，主要还是经验性的研究，其书写的历史还是经验事实的时间流变，是变化的过程，没有涉及对于我们理解历史特别重要的“主观历史”，或者“社会记忆”“历史记忆”“历史感”这些东西。渐渐地，英国社会人类学出现了结合历史叙事方法与民族志方法的书，其中，布洛克的《从祝福到暴力》，就是一个好的例子，该书主要研究仪式，但试图在解释仪式的社会意义时，加进历史过程的角度。[①]

20 多年前，不仅在英国社会人类学内部有历史研究，在美国文化人类学中也出现了历史人类学，其中比较重要的，可称之为“结构史”，以美国芝加哥大学萨林斯教授为代表。什么叫作“结构史”？它与上面说到的研究一样，都关心“变迁”，在分析变迁时，反对运用决定论的观点，主张关注文化的持续作用。这派人类学家并不认为随便描述变迁就可以等同于历史人类学了，他们认为，历史人类学应有更高的追求，要考察变迁当中文化的作用。[②]这一点关注文化的持续作用的研究，国内做得很不够。我们翻译了一些作品，主要是因为考虑到国内学界在谈变迁时，总是把文化理解为负面的、“变迁的敌人”。“结构转型史”的历史人类学是在列维－施特劳斯的结构理论启发下产生的，是“主观历史”与“客观历史”研究的结合，其中，“主观历史”即神话、仪式和传说，“客观历史”就是由世界政治经济过程带来的思想观念和社会形态的变动。萨林斯非常强调文化在变迁当中起到的主动作用，这种注重各文化的老祖宗传下来的思维方式如何影响变迁的方式的思想方法，对于我们理解当代世界的文化，有颇多启发。

在法国，人类学与年鉴派史学的密切交往，推动了“人类学的历史化”及“历史学的人类学化”，这是广为人知的。[③]

而西方人类学中，又结合年鉴派史学出现了将人类学等同于世界近代史的做法。这种历史人类学认定，整个世界的近代史都是人类学的研究对象，而且认定，只有人类学能够弄明白世界近代史的情况。在这派历史人类学家看来，历史学家服从的观念，不是从非西方社会里提炼出来的，而是西方灌输给他们的。要重新理解世界的历史，就要考虑到西方和非西方的观念在近代史建构中的作用。

这派历史人类学又分成好几个小派，比如说有世界体系理论、政治经济学

---

① Maurice Bloch, *From Blessing to Violence*, Cambridge: Cambridge University Press, 1986.

② Marshall Sahlins, *Historical Metaphors and Mythical Realities*, Michigan: Michigan University Press, 1981.

③ 利科：《法国史学对史学理论的贡献》，王建华译，上海：上海社科院出版社，1992。

派，还有后殖民主义等，但是它们都有一个共同之处——就是要把非西方的历史与历史观念纳入世界近代史的研究里面，反思以前的世界近代史书写。这一点，无疑也值得我们学习。以前我们总以为，只有民族志才是人类学。实际上，人类学长期有关注世界史的局部。可世界史对人类学的知识反思，到底有什么意义？这派给了比较深刻的解答。

与以上研究出现之同时，人类学也出现了“符号史学”的潮流，这个类型的历史人类学，在研究上与人类学传统上关怀的问题相连贯。人类学以前最关心的是亲属制度，可到了60年代之后，则把大量注意力放在象征上。“符号史学”与象征人类学关系密切，不主张研究一个群体或抵御的整体历史，而主张以这个群体或区域的某一种小小符号为主线，贯之于观念的历史或政治经济史来研究，使小小的符号映照出历史过程。这派研究者做出的贡献也是巨大的，其主要作品反映在大贯美惠子（Emiko Ohnuki-Tierney）所编的《穿过时间的文化》[①]一书中。另外，受法国人类学家利科的影响，新一代人类学家开始从历史和叙事的角度对神话体系进行重新研究，他们的著作蕴涵了历史关怀，解释了历史性与社会性的关系。

而关于“口述史”的历史人类学，则一向引起广泛关注。“口述史”可以分为两类，一类旨在以口头传承反观书写的历史的武断，一类旨在比较口头传承与文字书写的差异与历史关系。在口述史的研究中，后期又出现将叙事者之权威性建构与叙事文类结合考察的努力。[②]“口述史”的历史人类学要在真实与谣言之间找到一种平衡，获得一种思路，这对于历史研究而言，也有极其重要的启发。

三、对“新鲜事物拜物教”的省思

对于当时人类学界浮现出来的史学风气，我后来越来越有深刻感受，只可惜人有完成学位的功利心，我迎合某些“条件”，使自己的论文基本丧失历史的意味。我庆幸自己于1994年回国工作，因为从那个年头开始，我有了自由地研究自己想研究的课题、书写自己想书写的文章的机会。在中国学术中，谈历史，被认为是很正常的。我们这个历史悠久的文明，实在有不少优点，其中之一，就是

---

① Emiko Ohnuki-Tierney, ed., *Culture through Time*, Stanford: Stanford University Press, 1990.

② 如 Elizabeth Tokin, *Narrating Our Pasts*, Cambridge: Cambridge University Press, 1992.

历史自己。这些年，借助这个传统，我做了一些工作。我的工作大多具有历史意味，而由于自己是一位人类学从业者，因此，叫自己为“历史人类学者”，亦不算过分。从此，我与“历史人类学”这几个字结下了缘分。我写了不少书，多数书涉及历史。那么，在我看来，“历史”这两个字，对于中国的人类学又意味着什么？我在逃离了无历史的人类学后，进入了另一个困境……

《社会人类学与中国研究》含有一点对西方人类学的“怨气”。它宣称的使命在于取“他山之石”以“攻玉”，但各个章节却都在批驳西方人类学的“无国家”“无文明”“无历史”。除了这点矛盾，这本书在另一个意义上，又是一部极其失败的作品——因为并没有表达出我们所面对的真问题。

哪些是真问题？其中之一就是一对矛盾：一方面，相比西方学术，中国学术的历史意识的确要浓厚得多；另一方面，近代以来的中国思想，又充斥着远比西方多的“去历史”因素。一个历史意识如此浓厚的国度，何以又如此反叛自己的传统？十多年来，生存于中国学术界，我没有停顿地受这个问题的困扰。

我的历史人类学，可以说是针对“新文化运动”以来的“去历史主义”倾向而书写的。在英国，“无历史”的人类学是一门学科的缺憾，但历史并不是作为一个整体社会的英国所缺乏的。英国人的历史感很强，凡人对历史都有浓厚的兴趣。英国人类学缺乏历史意识，无非是一门学科的问题，而不是社会的问题。我们中国则不同，我们的学科用历史来制造“中国特色”。然而，也是在中国，我们特别不喜欢自己的过去，认定历史主要是“文化负担”。这种心态在各领域都有表现。比如，在人类学这个行当里，鄙视历史上的民族学家、人类学家和社会学家的成果，似乎是我们的主要学风。沾染了“新学”风气的学界，有一种可以叫作“新鲜事物拜物教”的心态，总是把功劳归功于活在世上的我们自己。我将这种心态叫作“新鲜事物拜物教”，也就是“fetishism of the new”，这个叫法有点酸，但一点也不为过。

学界这种崇新弃旧的风气，是一种表面的创新，实际却只是表露着我们这些人的无能。这一点，已得到认识。没有得到充分认识的是，与这点相联系，还有许多问题。20世纪以来，“革命”话语占据着我们的思想，我们动不动就要改造，就要变，就要革除自己的历史。这使我们这个社会，不断持续地进行着“破坏性建设”。

我从博士论文研究开始，固然主要针对的是学理问题，但并非全然不考虑我所研究的“文化领域”出现的这种“新鲜事物拜物教”。我的《村落视野中的文化与权力》《逝去的繁荣》《走在乡土上》等书[①]，则都在思考和探讨这个问题，而如果说我有什么自己的历史人类学，那么，这种学术类型，与这些思考和探讨，有着紧密的关系。

那么，对于“新鲜事物拜物教”展开的人类学批评，是中国人类学学术传统——特别是其自诩的“历史意识”——的延续，还是对它的“叛逆”？

一方面，我不能说这一批评，为个人之独创，与前人的研究无关。另一方面，对于中国人类学与上述所说的“新鲜事物拜物教”之间的密切关系，又使我不得已将自己的努力看得比较重。

在中国人类学的自我认识中，出现一种观点，认为中国人类学有自己的特色，而特色主要有二：其一，是我们特别注重应用，这点以费孝通先生为代表；其二，是我们比较关注历史。的确，自中国人类学开始建设学科时，就自始至终都贯穿着历史关怀，这点不像西方人类学。如，不少前辈一谈人类学，就会将学科史上溯到《山海经》。而中国人类学的确也有一派可以称作“文化史学派”的，这就是以“中央研究院”为中心的“南派”。如果说围绕着吴文藻形成的“北派”更注重社会现实研究，那么，也可以说，围绕着“中央研究院”形成的“南派”，则基本上可以说是历史学派。1949 年以前，这一派中出现好几种不同的历史，但主要内涵都是传播论、历史主义、新进化论的历史观。当时，中国人类学已抛弃了旧进化论。我以为，若是这个学派持续发展至今，那么，兴许保留其风格对于我们的人类学也是一个优势。这个特别历史化的人类学派，比西方人类学更早地进入历史人类学阶段。50 多年来，这一历史的关怀，也一直贯穿我们的学科史，使我们的人类学传统，具备许多历史——特别是民族史——的内涵。然而，50 多年来在人类学里占支配地位的历史观具体是什么？我们不妨说，那主要是基于古典进化论制造出来的少数民族“社会历史研究”，这种进化论，早已在 20—40 年代被我们的前辈舍弃，后来再度出现，有着深刻的意识形态背景。学科重建以来，民族学的社会历史观念，很少被谈及，人类学与其他社会科学门类迈进了一个新时代——我们不再谈“五种社会形态”，而将历史简化为“过去”与“现在”“传统”与“现代”“改革前”与“改革以来”等政治时间观。

---

① 王铭铭：《村落视野中的文化与权力——闽台三村五论》，北京：生活·读书·新知三联书店，1998；《逝去的繁荣——一座老城的历史人类学考察》，杭州：浙江人民出版社，1999；《走在乡土上——历史人类学札记》，北京：中国人民大学出版社，2006 [2003]。

这么一门“重历史”的学科，是否真是西方那一无历史的人类学的补充？不少中国学者会宣布说：是的。可是，真是这样吗？我看未必。

西方人类学探索的是亲属制度与神话的绵延时间，由此又自认为是在为“热社会”的历史提供对照与文化的自我批评。借助新旧进化论建立起来的中国人类学历史观，对于西方人类学主张的绵延时间毫无兴趣，我们更关注历史之变，而当我们参与到历史之变中，我们便成了“应用人类学家”。我们有意无意地创造历史阶段的对照，使绵延的历史出现落后与先进的区分，再将我们自己套到历史中去，宣布自己是先进人。我们做的历史像是历史，其实并非如此，这种历史比神话还神话，比无历史还无历史，它与“新鲜事物拜物教”紧密结合，带着的破坏性是巨大的。

在《在历史的垃圾箱》[①]一文中，我提到，有不少历史学家批评人类学家缺乏历史，大师列维－施特劳斯给了一个特别有启发的回应：人类学的无时间叙事是真正的历史，这种历史不同于现代社会的历史，反对隔断历史之河，在追根溯源中，保留着远古时代人类生活的神话。在“历史意识”强烈的中国人类学中生存了这么些年，使我深信这一席话的重要意义，也使我深信无历史的人类学所包含的历史，实在比我们这个国度的“不断革命的历史”要丰富而朴实得多。

在困惑中我反省自身，了解到无历史的人类学对于我们理解历史的重要性，我意识到，英国老师逼迫我做的民族志，自有其意义，特别是其在古老制度与神话中寻找历史延续性的做法，不妨是注重研究时间进程中的文化的历史人类学可以参考的思想。

我逃离了无历史的人类学，又借助历史人类学回归于神话的无历史。我愿从一个文化的原点出发，去追索现代生活的解释。

四、历史意识问题

历史人类学能促进传统知识资源的生命力更新。可是，怎么研究历史人类学？要回答这个问题，决定论与“后现代主义”的“表征论”都无济于事，等待我们去摸索的，还有人类学领域内的历史人类学，特别是其对于社会构成与文化关系方面的研究，对于“主观历史”与“客观历史”的结合研究。

---

① 王铭铭:《走在乡土上》，239—258页。

说到这，还应表明，对于现存华文学术界的历史人类学著作而言，比较缺乏的是关于历史本质的讨论。历史是什么呢？考古学里面有一个“史前史”的概念，指的是没有文字时代的历史。“史前史”这个概念，使我们承认没有文字的时代是有历史的。怎么理解呢？意思是说，我们今天理解的历史是以文字为中心的历史，而这种以文字为中心的历史不是唯一的历史。既然有“史前史”，有没有文字的历史，除了考古学资料，就还有现生的所谓“文盲的历史”。从很大程度上讲，人类学的历史观是从“文盲的历史”中来的，是从口述的历史来的。比起历史学家，我们更关注的言语和行为“书写”出来的历史。这种历史与文字史相比，如果不是更重要的话，那也至少是同等重要。现存的中国历史人类学研究者，充分考虑到这点的并不多。我的意思不是说我们不能研究文字史，而是说我们应当从“文盲的历史”中提取历史研究的资源，使我们对于文字史有充分的反思能力。

回过头去看中国人类学的历史特征，应承认，中国人类学中，“历史感”广泛存在，但也必须看到，这一“历史感”，居然有着严重反历史本质。我以为，中国人类学的这一自相矛盾，是最值得我们反思的东西。这种“历史感”是通过文字表达出来的，因而，也充分表明“文字史”的内在问题。

今天，我们有不少中国民族学史、中国人类学史、中国社会学史专著出版，学者们做了相当大量的学科史研究。然而，我们一直没有认真梳理中国人类学存在的这一百年中“历史”的观念之演变历程。我这里所能做的，是概括性的工作，是“大体”的印象。大致说来，中国人类学的百年史，可以分为四个阶段，中国人类学“历史”观念的演变，没有脱离这四个阶段。中国人类学的第一个阶段，大致从1900—1926年，流行启蒙主义历史观。在这一阶段里，中国人类学的翻译家认为，西方人说历史是有目的，而目的就是追求人类未来的幸福和自我解放，这都是对的。在知道这是对的之前，中国人不大有启蒙主义思想。所以，人类学的翻译，成为我们向西方学习的一个步骤。严复（1854—1921）翻译《天演论》，告诉我们，不要死守祖宗之法，而要善于应变，认识到历史不是停滞于过去，而是走向未来。这种进化的、阶段化的历史观我们大家都很熟悉，自不必赘述。

20世纪中国知识分子，赶时髦的本事大。启蒙主义历史观还没有深入人心，20年代已出现一个代之而起的百花齐放时代。这时候，中国人类学的历史观相对来说要多元得多。许多人类学家开始怀疑进步论。出于值得学者继续深究的原因，这个时代中国人类学中出现的历史观与地区研究结合得很紧密。1926—1949年，中间有8年抗战，但是中国人类学家没有停止过研究，而且还做得更好。在这整个阶段，人类学家有的集中于研究汉区，有的集中于研究边区，而抗战期间，更多人类学家得到机会接触“华夏边缘”，对这些地区的民族史、移民史、语言史、体质特征等问题都产生浓厚兴趣。在更广大的地区做地区研究，中国人类学家提出了不同于“进化论”的历史观。他们的研究不乏“进化论”的因素，不过他们并没有要将被研究的边远地区推到历史的“未来”去的设想。1926—1949年，出现了一种学科本土化的历史观。比如，蔡元培介绍西方人类学时，就强调说，中国历史上也存在人类学，也就是说，中国人可能比西方人更早地发现了人类学知识。把人类学改造成一种与中国古代史有关系的努力，表现在中国人类学家热爱的《山海经》叙事中。这个观点我认为非常有意思，我们大家应该承认，人类学这种知识在我们的文化中曾经是有过的，而且承认这一点还不够，我们还要探询为什么我们古代的文化中会有这种知识，为什么近代以来我们会将本来已有的知识归功于他人。无论如何，说到1926—1949年的中国人类学，我们必须说，那个阶段，出现了一种“学科本土化历史”的观念，这个观念与进化论很不同。

在中国人类学史的第二个阶段，在当时地区研究和“古史主义”思潮的激励下，出现了一种别有吸引力的历史观，这种历史观存在于跨地区的文化关系史研究中，表达者主要是“南派”，其中精彩的研究，包括凌纯声的著作。凌先生研究过许多种历史，如跨越民族的文化关系史、中国祭祀制度的历史渊源、土司制度，等等。他的人类学很重要，他的观点很像德国传播论，他热衷于追寻文明的传播路径，却不乏自己的精彩之处，如历史文献与民族志方法的结合。[①]

到中国人类学进入第三个阶段，它的历史观在差不多30年的时间里一直在一元化，而作为人类学的民族学，基本只是“社会形态史”。所谓“社会形态史”，就是用从不同民族中搜集到的文献和民族志资料去印证历史阶段论的看法。所谓“阶段论”，有一方面的内容特别值得关注，这就是将收集到的丰富资料，化成一种非本地的情景，用“人类史”来指称少数民族的“常人史”。有了这样的历史观，人们也开始轻信自己，以为自己能将被研究的少数民族从他们的历史中解放出来，引导他们抛弃自己的过去，走向我们为他们设计的未来。“社

① 李亦园：《凌纯声先生的民族学》，见其《李亦园自选集》，430—438页，上海：上海教育出版社，2002。

会形态史”作为一种话语，以历史叙事为内容，但主要特征却是反历史的、反过去的。如此一来，具体的历史便被武断地纳入历史阶段中。在这30年里，人类学家不再称自己为人类学家，而称自己为“民族工作者”。那时候，人类学是最“有用的”，人类学家获得了利益。民族学院是当时最大的大学，民族研究是有最丰富资源的学科，在民族学院工作，在民族学院研究与教授民族学，是最最荣耀的事情。人们做的事情很多，但思路只有一条——“社会形态史”的营造。

1979年以来，中国人类学进入了第四个阶段。在这个阶段里，“进步”的观点依旧是历史观的主流，人们相信，中国要“改革”，在这个基本前提下，直线的进化史还是得到坚持。“社会形态史”的叙事，知识得到了微微的批判，便悄无声息了。中国人类学在没有机会反思的情况下，直接进入到了现代化叙事。原来的历史有五个阶段，现在人们只把历史分成两个阶段。原始社会与奴隶社会的区别、奴隶社会与封建社会的区别、封建社会与资本主义社会的区别，变得不再重要了。现在，重要的是我们与西方的区别。因此，我们这个时代想做的历史就是把中国自己的历史消灭，然后完全把自己变成像西方人那个样子。可以把这阶段的历史观叫作“西化”或“他化”的历史观，这种观念把世界分为两类：一种是“自我”——东方文化；另一种是“他者”——西方文化。少数民族“原始社会”这个词不见了，研究少数民族的年轻一代想说的主要少数民族原来很封闭，在“改革”阶段，一下子进入“全球化”时代。

这种叙事是在国内外学术潮流的交织影响下产生的，看起来不像进化论，其实是一种新的进化论，不同于第三个阶段的进化论。老一辈民族学家不会说少数民族原来很封闭，现在开放了，他们会说，这些人原来属于某某制度，如原始社会、农奴制、封建制，他们还会很细致地分析这些社会原来属于什么阶段、什么阶段到什么阶段的过渡。今天这工作不再重要了。人类学家只要提提封闭到开放、开发，事情就算结束了。

我们这个时代的历史观是所有类型的历史观中最简单化的，也是最糟糕的，我们总是认为要“启蒙”我们自己，要“解放”少数民族和农民，这种自以为是、以历史潮流的引领者自居的历史观，是当下中国人类学研究的弊端。

中国的人类学从启蒙主义的进步史观，到南北派分立格局中的“南派”历史具体主义与北派现代化理论，再到“社会形态史”，最后到现代化理论，出现的历史观是多样的、多变的。要承认，如同任何国家的人类学，如此主流的历史观下不是不存在其他可能。在一百年来的中国人类学史中，还是有一些人文观念十分谦逊的思想。比如，对于民族史中错综复杂关系的历史探索，对于民族关系史中族间关系的政治智慧的探索，对于地方史中社会、经济、文化层次的分析，对于某些关键历史时期和事件的口述史记述，都孕育着有潜力的、“非主流”的历史观。这些不同的历史观，若能与历史人类学研究结合，则将有可能为我们创造一个不同以往的局面。然而，随着学科的渐渐国家化，历史观中的进步论之“主流化”，获得了强势。过去50多年来，“社会形态史”与现代化理论相继成为中国人类学“历史感”的主流，与这一学科观念演变局势紧密相关。

如此“历史”之破坏性，毋庸赘述。可怎么从学术上揭示这个破坏性的来历？怀着困惑，我对历史采取了一种简化的理解法，这一理解法，启发来自社会人类学。

五、三种社会形态

我并不是个历史阶段论者，但浏览人类学著作之后，我却深感，世界上确确实实存在过三种形态的社会：一种是神话式的社会，一种是古代式的社会，一种就是现代式的社会。在这三种社会中，历史的作用是不同的。

神话式的社会就是那种无文字的社会，是人类学家最惯常研究的。在这些社会中没有文字，所以人类学家用自己的文字来书写的“他们”，成为最早的文字。以前西方人类学中只研究这些无文字的人群，即使到了中国，他们也是到处寻找“文盲”作为研究对象，最后找到某些农民和某些少数民族。这有点可笑。在神话式的社会中，历史的特点就是没有历史，对于我们这些现代人而言，其时间感极其“混乱”。到这样的社会中去做社会调查很吃力，人类学家除了要学习语言，还要习惯被研究者的“混乱时间”，特别是在书写时，时间的换算往往让人很头痛，会导致文化的扭曲。人类学家认定，这样一种社会实际上是最令人愉快的，人们不紧不慢，不同于痛苦的“现代社会”。

“现代式的社会”是“神话式的社会”的对立面。当“部落民”成为不同国家的障碍之后，“现代人”自以为承担着清除他们的任务。为什么我们急着清除他们啊？这并不是因为我们“现代人”都是坏人，而是因为我们相信有一种“进步的时间”，而这些部落民拖了我们的后腿，也耽误了自己。“现代式的社会”的进步时间论，是一种暴力，是一种“历史感”和“时间感”最强大的暴力。“现代式的社会”最喜欢书写历史，报纸和种种“博客”的出现，表明“历史”

对于我们有多么重要。可是，我们的“历史”实际是反历史的，因为我们急着要消灭过去。

介于“神话式的社会”与“现代式的社会”之间，有“古式的社会”。在这种社会中，人们的历史感既不同于“神话式的社会”，又不同于“现代式的社会”。这种社会的时间感和历史感之基础，接近于“神话式的社会”，继承了“神话式的社会”的历史绵延性和时间混乱性。比如说，中国的古代社会，就可能是典型。那时，人们不像我们今天的这个社会这么着急，特别是皇上，他最不能急，太监要急，但皇上就不能急，因为皇上一急，整个国家就会乱。而皇权是建立在一种神话式的叙述中。比如，皇帝必须证明，其双手比常人的要长等。这种社会中，历史存在的目的，不在于历史要往前走，而恰恰在于要“稳定”。在那个时代里，“变”是个可怕的字眼，等于是要推翻皇帝。然而，“古式的社会”也有接近于“现代式的社会”的因素。比如，这种社会最恐惧的“改朝换代”，就是一种急进的世界观，与近代的“革命”观念，有某些相通之处。

从可能漏洞百出的“社会三型说”，可以看到人类学为什么要研究历史。其中的奥妙在于：我们要指出现代的历史观是一种特殊的历史观，不是普遍的；要认识到，在人类几百万年的历史中，现代的历史是短暂的，现代的历史感是有问题的。也就是因为这一点，所以，历史人类学有两个做法，一个叫“historical anthropology”（历史式的人类学），主要强调作为方法的历史人类学，另一个叫“anthropology of history”（关于历史的人类学研究），主旨在于强调历史人类学的研究目的。所谓“anthropology of history”就是指对各民族不同的历史感与历史观进行跨文化的比较研究，以此来冲淡在今天的世界占支配地位的那种西方式的、现代式的历史观。历史人类学家共同追求的目的，也可以被看成一种“文化的研究”，它把历史当作一种文化，而不单把历史视作一种过程来研究。当然，二者之间并不相互排斥，因为我们也可以带有这一学术“anthropology of history”的目的来研究历史过程。

六、几种“历史感”

怎么理解上述两种历史人类学？请允许我再次谈谈西方历史人类学的一般情况。

20多年来，历史人类学在西方有了不少变化。有关这门学问的近期情况，不少学者已有了总结，而对于我们了解其梗概与争论要点，迈克尔·罗伯茨（Michael

Roberts）的《历史》[1]及赫兹菲尔德的《历史》[2]这两篇文章，有颇大助益。

罗伯茨的文章以围绕库克船长的故事展开的人类学辩论开始，接着谈到僧迦罗人反抗的故事。对他而言，这两个在西方人类学界广为人知的故事说明，我们理解历史，不能停留于文本而要有更广阔的视野，要逃离历史的"官方解释"，更多元地看历史，凭借口述史、物质文化等加深我们对历史的理解。对于历史的这种人类学解释，在赫兹菲尔德的《历史》一文中也得到表达，该文是在罗伯茨的《历史》一文基础上扩展出来的，它更有体系地陈述了对作为人类学实践的历史及作为人类学解释的《历史》的人类学意义的看法。文章的不少内容，属于人类学知识史范畴，是对殖民阴影人类学历史感的批判，而更值得关注的是，赫兹菲尔德似有极其高超的综合性，在"结构史"与政治经济学派的"普遍主义史学"之间游刃有余，却又始终贯穿着一个有启发的思路，指出，历史的人类学研究，重点要从当地人的观点去认识历史，而要真正从这种观点去看历史，人类学家需要抛弃对统一标准的幻想，更集中于考察错综复杂的关系及历史的多元叙事。

两篇文章背后的"阴影"是共通的：结构主义的"土著观点"与政治经济学派的"普遍解释"（如权力理论）之间的争论。身处争论漩涡中心的是萨林斯与奥比耶斯科勒，其"斗争"焦点牵涉学者身份和意识形态。前者为了综合历史学与人类学，基于被研究的群体的世界观提出结构的历史解释，后者则指责说，这种所谓的"土著观点"之所以被提出，是因为要掩盖西方殖民主义对于土著历史的破坏性，是西方中心主义世界观的表达。微妙的是，作为结构主义者的萨林斯，一向认为，对于世界起最大破坏作用的是，长期以来制约着人类学研究的"实践理性"。在他看来，论敌奥比耶斯科勒在批评他自己时使用的支配等概念都是西方式的，那些才是西方中心主义。

在"土著观点"与"普遍解释"之外，固然还有其他解释，不过，这一争论才可以说是过去20多年来历史人类学辩论的核心。

然而，将萨林斯的结构理论当成"土著观点"派，将奥比耶斯科勒当成"普遍主义"派，实在不很妥当。我感到，二者之间争论的焦点其实是，到底存不存在一种能解释一切的"真理"？如果有，这种"真理"来自何处？尽管萨林斯主

① 迈克尔·罗伯茨：《历史》，见中国社会科学杂志社编：《人类学的趋势》，140—162页，北京：社会科学文献出版社，2000。

② 赫兹菲尔德：《什么是人类常识——社会和文化领域中的人类学理论实践》，刘珩、石毅、李昌银译，60—99页，北京：华夏出版社，2006。

张历史人类学应研究被研究者的世界观，但他并没有说，这种“世界观”是“地方性”的，不是“普遍性”的。他想强调的无非是，西方思想中的“物质决定论”不可取，功利主义不可取，因而，这些“真理”不仅不能解释人类学研究的“土著观点”，而且也不能解释西方自己。[①]也就是说，“土著观点”中，那一以分类符号、仪式、等级等为中心形成的“世界观”，才有普遍解释力，因为它甚至能解释西方人的所谓“实践理性”。那么，所谓“普遍解释”呢？相信“物质决定性”“文化功利性”是真理，这的确是犯了将西方思想当成具有普遍解释力的理论的错误。这些在近代西方才发达起来的“真理”，实际连西方近代以前的历史都无法解释，怎么可能是普遍的？如此质疑，并非是要否认殖民主义，而无非是要指出，最有害的殖民主义，是文化帝国主义，是那种将支配者的想象当成真理的行动。

前面谈到西方历史人类学的几种类型。若是我们换个角度，用“时间”来衡量，那么，历史人类学又可以得到阶段化。

历史人类学的第一个阶段，是埃文思－普里查德的历史思想到过程人类学的阶段，大致时间从1940年延续到1965年。埃文思－普里查德认为，人类学是一门历史学。他在两个意义上谈这个事情，一是说人类学就像历史学一样，是人文学，二是说人类学跟历史学一样，是翻译艺术。这么说不容易，因为马林诺夫斯基和拉德克利夫－布朗支配着英国人类学，是追求“科学”的，缺乏历史的。埃文思－普里查德说人类学是一门人文学科，指出人类学以理解为目的，而不是以发现为目的，使西方人类学从此发生了大转变。从1940年到今天，人类学的整个基调都是埃文思－普里查德定下来的。可是，又怎样理解他的“翻译”？历史学家把过去翻译成他自己的文本，叫历史，人类学把远方的文化翻译成近处的文化可以理解的文本，叫民族志。这就是翻译的意思。可是，这么理解还不够。如果事情这么简单，人类学就不要历史，而只需要民族志了。所以，到了利奇，人类学提出了历史学和人类学结合的方法论思路，关注过程的动态研究。利奇的“钟摆模式”大家熟悉了，可他还有一个没有被充分介绍的精彩论点：恰是精英与文化的理想模式之间的互动，创造了历史。他所谓的“钟摆模式”[②]指的是，人类学研究的每个地区，都同时存在平等或不平等的意识形态，作为文化理想形

① 萨林斯：《文化与实践理性》，赵丙祥译，上海：上海人民出版社，2002。

② Edmund Leach, *Political Systems of Highland Burma*, London: Athlone Press, 1954.

态，这些意识形态是类型化的，但社会实践不是类型化的，它总是摇摆于两种模式之间，没有哪个社会固定在那儿。使社会“摆动”的动力是什么？是当地想当头的人，及已经当上头的人。利奇的这一说，补充了前辈人类学家的泛论，给民族志方法增添了过程的视野，又没有丧失对于文化的关怀。

历史人类学的第二个阶段，出现于法国年鉴学派史学和结构人类学的密切互动中。年鉴学派史学对于人类学有很大影响，特别是其世界政治经济史研究，影响到了过去20多年来英美的“左派”人类学家，使其坚持以政治经济学为中心解释世界。可在法国，这个学派与人类学之间的关系比较微妙。法国年鉴学派史学曾经对结构人类学有不少批评，后来，两个学派渐渐消除敌意，使法国历史学与人类学同时出现历史人类学。法国的历史人类学，有的是指历史学家对于民族志方法的运用，有的是指近代史的人类学，有的是指结构－心态史，这些纷繁多样的历史人类学，一直启发着整个西方人类学。这一学派的存在时间，与英国学派有交错，但更多属于“后功能主义”思想，对于过去20—30年来欧美历史人类学有重要影响。早期年鉴派史学的政治经济学色彩，及结构人类学的神话结构理论，为美国的“土著观点”与“普遍解释”之争，埋下了伏笔。比如，正当沃尔夫书写《欧洲与没有历史的人们》[①]之时，萨林斯出版了《历史的隐喻与虚幻的现实》[②]一书，前者受法国年鉴派史学影响很深，后者则是结构人类学的大师之一。

年鉴派史学与结构人类学引发的争论，将历史人类学引向了第三个阶段。在这个阶段中，复调、解释多样化等词汇成为时髦，历史的解释与展现，与权力强弱、地位高低之间的关系，引起多数历史人类学家的关注，西方历史人类学家都在写历史若干“调”，都在分析官方历史合法化作用、精英历史与下层历史的区分、历史话语支配与“象征抵抗”的关联，也都想把历史从精英的文字史“回归于”老百姓的“常人史”。抛弃了帝王将相史以后，历史人类学忘记了一个重要事实：历史作为知识，比社会现实中的“分层”具有高得多的流动性；老百姓讲的历史，多数也是帝王将相的史。

显然，从20世纪40年代开始，人类学的“历史化”趋向已出现。在过去数十年里，“历史化”的人类学积累的思想遗产主要是：

---

① Eric Wolf, *Europe and the People without History*, Berkeley: California University Press, 1992.

② Marshall Sahlins, *Historical Metaphors and Mythical Realities*.

1. 将人类学视作历史，埃文思－普里查德使人类学摆脱了西方近代“科学真理”观的限制，使人类学这门学科向被研究的各种文化开放；从埃文思－普里查德，到结构人类学与历史学的结合，历史人类学一直关注被研究者的观念形态中的“当地时间性”或“历史感”；

2. 从年鉴学派史学到政治经济学派和权力理论、历史人类学研究，也存在倾向于承认以至强调“难以克服的普遍－直线时间”及作为实体的“社会”或“权力体系”的决定性作用的做法。

历史人类学的思想遗产是内部矛盾的，一方面，这门学科要求我们以被研究者的角度思考作为文化或世界观内涵的“历史”（“神话”），另一方面，这门学科亦存在一种长期的自责，不少学者企图从其他学科（如政治经济学与世界史）汲取经验，以批判人类学的文化理论。介于二者之间的似乎是利奇。这位人类学家既是一位普遍主义者，将过程当成社会生活的实践，又以“钟摆模式”呈现不同文化理想模式的动态图景，欲求达到的综合，至今仍有新意。利奇的那一“钟摆模式”，其实可能潜在地有“历史循环论”的因素，这一理论，既不同于否定历史时间直线观的结构人类学，又不同于坚持全球时间的政治经济学。这个微妙结合，使人看到上述两个阵营的历史人类学对垒阵营，实在可能出自各自所站的立场。

如何看待文化与变迁，这是历史人类学都要触及的问题。利奇的模式，做了一种解答，而20多年来，对于符号体系与政治经济变迁的不对称性的关注，更是一种解答。人类学研究有一个贯穿始终的问题，就是符号体系——指的是包括我们的穿戴、用词、仪式行为等——持续性要比政治经济强得多，形成文化持恒感与“现实”变动感的不对称。在众多情景下，所谓“上层建筑”并没有适应所谓“政治经济基础”，所谓“集体表象”也没有适应“社会事实”。怎样解释这一不对称？布洛克与大贯美惠子分别对符号/仪式与历史之间的关系进行了历史性分析[①]，其提出的论点，有助于我们理解变动的历史中符号体系的持久生命力，对文化结构论与政治经济学派的决定论式单线时间观做出同时回应。

种种研究表明，作为人类学一部分的历史研究，若不尊重被研究的历史行动者的观念形态，一味以自己把持的所谓“真理”来套“对象”，那么，它的人类

① Maurice Bloch, *From Blessing to Violence; Emiko Ohnuki-Tierney, The Monkey as Mirror*, Princeton: Princeton University Press, 1987.

学意味就荡然无存了；而若这种研究不能充分估计支配性力量对于文化的扭曲力以至破坏力，那也是不现实的。

与其他学问一样，历史人类学须寻找趋近现实的路径，而同时考察被研究者生活方式、观念形态及其遭到的挑战（既可能来自外部，也可能来自外部），是趋近现实的好路径。然而，这么评论，还是有“一碗水端平”的嫌疑，其实历史人类学家要做的，不是处理学术争论，而是为历史的理解提供独到的洞见。

那么，历史人类学的“历史感”怎样才是可取的？其“独到的洞见”又是什么？

先让我们看看历史人类学的观念来源。在我看来，历史人类学原先叫“ethnohistory”，ethno 在国内被误解为“民族”，所以，“ethnohistory”就被翻译成“民族史”了。我学过“民族史”，那时中国的民族史已改变了原来的意义，转变为被政府和学者共同识别的少数民族的客观历史（社会形态史），这很不同于“ethnohistory”。“Ethnohistory”的本来意义，跟我们的理解有所不同。“Ethno”是什么？有社会学研究者将之译为“常人”，比如“ethnoscience”（常人科学）、“ethnomedicine”（常人医药学），而民族学研究者则将之译为“民族”。实际上，“ethno”这个词，跟大众、土著关系比较密切，而且又带有浓厚的“文化”概念的色彩，可以指一个社会中一般人的整个文化。如此说来，“ethnohistory”实际便是“常人文化史”的意思，指一般人对自己的历史的看法、讲述与实践，这个“常人”“一般人”，包括社会中的上层，因为他们也是文化的一分子。

重提“ethnohistory”，再度借助它来理解历史人类学，使我相信，这门学问的首要使命是指出，对于历史，不同的时代，不同的文化，有不同的感受。对于某些民族、某些社会、某些时代，历史是一种财富；而对于另一些民族、另一些社会、另一些时代，它则是一种负担。比如，当下中国人对于历史的感受，就交织着财富和负担双重感受。一方面，我们珍惜五千年文明史的遗产，另一方面，我们又时常以行动来摆脱过去的历史对于我们的纠缠。在有些民族和时代中，过去是否成为人们想象中的纯粹财富呢？是不是也存在另外一些民族、另外一些时代，其历史被其文化的传人当成纯粹的负担呢？个案兴许能找到。比如，古代历史上的某些阶段，历史就是纯粹的财富。我们的祖先崇拜就是一例。不管老祖宗对我们好不好，他只要死去，就成为历史，一成为历史，就一定要当成好的力量，否则不可想象会发生什么事。而西方人则不同，在他们的记忆中，祖先的成分若是太多，那在基督教里便成了一种罪过，祖先是信徒与上帝之间的障碍。这些零星的观察，又使我想到，到底历史是理智，还是一种道德？对于一些社会而言，历史的德性不容置疑，而对于另一些社会而言，其与道德的距离很远，更像“理智”的一个组成部分。

附：文化史——从梁启超那里“再出发”[①]

近来国内讨论新史学、历史人类学之类的学者，人数渐渐多了起来。这些学术新名目，易于使人肃然起敬，也易于使人联想到“东施效颦”。新名目的确帮助学者创作出他们的佳作。但与此同时，时下与这些新名目相关的研究，却也不可否认地存在其不尽如人意之处。例如，最近一本关于文化史的英文之作被翻译出版，国内学界便热烈地讨论起文化史来。不少人会回到那本译作，以求对文化史追本溯源，未料及，过去一百年里国内前辈采用“文化史”来形容不同于其史学类型者，其实不少。其中，一个杰出的例子，是梁启超的《研究文化史的几个重要问题》。时下国人所言之“文化史”，与任公当年之定义固然有所不同，可任公当年已有“文化史”之论述，缘何我辈又要舍近求远，到英语世界去“取经”？国人对于“西天取经”的热衷，恐还是好的解释。不过这点并不构成一个“禁止”我辈在“本地”找寻学问之源的理由。

梁氏《研究文化史的几个重要问题》一文写于《中国历史研究法》发表之后一年（约在1922年底），其副标题是“对于旧著《中国历史研究法》之修补及修正”。既是“修补及修正”，就不是全盘推翻。这篇文章介于1921年的《中国历史研究法》与1926年的《中国历史研究法补篇》之间。梁启超的两部历史哲学著作之间有全然不同的历史精神：前者更强调以历史来“记述社会赓续活动之体相，校其总成绩，求得其因果关系，以为现代一般人活动之资鉴者”，后者则迥异，侧重“旧史学”的人、事、物、地方、断代之专史。《研究文化史的几个重要问题》乃是梁氏从“新史学”倒过来过渡到“旧史学”的桥梁（我给新、旧史学打上引号，是因为二者的区分本难断定）。

在这篇值得当下文化史细细品读的文章中，梁启超指出，“历史为人类活动所造成，而人类活动有两种：一种是属于自然系者，一种是属于文化系者”，而

① 附中引文均出自梁启超《对于旧著〈中国历史研究法〉之修补与修正》一文。

历史中人类“自然系的活动”与“文化系的活动”之间有以下三个方面的区别：

	自然系的活动	文化系的活动
第一题	归纳法研究得出	归纳法研究不出
第二题	受因果律支配	不受因果律支配
第三题	非进化的性质	进化的性质

梁启超认为，不同于注重“自然系的活动”的一般历史研究，文化史研究的特殊性在于它遵循的“法则”，应是非归纳法、非因果律、带有知识进化之坚持的。

在梁启超看来，文化史有以下三大意味：

其一，文化史意味着，历史研究不应秉持自然科学的归纳法，而应另辟蹊径。“归纳法最大的工作是求‘共相’，把许多事物相异的属性剔去，相同的属性抽出，各归各类，以规定该事物之内容及行历何如。这种方法应用到史学，却是绝对不可能。”这是“因为历史现象只是‘一躺过’，自古及今，从没有同铸一型的史迹”。史迹之所以难以有“共相”，是因为它本是“人类自由意志的反影，而各人自由意志之内容，绝对不会从同”。梁启超主张，“史家的工作，和自然科学家正相反，专务求‘不共相’”。

其二，文化史又意味着，自然科学的因果律，不能解释历史，而佛家的“互缘”才可解释历史。有关于此，梁启超在《中国历史研究法》中已有初步诠释，而在《研究文化史的几个重要问题》中，他更明确地指出，治史者不应“因为想令自己所爱的学问取得科学资格，便努力要发明史中因果”。“因果是什么？‘有甲必有乙，必有甲才能有乙，于是命甲为乙之因，命乙为甲之果’。所以因果律也叫作‘必然的法则’。”梁启超强调，与自然科学不同，文化史是关于“自由意志”的学问，“‘必然’与‘自由’，是两极端，既必然便没有自由，既自由便没有必然。我们既承认历史为人类自由意志的创造品，当然不能又承认他受因果必然法则的支配”。史迹不见得有必要的“因”，人的意志也不必然有其想当然的“果”，所以历史现象，最多只能说是“互缘”，不能说是因果。互缘即“互相为缘”。“佛典上常说的譬喻，‘相待如交芦’，这件事和那件事有不断的连带关系，你靠我、我靠你才能成立。就在这种关系状态之下，前波后波，衔接动荡，便成一个广大渊深的文化史海。”

其三，文化史还意味着，人类自然系的活动是不进化的，文化系的活动才是进化的，旧史学的“治乱论”依旧是文化史研究中有解释力的框架。从这个角度看，文化史的内涵有两面。首先，旧史学的治乱论，依旧比进化主义史学观有价值。他说：“孟子说：‘天下之生久矣，一治一乱。’这句话可以说代表了旧史家共同的观念……我们平心一看，几千年中国历史，是不是一治一乱在那里循环？何止中国，全世界只怕也是如此。埃及呢，能说现在比‘三十王朝’的时候进化吗？印度呢，能说现在比优波尼沙昙成书、释迦牟尼出世的时候进化吗？说孟子、荀卿一定比孔子进化，董仲舒、郑康成一定比孟、荀进化，朱熹、陆九渊一定比董、郑进化，顾炎武、戴震一定比朱、陆进化，无论如何，恐说不过去。说陶潜比屈原进化，杜甫比陶潜进化；但丁比荷马进化，索士比亚比但丁进化，摆伦比索士比亚进化；说黑格儿比康德进化，倭铿、柏格森、罗素比黑格儿进化；这些话都从那里说起？又如汉、唐、宋、明、清各朝政治比较，是否有进化不进化之可言？亚历山大、该撒、拿破仑等辈人物比较，又是否有进化不进化之可言？所以从这方面找进化的论据，我敢说一定全然失败完结。”说到物质文明，梁启超认为，人们常意味这方面的历史的进化轨迹是清晰的，如从渔猎到游牧，从游牧到耕稼，从耕稼到工商等，因“都是前人所未曾梦见”，故“许多人得意极了，说是我们人类大大进化”。但“细按下去”，从物质文明的进化对于人类到底有什么好处这个问题看，“现在点电灯、坐火船的人类，所过的日子，比起从前点油灯、坐帆船的人类，实在看不出有什么特别舒服处来”，而与此同时，物质文明也时常得而复失，“可见物质文明这样东西，根柢脆薄得很，霎时间电光石火一般发达，在历史上原值不了几文钱”。在对进化主义的历史观加以以上批判之同时，梁启超指出：“只有心的文明，是创造的进化的。”“心的文明”的进化又主要表现为两个方面：（1）“人类平等及人类一体的观念，的确一天比一天认得真切，而且事实上确也著著向上进行”；（2）“世界各部分人类心能所开拓出来的‘文化共业’，永远不会失掉，所以我们积储的遗产，的确一天比一天扩大”。梁启超认为，只有在这两个方面，人类可以说是进化的，其他的所有方面，都应“编在‘一治一乱’的循环圈内了”。

《研究文化史的几个重要问题》一文，广泛综合了德国历史哲学的自由意志论、佛家互缘论及孟子治乱论，对此前新史学家偏信的进化主义、科学主义及“唯物主义”的历史观加以深刻检讨。

可见，在梁启超那里，文化史的意味，远比我们今日想象的更伟大而沉重。

今日在新史学与历史人类学中谈文化者不少。“文化”是什么？文化学大师威廉姆斯（Raymond Williams，1921—1988）曾说，数百种文化定义，可归纳为两大类，一类是人类学型的，即，以“文化”指人们共享的生活方式及其背后的价值体系。这一意义上的文化，在群体内，不可区分其有无。另一类是常识型的，其含义接近“文明”，是可拥有或可丧失、可占有或可缺乏的东西。文化学基于一个汇合展开研究，汇合指的是人类学型的“文化”与常识型的“文化”的融通。文化学要么可以通过作为集体生活方式和价值体系的文化来考察作为“阶级差异”的表征体系的“文化”，要么可以通过作为“阶级差异”的表征体系的“文化”来探究集体生活方式和价值体系，二者殊途同归。

英语世界的文化史，出现这种汇合论，不是偶然的。文化这个概念本与德国近代思想关系更紧密，英语世界近代思想中相对更独到的观念是“文明”这一接近威廉姆斯笔下的“常识式”定义。我们可以认为，威氏文化论的汇合，本身就是英式的文明与德式的文化的汇合。这一汇合固然是有新意和价值的，但我们不应忘记，其汇合后可能存在的内在紧张关系，依旧是值得关注的。

可以说，有两种文化史，一种认为历史就是文化，意思是说，历史的“变”是表面的，历史背后的文化“不变”，是一种“永恒”；另一种认为文化有历史，学者可以集中研究那些“上层建筑”之变，来看“结构的历史转型”。

在新史学、历史人类学、文化史这些相关名目下展开叙事的中国学者，在展开“模仿性实践”之前，本有必要深究欧洲近代学术观念的源流，但因我们处在一个学术“以名占实”的阶段，鲜有学者能够“自拔”。学界通常的作为是，不由分说，“占领学术领地”。在这种情况下，出现一些大家觉得属于“怪现状”之类的现象（太多学者误将新史学当作进化主义或疑古主义的历史学，太多学者误将历史人类学当作明清社会经济史，太多学者误将文化史当作各种“文化”），实属必然。

在目前这一学术状况下，回味梁启超在《研究文化史的几个重要问题》一文中展开的对于德国自由意志论、佛家互缘论、孟子治乱论的综合、对于因果论、进化论及庸俗唯物论的批判，想必可以有良多的收获。于我看，如今时髦的“后现代主义”，不过也是对于因果论、进化论及庸俗唯物论的批判，而梁任公不仅有这一批判，还曾提出建设性意见，这实在不可多得。

梁启超的文化史，远比今日我们模仿的英语世界的一般文化史志向远大；在中国重新推崇文化史，有必要从他的志向出发。

第十九章

超社会体系——文明人类学

我一直使用“原始人”（primitive people）这个表达方式而对其概念未加进一步澄清。但愿我这样用词不会导致一种印象，不会让人以为，我们研究的人群是生活在卢梭想象的那种简朴而自然的原初状态中的。我们必须记住，即使是一个原始的民族，在其身后也有一部漫长的历史。一种可能是，这个原始民族可能曾经历过一个较高级的文明状态，后来因渐渐丧失其发明与思想，而又下降为一个较低级的状态，另一种可能是，他们从低向高攀登的过程比较缓慢，但却也确定无疑地攀登到了目前这个水平。然而，这种民族没有一个全然不受传统规定和规则的影响。相反，他们在文化上取得的成就越少，对决定他们的任何行动起作用的根深蒂固的规定和规则，数量也就越多。①

1889年，波亚士在一篇题为“民族学研究的目的”的文章中如是说。

“断章取义”有悖阅读的目的，但这短短一段话，却实在已能使人窥见波亚士人类学之一斑——关于人类学家重点研究的“原始人”，波亚士有以下几点看法：

其一，“原始人”不是没有历史的“自然人”；

其二，“原始人”在历史上可能经历了文明阶段，只不过后来才“退化”为“原始”的，也可能发展太缓慢，花了太长时间才“抵达”现状；

其三，“原始人”不简单，他们比现代人规矩更多。

任何思考都难以尽善尽美；波亚士这段话里似乎藏着两种没有得到清晰界定的不同“文明论”，一种视文明为文化的某种较高级水平，另一种视之为现代人的“自由”。两种模糊定义的“文明”之间有什么关系？波亚士对此未加解释。

---

① Franz Boas, “The Aims of Ethnology”, in George Stocking, ed., *A Franz Boas Reader: The Shaping of American Anthropology*, 1883–1911, Chicago: University of Chicago Press, 1974, pp.67–71.

而在后文中，波氏力推“民俗心理学”（folk-psychology），说这一学派有助于我们理解古今文明之间的关系。他提到一个通常流行的观点，即“随着各地文明的进步，支配着个人的那些无数的规定与规则渐渐消失，个人也变得越来越自由”。[①] 人的“自由化”动力来自何处？波亚士又解释说，这不能完全归功于现代，而应求索古史，在“祖先”或“原始人”原本具备的“思维能力”里寻找答案。而《民族学研究的目的》一文旨在指出，“倘若我们用自己的感觉来确定我们的祖先如何行为，那么，我们就不要期待自己会在研究上获得什么真实性结果，因为我们的祖先的感觉与思想与我们自己的不同”。[②]

波亚士在以上三个看法中的第三点，构成对当时的人类学观的一种批评，它的意思是，不要以为那些规矩太多的“原始人”，比“自由的现代人”低级——他们在文化上达到的水平，固然可以说是较低级的，但民族学家的使命在于，通过比较，“使自己沉浸于原始人的精神中”，从而使自己摆脱那些“决定着自己文化的根基部分的字眼自明的思考与感觉方式”[③]……总之，民族学的比较，目的不在于说明“自由”相对于“规矩”的优越性，而在于通过“民俗心理学”来理解“原始人”的规矩背后的情理自身，以及它与“我们的情理”之间的差异。

我们不仅要抓准波亚士文章的“中心思想”——一种重新定义过的人类学使命，而且也要看到，在这个“中心思想”之外，波亚士那段话的第二点，对于20世纪初的美国人类学有着同样巨大的影响。

波氏在19世纪末20世纪初致力于重新塑造美国人类学，这种人类学除了以上所说的“文化相对主义”，还有一个特征，即赋予德国民族学传播论思想一种新解释。在这一新解释下，诸如威斯勒（Clark Wissler，1870—1947）、克虏伯等对于作为文化分布的“自然地理区域”而非德式“文化圈”（*Kulturkreis*）的“文化区”（cultural areas）展开了深入研究。[④] 可以认为，“文化区”的研究，前提正是波亚士那段话的第二点隐含的观察——不存在全然独立于古代文明中心之外的“文化孤岛”。

---

① Franz Boas, “The Aims of Ethnology”, in George Stocking, ed., *A Franz Boas Reader: The Shaping of American Anthropology*, 1883–1911, Chicago: University of Chicago Press, 1974, p.69.

② Boas, “The Aims of Ethnology”, in George Stocking, ed., *A Franz Boas Reader: The Shaping of American Anthropology,* 1883–1911, p.71.

③ Ibid.

④ Clark Wissler, ed., *Societies of the Plains Indians*, New York: AMS Press, 1975［1912–1916］; Alfred Kroeber, *Cultural and Natural Areas of Native North America*, Berkeley: University of California Press, 1939.

可以认为，将“原始人”疏离在外，同时又将他们当作内部有繁复的复杂关系（由规矩表现出来）及外部有与其他文明的密切互动，这种做法是人类学的传统。即使是在进化论时代，诸如被波亚士所反对的摩尔根之类的人类学家，也一面将不同的社会形态当作孤立的、代表一定进化阶段的个案来研究，一面借助诸如语文学与考古学来探究它们之间在远古时代可能存在的相互关系。[①]在传播论人类学中，人类学家（或民族学家）则更有一种全然不同于“原始孤岛”的视野，关注全球范围的文化传播与组合，尤其关注移民、借用、模仿、学习、交流的研究。然而，随着研究“活的文化”的号召的提出，集中于微小范围的田野工作与民族志成为学科的规范。优秀的田野工作总是能包含着对文化之间交往关系的考察，但对于田野工作的观察力度与民族志的描述深度的新要求，却又迫使人类学家将几乎所有精力都放在缩小被研究对象的“包围圈”上，人类学家为了使“活的文化”的研究在社会科学上获得认可、取得独特地位，先验地把“整体”视作描述的前提，内外关系因素，至多只不过是作为“整体的转型”背景得到介绍，自身不被视作有理论意义的现象。

20世纪以来，西方人类学有一种自设的吊诡，它在某个局部，长期存在着诸如波亚士那样的“原始”与“文明”关系的论述，但从“总体形貌”上看，这门学科却走了另一条道路：它舍弃了19世纪对于学科论述至为关键的“文明”一词，也舍弃了曾为这门学科增添光彩的宏观视野与跨文化、跨社会关系研究成果，而将自身改造为一门“民族志科学”（其实所谓“民族志科学”，一般指的是对于处于文明之外的“常人”的生活方式的深度描述）。依旧关注“原始”与“文明”之间关系的学者并非阙如，除了波亚士，尚有法国的莫斯及另外一些以“民族学家”自称的学者；而到了80年代，那个“民族志科学”的正统，似乎全面地遭到了质疑。当下，一派人类学家开始研究“原始人”与“当代世界”之间的关系，另一派人类学家借助历史学的方法，深入探究不“原始人”的“对外开放”。

此处，我们将先阐述微观研究的局限性问题，再考察80年代初提出的两种不同宏观研究论，然后，揭示这些新式宏观研究存在的问题，最后，回归于20世纪前期，在对“超社会体系”（supra-societal systems）的有关论述中，追寻一

---

① Thomas Trautmann, *Lewis Henry Morgan and the Invention of Kinship*, Berkeley: University of California Press, 1987.

种兼备认识论与价值论意义的宏观研究法。

此处的论述，具体围绕以下几个方面问题展开：

1. 解释沃尔夫所称的“超级微观的世界界限”出现的历史背景与方法论后果，尤其是这一意象出现以后，英美及法国人类学先后出现的“巨变”，及其存在的问题。

2. 将人类学核心概念社会、文化，与国族概念谱系联系起来，指出其关联，并进入沃尔夫及其之前布罗代尔（Fernand Braudel，1902—1985）、华勒斯坦等对于“世界体系”的论述。我们将看到这一“学派”的优点，但同时指出它的“理性－普遍主义”问题。

3. 解释对于“理性－普遍主义”的一种批判，如何导致一种文化学解释的复归，尤其是如何导致萨林斯有关“并接结构”及世界多元性观点的出现。

4. 指出，沃尔夫对于“超级微观的世界界限”的批判意义重大，但其对政治经济学的借用，则是有问题的；而对沃尔夫的批评所引出的萨林斯文化论，亦因过度关注文化内部结构对于外部关系的“涵盖”，而不能充分解释历史的“超社会体系”的根本特性。相比之下，涂尔干与莫斯有关“文明”与“国族”的看法，直面“超社会的社会”现象，对于我们的历史理解，帮助更大。

5. 指出，社会学年鉴派民族学中的文明论，尤其是莫斯创建的有关“文明”的民族学，已与社会学年鉴派的经典观点分道扬镳，不再注重神圣界的“凝聚力”，而注重关系与融合，这才是文明人类学的要义。

诸种似乎并不符合20世纪初建立的人类学微观研究规范的宏观研究，间接或直接地触及“文明”这个被视作有民族中心主义偏见的现象；只不过是，其中，当代人类学家因生怕犯忌，而采纳更为隐晦的概念。所有几项将被具体论述的研究，都关注可谓是“超社会体系”的现象。我愿借用基于20世纪前期法国社会学年鉴派民族学的论述，将所有这些研究视作“文明的人类学研究”（the anthropology of civilization）。我能意识到，我的这一概括，属于“犯忌”之举：我们学科的同代人多数坚信，“文明”一词因有着鲜明的“民族中心主义”意涵，而不宜作为文化多样性的发现者和宣扬者的人类学家之用。现代人类学对于“文明”概念的批判，固有其理由与力量，不过，出于对现代人类学自身局限性的思考，在行文中，我依旧将坚持从“文明的人类学研究”角度，述评现存研究。我将直面这个“文明禁忌”产生的学科历史，并基于对学科历史的重新思考（见附录），解释“拒绝文明”的人类学存在什么问题，“文明的人类学研究”有何可能。

一、“超级微观的世界界限”

现代人类学由宏观研究转入微观研究，为了深化微观研究，创造出“超级微观的世界界限”①，使人类学丧失了其本来具有的“另一面”——对于不同文化、不同社会、不同地方之间关系纽带的关注。在一个时期中，美国人类学乡民社会（本身是由社会与共同体构成的复杂社会）研究、生态人类学与新进化论，部分地使关系视野得到部分回潮，但已无法挽回人类学越来越受制于“自主、自制、自证的社会与文化概念”。②

波亚士在论述中继承了传播论的优点，但也正是他，在同文中埋下了“超级微观的世界界限”的伏笔。19世纪末，波亚士已开始对“文明”采取极为谨慎的态度。他在1889年所写的《民族学研究的目的》一文仍旧随意提及“文明”，但从德奥学术系统中的“民俗心理学”推衍出得到“相对严格”定义的“文化”概念，是其书写的目的。“文明”表达偏见，“文化”表达客观性，这个区分当时已形成。“文化”（包括有中心–边缘关系的“文化区”）之替代“文明”，实质是以美国人类学中的德式民族学（波亚士）替代英式的社会人类学（摩尔根），是德国文化论对于英法文明论的抵抗在美国的“本土化”。作为这一“学术观念替代运动”的领袖，波亚士的作为导致的“革新”确定无疑，其结果是：随着“文明”这个概念在人类学中渐渐变成贬义词，它在美国文化人类学中销声匿迹了。

“把文明历史远远地回顾一番，觉得有点儿懊丧吗？可是除懊丧以外你能指望什么呢？人生本是凄惨的，野蛮人相信险恶力量八方来袭，这实在比乐观主义的哲学家更接近于实际经验。文化是实际之一部，所以在文明的历史的每一页上人生的鬼脸都在瞪视我们”，③ 波亚士的伙伴路威（罗维，Robert Heinrich Lowie，1883—1957）1929年如是说。

区分文明、外在于文明的“文化”，意象一旦确立，“孤岛”概念便随之诞生，因为，“超级微观的世界界限”，需在诸如“孤岛”这样的“意境”中方可得到证实。

---

① 沃尔夫：《欧洲与没有历史的人民》，赵丙祥、刘传珠、杨玉静译，21页，上海：上海人民出版社，2006。
② 同上，26页。
③ 路威：《文明与野蛮》，吕叔湘译，280页，北京：生活·读书·新知三联书店，1984。

在极力求知文化之间历史关系及异同的民族学中“去伪存真”，在美国导致文化人类学的出现，在英国导致社会人类学的出现。在美国文化人类学中，消除文明论，转用“文化”概念，成为势所必然，关系的视野渐渐隐没，而在英国，对民族学进行重新定位以至革新，也于20世纪20年代成为潮流。

英国现代人类学的奠基人拉德克利夫－布朗原在剑桥大学攻读民族学，1906—1908年到安达曼群岛进行考察。他自称，1908—1909年他着手写《安达曼岛人》[①]一书时，也像当时的民族学家那样，关注研究制度起源、文化史，更试图采用历史的观点来研究安达曼人的身体特征、语言和文化，由此，对安达曼人的历史及这个人群与整个印度群岛、菲律宾等地的小黑人之间的历史关系进行探究。但是，写书的过程中，他开始对民族学家用来构拟未知历史的现有方法产生了怀疑，认定这些方法无助于他得出可论证的结论。他渐渐醒悟到，推测的历史，不是理解人类的生活和文化的好办法。为了一改民族学起源和历史研究的传统，他转向法国社会学，努力从中获得教益，用以对安达曼人的信仰和习俗进行解释。仪式和神话的“意义”和“功能”成为他关注的焦点。在他看来，过去的民族学研究多满足于记录神话、描述仪式，并不关心其意义和在“社会整合”中作用，为了一改民族学“不求甚解”的局面，拉德克利夫－布朗用“导论”这个章节交代了安达曼岛人的历史、地理与文化的一般面貌，接着，将全书的其他章节都奉献给了仪式和神话的“意义”与“功能”的研究。《安达曼岛人》这部著作，由此开创了结构－功能派民族志的新传统。

《安达曼岛人》包含着一个明显的吊诡：它的“导论”呈现的，全然是这支族群与印度、阿拉伯世界、中国、近代欧洲等庞大政体之间的关系，借助的全然是这些外在文明对安达曼岛人的记述，而它的核心章节，却并不是奠定在“导论”的历史叙述的基础上，而是峰回路转，采取一个非历史的结构－功能分析框架，分门别类，描述和分析了安达曼岛人的社会组织、仪式习俗、宗教与巫术信仰、神话与传说等。“导论”中，自古以来存在的“文明与野蛮”的关系得到论述，而核心章节中，这些则如炎热天气下的水滴蒸发那样瞬间消失了。

拉德克利夫－布朗的人类学论点，严重依赖社会学，正是社会学的“社会”概念使他摆脱了美国人类学无以根除的与传播论的关系，而彻底根除了民族学关

---

① 该书原版于1922年，中文版见拉德克利夫－布朗：《安达曼岛人》，梁粤译，梁永佳校，桂林：广西师范大学出版社，2005。

系论。

社会学率先将社会关系的领域从其他领域中分割出来，使它成为一个专门的研究领地。社会学家独辟蹊径，“瞄准了那些可以观察到的，但又几乎从未加以研究的纽带”，他们认为正是这些内部于社会的纽带，把人和人“联结成为群体和集团，或联结成社团的成员”。[①] 在建立了自己的研究领域之后，社会学家对社会做了如此定义：（1）在社会生活的进程中，人与人之间彼此发生关系，这些关系可谓是“社会领域”；（2）社会秩序依赖于个人之间关系的生成与扩大，关系纽带的强度越大、范围越广，社会越有序；（3）关系纽带的形成与维护，与共同体中人的共同信仰、道德共识、习俗的存在与传播有着极为密切的关系；（4）社会关系的发展及相关信仰、习俗的传播，创造了一个社会，这个意义上的社会是一个人与人之间关系的整体，这个整体本身会超越于人，使之形成凝聚力，但因作为社会的因素的信仰与习俗在社会的边缘地带并不作为道德共识存在，因而，社会并非没有边界。[②]

作为近代的产物，社会学对于“社会”的定义，与西方近代政体的特征不谋而合，被凝聚起来的、有秩序的社会关系体概念，是与近代国家体制下“被治理的社会”的意象紧密联系着的。[③] 近代社会学的贡献主要在于强调了边界内的社会的“关系生成原理”。法国社会学年鉴派，本注重人如何通过“集体表象”与物的世界构成关系，同时也关注信仰、习俗以至技术的传播对于社会生活的重要性。不过，因以涂尔干为首的社会学思想倡导者不断通过形而上学的论述强调社会学的独到价值——如，强调它是一门最有助于“道德共识”（人心）的生成的学科，故渐渐舍弃了其本来拥有的广阔视野。

拉德克利夫－布朗的阵营（牛津大学人类学）是20世纪初一个局部的人类学“社会学化”进程的核心组成部分，被他用来改造本学科的社会学，是一个对社会的边界给予过于清晰界定的“社会”概念。作为后果，20世纪人类学的主流成为“社会的人类学”（不同于伦敦经济学院马林诺夫斯基代表的更具德奥文化论色彩的“社会人类学”，这是一种更加社会学化的人类学）。这种人类学的一些局部，确以有创新的方式发挥了信仰、习俗的社会学研究中人与物关系的论点，但总体而论，“社会的人类学”，抛弃了它以前的理论的世界眼光，如同美

① 沃尔夫：《欧洲与没有历史的人民》，18页。
② 同上，18—19页。
③ 同上，15页。

国文化人类学家那样，注重研究具体地点中的“活的文化”，他们研究的社会，与“活的文化”一样，没有历史，也没有与外部世界的关系，人类学则“深陷其自身定义的藩篱中”。①

人类学中出现“超级微观的世界界限”，不乏历史偶然性，不过，其成为20世纪前期以来一个大局部的“国际人类学”共同遵循的规范，却系属历史必然。随着英语的进一步国际化，某种以新教“公正论”为基础、反偏见、反不平等的社会科学的扩张，战后世界格局的改变等，是这一必然性的组成因素。②尽管“暴力的结果常常是毫无意义的”③，但战争与和平的交替出现与其所代表的国族时代世界关系的吊诡，却常常影响着社会科学的定位。美国“文化”与英国“社会”之成为西式人类学的主流，都可在二者的内外关系上获得解释，而其他国家社会科学的“英美化”，也与之难脱干系。④

20世纪前期，法国社会学年鉴派已对英国人类学产生了重要影响，转而也影响到了美国的不少学者。然而，在当时法国社会学界，“超级微观的世界界限”却没有替代宏观研究的迹象。法国社会学年鉴派一向珍惜英美学者所发表的微观民族志研究成果，但他们要么是因没有从事田野工作的条件，要么是因对于宏大叙事更感兴趣，而自己却未曾致力于这类研究。与历史学、神话学、民族学界交流甚多的第二、三代学术领袖莫斯和葛兰言，更因深受其他学科的宏观视野的影响，而向来关注对民族志类的资料进行比较和综合的梳理。法国学界也活跃着另一类人类学家，凡·杰纳普引领的一批学者，在20世纪30年代初到第二次世界大战结束之后的几年，致力于对法国境内的广大地区展开二手文献、物质文化、神话传说、仪式等的大规模勘察。这些自称“民族学家”的法国学者，从德国 *Volkskunde*（民俗学或民族学）中借用了宏观地区研究法，其研究虽受国家行政地理区划的局限，但在研究旨趣与取向上表现出了与传播论相近的特征。⑤

第二次世界大战盟国的胜利，不仅改变了世界格局，而且也改变了世界学

---

① 沃尔夫:《欧洲与没有历史的人民》，26页。

② Immanuel Wallerstein, “Social Science and the Quest for a Just Society”, *American Journal of Sociology*, 1997, 102(5), pp.1241–1257.

③ 布罗代尔:《文明史纲》，32页，桂林：广西师范大学出版社，2003。

④ 华勒斯坦:《现代世界体系》，第1卷，尤来寅等译，北京：高等教育出版社，1998。

⑤ Christian Broomberger, “From the Large to the Small: Variations in the Scales and Objects of Analysis in the Recent History of the Ethnology of France”, in Lotika Varadarajan and Denis Chevalier, eds., *Tradition and Transmission: Current Trends in French Ethnology, the Relevance for India*, New Dehli: Aryan Books International, 2003, pp.1–42.

术的分布特征。在法国，20 世纪 30—40 年代已充分改变了中国社会学一个局部（燕京大学的“社会学中国学派”）总体面貌的英美社会学与社会人类学，于 50 年代初即使法国社会学与民族学失去了其比较、综合与宏观区域研究的特征。如 50 年代之前的“社会学中国学派”，50 年代之后的法国社会学与民族学，受美国芝加哥学派“社区研究法”与英国人类学民族志方法的影响，涌现了大量以微观细节的描述为特征的民族学研究，它们严重排挤曾占主流地位的宏观研究课题，使之纷纷退出了学界的视野，让位于以村庄为单位的研究。即使是曾深受莫斯和葛兰言影响的杜蒙，在法国社会研究中也鼓吹“社区研究法”，借之抨击过去的民族学研究。①

二、国族与世界体系

人类学家或惯于使用文化概念或惯于使用社会概念，两个“流派”之间的关系常常是矛盾的。“文化的”人类学家说，在他们的概念体系里没有“社会”一词的位子，他们研究的“文化”，属于一地、一族共享的价值与道德体系；“社会的”人类学家则说，文化这个词太抽象以至轻浮，因内容空洞，而难以表达人类学家研究的那些可观察、可把握的具体事，若说还能派什么用场，那充其量就是可用来表示“社会实在”的“表层”——“社会形式”。②不过，在两种人类学家眼里，还是有些东西可以被共同认可的。无论是社会，还是文化，都应是可数的，不存在唯一的社会、唯一的文化，而这个可数的社会、可数的文化必然有范围限度。一个社会所指的东西，相对明确，任何一个不同层级的人群单位，都可谓是一个社会；但一个文化却不见得有此清晰的单位感，那么它所指的，便一般被等同人类学家所研究的人群脑子里的那套观念体系了。人类学家常辩解说，他们未曾认为社会与文化是两相对应的。但他们的研究却无疑表明，无论是将社会视作文化的实质，还是将文化视作群体生活的集体内涵，都是在将文化与社会对应起来。

20 世纪初以来，人类学家不再如启蒙思想家那样将国族的好未来视作包括

---

① Christian Broomberger, “From the Large to the Small: Variations in the Scales and Objects of Analysis in the Recent History of the Ethnology of France” , in Lotika Varadarajan and Denis Chevalier, eds., *Tradition and Transmission: Current Trends in French Ethnology, the Relevance for India*, New Dehli: Aryan Books International, 2003, pp.8–17.

② 库伯对于美国人类学文化论者的批评，充分表现这一分歧的特征。见 Adam Kuper, *Culture: The Anthropologists -Account*, Cambridge, Massachusetts: Harvard University Press, 1999。

知识分子在内的“人民”的使命，而反倒是对于这种在这个世纪到来之后不久便导致了世界大战的因素——这些因素往往被意识到是内在于人类学家所处的社会或文化的——心存深重的疑虑，但他们对“超级微观的世界界限”的论述，却无一不是在重复着国族的历史。

国族概念的谱系学表明，历史上唯一将社会与文化对应看待的时代，就是开始于18世纪欧洲的国族时代[①]，这种认为一个人群、一个社会必然和必须有其共同文化的观点，历史并不久远。而国族概念之荒诞，又恰好完全与社会和文化概念之荒诞一致。缘起于近代的国族主义，若是一个历史必然，那它与工业社会超越“面对面社会”（即所谓“社区”）的必要性是相关的。[②]一个有效率的工业社会要求其人民普遍接受“普遍知识”的教育，因为只有经过“超地方知识”的陶冶，人民才可能成为国家工业机器的“螺丝钉”。“普遍知识”的传播，显然是国族时代教育的特征，但我们不应忘记，“普遍知识”恰又不可能局限于国族内部，而需是“普遍的”，且总是仰赖着所有国族的共同“积累”与相互“借用”。以集体意义上的“己”来重造社会，是所有近代国族自认的使命，但完成这个使命的办法，却又需要高度超越于“己”。这一内在于国族意识形态的自相矛盾，总是在作为一种认同的国族观念的流动中得到更为深刻的表现。每个国族都在自己的进步中畅想如何变成一个不同于自己历史的未来，每个国族的自我认同，态度都“兼容并蓄”，既要求有自己的传统，又要求改变自己的传统[③]，因而，这一认同，兼有“我群主义”与“他者为上”的双重性。加之，无论是欧洲、中南美洲、东南亚，国族主义的鼓吹者都深知，只有当他们说“别人的文化比我们的先进”时，国族主义的号召，才可能对于他们的同胞有充分的感召力[④]，因而，“以外论内”往往是国族话语之主要特征。

20世纪80年代出现的集中对于国族概念的谱系学揭示，本已构成对于文化与社会这对概念的反思，因为无论是社会还是文化，作为概念，都无疑像“国族”那样，是近代的发明。“文化”概念是德国知识分子为了抵御越来越占支配

---

① Eric Hobsbawm and Terence Ranger, eds., *The Invention of Tradition*, Cambridge: Cambridge University Press,1983.

② Ernest Gellner, *Nations and Nationalism*, Ithaca: Cornell University Press, 1983.

③ Edward Shils, *The Intellectual between Tradition and Modernity: The Indian Situation*, The Hague: Mouton, 1961.

④ Benedict Anderson, *Imagined Communities*, London: Verso, 1983.

地位的19世纪英法文明论而提出的[①]，而英法“社会”概念，一面抑制限定着国族的外延，一面制造着某种普遍主义；而这对概念，无疑还是与国族概念那样，存在着阻碍认识达到其精确境界的问题。如同国族概念一样，社会和文化概念难以涵盖自身起源包含着的外在性。

与国族概念谱系学异曲同工，沃尔夫的《欧洲与没有历史的人民》以一种世界史叙述，对于社会、文化、民族等概念导致的认识问题进行了深刻检讨。

治世界史是否是治人类学？某些误认为人类学等同于民族志的学者——如沃尔夫含蓄地指出的，这些人时常道貌岸然，以为自己是学科的卫道士，其实，他们恰是将学科推入“超级微观的世界界限”之陷阱的罪人——不免会如此设问。但沃氏的旨趣却相反，恰是对“以小见大”的民族志撰述方式加以批判。在他看来，被人类学家奉为信条、区分明确地理-精神边界的“文化”“社会”“制度”“体系”之类概念所反映的，不是非西方世界的现实，而是西欧自身的民族分立观念本身。什么是人类学家研究的非西方世界的现实？沃氏认为，这个现实是15世纪以来非西方部落、国家、帝国体系与区域性经济共同体为欧洲中心的政治经济体系所覆盖的过程。进入20世纪，西方政治经济体系支配世界其他地区的过程，非但没有终止，反而得到了强化，在这样一个时代，世界围绕西方的政治经济秩序联系成一个整体，再也不能保持其地区性状态了。正是在这个时代中，人类学得到空前发展，其研究面覆盖了整个世界。吊诡的是，人类学家未曾认识到其所研究的社会与文化，乃是中心与边缘的世界秩序的组成部分，他们惯性地划分边界，以孤立的社会为单位，挖掘文化差异，深究其所“发现”的个案，将作为观念上的事实和意识形态理性化的“文化”，当成似乎拥有一个固有、超越时间的连续性来对待，从而为西方中心主义的历史观找到对事物、行为和思想命名的特权。[②]

对沃尔夫而言，现代人类学自身是一种吊诡，它的民族志撰述仅仅局限于一个静态的、西方中心的“现在”时态，而很少触及人类学家在田野工作中实际看到的状态。在田野调查期间，人类学家以为，他们与他们的研究对象共享一个即时的现时代，这就使他们的撰述与一些本土学者所写作出来的田野考察记之间，出现了“时态分离”。

---

① 埃利亚斯:《文明的进程》。

② 沃尔夫:《欧洲与没有历史的人民》。

在“时态分离”中，人类学接着犯了一个更严重的错误。人类学出现于世界上各地区、各民族、各社会、各文化之间得到了空前紧密联系的时代，且宣称以研究“活的文化”为己任，但人类学却没有真的研究联系、研究文化的“活”到底如何理解，而反其道而行之，选择了“超级微观的世界界限”的手法，切割自古以来对于人的生活至关重要的流动性和关系。人类学如同国族主义，后者为民族的自主、自立，而抹杀自主、自立所必需的族间、“国际”关系。

为了避免“将这个世界视为一个个独立的社会和文化组成”，从而转而将之视作一个整体，沃尔夫将世界史区分为两大段：1400 年以前及 1400 年以后。沃氏综合旧有的美国文化人类学文化区理论与马克思主义的生产方式理论，对两个阶段的特征进行了分析。1400 年前，世界也不存在孤立的社会或文化，那时，世界上存在的人群之间业已存在广泛的联系，且这些联系，也可视作一定的物质过程的结果。所谓“物质过程”之一，是霸权政治、军事系统的建立，这在东西半球都曾以帝国形式出现，古代帝国都抽取由各种群体生产的盈余。另一个过程是长途贸易的扩张。1400 年以后，世界的不同地区，都存在贸易体系，这些体系把供应地与需求中心联系起来，同时也确定了那些置身商业路线之外的人们所承担的角色。帝国与商业共同创造了“超社会”“超文化”的交流网络，“将不同的群体集合在占支配地位的宗教或政治意识形态之下”。[①]1400 年之前的世界，就是由帝国与贸易网络共同塑造出来的。1400 年之后，旧有的世界被有自己需求的欧洲重新组合。1400 年前，人群之间的关系纽带也是社会生活的常态，但那时世界性的关系是局部的、地区性的，不存在全球性的帝国和贸易网络，新旧大陆之间有着明显的鸿沟。1400 年后，渐渐出现了某种“超越了任何一个群体、包含着任何其他群体——所有其他群体——的生活轨道”[②]，这些“生活轨道”构成某种“因果链”，将旧大陆与新大陆紧密联系在一起，形成一个全球体系。在全球体系形成的过程中，本来在世界上不占任何主导地位的欧洲扮演了极其重要的角色。欧洲的扩张，先导致地区性的网络的出现，随着越洋扩张的出现，则又将地区性的网络“组合成世界范围的交响乐”，“并使它们服从于全球的节奏”。[③]

沃氏的论述出现之前，人类学已有某种历史时间感。

从 20 世纪 30 年代开始，人类学家便对于接近“历史”的“变迁”展开过不

① 沃尔夫：《欧洲与没有历史的人民》，34 页。

② 同上，450 页。

③ 同上。

少研究。例如，30 年代中期，马林诺夫斯基从西太平洋的民族志研究转向非洲研究，这一转向也促使他从特罗布里恩德岛的“世外桃源”式民族志想象，进入了一个频繁的“文化接触”和“文化变迁”的世界。在非洲，马林诺夫斯基看到当地的外来殖民者、当地土著和中间分子各自的文化态度，感受到了 20 世纪不同文化在同一空间坐落中的并存和互动状况，提出了研究文化接触过程和文化变迁动力的号召。[①] 他在此后培养出来自东亚、印度、非洲、新西兰、澳大利亚等地的第一代高徒，他们无一例外地以研究社会变迁的过程和理论为主要使命。

40 年代之后，美国人类学界对于变迁问题的探讨，也逐步呈现出它的发展态势。“涵化”（acculturation）概念的提出，表达了美国人类学者对于文化过程的关注。这个概念不仅具有某种“时间性”的特征，而且意指世界进入一个文化之间接触、交融和矛盾的状态时，对于固有的文化体系可能产生的影响。因而，所谓“涵化”即产生于有着不同文化的人类共同体进入集中的直接接触过程之中，而“涵化”的结果在于其中一个群体或两个群体原有的文化形式发生大规模变化。进而，据美国人类学者的研究，“涵化”有许多可变因素，包括文化差别程度、接触的环境、强度、频率、友好程度、接触代理人的相对地位（即何者处于支配地位、何者处于服从地位）、流动的性质等，其过程也可能出现文化取代（substitution）、综摄（syncretism）、增添（addition）、抗拒（reaction）等现象。在帝国主义文化接触的情景下，美国人类学家还进一步意识到非西方土著文化对于西方外来文化的冲击可能采取的抵抗性的“文化复兴”和相反的态度。

50 年代之后的一个阶段，新进化论的兴起，更促使美国人类学界关注时间维度。再如，同时代，结构 – 功能主义阵营对于变迁的历史过程也十分关注，其对变迁的研究，甚至可以说已超越了文化传播概念所含有的那种对于文化个别因素的流动的特别限定，而系统地从社会群集之间的冲突和制度变革来考察变迁的时间性。[②] 例如，以格拉克曼为代言人的“冲突理论”，强调社会内部分化体之间的动态冲突对于整体社会结构的维系和更新所可能起的重要作用[③]，而以弗思为主的其他人类学者则强调组织的表面变动与制度固有体系的变动之间的不平

① Bronislaw Malinowski, *The Dynamics of Culture Change*, New Haven: Yale University Press, 1945.

② John Beattie, *Other Cultures: Aims, Methods and Achievements in Social Anthropology*, London: Cohen and West, 1964, pp.241–264.

③ Max Gluckman, *Custom and Conflict in Africa*, Oxford: Basil Blackwell, 1956.

衡。[①]50 年代以后，对于变迁的研究还在两个方向上得以深化。一方面，对于社会人类学缺乏历史关注的意识，促使利奇采取“过程”的概念来分析模式，试图在过程的动态过程中揭示观念和制度模式被实践中的人选择的事实。[②]另一方面，从非西方传统的仪式、酋邦等制度来观察土著社会在世界变动格局中的自我文化意识，其中，土著预言家（prophets）在社会变动中的作用，成为人类学者关注的要点之一。[③]

尽管有以上先例，但与它们相比，沃尔夫的论述确实仍有明显新意。这一论述，是在社会科学内部展开的，它重在表明，由于缺乏长时段世界政治经济史关怀，人类学的变迁研究总是把视野局限于他们所处的时代，而没能拓展到引致这种状况的更长远的政治经济史中去。由于人类学家的主要关怀在于透过非西方社会生活体系的撰述来揭示西方文化的问题意识，因此他们对于过程的论述并没有摆脱分化的“对等文化空间”的格局，而在论述上犯了新生代人类学家所概括的“过度本土化”的毛病：“为了尽可能丰富地描绘本土观点，它不惜省略权力、利益、经济以及历史变迁等‘冷酷’‘硬如磐石’的问题。”[④]

沃尔夫不断重申其解释体系源于对美国文化人类学文化区理论与马克思主义政治经济学的综合，但他的主要观点，实与年鉴派史学与世界体系理论一脉相承。在他之前，布罗代尔及他的崇拜者如华勒斯坦等早已指出，“近代世界”所处的长期政治经济转型过程，是欧洲资本主义的发达史及其世界性后果。世界体系研究关注制度转型的长期性，这些研究与 15 世纪以来大约几个世纪中产生的“世界经济学”之间存在巨大鸿沟。不同于“世界经济学”，“世界体系”理论的倡导者认为，传统国家（特别是大型帝国）起初都居于远距离的商业和制造业网络的中心地带，在此网络中，跨越全球大量部门的劳动分工已具备一定程度的区域互赖关系。不过，只有当资本主义开辟出其“世界”之后，才出现真正意义上的“世界经济”。

---

① Raymond Firth, *Social Change in Tikopia: Re-study of a Polynesian Community after a Generation*, London: Allen & Unwin, 1959.

② Edmund Leach, *Political Systems of Highland Burma: A Study of Kachin Social Structure*, London: Athlone, 1954.

③ Peter Worsley, *The Trumpet Shall Sound: A Study of "Cargo" Cults in Melanesia*, London: MacGibbon & Kee, 1957.

④ George Marcus & Michael Fischer, *Anthropology as Cultural Critique: An Experimental Moment in the Human Sciences*, Chicago: University of Chicago Press, 1986, p.77.

近代欧洲强国的扩张，采取的方式与古代传统帝国大有不同，它不表现为对毗邻地区实施直接的军事扩张，而主要靠远洋商业和军事方面的努力。由于资本主义经济机制的激励，越洋商业及与之相关的军事行动促使欧洲与全球的生产和商业关系体系联合起来，使在既有的本土居民被迫臣服于欧洲统治的地区及在欧洲殖民者占绝对优势的地区全面呈现出殖民主义这个极重要的现象。

世界体系理论是针对解释社会变迁的现代化理论和依附理论（dependency theory）而提出来的。现代化理论主要与自由主义的政治立场相关联，通常提倡变迁的内发解释模式，它关注全球各地区的“国族建设”的现象。世界体系理论的宣扬者则反对这种观点，他们强调，近代人生活的世界，不是现代化的世界，而是资本主义世界。当今所谓的“正进行现代化的社会”，并不是那些还没有步入西方已经历的发展过程的国家。它们曾经而且现在也为其所处的全球经济关系所塑造，而后者正根源于全球范围的资本主义。“一旦资本主义作为一个体系得以巩固起来而且不会有倒退，那么，资本主义运作的内在逻辑即追求利润最大化就会迫使它持续不断地扩张。一方面向外扩张直至扩大到全球，另一方面向内扩张，即伴随资本的不断（即使不十分稳定）积累，为了更进一步地扩大生产，产生出使工作得以机械化的压力，最终通过劳动者的无产化和土地的商品化，从而促使世界市场产生变更，并迫使人们尽可能快地对这一变更做出反应。当人们运用现代化这一没有什么内涵的词汇时，现代化就存在于他们的心中了。”①

世界体系理论又与依附理论分道扬镳。依附理论在解释西方如何成功地在全球经济秩序中扮演了首要的经济角色时，强调了资本主义国家富足的代价是世界其他大部分地区的贫困。不仅如此，依附理论还认为，发达国家与依附国家之间的不均衡发展，是由一系列无比重要的过程导致的。相比现代化理论，世界体系理论的观点与依附理论具有更多的共同点，但也刻意与它拉开了距离。由于边陲国家在经济上的依附地位，因此，左右这些边陲国家的发展过程的那些因素不同于影响发达资本主义中心区的那些因素。世界体系理论的倡导者则主张，发达国家和“依附”国家均是全球性的，均是单一的资本主义经济的一部分，虽然边陲国家在世界经济中居于严重不利的境地，但它们的发展途径应根据作为一种整体现象的世界经济动态来解释。

世界体系理论家眼中“作为一种整体现象的世界经济动态”如何生成？从布

① Wallerstein , *The Capitalist World-Economy*, Cambridge: Cambridge University Press,1979, pp.133–134.

罗代尔到华勒斯坦，再到沃尔夫，解释集中于资本主义世界经济成长时期（指1450年左右至1640年之间的那段时间）。其中，华勒斯坦在阐述这种经济的特征时，特别强调了国家与经济制度的分离，他认为，资本主义以前的“世界经济”在政治上由帝国形态来控制，而资本主义世界经济是在经济上而不是在政治上被整合起来，它拥有多元政治中心。西北欧和中欧是这一体系的早期中心，地中海地区开始日益转变成它的半边陲地带，而中心、半边陲和边陲这些概念，指的是由新兴的世界经济所塑造的单一经济体系中的位置。中心地带拥有一系列新兴的制造业以及相对高级的农业生产形式，它们的发展反过来又影响到半边陲地区，这些地区开始“受阻”，而且被迫形成相对停滞的经济发展模式。到16世纪结束时，这些地区的国家力量也开始明显衰退。其在欧洲的后果是：西班牙丧失了它的突出地位，而且就影响来说，意大利北部那些先前富足的城邦也开始衰落下去，东欧和拉丁美洲这些早期相对于资本主义中心的边陲地区，开始遍布生产专供销售的农作物的大型庄园。于是，这些地区也开始被纳入相互依赖的劳动分工之中，其政治命运反映出它们在新兴的世界经济中处于相对停滞的状态。中心国家是那些绝对主义得以最大规模发展的国家，他们拥有中央集权化的官僚行政等级和大量的常备军，而边陲地带的特征是“缺少强大的国家”，在欧洲东扩的过程中零星地产生了少量“诸侯国”，而在拉丁美洲根本就不存在本土的国家政权。半边陲地带的情况与这一词汇相对应，也就是说居于前两种情况之间。①

华勒斯坦通过比较波兰（边陲地带）、威尼斯（半边陲地带）和英格兰（资本主义中心区）三者的国家命运，说明居于这三种地带的国家的不同发展情况。15世纪初，波兰社会的特征与威尼斯和英格兰社会的特征并不存在巨大的差异，其商业和贸易都相当有生机，商品化的农业也得以不断发展。可是，波兰的贵族成功地制定了将农民束缚在自己庄园上的法律，被迫生产专供销售的农作物的劳动者所生产出来的产品，被直接出售到低地国家和其他地区，这导致资本主义企业主阶级的联盟不再具有价值。为这种贸易筹措资金造成统治集团拖欠巨额外债，由此他们很难使自己从困难中解脱出来。至17世纪初时，波兰就已转变成一个与巨型经济联系在一起的、早期型“新殖民国家”。②对于威尼斯而言，其

① Wallerstein , *The Capitalist World-Economy*, pp.133–221.

② Ibid., p.43.

条件首先就极度不同，它本身是区域经济体系的中心国家，是一个在地中海地区拥有众多领地的帝国，它还同欧洲其他地区具有广泛的商业联系，但伴随波罗的海和大西洋成为海上力量和贸易的主要舞台，威尼斯也就在地理上逐渐成为边缘地区。比较而论，英格兰的发展过程正与波兰相反，因为原本与更为光辉灿烂的欧洲邻国只具有相当可怜联系的英国，正是在这一期间，开始踏上了经济绝对优势之途。圈地运动使很早以前就已出现的封建关系解体过程得以全面完成。英格兰存在着一个明智而又强大的国家机构，它成功地防止了贵族们复辟传统农业生产方式的图谋。适应市场而不断变化的制造业体系以及贸易的扩张，都将国家置于一个特别有利的位置上，从而使它能够充分利用不断扩张的资本主义世界经济所提供的那些机会。①

国族概念的谱系学研究，沃尔夫对于社会、文化、民族等概念的批判，及世界体系理论，给某些人的印象兴许是“解构”，但其本意却是“建设”。对于国族主义的批判，隐含着一种对于更具有历史深度和未来启示的国际性和族间性的强调，对社会、文化、民族等概念的批判，同样也隐含着对于我们所处时代事实存在的“超社会”“跨文化”“多民族”现象的关注。二者同样借用了马克思对于“国际”的论述，但因其出发点各异，且相互之间未曾进行更深入的对话，而存在一个深刻的意识形态分歧。对于国族主义的批判者而言，国族主义虽已成为过去数百年来的历史现实，但对这一现实的超越是必要的。尽管他们未曾明确指出国际主义务须替代国族主义，但其对国族的吊诡之揭示，却无疑预示着其对某种解决方案的期待，而除了国际主义，似乎别无他途。世界体系理论的倡导者致力于分析近代以来世界秩序的不平等秩序的衍生过程，他们也借用马克思的观点，但因其所借用的主要是政治经济学，因而，在他们的论述中，“国际主义”自身成为问题，它既不能导出世界性不平等局面的革新，又总是与资本主义生产方式紧密结合，以一种不合理的方式影响以至控制着生活于世界上的不同人群。

尤其值得指出的是，沃尔夫在批判既存理论的吊诡中也制造了一种新的吊诡——本可作为他所谓的“超级微观的世界界限”的道德解决方案的国际性，在他的笔下却成为重点批判对象。国际性一无是处，那么，既往人类学专注于呈现的“自主、自制、自证的社会与文化”，不正是我们需要的吗？

---

① Wallerstein , *The Capitalist World-Economy*, pp.225–296.

三、"并接结构"中的"超社会体系"

沃尔夫声称，他之所以用世界史的眼光来重新定位人类学，不是为了抹杀人类学传统上关注的"土著人"的意义世界，他并不忽视这些人群、社会与文化的历史主体地位。在他的解释中，"无论是那些宣称他们拥有自己历史的人，还是那些被认为没有历史的人，都是同一个历史轨道中的当事人"。[①] 然而，在展现两种不同的"历史当事人"的同等重要的作用时，沃尔夫还是将"被认为没有历史的人"（人类学意义上的"土著人"）视为只是在"受影响"的人，如他所说："我希望能勾勒出商业发展和资本主义的一般过程，同时也关注这些过程对民族史家和人类学家研究的小群体究竟产生了怎样的影响。"[②]

由于其解释含有某种"直线进化"的论点（这是他从马克思主义理论那里继承来的），因此，沃尔夫有意无意地将欧洲中心的世界体系出现之前的大体系视作有地理、政治世界观局限性的体系，将之历史作用视作"被动式的"，从而，忽略了在欧洲扩张以前早已出现的其他文明中心的世界体系，如伊斯兰世界体系[③]，更如布罗代尔等那样，忽略了欧洲历史对于这些体系的关键因素——如经济运算方式、贸易技能、制度、知识——的广泛借用。[④]

另一个重要问题是，到了近代，世界是否如沃尔夫所描绘的那样，由于西方中心的世界体系的确立与扩散，而成为一个只受政治经济因素影响而全然丧失了文化区分的星球？

萨林斯针对沃尔夫，展开了世界体系的另一种论述。

在《资本主义的宇宙观："世界体系"中的泛太平洋地区》[⑤] 一文（该文为1988年度拉德克利夫－布朗讲座讲稿）中，萨林斯反其道而行，讨论了"太平洋地区的人们如何将某种文化结构赋予了因欧洲扩张而导致的世界－历史性浩劫"。[⑥]《资本主义的宇宙观》一文借清代中国、夏威夷、美洲夸扣特印第安人与西方接触的三个不同事例，对沃尔夫等人有关西方资本主义或所谓"世界体系"

① 沃尔夫：《欧洲与没有历史的人民》，32 页。

② 沃尔夫：《欧洲与没有历史的人民》。

③ Jane Abu-Lughod, *Before European Hegemony: The World System in A. D.* 1250, New York: Oxford University Press, 1989.

④ Jack Goody, *The Theft of History*, Cambridge: Cambridge University Press, 2006.

⑤ 萨林斯：《资本主义的宇宙观："世界体系"中的泛太平洋地区》，赵丙祥译，载《人文世界》，第一辑，81—133 页，北京：华夏出版社，2001。

⑥ 同上，81 页。

在全球内的扩张之说进行了严厉批评。文章重在指出，尽管沃尔夫承认，将被殖民化的、边缘化的人民视作自身历史的消极对象的做法是错误的，但他自己却也犯了一个错误，即，未能看到被殖民化的、边缘化的人民拥有自己的“运行法则”，而局限于重复阐述西方资本主义支配、有能力赋予的外来的“运行法则”。

在萨林斯看来，世界体系理论自身也是资本主义世界体系的自我意识。沃尔夫之所以会重蹈覆辙，一面提醒我们要将“土著人”当成历史主体来看待，一面却总是强调他们如何“被吸纳进更大体系当中去”的过程之研究，乃是因为他鼓吹西方的物质决定论这种假定人的观念是其物质环境的功能论点。而事实上，若说近代出现了“世界体系”，那么，这绝非一种摇摆于经济“冲击”与文化“反应”之间的过程，全球性物质力量的特定后果依赖于它们在各种地方性文化图式中进行调适的不同方式。近代全球秩序一向受所谓“边缘人”的塑造。如，从18世纪中叶到19世纪中叶，太平洋群岛及毗邻的亚、美大陆的人民便以互惠方式塑造了资本主义的“冲击”，从而也塑造了世界历史的进程。

萨林斯写作《资本主义的宇宙观》，意在指出，这个意义上的宇宙观是复数的，而不是单数的，是“多种宇宙观”；他认为，即使在偏僻的群岛上，当农业屈服于工业革命时，西方物品甚至西方人都被糅合进了“本土权力”中，欧洲商品作为神性恩惠和神话恩赐的符号出现，在庆典交换和展示中得到交易，由原有文化逻辑激活，被某些关于那些事物具有社会“价值”或称得起是“神圣种类”的本土观念同化。在他勾勒出的“泛太平洋地区”，人们追逐的是当地的声望价值，这种价值迫使注重交换价值的西方商人屈从于它。清代中国人对舶来品的态度，也不例外，它的内涵也是声望价值。

《资本主义的宇宙观》的总体观点是：

> 世界体系是各种相对性文化逻辑的理性表达形式，而它采用的手段即是交换价值。一个文化差异的体系被构织成一种劳动的分工，它是各种人类弱点的一个全球性市场，在这个市场上，他们都可以各得其所地借助共同的钱媒实行交易。正如伽利略设想数学之为物理世界的语言一样，资产阶级也乐于相信，文化世界可以化约成一种价格话语——然而，它却没有考虑到这样的事实，其他人也会基于其他考虑来拓展他们的生存以抵制这种或其他观念。在此意义上，拜物教实乃资本主义世界经济的风俗，这是因为，正是它将这些真实－历史的宇宙观和本体论，这些不同的人群关系和事物体系，精确地转译为一种成本－效益式分析的术语：一种简明的财政学洋泾浜语言，而我们也能借此以交易比

> 率获致社会科学的理解。当然，将诸多社会属性化约为市场价值的潜能恰恰使得资本主义能够操纵文化秩序。但至少在某些时候，这种潜能也恰恰使得世界资本主义沦为实现地方性的“地位”观念、实行劳动控制方式以及物品偏好的奴隶，对此它无意去消除，否则它反将无利可图。因此，一部世界体系的历史必须发现隐遁于资本主义之中的文化。[①]

萨林斯强调，“文化”概念仍然有价值，这似乎易于给人留下一个印象，即，这位“老派人类学家”，企图在一个社会、文化、民族之间密切关联的“新时代”，把人类学拽回它的老路上，使之重归被沃尔夫等人批判的、将本来相互关联的“社会”想象成整合的、封闭的、有其自身独特的文化的“社会学观点”。然而，萨林斯本人自20世纪80年代初以来，即展开大量的文化接触史研究，他笔下的“文化”绝对不是与“其他文化”隔绝的，绝非不是近代世界的一个组成部分，他与沃尔夫一样，对“社会学观点”下的“社会”概念，采取批判态度。[②]

萨林斯的研究，综合了美国文化人类学的文化接触理论、法国结构人类学的“联姻理论”及神话学及历史学的事件与过程研究法，这项研究对“文化”提出了新定义，在这个新定义中，文化成为我拟称之为“前后、左右、上下、内外”关系的复合体。

什么是“前后、左右、上下、内外”关系？它是对作为整体的人类学研究对象的一种理解。

在我的理解中，人类学本来不是人体解剖学，它所研究的人，是活生生的，而不是由血肉、筋骨这些“零件”凑合成的机器。“活生生的人”，指的是活动着、生活着、经历着的人，这个意义上的人，无论如何都必然与其他人、其他物构成关系。

就人与“其他物”（之所以说是“其他物”，是因为人亦可谓是世间之物的一类）的关系看，人生活在大地上，其生活的基本内涵，如衣食住行，都要与非人的物的世界构成关系。人与“其他物”的关系，不总是以人为中心的或物我二分的，而时常还有其他类型。如，在有些情况下，人在物的面前甘拜下风，崇拜其为“圣物”，且认定，它与人相通，有着人性；在另一种情况下，人将自己的生

---

① 萨林斯：《资本主义的宇宙观：“世界体系”中的泛太平洋地区》，载《人文世界》，第一辑，81页。

② 也因此，他才遭到了英国人类学家库伯的批判，见 Adam Kuper, *Culture: The Anthropologists' Account*, Cambridge: Harvard University Press, 1999。

活看成与物的生活相通，且将二者视作彼此的一部分或对方的影子。在研究人与“其他物”之间的关系时，有的人类学家直接从分类与符号这一高层次入手，有的人类学家则更愿意从低到高，做出“实际运用”（指群体应对世界时运用的物件、习惯与知识及其使用的指令）和“次级诠释”（指由物件、习惯与知识构成的文化编码要素，这些编码要素服务于社会确定人在人群之间关系及人与物的世界之间关系中的位子）的区分，试图通过层次的结合方式，考察文化的独特价值、感知、情感、审美共识的生成原理。①

对专注于人与人之间关系研究的人类学而言，人与他人形成的关系有构成群体、社区、部落、民族、社会等概念所形容的东西，这种人类学从社会学中获益颇多。我认为，所谓“活生生的人”，不同于“社会的人类学”中“自主、自制、自证的社会与文化概念”所形容的独存的“整体”。就所谓“社会”内部看，人的活动承载或造成的关系有前后、左右、上下。尽管不是所有社会都有祖先崇拜和历史书写，但社会中的人都以各自不同的方式与“前人”形成“前后关系”。人亦非独存，因而，其与他人形成的“左右关系”是必然的，即使是“非常人”也是在“常人”中脱颖而出的，而“左右关系”不简单是横向的、平面的、无等级的，它通常有着上下之别。关于关系，人类学家在亲属制度研究中已为我们积累了一套可资借鉴的研究方法。注重从“前后关系”看“左右关系”的继嗣理论，注重从“左右关系”（联姻关系）看“前后关系”（亲子关系），及注重在法权与信仰世界的更广阔的领域中考察亲属制度的“文化观念理论”，都给予我们不可多得的启发。但要真正理解“活生生的人”，人类学家尚有必要在一个新的基础上对前人的成果进行综合，如何同时考察前后、左右、上下关系，是人类学家面对的新挑战。

“关系千万重”——人生活的世界更像这种状态。无论是史前、古代，还是现代，人的关系组成的社会都不是封闭的系统。人不仅要在其相对熟悉的“社会的内部世界”与前人和他人发生复杂的关系，他们作为活动的个体或团体，也要与其他团体发生复杂的关系。若“我群”与“他群”之间“内外有别”的界线是可以划定的（这条界线在实际生活中往往十分模糊），那么，团体之间的关系，便可称为“内外关系”。

人有社会的一面，他们要在传统社会学定义的“社会”疆域内与各类人形成

① Robert Lowie, *The History of Ethnological Theory*, New York: Rinehart, 1937.

各类关系。在通常的情况下，人群之间构成的“内外关系”远比想象的更开阔、更体系化，在规模与内涵上超出了传统社会学规定的“社会”范围，而覆盖数个“社会”，成为我们可称之为“超社会体系”的东西。

“超社会体系”这个概念易于给人一种印象，即，既然这种体系是“超社会的”，那它在时间的先后顺序上，似乎必定也是“后社会的”，也就是在“社会”瓜熟蒂落之后出现的。其实不然。所谓“超社会体系”，不过代表了一种对于人的活动面的重新理解，在这种理解中，传统社会学意义上的“社会”，不过是特定文化在特定时代对于集体意义上的“我”与“他人”之间关系的形容，而真实世界中的人，活动面多数超越这种形容下的“我群”的局限，与邻近或遥远的“他群”形成密切关系，且这种关系是历史的常态。换言之，若一定要辨识“社会”与“超社会体系”之间的时间差，那么，历史告诉我们，“超社会体系”先于“社会”而存在。

若我的理解无误，则沃尔夫已意识到，在“社会”概念被广泛运用的时代（20世纪）里，人的生活不仅未摆脱此前的“超社会特征”，而且，被植入于一个空前系统化的“超社会体系”中，他由此相信，“社会”概念不过是一个特定年代的意识形态，而最难以理解的，正是这个年代。沃尔夫的观点是，世界的历史是新的“超社会体系”替代既有“超社会体系”的过程，而非“社会体系”替代“超社会体系”的过程，不同的“超社会体系”有其中心，以近代欧洲为中心的“超社会体系”相比于其古代的中心更有全球的覆盖力，因之，便造成了规模空前的“超社会体系”。

然而，沃尔夫本人并没有采用“超社会体系”这个概念，而是试图对世界的现实进行一种世界史式的人类学解释。

存不存在我们可以借以恢复人类学与近代世界政治进程之间关联性的替代性方法？沃尔夫认为，答案是肯定的。他认为，若是人类学家能“把旧世界与新世界勾连起来”，考察“全球性关联”（global conjuncture），则人类学这门学科依旧是有希望的。

对沃尔夫的这一看法，萨林斯颇为反感，在他看来，与其说“超社会体系”是一种“全球性关联”，毋宁说，这种作为复合体的“超社会体系”是一种“并接结构”（structure of conjuncture）。何为“并接结构”？我愿将之理解为文化之间的“内外关系”与文化内部的“前后”（历史）、“左右”（人际关系）、“上下”（等级尊卑）关系的合一，而这兴许也是萨林斯在其大量的历史人类学著述中试图表明的。[①]这种“并接结构”与沃尔夫观点中的“关系”概念意义相通，所不同的是，前者更强调“内外关系”的“内部基础”，后者则更强调它的外部形态。二者之间从这一差异又产生另一个差异，即，在沃尔夫的论述中，“超社会体系”被定义为物理形态上实际存在着的“多个社会的复合体”，如古代朝贡帝国与现代世界体系，而在萨林斯的论述中，同样的“超社会体系”被定义为任何一个文化的实质内容——在宇宙观与社会学双重意义上的“前后、左右、上下、内外”关系。在沃尔夫那里，只有超出“数个社会”，方成其“超社会体系”，而在萨林斯那里，文化的意义世界即使未产生“跨文化影响”，未跨出所处社会的“疆域”，也都是世界性的、“超社会的”，因为所谓“文化”不产生于内部，文化的内部结构，正是相异文化之间关系的产物。

后来，萨林斯对“并接结构”理论进行了补充，试图使之符合研究由“数个社会”构成的“超社会体系”之要求。在《资本主义的宇宙观》一文发表20年后，2008年秋，萨林斯应邀来华做了三次特别讲座，在一个题为“整体即部分：秩序与变迁的跨文化政治”的讲座中，解释了他在这方面的思路。[②]

《整体即部分》开篇即指出，人类学向来陷入一个矛盾的困境中。人类学家常视文化为自主的、自我生成的，但事实却告诉我们，文化从来都处于许多其他文化组成的更大范围的历史场域中，如果说有文化，那也是在文化彼此参照的过程中形成的。萨林斯认为，人类学这一矛盾的困境来源于“文化”概念产生的过程本身。“文化”概念发端于德国启蒙运动的民族文化观和民族特质观，鼓吹这个观念的人将文化定义为自主的、内部生成的独特观念体系，他们之所以这样做，是因为与德国相对的英法此前提出了“文明论”，德国当时工业落后于英法，国家也只是处于初步建设中，迫切需要一种可以捍卫自身的民族观念，“文化”概念应运而生。作为对抗英法普世“文明”概念的观念，“文化”得到倡导。将文化（Kultur）视为自主整体（民族文化）的概念，正是建立在他治（heteronomous）的观念基础上的。这个概念后来通过波亚士、路威等人引入美国人类学界，随后，人们在运用这个概念时，通常不怎么记得它的由来了。出于这个“忘却历史”的原因，20世纪人类学家，才可能用全球化等概念来修改“文化”理论。而吊诡的是，因忘却文化概念生成的外在起因，人类学家多数采取内

① 如Marshall Sahlins, *Historical Metaphors and Mythical Realities*, Ann Arbor: University of Michigan Press, 1981。

② 萨林斯，《整体即部分：秩序与变迁的跨文化政治》，刘永华译，载王铭铭主编：《中国人类学评论》，第9辑，127—139页，北京：世界图书出版公司，2009。

在主义的看法，认为文化是自我生成的，马林诺夫斯基的功能主义，涂尔干式的社会学，英国的结构－功能主义，法国的结构主义，怀特和斯图尔德的进化论，马克思主义的经济基础和上层建筑理论，文化唯物主义，乃至后结构主义的认知、话语和主体性理论，所有这些理论都不例外，唯一的例外可能是 20 世纪初的传播论，但即使是它，也要借助文化模式论才能得以复兴。

为了一改各类“内发”的文化观造成的局面，萨林斯提出一种“外生”的解释，他认为，被视为单一、独特的文化，都是在与他者形成的关系中产生的，文化内在一致性的存在条件是外在的、不一致的“他者”（alterity），如果说文化（或社会）是个整体，那它也只能说是这个由“他者”构成的更大的体系的一个部分罢了。

萨林斯的观点，与列维－施特劳斯的结构观点渊源极深，后者早已指出，互动民族之间的文化差异是辩证地联系在一起的，基于相反相成的原则，他开始了旷日持久的亲属制度与神话的结构研究，他认识到，文化是在拓展对抗或超越毗邻民族所提供的秩序可能性中产生的，文化之所以能确立，乃因其对立面是其来源。另外，他的观点也来自早期美国人类学的传播论，这个观点主张，任何一个社会的大部分“文化特征”，都来源于外部。不过，萨林斯还试图超越前人的论述，他认为，将由跨文化关系构成的体系视作一个无等级的秩序，是不充分的，在人类史中，早已存在超越了毗邻他者关系的、更大范围的动力场。这些动力场可谓是“文化区”，但它们有着程度不等的等级性，它们环绕着一个或数个文化权力、财富和价值的中心形成，这些中心拥有的精致特性时常可成为边缘民族渴望或厌烦的对象。

古代史上中心与边缘关系的广泛存在表明，当下社会科学“发现”的现代资本主义核心－边缘结构，并非新鲜事物。东南亚古代王国与其周边“庞大整体”之间的关系，便是典范实例。例如，据谭拜亚（Stanley Tambiah）的研究①，对东南亚的古代族群和小型王国而言，周边大文明的“星系式政体”（the galactic polity）有着或大或小的影响。这种“政体”的国家，由怀着世界雄心的统治者统治，例子有佛教的“王中王”、印度王国的“四大天王”（davarajas），作为“世界的君主”的中国的天子，这些政体的统治者秉承的权威形态是一种宇宙秩

① 见 Stanley Tambiah, *World Conqueror and World Renouncer: A Study of Buddhism and Polity in Thailand against a Historical Background, Cambridge Studies in Social and Cultural Anthropology*, Cambridge: Cambridge University Press, 1976。

序，统治者自己可以是外来的，但不同于那些奉陌生人为王的“双重王权”社会，他们的社会具有高度成熟的官僚机构和政治哲学。在“星系式政体”中，中央的权力通常随着距离的增大而递减，其结果是，在他们的附属国中，国王和头人获得了相应程度的自主性，但他们的王朝符号与权威，恰恰不停地模仿着远在的“星系式政体”的制度。这种所谓“政体”如一个范型，分层次地得到与其中央距离不等的王国与部落的模仿。如利奇曾提到的，缅甸克钦头人的仪式角色具有一种确定无疑的中国风格。[①]

“星系式政体”的“文明”，对外有着强有力的文化影响，这种意义上的“文明”与“蛮夷”的土产互惠，形成某种中心与边缘的互惠关系。在中国与印度之间的陆路贸易路线上生活的不同族群，都可能从这两个大文明中汲取养料以缔造自己的王国与文化。以中国为例，“蛮夷”的土产，常被认为是珍贵的贡品，在朝贡关系中扮演重要角色。中国古代的皇帝，将世界纳入自身的生命之中，他以各种方式，藏纳荒服之地贡纳的奇珍异宝，以之代表自身作为吸收了种种生命和事物的“总体”之存在。边境地区的朝贡品，被认为含有野性力量而可以强化皇帝与官僚的力量。而来自中国的徽记、头衔和姓氏等“恩赐”，则又被认为可为野蛮头人在其领地内持久统治提供合法性。中华帝国长期积累的等级，为一个广阔的地区世界提供了寻求帝国恩惠的“外交”制度。某些“地方王国”统治者甚至为自己杜撰中国祖源，供奉从未在其境内打过仗的将军，把官员赠予的珍宝视作“镇国之宝”。

“文化”与“文明”之间的关系，是萨林斯在《整体即部分》中力求处理的，在他看来，这一关系是通过同化来区分，属于白特生（Gregory Bateson，1904—1980）所称的“族群分化”（schismogenesis）的一种，但不同于白特生主要参照的美拉尼西亚模式，这种模式不是“对称性的”，而是“互补性”的，“互补性族群分化”指的是在互动的族群中，结构上对抗的文化形态的形成过程，及互相参照又彼此抵消的对称性的、颠倒的形态。

萨林斯认为，“互补性族群分化”既能解释古代史上“土著文化”与广泛分布的“星系式政体”的“文明”之间的关系，又能解释“文化”概念相对于“文明”概念提出的历史过程，因而，也是对1400年以来“世界体系”中的各种跨文化关系的真实写照。此间，萨林斯并未直接针对“超社会体系”展开论述，但

① Leach, *Political Systems of Highland Burma*.

他笔下的“文化”与“文明”之间的关系，实为两种“超社会体系”的比较：以“文明”范型的确立为图景实现了其自身超社会性的“政体”，与之构成互惠关系且获得文化自主性的族群、部落与王国，都可谓是“超社会体系”，二者产生于同一个历史过程，在同一个历史过程中各自实现了在超越自身中固守自身或在固守自身中超越自身的“需要”。

四、社会学年鉴派民族学：文明作为“超社会体系”

近30年来，在寻求超越“超级微观的世界界限”中，学者们提出了若干替代模式。这些模式有相通的初衷，但存在价值观和知识观的分歧。国族概念的谱系学研究与世界体系研究，本殊途同归，共同指向社会、文化、民族这些概念的“任意性”及其弊端，但因二者对于超社会的观念与实体是否一定有益于解决“分化”所带来的问题潜藏着不同的价值判断，故一方向往国际主义，另一方批判资本主义的“无限国际化”。与此同时，世界体系研究又与文化人类学的另一种“超社会体系”研究构成一对矛盾。沃尔夫代表的“世界史”，为了揭露西方中心的世界史掩盖非西方的历史自主性、使之成为“没有历史”的“边缘”的进程之“冷酷”，而没有关注到近代以来许多类型的“边缘的历史”（之所以带引号，是因为，它们其实并不一定是“边缘”）一直继续沿着各自的轨迹前行。志在解释“边缘的历史”自身有其逻辑（结构）且不会如同“失望论者”预期的那样随着近代之来临而消失，萨林斯借助结构主义神话学的关系论，将世界重新解释为由“土著”的“并接结构”构成的“诸宇宙论体系”。

国族概念谱系学与世界体系研究之间的分歧，主要是价值观上的，而萨林斯与沃尔夫之间的分歧，则主要是知识观上的，但价值观与知识观不是毫无关联而是相互交叉的。

国族概念谱系学运用的分析方法是历史的和文化的，世界体系研究运用的方法是政治经济学的，二者中，前者与“并接结构”研究有更多相似之处，但其与世界体系研究共通的、对于全球政治理性化的关注，又与“并接结构”研究形成了鲜明差异；而世界体系研究与“并接结构”研究之间，除了涉及国际性的价值判断分歧，还存在着文化–特殊主义与理性–普遍主义解释模式的分歧，而这恰恰又是国族谱系学揭示的国族悖论之内涵。

要找到理解“超社会体系”的合适办法，无论是国族概念的谱系学，还是世界体系研究和“并接结构”研究，都须相互借鉴，因为被它们解析的“对象”，自立性与相互性并存。然而，因价值观与知识观的分歧，不同的学术阵营“制造”自己的学派，致力于以片面之词否证与之对立的言论。因而，经过近30年的争辩，那些不同阵营中的学者们试图解决的问题依旧存在——我们何以在揭示社会、文化、民族这些概念的弊端之同时，避免重蹈理性－普遍主义的覆辙？或者说，在迈向“超社会体系”的进程中，我们如何避免将之等同于“唯一的文明”这个启蒙的进步论宣言？

国族概念谱系学、世界体系研究、“并接结构”研究不是一无是处——它们为我们提出问题及做出辨析，使我们理解问题的事实基础与解释歧义。而如果说它们的局限有什么是严重的，那么，这个局限显然来自它们自身的文化限度：尽管国族概念谱系学的研究依赖对于“欧洲观念地图”的广泛解读，世界体系研究借用法国年鉴派史学与德国马克思主义，“并接结构”研究采纳德式的文化概念并受益于法国结构人类学，但这些产出于英语世界的作品，也有其特殊的“语言－文化”特征，受这一特征的局限，这些研究不能向历史的可能充分开放。于是，如通常发生的那样，它们“无意地”漏掉了对于解决其所提问题本有关键助益的“旧理论”。

幸而，对于“超社会体系”这一主题，在三种解释模式提出之前的半个多世纪，有一种比它们更丰富而新颖的解释已经形成。当英国人类学借助法国学派对民族学进行社会学化之时，法国社会学出现了民族学化。年鉴派的第二代领导人莫斯，1913年发表“民族学在法国与在外国”，抱怨法国学界不如英、美、德诸国学界重视民族学，该文得到广泛重视；次年，巴黎大学校长邀请莫斯筹划建立法国民族学研究机构。不幸的是，第一次世界大战爆发，计划只好告吹。不过，1924年，莫斯已受命在巴黎大学内部正式开始筹建民族学研究院［参与筹备的还有列维－布留尔及瑞伟（Paul Rivet，1876—1958），建院工作得到了法国殖民行政部门的财政支持］，该院附属于巴黎大学，于1925年正式成立，其使命包括：训练职业民族学家，由其调查殖民地生活；出版图文并茂的民族学著作，筹办民族学文献中心；组织民族学调查团等。① 在这个阶段中，莫斯像是得了解放似的，他从涂尔干式的社会学中解脱出来，得到了显露身手的机会，时而公然

① 杨堃：《杨堃民族研究文集》，66—67页，北京：民族出版社，1991；又见 Marcel Fournier, *Marcel Mauss: A Biography*, Princeton: Princeton University Press, 2006, pp.233–245。

时而隐晦地告知学界，他一向不主张重复地在形而上学层次上谈社会学，而坚持着跨社会的比较社会学研究。对他而言，民族学有助于社会学家在更广阔的历史与比较视野下，实现其经验社会学研究的目的。

莫斯写过许多风格上更“社会学化”的著作，这些早已被英文世界翻译出版，而其在思考民族学的益处中写出的更“民族学化”的著作，则迟迟于2006年才被后世学者摘录于《技艺、技术与文明》一书中。[①] 此书出版80多年前，拉德克利夫－布朗早已接受法国社会学思想，但无意识地“删除”了法国社会学思想在他写作《安达曼岛人》时出现的这一微妙变局。是拉氏与其他人类学家在“文化翻译”中广泛含有的“讹”的成分，使这一微妙变局无以得到认知。而遗憾的是，正是这个变局导致的思想转变，为我们理解“超社会体系”这一主题拓展了视野，找到了价值观和知识观上的平衡。

为20世纪英美人类学家所不知的是，《技艺、技术与文明》所编录的文章多数写于两次世界大战之间，在书写它们的那个如此之早的年代里，莫斯不仅已意识到社会之间关系研究的重要性，而且还对这种这类关系进行了谨慎概括。不同于沃尔夫的政治经济学，莫斯保持着对于无限伸展的“唯一文明”（即沃尔夫所谓的“世界体系”）的保留态度；不同于萨林斯的文化学，莫斯深刻意识到“文化”这个概念之与国族的根深蒂固关系，却待之以礼，晓之以理。莫斯保持着对进化论史观的某种暧昧关系，在其倡导民族学的过程中，则重新塑造传播论，企图使之与社会学相匹配。与英美人类学不同，莫斯特别关注近代文明与“原始社会”之间的“古式社会”，保留着古典人类学对文明的“第三元”或我所谓的“中间圈”[②] 的浓厚兴趣。

不同于侧重从“原始人”那里获得有关“原始宗教”“基本结构”的知识的人类学家，莫斯对于处在自我与他者之间的“超社会体系”关注尤多。当英美人类学家以各自的方式否定了“文明”概念的学术用处之时，莫斯却耗费了大量精力，挖掘这个“普通概念”的“学术含量”，阐述其对于一种既不同于普遍主义理论又不同于文化理论的“超社会体系”理论的价值。

布罗代尔曾打趣地借列维－施特劳斯的话指出“词语是人们自由改造、任意使用的工具”，“文明”这个概念，如同所有社会科学和哲学的概念，随着思想

---

① Marcel Mauss, *Techniques, Technology, and Civilisation*, edited and introduced by Nathan Schlanger, New York and Oxford: Durkheim Press/Berghahn Books, 2006.

② 见王铭铭:《中间圈:“藏彝走廊”与人类学的再构思》，北京：社会科学文献出版社，2008。

及思想赋予它的特征，在含义上发生着广泛而繁复的变化。[①]莫斯的概念体系也不例外，他笔下的“文明”，无疑也有一定的意义随意性。然而，从《技艺、技术与文明》编录的其两篇讨论“文明”的文章可以读出，当时的莫斯，对于“文明”有了一条思路：民族学对于超社会性与历史性的研究，若深加挖掘，将有助于社会学的再认识。这两篇文章，前一篇是他与涂尔干合写的《关于文明概念的札记》[②]，后一篇是他自己写的《诸文明：其元素与形式》[③]。

涂尔干与莫斯曾于1903年合作过《原始分类》，《关于文明概念的札记》是1913年他们再次合作的文章，原于1913年发表于《社会学年鉴》第12卷。该文旨在拓展社会学的视野，为此，涂尔干与莫斯先定义了既存社会学的特征，接着质疑其学科范畴与解释力，又综合了德国的地理和文化史观点，探讨了“超社会现象”与“文明”对于社会学研究的重要性。涂尔干与莫斯承认，其借助《社会学年鉴》杂志倡导的社会学，赋予了“社会”研究一定的现实基础，为了避免空谈，而主张对总是占据特定地理空间的人群加以细致研究。把研究视野局限于占据特定地理空间的人群，使社会学涵括所有由政治社会构成的群体，包括部落、民族、国族、城市以及现代国家，但结果却表明，它对社会学家突破界限清晰的政治有机体——尤其是国族——毫无帮助。

> 国族生活似乎是集体生活的最高形式，社会学似乎无法知晓一个更高等级的社会现象。[④]

在涂尔干与莫斯看来，世界不会因社会学局限于考察占据特定地理空间的人群而没有“超社会的”社会现象。世界上存在某些“没有清晰边界的社会现象”，这些社会现象超越了政治边界，其空间范围相对难以界定。“没有清晰边界的社会现象”要比有清晰边界的社会复杂得多，因而，对于这些现象，社会学家往往知难而退。

涂尔干和莫斯认为，尽管“没有清晰边界的社会现象”因其超常的复杂性而较难研究，但认识这些现象的存在并在总体社会学中定位这些现象，意义却极其

---

① 布罗代尔：《文明史纲》，23页，桂林：广西师范大学出版社，2003。

② Émile Durkheim and Marcel Mauss, “Note on the Concept of Civilization”, in Marcel Mauss, *Techniques, Technology, and Civilisation*, pp.35–40.

③ Marcel Mauss, “Civilisations: Their Elements and Forms”, in Marcel Mauss, *Techniques, Technology, and Civilisation*, pp.57–76.

④ Ibid., p.56.

重大。

对于“没有清晰边界的社会现象”的认识，存不存在值得社会学家参考的学术遗产？涂尔干和莫斯相信，答案是肯定的。

首先，涂尔干和莫斯指向民族志和史前史，他们说，在19世纪末到20世纪头十年的30年间，美国、德国的民族志博物馆，以及法国、瑞典的史前史博物馆，对研究给予了大量投入，获得了不少重要成果。博物馆的成就不单是资料积累方面的，还是理论上的。尤其是民族志博物馆，为了陈列而进行简化和分类，成为一种学术要求，在这一要求下，出现了逻辑性、地理性、历史性三者合一的分类法。在缺乏历史记录的情况下，逻辑性的分类是必要的，但这并未脱离地理与历史的分类，对工具、风格加以历史序列的区分，表达其在时间上的序列及空间上传播于不同人群中的方式，是逻辑性的分类的必然结果。对于博物馆陈列的时间与空间分布加以深究，可以表明，某些社会现象并不严格地归属于确定的社会有机体，在空间上超越了单一国族的领土范围，在时间上超出了单一社会存在的历史时段，总之，“其存在方式在某种程度上可谓是超国族的”。[①]

其次，涂尔干和莫斯指向语言学领域，这一领域的研究也表明，不同民族的语言之间，有许多相近因素，某些词汇和语法，即使如此，它们在不同社会存在，使社会之间产生关联，使之有可能追溯共同起源或产生联姻关系。与语言相关的诸如图腾之类的“制度”，也是如此。而在某些广大的地区，特定的政治组织形式也会广泛存在于不同社会中，如波利尼西亚就广泛存在着酋长制。在家庭制度（family）方面，与讲印欧语的民族，有着相同的起源。

以上“没有清晰边界的社会现象”不是作为因素孤立存在的，它们往往形成某种相互关联的体系，在一个有整体性的体系中相互交织，其中的一种现象，往往暗含着还有其他现象与之关联地存在着。涂尔干和莫斯论述了某些具有地区性的“复合体”的特征，如澳大利亚土著的婚姻等级、波利尼西亚缺乏制陶业、美拉尼西亚的扁斧、印欧的思想与制度，这些现象都不是孤立的，它们代表着比社会更为多层次、更为复杂的体系之存在，这些体系，亦可称为“整体”，但它们超出了政治有机体的范畴。

如何形容这些地区性的“复合体”？涂尔干和莫斯主张将这些“复合体”称为“文明”：

---

① Mauss, *Techniques, Technology, and Civilisation*, p.36.

> 这些事实体系，有自己的一体性和独特的存在模式，应被给定一个特殊名号；而对我们而言，最合适的字眼似乎是“文明”。无疑，本质上每个文明都易于成为国族性的，也易于带上不同民族或者国家的一些鲜明特征。但构成一个文明的最本质性的元素并非一个国家或者民族的私有财产。这些文明的元素流出于国界之外，或借助某些特定中心的扩张力量而得到传播，或在不同社会之间建立的关系中产生（在这种情况下，这些文明元素成为双方共同的产物）。存在着一个基督教文明，虽然它有着不同的中心，但是却总是为所有基督教群体所增彩。也存在一个对于所有地中海沿岸的人而言是共通的地中海文明。还存在一个西北美洲文明，它对于讲不同语言、有不同风俗习惯等的特林基特人、钦西安人及海达人而言，都是共通的。一个文明由此构成一种道德母题（moral milieu），这个道德母题，兼容一定数量的国族，而其中每种国族文化，都不过是此道德母题的一个具体形态。①

涂尔干和莫斯将跨社会的社会现象——文明——视作一种“道德母题”，意思不过是说，如同任何其他人文类型，文明也是一种社会现象，这是因为，在他们看来，“社会”的本质因素是道德，而文明亦是一种道德。

将作为地区性复合体的文明视作一种“道德母题”，是对国族中心的社会学观的一种挑战。国族中心的社会学致力于研究有清晰边界的社会实体，而历史与现实告诉我们，群体、社会这些体系之上，还广泛存在其他社会性的实体。这些实体空间范围广阔，界限模糊，但却有其个性，构成一种不同于“社会”一词形容的东西的“社会生活”。

文明的研究本在社会学中有很高地位。涂尔干与莫斯提到其前辈孔德：这位法国社会学的先驱并不在意研究单独的社会，而致力于研究文明的普遍历程（尽管沃尔夫等尽力使自己与孔德的普遍历程说区分开来，强调近代以前文明的多元，但他们一旦触及近代，则如孔德那样，将这一普遍历程视作必然的），他一般置国族特征于不顾，仅是在国族特征有助于他追溯人类进化的阶段时，才会对它感兴趣。孔德为社会学展开“超社会体系”的研究提供了理由，这一点是涂尔干与莫斯强调的，但在旨趣上，他们两位显然对孔德社会学不抱希望。他们追寻的不是文明的普遍历程，相反，他们在观点上更接近于传播论，在触及“文明”时，总是用复数的、可数的单位来形容它。在他们看来，并不存在一个单一的人

---

① Mauss, *Techniques, Technology, and Civilisation*, p.37.

类文明，而总是存在多元文明，主导并围绕着某一民族的群体生活。文明与社会一样，有不同的地理区域，且时常会受政治边界的影响。

为了理解文明与社会的政治边界之间的关系，涂尔干和莫斯认为社会学家有以下两项工作可做：

其一，区分两种“社会事实”：一种是，由政治和法律制度以及社会形态学现象构成每个民族独特构造的一部分，这些是比较难以国际化的“社会事实”；另一种是，由神话、传说、货币、贸易、艺术品、技艺、工具、语言、词汇、科学知识、文学形式和理念所有这些流动的、相互借用的因素，这些“社会事实”是更易国际化的。

其二，解释“不均衡的扩张”和“国际化程度”在本质上依赖于什么这个问题。他们认为，“不均衡的扩张”和“国际化程度”的差异，不简单是由社会事实的内在本质决定的，而且来源于社会赖以存在的不同环境。在不同的环境下，相同的群体生活形式，有的适宜国际化，有的不适宜。

在涂尔干和莫斯看来，以上问题都是社会学性质的，但其解决，需要依赖社会学之外的知识，特别是民族学和历史学，这类学科比社会学更有能力探寻不同的文明区域，更有能力追溯文明的源流。民族学和历史学的追根求源的工作，是社会学的文明研究赖以得到有效推进的前提。也就是说，社会学的真正推进，有助于其与民族学和历史学的结盟。在文明的研究中，“民族志是不充分的”，原因首先是，借助历史学研究来考察历史中存在过的民族，是我们对于社会生活获得整体认识的前提，其次，任何文明都不过是一种特殊集体生活的表达形式，这种群体生活的基础是由多个相关联、相互动的政治实体构成，精于研究集体生活的社会学，对于只对文明追根求源的民族学而言也是一种补充，社会学可以指出，“文明是多个秩序集体互动的产物”。①

《关于文明概念的札记》一文表明，早在20世纪早期，涂尔干与莫斯已意识到“超社会体系”的历史存在应引起只注重政治边界内的群体研究的社会学家的关注。他们称，“没有清晰边界的社会现象”即为“文明”，且认为，这类“社会现象”是一种“社会事实的体系”，有其社会性和历史性，是“多个秩序集体互动的产物”。在他们看来，古今都有“文明”，近代“文明”往往有国族文化自我意识的特征，但事实却表明，它本是一种超国族的、“国际化的”体

---

① Mauss, *Techniques, Technology, and Civilisation*, p.39.

系。与孔德的进化论社会学不同，两位社会学年鉴派领导人认为，不存在文明的普遍进程。当时的涂尔干和莫斯，目睹过19世纪的西方帝国主义时代的尾声，也亲历过20世纪“世界性的战国时代”的孕育，但却没有像80年代的沃尔夫那样，将这个时代视作与此前所有时代不同的“政治经济体系”，深刻地意识到一元化的文明论与历史过程与社会事实的脱节，他们借对自己的学术祖先的批评，提出了一种复数的文明论。这种观点，深受德奥系统文化论的影响，也因之与后来的萨林斯（作为一个美国人类学家，他坚持19世纪末20世纪初美国人类学所接受的德式文化观）有相通之处，但不同于后者，且为其所不知（70年后，英语世界的人类学家开始意识到“超社会体系”的重要性）。涂尔干与莫斯早已意识到“文化”这个词汇如同“社会”一样，因依旧强调“自在性”而不足以代表历史上更常见的“社会事实的体系”——“超社会体系”。

五、文明史、技术学与“超社会的社会”

涂尔干是《关于文明概念的札记》的第一作者，但该文的大部分内容，显然出自莫斯之手，该文成文于1913年，与莫斯开始倡导民族学的年代一致。“文明”这一概念在法国社会学年鉴派中的出现，与莫斯于20世纪头十年开启的“民族学运动”有直接关系。德国民族学的“文化”是在抵制法国的“文明”中出现的，而莫斯倡导的民族学“文明论”，代表法国这一面对德国民族学的回应，是在与德国的“文化”观念之间的微妙关系中产生的。德国民族学没有全然抛弃法国的“文明”，而是将被法国社会学视作“精神”的“文明”改造为“文化”的物质形态。[①] 莫斯在采纳德国民族学的“文化”时，也进行了同样的“本土化”。

1930年莫斯《诸文明：其要素与形式》，刊发于综合学术倡导者白赫（Henri Berr, 1863—1954）主持的“国际综合会议”。[②] 当时，“文明”“文化”“德国文化”等在法国学界成为热门话题（美国人类学界因向来是站在“德国文化”

---

① George Stocking, *Victorian Anthropology*, New York: Free Press, 1987, pp.110–143.

② 如莫斯在开篇说明的，该文摘自《社会学年鉴》第二系列、第三卷“文明的概念”里一个长的方法论注释，它由关于文明的诸多注释构成，这些注释曾刊于《社会学年鉴》第一系列的第五、第六和第七卷里。该文还包括发表在《社会学年鉴》两个系列里对考古学家、探究文明的历史学家，尤其是民族学家们的一般著作所写的大量冗长评论。

那边的，所以只注意到德国学界在更早一个阶段产生的近似热议），白赫创办的“国际综合会议”，为辩论提供了一个平台。莫斯参与了这项讨论，他广泛阅读民族学家、历史学家、哲学家和考古学家撰写的法语、德语和英语作品，试图给予文明研究一个综合的概括。其大作《诸文明：其要素与形式》，带有空前鲜明的德－美式文化史特征，但又保持着社会学年鉴派对于“社会”概念的强调，他一面如文化史家那样，强调“文明”与“文化”同样自成体系，一面坚持社会学思想原则，将“文明事实”视作“社会事实”。

《诸文明：其要素与形式》将“文明现象”（civis，citizen）定义为一种特殊的“社会现象”，这种“社会现象”不是社会所专有的。社会所专有的“社会现象”，包括了使社会和社会区分开来的，存在于方言、宪法、宗教或审美习俗、时尚等中的特殊事实，如墙后面的中国、种姓制度下的婆罗门、耶路撒冷人和犹地亚人之间的关系、犹太人和其他希伯来人的关系、希伯来人和他们的后裔犹太人与其他闪米特人的关系等。这类现象的存在价值，是使社会分立于其他社会之外，所以它们自身是“社会”的要素，不是“文明”。研究相对独特的社会现象，对于我们把握特定社会的整体体系有重要价值，但研究者不应忽视另一类社会现象，即文明现象，这种现象的特征主要是，它们在长短不一的时期内存在于数个社会群体中，成为共同特征。

文明现象与社会现象之别在于，前者具备传播能力，往往超出特定社会界线之外，而后者则不易传播，局限于社会之内。

主要的文明现象种类有哪些？莫斯认为，技艺——巫术、美术、音乐、歌舞、戏剧、造型艺术、制造物品的方法、财产、货物、货币等——是首要的，它们总是在人群间传播。其次，具有高度传播能力的现象还有“社会生活中的隐秘现象”，尤其是秘密社团和秘密教派。再次是包括社会组织原则在内的制度，如“宪法”这一概念，它起源于爱奥尼亚，传至希腊，在那里被赋予哲学表达，又传至罗马，然后延续到近代，最终重现在国家宪法中，又如“部落”制度，也有其相近的传播历程。①

文明现象的生存空间超出一国的范围，本质上可谓是“国际化的”，它是指几个在某种程度上相关联的社会共有的社会现象。文明现象总是在超出部落、氏族、小王国等小型政体的领域内传播，一个文明的特征就是所有共享这种文明的

① Mauss, Techniques, *Technology, and Civilisation*, pp.60–61.

民族的特征，而不只是其中一个民族的特征。说文明现象是分布于数个社会之中的，不是说文明现象没有他们的独特性。文明本身也有其特性和形式，且往往与其他文明有冲突，正是这些特性、形式、冲突，赋予文明以特征。文明特征往往在借用、共享、整合的方式中体现出来，有些特征致使文化接触终止，有些特征致使文化整合出现问题，有些特征致使一个文明遭到另一个文明的排斥。在这个意义上，文明也是一种可在社会学上定义的体系：它们是由文明现象构成的、规模足够巨大的既是历史的又是现实的混合体。这种混合体或"文明"是"由诸多社会体系构成的超级社会体系"。①

"文明"或"由诸多社会体系构成的超级社会体系"有层次和圈子。例如，太平洋沿岸及岛屿可能存在一个很古老的文明，这个古老文明又可区分为太平洋南部和中部文明。在太平洋中部，有马来－波利尼西亚文明、波利尼西亚、美拉尼西亚文明和密克罗尼西亚文明。这四种文明之间有关系，而它们与更遥远的亚奥及亚欧文明之间也有关系。在"由诸多社会体系的超级社会体系"中，一致性和多样性并存，因此，每个文明也都有其区域和形式。文明总是有其局限及核心－边缘之分。文明所延伸的区域之所以能被感知，是因为人们对构成不同文明的要素或现象有过总印象，知道文明要素或现象有自身的形式。文明的区域和形式是相互关联的，文明有区域是因为它有其形式，而文明的形式只在区域内传播。

为了论述文明的层次与圈子，莫斯借用了德国民族学。在他看来，要研究超社会的文明现象，就要求社会学结合地理学、历史学的方法。原因之一显而易见，"文明事实"存在于相对广大的地理空间范围及相对漫长的历史时间中，若不参考地理学、历史学的研究方法，则无法知晓文明的空间分布与时间流动面貌。②

在分析文明的区域与形式时，莫斯也看到了综合地理学和历史学因素的民族学派的弱点及社会学的优势。文明的区域与特征的研究，要归功于一代德国民族学家，他们早已对文明做了文化圈（Kulturkreise）和文化层（Kulturschichten）的区分，并以此为出发点，研究文明中占支配地位的特征、分布规律及年代。但在莫斯看来，这派民族学家犯了两个严重错误，其一，对文明中占支配地位的特征进行随意选择，其二，忽视文明中占支配地位的特征和其他特征之间存在的关系。莫斯认为，文明不是建立在一种特征而是一定数量的特征基础上的。对于研

① Mauss, Techniques, *Technology, and Civilisation*, p.62.

② Ibid., p.61.

究由不同特征组合起来的文明形式，总体社会学的观点是有用的，它能为我们指出，特征之间是有结构关联性的。对于流行的文化形态学（Morphologie der kultur），尤其是其中的世界文明分布图说及流行哲学式的“文明命运论”，莫斯更是给予严厉批判，他指出，“文化形态学”不仅毫无用途且受制于“先验的文化概念”。

既然民族学与文化形态学都无助于研究文明的区域与形态，那么，民族志的研究方式是否适用？莫斯肯定美国文化人类学展开的扎实的“文化区”民族志研究的价值，但紧接着便指出，民族志的方法可以提供相对有用的材料，但单独使用是不够的。通过单独使用民族志方法和社会学“内部结构”的分析方法而得到的知识，时常需要在更广阔视野中——如语言学和考古学中——寻找自己的位置。民族志分立社会的研究，常常沦为“更准确定义中的一个不是太可靠的附注”。[①] 例如，美国文化人类学中波亚士、威斯勒等曾从民族志研究中对美洲印第安人的某些事项有深入描绘，但直到萨丕尔（Edward Sapir，1884—1939）语言学研究出现之前，这些描绘一直未能论证北美语言与中藏缅语的源流关系。对莫斯而言，这意味着，特定区域或族群个案的民族志研究有助于表明历史的不确定性，但我们应关注更普遍的事实：文明赋予民族类型以特征，将人划分层次，而与此同时，文明又有自己的特殊样貌，其产物有自身风格。

世界上之所以会存在多样的文明，是因为文明的传播不是一个普遍历程而是有其限制的。如何理解文明波及范围的有限性？莫斯认为，文明的借用能力或扩展能力，及构成文明的社会对传播产生的阻力，是限制文明、使其有像国家的边界那样的界线的两大原因。对于解释文明传播的有限性，社会学对于集体意识的研究，及其对于社会事实之间关联性的研究，民族学启发更多。

莫斯说：

> 从集体表象和时间的这一特质看，自然可以认识到，文明拓展波及的地区必然是有限的和相对固定的——至少在全人类变成一个社会之日前是如此。原因是，特定的集体表象、实践及体现它们的物品，（姑且不考虑其阶段性）只能在可能和愿意采纳和借用它们的地方传播。这个任意的特征很明显只普遍存在于同血缘、同语支或长期有所接触的社会中，或者说，接触可以是友好的也可以是敌意的（战争，出于必要性，是一个很好的借用手段），换句话说，只存在

① Mauss, *Techniques, Technology, and Civilisation*, p.65.

> 于彼此之间有共同点的社会中。也因此，我们才可以在这些持续借用和演化的几点找到文明的区域界线……例如，现在谈拉丁文明兴许是可能的……但我们谈这个文明，也同时在谈它的意大利或法国变体。①

莫斯这一席话，兴许与他为社会学辩护的急迫心情有关。当时，持“文化史”“历史民族学”和“传播论”观点的学者，多数反对社会学方法，认定这种方法，有过度观念形态化的嫌疑，无助于澄清历史事实。在《诸文明：其要素与形态》一文的导言中，莫斯称，对社会学的这一指责毫无道理。以上所列诸学科都反对进化论，莫斯辩解说，涂尔干与他自己致力于从事的社会学在这点上与那些学科是一致的，就像文化史学家和地理学家那样，社会学家已不再把文明视作一个普遍历程，他们关注的是“社会之间的年代学和地理关系”。②他宣称，“思想学派的冲突是徒劳的智力较量”，兴许又是“哲学或理论主教地位的争夺战”而已，学者该做的是折中地选择所研究的问题与所采取的方法。在文化史、历史民族学和传播论与社会学之间，莫斯折中选择了巴斯蒂安的“三原则”作为其文明研究的观念与方法起点，指出，文明一词含有的意义，可通过采纳巴斯蒂安提出的民族学研究“三原则”来给予分析，此“三原则”为：(1) Elementargedanke，即原生的“基本思想”、集体意识自主和独特的创造或“文化特质”；(2) Geographische Provinz，即“地理部门”，或指被共享的文明事实，或指有相互地区关联的语言；(3) Wanderung，即文明的移动、传播和变迁。③

莫斯竭力为涂尔干社会学辩护，但他却不固守这种社会学，而是悄然在其中增添其他因素。莫斯一向重视经验与方法，他深刻地了解到，因涂尔干的影响，公众热爱着社会学，却将之视作一种“哲学关怀”，而在他看来，抓住社会学研究的问题，推进对问题的具体认识，不局限于学科的形而上学评论，方为上策。从很早开始，莫斯即致力于文明研究，对于民族学对社会学的补充作用，更有极其深刻的认识。④他的文明研究，表现为通过对民族学“社会学化”，通过为民族学增添社会学解释，实现对法国社会学的“民族学化”。

莫斯对于文明的集中思考，发生于第一次世界大战前及两次世界大战之间，不

---

① Mauss, *Techniques, Technology, and Civilisation*, p.68.

② Ibid., p.58.

③ Ibid., pp.58–59.

④ Marcel Mauss, “An intellectual Self-portrait”, in Wendy James and N. J. Allen, eds., *Marcel Mauss: A Centenary Tribute*, New York and Oxford: Berghahn Books, 1998, pp.29–42.

能不与他当时对于战争背后的社会原因的思考有密切关系。莫斯将文明视作为“超社会体系”，一个意图是承认民族学家揭示的事实，及强调社会学家未重视而该重视的研究，另一个意图则是揭示作为战争机器的国族拒绝承认自身的文明与其他民族的文明曾出自一个源头的做法之荒诞。第一次世界大战后，莫斯对国族现象进行了广泛研究，写下大量笔记，严厉批评了现代国族在种族、语言与文明上的自我标榜，指出国族不是孤立存在的，相反，其存在前提条件是文明关系的总体。

针对“国族”的“自觉”，莫斯说：

> 国族信仰自己的文明、习俗、工业技术、精美的艺术。它对自己的文学、造型表达、科学、技术、道德、传统有着拜物教，总之，崇拜自身的性格。每一个国族都几乎毫无区别地幻想自己是世界第一。它教授国民文学，仿佛别国无文学；它教授科学，仿佛科学的辉煌是其内部合作的成果；它教授技术，仿佛它们全是它的发明；它教授历史和道德，仿佛它们是最好最美的。这里存在的那种天然的自满，部分可归因于无知，部分可归因于政治上的诡辩，而且通常，则发自教育的要求。再小的国族都无以避免一个事实：每个国族都接近我们古代和传说中的村子，相信自己优于邻村，总是站在“疯子”的对立面与之斗争……国族继承了古老的氏族、部落、教区和省份的偏见，因为国族成为与它们相对应的社会单位，与它们一样，是具有单一集体性格的个体的汇合。①

相对于国族的“自觉”，文明的历史告诉我们，历史是“不同社会的各种物品及其成就在各社会之间循环流动的历史”。②“社会并不是根据它们的文明来定义自身的”，它“沉浸于文明的浸染中”。③

“不同的社会依赖其相互之间的借鉴来生存，但它们却通过否认而非承认借鉴来定义自身。”④ 如果说涂尔干为社会学奠定了一个以“人心的凝聚力”为观念基础的“社会”概念，那么，莫斯在其对国族的批判中引出的文明史见解，便可谓是一个巨变。在此，涂尔干的“社会”，成为国族“自觉”的社会学表达方式，而莫斯的“文明”则是国族荒诞剧的民族学揭示。随之，为了强调“人心的凝聚力”而发现的高高在上的“神圣”，也退让于横向的循环流动的历史。“超

① Mauss, *Techniques, Technology, and Civilisation*, p.42.

② Ibid., p.44.

③ Ibid.

④ Ibid.

社会体系”依旧被定义为“社会现象”，但它已不是一般的“社会现象”，而是包括国族在内的任何“我群”认识的替代性前提。“社会现象”已不局限于“社会”本身，而是社会将其自身的构成归功于其他社会的办法，它也还是如“人心”“宗教”那样，是道德性，但这种道德性，是社会（或文化）之间的，它没有清晰的社会（或国族）疆界，是“国际化的”“文明”的。另外，与涂尔干笔下的、作为“社会”之核心的“宗教”也不同，这种“超社会的道德性”，不主要表现于祭祀仪式与神圣象征中，而表现为其他。

有学者指出，1920—1941年间，莫斯不断地回归技艺与技术学这个主题。他对于技艺与技术学进行了自己的定义，在他的论述中，“技艺”指人借以与他们的自然环境（物的世界）、人文环境（他人构成的世界）互动的物质性实践、人造品及技巧，而“技术学”并非“科学技术”意义上的“记述”，而是对“技艺”进行理论与实践的社会学或人类学研究。莫斯不仅多次警告社会学家不要忽视“技艺”这个研究领域，而且倡言在社会学中给予技术学一个特殊地位。莫斯对于技术学的倡导，使他的学术与此前他所为之努力的涂尔干式社会学构成鲜明差异。涂尔干式社会学注重集体表现、仪式等现象的研究；莫斯自身是这个学派的一个部分，也曾致力于这类事物的研究。但其在20世纪头十年起开拓的“技术学”，已在事实上分立出涂尔干式的社会学，莫斯不露声色，但他已造就了法国社会学的一个新的出发点。从“神圣”、集体表象、仪式向技术学转变出一个思想与其周遭氛围之间的互动关系。若说涂尔干式的社会学因注重“凝聚力的神圣之根”的研究，并因此间接和无意地成为国族的自我认同的“科学证明”，那么莫斯所努力推动的进程，便可谓是在对国族问题的高度自觉上对涂尔干式社会学的一种意识形态纠正。①

莫斯代表的转变，不是通过“技术学”零星地显露出来的，在“技术学”之外，莫斯的几项研究已构成一个有关“超社会体系”的系统论证。1924年，他发表《论礼物》，强调了物作为人性载体的事实，指出社会的“总体事实”与其说普遍地与“上帝”有关，毋宁说是更与“人间”的“互惠”有关。莫斯承认，他的研究表明，礼物同时是宗教的、神话的及契约的现象，但与此同时，他却又指出，实现人之间的“心心相映”，更普遍的方式不是人对高高在上的“神圣”

---

① Nathan Schlanger, “The Study of Techniques as an Ideological Challenge: Techonology, Nation, and Humanity in the Work of Marcel Mauss” , in Wendy James and N. J. Allen, eds., *Marcel Mauss: A Centenary Tribute*, pp.192–212.

的皈依，而是对交换的必要性的膺服。若说流动的礼物是“圣物”，则这是一种特殊的“圣物”，是一种潜在或隐蔽的“巫术般的魔力”，正是这种“魔力”的存在表明，交流是人之德性的核心意涵。

在《论礼物》中，莫斯把论证框定在社会学内部，他的重点放在作为“社会内部事务”的“互惠现象”，但从他的论点此后产生的对于结构人类学交换理论（这种理论更重视人群之间的关系研究）的重大影响看，莫斯提出它的意图，绝非仅限于对“社会内部事务”的诠释。正是在《论礼物》提出的“交流是社会的德性”论点基础上，莫斯在同一阶段中开启了“技术学”与其他民族学领域的研究。而我们不应将莫斯的“技术学”，化约为“物质文化”，而应看到，列举的“技术学”研究对象，是与易于传播的其他“文明现象”联系在一起的。

在触及技术学时，莫斯对于“社会现象”做了一个崭新的分类，他不再从社会学角度挑选社会结构的决定因素，而将社会现象划分为易于传播的与不易于传播的两类，还明确指出，虽则二者都有其社会属性，但易于传播的“社会现象”（这里包括“技艺”），应定义为“文明现象”，它们与涂尔干意义上的“社会现象”有着重要区别，前者本身具备传播能力，后者则因注重“明哲保身”而不易向社会之外流传。既然莫斯依旧将“文明现象”定义为一种特殊的“社会现象”，那么，我们便不应轻易地将他的论点视作对于“社会结构论”的颠覆。但“文明现象”一词的提出，是有明显的实际后果的——此时，对于“凝聚力”的关注已彻底退让于对互惠、借用、交流的关注。而莫斯所列的易于传播的“文明现象”，包括的面十分广泛，技艺固然是首要的，但所谓的“技艺”，广泛包括了各种身体记述、造型艺术、工艺、财产，以至货币。除此之外，“文明现象”还包括其他两个重要的类别，即，秘密社团（包括教派）及各种政治－法权观念。可见，对于莫斯而言，重要的，不是涂尔干式社会学通常列举的集体表象、集体记忆、献祭、仪式这些可谓是社会的“正统现象”的东西，而是这些之外的那些流动于社会之间的物、符号、观念，以及穿越于社会之间、远比“社区”具有流动性、“超社会性”的秘密社团。

莫斯对于“文明现象”的关注并未导致他采取一种单数的唯一文明观，莫斯所指的是复数的，这就使他能够从两个方向上同时考察文明，一方面，他强调研究“文明现象”超越社会的形式与内容，另一方面，他也强调研究“文明现象”传播的限度。所有人对于“文明现象”的共享，固然是一个好理想，但这种全球性共享的文明，却不易与进步论文明观所带有的文化自闭性与侵略性相区别。

若我的理解无误，则对于莫斯而言，不是无限的单数的文明，而是有限的文明才引人入胜。

在莫斯论述文明时，欧洲有过不同的"文明"概念，"文明"被当成不同的东西，如市民化与国家化，礼仪与礼貌、艺术品味、世界崛起的手段，等等。在语言学界，学者继承了西方古代观念，用"文明"来形容欧洲"语言文明"（如拉丁语、英语、德语等），并将之区别于土语、方言、未开化民族的少数语言、农村语言等"没有被广泛传播而因此不文雅的语言"。在国族时代，"文明"被视作"文化"——属于"自己民族"的文化。莫斯对诸种"普通的文明观"加以区分，认为那些与传播相关的礼仪、品味、世界观、"语言文明"，都含有他自己定义的文明要素，而国族时代忽略他人的文明的民族主义文明论，则与他自己的观点格格不入。莫斯将民族主义的文明论（以"文化"概念为特征）视为一种神话和集体表象，同时，他也指出，在近代欧洲，还存在过一种普遍主义的文明论，这种文明论与视"文明"为一个完美的国家、一种封闭的、自治的、自给自足的状态的观点不同，它有世界主义的特征，但却时常与抽象的、未来主义的文明论结合，成为对国族进行世界性的等级排序的手段，成为一种世界历史使命的信仰。如何在国族主义与普遍主义的文明论之间找到一个中间状态？莫斯找到的答案似乎是"国际化"。"国际化"的文明既不同于民族主义，又不同于普遍主义，它既是"超社会的"，又与无限的、唯一文明有别。

20 世纪初，随着人类学的"人文思想革命"的来临，为了寻找西方的"他者"，多数人类学家忙于寻找世界上尚存的"原始人"。19 世纪的人类学家中广泛存在着对"原始人"与介于他们与近代文明之间的诸文明体系的关注。到 20 世纪，这个关注若不能说已全然消失，那也应说大部分不复存在了。莫斯一向尊重英美人类学家书写的"原始人"民族志，且试图基于对它们的比较和综合，提出理论。然而，莫斯也一向偏爱古代文明体系的研究。莫斯受过的民族学及印欧古代语文的训练，部分解释了他对于古代文明体系研究的偏爱；但更重要的是，他对于"文明现象"的长期关注，使他远比其他人类学家更注重理解作为社会演化中间状态的古代文明体系。在莫斯看来，这些处在中间状态的文明，广泛存在着传播、帝国及混合，其历史，本身就是"超社会体系"的极佳说明。

为了理解既不同于"社会"又不同于"世界"的文明形态，莫斯基于他的同僚与学生的研究，概述了古代诸文明的特征：

其一，从古希腊文明和拜占庭文明看，莫斯认为，古代文明的研究表明，文明都远距离地传播过物体和思想，并且涵盖除了文明主体民族之外的民族。

其二，文明与国家之间的关系，是文明在先。一定的人群成功创造出心态、习俗、艺术和科学等，这些文明因素会传播到一个广大的地域中，生活在其中的人们由此创造了他们的国家，而国家有的在文化和民族上是独特的，但也有复合型的。文明史研究表明，文明常以帝国为坐落，如所谓“东方帝国”就是“拜占庭文明”的核心地带；而以帝国为坐落的文明，有其特殊的内外关系，如古代中国，内部涵括不同民族，对外覆盖比帝国的疆域更加广泛的区域，“中国文字、经典、戏剧、音乐、艺术符号、礼仪以及生活艺术所到之处，都可以称为‘中国事实’。安南、韩国和日本在这样或那样的程度上都是中国文明的土壤”。[①] 另外，通过宗教的广泛传播，文明的生存空间和时间也可以超越帝国，如，印度文明中的佛教，在空间上影响整个东亚地区、东南亚的某些部分，以至巴布亚－新几内亚及欧洲，在时间上超出了印度这个帝国的生命。

其三，文明是种族与文明的大熔炉。有关于此，莫斯举出吴哥窟的例子，认为“大熔炉”的意象与事实早已存在于古代文明史中。吴哥城以其优美的雕塑而声明远扬，那些雕刻中，难以计数的人物、动物、物品，四层阁楼，装饰，天上、地上、海上的象征人物，引人入胜。这些难以计数的形象，自己并没有动感，但似乎某种东西使它们看起来是动态的。那是什么？印－高棉是这些形象构成的整体外观，但使它动起来，让人觉得离奇而又壮观的，却是它的复合性。有些雕刻是佛教的，有的是印度教史诗式的，其所呈现的故事，让人迷惑。其中，有列队而过的庞大军队，也有带印度特征的祭司、头人与王子，这一情景颇能使人联想其罗摩衍那之战，但是否如此，却无人可以确认。而最令人惊叹的是，雕刻描绘的一切，来自四面八方，却又似乎与特殊的未知文明相关。雕塑的形象，好像代表某个种族，但这个种族与现在的种族毫无相似之处，也可以说，与任何已知纯粹种族之间几乎毫无相似性。雕刻的最后一系列表现着日常生活和工艺，其中已经包含印度支那因素，而“印度支那”这个概念却不是指其他，而是指早在公元第一个千年结束时就存在的“巫婆之釜”，它本身即是“种族和文明的大熔炉”。[②] 莫斯认为，我们可以从吴哥窟的例子延伸出“文明”的第三层含义，即它常是一种道德和宗教的事实。除了吴哥窟作为“种族和文明的大熔炉”

① Mauss, *Techniques, Technology, and Civilisation*, p.70.

② Ibid.

的"巫婆之釜"，我们可以在佛教、伊斯兰教、天主教这些道德和宗教体系里看到文明广泛传播与融合的事实。这些宗教都不局限于一族、一国，而有跨地区的传播范围，它们自身也追求某种普遍性，其传播因时常包含着种族与文明融合的因素，而可以称为"文明化"。

六、文明："融合"同时是历史与价值

知识分子仍生活在其自设的吊诡中；一方面，他们相信，学术研究需步步紧逼，往"科学的革命"或至少是"学科内范式的更新"的目标推进；另一方面，他们强调，任何书写都是情景化的，他们自己的书写，亦非例外。学术进步目的论与非目的的情景论，这两种取向，本是两种知识价值论上的态度，但二者却同时存在于人类学家心中，共同构成了一个难以克服的内在矛盾。人类学家早已批判了进化论的"单一世界论"，但在衡量自己的价值时，却难以摆脱其幽灵的纠缠。因袭 19 世纪台阶式的时间顺序，他们对从过去到现在思想与论述的演变加以等级化地排列，为此，他们必须坚信"后来居上"，不断质疑前人，畅想思想的未来；与此同时，理解到"情景化"这个概念的价值，他们也深知，现有学术与过往学术都出自思想与其之外的事物的互动，学术无所谓"先后"，而都是思想、文本、情景之间关系的体现。

任何生存于学科规范中的学者都难以彻底摆脱这一吊诡的纠缠。

我在上文"逆时"地追溯诸种"超社会体系"论述，勾勒出一幅图景，它给人一种有悖常理的印象。

无论是沃尔夫，还是萨林斯，抑或被一笔带过的相关学者，可谓都是莫斯的后来人。从学者坚信的"科学的革命"或"范式的更新"逻辑看，"后来居上"，这些后来者的思想和学术成果，似乎"必然"都要远比莫斯的"进步"——即使事实往往并非如此，因他们也还是后来人，我们则需按一般纪年法构成的"规矩"，将他们列在后面。

对"超社会体系"诸种研究的"逆时"追溯，不遵循这个规则。因之，"情景化"这个观点，兴许更符合解释这一"逆时性"的需要。

即使不把国别学术传统因素考虑在内，莫斯的文明论，与沃尔夫和萨林斯的不同解释，也出自两个不同的时代。20 世纪前期，欧洲笼罩着战争阴影，莫斯透过这个阴影看到历史断裂带来的社会危机，其中，国族观念导致的种种矛盾是首要的。

于是，莫斯从“超社会体系”出发，迈向一条通往寻找“超国族文明”的道路。20世纪后期，世界从意识形态对垒导致的“冷战”，转入了一个不同的时代，此时，由意识形态导致的敌对表面上化解了，但资本主义阵营获得了优势并不意味着矛盾的消除，相反，恰是在这样一个时代，它的经济－符号体系带着它自身包含的矛盾再次进入此前既已进入之地。如何面对这个“唯一的文明”的侵略性？这个“唯一的文明”的出现，是否会危及世界，并使之丧失此前拥有的人文多样性？在回应这一时代的尖锐问题中，沃尔夫与萨林斯提出了分歧明显的看法。

非目的的情景论为我们将沃尔夫、萨林斯、莫斯这些人物放在同一个平台上看待提供了理由。这一理解采取的方式，本与“科学革命”解释相矛盾。尽管多数学者因袭这个知识的吊诡，且有意无意加以复制与推广，但有必要强调指出，对思想进行“情景化”使我们认识到，思想和方法都置身于其存在的时代中，不一定随着时间的向前推移而进步。20世纪前期与后期这两个似乎相距甚远的年代面对的问题表面不同，其实一致——二者都与这个我们可称之为“世界性的战国时代”紧密相关。“礼崩乐坏”既可能给知识分子带来“克己复礼”的使命，也可能让他们对于世界保持着一种“失望”，莫斯的文明论和萨林斯的“并接结构”，接近于前者；沃尔夫的政治经济学则接近于后者。从这个角度看，三者是“同代人”。

“超社会体系”论述，使人深感有必要如同莫斯所谓那样接受传播论的解释模式，对不同的学术中心进行层次与圈子的分析。莫斯的文明论在后两种理论出现之前50年就已形成，作为一个具经典意味的理论，它的思想广度远超后人——后人制作的文本，在细节的深挖上固然大多超出莫斯，不过，从思想与现实接触的全面性与思想自身的丰富性看，前者则远不如后者。

莫斯文明论缘何迟迟未得到英语世界的关注？原因是显然的：这一思想不能满足致力于圈定“超级微观的世界界限”的英美人类学家的“理论消费需要”。此外，莫斯的思考与之后形成的某种对文明谈虎色变的人类学观格格不入[①]，这也使它难以得到关注。

然而，矛盾的是，莫斯的文明论事实上又已于近期传递给了英美人类学界，只不过是因为传递是间接的，因而，在沃尔夫、萨林斯等人那里，仿佛只能依稀看到它的一线模糊的痕迹。

---

① 以马林诺夫斯基为例，他的《自由与文明》本是追寻自由的文明基础的，正文中却到处以“文化”来替代“文明”。见马林诺夫斯基：《自由与文明》，张帆译，北京：世界图书出版公司，2009。

对沃尔夫深有影响的布罗代尔，早已于1968年著述《文明史纲》，基于对莫斯文明论与年鉴派史学既有论点的综合，探寻了世界诸文明体系的古今流变脉络。但沃尔夫撰写《欧洲与没有历史的人民》时，未征引此书。这兴许是因为他并不知道该书存在，或者是因为他不理解作为世界体系理论的倡导者，布罗代尔缘何在晚年会致力于与世界体系相反的文明研究，而无论原因为何，沃尔夫局限于从后期的华勒斯坦找到更接近于政治经济学的框架，以之解释整个世界史，致使其对于历史的解释，包含诸多理性–普遍主义因素，且因之无意"淡描"了非欧洲大文明体系对于世界史的关键影响。萨林斯从葛兰言、列维–施特劳斯等人那里，借用了不少"学术技艺"，其"并接结构"研究，表面上停留于杜梅齐尔神话学中，实质上却酷似莫斯民族学。不过，因他的学术"技艺"是间接借用来的，故未曾直面"文化"与德国国族文化观的紧密关系，更未充分解释文化观缘何应让位于文明观。更加遗憾的是，直到2006年，莫斯的文明论方翻译为英文，而此时，沃尔夫已辞世，萨林斯的"并接结构"理论则已然定型。

从20世纪80年代的诸种世界论述"倒退到"30年代的一种论述，自有其依据。莫斯在70多年前系统阐述的文明论，犹如传播论民族学家笔下的文明中心那样，存在于更古老的年代里，其辉煌，"逆时"的衰变，其高度，是处在"边缘"的"现代人"难以企及的。

我们做如此判断，绝不是为了诋毁沃尔夫、萨林斯这些莫斯的后来人，更不是为了否认一个重要事实——我们曾从他们那里学到过许多东西：恰相反，无论是沃尔夫，还是萨林斯，所给予我们的启发是巨大的。正是两位在20世纪80年代对既往主流人类学的"超级微观的世界界限"提出的精彩批评，为我们迈向更为宏观的人类学开辟了道路。

沃尔夫对于"全球人类学"的求索，落实在一个既有传统圈子之分又有等级一体秩序的世界论述上，这恐有贬低其本想复兴的欧人之外人民的历史价值之嫌疑，不过，在论述1400年之前及1400年这个时间临界点上的世界时，他却不局限于独立的部落和文化区域的研究，而"力图廓清人类相互作用的网络"。[①]他指出，古代欧洲、亚洲、非洲与所谓"新世界"，早已超越了西方–非西方之分，那里生活着的人群在欧洲扩张之前早已存在广泛的联系。帝国与长途贸易，不是欧洲扩张带来的新鲜事物，他们在古代时已广泛存在于几个宏大的区域中。

① 沃尔夫：《欧洲与没有历史的人民》，34页。

沃尔夫根据自然地理、气候带分布、生计方式、交通道路等区分了数个跨越国家的政治经济区域，并对这些区域的内部特征与对外关系进行了分析。

虽然沃尔夫断言，这一区域到了近代被扩张的欧洲重组了，但到底这些区域是已被“世界体系”彻底覆盖，抑或依旧保留着自己的传统并以之兼容“东渐”“南进”的欧洲因素？沃尔夫的成就与其中存在的问题，留给了后世去解决，而沃尔夫对于1400年前的世界的重新“区划”，总是有用的——其用途之一在于，替我们论证了一个重要观点，即脱离了“跨社会体系”研究中“互为主体”的人文世界观，世界史将是不可能的。

萨林斯从文化——尤其是当地的价值、情理、荣誉感、关系论等——入手，论证“世界体系”的“全球多义性”，他也是因意识到“超级微观的世界界限”已导致不少认识误差才提出了“整体即局部”观点。

萨林斯这一思路，有助于我们更深入地理解及更细致地描述沃尔夫笔下的古代帝国、大区域与关系，也有助于我们站在非西方的“当地”立场，看待这些区域与关系及其与更大范围的实体的互动。萨林斯的论述，无论是对于我们基于“文化”内部的上下关系解释“内外关系”，还是对于我们比较“星系式政体”与“小型政邦”之间的关系，都提供了富有启发的解释。此外，萨林斯继承“神圣论”的部分因素，强调以“神－王”观念为角度，理解“跨社会体系”，借助“陌生人－王”的意象，概括了跨文化关系中的“神圣王权”因素，提出了一种不同于相对“人间化”的莫斯文明论的宗教－神话学解释。因“神－王”模式的主要来源是萨林斯借用的印欧神话研究[①]，故萨林斯的这一解释也可能有其局限。

回到《欧洲与没有历史的人民》一书，我们可以看到，恰是有其认识论局限性的沃尔夫，在触及萨林斯专门论述的东南亚王权政体与“星系式政体”的关系时，已敏锐地观察到，处在印度洋与中国海交汇之处，东南亚半岛与岛屿，是印度与中国两大政体的中间地带。早在1400年之前，这片广大的地区早已深受印度和中国的双重影响。很早就来到东南亚的印度婆罗门带给后者仪式权力与王权的制度，这些制度与后者中涌现的精英文化结合，共同奠定了一种政治基础[②]，而此后，伊斯兰文明与中国文明对于东南亚的政治经济生活，也同样起到过极其深刻的影响。

---

① Georges Dumézil, *Archaic Roman Religion*, Ⅰ－Ⅱ, trans. Philip Krapp, Baltimore: Johns Hopkins Press, 1966.

② 沃尔夫：《欧洲与没有历史的人民》，69—70页。

如果说东南亚的政治基础是借用印度婆罗门的仪式体制完成的，那么，我们是否可以认为，印欧神话体系的“神－王”模式、“陌生人－王”模式，并非出自“本土”？或者说，这些模式是否是印欧文明特殊性的传播后果？萨林斯早已运用“神－王”模式研究了波利尼西亚人的宇宙论结构。到底波利尼西亚的“神－王”是“土生的”还是通过传播得来的？是波利尼西亚人的“神－王”在先，抑或印欧“神－王”在先，还是说，二者都来自远古人类曾经共享的“原始宗教”？思考此类问题，有助于磨炼“跨社会体系”研究的能力。

从事“超社会体系”研究，除了“世界体系”和“并接结构”概念，国族谱系学分析对于我们也深有启发。这些分析使我们意识到，“国族”并非自古有之，因而，基于国族建立研究的对象单位，不足以解释历史。它们还使我们意识到，即使国族真的纯然是近代产物，这一观念出现之后，不同地区的人群原有的“传统”，也必定会寻求一种与它的“并接”。也因此，基于原有部落或基于原有帝国建立国族，到20世纪50年代之后更成为“未有国族”的共同体的“民族命运”。

从部落到国族，要求有发生“整合式革命”，也就是将一盘散沙的部落，组合为一个凝聚力强大的国家。国族主义基于“一族一国”的“理想型”来推进“整合式革命”，这场“革命”本源于欧洲思想，却（兴许是在意料之外）成为后来殖民地人民独立成国的依据——他们纷纷加入摆脱殖民宗主国统治的运动，形成自己的国家。尽管不少殖民地在历史上曾与古代帝国之间有密切关系，但到了近代，它们已沦为部落化的松散单位。当这些部落化的松散单位组合为一个国家时，其内部出现族群认同危机是必然的。如格尔兹指出的，“新兴国家被认为是整合过的社会，但它们却极易被与原生性认同纽带有关的严重不满感所影响”。[①] 亲属关系、特定宗教共同体、方言、习俗等，有强大的凝聚力，在以往的社会中，人归属于自己的亲属、邻居、宗教团体。到了国族时代，人们不得已为了民族富强而舍弃这些“原生性纽带”，且被诅咒地相信，从现代政治看，这些东西是一种“病态”。“民族团结不能诉诸血缘和地缘，而应诉诸对市民国家的某种微弱、时有时无和按部就班的忠贞，再由政府或多或少地运用警力和意识形态劝诫加以补充”[②]，这便成为基于部落建立的国族的新意识形态。然而，恰是在这种意识形态广为传播的年代里，“原生性归属感”总是被反复地申明，在某

---

① Clifford Geertz, “Thick Description: Toward an Interpretative Theory of Culture”, in his *The Interpretation of Cultures: Selected Essays*, New York: Basic Books, 1973, p.250.

② Ibid.

些时候甚至与自治政治结合，成为某种政治运动。[①]

从部落到国族要求的政治行动是“整合式革命”，可是，从帝国到国族，就不一定如此。欧洲的近代历程，过程就是相反的。所有的帝国本都是“超社会体系”，在其中，“社会”只不过是作为“整体的局部”存在的，若是一定要遵循欧式国族主义“一族一国”的原则，则帝国的分裂是其国族的前提。然而，从帝国“直接跃进到”国族的事例并不鲜见。由帝国转化而来的国族，时常采取由殖民地部落转化而来的国族的意识形态，将自身的历史形容为部落般的历史，与此同时，帝国历史的辉煌，又是挥之不去的集体记忆。这一吊诡，命定地给它们的“整合式革命”带来危机。

“局部”与“整体”的关系，无疑是非西方“新国家”的核心问题；这个关系问题，不局限于国内，而也与“外部”有着同样重要的关联。格尔兹论述“原生性归属感”在新国家建设中的双重作用，重在指出，被包括于“超地方性国家”之内的诸文化有其强大的延续力。这一对国族的论述，有其局限性，它集中考察了小型族群的现代命运，而忽视了这些小型族群曾经与历史上的庞大文明体之间存在的关系，更未触及非西方“超社会体系”。从这点看，无论是沃尔夫和萨林斯，还是莫斯，其对“超社会体系”的不同论述，都为我们重新理解国族概念的世界性传播历程提供了重要启发。尤其是萨林斯，他针对“世界体系”与非西方文化之间的关系，强调了两种不同的宇宙观体系对“外来力量”的不同反应：把自己的首领与外来人等同起来的夏威夷“土著”，倾向于“以外为上”，在外部寻求自身文化地位，他们较易于接受“世界体系”带来的支配性，而长期浸染于朝贡体系中的中国文明，在历史上虽如萨林斯后来承认的[②]，也有与“陌生人－王”模式相近的“以外为上”价值观，但到了帝制晚期，则倾向于“以内为上”，鄙视随着“世界体系”的“全球化”而来的商品。[③]进行这一比较，萨林斯本是要论证文化内部的价值观如何决定着文化接触的“后果”，不过，兴许出乎他的预料，这顺带也让我们看到，“世界体系”中的国族面对的困境，不总是与“从小到大”的“部落整合式国族”的小型原生族群对于“国族”认同的潜在

① Clifford Geertz, “Thick Description: Toward an Interpretative Theory of Culture”, in his *The Interpretation of Cultures: Selected Essays*, New York: Basic Books, 1973, p.260.

② 萨林斯：《整体即部分：秩序与变迁的跨文化政治》，刘永华译，载王铭铭主编：《中国人类学评论》，第9辑，127—139页。

③ 萨林斯：《资本主义的宇宙观：“世界体系”中的泛太平洋地区》，载《人文世界》，第一辑，81—133页。

威胁相关，在特定情况下，它还可能与传统帝国大型文明体系——如埃及、中国、希腊、伊斯兰、印度等代表的那些体系——相对于以欧洲为中心的西方文明体系的延续存在相关。这些文明体系的空间格局，有些早已在西方冲击中解体，有些则长期维持了传统帝国传承下来的世界观。基于帝国文明体系建立的国家，不同于欧洲国族形态，而一旦它们吸收了已成为国际惯例的民族国家主权和全球意识之后，则其对于世界格局的未来变动，可能产生不亚于欧洲世界经济体系的影响。

相关于国族的论述，除了有助于我们认识社会、文化、民族这些概念与遭到人类学“禁闭”的文明概念一样与特定“情景”之间的密切关系，还有助于表明：尽管1400年之后世界的确产生了巨变，但此前存在的那些“原生性归属感”与关系纽带依旧影响着人们的生活。正是对于这一事实的认知，为我们把握“世界性的战国时代”的危机提供了基础，也正是它，迫使我们在国族主义与国际主义之间做一种价值上的选择。而在这个意义上，可以说莫斯“最先进”。

“不同的社会依赖其相互之间的借鉴来生存，但它们却通过否认而非承认借鉴来定义自身。”[①] 莫斯早已指出了国族意识形态对于文明的自相矛盾态度之总特征。而沃尔夫与萨林斯虽都强调了关系纽带研究的重要性，但因他们一个受理性 - 普遍主义的局限，一个受文化 - 特殊主义的影响，而都未能看到，无论是伸张政治经济学，还是固守文化论，兴许都不是解决问题的好办法。莫斯在论及吴哥窟时提到的“巫婆之釜”，作为“超社会的社会”的文明本质性特征，它既是对于社会生活的一种“超社会学的”、现实主义描述，又包含着一条人文价值的思路，作为后者，形容它的最合适的词汇，莫过于“融合”了。

世界的本原是融合——无论是指社会内部的礼物流动带来的人与人、群体与群体的“总体融合”，还是指社会之间借助“文明现象”进行的融合。只不过自社会科学发明之日起，我们便承担起编撰或传承作为国族的“社会”之“族谱”的使命，自以为唯有分类与区分，方为学术的使命。于是，我们远离了世界的本原。

为了回归于世界，并基于这一历史的回归思索未来，文明融合的研究是必由之路。

莫斯一向注重经验研究，他的文明论也不简单是一个号召，它的具体内容有点接近波亚士所描述的历史具体主义观；“这个原始民族可能曾经历过一个较高级的文明状态，后来因渐渐丧失其发明与思想，而又下降为一个较低级的状

---

① Mauss, *Techniques, Technology, and Civilisation*, p.44.

态”[①]；但却又不全然是它的“附注”，而还含有另一种更为具体的经验研究论。如前所述，他在《论礼物》中提出，每个常人的互惠行为都能证明，人自己就是一个“总体社会事实”，这个观点为“混合”奠定了社会学理论的基础。

莫斯之后，部分接受这个观点，但力求在这个相对“人间化”的“总体社会事实”观与涂尔干的经典“神圣社会”观之间保持一种平衡的葛兰言，以中国古代的节庆与礼仪为案例，强调了关系的等级秩序研究的重要性；[②]而列维－施特劳斯则延伸以至泛化了“互惠”中的交换理论，区分了均衡与不均衡交换，且以神话学为角度开拓出有关自我节制与礼仪的结构－传播论式解释。[③]

诸如此类的观点，都丰富了社会学理论上的“混合”观点。而在“总体社会事实”之外，莫斯本人却还强调了对于易于传播与不易传播的社会现象的区分。到底他列举的项目是否真的有传播的难易之分？这尚需研究，但莫斯借区分强调了研究流动于社会与文化之间地带的“种种超社会现象”的重要性，使我们有可能在经验研究层次上更注重“中间现象”（即其所谓“没有清晰边界的社会现象”），避免陷入绝对的“内外有别说”的陷阱。尤其值得强调的是，通过关注“中间现象”，他为我们局部呈现了一个不同于社会中占统治地位的显要类型（如集体表象）的、更具紧密关系、难以清晰分类的类别。不同于可以用社会学方法划入框框中的“神”，这一类别，既是流动的，又寻觅着自己的聚落形态，典型地表现以“融合”为特征的文明实质。此外，莫斯在对文明与国家之间关系的类型进行的初步研究中，区别了“一族一国型”与“一国多族型”，强调指出，即使是前者，文化也是多元的、超越社会疆界的，而这一点在古代印度支那的历史研究中已得到的充分证实。而诸如古代中国那样的“一国多族型”（即其作为文明的政治地理载体的帝国），则典范地代表着文明的基本精神——“超社会的社会”。他盛赞葛兰言的中国文明研究[④]，认为这为我们理解混合社会的存在提供了极其难得的例证。[⑤]

---

① Boas, “The Aims of Ethnology” , in George Stocking, ed., *A Fraz Boas Reader: The Shaping of American Anthropology, 1886–1991,* pp.67–71.

② Marcel Mauss: “Religious Polarity and Division of Macrocosmos: A Remark on Granet” , 载王铭铭主编：《中国人类学评论》，第 13 辑，197—203 页。

③ 参见 Claude Levi-Strauss, *Anthropology and Myth: Lectures* 1951–1982, trans. Roy Willis, Wiley: Blackwell, 1987。

④ Marcel Granet, *Chinese Civilization*, trans. Kathleen Innes and Mabel Brailsford, London: Kegan Paul, Trench and Co. LTD, 1930.

⑤ Mauss, *Techniques, Technology, and Civilisation*, p.70.

结合交换与传播的观点，研究“没有清晰边界的社会现象”，同时，求知文明与国家之间不同种类的历史关系，两个学术研究的使命缺一不可，而这一综合的学术研究，亦不应因过于沉溺于经验深度的挖掘而丧失其社会关怀。莫斯对于波亚士引领的美国人类学赞赏有加，说“他们与他人相比，研究显然有着相互关系的社会和文明”，与他们的欧洲同行比起来，美国文化人类学家更加小心翼翼地界定他们的研究范围，总是“小心翼翼地回避难以驾驭的假设”，却有真的本事，以这样或那样的办法辨别“‘文明层’‘中心’和‘传播地区’”。[①]不过，在触及这个学派的学风时，莫斯则对其在把握整体和表达思想上显露出来的局限性深表遗憾。[②]莫斯未曾直接抱怨美国文化人类学缺乏社会关怀，但在他看来，后者在整体把握和思想表达上的弱点，显然源于其学术体制的压力。与之相比，莫斯期待通过“超社会体系”的思考提出具有更鲜明的社会关怀的论点。诚然，这个意义上的“社会”，已是“超社会的社会”，其基本伦理已不再是涂尔干式的、宗教与知识双重意义上的“共识”，而是另外一种“良知”——拒绝他者，无异于舍弃自我，将他者视作与“我”无关，或者，“孤芳自赏”，视自我为“唯一文明”，都背离了这一“良知”。

在“主流人类学”中，“文明”已“死亡”了百年；百年后，回味波亚士1889年所说的那句话——“即使是一个原始的民族，在其身后也有一部漫长的历史”——我们意识到，这短短的一句话有着深长的意味。何为“原始民族”身后的“漫长的历史”？兴许这正是与“文明”有关的“野蛮”的历史，或者倒过来说，与“野蛮”有关的“文明”的历史。数千年来，“文明与野蛮”夹缝间上演了一场场拉锯战式的戏剧，为了表达其文明的慈善，人类学家忘却自我，投身他者，企求在“野性的思维”中寻找自我的镜像。而为了清晰地分类，人类学家总是淡化这些“夹缝”，甚至彻底忘却主张“文化”概念的波亚士也曾清晰意识到的事实：正是这些“夹缝”，蕴涵着丰富的“生活艺术”。作为专注于研究这一“生活艺术”的方法体系，人类学家本应关注这些“夹缝”，本应关注其与此处所谓“超社会体系”之间难以割裂的关系，但因他们迷信社会凝聚力与文化一体性的理想，而以之替代了作为“生活艺术”的“夹缝”。在过度分类依旧引发着矛盾的今天，立足于一个新的平台，以专注于“融合”的文明人类学为技艺，对既有的、关注历史与关系的宏观人类学研究加以“招魂”，已成为必要。

---

① Mauss, *Techniques, Technology, and Civilisation*, p.58.

② Ibid., p.66.

下　篇

第二十章

文字这把“双刃剑”——从一个“反例”看

但凡出了名的民族志，都记载那些偏远的地方，它们道路不通，无电视和网络。今天我们若是带这种传统民族志的意象去重访此前记述过的方位，心中必然生发一种感叹：那种与世隔绝的“桃花源”，已往日不再。以中国西部这一民族学传统的学术区为例，那些山沟、高原、草地，过去总是给我们一种缺乏现代文明的感受，也因之，让人感到有文化上的震撼力；而今，这些地方道路四通八达，卫星接收器四处可见，甚至电子网络，都已相当普及。电子媒介在偏远的地方的存在，常引起我们的关注。一般想象，这些广义上的“交通工具”，本与“土著文化”无关，作为后来者，它们是外来文化入侵“土著”的“武器”。若是这个论点可以接受，那么，我们似乎也应当说，我们这些好古、浪漫的人类学研究者，作为某种特殊的“土著”，身心也遭受了侵袭。不过，我们的思绪总是与岛屿和远山相关；尽管我们的公寓，无不存在电视、网络等电子“交通工具”，但我们更关注远在的“他们”的“遭袭”。他们与我们的“遭袭”，本可以说是同等的——我们本也一样地受“身外之物”的入侵——可人类学研究者总是“他者为上”，暗自想象，被我们研究的那些远在之人，才是淳朴而有道德之人，而我们这些混迹于都市的人，应当对他们的生活之遭受冲击承担一份责任。我们未曾设想，如果问题可以这样看，那么，我们自身也可以说是科技发达导致的“文化入侵”后果的“受害者”。兴许是由于人类学家对于新兴“交通工具”带来的便利乐观其成，因而，他们对这些物件虽大加鞭笞，却还是懂得享用之。

兴许我们都无法摆脱这种矛盾，而我则显然是有矛盾心态之人的其中一例。

我时常看电视，也不禁止自己上网。我因接受了人类学的不少理念，对于无穷无尽的“不可持续的开发”，我是反感的。

然而，坦白说，对于好处颇多的电视与网络，我却不言不语，暗自运用着。

矛盾引起反省，但反省并不消解矛盾。

最近，我常反省自己的矛盾，所得出的结论之一还是双重的：其实，像电视与网络这样东西，坏处不是没有，但还是有助于我们做人类学的人在家居中漫游天下，轻便而愉快地接触远在的他处，并一如既往地努力从中谋得人文教诲。

这种既有些鄙夷新式交流和表达工具、却又工具主义地利用着它们的态度，含有一种值得更多研讨的矛盾。

我这里只想举一个例子，借它来“跳开去”，进入另一个看似与此无关，却本属同一个问题的“社会事实”中。

有次我感到无聊，打开电视，搜寻一下，偶然看到一个电视台正在重播2007年中国中央电视台“走进科学”栏目制作的一部叫作《六十八岁老太写天书》的纪录片①，片子的风格很像人类学所谓的“民族志纪录片”，于是，我就静下心来，把它从头到尾看了一遍。

说这部纪录片有点像“民族志纪录片”，不是说假话。这片子从城市走向乡野，从近处走向远处，有意地从田野里带回值得思索的问题。片子的“主角”是一位叫唐庚秀的老妇人，这位老妇人居住在湖南省邵阳县罗城乡大坝村，本是一位不受媒体关注的农家女。老妇人之所以成为片子的“主角”，是因为她被怀疑会写一种“天书”。“天书”的“反科学意味”，与它带有的在“古史探微”方面足以引人入胜的可能，恰是吸引纪录片制作者和受众的东西。

故事是这样的：

2006年10月中旬的某一天，一位姓蒋的小学校长路过老妇唐庚秀的村庄，在大坝村的一条田间小路上无意中发现了一个看似“手抄本”的本子，本子里充满着奇怪的符号，识字的蒋老师试着阅读，却发现好多字他不认识。本子里有字也有画，画得很复杂，令人迷惑。有好奇心的蒋老师将这个神秘的本子带回家仔细研究，之后他发现，本子上书写的不是一般文字，而像是接近文字的古怪圆形符号和没有头绪的图画。这些怪字和怪画不是小孩子所为，它们大小不一，排列整齐，每个符号之间看似雷同但又有区别，不像儿童涂鸦。蒋老师试图找出行文规律，却毫无收获。对于地方文化有所了解的蒋老师，还以为“手抄本”是近年学界发现的珍稀的湖南江永“女书”。

---

① 据称，1998年6月1日开播的“走近科学”栏目，是中央电视台第一个大型科普栏目，2001年7月9日央视科教频道开播，“走近科学”成为这个频道的“一面旗帜”。

提到“女书”，我需补充一点说明。

几年前，我曾与“女书”的发现者宫哲兵教授聚谈过，得知他用人类学的办法研究“女书”，成为赫赫有名的人类学家。他1981年从武汉大学哲学系读研毕业，随即开始他的文化之旅，多年来，致力于寻找瑶族圣地千家峒。1982年，他在湖南省江永县考察，发现了“女书”（又名江永女书），据说，这是千百年来流传在湖南省江永县及其近邻一带瑶族妇女当中，靠母传女、老传少，一代代传下来的奇异文字。鉴于它的重要性，宫哲兵随即于次年发表了一篇声名远扬的调查报告[①]，后由国外介绍这一发现，近年又编辑出版了《女书通》这本工具书。[②]按照此类著作的介绍，“女书”呈长菱形，是造型奇特的文字，它有近2000个字符，其造型虽参考汉字，但却不同于汉字，是一种标音文字，可用当地方言诵读，显然是为了对方言标音发明的。

“女书”让学界不少人想到了文字的起源这一问题，而关于“女书”到底起源于何时这一问题，学界迄今尚未有论，而有猜想。有人认为起源于明清当地妇女赛祠，有人认为它起源于壮、瑶等民族“遗存”的“百越记事符号”，有人认为它接近于出土刻画符号、彩陶图案，因而起源于新石器时代，有人认为它接近于古夷文的基本笔画和造字法，可能是舜帝时代的官方文字，有人认为它是从甲骨文和金文借字而来的，是商代古文字的变种。而关于“女书”，其流行地又有不少传说，一种传说认为，“女书”是王母娘娘的女儿瑶姬从天下带到人间，帮助妇女表达其心迹的，另外一些传说则各自将“女书”的发明归功于奇异的“九斤姑娘”、苦闷的妃子、心灵手巧的姑娘等。

“女书”作品，多为歌体，内容多描写妇女生活，涉及婚姻家庭、社会交往、幽怨私情、乡里逸闻、歌谣谜语，等等。“女书”也用于通信、记事、结交姊妹、新娘回门贺三朝、节日聚会吟诵等。

回到“天书”故事：当蒋老师发现酷似那本写着奇异符号的本子时，倍感兴奋，因为，倘若这是一本“女书”，那他的发现就可谓太令人激动了。但这到底是否“女书”？为了了解个究竟，他开始寻找它的作者。

蒋老师在对村民的走访中，见了一些村民，其中有人说，见过类似的本子，而且知道有个人会书写这样的字。顺着线索，蒋老师找到了唐庚秀，一进她家，

① 宫哲兵:《关于一种特殊文字的调查报告》，载《中南民族学院学报》（哲学社会科学版），1983（3）。

② 宫哲兵、唐功主编:《女书通——女性文字工具书》，武汉：湖北教育出版社，2007。

即发现，她家里共有一百零八本这样的“书”。主人唐庚秀，时年六十八，手抄本就是她遗失的。这一百多部装订成册的“书籍”，内容超过了一百万字。老妇唐庚秀显然极端爱惜自己的作品，也极端为它们感到骄傲，她将其中很多作品装裱起来，挂在墙上，一露风采。让人感到惊讶的是，唐庚秀对现代汉字只字不识，也从来没有接触过“女书”，但字写得却极其流利，且能认识自己写的字，更能出口成章地念诵它们。

中央电视台“走近科学”栏目的解说词说是，“记者得到消息”，就去采访的，可这消息到底是怎样得来的？猜想兴许与蒋老师的报告有关。不过，重要的是，据称，鉴于此事的奇特，纪录片制作人马上与一位文字学家联系，共奔赴唐庚秀家考察。

见到记者和文字学家，唐庚秀很高兴，出口成章地说：“有缘记者来采访，看到天书好明亮，卫党保国要成功。”

老妇的这个表现起初令我吃惊：她分明是个目不识丁的人，在我那兴许是错误的印象中，这种人对于记者的来访，通常是惧怕的，她至少应是面露羞涩，但她却非同凡响——她绝非如此，而是相反，不仅十分高兴地接待“从上面下来的记者”，而且，还流畅地运用着宣传语言，如“卫党保国”；而与此同时，她还宣称自己所书写的即为“天书”。后来，仔细回味，我才将她的表现联系到我在民间宗教研究中时常得到的印象；“迷信”的人们，时常也有唐庚秀般的“混杂性”。田野工作中，我常被误认为是记者，而我看到的“迷信活动”，多数也混杂着与“卫党保国”相似的标语口号。例如，有些庙宇在进行祭祀活动时，既宴请道士作法，还在庙宇周边写上“宣传××政策”的口号……再者，当唐庚秀被问到她写的书是不是“天书”时，她不假思索地给予了正面的回答，用方言说：“就是天书。”她为什么要写“天书”？唐庚秀的解释是，她自己也说不清楚，写书是“神的旨意”——如同“迷信群众”总是说他们的仪式是祖先传下来的。

她何时得到“神的旨意”开始“创作”？答案竟然是：她卖豆腐时，看到一下子亮、一下子亮的晃眼的圈圈，里面有三个人，她挑起豆腐要走过去，他们说你不要走，给你个宝。这个宝是什么？先要“三天不要说话”才知道。于是，唐庚秀就三天没讲话。三天三夜之后，唐庚秀就开始会写“天书”了。

起初，她买不起纸和笔，只好用木枝、石头在地板上书写，这一写，她一发不可收拾，后来开始买纸笔写书，十多年来，无论下地还是走路，总要带上她自己所写的作品，一旦有空闲的时间，她就拿出来写写读读。夜间，她的写作创作欲望更强，坚持写到半夜，凌晨三四点，又会准时起床，继续书写。

老人的书写使人困惑，如纪录片主持人解说时所言：

> 老人竟然说他碰到了神仙，在神仙的提示之下，开始写书了。说实话，我们作为科学节目的制作组来说根本不可能相信这番话，所以我们就在想，这到底是为什么呢？她能写出这么多的字来，而且是多少年如一日，很执著地在写。后来我们就想了，你说结合一些文字的创造方法，说我们汉字的创造是根据一些动物飞鸟、走兽他们的爪印，印在地上的踪迹，再加上其他的一些东西结合起来的，另外一些其他民族的文字，有的时候也是参考别的民族的文字，然后借鉴起来，融合自己民族的文化内涵独创的一些文字，这从文字的角度讲都可以理解，但是从老太太感觉就是横空出世，她这个字到底是得到了什么灵感写出来的呢？

同去考察采访的文字学家，研究了十多年文字学，对于各类奇异的文字都有所了解，但恰是他发现，自己居然根本看不懂唐庚秀老人所书写的文字。这些文字中不少与古文字的演变规律类似，但有的字少了笔画，有的字或者增加了笔画。比如，一二三四的“四”，就增加了笔画，人民的“民”字，就减少了一笔，但老人是能识别的。那个文字学家知道，在古文字的演变过程中，笔画的增减是常常发生的，不过，为什么一位从来都没有上过学的文盲老太太竟然会使用增减笔，这则出乎他的意料。

为了解惑，文字学家决定给唐庚秀一个测试，结果居然发现，对汉字所识无几的唐庚秀竟然用假借字来说写的姓，这也符合古人创造文字的规律。测试结果让文字学家感到震惊：一个没有受过教育的农村妇女，为什么能够如此精通古文字的演变规律，并且可以根据这个规律创造出这种古怪文字？她所使用的文字，是否一种曾经被我们的祖先使用过，但是现在已经不再流行的古老的文字？文字学家得出的结论是否定的，他认为，唐庚秀老人所书写的这种符号，尽管与汉字有一些类似之处，但在整个古文字演变系统中，根本找不到相关的依据。唐庚秀所书写的只是她自己长期总结归纳的一种符号，只有她自己能够识别。也就是说，只有文字书写者能认识的字，不算字。他认为：“文字就是人们用于交流思想，交流感情，共同使用的一种字形，这个字形得到大家的认可，能够表达，这个字能够表达某一种意义，或者某一种感情，这样的字就是文字。而符号就是一种代替品，代用品，不一定为社会大多数人所认可。”

若说唐庚秀所写的字不是从古人那里“学习”来的，那它们又是自何而来？

记者询问唐庚秀家人后发现，老人在写字时偶尔会看看电视，看电视时，也忘不了照样画葫芦，写上几笔。也就是说，她的字既不是得到“神谕”神秘地获得的，也不是古代汉字的“偶然遗留”，而是模仿电视里出现的字创造出来的。也因此，研究她的一百多部著作所用的字体，可以发现，她的书写符号不是一成不变的，有一贯规律的，而体现出一个从最开始的圆圈形符号向方块形符号慢慢演变的过程，越来越接近汉字。

文字学家得出一个结论，那就是，“天书”是因其作者唐庚秀在汉字环境中生长，潜移默化地得到了“中国传统文化的积淀”而来的。

可老妇的书写，并非纯粹的文字，它夹杂有不少绘画，这些“莫名其妙的画”，不仅画得反复，而且风格并不连贯。奇妙的是，许多画都是使用木炭沾着口水创作的，这些画为唐庚秀的作品增添了不少神秘色彩。

对于这些画，唐庚秀有自己的解释，而且，一谈到它们，便神采飞扬起来。

接着，纪录片讲述了记者与文字学家的另外一个发现、另外一个谜团：

> 老人与我们相处得很愉快，她热情地向我们展示她的宝贝——满满一桌她所书写的作品。对自己的作品，唐庚秀老人是十分的爱惜，不停地摆来摆去。有些纸张因为年头已久，已经微微发黄，边角也都出现了卷翘。应我们的要求，唐庚秀开始朗读自己所写的书，尽管书上所写的内容记者无法看懂，但是唐庚秀老人却能流利读出，而且文章也算得上是朗朗上口。可是令记者始料不及的是，她越读越激动，读着读着，竟然哭了起来，这一举动不禁让人心中一寒，究竟在她的背后隐藏着怎样的秘密？为什么读着自己心爱的作品会出现这样的反映？

那么，这些在文字学家看来不是文字、没有价值的东西，为什么让其作者却如此的动情，以至捶胸顿足？

为了用科学的方法揭开谜团，记者请来了一位心理医生，让心理医生与唐庚秀交流。很快，记者便有了一个“新发现”：在与心理医生的谈话中，唐庚秀先是兴致很高、口若悬河地聊着天，还让医生看她作品，但让人震惊的是，当医生“无意中”指出她的作品可能是有些模仿成分时，她一口否认之外，还与医生吵了起来。心理医生善于诱导，在其诱导之下，老人的情绪很快得以恢复；她接着说，十多年来，她除了写字，几乎没有什么爱好，每天花费在写字上面的时间几乎长达八小时，只要坚持写字，就会充满活力、身心舒畅，做起家务事来，也格外有劲，一旦停止写作，身体上就会出现不良反应。心理医生借此判断说，这个情况可以是一种癔症发作。心理医生经与老人女婿的交谈后了解到，老人多年前曾患过精神分裂症，曾被送到邵阳市精神病医院诊治。一般认为，患有精神分裂症的病人极容易出现幻觉、妄想、感知综合障碍或人格解体、紧张性木僵、模仿言语、模仿行为或精神运动性兴奋。心理医生认为，当年老人退休后卖豆腐时碰见神仙，其实是老人出现了幻觉，也是精神分裂症的一种常见症状表现。老人的病是 1990 年治疗的，之后，她的精神分裂症症状有所缓解，但也就是在这时，她开始了无休止的写作。老人的亲人都反对她，不让她写，但她就靠哭闹制止了所有使她停止写作的图谋。因坚持写作，老人获得了保持心理平衡的力量，而她的作品也并非纯属个人性的，如记者发现的，"在她的教导下，有些邻居竟然也能跟着读上几句她的作品"。

心理医生不仅发现老人得过精神分裂症，而且发现，她的心理病症有着自身的"社会背景"。

唐庚秀从小因家穷从未上过学，不会写字。在人民公社年代，不识字的农民妇女，得到了高度的政治地位，她入了党，且一直担任大队妇联、治保主任等职，是当时全县三位女红人之一。然而，"祸福相依"，有一次，她作为人大代表到省里去开会，意外事件发生了。到了省城开会，会场有厕所，写着男女，以加区分，因老人不认识，上厕所时误入男厕所，且因遭到里头的男人谩骂，而"大闹天宫"起来。

多没面子啊……自那以后，一旦有省里的会议，老人就拒绝参加。

事情过去了许多年，仍然深深地印在唐庚秀老人的心里，这使老人长期承受着巨大的心理压力，处于极度自卑的状态中——唐庚秀现在仍然说，她"怕开会进厕所"。

雪上加霜的是，1989 年，国家对于干部的文化水平提出了很高的要求，唐庚秀因文化水平低，不得不从干部职位上退了下来，心理倍感失落，在家只能看孙子、做家务，整个人一下子闲了下来。这一系列的打击使老人患上了精神分裂。

对于唐庚秀的心理病症，心理医生做了以下判断：

> ……这个老太太她还是比较聪明，行为能力也不是特差，她也是非常要强

的那种人，所以她感到自己不如别人的时候，她就采取另外一种形式来超过别人，事实上她没有达到这种目的，她只是以自己的那种方式来发泄也好，承担自己的那种压力也好，也可以说她是精神病的一种延续，一种稳定状态的发作。

……压抑到一定的程度，她就要发泄出来。她的发泄不是以常人的那一种，她是用写字或者讲那种胡言乱语来发泄自己。

……她看到的，她经历过的这些，她绝对不会真的有一种超乎她想象，或者像常人一样的那种有创作，或者是有一些独特的境界，她是没有的，她不可能有。

主持人解说，就是在这种生活的环境的限制下，唐庚秀所写的内容全都是歌颂祖国歌颂党以及自己过去的一些遭遇，对于唐庚秀来说，她只是用属于自己的文字记录了她的内心世界，代表了她的思想。往事虽然已经过去了很久，但她的内心世界却一直无法平静，为了找到心理的平衡，努力地学习她自己所认为的文字，书写自己内心的世界成了唐庚秀老人的一种精神支柱，也是她的一种精神寄托。老人的这种行为叫作“语词新作”。

心理医生解释说，语词新作是一种概念的糅合浓缩，或者概念的拼凑，反正那些通过自己写字，写一些符号、画画或者文字，以及语言来即兴表达，整个赋予一种特殊的概念，别人都看不懂的。

“走进科学”栏目为普及和宣传科学知识而办，它播放关于“天书”的纪录片，绝非为了宣扬“迷信”，其宗旨必定是：通过对于唐庚秀“天书”的探秘，以诱人的方式解释科学所能解释的一切。而这个栏目尚需有吸引人的开头，才会有带有科学知识的结尾，如其主持人的开场白所言：

……现在我们也知道，在我们中华大地上，流传着很多很多种文字，其中有不少已经不可考了，比如说像西夏文、契丹文，看起来好像是中国字一样都认识，但是仔细一辨认，没一个字你能念得出来的。这就是语言文字在发展过程当中产生的变化，但是因为年代久远，使用的人逐渐减少之后，这种文字就变成了一种死文字，那么我们说在中华大地上，现在还有没有什么稀奇古怪的文字呢？有，比如今天我们大屏幕上为您展示的这一个圈一个圈的，它就是一个文字，或者说是一位老太太自己的独创发明，这是怎么回事呢？

纪录片的结论得出了，它用可以接受的方式让观众知道，“天书”是不存在的：心理医生以科学原理为主导，将唐庚秀判定为患有精神分裂症的人，且将她的书写创造，定义为癔病患者激动时的心理病态表现；文字学家因为找不到唐庚秀创作的文字的“民族性”，而将之定义为“非文字”。

如此结论，是有根据的，但其中含有的信息，却大大超出结论本身。

对我而言，纪录片呈现的唐庚秀“天书”个案，无疑比许多半吊子的民族志作者所写的作品含义深刻得多。这个个案让我久久不能忘怀，思绪混杂，没有“结论感”。

为了清理这些混杂的思绪，我采取“化约法”，综合记者、文字学家、心理医生的描绘，将唐庚秀（下称“主角”）的“心路历程”的关键点罗列在如下内容中：

1. 主角出身贫寒，儿时没有机会学写字，按“主流社会”流行概念定义，本属于“没有文化的人”。

2. 不识字、没有文化的主角，在 20 世纪 50 年代之前，是不光彩的，但到了 50 年代，则是光彩的。这个身份和荣誉观的转变，与 50 年代的大历史背景紧密相关。此前，贫下中农目不识丁，所以，可能被认为“活该”受剥削；到了唐庚秀长成落落大方的少女之时，时代已经变了：目不识丁的贫下中农在新中国的阶级成分表格里被列到了上方。

3.1958 年的公社化，是为了快步建设社会主义而展开的，为了快步建设社会主义，需要依赖贫下中农。目不识丁，此时，已绝非耻辱，只要是对党忠诚，有用体力为社会主义事业奋斗终生的决心，就是有荣誉的。主角在此时入党，且成为干部。

4. 纪录片未交代主角在 20 世纪 50—70 年代的情况，但可以猜想，自主角成为党员、干部之后，直到她开始写“天书”之前，她一直是有面子、积极向上、心理上正常的人。

5. 情况到了 20 世纪 80 年代出现了微妙的变化。纪录片对于这个微妙变化的过程，没有细加陈述，但可想而知，70—80 年代，“文化程度”（这个概念与人类学一般运用的“文化”意义大相径庭；对于人类学家而言，“文化”不是可以比高低的，是不同人群传承、共享的生活方式与价值体系）渐渐成为衡量人的素质的标准。古代“学而优则仕”的说法持续遭到冷落，但现实上，在这个微妙变化的过程中，人们自下而上的社会流动，越来越多地取决于其“文化程度”。也就是在“文化程度”概念得到推广和普及的过程中，识字成为起码的面子，学位成为向上流动的条件与手段。

6. 到了20世纪80—90年代，围绕“文化程度”生成与膨胀的社会风气日益给人民群众带来压力；此时，主角的目不识丁，本身已是丢面子的事了，而更有问题的是，主角是个出名的干部，时常要出入于高级会议场所，而要在这些场所顺利地走动，前提是识字。如果不识字，就会连厕所都进错门。恰好也就是主角因为不识字而进错厕所，引起轩然大波。此后，主角日益深刻地感受着“文盲带来羞辱”这句话的深刻含义。

7. 为了挽回面子，主角必须学会写字，但到了90年代，进入老年的她，已为时太晚，即使不是为时太晚，那也不能瞬间学到数万个字的汉字，从而成为受人尊重的、有面子的、文化程度高的人。具有起码的羞耻感，主角相继采取了两种做人的方法，其一，回避那些使其自取其辱的干部会议；其二，在家务农做家务，同时自习“文化”。

8. 主角开始习字时，不见得是以家里拥有“会说话的”电视机为前提的（当然，这点尚需考证），她可以用任何一种工具和材料来书写文字，而且因为不识字，她的书写没有太多禁忌，不需要写正确的字，而可以照样画葫芦，自由地创造。但渐渐地，农村有了越来越多的电视机，她家也有了，这样，她就可以多向电视学习，如同时下有不少人从电视节目学习英语与穿着一样。

9. 本有干部底子的主角，又大量接触电视，这样就使她的言辞，大量带有“主流话语”的内容。不过，这并不意味着，她的脑子本是“白板”，会任由口号和电视上的“主流话语”留下烙印，而缺乏任何自主性。一个也是人的主角，即使疯狂，那也会在生活过程中积累对于过去的记忆与未来的想象，而“天”这个字，无疑最能总结这些记忆与想象，于是，将自己的文字说成是“天书”，那绝对是有根据的。“天书”代表着主角的思想世界，同时也有节奏以至惯例化地给主角重新赢回她的荣誉（面子）。这也就意味着，被心理医生定义为“精神分裂症”的东西，从主角自己的观点看，其实是一方“心理药剂”。

10. 主角所创造的“天书”被文字学家判定为“非文字”，这实在也可以说，就是文字学“法律”中“违法的文字”。文字学家的凭据是，所有的文字都一定是集体或民族共享和公认的，而主角的文字只有她自己认识。事实上，纪录片制作者自己承认，主角的“天书”虽然是极端个人性的，但在纪录片被拍摄之前，村子里已有不少人跟着学了。另外，假如文字必须是以集体或民族为前提，那么，我们又如何解释作为一个集体或民族成员的主角之不识字？

* * *

我看电视，大多并不是出于必需或因为有任务，而是为了打发时间，换换心情，了解媒体上的“八卦”。在人们的一般印象中，电视更多为娱乐而设；我也采取这个态度，但我却知道，无论是否有娱乐作用，电视总归是“交通工具”。它不是轮船、汽车、火车、飞机这些用来运载我们的肉体的工具，之所以说它是“交通工具”，那是对“交通”二字采取古意，意思是说，它也让我们“游走”，至少让我们的心灵流动起来，起到“交换意象”“通达信息”的作用。通过电视这样的“娱乐工具”来增长知识、获得启发，有点像人类学家笔下的“原始人”通过游戏来锻炼狩猎－采集经验。这一点不假，但假如我说，像《六十八岁老太写天书》这样严肃的电视节目只让我得到娱乐的话，那也就未免有些过了。节目是引人入胜，但看过之后，它给我带来的“深重感”如此强烈，以至于我必须如以上那样，借用“化约法”来梳理主角的人生给我留下的凌乱而令人百感交集的印象。

我不是记者，不是文字学家，不是心理医生，但我能从他们的记述、研究与判定中学到一些东西。这三种专家对于一位因文字导致的心理压力而生发创造文字的老妇做的科学的判定，是严厉的。他们的清晰分类，与深度心理挖掘，无疑给我这个并不愿从个人的内心世界发掘什么理论解释的人类学研究者带来强烈印象，而我以上罗列的十点，若不是受这一强烈印象的刺激，那便是不可能的。然而，我罗列它们，企图用更逻辑和有历史感的语言来书写一个“精神分裂症患者”的人生史，这也使我获得了不同于新闻、文字学与心理学的理解。

不同于记者，我的书写不具有为了宣传或传播而记录的本质；不同于文字学家，我不能对作为“世界的纹样”的文字做过于绝对的“文字中心主义”的判断；不同于心理医生，我不能治疗“患者”；同样也不能苟同那种将由社会引起的“病患”归罪于个人的做法。

记者和纪录片制作人，把一个远在的情景、一个他处的问题带到我们面前。尽管我意识到，除了为宣传或传播而拍摄，记者还有更多使命，但这样的“交通”，其意义已充分，我不宜做过多评价。但我不得不说，《六十八岁老太写天书》这部片子，在其与文字学与心理医学相关的方面上，并未充分引起我的共鸣。

先说心理医学，用“疾病”这个概念来形容由社会原因诱发的“心理病态”，等于是把身体的观念移植到内心世界的分析中，等于是从“外在之身”切入“内在之心”。心理医学虽研究“心理”，但因有这种个体主义的学理倾向，似又易于“轻描”内心世界的丰富，以至割裂了它与“外部世界”的关联。那个六十八岁的老太，从心理医学上讲固然是病了。但从她的人生轨迹看，她的病，本与我们的社会秩序与问题有关。不要以为凡是社会的，都是好的、道德的、法权的、政治正确的；社会这种难以宽容“不同”，容许太多个体性表达的体系，也有它的问题。我们常把这些问题视作不合理、不公正的来源，但问题之所以四处可见，乃因我们是社会的成员，对于这个社会的运行法则，起码是身体力行地起到维护的作用。以片子中的主角为例来说，我们这个社会有它的历史，其一个片段，使它的不识字成为荣誉，另一个阶段，则因为它而给她带来羞辱。她的文字对心理医生而论是心理病态的表现，而对一个人类学或社会史学研究者而言，则从一个令人悲悯的侧面，表露出了社会的易变性及这个易变性与操弄社会的那些“背后原因”之间的密切关系。因而，我宁愿说，那位六十八岁的老太个人的“病”，也是一种“社会病”。

我们这个社会，过去曾令人惊叹地流行鄙视文字的革命精神，现在则反其道而行之，流行起文字主义。而无论文盲主义，抑或文字主义，都与我们这个社会传统上文字的过于发达、过于有威力有关。文盲主义是对传统的文字主义的反动与“革命”，而文字主义，则作为一种复兴过的传统主义存在，二者的核心象征，皆是文字。文字主义是一种“文字拜物教”，因为文字学研究表明，文字这种东西，起初本是为“交通”人－神、人－物、人－人而发明的，但成为一种有灵力的符号之后，人的行动都变得要围着文字转，被它牵着鼻子走，成为文字实现自身的工具。对于这种“拜物教”有反思，必然导致一些极端的人主张放弃文字，回归口语，认定即使没有文字，人还是可以“交通”，可以有社会生活，甚至如极端者相信的那样，“生活得更好”。我们的社会因之一度成为浪漫思想的试验场。然而，之所以说文盲主义也与“文字拜物教”有关，是因为，这种运动化的话语，锋芒所指除了用文字加以定义，别无他法，也就是因为，话语的革命必然是以话语为武器的——它即使能使文字成为幽灵，也无法摆脱这一幽灵的纠缠。而对于我们认识文盲主义的这一困境，那位六十八岁的老太，构成了一个最有说明性意义的案例，她以人生写照了文盲主义与文字主义的“辩证法”。

我所从事的人类学，有与文盲主义一样的浪漫，也有与文字主义一样的功利。

唐庚秀不仅让我想到心理医学在解释社会时的局限，也让我想到了人类学这门学科长期以来自设的陷阱。

在揭露文字主义的弊端中，人类学家起了解放思想的作用。在这方面，我最景仰的人类学家列维－施特劳斯可谓是一个最好的例子。从他最著名的《忧郁的热带》一书中，我们发现有一个叫作“一堂书写课”的章节。这个章节叙说的事如该书的其他章节一样，充斥着列氏对困顿而沉重的旅行的描述；这些细节，此处无须复述，要复述的是，在这个章节中，列氏提出了他对文字的看法。这个看法来自一个观察：在他去到的那个小族群南比克瓦拉人那里，只有酋长知道写字，而一般成员不写。列氏观察到，虽然对于外在于南比克瓦拉人社会的现代知识人而言，文字是有美感的、智识性的东西，但南比克瓦拉酋长却毫不关注这一事实，而只是从别的民族那里学了写字的方法，将之充入私人的“腰包”里，通过文字的象征性展示，来向他的“臣民”显示自己的面子、威严与权威。因为酋长是这样的，所以南比克瓦拉人的百姓对于文字的本质有了深刻了解；他们都知道，文字是随政治欺骗而来的。这个观察，显然让与酋长交际不顺而郁闷的列维－施特劳斯得到了不少启发。接着描述，列氏进入对于文字的实质分析；他认为，书写文字的发明，很容易让人以为是一个突破性的革命，人们总以为，文字会给人类生存的条件带来巨大变革，会使人更清晰地记住过去的成就并基于记忆更好地安排目前与未来，但文字其实没有那么伟大。有关书写文字的历史研究没有证明它有什么巨大意义。在列氏看来，书写文字发明于公元前3000—前2000年之间，在此之前，新石器时代的早期，农业与畜牧、手工艺这些对于人类生活更重要的发明都已出现，是这些对于人的实际生活更有用的发明，为文字的发明做了铺垫。历史上有不少族群不依赖文字生存，而也有不少事例表明，那些有书写文字的帝国，不见得就有能力维持其帝国的恒久存在。[①]经过一番思索，列氏得出一个结论：

> 要建立起书写文字的出现和文明的某些特质之间的互变关系，我们必须从另一个角度加以考察。与书写文字一定同时出现的唯一现象是城镇与帝国的创建，也就是把大量的个人统合入一个政治体系里，把那些人划分成不同的种姓和阶级……书写文字似乎是用来做剥削人类而非启蒙人类的工具……把书写文字用作不关切利益的工具，用作智识及美学上的快感的源泉等，是次要的结

① 列维－施特劳斯:《忧郁的热带》，383—384页。

果，而且这些次要的功能常常被用来作为强化、合理化和掩饰进行奴役那项主要功能。[①]

列氏说：“书写是一种奇怪的发明。”[②]这毫无疑问，但这话又是什么意思？他的意思大抵是说，本不关乎人类生存的文字符号，到了国家这种制度兴起之时却被系统地创造，成为政治支配的工具。之所以说它“奇怪”，乃因人的生活，本无需文字。

人类学家总能像列维－施特劳斯那样借助考古学的分析和些许马克思主义因素对文字的“阶级属性”做判断，所以，他们对于“无文字社会”才有了偏爱，且总是更愿意看到本无文字的、诸如南比克瓦拉人那样的社会永久保持其不受文字帝国的侵袭。人类学家从未真的想到，像唐庚秀那样因不识字而崇拜文字的例子有很多；他们也从未意识到，他们对于“无文字社会”的“桃花源”般的生活的赞誉、对于文字帝国的政治支配的揭露，都是因为有了文字才成为可能。

文字学似乎是人类学的对立面。人类学以研究“无文字社会”为己任，致力于寻求未受文字污染的人类生活的原貌；而通常的文字学则离了“有文字的文明社会”就“活不了”——没有文字，何谈文字学？即使文字学家中，有一些研究文字出现之前的“纹样”，那也一定是以得出关于文字的结论为目的的。对于人类学家而言，“书写是一种奇怪的发明”，而对于文字学家而言，它则是人类文明进程的必然结果。在这一历史判断的前提下，文字学家“审判”那位老太，将她的“天书”视作荒谬，是必然的。这种“奇怪”到与“天书”可以并列的“文字”，倘若是“文字”，那文字便没有什么规范可言了，人们完全可以胡乱涂鸦，不顾他人是否可以理喻而书写。当纪录片中的文字学家说那位老太写的不是字，并解释说，之所以不是字，是因为只有文字的书写者自己可以识别与诵读，这些我们不能轻易反驳。如电视、网络一样，文字是为了“交通”而设，假如一种字只有助于自己与自己对话，那么，“交通”就不可能了，字也就不是字了。然而，承认这点之后，我们是否有必要承认，文字是集体创造的？文字学家总是将文字当作文明的总体成就，或者民族的集体创造，但矛盾的是，在论述文字的起源时，很少有人能够避免提到“仓颉造字”之说。就唐庚秀这个奇特的个案来说，她的书写，很难说是文字，但也很难说不是，因为她也如同任何文字的创造

① 列维－施特劳斯：《忧郁的热带》，385 页。

② 同上，383 页。

者那样借用了其他人的发明，并试图用她再发明得来的符号表达意义；也便是说，她的“天书”与被公认的文字体系（如“女书”）之间的不同之处只在于这种“天书”尚未流传开来，尚未成为社会接受的体系。

《六十八岁老太写天书》让我深感，唐庚秀造字的方式，酷似“女书”、傈僳族竹书之类。我前面已提到，唐庚秀之所以引起其发现者的浓厚兴趣，正是因为她的书写像“女书”；而竹书与“天书”之间的类似性，则一样地引人入胜。

时下，竹书已被人们与傈僳族这个族群团体紧密联系起来了，它给人的印象是，它是傈僳族的“民族文字”。但，恰是这一被人们与族群的集体身份对应起来看待的文字体系，是个人创造的。创造者是一位傈僳族的贫苦农民汪忍坡（又名“哇忍波”，1900—1965），创造理由，跟唐庚秀的“天书”也接近，据说是因为汪忍坡考虑到傈僳族贫苦人没有自己的文字，而沉睡于被剥削和被奴役的地位中，且于近代遭受西方教会的文化入侵。传说傈僳族在古代使用过文字，汉族的字写在布上，傈僳族的字则写在獐子皮或竹片上，后来这些字在战争和迁徙中失传。傈僳族操傈僳语（属汉藏语系藏缅语族彝语支），西方传教士进入他们的住地后，为了传教，创制了大写拉丁字母及其倒写变体作字母的文字。汪忍波从1924—1941年间共创造了1426个字，写成12本书，这些字从1928年起流传于乡间，得到推广和使用，汪忍波还为服务种田人而编著《傈僳语文》（又称为《识字课本》），按音韵编排，成291句顺口溜。竹书借用汉字，但只是借用汉字的外形，音和义完全与汉字不同，而是与维西傈僳语的语言直接联系。这种文字也可谓是一种“天书”，它既是傈僳族文化英雄造就的，又与本地语言与宗教意象的系统表达有关。汪忍坡用竹书写下了二十四部《祭天古歌》，记载了傈僳族祭天时吟唱的二十四部经文，内容涉及神话传说、历史、自然景象、气候等。另，他还著有《射太阳月亮》《占卜书》等。傈僳族竹书文字，1944年首次发现，50年代之后，得到了民族学界的重视，渐渐得到认识，时常与傈僳族文化一同被介绍。[①]

创造“天书”的唐庚秀，与创造竹书的汪忍坡，一个被判断为精神分裂症患者，一个被颂扬为傈僳族的文化英雄，二者之间的差异，固然是明显的；但他们的造字行动，也有一个值得关注的共通之处，这就是，两种造字行动，都可谓是文明压力下出现的“文化自觉”。唐庚秀的“自觉”，有扭曲的表现，是个体

① 参见高慧宜:《傈僳族竹书文字研究》，上海：华东师范大学出版社，2006。

性的，而汪忍坡的“自觉”，则与其族群的占卜、祭祀等社会性制度结合得更紧密，在创作旨趣上，更接近文化精英的精神史。在此类“自觉”的生成过程中，个人生活际遇的因素，都起过作用，但二者的个人遭际，又可以说都是超出已身，与整个社会以及其所处社会的一个更大范围的体系相关。此类“自觉”历史上屡见不鲜，在某些特定的条件下，还可能得到放大，或服务于以“民族自觉”为基础的“国家文明创造”，或服务于在文明的迫力下表达“土著思想”的手段。西夏文即有“国家文明创造”使命，这种创造于公元1038年的文字体系，是在党项族英雄李元昊建立了王国后内部创造的，其发明者大臣野利仁荣，借助周边大文明的符号，重创了记录党项语言的西夏文字。[①] 而大理地区刻于明景泰元年（公元1450年）的白文《山花碑》（全称《词记山花·咏嵣洱境》），“隐”于《重理圣元西山碑记》的碑阴，为元末明初著名大理地区著名学者、词人杨黼用“白文”山花体写作的20首词，分上、下部，上部赞美苍洱风光，下部抒发大理地区文化失落背景下个人的情绪，如怀才不遇、人生无常等。《山花碑》似是而非的汉字和非汉字记音，采用汉字的音读、训读、自造新字以及汉语借词等多种方式表达白语。[②]

列维－施特劳斯将文字的借用与创造，与广义上的“酋长”（政治和文化意义上的“人物”）联系起来，且认定，造字术总是无法与人支配人、“人物”谋取“威望”的过程脱开干系。在列氏的观点看，小到个体，大到国家，通过文字的借用与创造来表达的自觉，都有不纯洁之处，都有文明的政治性。而对于“天书”、竹书、西夏文、《山花碑》的思考则表明，“自觉”的表达借用了已存在的宏大文字帝国的政治性。但“自觉”借“似是而非”的文字以求自身的物化呈现，这一事实则又反过来表明，文字本身是一把双刃剑。

我无意对关于“天书”的纪录片进行“再记录”，对片中文字学家分析的再分析及心理医生判定进行“再分析”和“再判定”，但这部片子的确可以让人想很多——想到“文字拜物教”和文字的“双刃剑”作用，想到文盲主义的人类学与文字主义的文字学之间的差异；而我的结论大抵是：如同我们今日无法摆脱电视与网络的缠绕一样，自数千年前起，我们一直无法摆脱文字的纠缠；作为“交通工具”这些东西既可以像任何拜物教那样由我们发明，再脱离和支配我们，又

① 马鹤天：《西夏文研究与夏文经籍之发现》，兰州：甘肃省图书馆，1986。

② 赵楷：《白问〈山花碑〉译释》，昆明：云南民族出版社，1988。

一直保持其“交通工具”的作用，使我们有可能用或疯狂或理智的方式表达我们的“自觉”——固然，这个意义上的“自觉”，有时是个人性的，有时是社会性的或超社会性的。以上提到的唐庚秀与汪忍坡之别，大理杨黼与西夏野利仁荣之别，构成我们理解从个人性到文明性的诸种“自觉”形态的线索。人类学家只有直面文字的双刃剑性质，才能真正直面自身——至少我们必须知道，我们用以揭露文字的“阶级属性”的手段，还是文字。在某种意义上，我们所做的工作之内涵，大致是与汪忍坡的竹书、杨黼的《山花碑》相通的；尽管我们多数不愿承认，我们的人格中，也有些许唐庚秀的因素，我们中的不少人，总想着充当西夏文发明者之类的角色。

第二十一章

乡村与文明——过程与观念的历史想象

海内外人类学家的中国村庄研究，已获得了值得称道的成就。不过，村庄研究到底应采取什么理论和方法？说明什么问题？提出什么启发性见解？这些问题，依然等待我们去解答。这里我们要做如下几项工作：

（1）从自己的角度说明人类学在中国村庄研究方面取得的成就；

（2）讨论这个研究领域里存在的主要争论和问题；

（3）基于学术回顾和评论提出对某一中国村庄研究的新思路。

我们要根据自己对以往研究的认识，对有学术潜力的题域展开初步梳理。这一初步梳理肯定只是概略性的，也肯定只是侧面性的，但它能折射出村庄这种现象在人类学研究史中的地位及其与社会空间及观念形态之间的密切关系。

此处要提到的“人类学调查”，主要指过去一个世纪里，人类学对中国村庄进行的研究，而“文明史探索”则涉及四五十年前开始的“汉学人类学”探索。我曾撰文指出，“汉学人类学”为中国社会人类学研究拓展了文明史的视野。[①] 有必要再次强调，文明史的视野涉及的面要远远超过村庄，在海外人类学界，目前更主要地表现为对古代宇宙论、朝贡体系及“异文化”撰述的分析。在另外一篇文章中，我初步从中国的“跨文化传统”的角度，论述了这些制度与论述之间的关系。[②] 对这一关系，我未来拟进一步展开探讨。然而，怎样将文明史与人类学家通常从事的村庄研究联系起来？这一问题虽显陈旧，却仍有必要先行交代。

---

① 王铭铭:《社会人类学与中国研究》，桂林：广西师范大学出版社，2005。

② Wang, Mingming , “Le renversement du ciel” , in *Tranculturael Dialogue* (2), Alliage, 2001.

我们不能奢望全然清晰地解释问题，而只能期望要做的这一概述能帮助自己认识所关注的那一重要联系。另外，在展开叙述以前，似有必要做如下声明：

1. 此处所涉及的中国村庄研究，主要来自人类学界，且并非对所有人类学家从事过的村庄研究的全面报告，写作的主要目的是概述方法论和解释体系的变迁；

2. 此处不拟在“中外人类学”之间划出一个界线，论及的村庄研究及人类学的评论，将以学科及学理而非国家疆界为选择标准；

3. 此处论及的一些问题，在其他论著中也部分涉及了，在这里重述以往的论述，目的是保持思考的连续性，同时是为了能将旧问题与思考中的新问题联系起来。

一、村庄研究

在一般印象中，对于村庄最感兴趣的是人类学家。在今天国内学界，人类学家甚至可能已经被人们误当成村庄研究的专家。然而，将人类学与村庄研究等同起来，显然是有问题的。许多人类学家的初期实地调查确实从村庄或“部落”开始，但人类学研究广泛涉及人类一致性与文化差异之间关系的问题。单就研究单位而言，文化人类学家（或民族学家）的关注点更经常是整体的族群和文化区域。20 世纪 50—80 年代初期，中国的人类学家（当时称民族学家）的研究视野，广泛覆盖了国内的所有少数民族，对于“世界民族”（主要是海外少数民族）也有不少介绍。在那 30 年里，严格意义上的“村庄”是没有足够高的学术地位的。与古典的人类学家一样，那时的中国人类学家（一般称“民族学家”）关注的是边缘民族的社会类型的历史研究。我们今天意义上的“中国村庄”，更通常指农村的社区、聚落、地方，而且通常与“汉族”联系在一起。汉族在过去的中国人类学里，是一个“民族学的少数民族”，因而对于这个人口最为众多的民族进行人类学研究，在那个漫长的 30 年里也就不受重视。

然而，说村庄与中国人类学有着密切的关系，却一点也不夸张，这是因为在中国人类学的整体历史中，村庄的地位确实比较特殊。

中国人类学学科初创的时期，村庄社区的实地考察，曾经起过十分重要的作用。对中国农村社区进行实地考察的学者，最早有社会学家葛学溥（Daniel Kulp，1888—1980），他曾带领学生到广东凤凰村做家庭社会学的调查，采用的方法基本上是社会学的统计法，成果于1925年发表。[①]同一时期开始的“乡村建设运动”[②]，也做了大量的村庄社会调查工作。到20世纪30—40年代，随着社会人类学的发展，村庄研究逐步从泛泛而论的“社会调查”，转入一个规范的民族志研究与撰述时期。开创这个时期的，是一代本土人类学家。在20世纪前期中国人类学的发展过程中，国内形成的华东、华南、北方三大人类学区域性学术传统，这三大区域传统的研究风格各有不同，其中北方地区特别重视“社区”的研究，如王建民所言：

> 北方区的民族学（作者亦指人类学——笔者注）研究特色，是将民族学与社会学结合起来进行思考，强调社区研究，尤其重视汉族地区的研究。这一地区的代表学者在广泛分析各学派长短的基础上，对被认为是当时“最新近”“最有力的”功能学派理论有更多的偏爱，并有一个学者群为实践功能主义的分析方法而进行实地调查和研究。[③]

提出研究方法的，主要是吴文藻先生。[④]吴先生在论述“社区”研究法时兼顾到了村庄，他提倡的“社区研究”涉及面很广，包含农村社区、都市社区、文化共同体，村庄只是其中的一环。当时海内外知名的村庄研究，大多由他的学生——如费孝通、林耀华、许烺光、田汝康——完成。对于村庄有兴趣的学者，不乏很多其他群体。但是，这批早期本土人类学家的成就，被国际人类学界广泛承认，他们都用英汉两种语言在写作，曾师从海内外人类学家，调查成果既具有浓厚的“本地特色”，在学理和方法上又能与国际先进的人类学理论构成对话。从20世纪30年代中期到“抗战”（西南联大）时期，他们坚持实地调查研究，尤其是西南联大时期，费孝通先生领导的“魁阁”（社会学研究室），经前后6年的艰苦工作，对云南地区进行了集中的田野调查，发表了大量具有国际先进水平的民族志著述。[⑤]20世纪30—40年代中国人类学发表的几项著名的村庄研究，各有风格，各带有远大的学术目标，它们试图从村庄研究来呈现中国社会的整体面貌，在吴文藻先生的深刻影响下，寻求社会学与人类学在社区中的方法论结合。

---

① 参见周大鸣：《凤凰村的变迁》，北京：社会科学文献出版社，2005。

② 参见郑大华：《民国乡村建设运动》，北京：社会科学文献出版社，2000。

③ 王建民：《中国民族学史》，上卷（1903—1949），165页，昆明：云南教育出版社，1997。

④ 见吴文藻：《吴文藻人类学社会学研究文集》，144—150页，北京：民族出版社，1990；Maurice Freedman, “A Chinese Phase in Social Anthropology”, in *British Journal of Sociology*, 1963, 14 (1), pp.1–19。

⑤ 参见费孝通等：《云南三村》，1—9页，天津：天津人民出版社，1990。

费先生说："吴老师把英国社会人类学的功能学派引进到中国来，实际上就是想吸收人类学的方法，来改造当时的社会学，这对社会学的中国化，实在是一个很大的促进。"①传统上，社会学和人类学有分工，前者研究现代工业化社会，后者研究传统非工业社会。吴文藻先生领导下的那批中国人类学开创者则认为，要在中国这个复杂的传统农业社会发展社会学，就要使这门学科适应中国社会的环境。他们认为，中国从基质上将是一个传统农业社会，但 19 世纪以来这个传统社会又面临着以工业化为主导的社会变迁，为了研究这样一个社会的现实状况，就要结合从传统社会的研究中提炼出来的社会人类学和从变迁的工业化社会的研究中提炼出来的社会学，而要使社会学更细致而现实地反映中国社会，社区研究的办法值得采纳。②

老一辈人类学家的成就，我们可望而不可即。费先生 1938 年在英国伦敦大学获得博士学位，其论文 1939 年就由著名出版社路德里奇公司正式出版，时至今日还被引以为中国人类学的典范之作。《江村经济》③从村庄内部的社会结构探讨社会变迁动力。为了弥补单一社区研究的缺陷，费孝通后来与张之毅合作的《被土地束缚的中国》——即《云南三村》④，采取类型学的办法呈现中国农村的经济多样性和现代化道路。林耀华曾对福建义序家族村庄进行调查⑤，这是结构－功能主义人类学的具体运用，而在《金翼》⑥一书中叙述的故事，在世界人类学界属于最早采用传记式民族志撰述办法的著作之一，用小说式的体裁呈现福建一个村庄中人与文化的关系；许烺光的《祖荫之下》⑦描述了云南大理喜洲祖先继嗣与文化传承的制度；田汝康的《芒市边民的摆》⑧，考察傣族村寨"摆"的仪式，对生产、消费和信仰的关系，进行了人类学的分析。

那时人类学家的村庄研究，之所以到今天还有意义，不简单是因为它们在民族志记述方面做出了贡献。在我看来，正是这些研究带来的学术争鸣，赋予它们特殊的学术价值。我们知道，20 世纪 30—40 年代的村庄人类学研究，大凡带有

---

① 费孝通：《师承·补课·治学》，49 页，北京：生活·读书·新知三联书店，2001。

② 又参见杨雅彬：《近代中国社会学》，下卷，665—687 页，北京：中国社会科学出版社，2001。

③ 费孝通：《江村经济：中国农民生活》，南京：江苏人民出版社，1986［1939］。

④ 费孝通等：《云南三村》。

⑤ 林耀华：《义序的宗族研究》，北京：生活·读书·新知三联书店，2000［1936］。

⑥ 林耀华：《金翼：中国家族制度的社会学研究》，北京：生活·读书·新知三联书店，2000［1948］。

⑦ Hsu, Francis L. K., *Under the Ancestors' Shadow: Chinese Culture and Personality*, London: Routledge and Kegan Paul., 1948.

⑧ 田汝康：《芒市边民的摆》，重庆：商务印书馆，1946。

“表述中国问题”的理想。《江村经济》的英文书名是《中国农民生活》，马林诺夫斯基在给这本书写的序言里，充分肯定了它的意义，认为它是土著研究土著的第一本书，同时是非西方人研究自己文明的第一部书，因而可以说它是一个“里程碑”。[①] 这个评价隐含着马林诺夫斯基对中国人类学家的高度期待。然而，就在马林诺夫斯基说完这话不久，就有很多人提出了不同的看法，认为中国人类学家不能搬用从非洲、太平洋地区发展出来的民族志方法来研究自己的文明。[②]

在吴先生“社会学中国化”学术理想的指导下，那几项社会人类学研究的切入点都是“社区”，而关注点都是“中国”。人类学研究怎样在“当地知识”与“整体社会知识”之间找到一个中介点？这个问题从村庄研究的初步试验中已经提出来了。费先生本人在《云南三村》里明确地表明了自己对问题的看法，提出了“类型比较”的方法，试图以村庄土地制度和产业构成的不同类型的比较，来说明农业社会中民族志时空坐落——村庄社区——的多样性。同时，在《中国士绅》[③] 一书中，又力求从“社会中间层”的角色出发，探求中国社会结构的“上下关系”。

倘若这样的思考在其后数十年的光阴里能得到延伸，那么，中国村庄的人类学研究和社会结构研究便可能出现重大的学术超越。而实际发生的是，20 世纪 50 年代，中国人类学转向对少数民族的大规模社会历史调查。社会历史调查研究，拓展了中国人类学的民族多元性和文化多样性视野，也使学科能充分动员丰富的古文献资源。可是，这些研究的出现，伴随着村庄的人类学研究——尤其是汉族村庄研究——的停顿。

有大约 30 年（20 世纪 50 年代初至 80 年代初），从西方人类学那里采纳的功能主义的社区研究法被排斥，而中外人类学理论和实地调查经验的交流，更不再成为可能。

西方人类学家失去了在中国从事田野工作的可能性。在海内外村庄研究的“困难时期”，一些海外人类学家获得了更多的机会在摇椅上想象什么是中国、

① 费孝通：《江村经济》。

② Freedman, “A Chinese Phase in Social Anthropology”, in *British Journal of Sociology*, 14(1), pp.1–19; 王铭铭：《社会人类学与中国研究》。其他的研究亦因偏重“反映整体社会”，而未能在地方性和民族性方面下功夫，如《祖荫之下》的喜洲，其实是白族老城变成的村庄，但为了让这个村庄代表中国，许先生对这个地方的民族史没有进行深入的考察。林先生研究的福建古田，田先生研究的芒市，也明显地具有浓厚的地方性、民族性特色，但他们因关怀民族志陈述的普遍意义，对这些问题没有加以详细的论述。

③ 费孝通：《中国士绅》，北京：生活·读书·新知三联书店，2009 [1951]。

中国人的认同是什么这些问题。从20世纪50—60年代，他们做了大量案头工作，参考了大量的历史文献，与历史学和其他社会科学展开密切对话。于是，田野工作机会的缺乏，客观地成为人类学“中国想象”的前提。这一事实可能隐含着值得今天的学者进行反思的历史反讽。然而，从方法论的角度看，“中国想象”为人类学的中国研究提出的新问题、新思路，却影响深远，对中国人类学的发展，更有不可多得的意义。它使我们意识到，20世纪30—40年代本土人类学家的村庄研究，虽为中国人类学研究提供了最初的实地民族志的范例，但人类学的中国研究，却不能将时间和空间上“与世隔绝”的社区当成研究的唯一内容，而应在此基础之上，对中国社会与文化的宏观结构与历史进程展开研究。这一方法论的重新思考，为人类学的中国研究奠定了更为坚实的基础，使我们这里关注的村庄研究，获得了一个新的启示。

二、村庄研究的批评：“汉学人类学”

1955年，“汉学人类学”的奠基人英国伦敦大学弗里德曼教授在谈中国人类学的时候，带有一种悲怆的感觉，他感叹中国已经封闭了，外国人再也进不来了。那时，他没有机会了解中国，只能跑到新加坡的华侨社区间接了解中国人的社会生活和文化观念，只能以研究新加坡华人来研究中国人。海外华人社区能不能代表中国？这成了问题。为了“把握中国”，弗里德曼找到一种综合的办法，结合以往的田野调查和历史文献来理解中国社会。[①]到1962年，弗里德曼的笔锋一转，把无法在中国从事田野调查的悲哀感觉升华为一个新的说法，他在皇家人类学会上做了题为“社会人类学的中国时代”的讲演[②]，这个讲演指出了20世纪30—40年代所做的村庄调查的缺点，认为要真正理解中国，必须有一个新的人类学；这一新的人类学应以中国文明的本土特征为主线，它不能以村庄民族志为模式，不能以村庄研究的数量来“堆积出”一个中国来。他称这种新的中国人类学为“汉学人类学”，意思是要综合人类学的一些看法和汉学长期以来对文明史的研究，对中国做出一个宏观的表述，说明中国到底是一种什么样的社会。

---

① 莫里斯·弗里德曼：《中国东南的宗族与社会》，刘晓春译，上海：上海人民出版社，2000［1958］。

② Freedman, “A Chinese Phase in Social Anthropology”, in *British Journal of Sociology,* 14(1), pp.1–19。

回过头去看弗里德曼号召的“汉学人类学”，我们能意识到它是一个非常重要的学术发展过程。“汉学”这个名称经历一个历史的变化。明清时期有一批士人想去恢复汉代的学术，重新思考宋明理学的伦理精神，恢复求实的、考据的学风，他们也称自己的思想为“汉学”。[①]这种“汉学”由传教士传到西方后，变了一个样子，它关注的不是社会制度的考据，而首先是语言的研究，是中国语言文字如何被翻译为西方语言文字这个问题。后来，“汉学”变成中国文明史的整体研究，要回答的问题主要是怎样理解中国文化、中国哲学。第二次世界大战以后，美国的世界霸权出现，“汉学”扩大为对中国进行的任何社会科学研究，几乎涉及所有关涉中国问题的社会科学领域。

将中国的人类学与汉学联系起来，造就了一种新式的区域人类学传统，这个传统的特征，表现在其对于文明史与国家和社会关系的重视。[②]但是，习惯于“小地方”民族志研究的人类学家怎样将这样的“宏大叙事”落实到具体的时空坐落里？弗里德曼本人并没有提供一个有效的方法。所幸者，20世纪中期以后对中国村庄研究进行重新思考的西方人类学家，不单是弗里德曼一人，他的同盟有美国人类学家施坚雅。施坚雅用历史学、经济地理学和经济人类学的办法来研究中国，他认为中国人类学不应该局限于村庄民族志的研究，理由有二：首先，中国的村庄向来不是孤立的，而且中国社会网络的基本“网结”不在村庄而在集市。一般而言，六个村庄才形成一个基本的共同体，这个基本共同体称为“标准集市”。标准集市不仅仅是一个经济的单元，而且是通婚的范围、地方政治的范围。此外，信仰区域也与集市有关（如华北的庙会）。因而，要对中国真正的社会结构有把握的话，必须研究的是这个基本共同体，然后研究基本共同体之间的生产和交换关系。其次，中国的经济实体是由标准集市联结起来的宏观经济区域，这些宏观区域内部得到一体化，对外关系相对独立，在历史上不仅是经济区域，而且还与行政区划、文化区域重叠。[③]就是说，在施坚雅的眼里，中国古代的国家把王朝的行政管理制度奠基在区域独特性之上，把中国构造成一个非常和

---

① 汤志钧：《近代经学与政治》，37—57页，北京：中华书局，1989；Elman, Benjamin, *Classicism, Politics, and Kinship: the Chang chou School of New Text Confucianism in Late Imperial China*，Berkeley: University of California Press，1990.

② 王铭铭：《社会人类学与中国研究》。

③ G. William Skinner, “Marketing and Social Structure in Rural China”, in *Journal of Asian Studies*,1964–1965; “Cities and the Hierarchy of Local Systems”, in G. William Skinner, ed., *The City in Late Imperial China*, Stanford, California: Stanford University Press, 1977, pp.275–353.

谐的经济政治体系。

弗里德曼和施坚雅对中国问题有共同的认识。1975年，弗里德曼逝世，施坚雅非常悲痛，专门编了一本书作为纪念，书名叫《中国社会研究》[①]，其中用到“the study”，意思是说弗里德曼的中国研究是对中国社会的真正重要研究。在弗里德曼生前，他们之间互派学生，形成一个圈子，对后来西方“汉学人类学”有重要影响。值得注意的是，这两位西方人类学家的中国人类学研究与国内的民族学正好形成一个对比，他们极少论及中国少数民族，他们的关注对象，主要是作为中国主体社会的汉人，而直到80年代后期，中国人类学仍然是以少数民族研究为核心的。此外，我们还应注意到，50—70年代之间，国内的民族学采用了社会形态－阶段论，到80年代费孝通提出“中华民族多元一体”的框架[②]后，才出现了新的变化；而在西方汉学人类学里，结构－功能主义和社会整体论的观点成为主流。中外人类学/民族学之间存在着关注点和理论倾向的不同，反映了国内人类学的政策中心倾向与国外人类学的“东方学”倾向之别。然而，30年中沿着不同道路发展出来的海内外中国人类学，却存在一个共同点，即，与三四十年代的村庄人类学相比，二者均更重视历史资料、超地方共同体、制度及观念形态的研究。[③]

在港台地区，弗里德曼的“宗族论”从20世纪70年代以来一直占有重要地位，但在大陆地区直到90年代才有本土人类学家和历史学家提到弗里德曼。在港台地区，弗里德曼的理论引起了广泛争议，争论的焦点向来在于他的“边陲论”[④]与“宗族”概念[⑤]。在大陆地区，社会史的研究与港台的此类论述构成密切关系[⑥]，而人类学界更多地关注弗里德曼的文明论与社会结构论[⑦]。从一定意义上讲，港台与大陆人类学界对于弗里德曼理论的不同反应，体现出国内人类学区域传统的差异。港台人类学的讨论，出发点大抵与“边陲与中心”之间的社会构成差异

---

① G. William Skinner, *The Study of Chinese Society: Essays by Maurice Freedman*, Stanford: Stanford University Press, 1979.

② 费孝通：《从实求知录》，61—95页，北京：北京大学出版社，1998。

③ “我国是具有多民族、多生态环境的国家”（宋蜀华、陈克进编：《中国民族概论》，3页，北京：中央民族大学出版社，2001），在这样一个环境里从事人类学研究，关注不同民族文化的多元并存状况，是十分重要的。

④ Burton, Pasternak, *Kinship and Community in Two Chinese Villages*, Stanford: Stanford University Press, 1972.

⑤ 陈其南：《台湾的传统中国社会》，127—152页，台北：允晨文化实业股份有限公司，1994。

⑥ 郑振满：《明清福建家族组织与社会变迁》，长沙：湖南教育出版社，1992。

⑦ 费孝通：《学术自述与反思》，313—357页，北京：生活·读书·新知三联书店，1997。

有关，特别是与“土著社会”对宗族形成的历史过程有关[①]，而大陆地区的人类学虽也考虑这一问题，但更重视文明、国家与社区之间的关系。我个人认为，在这两个方向上展开的不同论述，是有必要联系起来的。弗里德曼所提倡的并不是在美国占支配地位的汉学家的所作所为，而是带有特定学术目标的人类学研究，这种人类学研究包容文明史和社会结构的理论，这一理论对国内从事村庄民族志研究的学者构成了一个非常重大的挑战。老一辈人类学家做田野工作时，直接将中国村庄当成中国的缩影来研究，好像个别的村庄就代表整个中国。弗里德曼追求一种超越村庄的人类学，认为村庄民族志田野工作无法说明中国社会的整体性。怎样理解弗里德曼说的代表性问题呢？其实，这个道理很简单。比如，有一次我在北京开会时提交了一篇福建地区村庄研究的报告，立刻遭到一些学者的批评。他们说我描述这个福建村庄时，带着“反映中国问题”的意图。而福建古代是百越之地，现在的地方特色仍很浓厚，怎么能代表中国？这个批评很中肯，它在弗里德曼时代已经非常重要了。对于村庄研究该不该带着反映中国的旨趣，著名人类学家利奇于 1982 年提出了一个否定的答案。[②]在早一点批评中国村庄研究的弗里德曼，他的想法不局限于代表性问题，而是针对整个中国人类学的方法论问题提出的。他的追求是一种能说明整个中国社会结构和宇宙观模式的人类学，这个意义上的社会结构与宇宙观模式，当然与“边陲与中心”的问题也有密切关系。

三、村庄研究：恢复与创新

20 世纪 70 年代，“汉学人类学”出现了新的变化。这个变化的基础产生于 20 世纪 60 年代中期，那时香港和台湾的田野地点向国外开放，弗里德曼送学生前往香港调查，而美国康奈尔大学也召集了一些法国、英国、美国的博士研究生进行闽南话的训练，然后再派他们去台湾做实地研究。参加调查的学者都怀有一个远大的期望，希望通过在港台的华人来了解中国文明。这个转机带有历史的讽

---

① 近年，“边陲与中心”之间关系重新以“周边与中心”之间的关系，呈现在台湾人类学的表述中，参见黄应贵：《导论：从周边看汉人的社会与文化》，见黄应贵、叶春荣主编：《从周边看汉人的社会与文化：王崧兴先生纪念论文集》，台北：“中研院”民族学研究所，1997；王明珂：《华夏边缘——历史记忆与族群认同》，台北：允晨文化实业股份有限公司，1997。

② Edmund Leach，*Social Anthropology*, Oxford : Oxford University Press, 1982.

刺意味：曾几何时，新一代人类学家的老师还在反对村庄民族志调查，而今这种以局部观全局的观点重新成为人们的研究旨趣。

诚然，从事港台田野工作的新一代人类学家中，已经有人开始关注城市研究。然而，那时接受施坚雅的市场方法的人类学家并不多，大部分学者希望从汉人家族制度和民间信仰来了解整个中国社会。在他们的研究中，村庄重新赢得了原有的学术地位。裴达礼（Hugh Baker）和芮马丁（Emily Martin Ahern）对香港和台湾家族村庄的调查，分别从家庭[①]和祖先祭祀的角度探讨家族村庄的社会构成[②]。而从事台湾地区田野调查的海外人类学家，则将注意力放在汉人民间信仰与社会结构的关系探讨上[③]，这些研究出了很多著作，1974年初步集中发表在武雅士主编的《中国社会中的仪式与宗教》[④]一书中，书中收入的论文，大部分来自村庄的人类学调查，关注的问题主要是农民信仰中神、鬼、祖先的信仰类型与农村社会结构之间的关系。可以想见，尽管此前“汉学人类学”的导师弗里德曼花了不少心思去论证“整体中国”的人类学，但他的学生辈的人类学却似乎全部回到了村庄民族志的时代去了。集中的村庄民族志调查为新一代的人类学家提供了大量资料。不过，在弗里德曼和施坚雅的影响下，新一代的人类学家不再将村庄当成中国的缩影来研究，而是特别重视地方研究与“汉学”研究的结合。这一新的做法到80年代得到完善，特别是在桑高仁（P. Steven Sangren）[⑤]和王斯福（Stephan Feuchtwang）[⑥]的民间宗教论著中得到了高度的理论化。

近20年前，对中国大陆的村庄进行的一项比较深入的研究，是几位美国政治学家合作的一部描述广东村庄的著作——《陈村》[⑦]中。在大陆田野地点尚未全面开放的时期，这本书的大部分资料来自对香港的陈村知青移民的访谈。作者

---

① Hugh Baker, *A Chinese Lineage Village: Sheung Shui*, Stanford: Stanford University Press, 1968.

② Emily Martin Ahern, *The Cult of the Dead in a Chinese Village*, Stanford: Stanford University Press, 1974.

③ David Jordan, *Gods, Ghosts, and Ancestors: Folk Religion in a Taiwanese Village*, Berkeley and Los Angeles: University of California Press, 1972.

④ Arthur Wolf, ed., *Religion and Ritual in Chinese Society*, Stanford: Stanford University Press, 1974.

⑤ P. Steven Sangren, *History and Magical Power in a Chinese Community*, Stanford: Stanford University, 1987.

⑥ Stephan Feuchtwang, *The Imperial Metaphor: Popular Religion in China*, London and New York: Routledge, 1992.

⑦ Anita Chan, Richard Madsen and Unger Jonathan, *Chen Village: The Recent History of a Peasant Community in Mao's China*, Berkeley: University of California Press, 1984; Richard Madsen, *Morality and Power in a Chinese Village*, Berkeley: University of California Press, 1984.

在书中表达的观点很明确，即通过一个个别村庄的研究，能了解整个中国发生的政治变迁。这样一种“缩影”的方法，没有被研究中国的人类学家全面接受。然而，可以说，20 世纪 80—90 年代展开的人类学调查，或多或少都带有这样的追求，我们甚至可以说，海内外很多村庄调查者主要考虑的正是政治学家关注的“国家的触角到底抵达何处”的问题[①]，特别是考虑在政治制度建设过程中“村庄的单位化”问题。[②]

从 20 世纪 70 年代末期开始，中国大陆人类学调查地点逐步向海外人类学家开放。1979 年，波特夫妇（Sulamith and Jack Potter）来到广东地区，1990 年依据广东村庄研究中获得的资料写成《中国农民》[③]一书。1983 年，黄树民（Shu-min Huang，1945— ）教授从艾奥瓦州大学来厦门大学进行学术交流，展开了对林村的调查，1989 年出版《林村故事》[④]一书英文版。同一时期，萧凤霞（Helen Siu）到广东调查，1989 年发表《代理人与受害者》[⑤]一书，孔迈隆（Myron Cohen）开始华北地区的田野研究，武雅士与台湾人类学家庄英章合作的大型农村调查计划在福建地区得以实施。同时，一批留学生也在全国各地展开了博士研究计划，20 世纪 90 年代中后期发表的论著，大多侧重村庄民族志研究。从 80 年代中期开始，村庄民族志研究，也在福建、上海、江浙、华北等地区逐步铺开，在社会学、社会史和人类学界得到比较广泛的关注。同时，在民族学界，都市少数民族社区、受开发影响的村庄及民族文化与全球化关系的研究，也采纳了社区的研究办法。[⑥]

将 20 世纪 80 年代以来汉人社会的中国人类学研究与世界上其他区域的人类学研究做比较，我们能看到二者之间存在着有趣的差别。这些年来，西方人类学界对现代民族志提出了激烈批评，一些人类学家提出用后现代文本模式来改造民

---

① Vivienne Shue, The Reach of the State: Stretches of the Chinese Body Politics, Stanford: Stanford University Press, 1988.

② 如毛丹:《一个村落共同体的变迁——关于尖山下村的单位化的观察与阐释》，上海：学林出版社，2000；张乐天:《告别理想——人民公社制度研究》，上海：东方出版中心，1998。

③ Sulamith Potter and Jack Potter, *China's Peasants: The Anthropology of a Revolution*, Cambridge: Cambridge University Press, 1990.

④ Shu-min Huang, *The Spiral Road: Change and Development in a Chinese Village Through the Eyes of a Village Leader*, Boulder: Westview Press, 1989.

⑤ Helen Siu, *Agents and Victims in South China: Accomplices in Rural Revolution*, New Haven:Yale University Press, 1989.

⑥ 参见王铭铭 :《社会人类学与中国研究》，33—55 页；郝瑞 :《中国人类学叙事的复苏与进步》，载《广西民族学院学报》，2002（4）。

族志[①]，而更多的人类学家主张将原来局限于地方的民族志描述纳入包括民族国家、世界体系和全球化在内的宏观历史过程中。[②]这种潮流深刻地影响到非洲、南亚、东南亚、太平洋岛屿地区、日本、韩国以至港台地区。而在中国大陆，同一时期，无论是旅居海外的人类学家，还是在国内工作的同行，对于从村庄社区的研究提炼出来的民族志叙事，成为人类学讨论的核心话题。这一差别的形成具有一定的历史背景。20 世纪 50—70 年代，国内人类学学科遭受批判。尽管有时某些村庄被树为典型广受注目，但村庄民族志的研究长期处于停顿状态。与此同时，在欧美地区，大陆地区田野调查地点的关闭及汉学人类学的兴起，使村庄民族志研究退居次要地位。随着“改革开放”政策的实施，在 30 年里成为一个封闭社会的角落的村庄，一时招来大量关注，村庄民族志研究再度被承认为学界重新进入这些隐蔽角落的有效手段。

最近，美国人类学家郝瑞（Steven Harrell）总结了前 20 年中国人类学的成就，其中列举的第一方面，就是村庄民族志的研究。[③]过去 20 年中国人类学的发展，村庄研究的确是主要特征之一。这些新的村庄研究，从既有的反思和批评中汲取养分，提出了与 20 世纪 30—40 年代不同的论述。其中，海外人类学的中国研究者所做的研究值得关注。这些研究大量的还是关于村庄社会生活的描述，但它们已不再将自身局限于“让村庄代表中国”，而能将注意集中在村庄与“中国”之间关系的问题上。新一代人类学家在村庄中研究，关注的还是“中国”，但这时的“中国”已经不简单是一个作为天然体系的“社会”，而与国家、宇宙观、政治经济过程、意识形态的概念结合起来。一旦“中国”概念与这些相对具体的政治文化概念结合起来，村庄民族志的研究也就需要解决不少新的问题。我们的问题，不再是一个村庄如何反映整个中国，而转变成村庄与国家关系过程的分析。

在分析村庄与国家关系的过程中，不同人类学家提出的观点自然有所不同。一些人类学家将村庄与 1949 年以来国家政治过程密切关联起来。尽管他们不主张将村庄的社会变迁问题看成国家主导的现代化计划的地方后果，但他们呈现的那些对应性、复杂关系及互动，却必然是村庄与国家之间政治经济与意识形态关

---

① 马尔库斯、费彻尔：《作为文化批评的人类学》。

② Eric Wolf, *Europe and the People without History*, Berkeley and Los Angeles: University of California Press, 1982.

③ 郝瑞：《中国人类学叙事的复苏与进步》，载《广西民族学院学报》，2002（4）。

系的反映。[①]在村庄与国家之间关系的研究中，还出现一种对反的模式，主张将村庄与国家之间的关系纳入一个“相反相成”的体系中。这个主张，在90年代初期英国人类学家王斯福有关民间宗教的著作中[②]得到概要的表述，同时，在一些人类学者与历史学者合作的经验研究里，这一关系和过程的分析，得到了更为充分的论述。[③]在对农民通过传统的重建、历史记忆的觉醒来抵抗国家主导的现代化计划的研究中，田野人类学家充分地显示了他们的研究和叙事的实力。[④]另外一些学者，则表现出更大的理论雄心。如阎云翔对东北村庄的研究，志在通过分析1949年以来一个村庄“礼物交换”实践的变化，来展示国家政治经济过程与民间社会交往模式之间的关系，进而对“礼物”的一般人类学理论提出批评。[⑤]又如，罗红光在其对乡村社会交换的研究中，力求在解释学与马克思主义的生产理论之间寻找结合点。[⑥]刘新考察一个西北村庄“改革”以来农民日常生活和话语的实践，既追求村庄民族志叙述的完整性，又力图通过田野考察展示对“改革”现代性的反思。[⑦]

过去20年来，人类学界还出现了对著名田野调查地点的再研究。费孝通、林耀华等对他们自己于20世纪30—40年代调查的村庄进行的“重访”，实现得比较早，而海内外对开弦弓村（江村）等的跟踪研究[⑧]及庄孔韶[⑨]等对林耀华早期田野调查地点的再研究。这些再研究采取的学术路径，与西方人类学近30年来的同类研究不同，它们不像弗里德曼对米德的萨摩亚进行的再研究那样，采取思想方法的革新态度，而将注意力集中在社会变迁时间过程的追寻上。[⑩]另外一

① 如 Shu-min Huang, *The Spiral Road: Change and Development in a Chinese Village Through the Eyes of a Village Leader*; Helen Siu, *Agents and Victims in South China:Accomplices in Rural Revolution*。

② Stephan Feuchtwang, *The Imperial Metaphor: Popular Religion in China*.

③ David Faure and Helen Siu, eds., *Down to Earth: The Territorial Bond in South China*, Stanford: Stanford University Press, 1995; David Faure, “The Emperor in the Village: Representing the State in South China”, in Joseph McDermott, ed, *State and Court Ritual in China*, Cambridge: Cambridge University Press, 1999, pp.267–898; 刘志伟:《在国家与社会之间：明清广东户籍赋税制度研究》，广州：中山大学出版社，1997。

④ Jun Jing, “Villages Dammed, Villages Repossessed: A Memorial Movement in Northwestern China”, *American Ethnologist*, 1999, 26 (2), pp.324–343.

⑤ 阎云翔:《礼物的流动——一个中国村庄中的互惠原则与社会网络》，上海：上海人民出版社，2000。

⑥ 罗红光:《不等价交换：围绕财富的劳动和消费》，杭州：浙江人民出版社，2000。

⑦ Xin Liu, *In One's Own Shadow: An Ethnographic Account of Post-Reform Rural China*, Berkeley: University of California Press, 2000.

⑧ 费孝通:《江村农民生活及其变迁》，兰州：敦煌文艺出版社，1997。

⑨ 庄孔韶:《银翅——中国的地方社会与文化变迁》，北京：生活·读书·新知三联书店，2000

⑩ Derek Freeman, *The Fateful Hoaxing of Margaret Mead: A Historical Analysis of Her Samoan Research*, Boulder: Westwiew Press, 1999.

种再研究是扩散式的，如武雅士对福建台湾乡村地区展开的童养媳大规模调查，主要的意图是论证其在70年代发表的有关婚姻与家庭的看法及早期人类学家威斯特马克有关乱伦禁忌的看法。[①]

王斯福曾在《什么是村庄》那篇论文中提出，村庄的认同出现了多元化趋势，一些村庄仍然是以地方文化——如家族、村庙——为认同焦点的，其他村庄则可能以基层政权和成功的乡镇企业为单位来表达认同。[②]对于村庄认同的这种论述，反映了20年来中国村庄民族志研究的第三个方面的贡献。乡村城镇化、都市化的研究，在中国社会学界有着重要的地位。费孝通从20世纪30年代开始研究中国社会变迁，他的《江村经济》论述的基本上就是一个村庄如何实现自身的工业化问题，这一论述后来在大批社会学研究者那里得到了继承。此外，在社会学界，折晓叶等特别关注到了村庄复兴与城镇化同步展开的复杂现象，认为社会学家应当去除传统与现代对立的二分化，综合冲突和共生的概念框架对城镇化、集约化展开重新论述。[③]对于乡村城镇化的研究，在20年来人类学调查工作中，也得到了重视。美国人类学家顾定国（Gregory Eliyu Guldin）和中山大学周大鸣的合作研究计划，即在人类学中延伸了城镇化的理论，将之乡村社会变迁的思路结合起来，主张将这一类型的研究当成中国应用人类学的核心内容来看待。[④]

四、村庄的历史想象（1）：文明进程中的“地方”

百年来“村庄”这个概念一直与超村庄的“社会”概念缠绕在一起。如何通过村庄的民族志描述来表述学者理解中的“中国社会”？这一问题向来吸引着海外人类学家（甚至对村庄民族志方法极端反感的学者，也从相反的角度来回答这一问题）。在国内，村庄研究则倾向于追问一个问题：超村庄的现代社会如何可以在乡土社会中确立起来？在中外人类学界之间，存在一个明显的差异，即中国人类学家更“实际地”接触自己的社会，而海外人类学家注重的

---

① 庄英章：《家族与婚姻：台湾北部两个闽客村落之研究》，台北：“中央研究院”民族学研究所，1994。

② 转见郝瑞，《中国人类学叙事的复苏与进步》，载《广西民族学院学报》，2002（4）。

③ 折晓叶：《村庄的再造——一个“超级村庄”的社会变迁》，北京：中国社会科学出版社，1997。

④ Guldin, ed., *Urbanizing China*, Westport: Greenwood Press, 1997；周大鸣、郭正林：《中国乡村都市化》，广州：广东人民出版社，1996。关于农村社会学调查，见刘建华、孙立平：《乡土社会及其社会结构特征》，见李培林等编：《20世纪的中国：学术与社会——社会学卷》，济南：山东人民出版社，2000。

是理论和认识论问题。然而，二者之间的共通之处也是存在的：海内外人类学家对于村庄与超越村庄的社会建构之间的关系都十分关注，无非海外学者注重传统，而国内学者侧重现代性。也可以说，海外学者更多地带着现代性话语中的社会一体观来考察中国村庄，而国内学者则更多地将村庄看成现代性的“异己”来研究。

重读梁漱溟（1893—1988）先生有关乡村建设的论述，能对身处传统与现代性之间的村庄有一个深刻理解。梁先生关心的问题是：我们中国人为什么不像西方人那样“现代”？他认为，根本的原因与中西宗教差异有关。在梁先生看来，相比于西方，中国缺乏西方式的宗教超越性（transcendence）。西方有一个教堂，超越所有的村庄和所有的社会群体。在一神教的支配之下，教堂的等级制度包含社会学所说的“社会”。在中国，这种由教堂联结起来的“社会”是不存在的，或者说是有待建设的。中国人的特性，在宗教方面表现为以血缘和地缘关系为纽带的祖先崇拜，它的特点是分散。梁漱溟推导说，要在乡村文化上建立一个类似于西方的现代社会，我们需要从乡土重建做起，让农民组成一种会社，使他们能够团结起来，组成像西方那样的现代社会团体。①

梁漱溟的想法与德国社会学大师滕尼斯（Ferdinand Tönnies，1855—1936）相近。与滕氏一样，他关怀的历史进程，是以家庭生活的和睦、村庄生活的习惯性及城市生活的宗教色彩为特征的共同体，向以大城市生活的惯例、国族生活的政治性及世界主义生活的公共性为特征的社会（gesellschaft）过度的过程。然而，不同的是，梁漱溟认为传统中国的共同体缺乏值得延伸到现代社会的文化因素，而滕尼斯则显然认为，共同体与社会之间有必然而必要的历史连续性。②梁先生的解释不是所有人都接受的，但他提出的有关乡土与现代性之间关系的论述，却是中国人类学、社会学界不能回避的。在他的论述里面，我们引申出几个值得进一步关注的问题：（1）在中国文明史中，是否真的如他所说，缺乏一种超越地方的“社会”？（2）通过村庄研究，我们能看到何种“中国独特的公共性”？（3）这种公共性和社会空间联系在现代社会中的遭际如何？在过去的半个世纪中，汉学人类学家对前两个问题提出了值得延伸的看法，而对于第三个问题，国内外不少人类学家也给予比较充分的关注。但由于人类学家更多地倾向于

---

① 梁漱溟：《中国文化要义》，台北：五南图书出版公司，1988［1949］。在当代情景中明显关注这一问题的，如王沪宁：《当代中国村落家族文化》，上海：上海人民出版社，1991。

② 参见斐迪南·滕尼斯：《共同体与社会》，林荣远译，北京：商务印书馆，1999。

描述，因此对这三个问题的解答并非十分系统。

研究村庄，超越村庄——这是现代社会科学家的共同追求。然而，超越村庄的文明史与试图超越村庄的现代性之间到底是怎样勾连起来的？我们不妨先想象一下怎样解决这个问题的第一个方面。就村庄社区的历史而言，它蕴藏着的文明史意味，应引起我们的关注。中国人在建立城市以前都生活在村子里。从考古的资料来看，城市的历史最长不过四五千年。村庄的历史比这个要早得多。我们知道最有名的仰韶文化、龙山文化、良渚文化中就有一些聚落。在这些聚落里，公共性是怎样表达出来的？是否真的缺乏"宗教超越性"？如果仔细阅读考古学家的成果，我们或许能看到史前村庄中集中的祭祀场所已经发达起来。这一场所的存在使得一村的人能够团结起来，成为一个"社区"（共同体）。在文明兴起的进程中，以祖宗为中心的公共空间，需要在更大的范围内获得地位，而要获得这一地位，需要经过无数的历史阵痛，因为在小群体里面，人们原本都很亲近，可以通过祭祀共同的祖宗来构造自己的社会，但是一旦成为城市，支配的人就不再是有血缘关系或者亲近关系的人了，而是一个陌生人。统治者高高在上，统治者的私密性就越来越发达，与民间的接触越来越少。统治者与民间逐渐疏离了，可是此时的统治还是需要有一种共同体，需要人们团结在帝王周围，它就要扩大原来村庄中祭祀祖宗的公共空间，使之成为一个巨大的祭祀体系。这个演变过程曾引起早期中国人类学家凌纯声先生的密切关注。凌先生认为，从地方性的"社"到国家时代的"社稷"，是早期文明史的核心过程，而这个过程是在"社"转向"社稷"的仪式制度过程中得到具体实现的。他说：

> 社是一社群，是原始祭神鬼的坛所在，凡上帝，天神，地祇及人鬼，无所不祭。后来社祖分开，在祖庙以祭人鬼祖先，在后郊社又分立成为四郊，以祀上帝、天神和地祇。最后社以土神与谷神为主，故又可称为社稷。①

当然，除了看到凌先生论述的问题，我们还要看到仪式的政治性问题。②在早期的社会转型过程中，统治者的祖宗要超越所有人的祖宗，压制别人的祖宗。周代的宗法制度，在人民的宗法与国家的宗法之间做了严格的区分，目的就是为了让民众"克己"以维持统治群体的超越性。如果懂甲骨文的话，看商朝的谱系

① 凌纯声：《中国边疆民族与环太平洋文化》，1446页，台北：联经出版事业公司，1979。

② 关于此一方面的新研究，见 Joseph P. McDermott, ed., *State and Court Ritual in China*, Cambridge: Cambridge University Press,1999。

也许更清晰些，但是周礼开始系统规定了严格的祭祀祖宗法则。周代，一级一级的社会阶层都有严格的祭祀规定。祭祀的规定在古人那里就是一种“法律”，后来称为“礼法之治”。为什么“礼法之治”重要？这是因为如果丧失严格的祭祀等级规定，例如，如果允许被统治者祭祀五代以上的祖宗，那么皇上就会认为对自己的统治构成了威胁。可见，中国文明一出现，其特点就跟西方的统治方法不同，我们的特点是通过规定礼仪的等级来确立和维持秩序并抑制民间共同体的膨胀。

从钱穆[①]和汉学家谢和耐[②]的文明史著作中可以看到，这样一种礼仪的等级到宋代时才发生了根本变化。那时，士大夫开始想象一个新的社会。例如，朱熹对于古代统治的政纲进行了重新思考，他提出许多不同观点，立场也随时代变化而变化，但始终关心一个问题，即，如何获得一条既不同于“强权政治”又区别于“无为而治”的“第三条道路”。[③]也就是说，在朱熹看来，让皇上的礼仪成为老百姓也能用的礼仪，让它“庶民化”，尤其使得民间能够祭祀数代前的祖先，这样一来，老百姓就会自然而然地受到教化，就会变得像“贵族”一样，懂得礼仪，遵守国家的规矩。朱熹游学四方，他的学问不受围墙的限制，他到处访问讲学，后来招收很多福建的儒生。那时福建的儒学叫“闽学”，发展得很辉煌。然而，朱熹没有在实际上实现他的理想。到了元代，朝廷划分蒙古人、色目人、回人、汉人、南人的等级区分，打破了宋代的“全民制度”，那时的统治者关心的是建立一个非常庞大的、横跨几大洲的“帝国主义”等级制度。这种状况到朱元璋时才发生了根本变化。朱元璋曾信仰明教，却将明教给灭了。为了恢复宋代的“全民制度”，他开始全面设立“里社”。里社的建立是伟大的创举，这就是今天我们所说的“社区建设”。

中国历史上村庄文化地位发生的纷繁复杂的变化，不是这篇文章能说清楚的。但是，从上述的历史印象的叙述中，我们能模糊看到，在文明史中论述村庄，有必要关注两个重要的历史过程。其中，第一个过程可以说是“自下而上”的，是村庄的公共空间——它的公共祭祀场所和所谓的“共有财产”——逐步演变成城市以至宫廷及士大夫礼仪制度的历史。第二个过程可以说是“自上而下”

---

① 钱穆:《国史大纲》，上海：商务印书馆，1940。

② Jacques Gernet, *A History Of Chinese Civilization*, Cambridge: Cambridge University Press, 1972.

③ 正是在这个朝代，“村治”开始受到朝廷的直接关注，见 Brian E. Mcknight, *Village and Bureaucracy in Southern Sung China*, Chicago: University of Chicago Press, 1971。

的，是晚古的士大夫、朝廷、国家将礼仪制度推向民间的历史。[①] 在这两个历史过程中，村庄有着它的特殊地位，而这个特殊地位表现在村庄一直扮演的“被超越”的角色上。在前一历史过程中，帝国文明的超越及其所带来的宗教－宇宙观后果是核心；在后一个历史过程中，在村庄里延伸正统的礼教，从而对村庄进行“士绅化”，是超越性的基本内容。也就是说，如果说中国存在一个一体化的“宗教”，那么，这个宗教的实质内容是“礼教”，即通过礼乐文明实现文化的超地方结合。[②]

对于村庄与礼教之间关系的前一个过程，除了法国人类学大师葛兰言[③]，人类学界和历史学界关注得并不多。相比之下，对于宋明以来这个关系的演变，我们知道得相对具体一些。其中一个最受关注的问题，是这个漫长的历史时期中里社制度持续起着的重要作用。在一般的印象中，里社好像是一种“基层政权单位”，指的是行政地理学意义上的村社和乡镇组织，一种近似于欧洲现代社会管理方式的“监视”。[④] 实际上，里社的内容远比我们想象的复杂。明初的里社，大抵都设有专门的办公兼祭祀的机构，这个机构的建筑很小，但“五脏俱全”，包含有祭祀神明和厉鬼的祭祀空间，同时每个基层单位还要设立黄册，村庄的人都要登记在案，犯了法和逾越规矩的人，要在“申明亭”被公示，而朝廷在里社中也设立“旌善亭”来表扬那些道德楷模。社区碰到流行疾病、自然灾害等问题，就有组织地进行驱邪仪式。朱元璋还投资建立社学，社学设立的地理范围，相当于今天的乡，比村庄大一些。明中叶以后，这种制度上完善的“社区文明建设”碰到了财政问题。要建立里社制度容易，但要在全国范围内维持如此庞大的体系，需要太大的财政资源。最后的结局是朝廷直接倡办的里社，落入到地方和民间力量的范围内，于是，民间的杂神都堆放在摆黄册的地方，造成了明后期民间文化的综合性，使它成为当时政府官员眼中的“淫祠”，里社变成了民间信仰的庙。[⑤]

---

① Stephan Feuchtwang, “Domestic and communal worship in Taiwan”, in Arthur Wolf, ed., *Religion and Ritual in Chinese Society*, Stanford: Stanford University Press, 1974; 郑振满：《明清福建家族组织与社会变迁》，北京：中国人民大学出版社，2009。

② 参见 Liu, Kwang-Ching, ed., *Orthodoxy in Late Imperial China*, Berkeley and Los Angles: University of California Press, 1990。

③ 葛兰言：《古代中国的节庆与歌谣》，赵丙祥、张宏明译，桂林：广西师范大学出版社，2005［1932］。

④ Michael Dutton, “Policing the Chinese Household: A Comparison of Modern and Ancient Forms”, *Economy and society*, 1988, 17 (2), pp.195–224.

⑤ 参见 Timothy Brook, “The Spatial Structure of Ming Local Administration”, *Late Imperial China*, 1985 (6), pp.1–55; Wang Mingming, “Quanzhou: the Chinese City as cosmogram”, *Cosmos*, 1994 (2)。

与法国史学家笔下的《蒙塔尤》相比[①]，里社制度在民间的渗透，远远没有天主教堂那么深入而严厉。然而，这一“社会对共同体”的渗透过程引发的理论问题，同样值得我们关注。怎么解释明以来村庄与文明史之间的关系？人类学界不乏注意明清史研究的学者，但是他们对于这个问题并未提供系统解释。我曾在《社区的历程——溪村汉人家族的个案研究》[②]一书中尝试结合民族志与历史方法来展示这一关系。那时，我大概的想法是，宋明文化变迁的动因，主要是建立所谓“绝对主义国家”的尝试。所谓“绝对主义国家”既包含王道中帝国代表的主权的绝对性这层意思，又包含早期创造“一体文化”的努力。欧洲历史社会学的研究说明，绝对主义国家的兴起带来了“疆界”制度和观念，这些制度和观念的历史大致是到了近代才完善起来的。比较而言，中国北方的长城、全国范围内的卫所制度等，其体系最迟到600年前就得到完善的发展。朱元璋比欧洲人更早地想象到了民族国家这一说。欧洲人原来也持大帝国思想，以为天下是他们的，其他人都是野蛮部落。在《逝去的繁荣》一书里，我进一步提出，中国早期民族国家的想象来自汉人对于元帝国的某种民族抵制情绪，到朱元璋手里，成为建立新朝代的手段。[③]明代对于“国家”的期望一直延续到近代，到了梁漱溟先生，到了我们现在，对我们的民族意识有着深刻的影响。因为这种意识的存在，所以在过去的数百年时间里，我们一直面对着如何解决超村庄的共同文化与村庄的“分而治之”策略之间“辩证关系”的难题。从一定意义上，“超越性”概念的出现，与扎根于士大夫和政治家的那种古老“类国族”（proto-national）心态有着密切的关系。

诸如弗里德曼和施坚雅之类的“汉学人类学家”，曾对村庄民族志研究提出理论和方法的批评，他们的意思无非是要我们更多地关注村庄与整体的中国之间的关系。如果说我们上面说的是一种历史时间的纵观，那么，他们所强调的就是这个纵的视野里“横向”的联系。可是，我们怎样从“横”的方面来做出创新的村庄研究呢？结构人类学告诉我们研究村庄时要做横的研究，也就是要研究村与村之间的关系。村与村的关系一般有两种关系。一种是“horizontal”，即“平面”的研究，比如我们研究通婚圈，这是几个村庄连成一片比较平等、互惠的以

① 埃马纽埃尔·勒华拉杜里：《蒙塔尤：1294—1324年奥克西坦尼的一个山村》，许明龙、马胜利译，北京：商务印书馆，1997。

② 王铭铭：《社区的历程——溪村汉人家族的个案研究》，天津：天津人民出版社，1997。

③ 王铭铭：《逝去的繁荣——一座老城的历史人类学考察》，杭州：浙江人民出版社，1999。

妇女的交换为中心的圈子，这个圈子我们今天依然能够看到。另一种关系牵扯20世纪以来长期持续的批评，我在《社会人类学与中国研究》[①]中概述了这一批评，批评要求我们，研究中国村庄，要注意到“上下”关系，这就要考虑弗里德曼的说法。他讲了那么多关于宗族的事情，但他的最高追求只有一个，即对一个旧的政体进行人类学的整体研究：中国作为一个整体，怎么用人类学的视野来研究？当然弗里德曼说这句话时，是针对费孝通、林耀华等早期人类学家和社会学家而言的。他认为，“不断重复地做中国村庄的研究”不能造就一个中国社会理论。换言之，弗里德曼认为，如果没有把握中国的“上下关系”的等级性在宇宙观中的表达，那么，人类学家就永远无法把握中国社会。[②]从这个观点看，施坚雅所做的区域研究的工作，正是要在“上下关系”的层次上把握中国。当然，他采取的分析框架是经济地理学的，因而对于我们上面讨论的“礼教”不怎么关心。值得关注的研究，是过去三四十年来人类学界对于汉人民间宗教的研究。民间宗教的研究要看“大小传统”之间的关系，通过“古典传统”与“民间传统”的互动过程，来考察文明进程中村庄的社会作用。[③]

五、村庄的历史想象（2）：观念形态

弗里德曼曾经引到一个具有反讽意义的例子。[④]在他看来，现代中国社会科学家注重村庄研究，原因之一是著名人类学家拉德克利夫–布朗曾在燕京大学临时改变了他对社会人类学的看法。拉德克利夫–布朗在英国人类学界是反对村庄研究的，他认为人类学要做的工作是“比较社会学”，是对不同社会形态进行比较分析得出洞见，他认为马林诺夫斯基的民族志缺乏这种宏大的视野，只做特罗布里恩德群岛小小社区的调查，没有社会理论的关怀。可是，到了北京，他却说中国社会学的出路是村庄研究。为什么拉德克利夫–布朗在北京突然有思想的变化？我们对答案一无所知，我们所知道的是，他印象中的中国是一个农民社会，

---

① 王铭铭：《社会人类学与中国研究》。

② Freedman, “The Politics of An Old State: A View from the Chinese Lineage”, in G. William Skinner, ed., *The Study of Chinese Society: Essays by Maurice Freedman*, pp.334–350.

③ Sangren对此的理论论述见P. Steven Sangren, *History and Magical Power in a Chinese Community*, Stanford: Stan ford University, 1987。

④ Freedman, “The Politics of an Old State: A View from the Chinese Lineage”, in G. William Skinner, ed., *The Study of Chinese Society: Essays by Maurice Freedman*, pp.334–350.

村庄研究对他而言能说明的是这种社会形态演变的时间特征。弗里德曼指出，拉德克利夫－布朗提倡村庄研究，给中国人类学带来了极为负面的影响，使中国社会人类学家丧失了研究整体中国文化、中国宇宙观及中国宗教的兴趣，也使我们丧失了对于分散的共同体与社团及国家之间关系的兴趣。

然而，弗里德曼除了忽略自己研究的“殖民情景”，[①] 似乎又忽略了中国学术史上的一个重要篇章。当拉德克利夫－布朗提倡村庄研究之时，中国知识分子中“乡土重建”的声音正在扩大。像梁漱溟那样，一面探询西方的“超越性”，一面强调“乡土意识”的学者，在中国不为少数。社会理论和文化观念的这种自相矛盾，部分解释了20世纪中国社会科学“村庄情结”。对于这个“情结”，刚有学者开始探讨，芝加哥大学的杜赞奇（Prasenjit Duara）教授对于民国时期“乡土”概念的解剖，就是一个例子。[②] 此外，值得分析的还有以村庄为题材的小说如《艳阳天》等。这些东西都是历史上看不到的，突然在20世纪显得这么重要，以至今天的人类学家还要“言必村庄”。这又是为什么？

1939年，费孝通先生在《江村经济》一书中针对村庄给出了如下定义：

> 村庄是一个社区，其特征是，农户聚集在一个紧凑的居住区内，与其他相似的单位隔开一段距离（在中国有些地区，农户散居，情况并非如此），它是一个由各种形式的社会活动组成的群体，具有其特定的名称，而且是一个为人们所公认的事实上的社会单位。[③]

为什么人类学家要研究作为“事实上的社会单位”的村庄？费先生在这部论著中也做了解答。费先生认为，研究这样一种农户的聚居区、这样一种社会活动，有两方面的方法论意义：其一，把研究的空间范畴限定在一个微型的社会空间里，有利于“对人们的生活进行深入细致的研究”；其二，随着20世纪的到来，相对隔离的传统村庄与世界范围的共同体之间构成一种动态关系。在这样一个变迁的时代，通过从事村庄社区的实地调查，可以探讨有关中国在现代世界中

---

① Allen Chun, *Unstructuring Chinese Society: The Fiction of Colonial Practice and the Changing Realities of "Land" in the New Territories of Hong Kong*, Amsterdam: OPA, 2000.

② Prasenjit Duara, "Local Worlds: The Poetic and the Politics of the Native Place", in Shun-min and Hsu, Cheng-kuang, eds., *Modern China, in Imagining China :Regional Division and National Unity, Huang*, Taipei: Academia Sinica, 1999, pp.161–200.

③ 费孝通:《江村经济》，5页。

的命运的大问题。[①]

费先生关于村庄及其方法论意义的观点，已经发表了70多年。70多年后的今天，社会科学研究发生了巨大变化。在人类学界，借助“小地方”民族志撰述来反映社会的做法，已经被认为有必要面对世界性的“大体系”给人类学方法提出的问题。“大体系”是什么？它指的就是过去一个世纪世界发生的巨大变化。2000年，回顾半个多世纪中的亲身体会，费先生用“三级两跳”来概括中国经历的这一变化，意思是说，中国社会先从农业社会跳入工业社会，再从工业社会跳入信息社会。[②]在社会科学界，许多人将工业社会到信息社会的转变，与民族国家到“全球化”时代的转变联系在一起，认为我们目前这个时代，民族与民族、国家与国家之间的社会经济关系发展到如此密切，以至于社会科学家有必要重新思考他们在民族国家疆界基础上提出理论，重新界定我们的研究对象。费先生形容说，20世纪犹如现代的“战国时代”，到21世纪人类将迎来一个大同时代。在这样一个新的时代，作为农业社会基本单位的村庄，其在人类社会活动中的位子，显然已经不如以往那么重要了。

然而，学术研究与“社会事实”之间的关系往往没有那么简单。按照社会理论提供的历史目的论图景，在我们这样一个时代，无论是国家法权建设，还是“全球化”，都意味着作为“乡土本色”的村庄的消逝。正是在这样一个时代，中国的社会科学家们却重新发现了村庄的重要意义。与20世纪30—40年代一样，“乡土重建”的呼声融在“现代化”的涛声中。海内外的中国人类学家，近十年来发表的对于中国村庄的叙述，可谓多矣。国内的人类学者（因中国学科关系的独特性，有时还包括社会学者）发表了大量关于村庄的细致研究，有的跟踪老一辈人类学家的足迹，有的重新发现不同的研究地点，有的对过去60年来中国政治变迁产生重大影响的“典型村庄”进行研究。在各种实地调查地点中，人类学者自然要对被研究的对象提出不同的定义，对研究的成果做出不同的总结。这些不同的研究，除了继承了半个世纪以前老一辈人类学家们早已采纳的概念框架，还对变迁的时间段落进行重新定义，将前人关注的“工业化”修改成了“改革以后”。

在部分人类学论著的影响下，其他人文社会科学门类也对村庄展开了各具特

① 费孝通：《江村经济》，5—7页。

② 费孝通：《经济全球化和中国“三级两跳”中的文化思考》，载《光明日报》，2000年11月7日。

色的论述。现在从事村庄研究的不仅有人类学者和社会学者，还有历史学、文学、哲学、政治学研究的教学科研人员（甚至一些艺术家、建筑学家也参与其中）。历史学尤其是社会史的村庄论述，大抵是依照“国家与社会关系史”或“民间制度史”的框架展开的[①]，后来的讨论焦点，主要是古代“社”的制度的双重角色问题[②]；文学人类学的论述，则更多地包含有“文化苦旅”的意味[③]；哲学和政治学的论述与“国家与社会关系史”之间构成密切关系，但更注重当前实践——如村民自治选举——的运行逻辑与地方反应。[④]“现代性、国家和村庄的地方性知识”是不少学者进行村庄研究的“三个最基本的维度”。[⑤]学者们共同看到，村庄的研究离不开超越村庄或“计划”超越村庄的各种“社会设计”。然而，从观念形态看，对村庄的“地方性知识”的超越，与现代性构成什么样的关系？这一问题仍有待探讨。

六、再思村庄

到20世纪80年代中期，汉人村庄社区的人类学研究经历了三个阶段的变化。第一个阶段由吴文藻倡导的燕京大学社会学，后来转入西南联大时期，作为农村调查的基本办法被运用。第二个阶段以弗里德曼和施坚雅在英美的“汉学人类学”研究为代表，前者偏重社会结构和宇宙观的研究，后者偏向经济史和地理学的研究，二者都以超越村庄民族志方法为己任。第三个阶段以港台人类学田野调查的开放为起点，结果是村庄田野调查和民族志的复兴。借村庄研究来认识中国社会的努力，开始于20世纪30年代，50年代之后遭到批评，70年代末得以重新恢复。在村庄研究的复兴阶段，人类学家不再简单采取早期的“反映论”，而能注重探讨第二个阶段中提出的“中国”概念。

过去20年来，人类学发生了很大变化。在西方，随着“后现代”和“全球

---

① 郑振满：《明清福建家族组织与社会变迁》；曹锦清、张乐天、陈中亚：《当代浙北乡村的社会文化变迁》，上海：上海远东出版社，1995；钱杭、谢维扬：《传统与转型：江西泰和农村宗族形态》，上海：上海社会科学院出版社，1995。

② 见赵世瑜：《狂欢与日常——明清以来的庙会与民间社会》，231—258页，北京：生活·读书·新知三联书店，2002。

③ 如潘年英：《扶贫手记》，上海：上海文艺出版社，1997。

④ 参见吴毅：《村治变迁中的权威与秩序：20世纪川东双村的表达》，北京：中国社会科学出版社，2002。

⑤ 同上，31页。

化”口号的提出，“超越国家疆界”成为很多西方人类学家追求的目标。但是，对于怎样“超越国家疆界”这一问题，人类学界存在着争论。从20世纪80年代初到90年代中期，人类学界的热门话题是现代性与世界体系，学者们关注的，一方面是与欧洲启蒙运动史有关的哲学与跨文化知识论支配问题，另一方面是民族志方法如何适应“世界体系”和“全球化”的问题。小社区与大社会之间关系的问题，退让于知识论与世界史的研究。正是在这一潮流中，中国人类学重新进入国际领域。随着中国田野地点的开放，越来越多的海外人类学家来中国从事田野考察。起初，研究中国的西方人类学家依然保持着对于生活在小地方的人们的兴趣，而这种兴趣也激励了一大批中国留学海外的人类学者去从事村庄民族志的研究。然而，“后现代”和“全球化”讨论的升温，令很多人类学家的兴趣转向了超越地方的产业和文化形态的探讨，令他们觉得“中国”这个概念已经不再重要，必须探讨麦当劳在中国的情况，旅游业与“少数民族”的关系等。知识论的反思迫使人类学家对既有的人类学论述进行重新探讨。在这一反思的促进下，人类学对于中国的“民族”“族性”“地方文化”等问题的理解，出现了新的方法。对“世界体系”和“全球化”的探讨，也带来了跨文化研究的新动态。在西方自我批评意识不断增强的条件下，本土人类学家的研究对自身提出了更高的理论要求，它不再简单追随外来的西方理论，而能真正借助“从本土观点出发”这个提法，致力于当地社会的当地解释。也正是在这个“本土社会科学”的条件下，中国村庄的人类学研究得到了持续的发展。

在过去几年中，我曾围绕村庄社区的人类学问题进行一个侧面的人类学论述。在《社区的历程》一书中，我试图提供闽南村庄与超越社区的国家与社会力量之间关系的历史视野。[①]这本书的起点是明代，终止于20世纪80年代，言说的是一个家族村庄五百多年的历史。在一本民族志的小册子中，展开这样长的时间宽度的论述，当时我主要考虑到两个问题：其一，怎样使空间上有限的社区调查，与时间和空间广阔的国家与社会关系史勾连起来？其二，这样的时间和空间的勾连，怎样既避免30—40年代社区民族志的“无时间性”又避免社会达尔文主义的“宏大历史叙事”的“无地方感”？在《社会人类学与中国研究》中，我评介了20世纪30—40年代以来人类学汉人社区研究中的理论和方法辩论，其中核心的问题是对村庄民族志的诸多批评和超越，书中评介的不同说法，正是

① 王铭铭:《社区的历程——溪村汉人家族的个案研究》。

《社区的历程》的理论背景。①

倘若要我给《社区的历程》与《社会人类学与中国研究》这两部著作一个总体的界定，那么，我愿意说，它们具体做的，是将村庄社区史和人类学描述与20世纪30—40年代的社区论述与此后发展起来的“汉学人类学”联系起来。对20世纪30—40年代中国人类学村庄研究的意义与局限，上文已经有所论述。不过，这里有必要强调，我做的这点论述，与“汉学人类学”一系列超越村庄研究的努力有着密切的关系。从一个角度讲，《社会人类学与中国研究》一书，围绕着“村庄问题”展开对“汉学人类学”的回顾，这样做的目的是为了更明确地论述村庄的当地体系与超越村庄的社会实体与观念形态之间的关系。对于村庄与“外面的世界”之间关系的问题，早期中国社会人类学家已经有了意识，因而也可以说，对于这一关系的论述，是基于“汉学人类学”的论辩对早期的中国人类学论著的某种继承和延伸。

诚然，村庄研究涉及的理论问题，远远超过我在上述习作里能论述的范围。我在本文中在既有论述的基础上提出了村庄的地方性与社会的超越性问题，进而谈到村庄与文明史之间可能存在的关系，同时谈到村庄作为一种现代观念缘起的因由。在中国历史上，超越地方村庄社区的共同体，显然是存在的。与欧洲宗教不同的是，这种共同体的凝聚力，主要不是来自宗教的信仰，而是来自“礼仪的规范”。②通过中国文明史中村庄地位变迁的研究，人类学家能发现一种具有中国特色的公共性，它的源流及社会空间的联系机制在历史上经历的变化。从另一个角度看，现代知识分子关注村庄，是因为村庄既曾经是“化人文以成天下”中“化”的对象，又与现代社会的文明进程构成矛盾关系。正是村庄与文明史之间存在的这种复杂关系，使我们今天仍然用一种矛盾的眼光来看待村庄。

这一有关村庄涉及的文明史的概述，并非是学术研究的结论，而是为了提出问题而做出的，最终解决这些问题的办法，仍然有待人类学者的进一步研究。如果说我个人对进一步研究需采纳的参考概念有什么看法的话，那么，我应该表明，在我自己的“历史想象”中，社会学家埃利亚斯的“文明进程论”③与早期

---

① 王铭铭：《社会人类学与中国研究》。

② James Watson, “Rites or Beliefs? The Construction of a Unified Culture in Late Imperial China”, in Lowell Dittmer and S. Kim Samuel, eds., *China's Quest for National Identity*, Ithaca and London: Cornell University Press, 1993.

③ Norbert Elias, *The Court Society*, New York: Pantheon House, 1983; *The Civilizing Process*, Oxford: Blackwell, 1994.

人类学家有关“中国宗教”和“中国礼教”的论述[①]，或许是有前景的研究路径。而如果可以这么认为的话，那么，村庄的人类学研究就不应仅限于现代社会人类学派的工作范围之内，也不应像最近一些人类学家想象的那样，成为一种文化政治学[②]或社会现象学[③]的“地方感受”[④]，而应让位于费孝通先生展望的那种服务于“文化自觉”的人类学。[⑤]

在既有的论述基础上展开新的讨论，必然带有学科史给我们的特殊限制。其中，最大的限制来自20世纪学者们关注的国家概念。在他们的讨论中，对村庄研究提出质疑的人类学家，给我们留下一个印象，似乎离开村庄，我们一定就要进入大的社会与控制地方的国家的领域。事实上，即便我们可以认为，国家史即是文明史的核心内容，我们也有必要看到，在文明史的进程中，像我们今天这样以民族国家原则来构造国家机器的时代，是有特殊时代性的。在漫长的历史长河中，古代的国家更通常是以朝贡－礼仪体系来构造的。在中国的“天下”中，朝贡又划分层次，其中核心区域中中央与地方的关系，边缘区域中朝廷与朝贡部落、土司、地方性王国之间（即我们今天意义上的“少数民族”）的关系，及整个中国与“海外”之间的关系，是所谓“朝贡体系”的三个层次。如滨下武志所言，这个体系的运行特征是：

> 国内的中央－地方关系中以地方统治为核心，在周边通过土司、土官使异族秩序化，以羁縻、朝贡等方式统治其他地区，通过互市关系维持着与他国的交往关系，进而再通过以上这些形态把周围世界包容进来。[⑥]

处在不同空间地位的村庄，其社会生活与“中心”的朝贡体系构成的关系，

---

① 见 Maurice Freedman, “On the Sociological Study of Chinese Religion”, in Arthur Wolf, ed., *Religion and Ritual in Chinese Society*, pp.19–41; James Watson, “Rites or Beliefs ? The Construction of a Unified Culture in Late Imperial China”。

② Arjun Appadurai, “Introduction: Place and Voice in Anthropological Theory”, *Cultural Anthropology*, 1988, 3 (1), pp.16–20.

③ Edward S. Casey, “How to Get from Space to Place in a Fairly Short Stretch of Time: Phenomenological Prolegomena”, in Steven Feld and Keith H. Basso, eds., *Senses of Place*, Santa Fe: School of American Research Press, 1996, pp.13–52.

④ 这些受到后现代主义思潮的“地方感”影响的研究者，主张将村庄看成相对于主流文化被压抑的“声音”、相对于主流认识论被压抑的“认识论”，因而也主张重新恢复“地方”研究的地位。

⑤ 费孝通:《从实求知录》，385—400页。

⑥ 滨下武志:《近代中国的国际契机：朝贡贸易体系与近代亚洲经济圈》，35页，北京：中国社会科学出版社，1999。

可以用“化内”与“化外”的文化距离感来形容。然而，村庄与“教化”之间关系的纽带显然是多重的。例如，40 年代人类学家笔下的大理村庄[①]与芒市村庄[②]，与南诏－大理文明与中原文明形成双重联系，这影响了地方文化的形成，从而使处于朝贡体系第二层的村寨，与处于朝贡体系内心层的汉族乡村形成重要差异。早期人类学家对于这些村寨的描述，往往没有考虑层次与文化之别。新的村庄人类学研究，除了考虑产业类型的比较[③]，有必要运用民族研究的积累，对朝贡与文明史的层次关系进行重新梳理。在重新梳理的过程中，人类学家会进一步发现“天下”的文明体系构成的那个世界，其实比村庄民族志告诉人们的要丰富得多，复杂得多。这进而意味着，我们从村庄人类学研究的历史获得的教诲是：拘泥于学科研究程式的研究，不能满足我们对于人文世界理解的愿望，人类学家应当拓展自身的视野，怀着更开放的心情，来迎接历史——包括学科史——给予我们的启发。

---

① Francis K. Hsu, *Under the Ancestors' Shadow: Chinese Culture and Personality*.

② 田汝康：《芒市边民的摆》。

③ 费孝通、张之毅：《云南三村》。

第二十二章

口述史、口承传统与人生史

一、口述史

口述史大家都听说一点了；人们或称它为“口碑史”。人们说口述史是历史学的分支，这一做法，出现于远古，如古希腊的《荷马史诗》，藏人的《格萨尔王传》，都堪称口述史作品。随着文字史渐渐占支配地位，口述史地位后来下降了。而说到口述史，人们还常将它与20世纪上半叶推崇口碑研究的一些西方人联系起来。其实，在世界各地致力于采集口碑史料的学者，历来都有（我就不相信司马迁没有做过口述史），做学问，没必要言必西方。

近年国内不少学者关注口述史，不少社会科学研究者转向了口述史。比如，社会学界，即有学者组织“土改”口述史调查，他们想通过口述史研究，摸清楚“土改”到底是怎么回事儿。该研究牵扯一些理论问题和观念问题，比如，怎么理解事件？怎么理解“斗争”？“回忆”被看成透露真相的基本进程，想必课题组得出的结论，跟我们的所谓“历史常识”不尽相同。有社会学界同行认为，借助口述史来了解当年，是挖掘其“真相”的可行方法。

如此说来，人们对于口述史的期待是，它能为我们带来“真相”。可事情并没有那么简单。

据说，去参与“土改”口述史调查的学生，有不少产生了迷惑。比如，我记得当年有个学生说过，尽管她致力于贴近“真相”，但老百姓的“回忆”缺乏我们习惯的严谨纪年时间，他们时间概念混乱，颠来倒去，总是错将过去当现在，错将现在当过去，不清楚其前后序列，你问这时的情况，他说那时，问那时的情况，他说这时。被研究者与研究者之间的“时间差”，造就一代新学者，他们怀疑“真相”之说，而转而相信，口述史研究先要区分“我们的时间”与“他们的时间”。[①]

“土改”口述史调查计划引出的问题，早已是口述史研究的所有问题。到底口述史研究能否揭示历史的“本来面目”？一方认为，口头说的东西，比那些文字写的东西可信，文字写的东西，经过太多人为加工，为了把事情“说妥”，而抹杀真实。另一方则可能认为，口头说的东西，比文字写的东西还混乱，其包含的“真实性”，等同于无法把握的“混乱时间”。

学术毕竟不能停留于“分派”，而总还是要步步前行；即使有那些从口述史研究得出怀疑主义的小年轻存在，也还是会不断涌现出信仰口述史的人——如同相信文字史的人也在猛增一样。如今，做知青口述史的学者有了[②]，他们坚信知青的“回忆”远比文件上写的东西要活生生地真实，这里边有喜、怒、哀、乐，充满感情。对所有政治运动的口述史感兴趣的人也有了，就我所知，就有一本叫作《口述历史》[③]的杂志，专门刊登这类记述口述史的文字。这叫作“口述历史”的东西，反映的是中国历次运动，当事人成为采访的重点对象，用活生生的语言“回忆”活生生的历史，有时使人感到惊心动魄。

二、作为口述史的人类学

人类学家对于口述史，比较有发言权的。这门学科的“正宗”，是对于“没有文字的人民”的研究。怎么研究“没有文字的人民”？人类学前辈想了一些辙，其中最主要的，叫作“参与观察”，就是亲身去观察和体会没有文字的人民的生活。

人类学家在田野里面对的是有公共活动与私人活动的所谓“当地人”。公共活动，包括很多方面，大体上说，有冲突构成的公共事件，甚至战争，有年度仪式，这些活动牵涉“当地人”的整个社会感，能把整个地区的人都调动起来。人类学家也参与到“当地人”的私人生活里，对于他们的人生礼仪、亲属称谓、生老病死、婚姻、生子、吃饭、生产，都花费时间去研究。人类学家从事研究时，注重超常的公共活动和日常的私人生活，想从这里总结出一套有关社会生活的看法。

---

① 方慧容：《“无事件境”与生活世界中的真实》，见杨念群主编：《空间·记忆·社会转型》，467—486页，上海：上海人民出版社，2001。

② 刘小萌：《关于知青口述史》，载《广西民族学院学报》，2003（3）。

③ 该集刊由王俊义、丁东主编，2003—2006年，由中国社会科学出版社出版过4期。

“参与观察”虽说被强调得很多，但不一定是人类学前辈田野工作的真实内容。进行实地考察的，不乏沉默的学者，不过，多数人类学家以“能说会道”为田野工作的诀窍。“参与观察”中的“观察”，是靠眼睛，而要实现“参与”，不说话，那可不行。田野工作，是对话的过程，是跟“当地人”交流的过程，我们不能光看东西，光考察事件，而缺乏了解“当地人”的解释。人类学家用眼睛看，用嘴巴讲，用耳朵听，交流是本分。他们去田野，先跟“当地人”学习方言，掌握了一点关键词之后，和被研究者渐渐熟悉起来，会问到被问者的名字、家庭等，人类学家要掌握人对人的称谓，除了明确的名字，还有怎么形容这个人与那个人之间的关系，是父子，是姐妹，是夫妻，还是别的，还要问到他如何称谓世界万物——如怎么称“树”，假如在英国，“当地人”就会说，那叫“tree”。通过人与物的词汇堆积，人类学家学习当地文化，形成一套关于社会生活与认识的理解，通过研究“当地人”左邻右舍的称谓，我们对他的社会机制有了了解，再通过血统关系、地缘关系（包括通婚关系）的梳理，领悟当地的社会组织。

人类学家做这些工作，为的是理解当地的社会基础，要解释更高层次的公共生活，不理解这个基本层次是不可能的。口述调查，是理解这个基本层次的窍门，但人类学家却很少这么说。

再说，有实地调查经验的研究者必定了解，人类学中最基本的是亲属制度研究，而亲属制度研究，则又是对一种血缘－地缘合一的社会历史意识的研究。社会历史意识是通过嘴巴讲给我们听的。被研究者的祖宗是谁，前辈是谁，老婆是谁，丈夫是谁，孩子是谁，左邻右舍是谁，亲戚是谁，他们认识的人都是哪些类别，我们问这些问题所得到的答案，要么与活着的人有关，要么与死去的人有关，可没有不跟人与人之间的历史关系密切相关的。

人类学家是谁？有了上面的“铺垫”，我斗胆说，我们是一群将“当地人”的口述史转化为文字史的人。因此，可以说，人类学的研究等同于口述史。试想我们20世纪50年代民族大调查时前辈们用的法子——他们比西方人类学家更敢于诚实地承认，其调查所采用的方法，主要是召开座谈会和进行访谈，而无论座谈会还是访谈，都属于口述。

在人类学的西方“正宗”，口述这种方法也是普遍的，只不过，“正宗”人类学家兴许是为了告诉人们，他们的研究不基于没有“实在证据”的口头言论，因而才努力将自己与口述史家相区分。事实上，研究所谓“没有文字的人民”，不跟他们说话，怎么了解他们的做法和想法？怎么能如民族志方法奠基人所说的那样，“从土著观点出发”？显然不可能。所以，人类学不免就是口述史，不承认这个就不大体面。

将人类学等同于口述史，会遭受同行的指责——我们这门学科不是那么恢宏吗？怎么可能等同于小小的口述史？

的确，人类学不等同于口述史，而更多地想用各种社会科学的概念，来套本来也是用口述史的方法搜集到的材料，这些概念，如亲属制度、宗教、政治、经济、社会、文化、民族等；套了之后，人类学家还发现自己从事的是“科学”，而“科学研究”有物理学模式，有生物学模式，人类学家借鉴这些，造就了结构、有机团结等概念，自以为摆脱了小小的口述史的纠缠了。然而，人类学家不能太自信，试想，当他们遭遇历史学家责难时，怎么办？人类学家总会转而强调口述史是自己的长项，而且比只研究有文字的士大夫的历史学家高尚，更有独到之处。举个例子说吧，前些年几位历史学家参与几位海外人类学家的研究，他们一起去了一个村子，历史学家到了村里，忙成一团，四处搜罗写有文字的纸张，人类学家镇定自若，仅仅去拜见了几个老乡，聊聊天。回来，双方互相讥笑，一方说：“嘿嘿，我们找到了如此之多的文献，瞧你们这些无能的人类学家，啥资料没有，空谈一天！”；另一方反唇相讥说：“你们这帮没有见识的历史学家，就以为文字才是资料，不知道文字也是活人写的，是骗人用的，你们被骗了，哈哈！”（故事情节被我说得比较生动，其实对话双方都比较友善，特别是没有如此狂暴）。怎么理解这个争论？这争论与以上提到社会学家的“土改”口述史调查引出的争论是一样的。这令人想起，人类学大师列维－施特劳斯与年鉴学派史学的争论，老列总是运用神话，而史学家说，这样不行，神话不足为据，老列却说，神话比历史更真实。[①] 如今“田野”替换了神话，成为人类学这个足球场的“守门员”，假如没有“田野”，人类学家就好像没有存在的必要了。当历史学家讥笑我们没有搜集到文献时，我们多伤感啊——我们的专长不正是研究没有文献的民族吗？

人类学家有的为了兼容并包，而把自己视作口述史的把门人，有的自以为远比口述史研究者高尚，而极力将自己区别于口述史专家，有的为了解除尴尬，说

---

① 王铭铭：《附录：“在历史的垃圾箱中”——人类学是什么样的历史学？》，见其《走在乡土上——历史人类学札记》，239—258 页，北京：中国人民大学出版社，2006。

自己的口述研究法比文字研究法更接近真实。而无论如何，他们的学科，左左右右，都与“口述史”这三个字有关系。近半个世纪以来，大体的潮流又是，他们离口述研究法越来越远。原因何在？首先是一些研究文明社会的学者，他们认为，为了理解有文明的国度，人类学家应挣脱“参与观察”的桎梏，更多阅读文献，进行历史研究，“采访死人”；其次，随着“后现代主义”的兴起，越来越多人类学家再也不相信自己的五官了——特别是眼睛与耳朵，他们意识到，自己的眼睛是带颜色的，“观察”不过是涂色，耳朵即使再好，也不能听见“土著”说的话的“弦外之音”，加之，“土著”也不是不会说谎，不会编造谣言的，所以怎么能说口述史就比文字史真实？人类学家一时没了主张。

三、口述史与口承传统

要进行口述史研究，不能不先意识到，在这个领域中向来存在一个答案不同的问题：口述史是不是比文字史真实？在“土改”口述史课题中，这个问题已在国内学界显现，而尽管近来中国学者热衷于通过口述方法来再现“真实史”，这个问题也并非不存在。“真实史”的危险性表明，没有不受“主观性”约束的历史；对于人类学研究方法略有所知，就能意识到，口述史给人的“亦真亦幻”的感受，实在强烈。人类学田野研究之“正宗”，实多为对无文字人民的研究，因而，口述史的方法本是核心，而人类学家为了装点门面，却东拉西扯，借来太多社会科学概念，使自己的学问有别于口述史。

兴许跟以上这点有关，人类学界还进一步区分了口述史与口承传统。口述史与口承传统区别何在？为什么要区分二者？

对我而言，口述史，或英语的“Oral history”，将人们的口述信息视作历史素材。虽然学界对于这些素材是否比文字记载真实存在争论，但是，口述史这个概念，重点强调的恰是“素材”。口述史的研究宗旨，与把握历史的真实性直接相关。而口承传统呢？这个概念就是“Oral tradition”。过去有不少学者用“oral cycle”来理解口承传统，说口承传统的特点就是：叙事是靠嘴巴说的，而嘴巴每次都在“再创造故事”，一个故事从一个点传播出来，像水波纹那样往外传，到每个空间的圈子，都发生一些改变。“Oral cycle”指的就是一种口口相传的叙事之“文化圈”。“Oral cycle”是口承传统概念形成的基础，在此基础上，人类学家、民俗学家、民族学家研究口口相传的史诗、神话、传说、歌谣，以至谣言。各种各样的口述类别，在此被当作一类——讲故事。研究口承传统，不是研究口承史诗、神话、传说、歌谣、谣言等“故事”里说的历史之真实性，而是研究这些“故事”作为一种“文类”（genre）流传的时空图式。也就是说，如果我们将自身定位为口承传统的研究者，那么，我们的关注点，就不是故事的哪个情节是真的，哪个情节是假的这些问题，而是亦真亦幻的“故事”在口口相传中如何造就一个“文化的圈子”。历史上有不少人类学家根据这种方法，从口头流传的“故事”求知不同民族的文化疆界，求索各民族迁徙与相互关系的轨迹。这种研究，就叫“口承传统”的研究，而不叫“口述史”。

口承传统研究里，也有刚才说的那个“真实性”的问题。到底口承传统是否真实地承载着历史事实？曾有不少人类学家根据不同民族的口承传统来恢复其历史，将口承传统当作一种“自发的口述史”，认为它反映一个民族的历史经验。在口承传统中，神话有关于人与自然关系的历史解释，史诗有关于英雄创造历史的解释，歌谣唱颂着民族源流及自我再生产的故事，它们有些在后来的文字史中得到了记载，有些因没有文字记载，而只好靠嘴巴代代相传。有学者认为这样的叙事，与历史的叙事不过是有形式上的不同，因而，致力于透过它来看历史。不过，也有不少其他学者对于将历史的关怀注入口承传统研究深表怀疑，极端者可能将谣言当作史诗、神话、传说、歌谣的“基本结构”，认为口承传统编造和表演的成分最多。“谣言”，用词重了，但意思不过是说，口承传统在制作、传播、展示上，都存在着“扭曲”历史的特点。在口承传统中，与一个群体的祖宗有关系的东西，以及他们信仰的东西，都被赋予某种超人的力量，且得到道德美化，如此一来，口承传统就不同于历史，没那么“淡泊”，而是充满着浓味儿。就说英雄史诗吧，它的构成方式本身决定了它的内容。什么是英雄史诗？假如不把英雄从头到尾形容成英雄，刻画英雄完成其神圣使命的艰辛与伟大，那就不叫英雄史诗了。假如用小说那样的方式来叙说英雄，视英雄为常人，那也不是英雄史诗了。比较史诗与小说会发现，前者不包容人格内在的多样性，只允许你把英雄说成唯一道德人格的化身，不允许你说这个人有道德的两面性，只有到了小说兴起之后，刻画“主人公”的手法才变了。小说源于民俗，从民俗中获得精华，基于民间节庆展现人性多元的内涵，阐发了对人的道德一致性的自我颠覆，使自身有可能将常人写成英雄，把英雄写成白痴，并不断穿越于两种境界之间。① 由英雄

① M. M. Bakhtin, “Epic and Novel”, in his *The Dialogical Imagination*, Austin: University of Texas Press, 1981, pp.3–40.

史诗与小说的比较引出的观点，也有助于我们诠释口承传统与历史的分野。我们期待历史成为“现实主义”的事业，如同期待小说成为人性的现实描绘一样。由于我们对“真实性”保持着这种追求，因而，会更多地将接近于英雄史诗的“非真实性”当作口承传统的特征，并对之细加甄别。

原则上，口述史与口承传统这两个称呼，确实代表两种叙事的实践。口述史可谓是历史研究者为了解决历史疑惑而主动激发出来的“被研究者的回忆”，而口承传统却不是研究者激发出来的，而是自发地流传于被研究者中，与他们的社会生活息息相关的叙事。

也就是说，口述史指的是一种方法，而口承传统指的是社会生活中的一种存在。两者之间还可以做更多的区分。对于“真实性”怀有信仰的学者，可能会默默地用历史与艺术之间的区别来形容口述史与口承传统之间的差异，说口述史是历史，口承传统是艺术，口述史是“真实性”的表达，口承传统是“想象力”的展示。要承认，口述史确是学者为了理解历史而展开的工作，因而其中包含的信息，有相对贴近于“真实”的趋向；而口承传统则与艺术相对靠近，富有表现性。[①] 因此，有许多人类学家把口承传统视作一种文艺形态来研究，特别关注史诗、神话之类的展演过程记录。

到底口述史与口承传统之间的界线是否如以上所述那么明晰？对此有激烈的争论。前面已交代过，即使在口述史研究里，也有不把口述史当作历史的学者，至于口承传统，则在相反方向上出现同样的怀疑：有学者认为，尽管口承传统确有“艺术气质”，但它就是一个民族的集体记忆，而这一记忆就是真实的历史。站在对立的立场，口述史与口承传统的关系又可以得到一种相反的理解。比如，前些年就有人类学家试图指出，研究口述史，就是研究人们如何叙述过去，而研究人们如何叙述过去，最好的方法是看到这种叙述自身有一种文体（genre）。说口述史研究中，受访人的话是有“文体”的，等同于是在说，它自成一体，它是口承传统。[②] 由此可见，我们过于强调口述史与口承传统之间界线，易于忘记二者在现实生活中的交织状态。

总之，口述史是一个有争议的领域。有的学者断定，凡是没有文字记载的“历史”，都属于子虚乌有；有的学者认为，那些经过文化精英加工的“文字史”

---

① 纳日碧力戈:《作为操演的民间口述和作为行动的社会记忆》，载《广西民族学院学报》，2003（3）。

② Elizabeth Tonkin, *Narrating Our Pasts*, Cambridge: Cambridge University Press, 1992.

才是最不可信的，相比我们亲耳听见的“故事”，文字书写的历史矫揉造作，丧失朴实性，沦为“待解读的文本”。争论发生于全世界各地的学术圈，相关学术文本遍地开花，无法罗列。即使在被人们误认为已抵达“纯科学”境界的西文世界，也有人抱着经典不放，揪住口述史的“把柄”，更有人痛恨经典，一手抱着口述史，一手指着文献记载，说“这些家伙最不真实”；有的学者考据文献的证据，来纠正神话传说的错误，有的学者将文献证据当作真正史学的敌人，且认定，要纠正文献史的自负，口述史是唯一的出路。

争论导出极端论点，对它们，我多持怀疑态度。对于文字与“会说话的口”，我的价值观以“模糊”为特征，大概可以包括以下几点：

1. 在古人已逝去的年代，要他们重新“开口”，那太不现实。因而，若要如历史人类学家那样“采访死人”（interview the dead），我们只好深读历史文献的“道听途说”。

2. 在时常承受“重大文献”之压力的国度，口述史不妨被视作“解放思想”“亲近真实”的途径——聆听他人讲话，总比塞着两耳独自想象与自我安慰好。

3. 口述人总会为了大目的或小目的而掩盖某些真相，而由于其叙事具有某种“怪诞的时间性”，因此，时常不同于被认定的“常理”，给学者带来太多困惑。然而，这些现象都实在只能算是“人之常情”——难道文献史不也如此吗？学者的使命，是“解惑”。

4. 在人类社会中，存在大量“靠嘴巴吃饭的人”，他们的口述史，不免出现夸大其词的“史诗色彩”，但不完全是在“掩盖真相”，因为“史诗”就是真相。

5. 口述史不完全是口述史，它时常可能包含文献史的口头化，恰如文献史不完全是文献史，它时常如《史记》那样，是“前人”对于包括口述史在内的“见闻”的记录……

也就是说，研究口述史不易，因为研究者需跳跃于“口述史”（oral history）与“口承传统”（oral tradition）两个概念之间。说人家说的是“口述史”，那就等于是在说，他们说的是“历史”；说人家说的是“口承传统”，那就等于是在说，他们说的是“故事”。在“历史”与“故事”之间，存在联结两者的纽带吗？我们莫衷一是。要达到一致，只好用“平常心”思考。“平常心”足以拷问道貌岸然的学者：难道人生不如梦吗？难道我们说的真的就与做的那么不同吗？难道我们人类不都是在故事堆里长大的吗？难道别人讲的故事对于我们怎么做人没有任何影响吗？难道故事不正是一种真相吗？

口述史研究者的敌人，不是历史学家，历史学家的敌人，也不是人类学家，我们共同的“敌人”，是完全不会或拒绝讲话的人——他们的鸦雀无声，是我们的困境之实质。然而，即使是这些人，也生活在会说话的历史中，他们的不会说话，也是一种说话的方式，他们的语言，就是沉默。

因而，只有对于人生的领悟，才是对于历史的领悟。口碑与文字是不朽的；之所以如此，是因为它们不仅是历史与故事，还是一个丰富的道德世界。

这个道理，足以使我们“触类旁通”。研究一地、一人的口述史，就是研究所有口述史。对于西南地区特殊时间段中一个特殊人物进行的口述史研究，就是对于世界所有人的口述史研究。

四、人生史

口述史这种东西，远比固定化的文字灵活机动，总是跟“现场的人”相联系，从一个不怎么被传统历史学家喜欢的侧面，反映出历史的真实——历史就是现在。而当口述史被称作“口碑史”时，也使人想到，“口碑”二字中主－客合一的含义，“口碑”既指口头说的事和人，也指人们对于这些事和人的道德评价。一个人可以有“好口碑”，也可以有“坏口碑”，“碑”是一块不朽的石头，记载了历史，也言说了道德。所谓“口碑”，意义接近于“史德”。而口承传统这两个层次上的意义，就更加浓厚了。口承传统与仪式紧密结合，所表达和展演的，恰是历史与道德。

人生又何尝不是如此？人生活在一个既有实践又有心灵的生命史历程中，他的举动、经验、动机，与心态，都不是可以随便分割的。有人说“人不为己，天诛地灭”，似乎人是一种极端自我、利己的动物。其实，人又何尝不怕“口碑”，在“口碑杀人”的阴影下过一辈子呢？

上面说到口述史、人类学与口承传统，要理解这些东西，对人与叙述之间的这层关系，先要有一个深刻的认识。

我不曾专门研究口述史，却结合这一方法研究过人生史。我所指的是“life history”。这个概念，可以翻译成“生命史”或“生活史”。我对它的研究接近于传记，就是追溯一个人物的人生，从其生命之初开始，说到他的结局或我认识他时的状态。有些人用“life history”来研究人生历程的某个阶段，如成家阶段，而我则深感若是这样，那“life history”就成了“life course studies”了，其实，“life history”必须看人物的人生整体，所以，我选择将这个概念翻译成“人生史”。

进行人生史的研究，还是先要竭尽全力搜罗关于所研究人物的文字记载，包括零散的传记、自述，包括涉及被研究人物的所有文字，甚至包括族谱和户口本里的文字。

假如被研究的人物健在，那么，就为人生史提供了一个更为有趣的研究机会。我们可以不断地与被研究的人物进行口头交流，穷尽他的人生历程，并理解他对这个历程的看法。人类学家多关注健在的人物，这些人物通常生活在“小地方”，不大可能成为闻名遐迩的“名人”，因此其人生历程，不可能有充分的文字记述。此时，我们的人生史研究，便要大大依赖于口述史。对于被研究的人物自己的叙述，我们要关注，对于别人对他的评价（即所谓“口碑”），我们也要关注。

对人生史对象的选择，不是漫无目的。20 世纪 90 年代初期，我开始做这方面的研究，选择的是闽、台两地两村的几位地方头人。想到研究地方头人，有个过程。

我的博士论文研究的是家乡。做田野时，我首先感到，第一要务是形成一套成为家乡“陌生人”的方法。因为我考虑到，只有用陌生人的眼光，才能看清楚我们熟悉的人那些司空见惯的事儿。为了形成“陌生人的眼光”，我对家乡的研究采取了“地图式”的历史研究法，试图像画地图那样来画出我家乡的一张张“历史地图”，使我跟亲友形成一定的距离，使我对这座城市的理解，不至于落入“当地人的框套”里去。这种“地图式”的方法，有其优点，但也带来了许多问题。首先，它不是深入地触及人与人交往的“亲密层次”。

对于地方头人的兴趣，也偶然地形成于博士论文研究期间。当时我虽然特别重视历史人类学，但结识了不少家乡的文史专家，从他们那里听到了很多故事。其中，最引人注目的是关于家乡一位老人的故事。这位老人曾是菲律宾华侨，20 世纪 50 年代归国担任市长，一生最出名的，就是他在位期间及退位之后持续地秉持地方公正的事迹。这位老人“文革”期间就用巧妙的方式保护了许多文物，特别是宗教寺院。这些事迹，在家乡流传成了“口承传统”。

1991 年我开始从事农村研究，也发现了这种人物的存在。我研究的一个山区的村庄，有这样一个人，也是在 20 世纪 50 年代担任过官员，后来他人生坎坷，在20世纪80年代后，重现于地方舞台，成为人们景仰的人物。认识他，是因听村民说，要了解村庄的历史，非找他不可。对他进行村庄历史的口述史调查，使我震惊：他一个人的人生史素材与“说法”，居然远远比我采访其他所有村民得到的材料还丰富。村里有三千多人，除他之外，其他人对这个村子的历史，如果不是全然无知的话，也是有百分之八九十的无知。人们总是让我感到，他们稀里糊涂地说他们的祖宗是几代前移过来的，后来的事儿再也说不出来了。后来我去找这个人们推荐的老人，才大开眼界。“土改”时，他16岁，因出身长工而积极参与其中；“土改”后，他一直是那个村庄的头。开始，他具有正式身份，同时也得到村民的认同，是一种被承认的权力的化身，我们一般称这种人为“权威”。1958年前，他的人生比较顺，官至区长。1958年后，则出现重大人生转折。“大跃进”时期，村与村之间争夺生产工具，竟然导致械斗。当时他是公安，有人说他利用身份召集械斗，事后还包庇自己的村人。他因此入狱，受了不少苦。在监狱里他认识了一位道士，从他那里获得了丰富的关于风水、算命术之类的知识，开始对我们所谓的“民间宗教”特别感兴趣。此后到20世纪80年代初，他过着淡泊的日子，但村子里有事还是找他“出头”。到了1987年，村子里开始议论复兴村庙、祠堂之事，他是最热衷的。为了通过复兴村庙、祠堂，把自己的村庄再度组织起来，使村人获益于公共象征，他耗费了大量精力。历史不乏偶然：假如他不被关在监狱里与道士同住，那么，他也许就不可能成为20世纪80年代以后村子里“宗教事务”的引领人。[①] 可偶然后面也有必然：假如被关的不是他，那么，他也就不可能有如此大的挫折感，以至于对“命”这个字有了如此深刻的理解。我选择研究他，是因为在从他那里了解村庄历史的过程中，我与日俱增地坚定了一种信念：他的人生史就是村庄史。村庄的历史从明初开始，那是几百年前的事了，他不可能从那时起开始活到今天。他的人生史，充其量可以从他出生那年算起。怎么可以说这就是村庄史？我从以下两个层次来理解这点：

其一，作为当地头面人物，他的人生史集中体现了20世纪50年代以来村庄的历程。

其二，他身心承载的历史，担当的过去，与他所处的家族历程息息相关。

研究这样的地方头人，使我意识到，过去人类学那种只重“制度”不重人物

---

① 关于“地方头人”，后来我又在台湾石碇乡做了比较历史调查。参见王铭铭：《村落视野中的文化与权力——闽台三村五论》，267—330页、331—366页，北京：生活·读书·新知三联书店，1998。

的研究法，不能使我充分理解我在村庄里认识的人物。

关于这样的人物的人生史，人类学做得不是很够。人类学里流传的研究方法是对集体的、共同体的、社会的整体研究。这样的方法从一开始就缺乏“传记深度”，将之排斥为“个体性叙述”。人类学家寻找的是民族、社区、村庄，研究的是这些“时空坐落”里的制度形态。为了做这种工作，学科要求我们跟每个“当地人”接触，而不允许我们只跟一个“当地人”交往，我的意思不是说我想主张大家未来只需做一个人的研究；我深知，人物研究也是要在大场景下展开的。我的意思无非是说，这种要求我们跟所有“当地人”接触的方法，不一定可取。就我看到的事例，我以为，接触更多“当地人”固然是应当追求的，但我们对于“当地人”口碑中的人物，不能不给予更多关注。对这样的人物的人生史进行深度的文献、口述史与“口碑”方面的探索，有助于我们从一个新的角度理解人的社会生命及这一生命的起伏。

关于这一点，还有不少需要解释的事，只好待未来解释。若集中于现今谈的口述史，则还是有一两句话要先说。以往存在的口述史研究，多将一个外在于被采访人的事件框架作为“切割人生”的手段，让被采访人谈他在某个大事件中的经历与看法。不是说被采访人与大事件无关，而是说，这样做的话，口述史研究就容易忽视事情的另外一面——大事件中的经历，不过是人物的人生史的一个部分。只关注大事件，表明我们对于所谓“不起眼的人物”（被采访人）自身的意义体系并不尊重。我以为，口述史亟待纠正其“切割人生”的错误，亟待对于“口述者”的人生史整体展开研究。为了做这样的研究，我们不能将口述史视作唯一的可能。为了理解人生史整体，口述史不过是包括文字史在内的若干方法中的一种。口述史与口承传统之间界线的模糊化，对于我们理解人物的人生史，也有不少启发。我要反复强调的是，人生史与任何历史一样，既是人生史自身，又是一种“口碑”，一种“史德”，它在社会中有其丰富的意义。

第二十三章

民族志与“四对关系”

一、民族志在人类学中的位置

可以说，人类学研究含有三个层次：民族志、民族学与人类学。

民族志，就是收集资料和书写的过程，它不简单是“田野”，也不是简单的“写作”，而是指人类学基础研究的过程之整体。

在国内介绍中，民族志更多是指对小规模的群体和共同体（社区）的研究，但事实上，国外的民族志多数指对更广泛的空间单位的研究，包括区域研究。

一般认为民族志的历史开始于20世纪早期，但在此之前其实就有很多民族志研究了。

从社会人类学角度看，民族学可谓人类学研究的第二个层次。这个层次的形成大约发生于20世纪20年代，此前，民族学与人类学是并列的，但在当时，英语世界的拉德克利夫－布朗（他又称之为“比较社会学”）提出，人类学的普遍社会解释应来自不同民族志呈现的不同社会，特别是对这些社会的比较，只有这样，才能形成比较社会学这门“真正的社会学”。[①] 拉氏之说提出之前，社会学更多的是研究工业社会，这严格说来是对欧洲本身的研究。拉氏提出将人类学视作“比较社会学”，是为了使人类学吸收社会学思想，这背后有法国社会学年鉴派的启发，他们主张，社会学视野不该局限于欧洲。

德语系的“民族学”有其特殊所指。在此传统中，民族学研究除了比较，还倾向于研究文化之间的关系，同时特别关注研究文化的特点和文化之间的共性。德语国家的民族学，其观念基础事实上是“民族”这两个字。不过，“民族”具

---

① A. R. Radcliffe-Brown, “The Comparative Method in Social Anthropology”, in Adam Kuper, ed., *The Social Anthropology of Radcliffe-Brown*, London: RKP, 1977, pp.53–77.

体指的不是我们国内的“少数民族”，而是一个社会中大众共享的文化（此意义上的“民族”实与“民俗”相当）。

人类学指的是一种“概括”，“概括”是基于前面的这些研究展开的，它不简单是一种理论号召，而有具体方法。以整理过的经验素材与学界存在的观点对话，是这个具体方法的重要内容。当然，这里“学界”不是指我们通常理解的学科。人类学家既是经验研究的专家，理想上又需有哲学上的想法，“学界”与这些“哲学上的想法”有关。

我们之所以说人类学不仅是科学，也是一门艺术、一门哲学，是因为它不局限于描述，而追求通过描述、比较、概括提供启迪。

国内对人类学的理解比较混乱，有的把人类学、民族学并列为两个学科，有的在其中一个后面加括号来包括另一个。一般宣称自己是人类学研究者的人，会宣称自己研究的基本方法是民族志，而宣称自己是民族学研究者的人，同样也认为自己的研究方法曾继承了20世纪前期民族学的研究方法。20世纪前期，国内社会学、民族学，及后来从苏联传过来的“民族志学”在50年代得到综合，此时，“民族学”已是另一种意义上的东西了（它致力于“民族问题”研究）。20世纪80年代以来，我国以“人类学者”自称的人中大多越过“民族学”这个层次，直接从“民族志”跳到“人类学”，这是有问题的。崇尚一种无比较、缺乏思想内涵的民族志，兴许也有其理由（本质上这是对英式社会人类学的效仿），但我认为，没有“民族学”（固然这不是我国50年代风格的民族学，但与之有关）这个中间环节，人类学的概括就会有失偏颇。直接从村庄的个案跳到一个“全人类”的理论是可笑的。所谓“人类学”，必须有更广泛的比较。不是说个案不包含理论，而是说如果直接从个案跳到理论，则不可能有恰当的概括。

二、现代民族志及对它的批判

“传统”的民族志（传统永远都在变化），一般来说是基于参与观察、主位观点和整体论做的研究和写的报告。所谓“参与观察”，已成为常识，而主位的观点比较复杂，它大抵指“被研究者的观点”，但事实上并不如此简单。实际上，人类学家不可能研究整个人群的所有人，更不可能了解所有人的心境。所谓“主位观点”，不过是人类学家向个别“土著”询问得来的“当地知识”。过去人类学家往往有把一个“土著”的观点说成整个“土著民族”的观点的倾向，他们凭靠自己的直觉，进行总结，用一种“装作无知”的方法和“幼稚”的眼神来审视被研究的人，以求得到“主位观点”。比如说，他去某一个地方，并不要太熟悉当地语言，这样，他就可以从语言的基本层次学起，对它的深层次产生好奇心，进而把握被研究文化的基本层次。他把这些东西用直觉的方式勾勒出来的图景“换算”成“你认为他们是怎么想的”这个问题的答案，然后通过呈现被研究者日常生活中的细枝末节来强化“他们的看法”与“我们的看法”的不同。

主位观点存在到底谁是“主”谁是“客”的问题，我们以往一直借用西方的观点，也“装”成跟西方人一样去做田野，一说到主位观点就是跟西方不同的观点。其实，我们这些人到底是不是何人，我们并不十分清楚。可能大多数人确是“西化”了的，实际则也可能复杂些。每个人内心都有好几个层次，然而若是我们声称自己是单纯的“客位”或者“主位”观点，这时探讨出来的那些概念，往往是虚假的。

什么是“整体论”？一般理解是，我们要把看到的个别方面和许多方面联系起来。比如说研究民族音乐学，不要只看音乐，还要看音乐周边的一切，在音乐外的场景里展现音乐。

对“整体论”的这一理解，也不全对。再以音乐为例，一旦如此理解“整体论”，人们就可能将精力更多放在音乐之外的事物上，对音乐自身就语焉不详了。如此一来，民族音乐学不就等于把音乐自身的内涵与精神毁了吗？研究音乐的“氛围”确是应该的，但这个“应该”仅仅具有临时性。音乐，对一些人而言其实是一种信仰，要是把它当成信仰，那就可能有必要暂时割裂它跟其他事物之间的关系，花费更多心血来把握它本身，进而才谈它的“氛围”。

这事还与“解读”有关。看书有两种方式，一种永远在书的背后看到所谓“社会背景”，另外一种，则更想探究书内部的理论和哲学。没有一本书不是形成于作者与社会氛围的关系之中的，但为此我们也不见得要局限于“背景”，我们可能也应该考虑到，对于另一些人而言，把书看成《圣经》，使之不牵扯“外面”的事物，才算是在“读书”。

我理解的整体论，是把“研究对象”内部的事和外部的事连起来说且不丧失其内部丰富性的做法。

理解民族志的另一个错误是以为所谓整体论就是方方面面，无所不包。这样的民族志恰好是最无聊的。以中国民族志为例，我们今天并没有写出超过20世纪 30—40 年代水平的民族志著述。为什么？一个简单的原因就是：当年的学者写作是有专题性的，而现在我们误以为要整体论，就忘记了所谓整体是要通过局部来呈现的，于是，我们的撰述，多是可想象到的社会生活的所有方面的叠拼。其实，我们不应忘记，迄今最好的民族志作家应是埃文思－普里查德；他的书，每一本都像一个专题性研究，比如这本书写巫术，那本书写宗教，再一本书写政治结构。

无论“参与观察”“主位观点”，还是“整体论”，常识性的定义都是可疑的。于是，自然出现所谓“后现代民族志批判”。现代人类学研究者，本还是相当真诚地用个人化的方法来把握现象的。不过，他们的风格一旦被概括到教科书里，其本有的艺术和个性，就完全被抹杀了。

后现代于是根据被抹杀的艺术展开了讨论。

而那些我认为并不十分高明的后现代确实参考了高深有用的社会哲学。但后现代借“误解”提出的一些看法是十分可疑的。

后现代提出了很多批评，归纳起来有我刚才所说的这三方面。一个是“参与观察”，他们会怎么理解。他们无非是把参与观察解释成作为作者的“我”和作为被研究者的“他”之间的一个表达，所谓参与，就是两种人（一个是作者，另一个是被书写的对象）碰到一起了——以前不这样说，以前说一个是“科学家”，而另一个是被观察的“对象”（他是“物”，我是“人”）——而后现代则说，这两边都是人，只不过是我和他的关系，要通过我和他的关系来看这背后的政治关系等。其实我们和被研究者之间肯定有政治关系，整个世界的政治关系，是通过人类学家和所谓“土著人”之间的个人关系表达出来的。

后现代主义者多数反对相对主义的人类学观，认为这种相对主义的人类学观，包含某种文化种族主义，在他们看来，文化种族主义比体质人类学的种族主义更“反动”。我们知道，种族和民族的区别就在于：种族是身体特征的，民族是文化特征的。当你把形容身体特征的种族主义这套概念放到文化里，文化之间就产生了更多裂缝。

后现代批评所针对的，往往是刚才我们说的主位观点，因此，后现代批评的后果常是客位的、普遍主义的观念的重申。后现代认为，既然我们的民族志不能成为绝对意义上的客观表达，那么，我们便有权利更多地运用主观态度来评论。后现代相信文化相对主义是错误的。那么，替代相对主义的是什么？后现代主义者往往诉诸西方本己的概念，成为缺乏“主位观点”的普遍主义者。他们不愿意承认“所有民族的文化观点都是普遍的”，习惯于认为西方才是普遍的，而非西方的文化若非是特殊的，便是有待解释的。政治、经济、权力、话语、全球化这些概念，于是流行起来。这些概念是客位的、外来的“普遍概念”。以全球化为例，它是西方基督教的全球化，它不仅不是现实，而且是一种观念上的帝国主义。

后现代民族志批评还导致另一个问题。它特别强调文化的碎片化（fragmentation）研究。或许这是因为人们的确意识到，并不存在整体完整的土著人，所以认为社会和文化都是碎片化的。不过，后现代更多诉诸“全球化”以求解释。

后现代民族志在民族志的写作艺术上，也在两个方面进行着这样的努力。一方面，后现代民族志的媒体不再局限于文字，而是“多媒体”；另一方面，后现代民族志不追求整体性，不追求长久地待在一个地方，而允许“体会”，不追求理解当地人怎么想，允许“我（作者）认为……”，不追求整体，而可以跳跃在不同的碎片之间。因此，民族志出现文本风格的多样化。风格表达的多样化。然而，矛盾的是，迄今我们尚未看到一个把民族志这门艺术真正做好的后现代。

后现代虽然提出了很多“口号”，但大多因停留于“口号”，而沦为某种粗糙的“观念艺术”，以为只要在观念上创新，艺术本身的技巧就可以完全不管了。

三、民族志中的“四对关系”

我自己想做的是一种“关系的民族志”，而不是整体的民族志和后现代民族志，“关系的民族志”作何理解？

这首先是对“整合论”下的西学的某种背离。

西方的社会理论总体强调“整合”，尽管不同学者对“整合”提出了不同的解释，但整合在西学中总是最主要的。“整合”到底是什么？大概就是指碎片如何变成整体。

整合观下的民族志，就像一些人类学经典，其所描述的，正好是一个“岛”，或几个少数的“岛”，它的边际是那么的清晰，以至于我们可以清晰地看到一个社会。整体论民族志研究的，是由海洋构成的边界之内的那一块块自成一体的陆地，人类学家想看里面各种各样的体制怎么一层层地归诸一个社会结构（主要是宗教方面，包括仪式的体制等）。

整合观诱使人类学家研究 identity（认同），所谓“认同”，有时是个外观而已，但认真的人类学家总要考察一个群体如何考虑他们认为自己是谁。实际上，包括西方人在内，没有人不生活在关系中，而人类学家之所以强调整合，主要是因为宗教。

如果说中国有宗教，那么，这个宗教强调的便是一层一层的等级次序；相比而言，西方人的宗教的层次区分是二元化的，即“上帝”和“所有的人”这两种存在。生活在这种宗教里的人，容易把自己想象成一个整体的社会，这样，整合和认同才成为焦点。因有这种宗教，所以，西方人很少想到，他们的日常生活也像我们这样是横面铺开的。我们通过横面和纵面相结合的生活，来促成我们的社会，他们也是一样。观念扭曲的事实，导致意识形态的问题。西方很多意识形态，像“人权”“平等”，实际上都和宗教有关，但是今天已戴上“非宗教”的面具。比如，平等就是教众和上帝的（平等）。什么叫个体主义？就是你不能联合成“总教众”来和上帝对话，而是每个人要化解成一个“原子”的人，一个一个的人“跟上帝对话”（当然，传教这个行为是很复杂的，我们今天没有时间谈）。可事实上西方人也“跑”关系。

人类学民族志的问题（如果说它有问题的话），就在于它没有把现实中的关系真正考虑在内，而是不知不觉延伸基督教“一体论”。

当然，人类学中也有很多反例，比如埃文思－普里查德研究一个叫作 segmentary system（分支裂变体系）的体制，很像将整合反过来说。可为什么他会提出分支裂变体系呢？那是因为埃文思－普里查德认为整合模式导致了强大国家的出现，强大国家的出现又导致了专制主义者的出现，而专制主义者的出现，不利于人的和平相处。他找一个反例，这个反例又恰恰有个正面的例子，就是整合。[①] 这固然伟大，但他背后与整合观的关系，是值得警惕的。

后现代对于文化碎片的兴趣，恰也源于其对于整合论的坚持。试想，倘若人们不相信整合，那他们何以会关注碎片或裂变？

我以为，要造就一种真正现实的人类学，我们的民族志研究要更注重对关系的研究，这个意义上的“关系”绝非本土民俗中的“关系”，而是一种结合了主位观和客位观、民族志与民族学方法的论述。

关于“关系”，以下我们可以分几个方面来看。

---

① 埃文思－普里查德：《努尔人》，褚建芳、阎书昌、赵旭东译，北京：华夏出版社，2002。

内外关系

没有一个共同体不是生活在“内外关系”中。过去几十年，这些内外关系被人类学家化约为殖民情景的关系，但是我认为，这一关系自古以来如此，认识到内外关系对于任何一个群体都是自古以来如此。把外来的影响当作近代以来西方带来的，而没有想到，再古老的文化，都在不同程度上与别的文化进行着交往，没有想到，再古老的群体都是跟别的群体发生关系的，这是近代西学的一个弊端。

我们要如实研究内外关系。比如说，研究一个村庄的民间宗教，不能只研究它固定于当地的那个“社祭”仪式。古代讲“社”，基本上划定当地的范围、树立当地的神圣中心的一种仪式。还要研究“会”的仪式，就是说这些人怎么结盟、怎么通过仪式来串通。更要研究这些村子广泛存在的朝圣仪式，就是说“会”还是当地的，但是它已超出了社区的范围而成为区域，区域与社区是不一样的。

一个地点，不管它多大，都处在几个层次的关系、几个圈子中。如果说地点是内部，那么内部总是跟外部有密切关系。可以这样认为，如果没有外部，内部的神灵不会灵验，因为神灵的“精神”来自外面。为什么会进香，很简单，就是那个灵性的“电池”已经“没电”了，要到更远的庙去“充电”。

上下关系

内外关系，先可看作横向关系来研究，但这只是为了方法上的方便。其实，内外关系常也是纵向的。以朝圣为例，所谓朝圣，意味着外面的庙比内部的庙更大或更重要。

我们把这种与内外有关的等级次序定义为“上下关系”。

再偏远（少数民族）地区的文化也是外向的，它通过对外的依赖，形成一种对“上”的敬仰。

中国以前的帝王亦是如此。帝王一方面相信他的祖宗伟大，另一方面他们的仪式实践却常是横向的，“横着出去”到山岳上跟天沟通。帝王要通天，必须离开自己的城池，这表明其文化也有外向的内涵。

上下关系是通过内外关系来实现的，这点毫无疑问，但纵向的关系却时常“内部化”为阶级式的关系，形成尊卑、贵贱、雅俗这些类别，它们一样也值得重视。

左右关系

任何共同体内部都存在差异，这种差异可概括为“左右关系”。比如，邻里关系、朋友关系、派性关系等，都可分“左右”。

列维－施特劳斯之后最伟大的人类学家之一巴斯写过不少书，国内介绍的，多是他关于族群的论述，但对我而言，他所写的最有启发的著作是《创造中的宇宙论》，该书研究的恰是我称之为“左右关系”的东西。《创造中的宇宙论》集中探讨的是“思想上的左右关系”。这本书研究一个岛国新几内亚小山区中的传统和亚传统，巴斯认为，即使像这样的一个偏远之处，当地人也不是没有脑子，或一块白板，原封不动地将祖宗的文化写在自己的身体上。实际上每个人都有创造性，而且这个创造性不能个体地看。这个小山区里的新几内亚人，都是土著，但是也形成了像人类学那样的流派，这些流派的左右关系导致了这个山区的社会文化的变化。①

看左右关系，要同时看内部的社会关系和思想关系。举个例子来说，对于同样的传统音乐，除了有内外之分，还在“传统”内部形成不同的理解，甚至纷争。比如说福建的狮子会、南音社，不能说成是单一的，其实这些团体形成某种亚传统，之间有不少竞争。家族也是这样，家族之间、房支之间，竞争接近于派斗。无论是社团还是村社，内部的区分都有社会性，但这种社会性同时是有思想背景的，不同的团体、不同的派系，各有自己对于文化的解释。

民族志研究者不能简单用“地方性知识”来把这些区分与流派归纳为一个整合了的整体。

我之所以用“左右”，是因为这个对子恰恰带有我们思想界难以避免的“左右派”意思。比如，左派会更激进，而“右派”好像更保守，但事实上，左派比较倾向于社会性，右派倾向于解放。这两个东西，自古以来如此，并不是西方社会的产物。思想里面一定有正反，正反一定有社会逻辑。如果没有正反、左右的思想逻辑和社会逻辑，社会生活与人文世界便缺少了活力。

前后关系

第四个关系，是“前后关系”。“前后关系”就是过去和现在的关系，这个很好理解——前事不忘后事之师，我们中国人一贯有这样的一个看法。历史总是

---

① Frederick Barth, *Cosmologies in the Making*, Cambridge: Cambridge University Press, 1987.

一个教师，我们把历史形容成一个教授（其实历史本身很复杂，但是我们总是把它当成一个几乎是“教授”的形象来看待）。可是既然有左右关系的思考，我们就应该看到，被我们研究的社会中，人们对这个“老师”的评价是不一样的。当然，每个人都不得已要跟前面的历史形成关系，可是，形成关系的时候，人们对“老师”（历史）也会有相对立的判断。

前后关系在社会当中理解才更深刻，但也有认为前后关系是文化的。什么是文化？文化和革命是对立的，所谓文化就是“反革命”。有西方人认为“革命的结果永远是反革命的”。意思是说革命和文化的关系是辩证的历史性前后关系。一旦你用了“文化”这个词，就给人一种印象，好像在强调传统的延续性。我认为，前后关系这个对子比文化这个概念更好用，因为历史就是在变与不变之间交互消长的，人对历史的态度也是这样。

没有一个人能避开前后关系的这个“命”，人们即使反对过去这个“后事之师”，也不一定能真正避开它对我们的支配。

第二十四章

从“朝圣”看作为“历史中的文化翻译”的人类学

“朝圣”成了研究中国文化的人类学家热衷讨论的话题。一些本土的仪式概念如“进香”“朝圣进香”“朝山”“香会”以及“游神”“绕境”等，进入了“朝圣”仪式名单。这些概念都是地方性的，大都来自人类学者对于所谓“民间信仰”的田野调查和文献研究。但是，具有描述意义的“本土语汇”与某些“普遍概念”是相关的。

被翻译为“朝圣”的这些词汇，似乎是文化中的“经验事实”，但回顾它的研究史，我们却发现，这一所谓“经验事实”的研究，包含着一系列深刻的跨文化认识论问题。

一个值得关注的矛盾是，论述中的人类学家时常要提到这类语汇是被研究的文化中的“民间关键词”，与此同时，他们却普遍感到需要用“祭祀圈”或“朝圣进香”等“人类学术语”对它们加以解释。“祭祀圈”这个概念是外来的，作为被它“分析”的对象，“进香”只在人类学构词中扮演着一个附属角色。前者在20世纪20年代开始在台湾使用，最初来自日本人类学家的文化区域研究，其关注焦点，是地方共同体形成的地缘网络。[①] 从70年代开始，“祭祀圈”概念重新进入台湾“民间宗教”的人类学分析中，“朝圣”也随之赢得了越来越高的地位。一如“祭祀圈”，“朝圣进香”也部分地来自外国人类学。就人类学来说，至迟到19世纪后期，“朝圣”和“进香”等词汇就已出现在德格鲁特论述“中国宗教”的庞大著作中。[②] 在更晚近的中国和西方汉学人类学研

① 关于这方面的简述，见林美容：《乡土史与村庄史——人类学者看地方》，121—212页，台北：台原出版社，2000。

② Maurice Freedman, “On the Sociological Study of Chinese Religion”, in his *The Study of Chinese Society*, Stanford: Stanford University Press, 1979［1974］, pp.351–283; 又参见 Kenneth Dean, *Taoist Ritual and Popular Cults of Southeast China*, Princeton, N.J.: Princeton University Press, 1993, p.16。

究[①]中，这两个词汇已经成为学术用语，用来代表维克多·特纳的“pilgrimage”（朝圣）一词。[②]

在近期所谓的“中国的朝圣研究”当中，研究者坚持着不同的理论立场和人文价值观。然而，他们却有一个共同的思维定式，这就是将上述汉语词汇当作基督教词汇“pilgrimage”的地方性对应词。在各种不同的学术传统中，非地方的概念如“地域崇拜圈”“宗教”“社会空间”“仪式过程”“文化生产”“宗教变迁”“世俗化”等，都已经与宏大的分析框架勾连起来。

学者们将各式各样的地方仪式名词与基督教的朝圣制度联系在一起，显然是出于一种美好的求知愿望与善待他者的态度。他们尊重那些不同地方的人民持有的宗教信念及世界观，同时也努力尝试着用不带偏见的、普遍的社会科学语言将之“译写”出来。不过，用“pilgrimage”这个基督教仪式概念来“译写”中国民间仪式活动，实际上就是从一个更大的关系体系中有选择地挑出某些方面（或层次）来与世界性的支配文化一一对应。由此导致的结果是：尽管目前许多研究者已考虑到“朝圣”概念产生的特殊文化背景，但这一特殊背景并未在我们的理论框架中占据足够重要的位置。人类学家对“朝圣”进行了充分的民族志描述，罗列了足够多的地方概念，但人类学意义上的语义学探索却仍告阙如。

这种困境究竟由何而来？如果我们对于“中国朝圣”的人类学研究已经表明我们自身在解释方面存在着不足，那么，我们对此又该如何解释？原因究竟在于我们忽略了某些东西，还是在于我们没能说清楚那些地方概念的真正含义？我们的解释之所以不足，是由于我们忽视了像社会科学世界观一样具有“普遍意义”的文化系统，还是由于文化翻译的整个志业对我们的制约？

从比较宗教学的角度，人类学家李亦园先生曾对“朝圣进香”进行了如下值得重视的表述：

---

① 如P. Steven Sangren, *History and Magical Power in a Chinese Community*, Stanford: Stanford University Press, 1987, pp.87–92; Kenneth Dean, *Taoist Ritual and Popular Cults of Southeast China*, pp.61–132; Susan Naquin, “The Peking Pilgrimage to Miaofeng Shan: Religious Organizations and Sacred Sites”, in Susan Naquin and Chun-fang Yu, eds., *Pilgrims and Sacred Sites in China*, Berkeley: The University of California Press,1992, pp.333–337; 张珣：《大甲妈祖进香仪式空间的阶层性》，见黄应贵主编：《空间、力与社会》，351—390页，台北，“中央研究院”民族学研究所，1995。

② Victor Turner, “Pilgrimage as Social Process”, in his *Dramas, Fields, and Metaphor*, Ithaca: Cornell University Press,1974; Victor and Edith Turner, *Image and Pilgrimage in Christian Culture*, New York: Oxford University Press, 1978.

西方社会的朝圣与中国的朝山或进香，基本上，都是人类社会文化中的一种宗教祭祀活动。我们若要了解此宗教信仰行为其中的含义，就得从该民族的社会文化的角度入手，才能有全盘性的把握。因为在群体的层次上，每一宗教行为的存在，都不是孤立的现象，而是必有其相关联、互为因果的文化社会因素在作用。大致说来，研究社会文化与宗教信仰的相互关系，可从两方面去探讨：一方面是对一个社会的整个体系做深入的观察与分析，从表层而里层去了解整个体系的机能作用；另一方面则是从比较不同文化的方法入手，进而寻求其因何而同、因何而异？如此则能对人类宗教行为的基本法则理出较清晰的轮廓。①

谈到"朝圣"的文化差异时，李先生进一步论及"进香"与"朝圣"的异同。他说，基督教、伊斯兰教、佛教朝圣共同的"liminality"（阈限），沟通中含有的"transcendance"（超越性），即"离开了原有的时间、空间及旧有的自己"。② 相比之下，中国民间信仰与进香之特色，注重香火。在香火的沟通作用下，神明成为"人间的行政等级体系的翻版"，由此"分香"及其代表的地域性组织发展了出来。于是，李亦园对于"朝圣进香"的论述，强调了研究超越性的文化定义对于研究不同宗教传统中社会空间的属性问题，这部分地将我们的视线重新引向对于西方个人中心的观念与中国社会中心的观念的比较研究上。

比较宗教学的观点为我们认识现象提供了必要的背景。但"朝圣"概念在中国文化研究中的运用，迫使我们思考的问题不局限于其中强调的差异，因为由这个问题延伸出来的，还有上面提出的"朝圣"与"进香"二者之间的相互转译关系问题：如果"朝圣"一词指朝向某个神圣场所的旅行（将平时彼此隔离的个人、群体和地方统合在一起），那么，说"朝圣"不但存在于基督教当中，也照样存在于中国文化当中，便合乎情理；不过，"pilgrimage"显然是一个基督教概念，而我们通常用来翻译或"配套"这个词的"进香"，则是一个中国概念。这两个概念都分别体现了它们作为其中一个组成部分的宗教宇宙观的一个方面。它们所指的"旅行"可能很相似，但它们作为其中的内在组成部分的社会与文化整体却有着天壤之别。虽然很多人都已经开始注意"朝圣进香"一类的仪式，但很少有人考虑到，我们是否可以简单地用"朝圣"这个基督教概念来"理解"中

① 引自黄美英：《访李亦园教授：从比较宗教学观点谈朝圣进香》，载《民俗曲艺》，1983（25）。

② 同上，12页。

国人实行的诸如“游神”“朝山”“进香”及“香会”之类的仪式。朝圣研究在目前陷入这样的困境，是与一系列同文化翻译相关的重要问题分不开的。

一对有“文化差异”的概念，怎样在历史上形成关系？这一关系怎样得到更为契合实际的理解？以往人类学家采取的“概念对应”方法怎样重新回到文化的内部得到反思？这些问题需要进一步思考，它们也是我在这里想初步探讨的。我这里的论述围绕的现象，也是中国文化中的“朝圣”这一特殊类型的“礼仪”。可是，它将在承认等级性是中国“礼教”的核心内容的同时，特别强调“礼教”与“宗教”之间概念接触与互译过程的人类学意义，特别强调文化比较涉及的文化翻译本身的问题。它的性质，大体可以被定义为“历史中的文化翻译”。它一方面要粗略地勾勒出中国“朝圣”仪式的历史线索和面貌，另一方面要通过讨论“朝圣”概念引起的认识论问题，来反思西方宇宙观对于社会科学分析框架的制约作用，从而为重新思考中国人类学研究中的“本土语汇”与“专业术语”的关系做初步的探讨。

一、翻译与历史

利奇曾指出，人类学家一直忙于“确立能够进行文化语言翻译的方法论”。① 大概从 19 世纪中叶开始，“文化语言”的核心内容就是以社会科学的名义为世界“制图”。在当时，汉学人类学家着手研究中国的仪式活动是由于它们看起来与某些基督教仪式具有相似之处，或者是由于它们与我们的社会科学一般化做法不无干系，这和其他的文化翻译做法没有什么大的不同。刚才所说的也适用于另一点，即虽然将“进香”等词翻译成基督教宗教概念“朝圣”的做法看似无关宏旨，但它实际上是西方宗教宇宙观在世界范围内的扩张这一更大的历史进程不可或缺的组成部分。② 就像“宗教”的翻译那样，“中国朝圣”的翻译同样可以被看作人类学作为“殖民情境”下的语言权力如何被实施的一个例证。

不过，同样重要的是，“朝圣研究”在学术共同体内的发展也是地方文化政治的一个重要组成部分。比方说，中国台湾的“宗教研究”在过去一些年间有了

---

① 转引自 Talal Asad, “The Concept of Cultural Translation in British Social Anthropology”, in James Clifford and George Marcus, eds., *Writing Culture: The Poetics and Politics of Ethnography*, Berkeley: The University of California Press, 1986, pp.141–165。

② Ibid.

长足的进展，“朝圣”的翻译深深地卷入了思想潮流当中，成为营造或者批评性地揭示中国台湾人认同的不同层面或派系的重要手段。在各种朝圣语义学实现跨民族接合的过程中，台湾地区学术界已经重新组织成学术共同体，域外汉学及其传统的本土化最终在于开创一个学术传统。新传统是文化政治的一个组成部分，这种文化政治不仅牵涉围绕中国台湾认同进行的知识创新和政治创新，也牵涉时下正不断扩大、复苏的庙会组织。反过来说，它们与中国台湾人在近几十年来对“文化自觉”意识之内在定义的形成过程也是分不开的。①

域外的和地区性的中国“朝圣”研究，为我们展示出文化接触中一个饶有趣味的过程。因篇幅所限，我们不能充分地论述这个大话题，但在此我们需指出，虽然两种学术传统彼此迥然不同，它们却面临着共同的表述危机，这种危机至少已存在了一个世纪之久。试想，当“pilgrimage”（还有“religion”）开始在晚清帝国时期找到“朝圣”这个对应词时，其目的是要传达一种基督教式的宗教关系。在20世纪晚期，当人们用这个术语来分析与基督教朝圣相似的中国仪式活动时，这无疑也是一种将中国人的“宗教体系”加以概念化的做法。②不过，即使“朝”和“圣”这两个汉字能够让我们中国人很好地体味基督教的经验，它们却没有完整呈现出自己原本带有的含义——“朝圣”本身就已经是一个西方化的说法了。

就这个概念本身而言，无论“朝”或“圣”都不能完满地传达“pilgrimage”一词的含义。在汉语中，“朝”在这个文脉中的意思是“进贡”(“贡”既有“供物”之义，又有“尊敬”之义)，比方说，“朝贡”，而“圣”则指“圣人”，同时又指圣人的神圣品性（“灵”)。因而，“朝圣”的基本含义是指“朝圣人进贡”。“朝圣”一词的含义同样也适用于其他词汇，如“进香”。“进”（最初作“晋”）即“上进”或“进奉”之义，指“朝圣”中进奉贡物的行为。因此，就其本身而言，“进香”“香会”“游神”“朝圣”以及其他等同于“pilgrimage”这一概念的术语本身就包含上与下、神灵与凡人、神明与供养人之间的关系，而这在基督教“朝圣”中并没有明确地表达出来。

在西方世界，“朝圣”具有个体寻求自我反省的含义。集体旅行（徒步）到

---

① P. Steven Sangren, *Chinese Sociologics: An Anthropological Account of the Role of Alienation in Social Reproduction*, London: Athlone, 2000, pp.45–65.

② 关于一种相关的批评意见，见 Stephan Feuchtwang, “A Chinese Religion Exists”, in Stephan Feuchtwang and Hugh Baker, eds., *An Old State in New Settings*, Oxford: JASO,1991, pp. 139–161。

一个超地区的神圣教堂或仅仅是到一个非同寻常的地方，这种行为本身就被认为是个体实现自我超越的旅途，是一条非凡体验的路途，它越出了个人生活的轨道。[①] 相形之下，在朝圣和进香及其相应的仪式中，我们发现它们仍然保留着已有漫长历史的帝国宇宙观，“朝”和“进”就是标志，从这两个词中，我们不难读出中心与边缘间的等级关系。正如桑高仁指出的，在当前的闽、台文化区，“进香”最引人注目的方面是向“外”和向“上”进贡。在中国人的“朝圣”中，人们与神明的关系是多重的。但在这些关系中，有一个重要方面是，它们都是作为“文化主体（自我）的自我生产惯制”来运行的，它们需要有“自我界定的他者”（self-bounding others）作为“集体生产的权力表象”。[②] 在中国，作为强调“强”对“弱”之超越的“空间属性”的生动展现，向神圣场所的旅行体现为“外”对“内”的超越。[③] 确实，虽然这里所传达的敬畏感可能会以这样那样的方式被“鬼魅化”为非官方的模式[④]，但在仪式表演中建构起来的隐喻关系证实了垂直联系的历史。桑高仁认为，这种历史是主体的无意识自我异化导致的，也就是说是民间文化自身“拜物教似的”（fetish）创造出来的超地方观念。

虽然整个问题都与翻译有关，但是除非我们进一步考察本土词汇在特定过程中的文化语义学——也就是说，进一步考察这些词汇的语义学是如何体现在中国的语义学和表演中的，否则这问题最终也无法得到解决。正是出于这种考虑，同时也为了实现我们这个学科所追求的目的——以“本土人的眼光”将文化真实地翻译出来——中国朝贡仪式的历史才具有了特别的意义。在我看来，桑高仁所说的“拜物教似的历史”（fetish history）实际上是一种等级式的超越，它与中国历史上更大的仪式沟通模式是分不开的。这是一种文明的历史，是中国的不同文化模式的统一，从这个角度出发，我们对“朝圣”的翻译才能从“本地人的眼光”中真正发现它的内在起源。[⑤] 确实，我们不能否认，当我们大都将注意力转向我们所研究的历史时，我们很难将目光局限在我们所研究的历史上。但也正是在历史中，我们才看到一线光芒，有望真正地实现文化翻译，并以历史的名义在

---

① Victor Turner, “Pilgrimage as Social Process”.

② Sangren, *Chinese Sociologics: An Anthropological Account of the Role of Alienation in Social Reproduction*, pp.92–93.

③ Ibid., p.97.

④ Stephan Feuchtwang, *The Imperial Metaphor: Popular Religion in China*, London: Routledge, 1992.

⑤ 虽然对于这一题目的讨论只是提纲性的，但本文在现有历史和民族志基础上关于“中国朝圣”的研究提供了重建具有理论意义的过程的可能性。

跨文化对话中达到互惠的理解。[①]

二、封禅的研究

可以想见，在历史典籍出现之前，“朝圣”之旅就已经存在于那些后来演变为“州”“郡”和“县”的社会里。而汉语人类学的奠基人之一、历史具体主义的民族考古学家凌纯声早已看到，中国人对圣地的崇拜可以追溯到《山海经》时代，尤其可以追溯到“昆仑”时代。在他看来，“昆仑”代表着从美索不达米亚的圣地（ziggurat）传播到中国北方的文化。[②]到了秦汉时期，特定的文化丛开始第一次采取有系统的“封禅”制度，即“坛禅”。当然，凌纯声并没有把“封禅”和“朝圣”联系起来，相反，他的论述更多地具有传播论的倾向，他认为所有这些仪式空间都来自从埃及传播到东方的金字塔崇拜的地区性体系。

凌纯声并不是第一个系统地论述封禅的学者。他只不过延续了汉学中的古典仪式研究这个传统。据我所知，在这个传统下，从20世纪20年代后期开始出现了一股现代潮流，著名民俗学家顾颉刚开始运用民俗学的眼光来批评中国上古史的撰述。在顾颉刚看来，汉代的传说表明，所有这些仪式都是在周代发明出来的。实际上，历史与传说是不同的。据《史记 · 封禅书》中的记载，“封”和“禅”分别在泰山和梁父山举行（“封泰山而禅梁父”），梁父是泰山下的一座小山。司马迁还提到，在东周时代的经典如《管子》中就已经描述过“封禅”制度。顾颉刚认为，《管子》的说法只具有部分的可信度。据《史记 · 封禅书》中载，管仲认为“古者封泰山禅梁父者七十二家”，皆承天意（“受命”）而治国。[③]但在顾颉刚看来，就历史的真相而言，那看似最古老的封禅观念实际上决不会早于春秋、战国时代的齐、鲁两国。

按顾颉刚的说法，虽然很多仪式观念都可以在《周礼》中找到，但封禅从一开始就与齐、鲁两国边境间的泰山联系在一起。齐、鲁两国的国君“游历不远，眼界不广，把泰山看作全世界最高的山”，因此他们认为泰山为世界之“望”

① 我在这个特定的语境中所做的本应是将我自己这个世界的历史翻译成另一种语言，可是最后这篇用另一种语言述说的“本土文化”还是被翻译成了“本土语言”了。

② 凌纯声：《中国的封禅与两河流域的昆仑文化》，载《“中央研究院”民族学研究所集刊》，1965（19），1—51页。

③ 司马迁：《史记 · 封禅书》，1361页，北京：中华书局，1982。

(望尽世界之义)。“设想人间最高的帝王应当到最高的山头去祭天上最高的上帝，于是把这侯国之望扩大为帝国之望”，从而创立了后来称为“封禅”的祭祀传统。对于齐、鲁国君，封禅由“封”和“禅”两部分组成，“封”是泰山上的祭，“禅”是泰山“下”小山的祭。①

但《管子》中所载的传说也揭示了一个具有相当真实性的神话世界。在春秋时代，王侯必须证明他们是受命于天的，于是不得不向方士征询意见。在齐、鲁两国，方士认为泰山是权威的本源，于是他们就劝导国君在泰山顶上向上天献祭。实际上，如果上天对哪些王侯的政绩或德行显出不满的征象，这些王侯就有可能遭到覆灭的下场。这样，从一开始，“封禅”文化就具有神启的性质，其目的是借助方士的通天技能来证明统治者的正当性。要想获得“封禅”的资格，境内通常必须出现十五种意味着王侯们受命于天的瑞物，如“嘉谷”“飞凤”等。

到秦汉时代，“预言”制度发生了变化。为了使此前的封禅观念为秦帝国所用，秦始皇首次将泰山确立为他与上天沟通的圣地。当帝王们成为帝王时，他们无须再向他人表明自己上天赋予的正当性。因而，封禅的正当性原先曾为皇权提供了超越的佐证，如今又成了再度证实天子之正当性的天象手段。与这种变化相一致，方士的地位也随之发生了变化，在先前的时代，他们是一个地位很高的阶层，而到了现在，他们则不得不屈从于帝王的宇宙权力。②

顾颉刚的本意是要说明，到秦汉时代，仪式和宇宙观已经经历了一个政治化的过程。但是，历史的真相却是，政治化本身无非是历史上长期实行的宇宙论行为这一传统在不同情境下的实践罢了。纵观中国文明史，我们看到的是朝代的更迭，是新王朝的“英主”如何取代旧王朝的“昏君”及其分崩离析的帝国，其过程始终遵循着一个模式：政业之兴衰是作为世界的生命周期而展开的。当帝王们为此向方士征询意见时，他们同时也等于服从方士的指令，而方士们的职责之一就是根据神圣的历法来调节帝王的身体应采取何种与季节相适应的姿态。他们的另一个职责就是预言帝王的命运，告诫他们如何通过正确地举行仪式来消除世界的灾难，这包括帝王要调节不良的身心行为，以及有步骤地安排人类与万物的仪式和政治“势力”。因此，我们所看到的画面符合马克

① 顾颉刚:《秦汉的方士与儒生》，5页，上海：上海古籍出版社，1998[1955]。

② 顾颉刚的观点实际上是说，他们都不再是独立的“知识阶层”，而他们的产物即宇宙观，则变成了统治者的意识形态。

斯·韦伯的描绘，中国的政治统治并未与帝国的宗教宇宙观分离开来。韦伯形象地描述道：

> [在中国宗教中，] 世俗权威和精神权威是结合在一起的，精神权威占有强大的支配地位。确实，皇帝必须通过军事上的胜利或至少通过避免重大失败来证明自己拥有巫术的神异力量。最重要的是，他必须确保风调雨顺以获得丰产，确保疆域内的良好秩序。无论皇帝本人的卡里斯玛形象所必需的个人品性如何，都要被仪式专家和哲学家转化为礼制，然后转化为伦理。
>
> 皇帝本人必须依据古老经典的伦理准则来调整自己的行为。因此，中国的君主仍然首先是一个大祭司，他是巫术宗教中的古老雨神，只不过这种宗教已经转变为伦理了。既然那已经以伦理的方式被理性化了的“上天”负责维持外部的秩序，那么，君主的卡里斯玛就必须依赖于他本人的德行。……只要他的子民们还匍匐在他的脚下，他就必须证明自己是承秉天命的“天子”和统治者。……比方说，要是哪个君主试图改变祖训这种至为神圣的自然法则，那就证明卡里斯玛已经离弃了他，他已经沦为邪恶力量的牺牲品。①

顾颉刚的观点与韦伯固然有所不同，但他也认为，秦始皇举行的封禅是应“封建制”的改造需要而创设的。“封建”指将天子治下的帝国疆域划分为不同的部分。“封建”起源于公元前 11 世纪到公元前 771 年间的周代，其含义是对王族血统与地区行政疆域进行政治重建。封禅是官方采取的对神灵崇拜的帝国重建策略，也是实现沟通天地的渠道。在汉代，汉武帝则在“五岳”这种理想模型的支配下进一步对中国世界或曰“天下”加以规划。与此同时，武帝还设立了明堂，明堂是整个世界的缩影，天子本人要随季节不同而居于明堂中的相应方位。他还以“封”的名义将帝都长安之外的五岳设为向上天“朝贡”的祭坛。②

无论是凌纯声还是顾颉刚，都没有将封禅当成“朝圣”来看待。凌纯声是一个传播论人类学家，他的兴趣点是去发现古老的文明是如何在不同空间中播布的；顾颉刚则与法国人类学家葛兰言有颇多相似之处，他是一个有民俗学理念的历史学家，其旨趣是运用古代传说说出文明的某些道理。站在今天的社会与文化人类学立场上看，与我们现在正在从事的田野调查和民族志写作这种工作相比起

---

① Max Weber, *The Religion of China*, New York: The Free Press, 1951, p.31.

② Ibid., pp.6–9.

来，他们所提供给我们的东西似乎隐含着一些更深远的含义。他们都以自己的独特方式为我们提供了两种不同类型的历史叙事，我们可以由此追溯“中国朝圣”的谱系轨迹。尤其令我们感到鼓舞的是，他们的研究表明，“封禅”所体现的合法性形成了崇拜名山和天地人三才合一的传统，这一套仪式体系在我们此后的时代里成为重要的主导原则，用于构造社会中的等级关系。

三、与“郊祀”的可能关系

一旦我们将封禅与我们当前考察的对象联系起来，区分这两者的不同之处也就是必然的了。在封禅中，至少到了汉代，“反省”（或者用特纳的“communitas”一词）的意味已无足轻重。相反，为“下”界的关系秩序寻求一个源于“上”天的权威本原却得到了强调。这种天上对应于人间的仪式之旅，与西方的“朝圣”当然有某些共同之处，它们都有超越地方社会结构的意味。但这显然是帝国营造和文明化过程导致的结果，由此，这种超越也获得了与“朝圣”完全不同的含义和效果。

最早关于帝国向名山“朝圣”的历史记载为我们提供了饶有趣味的例子，后来时代中的朝圣或进香的等级性质是与之有干系的。当然，这绝不意味着我们是在重走德格鲁特的老路，从知识论上说，由于历史的原因，他认为所有的民间宗教行为都起源于精英阶层创立的仪式。我的看法正好与他不同，秦汉时代的封禅史已经为我们揭示出一个正好相反的历史过程。虽然中国的“大小传统”自始至终都是相互地影响着的，但封禅及其宇宙观赢得社会及政治意义的过程却是与帝国有意识地对文化的形塑过程纠缠在一起的。正是在这个意义上，葛兰言的模式与我们的考察具有更大的相关性。

进一步将葛兰言的模式延伸一下，我们便不难看到，对封禅祭仪中的天地、星辰、雷电、山川等地理符号和宇宙符号的崇拜原本就是中国远古时代的乡村生活的组成部分。在民俗传统中，也即是说，在秦汉时代以前的传统中，因节庆的目的在于超越集团间的和地方间的边界，节庆为我们揭示了一个道理：整个以社会的方式生成的世界具有受性别原则支配的结构。① 这些节庆可绝不是“朝圣”。恰好相反，它们是人与人、集团与集团间定期再融合的契机，季节性庆典超越

---

① Marcel Granet, *Festivals and Songs of Ancient China*, trans. E. D. Edwards, London: George Routledge, 1932.

了地方的界限，使人们的再融合成为可能。这些节庆包括登山、到河边漫游等活动，它们本身也是一种宫廷文化，是男女性爱和相互施报的文化，所有这些活动都构成了所谓“社会”的基础——这正是列维－施特劳斯后来重新定义的跨集团联系或“结构”。

乡村地区的民俗传统所展示出来的跨集团联系创造了一种关系的结构、一种互惠的模式，后来的正统“礼制”正是由此转化而来的。这些后来被提升为“礼”的史前社会风俗的遗留实际上是一个变体，或者用萨林斯的话说，是一般化的、平衡的、负面的、互惠的一段“光谱”。[①] 也即是说，在每一个相互联系的地区，礼物的回报并没有特别的指定；有时候，礼物必须立刻回报，还要额外增加相当的价值；而有时则无须如此。史前时代的互惠精神有一个很重要的方面，那就是民间宗教崇拜，人与神之间形成了相互影响的关系。在对神的献祭体现的关系中，神的应验被认为是对人的祈求做出的反应。神灵并不参与所有的礼物交换，就像在基督教情境中一样。他们也不提供人类所需要的每一样东西。他们接受的是人类当作“礼物”奉献给他们的敬意，他们的权威来自他们对人类的礼物有所回报。在古代的民俗传统中，与互惠的光谱相一致，神灵的灵验度分上、中、下三等。我们在当今的农村社区仍然可以看到人与神之间的互惠形式。但早在我们在乡村地区看到它们的数千年之前，它们就业已经历了一个仪式化的过程。

让我们来看一看《礼记》中的说法：“礼尚往来，往而不来非礼也，来而不往亦非礼也。”[②] 在这段文字中，“礼”所隐含的“整体施报”[③]（total prestation）意味，不过揭示出统治阶层的礼制是如何从“人类关系的原始经济”[④] 中生成的。但更重要的一点在于，这种经过重新构想和呈现的关系仪式不再拥有民间互惠的意义了。相反，它们是被作为新的社会构造手段来对待的，其中，互惠的光谱变成了帝国宇宙观的组成部分。

在民俗传统中，性爱和交换是在年度周期的框架中进行的，但年度周期如今转化成了帝国的历法，昭示统治者如何将他们自己以及他人的位置与上天的宇宙符号相互联系起来。交换从集团间的社会活动中分离出来，演变成了“礼”，一

---

① Marshall Sahlins, *Stone Age Economics*, Chicago: Aldine Publishing Company, 1972.

② 孙希旦：《礼记集解》（上），11 页，北京：中华书局，1989。

③ Marcel Mauss, *The Gift: Form and Reason for Exchange in Archaic Societies*, London: Routledge, 1990［1925］.

④ Yang, Liensheng, “The Concept of Pao as a Basis for Social Relations in China”, in John King Fairbank, ed., *Chinese Thought and Institutions*, Chicago: University of Chicago Press, 1957, pp.253–256.

个用以展现帝国的宇宙“势力”的崇高术语。当古代的“中央王国”建立起来时，中国的礼制包括“封禅”也在同一个过程中完成。当关系结构转化成由宫廷主导的文明时，为了突出天子和王侯的特异性而出现的一整套礼仪也就与由山川、星辰、地方等地理符号和男女关系组成的地方世界分离开来。“封禅”很有可能就是帝国文化重建过程的组成部分，其目的就是要重新定义世界的社会－宇宙关系的结构。

帝国“朝圣”的这个方面，从它后来在帝国礼仪世界的各种表现形式中也可以看得很明白。中国的历史学家乐于说周代是一个文化大成时代。虽然这可能是正确的，但是我们只能肯定一点，那就是，帝国仪式体系或者我们可以定义为“皇权”的东西是通过汉代早期的宇宙论过程以及后来的后汉对已经成型的事物的制度化过程才得以形成的。最迟到汉代后期[①]，伴随着帝国宇宙观的确立，封禅被重新定义为“社”和“郊”祭祀制度的组成部分。在汉代以后的大多数朝代，“社”含有“地方一体性”的含义，社祭包括对土地神（“社”）和谷神（“稷”）的祭拜。“地方一体性”意味着国家的一体性，因此“国家”又称“社稷”。正是因为社稷崇拜的传统合法性，“郊祀”才得以再生产出来。

“郊”（原意为“郊外”）指对天地和帝都之外的所有自然力量的献祭，又称“郊祀”。在很大程度上，“社”和“郊”都来自泰山的封禅。“社”是“禅”的派生形式，以圈围起来的方形空间来表示土地神的存在，而“郊”则是“封”的派生结果，在开放的空间中祭祀天神。不过，“社”和“郊”都可以在更早的民俗传统中找到源头。最初的时候，“社”包括“郊”。它指乡村共同体的某个地方，其成员在这里向天、地、地方神、祖先、神灵等举行献祭。后来，“社”和“郊”逐渐分离开来。“社”成为祭祀土地神和谷神的地方。“郊”则附加到这套祭祀制度上，主要指对天和地献祭。

在先秦时期，各级帝国组织都要祭社、祭郊，但其目的都是要从不同的角度、从内部（“社”）和外部（“郊”）来确立帝国的权威。甚至在更早的时期，在郊外，社和郊分别代表了年度周期中的两件大事，一个标志着地域一体性，另一个则庆祝跨集团联系。但社和郊在汉代后期都是作为宫廷祭祀文化发展起来的，在其中，自成一体的帝国宇宙观将宫廷与乡村区分开来。于是，“郊”逐渐与“社”合一，成为“郊社”。自汉代以降，“郊社”指坐落在帝都郊外的“坛”

① 华友根：《西汉礼学新论》，上海：上海社会科学院出版社，1998。

和“禅”。这些郊坛包括南郊的天坛、北郊的地坛、东郊的日坛和西郊的月坛。在辽、金、元和清等朝代，中国的统治者都不是汉人，而在北京，非汉族宫廷中也继续实行非汉人的仪式。不过，社郊制度却一直作为最主要的帝国祭祀制度保留下来。在明、清两代，郊社体系都在北京严格地规定、营造和实施着。在所有的地区城市中，同一套体系也都按照同样的社郊模式营造起来。在“郊”这套体系中，四郊的天、地、日、月四坛是最重要的符号。但不管在帝都还是在地区城市，它还包括“山川坛”“厉坛”以及其他。①

对那些帝国仪礼的创立者②来说，在帝郊营造祭坛的目的和封禅的目的一样，只是为了“变远为近”，在帝郊举行封禅。《大唐郊祀录》的作者王泾在永贞元年（公元805年）这样说道：“在昔圣王之御宇也，仰则观天，以知变，俯则考地，以取象。因顺变之道，作礼乐，化成人文以光天下者，莫大乎郊祀。”③接着这段颇接近司马迁曾说的话，他还说，作为“皇权”这个总体的组成部分，不同的郊祀也有相应的不同“等级”的礼制，分“上祀”“中祀”和“下祀”三个等级，分别祭拜天神、地祇和人鬼。对地祇的祭拜主要是祭祀“社”和“稷”，因此称“社稷神”。郊祀指分成另外两个范畴（“上”和“下”）的官方崇拜。在更宽泛的郊祀类别中，还可以做更细的划分，从在天坛（又称“圜丘”）举行的祭天仪式，到最简单的祭鬼仪式。

在某种意义上，郊祀包括在帝都四郊的祭祀，它们以社稷坛为中心。这些祭祀（或者说，是向郊外祭坛的定期“朝圣”）通过确立并复兴“四郊”模式而确定了中心与边缘的关系。但中心并不是体现最高的宇宙层次，而体现为天和地之间的领域。因而，如果我们说郊祀是“帝国朝圣”，那么我们也可以说，它们所揭示的超越意味并不完全是由于至高神上天。实际上，郊祀包括为数众多的向帝都之外的仪式之旅，是向宇宙诸神献祭，不仅包括天神和地祇，也包括人鬼，后者被认为是世界上最低等的“神明”。

每一部王朝历史都必定要包括一章《郊祀志》。我们目前已知比较完整的帝国《郊祀志》包括唐代纂修的那部，它描述了开元年间举行的所有重大祭祀，因而称为《大唐开元礼》，书中论述了郊祀和社稷崇拜在唐代的实践。该书的编纂者是礼部官员，其职责是规劝天子守礼。《开元礼》汇集了为数

---

① 参见凌纯声：《中国古代社之源流》，载《“中央研究院”民族学研究所集刊》，1964（17），1—44页。

② 如顾颉刚所定义的“方士”，见顾颉刚：《秦汉的方士与儒生》。

③ 王泾：《大唐郊祀录》，洪氏公善堂刊本，见《大唐开元礼》，卷1，729页，北京：民族出版社，2000［805］。

众多的礼书目录，在后来的朝代，对这些礼书有系统的重新解释和利用主导着帝国的仪式活动。《开元礼》还有另外一个令人感兴趣的方面，这些礼仪也包括了接待前来朝贡的部落、王国甚至方国的礼节。这些“外交礼仪”称“燕蕃王”或“燕蕃使”。在这些礼仪中，前来朝贡的藩王和使节都在郊外被接待，然后被引进宫廷，在宫廷中，皇帝本人亲自“慰劳”他们，并赐予他们丰厚的礼物和帝国的名号。[①]朝贡礼仪中展现的关系是天子和臣民的关系。在这种关系中，中国——被认为是实际上独一无二的文明——被当成所有人群都必须依附的中心。[②]

综观汉、唐、宋、元、明、清，每代皇帝都下诏撰修礼书，这些礼书同历法一起颁赐各地。在这些朝代中，皇帝也接见许多外国使节，即“贡使”，他们也荷蒙皇恩，被赐予天朝的礼书和历书。这些礼物被认为是应诸“蕃”之请，这些外藩都怀有“化成人文”之心。在西方汉学研究当中，这种朝贡体系曾被视作一种“生产方式”[③]，或者贸易方式。但实际情况绝非如此，它是一种“不平等价值”的交换方式，是外藩之“贡”与天子之“恩赐”之间的交换。这种关系中所体现的方式，与帝国封禅及郊祀中所展示的方式并没有什么不同。

四、等级制的宇宙观

郊祀这种模仿封禅世界的帝国仪式空间，主要包括一些向神圣的崇拜中心的神圣之旅，这些中心超越了封闭的城市，并有别于所有以地方为中心的及以这个世界为中心的仪式活动，它创造出一种“上”与“下”的对比。就此而言，中心并不位于城市之内，而是在城市之外，它都坐落在郊外，与自然保持着更近的关系，而自然是由“天”这个概念来表达的。从观念上说，“外”又为“下”规定“上”，为“天子”规定“天”，为“国”规定“君”，为“臣民”规定“主”。我

---

① 常硕：《大唐开元礼》，卷八十，389—390页，北京：民族出版社，2000［732］。

② 在此我们开始涉及等级交流的仪礼，“宾礼”就是其中的一部分。何伟亚（James Hevia）指出了“中心”在宾礼中的核心地位，但忽视了许多宾礼都有外在的特征。不过，他恰到好处地描述了清代的宾礼是如何在当时人的眼中“构造整个世界”的。这些宾礼是唐代“燕蕃使”的派生形式，并且都在郊外举行，属于朝贡礼仪。在他的描述中，英吉利的“供品”被当作“礼物”（gift），但这样一来，他却没有意识到，远在乾隆在位前数千年前，“礼物”早已转化成“礼”，参见 James Hevia, *Cherishing Men from Afar: Qing Guest Ritual and the Macarthy Embassy*, Durham and London: Duke University Press, 1995。

③ Hill Gates, *China's Motor: A Thousand Years of Petty Capitalism*, Ithaca and London: Cornell University Press, 1996.

们在王室与外部世界的朝贡关系中同样也可以看到这个结构。

可以认为，郊祀的结构逻辑通过复兴古代的超越性等级而颠倒了整个世俗的等级，而古代的超越性等级是以社稷正祀之外的场所为中心的。郊祀采取的方式是与超越了中国早期乡村之地方宇宙观的跨集团交换模式分不开的。从某种程度上说，郊祀这种“帝国朝圣”因而也拥有“反结构”的含义，但这种结构颠倒的意义全然不同于基督教世界的朝圣，它基本上“与个人想要逃避无结构的同一感（communitas）的欲望没有什么关系”。① 郊祀所寻求和生产的这种超越，是与“天”作为世界的表现密切联系在一起的，它在人们的生活世界中创造出一种超越的秩序。

桑高仁等人倡导要为“由中心地点组成的等级秩序”的社会结构和生活在其中的个体寻求一种“社会学的”解释，而我们关注的则是“天下”这个等级秩序，这个秩序的含义并不仅仅是要构造国家与地方之间的关系，它更是为了生产一个包容性的宇宙观。站在这个立场上看，这些模式中的“朝圣”可以被描述为皇权的一个内在组成部分，它包含着“与地的多样性相对的天的一致性，而这种多样性与一致性又与依据空间领域和人的重要性次序来安排的包容与臣服的关系联系起来”。② 这些关系是联系与包容过程的组成部分，它们创造着山川、天地等的对应。换言之，倘若我们认为有一种“中国方式的朝圣”，那么，它必定是与中国式的礼仪分不开的，就是说，它是中国式宗教宇宙观与“礼仪”的结合，是“帝都”与较低层次的政治“中心地点”的政治生活中的基本组成部分，我们不能简单地将它们理解为社会结构的“表现”，而只能说它们构成了一种“仪式的政治学”。③

正如广为人知的那样，在所有的帝国时代，五岳、四海、四渎的神圣位置在沟通天和天下的帝国仪式中扮演着重要角色。在不同的朝代，在远离城市的地方修建庙坛以体现这些神圣的地理符号是一项重要的举措。在帝国的许多地区，包括沿海边缘地区，城市的营建同时也是宇宙图式的实现。④ 不仅如此，可以说，中华帝国时代的任何城市都是在营造一个空间，在这种空间中，出于“朝圣”的

---

① Sangren, *Chinese Sociologics: An Anthropological Account of the Role of Alienation in Social Reproduction*, pp.58–97.

② Angela Zito, *Of Body and Brush: Grand Sacrifice as Text/Performance in Eighteenth-Century China*, Chicago and London: The University of Chicago Press, 1997, p.20.

③ Emily Martin Ahern, *Chinese Ritual and Politics*, Cambridge: Cambridge University Press, 1981.

④ 王铭铭:《逝去的繁荣——一座老城的历史人类学考察》。

目的，人们将所有属于“上”的“自然符号”都纳入那些神圣场所中。在这些封闭的空间中，天子、皇族、官员和普通大众的生命地位和轨迹都以仪式的方式确立下来。

在不同的历史时代，封禅无疑也以不同的方式确立起来。但正如我们已指出的，它始终都在构想着上与下的相互关系、中心与边缘的纵向关系。为了向帝国名山表示尊崇，旅行从天子宫廷开始，一直延伸到世界的外围，而天子向神圣的山岳及祭坛的“访问”，烘托出这种神圣旅行的意义。同样的逻辑也被表达在地方州县的“治所”与外界的关系。对于天子本人，在一定的时节向名山和祭坛献祭，重建了王宫和天之间的等级关系。而对州府官员来说，举行类似的祭祀，为的是在地方中体现帝国的在场。

因而，“朝圣”这个最初由局外人用以翻译基督教“pilgrimage”一词的概念，具有不同寻常的意味。“朝圣”根植于体现在“封禅”中的特定帝国宇宙观关系和所谓“郊祀”的季节性祭祀当中。我们须注意，用“朝”和“圣”这两个字眼来转译“pilgrimage”的意义，但“朝”和“封”同时也是中国政治宇宙观中的其他关键词汇，如“朝贡”和“封建”，两者是相互联系在一起的。它们本身就是一套完整的社会秩序，是一种时空格局，其实在和意义是通过两个相反相成的方向而获得的——自下而上（如在朝贡关系中）和自上而下（如在封建制度中）。这种双向关系中构想的神圣之旅，反过来又表达着一种中国式的朝贡表述模式与“封建”的区划模式的综合。朝贡方式是在帝国朝廷及其势力范围内的臣民间进行的等级交换，这种交换尤其体现在奢侈品中。虽然物品的交换并不一定带来经济价值，但它们能够生产出象征的价值。这些象征的结果大多包含着“下”对“上”的进贡，大多也包含文化意义上区分了的地方向“上”的“报”。

显然，封禅和郊祀仪式及其相关的祭祀场所是在宫廷、方士和官僚从乡村节庆这种旧文化中创造出新文化的努力下才创立的。作为一个不断自我更新的宇宙观体系，封禅和郊祀一方面将礼仪框定于朝廷与官府控制的祭祀空间范围之内，另一方面推行着一种期待着被民间接受的“礼教”。这里，值得强调的是，在封禅和郊祀中规定和表演的祭祀场所与活动是以“报”的形式构想出来的。“报”涉及“社会生活和人类情感（人情）的所有方面”。[①] 它们不仅是皇权的象征特

① Yang, Liensheng, “The Concept of Pao as a Basis for Social Relations in China”, in John King Fairbank, ed., *China Thought and Institutions*, pp.253–256.

征，也是展现“人伦”的宇宙论起源。由这些要素构成，并以这些要素来定义，帝国时代的“朝圣”是以地理和天象模式来生成一种特殊的“势”，并由之来营造一种不同层次的空间单位之间的等级关系。

因而，“中国朝圣”的一部分谱系，展现在为不同神明举行的祭祀当中，而不展现在基督教语境中上帝的唯一性当中。除了“礼”起源于古代中国乡村的民间社会交往模式这一事实，它也获得了新的意义，并成为整个文明的体系。这种发展轨迹确实可以说成是民间节庆和歌谣向礼乐文化的演化。而正如我们需要进一步指出的，在整个古代时期，当一个新的县被设立，或当朝廷征服一个新的地区，我们可以称之为帝国的“宇宙观生发机制”的“礼教”，也会随着天子送出的“恩赐”而得到启动。

五、香会与刈火

上述的论调最初出于葛兰言的论著，而我们必须明了的是，葛兰言的本意并非是要创制出一种中国历史的单线模式。在考察上古时期中国礼仪的起源时，他的关怀主要在于重新说明精英传统的形成过程。尽管他采纳的是一种“自下而上”[①]的解释模式，但他并没有否定民间传统自身不断延续与创造的可能性。然而，葛兰言是不是以为上古之后延续和再创造出来的“民俗”就必定要依据宫廷文化提供的模式来生存？或者反过来说，事实上，民间传统是否一定是完全疏离于上层文化之外进行自我创造的？在考虑帝国文化体系的一体化作用时，我们是否能忽略官方与民间的差异？

为了回答这些问题，我们有必要回头看一看凌纯声关于北京祭坛的精彩研究。[②]他的研究既不乏历史的深度，又带有考古学的特征，他令人信服地证实，一体化的仪式空间秩序通常都是以在帝都封禅的名义建构出来的。的确像他描述的那样，在元、明、清三代，尽管王朝统治者族群政权的兴衰包含着许多复杂的因素，但北京始终都不简单地是西方意义上的“首都”。它被塑造成“天下”，在其中，通过空间生产的方式，宇宙和人类的等级关系有组织地展演出来。在这样一个整体中，封禅和郊祀是核心的部分。

---

① Freedman, “On the Sociological Study of Chinese Religion” , in his *The Study of Chinese Society, p.16.*

② 凌纯声：《北平的封禅文化》，载《“中央研究院”民族学研究所集刊》，1963（16），1—100页。

不过，凌纯声显然并不知道，在帝都内部还有另一套完全不同的祭祀体系。这套体系虽然模仿了封禅体系，但它自身的特点已经形成了。明正德年间（公元1502—1521年），北京的祭祀景观中开始出现另一个重要方面，也就是“顶”的体系。虽然民间传说直接将“顶”与泰山联系在一起，但“顶”的祭祀体系实际上起源于封禅。在北京郊外共有五个“顶”，四个坐落在东、西、南、北四门之外，一个坐落在城内。“顶”（或者说“五顶”）的体系——对五岳的象征性模仿形式——是一个祭祀体系，它与对碧霞元君的崇拜联系在一起。碧霞元君又称“泰山奶奶”。

令人感到不解的是，“五顶”（实际上是五座庙宇）在追溯自己的历史时都与北京的官庙东岳庙联系起来。对碧霞元君的祭祀活动主要采取“香会”的形式，又称“顶香”。在阴历四月上旬，各区和宗教团体都要到“五顶”向碧霞元君进贡。香客团体都要表演“武艺”或“文艺”。在香会期间，碧霞元君——这个女性形象乃是泰山神这位男神在民间的象征颠倒形式——成为世界的中心。① 各个进香团体都有自己的名号和崇拜组织，但香会期间，他们认为自己属于碧霞元君的“香”。

我们不能简单地把晚清时期的“五顶”香会看作“帝国隐喻”的鬼魅化形象。② 但在这些“顶”上的民间朝山仪式不仅与封禅和郊祀有关联，也由于分化的联系而获得了它们的意义。根据现有的民俗学和历史学研究③，这个体系是在民间泰山崇拜的文化传播这种背景下产生的。在跨地区的民间宗教传播过程中，地方邻区和民间教派起了重要作用。它们是顶庙的主要捐助人和朝拜人。同样重要的团体还有紫禁城里的宦官，他们经常出宫与邻近的亲朋好友谈天说地，后者正是从这些宦官那里对宫廷祭祀文化有所了解，宦官们甚至还直接捐资修庙。④

正像有些民俗史专家认为的那样，碧霞元君崇拜最早起源于东汉年间的泰山一带。⑤ 因此，与帝国祭祀制度有关的民间文化创新必定有着十分古老的传统。

---

① 参见顾颉刚：《妙峰山》，广州：中山大学语言历史研究所民俗学会丛书，1928；刘守华：《论碧霞元君形象的演化及其文化内涵》，见刘锡成主编：《妙峰山·世纪之交的中国民俗流变》，60—68页，北京：中国城市出版社，1996。

② Stephan Feuchtwang, *The Imperial Metaphor: Popular Religion in China*.

③ 顾颉刚：《妙峰山》；刘锡成主编：《妙峰山·世纪之交的中国民俗流变》；赵世瑜：《国家正祀与民间信仰的互动——以京师的“顶”与东岳庙为个案》，载《北京师范大学学报》，1998（6）。

④ 赵世瑜：《国家正祀与民间信仰的互动——以京师的“顶”与东岳庙为个案》。

⑤ 刘守华：《论碧霞元君形象的演化及其文化内涵》，见锡成主编：《妙峰山·世纪之交的中国民俗流变》，60—68页。

就京师的“五顶”来说，它们大概是在明永乐年间京师祭坛最后建造完毕不久后才出现的，也许是永乐皇帝一个世纪之后。[①]“五顶”都坐落在京师郊外，其宇宙方位与官方祭坛是一致的，而主要的祭祀仪式也是以帝国祭坛的朝拜之旅为模式创立的。

可以从“五顶”看到，晚清时代的北京，民间文化在帝国宇宙观的制约下具有高度的创新性。换言之，“五顶”这个案例，很好地表明了“民间宗教”和帝国“正祀”之间的复杂关系。但我们也要注意到，这些“香会”之旅是在地方邻区、非官方的宗教团体和宦官的共同努力下才组织起来的。香客们从“五顶”获得的东西是神明能够满足他们的“愿”，而他们对神明的赐福所能做出的回报则是“还愿”。这些仪式因而包含着一种与神沟通的模式，这使得香客们能够将在天子之“上”的神明“拉下”为他们所用，并且使那些平时相互隔离的邻区和宗教团体的空间再度结合起来。这也就是说，与包含着上天和谐秩序的帝国祭祀不同，这些“香会”是人与神、人与人之间的互惠和联系的“现世表达”，人类根据他们的初级纽带形成分化。葛希芝认为这些纽带是中国“小资本主义”的证明。[②]如果先秦时代的民俗传统就是如此的话，那么我们可以说，这种描述是正确的。

我们在中华帝国的东南边陲同样可以看到帝国的仪式教化是如何经历了一个民间的“异化”过程。与其他地方相类似，在东南沿海地区，当一座城市营造起来后，它首先被指定为帝国的行政中心。但是，它同时也被认为是帝国宇宙的缩影，其目的就是要在仪式层面上将仪式的皇权（ceremonial imperium）向下一直延伸到各级州县。在城市中，官庙和祭坛构成了“城市规划”的核心方面。举例来说，在泉州城，官府选定了五个地点象征五岳。在唐、宋、元、明、清诸代，每年都要在这几个象征的“岳”向祭坛举行献祭活动。[③]虽然在帝国时代这些象征性的五岳并没有演化成北京那样的“顶”，但这个体系与非官方的“拈香”制度广泛地联系在一起，从明代晚期开始就在城市和郊区的居民中广泛地实行。

“拈香”仪式与五岳之一的东岳庙直接联系起来，参加者主要是地缘社区即“铺境”及其地域崇拜。[④]从表面上看，向东岳庙的（游神）之旅将泉州城内外

---

① 赵世瑜：《国家正祀与民间信仰的互动——以京师的“顶”与东岳庙为个案》。

② Gates, *China's Motor: A Thousand Years of Petty Capitalism*.

③ 见王铭铭：《逝去的繁荣——一座老城的历史人类学考察》。

④ Wang, Mingming, “Place, Administration, and Territorial Cults in Late Imperial China: A case study from South Fujian”, in *Late Imperial China*, 1995, 16 (4), pp.33–78.

所有的非官方祠庙和地缘性社区与泰山神东岳大帝联系在一起，但这些活动经常导致不同铺境之间相互械斗。每个“铺”或“境”都把自己看作一个地缘性的实体。每当游神跨界进入其他“境”内时，械斗也就不可避免地发生了。所有参与械斗的仪式社区因而分裂成两个敌对的群体，即“东西佛”，然后械斗又会席卷整个泉州城。到晚清时期，这种械斗已经成为地方年度节庆活动不可缺少的内容。在地方官员的眼里，这些械斗带来的后果只是“乱”和“狂”，械斗也由向东岳的朝拜仪式演变成年复一年的地域争斗节庆，这已经完全失去“仪式教化”的味道了。①

我们不能简单地认为这种仪式的“民间革新”是一种城市才有的现象。相反，我们在乡村地区也能看到这种革新的现象。在我已在其他作品中描述过的福建溪村②，村庄的中心有一座叫“龙镇宫”的庙，从清代以来，这座庙就是村民举办仪式的主要地点，庙里的主神是法主公。每年的阴历七月，全村人要共同庆祝法主公的诞辰。此外，在每年正月，村民们还要抬着法主公的神像前往村外的一座大庙中。这种游神活动与封禅或郊祀是绝不相同的，相反，它被称为“刈火”。③

“刈火”的日子要在法主公面前以抽签的办法择定。从观念上说，离村 150 多里外石牛山上的法主公根庙是仪式参加者要去祭拜的地方。这种意义上的“朝圣”是在表演村神如何返回自己的老家，他在那里与自己的两个结拜兄弟（也是被神化了的法师）在团聚的节庆中再度会面。但“刈火”这样的实际仪式并不一定非要有村落崇拜的根庙不可。在美法村，总共有四个不同的中心可供人们选择。在这四个中心，除了石牛山庙，另外三个分别坐落在东、西、南三个方向，它们是县城的东岳庙、真觉寺（供奉观世音）和清水岩。显然，在这些不同的庙宇中供奉的神灵来自民间佛教、道教等不同的宗教传统，它们都不具有“官方”的性质。但在村民们看来，它们也像东岳一样呈现出宇宙的模式。

神圣地点体系是在法师的主持下选定的，主要依靠道教传统的仪式经典，而道教传统又利用了帝国宇宙观。不过，旅途的地方定义与带有“灵”或“圣”之义的“火”的概念联系在一起。“刈火”的仪式具有分割高等神明或庙宇之灵力

① 王铭铭：《逝去的繁荣——一座老城的历史人类学考察》，216—233 页。

② 王铭铭：《社区的历程——溪村汉人家族的个案研究》。

③ 在这个文化区的其他地方，包括闽台地区，“刈火”仪式构成了“进香”的组成部分。它们通常都在“朝圣”的后半段时间内举行，有时与“掊香”仪式混在一起。

的含义，村民的集体旅行就是为了获得这样一份灵力。“刈火”强调将神明的巫术力量分成小块以供村落共同体使用之义。“火”就像香一样传达了灵验的意义。它被认为是可以分割的，村落需通过向神明进贡的办法从远方将之接回村里来。

每年正月，这四个庙都要点火以供下面的村庙前来“刈取”。“刈火”仪式的参加者抬着一顶山轿，轿中安放的一口锅里盛着他们自己的那份火种。火带回村里后，要保存在村庙里，一直到正月十五元宵节，各家都用木炭或纸钱前来引火，这个仪式有驱邪的意味，称“过火”。这样，火又分到各家户，引燃家里的香炉。

从地方的立场来看，这样一种“朝圣”是为了让村落主神重新获得灵力。因为是神灵暂时返回家中（根庙或其他），这种朝圣也意味着将村落保护神的“分身”送回“家”中与其“金身”相合的过程。分身复归金身，这意味着当它重新回到村庙中时，其灵力已经得到了再度的恢复。神灵的两个身体的“异”与“同”象征着“分”与“合”的意义，这种意义是在“刈火”仪式中被着力强调的。对村落保护神来说，在分离的时间内，他的职责是保护村落免遭外来的侵扰，而在会合的时间里，他则重新回到家中（石牛山上一位披发仗剑的道教神灵）。

“刈火”中体现的仪式共同体将家户与超地方的祭祀体系联结在一起。不过，它也包含着地方独特性的含义，这种含义进一步体现在其他的祭祀活动中。在美法村，“刈火”的一个重要内容就是要展示本村的集体力量。这个独特的仪式叫作“显”。它在朝圣的中心和路上表演，尤其当他们经过附近村落时。在朝圣途中，神像坐在一座轿杆上。当村民们到达终点或其他村落时，抬轿子的人都要颠轿：强壮的年轻人的颠轿动作与灵媒状态颇有内在的相通之处。在地方上，颠轿被认为是村民们在外人面前展示力量的场合。

通常，“民间宗教”型的向神圣场所的朝拜之旅也可以在庙宇建构的历史中看到，仪式的地区网络就是通过这种建构过程形成的。比方说，在我曾调查过的一个叫作山街的台湾村落中，朝圣是以比大陆的美法村复杂的方式体现出来的。山街的主要景观分成三个庙区。在每年村落保护神妈祖的诞辰那天，人们都要将神像抬回她在官渡的根庙。神像被抬回根庙的过程，也等于是妈祖依次经过这三座庙的道路和村里的街道，这意味着她在作为一个地方的山街进行了“勘界”。

在山街妈祖派分出来的官渡根庙中，庙祝保存着一份所有在自己的崇拜区域内的村庙的详细名单。这个区域覆盖着台北的许多地区，山街当然也在其中。据说山街人在官渡庙中还有份额，因为当初造庙的时候他们的石匠曾为之义务出工。走出山街，我们会发现，在整个台湾，大多数像官渡那样规模较大的天后宫在过去几十年里都曾经朝拜过福建莆田的根庙，因为莆田是妈祖崇拜的发祥地。从地理上说，这些回乡的朝圣模式表明，地区崇拜和庙宇网络已经重新建构了一幅由各级中心地方构成的等级秩序的地图。有的学者已经证明，这样一种地域崇拜空间的等级秩序体现了中国大区域的“象征一体性”。① 反过来说，我们可以进一步证实，象征的一体性是中国“大传统”的宇宙观统一性的有机组成部分。

但是，在莆田和泉州这两个天后崇拜的发祥地，当地官员经常碰到一些由台湾香客引发的问题，台湾的香客乐于表现他们自己特有的团结和力量。天后的辇轿也被抬回到大陆的庙里。许多台湾香客在庙里进行集体仪式表演，他们的灵媒也经常在大陆官员和当地人面前进入迷狂状态。中国政府一直在努力证明大陆和台湾在文化上的统一性，而台湾人则热衷于表现他们在祭祀文化上的天分，这形成了饶有趣味的对比：这个例子能够很好地表明再分配统一性模式和朝贡多样性模式的不同。

在华北地区，我们也可以看到与华南“民间仪式”类似的现象。举例来说，河北范庄举行称“龙牌会”的庙会。在阴历二月二这天，人们举办庙会庆祝“龙抬头”，“龙抬头”在北方和西北黄河流域一带是广为人知的传说事件。前来过“会”的人数超过 20 万，他们组织成“武术队”“理事会”“诵经会”和业余戏班，每个团体都代表一个村庄或联村组织。

在过“会”前，人们要搭建一个放龙牌的神棚，棚内陈列着数量众多的道教和佛教神位和神图。龙牌放在神棚正中的位置，而其他的神像（颇为有趣的是，也包括毛、周、刘“三老”以及其他一些革命领袖）则安排在龙牌四周。所有民间团体和戏班都要拜龙牌。参会团体一批接一批地在龙牌前面表演仪式，在庙南大约 1000 平方米的场地上，仪式表演营造出一片热闹的气氛，每个团体和戏班都尽其所能地展现自己地方的力量。在表演过后，这些团体进入庙中，依次向龙牌和神像叩头。因此我们可以说，这些朝拜团体和戏班的仪式过程是由两个阶段构成的，一个阶段在庙门外面，是公开、热闹而又充满活力的行动，一个阶段在庙里，是相对封闭、不太热闹和有节制的叩头行动。这两个阶段是附加在作为中

---

① Sangren, *History and Magical Power in a Chinese Community*, pp.86–91.

心的庙会庆典（festivity）之上的。不过，它们也在分离的团体和戏班的力量戏剧和节庆的总体效果之间造成了一种辩证关系。

这个华北地区“二月二”庙会具有“朝圣”的性质，虽然并没有这样命名，它们也有着同样的地方一体性和跨地方联合的辩证关系。通常，节庆都是在村镇中心或神圣场所如古代宗教遗址（重建的庙宇）上举行的。华北的庙会创造出再结合的效果。但前来过会的集体牵涉村落组织，它们都力争在这些仪式中心地方的祭祀赛场中占据一个位置，并体现自身的存在。[①]

六、香火的纵向性

在基督教的朝圣中，一个宗教的终点是至关重要的，否则旅行也就没有什么意义可言了。在中国的类似仪式中，神圣的场所也被赋予了同样的价值。但在中国的民间朝拜仪式当中被着力强调的是“香火”的概念，其含义是将灵力纵向地贯穿起来，从而将大大小小的庙宇联结为一个由不同地方构成的等级秩序。这种香火的概念在基督教传统中是没有的，不过，它似乎没有构成一个总体的范畴。[②]

将眼光放宽一点，我们便看到，中国的香火网络有着多种不同的类型。在许多情况下，比如说妈祖庙，它们是以神灵崇拜及其庙宇的分香形式来界定的，它由一个更具有历史意味和/或更大的庙宇及其诸多子庙构成的仪式等级秩序组成的；也有规模较小的村镇一级的庙宇，它们不仅可以向上与各自的根庙联系在一起，还可以从一定范围内的“大庙”中选出一个来作为“朝圣”的终点。当然还有其他类型的朝拜仪式，其目的并不是朝向民间神庙。在这些例子中，仪式参与者（不管是个人还是群体）都不认同根庙，相反，他们从官方祭坛和/或官方祭坛的地方形式中寻求一种根和联系的意义。

从某种意义上讲，香火联系的多样性确实可以定义为与帝国正统宗教宇宙观

---

① 在庙会期间，通常都伴随着集中的贸易活动。一个庙会不仅为来自各地的人群提供了会面的场合，也为他们将各自的地方产品带到一个共同市场上出售提供了机会。交换依赖于共同的价值，人们交换的物品表明其独特的地方性质。

② 王斯福做出了一个大致的对比：“基督教的权威性通过圣徒体现在人的肉体遗物和人的良知中，而中国崇拜中的神灵，则仅仅通过香火的点燃来体现。通过它们的崇拜和仪式，道教权威形成了可恢复的力量的内在平衡状态。它鼓励有助于恢复原初秩序的善行。”见 Stephan Feuchtwang, *The Imperial Metaphor:Popular Religion in China*, p.198。

间不同程度的密切关系的表现。有些庙宇更直接地向上与官方祭坛联系在一起，而其他的庙宇则没有那么直接。比方说，在明、清两代的京师，民间进香仪式的神圣场所“五顶”是直接遵照帝国郊祀的宇宙观模式营造的。在历史上和现在的许多妈祖朝拜仪式中，神圣中心都或多或少地被构想成一个或多个独立的体系，尽管它们在过去都获得了某些帝国的封号。在美法村的例子当中，地方朝拜仪式是以更灵活的方式安排的，摇摆于远在山上的地区崇拜中心和近在县城的帝国郊祀宇宙观体系中间。换言之，他们有时直接到法主公的根庙里寻根，有时则到他们构想的四坛中寻求命运的解释。在河北的范庄，对龙的崇拜可以追溯到对天子的崇拜。但“龙牌会”实际上并不强调“根庙”的意义。

“香火”也包含着一种地位的辩证法。比如在台湾地区，汉学人类学家所称的“朝圣”可以分成两类，即“进香”和“绕境”。就像我们已经反复阐明的那样，“进香”是对地方崇拜的根庙的“朝拜”，而“绕境”的仪式则主要是沿着他们的势力范围进行游神活动。但这两种仪式的区别只是相对的。实际上，即使一座很小的庙，比如一座村庙，也有一个崇拜区域，在朝拜仪式的最后阶段（即神像被抬回自己的庙里）也要对这个区域进行“勘界”。因此，在今天的台湾，越来越多的妈祖庙都拥有“勘察”自己地域的权利。只不过，随着情境的改变，它们对这种权利的宣称也经常被扭曲罢了。

不管所有这些联系和仪式观念如何多变，在任何情况下，它们都在强调等级秩序的含义，在这种等级秩序当中，每座庙、每个地区、每个家庭甚至每个个人，都能找到自己的位置。同样的等级感也表现在仪式过程中。在分析台湾大甲的进香仪式时，张珣运用特纳的“communitas”观念来描述妈祖的“朝圣”。不过，她更多地关注这些仪式是如何通过仪式的空间生产来营造一个“分层社会”的。在她的民族志描写中，仪式位置的空间被分割成许多不同地位的空间，而不同的群体和个人与这些空间的远近程度也是不同的。同样，香客群体也被划分成几个阶层。单个捐助人更能够优先接近某些仪式如“插香”。她准确地将这种分层称为“空间的不平等安排”。①

实际上，通过仪式进行的“分层”不过是更大的仪式过程中的一小部分，这种仪式过程按照科层等级秩序的模式来调整朝拜仪式。在闽南和台湾这个文化区，朝拜仪式通常都是由一系列科层仪式组成的。旅程以“启驾”作为开端，从

---

① 张珣:《大甲妈祖进香仪式空间的阶层性》，见黄应贵主编:《空间、力与社会》，351—390 页。

这一刻开始，香客们抬着神像走向终点。当香客们从多条线路到达根庙或其他神圣场所时，神像便被安排到庙堂之上，这时，神之坐庙就相当于天子之“坐殿”。于是，香客们开始在庙门外面为神“祝寿”。在神灵（按照天子接受朝贡的方式）享受了所有的献祭之后，才开始进行实际的进香和刈火仪式。在所有这些仪式完毕以后，神灵才变得灵验、强大。人们将神像抬回他自己的地界，在他自己的地界内，人们像崇拜圣王那样来崇拜他。庙区如今变成了一个经过勘界的王国，而神灵也成为这个庙区的国王。

因而，如果我们真的想比较晚期中华帝国与当代中国“民间宗教”和葛兰言对于古典时代的节庆和歌谣的研究，我们首先要看到二者的区别。确实，在许多中国社区，周期性的再融合节庆，年复一年的礼物交换和到过渡性空间的远足，至今仍在“民间文化”的日常事件及非常实践中扮演着重要的角色。但是，如果我们从更大的场景来思考仪式，那么不难看到，那种在经由漫长的宫廷化过程之后得到强化的等级制和统治权的意味，如今已经成为乡村社会生活中不可或缺的组成部分。

我们从帝国宇宙观和汉学人类学家所称的“民间－大众宗教”之间，可以清楚地辨识出一种二元的关系模式。帝国体制和现代体制力图将民间大众整合进自己的文明，因此有目的地通过正统意识形态来排斥地方风俗，“民间－大众宗教”由此也产生了与官方相分离的趋势。尽管如此，在同样的趋势下，并且以同样的过程，它力图使自己变得像正统那样正统，从而使自身的非正统地位得到承认和提高。正是在这种“提高”地位的过程中，“民间 / 大众宗教”（包括进香、朝圣、绕境、占卜和其他许多仪式与宇宙观）才成为“帝国的隐喻”。[①] 但“民间－大众宗教”的地位“提高”由此也产生了一个后果，那就是它本身再也不可能局限于葛兰言所说的民俗历史的结构之中了。

七、人类学与“上下关系”

论述文化差异时，西方人类学家可能面对不自觉地制造出对“他者”的偏见的问题。糟糕的民族志撰述，会给人一种印象，“异文化”不仅与“我们”（民族志作者所处的文化）不同，而且比用主流语言写作的人类学家低等。有鉴于

① Stephan Feuchtwang, *The Imperial Metaphor:Popular Religion in China*, p.198.

此，最近越来越多的人类学家开始采纳一副相反的姿态。他们开始意识到我们所做的事，无非是要破解“人类生活中最有意义的谜底之一”——“其他人民的创造既可以完全是他们自己的，也可以深刻地成为我们的一部分”。[①]尽管后殖民主义人类学家仍然会用权力的概念来批驳这一从不同中寻求同的做法，但从它那里延伸出来的文化翻译，依然是我们今天为之努力的事业。

在当前的汉学人类学研究中，许多学者都已做出了我们在这里所倡导的努力。特别是那些致力于揭示中国人关于世界的“道德想象”模式（这些模式具有各不相同的价值，同时也绝不是不能翻译的）的人类学家，为我们这里试图述说出来的那种方法提供了不可多得的铺垫。可是，关于所谓“道德想象”模式的人类学研究，时常将中国文化和观念描绘成一种“无时间的秩序”。另外，人类学家使用的许多本土范畴是与更大的地方与中心的文化互动过程分不开的。对地方与超地方“实体”之间的关系，人类学家一向难以避免给予一种双重的假设。一方面，他们坚持文化的“完整地方性”，另一方面，他们又相信，社会科学的世界观是普遍适用的。这个双重假设，常使人类学家陷入两难处境：他们在尚未充分考虑地方词汇的历史含义时，就经常要将这些不同的地方词汇整合到一起，来营造“完整地方性”和“理论普遍性”。最终，这一来自人类学本身的阐释缺陷，又导致人类学家忽视历史的细节。因而，在反思文化翻译的问题时，我们也需要历史。对我而言，历史——对传统的时间性的感悟，而非历史事件的堆砌——对我们理解一个漫长的文明是非常必要的。

上文，我们涉过了这条历史大河的一个小小的支流。有必要强调的是，无论是在历史线条的素描方面，还是在理论思考方面，我自己能做的工作都是有限的；而这篇文章既然是一个概略性的论纲，便并非是严格意义上的文化史或“人类学论文”，而只能属于学术札记。在这一札记中，我们努力发现所谓“朝圣”在中国到底有何特殊的意味。在现已确立的基础上，我们似乎可以认为，朝向

---

① Clifford Geertz, *Local Knowledge: Further Essays in Interpretive Anthropology*, New York: Basic Books, 1983, p.54. 当代人类学批评家通常认为，我们这个职业的双重方案（就像格尔兹定义的那样）无非是在人类学中潜在地重新建构了殖民主义情境。但即使后殖民主义人类学家看起来更尊重“他文化”而不是他人，他们也强调权力的无所不在，而这恰好正像萨林斯所批评的那样，是一种真正的民族中心主义的西方宇宙观（参看 Marshall Sahlins, “The Sadness of Sweetness: The Native Anthropology of Western Cosmology”, *Current Anthropology*,1996, 37［3］, pp.395–428)。而我也认为，许多在研究中国“朝圣”方面取得成绩的人类学家（如 Sangren, *Chinese Sociologics: An Anthropological Account of the Role of Alienation in Social Reproduction*）也无非正在从事格尔兹所概括的工作，虽然他们可能采取了不同的说法。

具有特殊文化意味的场所的旅行，在中国的过去和现在都确实是存在的。在过去那些漫长的世纪里，这些旅行是以与基督教的“朝圣”概念截然不同的方式被构想的。在某种程度上，它们也是按照与基督教类似的超越和联系模式而组织起来的。在这些“旅行”中，对家庭领域、小地方以至任何“被土地束缚”的空间的超越，就像在基督教场景中一样，是作为最主要的仪式被表演的。然而，作为一个整体的仪式，中国“朝圣”仍然以与基督教宗教传统截然不同的方式来呈现自己的世界。

在西方世界的理解和意识中，“朝圣”的概念意味着个体寻求自我反省。朝圣，即向地区的或超地区的修道院或者不熟悉的地方的旅行，被认为是一次自我实现、自我超越的旅程，是一个进行非凡体验的旅途，它超越了个人的世俗生活轨迹。在中国的语境中，类似的行为却传达了一种迥然不同的经验。无疑，在中国人的日常生活史中，一些个人和集团为了克服生活危机和家庭遭遇，来到家乡之外的神所，并在神灵面前表达自己的愿望。因此，我们也可以认为，与基督教朝圣者向他们生活世界之外的著名修道院旅行类似，中国人在“朝圣进香”中也踏上“自我更新”（self-renewal）的旅途。但两者的区别在于，中国的“香客”绝不是走进山里去“反省”他们在日常社会结构中的生活。他们经过长途跋涉走进神灵栖居的山中，是为了从高高在上的神灵那里得到赐福和善报。

至此，我们已初步勾勒出某些更大的文化方面的起源与转变的谱系和大概历史，这包括帝国封禅、郊祀和民间朝贡之旅的联系和差异。在每种仪式中，我们都能看到与特纳所说的中心和边缘的结合相类似的方面。但是，中心和边缘的区分也体现在“当地人”自己的分类范畴中。这些“当地人的范畴”主要包括他们对“上”和“下”的观念，这些观念又是由一种关系结构、一种等级制宇宙观组成的。作为“意识模式”①的一种变体，这些范畴在中国“朝圣”的营造过程中扮演着关键的角色。

但我们在此所做的讨论也支持其他人类学家在解释中国仪式时得出的论点。首先，与其他形式的仪式一样，“朝圣”（如果我们可以这样称它）是由沟通行动构成的。②这种语境中的“沟通”尤其指天子、王侯、官员、平民和其他人向有求必应的神灵发出的请求。显然，封禅和后来的郊祀正是实现“上”与“下”“天”

---

① Barbara Ward, “Varieties of the Conscious Model”, in Michael Banton, ed., *The Relevance of Models for Social Anthropology*, London: Tavistock Publications, 1965, pp.112–138.

② Ahern, *Chinese Ritual and Politics*.

与“地”“自然”与“人类”和“父（天）”与“子（皇帝）”相互沟通的行为。作为向天坛、地坛、日坛、月坛和山川坛的祭祀之旅，为宫廷和官方提供了向“上”、向“下”和代“下”表达意愿的场合和机会。这些语境中的“朝圣地”乃是世界的缩影，包含着现世的关系秩序，在人类和上天之间扮演着中介的角色，是上天授予统治者统治的权力，并聆听他们替子民表达的愿望。

正如桑高仁指出的，中国的“朝圣”行为“基本上不属于试图逃离无结构同一感领域的个人事务”。恰好相反，在这些仪式之旅中寻求和产生的超越性是与“权力的表达”密切联系在一起的。[①]在桑高仁关注的“中国民间宗教”中，超越的意义作为一套权力表象赋予“地方社会和个体对于自身的感受”以结构。[②]在封禅和郊祀中，还运用一套更大的社会“势力”模式描绘出一个宇宙图式，即运用“五服”制来描述“天下”。于是，通过封禅和郊祀，一个等级制宇宙观得以营造出来，在这个宇宙观中，“天”处于世界等级秩序的最高位置，而天子、宫廷和官署都只占有次要的位置。由此一来，确实像韦伯强调的那样，在封禅和郊祀中实现的是上天对统治者“卡里斯玛权威”的认可，这不仅适用于在位的天子本人，也适用于那些可能在日后以种种方式登上天子宝座的人。诚如弗里德曼在以更明确的方式回应韦伯的论点时所说的：

> 这个大的宗教共同体是在没有教会的情况下实现的，除非我们把国家本身称作教会，这两个术语才是可以互换的。……在某种意义上，中国宗教是一种全民宗教——它并不是出于服务于政治利益的目的刻意设计出来，而是建立在一种权威观念的基础上，在这种观念中，宗教生活归根到底是无法与世俗生活分离开来的。[③]

从19世纪后期开始，汉学人类学家就开始争论对于“中国宗教”应采取怎样的研究策略。就像弗里德曼在“中国宗教”的论述中也曾提到的，这种争论确实可以追溯到德格鲁特和葛兰言对于中国文化的历史互动所做的两种完全相反的解释。弗里德曼说：

> [德格鲁特和葛兰言]都试图寻求各种中国宗教形式的源头，讨论它们在

① Sangren, *Chinese Sociologics: An Anthropological Account of the Role of Alienation in Social Reproduction*, p.97.

② Ibid.

③ Freedman, “On the Sociological Study of Chinese Religion”, in his *The Study of Chinese Society*, p.369.

中国社会的等级秩序中如何传承，但德格鲁特在其著作中是从精英的、经典的形式中开始着手的，在他看来，除了精神化的秘密教派运动，所有其他形式都无非是它的变体；葛兰言则试图由它的乡村源头来确立精英的、经典的形式。[①]

在弗里德曼看来，“德格鲁特和葛兰言都以他们各自的方式指出了怎样才能理解，在现代时期，中国的等级化社会是如何展现出一种统一的基本宗教的，尽管这种宗教可能表现出种种不同的外观”。[②]显然，他的观点是，有一种“统一的基本宗教”支配着它的“许多外观”。这种旧观点仍然潜含在当前汉学人类学研究的新近论争当中，在这些论争中，我们似乎可以区分出两种坚持统一性或多样性的“流派”。

这里我主要关注对仪式的历史解释究竟存在多大的可能性。我试图提供一种文化的翻译，借此缓解德格鲁特和葛兰言之间的张力。在简短的历史旅程中，我们点出了不得不称之为“中国朝圣”的历史痕迹。在葛兰言的模式和凌纯声与顾颉刚的历史著作的基础上，我们逐步看到，确如葛兰言等指出的，帝国时代的“封禅”和“郊祀”是从乡村民俗传统的“宫廷化”过程中生成的。换言之，典型的中国“朝圣”源于“民间关系模式”，这是一套复杂的互惠性社会互动模式。在秦帝国以后的时代中，这些社会互动模式被重新定义为“报”这种祭祀行为。反过来说，在秦汉时代，它们被转化成世界的等级制模式，在这种模式中，封禅和郊祀不过是起中介作用的机制罢了。无论早期的民间关系模式，还是后来的等级式互动模式，都是在强调“外”——在集团和村落之外，或在帝都之外——的情境中被构想的。尽管如此，当中国的第一批皇帝开始确立他们的正统性时，二者的区别也就变得非常重要了。在古代的乡村，“互惠性”是最关键的，而在帝国宫廷中，则强调“上”（以及“外”）与“下”（以及“内”）的等级模式。

在随后的时代，帝国类型的“朝贡”仍然继续作为“礼”的一部分被实行。在我们看来，它是皇权的宇宙发生论的一个重要组成部分，这是因为，它不仅作为重要的沟通仪式被实践着，也在中国文明的其他方面，如帝国的城市规划和乡村管理中，发挥着重要作用。我们还认为，同样重要的是，在帝国宇宙观的制约

① Freedman, “On the Sociological Study of Chinese Religion”, in his *The Study of Chinese Society*, pp.355–356.

② Ibid., p.364.

下，“民间–众宗教”（毋庸讳言，我们对这个概念持保留态度）中的类似行为已经脱离了它们最初的跨集团关系之“根”。

如果确实存在一种中国宗教，那么，它必定是一个文明的组成部分，而这个文明中存在着巨大的地区、社会和族群等方面的多样性。[①]从古典时代开始，这个国家的统治者就试图将许多不同的地域、社会阶层和族群集团尽可能地包容在“天下”这个整体内。换句话说，皇帝不仅是“陛下”，他还是“天”的一部分，用蹩脚的英语形容，就是“His Majesty-the World”（陛下，即为天下）。这种表现的朝贡模式成为“一只看不见的文化之手”，而整个世界的“地图”就是由这只“看不见的手”描绘出来的。它尤其是通过天子本人的“年度朝圣”和他在祭坛上的表演建构起来的。因此，封禅和郊祀，连同其他在社稷坛上举行的祭祀仪式，体现了一种政治宇宙观。这种宇宙观包容了统治者的统治合法性和从整个世界的中心辐射到周围地带的“王室疆域”。同样类型的州府一级的表演也将朝贡模式的逻辑转化为地方的表现形式。由此，在这个意义上，“朝圣”是历史地营造和延续下来的文明的组成部分，这个仪式体系同时也是一套政治制度。

在民间宗教的“朝圣”中，为地方社会的初级关系纽带寻求一种权威历史的愿望是最根本的。在诸如此类被表达的愿望中，皇权的宇宙发生学恰好成了葛兰言所描述的那种“民间歌谣与节庆”的旧传统得以延续的意识形态伪装术。[②]而正如王斯福在提到“民间宗教的帝国隐喻”时所说的那样：

> 中国地方崇拜的目的是要划定地方权力的源泉，并证实它们自身的权威性。站在它们的立场上看，它们所针对的是来自外部的、鬼魅般的力量，这些力量是那些具有更大的包容性和中央意志意味的上天的力量。另一方面，倘若站在中心的立场上看，地方崇拜始终具有异端的意味，也有能力化解中央的帝国权力本身所发出的意图。它们将整个世界体现为一个支配性的等级秩序，而不是一个在中央意识形态看来具有破坏力量的完备的、民间的和谐秩序。[③]

历史上，王斯福所说的“民间秩序”和“鬼魅秩序”之间的紧张和轮替关系

---

① Stephan Feuchtwang, “A Chinese Religion Exists”, in Stephan Feuchtwang and Hiigh Baker, eds., *An Old State in New Setting*, pp.139–161.

② 今天我们还能看到，在皇权的领域之外，仍然存在着其他形式的仪式，它们类似、甚至模仿了帝国神圣场所实行的正祀，这些形式的仪式仍然保留了一种对于古老的互惠观念的强烈怀旧感，在后来的时代里，这种互惠观念无非以“善”或“仁”的观念重新体现出来。

③ Stephan Feuchtwang, *The Imperial Metaphor:Popular Religion in China*, p.198.

是非常明显的。因此，我们不能简单地认为，皇权已经预先规定了民间向神所的旅行的等级特征。[①] 但历史和民族志都提醒我们，正是在同样的“民间文化延续”的斗争中，帝国的神圣中心才会受到朝拜者的尊崇。而正是在同样的过程中，它们又反过来促成跨集团关系（包括对立的组织和秘密宗教会社）转化为“礼”。

在整个 20 世纪期间，封禅和民间朝圣遇到了一套重新营造起来的关于中心的话语。在刚刚过去的那段时间里，中国祖先所崇拜的那些遥远的山间神灵寓所已经获得了重新定义，它们是一个包括在民族文化的世俗秩序和标志着革命性改造的断裂历史中的景观体系。在过去的二十年间，古老的神圣中心已经获得了国家的认可，它们成为中国“文化遗产”的重要遗迹，他们如今不是作为朝圣“根庙”或圣山，而是作为旅游胜地在国家和省县文化与旅游部门的倡导下被抬高。国家及其代理人都力图实现神圣场所的世俗化，与此同时，在中国的许多地区，向旧有的通神场所的年度朝拜活动也在“社会主义精神文明”的范围之外得到了复兴。显然，不同的“朝贡”表现模式再度搬演出来，标志着古老的等级制宇宙观的生命力。那些并存的、有时相辅相成的朝圣模式不能被简化成中国宗教的“大小传统”。但它们在很大程度上重新演示了以国家为中心的文明化过程中的关系结构，和民间大众力图在保持地方特色的前提下参与、分享和再创造中心的愿望。

---

① 这在下面的情况中尤其明显：州、县首府内的官方庙宇如东岳庙也被下层民间庙宇及其组织尊为朝拜的终点。当民间神灵崇拜如碧霞元君和妈祖被官方授予名号后，“民间宗教”与它最初基础的分离会变得更加明显，见 James Watson, “Standardizing the Gods: The Promotion of T’ien Hou along the South China”, in David Johnson et al., ed., *Popular Culture in Late Imperial China*, California: California University Press, 1985, pp.292–324。在这些例子中，“大、小传统”的区分在“朝圣”行动中变得不再那么清晰，民间朝圣所承担的一个社会功能就是将“地方共同体与更大的仪式体系”联结起来，见 P. Steven Sangren, *History and Magical Power in a Chinese Community*, p.87。在相当大的程度上，我们可以说，中国民间文化中的朝圣所导致的后果就是主体的“官方化”。这尤其表现在，民间地域崇拜及其共同体的官方化在仪式中将彼此分离的地方领域、地区领域和帝国中心地点体系联结起来，正如它们也通过市场和行政地点而变得“中心化”一样，见 G. William Skinner, “Presidential Address: The Structure of Chinese History”, in *Journal of Asian Studies*, 1985, pp.271–292。

第二十五章

仪式研究与社会理论的“混合观”

一、仪式研究

谈人类学中的仪式研究，不能不先谈人类学本身。

人们通常依据美国定义，把人类学分为体质和文化两大类（美国高等院校人类学专业长期存在一个争论，就是二者到底哪个更重要）。我对广义人类学无反感，但又认为，人类学是社会和文化意义上的。我认为，学习人类学的人除了要有一点体质人类学知识，更重要的是要对社会和文化的研究办法有所领悟。另外，关于社会与文化，我的看法有些变化。20 世纪 90 年代中期以后几年，我曾花费不少精力介绍英式社会人类学，此后，我却渐渐觉得应回望德国、美国传统的文化概念，感到它还是有价值的，认为，相比而言，人类学当中定义的“人”，更接近“文化的人”。

文化是什么？

我们不妨试着加以形容。

世界可以通过三种形态来理解。

首先是中国人所谓“天地悠悠”的形态，这是没有起点和终点的宇宙无时间性，它对人的生命来说是无限的，西学则称之为“永恒”。

其次是人的生命的有限；人的生命是直线性的，有明确的生死界限，我们对这种生命的有限性认识非常明确，即使主张永恒的宗教难成例外。

第三是一种介于永恒与有限之间的时间形态，借用法国希腊学家韦尔南（Jean-Pierre Vernant）的话说，这是一种 Z 字形态的时间形态，它穿插在永恒与有限之间，是世界上所有神话和宗教的时间感。所有的文化现象之所以有意义，是因为有这种 Z 字形态的时间感，人在自己有限的生命和无限的世界之间想象出一种穿梭的可能。在希腊传说里有很多神的故事，都是在实践这 Z 字形态的运转。①

人，并非有限的生命，而是在有限和无限之间的活动。

人与动物最重要的区别不仅仅体现在衣、食、住、行，更体现在人具有宗教、艺术等智慧，所以我们说，人是“有文化的动物”。

文化永远是要修补人和天地之间的距离，但永远抵达不了天地之无限。但是，我们不能因此将人自身形容为有限的生命实体，我们应看到，通过精神获得一种“不朽”，是人的生命常有的意义。“不朽”这种永恒与有限之间的状态，就是文化。对“不朽”加以研究，就是人类学。

把人类学定义为研究“不朽”、研究文化的学问，不是说要像把持用文化概念的人类学家那样，以为我们的观点可以笼罩所有现象。要做好人类学研究，学科的层次性区分还是有必要的。亲属制度（即种族繁衍、群体关系、社会再生产、性与性别的本质研究等）、宗教层次（即人的精神内涵，或人对他人与非人服膺问题的研究），是人类学研究的基本层次。由此可以延伸出对侧重研究政治秩序与权力的政治人类学及侧重研究生产方式与交换体系的经济人类学。

那么，有这种观点的人类学家如何从事仪式研究？

19 世纪中叶到 20 世纪初，是人类学的古典时代，这一阶段中人类学家并不重视仪式研究，而是重视宗教观念及表达这些信仰的符号意义的研究。人类学家通过收集传说和风俗习惯进行宗教学猜想，以此回答一个基本问题：什么是最古老而基本的宗教形态？由此产生许多不同解释，如“万物有灵论”以及与之相反的“万物有生论”，主要讨论原始的宗教究竟是基于灵肉二分的精神概念发展的，还是基于生命力的概念发展的。人类学的仪式研究，大抵可以说是在西方宗教精神观念史基础上推演出来的，而这个领域的研究，也有一些创新。

西方宗教精神观念史，大体可划分为三个阶段。古希腊早期，希腊文化跟世界很多文化一样，认为存在人生之外的一个天地（或自然），此种博大的世界无法用时间或空间衡量。古希腊神话中的词汇叫作“混沌”（Chaos），大自然是没有形象的，即人与自然的两分。古希腊后期的一个阶段，西方人赋予自然万物一种人的形象，创造出各种各样的神，造就了大自然和人相互关联的道德观点，作为“完美的人的大自然”这一观点占据了重要地位。此后出现“唯一他者”——

① 韦尔南:《希腊人的神话和思想》，黄艳红译，13—109 页，北京：中国人民大学出版社，2007。

上帝——的观念，在这个阶段，西方的宗教思想得到确立。我们所谈的科学、理性，似乎是想颠覆这段历史，使人们回到人和自然两分，但同时是以人为中心的世界，从而导致神学和宗教学家不断努力回归的精神源泉。

人类学是近代产物，如泰勒、马雷特、弗雷泽等，都试图通过世界各民族在比较宗教学上的特征来探知西方宗教精神所处的位置，但只注重信仰、观念方式的研究，不注重仪式，或者说，不注重在文本中呈现这一方面。

20世纪初期开始，西方出现了相当多新派人类学家，他们开始怀疑其做法，认为人类学家应该做一些务实的事情，特别是致力于对现实的观察，不要总是对其他民族、其他时代的观念进行猜想。就这样，仪式研究成为宗教人类学的核心。

20世纪以来，人类学中的仪式研究大致出现了三个脉络的发展，即整合理论、联合（联姻）理论及文化理论。

整合理论是英国人借用法国年鉴学派的社会结构观点提出的，它主张，通过对人类行为加以研究，呈现社会总体形态及社会各部分之间的相互关系。

“联合”理论，过去译为“联姻”理论，更多地与亲属制度研究相联系，但其起点也是仪式研究，它主张通过仪式研究来看待群体之间的关系，从而理解社会到底是什么。如果说整合理论是纵式的，注重研究神如何把低于他的人整合到己身的超越性上，使人的社会成为“不朽”，那么，也可以说，“联合”理论是横式的，它主张将社会看成群体之间的联盟。此种观点以法国的葛兰言、列维-施特劳斯等人为代表，在仪式研究方面，葛兰言做得更多，他关注的仪式，多数是在村庄与村庄之外的河流、山脉、桥梁等中间地举行，他把这种中间地出现的“社交”叫作仪式。①

文化理论出现于20世纪60年代，从某种程度上说，它是对19世纪观点的回归，但因受到文化相对论的影响，不再像19世纪的人类学家那样关注原始的“自然神学”与基督教神论之间的历史演变进程，其实质内容，是通过仪式研究来探知不同地区的人生观、神灵观与世界观。持文化理论的人类学家认为，仪式类似剧场但并非剧场，它表达被研究者的观念，如为人之道、男女之别、社会之融合、人之间的权利争夺，等等。这接近英国人类学，但又与之不同。持文化理论的人类学家反对把社会结构看作决定仪式的象征表达的机构，认为仪式表演自

① 葛兰言:《古代中国的节庆与歌谣》，赵丙祥、张宏明译，桂林：广西师范大学出版社，2005。

身是意义体系，而社会是由意义构成的。

以上三种范式到70年代之后渐渐走出历史舞台。时下西方人类学界持整合、“联合”及文化观点的人越来越少了。理性主义赢得了胜利，人类学本来对于非西方自身的“理论”很关注，近年来，这一关注被认为是不恰当的。随着理性主义重现于人类学界，越来越少人关注西方社会理论之外的社会理论、西方世界观之外的世界观。当人类学家面对充满各自不同意义的不同世界观时，总会用西方政治经济学、权力学的观点去“理解”。

若是从时间顺序看，则人类学仪式研究经历了三个阶段：

1. 古典人类学，它与比较宗教学很接近。

2. 在第二个阶段，人类学自己的特点，与大量人类学田野调查及大量对非西方世界观的认识有密切关系。

3. 在第三个阶段，人类学在学理上倒退回了西方中心主义。

我认为，我们展开仪式研究，有必要回到宗教人类学的第二个阶段。在这个阶段中，人类学的仪式研究曾出现一些重要的综合。此外，仪式研究领域出现了许多有启发的论点。例如，有学者认为宗教的核心就是仪式，而仪式既包括庆典，也包括日常举动遵循的规则，也有学者认为，社会内部整合是辩证的，有分才有合，仪式的意义在于为人的社会性创造有别于“分”的日常生活的“合”。这些观点既基于深入的经验研究，又具有广泛的综合性，本来很具有潜力。但新一代人类学家容易对前人不耐烦，所以，他们促使人类学进入了第三个阶段，没想到自己进入的是西方中心主义的一个新时代。

应强调，要基于第二个阶段来思考仪式研究，我们还需关注文明社会中的仪式问题。

在人类学仪式研究的第二阶段，三个脉络中的前两个脉络各自都跟中国有过直接或间接的关系。法国年鉴学派的葛兰言对于《诗经》和中国上古舞蹈的研究，为法国结构人类学做了基础理论建设。我觉得葛兰言的中国学，对于我们思考复杂社会中的仪式，是核心参考系。后来列维－施特劳斯改造了结构主义，抛弃了葛兰言的中国文明研究，只截取葛兰言研究中对他有利的部分，即亲属称谓与性的联合的研究，把葛兰言对于中国宫廷礼仪的研究全部舍弃了。他提到，他的观点来自葛兰言，但没有说来自中国。研究仪式的人类学家实际上受到了古代中国礼仪思想的启发。可惜的是，如今的人类学中国研究，多用非中国研究中提炼出的概念解释中国。我认为，在回归仪式研究的第二个阶段时，我们可注重从中国文明史的角度出发，求知帝制时期的文化秩序的基础。这个基础恰好可能是仪式，而不是宗教的观念形态。中国不是一个宗教文明体，而是一个仪式文明体，这个文明体的主要行动纲领来自行为的规范，而非宗教的正统性，因而如果说有"正统"，那这个正统主要是通过关系、称呼和举止的"度"来表达的。怎么理解这一关系中心主义的文明体？仪式的人类学研究能从中得到什么理论启发？这些问题，我们可多思考。

不要把中国人和世界上任何一个地方的人想象为生活基本的、没有情怀和历史想象力的"民族"，尽管这种想象充斥着 20 世纪以来各种二流人类学作品。我们研究人类学，或仪式人类学，要具备哲学想象力，要触及任何一个可以被想象的层次。冯友兰（1895—1990）先生提出了人生的四个境界：自然境界、功利境界、道德境界、天地境界。[①] 利用这四个境界来看待西方人类学，会发现其只经历了前三个境界，把非西方民族想象成自然状态下的人，想象成马林诺夫斯基笔下的功能主义的人，想象成涂尔干笔下的社会道德感、责任感很强的人，但并没有意识到有些人已经达到了哲学家可以达到的第四个境界。我们研究的只是空洞的反映社会结构的文化形态，如音乐，但并未赋予音乐一种道德感。

仪式是什么？我认为可以通过"境界"之说来理解。

"境界"是什么？是否可以"仪式作为人修补人与自然界之间裂痕的一种手段"来理解？

是否可以说仪式就是那个 Z 字形态时间性，就是文化？

这类问题值得我们深思。

二、从"混合论"看社会理论的局限

中国社会的特殊性一度在西方社会学、社会理论中得到了相当的重视，不是没有被西方社会科学考虑过的问题。比如，法国年鉴派涂尔干之后的莫斯、葛兰言和杜蒙等人（当然他们不是同一年代的人），最初服膺于那套主要以欧洲经验为基础的东西，但他们获得自己的独立思想后，视野越来越开阔，拓展到后来所谓"第三世界"，指出社会理论的基础主要应该来自非西方民族，或者说至少应

---

① 冯友兰：《新原人》，北京：生活·读书·新知三联书店，2007。

当有可能与之相关。年鉴派对此有了两个脉络的发展，一个是根据原始的部落社会研究提出基础社会理论，莫斯一向对此比较有专长，他根据的主要是英国、美国人类学家的民族志材料，但提出的理论有自己的脉络。另一条路子，是根据非西方的文明体系和中古时期欧洲的社会状态，以此为社会理论的基础。走这条路子的人认为，历史上存在着一种介于原始部落和现代国家之间的社会形态，这种形态更广泛地代表着人类社会的丰富可能。我认为，这一派主要以葛兰言为代表，当然，在另一个侧面上，葛兰言还深受法国年鉴派史学奠基人如马克·布洛赫这样的历史学家的影响。在法国年鉴派历史学和年鉴派社会学里，都有这样一种看法，认为所谓的“古式社会”，也就是介于原始部落和现代国家之间的社会形态才应是现代社会理论的基础，资本主义社会不过是社会形态里的一个“怪胎”，不能用来研究整个人类，资本主义现代性本身不是一个理论，而是一个特殊的变异。在这些思考中，中国就进入了西方社会理论的视野，年代不晚于1920年。大概就是在中国的新文化运动、五四运动前后，在欧洲出现了认为中国的古代社会可能能够提炼出一个真正代表普遍社会价值的社会理论来。我不认为我们应该忽视欧洲社会理论的这段历史。

将社会理论的“中国化”之方向，确立在中国当下的社会经验，可能出现一个自相矛盾的问题，这就是，20世纪以来中国至少在观念上已属于断裂型时代，我们追求的东西，割裂于传统，基于这样一种“变异”心态来缔造出一个所谓“社会的宪章”，几乎是不可能的。假如我们可以把这一阶段看作所谓“转型社会”，我不认为这个阶段存在社会理论的基础。从章炳麟开始，我们已充分接受了欧洲个体主义思想，并舍弃了涂尔干强调的“道德论”，这使我们有可能说社会学的个体主义是对“社会”这两个字的误解。

社会学为什么会依据个体主义来创造自己的方法？

我觉得这是一个非常重要的问题。要解决问题，我们可能需要更大的历史想象力，而不要局限于20世纪。有人说，20世纪是个漫长的年代，这个世纪多灾多难，我们为什么不说中国是灾难理论的发源地呢？

如何使社会理论不至于沉浸在所谓“转型”中，而更富有历史想象力呢？

大约在1938年，莫斯成为英国人类学赫胥黎奖章的得主，并提交了他一生最后一篇论文作为讲稿，文章叫作“人的精神这种类别”，在英语里为“The Category of the Person”，是关于人的观念，关于“人”这个词怎么理解。在文章中，莫斯引出了各种各样的理解，甚至有的理解是相互对立的。我的理解是，莫斯在文章里试图谈人的“我观”经历了三个阶段的衍化。这篇文章对我们充分理解社会理论到底做什么，兴许会有帮助，所以在这里对它略加解释。莫斯认为，在原始部落时代，人的观念脱离不了人与自然、人与他人的关系，也就是说，那个时候，对person，或者对“我”的理解，没有脱离这个人和别的人、别的东西的关系，也就是说，那个时候不存在个体主义，那个时候对人的理解完全跟人与物、人与人的关系对等，成为“人物”与“仁”。在欧洲的罗马法时代，人类对自我的理解产生了一个巨变，这个时候，渐渐形成了一种将个体当作产权、责任、义务、权力单位的思想，在法律规定中明确了“人”的神圣感。到了基督教时代，欧洲近代最典型的人的观念有了基础铺垫。基督教赋予个体一种道德自觉性，使得个体独立于其他个体，成为自主的道德世界。莫斯在分析这三段论的演化时，对于社会是抱着希望的，他表达的，是对欧洲近代史的一个非常复杂的理解。在他的社会希望中，部落中所谓“related concept of the person”，或“人的关系的概念”，若能持续存在于人类社会，便是好事。他在印度、中国，甚至在欧洲的资本主义社会中，都找到了这种人的观念性的概念存在的证据或踪影。但是，另一方面，他却认为，从“关系的人”到“个体的人”的“我”这个概念的演化，似乎是无法逆转的。不是说以基督教为基础的道德个体主义不可以接受，而是说，在这背后有一段漫长的“人的关系的概念史”事实上已被淡忘，于是世界上出现了需要重建的社会。[①]

莫斯是个心境复杂的人。他替人类学（即他笔下的民族学）造就了一个不同于社会学理论的社会理论。

人类学家也研究社会，但“社会”指的是什么呢？我认为，好的人类学家都会这么定义社会：社会是人和人之间的关系、过程及在这个过程中产生的人和人之间的差异。研究社会，就是研究人的关系与人的差异这两方面同时存在的不同样貌。这与社会学可能有点不同，但也恰恰是莫斯想通过他的著述告诉人类学家的。

刚才提到，莫斯的思想主要来自部落社会，但也得到了一些印度学家和汉学家的启发。如果事实是这样，那么，莫斯的社会理论显然就完全不同于我们过于焦虑地想批判的“西方主义”，他自觉地把自身放在非西方的社会场景中去理解

① Michael Carrithers, Steven Collins, and Steven Lukes, eds., *The Category of the Person: Anthropology, Philosophy, History*, Cambridge: Cambridge University Press, 1985.

到底什么叫作“普遍”，他不认为，欧洲的资本主义现代性本身是人类社会的正常状态。这是最伟大的社会学家都有的想法。假如一个社会学家认为他所处的年代就是应然的未来，那么他即使不愚蠢，至少也不能算是优秀的。

对于时下的社会理论研究，我有两个质疑：

其一是，为什么这些曾经在欧洲社会理论中占据如此重要地位而且其影响涉及社会学之外（如人类学）的理论，会在社会学中越来越被忽略呢？至少在1938年之后，或更为具体地说，1945年之后，在莫斯这个脉络上探索的社会科学工作者越来越少，莫斯思想成为社会思想的支流。随后成为主流的，恰恰是后来法国杜蒙批判的个体主义，也就是基督教创造出来的那种以全然独立于他人、孤独地直接面对上帝的自我为基础的“认同”。

为什么会这样？我一直想回答这个问题。我觉得社会学成为今天这个样子，中国不是例外，我们的社会学个体主义化也比较主流，甚至可以说，20世纪的中国向来没有存在过超越个体主义方法的社会理论。自从20世纪初期以来，中国就再也不能理解“社会”这两个字的意义了，每个中国思想家都想通过个体来理解社会，甚至把社会界定为自我的解放，过去这些年好像更是如此了。

我对社会理论无知，“无知者无畏”，这个观点可能不妥，但兴许有用。更强烈一点说，可以认为，20世纪中国思想存在着“去社会学化”的潮流，而社会学也是在此当中得到发展的。如何解释和解决这个问题？

第二个质疑是，如果说20世纪中国思想有“去社会学化”的潮流，那么，是否可以认为，“古代中国”存在“社会”的价值，并对今天有重要参考意义？假如我们想从转型中的中国提炼出一个纯洁的社会理论类型来，那几乎是个梦想，转型中的中国是一个大杂烩。转型中的中国的基础，恰恰是余英时、杜维明等叫作“文化的极端化”的东西，这种“文化的极端化”能为社会理论提供一个前景吗？如果余英时、杜维明等所说的符合历史事实，如果说，近代中国“文化的极端化”，真的难以为我们思考自己的社会理论提供基础，那么，“古代中国”是否存在这个基础？古代中国照样是一个大杂烩，古代中国也不只是一种思想。如果是这样，是否也就可以说，最能代表中国社会思想的社会理论可能是关于大杂烩的思想？我自己的答案是肯定的。在我看来，我们之所以说中国有“和而不同”这一概念，可能恰恰是因为我们这个社会向来不存在一个干干净净的社会形态，而是多种社会形态永久的混合，而生活在我们这片土地上的人们并没有觉得混合是“不健康的”。直到20世纪之后，中国知识分子才开始觉得我们这样的一种混合是不健康的，试图用西方社会理论来改造中国，结果把中国改造成这么一个样子。

假如说中国思想能为世界思想提供什么，那么，我觉得，这一定是和人与人的混合并由此形成的差异相关的理论。这个“混合”思想，是使中国历史不同于西方历史的一个最重要的方面。我认为，无论是社会学家、人类学家，还是历史学家，如果能根据“混合”来反思包括阶段论在内的社会形态理论，便会有所收获。

关于“混合”思想，有什么具体内容？莫斯的同事葛兰言通过人类学研究表明，在中国的文明和所谓的“宗教”中，是能发现具体内容的。不过，对此我不做具体介绍。部分受他的启发，我最近写了一篇有点大言不惭的文章，叫“礼仪与中国式社会理论”，涉及中国“礼仪”概念，说到西学中这个概念的广泛影响，特别是它在社会学、人类学仪式研究中的重要地位，涉及礼仪这个概念在荀子之后如何成为一种混合个体欲望与超个体约束的机制，涉及这个概念在20世纪中国人类学家的论述中曾经扮演的角色。[①] 作为一种满足人情、区分人等的机制，礼仪既是满足所谓“欲望”，又是控制它的一套文化制度，是一种混合的双重制度。古代中国思想的这种双重性，代表着一种“混合”，其自身是有意义的。

① 王铭铭：《从礼仪看中国式社会理论》，见其《经验与心态：历史、世界想象与社会理论》，235—271页，桂林：广西师范大学出版社，2007。

第二十六章

葛兰言何故少有追随者？

一些有大胆看法的中国人拒绝接受国家道德的原则，他们中有些人创建了独立的学派，其中，某些自称“孔德学派”。而 Comte（孔德）写成中文，却是由两个字组成的：一个是“德”，意思就是“德性”；另一个是“孔”，这是孔子的姓。

——葛兰言[①]

葛兰言出生于1884年，1904年起在法国高等师范学院听课。当时讲社会学课程的教授是涂尔干，他深受其影响，并与他的外甥莫斯成为亲密朋友。1904—1908年间，葛兰言对史学也产生了浓厚兴趣，时常参与史学家的讨论，得到包括布洛赫在内的年鉴派史学家的启发。在与社会学家和历史学家的交际中，葛兰言形成了自己的综合学养：社会学给他一种普遍性的关怀，历史学（当时法国史学的主要讨论焦点是法国封建制）则给他特殊性的关怀；社会学对于社会“一体性”的主张，与史学对于新教伦理下的资本主义的宗教特殊性，及对以“多元性”为特征的“封建资本主义”的强调，都在他的脑海中留下了深刻的烙印。葛兰言的汉学研究围绕着这个问题展开。在汉学研究中，葛兰言依赖于沙畹（Edouard Chavannes，1865—1918），受其影响，对于文明史重视尤多。1909年，他在沙畹的指导下学习汉语，并开始研究中国家庭、法律及他认为能把封建制、家庭和法律这些东西结合在一起表现的丧仪。1911—1913年间，葛兰言到北京，计划在“现场”研究中国人的现实生活。在调研中，他采取与一般人类学民族志田野工作不同的方法——混迹于当时的中国知识分子中。他居住于一个已经在

---

① Marcel Granet, *The Religion of the Chinese People*, trans. Maurice Freedman, Oxford: Blackwell, 1975, pp.155–156.

北京待了很久的法国朋友家里，跟上流社会的中国孩子一起上学，想通过这样的方式来理解中国文化。可惜到华不久，辛亥革命爆发，作为“帝国主义者”，他只好逃离“田野”。1913 年，他回到巴黎，先任职于中学，几个月后，升任远东宗教研究教授。1914—1918 年第一次世界大战时，葛兰言因近视，不用服兵役，但到 1918 年，却不得已去西伯利亚替部队充当文书。在从西伯利亚回法国的路上，他在北京小住几月；1919 年回法国，此后直到去世，葛兰言再无来华机会。1940 年，德军占领巴黎，兵荒马乱，人心惶惶，莫斯将研究部主任的位子让给葛兰言，不久，葛兰言因愤怒而辞世[①]。

葛兰言在法国汉学界得到的尊重颇高。20 世纪下半叶法国汉学大师戴密微（Paul Demiéville, 1894—1979）曾言：“葛兰言时常以自己返归 18 世纪汉学家们的传统而自鸣得意。在汉学方面，则标志着我们今天称作结构主义者的方法。葛兰言播下了某些大家发现正在其几位学生中出现了萌芽的思想。”[②]

葛兰言在社会学年鉴派中也有其特殊地位。年鉴派在两次世界大战之间两度出现了微妙转变。如果说涂尔干的社会学是一种基于神圣论提出的“社会学主义”，那么，他的继承人、年鉴派第二代领导人莫斯，则开启了一种具有自然主义色彩的民族学风气，为法国社会学增添了关系与文化的因素。作为该派第三代领导人，葛兰言专攻中国古代文明，以其丰厚的著述，实现了社会学、古代社会研究与汉学的综合。

从涂尔干到莫斯年鉴派的历程，得到了无以复加的系统梳理，而与汉学相关的葛兰言的思想，声名则远为低下。在社会理论中，涂尔干与莫斯的生平与论点被人们反复论述，而葛兰言的著述却极少人知晓，其生平更少得到社会学与人类学界的关注。西方学界似有一种倾向，将葛兰言这类以研究中国为专长却不无社会学理论创新的人物定位为专业汉学家。面对如此“不公待遇”，1975 年弗里德曼将葛兰言《中国人的宗教》一书的英译本放在“解释社会学探究”丛书中出版，在绪论的开篇中即说：“熟悉战时法国思想的人在一套奉献给社会学的丛书中看到马塞尔·葛兰言的著作，都不会感到吃惊，不过，当一部名为《中国人的宗教》的著作被当作对

---

① Maurice Freedman, “Marcel Granet, 1884–1940, Sociologist”, in Marcel Granet, *The Religion of the Chinese People*, trans. by Maurice Freedman, pp.1–29.

② 戴密微：《法国汉学研究史》，见戴仁主编：《法国当代中国学》，耿昇译，57 页，北京：中国社会科学出版社，1998。

‘解释社会学’有贡献的作品出版，事情则可能还是让人感到怪诞。”[①]为了重新确认葛兰言的社会学地位，本又并非主攻学术史的弗里德曼，不得已长篇大论，解释了葛著为“涂尔干派社会学年度文献中的重要文本”的事实。[②]

弗里德曼隐晦地批评了社会学界施予葛兰言的学术贬损，企图恢复葛兰言在总体社会学中的地位。对于他的观点，我深有同感。于我看，葛兰言不是没有理论，只不过，他的理论总是与“难以理喻的中国”紧密联系着。

自然主义、神话主义及“封建式社会主义”，构成了葛兰言社会学理论的三大基石，它们都来源于葛兰言眼中的古代中国文明。葛兰言的自然主义，指的是以“原始宗教”混沌的大自然观念为基础，推导出的“宗教”。以中国上古时代为例，它是指对神圣地方（如山水）的崇敬与祭祀，及基于此形成的一种不同于印欧模式的“主权（sovereignty）理论”。葛兰言的神话主义，指的是一种人类学的心态史研究。葛兰言深信，中国文明来自史前神话的思想世界，这个思想世界经由文明早期的文人梳理、提炼、改造，变成一种对于政治创新起到关键作用的“心态”，为文明的形成提供了基础。这一基础是一种“传统理想”，中国人“激情地将自己附着于它，以至于认定自己代表着其种族的这一完美无缺的遗产”[③]。在中国人看来，“最初纯粹的文明是完美的整体的源泉，而最伟大的中国出现于最古老的年代，其统一时而被打破时而被复原，分合的规律，与原则上不可变的文明秩序时而灿烂时而暗淡的特征相符”。[④]因而，可以认为，从神话引申出来的“心态”，是一种制约历史走势的历史观念。所谓“封建式社会主义”，则指的是一种分化式整合方式；所谓“封建式的社会主义者”，不注重在实质权力基础上创造国家，而主张以社会的符号体系来创设“符号性的政体”，以此来维持“分权式的统一”。

葛氏在宗教观上的自然主义、历史观上的神话主义及政治观上的“封建式社会主义”思考，与近代欧洲统一与分裂之辩密切相关。

中国“五四运动”时，葛兰言发表了《古代中国的节庆与歌谣》，阐述了他对于“中国人的宗教”源于生命观念（包含人情与人性）的看法。1922 年，他

---

① Maurice Freedman, “Marcel Granet, 1884–1940, Sociologist” , in Morcel Granet, *The Religion of the Chinese People*, p.1.

② Ibid.

③ Marcel Granet, *Chinese Civilization*, trans. by Kathleen Innes and Mabel Brailsford, London: Kegan Paul, Trench and Co. LTD, 1930, p.2.

④ Granet, *Chinese Civilization*.

著述《中国人的宗教》，初步概述了一种“中国人的宗教观”，从大自然生命力的信仰引申出来的农民信仰，从分权的上古城市贵族宗教，引申出封建宗教，从士大夫（特别是儒家）宗教，引申出“官方宗教”，他对秦汉时期的礼制和国家崇拜进行了“史前史”的考察①。

1929年，他发表了前文引及的《中国文明论》（*La civilisation chinoise*）一书，基于他的老师沙畹的法译《史记》及其他汉学家的《史记》译本（成段引文来源于沙畹译本），对以上理论进行了更深入而系统的诠释，通过集中分析上古中华文明两个同时展开的进程——自然的驯化与小规模原始群体的混合——展现了大一统的早期历程与“基因”。

基于对古代中国的历史研究提炼出的自然主义、神话主义及“封建式社会主义”观点，显然构成一套理论，而这套理论不是全无影响。葛氏被战后法国人类学泰斗列维－施特劳斯视作结构人类学的基础（尽管列氏以其杰出的努力警告我们，葛兰言揭示的文明对自然的驯化和原始社会的混合与一统化，对于世界和平是有害的）；与列氏同时，神话学界不少精英延续了此前的基础，致力于印欧神话的研究，这些研究多数与中国不直接构成关系，但却可谓是在他的“中国学思考”阴影下发展的；而谢和耐的汉学，则更与他有着直接关系。

然而，令人不解的是，战后英语世界的社会科学，迟迟到20世纪70年代才开始有个别学者②承认葛兰言有大建树，迄今崇尚葛兰言思想的人，言论虽铿锵有力，但得到的呼应却总是不如所愿。

是何种原因导致葛氏遭受冷遇？

一种可能的解释是：随着20世纪世界格局之变，英语渐成“世界的主要学术语言”，英美的社会科学，也成为“主流”；在这个主流中，与中国相关的成果都被列到了“地区性研究”行列中去了，其与所谓“理论”的关系，被认为不及欧洲这个地区或者欧洲的“他者”——原始社会——因而没有得到充分思考。如对于年鉴派史学有深刻影响的法国“综合史学”导师所说，葛兰言的《中国文明论》旨在表明：“中国与原始社会形成反差，古代中国已实现了某种程度的国民统一，并取得了某种程度的物质进步，这使得中国有可能成为一个大帝国和文

---

① 国内关于葛著理论意义的解释，见赵丙祥：《葛兰言〈古代中国的节庆与歌谣〉的学术意义》，载《西北民族研究》，2008（4）。

② 关于葛兰言，除了弗里德曼，值得注意的还有Dirk Bodde，见*Festivals in Classical China: New Year and Other Annual Observances during the Han Dynasty, 206 B. C–A. D. 220*, Princeton: Princeton University Press, 1975。

明化的国度。但在中国，神话式的知识与传统替代了科学；一种符码化的智慧之实践一面使中国摆脱‘源于对于正义与真理的不当追求的思维之乱’[①]，一面使之把握伴随着知识与社会进步的贵族式躁动。”[②]如白赫所言，葛氏要求的是既不同于原始社会、又不同于拥有“贵族式躁动”之欧洲的中国文明的理论原创性。不难想见，葛氏在学术上的这一特点，必然使他的思想与社会科学更惯常研究的西方与非西方他者二元论之间产生重要分歧，且因之，难以为后者所容纳。

另外，葛兰言对于大一统下自然主义、神话主义与“封建式社会主义”持续存在的关注，与英语世界主流的神圣主义、历史主义及民族国家主义社会理论形成的反差，恐必是致使其遭受冷遇的缘由。

更饶有兴味的是，葛兰言的思想，来自中国，而他自己在当时法国学界不仅受到高度尊重，且成为社会学年鉴派的第三代领导人；这样的思想，这样的人物，一般本会引来大批中国追随者，为其借外来和尚念经提供理由和题材，为自己的社会科学“搭便车”“走出国门”做铺垫，但奇怪的是，恰是在中国，葛兰言的命运比英语世界还要挫折得多。据史学界桑兵的观察：“与伯希和、高本汉、马伯乐等久为中国学者所称道的情形相反，葛兰言以社会学方法解析中国古史的创新，在中国本土却长时间反应平平。”[③]

那么，是何种原因致使我们这些长期致力于“社会科学中国化”的“被研究者”鲜有成为葛兰言知音的？

桑兵揭示的一段发生于民国期间中国学界的“葛兰言争议”，兴许对此问题给予了部分解答。

葛兰言 1929 年发表其大作《中国文明论》之后不到两年，1931 年，被“科学东方学泰斗”傅斯年（1896—1950）称赞为“凡外国人抹杀了中国的事实而加菲薄，他总奋起抵抗”的地质学家兼人类学家丁文江（1902—1936）在英文《中国社会及政治学报》（*The Chinese Social and Political Science*）第 15 卷第 2 期发表长篇评论，抨击葛兰言的著作，指责后者犯了以下三类严重错误：

> 1. 误将理想当事实，如以男女分隔制为古代普遍实行，殊不知那只是儒家的理念。

---

① 原话引自 Granet, *Chinese Civilization*, p.309.

② Henri Berr, “Preface: The Originality of China”, in Marcel Granet's *Chinese Civilization*, p.xxii–xxiii.

③ 桑兵:《四裔偏向与本土回应》，见其《国学与汉学——近代中国学界交往录》，8 页，杭州：浙江人民出版社，1999。

2. 误读文献而得出与自己方法相合的错误事实观念。

3. 先入为主地曲意取证，尤其认为《诗经》尽属农民青年男女唱和。事实一错，立论根据全失，用以发现事实的方法自然无效。

丁氏的抨击引起葛氏的学生民族学家杨堃的不满；为了回应，杨堃于 1939 年在英文杂志《燕京社会学界》（*Yenching Journal of Social Studies*）上撰文，介绍了葛氏的学历师承与建树，后又于 40 年代在中文刊物《社会科学季刊》上连载内容更为详尽的《葛兰言研究导论》，全面阐述葛氏的学说。① 另外，王静如于 1943 年在北京中法汉学研究所演讲的《二十世纪之法国汉学及其对于中国学术之影响》，也介绍了葛兰言的学术方法，且对之加以相对正面的评价。

"杨堃不无认真地称葛兰言之名不显于中国，是不幸遇到了丁文江这样的对手。"② 那么，二者对立的缘由为何？桑兵提出一个解释："中国学术界对葛兰言感到生疏，除了他后来不到中国，与中国学者缺少联络，著作译成中英文的少而且晚，以及治学方法与中国新旧两派史学家和国学家俱不相合，而中国的社会学者对于国学和西洋汉学一向不大注意，不能打通之外，更重要的还在于其方法与中国史学的特性不尽吻合。"③ 桑兵有趣地比较说，相比先从事乡土社会研究再回头理解文献的费孝通，"葛兰言却将社会分析即对社会事实的分析直接用于历史研究，尽管他对从文献中发现史实已经十分慎重，在史家看来依然破绽百出"。④"丁文江的批评与杨堃等人的辩护，其分歧的关键在于如何看待方法与文献的关系，即以发现事实为目的的葛氏新法是否有助于正确地从文献中发现事实。前者指责葛兰言对文献误引错解，所称事实并非历史真相，因而怀疑其方法的适用性；后者则由介绍方法而阐明其发现事实的不同路径以及事实的不同类型。两相比较，丁文江确有误会方法之处，但所指出的事实真伪问题，并未得到正面解答。"⑤

如桑兵所言，葛兰言之重方法，与文史界之重资料，是争议双方的主要分歧点；这一点不仅解释了法国汉学界自身的差异：沙畹、伯希和等人没有写过有自己独到观点的论著，而葛兰言有；前者得到了国内文史界的高度赞赏，而后者却

---

① 近期国内学者关于杨堃《葛兰言研究导论》的专门论述，已有赵丙祥：《曾经沧海难为水——重读杨堃〈葛兰言研究导论〉》，载王铭铭主编：《中国人类学评论》，第 11 辑，北京：世界图书出版公司，2008。

② 桑兵：《四裔偏向与本土回应》，见其《国学与汉学——近代中国学界交往录》，9 页。

③ 同上。

④ 同上，10—11 页。

⑤ 同上，11 页。

遭到猛烈抨击。“掌握并贯通古今中外的材料，本身必需绝顶聪明加长期工夫，非一般人力所能及。沙畹、伯希和以不世出的天才所达到的史语方法的深刻，几乎穷尽人力。如果葛兰言照此办法，至多与伯希和齐头并进，或犹不及。诚然，在一定的条件下，新方法的运用能够贯通若干旧史料，或扩展史料的利用。但如果脱离相关语境，一味格义附会，强作解释，则不免呼卢喝雉，图画鬼物之弊，解释愈有条理系统，则距事实真相愈远。葛兰言批评中国的汉学家‘不从神话中去求真的历史事实，而反一味的因为有神话而便去疑及古书’，结果令‘西方人自知汉学考据以来，便不敢再相信秦以前的书，而从此便结论到秦以前的中国史事都是假的，更从此而称中国史的古文化大都从埃及和巴比伦去的’，连马伯乐也声称秦以前中国还是‘史前时代’，希望用既有资料寻求中国文化的渊源和原始形式，立意甚佳，运用方法也极为严谨系统，远非时下滥用者可比（如慎用同类比较法）。但他怀疑甲骨卜辞，又不通金铭文，且不能等待考古事业的发展，面对材料不足以征信的上古史，自然难免捉襟见肘。”[①]

史学家如此揣摩葛氏当时的遭际所预示的学科间方法论分歧固有其理由，但我却基于此有另一层想象：葛氏在《中国文明论》中表明，他的论著针对的是罗马帝国的法权式、断裂式传统，他企图通过中国文明关系式、绵延式传统，来反观欧洲问题；而在求索这一境界的过程中，葛氏所面对的，却又是一个动荡中的中国，他亲历“辛亥革命”与“五四运动”，目睹中国知识精英分化为保守派与革新派，这些近乎全然颠覆了他对于古代中国文明的“幻想”，而他却未因之丧失对于中国文明的延续力的信念。对他而言，辛亥革命之后，国家的“官方宗教”固然已不复存在，但保守派的出现恰表明，中国文明的历史遗产有它的继承者，而革新派虽批判旧有礼教，致力于引进外来思想，但在破旧立新、洋为中用中，却有意无意保留着对于中国文明中德行思想的坚持[②]。承继涂尔干思想，葛氏相信德性是任何社会、任何时代都不可或缺的，所不同的只不过是有的社会的德性可理解为宗教神圣性，而在中国这样的社会中，德性则完全置身于生活世界之中，其超越性不被强调。不少主张建立新文化者致力于破除旧礼教；吊诡的是，正是他们对于接近于宗教的礼教的态度，展现出古代中国礼教的自然主义德

① 桑兵：《四裔偏向与本土回应》，见其《国学与汉学——近代中国学界交往录》，13页。

② 如革新派把 Comte 翻译成“孔德”，把孔子的“孔”与道德的“德”两字放在一起来翻译“西儒”的社会学学说，就表明这一坚持，见 Granet, *The Religion of the Chinese People*, p.155–156。

性论的特色。葛氏认为“历史中的一切都有臆想的因素”[①]，他相信，不存在脱离于历史书写者的“客观历史”，任何历史，都可谓是具体社会德性的一部分。因而，他对于自己的工作是否具有“真理性”做了谦逊的限定，对于“一味的因为有神话而便去疑及古书”的疑古派，及一见到文字证据与物证，便企图将二者结合起来，恢复古史原貌的资料派，保持双重警惕。葛氏采纳的方法，不简单是社会学，而是一种有助于贯通历史与神话的心态史。这种心态史“虚实不分”，既想从口述传统中的神话、传说、歌谣中窥见古史真相，又想从史学家迷信的文字资料中看到所谓“历史真实性”含有的神话般的虚幻。这就使他提出的解释不易被当时中国大地上出现的两个虽相互斗争却对“真实性”有共同信仰的学派所接受。虽则葛氏所依赖的译本及所把握的汉语水平之低，的确致使他授人以柄，并且他对近代中国学者只字不提，给人留下了“孤芳自赏”的印象，但其最不可让人接受之处，恰是他观念中神话与历史混合的做法——他甚至将《史记》的不少篇章当作半神话、半历史的传奇来对待，以论证其关于神话与历史不分的方法论，这对于那些认定《史记》为“信史”的中国学者，恐怕最难以理喻。也就是说，方法分歧背后还有观念分歧，葛兰言的好古主义，与20世纪中国某个局部的现代主义“真实性拜物教”——如傅斯年“科学的东方学”[②]——之间的抵触，是这一观念分歧的核心内容。

另外，葛氏坚持认为，古代礼仪体系是中国文明对于世界的最主要贡献，这点对于当时致力于揭露“吃人的礼教”的中国知识分子而言，也是难以接受的。

丁文江指责葛兰言，说他把《诗经》说成是尽属农民青年男女唱和的事情。其实，葛兰言如此分析，还有另一层考虑被急于批判的丁文江忽视了——他意在指出，礼仪是社会结合的最基本而坚实的手段，因为它来自乡野，来自乡野中群体之间最自然的结合方式。葛氏并未忽视《诗经》中展现的包括“宫廷文化”与“士人文化”在内的“大传统”，而只是想表明，在古代中国文明中，“大传统”的基础是“小传统”，因而才如此深厚，如此关系主义，如此绵延不断。

作为社会学年鉴一代英杰的葛兰言，即使再怎么遭受史家责难，在中国同行

---

① 如革新派把Comte翻译成“孔德”，把孔子的“孔”与道德的“德”两字放在一起来翻译“西儒”的社会学学说，就表明这一坚持，见Granet, *The Religion of the Chinese People*, 35页。

② 近期有研究者指出，傅斯年有一种经验主义决定论，他以自己的方式接受美国兰克史学与欧洲汉学，学术观念上既有普遍主义信仰又有民族主义情绪。见施耐德:《真理与历史——傅斯年、陈寅恪的史学思想与民族主义》，关山、李貌华译，155—171页，北京：社会科学文献出版社，2008。

里，想必还是会有一些支持者的。然而，历史却走了一条与我们的想象大相径庭的道路：除了个别例外（杨堃），中国社会学界想了解他的人竟告阙如！这是否因为中国社会学界并不知道他的名字？答案是否定的。其实，最迟到 20 世纪 30 年代中期，经由崇敬葛兰言的英美社会学大师的介绍，葛氏已为中国社会学界所知；他之所以被忽视，与当时中国社会学的走势密切相关。当葛兰言致力于把社会学理论研究与古史研究结合之时，中国社会学出现了侧重现代社会研究的趋势。这一侧重现代社会研究的趋势，与英美社会人类学方法在中国的传播有关，其代表势力为英美教会创办的燕京大学。

1929 年之后，燕京大学一批青年学生围绕着从美国哥伦比亚大学归来的吴文藻形成了“社会学的中国学派”。该派借用牛津、伦敦、芝加哥三大西方学派的社会学与人类学思想，发明了有其特色的“社区研究法”。该派对欧美各国的学派有相当深入的了解，对于葛兰言，亦非全然无知。但该派经过选择，决心以务实的态度发展其社会科学门派，舍弃历史文明的研究。燕京大学社会学“中国学派”这个阵营，与“中央研究院”历史语言研究所的历史学、考古学、民族学阵营形成了对立格局，前者认为后者理论水平低，赶不上西方新潮，只懂材料的搜集与分类，沉浸于与现实社会无关的民族史研究中不能自拔，后者则认为前者过度崇拜新理论，过度关注现实，而无法坐“纯学术研究”的冷板凳。

“社会学的中国学派”1935 年秋曾延请牛津学派社会人类学鼻祖拉德克利夫 – 布朗等来华讲学。尽管从拉德克利夫 – 布朗的英文论著看[①]，他对葛兰言的“礼仪理论”流露出仰慕之情，但其访华的学术追求，却得到了一种微妙的不同解释：

> 布朗教授对于中国传统文明，富有同情的了解。他起始是由于美术与哲学的途径，而认识了中国，所以有较深刻的认识。近来他很关心阅看法国葛兰言研究中国古代文明和思想的著作，因为葛氏是应用杜尔干［涂尔干］派的社会学方法，以考察中国古代社会的第一人。不过葛氏大都是根据历史文献，来作比较研究，其方法尚欠谨严。所以，自他来华以后，即极力主张本比较社会学的观点和方法，来作中国农村社区的实地研究，以补历史研究之不足。[②]

---

① A. R. Radcliffe-Brown, “Religion and Society”, in Adam Kuper, ed., *The Social Anthropology of RadcliffeBrown*, London, Boston: Routldge and kegan Paul, 1977, pp.126–127.

② 吴文藻：《布朗教授的思想背景与其在学术上的贡献》，见其《吴文藻人类学社会学研究文集》，189 页，北京：民族出版社，1990。

以上“社会学的中国学派”导师吴文藻对于葛兰言的学科定位是清晰的——如吴氏所说，葛氏是用年鉴派社会学方法考察中国古代社会的第一人。他对于年鉴派更重要的贡献是在社会学研究中增添中国古代社会的维度，其追求在于使中国文化成为社会学思考的核心内容。然而，也正是这一点遭到了吴氏的严重质疑。“其方法尚欠谨严”这话可能是他从丁文江那里简单学来的，吴文藻关心的其实不是这个问题，而是他自己主张的“中国农村社区的实地研究”。自1929年归国后，他一直致力于倡导这项研究，作为他学生之一的费孝通是从事这项研究的佼佼者。“社会学的中国学派”与葛氏之间并无根本矛盾——二者都认定中国传统社会的基质是乡土性的。二者之间的一个不同之处在于：葛氏认为，乡土社会是古典与帝国时代文明社会的源泉，但中国历史文献多数生发于城市文明，且集中于记述城市文明的面貌，由是对于城市诞生之前的乡土社会，缺乏系统描述[①]；而吴氏则不甚关注历史上的城乡关系，直接将传统乡土社会与现代都市社会视作供社会学家对照的社会形态，将现代都市社会视作传统乡土社会的未来[②]。吴文藻之所以弃葛氏而不顾，仅在脚注里轻描淡写了他的功过，乃是因为他与后者有严重的方法论分歧——吴氏致力于创建的中国社会学，乃是在“中国化”后的英美功能主义框架下展开的对于中国现实的实地研究，这全然不同于对于20世纪初以后出现于中国的名目众多的“新文化运动”极度失望的葛兰言所提出的“中国古代社会研究法”。

近世中国学术原本追求从本国历史出发提出自己的解释，但因国内学者多甚为迷信那些与中国本无关联的“科学方法”与“主流理论”（如史语研究者崇尚的“史料科学性”，又如“社会学的中国学派”崇尚的伦敦、牛津、芝加哥社会人类学与社会学），而无意中失去了其原本追求，误以为那些与中国直接相关的研究（如葛兰言对古代中国展开的社会学研究），要么属于“不科学的东方学”，要么只有“中国特殊性”而不具有任何“理论价值”，只有那些实际上还是来自“远西”的模式才是正当的。吊诡的是，恰好是这一点表明，葛兰言的著述对于当下学术依旧有其启发。白赫为其《中国文明论》所写的“序”的副题为“中国的原创性”（the Originality of China），这个词句准确地表达了葛兰言的学术追求——探索中国历史的总体面貌在总体社会学中的原创性地位。我深信，就以上学术追求而言，葛兰言是值得追随的。

---

① Granet, *The Religion of the Chinese People*, pp.35–36.

② 吴文藻：《〈派克社会学论文集〉导言》，见《社区与功能——派克、布朗社会学文集及学记》，7—17页，北京：北京大学出版社，2002。

第二十七章

从礼仪看中国式社会理论

中国还是有别样的学者，他们并非“圣人”，但保有难得的良知，在礼仪的观念和制度遭到人们唾弃之时，他们仍围绕着它来书写历史。有了这些学者，中国思想才在现代文化中保留了一席之地，保持了自己的历史延续性。这里我要以他们的书写为出发点，从社会理论角度进入礼仪这个题域。我从中选出三个人的三种论著，以充作讨论的起步：

1. 李安宅：《〈仪礼〉与〈礼记〉之社会学研究》（上海：上海人民出版社，2005 [1930]）；

2. 费孝通：“礼治秩序”，见其《乡土中国》（北京：生活·读书·新知三联书店，1985 [1947]）；

3. 钱穆：“礼与法”，《湖上闲思录》（北京：生活·读书·新知三联书店，2000 [1948]）。

李安宅是一位重要的人类学前辈，他是出名的藏学人类学家，也是中国人类学界最早从事海外研究的学者之一（他的印第安人研究，有相当的开创性）。李安宅对于“礼”的论述，人类学和社会学界对其注意得不够，其实它蛮有意味。同不少比较文化研究者一样，李先生谈“礼仪”时，注重它的层次性，但更注重作为其核心思想的“中庸”。所谓“中庸”，在人类学中可以理解为一种介于“野蛮”与“文明”之间的状态，古人称之为“文质彬彬”。“文质彬彬”，既质朴，又文雅，“质”说的是原始，“文”说的是文明。所谓“礼”的思想，即主张在二者之间寻找一个中间路线，不至于失礼，又不至于为了礼而变得过分虚伪，“文过饰非”。

李安宅的《〈仪礼〉与〈礼记〉之社会学研究》一书，早已于1930年出版，作为一位人类学家，他笔下的“社会学研究”指的是一种以“社会”观念为中心的分析方法。《〈仪礼〉与〈礼记〉之社会学研究》的建树极高。除了谈到礼仪的“文质彬彬”，李先生在该书中提出了礼仪的诗学态度，他主张，礼仪关键是表达感情（人情）。礼仪的理论基于这样一种设想：人们是因为爱对方，所以才用礼仪来尊敬对方，这种爱和敬，如同诗歌所表达的那样，是充满感情的。古人之所以老将“礼”与“乐”混合起来谈，便是因为“乐”的感情表现是“礼”的一个重要属性。

从李先生的书中可以窥见古代中国观念之特征。

他在书中的一个地方提到，宗教与白日梦有密切关系，说人因在白天做梦才发明了“宗教”[①]，这使我感触良多。

西方神学和人类学，都说宗教是人根据晚上的梦想象出来的，晚上做梦，人“灵魂出窍”，到处游荡。人类学家想到“万物有灵论”，而李先生说人白天做梦，“白昼见鬼”，“明知故作”，造就了礼仪。

白天做梦和晚上做梦有不同，因为白天做梦有一种“自觉”，晚上做梦是无意识的。根据“自觉”造就信仰，与根据无意识造就信仰，二者的差异很大。

李安宅对于礼仪的定义，具有综合性，他罗列了礼仪的十几个特点，其中特别强调了等级、交换和道义。将他有些混乱的综合再次加工，可以看到，礼的等级性是基本的，而这与礼起源于原始的互惠交换模式这一假说并不排斥。而“道义”，则与人类学交换理论中的“obligation”概念相联系，重视人与人的“相互担当”与“相互依存”。

李先生的《〈仪礼〉与〈礼记〉之社会学研究》，居然也特别像是一部以礼为中心的人类学导论。他谈礼时，区分语言（包括亲属称谓），涉及认识论、分类、物质文化（食品禁忌、建筑、游行、什物、职业等）。在宗教方面，李先生涉及人生礼仪、占卜、神谕等。他又指出古代战争的礼仪性，如战前的占卜和宣誓，战中的“阵容”等。

费孝通也是人类学的老一辈，他关于“礼治”的论述，出版于1947年，其中的一些观点，关注社会的形成与文化的关系。费先生对于“礼治”的论述，重点放在乡村的“无讼”，其要表露的是一种对于“同意的权力”与“横暴的权

① 李安宅：《〈仪礼〉与〈礼记〉之社会学的研究》，14页，上海：上海人民出版社，2005［1930］。

力”的区分。[①] 这个区分来自人类学的启发，是对有别于强制的统治的乡村自主社会的鼓励。如今，不少法学家去乡村，也是去寻找这种“同意的权力”，而费先生早已告诉我们，这种权力，是以历史上遗留在民间的礼仪观念为基础的。如今，有些法学家老谈“礼失求诸野”，意思是要去乡土中国寻找一种不同于法律这种“横暴的权力”的秩序模型[②]。对于这一点，费先生早有预见。费先生以“礼治”来替代法学家所说的“人治”，认为这个形容更准确。什么是“礼治”？他的定义是：

> 礼是社会公认的行为规范。合于礼的就是说这些行为是做得对的，对是合式的意思。如果单从行为规范一点说，本和法律无异，法律也是一种行为规范。礼和法的不相同的地方是维持规范的力量。法律是靠国家的权力来推行的。“国家”是指政治的权力，在现代国家没有形成前，部落也是政治权力。而礼却不需要这有形的权力机构来维持。维持礼这样的规范的是传统。[③]

相比人类学家李先生和费先生，钱先生的哲学意味要浓厚得多，他对唯物主义的“反社会性”早有批判，景仰传统智慧，致力于以传统为基础寻求符合中国历史的中国出路，他关于礼和法的分析，给我们的启发很大。《湖上闲思录》这本书发表于1948年，与费孝通的《乡土中国》几乎同时；书中概括了他的一些想法，其中谈到礼与法，比较了中西的秩序观，阐明了中国礼仪的以下观点：

> 法的重要性，在保护人之权利。而礼之重要性，则在导达人之情感。权利是物质性的，而情感则是性灵上的。[④]

李安宅、费孝通、钱穆为20世纪初出生的一代学者，处在旧学转入新学的过程中，其身心承受着文化转变的阵痛，这从其论著中可见一斑。之所以要提到他们的礼仪论著，乃是因为这个文化转变的阵痛持续至今日，依旧对我们这代人发挥着作用。

不是要“逆潮流而动”，而是有意直面问题，我欲借对“礼仪”观念的思索，

---

① 费孝通:《乡土中国》，61—70页，北京：生活·读书·新知三联书店，1985［1947］。这一区分是早期费孝通先生政治思想的基础，也被表露于其有关绅士的论述中。只可惜费先生的后半生，进一步追究这个区分的理论意义的机会太少。

② 苏力:《法治及其本土资源》，北京：中国政法大学出版社，1996。

③ 费孝通:《乡土中国》，60页。

④ 钱穆:《湖上闲思录》，49页，北京：生活·读书·新知三联书店，2000［1948］。

寻求中国式社会理论存在的历史基础。

关于礼仪，人文学科已有不少研究；相比之下，宣称以社会为主要研究对象和观点的社会科学，对之却鲜有涉及。特别是在中国，社会科学研究绝大多数建立在与礼仪对立的范畴之上，不从事礼仪研究，被认为是正常的事。于是，如上所述的几种论著，绝非冰山一角，而只能算是凤毛麟角。我们接受的现代个体主义分析方法[①]，在将我们的思想从形形色色的整体主义中解放出来的同时，给知识探索设置了新的禁区。过去一个世纪中国的种种反文化运动（包括“新文化运动”），抱着世俗主义和“新鲜事物拜物教”的态度，破除“吃人的礼教”。一旦“礼教”被当作“吃人”的“怪兽”，礼仪研究就不再受崇新弃旧的社会科学重视了。

作为现代人的一种，我们创造了一种新道德；在这道德中，无神、无圣、无怪，同时，连社会价值自身，也遭到鄙夷。我们自身，成为“‘文化革命’之马达”。

新道德约束我们的思想，诱导我们以一种“原子”分析概念来透视人生与世界。我们时而也会替自己找一些“反模式”，比如20多年前的“集体主义”。可“集体主义”之类的“主义”，常常并非奠定于整体的思想上，而与依然是个体主义的人数相加法关系紧密。这样的“集体”，绝不发自内心，它发自外在压力；可怜的我们却误以为，形形色色的反文化运动，都可以用“个性解放”来形容，以为它是表达良好的“现代心境”，是“适者生存”必备的条件。[②]

现代性带来的新道德使我们舍弃具有高度社会价值的礼仪制度，也使我们将它当成严格意义上的“历史”——“过去”。社会科学不研究礼仪，多数社会科学家相信，这过时了的东西不好。

幸而历史对我们不薄。20世纪30—40年代，社会动荡，思想界却接近于“百家争鸣”。李安宅、费孝通、钱穆这些前辈，前两位是人类学家，钱穆先生是文化史家，不过，他的著述一样对于中国人类学的思考有启发。这些前辈的关

---

① 路易·迪蒙：《论个体主义——对现代意识形态的人类学观点》，谷方译，上海：上海人民出版社，2003。

② 过去一些年来，礼仪研究的确重新涌现，不少人以谈论礼仪为业。可是，恰是在这些“专家”中，攻击礼仪的人特别集中。他们中有人写了不少关于礼仪的文章，却总是要在结论中批判之，比如，指责这种古代传统社会构成方式，“只要人们还没有从陈旧的规定中解放出来，不管你的思维多缜密，认识本身早已被局限了；只有冲破陈旧规定的约束，参加到开创历史的新局面中去，认识才能更上一层楼”（刘泽华：《先秦礼论初探》，见陈其泰等编：《20世纪中国礼学研究论集》，91页，北京：学苑出版社，1998）。这里所谓“陈旧的规定”，就是指传统礼仪，所谓“开创历史的新局面”，指的则是“破除传统”本身。

怀不尽相同，说的事情也不尽相同，可他们论述的观点之间有一致性——至少，他们共同教导我们，“礼仪”这个概念对于理解中国社会极其重要。除此之外，几位前辈在论著中还给我一种印象，它们似乎在文章中寄托了一种更高层次的期待：古代中国诸如“礼仪”这类观念，若能得到细心挖掘，便可能为中国社会科学奠定其在世界的地位起促进作用。

以国人之作为出发点，不是要宣扬“国粹”。“礼仪”这类词汇，确实构成了中国文明的特征之一。然而，对于这个特征的论述，若不是服务于问题化的探索，就可能沦为民族主义。

我更关心的问题是：这类所谓“本土概念”，能否成为一种理论的基础，并获得它的世界性解释力？

将西方思想当作信仰的我们，时常对此抱怀疑的态度。因而，不怎么愿意论述中国观念在世界社会科学中的普遍价值。然而，被以为对我们的文化嗤之以鼻的西方人中，竟有人比我们更信赖古代中国的智慧。

有鉴于此，我将跳跃于中西之间，在历史与异乡之间寻找交汇点，特别是要“神游”于现代社会科学（如人类学和社会学）和中国古史之间。

人类学与社会学都注重历史性事物，但二者的着力点不同。人类学探讨社会理论时，更注重从所谓广义的“前现代”社会中寻找纯然的、无国家的社会存在方式。自20世纪初期以来，人类学家认为，这些“前现代”社会不是历史意义上的，而是空间意义上的，即它们无非是离现代文明中心有相当距离的“部落社会”。社会学的社会理论探讨多数建立于对现代性的专门研究之上。其实，社会学的本义，主要就是对工业化社会的研究。这门学科也关注历史，但多数论述始终围绕着现代性的兴起过程展开。围绕古代中国的礼仪探讨社会理论，在两个学科中的处境都相当尴尬。古代中国既非人类学家眼中的“部落社会”，又非社会学家眼中的国家与社会全然对等的现代民族国家。作为一种社会形态，古代中国的制度论述，之所以无法在社会科学的核心学科——人类学与社会学——中获得明确的地位，乃是因为这一社会形态“介于二者之间”的状态。[①]而社会科学的核心学科之所以难以容纳这种状态，恰是因为这些学科仰赖的资源，均来自

① 李安宅的藏学研究与费孝通的汉族农村社会变迁研究，比他们的礼仪论述有名得多。我以为，其根本原因在于，藏学与汉族农民，才更符合人类学的“前现代”追求，接近于“部落社会”。这既解释了作为古代中国社会形态的核心构成方式的礼仪在现代社会科学中所处的“尴尬地位”，又解释了现代社会科学的历史简单化倾向。

“前现代”与“现代”一前一后的二元对立现代主义历史观。也因此，针对作为古代中国社会形态的礼仪展开论述，也使我们在深感困惑的同时，更易于触及历史与现实两方面。这样的论述，如同所有论述，无疑会有自己的问题。然而，它将有助于我们在一个新的基点上思考现有社会理论的局限，有助于将历史的再理解纳入社会科学视野的拓展中。

一、拉德克利夫 – 布朗之后

1945 年，英国人类学大师拉德克利夫 – 布朗应邀做亨利·梅尔讲座，为此他写了《宗教与社会》一文。拉德克利夫 – 布朗的讲座行云流水，跨越西方宗教社会学理论和古代中国的礼学，探讨了中国人的礼仪思想对于宗教社会学（人类学）的重要性。以往西方宗教学研究多重视神学的文本分析与信仰分析，法国年鉴派社会学奠基人涂尔干则指出，对神的信仰是人们赖以表达社会归属感的象征方法。宗教神圣性，不是指参加超自然的存在，而是指人们充满感情的社会相依性[①]。受涂尔干影响至深的拉德克利夫 – 布朗认为，这个宗教社会学的观点，早已在古代中国礼学（特别是荀子的礼学）中得到充分说明。古代中国礼仪思想蕴涵一种不同于西方神学的观点，它强调人的行为，而非“看不见以至难以置信的信仰”。拉德克利夫 – 布朗认为，中国礼学的这一观点，开了宗教社会学的先河，使我们意识到，不能轻易地将“看不见以至难以置信的信仰”当作证据，而应从人们的宗教行为来理解宗教。从社会学角度解析“宗教”，拉德克利夫 – 布朗认为，宗教是人们行动中的事物，而人的行动又受情感约束，表达和维持人与人之间的依赖性，因而“研究任何宗教，我们都必须首先考察具体的宗教性的行动、礼仪及集体性或个人性的仪式”[②]。

拉德克利夫 – 布朗并未给予“宗教性行为”“礼仪”“仪式”这些范畴明确的界定。然而，在借取中国的“礼仪”一词时，他显露出了人类学家对于其自身所处的文明的某种反省。

他的宗教定义，受罗伯生·斯密和涂尔干的影响，但在其论文中，他以相当长的篇幅论述中国礼仪的观念，并得出接近于李安宅的结论。他说：

① 涂尔干：《宗教生活的基本形式》，渠东、汲喆译，上海：上海人民出版社，1998。

② A. R. Radcliffe-Brown, “Religion and Society”, in Adam Kuper, ed., *The Social Anthropology of Radcliffe-Brown*, London; Boston: Routledge & Kegan Paul, 1977, pp.126–127.

> 这派古代哲学家［儒家］的观点是，宗教礼仪有重要的社会功能，而这些功能一般独立于任何对于礼仪的效力起作用的信仰。礼仪给予人的感情某种规范的表达，进而维持这些感情的生命，使之有活力。而反过来，正是这些感情对于人的行为的调控或影响，使有序的社会生活成为可能，得以维系。①

更饶有兴味的是，拉德克利夫－布朗接着说：

> 这样一种理论不仅适用于理解古代中国这样的社会，而且也适用于理解所有人类社会。②

拉德克利夫－布朗的观点是：兴许礼仪比宗教更具有世界性的解释力。

拉德克利夫－布朗发表这番言论之后不久，社会科学在中国进入了一个否定传统的漫长年代。他的礼仪之宗教社会学，迟迟没有传入中国。稍稍提到了一点他的结构－功能学说的费孝通先生，已于该文发表10多年后，被打成“右派”。而在遥远的英国，《宗教与社会》一文论述的从礼仪看宗教的观点，得到了广泛延伸，在接受学术批评的洗礼过程中，对英国人类学的“宗教”研究，起到了关键的推动作用。结合结构－功能主义与冲突理论，从牛津分离出去的曼彻斯特大学人类学系淋漓尽致地发扬了礼仪理论，形成独具一格的学派。在这个学派中，格拉克曼和特纳相继成为学术引路人，他们的理论从不同角度，再度论证了礼仪观念的世界意义。

与拉德克利夫－布朗不同，格拉克曼认为，社会在一般情况下有地位区分和相互矛盾的特点。在法制社会中，法律成为平衡地位之别、解决矛盾的手段，而在缺乏正式法律的社会中，社会平衡与矛盾解决，则全然依赖“习俗”。③什么是“习俗”？其主要内涵恰是仪式或礼仪。一定意义上，我们可以说，格拉克曼借助拉德克利夫－布朗的礼仪理论，基于非洲“习俗”的考察，创立了一种“以礼为法”的解释体系。

在格拉克曼的基础上，特纳吸收了凡·杰内普的过渡仪式理论，对仪式过程的分析给予更充分的关注。在特纳之前，西方人类学（特别是摩尔根的人类学），通常将仪式放在亲属制度之下考察，认为称谓决定行动的方式。特纳的建

---

① A. R. Radcliffe-Brown, “Relig ion and Society”, in Adam Kuper, ed., *The Social Anthropology of Radcliffe-Brown*, London; Boston: Routledge & Kegan Paul, 1977, p.110.

② Ibid.

③ Max Gluckman, *Politics, Law and Ritual in Tribal Society*, Oxford: Basil Blackwell, 1965.

树是，扭转了这个局面，赋予礼仪（仪式）研究本该有的重要性。对于特纳来说，行为（action）是人类学研究的核心，这点接近于拉德克利夫－布朗。而对他来说，“行为”这个词，更多是指礼仪意义上的“表演”。“表演”的种类多样，有等级主义的“表演”，有“颠倒仪式”，而无论如何，它都是对现存地位的一种扭转。人们通过仪式聚在一起，反思社会分化，相互之间重新形成依赖关系和感情。礼仪使人们克服平时的孤独、无助之感，融汇于人与人的交融中，感到在人之上有一种神力在召唤。

如果说格拉克曼发现了“以礼为法”的社会模式，那么，用我的话来说，特纳所发现的，便是“戏剧就是法律”的命题。在他看来，以表演为方式呈现出来的集体感，介于巫术与宗教之间，其效果如同现代社会中的法律，在于加强社会平衡、克服困难。仪式过程中的“颠覆”被他定义为“反结构”，在特纳的意象中，礼仪如同“运动”一般具有“革命性”，展现着人们对于平日生活的“抗议”。然而，“反结构”又不等于“革命”，因为它充分地制度化，其意义是在社会结构的内部安排中实现的。特纳宁愿将这种具有“革命性”的“反结构”定义为“社会剧场”，意思是说，那是社会集体表演的社会反思。①

对于西方人类学家而言，特纳代表学科史上的一个阶段，而对我来说，他对仪式所做的考察，如同讽刺剧一样刺激着我们。

我们的近代“革命”，颠覆了古代礼仪制度，我们向来没有想象到，这种制度里，居然可能包含着任何意义上的“革命性”。

我们能否用特纳的观点来研究中国礼仪，并说其中也有“反结构”因素？

维持等级之间的“差序”，显然是礼仪制度宣明的目的。因而，中国礼仪更像彻头彻尾的“结构”。然而，礼仪制度主张的道德、感情、交换这些东西，对于约束地位在上的人，对于激励地位在下的人，不也起到了重要作用了吗？

中国礼仪作为表演，时常也包含着在什么地位该怎么做人的道德说教。这种说教不正也有“反结构”的因素吗？它不也在“体制内”提供了一个批判与地位相关的不道德行为的平台吗？

西方社会科学中，重视礼仪研究的，也不只是英国人类学派。在美国，这类研究也相当蓬勃。著名人类学家格尔兹就是一例。与特纳不同，格尔兹描绘仪式时，不将它单列为一个有“社会效果”的子体系，而是将之等同于不可分割的

---

① 特纳：《仪式过程》，黄剑波等译，北京：中国人民大学出版社，2006。

"文化"。相比英国学派，格尔兹的解释没有那么机械地处理社会某一方面与另一方面的功能关系。通过"文化"来看社会，或者说，将"文化"看成社会生活的逻辑本身，是格尔兹人类学的特点。在仪式的分析方面，格尔兹认为，将仪式之类的表演视作一台戏，就是在区分表演者与观众，而仪式与剧场之间的不同，恰在于仪式的表演者同时又是观众及社会中的行动者。仪式确是一种"浓缩的形式"，但它的意义世界，却没有分离于社会生活整体。要理解仪式，像特纳那样区分日常时间与超常时间是没有必要的，关键在于二者的合一。他那篇关于巴厘人斗鸡的著名论文，意在超脱英国人类学的社会结构说，内容重点在于试图表明，特纳的"社会剧场"一词，也可以用来理解处在日常时间里的社会。仪式内外都是"戏"，是社会中不同的人的角色定义与展演。①

格尔兹的这一说，接近于"作为社会构成方式的文化"。理解礼仪，不应将之排除在"社会"之外，再考察其对于"社会"的作用。从某种意义上说，礼仪就是社会的构成方式，就是美国人类学家所谓的"文化"。我以为，这恰是过去60多年来西方人类学礼仪研究的核心成果。

拉德克利夫－布朗、格拉克曼、特纳、格尔兹这些西方人类学家，都是基于无国家社会提炼出他们的社会理论。我们理解的礼仪，在他们那里用"仪式"（ritual）来形容。之所以用"仪式"一词，乃是因为它们没有明确的阶级属性，而更像能反映"宗教生活的基本形式"（如仪式的集体性）。从某个角度看，采纳"仪式"一词，的确能使我们充分估计礼仪的原型与社会的形式之间的关系。

将以上各种观点综合起来，可以构成几个对于我们理解"礼仪"及相类的社会现象有颇大助益的要点：

1. 仪式这种社会现象，等于是社会生活，而这一生活体系，可以理解为古人所谓的"仁"。"仁"不仅要理解为"个人与个人之间""群体与群体之间"，而且还要理解为自我与他者的混融。这个意义上的"仁"即为表演化的公共生活，也就是礼仪或仪式。如此说来，仪式研究，也就是公共生活的研究。公共生活是社会性的核心内涵。

2. 仪式包含人与人的共融性及人与人的区分。特纳为我们强调了仪式的共融性，但是，格尔兹等的研究则表明，在仪式过程中，社会等级和角色的呈现，也是仪式活动的重要主旨。仪式过程的"和气一团"，时常与人物角色的区分同

---

① 格尔兹：《深层的游戏》，见其《文化的解释》，471—521页。

时出现，在“和气”状态里隐藏着等级主义的奥妙。因而，研究仪式，要大胆面对文化中的等级主义，不要轻易地把文化描述成一个内在的平衡机制。

3. 仪式研究，实为社会研究，它能使我们更清楚地看到，规矩、制度、法律这些东西，在人类历史中向来没有与社会生活整体相割裂。

4. 从特纳那里，我们得到另外一个启示，即仪式是所有文艺形态的汇合，而所有的文艺形态也都源自仪式。将文艺形态汇合于仪式中，可以造就“礼乐文明”，但其原型恰在于社会生活的总体呈现。仪式研究告诉我们，文艺形态离不开公共生活，其价值在当下被误认为源于个人创造，但文艺的个性，恰依附于社会的集体性价值之上。

5. 作为社会生活的“浓缩形式”，仪式固然可以用象征人类学的观点来研究，但无论象征（symbolic）人类学，还是符号（semiotic）人类学，都源于语言学，易于使研究者将一切社会生活的公共性归结为话语的力量。而仪式的研究，却是对人的社会活动的研究。活动本身，固然可以被当作语言的“单词”来理解，但语言学的范式，不能解释表演、剧场这些活动的丰富内涵，更无法解释这些活动作为对于他人或神的奉献（对他人的“奉献”称为“prestation”，对神的奉献称为“sacrifice”）出现时带着的社会交换伦理与依赖感。

为了使用统一的概念，人类学家在研究宗教式行为时，均已采纳“仪式”一词。而我以上引述他们的观点时，为了尊重拉德克利夫 - 布朗的遗产，模仿他交互“ritual”“ceremonies”“rites”的方式，交互使用“礼仪”“仪式”等不同的词汇。

不能说人类学的仪式研究之理念，都来自古代中国的礼学思想。不过，可以确认的是，这类研究摒弃西方神学的“宗教”观，寻找到了包括中国在内的“远方之镜”，借用包括部落仪式和中国礼仪在内对于仪式行为（宗教式实践）之论述，反观了西方神学的神圣论。在一定程度上，同古代中国的儒家一样，这些西方人类学家将“礼仪”当作社会生活的基本形式来阐述。

二、司马迁逝世之前：有别于宗教的礼仪

关于巴厘人的斗鸡，格尔兹说：

斗鸡就是这样一种使各类日常生活经历得以聚集的事物，暂且抛开生活仅

作为"一场游戏"和重新连接成"不仅仅是一场游戏"不谈，斗鸡实施并由此创造出比典型的或普遍的更好的，可以称为范式的人类事物——它告诉我们的与其说是正在发生的事，不如说如果把生活作为艺术并且可以塑造《马可白》和《大卫·科波菲尔》那样根据感情类型去随意地形塑它时，将会发生的事。[①]

为了达到"基本"层次，人类学家仰赖所谓"简单社会"的研究，他们越来越普遍地运用"仪式"概念，涵盖包括古代中国人看来有别于礼仪的斗鸡。[②]

然而，中国的"礼仪"一词听起来实在不同于"仪式"。礼仪作为特殊的仪式，带有贵族意味，与人类学家描绘的"原始风味"相去甚远。"礼仪"所代表的，既是原始的延续，又是与它的断裂。"礼仪"是部落社会向国家社会转变的成果，这个转变一般称为"文明的起源"。在许多地区，早期文明的进程中社会复杂化的步骤走得太快，表现极其激烈。而身居近代国家文明如此强大的近代世界中，西方人类学家选择"以礼为法"，以异乡的仪式来反思故乡的"宗教"，其背景恰在于，冲突主义的世界观是他们所处的文明的支配观念。在古代中国，文明的起源表现得比较平顺。人们常说，中国文明的发生，具有独特的绵延性。[③]这个绵延性何以可能？礼仪在中国文明的发生过程中所起的"古为今用"的作用，不可忽视。

古人对于礼仪衍生进程有比较丰富的描述；司马迁《史记》中的"礼书"，便是其中一个范例。对于礼仪从上古到汉武帝时的演变，司马迁说了如下几段话：

……余至大行礼官，观三代损益，乃知缘人情而制礼，依人性而作仪，其所由来尚矣。

……周衰，礼废乐坏，大小相逾，管仲之家，兼备三归。循法守正者见侮于世，奢溢僭差者谓之显荣。自子夏，门人之高弟也，犹云"出见纷华盛丽而说，入闻夫子之道而乐，二者心战，未能自决"，而况中庸以下，渐渍于失教，被服于成俗乎？孔子曰"必也正名"，于卫所居不合。仲尼没后，受业之徒沈湮而不举，或适齐、楚，或入河海，岂不痛哉！

至秦有天下，悉内六国礼仪，采择其善，虽不合圣制，其尊君抑臣，朝廷济济，依古以来。至于高祖，光有四海，叔孙通颇有所增益减损，大抵皆袭秦

---

① 格尔兹：《文化的解释》，509页。

② 高德耀：《斗鸡与中国文化》，张振军等译，北京：中华书局，2005。

③ 张光直：《中国考古学论文集》，384—400页，北京：生活·读书·新知三联书店，1999。

故。自天子称号，下至佐僚及官室官名，少所变改。孝文即位，有司议欲定仪礼，孝文好道家之学，以为繁礼饰貌，无益于治，躬化谓何耳？故罢去之。孝景时，御史大夫晁错明于世务刑名，数干谏孝景曰："诸侯藩辅，臣子一例，古今之制也。今大国专治异政，不禀京师，恐不可传后。"孝景用其计，而六国畔逆，以错首名，天子诛错以解难。事在《袁盎》语中。是后官者养交安禄而已，莫敢复议。

今上即位，招致儒术之士，令共定仪，十余年不就。或言古者太平，万民和喜，瑞应辨至，乃采风俗，定制作。上闻之，制诏御史曰："盖受命而王，各有所由兴，殊路而同归，谓因民而作，追俗为制也。议者咸称太古，百姓何望？汉亦一家之事，典法不传，谓子孙何？化隆者闳博，治浅者褊狭，可不勉与！"乃以太初之元改正朔，易服色，封太山，定宗庙百官之仪，以为典常，垂之于后云。①

也就是根据司马迁的上面几段文字，我们认识到，从上古到秦汉，礼仪制度经历了以下几个阶段的变化：

1. 夏、商、周三代按照人情与人性制定礼仪制度，为的是诱导人们知仁义，以等级来区分不同的人，使上至君臣，下至黎民百姓，在衣食住行、婚丧嫁娶方面事事皆有适宜之度，以此来统一天下人的意识，整齐人心。

2. 周朝衰落后，礼乐制度破坏了，出现了等级身份象征混乱的情况，人们争着奢侈逾制。儒家在礼乐制度破坏后想改变局面，"克己复礼"，却没有成功。

3. 秦统一天下，收罗六国礼仪，选择了合适的来用，创造了自己的礼仪制度。到了汉代，情况发生了一些变化。汉高祖光复四海，拥有天下，接受儒者叔孙通的建议，增损秦制，制定了汉代制度。到了孝文帝时，出现重定礼仪制度的建议，皇帝喜爱道家学说，认定繁琐的礼节无益于天下治乱，没有采纳。到孝景帝时，晁错建议削弱诸侯，取消"封建"，后来导致六国叛乱，天子不得已，杀晁错以解危难。汉武帝即位后，招纳儒学人才，制定礼仪制度，搞了十余年，没有成功。有人建议，礼仪制度要以感应上天为前提才可能建立。汉武帝才下诏书，以"太初"为元年改定历法，变易服色，封祭泰山，制定宗庙、百官礼仪。

中国礼仪起源于上古之王顺应人情与人性的做法，其内涵是文化等级主义

① 司马迁:《史记》，121页，北京：中华书局，2006。

的。这种制度在没有找到合适的“度”时，可能与人欲结合，导致秩序的混乱。导达人之情感的礼，常常陷入物质性权利的包围中，在天子与诸侯的“多元一体格局”出现裂缝时，成为严重问题。所以，秦汉大一统帝国出现后，在处理情感性表达与物质性权利之间的关系这一方面，出现了几次大的反复，直到汉武帝时，礼仪制度才被确立为帝国祭祀与官僚制度的原则。

我们可以将早期社会复杂化进程中礼仪代表的文化等级主义制度的建立，视为中国早期文明进程的核心步骤。而也就是在这个过程中，原始式的仪式，变成了礼仪，获得了制度化的等级内涵。

建立在普遍的人情与人性之上的礼仪，不同于以普遍信仰为基础的宗教，前者顺应原始社会既有的人情与人性，后者则将人情与人性视作宗教务必改造的“恶”。

为“礼”与“法”寻找结合点，为秦汉礼法国家做了重要思想铺垫的荀子，在其《礼论篇》中说：

> 礼起于何也？曰：人生而有欲，欲而不得，则不能无求。求而无度量分界，则不能不争；争则乱，乱则穷。先王恶其乱也，故制礼义以分之，以养人之欲，给人之求。使欲必不穷于物，物必不屈于欲。两者相持而长，是礼之所起也。

起源于普遍人性的礼，自身易陷入争端。但在上古中国，欲望带来的争端，并没有被认定为绝对的“恶”。因而，礼仪制度建立于一种道德的双重心态之上，试图通过“养人”来“养礼”：

> 故礼者，养也。刍豢稻粱，五味调香，所以养口也；椒兰芬苾，所以养鼻也；雕琢刻镂，黼黻文章，所以养目也；钟鼓、管磬、琴瑟、竽笙，所以养耳也；疏房、檖貌、越席、床笫、几筵，所以养体也。故礼者，养也。

“养”使中国礼仪在宇宙论方面，不同于一神教的传统，没有对世界进行神圣与世俗的截然区分。荀子说，礼有“三本”（即三个根本层次），它们是：天地者，生之本也；先祖者，类之本也；君师者，治之本也。无天地，恶生？无先祖，恶出？无君师，恶治？三者偏亡，焉无安人。故礼，上事天，下事地，尊先祖而隆君师。是礼之三本也。礼仪并非可以用“宗教”一词来理解，因为它并不以宗教的绝对神圣为前提，而以天、地、先祖－君－师，即“天、地、人”，为礼仪行为的对象。隐藏在文字里的“事”和“尊”，略同于“服侍”“崇拜”，但不是“worship”，而是“尊敬的行为”的意思。

具有“养”以及“事”和“尊”双重表现的礼仪，分别表示对于人自身的价值之承认，及对于高于自身的不同“他者”之尊敬。这一双重态度，可以表述为“和而不同”，即社会中身份、等级、品格的“不同”与被“养”的所有人的“和”。从一个侧面看，“养”“事”及“尊”的“和而不同”，接近于特纳所说的“结构 – 反结构”的混融，也接近于格尔兹的“社会作为有角色区分的剧场”；之间的不同主要在于，古代中国所用的词汇，更多是带有“动词”色彩的，而西方人类学所用的“结构”“剧场”都源于固定化的社会空间单位。古代中国礼仪观念与西方人类学结构 – 空间观念的差异，表现了两种不同的社会观念。前者将社会性与“人情”混合看待，后者企图区分二者，将社会性当作超越“人情”的抽象体系。

以西文来翻译古代中国的“人情”与“人性”，实在不易。“人情”大抵接近于人类学家论述仪式的情感面时所用的“sentiments”，但其中隐含的主体间相互依赖感更为浓厚。“人性”虽则也是对于“human nature”（人的本性）的定义，但不含有善恶的绝对分野，其原始意义乃是“生命”的“生”字，意思无非是说，“生命”是人这种东西的“本性”。① 基于这一意义上的“人情”与“人性”，礼仪建立起自己的制度。如何以情感和生命为中心来理解礼仪？荀子早已给予了解释：②

> 性者，本始材朴也；伪者，文理隆盛也。无性则伪之无所加，无伪则性不能自美。性伪合，然后成圣人之名，一天下之功于是就也。故曰：天地合而万物生，阴阳接而变化起，性伪合而天下治。天能生物，不能辨物也，地能载人，不能治人也；宇中万物生人之属，待圣人然后分也。诗曰：“怀柔百神，及河乔岳。”此之谓也。

三、葛兰言、“封建”与礼仪

不排斥“人情”与“人性”的社会性如何缘起？法国经典人类学家葛兰言

---

① 傅斯年：《性命古训辨证》，桂林：广西师范大学出版社，2006。

② 中国哲学史研究者多数借用西方的人性论，将荀子归为古代中国“性恶论”的代表人物之一。其实，荀子对于人情与人性的定义，是善恶糅合的，没有绝对的性恶观。

提出了值得参考的解释。

两次世界大战之间，是人类学的鼎盛期，这个时代出现了一大批伟大的人类学家，葛兰言就是其中之一。他虽是“胡人”，对于数千年前古代中国人的思想，却不仅极其谙熟，而且试图从它引申出具有世界意义的社会理论。

葛兰言生于1884年，经历过一个求学过程，要全面了解他，1953年出版的法文版葛兰言文集《中国的社会学研究》（*Etudes sociologique sur la Chine*），值得参考。葛兰言是1904年开始在法国高等师范学院听课，那时他20岁，讲社会学课程的教授是涂尔干。在社会学方面，葛兰言跟涂尔干和莫斯一脉相承，从人际关系上讲，他跟莫斯更亲密，跟涂尔干的交往并不多，但他的第一次社会学课，就是涂尔干讲的，涂尔干的课程在他的社会学思想上留下了深刻的烙印。在这个阶段到1908年之间，葛兰言对历史也特别感兴趣，时常跟史学家在一起讨论，其中著名的有年鉴学派史学的奠基人布洛赫，葛言言受其影响不小。在与社会学家和历史学家同时交往的过程中，葛兰言形成了自己的学养，具有了社会理论与历史学的双重关怀。如果说社会学给他的是一种具有普遍解释力的社会模式的关怀，那么，当时法国年鉴派史学正在热烈讨论的法国封建制。法国年鉴学派史学，受马克思的历史理论影响，但也企图立足于法国提出自己对于近代化的解释。重视封建制的研究，关注法国封建制的长期延续及法国近代化与英国工业革命之间的不同，是布洛赫等史学家的关怀。为了理解封建制，不少年鉴派史学家将眼光移向远东，特别是中国和日本。葛兰言的不少研究，也是针对中国封建制展开的。①

谈到封建制，牵涉的问题就是所谓的“多元一体”。所谓“封建制”就是以权力多元性政治制度为基础的社会。那么，权力多元的政治体制中存在自身的凝聚力吗？如果存在，这个共同的力量是什么呢？在欧洲，教会是这一“合一机制”的力量之一，可在诸如中国这样的国度里，它又可能是什么呢？

葛兰言的大量汉学研究都是围绕着这个问题展开的。在他追寻解释的过程中，葛兰言受到法国汉学奠基人之一沙畹的深刻影响，对文明史特别重视。1909年，他跟沙畹有过密切交往，在他的指导下学习汉语，并开始研究中国家庭、法律及他认为能把封建制、家庭和法律这些东西结合在一起表现的丧仪。②

① Maurice Freedman, “ Introductory Essay: Marcel Granet, 1884–1940, Sociologist”, in Marcel Granet, *The Religion of the Chinese People*, trans. Maurice Freedman, Oxford: Blackwell, 1975, pp.1–29.

② 杨堃：《葛兰言研究导论》，见其《社会学与民俗学》，110—112页，成都：四川民族出版社，1997。

葛兰言是受社会学和历史学双重影响的人类学家，他的人类学与以民族志田野工作和描述为基础的现代派不同，他更像是古典的“摇椅上的人类学家”。

葛兰言之死，跟德国占领巴黎这段历史有直接关系。1940年，德国军队占领巴黎，巴黎政府重组，大学也开始调整，莫斯将研究部主任的位子硬是让给葛兰言。在这个职位上，葛兰言心情不可能好，在一次回家的路上去世了。

中国人类学和民俗学界对葛兰言有所了解，跟他直接学习和交往过的，有杨堃先生。杨堃先生当时在巴黎留学，也在莫斯门下，与葛兰言有不少交往。[①]在1943年写下的《葛兰言研究导论》一文中，杨堃最后表露的感叹是：一个中国的社会学者，若不能利用中国旧有的史料，或对于中国的文化史没有一个清晰的概念，或更具体一点说，若不能仿效葛兰言，用社会学的方法去研究中国的文化史与中国的现代文化，那还能称作中国的社会学家么？[②]这一感叹，不仅对当时的中国社会学有针对性，对于站在今日中国社会科学立场来重新认识葛兰言的重要性，也有很大意义。

要理解葛兰言对古代中国礼仪的诠释，先要理解他的一般思想。

其一，在法国年鉴派社会学思想的影响下，葛兰言对于英国人类学家弗雷泽的宗教理论产生了严重反感。弗雷泽认为宗教产生于信仰，特别是原始万物有灵的信仰。原始人之所以认为万物有灵，是因为他们先有了“人的灵魂”的观念，再用死人的阴魂之存在去套自然界。不同于弗雷泽，葛兰言深受中国观念的影响。为了研究所谓“中国宗教”，他从农民信仰入手，得出的结论是，在中国农业先民中，的确出现了“人有灵魂”的信仰（祖先、鬼、神）。然而，农民信仰已是晚于“原始宗教”的东西。在农民社会的祖先、鬼、神观念出现之前，人们相信的又是什么呢？葛兰言的看法是，那是混沌的大自然。从“原始宗教”的自然主义，葛兰言推导出宗教的另一种研究方法，即对神圣地方（如山水）的研究，在这个基础上，他考察了古代中国的宇宙观，接触了对中国人生活有深刻影响的阴阳五行之说。

其二，葛兰言的社会学方法虽是从年鉴派社会学那里延伸出来的，但由于他跟年鉴派史学有密切互动，因此他的社会学已不同于年鉴派社会学，而是更综合。以我的理解，葛兰言的社会学方法是由两个因素组成的。一方面，他相信，

---

① 杨堃：《葛兰言研究导论》，见其《社会学与民俗学》，107—142页。

② 同上，141页。

史前神话思想世界经由文明早期的文人梳理、提炼、改造，会变成一种对于政治创新起到关键作用的“心态”。比如，《诗经》就包含了许多从神话思想世界提炼出来的“心声”。另一方面，从神话引申出来的“心态”作为一种历史的观念，是打开通往文明后期发展历史大门的一把钥匙，其中的主题决定了像中国这样一个文明后期历史的发展。换句话说，要理解一种文明，就先要理解它的上古史。以神话思想为历史诠释基础，是葛兰言的历史社会学（或人类学）的特征。为了理解上古史，葛兰言的历史研究，一直集中于上古的酋邦与城市。

其三，在葛兰言的历史叙事中，可以看到，后来人类学关注的分化式整合方式极端重要。在论述裂变式政治制度时，葛兰言联想的主要线索是“封建”，这可以说是有国家社会中的裂变形态。葛兰言早期在北京写过一篇宣言式文章，宣称自己是个“社会主义者”。他所谓的“社会主义”不同于我们的理解，更恰当地说，他是个封建式的社会主义者。所谓“封建式的社会主义者”，不注重在实质权力基础上创造国家，而主张以社会的符号体系来创设“符号性的政体”，以此来维持“分权式的统一”。

葛兰言宗教观上的自然主义、历史观上的神话主义及政治观上的“封建式社会主义”，固然可能都与当时欧洲的统一与分裂之辩有密切关系，但其基本观念的来源，却是古代中国的“宗教”思想。

出版于1922年的《中国人的宗教》初步概述了葛兰言对于所谓“中国人的宗教”的看法。该书包含农民宗教、封建宗教、官方宗教、宗教复兴、近代中国的宗教情感诸章，这个章节安排的次序表露出葛兰言对于“中国人的宗教”衍生进程的历史理解。在他看来，从对原始的大自然生命力的信仰引申出来的农民信仰，是中国宗教的早期。在这个基础上，发达于上古城市的贵族宗教产生了。接着，基于城市的封建宗教之主要内涵，士大夫（特别是儒家）为“官方宗教”做了扎实的理论铺垫，使秦汉时期的礼制和国家崇拜成为可能。在《中国人的宗教》一书出版前3年，也就是在中国的“五四运动”发生的1919年，葛兰言发表了《古代中国的节庆与歌谣》[①]。在该书中，葛兰言阐述了他对于“中国人的宗教”缘于生命观念（于我看，包含人情与人性）的看法。对葛兰言来说：

> 中国古代节庆是最大的集会，它们标志着社会生活的季节节奏步调。它们是与短暂时期相对应的，在这些时期里，人们聚集在一起，社会生活也变得如

① 葛兰言：《古代中国的节庆与歌谣》，赵丙祥、张宏明译，桂林：广西师范大学出版社，2005。

此热烈。这些短暂时期与漫长时期相互交替，在这些漫长时期中人们分散生活，社会生活实际上也处于停滞状态。[①]

也就是说社会只有在节庆这些短暂时期中才可能，在其他时期，人们相互分散，不成社会，节庆提供了社会之“成为社会”的可能。

听起来，葛兰言的这一说，极接近涂尔干对于神圣与世俗生活截然两分的看法。然而，在这个公共与私人生活两分的解释框架里，却隐含着一种不同于涂尔干的《宗教生活的基本形式》的论点[②]。在葛兰言的论述中，神俗之分是不重要的，他笔下所谓节庆的“短暂时期”与日常生活的“漫长时期”，都是生活。他想要集中表达的观点无非是，节庆活动的公共性是社会成为社会的方式。而这个方式的基础是什么？葛兰言的精彩之处在于他对中国文化的深度理解。从古代中国节庆的分析中，他告诉我们，“所有的生活都是从两个性别集团的对立活动、密切结合的活动中产生的”，“性别集团将世界分成两个部分，并在明确的时间里结合起来”。[③]对他而言，两性在古代集会上的对立与结合，就是社会，而这个意义上的社会，也是“中国式的宗教”，它为帝制时期的宇宙论（特别是阴阳说）奠定了基础。

葛兰言以性别集团之间的分与合来诠释上古中国的社会性，无疑为结构人类学奠定了观念基础。不过，对我而言更重要的是，这个“性结合主义”的看法，也诠释了中国礼仪理论的“人情”与“人性”观念。“人情”的原型，恰生发于葛兰言笔下节庆期间两性的混融造成的“热烈的社会生活”；作为“人性”原型的“生”，也与他所说的这个交融有密切关系。此时，葛兰言成为西方的荀子。荀子说过，“天地合而万物生，阴阳接而变化起”，《古代中国的节庆与歌谣》也在这一基点上理解礼仪。

四、交错的历史、现代性与被压迫的传统

自然主义、神话主义及“封建式社会主义”的葛兰言理论，留着古代中国文化理想的深刻印记，与神圣主义、历史主义及民族国家主义的近代欧洲社会理论

---

① 葛兰言：《古代中国的节庆与歌谣》，195 页，赵丙祥、张宏明译，桂林：广西师范大学出版社，2005。

② 涂尔干：《宗教生活的基本形式》。

③ 葛兰言：《古代中国的节庆与歌谣》，199 页。

形成了鲜明的对比。他在分析中国人的信仰与象征行为时运用“中国人的宗教”一词，恐怕是出于不得已。他从古代中国的“礼仪人性论”延伸出来的对于社会构成方式的探索，当属西方神圣论支配下的社会学的一个“中国式另类”。

在《古代中国的节庆与歌谣》一书中，葛兰言从乡野生灵看礼仪之根；他的这一对礼仪的历史解释，有特定的针对性。19 世纪末，在中国东南沿海进行过长达 8 年调查的高龙（J. J. M. de Groot）举出大量经验资料表明，他在乡村观察到的仪式活动，均为上古经典在民间的遗存。[①] 葛兰言一反高龙的观点，主张在乡野间发现上古经典的社会基础。到底是上古的乡野“小传统”决定了王侯、官府、士大夫的“官方宗教”的内涵，还是“官方宗教”的礼仪书写决定了乡野“小传统”的内涵，这是葛兰言与高龙之争的焦点。关于礼仪的根源问题，葛兰言所做的解释显然比较接近可知的上古时代社会进程的面貌。从经典论述看，礼仪这东西确像是由王侯与士大夫创制的。然而，古人创制礼仪制度时，不能毫无根据，而他们的根据，甚可能如葛兰言所说，来自“城外”。不可否认，一旦礼仪成为“官方宗教”（实指与政权紧密结合的儒家礼仪观念），其对于继承了礼仪的乡野基础的民间，也会有强大影响力。基于乡野基础的“官方宗教”，凌驾于其“安身立命”的文化基础之上，企图涵盖或排斥它，这是古代中国历史的常态。

关于上古以来节庆的变动，葛兰言说：

> 随着王侯权力的崛起，虽然春季竞赛的角色已经逐渐为其他方式取代了，但它们仍然作为民间习俗保留下来。通过赋予自然界和人类以秩序，控制季节性工作和两性关系，王侯所拥有的双重调整能力，官方的山川祭祀和政府的法令，继续执行着这些古老节庆的诸多功能。伴随着人们关于节庆之最初功能的知识的消失，人们对源于节庆的规则的尊崇，也就自然消失了。尤其是在混乱时期，乡村节庆很可能退化为放荡和性放纵。因此，乡村节庆如今是在遭人鄙薄的气氛中举行的，而在本土学者看来，它们也成为混乱状态的明证，但人们早已忘却了一个事实，那就是，它们的最初目的是为了巩固社会的结合。[②]

这里，葛兰言观察到几个方面的线索：

---

① Maurice Freedman, *The Study of Chinese Society: Essays by Maurice Freedman*, Stanford: Stanford University Press, 1979, pp.231–372.

② 葛兰言:《古代中国的节庆与歌谣》，181 页。

1.“官方宗教”崛起于贵族对于乡间社会生活方式的改造。

2. 改造后的节庆，成为礼仪，在“官方”这个局部替代了节庆，但古代节庆作为一种社会生活方式，却始终延续存在于民间社会中。

3. 即使是凌驾于民间社会之上的“官方宗教”，其象征与政治统治手法，仍可以理解为节庆式的。

4. 在历史上的“混乱”时期，乡村节庆易于演变为不符合“官方宗教”礼仪规范的异类活动，然而，这些活动仍旧是社会性的。

5. 近代中国学者鄙薄和排斥乡村节庆，一方面是因为他们深深了解节庆富有的社会生命力，另一方面是因为他们忘却了这个生命力本来是有益于中国人的社会纽带之巩固的。①

主张“封建式社会主义”的葛兰言，在中国人的异乡发表了他对于古代中国礼仪秩序的看法。他强调礼教的基础在民间，强调乡村仪式活动的社会生命力，不是没有所指。20世纪以来，“新鲜事物拜物教”在“本土学者”当中崛起，替代历史上大、小传统，成为新的“大传统”。作为“封建式社会主义者”，葛兰言的观点更像革命思潮涌现之前的晚清立宪派。19世纪的最后10年，康有为、梁启超、黄遵宪等，在回答中国传统到底有无“解放力量”的问题时，诉诸“封建”，认为这种古老的制度有利于保护地方社会的自治，在它的基础上，能造就一个“公”的社会，以约束专制，解放社会自身的活力，使中国强大起来。②这种重“封建”社会活力的话语，直到20世纪20年代之前，仍然有其影响力。不能忘记，即使是在辛亥革命之后的1915年和1916年，康有为也还曾想借助袁世凯和宪法会的力量，在新民国宪法中立孔教为国教（该条款亦为宪法会接受，但迅疾遭到多数知识分子的反对）。然而，如杜赞奇所言：“（19与20）世纪之交曾昙花一现的‘封建’叙述结构的渐进主义话语很快即被干涉性极强的国家所消灭。扩张的国家机器在现代化的过程中排斥、消灭了自治的社会创造性。”③从一个角度看，这个话语转变是可以理解的，因为，也如杜赞奇所言，那时的

① 据杨堃先生所讲，葛兰言将中国历史分为“原始时代”“封建时代”“帝国时代”，对应于传说时代、本文献时代、历史时代。他完成的主要研究，在于前两个时代，相当于上古时期，见杨堃：《葛兰言研究导论》，见其《社会学与民俗学》，123页。而在我看来，在上古史的研究植入社会学观点，使中国上古史研究服务于社会理论的营造，是葛兰言学术的精彩之处。

② 杜赞奇：《从民族国家拯救历史》，王宪明译，138—167页，北京：社会科学文献出版社，2003。

③ 如杜赞奇所承认的，现代话语转变的矛盾后果是，当时，“它［国家］也未能实现现代化社会的目标，因为它没有颁发动员起一个生机勃勃的社会的能量和资源。”见杜赞奇：《从民族国家拯救历史》，162页。

中国的确“缺少了一个强大的国家来为市民社会提供法律保障，才促成了排斥地方社会创造性的后果”[①]。然而，20世纪初期，知识分子对于强大的国家机器的过度信任，更能解释“封建”话语的式微。在当时的左、右两派知识分子看来，以礼为中心的孔教是古代专制主义中国的统治方式，应与君主制一同被废除。人们时常把“进步思想”归功于左翼文学家鲁迅之类的新文人。左、右两派知识分子之间的争端是有目共睹的，但他们在对待历史时表露出的“新鲜事物拜物教”态度，实在惊人的一致。甚至连以“平和”出名的胡适（1891—1962）后来在评论康有为等的努力时也说，恢复礼教，是“与反动的君主运动连在一起的”。[②]

葛兰言的杰作，发表于1919年，其时，“吃人的礼教”一说，在他所说的“本土学者”当中流传。“五四运动”既然是“爱国民主运动”，那么，作为“帝国主义国家”的族人，葛兰言其时匆匆逃离北平，原因便易于理解了。可是，他那对历史事件不加表述的《古代中国的节庆与歌谣》，是一种学究式的观念表达，还是含有对“本土学者”的新式“大传统”的批判？问题则不易回答。然而，葛兰言从礼仪的兴发史，论述古代中国大、小传统的共同基础，这一点却必定是有深远意义的。

怎样真切地看待礼仪？在近代“本土学者”看来，无论是葛兰言，还是后来的拉德克利夫－布朗等结构－功能主义者，无论是解释学派，还是20世纪上半叶的李安宅、费孝通、钱穆，都必定犯有一个严重错误：对于礼仪这个概念中隐藏的“阶级社会”模式轻描淡写，甚至如同荀子一样，毫无“阶级意识”。

近代“本土学者”之所以认为“礼教吃人”，恰是因为“阶级不平等”是其存在的基础。作为“官方宗教”，礼仪的确是阶级性的。不用扯远，再回到荀子的《礼论篇》：

> 礼者，以财物为用，以贵贱为文，以多少为异……

这不正是说，对于古代中国的“治人”之人，礼是以财富和身份贵贱来区分阶级的手段吗？对于接受了平等主义思想的“本土学者”而言，这句话已构成充分证据表明，礼仪乃是古代贵族欺世盗名的方法。若是我们的思想如此简单，那么，我们必定会立刻抓住人类学家们的“小辫子”，说他们是“反动派”或“学

---

① 杜赞奇：《从民族国家拯救历史》，王宪明译，138—167页，

② 胡适：《中国的文艺复兴》，75页，长沙：湖南人民出版社，1998［1933］。

术罪犯”。然而，诸如葛兰言之类的人类学家不求甚解，并非没有理由。他们没有多读《荀子》，他们若是都如同拉德克利夫–布朗那样集中于《荀子》，那他绝对有可能引荀子接着说的一段话来反驳“阶级理论”。对荀子不能断章取义，要读其前后文。他的那段文字，其实是这样的：

> 礼者，以财物为用，以贵贱为文，以多少为异，以隆杀为要。文理繁，情用省，是礼之隆也。文理省，情用繁，是礼之杀也。文理情用相为内外表墨，并行而杂，是礼之中流也。故君子上致其隆，下尽其杀，而中处其中。步骤驰骋厉骛不外是矣。是君子之坛宇宫廷也。人有是，士君子也；外是，民也；于是其中焉，方皇周挟，曲得其次序，是圣人也。故厚者，礼之积也；大者，礼之广也；高者，礼之隆也；明者，礼之尽也。诗曰：“礼仪卒度，笑语卒获。”此之谓也。

对于荀子而言，“故君子上致其隆，下尽其杀，而中处其中”，意思是说，礼仪制度崇尚的是适中，而非明显的“阶级差异”，“阶级差异”是需要的，但过分就违背了社会生活的原则。换句话说，荀子如同涂尔干，他要寻找的不是别的，而是差异之上社会生活的共同基础。荀子似乎特别了解人欲可能给礼仪带来的问题，于是，他也有接近于“文质彬彬”的说法。他说，“性者，本始材朴也；伪者，文理隆盛也。无性则伪之无所加，无伪则性不能自美。性伪合，然后成圣人之名，一天下之功于是就也。”这就是说，要成为彬彬有礼的圣人，既不能太质朴，也不能文过饰非，而要在人性与“美丽的伪装”之间寻找中间点。礼仪作为人性与“伪装”（文明）的结合点，既不排斥“赤裸裸的阶级差异”，又不主张这就是礼仪存在的宗旨。

近代中国新士大夫之所以谴责或鄙视礼仪，原因是他们反对“阶级”，可是，“阶级”一词背后，还有别的。他们认为礼仪这种古代事物，像压在等待拯救的中国人身上的约束。“本土学者”从痛恨列强，到20世纪初期崇拜列强的价值观，经过了一个观念大转变。本为礼仪等级主义者的士大夫，此时已将国内的不平等视作中国积弱的原因，又将国际的不平等归因于这个国内的不平等导致的积弱。他们开始痛恨等级制度。

所有的心态都有其存在的背景，而背景也可以说是理由。

可是，不能不指出，近代中国知识分子的观念大转变将我们引向一个自相矛盾的处境：一方面，自由与平等成为我们追求的目标，及借以批判历史的概念工具；另一方面，我们也清楚，越是追求自由与平等，这些东西似乎就离我们越远。①

理想与现实的错位导致一个思想问题，这就是，我们总是把本来并非是为了约束人而设的东西看成约束，把本来并非毫无理由的约束看成枷锁。在这个心态下，对于礼仪，我们采取了接近于心理分析学家弗洛伊德的观点，认定包括礼仪在内的所有形式的文明，都是对于“我”的压抑。②

礼仪有它的历史。在礼仪之变中，理想固然常常无法实现。有时，帝王与士大夫注重“阶级差异”，主张“礼不下庶人”，明白地以己身的地位来压抑其他人的地位；有时，他们又“文过饰非”，主张“阶级差异”被彻底消除，社会结合才成为可能。

“阶级主义”的礼仪，与“文过饰非”的礼仪，这两种选择在历史上轮回。而葛兰言所说的“官方宗教”，也并非一成不变。以朝代周期来看礼仪的变动史，可知在先秦“三礼”（《周礼》《仪礼》《礼记》）奠定了礼仪的制度思想之后，秦汉时期时而礼法合一，时而侧重礼治的“虚伪性”。魏晋南北朝及隋唐时期，礼仪制度经过分立国的分别发挥，在统一时期得到综合，吉、嘉、军、宾、凶“五礼”，无论在理论上，还是制度的完善上，都变得更成熟。③宋元明清时期，一方面，宋建立的“义理”之说开创了这个时期的新综合（“官方宗教”与“民间宗教”的综合），并且有深远影响，另一方面，君权没有恒常地把握在华夏人手中，辽、金、蒙古、满等族相继“入主中原”，为“因俗而治”“向慕中华”而制作官方礼仪。北方游牧民族及海外“诸番”的双重压力，又使宋明儒学不得不考虑文化认同与接近国族方式的社会－道德制度的营造。元、清时期侧重借助礼仪拓展帝制在天下的涵盖面，出现恢复秦汉礼法的努力。

从历史的大势来看，宋明理学是“礼不下庶人”阶段与“礼下庶人”阶段的分水岭。若是我们将葛兰言的“官方宗教”等同于“大传统”，将他的“乡村节庆”等同于“小传统”，那么，对于礼仪的文野之别，我们可以得出一个历史时间性方面的认识。在理学出现之前，大、小传统分立，界线分明；在理学出现之

---

① “新鲜事物拜物教”还使人错误地认为，包括礼仪在内的仪式会随着现代社会的到来而消失。其实不然，对于现代社会中仪式的政治性的研究表明，大量的象征存在于现代政治中，其存在目的在于“使人们更易于相信某些观念就是真实”，现代社会的仪式，同样是一种带有权力意味的“社会剧场”，见 David Kertzer, *Ritual, Politics and Power*, New York, 1988。

② 王铭铭：《历史与文明社会》，载《社会学家茶座》，2006（16）。

③ 杨国刚：《中国礼仪制度研究》，89—250 页，上海：华东师范大学出版社，2001。

后，二者相互渗透，界线相对模糊。同等重要的是，在不同的历史阶段，“官方宗教”与“乡村节庆”也处于不断相互矛盾和吸收的过程中，即存在“自下而上”和“自上而下”的符号流动方式。①

现代性已成为一种新的“大传统”，在它面前，以前的大、小传统都可以被漠视、抛弃以至破坏，只剩下现代性完整的自我；这个完整的自我拒绝互动，它原子般“自在”。

这一历史观太绝对。中国式的社会理论，要建立于历史的理解之上，而历史的理解对于这一绝对的历史观之反思，至为关键。

关于礼仪，我说过，我更关心到底这类所谓“本土概念”，能否成为具有世界意义的概念。因而，从聚焦于礼仪理论的人类学，得出对于中国式现代性的反思，不是我们的最终目的。跳跃于古今之间，我试图寻找的是现今不同于往昔的方面，试图从比较中得出的理解是一种基于历史对于社会理论的启示。在此过程中，无论是国人的论著，还是“胡人”的言说，无论是今人的评注，还是古人的历史，都围绕着一个学术性的讨论展开，各自发出光芒，在一个新的价值平台上，意义重生。“仪式”“宗教”“礼仪”这三个概念，成为我们比较的“关键词”，而在这三个概念背后隐藏的“社会”一词，则是我们的关怀。要得出一种基于历史经验的社会理论（而非基于当下政治的社会理论），如同任何带有世界关怀的努力，必定需要跨文化的比较。对我而言，在本来也具有相对性的欧洲经验成为世界经验的时代里，比较中国与欧洲，是一个更易于把握的切入法。

我于是试探着：在古代中国的“礼”论与如今被奉为西方圣贤的诺贝特·埃利亚斯之间，是否有可比之处？

五、埃利亚斯、“civilité”与“礼”

埃利亚斯生于1897年，1990年逝世，是一位沉默而有见识的社会学家。他出生于德国，纳粹上台后，流亡国外，在英国度过了下半生。在其代表作《文明的进程》中，埃利亚斯勾勒出了一个接近于礼仪化的“文明进程”，研究了欧洲上层阶级如何从中世纪脱离出来，造就近代文明形态的过程，并通过生活方式的细微变化，指出礼仪变革乃是欧洲近代社会化进程的实质内涵。

① 王铭铭：《走在乡土上——历史人类学札记》，14—20页，北京：中国人民大学出版社，2006。

埃利亚斯论述的欧洲近代文明进程，自20世纪以来已渐渐“全球化”，这不免也影响到了近代中国的文化思想。建立新道德，排斥旧道德，可以说是这一影响的反映。可是，埃利亚斯的精彩之处恰在于，他指出，被我们理解为纯粹“物质主义”的社会变迁，其实质内容无非是礼仪主义的。我们借“物质主义”建立新道德，借平等主义来破坏旧道德，实在都是为了建立一种新的“心态主义”与新的等级主义。如果说，礼仪主义也能解释现代中国，那么，中国现代主义思想对于礼仪的批判，实在只能说是毫无根据的。唯一可能替我们代罪的，是一个比较，即现代“礼仪”完全不同于古代礼仪，新社会完全不同于旧社会。可是，事实是这样的吗？请允许我再度跳跃于古今之间，拿埃利亚斯与荀子来说事儿。

埃利亚斯喜欢法国文化，因为他认为，这个文化在近代出现了缜密的礼仪观念。所谓礼仪，即英文的“civility”或法文的“civilité”。在欧洲，严格意义上的礼仪文明是近代的产物。欧洲中世纪的“自我”带有一定的文明色彩，但实际还不严密；欧洲人的自我形象是靠基督教徒与异教徒（包括东正教和希腊人）之间的辨别而建立的，自我与他人的两分，使自我中心主义的基督徒把自己的信仰当成唯一正确的。到了埃利亚斯关心的时代，也就是到了16世纪的时候，骑士社会和统一的天主教会解体，近代文明出现。在法国，骑士曾以暴力为地位象征，天主教会曾唯我独尊。到了16世纪，这两类自我认同方式发生了改变。伊拉斯谟于1530年写了一本叫作《儿童礼仪》的书，告诉人们怎样培养文雅的孩子，这本书主要集中于谈身体的得体和不得体，分章节谈身体的文化、圣地的举止、舞会、会议、娱乐、卧室礼仪，等等。如同古代中国的种种礼论，这类书牵涉的主要是活人的“表演”。拿这些东西来与中国古代的《礼记》比较，可以发现《礼记》更为博大，因为其中不仅谈了活人的身体，而且谈了死人的身体，不仅谈了凡人，也谈了种种阶级的区分、事件的区分。不过，这里要关注的不是《礼记》，而是欧洲宫廷社会的出现。在法国路易十四时，宫廷利用、巩固、扩大了礼仪机制。如同荀子所说，礼仪是为了满足人的地位象征需要而设的，所以时常会导致矛盾。在法国宫廷里，礼仪的矛盾很严重，这使人们感到需要创造一种和平相处的社会状态，既允许人们在礼仪方面争夺地位，又形成一种“公约”，使人们在争夺象征地位时，彬彬有礼，不至于陷入骑士般的血斗。有了礼仪这个概念，个体便尽量克制，无论何时都尽量表现其优雅。文雅的举止，控制了人的暴力倾向，使人更理性。埃利亚斯的“礼仪”包含的意思大概就是这些。在一些著作中，他不断强调以礼仪为中心的法国社会（这种社会是由宫廷文化延伸而来的），与德国以“文化”为中心的民族不同；认定法国模式是现代化的、文雅的，德国模式保留了原始血斗的因素，是相对传统的、不文雅的（当然，他不敢如我这样直说），也因此，德国导致了两次世界大战。①

法国宫廷社会的“civilité”与中国古代的“礼仪”可以等同吗？显然不能。但当人们以中文翻译那个法文词，用的还是“礼仪”；而反过来，当新儒家试图翻译古代中国的“礼仪”概念时，也不得已找到了“civility”。二者能否对译？这里有一个问题，翻译本身只能抵达意义的表层，如果要达到深层，就会发现种种差异成为翻译的障碍。这些“障碍”并非没有意义，它们至少能使我们在探究历史时，更清晰地明了差异。

那么，“civilité”和中国的“礼”究竟有何异同？

中国的礼仪与法国的“civilité”发生于两个时间上相去甚远的年代，一个在上古，一个在近代。然而，二者之间的形成机制，有值得重视的相似性。二者都在信仰之外寻求秩序生成的原理。在法国，“civilité”发生于天主教会之外，脱离于这个以神为中心、唯我独尊的信仰，成为世俗生活的道德。在中国，严格意义上的礼仪，兴起于周代，是对于商文明天帝宗教式信仰的一种扭转。须承认，商的占卜－祭祀，与周的祭祀－人事之间是有延续性的。但是，转型有其结构性，其实质是从神对人的“交换”模式中分化出来，形成结合人神交换与人人交换的综合制度。②

1933 年，以英文“翻译”中国文化的胡适说：

> “礼”，本义为祭祀时所用的牺牲，后来引申为典礼、仪式、良好的习惯、行为准则。这些习惯和准则统称为“礼”，内容十分庞杂，包括家庭关系、宗族

---

① 诺贝特·埃利亚斯:《论文明、权力与知识》，刘佳林译，南京：南京大学出版社，2005。

② 张光直先生借助结构－象征人类学来分析商文明，基于考古发现的物品构思出上古中国文明的特征，参见张光直:《商文明》，沈阳：辽宁教育出版社，2002。他的著作因聚焦于商而无法充分展示礼仪制度与西周这个朝代的特殊关系。20 多年前，我关注过中国猫头鹰的形象史。猫头鹰的形象，集中出现于商文明，到了周代，它就渐渐消失了。在商代，酒器上的猫头鹰很神圣，表现出这个民族有一种崇尚理性的品质，其至上神（帝）的观念也极强烈，祭祀的地位极高。相比之下，在反映周人生活的《诗经》里，猫头鹰被当作一种负面的形象出现。这个变化出现的背景是什么？与礼仪的实质有关：严格说来，周代才开始试图建立以伦理为本位的社会。周代实行分封，这有点接近“联邦制”，诸侯独立性相当大，他们在各自境内处理与其他族群及阶层的关系，形成各自的“国”。周天子需要一套非常有智慧的文化制度，否则，无法促成“和而不同”，于是，礼仪就成了它的政治制度的核心。《诗经》对于神圣的猫头鹰的谴责，反映了周代的伦理－礼仪中心主义。要建立一种道德，就需要找到罪过的化身。周代找到了妇女，而且将之与猫头鹰相联系。换句话说，从商周朝代之族性与信仰世界内涵的转变来理解礼仪对于“华夏”的重要性，更贴近我所理解的历史。

关系、社会关系、宗教崇拜（比如祖先崇拜、丧葬等）的准则或规则。[①]

《说文》中对“礼”字的解释是：“礼，履也，所以事神致福也。”也就是说，礼就是用有规则的行为来对神表示崇敬，祈求其保佑。事神就是服务于神，就是给他献上东西；致福呢？就是祈求神给我们保佑。后来一般对“礼”的解释说，“礼”既是“履”，即一种行为，又是行为的准则。其实《说文》已保留了双重意义的“礼”。礼的早期解释注重祭祀或人事与神佑的交换，是在互惠人性论的原始意义基础上延伸出来的。自周开始，“礼”有了重要的意义转变，从人神的等级化交换中，周人衍生出一种以人为中心的社会理论。在“礼崩乐坏”之后，“礼”这个理论转入儒家，中庸这个层次得到强调。儒家的“行仁”既有平等交换的一面，又有等级交换的一面，同时注重相互性与阶级性，重视人与人之间的差序与尊卑。《礼记》中的《中庸》一篇说：“为政在人，取人以身，修身以道，修道以仁。仁者人也，亲亲为大；义者宜也，尊贤为大；亲亲之杀，尊贤之等，礼所生也。”意思是说，达到“仁”的层次，礼仪的社会化作用才实现了最高目的，而要实现这个目的，尊敬我们周边的他人，特别是对亲属、圣贤的尊敬，是最重要的事。“礼”这个字，也时常被解释为“天理”，而“天理”其实等同于宇宙观造就的秩序，也时常被解释为政治的核心制度。

严格说来，“礼”之起源，与周代的制度有更密切的关系。诚如王国维所言：

> 周人制度之大异于商者，一曰“立子立嫡”之制，由是而生宗法及丧服之制，并由是而有封建子弟之制，君天子臣诸侯之制；二曰庙数之制；三曰同姓不婚之制。此数者，皆周之所以纲纪天下。其旨则在纳上下于道德，而合天子、诸侯、卿、大夫、士、庶民以成一道德之团体。周公制作之本意实在于此。[②]

中国的礼仪与法国的“civilité”都反对将人当作基督教意义上的面对“绝对他者”的个体，而将人社会化为有特定等级身份的团体，再将之“嵌入”一个作为整体的文明秩序中。二者都不注重神圣性的中法礼仪的不同时期，都承认人性中“争”的一面，并注重运用这一“争”字来营造一个一体性的等级秩序。

诚然，承认中国和欧洲礼仪衍生机制和内在社会逻辑的相通，不是要否认差异。首先，中国的礼仪与法国的“civilité”的概念的形成方式（conceptualization）

---

① 胡适：《中国的文艺复兴》，216页。

② 王国维：《殷周制度论》，见陈其泰等编：《20世纪中国礼学研究论集》，289页，北京：学苑出版社，1998［1921］。

有所不同。在形成礼仪观念时，古代中国人与近代法国人都注重人身的外观，要“修身以道，修道以仁”。然而，古代中国人的礼仪要求人“衣冠楚楚”，可没有像欧洲人那样相信，衣冠之下必是禽兽。我们没有绝对的“恶”的观念。而埃利亚斯的书一直在比较善恶，将法国与德国置于一个文明与野蛮的比较框架中，认定前者是压抑“本我”的成功范例，后者则相反，文明没有控制住野蛮的侵略性，这又导致战争。

此外，在埃利亚斯笔下的欧洲，“civilité”发生于国王的权力和教会的权力密切结合的时代，不同的欧洲王国，都争着设立区分于罗马教廷的“国教”，这个“国教”后来转变为欧洲民族国家的基础。中国礼仪形成之时，考虑得更多的是“封建”对于统一的重要性。因而，西周礼仪中的一大部分内容是，在一个大范围的天下中，解决武士的社会地位问题；不是致力于消灭武士，而是使他们得到自己的地盘，再将他们纳入礼仪的关系体系中。法国的“civilité”缘起于“分”，中国礼仪也缘起于“分”，但这两种“分”有所不同，前者是政权与宗教的分，后者则是在政权与文化之下实现的有限程度的“分”。法国的“civilité”与近代主权（sovereignty）观念的形成，没有直接关系。但法国宫廷社会之所以能“移风易俗”，恰是因为当时它已获得了一定的独立主权，并企图培养自己的抽象社会价值，来营造一个国家的形象。而西周情况很不同。西周“礼”的概念套住了有可能分离在外的精英团体，通过“德”这个概念来臣服这些团体，形成一种象征的等级制度。法国人“civilité”的“修身”，止于“治国”，而古代中国的礼仪，则要求人们修身、治国、平天下。这种理想固然不是那么容易实现的，其建立起的“世界秩序”，时常夹杂着内外、夏夷、高低等文化中心主义的因素①。到了东周，“治国”更开始成为政治宗旨的一种可能。可是，随着帝制的兴起，礼仪的“平天下”宗旨，再度成为正统。

在法国的“civilité”中，似乎有一种追求人对于礼仪的平等接受权的意图。这个平等接受权，来源于宗教的“众生平等”，是“civilité”未能全然摆脱宗教约束的表现。而在中国礼仪中，作为信仰体系的宗教，没有独立的机构，“天人合一”是由天子与士大夫把握的。在这个国度里，等级制度充分光大，整体主义的人论，长期延续其影响。

比较是为了说事儿。从古代中国的礼仪与近代法国的“civilité”的比较中，

---

① 杨联陞：《国史探微》，1—13页，北京：新星出版社，2005［1982］。

我们发现，近代欧洲文明进程中，若以法国“civilité”模式为优，则此模式与古代中国之礼仪制度，并无根本隔阂；二者之不同，无非在于法国模式以欧式君主制与主权国家为涵盖面，而古代中国礼仪制度的理想模式，在于为天下秩序创造超越国家的泛礼仪制度。法国模式在世界欧化的过程中，成为其他国家的文明进程模式，中国亦莫能外。礼仪欧化的结果是，一个本来有着同样（若非更超然）的制度传统的国度，舍己求他，将历史的传统与现代归结为外在之新与内在之旧，而忽略一个基本事实，即新旧二者均为对于社会存在方式的道德界说。

新的社会存在方式的道德界说，既借助了法国“civilité”模式，又纳入近代欧洲启蒙哲学的功利主义、个体主义、历史目的论诸因素，使本也是礼仪制度的近代文明，戴上了理性、民主、科学的面具，节奏性地举行驱除历史“幽魂”的仪式（这类仪式多数被套上经济或政治的衣帽），自身却无法脱离国家历史目的论对思想的支配。社会理论中“社会”的空间界说，彻底等同于“国家”的空间界说，即使这一界说具有了世界性的影响，也主要依赖其国家化的力量。

近代中国舍弃古代礼仪，既等于接受“civilité”，又等于将一个比近代欧洲模式更宏大的模式套到了国族这个“小瓶子”里。而与此同时，中国基本维持了其古代疆域的完整性与民族多样性。在这样一个矛盾的状态中进行礼仪模式的选择，本为一件难度极大的事情。然而，近代中国的终结表现为中国人的“舍近求远”心态，这一心态确接近于人类学的“他者”观念，然而，作为一种现代性的政治，这种心态扭曲了历史，使我们对于社会生活的理解出现了空前的失误。终于，我们以欧洲式近代国家文明进程中的“civilité”来套变换无穷的古代天下，并将之视为古代天下之美好未来的历史目的性。[①] 在这一状况下，没有中国式社会理论，只有欧洲式社会理论的“中国脚注”。要建立中国式社会理论，回归于历史，在诸如礼仪等古代观念中获得可供我们重新认识世界的线索，变得如此重要。

---

① 王铭铭:《西学“中国化”的历史困境》，桂林：广西师范大学出版社，2005。

第二十八章

“中间圈”——民族的人类学研究与文明史

1996年，费孝通先生在《简述我的民族研究经历与思考》一文中回顾了民族研究，行文中他暗示，民族研究存在不少问题。显然是为了解决问题，在文章的后一部分，费先生述及其前辈人类学家史禄国（Sergei M. Shirokogoroff, 1887/1889—1939）先生有关ethnos的理论：

> Ethnos在史老师的看法里是一个形成ethnic unit的过程。Ethnic unit是人们组成群体的单位，其成员具有相似的文化，说相同的语言，相信是出于同一祖先，在心理上有同属一个群体的意识，而且实行内婚。从这个定义来看ethnic unit可说是相当于我们所说的“民族”。但是ethnos是一个形成民族的过程，一个个民族只是这个历史过程在一定时间空间的场合里呈现的一种人们的共同体。史老师研究的对象是这过程本身，我至今没有找到一个恰当的汉文翻译。Ethnos是一个形成民族的过程，也可以说正是我想从“多元一体”的动态中去认识中国大地上几千年来，一代代的人们聚合和分散形成各个民族的历史。能不能说我在这篇文章里所写的正是史老师用来启发我的这个难于翻译的ethnos呢？[①]

费先生将自己的“多元一体格局”理论归功于史禄国，他说：

> 如果我联系了史老师的ethnos论来看我这篇《多元一体论》，就可以看出我这个学生对老师的理论并没有学到家。我只从中国境内各民族在历史上的分合处着眼，粗枝大叶地勾画出了一个前后变化的轮廓，一张简易的示意草图，并没深入史老师在ethnos理论中指出的在这分合历史过程中各个民族单位是怎

① 费孝通：《简述我的民族研究经历和思考》，见其《论人类学与文化自觉》，165页，北京：华夏出版社，2004。

样分、怎样合和为什么分、为什么合的道理。[①]

他接着说：

> 现在重读史老师的著作发觉这是由于我并没有抓住他在ethnos论中提出的，一直在民族单位中起作用的凝聚力和离心力的概念。更没有注意到从民族单位之间相互冲击的场合中发生和引起的有关单位本身的变化。这些变化事实上就表现为民族的兴衰存亡和分裂融合的历史。[②]

一如费先生指出的，史禄国的ethnos含有两层意思，一是民族形成的心态过程，二是民族形成的历史过程。[③]ethnos本有“民族心理素质”或“文化认同”的意思，但史禄国将之与“民族单位”形成和变化的历史过程相联系，认为二者是相互关联的。对于我们理解民族问题，史禄国的这一说，的确颇有裨益。

费先生后来提出的“多元一体”思想，的确与史禄国ethnos之说有某些关联。然而，将自己提出的“中华民族多元一体格局”思想，轻描淡写成在其笼罩之下的“一张简易的示意草图”，费先生似又淡化了自己想法的独到性。他这样做不只是谦逊，而是想借助史禄国ethnos理论表明，对于民族研究之整体问题，他有看法。[④]他承认，自己没有细致研究史禄国ethnos隐含的上述两个过程，尤其是没有重视族际“冲击”引起的民族认同单位本身的变化，没有重视变化如何表现为“民族的兴衰存亡和分裂融合的历史”。若说这些都是民族研究的缺憾，那它们也绝对不只是费先生一个人的。费先生在文中给人一种“承认错误”的印象，并非是为了就此了结，而是别有他图。

半个多世纪以来，中国的民族学家沉浸于“以今论古”，难以使民族研究“政学分开”（我的理解）。在这个大背景下，活生生的“民族单位”之生成、交融、变化过程，退让于固定化、政治化的民族分类。[⑤]

费先生在其晚年之所以还要将民族研究与他的人类学导师之一史禄国先生有关ethnos的理论相联系，是因为他期待着更学术化的观点能随之出现。

---

① 费孝通：《简述我的民族研究经历和思考》，见其《论人类学与文化自觉》，166页。

② 同上。

③ 史禄国有关ethnos的论述：S. M. Shirokogoroff, *Ethnos*, Beijing: Qinghua University, 1934; *Psycho Mental Complex of the Tungus*, London: Kegan Paul Trench &Trubner Co., Ltd., 1935。

④ 费先生“中华民族多元一体格局”的思想，不是没有争议（有人认为这一思想过于强调“多元”，有人认为它过于强调“一体”），但就国内民族学界的总体情况看，对于“多元一体”，认可和接受还是主要的。

⑤ 参见马戎：《民族社会学》，603—640页，北京：北京大学出版社，2004。

该文是在《中华民族的多元一体格局》[①]一文发表多年之后写成的。读这篇新作，我的感触良多。费先生在此处表达了一个期待，即民族研究应引入社会科学的因素，以接近于人类学“文化”概念的ethnos，来重新思考民族研究，为民族研究与人类学的结合开辟道路。这对我这个以人类学为业的晚辈来说，无疑是一个激励。

在国家学科分类中，民族学后面有个括号，里面注着“即文化人类学”几个字。从知识的分类体制角度看，民族学与人类学可以等同看待。既然如此，像费先生那样，将人类学与民族研究这两个词汇列在一起，便让人感到奇怪了。人们会问：人类学不等于民族学吗？民族学不等于民族研究吗？怎么需要将人类学和民族学分开来谈？用民族学不就行了吗？[②]无论是人类学，还是民族学，都是西学，其学科名称在“中国化”的过程中出现交错，本非不正常。然而，费先生的思索不可能没有它的理由。因交错而形成的学科分类常识，本非不可置疑。费先生在他的文章中，没有明确指出学科分类的政治性问题。但是，可以想见，人类学与民族研究两个名称背后代表的一些东西，都曾深深影响过他。这些东西在过去几十年中发生了一些费先生这代人亲身经历和创造的变化，这些变化使得两个概念所代表的知识体系产生了一定差异。目睹差异的形成过程，费先生不能不思绪万千。

费先生以隐晦的语言表明，在民族研究（或民族学）发达的那些年代里，学者们所采用的知识体系，无法满足我们从学术上理解和诠释历史的需要。他引入史禄国的ethnos，为的是给民族研究做学术化的铺垫。

受费先生的这一启发，此处，我拟在人类学与民族研究之间寻找相互启迪的关系。我将首先触及人类学与民族学两种学科名称观念力量的“消长史”，接着围绕二者之间学术关系的演变铺陈个人的有关看法。论述中，我将接续费先生有关“多元一体”思想及他对“民族单位”形成与变异史的论述。不过，鉴于费先生尚未从疏离于政策的角度反观民族研究，也尚未直接从国家制度演变史的角度考察近代“民族格局”的生成过程，我将不拘泥于他给我们留下的学术遗产，而进一步使民族研究与自己所认识的国家与社会关系研究、社会整体论及文明理论联系

---

① 费孝通:《中华民族的多元一体格局》，见其《论人类学与文化自觉》，121—151页。

② 民族研究一般指多学科的问题性综合研究，而民族学则属于学科，二者之间界线不甚分明。本文在涉及这两个名称时，也针对具体情况，将之交错互用。

起来，在我所关注的人类学研究的核心、中间、外围三圈格局中[①]，阐述民族研究的人类学方式，并基于此，思考民族研究在社会科学中的定位与潜在贡献。

一、学科名称之力量消长

20世纪20年代，先于费先生，第一批留学归国的知识分子，参照西方各国的不同情况介绍西学。无论是民族学，还是人类学，都与那个时代的这一知识重建运动有关。说到民族学与人类学，我们便会想到蔡元培的《说民族学》一文。在这篇介绍性文章中，蔡元培提到民族学与人类学的区分。对于两门学科的区分，蔡元培的看法是，人类学以动物学的眼光来研究人类，而民族学则注重民族文化的异同。[②]他也承认，到他写那篇文章时，西方已出现人类学包括民族学的趋势。但他还是坚持认为，以人类学来代指研究人类体质的学问，以民族学来代指研究民族文化的学问。

是什么原因导致蔡元培提出这个今日看来已过时的观点？该文写于蔡元培留德归国之后。其时，被英美叫作“人类学”的东西，在德国叫作“民族学”。蔡元培对于人类学与民族学的关系有这样的看法，无疑与他留学德国的经历有密切关系。

20世纪前半期，不少中国学者的观点不同于蔡元培，他们倾向于用人类学这个词汇，与民族学三个字保持距离，不将人类学定义为后来所说的“体质人类学”，也反对将人类学区分于研究“民族文化”的民族学。[③]民族学与人类学两个称呼之所以并存，是因为当时不同的学者引进了不同国家的人类学传统。

20世纪前半期，中国人类学分不同流派，那些流派之所以能形成，固然有前辈学者的努力，但也受到西方不同国家人类学传统的影响。

无论人类学还是民族学，都是西学，引进它们的人，多数曾有留学海外的经历。大致说来，留学欧陆的学者，更易倾向于民族学这个称呼，留学英美等“海洋国家”的人，更易倾向于人类学这个称呼。不是说欧陆与英美历史上没有人类学与民族学并存。其实，在历史上，这两个所谓“姐妹学科”在研究领域的界定

---

① 王铭铭：《所谓“天下”，所谓“世界观”》，见其《没有后门的教室》，127—140页，北京：中国人民大学出版社，2006。

② 蔡元培：《蔡元培选集》，下卷，1118页，杭州：浙江教育出版社，1993。

③ 如林惠祥先生认为，在欧洲大陆，民族学等于文化人类学。他说，民族学一名在英美也存在，但其意义与欧洲大陆无别，与文化人类学可通用，见林惠祥：《文化人类学》，9页，北京：商务印书馆，1991。

方面，在西方各国都出现过交错和混淆，兴许只是到了第一次世界大战之后，民族学归欧陆、人类学归英美的大体局面才出现。

中国的人类学，与西方诸国不同的学术传统相联系，在20—40年代之间形成了自己的区域传统，形成了以“中央研究院”为中心的“南派”、以燕京大学为中心的“北派”及以华西大学为中心的“华西派”。三派可谓“三足鼎立”，基础大致可以说就是欧陆派、英美（当时主流的伦敦经济学院与芝加哥大学）派及美国派，三派各自以民族学、人类学（社会人类学）及文化人类学为核心学科概念。

1949年以前，学科称呼有这样的地区空间上的划分，也有时间上的流变。比如，抗战以前，民族学、社会人类学、文化人类学多元并存。到了抗战期间，出现了微妙变化，当时国家中心被迫西移，直接面对着西部的各种非现代的社会政治形态，边疆问题得到了更深刻的认识，民族学这个称呼就占据了主流地位。1945年以后，这个局面又产生了变化。“二战”以后，英美派的学术制度和知识体系得到了“全球化”；在中国，情况也不例外，学界更多接受英美派，于是，人类学这个称呼大行其道，声名远超民族学。

王建民已比较全面地梳理了国内外人类学与民族学名称的关系变迁史[①]，这里我要做一些补充：1949年以前，人类学与民族学这两个概念并存；学科的地区传统分立，又随时间的流动出现各自的变化。学科内部的区分和历史变迁，与国际状况息息相关，其时的中国人类学或中国民族学，已具有高度的国际性。

到了1949年之后，中国人类学地区传统的国际化情况出现了重大变化。对于当时的学术大环境，费先生如此描绘：

> 为实现民族平等，我们必须建立新的制度。在政治体制上我们要有一个有各族代表共同参加的最高权力机关，即人民代表大会。但是在开国初期我们还不清楚中国究竟有多少民族，它们叫什么名称和各有多少人口。
>
> 为了摸清楚有关各民族的基本情况，建立不久的中央人民政府于1950年到1952年间派出了若干“中央访问团”分别到各大行政区去遍访各地的少数民族（汉族以外的民族因为人口都较少所以普通称作少数民族），除了宣传民族平等的基本政策外，中央访问团的任务就是要亲自拜访各地的少数民族，摸清楚它的民族名称（包括自称和他称）、人数、语言和简单的历史，以及他们在文化

---

① 王建民：《论中国背景下人类学与民族学的关系》，载王铭铭主编：《中国人类学评论》，第1辑，55—69页，北京：世界图书出版公司，2007。

上的特点（包括风俗习惯）。[①]

最初，人类学与费先生上述的民族研究不被看成是矛盾的。费先生本人便说，“由于我本人学过人类学，所以政府派我参加中央访问团。对我来说，这是个千载难逢的机会，首先是我在政治上积极拥护民族平等的根本政策，愿意为此出力，同时我觉得采用直接访问的方法去了解各民族情况，就是我素来提倡的社区研究。”[②]然而，1952年以后，情况又出现了变化，王建民指出，“随着思想改造、院系调整以及其后的许多大规模政治运动，中国大陆对许多学科，特别是民族学、人类学这样的社会科学或者人文学科进行了重新定义”。[③]在苏联体系的影响下，中国学者对民族学的定位由社会科学变为历史科学。自1957年“反右”斗争之后，不少老一辈社会学家、人类学家、民族学家被错划为“右派分子”，社会学、人类学这些英美词汇停用，民族学这个名称，也渐渐失去其存在根基。“在20世纪60年代初受到更严厉的批判之后，自50年代就已经开始出现的‘民族研究’成为一个以中国少数民族为主要研究对象的包容更广泛的替代词。“文化大革命”中，民族学受到了更严厉的批判，老一代民族学家甚至遭到严重的人身迫害，一些极左的人试图不仅从学科形式上，而且从肉体上消灭民族学学科。”[④]恰是在这个大背景下，中国才产生了“民族研究”这样一个说法，与此同时，民族理论、民族问题研究也成为新的正统。[⑤]

当下的人类学与民族学，产生自一种具有时代特色的“时空倒逆”。中国人类学与中国民族学学科在过去30年来的重建分别归功于南方与北方；南方的中山大学和厦门大学促成了人类学的重建，北方的中央民族大学与中国社会科学院民族研究所促成了民族学的重建。若将时间往前推几十年，民族学应当算是以其时的“中央研究院”为中心的“南派”之所为，而人类学，则与“北派”和“华西”有关。过去25年来，南北的新区分，又是怎么回事？为什么此时的“南派”兴致勃勃地推动人类学，而“北派”则坚持要做民族学？可能的解释是这样：到了抗战期间，中国社会科学家都到西部去了，各学科都从事边政问题研

① 费孝通：《简述我的民族研究经历和思考》，见其《论人类学与文化自觉》，154页。

② 同上。

③ 王建民：《论中国背景下人类学与民族学的关系》，载王铭铭主编：《中国人类学评论》，第1辑，65页。

④ 同上。

⑤ 仔细分析便会发现，此后汉族的社会学与人类学研究，当时都被禁止，学者只被允许研究少数民族。这相当值得研究。

究，边政学成为中国社会学、人类学、民族学的主流，从而为1949年以后的民族研究奠定了良好基础，使得民族学能吸纳其他学科，成为一门综合学问。① 另外，上面提到的抗战胜利后英美派的知识体系在国民政府学科分类中建立的支配地位，也改造了当时的“中央研究院”，使之从民族学转入文化人类学。边政学到民族研究这一脉，支撑了过去25年来的民族学；而民族学到文化人类学这一脉，支撑了过去25年来的人类学。②

不能将人类学与民族学之间差异的形成完全归结于过去；除了上述因素，这里所说的差异，还与留学海外的年轻人类学者有关。

像我这样的所谓“海归”，是较早在西方学习人类学的一批人。当时，我们在国外，百分之七八十都在外国老师的要求下进行汉族社区研究。洋老师的建议，有充分理由。他们说，在我们开始研究之前的30年里，中国政府禁止汉族农村调查，只允许进行所谓的“典型调查”，为树典型、搞运动服务。这就使中国汉族农村成为知识的空白。若是我们进行汉族农村的社区研究，必定能对知识增长有贡献。另外，导师们说，我们若是能转向汉人社区研究，就可能改造中国人类学和民族学只研究少数民族社会形态史的坏习惯。洋老师们曾说，真正的人类学，完全不同于国内理解的民族问题研究。怎样在中国基础上重新缔造新的人类学？他们的建议是，借鉴费孝通、林耀华、许烺光、田汝康等1949年以前做的汉族社区“微观社会学研究”，结合新近人类学理论与方法，以东南沿海为起点，创造新的中国乡村社区叙事。③

出国留学的人类学研究者，固然不全研究汉族，他们中也有不少是以研究少数民族为主的。不过，过去10多年来，留学生的汉族社区研究出现了一批新成果，引起了海内外学术界的重视，同时，国内农村地区社区调查得到复兴，也产出广受瞩目的成果。④ 海内外汉族社区研究的成果多是在人类学而非民族学名义下发表的，它们造成了一个人类学“取胜”的景象，冲击过去在民族学名义下展开的研究，使两个称呼代表的历史遗产之间出现了某种程度的矛盾关系。

然而，人类学与民族学围绕着做不做汉族农村研究延伸出来的差异，在过

---

① 王建民:《中国民族学史》，上卷，215—256页，昆明：云南教育出版社，1997。

② 在北方工作的老一辈，主要是先从民族学入手参与学科重建的，而在南方工作的老一辈，则有恢复战后“中研院”文化人类学的热情期待。

③ 这点不无矛盾。20世纪50—80年代间，英国人类学家弗里德曼和利奇早已从不同角度批判了中国研究中的“微观社会学”。详见王铭铭:《社会人类学与中国研究》，9—22页。

④ 王铭铭:《走在乡土上——历史人类学札记》，1—33页，北京：中国人民大学出版社，2006［2003］。

去15年中渐渐地弱化了。20年前，海内外中国民族研究的经费都是奇缺的，当时多数海外资助流向汉族农村研究。20年来，这个局面产生了重大变化。在西方，族群问题再度受到学者的关注，它对于世界格局的影响，重新被承认。政府和基金会投入这方面问题研究的经费大幅度增加。这一情况影响了所谓“汉学人类学”，使一些本来只从事汉族研究的西方学者转向中国少数民族，指导大量学生研究中国的西部。与此同时，国内民族问题也重新引起关注，流向民族问题研究的经费也多了起来。“中西合璧”，给民族学创造了新的拓展机会，一度穷困的民族学，在海内外经费的“双重灌输”下，又红火了起来。由是，人类学与民族研究，在关系越来越密切的同时，差异也越来越大。在这个情景下，人们关注到：以人类学为名的形形色色的民族研究，布满了整个“中国人类学界”，而其研究包含的人类学色彩，却不见得是在增多。

二、人类学民族研究定位何在？

人类学与民族学的关系错综复杂。在不同的阶段，两门学科为了获取资源，与不同机构形成了不同关系，在具体研究中，形成各自特色。

怎样在理解“民族研究”历史的基础上，在人类学领域内给它一个学术定位？请允许我从个人的体会说起。

我个人是从事人类学研究的，硕士研究生期间，我学过一点中国民族史，但对于民族研究，我可能是个外行。我研究的起点是东南地区的城乡，1999年以后，我才开始在少数民族地区走动。对于我认识的人类学，我有矛盾心态。一方面，不满足于汉族社区调查，我质疑东南模式的一些理论，以为中国人类学只有实现东部与西部的结合，才算完整，倘若局限于汉族社区，那么，这种人类学只能算是局部或片面的。另一方面，这些年对民族研究的接触，又使我感到，倘若民族研究与东部的汉族研究毫无关联，相互没有对话，那么，也很难说是什么合格的学术研究。时下的民族学与其他门类的社会科学之间，关系日益淡漠，对话日益减少，自身可能正在渐渐丧失其学术基础。在这种情况下，对人类学与民族学进行联想，其关怀还是学术重建。我斗胆以自己相对熟悉的人类学为本位，来思考民族研究的定位问题。

民族研究是什么样的人类学？这种人类学要具备充分的学术品格，又该如何定位自身？我深知，提出诸如此类的问题，可能招致怀疑。而我亦深知，不探讨这些问题，知识的前途将渐渐暗淡。

2004年我在中央民族大学民族学与社会学学院举办讲座时，提到我设想的中国人类学“三圈说”，初步表露了以上心境。[①]在我看来，中国人类学唯有基于传统，给自己一种世界性的空间定位，才可能真正实现其学科的建立。我反对民族中心主义，但与此同时却坚持认为，任何国家的学术都应以自身的历史经验为基础，有自身的思想出发点。[②]以中国历史上的“世界观”来看今日的人类学，我们可以说自己拥有一个世界，这个世界由核心圈、中间圈及外圈组成。从中国人类学角度看，核心圈就是我们研究的汉族农村和民间文化，这个圈子自古以来与中央实现了再分配式的交往，其“教化”程度较高。核心圈的人类学研究，已有80多年的历史，在海内外，积累了丰硕的成果。“中间圈”就是我们今天所谓的少数民族地区，这个地带中的人，居住方式错综复杂，不是单一民族的，因人口流动，自古也与作为核心圈的东部汉人杂居与交融。这个圈子的人类学研究，也有了很长的历史及丰硕的成果。这个圈子，与我们今日所说的“西部”基本一致，但也可以说是环绕着核心圈呈现出来的格局，在东部，一样有自己的地位。比如，闽、粤、浙等省交界处的畲族，生活在宏观意义上的“沿海地区”，他们跨省居住，历来在汉族地区行政制度的空隙间求生存。所以说，“中间圈”大致来说与所谓“西部”相重叠，但不能简单地将二者等同看待；其生活方式变异幅度相当大，从诸如上述的畲族，经过诸如“藏彝走廊”上的结合型[③]，到华夏向来没有彻底融合的长城外面的“草原民族”。[④]从历史时间看，“中间圈”不是一成不变的，但近代国家疆界确立之后，居住在这一圈里的主要人群，便被称为“少数民族”了。“少数民族”这个称呼，是50年前才有的，是晚近的发明。古代则不一定如此称呼“中间圈”，这个圈子与“外圈”结合着，有时是内外的界限，有时属于外，有时是内外的过渡。至于这个圈子与核心圈的交往，自古也十分频繁，中国有几个重要的朝代，也是所谓“中间圈”的部落势力创建的。大体说，1956年以前，“核心圈”对“中间圈”实行的，不过是间接统治，元、明出现过行政管理直接化的努力，但没有实现其目的。可以认为，“核心圈”与“中间圈”的差异，恰在于地方行政是否实现了直接化，而这个标准，又与两圈

① 王铭铭:《所谓“天下”，所谓“世界观”》，见其《没有后门的教室》，127—140页。
② 王铭铭:《西学“中国化”的历史困境》，桂林：广西师范大学出版社，2005。
③ 费孝通:《中华民族的多元一体格局》，见其《论人类学与文化自觉》，142—145页。
④ 拉铁摩尔:《中国的亚洲内陆边疆》，唐晓峰译，南京：江苏人民出版社，2005。

“教化”程度的差异有关。中国人类学研究过的第三圈就是所谓“外国”，这类人类学研究，可以称为“中国的海外人类学”。

“三圈说”的想法，受到了中国民族史研究的某些启发。对于中国民族史的启发，费先生早已给予概述：

> ……中国的特点，就是事实上少数民族是离不开汉族的。如果撇开汉族，以任何少数民族为中心来编写它的历史很难周全。困惑我的问题，在编写“民族简史”时成了执笔的人的难题。因之在60年代初期有许多学者提出了要着重研究“民族关系”的倡议。着重“民族关系”当然泛指一个民族和其他民族接触和影响而言，但对我国的少数民族来说主要是和汉族的关系。这个倡议反映了历史研究不宜从一个个民族为单位入手。着重写民族关系固然是对当时编写各民族史时的一种有益的倡议，用以补救分族写志的缺点，但并没有解决我思想上的困惑。①

费先生提到的避免“分族写志”的做法，是基于历史上各民族之间相互接触之关系而形成的。基于中国古代“世界秩序”的理想，“三圈说”将这个接触关系拓展到海外。它如能成立，则我们也可以设想，在中国人类学里谈民族研究，必定也是在谈三圈之间的关系——或者甚至可以说，我们的研究，无非是这些关系在言论方面的反映。

在空间上的三个圈子中分别进行的人类学研究，相互之间应有更多对话。②就国内的研究而言，主要在东部进行的汉族社区研究，对于少数民族“中间圈”的研究，该有什么启示？其与“中间圈”长期存在的文化类型和社会形态的研究，又如何对话？问题都有待探讨。我以为，汉族与少数民族的研究，要实现有意义的学术对话，就要拓展各自的视野，基于对“核心圈”与“中间圈”之间关系的研究提炼出来的民族关系史、文化交流史、政治制度史的观念，来理解中国的“世界秩序”这个大背景。在此基础上，“民族研究”要在人类学中建立恰当的地位，务必考虑自身在中国人类学的“世界观”中可能建立的学术地位。在思考如何确立自身地位时，无论是研究“核心圈”，还是研究“中间圈”，我们要考虑的问题，亦不应局限于区分，而应注重相互之间的分合过程（这个过程确与史禄国所说的ethnos有一定关系，但充满着文化势力不平等的因素）。

---

① 费孝通：《简述我的民族研究的经历和思考》，见其《论人类学与文化自觉》，162页。

② 王铭铭：《所谓“天下”，所谓“世界观”》，见其《没有后门的教室》，127—140页。

三、从核心圈到中间圈

为了对以上问题加以思考，我将先从自己相对熟悉的“核心圈”研究说起。在这个圈子里进行的人类学研究，认识方式出现过哪些转移？这些转移对于我们的研究方式产生了什么影响？这些转移和影响，对于民族研究又会有什么启发？

近代早期“核心圈”研究是建立在现代化理论基础之上的，人类学家从事乡土中国的研究，多数曾致力于在农村地区寻找不同于资本主义的经济方式，接着，以地方性的叙述为手法，表露对这一不同于资本主义的经济方式变成后者的过程的预测。费孝通先生所做的一些社区调查，其基调大体便可以说是如此。[①]这样的研究在20世纪50—70年代不再被允许，不过，取而代之的观念形态，与这一现代化基调，实在没有太大不同。

延续于20世纪多数阶段的现代化论调，到了世纪末才得到反思。在过去的十几年中，中国社会科学界出现了一种具有反思性的叙述框架。尽管寻找农村经济与资本主义经济之间的时间距离仍为多数学者的所作所为，但学界也出现了促成中国农村研究巨大变化的一些新人。这个变化是什么？我以为，就是从只关注吴文藻等人引领下的应用农村研究转向了学理化的国家与社会关系之探讨，转向直面强大国家之下农村命运的学术化研究。

我自己所做的溪村研究，可以说是这个转变的一个小局部。[②]我的研究是在当代的“核心圈”展开的。不过，这个“核心圈”在先秦时期至多只能算是“中间圈”，生活在那里的“闽越人”，是当地的原住民。这个古代的“中间圈”演变为“核心圈”的历史，发生在费孝通先生所说的“汉族的南向发展”过程中。[③]东南沿海的“核心化”，以汉族的南向移民为起点，以这个地区的资源开发和行政介入为基础，最晚到南宋时期，已彻底实现了。我们不得不同意拉铁摩尔（Owen Lattimore，1900—1989）的看法，将这个广大的后发“核心区”，当作与长城之外的“草原民族”相对照的例子。这个“核心区”，虽在地理上不处于中原，但在经济和文化上，早已成为华夏的中心。在这个地带研究人类学，对其丰富的文化内涵，必定要给予关注。我的研究不同于以前的乡村经济研究，更注重存留于民间的文化形式。而我拒绝简单地用近代文明去套旧文化。在研究

---

① 王铭铭:《从江村到禄村：青年费孝通的“心史”》，载《书城》，2007（1）。

② 王铭铭:《溪村家族》，贵阳，贵州人民出版社，2004。

③ 费孝通:《中华民族的多元一体格局》，见其《论人类学与文化自觉》，138—141页。

中我看到，对于所谓“非/前资本主义经济”的人类学研究，犯了一个忽视民间文化包含的丰富历史内涵和公共生活（或学术意义上的“社会”）的错误。我以为，从乡村与国家之间关系的研究中，人类学家应关注“二元对立化”的格局背后，有一种被忽视的公共生活，有一套被忽视的历史关系。这一公共生活和历史关系，还没有得到充分的论述和定义，但不能说没有受到充分关注。

对于“南方核心区”的文化，除了人类学，历史学的分析贡献也是巨大的。华南等地区的社会史研究者，基于明清史研究，提出了一种历史学与人类学相结合的思路。这一思路，受海外的影响，也特别重视民间文化的研究，比如，华南汉族村庄里仍然在被表演的仪式、被重建的祠堂、被重写的族谱，等等。这种尊重传统与当地文化成就的历史学，与人类学异曲同工，其成就与我所说的公共生活有密切关系。另外，华南的社会史研究者从另外一个角度解释了社会科学关注的国家与社会关系，这个贡献也不可小视。以细致入微的分析与描述为特点，村庄的人类学与社会史研究造就了一种风尚，影响了文艺学研究，使后者开始关注民间仪式。我以为，从乡村经济的研究转向乡村文化的研究，是人类学“核心圈”研究近年来出现的一个重要转变。与这个转变相关联，法人类学对于“习惯法”和“成文法”“礼”与“法”之间关系的探讨，使我们有机会回到与费孝通同代的瞿同祖的法律社会学研究中去，找到新的结合点。①

民族地区的人类学研究情况又如何？于我看，其中产生的新变化同等巨大；我甚至敢说，民族研究在过去十多年里的变化，远比我刚才说的“核心圈”激进。首先，十多年来，在民族地区展开的人类学研究中，民族志的定义发生了巨大变化。变化是悄悄发生的，结果是，民族志之所指，从一个官方（国务院）承认的民族的整体社会形态的历史叙述，转向了如同汉族社区调查时所指的东西，更多指对于一个小范围的时空单位进行的人文描述。过去民族志均指学者对于某民族的整体研究，而时下的民族志，则指对于某村进行的研究。其次，“全球化”话语迅速传播。在国外研究中国东部地区的人类学家中，接受“全球化”概念的人已不少，但国内对于这一地带展开的人类学研究，多数集中于上述所论之社区公共生活。相比而言，在“中间圈”（如西部少数民族地区）展开的人类学研究，在缺乏扎实的地方性研究的情况下，居然大量出现了“全球化”的叙述，甚至可以说，“全球化”话语已在“中间圈”的人类学研究中占据了支配地位。

---

① 王铭铭：《25年来的中国人类学研究》，载王铭铭主编：《中国人类学评论》，第1辑，11—20页。

"全球化"话语分为两种类型，一种是生态学的类型，一种是旅游学的类型，二者经常紧密结合，"生态旅游村"，便是一种典型的结合方式。[①]再次，出现了海外中国人类学的西进与族群理论的兴起。如上所述，80年代西方海外人类学依旧主要关注汉族研究，而90年代以来，情况发生了根本变化。过去逼学生去研究汉族农村的专家们不再坚持己见了，相反，他们积极地逼着学生转向中国西部。在国内学者对于"民族"概念的讨论产生厌烦之感后不久，"族群"这个也不是十分妥帖的新名词被广泛地运用于"中间圈"，人类学家动不动就谈"族群"，给人一个印象，似乎这个新概念是灵丹妙药。其实，它与旧的概念一样，是对某种难以形容的东西的概括。对这个新概念的简单套用，使不少"中间圈"的人类学研究失去了经验关怀，而沉迷于话语理论的重复论证。[②]

在"中间圈"出现的以上变化，本身构成一种新民族学。这种新民族学在方法论上的不同之处主要在于更强调经验资料的搜集；在思想上，众多新的研究也颇有建树，其主要创新在于使民族研究不再沉浸于政策话语的论证，而转向对于村庄、族群等"研究单位"与外部政治、经济、文化力量形成的关系之"客位"研究。

然而，以上三个方面的学术研究都不是没有问题的，比如，新民族志研究对于历史中的超地方过程之忽视，"全球化"研究对于历史上的文化互动及介于本土与海外的强大国家力量的忽视，族群理论对于历史上的所谓"地方政权"的缺乏考虑及其所受到的民族国家理论的约束，等等，这些都是问题。然而，这些研究所带来的学术情景之变，为我们重新思考中国人类学做了重要铺垫，使我们有可能基于学术自主的立场，重新思考"中间圈"的历史。

"核心圈"与"中间圈"、东部与西部的人类学研究，关系走得越来越近了，两个地区之研究在过去十多年来获得的成就，共同推进我们对于20世纪国家与社会关系展开自主的研究，并且，也共同论证我们从文化的角度来看待这一关系的可能性。在这方面，新一代西方中国人类学家对于中国少数民族地区的研究，贡献巨大。就西南民族而言，郝瑞主编的 *Cultural Encounters in China's Ethnic Frontier*[③]收入了不少精彩作品，而就我的理解，美国人类学家沙因（Louisa

① 人类学家对于中国西部所谓"族群问题"的研究，多是在文化研究还没有做好的情况下进行的。这个时代，关注历史的人有之，但继承20世纪上半期及50年代中国民族史传统的却极少。

② 有关近期民族学的变迁，见杨圣敏：《中国民族学的现状与展望》，载王铭铭主编：《中国人类学评论》，第1辑，21—38页。

③ Steven Harrell, ed., *Cultural Encounters in China's Ethnic Frontier*, University of Washington Press, 1994.

Schein）的 *Minority Rules*[①]、利岑格（Ralph Lipzinger）的 *Other Chinas*[②] 及缪格勒（Eric Mueggler）的 *The Age of Wild Ghosts*[③] 等，都特别关注近代国家话语及新的“国家与社会关系”对于“族群认同”的影响。不是说“中间圈”研究如此一来就没问题了；在我看来，过度激进的“后现代化”，已使西部研究越过了一个本来十分重要的过渡阶段。中国人类学“核心圈”与“中间圈”要形成一种有意义的学术关系，的确需要“中间圈”实践参与观察法及带有“他者的眼光”的人类学。不过，因“中间圈”的研究长期带有政策性，且受到社会形态学的约束，故民族学实践的参与观察多数不以寻找“远方之见”为目的，反倒是服务于将远处（少数民族）变成近处（现代性）的运动。

人类学家在参与到少数民族生活当中去时，是不是也该把被研究的人与地当成“他者”的生活世界？是不是也该像我在《人类学是什么？》[④] 里所说的那样，以获得“他者”的观念为己任？我以为，答案是肯定的。倘若民族研究不采取这样的态度和观点，那么其成为人类学的可能性就减少了。人类学的中国民族研究须经历的这个“他者化”历程，是其成为社会科学的前提。对于社会科学，民族研究所能做的贡献是为其提供充分的文化启示。人类学家研究民族地区时，只有把少数民族的生活和传统当真，把他们看成自己文化的“他者”，努力深入其中，理解其宇宙观和生活实践，才可能称得上是人类学的民族研究。

然而，“他者”的观念在民族研究中的运用，并非最终目的，在这个研究领域也存在一些需要处理的具体问题，比如，我们如何考察“核心圈”与“中心圈”的关系？这一关系不仅是民族研究长期关注的，而且也定位了民族研究自身，因此极其重要。在表现形态上，这一关系接近于王明珂在其《华夏边缘》[⑤] 中提出的“边缘”与“中心”表征互构论。不过，这一关系的实质，最好是结合施坚雅的区系理论来理解[⑥]，否则，便可能缺乏“核心圈”的视角。

施坚雅比较中心与边缘地区中国的市镇和政府的空间分布情况时提到，中国人在边缘不设州，而设道或厅。所谓道，所谓厅，就是帝制下中央政府控制

---

① Louisa Schein, *Minority Rules*, Durham: Duke University Press, 1999.

② Ralph Lipzinger, *Other Chinas*, Durham: Duke University Press, 2000.

③ Eric Mueggler, *The Age of Wild Ghosts*, Berkeley: University of California Press, 2001.

④ 王铭铭：《人类学是什么？》，北京：北京大学出版社，2002。

⑤ 王明珂：《华夏边缘》，北京：社会科学文献出版社，2006。

⑥ 施坚雅：《城市与地方行政层级》，见其主编：《中华帝国晚期的城市》，叶光庭等译，327—417 页，北京：中华书局，2000。

边缘（包括少数民族）的行政机构，它们与汉族地区的州县制度有着明显的差异，汉族地区州的商业程度要高出这些地区几倍，甚至几十倍。里社制度（古代中国的"基层政权"）可以是零，县以上的机构，军事含量高，行政和经济作用小。

这个理论固然有问题。其基础素材多来自汉族的"内部边缘"，施坚雅相信西方一个民族、一个国家的理论，而忽视了费孝通先生所说的"中华民族多元一体格局"①，更没有考虑到拉铁摩尔围绕长城边界的历史形成与演变而考察的帝制中国内外、"夷夏"关系的动力与局限。②

虽则如此，施坚雅的思考对于我们理解中心与边缘的关系，还是有颇多启发的。将之与费先生的"多元一体格局"理论联系起来，我们得出一个综合的模式："中华民族多元一体格局"下的中心与边缘关系，可以理解为中心高度发达的区位制度，与边缘相对松散的行政控制和严密的军事控制制度之间的差异。

我之所以采用更接近"多元一体格局"思想的"三圈说"，而对时下西方社会科学流行的中心－边缘之分有抵触情绪，是考虑到后者的"二元化"无以体现传统区域世界的多层次性。诚然，古代中国的世界体系，也是以内外来区分世界格局的，且如一般所言，中国的"世界秩序"中"二元化"的区分也是核心：中国是内的、大的、文化上高级的，蛮夷是外的、小的、文化上低级的。这一内外的对照，又与"化内"和"化外"之说相结合，具有再分配和文明化的双重性质，成为某种区分中心与边缘的"本土概念"。然而，一如杨联陞指出的，中国的"世界秩序"中区分内外的边界，与近代疆界之说既有重叠又有差异：

> 内外相对的用法，并不意味着中国和邻邦或藩属之间没有疆界。史书中有许多争论和解决疆界问题的例子。有一次汉帝（译按：汉元帝）曾提醒匈奴单于，边界不仅是为了防外患，也为了防止中国罪犯逃逾边界。当然，边界不必常是一条线，它可以是一块双方都不准占领和垦殖的地带，也可以是一块其居民同属两国的地带，或一个缓冲国……此外，还有一点须记住，文化的和政治的疆界无须一致。③

① 费孝通：《中华民族的多元一体格局》，见其《论人类学与文化自觉》，121—151页。

② 拉铁摩尔：《中国的亚洲内陆边疆》。

③ 杨联陞：《国史探微》，3页，北京：新星出版社，2005。

从一定意义上讲，我所说的“中间圈”，大致便是上述古代中国“世界秩序”的内外“疆界”。为了维持这个疆界，古代帝王进行绥靖和征战，并视自身力量之强弱，判断是否将羁縻政策运用于塞内或塞外。[①]作为羁縻政策的“延伸型”，元明时期的土司制度典型地体现了古代中国“世界秩序”中疆界的特征。这个制度基本运用于今日的西部民族地区。如老一辈人类学家凌纯声所言，土司制度，最终实为“部落而封建兼备之制”。[②]秦朝时，中国早已出现了接近于近代行政国家的郡县制。然而，不久，这一在废除封建基础上建立的行政国家制度，因种种原因需要考虑统治成本与文化疆界问题。自汉以后，便出现制度化的夷夏之分，对于夷夏内外，朝廷实行不同的制度，“凡隶郡县之民，尽为华夏，部落之众，多属蛮夷”。[③]唐宋以羁縻制度“俾夷自治”，到了元明，则创制土司这一“汉夷参治之法”。[④]

在“核心圈”的研究中，我看到，只有以“从天下到国族”的视野来看待“国家与社会”关系的演变，我们才能充分理解传统与现代。[⑤]近代化的历史，表现为国家力量的下延。[⑥]不同于近代，古代国家采取相对间接而松散的方式统治社会。近代有其“本土前身”，宋以后国家力量的强化就是这一“前身”。基于历史理解历史，我们看到，帝制中国向国族中国的演进分三个阶段：汉唐、宋元明清、近代。这个长时段的历史，有不可逆转之势，在其具体的衍生中时常又受到帝制中国天下主义传统的干预，出现过历史时间的倒逆。

这一历史在“核心圈”的研究中相对模糊，到了“中间圈”，就表现得更为明晰了。这个地带所谓的“国家与社会关系”，具体表现为“国家与少数民族的

---

① 杨联陞:《国史探微》，5—13页。此外，关于中国边疆，拉铁摩尔有比此更结构化的看法。他的解释是围绕着长城这条边界展开的。他说:“在讨论中国边疆的时候，我们必须分辨边疆（Frontier）与边界（Boundary）这两个名词。地图上所划的地理和历史的边界只代表一些地带——边疆——的边缘。长城本身是历代相传的一个伟大政治努力的表现，它要保持一个界线，以求明确地分别可以包括在中国‘天下’以内的土地和蛮夷之邦，但是事实上长城有许多不同的、交替变化的、附加的线路，这些变化可作为各个历史时期进退的标志来研究。这证明线的边界概念不能成为绝对的地理事实。政治上所认定的明确的边界，却被历史的起伏推广成一个广阔的边缘地带。”见拉铁摩尔:《中国的亚洲内陆边疆》，239页。

② 凌纯声:《中国边疆民族与环太平洋文化》，137页，台北：联经出版事业有限公司，1979。

③ 同上，91页。

④ 身处近代化时代的凌纯声，出于自愿或不得已，认为土司制度妨碍国家的政治统一，“不能使其继续存在，听其逍遥于政府法令之外”（同上，137页）。这个“表态”，充分显示出国族主义时代的政府与知识分子，对于“天下”时代的中间型政治制度及疆界的反感。

⑤ 王铭铭:《走在乡土上》，295—305页。

⑥ 同上，130—166页。

关系”。但当我们说“国家与少数民族”时，指的是今天的情况，指的是近代国家形成后，“少数民族”成为“少数民族”的情况。而过去的情况应以过去的历史来理解。

历史上诸如此类的关系是存在的，然而，它至少有三点不同于近代：

1. 历史上的“国家”不是中国政治文化的最高理想，“天下”才是，所以，尽管就中原的统治而言，“封建”早已被抛弃，但对于“中间圈”，历史上的“国家”对其的统治，长期保留一种“封建式制度”，允许其在社会、文化和经济诸方面有别于“多数民族”；

2. 历史上的“少数民族”因有相对独立的存在领域，因而相比于今天，更易于自认为是某个地带的“主人”；

3. 古代中国并非所有朝代都为“华夏”所统治，今日的“少数民族”不少曾为古代中国的“天下”或“局部天下”之主人。要理解古代中国“核心圈”与“中间圈”的关系，拉铁摩尔指出的从汉族与少数民族双重因素重新理解帝制中国的“朝代周期”的看法，极其重要。拉铁摩尔一方面承认诸如水利这样的大规模公共事业对于“核心圈”文化融合和进化的意义，另一方面强调，长城以外的草原民族作为“核心圈”发达的后果，对于“核心圈”的“朝代周期”的变动所可能起的关键作用。[①]

费先生《中华民族的多元一体格局》一文，以“局内人”所需要把握的微妙笔调概述了“中间圈”帝制遗产的历史与现代命运。他说：

> 中华民族成为一体的过程是逐步完成的。看来先是各地区分别有它的凝聚中心，而后各自形成了初级的统一体，比如在新石器时期的黄河中下游、长江中下游都有不同的文化区。这些文化区逐步融合，出现汉族的前身华夏的初级统一体。当时长城外牧区还是一个以匈奴为主的统一体，和华夏及后来的汉族相对峙。经过北方民族多次进入中原地区及中原地区的汉族向四方扩展，才逐渐汇合了长城内外的农牧两大统一体。又经过各民族流动、混杂、分合的过程，汉族形成了特大的核心，但还是主要聚居在平原和盆地等适宜发展农业的地区。同时，汉族通过屯垦移民和通商在各非汉民族地区形成了一个点线结合的网络，把东亚这一片土地上的各民族串联在一起，形成了中华民族自在的民族实体，并取得大一统的格局。这个自在的民族实体在共同抵抗西方列强的压力下形成了一个休戚

① 拉铁摩尔：《中国的亚洲内陆边疆》，341—354 页。

与共的自觉的民族实体。这个实体的格局是包含着多元的统一体，所以中华民族还包含着50多个民族。虽则中华民族和它所包含的50多个民族都称为“民族”，但在层次上是不同的。而且在现在所承认的50多个民族中，很多本身还各自包含更低一层次的“民族集团”。所以可以说在中华民族的统一体之中存在着多层次的多元格局，各个层次关系又存在着分分合合的动态和分而未裂、融而未合的多种情状。①

此处，如同拉铁摩尔，费先生对于汉以前族体的变幻，及帝制时期大一统格局中的中心与边缘关系，给予了充分关注。另外，他也承认，历史形成的“自在的民族实体”，是在“抵抗西方列强的压力”中，才形成的“一个休戚与共的自觉的民族实体”。他将“民族实体”与“自觉的民族实体”相区分，表明近代民族共同体不同于历史上的民族共同体。这些观点对于我们理解中国的民族，实在至为重要。

费先生观点的缺憾，兴许在于没有充分关注帝制与天下主义世界观对于族体形成的重要影响（固然，如拉铁摩尔所言，这一天下主义世界观，可能还是受到长城这条分辨精耕农业与草原生活方式的界线的局限）。他承认，他的一个主要论点是，“形成多元一体格局有个从分散的多元结合成一体的过程，在这过程中必须有一个起凝聚作用的核心。汉族就是多元基层中的一元，由于它发挥凝聚作用把多元结合成一体，这一体不再是汉族而成了中华民族，一个高层次认同的民族”。② 费先生对于“多元一体格局”中“一体”之形成的阐述，确是以近代华夏为中心的。然而，在表达了这个观点之后，费先生紧接着强调了另一个观点：“高层次的认同并不一定取代或排斥低层次的认同，不同层次可以并存不悖，甚至在不同层次的认同基础上可以各自发展原有的特点，形成多语言、多文化的整体。所以高层次的民族可说实质上是个既一体又多元的复合体，其间存在着相对立的内部矛盾，是差异的一致，通过消长变化以适应于变幻不息的内外条件，而获得这共同体的生存和发展。”③ 这一对民族形成的过程论述，自觉或不自觉地预示了以上对于从“天下”到“国族”历史进程的理解。④

---

① 费孝通：《中华民族的多元一体格局》，见其《论人类学与文化自觉》，149页。

② 费孝通：《简述我的民族研究的经历和思考》，见其《论人类学与文化自觉》，163页。

③ 同上。

④ 这一过程，深刻影响了近代以来中国民族政策。见松本真澄：《中国民族政策之研究》，鲁忠慧译，北京：民族出版社，2003。

以近代民族国家观念来理解历史与人类生活，是严重的错误。早在20世纪20年代，吴文藻先生已指出了这一点[①]，此后，中国进入国家建设的几个阶段，借助西方民族国家理论强化国家力量，亦促使学界忘却了吴先生早期的观点，实在遗憾。我不是说要拘泥于吴先生的论著，而是说像他那样回归于历史的努力，对于今日中国人类学的民族研究，意义极其重大；而从以上三点“古今差异”来看，在关于帝制、封建、民族，关于历史上的区域自治，关于朝代的族性变异诸方面，基于民族研究的中国人类学，都可能有很大作为。[②]

理解历史，不是为了忘却现实。在“中间圈”展开“国家与少数民族关系”的历史研究，一方面是为了理解历史本身，另一方面则是为了更好地把握20世纪以来人类学家关注的“现实面貌”。

当下“核心圈”的主要“现实面貌”与“土改”造成的变化有关，而在“中间圈”，这一面貌则直接与推行“土改”的“民主改革”有关。“土改”实质是什么呢？就是带着古老的“耕者有其田”的理想去否定“旧社会”的土地所有权，在否定“旧社会”所有权的基础上否定“旧社会”的制度（特别是不同形式的等级制）。[③]“旧社会”指的又是什么呢？在汉族地区，指的就是“封建土地所有制”。在少数民族地区呢？它所指更多，包括原始共产主义社会、奴隶制、农奴制、封建土地所有制等名堂。我在“核心圈”农村研究里看到的历史情况，在少数民族地区是不是也存在？“土改”在少数民族地区以“民主改革”的名义推行，在农耕地区碰到的问题比较少，到了游牧地区，就难办了。游牧地区的土

---

① 王铭铭：《西学“中国化”的历史困境》，72—102页。

② 从“天下”到“国族”这个解释，更多的启发来自社会学对于近代国族制度的世界性影响的论述。必须承认，这一解释，有待考虑中国国家制度早熟的问题。如汪晖所言：“近代中国的历史经常被描述为是连续的，可是里面其实有无数的断裂，但它的确在政治的中心形态里包含了稳定性，这就是它的早熟的国家制度。无论是汉朝还是唐朝，没有它的郡县制作为国家内核，我们就很难理解这些制度。今天很多朋友为了批评民族国家、批评西方，就倒过来说我们中国实际上是一个‘天下’、一个‘帝国’，这等于倒过来确认了西方的帝国－国家二元论，因为他们忽略了中国的国家制度的萌发和发达是非常古老的。”（汪晖：《如何诠释中国及其现代？》，载王铭铭主编：《中国人类学评论》，第1辑，106页。）

③ 如费先生所说：“中国是个多民族国家，民族间的关系十分复杂，但是几千年来基本上没有变的是民族间不平等的关系，不是这个民族压倒那个民族就是那个民族压倒这个民族。在这段历史里中国在政治上有过多次改朝换代，占统治地位的民族也变过多少次，但民族压迫民族的关系并没有改变。直到这个世纪的初年，封建王朝覆灭进入了民国时代，才开始由孙中山先生为代表推行了五族共和的主张。又经过了几乎半个世纪中华人民共和国建立后方出现各民族一律平等的事实，并在国家的宪法上做出了规定。”（费孝通：《简述我的民族研究的经历和思考》，见其《论人类学与文化自觉》，154页。）不久之后，50年代初期实现民族之间平等的努力，被实现民族内部社会制度平等的运动所取代，一时，中国民族研究出现了大量有关民族内部阶级不平等的论述，民族之间不平等的论述则大大减少。

地制度，完全不同于农耕地区。历史上，农耕“核心圈”与游牧“中间圈”的二元化历史结构，代表着两个极端，二者形成一个矛盾的统一体。一方面，“掌握中国政权的人最不希望与草原发生关系，而权力建立于边疆以外的人，却垂涎于从中国取得财富和在中国建立政权”[①]；另一方面，农耕社会的发展，又总是导致游牧的草原生活方式的定型化，使二者之间“依然是两个不同的世界”。[②]这个历史形成的区别，是“核心圈”与“中间圈”的区别的一个局部，也是一个缩影，到今天还起着作用。过去25年来，游牧地区以东部为模式，部分“分草地到户”，这是牧业出现了农作化，对草原生态造成破坏，可以说是“农耕中心主义”对于游牧社会的侵袭导致的。这样的问题，在50年前也广泛产生过。近代的新国家，以统一大众生活方式为己任，无论是“土改”“民改”，还是“农改”，都建立于整齐划一的民族国家理论基础之上。这些策略过分钟情于国族文化的一体化，而没有充分把握历史，没有在历史中理解历史，因此导致了一些值得反省的后果，使专注于“中间圈”的人类学之民族研究，有必要重新基于历史，反观今天，在相对多元的帝制时代的上下、内外关系中，寻找借以反思一元化的国族主义文化的素材。

四、民族研究、社会科学与文明史

民族研究和社会科学的关系似乎是不言自明的。民族研究是什么？人们会说，它是社会科学之一门。其实，问题没那么简单。民族研究的社会科学归属似乎不存在任何问题。但是，民族研究在社会科学里所处的尴尬位置，我们也有目共睹。时下人们谈论社会科学时，一般难以想起民族学。之所以如此，一方面是因为社会科学多数围绕着非民族地区的经济展开研究，另一方面则与民族学的自身惯性有关。民族学与其他社会科学的对话十分稀少，自身似乎已形成一个“独立王国”，与其他社会科学门类的对话，被视作无必要。民族学的强项是民族史，这的确值得珍惜，但民族学的过度历史化，已使学者们误以为，不将社会科学当真，也能从事民族学研究。[③]

① 拉铁摩尔:《中国的亚洲内陆边疆》，347页。

② 同上，351页。

③ 人类学家江应樑早已指出了民族史所用的文献存在内容简略记录不全备、分散残缺、民族偏见、异文同词、真实性、时间局限性等问题。在承认文献的重要性之同时，他指出，民族史研究应与注重实地研究的人类学相互补充，见江应樑:《人类学与论民族史研究的结合》，载《思想战线》，1983（2）。

民族学者形成了一种习惯，不愿意靠近社会科学。① 民族学与社会科学的这一疏离，给民族院校的学科带来了不少问题。

民族院校也有社会科学，这些社会科学学科基本上跟随主流社会科学观念，对于主流的经济学、管理学、法律学、社会学、文艺学，有一种依附性，接受这些主流社会科学的次级知识产品，并以之进行自身学科的“知识积累”。民族院校社会科学的水平，往往十分艰难地与二流综合大学社会科学并列。民族院校的社会科学表面上单列一块，但事实上并没有对自身提出过挑战。更要紧的是，在民族学处于如此尴尬的地位时，亦不十分成熟的所谓主流学科（特别是经济类、管理类学科）却被认定为民族学应当模仿的模式。民族院校中，此类社会科学门类在过去十年来出现了成为支配性学科的苗头，致使本应基于自身的历史对社会科学整体做出重要贡献的民族学，被排斥于主流社会科学的名单之外。其结果之一便是，在时下急功近利的学术态势影响下，民族学的知识产品之内涵与水平，甚至可以说还比不上 50 年前。

模仿主流学科已成为民族学的风气，但民族学内部实在并不存在什么社会科学的自觉。

与民族学关系密切的人类学处境也一样尴尬。人类学对中国社会科学有什么贡献？真正答得出这个问题的学者并不多。

民族学与人类学社会科学性之缺憾，无疑来自大环境的影响。过去 25 年来中国社会科学的“经济化”，承担着人类学、民族学这类重要学科学术式微的责任。中国社会科学自 20 世纪 80 年代以来就转向了极端个体主义的思路②，其间，经济学个体主义成为主流，并被模仿，其他社会科学门类纷纷以成为经济学的附庸为己任。以研究民族、文化、社会、制度这样一些非个体形态为己任的民族学与人类学，在社会科学个体主义化思潮的冲击下，渐渐边缘化。中国社会科学个体主义化的后果严重：“社会”的概念居然在整个中国社会科学中没有得到充分的关注与理解。我们的社会科学，成为丧失“社会”概念的社会科学。在如此个体主义化的“社会”科学的影响下，过去一些年来的民族学，也出现了只关注在少数民族地区落实社会生活的个体主义化的倾向。③ 关注个体的政治性和经济性，

---

① 甚至可以说，他们宁愿使后者侵蚀自身，而不愿在学理上提出对之有挑战的理论。

② 这一个体主义，固然是 20 世纪的整体特征，参见金观涛、刘青峰：《从“群”到“社会”“社会主义”——近代中国公共领域变迁的思想史研究》，载《近代史研究所集刊》，2001（35）。

③ 关于个体主义的人类学批判，见迪蒙：《论个体主义——对现代意识形态的人类学观点》，谷方译，上海：上海人民出版社，2003。

而不关注被研究的民族的公共生活，使民族学跟着其他社会科学走进了缺乏“社会”概念的社会科学的行列。

中国社会科学缺乏对社会公共性的关怀，源头可以追溯到20世纪初期；自那时起，中国思想就追求一种个体和国家两极化的体系，它有时一极化为国家话语，有时一极化为个体主义话语，而更通常则为国家话语与个体主义话语的合一。20世纪的中国话语制度，给学术留下的讨论作为人的性质和国家的基础的社会的空间极其狭窄。[①]

看到一门学科的尴尬处境，也能看到它的前景。我以为，民族学若能清晰地认识自身的这一处境，那么，也就能认识自身可能做出的贡献。如上所述，时下的新民族研究要么接受西式人类学民族志方法，要么接受“全球化”理论，要么沉浸于“族群”的讨论之中，而我在承认这些变化意义的同时试图指出，真正有意义的新民族研究，务必在扎实的研究基础上，寻找历史与现实之间的整体关联性。把它们当成国家的“边陲”也好，当成与国家相对的“社会”也好，当成仪式的、法律的、文化的“地方性知识”体系也好，都是把它们当成一个整体的“他者”。借助人类学的参与观察、主位观点、比较方法，民族学家先要深入这些文化当中，使自身成为“文化的科学”。民族学从一开始，确是研究民族文化的学问。这类研究若能将少数民族视作真正意义上的社会，对其内在的区分、结合方式及宇宙观基础进行细致分析，则可能造就一门对个体主义化的社会科学有挑战的学问。

民族学与人类学一道，还面临着重建一种更大范围的“社会形态”的使命。中国社会科学一方面缺乏将“落后”西部中的社会当社会来研究的习惯，另一方面也缺乏对中国整体社会进行思考的学者。在“中间圈”展开的民族学研究对于纠正前一方面的错误，有重要意义。可以认为，无论是海外汉学，还是中国主流社会科学，向来都没有把中国的“中间圈”当回事。施坚雅区位理论对于这一圈的排斥，国内主流社会科学界的“东部中心主义”，都是这一问题的反映。将“中间圈”当成一系列社会来研究，能说明，一个完整的“中国社会”何以不能不是“多元一体”的。如何使境内的“核心圈”与“中间圈”之研究得到并举，看到两个地带和元素对于整体中国社会构成的同等重要作用，并看到寻找超越于二者的“凝聚力”的历史，是民族的人类学研究可以专

---

① 20世纪末期，中国社会科学话语的个体主义化，无非是20世纪长时段史的一个极端表现。

注于回答的问题。

“中间圈”在场的势力较大的文明，诚然是超越于“核心圈”与“中间圈”之上的“凝聚力”（具体可能表现为征服与教化力量）。然而，史禄国所说的以变动为常态的“民族单位”之间的交往，与我们在研究中时常见到的物品与观念在不同的“民族单位”之间的流动，一样具有“凝聚作用”。费先生说，“ethnos是一个形成民族的过程，一个个民族只是这个历史过程在一定时间空间的场合里呈现的一种人们共同体”。[①] 这里，对于共同体的生成起关键作用的“空间的场合”又是什么？史禄国和费先生看到，它是不同共同体交往的地带。这些地带，与“民族单位”所处的空间场合，不一定完全对应，但却是基本一致的，它们便是所谓“中国的世界秩序”中内外之间的“疆界”——或更恰当地说，“中间圈”（因为这种所谓“疆界”不是线性的，而是块状、带状的，具有高度的文化综合性）。因而，研究“中间圈”，也便是研究“核心圈”与“中间圈”二者之上的文明及“民族单位”之间的互动过程。族群之间的互动，不一定总是在文明——包括华夏和非华夏文明体系——的笼罩下进行，但文明势力的在场，总是使互动与具有等级（差序）色彩的文明相联系。在近代国家疆界尚未完成的时代里，“中间圈”的上下、左右关系，因为没有严格的疆界限制，常常与“外圈”相交融。两个圈子中一个至多只是受到文明中心的“间接统治”，另一个则与之形成松散的“朝贡关系”。这些不同于近代民族国家的政治关系，缺乏直接的地方行政制度（如里社、县），人们的生活又完全不同于定居化的农耕社会，因而，其相互性与流动性极高。费先生提出的“民族走廊”概念及近期流行的“古道”概念，恰是这一相互性与流动性的反映。研究“中间圈”活跃的上下关系、族群相互性及文化流动性，为局限于民族国家疆界的近代知识，打开了一扇窥见社会科学新诠释的窗户。[②]

为了充分展示“中间圈”的“中间性”，在认识方法上，民族研究一方面要克服过去民族史与民族志“分族写志”的缺点，另一方面更要摒弃西方后现代主义人类学那一简单化的中心－边缘二分法，寻求能够充分反映文明等级上下互动及“中间式”论述框架。

---

① 费孝通:《简述我的民族研究的经历和思考》，见其《论人类学与文化自觉》，166页。

② 人类学和民族研究若能借助社会理论的新诠释（特别是其对于欧洲中心的主权国家观念和制度的反思），集中探讨“中间圈”的朝贡、物品流动及这个地带的“中间式”政治制度（如土司、卫所、屯堡等），对于我们理解这个地带定居与流动的双重特色及推进中国社会科学的观念更新，将会有重大贡献。

在后一方面，美国人类学家郝瑞在《中国族群边疆的文化遭遇》（*Cultural Encounters on China's Ethnic Frontiers*）一书导论中提供的观点，值得参考。该文关注的是近代“文明方案”（civilizing projects），其旨趣为“不同民族之间的互动”，特别是“文明中心”与“边缘”之间互动的不平等方面。郝瑞指出，这种互动虽然有极端的类型（如边缘族群对于“文明方案”的强烈抵抗或全然接受），但在多数例子中，情况一般则不甚极端，表现为：

> 边缘民族一方面注重保持自己的认同，反对将他们的文化、宗教或道德视作明显低于文明中心的东西，但另一方面却在一定程度上参与到了“文明方案”中，使文明的某些因素能输入到边缘民族中去。①

郝瑞所说的“文明方案”概念，采取的定义，依赖于西方社会科学惯常使用的“中心–边缘”之分，无法呈现“中间圈”的“中间性”与“多边性”。关于历史，这个概念又特指从基督教传入到当下这个“近代史”进程中的文化互动。事实上，自古以来，在“中间圈”中存在的诸如此类的互动一直频繁地发生着。民族研究应在其历史科学的范畴内，寻求不同于社会科学“当代主义”的思想方法，除了摒弃“中心–边缘”的二分法，还要努力在历史时空的“当时–当地”中寻找解释历史的方式。

“三圈说”是在人类学内部提出的，但针对的却是中国社会科学整体，特别是它忽视“完整的中国社会”的取向。我说过，整个中国社会科学无非是西方汉学的分述。②这一大胆的批评不至于失去存在的正当性，我也敢于说，要摒弃中国社会科学的汉学主义（它时常又与上述的个体主义相结合，使自身成为低于西方汉学的言论），就要大大借助人类学。对中国的“天下”进行宏观思考，包括人类学在内的中国社会科学，需同时思考核心、中间和外围这三个圈子，特别是它们之间的关系史。若非如此，中国社会科学就很难成为真正意义上的社会科学。对于民族学也是如此。倘若民族学没有将自身定位于一个世界之中，在这个“天下”观念的氛围下寻找自身的学术定位，只停留于政策问题的重复论证，那么，这门学科将无法摆脱其尴尬处境。

民族学应关注中国这个社会，而不是简单关注作为被国家识别的、作为所谓

---

① Steven Harrell, “Introduction: Civilizing Projects and the Reaction to Them”, in Steven Harrell, ed., *Cultural Encounters on China's Ethnic Frontiers*, Seattle: Washington University Press, 1995, p.6.

② 王铭铭:《没有后门的教室》，127—140 页。

“群体”的民族。要恢复民族学的社会科学地位，民族学家应投入充分的精力，同时研究少数民族社会的公共生活和整个中国社会的共同生活和历史。在民族志和历史研究之间找到结合点，是实现这一目标的方法论前提。民族志（特别是新民族志）研究，能使民族学家更深入地体会少数民族社会各自的公共生活和历史；历史研究能使民族学家更宏观地把握不同民族之间关系的演变及结构化的过程与传统。①

将民族研究与社会科学联系起来，易于给人一个印象，似乎过去将民族研究定义为“历史科学”的办法是错误的。其实，就以上的逻辑来推理，将为中国社会科学做出贡献的民族学，其借以区别于其他社会科学的民族史传统，也是这门学科重放光芒的基础。② 民族史研究或有助于我们理解个别“中间圈”社会的流变，或有助于我们把握不同社会之间的关系史，为我们理解三圈之间的关系结构提供了良好的基础。倘若民族史研究能与 20 多年来得到高度发展的历史人类学结合，从单个民族的民族史和不同民族之间“友好关系”的民族史转向文化之间“关系之结构”的历史研究，那么，它便能为我们理解整体中国社会提供重要的洞见。

什么是以上所说的“关系之结构”？我们可以从两方面来理解。一方面，传统人类学在理解这一关系时，要求我们站在“土著”的角度看问题，在“土著”的神话传说、世界观和历史记忆中寻找对于力量强弱不一的文化之间的历史关系的解释。另一方面，新近的“文明”理论，要求我们重视对于大社会凝聚力之产生起支配作用的“文明”进行宏观把握。在研究中，侧重“中间圈”的民族学，无疑应同时考察以上两种历史。但是，对于时下中国社会科学更有意义的工作，是借助民族史与历史人类学的结合方式，阐述中国文明在整体中国社会的形成中的核心地位。为什么叫“文明”？古人说，那就是“文质彬彬”。将“文质彬彬”

---

① 作为比较社会学的民族研究，是二者结合的一个环节。

② 对“中间层次”展开民族学研究，有什么具体的人文价值？不谈远，只谈近。受西学的本质论影响至深中国多数主流社会科学家只知道汉族和想象的外国，其所为，基本上就是拿想象的外国本科教材作为模式来核对复杂的中国社会生活哪一点与之不同，看到不对称，就认定中国比外国落后，然后再拿美国人出版的经济学类本科教材来“纠正”中国人的社会生活现实。若是硬要套，那么，主流中国社会科学家在汉族和外国之间所做的联想，也可以称作一种经典的人类学——他们用“他者”的文化来反省自身。不过，这种所谓的“人类学”，实在可以说是最糟糕的一种，它就像一被庸俗化为流行小说式的人类学，就像马林诺夫斯基的《西太平洋的航海者》的流行版。中国社会科学家把美国当成是特罗布里恩德岛，把中国当成美国，再用特罗布里恩德岛来纠正美国的错误。中国社会科学的论述的二元主义倾向，致使自身陷入一种无法“三元化”的困境，在我们的叙述中，从来都缺乏“中间状态”。社会科学的这一缺陷，恰是民族学和人类学的前景之所在。在汉族与想象的外国之间，有层层的中间层次，民族是其中重要的一个。若这个“中间层次”的研究能与核心及外围关联起来，则将对社会科学提出巨大挑战。

视为“文明”的实质，注重介于西方所谓的“文明与野蛮”之间状态的形成，是中国式社会理论的核心内容。这个意义上的“文明”，更像我们所说的“文化”的那个“化”字，而“化”字代表的是所谓“文明与野蛮”之间交换的历史。我以为，这一历史，若能成为民族学研究的主要对象，那将会给中国社会科学带来重要启迪。

“文明”的理论五花八门，可以归纳为两大类。其中一类，以政治学家亨廷顿的理论为代表，是“文明冲突论”[①]，它的假设是，文明的传统制造着当今世界的矛盾。这个说法背后是美国中心主义的“全球化”理论，继承的是基督教的普遍主义信仰传统。其中另一类理论产生自社会理论家福柯式的文明论与埃利亚斯的文明进程论之间的辩论，他们一方认为文明是压抑个人自由的坏东西[②]，另一方认为，压抑个人自由对于秩序的生成有正面意义。[③]

费孝通先生读了亨廷顿的“文明冲突论”，提出“文化自觉”与之对垒，认为冲突背后有一种秩序，这个秩序也是一种理想，可以用“各美其美，美人之美，美美与共，和而不同”来理解与期待。[④]费先生的这个观点，固然不反映现实生活中处处存在的矛盾与冲突，但有其强项，其表达的期待，来自对历史上中国处理民族关系时运用的智慧的世界性延伸。亨廷顿的“冲突论”，实质是在表面的和平之下看到罪恶，如同西方多数社会科学家那样，其自认的使命是揭示表面的伪善（文明）之下的“人性之恶”。而生活于中国传统中的费先生，在文明的“伪善”中看到一种可以理解的格局。

在我的理解中，福柯与埃利亚斯之间的不同，如同亨廷顿与费孝通，前者想要揭示的也是伪善背后的罪恶，认定违背了个人自由的制度都是坏的，而后者则试图重新思考，认定对个体的“压抑”，乃是社会存在的基础。

“文明”这个概念，一方面可以牵涉对于世界格局中文化之间关系的认识，另一方面又可以牵涉对于自我与超我之间关系的认识。在这两个方面，古代中国都存在着被忽略的智慧。古人所说的“文质彬彬”，是一种中国式的文明理论，这个理论既不同于“冲突论”，又不同于只关心自我与超我的社会心理学，它侧重的是处理关系的智慧。所谓关系，可以是个体之间的，也可以是群体之间的，

---

① 亨廷顿：《文明冲突与世界秩序的重建》，周琪等译，北京：新华出版社，1998。

② 福柯：《疯癫与文明》。

③ 埃利亚斯：《文明的进程》。

④ 费孝通：《论人类学与文化自觉》，176—213 页。

上面说到的不同地带和民族之间的关系，是其中重要的一类。这类关系的智慧，不同于西方流行的“ethnicity”一词，它注重的不是认同，而是处于不同的认同之间的心态。

说到“不同的认同之间的心态”，我们不免要联想到费先生笔下史禄国的 ethnos。据费先生讲，史禄国的 ethnos 理论意在解释分合历史过程中“各个民族单位是怎样分、怎样合和为什么分、为什么合的道理”①。史禄国的这个“道理”，固然没有抵达文明理论的境界，但经过改造，却能与之相关。在追求“文质彬彬”的文明中，追求不同认同的统合是一方面，承认不同认同在一定的差序下的并存是另一方面，二者并行不悖，与近代国族主义下的“民族主义”理想相比，具有鲜明差异。这种不同于近代的古代理想，对民族学重新理解自身的认识体系，有着不可多得的启发。

受新时期人类学思想的影响，中国的民族研究已开始在少数民族生活与观念形态的民族志研究方面获得了初步成就。这些年来，随着表征和话语理论的视野拓展，对“中间圈”展开的历史和传说的双重研究，又为我们指出，以往中国民族学采取的“汉族中心主义”的解释，有待面对“周边”或“边缘”解释的考验。在一个流动日益频繁的时代里，越来越多的民族学家，也渐渐地关注到国族时代中心与边缘之间物品与观念的双向流动及中心 – 边缘关系的倒逆。种种新民族研究，为中国人类学开拓了“中间圈”的新视野。然而，人类学依旧承担着从一个更宏观的整体理解这个中间层次的责任。如何切入“文质彬彬”的“中间圈”？在过去的学术积累中已存在的对所谓“边缘”历史上确立的文明及其影响的研究、对统一帝制下朝廷与边缘族群政治关系（如礼仪、朝贡、和亲、羁縻、土司、卫所、屯堡等）的历史研究等，都等待着更综合性的研究结合，期待着对自身实现真正意义上的社会科学化。

费先生指出：

> ……民族是在人们共同生活经历中形成的，也是在历史运动中变化的，要理解当前的任何民族决不能离开它的历史和社会的发展过程。现况调查必须和历史研究相结合。在学科上说就是社会学或人类学必须和历史学相结合。看来不仅是我个人的体会，也是当时从事民族研究的学者以及领导上的共同认识。②

---

① 费孝通:《简述我的民族研究的经历和思考》，见其《论人类学与文化自觉》，166 页。

② 同上，160 页。

费先生道出的这个体会，与汉学人类学家在研究汉族社区时得到的认识完全一致。[①]无论是“核心圈”的研究，还是“中间圈”的研究，终究都遭遇了如何结合社会学、人类学和历史学的问题。民族学的社会科学化，要建立在这种学科结合的基础上，又不能脱离“历史和社会的发展过程”本身，它任重道远。从人类学角度切入民族学习惯研究的“中间圈”，是一个必要的过渡。

① 在汉学人类学领域，弗里德曼早已指出，中国的人类学研究，不能停留于20世纪30年代只关心“现在”、忘记“中国有个过去”的状态下，也不能停留于微观民族志的重复书写，而应结合历史学与社会学的方法，对中国的社会性与历史性，进行更为广泛的思考，见 Maurice Freedman, *The Study of Chinese Society: Essays by Maurice Freedman*, Stanford: Stanford University Press, 1979, pp.334–350; 373–379。

第二十九章

中国——民族体还是文明体?

如不少学者指出的，“nation”或“民族”，及其连带物“nationality”（“族籍”）、“nationalism”（“民族主义”），是近代欧洲的产物；“民族”被想象为古老的，但它却出现于相当晚近的阶段。“民族”的这一历史谱系，直到20世纪末才随着诸多相关著述的翻译，得以被国人认识。此前，前辈通常只是“自然而然”地运用这个概念，即使追溯过它的“词根”，也未探问它的近代性，他们谈论“民族”，径直地出于一个问题意识：那些单独或合在一起欺负我们的小国，为什么居然有那么大的能量，能使我们这个“天下”丢起面子来？1895年“甲午战争”，清廷败于“倭寇”，使国人内心阴影重生，产生某种“文化自觉”。为了自救，他们想到“洋夷”的工业力量、宪政和教育，接着想到“犬羊小国”内部的社会凝聚力（即所谓的“群”）。“洋夷”内部的“团结”源于何处？不少前辈得出结论，认为那来自他们的民族精神。在他们看来，一个国家，要在近代世界谋得生存空间，缺乏民族精神，那是不可能的。自此以后，“民族”概念总是伴随着“强国”概念不断涌现于我们的脑海中。

然而，恰如“民族问题”这个词组自身所表明的，“民族”在19世纪末以来的中国向来是一个“问题”。假如整个中国真的成为一个近代欧洲式的“民族”，那么，“民族问题”，也就不会存在于国内，而只会作为相对于近代工业帝国主义而言的“亚洲民族觉醒”问题而存在了。而近代中国的历史，走的却又不是这个方向。

一、强国主义民族学

国人一度怀抱造就一个强大“民族”的愿望，在理想上，有些倾向于想象一个“纯粹的华夏共同体”的存在，认为这才符合近代欧洲（以至日本）政体模式，而现实上，如他们所知，“纯粹的华夏共同体”，因有排他性，故无法联合更广泛的“民族”来实现“强国”理想。费孝通先生于1988年总结的“中华民族多元一体格局”意象①，早在19世纪末20世纪初这个阶段中就已深入人心。这个意义上的“团结”，在观念上的雄心是巨大的，它主张一方面要有“一体格局”之下的“多元民族”各自（特别是作为主体民族的汉族）内部的团结，另一方面又视这类“团结”为有限的，主张追求一种“一体格局”下的“一体感”。也就是说，19世纪末以后，国人主张的“民族团结”，绝非简单的欧洲式“民族主义”，而是双重的，按欧洲近代“民族”概念的定义，它可谓既是“民族内部的团结”，又是“民族之间的团结”。

“多元一体”共识表达的主要是“强国”的愿望，因而，其自身不免有内在紧张，也易于导致争论。后来极少有人坚持主张营造一个“纯粹的华夏共同体”，但对于“民族”，人们却还是莫衷一是。那些认为“强国”是一切的前辈，多数倾向于以论证“中国民族”的历史根基为己任，而那些也主张“强国”，却认定社会性而非支配性是“团结”的前提的人，则多数倾向于主张在“一体”之下保留区域与“民族”的“多元”。后者通常对于欧式“民族”理论有反思，其认识到的中国政治文化特征，几乎可用“政治一体，文化多元”一词概括。他们相信，生拉硬扯地将一个一向是“政治一体，文化多元”的政体，套入欧式“民族”观念中，是食洋不化的表现。而前者的论述，通常却又非如后者所指责的那样“洋泾帮”，而是充满着中国民族史研究的激情，在其具体的历史描述与分析中，四处可见远比后者翔实精到的族、族系、族间关系的考据。然而，前者一到讨论作为政治问题的“民族问题”时，的确时常倾向于往反方向走——此间，“民族”一词依旧等同于一个民族交融的历史进程。

吴文藻先生在其1926年写的《民族与国家》一文中，一语道破民族主义的两种形态之实质：

> 民族与国家结合，曰民族国家。民族国家，存在单民族国家与多民族国家之分。世倡民族自决之说，即主张一民族造成一国家者。此就弱小民族而言。与此相反者，则认为民族自决，行至极端，有违国家统一之原理，及民族合作之精神，故反对任其趋于极端，而主张保存多民族国家。②

---

① 费孝通：《论人类学与文化自觉》，121—151页。

② 该文刊于《留美学生季报》，1926年，第11卷，第3号。

关于“民族”与“国家”关系的两种说法，在清末民初都存在过。

一个世纪过去了，虽说“时过境迁”，但“民族问题”之讨论，却未与清末民初的那些叙述形成实质区分（请注意，我并不一定认为，根本区分是必要的）。

不同于清末民初，过去三十年，“民族问题”并不为“一般思想界”所关注，随着所谓“学科建设”，“民族问题研究”成为一个专业领域。“民族问题研究”，不像是一门严格意义上的学科，而是“实实在在”的“问题研究”，在这个专业领域中工作的人，关注的问题是当前的，但说的话是以往的——复制过去设置的话语格式似为其学术的使命。20 世纪 50 年代，为了在“民族”意义上再造中国，国人把以“强国”为目的的“民族问题研究”提到日程上来，因必然或偶然的原因，先是对境内“民族”进行识别，承认“民族”的多元，接着，又采用进化主义的观念体系，为多元的“民族”设计出一个一体的物质和精神进步史纲要，要求社会形态不同的“民族”采纳同一时间表安排自己的集体生活，使自身跨越式地融合于一个进步中的国家。

这个时期的“民族问题研究”，一定程度上受到了“苏联老大哥”的指导，但却时代性地再现了 19 世纪末 20 世纪初出现的“团结强国”的意象。

二、强国主义民族学的新面相

如果可以说“团结”和“进步”是“民族问题研究”中的关键词，那么，也就可以说，这个专业领域可谓是近代中国形成的“强国主义民族学”的制度化表达。可是，也就是在这个关怀普遍一致的专业领域中，时下“打破僵局”，出现了激烈争议。相对有些历史基础的美式“族性社会学”（sociology of ethnicity），与 20 世纪 80 年代以来方兴未艾的民族主义反思研究，似给这个领域带来巨大挑战。前者告诉国人，“民族”不过是身份认同，除此之外，一旦牵涉利益问题，那最好还是采取“大事化小，小事化了”的方法加以解决，后者告诉我们，“民族”这个概念，严格说来，应等同于有别于帝国的“现代国家”，特别是有别于内部层层区分的文明式“差序格局”，而应是个体化公民与整体化国家之间的经济、法律、道义之“平衡交换”体系。“族性社会学”与民族主义反思研究，在国外社会科学里经过一段时间的流行，已成家常便饭了。然而，“洋夷”的家常便饭，被翻译、介绍到中国来之后，“民族问题研究”领域顿时出现了一个空前的态度分裂。相对年轻一些的学者，受到“国际前沿理论”的指引，倾向于接受新态度：淡化“民族问题”，强化个体化公民－整体化国家模式。经验相对丰富的老一辈们，或坐山观虎斗，或参与其中，而多数倾向于坚持老态度：主张重视“民族问题”，反对搬用西式公民国家模式。

时下国内“民族问题研究”专业领域的关注点从对“团结”与“进步”的共同关怀转向了对于中国到底是不是该改变方略，在“民族问题”的处理上，全盘接受公民国家模式的争论。争论并未导致这个专业领域分化为两个“学派”——毕竟持公民国家主张的学者，人数仍居少数——但使人感到有必要澄清争论双方的观点差异。

有人将争论双方观点差异的形成推给20世纪50年代历史的一个局部，说双方之所以有矛盾，是因为一方主张取消“民族问题研究”专业领域中的“苏联因素”，另一方主张保留它们。这个“分派法”本不符合历史的事实——50年代的中国民族学还是有自身特色的（这些特色兴许甚至曾使苏联在华民族学专家时常感到无能为力）。事情并没有那么简单；倘若问题只是“苏联问题”，那就好办了——毕竟，如今“苏联”已成“前苏联”了。争论双方的区别恐怕主要是：那些坚持认为不应放弃处理“民族问题”的老方略的学者，主张在中国的国家之下保留地区、民族这类“集体性的中间层”，而另一方则主张消除这些中间层次，使中国成为一个内在无区分的中国。前者既然主张保存“中间层”[①]，也便十分重视保留以至光大承担着维持这个层次之生命力之使命的政府机构、高等院校及其地方分设机构（其功能，至少在概念定义上如此），后者既然主张消除“中间层”，那也就顺其自然地认定，这些众多的机构，不仅不利于真正意义上的“团结”（这个意义上的“团结”，就是“一体”），而且不利于建设一个真正现代化的社会——对他们而言，甚至“民族问题研究”这个专业领域都是有问题的，也是服务于“中间层”之维系的机构。

个别的利益考虑，是争论双方观点差异形成的缘由之一，但不是主要的。这个争论并不构成“转变”，这是因为，二者之间还是有两方面的重要共同点：其一，二者都仍旧是“强国主义民族学”的分离，老派与新派，不过是两种不同的强国方略；其二，二者的问题意识仍旧是多元为主还是一体为主这个19世纪末的老问题。那就是说，二者争执的关键点只有一个：“团结”应当指“民族之间

① 此处“中间层”所指，不同于一般社会学的“社团”，而是权威实体内涵的制度。

的凝聚力”还是指“民族内部的凝聚力”，而“民族”在概念上，也两相不同，一方承认其在国家之下的历史、现实、未来存在，另一方，虽不否认其现实存在（他们主要将之与50年代的民族识别工作相联系），却对于其历史根基与未来走势持怀疑态度。

两种“强国主义民族学”，都是在历史目的论的指导下展开的，二者都是以预先设定的、观念中的未来为基准，对历史加以干预的历史叙述。带着强烈历史目的论的历史叙述，如同观念形态那样，易于造成历史的扭曲，也如同观念形态那样，因自视为解决问题的方案，而未能自觉到自身不过是历史的一部分，是历史困境的某种表达。

三、从文明体向民族体的转变

在中国，如同在世界其他地区，“民族”之成为“问题”，有其历史。这个历史是什么？人们常简单地以历史目的论为方式，将之定义为特定时间段内特定时间发生的混乱，及混乱预示的秩序。例如，“辛亥革命”前夕的混乱，抗战时期导致的东西部分离，20世纪50年代社会改造运动导致的差异等，分别造就过“共和”“边政学”“民族学”所预示的秩序。因“小民族主义”导致的暴力冲突，或因国际关系导致的民族关系复杂化，也易于使“民族问题研究”得到更广泛的关注。然而，此处所谓的“历史”，乃指事件性的历史背后常存在的结构性的历史，这个结构性的历史，决定着“民族”的辨析不断涌现的规律。

在《想象的共同体——民族主义的起源与散布》[①]一书中，本尼迪克特·安德森为我们指出，“民族”“族属”“民族主义”这些观念之起源，有一个更宏大的历史背景。这些观念产生于古老的、根本的文化概念“丧失了对人的心灵如公理般的控制力之后”，唯有在这个情况发生的时代，“想象民族的可能性才终于出现”。[②]

也就是说，与“民族”概念相关的一些观念和制度，兴起于某些社会团体和地区的“古老文化”遭遇到严重危机之时。

---

① 本尼迪克特·安德森：《想象的共同体——民族主义的起源与散布》，吴叡人译，上海：上海人民出版社，2003。

② 同上，35页。

位列于“古老文化”的，固然有部落社会，但近期世界史和人类学研究却表明，这些部落社会，在漫长的历史中，却与“传感性”和“散布力”极强的文明社会存在着密切关系，受后者的支配，或采取“避世主义”的方式，退避于文明难以抵达的高山、丛林、海岛，成为“与世隔绝”的“原始社会”，这都是关系的表现。在以形形色色的方式存在着的“前现代社会”中，控制着广大人群的观念体系，可被定义为“文明”。这个意义上的文明，即指其在场范围超越近代意义上的“社会”“民族”“文化”的法权–道德体系，它可以表现为包括基督教世界、伊斯兰世界在内的跨文化信仰体系，也可以表现为中国式的朝贡贸易–礼仪体系。如安德森指出的，古代文明社会借助三个“古老的、根本的文化概念”维持着某种“非民族”或“超民族”的共同意识，这些包括：（1）书写文化与宗教–经典神秘主义，（2）等级主义世界观及其中心边缘秩序体，及（3）宿命主义的历史时间观。①从一个角度看，可以认为，在古代中国，这三个“古老的、根本的文化概念”，具体表现为汉字中心主义的文化观，五服式内外上下区分的帝国宇宙论，及物我不分、古今贯通的时空观念形态。这个“三位一体”的观念形态，在帝制下，表达为一种等级主义的天下观。这种“天下观”包含着某种权力关系，在具体历史中，不是永远被实现的，在“分合”不一的中国历史上，甚至出现过占一半以上时间的“分裂时期”；在这些时期，分治的王国，有与欧洲王国相当接近的特征，所不同的是，它们总是为“大一统”所替代，这表明，作为观念，“天下”有着强大的观念生命力。“天下观”之下涵盖着某种“世界体系”，但这个意义上的“世界体系”不是以近代式的主权国家为单元组成的，也不以经济关系的维系和“种族–族群”及民族国家的区分和疆域化为基础。“有教无类”表达了“天下”的世界认识。

吴文藻说过，“自柏拉图、亚里士多德以来之西方政治哲学史，一部政邦哲学之发达史也，自费希特、黑格尔以来之政论史，一部国家至尊论之发达史也；自19世纪马志尼、密勒以来之政治运动史，一部民族国家主义运动之发达史也。至于我国，则自先秦以来之政治哲学史，一部圣哲人生哲学之发达史也；自黄黎洲以来之政论史，一部汉族中心论之发达史也；近50年来之政治运动史，一部民族主义运动之发达史也”。而中西“彼此所根本不同者，则西方往者大都以国家为人类中之最高团体，国家与社会，视为同等；我国则久以国家为家族并

①　本尼迪克特·安德森：《想象的共同体——民族主义的起源与散布》，35—36页。

重之团体，国家之意识圈外，尚有天下……”[①]。

“古老的、根本的文化概念”，在古代社会作为观念形态，构成某种确定性，但到了近代，则“在经济变迁、‘新发现’（科学的和社会的）以及日益迅捷的通讯方式的影响下，缓慢而不均匀地——首先在欧洲，然后延伸到其他地方——衰退下来”。[②]不同于“民族”概念的创始地欧洲，中国接受这个作为事实的“衰退”，花了更长时间，付出了更大代价。而时间和代价都无法挽回一个事实：“民族问题”的出现，正是“天下观”衰退的后果。

基于民族文化一体化观念设计出来的近代民族国家，没有一个不面对内部阶级、地区、部落、“民族”、宗教文化多样性的问题，中国更是如此。战后的一些第三世界“新国家”（the new states）中，依据殖民时代划定的政治地理范围将不同的部落社会统合为国家者，面对的问题是部落的“原生纽带”与“新国家”之间的矛盾。[③]对于中国而言，此类矛盾不是没有，但与结合为新国家的部落社会不同，问题主要在于，其疆域的涵盖面，不仅远超部落社会，而且比人们印象中的近代民族国家要大得多。这个“以天下为己任”的文明体，是在遭遇到了“合纵连横”的“犬羊小国”的袭击后，才不得已选择“以毒攻毒”，以“民族”为己身历史叙事主线的。中国的“民族问题”，固然有与“原生纽带”相关的因素，但是，这个所谓“问题”的大部分内容，与作为一个文明体的古代中国不得已将自身转变为民族体的经历和困境，有着更为密切的关系。

为了实现从文明体到民族体的转变，近代以来，中国学者接受了“民族”概念，且以之为单位，书写出众多“通史”。而对于由文明体变来的“民族”，我们向来没有提出过具有充分逻辑连贯性的定义。

以梁启超为例，他可谓是最早认定研究中国民族的历史是“新史学”的一切的人了，而在论及“中国历史学之主”时，他一方面强调，要研究作为整体的“中国民族”的“盛大”，另一方面，却又强调，要研究“中国境内者几何族”“我族与他族调和冲突之道”等。[④]两个不同的“族”，后来虽渐渐演变成为“中华民族”的“民族”和“少数民族”，带着的还是梁启超的难题：在一个“民族”概念盛行的年代，文明体找不到一个形容自身的、具有时代性的词汇，

---

① 吴文藻:《民族与国家》，载《留美学生季报》，1926，11（3）。

② 本尼迪克特 · 安德森:《想象的共同体——民族主义的起源与散布》，36 页。

③ 格尔兹:《文化的解释》，291—354 页。

④ 梁启超:《中国历史研究法》，6 页，上海：上海古籍出版社，1998。

不得已模糊地用意义不同的同一个词——“民族”。

历史给我们留下的选择余地是那么有限；促成文明体向民族体转变的“方略”，看来也只好在文明与民族这对概念中排列组合。一百多年来，关于中国的“民族问题”，至多出现过三种观点：

观点 1：主张保留文明的民族多元性及维持这个多元性的“中间层”。

观点 2：主张尽力消除这一多元性，建立一个个体的公民与整体的国家两相对应的“社会”。

观点 3：主张以民族国家为模式，设计政体，以文明体为参照，采用各种方法，宽容内部差异（特别是文化差异）。

学者为维护各自的观点，竭尽全力，书写各种“通史”，批驳各种“谬论”，却一直不能改变一个事实：观点 3 如此贴近中国民族生活的现实，以至于甚至可以说是这一现实的“合法性论证”，是一个“民族化”的文明体的现代宿命。如此说来，观点 1 的“守成式”文明主义诉求，及观点 2 中的“现代式”国族主义药方，便构成了现实复合性的两个方面。

在我看来，文明体向民族体的转变，是中国近代化观念的核心内涵。但正是这个核心内涵，在近三十年来中国人文社会科学研究中遭到冷遇。在“民族问题研究”专业领域中，“民族”概念之各种变相（包括“族群”概念）无限自我复制，致使对于民族体的历史解释如此关键的文明体研究被学者们丢进了历史垃圾箱。在一般的所谓“主流社会科学中”，学者们忙于搬用以民族体为基础研究单位的西式社会科学，来不及关注不同于民族体的文明体之历史研究。而历史自身却表明，这个转变并没有终结，它的方向也并未确定，历史目的论者许诺的种种未来，依旧停留于其作为话语的存在，因而，值得我们耗费心神加以分析。为了研究这个未完成、不确定的转变，需要重新展开历史的研究，为此，又不妨将梁启超的“中国历史之主”更换为：第一，说明中国文明形成演变之迹而推求其所以能保存至今之故，且察其有无衰败之征。第二，说明历史上曾活动于天下者几何族，我族与他族调和冲突之迹何如？其所产结果何如？第三，说明中国文明所产文化以何为基本，其与世界其他部分文化相互之间影响何如？第四，说明中国文明在人类全体上之位置及其特征，与其将来对于人类所应负之责任。

“各私其国，各私其种，各私其土，各私其物，各私其工，各私其商，各私其财，度支之额，半充养兵，举国之民，悉隶行伍，眈眈相视，龁相仇，龙蛇起陆，杀机方长，螳雀互寻，冤亲谁问？呜呼，五洲万国，直一大酋长之世界焉耳！”[①] 如梁启超自己早已于1896年认识到的，就世界全局言之，19世纪之后一段相当长的历史阶段中，仍旧要长期为“多君之世”，为“世界性的战国时代”，在这种人类状况下，国家要谋生存，“强”字固然重要，但它却非人文世界的理想。中国知识人要获得自知之明和“他山之石”，研究不同于“大酋长之世界”的文明体，显然是必要的前提。另外，必须指出，民族体虽已成为中国社会科学“想象的共同体”，但却不能解释现实上依旧具备那么多文明体特征的当代中国；反过来说，文明体的概念虽不如民族体成熟和流行，但却能解释现实上依旧“多元一体”的中国。

① 梁启超：《论君政民政相嬗之理》，载《饮冰室合集·文集之二》，7页，北京：中华书局，1989。

第三十章

从中国看“超社会的社会”：钱穆启发

钱穆先生的《现代中国学术论衡》[①]中，有篇《略论中国社会学》，下面一段给我留下了深刻印象：

> 中国本无社会一名称，家国天下皆即一社会。一家之中，必有亲有尊。推之一族，仍必有亲有尊。推之国与天下，亦各有亲有尊。最尊者称曰天子，此下则曰王曰君。王者中所归往，君者群也，则亦以亲而尊。人则尊天，故天子乃为普天之下所同尊。[②]

钱先生说中国无“社会”概念，不是说，中国没有社会，而是说，若要寻找所谓“中国社会”，则需贯穿于中国政治和社会生活的亲与尊的概念。

用人与人之间亲、尊的感情关系来说中国社会，这已足够刺激人了，但钱先生似还觉得不够，他说：

> 中国本无社会一词，故无社会学，亦无社会史。然中国社会绵延久，扩展大，则并世所无。余尝称之曰宗法社会，氏族社会，或四民社会，以示与西方社会之不同。古代封建制度即从宗法社会来，察举考试制度即从四民社会来。在中国，政治社会本通为一体，因亦无显明之分别。[③]

中国社会观念在有无之间——钱先生留下的这一论述，本该引起社会科学界的广泛关注——因为所谓社会科学，除了科学二字，尚有社会二字，而因国内学者在从事社会科学研究时，大多忘却了这个概念是西文经由东洋漂泊来华的，

---

① 钱穆:《现代中国学术论衡》，北京：读书·生活·新知三联书店，2001。

② 同上，192页。

③ 同上，200页。

故往往视之为自然而然，对其转译的过程中出现的文化意义的偏离，未加追究。所幸者，国内学术有过费孝通先生的“差序格局”概念；[①]此一概念，与钱先生以上论述形异神同。

近来在“核心期刊”上有若干旨在延伸“差序格局”概念之论文，可惜，其中，理解费先生在比较社会学上的苦心者少，企图将之庸俗地方法论化、公式化者多。

无论是费先生，还是他景仰的同乡钱先生，之所以对于中国社会的观念特色，有甚多强调，乃因二者皆有志于在古代中国观念基础上，提炼出自己的社会科学理论。当下中国社会科学研究者，对于这些前辈的努力，若非全然不知，便是不加尊重。这不是说，我们应当停留于“差序格局”“宗法社会”“四民社会”这类概念的无意义复制上，而是说，诸如这样的观念谱系学研究，应在更为广阔的领域中展开。

钱先生提到，“犹太人不成国，乃似有天下观……中国之社会观，乃使天下与地上共融为一”。[②]所谓“天下与地上”，并非“社会”这个概念所能涵盖，于我，更像是法国社会学年鉴派第一次世界大战前后提出的另一种观点。这一派学者给当下社会科学留下的，更多是其对于社会理论的阐发，而社会理论，侧重强调的，乃为社会疆域（常与近代国家疆域概念相混）内人心一致性的由来。年鉴派导师涂尔干尤其关注凌驾于生活之上，展现生活的道德意义的“绝对他者”的存在（即作为所谓“物”的社会），但包括他在内的年鉴派，却曾悄悄关注“超社会的社会”。涂尔干及他的助手莫斯，曾于1913年发表一种别有风格的“文明论”，他们期待社会科学家更多关注社会之间的关系。

年鉴派这一论述，与钱先生对于西式社会概念之局限性的中国式揭示，颇有共通之处。

在当下中国社会科学界，若要对前人的论述有所延伸，则尚需对历史上的皇权、士大夫、区域及“边疆”之间的关系结构加深理解。此方面的研究所可能给予的理论启发尤多。其实，中国的所谓地区、“边疆民族”之类，均已具备作为社会整体的条件，而无论是周之封建，抑或秦汉之后郡县与封建之并举，都可谓是“超社会的社会”的政治实现方式。在这样的历史基础上，固守西式国族社会

---

① 费孝通:《乡土中国》，北京：读书·生活·新知三联书店，1985。

② 钱穆:《现代中国学术论衡》，193页。

论，便无以理解历史与20世纪以来中国在“文化自觉”上的困境。

对中国社会科学的基础概念展开比较文化与比较历史的双重探索，是避免视野局限和庸俗的现实唯物主义反复论证的前提。吾人可从人类学的“原始社会”研究（如埃文思－普里查德、列维－施特劳斯等人的著述），神话学、历史心理学对于古代印－欧宗教观念的研究（如伊利亚德、杜梅齐尔的著述），埃及学对于古文明灵性、物性与生命力的研究（如富兰克福德的著述）获得颇多教益。

前辈学人关于古代民族史、考古学、神话学的论述，对于我们理解中国这个“超社会的社会”，也有着特殊的价值；举要者，如傅斯年的《民族与古代中国史》[①]、顾颉刚的《古史辨》[②]、李济的《中国民族的形成》[③]、林惠祥的《中国民族史》[④]等。新近国内学者对于古代中国民族关系制度史[⑤]、帝制下藩属体制史[⑥]等的研究，虽囿于国族“通史”体例，却有助于我们从“大历史”出发，理解古代中国这个“超社会的社会”。20世纪20年代，顾颉刚先生批评说：“我们往往有一种误解，以为中国汉族所居的十八省从古以来就是这样一统的。这实在是误用了秦汉以后的眼光来定义秦汉以前的疆域。我这一次讲话，要说明的意思，就是：秦汉以前的中国只是没有统一的许多小国；他们争取并吞的结果，从小国变成了大国，才激起统一的意志；在这个意志之下，才有秦始皇的建立四十郡的事业。”[⑦]读吕一燃主编的《中国近代边界史》[⑧]，兴许也能得出相近的感受——所不同的可能是：这本书让我们更强烈地感受到作为文明体的中国——即“超社会的社会”——在近代世界中遭遇的“自称”与“他称”“自定”与“他定”之间的矛盾问题。

---

① 傅斯年：《民族与古代中国史》，石家庄：河北教育出版社，2002。

② 顾颉刚：《古史辨》，七卷，海口：海南出版社，2005。

③ 李济：《中国民族的形成》，南京：江苏教育出版社，2005。

④ 林惠祥：《中国民族史》，北京：商务印书馆，1993。

⑤ 如崔明德：《中国古代和亲史》，北京：人民出版社，2005。

⑥ 如李大龙：《汉唐藩属体制研究》，北京：中国社会科学出版社，2006。

⑦ 顾颉刚：《古史辨》，第二卷，1页。

⑧ 吕一燃主编：《中国近代边界史》，上、下卷，成都：四川人民出版社，2007。

第三十一章

民族学与社会学之战

社会之间依靠相互借用以生存，但它们反而是依靠拒绝相互借用以定义自身的。

——莫斯[①]

“先生在如此短促的时间中，传给我们的绝非书本的死知识，而是一种大生命的鼓舞；听讲者受其陶冶诱导，无不油然沛然，尽发其蕴积的潜力，以从事于学问的探讨。我们今日之所以起始追求学问的意义和本相，可说完全是先生所启发的。三个月的光阴已倏然消失，我们的派先生就是在二十一年圣诞后一天离开我们了！我们顿失瞻依，无不感到若有所失……”[②]

这段话出自费孝通及他的燕京大学社会学同门之手，它深情地颂扬一位“先生”，这位“先生”，就是芝加哥社会学派代表人物罗伯特·派克。

派克于1932年9月—12月（距他从芝加哥大学退休的1936年并不久）作为访问教授在北平（今北京）燕京大学讲学，费孝通与他的同门都是当时派克班上的学生。

燕京大学建于1919年，是由美国、加拿大和英国教会合办的一所“私立大学”。在20年代，它创建了中国最早的社会学系。

邀请派克的人是吴文藻，他比派克小27岁。吴文藻1901年生于江苏省江阴县（现江阴市）。自1905年清朝废除科举考试，吴文藻一辈的青年学生不得不在中国新式西方教育体系中寻求高等教育。1917年，他获许进入北平清华学堂。

---

① Marcel Mauss, *Techniques, Technologies and Civilisation*, p.44.

② 燕京大学社会学会：《序》，见北京大学社会学人类学研究所编：《社区与功能——派克、布朗社会学文集及学记》，5页。

1923年，吴文藻完成了大学预备课程，去美国留学。留美期间，他在达特茅斯学院（Dartmore Institute）和哥伦比亚大学学习社会学。在获得哥伦比亚大学博士学位之后，吴文藻受聘为燕京大学教授。①

派克年轻时曾是一名新闻记者，后来他在德国和美国学习了好几门学科，包括心理学、哲学和社会学。19世纪末20世纪初，他成为芝加哥大学社会学的一位领军人物。

在燕京大学，派克教两门课——“集合行为”与“社会学方法”。如同费孝通在21世纪初所回忆的那样——他曾是派克班上的一名学生——派克在燕京教课非常认真，“他正式开课，给学分，按时上堂讲课。课后还通过个别谈话和偕同出去参观指导学生学习”。②

在这两门课中，派克倾注了大量精力来介绍他的城市社会学，他当时的一个学生杨庆堃编写了有关这方面的完整笔记。③

20世纪20年代，派克和恩斯特·步济时（Ernest W. Burgess，1886—1966）已经提出一种城市区位学的精致理论。派克认为城市即犹如生态系统般的环境，其中充满为争夺稀缺资源——尤其是土地——的竞争，这导致了城市空间的分隔。这种分隔是基于对独特的生态群落或“自然区域”（natural areas）的理解来分析的。在城市中，“自然区域”也是人们共享相似的社会特性的地方。作为一个“自然区域”的复合体，城市可以说是一个人类的生态母体，在其中不同人群得以共存。④

吴文藻曾通读派克的论著，并不惮其烦地坐在他自己的学生当中听派克讲课。但是吴文藻的谦逊并不意味着全盘接受；在他关于派克的论述中，我们可以看到他与派克城市社会学的不同。吴文藻认为关于城市的社会学是一项庞大的工作，而他更迫切的是试图从中学到如何研究中国乡村生活。对他而言，美国城市社会学之所以重要仅是因为它提供了与中国——一种植根于乡土的社区集合——的一个对比。

---

① 冰心：《代序：我的老伴吴文藻》，见吴文藻：《吴文藻社会学人类学文集》，4页，北京：民族出版社，1990。

② 费孝通：《补课札记——重温派克社会学》，见其《师承·补课·治学》，212页，北京：生活·读书·新知三联书店，2001。

③ 杨庆堃：《派克论都市社会及其研究方法》，见北京大学社会学人类学研究所编：《社区与功能——派克、布朗社会学文集及学记》，179—223页。

④ Robert Park, Ernest W. Burgess, and Roderick D. McKenzie, *The City*, Chicago: University of Chicago Press, 1925.

吴文藻并不怀疑派克的模型，相反，他将之拓展到所有人类社区，包括那些处于分别民族学和社会学视野下的共同体。通过他的解读，派克的城市区位学既是民族志，也是一种方法论，适用于分析一切界线清晰的"小地方"或"社区"。吴文藻设想社区研究是好理论和好方法，"是以研究文化不同的各种社会，如部落社会、乡村社会以及都市社会，都需要地理或区位的观点与方法"。[①] 在向派克致敬的同时，吴文藻提及三个不同的学科——民族志、微观社会学或社会人类学，以及社会学。在他看来，这三门学科的差别在于调查的目标群体不同，不过如果用一种方法论即"社区研究"来看它们，它们又是相同的。他强调用派克的人文区位学来研究中国乡村社区。如果吴文藻所言非虚，那么派克也极大地鼓舞了他。他说派克"以为都市是西方社会学的实验室，乡村是东方社会学的实验室"；[②] 然而，他同时也承认所谓派克对西方都市与东方乡村的区分"(并)非出自派氏原文"，或者更确切地说是吴文藻自己"取材于派氏的都市社会与乡村社会的区别观"所构想的比较图景。[③]

我曾对燕京社会学的"社区研究"方法之源起有过论述[④]；我认为，美国传教士和社会学家明恩溥（Arthur Smith, 1845—1932）的《中国乡村生活：一项社会学研究》[⑤] 和由马林诺夫斯基及拉德克利夫－布朗分别在特罗布里恩德岛、安达曼岛发展的民族志方法，是其两个主要来源。众所周知，马林诺夫斯基和拉德克利夫－布朗的两本被称为经典的现代民族志出版于20世纪20年代；而明恩溥在他的作品中发明了一种我称之为"乡村窥视法"的方法。明恩溥在山东进行了长时间的田野研究，其所描述的帝制中国如同一所大房子，而村庄就是其缩影。他认为此前出版的对帝制中国的描述仅仅谈到中国的城市是错误的，要认识"真正的中国"应采用一种新方法，而他所指的新方法即为乡村研究。在明恩溥眼中，要去观察中华帝国这所大房子里边包含了什么，就应该把乡村当成墙上的孔洞去窥视这所房子的秘密。作为中国社会的缩影，乡村是一个完美的方法论单位，值得未来的社会学家关注。显然，吴文藻采纳了明恩溥的观点并将它与民族志的新潮流糅合在一起。

---

① 吴文藻：《导言》，见北京大学社会学人类学研究所编：《社区与功能——派克、布朗社会学文集及学记》，16页。

② 同上，13页。

③ 同上，14页。

④ 王铭铭：《"村庄窥视法"的谱系》，见其《经验与心态——历史、世界想象与社会》，164—193页。

⑤ Arthur Smith, *Village Life in China: A Study in Sociology*, London: Kegan Paul International, 2003［1899］.

在我看来，吴文藻对城市社会学的乡村化导致了一个令人遗憾的后果：中国社会科学家习以为常地将实为历史悠久的城市描绘为“中国的未来”。有趣的是，当我们把这一看法与前明恩溥式的东方学家对中华帝国之研究相比较时，却发现，后者将传统中国视为一个城市的世界。

这一知识上的与意识形态上的后果需要从当代学术领域中文化借用之困境的角度进一步探讨，不过那是另外一项工作的任务，在这里我仅局限于中国社会学的问题。

弗里德曼在《社会学在中国——一个简短概述》一文中讨论1949年之前的中国社会学时曾说：

> 在社会科学的一般历史中，我们假设社会学和人类学的联姻来得晚近，在这之前有一个长期的“追求”过程。中国并不符合这一模式。在那里几乎是在社会科学建立之初人类学和社会学即互相缠绕——只是当共产党人到来之时以一种奇怪的方式解开了。①

弗里德曼继而在他的文章中概述了20世纪20—30年代中国发展的以下三种社会学取径：

（1）测量与人口研究；

（2）社区研究；

（3）法律研究。②

弗里德曼评价“社区研究”这一中国社会学特征亦即出现于社会学与人类学“相互缠绕”之时，说这类研究“也许可以视为美国乡村社会学与人类学的一种延伸，外国学术的风气促成了中国人的调查研究之产品”。③

但是弗里德曼所评价的“中国社会学”远为复杂。吴文藻推动他的“社区研究”作为中国化方案的一部分；吊诡的是，与之相关的方法论却发展自一位传教社会学家。吴文藻的社会学因此可以说是基督教传教士和当代中国社会学家对古老的关于中华帝国都会的欧洲“东方主义”之联合抵制的认识论后果；它是一种“民族志化的社会学”，是基于教会学者的“村庄窥视法”、英国式的民族志和社

---

① Maurice Freedman, “Sociology in China: A Brief Overview” , in his *The Study of Chinese Society*, Stanford: Stanford University Press, 1979［1962］, p.373.

② Ibid., pp.376–378.

③ Ibid., p.375.

会生物学的功能主义的一种中国式结合。更确切地说，吴文藻对派克城市区位学的“诠释”成为一个服务于社会学实践的没有内容的工具，是通过一种已经在使用的中国式的综合来对它加以循环利用而实现的。尽管吴文藻的努力可以说是一种“民族志化”[①]，他却未从这一角度考虑过这一点。相反，他视其所为是中国化社会学的一个重要部分。对吴文藻而言，在中国发生的“民族志化”不再是一个对民族学历史的公开的“科学的”反对，而是一种西方新方法的东向扩张，更宜定义为一种中国式结合，以此来使一门西方学科——社会学——成为“中国的”。在他看来，本土化或“社会学的中国学派”的特征之一是民族志，另一个则简单是“以汉语叙述的社会学”。[②]

作为本文的铺垫，以上我先反观了20世纪30年代上半期与燕京大学有关的“民族志化”和人类学“社会学化”之困境。接下来我将继续此探讨。不过鉴于罗兰（Michael Rowlands）的观点——认为学科转型是由一种可见的规则导致，即将民族学与社会人类学之间的区分等同于历史与科学之间的不同，如同西方人类学圈中所发生的那样，民族志化和人类学社会学化在中国可能也是由于去除民族学的历史想象造成的[③]；我也试图将中国民族学——一门在社会人类学成为“中国社会学”的同时酝酿、构建，并与之关系密切的学科——带入比较与关联的考虑中。

晚清中国的“启蒙”很大程度上归功于西方进化论人类学的翻译。20世纪初，人类学这一学科已经被包括在北京大学的课程设置中。民国早期，社会学人类学方面的其他西方著作被翻译过来。许多国立和教会大学建立了人类学和社会学系，主要包括燕京大学、厦门大学、南开大学、清华学堂、沪江大学（上

---

① Michael Rowlands：《从民族学到物质文化（再到民族学）》，梁永佳译，载王铭铭主编：《中国人类学评论》，第5辑，79页，北京：世界图书出版公司，2008。

② 尽管我认为吴文藻的第二点比较有趣，但如果我们考虑到它与明恩溥的“乡村窥视法”及英国社会人类学民族志的密切关联，我不得不说他的第一点尤其自相矛盾。

③ 弗里德曼并未提及中国民族学。他对中国社会科学的误解与他自己身为一名社会人类学家，或者一名定位在涂尔干社会学脉络里的汉学人类学家有关。作为一名社会人类学家同时是重要学者，弗里德曼忽略了民族学，假定民族学已死，并且视自己的作品是朝着重新思考后民族学时代民族志的一个必要跃进。弗里德曼开创了对人类学“民族志化”的重新思考，同时通过将中国社会结构整体性放进他的汉学人类学最重要的位置来实践它，见 Freedman, “A Chinese Phase in Social Anthropology”, in his *The Study of Chinese Society*, pp.380–397。这更多是对民族志的社会学抵抗而非对民族学的社会学化抵抗。从理解“中国文化”的方面来说，这是一种“后民族志的人类学”，不仅比他英国人类学圈子里的非汉学家同事显得更为社会学化，而且也出人意料地与他所忽略的中国民族学家所做之工作相近，而不是与民族志化的社会人类学更为接近——后者在英国背景下迫使民族学解散成对物质进行社会学解释的碎片。

海)、浸会大学(北平)、天主教辅仁大学(北平)、华西大学。20—30年代,那些留学欧洲和美国的学生将西方式的社会科学学科带回中国,并且开始在中国传播和实践它们。在不同的外国文化环境中接受的训练影响了这些海归中国学生如何去构思和发展他们的研究范围。20—40年代间中国的情况是,当具有英美教育背景的中国社会学家在进行一种社会学和民族志的中国结合之时,拥有德国、法国和美国教育背景的中国民族学家正在以文化和历史与社会学进行对抗。

我将自己视为人类学再历史化运动的参与者,因之,我将对弗里德曼的社会学观点有所批评。弗氏认为,中国社会科学中,吴文藻的"中国学派"是重要的。对此,我有不同看法。我将把中国民族学这一对立的学脉带入一种比较的思考中,同时使它与我们关注的普遍意义上的人类学与民族学之间内在关系的讨论相关联。

一、缺乏整体观的民族志或社会学

为了更好地理解中国社会学与民族学之间的关系,请允许我从派克在燕京的经历说起,做一个说明。

1932年圣诞节后两天,派克离开北平前往印度。根据吴文藻的记叙,派克去了印度之后还去了非洲。

> 派氏去年(一九三二)漫游亚非二洲,见闻阅历之余,对人类文化之本质,大有所贡献于世界社会学者。[①]

综上考虑,吴文藻写信给派克并请他就"中国"一题作文。派克在到访燕京之前曾经在亚洲太平洋地区旅行并有一个大计划,要开展区域民族文化关系研究。"他对这地区的民族和文化问题发生了深厚的兴趣,印象最深的是中国。"[②]但曾经说过"不住上20年,谈不上写关于中国的书"的派克,显然很珍惜与吴文藻的友谊,所以答应了吴文藻的提议,写了一篇《论中国》[③]。吴文藻将之翻译、编辑并发表。遗憾的是我们未能找到这篇文章的英文原稿,根据吴文藻的翻

① 派克:《论中国》之"编者识",见北京大学社会学人类学研究所编:《社区与功能——派克、布朗社会学文集及学记》,17页。

② 费孝通:《补课札记》,见其《师承·补课·治学》,211页。

③ 派克:《论中国》,见北京大学社会学人类学研究所编:《社区与功能——派克、布朗社会学文集及学记》,17—21页。

译，派克在文中对中国与“政治实体”做了比较，其论述如下：

> 中国就是这一种有机体。在它悠久的历史中，逐渐生长，并逐渐扩张其疆域。在此历程中，它慢慢地、断然地，将和它所接触的种种文化比较落后的初民民族归入它的怀抱，改变他们，同化他们，最后把他们纳入这广大的中国文化和文明的复合体中。①

派克认为“其他民族常靠征服而生长，或以武力加诸邻邦，或以政治的制裁力来对付征服的人民。这就是欧洲人所谓国家的那种制度形成的方法。而中国却（是）以文化影响所及的范围扩大而生长的，出之以同化的手段，不但他们的邻邦，就是征服他们自己的人民，亦因而被纳入他们自己的社会及道德的秩序中。事实上，中国是不能用西洋人所谓帝国或政治的个体来称呼的。它是一种文明……”②

与葛兰言早在此4年前出版的论著《论中国的文明》（*Chinese Civilization*）相比，派克这篇《论中国》的短文显得微不足道。葛兰言的《论中国的文明》是一部典范之作。他显示出农业如何作为技术，同时为处理自然和“原始人”的结合，通过两性区分和联姻铺设了通向“封建君主”的道路——一种源自技术和社会生活的综合个体性，使“帝王崇拜”得以可能。葛兰言也显示了帝王自身如何成为一个宇宙世界，在其中，人与自然之间、社会的自我与他者（包括原始人）之间，以及高等级与低等级的区域中心之间的诸关系都被等级化地安排。我们不知道派克是否读过葛兰言的书，这本书的英译本在其刊行一年以后也出版了，不过可以确定的是派克和葛兰言一样具有比较的眼光。在《论中国的文明》一书导论中，葛兰言也将中国文明与印欧政法体系相比，后者的团结机制是神或者法律。

在某种程度上，帝制中国的文明秩序之概念与吴文藻的想法相近。1926年，吴文藻还在哥伦比亚大学攻读博士学位期间，曾在一份学生杂志上发表过一篇文章，我认为这是他最早也最有趣的论著之一——《民族与国家》③。在这篇文章中，吴文藻几乎批评了所有当代民族国家理论。从中国的“本土眼光”出发，

① 派克：《论中国》，见北京大学社会学人类学研究所编：《社区与功能——派克、布朗社会学文集及学记》，18页。

② 同上。

③ 吴文藻：《民族与国家》，见其《吴文藻社会学人类学文集》，19—36页。

吴文藻提出一种以特定的多元为一体的理论，一个多元文化并存的政治一体模型。80年代，这一理论成为他最有名的学生费孝通构建其“多元一体”理论的基础。[①]尽管吴文藻并没有关于文明秩序的观念——用派克的话说，即在不同方向上汉文明的文化辐射，或者用葛兰言的话说，即帝国吸收邻近或者远方他者的能力，他的敏感性体现在其他方面——民族多样性的方式而非其对反的“政治一体性”。[②]

吴文藻没有机会与派克就“文明体”的话题探讨，也没有写过有关派克论中国的评论。对他而言，研究中国在社会学意义上自然不会过多涉及历史。

吴文藻及其学生所编的派克文集看起来是一个很奇怪的综合：《论中国》作为第一篇，但是随后的文章是由派克和吴文藻的学生们所写，讨论派克的社会学方法。他们翻译了派克的讲座并于1933年结集成《派克社会学论文集》出版。[③]

1935年秋，吴文藻邀请了另一位外国学者拉德克利夫－布朗到燕京讲学。[④]当时拉德克利夫－布朗正力图把东亚也包括在他的民族志地图里。他派他的学生恩布里（John Embree，1908—1950）去日本做田野。吴文藻听到这一消息立即发电报邀请拉德克利夫－布朗来中国。几年后，当拉德克利夫－布朗写作《宗教与社会》时，他肯定是对“文明”这一想法产生了极大兴趣，并对中国的“礼”的观念称道有加。根据弗里德曼所说，拉德克利夫－布朗“在芝加哥和牛津大学上课时经常谈及葛兰言”，尽管他“没有在书写中充分承认他（葛兰言）”。[⑤]关于这点还有更多的证据——吴文藻在拉德克利夫－布朗来华后所写的一篇文章中也谈道：

> 布朗教授对于中国传统文明，富有同情的了解。他起始是由于美术与哲学的途径，而认识了中国，所以有较深刻的认识。后来他很关心阅看法国葛兰言研究中国古代文明和思想的著作，因为葛氏是应用杜尔干派的社会学方法，以考察中国古代社会的第一人。[⑥]

---

① 费孝通：《中华民族的多元一体格局》，见其《论人类学与文化自觉》，121—151页。

② 王铭铭：《“西学”中国化的历史困境》，92—102页，桂林：广西师范大学出版社，2005。

③ 北京大学社会学人类学研究所编：《社区与功能——派克、布朗社会学文集及学记》。

④ Chiao Chien, “Radcliffe-Brown in China”, *Anthropology Today*, 1987, 3 (2), pp.5–6.

⑤ Maurice Freedman, “Marcel Granet, Sociologist”, in Marcel Granet, *The Religion of the Chinese People*, trans. Maurice Freeman, Oxford: Basil Blackwell, 1975, p.6.

⑥ 吴文藻：《布朗教授的思想背景与其在学术上的贡献》，见北京大学社会学人类学研究所编：《社区与功能——派克、布朗社会学文集及学记》，270页。

但是吴文藻补充说由于不满意葛兰言的方法论，拉德克利夫－布朗有他自己研究中国的打算：

> 不过葛氏大都是根据历史文献，来作比较研究，其方法尚欠谨严。所以自他来华以后，即极力主张本比较社会学的观点和方法，来作中国农村社区的实地研究，以补历史研究之不足……①

吴文藻也许还有别的原因拒绝葛兰言。当葛兰言出版《论中国的文明》一书时，丁文江——中国当代地质学奠基人，他对文化人类学非常感兴趣——曾严厉批评葛兰言，怀疑他的语言能力，认为他误读中国历史。丁文江的批评导致了严重后果，以至于当中国社会学家和历史学家在用葛兰言的观点时，也绝少提到他。②

无论是什么原因，吴文藻及其弟子已做出选择：他们仅仅要求拉德克利夫－布朗讲讲他自己的社会人类学。他们感兴趣的不是葛兰言的文明模式对拉德克利夫－布朗的潜在影响，而是社会组织和对乡村社区的微观社会学研究。拉德克利夫－布朗做了三次讲座，即关于他们设想的中国学界所缺乏的"社会科学的功能概念"（李有义译）、"当代人类学概论"（李有义节译）和"有关中国乡村生活的社会学研究之建议（吴文藻编译）"。③

20世纪30年代，在燕京大学这所在华的英美大学之社会学系的知识互动中，一种民族志化和本土化的社会学趋势正逐渐引人注目。

罗兰所说的"人类学的社会学化"进程大概发生在吴文藻开始他的计划十年以前——1923年，作为开创性的篇章，拉德克利夫－布朗（英国社会人类学的重要奠基人之一）定义了民族学和社会人类学之间的区分，大约等同于历史与科学的区别。他认为："德、英、美三国的民族学，以历史化、意象化的方式研究文化多样性，而新的社会人类学将是关于社会体系进行共时性、比较性和一般性研究的自然科学。"④

中国社会学家拒绝了派克的文明同化模式，也拒绝了拉德克利夫－布朗对葛

---

① 吴文藻：《布朗教授的思想背景与其在学术上的贡献》，见北京大学社会学人类学研究所编：《社区与功能——派克、布朗社会学文集及学记》，270页。

② 杨堃：《社会学与民俗学》，107—141页，成都：四川民族出版社，1997。

③ 北京大学社会学人类学研究所编：《社区与功能——派克、布朗社会学文集及学记》，271—310页。

④ Michael Rowlands：《从民族学到物质文化（再到民族学）》，载王铭铭主编：《中国人类学评论》，第5辑，79页。

兰言中国文明论的“同情之了解”，这似乎与西方的情形相反——西方人类学界发生的是民族学的社会学化，在中国则反而是社会学的民族志化或社会学的人类学化。

无论是在英美社会学与社会人类学还是在燕京社会学那里，对处于当下的社会生活的民族志发掘都成为学者自我承担的使命，他们努力打破19世纪进化论者和20世纪早期传播论者有关“文化遗存”的历史。使中国与西方有所不同的可能仅仅是，学科历史对于英美学者和中国学人有着不同的意义。简言之，这种打破，不管是派克还是拉德克利夫－布朗，并没有构成对诸如中国文明这样的“东方遗产”的否定，它仅仅意味着对民族学有关“人类史”的“推测性历史建构”的否定。它所表达的或者是齐美尔（Simmel Georg，1858—1918）文化社会学的延伸，比如派克；抑或像拉德克利夫－布朗那样，明显把涂尔干宗教社会学翻译成对安达曼岛人和后帝国时代中国农民的社会生活之民族志发掘。在燕京大学，尽管社会学的民族志化听起来相当接近莫斯等人的努力，但实际并非如此——后者试图把社会学家的视野拓展到原属民族志学家的社会和物质世界。

1938年，拉德克利夫－布朗到访燕京大学三年之后，曾听过他讲课的费孝通在马林诺夫斯基的指导下完成了他的博士论文。在此之前，费孝通在广西花篮瑶地区完成了一个更具结构－功能主义色彩的民族志[①]，而如今将他的民族志研究目标定义为对社会经济变迁情况的描述。如他所说：“一种对形势的充分认识，如果它是要组织有效果的行动并达到预期的目的，必须对社会制度的功能进行细致的分析，而且要同它们意图满足的需要以及它们运行所依赖的其他相关制度结合起来分析。”[②]

涂尔干的社会学理论在1925年已经由许德珩（1890—1990）译成中文，吴文藻在介绍拉德克利夫－布朗的理论时把它当作社会人类学的一个哲学源头，曾对其有过简短介绍。[③]但是它并没有引起燕京社会学家的注意（可能田汝康例外，他曾运用涂尔干的社会学解释他关于云南芒市摆夷节庆的观察[④]）。吴文藻列举了拉德克利夫－布朗的4条贡献，比较社会学也即拉德克利夫－布朗设想的包

---

① 王同惠、费孝通：《花篮瑶社会组织》，南京：江苏人民出版社，1988［1936］。

② Fei Xiaotong, *Peasant Life in China*, London: Routledge & Kegan Paul, 1939, p.4.

③ 吴文藻：《布朗教授的思想背景与其在学术上的贡献》，见北京大学社会学人类学研究所编：《社区与功能——派克、布朗社会学文集及学记》，239—270页。

④ 参见田汝康：《芒市边民的摆》，昆明：云南人民出版社，2008［1946］。“摆夷”即今天所说的傣族。

含民族学的那部分被放在最后。其余三条如下：(1)拉德克利夫－布朗重新整合人类学和社会学，一如涂尔干和莫斯所做的；(2)他的“功能”与“意义”观；(3)他训练了许多实地研究专家。

作为一位细心的学者，吴文藻并没有忽略拉德克利夫－布朗的更多细微之处。例如，吴文藻谈到拉德克利夫－布朗社会体系有两方面，特殊社会群体与自然和物质世界的关联，以及“人类”内在的整合。[①] 吴文藻也注意到 20 世纪 30 年代早期雷蒙德·弗斯已经把文化区域和文化接触研究增加到拉德克利夫－布朗的澳大利亚研究中。[②] 然而，吴文藻的兴趣主要是社会学和人类学在“社区研究”方法论上的再统一。

在描述拉德克利夫－布朗对人类学和社会学再联合之时，吴文藻提到，在 19 世纪的大师孔德、斯宾塞、泰勒和摩尔根的研究中，社会学和人类学曾是不分的。但是在 20 世纪，“美国历史学派健将克乐盘，竟以为人类学与社会学的逐渐分家，乃由于二者最初发生的动机和欲达的目的之不同。这显然是一种错误的认识”[③]；同时在巴黎，莫斯创建了一所民族学研究机构，“一部分是为了训练职业的民族学专家而成立的”，但莫斯和涂尔干一样仅限于理论上的讨论，后者则“以纯粹的学者自居”，因此对涂尔干理论的实地应用在巴黎还不存在。[④] 吴文藻认为拉德克利夫－布朗的安达曼岛作为一个理论与田野的综合，是第一个社会学与人类学联合的最佳例子。

尽管吴文藻关于拉德克利夫－布朗之贡献的论述的第二点涉及对“功能”与“意义”的重新定义，它实际上只是一个过渡点。在极长的篇幅中贯穿着无可置疑的一点，即吴文藻讨论的是“社区研究”。拉德克利夫－布朗对安达曼岛人的社会学研究成为这样一个范例：一个社区如何被当作一个整体、一个社会生活的基础、一个社会结构和一个“社会体系”来研究。[⑤]

在关于拉德克利夫－布朗培养出许多田野调查专家这一贡献方面，吴文藻提及拉德克利夫－布朗在澳大利亚的研究，并列举了许多他培养的学生。[⑥]

---

① 吴文藻：《布朗教授的思想背景与其在学术上的贡献》，见北京大学社会学人类学研究所编：《社区与功能——派克、布朗社会学文集及学记》，255 页。

② 同上，263 页。

③ 同上，250 页。“克乐盘”，即 Alfred Kroeber，又译克虏伯。

④ 同上，253 页。

⑤ 同上，262 页。

⑥ 同上。

随后吴文藻在他的文章中谈道：

> 近来我们自己正有应用功能人类学实地研究法，来考察中国现代社区之拟议，所以一得到他东来的消息，即用海电聘他来华讲学。事前我们且已闻悉他在芝加哥大学社会研究社暑期年会中，曾有一篇演说，专以研究中国社会制度和变迁为例，来发挥如何应用人类学方法以研究现代社会的意见。所以他到燕京大学以后，即请他主领一个师生共同研究的讨论班，专门讨论这个问题。头两次由他主讲，他自动建议了“中国乡村生活的社会学调查计划”。从此，庞大的中国，也变成了他的比较社会学的试验区。①

二、史禄国与另一种民族志

“在第二次世界大战前，在北美和西欧之外，中国在世界繁荣的社会学界拥有一席之地，至少就它的知识分子素质而言。”② 人类学的社会学化在两次世界大战之间发生，它同样也影响了中国社会学，尽管在燕京相同的转化也在实现中。

但是在燕京大学之外，还有其他的路径。

许烺光，一位吴文藻“中国学派”的边缘成员——他在20世纪40年代转向了美国“文化与人格”学派——曾经评论说：

> 在1935—1936年拉德克利夫-布朗住在燕京大学的几个月中，施密特神父在北京辅仁大学犹如城堡一样的建筑里深居简出，同时史禄国教授正在清华任教，但他们三人绝不见面。③

施密特（Wilhelm Schmidt, 1868—1954），一位罗马天主教神父及传播论民族学家，他不仅发展了一种原始一神教的理论，而且还推动了文化区域、文化层和文明中心的民族学。④

---

① 吴文藻：《布朗教授的思想背景与其在学术上的贡献》，见北京大学社会学人类学研究所编：《社区与功能——派克、布朗社会学文集及学记》，266页。

② Maurice, “Sociology in China: A Brief Overview”, in his *The Study of Chinese Society*, pp.373–379.

③ Francis Hsu, “Sociological Research in China”, Quarterly Bulletin of Chinese Bibliography, New (2d) series 3, Nos. 1–4, 1944, pp.12–26.

④ Ernest Brandewie, *When Giants Walked the Earth: The Life and Times of Wilhelm Schmidt*, Fribourg, Switzerland : University Press, 1990.

史禄国，1887年生，20世纪头十年在巴黎接受民族学训练，后回到俄国圣彼得堡大学当教授。他主要研究西伯利亚和满洲里。在俄国革命期间，他逃亡中国并曾在中国几所研究机构里工作，如上海大学（1922）、厦门大学（1926）、中山大学，及当时在广州的中央研究院（1928）、清华大学（1930—1939）。史禄国的专长是民族学和体质人类学。

施密特待在北平的时候拉德克利夫－布朗也在，后者在燕京社会学家眼中除了“社区研究”没有留下别的。而史禄国在1942年发表了一篇有关民族志批评的文章。他没有批评民族志，而仅暗示对燕京的中国式“民族志化”的反对。如他所说：

> 许多调查者想到把研究局限在从一个村庄为单位并非偶然，但这并不构成一个立得住的假设。首先，方法论上固定任何调查单位这种想法本身是错的。没有任何一种衡量标准能做到，因为民族志学家不得不从自己初步的调查中找出如何处理这些材料的分化的方法——民族单位并非标准化的，并且在中国“村庄”也不是一个开展普遍实践的系统。既然它已经被固定化了，那么我们要问问自己为何要这么做。有两种基本情况需要解释清楚。那些局限于村庄的人并没有受过现代民族学方法的训练。他们从社会学的角度讨论问题，而社会学理论是建立在非中国社会经验这一事实之上的。他们甚至从一个仍旧非常狭隘的角度进行讨论，例如“乡村经济”等。其次，当中国人自己渴望成为政治统一体时，他们全都对中国感到相当困惑，他们甚至无法在一个单元、一个国家之外想象中国，然而中国正是建立在不同的民族和地区的要素上的。很自然，在这样一种情形下剩下的唯一机会，是对调查单位问题采取一种合乎科学动机的解决方式，事实上它已沦为这样的技术——当实际上它强调一种方法论秩序最为重要时。①

作为一个在中国从事多年研究的外国民族学家，史禄国的眼光比“土著”学者更锐利，能看清中国社会科学及其包含的西学因素正发生着什么。在一个很长的注释中，史禄国更进一步解释了自己对中国社会学及中国社会人类学研究中的“民族主义”的看法：

---

① Sergei Shirokogoroff, “Ethnographic Investigation of China”, *Asian Ethnology (Asian Folkore)*, 1942, 1, p.4.

它仅仅是一个误解，源自对“民族”之本质不充分的了解，很明显是由那些意图“西化”中国的人根据他们自己的知识构成及其狭隘的范围提出的。然而国外主要的兴趣是政治问题，中国学生只能在政治和半政治圈中选择，在那里他们自己的观点被各种“技术工程师”和实证社会学家根据其目的来形塑。这么做的第一步是要通过接受中国青年的民族抱负来赢得他们的共鸣。不仅实证社会学家这么做，一些体质人类学家也这么做……[①]

对史禄国而言，民族志研究应该包含制作族群地图、编译地方刊物、指导田野调研、进行博物馆式的研究这四项，并且中国民族志学家应关注民族和地区的复杂性。早在 20 世纪 30 年代，史禄国已经提出一种“ethnos”理论，或称“心智丛结”（psycho-mental complex），一种对族群认同和不同文化间历史互动的民族学解释。[②]

三、民族学与民族史

当弗里德曼写作有关中国社会学和人类学情况的时候，他仅仅呈现了其中的一部分。这一部分是“20 世纪 50 年代在‘毛主义’的国家重压之下隐现和沉默”[③]的社会学。那是一种由吴文藻及其弟子在燕京推动的中国化的功能主义的社会学。但是在 1963 年，在其《社会学在中国：一个概述》中，弗里德曼强烈批评了这种社会学的去历史化和民族志化。在反思马林诺夫斯基和费孝通功能主义民族志的不足之后，弗里德曼将矛头指向了拉德克利夫－布朗和林耀华：

根据林耀华的描述，拉德克利夫－布朗说研究中国社会结构最好的方法是选择一个很小的“社会区域”，小心翼翼地检视它，将它与以同样方式进行研究的其他样本进行比较，然后着手进行普遍性的提取。似乎通过这种从小型社会区域研究的耐心归纳，一幅中国社会体系的图景即将出现。在我看来最悲哀的是，对人类学方法的所有偏见都莫过于此。这是人类学最高明的谬论。它势必作为一种特殊的反讽打击我们，如果我们记住它直接源自一种对总体性的预设。

---

① Sergei Shirokogoroff, “Ethnographic Investigation of China”, *Asian Ethnology (Asian Folkore)*, 1942, 1, pp.3–4, footnote.

② Sergei Shirokogoroff, *Psychomental Complex of the Tungus*, London : Kegan Paul, Trench, Trubner, 1935.

③ Freedman, “Sociology in China: A Brief Overview”, in his *The Study of Chinese Society*, p.379.

> 当我们研究原始社会的时候，我们必须将其视作实体，而一旦转向复杂社会，我们发现自己的工具是如此适合小规模调查，以至于我们必须从棘手的整个小社会区域一点点雕刻出来，它们——如果可以套用一下马林诺夫斯基和拉德克利夫－布朗所说的话——是任意尺寸的缩影。①

通过对功能主义和中国民族志的反讽，弗里德曼将他的同事导向了在他看来更货真价实的涂尔干社会学的模型——一个神圣的总体性。弗里德曼晚年致力于中国的宗教－宇宙观和历史研究，希望能将“社区研究”拽出它们的民族志泥潭。他努力呈现出一种“社会学化”的相反方式，这种特殊形式的“社会学化”被定位为面向中国社会结构的整体性。

作为一个伟大的汉学社会人类学家，弗里德曼修正了中国社会学，但是他“忘记”了这幅人文科学壮景的另一部分——居住在中国的外国民族学家（如史禄国），以及更重要的，与中国社会学家相对立的“中央研究院”。

在“社会学中国学派”中出现的民族志并未瞬间成功吸引国民政府的注意。在燕京社会学家的理解中，国民政府是社会变迁主要的擘画者和工程师，其处境能够被他们以一种完美的方法来研究。但国民政府有自己的计划。

1927 年，正是在吴文藻到燕京大学教书前两年，国民政府决定建立一座代表性的新的国立研究院。这个计划是要创建一所直接附属于中央政府的高等研究院，独立于任何大学之外。这所研究院将被称作“中央研究院”。1929 年 4 月，蔡元培——一位在德国学过民族学的著名教育家，被任命为“中研院”的院长。几个月之后，“中研院”正式开幕。在他的任期内，蔡元培首先创建理化实业研究所、社会科学研究所、历史语言研究所等，史语所是其中最大也最成功的机构。这三个“母所”后来又分出很多“子所”，使得“中研院”拥有超过 10 个研究所。民族学一开始被包含在社会科学研究所中，这个所同时建在南京和上海。后来民族学并入史语所这一更大的机构，这个所于 1927 年在广州建立，1929 年迁至北平，所长是著名学者傅斯年。

傅斯年 1898 年生于山东，曾就读北京大学。“五四运动”期间，他是极为活跃的学生领袖。1919 年以后，他在伦敦大学和柏林大学学习实验心理学、生理学、数学和物理。在此期间，还对比较语言学和历史学产生兴趣。1926 年，傅斯年任广州中山大学文学和历史教授。1928 年任“中研院”历史语言研究所

---

① Freedman, “Sociology in China: A Brief Overview”, in his *The Study of Chinese Society*, p.383.

所长。

傅斯年有一个明确的政治观：他支持国民政府，反对共产主义。在他就职史语所的演讲文章中，他表明自己不同意新儒家和其他“主观历史学”，认为史语所研究的目标之一即“把历史语言学建设得和生物学地质学等同样”。[①]他的研究所的最终目标，正如他在这篇文章结论中所说，是“要科学的东方学正统在中国”。[②]傅斯年的方法论是中国传统史志与当代考古学、地理学、语言学和民族学的特殊综合。[③]

在视中国为一个整体这一观点上，傅斯年和吴文藻及其弟子并无二致。但他几乎没有受到涂尔干社会学和社会人类学影响，因而他自己的研究方法是社会学化还是民族志化的问题并不存在。和史禄国一样，傅斯年对中国人的民族起源问题有极大兴趣，并且对中国历史上民族和区域复合的问题进行关注。两人的不同在于，后来定居中国的这位俄国民族学家史禄国，将其目光聚焦在中国的边疆和中间圈，而傅斯年这位当代中国民族史之父，则以研究中国文明的形成为首要任务。

王斯福已经指出，在西方社会人类学中的传播论者，有弗洛伊德式、莫斯式、韦伯式和布罗代尔式的对文明的研究，后来转变成这样一些有关文明的主题，如现代主义、文明作为一种反民族中心主义的心态以及超社会观念、文明作为先验存在以及文明作为世界体系的全球化进程。[④]如果我对王斯福先生的理解大体准确，那么，傅斯年实际并不属于这些思想流派的任何一种。虽带着轻微的传播论色彩，但傅斯年仅仅是想将文化多元和古代中国的文明一体性结合起来。不过在这么做的时候，他触及区域研究一些相当有趣的方面。

傅斯年最有名的一项研究是他的《夷夏东西说》，这篇文章构思于 1923 年，完成于 1931 年，发表于 1933 年。在这篇短文中，傅斯年表达了一种与葛兰言相近的历史观，不过他并没有葛兰言那种对结构的神话学之理解力。作为一个中国的“科学的东方学家”，他过于轻易地执着于历史的真实。然而，某种程度上与葛兰言一样，傅斯年反对欧洲传播论者的中国文化“西方起源”论，这种论调

---

① 傅斯年:《傅斯年文集》，第七卷，12 页，长沙：湖南教育出版社，2003。

② 同上。

③ 有关傅斯年的生平与著作，参见 Wang Fan-sen, *Fu Ssu-nien, A Life in History and Politics*, Cambridge: Cambridge University Press, 2006.

④ Stephan Feuchtwang :《文明的概念》，郑少雄译，载王铭铭主编:《中国人类学评论》，第 5 辑，88—100 页。

一度在20世纪初活跃的一批中国主流思想家中流行，例如梁启超、章太炎、夏曾佑和蒋观云。他承认传播论的优点，尤其是它对文化接触的强调。而当他把考古学和档案资料联系起来时，他呈现了一幅跨文化关系的图景。傅斯年相当随意地使用“民族”来指称在秦帝国之前的两千年内建立了不同朝代的相互竞争的族群。在傅斯年的描述中，古代文明在东方与西方两个地理和文化区域交流的背景中出现。在中国历史上，东方部落被称为“夷”或“野”，而西方部落则被称为“华夏”或“文”。这两个敌对部落各自活跃的中心地理区域为黄河、济河与淮河流域。而这种竞争本身带来的文化间的关系被傅斯年称为“混合”，它推动了帝国的形成。正如傅斯年所假设的，“这两个系统，因对峙而生争斗，因争斗而起混合，因混合而文化进展”。①

在谈到两个小型区域的不同时，他说：“我们简称东边一片平地曰东平原区，简称西边一片夹在大山中的高地曰西高地系。”②两个区域之间的地理差异与农业、政治、军事方面的差别有关。对傅斯年而言，东边小型区域已经有大片农田，农业高度发展，这使得它更容易发展政治组织。但是它缺乏在军事方面防守和进攻的地理优势。与东边小型区域相比较，西边农业不那么发达，但是地理位置更适合畜牧和林业。它使部落在这种条件下更容易发展出强大的武力。如他所说：

> 三代中东胜西之事较少，西胜东之事甚多。胜负所系，不在一端，或由文化力，或由组织力。大体说来，东方经济好，所以文化优。西方地利好，所以武力优。在西方一大区兼有巴蜀与陇西之时，经济上有了天府，武力上有了天骄，是不易当的。然而东方的经济人文，虽武力上失败，政治上一时不能抬头，一经多年安定之后，却是会再起来的。③

作为一位爱国历史学家，傅斯年一生中主要关注重建中国文明的历史、地理和语言图式，为此他注意罗致有学问的人才。李济和凌纯声就是其中的两位。

李济，1896年生于湖北，1979年逝世于台北；1929年被史语所聘任。他在1911年曾就读清华预备学堂，1918年赴美克拉克大学心理学系就读，后转入人口学专业并获社会学硕士学位。1920年，李济转入哈佛大学人类学系攻读博士

① 傅斯年：《夷夏东西说》，见其《史学方法导论》，211页，北京：中国人民大学出版社，2004。
② 同上，262页。
③ 同上，266页。

学位，并在两年后拿到学位。他的第一份教职是在南开大学担任人类学社会学讲师。1924 年，他指导进行了第一次现代中国考古田野。同年被清华国学研究院聘为讲师。1929 年，傅斯年聘请他到史语所工作，由他担任考古学组主任。他组织了殷墟这一著名的商文明遗址的发掘工作。①

1928 年，李济出版了他的博士论文英文版《中国民族的形成》(*The Formation of the Chinese People*)，讨论中国人在体质人类学上、考古学上、民族学上和历史上的起源。李济并没有傅斯年对历史互动模式的关照，但是他也对多元族群如何结合成一个文明整体感兴趣。与傅斯年所表达的竞争性小型区域的类型不同，李济倾向于发现更多文化区域及了解区域内的复合。显而易见的是，他也强调技术进步对文明形式的贡献。陶器、青铜、书写、牺牲、武器和石器被他视为商文明发展的六个阶段。李济独特的贡献在于他有关傅斯年所描述的"东夷"研究。他在商遗址中的发现使他把商以前的文明与仰韶和龙山文化比较，认为商文明的创造者是不同于仰韶和龙山的农业文化的族群——他们是有很强宗教性的游牧者，能够吸收来自东、西、南、北四个方面的文化发明。

傅斯年聘任的另一位学者是凌纯声。不同于李济的美国人类学背景，凌纯声受到的是法国民族学训练。凌纯声 1901 年生于江苏，在那里接受了早期教育。1924 年，他从东南大学获得教育学学位。1926 年，他到巴黎从学于莫斯和瑞伟有三年时间。1929 年他被任命为社会科学所研究教授。1933 年民族学组并入史语所，凌纯声也随之过来。

从凌纯声的人生经历中我们可以看到一个通常的模式：凌纯声以一个民族史学家和民族志学家的独特综合作为其职业开端，并且最终成为一位传播论者。在 20 世纪 50—60 年代他人生的后期，凌纯声几乎将全部时间投入到追溯中国仪式与政治宇宙观的非洲和美索不达米亚起源，以及对所谓"太平洋圈"的宏观区域的定义中。②而他早年则是一个优秀的实地调查者，在少数民族地区做过或长或短的旅行，研究不同地区和民族的物质、社会和精神生活。其中黑龙江、湘西、浙江、云南和川西是他田野调查的主要地区。

凌纯声最早的研究是一项大范围的专题民族志《松花江下游的赫哲族》(1934)。在他看来，民族学由描述的和比较的组成，描述的民族学可定义为

① Li Chi, *Anyang*, Seattle: University of Washington Press, 1977.

② 凌纯声:《中国边疆民族与环太平洋文化》，台北：联经出版事业有限公司，1979。

“民族志”，而比较的民族学可以就称为“民族学”。他在“前言”中说自己的研究属于描述的民族学。因而，他的书应划入“民族志”的范围。但凌纯声关于赫哲人的民族志与吴文藻推动的社区研究根本上不同。它由三卷组成（图像卷、卷一和卷二）——共有 333 幅图片，694 页。如此大书被分为以下四个部分：

第一部分：东北的古代民族与赫哲族

第二部分：赫哲人的文化

第三部分：赫哲人的语言

第四部分：赫哲人的故事

显而易见的是，凌纯声有关民族志单位的定义远比吴文藻的广阔。它或多或少更像史禄国在他的“中国民族志研究”中采用的族群的、地区的和语言的定义。凌纯声在赫哲文化研究方面做出了很大的贡献。在他的民族志中，“文化”被定义为“他们的（赫哲人）物质的、精神的、家庭的和社会生活”①。

关于赫哲人生活的四个方面的内容来自凌纯声及其同行学者（商承祖，1900—1975）的田野工作。但是凌纯声并不满足于一个共时性范围中的田野。他相信“赫哲文化”受到古代亚细亚人、满族人和汉人的文化与族群间频繁接触的极大影响。凌纯声花了一整章讨论赫哲语言的复杂性；一整章在写赫哲人的故事——这些故事在他看来支持了历史的观点。对许多人而言，民族志的、语言的和神话的内容已经可以形成民族志坚实的基础，但对于凌纯声来说，这些远不充分。在所有这些之上，他增加了一个部分作为全书第一章。

“第一部分：东北的古代民族与赫哲族”作为一个明显的证据表明凌纯声与爱国民族学家傅斯年的密切关系。这一章可以说在处理赫哲和中国东北其他族群是否古代通古斯人的后裔的问题。1820 年，法国汉学家雷慕沙（Abel Rémusat，1788—1832）提出，中国古代史书上记载的“东胡”是通古斯人的一支，这些通古斯人的影响遍及整个欧亚大陆。他的观点被许多欧洲东方学者认同——包括克拉普罗特（Julius Klaporth，1783—1835）、庄延龄（Edward Parker，1849—1926）和沙畹。为了驳斥传播论者对中国历史使用的这种“典型的西方式概念”，凌纯声做了很多努力，提供了所有可用的档案和考古学资料论证其反面：通古斯人是东夷的一部分，他们在傅斯年的研究中作为包含数个族群团体的一个群体居住在古代中国东部的微观区域内。第一部分的其他章分叙数个主题，

① 凌纯声：《松花江下游的赫哲人》，上册，1 页，南京：“中央研究院”，1934。

首先是这个居住在中国东北的部落之族称的历史起源，紧接着是中国史书记载中的赫哲人。

在描述赫哲人的社会生活时，凌纯声展示了他从莫斯和里弗斯那里学到的好东西——当时在两次世界大战之间，莫斯寻求发展一种文明理论，这种理论使社会学家将文化间技术和知识的相互借用视为历史的一个重要方面。[①] 凌纯声对赫哲文化中物质、精神、家庭和社会方面明显的跨文化借用均有强调。然而，为了重新定位 19 世纪欧洲汉学家通常关注的文化传播的方向，凌纯声变得相当民族中心主义。他坚持中国东北的文化接触主要发生在当地部落、古代亚洲人部落、满人和汉人当中。通古斯人等族群被排除在这个名单之外，尽管他们属于古代中国东夷的范畴。

傅斯年、李济和凌纯声这三位“中研院”历史学与民族学的重要人物，分别在英德、美国和法国学术传统中接受过训练。在他们中间明显存在着差异、竞争和紧张，但是这并不妨碍他们成为“中研院”民族学传统的关键人物。

1926 年，在上述三人进入“中研院”之前几年，蔡元培，这位中国现代社会科学多门学科的奠基之父曾对“民族学”下过定义。[②] 早在 1906 年，蔡元培到莱比锡大学求学并在那儿学习了三年。1911 年，他第二次到访欧洲，这次他从德国出发，途中还访问了法国；在德法两国他总共待了 4 年。期间蔡元培学习哲学、美学和民族学。1925 年，蔡元培到德国学习民族学，而在此之前他已经在北京大学教过好几年的民族学课程。蔡元培对欧洲民族学有广泛了解，他尤其熟悉进化论和传播论。在他看来，这种理论有益于现代中国学者所担负的使命，即深入历史中探讨中华民族及其内部不同民族巨大的文化差异并存这一过程。从这个角度来看，德国、英美和法国的民族学方法及理论的用处就变得明显起来。

四、北与南：兄弟阋墙

列维－施特劳斯提出过一种对人类学学科的“史前史”的有趣论述——对他而言，一门社会科学学科包括对人类进行民族志的、民族学的和理论的研究：在

---

① Marcel Mauss, *Techniques, Technologies and Civilisation*.

② 蔡元培：《说民族学》，见其《蔡元培民族学论著》，台北：中华书局，1962。

欧洲，特别是德国，对民族志的民族学综合是由传播论者对历史和地理的需要这一出发点而决定的，在别的地方，尤其是法国和英国，它们却“滑向其他学科——社会学”。①

然而在欧洲，当代人类学的基本历史产生了不同的“国别流派”，德国、法国、英国，在20世纪早期的中国都占据一席之地。20年代，中国不仅建立了社会学，民族学也已经被介绍进来。当吴文藻在燕京推动社会学的时候，民族学刚建立并开始发展。到20年代后期，好几所大学建立了民族学系和人类学博物馆；1928年新成立不久的“中研院”也建立了民族学研究部门；1934年中国民族学会成立，到1936年有了自己的杂志《民族学研究集刊》。②

可以说，“中研院”史语所的考古学家、历史学家和民族学家以及围绕“中研院”的一些大学教授构成了和燕京大学“社会学的中国学派”的对抗。在中国人类学史上，他们被统称为“南派”，与之构成二元对立的燕京大学社会学系即“北派”。③

在这两分背后的政治及经济“秘密”是燕京社会学家从国外资源获得的主要经济和制度支持（如洛克菲勒基金会）④，史语所的研究与机构建设全由国民政府支持。⑤

我们既不应该低估中国知识分子的独立性，也不应该对不同来源的支持力量对这两大流派的影响视而不见：从长时段田野工作中获得对中国乡村“小型区域”的深刻民族志知识，势必为洛克菲勒基金会所高度重视，但是对国民政府来说，这种小型区域的民族志则有些无聊，它需要的是一幅民族历史的更大图景。再者，这种背景的差异使社会学与民族学成为两个对立的学科，为了在一个同时西化和中国化的时代脱颖而出，它们都渴望成为必需的。

如果这种解释还不够贴近人类学知识－权力的复杂性，还应该强调的是：30年代最初几年，中国民族学相当不同于社会学。弗里德曼正确地指出了中国社会学化人类学的困境——它对局限于研究碎片、乡村社区或“小型区域”的过多

---

① Claude Lévi-Strauss, “The Place of Anthropology in the Teaching of the Social Sciences and Problems Raised in Teaching it”, in his *Structural Anthropology*, Vol.2, London: Penguin Books, 1963, pp.346–381.

② 胡鸿保：《中国人类学史》，65—68页，北京：中国人民大学出版社，2006。

③ 黄应贵：《光复后台湾地区人类学研究的发展》，载《民族学研究集刊》，55期，105—146页。

④ Paul Trescott, “Institutional Economics in China: Yenching, 1917–1941”, *Journal of Economic Issues*, 1992, xxvi (4), pp.1221–1255.

⑤ 王明珂：《华夏边缘》，209—221页，北京：社会科学文献出版社，2006。

强调是由它对总体性的社会学追求所导致的。那么“中研院”民族学是否提供了对此问题的解决方式？不一定。这种关涉族群边界、文化间关系和宏观区域的民族学想要穿越不同社会文化之间的界线，但是它在“中研院”的结果是作为一个广泛的碎片集合帮助中国知识分子重建一个整体——在这里即古代中国文明。

若从学科建设的角度看，南派与北派都是国际主义者。他们深受西方观念——人类学和社会学的英美与欧陆传统——的影响；但是在他们有关文化与社会的研究中又都没有从这一“学术国际主义”发展出一种社会学或民族学的“国际主义”的理论。在双方学者的研究中，都关注诸多“超民族进程”，但这些进程或者被视为来自现代工业世界的“外部影响”（如费孝通在他的《江村经济》中所书），或者被当作丰富中国文化的“内部的相对差异”（例如傅斯年、李济和凌纯声的研究）。

在对晚清中国文化意识的延续和早期民主共和国建构这样一种情境下，民族学研究沿着两个方向继续展开，即对少数民族的实地研究和历史研究，后者被称为“中国民族史”。这部分的研究可以以王桐龄（1878—1953）及吕思勉（1884—1957）的同名著作《中国民族史》为代表。两书均出版于1934年，以中国史料文献为主要研究基础，反映前现代中国的民族多样性、关系与统合。

1928—1937年间，燕京大学和中研院成为中国两个具有影响力的社会学和民族学中心（诚然在中国南方还有别的中心，如厦门大学和中山大学）。在这一时期，许多社会学家和人类学家或多或少与这两派有关。与英美世界关联的燕京学派比较先进，吸引了不少学人，包括吴文藻的学生们。

20世纪30—40年代，据说当时吴文藻有“吴门四狗”，费孝通、林耀华、李安宅和瞿同祖。费孝通1910年生于江苏，比导师吴文藻小9岁。他1930年进入燕京社会学系就读。后来又到史禄国——一位当时任教于清华的俄国民族学家——那儿学习。在去英国伦敦经济政治学院攻读博士学位之前，费孝通在广西大瑶山做了一个功能主义的社会学研究。1936—1938年，他在马林诺夫斯基和弗斯门下学习功能主义人类学。1938—1942年，他在云南开展不同民族志地点的比较研究，深受理查德·亨利·托尼（Richard Henry Tawney，1880—

1962）有关中国土地所有权及其他制度研究之影响。[①]

林耀华与费孝通同年，他于 1940 年在哈佛大学获得博士学位。《金翼》是关于他家乡福建农村的一本自传体民族志，比费孝通的《江村经济》更为拉德克利夫－布朗式和历史化。

李安宅要比吴文藻大一岁，他 1935 年去了美国伯克利。经由保罗·拉丁（Paul Radin，1883—1959），“一位美国共产主义者”[②]的介绍，李安宅被祖尼人（Zuni）所接纳，并在他们中间从事田野研究。1938 年他受聘为中国华西大学教授，开始他对藏学人类学的长期耕耘。

瞿同祖生于 1910 年，1936 年入燕京大学研究院，从学于吴文藻和杨开道，对这两位导师的综合使他更偏向历史。他写作了大量有关中国法律和行政体制的历史论著，成为一名如他所说的“社会史学家”。1945—1965 年，他在哥伦比亚大学和哈佛大学任研究员，研究聚焦于历史方面。1972 年他出版了《汉代社会》一书，原本是打算作为卡尔·魏特夫（Karl Wittfogel，1896—1988）组织的汉代研究计划中的一部分。

如果我们可以这样认为，费孝通这位“吴门首犬”，通过他的研究、书写和政治活动实现了吴文藻去历史化和民族志化的设想，那么他其余三位同学则大有不同了。

对于更具有欧陆民族学色彩的“中研院”而言，它正逐渐接受一些美国文化人类学的因素，同样也吸引了许多学人。

与凌纯声一同工作的还有芮逸夫（1898—1994）和陶云逵这两位对中国民族学颇有影响的人物。芮逸夫生于 1901 年，南京国立东南大学外语系毕业，1930 年加入凌纯声的研究。凌纯声在 30—40 年代几乎所有的重要研究都是由芮逸夫参与协助的。芮逸夫摄影很好，对可视之物尤其感兴趣。陶云逵生于 1904 年，并于 1924 年从天津南开大学毕业，后赴柏林和汉堡大学学习遗传学和民族学。1934 年他加入凌纯声的研究，一起去云南调查滇越和滇缅边境的少数民族。这项云南人类学调查计划持续了 2 年，在此期间陶云逵负责体质人类学和民俗调查部分。

在一些国立大学中，“中研院”民族学派也有一些半附属的成员。如杨成志，

---

① 王铭铭：《从江村到禄村》，见其《经验与心态》，194—200 页；杨清媚：《最后的绅士——以费孝通为个案的人类学史研究》，北京：世界图书出版公司，2010。

② 李安宅：《回忆海外访学》，1 页（未刊稿）。

一位中山大学民族学家，1928 年曾同时被中山大学和“中研院”聘请去云南开展田野工作，与他同行的还有史禄国和一位民俗学家。杨成志返回广州后不久即赴巴黎，在巴黎人类学院和民族学研究所学习人类学和民族学。获得民族学博士学位之后，他返回中山大学担任民族学教授，并在那儿一直待到 20 世纪 50 年代早期。

林惠祥，厦门大学人类学家，曾在菲律宾大学跟随一位美国人类学家学习，早在 1924 年即开始教授人类学。受美国文化人类学的影响，他对文化区域研究、神话学、原始艺术和物质文化非常感兴趣。1934 年他建立了厦门大学人类学博物馆。

马长寿（1907—1971），生于 1907 年，曾在南京中央大学社会学系学习，和林惠祥一样受到文化人类学和民族学影响。和凌纯声一样，马长寿更倾向于做综合的民族学式民族志，从而致力于将语言的、物质文化的、社会生活的和文化之间的诸多关系放进一个单一的民族志专题中。①

此外，也有独立于双方的民族学家，杨堃即是一位。1921 年，杨堃考入法国里昂的中法大学，后来又在法国加入了共产党。直到 1927 年，这期间杨堃参与了很多中国和法国的政治活动。但在 1927 年，他开始对政治感到失望并且被社会学年鉴派的社会学主义吸引而退出政治，到巴黎跟随莫斯和葛兰言学习。1930 年 11 月，他与妻子张若名坐火车旅行，到过柏林、莫斯科、西伯利亚，并于 1931 年 1 月回到北平。杨堃穿梭在北平的国立大学、教会大学和英美大学之间。他也曾加入燕京社会学系有好几年（1937—1941），但不遗余力地推动法国社会学和民族学。杨堃并没有完成过一个专题的民族志。他将大部分精力花在书写法国的民族学和社会学“动态”上。涂尔干、莫斯和葛兰言是他的英雄，为此他不惜长篇大论概述他们的思想与作为。在经验研究方面杨堃很有开创性。他的《中国家族中的祖先崇拜》（1939）、《中国儿童生活之民俗学的研究》（1939）和民俗宗教崇拜研究依然值得重读。②

吴泽霖（1898—1990）也是较特殊的一位，1922—1927 年间，他在美国拿到了学士、硕士和博士全部学位。他的博士论文题目是“美国人对黑人、犹太人和东方人的态度”。受其导师包括派克在内的影响，吴泽霖是中国社会学对种

---

① 伍婷婷:《交往的历史、“文化”和“民族 - 国家”》，载王铭铭主编:《中国人类学评论》，第 10 辑，116—130 页，北京：世界图书出版公司，2009。

② 杨堃:《杨堃民族研究文集》，北京：民族出版社，1991。

族关系和城市问题进行研究的先行者。1928年担任上海大夏大学社会学系主任。在上海，吴泽霖及其追随者提倡一种不同于燕京“社区”研究的社会学。社会问题、人口统计学和种族问题是他研究的三个主要兴趣点。[①]

抗日战争期间，中国社会学和民族学主要的几个中心全部迁到西南。燕京、清华和南开大学从北平迁至昆明并成立西南联大。吴文藻在昆明创建了一个社会学系。傅斯年最终把他的史语所迁到李庄——一个长江边上繁荣的四川小镇。在这样一个任何地图上也找不到的偏远乡村，没有了战争干扰，所有的研究依旧继续。吴泽霖和他的社会学系从上海迁至贵阳。不知为何，杨堃留在北平燕京大学未迁走的系部中，后来又转入了辅仁大学。

1938年费孝通回国加入吴文藻。他继续做“社区研究”，并增加了一个“类型比较”的新视角，寻找传统中国不同类型的乡村都需要的现代化建议。但是费孝通（不久后以英文发表的*Earthbound China*, 1951）和几位在他的“魁阁”社会学工作站的研究者做出了几项在英语学术界很有影响力的作品——例如许烺光的《祖荫下》(1948)。[②]

费孝通和他的团队在当时大概是个例外，因为其他的学术团体都加入所谓的“边政学”中。当国民政府总部设立在中国东部之时，它并没有对边政问题投入太多关注。在战争期间政治和文化中心暂时转移到西南，而那里民族多样性和边疆问题成为中心。有关民族多样性和不同文化间关系的民族学知识成为国民政府的迫切需要。它给这方面的研究提供了大量拨款，民族学家和社会学家开始联手。民族学家继续他们从20世纪30年代已经在做的此类研究。吴文藻和吴泽霖以及他们的许多社会学追随者“转型”成民族学式的社会学家。例如林耀华，曾以他的福建农村研究闻名，加入了李安宅所在的成都华西大学社会学系。在那里，他们共同推动对这门学科的改革。像燕京大学一样，华西大学是由美国、加拿大和英国教会所创办。战前这里有一群具有教会背景的外国人类学家，包括戴谦和（Daniel Dye）、陶然士（Thomas Torrance, 1913—2007）和叶长青（James Huston Edgar, 1872—1936）等，他们将动物学、植物研究和民族学联合在一起，发展出自己的人类学和社会学模式。1914年，他们在这所学校创建了一个综合性的博物馆，并且早在1922年奠定了华西边疆社会研究的基础。从那时开始直

① 张帆:《吴泽霖与他的〈美国人对黑人、犹太人和东方人的态度〉》，载王铭铭主编:《中国人类学评论》，第5辑，11—19页。

② 王铭铭:《西学“中国化”的历史困境》，103—130页，桂林：广西师范大学出版社，2005。

至中国人类学家到来之前，一位重要的转折性人物是葛维汉（David Graham，1884—1962），他最初在燕京大学工作，后来被聘为博物馆馆长。葛维汉反对戴谦和、陶然士和叶长青的传播论，同时将博物馆的动物学、植物学和地理学部分清除出去，使这个综合性的博物馆转变成一个民族学和考古学博物馆。[①]李安宅到华西大学以后，开始对它的民族学和人类学模式进行社会学化。不过，在此之前李安宅曾在西藏做田野，他的社会学中有民族学的成分并且相当不同于“社区研究”。1941 年林耀华加入李安宅并继续“西行”之路，到凉山彝族地区进行民族学调查。[②]

在西南中国和中国历史上，对土司和地方头人的研究常被强调。土司制度是元代和明代基于帝国的智慧发明的一种“间接统治”，在清初之时已被官方认为不合时宜。然而在 20 世纪上半叶西南中国的许多地方，这套制度依旧在现实中运行，土司和地方头人依旧在当地社会发挥他们强有力的影响。如何使这种间接统治转变成一种国家的直接统治？民族学家诸如凌纯声，社会学家诸如吴文藻，社会人类学家诸如林耀华等，都自觉有责任提供答案。[③]

民族学家和民族学化的社会学家之间存在重要差别。然而“中研院”的民族学家在其关于民族与边疆问题的论述中更倾向于主张中央集权，民族学化的社会学家因受到英美“间接统治”（来自马林诺夫斯基）的理想模式和文化相对论（来自波亚士）的影响，对科层权威的中间形态要宽容得多。在战时，这两种“学派”都有机会在政治上表达自己。

1939 年 2 月 13 日，著名历史学家顾颉刚在昆明《益世报·边疆周刊》发表了一篇题为“中华民族是一个”的文章。[④]很快这篇文章便被多家报纸转载，包括《大公报》《西京平报》以及各省日报。在这篇文章中，顾颉刚号召青年知识分子为中国的国家统一和民族自强做出贡献。他反对任何“民族”概念在中国的扩张，认为在被日本侵略的艰难时刻，为了中国人民的利益，历史和目前形势应

① 李绍明：《中国人类学的华西学派》，载王铭铭主编：《中国人类学评论》，第 4 辑，41—63 页，北京：世界图书出版公司，2008。

② 在这项研究中，林耀华延续了其拉德克利夫－布朗式对社会结构的研究取径，实际上与他在亲属制度、贸易、财富价值观和械斗方面的发现相矛盾，这些发现更适宜作为交换体系来理解。见林耀华：《凉山夷家的巨变》，北京：商务印书馆，1985。

③ 龚荫：《回顾 20 世纪中国土司制度研究的理论与方法》，见其《民族史考辨》，373—392 页，昆明：云南大学出版社，2004。

④ 顾颉刚：《中华民族是一个》，见顾潮、顾洪编校：《中国现代学术经典·顾颉刚卷》，773—785 页，石家庄：河北教育出版社，1996。

该被重新概念化；知识分子应该勇于接受这一“事实”：中国很早以前便是一个整体。他们应抛弃这样一种错误定义，即中华民族是由许多不同“民族”组成的一个整体；应该接受“眼前的事实”——中国更适宜被理解为仅包含三个文化群体（即汉人、穆斯林和藏人）的一个整体。并且应该通过研究和实践减少他们或者边境部落之间的差异。

顾颉刚的文章发表以后，傅斯年和费孝通很快也表达了自己的看法。傅斯年和一些学者积极支持顾颉刚，而费孝通及其朋友对顾颉刚的政治呼吁表示谨慎。在战争时期，居住在西南“边疆”的中国知识分子分成两个对立的阵营，一方坚持“中国民族只有一个”，而另一方仍旧试图接受中国民族的多样性。①

五、“前事不忘后事之师”

抗日战争一结束，所有的社会学家和民族学家又回到他们原先的学术堡垒里。还没等他们安顿下来，内战又爆发了（令人诧异的是，在这一段时期，杨堃这位稀世之才，受过优秀训练的社会学家和民族学家，却没有对边政学研究说过只字片语，他离开北京到昆明云南大学教书去了）。

1949 年国民党军溃败，“中研院”随之迁台，傅斯年、李济、凌纯声、芮逸夫和许多著名历史学家、考古学家及民族学家都离开了大陆。所有具有教会大学背景的中国社会学家和社会人类学家都选择留在大陆与新政体合作。他们共同对毛泽东的“新民主主义”寄予热切希望。然而，“新民主主义”并没有给社会学带来繁荣。无论是社会学还是社会人类学都被新政体禁止了。苏联式的 ethnographia（民族志学），也即“对某一个特定的历史框架内全部社会生活现象的研究，依据它的起源和发展的过程，以及它的因果论证”②，被重新冠名为“民族学”引入应用，它成为官方给社会学家、社会人类学家和一些历史学家指定的职业认同。ethnographia 是一把双刃剑。

吴文藻 1946 年曾担任中国驻日代表团政治外交组组长。1946—1951 年间，他对日本社会进行了广泛的调查。1953 年当中央民族学院在北京成立之时，吴文藻被任命为民族学教授。1957 年他被打成“右派”；1959—1979 年，他大多

---

① 周文玖、张锦鹏：《关于“中华民族是一个”学术论辩的考察》，载《民族研究》，2007（3），20—30 页。

② Yu Petrova-Averkieva, “Historicism in Soviet Ethnographic Science” , in Ernest Gellner, ed., *Soviet and Western Anthropology*, London: Duckworth, 1980, pp.19–28.

数时间都花在翻译西方有关世界史的研究上，没有任何机会从事中国社会学和民族学研究。1979 年，“文化大革命”结束后第三年，吴文藻当选为新成立的中国社会学会顾问。他于 1986 年去世。在生命最后几年，他写作了好几篇颇具影响的文章，关注战后西方民族学的变化。[①]

杨堃，这位曾活跃在法国的第一代中国共产党人也有同样的命运。1958 年，他的妻子张若名女士自杀，她曾是当时国务院总理周恩来的初恋情人。

费孝通，曾经带领全体中国社会学家为“民族政策”工作，自然不能幸免被列入“右派”名单。

林耀华，1947—1949 年间曾在燕京大学工作，并变成一位摩尔根论者和民族学家，写作有关人类的体质人类学方面的历史和原始社会史。在费孝通挨斗期间他成为一名中共党员。

李安宅于 1950 年在西藏建立了第一所中学，他深深参与到新中国的西藏事务中。从 1961 年开始，他在四川师范大学当英语老师。

概括来说，1949—1966 年中国人类学转向了“民族研究”。1949 年以前的社会学、人类学和民族学的不同看法和定位受到批判和抛弃。新中国民族学家的工作主要是民族识别和在时间进化论序列中研究民族历史阶段及其社会形态。这项工作的两个方面的开展是为了将少数民族带入“社会主义大家庭”中。为实现这一目标，传播论、功能主义、涂尔干主义社会学和历史特殊论全部受到批判。许多大名鼎鼎的社会学家由此最终将自己转变成“历史唯物主义者”。[②]

在今日官方的传记描述中，吴文藻、费孝通、林耀华、李安宅等已经被定义为社会学家、民族学家和人类学家。这种诸多学科身份的混合也许显示了他们的伟大，但是，这同时也是对混乱的一种无奈表达。

今天社会学、民族学和人类学又重新成为相互竞争的学科，在不同院系分立存在。中国有社会学人类学系、民族学人类学系或者人类学民族学系。社会学拥抱西方理论，尤其是那些权力、文化、实践和社会区隔理论。而在经验研究中，社会学指向的是中国人口的主体——汉族。这反而是相对民族学这门指向中国边疆少数民族研究的学科而定义的。

在海峡那边的台湾，凌纯声于 1956 年建立了民族学所。之后凌纯声将全部

---

① 吴文藻:《吴文藻社会学人类学研究文集》。

② 参见王铭铭:《西学“中国化”的历史困境》，32—71 页。

精力投入到中国文化的非汉起源（埃及和美索不达米亚）以及宏观区域研究中，这些研究或多或少颠倒了他早期对中国是一个具有民族多样性的自足世界之假定。他的继任者李亦园综合了美国式文化人类学和结构主义。在凌纯声和李亦园的带领下，"中研院"的民族学所包含民族学、社会学和心理学。20 世纪 90 年代，社会学和心理学相继独立，建立了单独的研究机构。同一时期在民族所内部，由于一位学生的努力——他于 90 年代早期从伦敦经济政治学院获得博士学位——英国式的民族志化和社会学化的人类学成为支配范式。这种范式的支配遭到一些学者的强烈抵制。他们中有受过亲属制度结构研究训练的人类学家，但最近已经重新定位做有关台湾日据时代的民族学研究；有受过美国训练的人类学家，曾经翻译过一些莫斯的作品；一位应用人类学家，以及一位拒绝区分社会学和人类学的农村社会学家。

现位于台北南港的历史语言研究所，随着对现代中国历史编纂学、考古学和语言学的民族主义的批评研究的扩展，以及由英美新一代社会科学写作引发的对"族性"的批评研究之扩展，包含丰富民族多样性的文明体这个"旧容器"已经成为后现代的攻击对象。

在《人类学在社会科学中的地位及其教学问题》[①]一文中，列维－施特劳斯论述了民族志、民族学和人类学的关系。他赞成人类学对民族志和民族学的包含，将民族志视为人类学研究的第一步，它存在于专题论文处理小地方的时候还是一种进行调查的技术；民族学作为第二步，或者说是走向综合的第一步，既可以是地区上的也可以是历史上的比较与关联。人类学作为第三步，如列维－施特劳斯所说："以获取关于人类的全面知识为目标——在其全部的历史和地理范围内把握这一主体，寻求可适用于整个人类进化的知识。"[②]

列维－施特劳斯的观点对我而言很有启发，但是我想这种说法很难被我的中国同行们接受。今天许多中国社会学家仍旧认为人类学是一种微观社会学，或者是对乡村社区（也包括那些少数民族地区）的民族志研究，以补充"主流社会学家"所做的大范围社会调查。同时，许多民族学家将人类学理解成西方学问的一种方式，虽然它的学术边界与他们自己的学科重叠，但是它的研究目标远没有他

---

① Claude Lévi-Strauss, "The Place of Anthropology in the Teaching of the Social Sciences and Problems Raised in Teaching it", in his *Structural Anthropology*, pp.346–381. 亦参见列维－施特劳斯：《人类学在社会科学中的地位及其教学问题》，见其《结构人类学》(1)，张祖建译，377 页，北京：中国人民大学出版社，2006。

② Ibid., pp.355–356.

们自己的研究主题实用——他们进行的是为政策服务的少数民族研究。

在历史上来比较，20 世纪 20—40 年代中国社会科学的“手足相争”作为一个民族志化和社会学化的不同案例，值得我们思考。罗兰认为，在第二次世界大战之后，民族学在欧洲，已经被社会人类学大范围包含并胜利吸收为其中一点，以至于今天很多人类学家听说民族学还是一个独立的学科时都会感到意外。[①] 在中国我们看到民族学这个名字仍会感到熟悉，但是它已经和跨文化关系过程的长时段历史研究没多大关系了，只是在特殊的政策平台上生存。社会学和民族学的手足之争在实用的层面上仍然继续，随着人类学离开“不实用”的领域，这已演变成超出社会科学实用性本身的竞赛（吊诡的是，这种人类学的定义受到许多海归的中国人类学学生和本土出身的人类学家共同反对，他们通过西方格调的医学、旅游、遗产和灾后文化研究，在拼命地追求自己学科的实用性）。

今日的中国民族学家可以说并不喜欢人类学家。三十年前他们成功获得教育部和民委的支持，后者指定民族学与人类学的相互关系为“民族学（包含文化人类学）”。1995 年，一群人类学家齐聚北京，产生了一份反对的提案。他们写了一份“请愿书”递交到教育部，认为人类学应该成为一门独立学科。教育部主管分科的领导回应说，对中国人来说，“人类学”听起来很奇怪，并且对他而言这似乎也是一门无用之学，与“我们的社会主义现代化”无关。他不同意人类学获得更多的独立性，不过却善意地表达了他对这门既不独立、定义暧昧又无用的学科之未来的担忧：不像民族学依靠民委提供的经费生存，人类学除了外国经费要寻找其他资源是很难的。最终教育部采用了费孝通——那时候他是全国人大常委会副委员长——的观点，决定人类学应被包含进“大社会学”里边，而民族学继续为“一级学科”。

在这样一种情况下，我开始思考 1949 年以前的社会学和民族学。重新回顾 20 世纪 20 年代、30—40 年代的这两门学科，我们会有些反思和批评。两个“流派”都过深地陷入对国家的叙述中：然而为了构建国家，社会学倾向于提供正在等待国家工业化和城市化的小型农村地区的经验材料，民族学倾向于重新发现帝制中国是一个多元的自足体，来作为国家的创世神话。那么必然，社会学和民族学以两种不同的方式扭曲了中国文明的过去：通过将其降解为一种持续的乡土想

---

① Michael Rowlands：《从民族学到物质文化（再到民族学）》，载王铭铭主编：《中国人类学评论》，第 5 辑，80 页。

象，以及通过国家化它的超国家的历史。在我看来，前“现代”中国是一个超社会（超国家）体系，一个文明体，一个与其他世界相关联的世界；这对任何处境下的学者都是真的，对于那些追求“中国化”的学者来说，如果没有基督教化则“中国化”不可能；对于那些提倡“科学的东方学在中国”的学者来说，如果离开“不科学的东方学”，发达的西方之物也没法创造。由于方法论的和政治的“实践理性”，社会科学家们，诸如共和国的社会学家和民族学家，将自己封闭在“科学惯习”里，而这正是他们帮助建构的。

基于上述特定的原因，这两种对立的遗产并没有公开它们从西方学到的所有东西，相反它们极有选择性地使用其中某些部分。

我们中国人类学家错过了什么？让我们再度回到“往日时光”的情节中寻找。

1913—1930 年间，在巴黎，许多民族学要素被重新合并到社会学中。莫斯，拉近并使德国传播论和美国文化人类学前后关联，他曾写作民族学论文强调研究他所说的“文明现象”之重要性——技术和社会组织原则的借用，以及“似乎对社会生活而言最私人的——秘密社会或秘密宗教仪式”的繁荣。[①] 莫斯指出：“这些文明现象本质上是国际性的、外在于国家性的。它们因此能被定义成与社会现象相反，后者针对的是某某社会，当那些社会现象为某些社会所共有时，它们或多或少彼此关联，通过长时期的接触，通过一些永久的中介，或者通过共同祖先而来的关系而存在。”[②]

凌纯声曾于 20 世纪 20 年代居住于巴黎，跟从莫斯及其同事学习民族学。从他于 1934 年所写的一篇文章来看，凌纯声已经熟练掌握了由英国、德国和法国专家提出的民族志方法和民族学方法。他肯定也知道莫斯关于文明的观点，但他并没有立即开始自己关于“文明现象”的研究，直至 50 年代。凌纯声几乎将全部时间花在中国范围内不同少数民族的民族志研究上，并将田野资料与中国民族整合的历史相关联。在学科本身之外，他的民族学揭示了作为一位中国知识分子对集体的文化怀旧的表达。如同凌纯声自己在方法论文章开端所承认的，“自孙中山先生提倡‘三民主义’，列民族主义于‘三民主义’之首，民族二字始引起

① Mauss, *Techniques, Technologies and Civilisation*.

② Ibid., p.61. 黑体部分为原文斜体。

国人注意，而民族学的研究，在中国亦应运而发达”。①

与民族学相比，20 世纪早期的中国社会似乎与民族主义的历史叙述没那么直接的联系。可以说它是基督教反异端主义和一种中国化的科学之混合。带着更少历史负担，中国社会学学科在 20 世纪 30—40 年代加入现代化叙述中，其中涂尔干的“良心”概念反而被避开了。这大概是因为“社会学的中国学派”更倾向于将它放到儒家传统里，社会学家例如费孝通将其视为他自然而然继承了的。②

20 世纪 20—30 年代，还存在别的社会科学概念。其中一个值得我们注意的人物是杨堃。杨堃在巴黎完成学业的时候正是葛兰言发展他的文明理论之时。葛兰言的理论来自上古中国的神话和历史。在我看来，他的文明概念化是对涂尔干式的超越性之观点和莫斯式的关系概念的一个很好的综合。他也强调了超社会的文明现象，葛兰言力图将中国世界当作一个个案或者理论。对他而言，中国文明是一种与罗马帝国不同类型的秩序，一种跨文化的关系是以伟人的身体为中心的。杨堃在书评中曾简要提及葛兰言的书③，但他甚至没有机会将其与自己的民族学研究勾连起来。

罗兰简要地描述了旧民族学对“文化遗存的丧失与保存”的回应已发生的转移：“作为一种集体的文化怀旧，民族学与客观主义的社会科学的兴起有关（从孔德到涂尔干、滕尼斯等），主观主义社会科学想建立一种变迁的科学，关注在深刻的社会和经济变迁中，什么可以让社会团结在一起。德国民族学的反应有些不同，民族学从业者反而专注于一种超越性的但仍属世俗的‘文明’观念，以此体现身份的恒定性。”④

对于什么导致欧洲学术界分立的回答，似乎也解释了 1949 年前中国社会科学界的手足之争。尽管民国社会科学更热爱中国自身，一个由帝国转变的国家，其实自己有一块“大陆”，努力从外部吸收技术和精神。

我们承认，尽管他们有意识形态困境，但学者们在那些时代创作出的可靠的专题民族志和伟大的历史景观，至今看来仍旧新颖。吴文藻和傅斯年及其他人留

---

① 凌纯声：《民族学实地调查方法》，见凌纯声、林耀华等：《20 世纪中国人类学民族学研究方法与方法论》，1 页，北京：民族出版社，2004。

② 费孝通：《皇权与绅权》，见其《乡土中国》。

③ 杨堃：《葛兰言研究导论》，见其《社会学与民俗学》，107—141 页。

④ Michael Rowlands：《从民族学到物质文化（再到民族学）》，载王铭铭主编：《中国人类学评论》，第 5 辑，85 页。

下的遗产可以说仍旧是极有价值的。这一点尤其明显——一旦我们认识到1949年以后中国社会科学已经首先被进化论幻觉所支配，然后被邓小平主义关于政治–经济实用主义的“猫和老鼠”游戏所支配，便会发现这种实用主义是民国中国社会科学两个“流派”都不会喜欢的。

对吴文藻社会学中国化或傅斯年的“科学的东方学”的反讽应简单地视作一对史料，它们提供了有关认识论上的殖民主义真相；它们是历史遗留的经验教训，有待我们学习。

由于他们共同逃避，在20世纪20—30年代中国社会学和民族学之间的交流是如此匮乏，以至于在由双方开展的边政学时期，两个“兄弟学科”没有产生良好的结合。①

逝者难追，但“前事不忘后事之师”。这场社会学与民族学的“手足之争”看起来像是一个家庭里的矛盾，然而他们实际上又与“外部”或“家外”联系密切——毕竟社会学与民族学都不是中国的发明，尽管我们可以在古代中国文献中发现他们相似的“对应物”。这一事实本身是有启发的：它告诉我们很多关于相互依赖、附属和区分的内容，正如派克与他的燕京学生之间的关系一样，“内部”（小型区域和整体），和“外部”（在更大世界中的超地方进程）之间存在着某种关系。解释了吴文藻社会学的中国化或傅斯年的“科学主义东方学”，也就解释了中国社会和文明进程的构成。当这两个对立的“学派”被同时放在一种社会生活的困境中时，他们研究的“客体”和他们知识的“主体”便即刻得到了解释。

① 若干年前我偶然问起费孝通先生关于他与“中研院”民族学家之间的联系，他回答说“我和他们谈得不多”。他说：“当时我们燕京社会学家对自己的理论水平非常自豪，看不起‘中研院’的专家，他们只会摆弄一下档案，研究一下古史。在我们看来这是很笨的。他们也不喜欢我们，认为我们是一群时髦的年轻人，根本不懂历史。”我问他对凌纯声的评价，他回答道：“哦，那个人，典型的‘中研院’派。”我并没有告诉费先生我不同意他对民族学的“反感”。在我看来，这两种“流派”如果能看到对方的补充——民族志的“深度描述”和民族学的跨文化关系的宏观视角，那无疑会更强大。

第三十二章

吴文藻、费孝通的“中华民族”理论

一、吴文藻先生与他的“民族与国家”

（一）

吴文藻这个名字，大家不一定很熟悉，而对他的学生费孝通，人们则肯定相当了解。细读吴文藻和费孝通的著作，我发现，费孝通对吴文藻的超越，主要是经验研究上的，在观念上，继承的因素则比较显然。

接下来，我会讲讲吴先生与费先生这两个前辈关于“民族”的若干前后相续的想法。

（二）

为什么要谈“民族”？“民族”这两个字，对于吴文藻和费孝通到底意味着什么？

费孝通的一句话，对以上问题起画龙点睛的说明作用。

费先生在1989年的一个会上（21世纪婴幼儿教育与发展国际会议）做了一个报告，他的报告题目叫作“从小培养21世纪的人”，报告里有这样一句话：“20世纪是世界范围的战国时代。”[①]这句话是我们为什么要讲“民族”的一个理由。所谓“战国时代”，对我们中国来说，就是没有大一统，每个诸侯都认为自己是王，而且竞争着当“王中王”。每一个王都会想，我所管辖的范围是非常神圣、不容侵犯的，你若侵犯就是对我荣誉的污蔑。并且，因为是“战国”，所以王根据武力来扩张也成为正当之事。至少从神话学的意义上，“战国”之前的天

① 费孝通：《从小培养21世纪的人》，见其《论人类学与文化自觉》，168页，北京：华夏出版社，2004。

下是大家的信仰，但“战国”时，人们满足于把国家当作力量和信仰的最高单位。在天下时代，人们认为世界由三个层次组成：家，国，天下。国之外还有天下。到了战国时代，天下这个大体系就沦落了。为什么费孝通先生说20世纪是一个“世界范围的战国时代”呢？这当然是一种形容，是一种贴切的形容。

20世纪经过的几个阶段，都跟每个民族想获得自己的至高无上的权力有关，而且对这种主权的景仰往往导致国家之间的战争。两次世界大战之后，盟国制定了世界秩序的纲要，且欲使之成为世界政治准则。他们在制定这个纲要的时候，强调了任何一个民族都有成为一个国家的自由。可是，到60年代，问题就出现了。想建立自己国家的那些民族，很多是所谓落后于欧洲和美国的殖民地。当殖民地想建立自己国家的时候，前提是要反殖民主义，这样就诞生了一些基于部落社会重组的国家。这些国家往往很难说是一个民族。

1963年，人类学界和社会学界有过一次比较紧密的合作。人类学者克利福德·格尔兹和社会学者爱德华·希尔斯合作的《旧社会与新国家》，对这个问题有所反思。①

新国家这种东西很矛盾，一方面，所谓“后殖民的新国家”受益于西方世界秩序的基本观念；另一方面，在同一时期，“冷战”又出现了，国与国围绕截然不同的意识形态，相互有了隔阂，世界被分为两大块，红色的一块和蓝色的一块。而恰恰是这两个体系，同时在推进新国家的诞生。虽然两者的意识形态截然不同，但是前提条件是共享的。苏联在19世纪末20世纪初的时候对马克思主义有了一个拓展。马克思主义是第一个认为只研究一个社会是不够的，还要研究不同社会构成的等级体系的一种理论。到了列宁的阶段，苏联理论家一方面对帝国主义的世界体系进行了有创意的阐述，另一方面又看到，帝国主义留下的后患和社会主义的希望实际上是共通的。被殖民、被欺负的东方国家和部落社会想建立自己的民族国家，对帝国主义来说是后患，但这恰也是世界共产主义运动的希望。苏联理论家认为红色阵营可以利用东方与部落社会的建国运动来推进其事业的世界化，于是也采用一种把民族和国家对等的民族政策。

围绕着“民族”，以“后社会主义”“文明冲突”“全球化”为理论思考的方式，20世纪社会科学进入它的最后时刻。现在西方学界时兴一个概念叫作“后社会主义”，所谓“后社会主义”，实质就是要把类似于“帝国”的那个红色国

---

① Clifford Geertz, ed., *Old Societies and New States*, New York：The Free Press, 1968.

际体系消解为以民族为单位的国家。"后社会主义"跟文明冲突论有关。

刚刚过世的政治学家亨廷顿提出一个关于文明冲突的理论，这个理论不乏一些优点，它试图基于宗教和传统来看待世界秩序，而不是基于国家和大块的意识形态体系来分析世界格局。文明冲突也可以说是"后冷战""后社会主义"的格局，不过这种冲突不是以民族国家为单位的。另外，学界也出现了"全球化"概念。"全球化"的前提还是国家，疆界的被穿透就是"全球化"。20世纪后期，我们似乎看到，"后社会主义"带来了"冷战"的结束（这当然是资本主义阵营的理想了），文明冲突的理论好像跟"冷战"结束又是一个相反的东西（与它相伴的事件很多，比如"恐怖主义"这样的概念的出现），而"全球化"其实也不过是与"民族"和"国家"相关的"超社会运动"。

回到费孝通所言，他说，20世纪是个"世界性的战国时代"，对此，我的理解是，这个时代，"以民族为单位建立国家"成为一条世界性的纲领，但矛盾的是，国与国之间的竞赛，又是这个时代的另一大特征，从一定意义上讲，所谓"冷战""后社会主义""文明冲突""全球化"不过是"战国式竞赛"的具体表现。

我们讨论民族问题的理由还可以用吴文藻先生在1942年发表的《边政学发凡》一文来说明。这篇文章中有这样一段话："中国与西洋各国的国情不同。中国是开化最早的古国，在五千余年间，已造成了一个伟大的中华民族。中国应与整个欧洲来比，才能明了中国文化悠久的意义。中国以民族协和而统一，欧洲以民族冲突而分裂。中国政治思想，在过去可述者，例如古来华夷之辩，王霸之争；文化重于国家的观念；不勤远略，不尚武功的信念；'以夷制夷''以蛮理蛮'之说；历代（特别是明清之交）的民族思想，及筹边治边的策论；清末种族革命论及大汉族主义；民元汉满蒙回藏五族共和之说。现在可述者，如西洋输入的国家主义、民主主义、社会主义，以及共产主义的思潮；国父首创的三民主义以及边疆民族政策的根本观念，包括最近'边疆施政纲要'所含一贯的道理；时人盛倡的大民族国家论；乃至有人主张准许蒙藏高度自治，将来在中华民族大一统的共和国中，极为自由，地位的理想；中国文化为王道文化，西方文化为霸道文化之说；万邦协和，世界大同之说。中国正统文化，爱好和平，反对侵略；民族思想，开明一贯。此种优点，值得吾人发扬而光大之。"[①] 把中国与整个欧洲相

① 吴文藻：《边政学发凡》，见其《吴文藻人类学社会学研究文集》，273页，北京：民族出版社，1990。

比，这是我们今天没有胆量做的事。近代欧洲是什么？不就是罗马帝国的少数民族成为在世界上占有主导地位的欧洲吗？欧洲成为近代化中的其他国家模仿的榜样。吴先生说，今日的中国应该跟罗马帝国来比，不应该跟英国的少数民族来比。如果我们按照吴先生的思路比一比，那一定会发现一个情景：中国历史似乎预示着欧洲的未来。中国的少数民族并没有成为国家，这是怎么实现的？我认为，吴文藻关心的，恰是这个问题。他提供的答案是，欧洲是以武力霸道为中心观念和制度形态，而中国是讲和平的。这个说法，也许有怀疑主义心态的大家不太相信。历史上，中国打来打去的事情也很多。我们可以模仿西方人来揭露我们中国人自己的“恶”，这毫无疑问。不过，实际上吴文藻最精彩的地方不在这里，而是他那拿英国殖民政策来跟中国的民族政策相比较的勇气。吴先生认为，英国殖民政策值得国内少数民族政策制定者借鉴，他大胆地指出，我们这个国家，本也有许多向外拓殖的历史。大家不见得有民国期间吴先生的勇气，我仍然认为吴文藻不很成熟的文字背后有一种似乎让我蛮赞同的东西，好像我们的确有一种东西还是跟欧洲不一样，那个东西到底是什么？

我们最早的祖宗，很难说是“中国人”，我们知道周代的王可能是羌族人，这个历史事实决定了我们该如何理解宋以后蒙古族、满族对“中国”的统治。你可以说，蒙古族和满族也是中华民族的一部分，作为五十六个民族中的两个，统治过我们，这也不算什么。过去有不少学者花了毕生的经历论证蒙古族和满族这些曾经统治汉族的民族也是我们中华民族的一部分。外国人就不能理解为什么是这样的。硬要把元朝与清朝的统治民族说成是“中华”的一部分，好像让人不可接受，但前辈论证这些民族的“中华性”所费的功夫，好像还是有点意义。我们如果认为自己的祖宗是周人，那么，周人与羌人的密切关系，好像也表明我们这个民族不是“纯洁的种族”，因之，前辈说异族就是本族，这个说法好像也很精彩。如何理解在西学里面看起来如此矛盾的中国“民族”？我们又要讲到费孝通，他是最有意思的中国式民族学家之一，他用一句话概括了吴文藻期待出现的这种智慧，那就是，“你中有我，我中有你”。“中国”不简单是一个民族国家，而是一个超民族的大体系。这种大体系的性质到底是什么？除了武力，更重要的使其能够延续、不断复兴以至让蛮夷接受的机制是什么？因为这样的问题今天的社会科学家大抵解释不清，“不可理喻”，所以，值得我们加以思索。

20世纪的本质特征是以上说的“战国时代”，这就致使社会科学家在思考社会与世界时采用了“战国时代”通用观念，这在学术上留下的最严重后果是以国为任何学科的研究单位，而不是以吴文藻脑子里那种“混沌”的“中华民族”为研究单位。

（三）

以上内容，构成我们在社会科学中重新诠释“民族”“国家”“世界”之间关系的理由。

以下，我先要谈谈吴文藻的有关看法。

吴文藻非常关心中国学术对世界学术的可能贡献。读他的一些作品，我还感到，这位前辈主张，中国对外的学术贡献，取决于我们是否能深入把握我们社会内部的关系特征。我自己认为，中国的内部关系不简单是上下关系。过去国内社会科学界，局限于将中国当作一个犹如民族国家那样有疆域的国家来研究其内部关系，且将关系归纳为上下关系（比如，中央与地方、上级和下级、国家与社会的关系）。我感到，吴文藻作品的精彩之处就在于，他认为中国的内部关系是上下、内外、你我关系的综合体。

对于关系的综合体的思考，不能说是从吴文藻开始的，大家可以再往前推，推到梁启超，再推到魏源，但我们不能否认，吴文藻用专业的语言对它做了阐述。

（四）

西方人理解世界，出发点多为他们自己的文明，他们比较理解部落社会融合成新国家的情况，比较理解原始文化如何变成政治文明（政治文明是有高度的民族历史自觉的社会）。而中国则有所不同，有不好理解之处。中国曾是一个大帝国，与部落社会很不同，到 20 世纪也要“建国”，这时她的状态、她的心情，都不是习惯于认为非西方就是部落社会的西方人所能理解的。

不过，西学的一些积累对于我们理解中国问题，依旧是有用的。关于“民族”，在我们真正读吴文藻的论述之前，有两个相关的西学脉络需要知道。

第一个脉络是关于族群性的论述。什么叫 ethnicity？作为整个群体，认为自己跟另一个群体不一样，这叫 ethnicity。这种感觉是怎么来的？第一种解释叫作原生论。原生论又分为三种。第一种是社会生物学的原生论，认为人大体上都是依赖于亲属制度以及亲人在生活，因而人的基因里面必然有一种利他的、以团体利益为先的心态。你的族群跟另一个族群之所以不一样，第一个要素就是你和你周边的亲戚有社会遗传上的关系，你的生存欲望是靠你对别人的依赖来实现的。第二种是历史地理学的原生论，19 世纪末 20 世纪初，由俄国民族学家史禄国创立。史禄国教授是费孝通的老师，他认为，所有民族的感受都是有基础的，这个基础主要是你在特定的地理氛围内，跟特定的他群交往的历史。这会让你感觉到，我们是一个民族，他们是一个民族。第三种是解释人类学的原生论，持这一说的人认为，文化是先定的那些偏见、那套感受和符号体系，这些自古有之，我们之所以感觉我们跟人不一样，就是基于这一套古老的文化想象，依据它来处理我们跟别人的关系与区分。

第二种流派叫工具论。他们认为这些原生论都是错的，认为任何民族的集体性认同都是出于功利的需要，特别是政治、经济等功利主义的需要。有不少人就用工具论的观点来批评中国的民族政策。

第三种流派叫建构论。建构论相对来说承认 ethnicity 有客观性，认为任何一个民族，自古以来都花费了很多心血维持各种各样的疆界，这种疆界对传统的维持是极端重要的。因此，它更像社会学的功利主义，而不是政治学的功利主义。

对于 ethnicity，大致有以上三种解释方法，这三种方法兴许都有它的好处。

接下来我们集中谈其中另一条脉络，nationalism，即民族主义或国族主义论述。集中对 nationalism 的学术研究大概始于 20 世纪 80 年代。刚才说的 ethnicity，可以追溯到 ethnos，就是史禄国的那个 20 世纪初的阶段，而关于 nationalism 的论述，则与 80 年代出现的几本著作有关。80 年代出现的三本书，导致整个人类学产生很多改变，别的领域也受其影响。这其中有两本书是比较重要的，一本是哲学家兼人类学家盖尔纳（Ernest Gellner，1925—1995）的《民族与民族主义》。盖尔纳认为，民族主义是现代性的必要条件，因为民族主义是一种普遍性的文化，只有这种普遍性的文化被建立起来了，这个国家才可能实现工业化。这个普遍性的文化是什么？就是教育体制。教育体制使得那种面对面的社会转变成不需要面对面的社会。什么是面对面的社会？就是你每天都生活在同一个村子里，每天都跟同样的人见面、聊天等这样一种传统社区。所谓民族主义是一种现代的交际方式，是远距离的，只有脱离了熟人社区的条件，才能进入一个真正的现代工业社会。[①] 这本书影响很大，也有它的旧基础。我们中国制造的很多东西正如这本书说的，要通过一种新的教育体制的建立，来消灭内部的面对面的社会。例如，费孝通先生就喜欢致力于此，当然他也保有一点传统，他的乡

① 盖尔纳：《民族与民族主义》，韩红译，北京：中央编译出版社，2002。

绅主义，跟这个有点关系，但又有所不同。

第二本比较重要的书叫《想象的共同体》，作者安德森。盖尔纳说民族主义是现代性的必要条件，这被认为是社会学的论点；而安德森的这本书，被认为是人类学的观点。《想象的共同体》的理论非常简单，但是写得相当精彩，富有想象力。总结起来，这本书认为民族主义就是一种新宗教，好比说，我们信仰这个国家，于是通过各种各样的新的祭祀的方式，来塑造这个国家的象征，实现这个国家的统一和文化制度。①

第三本是霍布斯鲍姆的《民族与民族主义》，作者认为民族的历史只不过三四百年，霍布斯鲍姆通过写这本关于民族主义的起源的书，来强调这个观点。②他的另一本书《传统的发明》，对学界的影响也很大，他写了过去几百年来，不同民族为设想自己的过去而创造出的很多符号③，引起了学界的很多关注。

以上，我们谈了一些跟吴文藻论民族有关的、目前在英文世界比较流行的几个说法。这些说法对我们理解吴文藻都有帮助，但是不完整。

（五）

要理解吴先生的论述，也要先知道一点他的生平。

吴文藻 1901 年出生于江苏省江阴县，1917 年考入清华学堂，1923 年赴美留学。他最初的想法是学习自然科学。1905 年科举被废以后，中国的青年学子都想学自然科学和医学，吴文藻也不例外，但是后来他还是转向了社会科学。吴文藻是否像鲁迅和费孝通那样，为了医治社会而转向文学和社会科学？关于这点，他本人并没有细说。我们只知道，他到了美国之后，先是在达特茅斯学院学习社会学，获得很高赞赏，后来转入哥伦比亚大学，受到美国现代派人类学的奠基人波亚士以及人类学家本尼迪克特的影响。吴文藻的硕士论文研究的是国父的三民主义思想。他很有勇气，在美国读人类学，写的却是孙中山的三民主义，就好比我在英国读人类学，写的是毛泽东思想（我没这么做）。他的博士论文写的是《见于英国舆论与行动中的中国鸦片问题》，很有意思。吴文藻在美期间思想很活跃，我待会儿要讲的那篇文章，也是吴文藻 1926 年在哥伦比亚大学就学期间写的，文章发表在《留美学生季报》上。

---

① 安德森：《想象的共同体：民族主义的起源与散布》，吴叡人译，上海：上海人民出版社，2003。

② 霍布斯鲍姆：《民族与民族主义》，李金梅译，上海：上海人民出版社，2000。

③ 霍布斯鲍姆、兰格：《传统的发明》，顾杭、庞冠群译，南京：译林出版社，2004。

吴文藻1929年回到国内，在燕京大学任教。燕京大学是1919年才建立的教会大学，有很多美国教授。吴先生从1929年回国到1937年"七七事变"之前，做了许多事情。第一是讲课，难得的是，他是用中文讲课的，燕大是外国人的大学，他的这一举动被认为是"社会学中国化"的开端。第二是培养专业人才，40年代以后中国社会学、人类学、民族学很重要的一批人都是他带出来的，其中就包括费孝通。第三是提倡社区调查，这个方法可以说是有国际上的根基的，但是，又很有吴文藻的特色。人类学并不是单单做社区研究的学科，但当年吴文藻硬是把社区研究当成一种普遍适用的方法。他认为世界上不外乎有三种文明：部落文明、乡村文明和都市文明；他主张这三种文明都可以通过社区调查来进行深入的研究。

抗战期间，吴文藻去了边疆，到昆明建立了云南大学社会学系。后来又到了重庆，在国民政府任参事。抗战胜利后，他作为中国驻日代表团的成员到日本，一直到1951年才回国。

吴文藻虽然受的是完整的美国式教育，但是他的思想有"左翼色彩"，这从他早期的著作就可以看出。他在哥伦比亚大学时就听过美国共产党主席的课，而且很感兴趣。他在后面的一些文章里提到一个观点：中国只有到了像苏联那样尊重少数民族的时候，才可以说是一个自由平等的国家。吴文藻可以说是教会大学和美国大学培养出来的一个有左翼观点的知识分子，但是他不相信马克思主义的唯物论，他跟唯物论保持一定距离。他以及他的徒弟们跟"中央研究院"的那些老专家们不一样——那些人虽然也有"左倾"的，但基本上是属于国民党右派那个系列的。

"院系调整"后，吴文藻于1953年到中央民族学院任教。随着国内政治形势的变化，他也经历了"反右""文革"的狂风暴雨。在冰心《我的老伴吴文藻》这篇文章里，有一段说到，他被打成"右派"之后，有相当长一段时间还是帮着校订《民族问题三种丛书》，而且也写过一些东西，但是这些东西都是不署名的。①

尼克松访华的时候，他们这些人当然要出来，因为他们被认为是英美派的知识分子。

后来，吴先生又做了一些翻译工作，其中之一就是韦尔斯（H. G. Wells，1866—1946）的《世界史纲》。这本书其实很重要。

1985年吴文藻就过世了。

对于吴文藻的生平我没有直接知识，我没见过他，1985年的时候我本科刚

---

① 冰心:《我的老伴吴文藻》，见吴文藻:《吴文藻人类学社会学研究文集》，14—15页。

毕业，愣头愣脑，读的是民族史，本该试着去认识吴文藻，却没有对他给予必要的关注。与大家一样，我关注更多的，反倒是费孝通先生。1989 年我从考古学叛变到人类学，就是因为费孝通《乡土中国》的再版。概述让我觉得学术可以如此精彩而“有用”，我当时误认为考古学精彩但没用，现在后悔不及。后来我到北大工作，才对吴文藻有了间接印象。因为北大社会学所是费孝通先生创建的，费孝通在文章言谈里面偶然就会说到这些事。我再看吴文藻的文章，觉得这个老先生不简单。

吴文藻和费孝通的不同在哪里？吴文藻是老师，而费孝通是个聪明的学生。作为一个老师，吴文藻并不追求自己发表文章之类，他只不过是希望自己的学生能成为“费孝通”，这样费孝通就冒出来了。费孝通在晚年写过一篇《开风气，育人才》，说吴文藻为人师表的作风很好。[①] 这更让我对吴文藻景仰有加。我们这个时代需要很多吴文藻这样的人、这样厉害的老师。

（六）

接下来我们来讲他的《民族与国家》一文，这是吴先生写过的数十篇文章之一，也是其中的早期作品，写于 1926 年。

1926 年是中国的社会学、人类学、民族学这三门社会科学真正开始享有自己学科“待遇”的年份。在此之前，我国有很多独立的思想，但是社会科学停留在翻译上。到 1926 年，因各种原因，中国的一批学者想要有自己的“西学”。这一年，在我们这个学科出现了两篇很重要的文章，是在中国的学科体制建成之前出现的思想，并引领了学科的发展。人们写学科史，多从机构史出发，其实，优秀知识分子个体的文章，才是决定性的因素，它们决定了学科后来的走势。思想史决定了机构史，真正的机构史大概开始于 1929 年，当时“中央研究院”已经成立，有民族学的专业，也有社会学的专业，同时，燕京大学迎来了本土学者，之前的那些老师要么是外国人，要么是只会讲英语的中国人。从这时候起，中国的学者开始摸索这个学科的建制。在此之前，1926 年出现的蔡元培的《说民族学》和吴文藻的《民族与国家》，可以说是思想的开拓。

《民族与国家》这篇文章有一个导论，引了《论语》中的一段话，我们要先把这个意思了解清楚，才能知道那个事情是什么。从导论来看，他写这篇文章的

① 费孝通：《开风气，育人才》，载王庆仁等主编：《吴文藻纪念文集》，北京：中央民族大学出版社，1997。

意图，就是给“民族”和“国家”施加比较严谨的定义。[①]第二段说到孙中山对民族与国家的定义，他认为孙中山做了很好的澄清，但是还不够清楚。孙中山说 nation 这个词有两种解释，一是民族，一是国家。[②]孙中山的定义很像我们后来接受的斯大林的定义，斯大林对民族定义的四个标准大家都知道，它们是共同语言、地域、生活方式，还有心理。斯大林这个民族定义基本上也是受史禄国的启发。但是不同于斯大林，孙中山的脑子里还保有血统的观念。接下来吴文藻又说了张慰慈对民族与国家的定义。[③]张慰慈是中国近代政治学的创始人，他关于 nation 的论述，跟孙中山的差不多。吴文藻总结了孙中山和张慰慈的观点，提出两个重点：第一，孙、张两人都认为 nation 这个词在汉语里面可以被表达为两个意思，一为民族，一为国家；第二，两人都“未严民族与种族之分，国家与政邦之分”。民族、种族、国家、政邦，这四个概念，在吴文藻看来是不一样的。这篇文章接下来的篇幅，是它的核心内容，围绕这四个概念的不同和关系的演变，来陈述他对西方的民族与国家之间关系论述的一个历史的理解。这一理解又是为了回过头来说明，把 nation 混同于 state 是不对的。[④]

吴先生首先把种族与民族做了一个清晰的区分，说种族是一个生物学的概念，而民族是一个文化人类学或社会人类学的概念。[⑤]这是什么意思呢？有一个通常的意思就是，你不要认为黑人是一种民族，黄种人是一种民族，不要靠体质特征来区分民族。也就是说，在这一点上，他不同于我刚才提到的生物学的原生论。民族是由文化导出来的，而不是由身体导出来的，是我长期侵染于某一种文化当中，使得我归属于这种文化，成为这种文化的一分子，由此可以说我是归属于这个民族的。

政邦和国家的区别是什么？大概是 polity 和 state 的区别。polity 的原型是什么呢？吴文藻的背后肯定有一个想法，就是希腊的城邦政治到国家理论兴起之前的这一漫长的过程中，人们谈政治的时候，不见得把政治归属于某一个政府，这时候有一种政邦的思想，当然这个政治是集体的。而国家，就已经是一个体制化的东西了，所以要把政邦那个时候的影响和黑格尔以来关于国家的论述做一个区分。[⑥]

---

① 吴文藻：《民族与国家》，见其《吴文藻人类学社会学研究文集》，19 页。

② 同上，19—20 页。

③ 同上，20—21 页。

④ 同上，21—36 页。

⑤ 同上，23 页。

⑥ 同上，22—24 页。

分析了这四个概念之后，他就开始对19世纪末欧洲关于民族论述的几个重要人物做了一个谱系性的说明，他称为“三大关键”，分别是德国的柏伦知理（Bluntchli Johann Caspar，1808—1881）、法国的吕南（E. Renan，1823—1892），以及英国的席满恩（A. E. Zimmern，1879—1957）。① 对于柏伦知理的民族思想，吴文藻的总结是，它是一种客观的民族定义，也就是说，是以一种政治事实来定义民族。吕南的定义则是主观的，他认为民族是可以主观选择的，我可以投票说我们是什么族。英国的席满恩继承了吕南的很多思想，但是提出了相对来说不那么极端的、比较能够接受的一种综合的定义，他说：“民族性者，乃一种团体意识之外表也；此团体意识，寄托于一定之家乡邦土之上，富有特殊之强度，特殊之密度，及特殊之尊严者也。民族者，即借此种团体意识而结合之人群也。”②

经过前面的梳理之后，吴文藻开始进入对中国的论述。他认为最好的民族定义是梁启超的。他在文章中引了一段梁启超的论述：“最初由若干有血缘关系之人，根据生理本能，互营共同生活，对于自然的环境，常为共通的反应；而个人与个人间，又为相互的刺激，相互的反应；心理上之沟通，日益繁复，协力分业之机能的关系，日益致密；乃发明公用之语言及其他工具，养成共有之信仰学艺及其他趣嗜；经无数年无数人协同努力所积之共业，厘然成一特异之‘文化枢系’；与异族相接触，则对他而自觉为我。”③

梁启超写于1905年的文章《历史上中国民族之观察》，是有双重的民族定义的。一方面，他认为境内所有的民族都是如此生发出来的；另一方面，这样一个概念还可以被应用到理解这个族和那个族的交往所融合成的更大的中国民族。④

吴文藻比较倾向于梁启超的观点。

参照中外昔今之说，吴文藻对民族下的定义是：“民族者，乃一人群也；此人群发明公用之语言文字，或操最相近之方言，怀抱共同之历史传统，组成一特殊之文明社会，或自以为组成一特殊之文明社会，而无需乎政治上之统一；当民族之形成也，宗教与政治，或曾各自发生其相当之条件的效力，第其续续之影

① 三者思想的比较详见《吴文藻人类学社会学研究文集》，25—28页。

② 转引自吴文藻：《吴文藻人类学社会学研究文集》，28页。

③ 同上，29页。

④ 梁启超：《历史上中国民族之观察》，见其《饮冰室文集点校》，第3集，吴松等点校，1678—1691页，昆明：云南教育出版社，2001。

响，固非必需也。故民族者首属于文化及心理者也，次属于政治者也。”[①]

这个观点不同于 ethnicity 的工具论，吴文藻认为民族的诞生并不是由一些阴谋家或个人为了利益而创造出来的，还有一定的历史，有共同的积淀；因而，这个观点很像原生论的观点，但是又不同于生物学的原生论，也不简单等同于解释学的原生论，虽然有一定的历史地理学的因素，但更强调特殊文明社会。这是一个文化差异的理论，但又有一定的梁启超的进化主义的思想在里面。如果把这个观点和建构主义相比，你我区分是建构主义观点的核心，而在吴文藻的观点中，因为有共同的文字或语言，有共同的历史传统，因此他们相信他们是一个文明社会。从这点来看，对吴文藻而言，民族和民族之间的疆界并不是很重要。

吴文藻下的民族定义，将民族和国家这两个概念区分开来，认为民族是文化的，国家是政治的。他说：“西方往者大都以国家为人类中之最高团体，国家与社会，视为同等；我国则久以国家为家族并重之团体，国家之意识圈外，尚有天下。”[②]也就是说，不以一个至高无上的国家的观念来笼罩作为一个文化自觉团体的民族。他认为国家和民族是可以分开来说的，这是因为中西的传统不同。关于这个差异，吴文藻没有进行更深一步的挖掘，但是我认为他是看到了这个差异的，这值得我们关注。

当你认为国家是至高无上的时候，你的第一个要求是什么？你需要一个像神一样的人来笼罩你生活的整片国土，那就是“王”；而当你把国家看成家庭关系的延展的时候，对这个“王”的需要并不首要。一个国家假如是奠定在对一个绝对的王的信仰之上，则必然会走向把国家当成笼罩生活世界的一个体系。而当你把国家看作只不过是生活世界的一个中间环节，甚至这个环节并不基本，也起不到笼罩其他的作用，那么，这个意义上的国家，甚至可以倒过来说，是文化所创造的。具体来说，是什么创造的呢？是一个人伦的体系在缔造国家。我想，不能说是吴文藻一个人这么想，那个时代很多人有这个想法。这是值得我们关注的。

能够再往下延伸的另一点是：当你不采用这种“王”的思想去看一个民族的时候，你对他族的感受是不一样的。他的民族定义里面仅仅说的是“一个文明社会”，这意味着，我们认为我们和别人的差异仅是相对的，因为有一种文明使得我们成为一个民族。

---

① 吴文藻：《民族与国家》，见其《吴文藻人类学社会学研究文集》，30 页。

② 同上，32 页。

当时中国的“主流思想”，是通过“中央研究院”等大学的民族学和史语研究来表达的，学者研究作为一个整体的中国，尤其是其内部民族融合的历史，意图是为中国文化的同化提供历史与民族志的参照。这个融合的观点，受到了美国的民族融合政策的直接影响，甚至可以说更严重地受到了我们刚才讨论的盖尔纳所回望的民族主义思想的影响。这个观点强调教育的作用，主张通过教育来促进国家内部的文化划一化。同化是当时大家觉得应该接受的。因为反满和后来的反日的关系，很多人认为中国不应该分成这么多的民族，不应该承认我们内部存在那么多的差异。

我们从吴文藻的论著里面能看到“自由主义”的一面。在他的脑子里面，国家内部的文化差异并不使人担忧。之所以如此，我认为有两个原因。第一，自然而然，因为他是个华人，当你是个华人的时候，你对内部的差异相对来说不那么担忧。不过，吴文藻接受了结构－功能主义的观点，这一观点旨在揭示社会内部为什么是一个整体，它的解释是，社会各个部分是紧密相连的，所以成为一个整体。吴文藻接受这个观点。但他并不因为其影响而过分地强调整体，而仍然相信一个社会可以既是一个整体，又是多个整体，就像民族与国家的关系一样。我认为这是作为华人的他比较容易做到的。第二，如刚才说的，吴文藻是一个有“左翼色彩”的人，当时所谓的“左”，大抵指一些比较能宽容多样性、对现代性不简单全心拥抱的观点。这两个因素导致吴文藻既像新儒家在谈天下，又很像“左翼”在谈论怎么在凝聚全国力量的同时尊重国内的差异。

（七）

我曾在《民族与国家——从吴文藻的早期论述出发》一文中复述了吴文藻先生的看法，在此没有必要对其再加复述，但有必要谈谈我在阅读这篇旧作时生发的感想。

“中国民族”与后来的“中华民族”概念，在社会科学观念形态上一向面临着被指责为“反逻辑”的危机。就社会科学 nationalism 观念史的研究来看，无论是“中国民族”还是“中华民族”，“逻辑上”都很难说是一个“民族”。恰是因为这样，我们才需要不断从血缘、神话、地缘、制度等侧面重申自己构成一个“民族”，也恰是因为这样，20 世纪 80 年代以来，欧美出现了很多研究中国民族问题的专家，他们或以 ethnicity 为侧面，反映“中华民族”的观念困境，或以 nationalism 为侧面，反映中国民族融合的政治问题。

按说，没有一个国家不是多民族的，所谓“民族国家”不过是社会科学与政治观念的理想形态。当我们提“中国民族”“中华民族”的内在矛盾时，人们不免联想到英国人说 British 这个词带有的同类问题，特别是 British 之下的苏格兰、威尔士、爱尔兰问题。

吴文藻先生试图以民族与国家关系的不对称性来解决“中国”与“民族”之间的矛盾，他与梁启超一样，用两个意义上的“民族”来对待本可能是同一属性的事物，他认为这样做，矛盾就可以解决。

吴文藻在《边政学发凡》一文中更微妙地把这个问题展示了出来，他巧妙地把沿海地区的自然疆界和西部三面大陆的边疆这两个问题结合在一起。大家如果有心，可以读一下他的这篇文章，读了之后，你一定会知道，他在那篇文章里处理的不简单是民族问题，而是中央和区域的独立性之间的关系，而这些，在《民族与国家》这篇文章里就已经埋下了伏笔。

逻辑上讲，从梁启超一直到今天，民族学家之所以用“中国民族”“中华民族”的概念，根本原因是近代史上我们被发达国家挤压，而被挤压会生发民族认同。

吴文藻先生之所以会有这种特殊的民族主义，也可以说是因为他对国际的挤压有自己的反应。不过，吴先生的“对策”比时下一些现代主义者的“对策”要温和得多。

我们今日的许多民族论述，也是在挤压下产生的。不少学者因之欲求抛弃民族论述，认为应把少数民族改为“ethnic groups”，以便更好地将他们搭配到“中国民族”中。这是什么意思呢？“中国民族”的概念是以国家为基础来创建一个有国际竞争力的民族认同。为此，也有学者主张减少以至取消民族区域自治，建立一个整体化的强大国家，对内部加以“绥靖”，对外部加以“抵御”。

消除国家内部文化与利益差异，是各国建设现代性的主要策略，这点正是那些主张去除国家内部民族差异的学者所考虑的。这“对策”确实有其务实的一面，但仍旧不能摆脱费孝通先生概括的“世界性的战国时代”的圈套。这一“对策”固然有助于减少国家内部的利害冲突，有助于“强国”，但它似乎又是对欧洲中心的世界性国族体系的被动接受，它的实现，会把我们拖回“世界性的战国时代”。

“世界性的战国时代”导致的观念后果就是民族和国家的对等性被视作准则，用来衡量自己或别国。尽管这依旧是 21 世纪初的“国际范式”，但其导致的社会科学的重复论证，实在也有负面的效果。

读吴文藻的有关论著，你会有一种感觉，他有如此大的自由度，能一方面追求概念的清晰，以空前的清晰度，把种族和民族区分开来，把政邦和国家区分开来，一方面又在观念上刻意保持对“混沌”的敬畏。他把民族定义为文化性质的，把国家定义为政治性质的，意思就是要同时运用清晰化与“混沌化”（固然所谓“混沌”，不过是我们对他的语言的怀疑，而事实上，吴先生的本意，可能还是清晰化）的学术语言，想赋予社会科学足够的灵活度。

吴文藻说：“民族跨越文化，不复为民族；国家脱离政治，不成其为国家。民族跨越文化，作政治上之表示，则进为国家；国家脱离政治，失政治上之地位，则退为民族。民族与国家应有之区别，即以有无政治上之统一为断。”[①] 意思是说，民族如果超出了文化定义的范畴，往前走一步，就变成国家了；国家如果丧失了政治地位，就退为民族了。假如你把这个观点说给一个英国人听，他会是什么反应呢？对此，他一定会不怎么理解。我们可以想象，如果一个民族脱掉文化的外衣，而穿上政治的外衣，就成了一个国家。这有无数的例子，在中国有很多，不只少数民族这样。但是，一个国家脱掉政治的外衣而成为一个民族，这样的例子多吗？在吴文藻的结论里，没有一个国家拥有持久如一的文化，所有的国家都是多民族，只不过是历史脱掉政治或文化的外衣在不断地往前走。这是不是常态？如果他还健在，我会向他讨教：什么是“民族生活”的常态？

多元一体的民族理论，首先是一种“自相矛盾”的理论，它曾将我们引向了 20 世纪 50 年代以后民族建设的那条道路。我相信那条道路还没有走完，在 2009 年国庆时，“五十六朵花”还是在庆典上出现了。我们的民族概念依旧还会有矛盾，我们这些学者依旧宁愿选择“务实地”接受“世界性的战国时代”所规定的游戏规则。

然而，被我们视作矛盾的东西，在吴先生看来似乎不仅是中国的实情，而且若加以社会科学式的概括，则亦可以成为解决文明冲突问题的手段。当他将中国比作欧洲时，就包含有这一层意思。这层意思在康有为那里也曾被明确表达过，他曾认为，帝制下整体的庞大与文明的丰厚，是面对西方的中国的一大优势。读吴文藻的文章，我时常想，他那既逻辑又矛盾的心态与康有为的心态有着连续性，我时常想，他是否认为这种双重心态恰是世界和平的前提？吴文藻的学生费

---

① 吴文藻：《民族与国家》，见其《吴文藻人类学社会学研究文集》，36 页。

孝通在晚年提出一个“文化自觉”的概念，他相信，“中华民族”内在的复合性若得到充分认识，将有助于解决世界问题。

（八）

之所以讲吴文藻，是因为我想现在我们有必要回归到他那里，找一找我们到底有哪些需要重复，找一找我们到底能往前走多少；有必要模仿列维－施特劳斯笔下的佛教徒，塑造一个又一个完全相似的佛像（这些佛像的伟大之处恰恰不在于差异，而在于相似性和重复）。我在上文罗列了费孝通“世界性的战国时代”思想及吴文藻对中西差异的看法，罗列了西方关于 ethnicity 和 nationalism 的论述，尤其是将西方关于 ethnicity 和 nationalism 的论述拿来跟吴文藻相比。我发现，时下关于 ethnicity、nationalism 的论述虽有精彩的方面，但跟吴文藻的论述相比，其复杂性和精密性少得多，当下的研究者似乎更愿意停留于“世界性的战国时代”所设定的套套，相比而言，吴文藻的论述似乎还更贴近我们的现实（不只是我们中国的现实，而且是世界的现实）。至于他所说的到底意味着什么，他笔下的民族与国家相分离的政治体制是什么，以及对世界意味着什么，我不认为有人给予了妥善的解答，因而这些问题便应得到社会科学研究者的更多关注。

二、费孝通与他的“中华民族多元一体格局”

（一）

前面讲到，吴文藻这个人雄心很大，他谈的问题，在今天社会科学范畴内很难理清，我们更愿意懒惰地借用现成的西方概念，来实现自我认识，以此方便地展开我们的研究；而他则比我们更有胆量去挑战西学，他认为，我国的社会科学假使仅仅依靠欧洲那套民族和国家的概念来展开自己的研究，那就会犯不符合中国历史实际的错误。

关于吴文藻，有一两点仍要补充。

吴文藻对社会科学在中国的建立，有一套他自己的想法。他 1941 年在《三民主义周刊》上发表了一篇文章，题为“如何建立中国社会科学的基础”。我觉得这篇文章内涵丰厚，是费孝通先生等一代学者成长的思想背景；持这样观点的老师吴文藻，带出来的学生费孝通必然有这篇文章所谈及的关怀。吴文藻把中国社会科学基础的第一项列为“人才”，认为“突出人才是发展科学的第一要素”。[①]他主张在任何一门学科里面都首先要造就一批通才。这“通才”，意思跟我们今天多数学者所谈的不大一样。今天多数学者的观点是，通才是兼通诸学科的人才，难听点说，这相当于“万金油”。吴文藻所说的通才则是指一门学科思想的引领者。在他看来，一门学科要有它的大师，但大师还是以本学科为基础的。吴文藻认为，社会科学领域的通才要有一个特质，就是具备中国人文学的传统素养；不仅要通社会科学的基本思想，要能提出社会科学的大问题，同时要在中国人文学的传统上来思考这些问题。[②]

前面说到吴文藻先生的社会科学观一方面以概念的清晰化为特征，另一方面则有“混沌”的色彩。关于这点，也需要有所说明。

中国作为社会科学的研究对象到底指的是什么？在这方面，吴文藻的《民族与国家》给我们提出了富有启发的见解。从吴文藻半清晰、半混沌的状态再往前推，我们得出的结论是：这个意义上的中国，假如它是一个国家，它一定是超民族的、超社会的国家，因这国家里面包含各种各样的民族，各种各样的社会；如果采用文化的概念，我们也不能简单地说有一个统一的中国文化，假如这个国家有一个文化传统的话，那一定是超文化的文化。

20 世纪社会科学以国家为单位来做研究，一个不怎么符合这一概念的“国家”碰到了很多问题。20 世纪，中国要适应时代，只好变成非超国家的国家、非超民族的民族，最好是规规矩矩地在一个国际的国家格局下生存。

吴文藻认为通才应当具备中国人文学的素养，这也预示着，中国社会科学研究的任务十分沉重，一方面要对西学有充分的理解和把握，另一方面要有人文学素养。按我的理解，此处所谓人文学素养，是指一种传统给予我们的能力，是指具备基于历史上超国家、超社会、超民族、超文化的传统来展开一种中国式社会科学论述的能力。

我认为，吴文藻先生提出的观点在当下中国社会科学界还没有得到充分的讨论，甚至可以说，我们今天社会科学的失落，一大原因就是没有抓住中国的这个“超”字。

吴文藻说过，只有在跟欧洲相比的时候，中国的悠久历史才会被展示、被理

---

① 吴文藻：《如何建立中国社会科学的基础》，见其《吴文藻人类学社会学研究文集》，254 页。

② 同上，254—256 页。

解。我们在谈英国的时候，经常是隐隐约约知道它比中国小得多，但又隐隐约约感觉到英国比中国大。但凡对世界有一些了解的人都会知道，英国、法国、德国这些国家，其疆域跟中国的一些大的省份差不多；但是各种各样的社会科学的信息使我们以为，这些国家在世界上占的比重比我们大。吴文藻构想中国社会科学的前提正是避免这种社会科学导致的认识偏差。

吴文藻伟大，但留下的论著不多，他有很多想法，但他并没有机会和精力来实现他的想法。我们今天能够看到，从他这篇最早的写于1926年的具有出发点意义的《民族与国家》，能延展出一系列中国社会科学的论述，但是我觉得他没有实现这一系列论述。其中一个没有实现的论述，即，“超”字的历史基础及其在20世纪的持续。

要进行这项工作，需要一大批他文章中提到的“专才”，他们可以对中国境内的各个地区、各个民族、各个省份、各个体系进行个案的或综合的考察。在20世纪前期我国出现了很多这样的专才，他们展开了对各族的考察。但是另外一方面，要有通才来对这个“超”字的含义进行扎实而广泛的论述。

“超”字到底意味着什么？是什么样的体制保证了中国的超越性在几千年文明史中的持续存在？我们显然要讨论一种古代中国赖以克服国家、王权、地区性、民族性这些局限的机制的产生。

超越民族、超越国家意识、超越单一文化的这一套机制的出现，当然不是一蹴而就的，而是在漫长的历史进程中出现的。对于这项工作的研究，我想如果吴文藻在世的话，他会说这恰恰是他认为最重要的。那些专才所进行的专业研究固然非常重要，但是假如社会科学家没有在这个层次上寻找到实现这个“超”字的历史机制，那么我相信，吴文藻是不会满意的。

先设想一下，以上所说的“机制”会是什么？中国几千年来维持着费孝通所说的“一体”，或者“大一统”格局的机制是什么？如果我们可以把中国在民国以前的整个历史——像英美汉学家所做的那样——形容为“帝国”，要探讨超国家的“机制”的历史，就是要探讨这个“帝国”的历史，因此，对帝国的研究就显得非常重要。但是，帝国到底是不是研究中国所谓“超”传统的一个合适的概念？使人困惑的是，在西方，帝国这个名词一向被认定与东方有关；尽管欧洲也出现过帝国（罗马帝国），但是这个名词一直是与中东紧密相连的。西方人认为他们更文明、更有自我约束力，通过国家形成一种自我约束力；而东方国家则缺乏自我约束力。因为欧洲在中世纪长期遭受波斯人、阿拉伯人的侵犯，所以他们就把"帝国"和伊斯兰武力这个概念紧密地联系在一起。假使"帝国"有这么一段历史的话，它能否用来解开吴文藻所寻找的那个超国家的机制？我想，一方面好像应该是可以的，中华帝国想拥有这么一个庞大的大一统体系，是需要用武力来维持的；但似乎还有另外一些东西在促成这个超社会、超国家体系。

（二）

我说的"体系"，不一定是实在的现实制度，而很可能更像是一种心态体系。

下面我们要讲"中华民族的多元一体格局"理论，想通过费孝通先生的相关论述，对这一心态体系有间接接触。

费孝通一生抱负很高，但是受到很多限制，在论述这个问题的时候，必须浅尝辄止，不能全面地铺开，这也使得我们这一代人还有很多的思考余地。

我在上文中谈到费孝通的一个关键观点，维持这个机制的是"你中有我，我中有你"的文化状态，不是像新儒家说的"中国文化就是人文主义的儒家文化"，而是"你中有我，我中有你"的多元一体格局。

这在历史中是如何展开的呢？紧接着要讨论的，就是这个问题。

（三）

先介绍费孝通。

费孝通先生是江苏吴江人，我 1989 年第一次见到他，他的形象（当然我指的是他老年的形象）给我的感觉是跟弥勒佛很像。他很胖，总是笑眯眯的，让人很放心。1996 年我替他邀请伦敦经济学院的两位教授来中国，一位年轻教授得出一个结论，说费孝通成功的最主要原因是他的微笑——他的微笑让人非常放心，真诚得让每个人都很受感染。

可惜费先生几年前离开我们了，现在像他这种形象的学者已经很少，留下来的都是在座的，包括我在内的酸溜溜的"知道分子"，没有他那种厚实感和智慧。

费孝通一生经历过不少风波，每一次风波，他都用很狡黠的方法，微笑待之，他并不会彻底忘记风波，他不是神，也会记仇。

费孝通生于 1910 年，只比吴文藻小 6 岁。他在 14 岁的时候就有散文发表，可见是一个很爱写文章的天生文人。他的父亲是一个非常好的方志收集者，他的人类学方法有一方面就是跟他父亲学的方志学的东西。他的学术还有一个背景，一段跟基督教有关系的少年史。他因为引领了反教会的活动，而让学校感到不快，所以后来才到了燕京大学，矛盾的是，燕京大学依然是个基督教大学。1930年，他开始师从吴文藻，还跟着从美国密歇根大学回来的杨开道学习社会学调查方法和农村社会学；也跟张君劢有所接触，这使他有了一些新儒家的问题意识和关怀。

费孝通并不是出国以后才接触到西学。1932年美国芝加哥大学的社会学家派克来华讲学，对他影响颇深。同年，在吴文藻的推荐下，费孝通进入清华大学研究院社会学部，跟随俄国人类学家史禄国学习。他回忆说，他在史禄国那里学得还不够，只学了体质人类学的一点皮毛，而史禄国先生本有博大精深的民族理论。

费孝通除了受社会学家的影响，还广泛接触到对文史有深入研究的学者，比如顾颉刚和潘光旦。顾颉刚是疑古派的领军人物。实际上说他疑古也不全然，他是今天的人类学界最缺乏的那种学者。我常暗自想，我们今天的人类学者之所以这么不学无术，主要是因为多数人没有读顾颉刚。对整个汉以前的神话传说的梳理，对汉以后中国兴起的文化体制的研究，在这两个方面，顾颉刚是世界上最伟大的。我认为顾先生开创了一条中国古典学的道路。潘光旦呢？他一方面是生物学家，另一方面文史功底很深厚，同时又是一位优秀的社会思想家，三者综合于一身，在外国人里能跟他比的就是史禄国了。史禄国也有这些综合素养，在这个基础上，他提出 ethnos 理论；潘光旦虽然没有提出 ethnos 理论，但他对各个方面都有涉及。潘光旦在民族理论方面有重要贡献，这对费孝通是有影响的。他的第一大贡献是，以最鲜明的笔调，强调民族自我强化的重要性，同时批判了大民族主义。他的第二大贡献是土家族研究；他的研究发生于社会形态学兴盛之前，没有社会形态学的那种教条，对民族学研究摆脱社会形态学的制约有帮助。什么叫社会形态学？就是认为人类经历过原始社会、奴隶制社会、封建社会、资本主义社会、社会主义社会五个阶段，然后把每个民族当下的基本社会概貌放到这五个形态中去比较，对它进行历史定位，比如把纳西、摩梭定为原始母系社会，把藏族定为农奴制社会，等等。社会形态的说法使得这个民族成为某个社会阶段的表现，而并不是这个民族本身，潘光旦的想法就是要恢复这个民族本身的历史。他通过考证土家人的历史由来、认同产生的过程、跟汉族的关系等，创造了一个可以叫“新民族史”的东西，这一点对费孝通也是很有启发的。这种“新民族史”，一方面注重迁徙与关系的研究，另一方面强调要给予少数民族自治权。潘光旦挨整也是因为他做这样一项研究（“反右”时期给他的罪状是“分裂民族”）。后来潘光旦身陷重病，在费孝通的怀里逝世。

1935 年，费孝通开始了他的民族调查，进入广西大瑶山地区。对他的学生要求蛮高。他可能也知道费孝通想出国留学（我们今天也一样，但当年更是没办法，国内根本没有学位可读，不像我们今天，学位泛滥），史禄国要求他调查一年，再申请出国。我们就不一样了，如果哪个学生要出国，我们就跟他说：你既然要出国就不要调查了，国外的研究方法比国内强，你学到了再回来调查。结果这些学生回来以后都把中国人写成“鬼”——画鬼容易画人难。费孝通和他的新婚妻子王同惠就到了大瑶山地区，期间发生了事故，费孝通身受重伤，王同惠不幸去世。

也是在这个时期，拉德克利夫 – 布朗来到北京讲学。他是英国人类学结构功能派的代表人物，但实际上，在此之前，他很少在英国工作。在 20 世纪 40 年代以前，英国的人类学界基本上是在马林诺夫斯基的掌控之下。拉德克利夫 – 布朗很有开创性，特别大的贡献是用社会学的理论改造了人类学。在拉德克利夫 – 布朗之前的人类学是无所不包的，对社会的研究反而比较弱；拉德克利夫 – 布朗认为应该用社会科学的方法把人类学改造为一门真正意义上的社会科学。1935 年，他也被邀请到中国讲课。此时的费孝通，在大瑶山地区受伤后到了广州医疗，然后回到家乡。回家后他偶然地做了一项调查，这项偶然的调查却成了他在西方的成名之作。费孝通的很多思想源于他姐姐费达生的实践，他姐姐是办工厂的，身体力行，致力于乡村工业化，这成为费孝通的 *Peasant Life in China : A Field Study of Country Life In the Yangtze Valley*（即《江村经济》）这本书的一个主题。[①] 他在养伤过程中做的调查极为详致，我们今天没有一个人能做得那么好。我认为到今天为止，中国的乡村调查报告还没有出其右者。

费孝通到了英国以后，呈给马林诺夫斯基两份稿子，一份是关于花篮瑶的，一份是关于开弦弓村的。结果“马老师”对农民生活的研究更有兴趣，坚持让他做关于农民生活的研究，这也决定了费孝通后来的发展路线离史禄国的精神渐远，这可以说是英国的人类学对俄罗斯的民族学在费孝通身上的一个“颠覆”。他们要让他做一个更具有英国意义上的开创性的工作，就是研究中国的主体民族——中国的汉族农民。后来费孝通写成了这本书，受到马林诺夫斯基的盛赞，这种盛赞有两重含义：第一重，这本书是一个土著人研究土著人，是一个东方人研究本民族，而不像以往的人类学都是西方人研究非西方的；第二重，这本书

① 费孝通：《江村经济：中国农民的生活》，北京：商务印书馆，2001。

是对文明社会的首次研究，而不是对部落社会的研究。但事实上，第一点还算得上，第二点就算不上了。1995 年费孝通就马林诺夫斯基的序言写了一篇读后感，里面说到，马林诺夫斯基的第二点赞誉，他是不敢当的，因为他虽然研究文明社会，但是当时并没有看到“文明”这两个字。[①]马林诺夫斯基如此盛赞他，其实是在期待他展开这样的研究，但是他当时没有意识到。他所意识到的，可能跟当时中国的一些具体需要是有关系的。

1938 年费孝通离开英国，本来是想去广州的，最后不得已先到了西贡，然后从西贡登陆，跟着马帮进入云南，在那里参与了吴文藻的社会学建设工作，更在吴文藻的鼓励下创建了魁阁社会学工作站。费孝通得到马林诺夫斯基赠给他的 50 英镑（马林诺夫斯基给他的书写了一篇序言，从出版商那边得到 50 英镑，当场就送给了费孝通），50 英镑在当时是很多的，费孝通认为正是这 50 英镑促成了他的禄村调查的开始。

魁阁的前提是费孝通已经拿到了洋博士学位，他要有所开拓，况且当时又处于抗战时期，他想有所作为。可以说，魁阁时代是费孝通的一个重要起点。魁阁是一个庙，在离昆明不远的呈贡县（现呈贡区）。庙是什么？庙是一个乡间的公共空间，在这个乡间的公共空间里，费孝通做的第一个方面的事情就是模仿伦敦经济学院人类学系的方式建立一种 seminar 制度。seminar 就是“研讨班”的意思。费孝通和他手下的十几个人经常在一起讨论。费孝通虽然是老师的角色，但他在讨论的时候很谦虚，同时，他对他的手下也是关怀备至。比如，他有一个徒弟叫田汝康，田汝康做了中国人类学史上一个开创性的调查，写成著作《芒市边民的摆》，他首次运用宗教社会学的观点进行田野调查。[②]费孝通帮他这个徒弟把这本书刻成了油印本。你想这多感人；如果我哪个学生让我把他的论文逐字逐句输入，那我肯定要把他大骂一通。但费老当时却做这样的事情，把它看成一种互动的、互相受益的事。Seminar 被他翻译为“席明纳”。我对这三个字做过一个解读：“席”就是要坐着讨论，“明”就是要说清楚，“纳”就是要容纳别人，所以我觉得这个翻译非常精到。费孝通当时要做的第二件事情，就是组织这批人展开实地的和历史的调查。这里面出现了一大批很优秀的田野工作报告，刚才提到的田汝康做的《芒市边民

---

① 指费孝通：《重读〈江村经济·序言〉》一文，见其《论人类学与文化自觉》，71—100 页，北京：华夏出版社，2004。

② 田汝康：《芒市边民的摆》，昆明：云南人民出版社，2008。

的摆》是一例，他自己带着几个人做的《云南三村》[1]的调查又是一例。

另一个值得关注的点是，在魁阁时代，费孝通为《中国绅士》(*China's Gentry*)这本书展开了初步的田野调研，并派胡庆均对呈贡县的地方精英展开了深入的调查。这些材料也成为他被忽视的最重要的作品《中国绅士》的原型。

“魁阁”也吸引了包括费正清在内的一些国外大学者到那里去访问。这点我觉得也很有意思，实际上那是中国学术国际交流的中心之一。

在此期间，费孝通主要关注的基本是没有民族区分的社区调查，但他自己的理想是延伸《江村经济》那本书的观点。《江村经济》写的是江村走向工业化的过程。云南阶段的费孝通觉得这不够，原因是传统的中国本身就是多样的，因此需要对这个多样的类型进行比较。这个多样性特别是到了近代，得到刺激之后产生另外一种发展，这就是工厂的出现，所以他当时主要想做这方面的调查研究。

除了我刚才提到的对乡绅的研究，他还派李有义开创了汉族和少数民族杂居地区的研究，这对他后来的民族研究是有影响的，因此，费孝通有一个汉夷杂区的研究计划，也因此，他后来才有可能对顾颉刚的一个观点进行反击。

顾颉刚在1939年发表了《中华民族是一个》这篇文章，就是告诫中国的青年学生们不要不知不觉地分裂祖国，要知道中国虽然是多民族的，但是在抗战期间，要不断地强调我们只有一个中华民族。[2]这篇文章出来以后，就遭到吴文藻、费孝通他们这个阵营的回应，吴文藻他们更主张尽管我们各民族要团结，但是不能因此就说人家不是一个少数民族。

1943年，费孝通受邀去美国访问，临行前去大理讲学，并留下了《鸡足朝山记》这篇文章。那个阶段费孝通的情绪是低落的。《鸡足朝山记》反映了他人生的另一面，这一面如果强调太多，好像就不像费孝通了。[3]费孝通通常给人的印象是比较讲求实际的一个社会学家，他也一直很强调“从实求知”的概念，从实际中求得知识。但是在1943年，当他登上鸡足山的时候，他内心里面的另一个费孝通就冒出来了。我虽然在最近一本书的序言里面把他的这一面发挥得好像过火了，但我觉得这一面在他的人生里面还是保存着的，因此他才有那种精彩。这一面就是：他对实际的东西看得比较惨淡，对一种超越的境界有所向往。

访美期间，费孝通居留于芝加哥大学这么一个学术圣地，跟派克、雷德菲尔

---

① 费孝通、张之毅：《云南三村》，北京：社会科学文献出版社，2006。

② 顾颉刚：《中华民族是一个》，载《益世报·边疆周刊》，第9期，1939年2月13日。

③ 费孝通：《鸡足朝山记》，见其《费孝通文集》，第3卷，60—83页，北京：群言出版社，1999。

德等人有很深的交往，在他们的帮助下发表了 *Earthbound China* 这本书。

1946 年，因“李、闻事件”的影响，费孝通到英国避难，次年 2 月回国，到北平清华大学任教，一直到 1949 年。在这期间，他写了很多重头作品，这些作品多数是被我们当今的中国社会科学界所忽视的。大家选择的都是《乡土中国》这本书，而不知道费孝通更重要的是与《乡土中国》相为补充的一些论述。首先，费孝通在这期间写了中国人类学家对外国怎么看，在《美国人的性格》这本书里，他明显地模仿了美国文化人格学派的理论，反过来看美国人的性格[①]，我觉得这是值得大家借鉴的。第二个重要的方面是关于中国士大夫之转向近代知识分子的历程的反思性研究，在《皇权与绅权》这本书里面。[②]这本书是席明纳成果的典范。第三，《生育制度》，这本书可谓人类学的基础教材。费孝通一生中很少写一门学科的基本教材，但是在这本书里面你会看到，他基于花篮瑶社会组织的调查，展望了对整个人类学的驾驭能力，那是非常灵巧的，里面既有功能主义的基础，也含有很丰富的结构主义人类学的因素。在这本书里面，他最著名的一个观念就是“亲子关系的基本三角”。[③]一方面有英国式的结构功能学派的纵式关系；另一方面，有法国结构人类学的横式婚姻关系。这个当然在花篮瑶社会组织的调查里面就已经做到了。

1951 年的时候，费孝通当了中央民族学院的副院长（我第一次见他的时候，他恢复了副院长职位）。我认为他在那里建立了研究部，院系调整后，中央民族学院成为中国社会科学界最有感召力的地方，这里面的一大半功劳是费孝通的。因为那个时候民族问题的研究成为新中国的一个核心问题。新中国和旧中国很不一样的一个特征是，我们不仅尊重下等老百姓，同时也尊重少数民族。为了承认少数民族的存在、政治自主性及其对这个国家未来的可能贡献，需要有一大批学者对少数民族加以研究。因而，燕大、北大、清华、北平研究院等很多地方的大师都被调到中央民族学院的研究部，进行民族研究。

费孝通领导的人里面居然有两个是他的老师——吴文藻和潘光旦。费孝通的文章之所以纰漏少是因为潘光旦的存在，他一有什么不通就去问潘光旦，潘光旦是费孝通的“活辞典”。除了两个老师，还有一个同班同学林耀华。费孝通在新中国成立以后春风得意，不仅是社会学家、民族学家、人类学家，毛主席还期望

---

① 费孝通：《美国人的性格》，上海：生活书店，1947。

② 吴晗、费孝通等：《皇权与绅权》，天津：天津人民出版社，1988。

③ 费孝通：《乡土中国 生育制度》，159—170 页，北京：北京大学出版社，1998。

能借他来调动知识分子的积极性，任命他为专家局的副局长。1957 年他写出了一篇《知识分子的早春天气》，听说是一大批“大右派”凑出来的一篇非常优美的文章，文字很优雅，让知识分子感到在新中国还是有新气象的，我们还是要有所作为。接下来就是“反右”、下乡等。

1972 年，费正清跟着尼克松访华，当然费正清是很了解、很尊重芝加哥学派在中国的这些“传人”的，就把吴文藻、费孝通这些人叫去谈事。1979 年费孝通恢复工作，主持开展社会学重建工作。后面我就不多讲了，改革以后当然又是春风得意，有个教授说，要理解费孝通的“行（xíng）行重行行”，就要理解“行（háng）行重行行”。这是什么意思呢？就是说，费孝通是个通才，他跨越了各个行当，你如果不理解他的跨行、跨学科，你就不能理解他到全国各地的行行重行行，他希望通过旅行提出一些对中国的发展有好处的建议，这也是他领导的民盟的基本使命。他有的时候到东部发达地区，跟当地的干部、头人聊天，跟群众聊得比较少，从当地的新精英里面吸取一些好的经验，然后写成文章，期待对其他地方的发展有所帮助；当然有的时候也到西部去看看。

费孝通晚年生发了一些有启发的思想。让我惊讶的是，20 世纪 90 年代，他的思想居然还比 80 年代的时候活跃很多，他谈到了一些以前未涉及的话题，可以说，1995 年以前，“社会”“经济”是他的字典里面的核心，1995 年以后，似乎“文化”两个字成为他所有言论中的一个关键词。费孝通提出了“文化自觉”的号召，现在成为媒体都在用的一个概念。什么是文化自觉？费孝通首先指的是知识分子的使命，比如他说北大的使命就是首先要承担起中国的文化自觉的使命，然后要对世界有贡献，这也是前面谈到的吴文藻的理想。后来他就不断地延伸，把“文化自觉”当成一个对亨廷顿的文明冲突论的回应，因为他认为中国的文化，就像吴文藻说的，是讲求和平的；而且作为人类学家的费孝通特别精彩之处在于，他早已在花篮瑶的研究当中指出：战争就是和平。“文化自觉”跟这些都有关系，就是说美国人看世界的方法出了问题了。[①] 那个阶段我有幸在费先生创办的研究所工作，有幸多次拜见他，我发现他很喜欢谈的就是“9・11”事件，他认为，“9・11”事件必然带来整个世界社会科学的大变动。

因以上这些转变，费孝通先生晚年就更像一个人文学者而不是一个社会科学家了。

---

① 费孝通有关文化自觉的论述集中见其《反思・对话・文化自觉》《关于“文化自觉”的一些自白》等文章中，见其《论人类学与文化自觉》，176—189 页、190—197 页。

（四）

费孝通从来没有否定过他跟鲁迅、郭沫若等之间的观点差异，但他并不是一个批判者，他与国家、社会之间，更多的是适应性的关系。

为什么他会这样呢？费孝通认为，知识分子本该如此，本该有这种“双重性”，一方面要意识到自己可能成为皇帝的老师，另一方面要意识到自己不应该推翻皇帝、当皇帝。他提出政治上的“双轨制度”，认为知识分子在这种双轨制度里面是有重要作用的。费先生很早就提出了这个观点，但他在人生中，内心保持着这一身份自觉，却没有机会对这个观点进行更具深远影响的发挥。费先生更为出名的论述是针对乡村与民族展开的。

对于费先生，我们可以对他有非议；没有旗帜鲜明的批判精神，在以酸溜溜为性格的知识分子看来，似乎是很难接受的。但是费先生向来未放弃自己的士人定位，这跟他的知识分子双重性观点有关。

（五）

我们花了不少时间讲吴文藻和费孝通的人生，这不是没有理由的，我们不仅要指出这些人的人生是传奇，而且要指出，这些传奇含有另一种深意。所谓“深意”，总是以学术论述为表现方式的。例如，在吴文藻关于民族和国家的论述里，着重对社会学观点的局限进行了批评，认为社会学观点只看单个民族、单个团体的集体精神，这是不够的。费孝通继续了这个观点，以更为历史的方式继续吴先生提出的民族与国家不对称的理论。吴先生与费先生关于民族的论述，是他们的人生史的重要篇章。

我们有必要对费孝通进行人生史的研究，因为他是一个“人物”，一个人物往往是文化的汇合点，值得我们去研究。

关于历史，吴文藻在《民族与国家》一文中说，“历史之本质，系一种人文精神。过去现在及将来团体生活之成绩，借历史之记载保存，足资世世子孙无穷之回忆。史乘中圣贤豪杰之士，或杀身以成仁，或舍生而取义，其牺牲精神，垂古不朽，足为万世之师表。”[①] 他认为，我们应从人生史里看到一个民族的精神之所在。谈论一个民族时，你不能说它只是一个 ethnos，作为一个集体的东西，而是还有很多个体脱颖而出，成为这个民族历史系数的核心内容。这一点，我们在

---

① 吴文藻：《民族与国家》，见其《吴文藻人类学社会学研究文集》，31 页。

吴文藻那里，或者费孝通那里，都可以看到。今天大多数自称为社会科学家的人，都不展开人生史的研究，不将研究落实到具体的人身上，只把所有的人当成抽象的代码来看待。但是，中国社会如果说有什么民族的文化精神，恰恰是从这些个体的人身上，能够看得更加明显。

关于人生史的这个观点，也是费孝通的着重之处，并且很明显地表现在《中国绅士》① 这本书中。

通过接触吴文藻、费孝通这些人的作品，我觉得，改革开放30年以来的社会科学处在一个不良状态中。对比之下，在他们身上，我看到了我们这个时代的社会科学家所没有的气质。我们缺乏的是什么呢？是他们的那种雄心。今日多数社会科学家老是拿外国人发现的模型和理论来解释中国，中国因此成为社会科学家笔下的“素材”，而非思想和理论体系的来源。就人类学来看，国外的人类学家提出某种理论，国内就会有人跑到某个村子里面去找一个个案，来印证这个理论。这种模仿，暂时表现为学术的繁荣，却是学术的不良状态，它使得当今的社会科学有一种强烈的文化自我贬损倾向——我们时常会把中国社会科学的传统贬损到世界的最末端。

2000年以来，我提得最多的说法是“三圈说”。“三圈说”的一层意思就是，不能把费孝通这样的社会科学家贬损为“乡土研究者”。费孝通一生的作品，包括对世界的三个圈子的研究。其中我称之为“核心”的圈子，是我们对费孝通通常的印象，即他的乡土社会。我要设问的是：为什么在我们的印象当中，费孝通永远是个农民学专家？我的答案是：我们贬损了中国社会科学的视野。实际上费孝通还论述到其他两个圈子。一个是中间圈，即吴文藻在《边政学发凡》里面展示出来的东部沿海和西部三面所形成的一个地带，这个地带可以说是一个文化意义上的边疆。我不认为边疆这个概念是合乎逻辑的，因为这个圈子是一个宽阔的地带，不能说是线条性的，所以我称之为“中间圈”。费孝通的著作里面有很多关于这一圈的论述，这是我今天要着重强调的。另一个是“外圈”，那就是对外国文化的研究，这在费孝通的作品里边也是很多的。

贬损中国社会科学的视野，将自身事业限定于一圈中，有国内的原因，也有国外的原因。国外的学者恨不得费孝通一辈子都是有关中国农民生活讯息的提供者，而不是一个思想家。而我们中国的社会科学家多模仿国际社会科学的这个所

① 费孝通：《中国绅士》，北京：中国社会科学出版社，2006。

谓规范的看法，以“与国际接轨”为名，贬损中国自己的学者的宽阔视野，在学习费孝通的时候，都是在学习他对乡土中国的看法，而没有多少人会认真学习他对吴文藻开拓的内部结构对外部世界的启发这一观点的探讨。

不要以为费孝通没有对世界的看法，而只有对农民的看法。本篇如果在通识教育上试图追求什么意义的话，那就是要揭示出费孝通是一个有世界观的社会科学家。我们中国从20世纪初以来，有一大批跟费孝通一样优秀，甚至比他更优秀的学者，都在阐述对整个世界的看法，但通常被我们当今的人文学者和社会科学家贬损为某一个局部的专才，我们要恢复他们所谓通才的地位，我觉得这是当前社会科学面临的第一使命。

我这里要以费孝通的民族论述为中心，观察他那一宏大的世界，通过他那篇有着深远影响的《中华民族的多元一体格局》，来看看他的乡土思想之外的民族思想与世界思想。

（六）

费孝通的民族思想大概可以分为两个阶段。

第一个阶段就是他进入大瑶山的那段故事。在那样一个遥远的异乡，他研究的核心是亲属制度，这也是社会人类学里面最基本的研究层次。他做的铺垫是非常重要的，后来的亲属制度研究可以说没有超过王同惠、费孝通这本《花篮瑶社会组织》的。瑶族和汉族的关系也是他论述的一个核心问题，瑶族有一个跟汉族既有冲突、又有融合的漫长的历史过程。① 这是很扎实的人类学的民族志研究。费孝通在史禄国的培养下学到一点体质人类学，但是他说，他做花篮瑶调查不久就转到了社会人类学，因为随着对社会状态、亲属制度等研究的深入，他开始更加关注社会生活。这个转变也是很重要的。费孝通有介于中西之间的那个身份，因此中西两边的东西他都能照顾到。在“中”的这边，他照顾到的是长期的帝国行政制度和教化文明对少数民族的影响，他不简单把一个少数民族放在现代人类学派所认为的那个“there”中。

前面提到1938年费孝通和顾颉刚的辩论，这显示了他的民族思想与一统观的民族思想的不同，他更主张多元。他的《中华民族的多元一体格局》长期以来也受到民族学界一大批人的批判，说他把“多元”放在前面，而没有把“一体”

---

① 费孝通、王同惠:《花篮瑶社会组织》，南京：江苏人民出版社，1988。

放在前面。他和顾颉刚的争论也可以说是在这个方面。费孝通更有一种多元的倾向，就是认为要承认少数民族的存在和他们继续存在的权利。今天已经很少有社会科学家这么认真地看这个问题了。

可以说，费孝通在他的老师们的指导之下，不仅有实际的研究，有理论上的思考，在50年代还有一个前无古人的机会，即进行集中的民族研究与政策实践。我们在前面讲到吴文藻的时候，实际已经指出燕京学派社会学家的民族思想隐含着一个政治学上的要求，就是希望一个合理的自由民主的中国建立在多民族共存的基础之上。这个观点在民国期间没有得到实现，因为民国的基本原则是“五族共和”，只承认五个民族。虽然在抗战期间通过边政学的提倡，民族学家的视野得以进入边远角落、多元状态中，但是当时没有一个多元的政策导向。1949年以后，本来就崇尚民族多元的社会学家，得到了一个机会。新政府想借重他们的知识，来对我们境内民族加以“官方分类”，于是组织了一个宏大的民族调查研究计划。中央民族学院研究部应运而生，它是中国社会科学史无前例的精英汇聚的地方。为什么会这样？因为新中国有这个压力或者说意愿，承认少数民族是我们的兄弟。费孝通他们这批人正好很幸运地接受过诸如此类学科的训练，他们被领导人认为有这个技巧来做这个工作。

50年代初，官方的民族观念形态受民族主义思想的影响，也受列宁、斯大林有关论述的启发，相信各民族之间的平等是原则性的。他们还从马克思主义理论里面学到一种进步主义的历史观，认定少数民族比汉族落后，汉族比西方落后。民族主义与历史进步主义的两种心态结合，使新中国政府心存“拯救”少数民族兄弟的愿望。民族工作在20世纪50年代成为新政府的工作重点之一。这一工作的第一阶段是承认少数民族的平等存在和持续存在，叫作“民族识别工作”，其使命是对于少数民族进行清晰的辨识、分类与规整；第二阶段叫作“民主改革”。我们要思考一下“民主”这两个字的分量。1956年，我们想改造少数民族的时候，用的恰恰是“民主”这两个字，因为他们原来的制度不民主。“民主改革”首先是要改地权，就是要剥夺少数民族贵族拥有大量土地的权利，使土地能够更平均地分散到更多人手上。

费孝通先生只积极参与了第一次工作，后来他就被打成右派了。民族识别工作他做得很多，当过中央民族访问团的头儿。1956年他到大理的时候，还提出了一个更有档次的建议，就是对大理这个古代王国的文明进行民族学、历史学、考古学的综合研究。这个设想是非常大胆的，因为要承认在我们境内有些民族有过自己的政权，后来才被我们包容进来了。从南诏到元初，大理是个独立王国。我的体会是，费先生研究大理的意图在于指出中国曾是个超民族的大文明。可惜的是，不久他被打成“右派”，没有机会对这个重要问题加以深入研究了。改革开放以后，费先生在中央民族学院担任重要职位，接触了大量民族学家，把他们的观点和自己民族研究的体会结合在一起，提出了一个中国式的论述。

“中华民族的多元一体格局”理论可以说代表费孝通一生对民族问题的看法，也是他的“文化自觉”号召的民族学基础。这个理论形成于1978—1988年间。1988年他接受“泰纳讲座”的邀请，到香港中文大学做了题为“中华民族的多元一体格局”的报告，概括了这一阶段他的思考所得。

这个想法最初的表达，在我看来，是他1978年说的这段话：“我们以康定为中心向东和向南大体上划出了一条走廊。把这条走廊中一向存在着的语言和历史上的疑难问题，一旦串联起来，有点像下围棋，一子相联，全盘皆活。这条走廊正处在藏彝之间，沉积着许多现在还活着的历史遗留，应当是历史与语言科学的一个宝贵的园地。”[①]

这段话说的就是我做了几年研究的“藏彝走廊”。费孝通把藏彝走廊看成一个空间，但他把这个空间定义成一种方法，即围棋的方法。用围棋的方法来进行社会科学的研究，我觉得是很有味道的。这个地带，大致在甘青交界到滇西北。假如你去这个地带，就会有一种印象，那里很多被识别为藏族、彝族、羌族等大民族的人，实际上有许多曾属于小族群，如费孝通提到的平武“白马藏人”。“白马藏人”是费孝通论述藏彝走廊的一个开端性的例子，那个地方的人被识别为藏人，但他们的语言只有小部分是藏语，大部分是用藏语来拼本地话，他们也不信仰喇嘛教，服装与文化也有所不同。像白马人那样，在这个地带的很多小民族是不同民族因素的综合体，而不是孤立的“民族”。费孝通把这视作历史上民族交往互动的表现，以此展开去，从甘肃、青海交界带，一直到滇西北，划出一条“民族走廊”，认为它是民族之间长期交往、拉锯、战争、互动的地带。他认为中国的民族学要有自己的希望，就要看到这种错综复杂性。

我们也不要轻易地以为这是他一个人的理论，这其中也包含中央民族大学、社科院民族研究所的民族史研究、语言学研究专家的意见和建议。1978—1988年间，费先生接触了许多民族学研究者，他们的交流是这一理论形成的背景。因

---

① 费孝通：《关于我国民族的识别问题》，见其《费孝通民族研究文集新编》（上），307页，北京：中央民族大学出版社，2006。

而，我们可以认为，“中华民族的多元一体格局”代表着某种“个人心态”与“集体心态”的综合。

（七）

费孝通《中华民族的多元一体格局》这篇讲稿很长，若有意更深入地了解，可以直接阅读该文，这篇文章在国内影响很大，在许多书刊上有重印。这里我只能做概要的介绍，意图是引起大家的关注。

这篇文章实际是对中国史的重写。要理解它的理论含义，首先要了解其与通常的中国史有什么不同。

说到中国史，人们就会想到中国通史。什么叫“通史”？在英文里面只能译成 national history，是国家的历史。这种国家的历史，在梁启超的历史研究法论述里已有强调，但梁启超的中国史观含有多民族融合史的意味，这意味经由吴文藻的重新诠释，到费孝通那里成为主干。

在费孝通的笔下，中国的历史是在一个舞台上展开的，这个舞台就是这篇文章的第一部分讲的“中华民族的生存空间”，[①]这个舞台是中国人理解的“天下”，而不是“国家”。在这个舞台上，不同的族群各自扮演着不同的角色，它们的互动才构造成了中国历史的主干。

接下来，费先生强调，从考古学看，中国的人种和文化都是多元的。这里面有一句话跟我想说的很像，就是，从种族上讲，中华民族不是纯种的，从文化上讲，也不单纯。费孝通在这个部分罗列了很多考古学的成果，说明中国是有很多文化区的，这跟欧洲不一样。欧洲通常的情况是，在某一个古代文明的中心发现一个文化区，然后你会在它周边的文化区发现，它是从中央往四周传播的。费孝通认为，在中国这个多元的舞台上有很多角色，它们在互动的过程当中凝结成为一个汉族，三皇五帝到夏商周，恰恰是汉族形成的两个重要阶段。当然，我们说这是古史传说阶段，但是这个古史传说不是完全没有道理，同时它又可能反映了后世人对其族群形成的某种回忆。三皇五帝是怎么回事呢？他讲到很多很精彩的细节，比如跟蛮夷的斗争，比如把不服从的人送到很远的地方去，在这样一个“打”和“推”的过程中，形成了华夏这个中心。接下来还有很复杂的一个过程，谈汉族是怎么一步步形成的，这里面有一个重要的历史点需要知道，就是三

---

① 费孝通：《中华民族的多元一体格局》，见其《论人类学与文化自觉》，122 页。

皇五帝之后的那个历史阶段。中国在分治的时代实际上是民族融合最多的时代，因为每个诸侯国为了增强自己的势力，首先必须吸收它周边的少数民族，使其成为自己军队的一部分，这在春秋战国时代就成为传统了。

到了秦汉的时候，汉民族形成了大一统的格局，草原民族也形成了大一统的格局，这时候就出现了一个二分状态。费孝通认为农耕文化之外的地方，在匈奴出现之前是很多元的；而在很多国外汉学家的论述里面，这一块的统一是自古就有的。有意思的是，费孝通提到，中原在汉末以后，事实上接纳了很多少数民族的因素，这表现在五胡十六国时代，大多数政权是少数民族在所谓的中原地带建立的。所谓“五胡乱华”，少数民族纷纷在中原地区建立他们的首府，反倒是保持汉人文明的人成了“夷”。讲到唐代的时候，他提到一些细节，比如唐代的武将里面，有百分之十是少数民族，行政官员里面也有很多是少数民族。也就是说，即使在汉代以后，仍然有很多少数民族的因素融进了汉族。接下来就谈到了北方民族，这段大概就是宋代到清代的历史，包括契丹人、女真人、蒙古人、满人。大概在唐以后，这些北方民族就不断地对中原的汉人朝廷形成巨大的压力。

接下来，费先生说，汉族同样充实了其他民族。他讲了两种主要的情况，第一是由于天灾人祸自愿流亡过去的；第二是被迫的，有的是被掠去的，有的是被中原统治者派去的士兵、贫民或罪犯，当然还有和亲过去的。如果我们去西藏，首先要去看大昭寺，大昭寺就是和文成公主有关系的。另外还有汉族的南向扩展，以前长江以南有百越民族，随着中原地区的政局变动，以及战乱的出现，很多中原人跑到了南方。西部也是一样，这里面牵涉羌族的历史等。[①] 我想重点讲一下的是，费孝通在这篇文章的开头，在说中华民族的生存空间之前，提到的两种民族的概念。

这两种民族的概念，一种是“自在的民族”，一种是“自觉的民族”。他说的全部这段历史是中华民族包容各个族群的一个“自在”的过程。而“自觉”是什么？是鸦片战争以后中华民族——不管是汉族还是少数民族——更明显地感觉到自己跟西方人的差异，然后宣称我们是“中华民族”。[②]

用费孝通自己的话说，他把中华民族多元一体格局形成的过程“择要地勾划

① 关于中华民族多元一体格局形成过程的论述，详见费孝通：《中华民族的多元一体格局》，见其《论人类学与文化自觉》，123—145 页。

② 同上，121—122 页。

出一个草图”[①]，他认为，中华民族是在近百年与西方列强的对抗中成为自觉的民族实体的，但是这个自在的民族实体，却是经过漫长的历史过程逐步形成的，这个格局里有几个特点：

（1）存在着一个凝聚的核心。它在文明曙光时期，即从新石器时期到青铜时期，已经在黄河中游形成它的前身华夏族团，在夏商周三代从东方和西方吸收新成分，经春秋战国的逐步融合，到秦统一了黄河和长江两大流域的平原地带。汉继秦业，在多元基础上统一成为汉族。汉族的名称一般认为是到其后的南北朝时期才流行。经过两千多年的时间向三方扩展，融合了众多其他民族的人。汉族主要聚居在农业地区，但在少数民族地区的交通要道和商业据点一般都有汉人长期定居，形成一个点线结合、东密西疏的网络。费孝通认为，这个网络正是多元一体格局的骨架。

（2）少数民族聚居地区面积占全国一半以上，主要是高原、山地和草场。所以少数民族中有很大一部分人从事牧业，形成和汉族主要从事农业不同的经济类型。在民族自治区内，少数民族占一半以上的只有两个民族自治区，在多数民族地区，汉族的大小聚居区和少数民族的聚居区“马赛克式地穿插分布”：有些是汉人占谷地，少数民族占山地；有些是汉人占集镇，少数民族占村寨；在少数民族的村寨里也常有杂居在内的汉户。

（3）除了个别民族，少数民族可以说都有自己的语言，有自己语言的民族中有 10 个民族有自己的文字，但群众里使用文字的则只有几个民族，如藏文、蒙文、维文、朝鲜文等，有些虽有文字，但识字的人很少。少数民族中和汉人接触多的大多已学会汉语。

（4）导致民族融合的具体条件是复杂的，主要是出于社会和经济的需要，虽则政治的原因也不应被忽视。历史上，秦以后中国在政治上统一的时期占三分之二，分裂的时期占三分之一，但是从民族这方面说，汉族在整个过程中像雪球一样越滚越大，而且在国家分裂时期也总是民族间杂居、混合和融化的时期，不断给汉族以新的血液而使之壮大起来。汉族凝聚力的来源，主要是农业经济，“看来任何一个游牧民族只要进入平原，落入精耕细作的农业社会里，迟早就会服服帖帖地主动地融入汉族之中”。

（5）组成中华民族的成员是众多的，所以说它是个多元的结构。成员之间大

---

① 同上，145 页。

小悬殊，汉族经过两千年的壮大，人口占多数。

（6）中华民族成为一体的过程是逐步完成的，先是各地区分别有它的凝聚中心，而后各自形成了初级的统一体，比如在新石器时期的黄河中下游、长江中下游都有不同的文化区。这些文化区逐步融合，出现汉族的前身——华夏的初级统一体。当时，长城外牧区还是一个以匈奴为主的统一体，和华夏及后来的汉族相对峙。经过北方民族多次进入中原地区及中原地区的汉族向四方扩展，才逐渐汇合了长城内外的农牧两大统一体。又经过各民族流动、混杂、分合的过程，汉族形成了特大的核心，但还是主要聚居在平原和盆地等适宜发展农业的地区。同时，汉族通过屯垦移民和通商在各非汉民族地区形成了一个点线结合的网络，把东亚这一片土地上的各民族串联在一起，形成了中华民族自在的民族实体，并取得大一统的格局。这个自在的民族实体在共同抵抗西方列强的压力下形成了一个休戚与共的自觉的民族实体。这个实体的格局是包含着多元的统一体。①

（八）

费孝通《中华民族的多元一体格局》这篇文章之所以值得读，是因为它是另一种中国史，这另一种中国史的核心内涵是，多元混杂的民族史。

在一定意义上，这一多元混杂的中国史，是对于吴文藻的中国民族与国家不对称说的重申，它旨在强调，中国的本来面目是一个超民族的“民族”、超文化的“文化”。

是什么机制使这种“超体系”成为可能？吴文藻没有充分地展开对这个机制的研究。费孝通所补充的是：“你中有我，我中有你”。“你中有我，我中有你”是历史的本来面目，是在中华民族的生存空间上展演的一出出民族关系戏剧的事实与逻辑，它自身又称为一个维持大一统的机制。所谓“你中有我，我中有你”就是说，在中国的土地上见不到一个孤立的民族，任何民族都是在跟其他民族的交往中才有可能出现自我意识，而自我意识里面一定含有对方的因素。

假如我们承认自夏商周以来，中国存在政府，那么政府治理多民族的“天下”时采用的是何种特别的方法，才使得“帝国”的存在成为可能？关于这个问题，近代以来有不少学者进行了研究。在这些研究中，“胡服骑射”，即通过

① 以上中华民族多元一体格局6个特点的内容均摘录自费孝通：《中华民族的多元一体格局》，见其《论人类学与文化自觉》，145—149页。

吸收对方的能量来抵御对方，与对方处在一个均衡或不均衡的关系中，是一个重要主题。除此以外，学者还强调政治文化的双重性。早在秦汉的时候，中国的帝王就已经发明了直接的地方行政制度和间接的殖民统治的综合形态。从大的方面看，这种双重性的政治文化表现为大一统与封建的结合，在民族关系这个方面，则表现为一种介于“直接统治”与“间接统治”之间的平衡。古代朝廷在少数民族地区设立郡县，任用的官员有相当多是土著人，这些就是后来称之为“土司”的人物；而英国在统治殖民地的时候，直到19世纪末20世纪初才提出了与此相当的间接统治的概念。此外，我们历史上还有和亲和羁縻，和亲就是通过婚姻制度来构造一种对少数民族的牵制，羁縻是一种间接统治。我们历史上也经历过很多血腥战争，也被“异族”征服过，不过战争与被“异族”征服，没有改变帝制时代政治文化的双重性特质。

经过民族政治、边疆政治研究者的梳理，维持这个帝国运转的机制似乎有以下三方面：一个是吸收他人能量的策略；另一个是通过贬低自己的地位，实现一种和亲；第三个是土司制度。

是什么因素使得这些策略起作用？我的猜测是，恰恰不是有效的军事和行政的统治机器，而是给面子、给地位，使得间接性的统治方法产生效用，因此对这个面子背后的一套制度的研究是核心。

对于这个具有核心作用的机制，以前的研究者分析得不够深入。以前社会科学研究者多数是功能主义者，长期受近现代理性主义的约束，没有意识到恰恰从这小小的面子问题上可以看到“超民族的民族”成立和生存的条件。中国恰恰是在皇帝制度阶段，而不是在战国阶段，出现了面子上的让步。这个面子制度，我们称之为“朝贡体系”。这个“朝贡”，有贸易的方面，物与物、金钱与金钱的交易，但它也包含着人的交易、符号的交易，我们把这总括为“朝贡”。一个皇帝什么时候最有面子呢？当然是万邦来朝的时候。但是，万邦来朝的时候你如果拿不出好的礼物，也很丢人嘛。这种东西，用今天的话语来说，就很接近于“外交”。最接近“朝贡”的是“外交”，而不是“经济”，虽然很多理论家把“朝贡”翻译成Tributary Mode of Production，“生产的朝贡模式”，我觉得这是不对的，它应该更接近于diplomacy。但是，它又不是“外交”，外交的前提是内外有一个法定的严格区分，是民族国家时代的到来，是疆域的分明，是你我区分的清晰化。“外交”是近代民族国家的产物，所以它也不能用来解释我说的这个“面子制度”。那么，我们能用什么来形容它呢？我不知道。我权且把它称为

“文明”，它是一个交往的文明，其产生的前提是自我约束、自我贬低，以此为手段来保住自己的面子，以及超过他人的地位。

研究这个“文明”的社会科学的意义，我觉得不言自明。我们的20世纪虽然是战国时代，但是中国并没有像欧洲那样，先分后合；现在这个分和合，变成英国的一个大问题。我们中国走的路跟他们不一样，我们不要轻易地以犬羊小国的研究方法来研究这个偌大的“天下”，这样说来，社会科学面对的问题太多了。

第三十三章

费孝通的鸡足山与林耀华的凉山

1943年初，费孝通与其师潘光旦赴大理讲学，有机会攀登闻名遐迩的鸡足山，留下了名篇《鸡足朝山记》，优美散文暗藏着以下一段关于历史与神话之别的尖锐说法：

> 我总怀疑自己血液里太缺乏对历史的虔诚，因为我太贪听神话。美和真似乎不是孪生的，现实多少带着一些丑相，于是人创造了神话。神话是美的传说，并不一定是真的历史。我追慕希腊，因为它是个充满着神话的民族，我虽则也喜欢英国，但总嫌它过分着实了一些。我们中国呢，也许是太老太大了，对于幻想，对于神话，大概是已经遗忘了。何况近百年来考据之学披靡一时，连仅存的一些孟姜女寻夫、大禹治水等不太荒诞的故事也都历史化了。礼失求之野，除了边地，我们哪里还有动人的神话？[①]

费孝通是个幽默的人，他自嘲说："我爱好神话也许一部分是出于我本性的懒散。因为转述神话时可以不必过分认真，正不妨顺着自己的好恶，加以填补和剪裁。本来不在求实，依误传误，亦不致引人指责。神话之所以比历史更传播得广，也就靠这缺点。"[②]

希腊的神话，英国的实利主义，中国的历史，三个形象跃然纸上，而费孝通此处对神话显露出时常不怎么爱流露出来的热爱。也正是因其对神话的热爱，在鸡足山上，他对自身此前的社会科学生涯展开了反思："礼失求之野，除了边地，我们哪里还有动人的神话？"其时的费孝通决心已下，想在西陲"大干一场"

---

① 费孝通：《芳草茵茵——田野笔记选录》，135页，济南：山东画报出版社，1999。

② 同上。

（这是 2003 年某月某日他私下告诉我的原话）。

费孝通还别有一番心绪：

> 若是我敢于分析自己对于鸡山所生的那种不满之感，不难找到在心底原是存着那一点对现代文化的畏惧，多少在想逃避。拖了这几年的雪橇，自以为已尝过了工作的鞭子，苛刻的报酬，深刻里，双耳在转动，哪里有我的野性在呼唤？也许，我这样自己和自己很秘密地说，在深山名寺里，人间的烦恼会失去它的威力，淡朴到没有了名利，自可不必在人前装点姿态，反正已不在台前，何须再顾及观众的喝彩。不去文化，人性难绝。拈花微笑，岂不就在此谛。我这一点愚妄被这老妪的长命鸡一声啼醒。[①]

用佛教的意境，去反省自身，作为现代文化传播者的社会科学家，费孝通透露了他暗藏的真诚。

1943 年，费孝通的“魁阁”时代已过去，而此后数年，鸡足朝山时表露的反思，却似又未产生太大影响，他继续书写了大量乡土研究之作，同时，也穿行于英美著名大学的校园里。

也是在 1943 年，他曾经的同学林耀华借暑假带领考察队进入川、康、滇偏僻的大小凉山地区，耗时 87 天，在彝区穿行，4 年之后，写出了名篇《凉山彝家》。林耀华的著作，是民族志式的，但被其民族志式的书写包括进去的内容，却来自一次“探险式”穿越，这次调查的空间跨度，是时下人类学家为了自我表扬而设的“多点民族志”所比不上的。

为了维持民族志式的文本的科学性，《凉山彝家》一书的文字不能与费孝通的《鸡足朝山记》媲美。然而，其简朴练达，却实为一种“内涵美”。

《凉山彝家》一书最诱人的部分，是关于“冤家”的那篇。如其所说：“任何人进入彝区，没有不感觉到彝人冤家打杀的普遍现象。冤家的大小恒视敌对群体的大小而定，有家族与家族之间的冤家，有氏族村落间的冤家，也有氏族支之间的冤家。凉山彝家没有一支完全和睦敦邻，不受四围冤家的牵制。”[②] 凉山彝人结冤家的原因很复杂，有的属于“旧冤家”，怨恨由先辈结成，祖传于父，父传于子，子又传于孙，经数代或延长数十代，累世互相仇杀，不能和解[③]，有的

---

① 费孝通：《芳草茵茵——田野笔记选录》，141 页。

② 林耀华：《凉山彝家》，81 页，北京：商务印书馆，1995。

③ 同上。

是“新冤家”。而无论新旧，冤家的形成背后有一个“社会原理”。在彝人当中，杀人必须偿命，如杀人者不赔偿，被杀者的血族即诉诸武力，杀人的团体团结抵抗，引起两族的血斗，渐渐扩大成为族支间的仇杀报复。[①]另外，娃子跑到另一家，也会引起两族仇怨，妇女遭受夫族虐待，回家哭诉，引起同情，母族则会倾族出动，为其伸冤。[②]打冤家属于“社会整体”现象，“不是单纯的战争或政治，经济或法律，罗罗文化的重要枢纽，生活各方面都是互相错综互相关系的连锁，无论生活上哪一点震动，都必影响社会全局”。[③]这牵涉彝人的内外有别社会观：“彝人在氏族亲属之内，勉励团结一致，共负集体的责任，因此族人不打冤家，若杀害族人，必须抵偿性命。若就族外关系而言，打冤家却是社会生活的一个重要机构，因有打冤家的战争模式，历代相沿，青年男子始则学习武艺，继之组成远征队，出击仇人冤家或半路劫掠，至杀人愈多或劫掠愈甚之时，声明愈显著，地位亦增高，渐渐获得保头名目，而为政治上的领袖。”[④]也便是说，冤家须在氏族亲属范围之外，这个“外”大冤家，是氏族“内”团结促成的机制，而彝人首领，也是在这个内外“冤家”关系中形成的，其对外的“暴力”程度高低，决定其对内受承认程度的高低。

听来，打冤家是令人生畏的“械斗”，而在彝人当中，这种行动，却具有高度的礼仪色彩。这种常被当作“战争”来研究的现象，如同仪式那样，分准备阶段、展示阶段、结束阶段。出征以前，勇士先要佩戴护身符，取些许小羊的毛，或虎须，或野人的头发，请毕摩念经画符，缝入贴身的衣服之内，隔离女色，此后，便相信它有 21 天“保护期”。[⑤]邻近出征，还得占卜，占卜方式有木卜、骨卜、打鸡、杀猪等。战争胜负，不被认为与双方军事势力大小或战士的勇敢程度有关，而被认为是由神冥冥之中安排的。若是大型的打冤家，则牵涉不同氏族的联盟，各族壮士还得举办联合盟誓之礼。展示阶段，也富有戏剧色彩，偷袭是彝人战争的作风。战争不以彻底征服对方为宗旨，“彝人的战争，多不持久，往往死伤一二人多至三五人即行退却或暂时停止”[⑥]。这种“战争”，似与我们习惯的战争有巨大差别，它的理念不是死而是生，如林耀华所说，“罗罗不重杀戮，视

① 林耀华:《凉山彝家》, 82 页。

② 同上。

③ 同上，89 页。

④ 同上。

⑤ 同上，84 页。

⑥ 同上，86 页。

人命很宝贵”[①]。更有兴味的是，打冤家程式中，常包括一种另类展示：

> 当年罗罗械斗的时候，有黑彝妇女盛装出场，立于两方对阵之中，用以劝告两方停战和议。这等妇女与双方都有亲属关系，好比一方为母族，一方为夫族。彝例妇女出场，两方必皆罢兵，如果坚欲一战，妇女则脱裙裸体，羞辱自杀，这么一来，更将牵动亲属族支，扩大冤家的范围，争斗或至不可收拾的地步……[②]

议和是终止冤家关系的手段。而这种手段，也全然沉浸于当地社会关系体系中，亲戚与朋友，是议和的中间人。而谈和条件还是人命这种价值昂贵的东西。冤家的结怨，本已与人命有关，一个氏族中一人遭杀，等于是本族丧失了一个财产，如同娃子被抢到别的氏族里去一般。同样，对于女性的伤害，也是对于人命这种财产的完整性的伤害。而要解冤家，一样也要进行以命抵命的交易。“冤家争斗如经几度抢杀，到和解之日即可用人命对抵。黑彝抵偿黑彝，白彝抵偿白彝，无法抵偿的人名，则出命价赔偿。”[③]

直到 1949 年，列维 – 施特劳斯才开始基于汉学家葛兰言的理论延伸出结构论。其时，中国人类学家们已无暇顾及海外人类学的巨变，此前数年，“东洋帝国”的入侵，又使他们沉浸于国族捍卫当中。也因此，毫不奇怪地，林耀华分析彝人战争，只能固守拉德克利夫 – 布朗从涂尔干那里学来的“整体社会观”。[④]然而，作为一个有高度知识良知的学者，他却充分尊重见闻中的事实，在“冤家”这个章节里，竟为我们提供了论证结构论交换之说所需要的证据。

关于彝人的“战争”，林耀华的多数信息，是受访人说的故事。如其所言，20 世纪初，因新武器引进，富有礼仪色彩的“战争”，已渐渐减少。我不以为故事与“事实”毫无关联，林耀华能将之梳理成民族志，说明故事至少在“社会意义”上实属真切。故事与“事实”在民族志中的合一，形成了如同神话般的“思维结构”：

1. 在“冤家”背后，有个人命作为财富的生命伦理观。

2. 这个观念的存在，使彝人珍惜生命，且视之为可交换之“物”。生命之终

---

① 林耀华：《凉山彝家》，86 页

② 同上。

③ 同上，88 页。

④ 林耀华早已于 20 世纪 30 年代运用拉德克利夫 – 布朗的理论解释了中国东南的宗族，见林耀华：《从书斋到田野》，156—170 页，北京：中央民族大学出版社，2000。

结，被视为一种对于价值极高的集体财富的损害，因而，若不赔偿，便等同于对这个集体价值的彻底颠覆。

3.“械斗”，乃为一种维护集体价值的手段，因而，其性质不同于现代意义上的“战争”，其“巫术性”、展示性及得到极大限制的伤害程度，都表明其性质内涵为群体之间的关系互动；

4.“冤家”，是一种因伤害了人命而伤害了团体之间正常关系的关系，它并非绝对的“敌我”，而是受到亲属制度的高度约束的关系，妇女在战斗过程中的表现，及亲戚、朋友在“战后”的活动，都属于这类约束。

* * *

同年，费孝通与林耀华，一个在鸡足山，一个在大小凉山，一个表露着“那一点对现代文化的畏惧”，一个铺陈着异族生活对于我们的启示。二者之间因个人关系微妙，而未遥相呼应，但却在国家遭遇不幸的时刻里，各自有如哲人，反省自身。在“他山”，费孝通听说一段神话：“释迦有一件袈裟，藏在鸡足山，派他的大弟子迦叶在山守护。当释迦圆寂的时候，叮嘱迦叶说：‘我要你守护这袈裟。从这袈裟上，你要引渡人间的信徒到西天佛国。可是，你得牢牢记着，惟有值得引渡的才配从这件袈裟上升天。’迦叶一直在鸡足山守着。人间很多想上西天的善男信女不断地上山来，可是并没有知道有多少人遇着了迦叶，登上袈裟，也不知道多少失望的人在深山里喂了豺狼。”[①] 停步于人生的一个悲观阶段，费孝通没有叙说他在鸡足山上也见识到的中印文明之间那片广阔地带的缩影。而忘却佛国，依旧带着社会科学理想进入“他山”的林耀华，也无暇顾及从那个被圈定的彝人分布区中走出来，考究入山的前人之故事。

出于微妙的背景，佛教化的鸡足山，“彝人化”的大小凉山，一个被列入“大理文化区”，一个被圈入“藏彝走廊”。尽管两个地区都与本书的某些局部将加以诠释的印度–东南亚–中国西南连续统有密切的关系，且大理文化区也一度进入凉山，但二者之间，却还是有明显的不同。

《鸡足朝山记》与《凉山彝家》，不过是两个学术人物之间差异的反映。在凉山所处的“藏彝走廊”地带，林耀华笔下的别样战争，传承着古代的“生”与“财”观念，这些观念兴许依旧解释着战争、礼仪–宗教、贸易的合一，只不

① 费孝通：《芳草茵茵——田野笔记选录》，136页。

过，“冤家”这个词汇，使这一合一具有了接近于“暴力”的形貌。彝人是否也曾守护过释迦遗留下的袈裟？我一无所知；所能模糊知道的仅是，在其所处的同一地带上，那个关系的合一，在藏传佛教中被表达为礼仪－宗教对于战争与贸易的涵盖，且随着这一文明的东进，深刻地影响了人们的居住与流动。费孝通、林耀华等汉人的祖先们呢？开放的“华夏世界”，早已使他们习惯了儒、道、佛的“三教合一”。儒家的道德教诲，本来自游学，到后来却渐渐衍化为“安土重迁”，将其“游”字让渡给道家的“逍遥游”及释家的“游方”。“三教合一”，早已为祖先们所习以为常，以至景仰备至。在“华夏世界”中，彝人的战争、礼仪－宗教、贸易的关系次序，与藏人的礼仪－宗教、战争、贸易的关系次序，与“小资本主义”千年史里透露出来的贸易、礼仪－宗教、战争的关系次序，在历史中彼此相互消长、交替、混合，构成了其自身的特征。带着这样一种相对“混杂”的心态进入“藏彝走廊”，费孝通、林耀华的祖宗们，大抵都会对那里居住的人们表现出来的“人生观取向”深惑不解，终于以之为“野”，而未自觉到，“野”恰为“华夏世界”的“另一半”。

* * *

世界变化愈快，我们的心灵离鸡足山与凉山的意境愈远。可能是出于某种“逆反心态”，我故做某种“历史的回归”，企图通过书写，重温“旧梦”。

若可以将费孝通在鸡足山上的感叹与林耀华在凉山的穿行形容成“民族学的”，那么，在他们的“民族学的旧梦”里包含着某种值得再度言说的智慧，其与我的想象之间，隔着知识与思想的某道鸿沟。这条鸿沟产生于20世纪50年代“民族学巨变”中，它硬是把此前存在的善待他者的心境划到鸿沟的对面，将前辈好不容易触及的境界当作“时代的敌人”加以排斥。可悲的也正是，这条鸿沟竟也是两位值得景仰的前辈在他们年富力强之年主动或被动地参与挖掘的。

第三十四章

从潘光旦的土家研究看“民族识别”

每一时代中须寻出代表的人物，把种种有关的事变都归纳到他身上。一方面看时势及环境如何影响他的行为，一方面看他的行为如何使时势及环境变化。在政治上有大影响的人如此，在学术界开新发明的人亦然。

——梁启超[①]

（一）

潘光旦先生，是中国现代史上罕见的士人。

“在‘五四’前后成长起来的学人中，潘光旦的形象颇为特别，独树一帜，卓尔不群。闻一多认为他是一个科学家，梁实秋说他的作品体现了‘自然科学与社会科学之凝合’，而在费孝通的眼中，潘光旦是一个人文思想家、人类学家。梁实秋、梅贻琦、闻一多、徐志摩等那一代的学者们，非常喜欢潘光旦的为人，常与他结伴旅行。徐志摩称胡适为‘胡圣’，而称潘光旦为‘潘仙’，以其与八仙之一的铁拐李相像为由。梁实秋认为潘光旦是一位杰出的人才，学贯中西，头脑清晰，有独立见解，国文根底好。”[②]

品性淳厚、知识饱满的潘先生，为人为学，都有其品格。

费孝通先生在《推己及人》一文中谈道：

在我和潘先生之间，中国知识分子两代人之间的差距可以看得很清楚。差在哪儿呢？我想说，最关键的差距是在怎么做人。潘先生这一代人的一个特点，是懂得孔子讲的一个字：己，推己及人的己，懂得什么叫做己。己这个字，要

① 梁启超:《中国历史研究法》，174页，上海：上海古籍出版社，1998

② 贺雄飞:《潘光旦：拄着双拐的学者》，载《中国民族报》，2009年8月14日。

讲清楚很难，但这是同人打交道、做事情的基础。

潘先生这一代知识分子，首先是从己做起，要对得起自己，而不是做给别人看，这可以说是从己里边推出来的一种做人的境界。现在社会上缺乏的就是这样一种做人的风气。年轻的一代人好像找不到自己，自己不知道应当怎么去做。作为学生，我是跟着他走的。可是，我没有跟到关键上。直到现在，我才更清楚地体会到我和他的差距。

潘先生这一代人不为名，不为利，觉得一心为社会做事情才对得起自己。他们有名气，是人家给他们的，不是自己争取的。他们写文章也不是为了面子，不是做给人家看的，而是要解决实际问题。这是他们自己的"己"之所需。①

潘先生的人格，与他的教育理想相互贯通。潘先生主张，高等教育要包括"做人"与"做士"两个方面，他说的"做人"是指具备一个现代公民所必须具有的品格，"做士"则是对"社会精英"的要求，是指卓越人物与表率人物的造就。②

潘先生具有现代公民的品格，一贯主张民主、自由与平等，他又是一位卓越的知识精英和社会活动家。

潘先生本是首屈一指的优生学家、性心理学家及有特殊代表性的社会学家。20世纪20年代初他留学美国，学习生物学与遗传学，1926年回国后广泛而深入地介入社会科学的研究工作。1934年开始在北平清华大学和昆明联合大学工作，担任社会学系教授，开设"优生学""家庭问题""西洋社会思想史""中国儒家社会思想史""人才论"等课程。

1949年以前，潘先生发表大量学术与社会思想之作，主张通才教育，崇尚人文史观与学术自由，对个性、社会、家庭制度、科技等问题表达了他的独到见地。③

在中国社会学方面，潘先生反对忽视对本国社会的研究、武断套用西方理论的做法，主张以"伦"为中心研究中国社会，以社会生物学与教育学的结合形式探究人自我控制与人格塑造的合适方法。④

潘先生的政治态度几经变化。起初，他对英美民主政治与苏联社会主义取

---

① 费孝通：《推己及人——费孝通先生谈潘光旦先生的人格与境界》，载《北京日报》，2004年2月28日。

② 胡寿文：《做人与做士》，见陈理、郭卫平、王庆仁主编：《潘光旦先生百年诞辰纪念文集》，58—67页，北京：中央民族大学出版社，2000。

③ 全慰天：《潘光旦传略》，见陈理等编：《潘光旦先生百年诞辰纪念文集》，1—7页。

④ 潘乃谷：《读潘光旦〈论中国社会学〉的体会》，见陈理、郭卫平、王庆仁主编：《潘光旦先生百年诞辰纪念文集》，290—320页。

折中态度，其政治主张属于“中间派”。20世纪20—30年代，他曾与张君劢交往甚密，后一度加入后者领导的中国民主社会党。1941年，潘先生加入中国民主同盟，且开始与学界的“左派”有更多来往。到40年代末，在建立独立、自由、民主、统一和富强的新中国这一点上，潘先生与中国共产党的主张渐趋一致。①1948年8月间，他开始对其领导的清华大学社会学系课程进行改制，大量吸收在清华兼课的马克思主义者李达的意见②，当年年底，他又积极参与清华大学师生迎接北平解放的活动。

1949年，中国进入一个给人以希望的年代，此时潘先生已50岁，却激情澎湃地投身于其中，尽一己之所能以身作则，以他行动的线条为我们勾画出一个特殊的人格形象。

1950年之后，思想上本有广泛综合性的潘先生，日渐对历史唯物主义产生认同，他翻译了恩格斯的《家庭、私有制与国家的起源》一书，且于1951年春对苏南农村的土地改革进行了调查。1951—1952年，他参加了知识分子思想改造运动，从一个自由知识分子变为一个热情拥抱历史唯物主义的学者。接着，他承担一项民族研究任务，广搜文献，并克服自身的身体状况局限，不畏艰难，到湘西北、鄂西等地进行实地调查。潘先生活跃的研究与活动，促成土家族获得其“单一民族”身份。其民族研究工作本是呼应中央号召而展开的，但他却因之被指责为“破坏民族团结”，于1957年被“错划为右派”。此后，经历十年寂寞，期间他依旧从学直至病逝。

“有些文章说潘先生‘含冤而死’，可是事实上他没有觉得冤……他看得很透，懂得这是历史的必然。”③如费孝通先生所言，潘先生的遭际“是一段历史的过程”，潘先生自己的“新人文史观”，解释了他的遭际与行动。“新人文史观”含有一个主张，即超越个人的社会，是一个“持续的超过个人寿命的”体系，“超出个人的存在、发展和兴衰”。④但“能行动的个人是有主观能动性的动物，他知道需要什么，希望什么，也知道需要是否得到了满足，还有什么期望”，他是个“活的载体，可以发生主观作用的主体”。⑤如其他任何人一般，潘先生的

---

① 全慰天:《潘光旦传略》，载《中国优生与遗传杂志》，1999年，第1卷，第4期，6—7页。

② 潘乃穆:《回忆父亲潘光旦先生》，载《中国优生与遗传杂志》，1999年，第1卷，第4期，48—66页。

③ 费孝通:《推己及人——费孝通先生谈潘光旦先生的人格与境界》。

④ 费孝通:《个人·群体·社会》，见其《学术自述与反思》，224页。

⑤ 同上。

人生亦无法超出那个超过个人体系的寿命；因为深知这点，他在为人为学时，懂得要适应和理解这个体系。不过，他是一个“活的载体”，有其不朽的追求，因之，也知道如何在有限的生命中发挥作用。

潘先生知识活动之轨迹，是20世纪50年代中国学术特殊阶段的一个组成部分，是那个阶段的一个缩影。然而，作为“历史的当事人”，潘先生不仅仅是在那个阶段起支配作用的体系的“复制品”，他虽难以不受其影响，却能凭靠其良知、知识与智慧，发挥“主观作用”。

潘先生的人生与作品，构成一部与20世纪50年代中国学术总体特征既相互呼应又独树一帜的史诗。

（二）

1949年之后，潘先生的学术研究多与“民族”两字有关。

关于“民族”，1949年前，潘先生曾发表大量论述。不过，那时，他侧重关注的，不是当下所谓“民族问题”，而多为“民族性（国民性）问题”。当时潘先生所说的“民族”是“国族”，而非20世纪50年代以来我们所说的“民族”，这与民国期间主流的“大民族观”是一致的。潘先生重视研究民族性的生物学基础，他综合了生物学与社会学，致力于寻求中国民族（国族）的出路。①

1951年，潘先生在《文汇报》发表《检讨一下我们历史上的大民族主义》②，表达了一种与以往自己观点不同的民族观。该文不仅“检讨”了古代朝贡制度下的“夷夏关系”、唐宋的羁縻制度、元明的土司制度及清朝的改土归流，而且对于民国的民族政策进行了严厉批评：

> 所谓“汉、满、蒙、回、藏，五族共和”，始终只是一个旨在拉拢的口号，并且，汉族自居宗主的地位不必说，许多人数较小的少数民族都被搁过不提。“蒙藏委员会”的范围比此还小，并且事实上等于清代的“理藩院”，换了汤，没有换药。新中国成立前的几年里也曾谈谈所谓边疆教育，但本质上始终没有放弃“文德招来”“用夏变夷”的陈腐的原则。民族自治，也听说过，但更是一句空话。辛亥革命标榜了民族主义，推翻了清朝统治，结果还是陷进了汉族的大民族主义的泥淖，以暴易暴，不知是非；一切不彻底的革命的归宿，本就如

① 吕文浩：《中国现代思想史上的潘光旦》，113—141页，福州：福建教育出版社，2009。

② 潘光旦：《检讨一下我们历史上的大民族主义》，见其《潘光旦民族研究文集》，146—159页，北京：民族出版社，1995。

此，何况后半又有一大段的反革命的时期呢？[1]

此后，潘光旦先生做的研究工作，越来越带有“民族学特征”。

从其发表的论著看，20世纪50年代的潘先生空前重视以民族学式的研究来解释中国历史上华夏父权制度与朝贡体系的形成，他对各种汉文史籍及笔记中关于周边民族的记述尤为重视；从他1953年发表的《开封的中国犹太人》[2]来看，他的民族论述既重视恢复近代被混淆的“民族成分”的本来面目，又强调古代中国长期存在的内部交融及跨族关系。如吴泽霖先生所说，潘氏有关古代中国的犹太人研究从一个侧面说明，“中华民族历史是有气魄的。历代王朝在异族人不干预其政治的前提下，基本上都提倡‘中外一体’，对异族、异教一般都兼容并蓄，对犹太人集团亦不例外”。[3]此时期，潘先生也开始了他的民族史与“少数民族”的研究，尤其是土家族源与民族形成史的研究。

（三）

潘先生对古代中国犹太人进行的研究，延续了此前的人文史风格，而他的其他类别的民族研究，则发生于一个学术与政治的“大变局”下。

1949年之前，与“民族”相关的学科体系是多元的，见解也是多元的。这一状态到1949年之后发生了“巨变”。

1949年之前，被后世人类学著作列为“人类学家”者，除了有些被称为“人类学家”，还有不少被称为“社会学家”，更有许多被称为“民族学家”。人类学、社会学、民族学均为西来之学，有其共同点，都以严复所译《群学肄言》为其启蒙之作，接着又都与1911年“辛亥革命”之后的国体之变及该阶段西方教会在华创办现代大学的历程紧密相关。到1919年，这些学科进入自己的“青春期”，渐渐有了各自的“性格”。在这个时期，国内主要大学［如陶孟和（1887—1960）引领下的北京大学社会学系］开设了相关课程，相关学者发表了不少介绍学科的著述。随之，对应于欧美诸国别学派的“美国文化学派”［孙本文（1892—1979）］、“马克思主义派”［李达（1890—1966）、许德珩］、“法国年鉴学派”［崔载阳、胡鉴民（1896—1966）、叶法无、杨堃］、美国人文区位学派

---

① 潘光旦，《检讨一下我们历史上的大民族主义》，见其《潘光旦民族研究文集》，157—158页。

② 潘光旦：《开封的犹太人》，见其《潘光旦文集》，第7卷，123—410页，北京：北京大学出版社，2000。

③ 吴泽霖：《〈中国境内犹太人的若干历史问题〉序》，见潘乃穆等编《中和位育：潘光旦百年诞辰纪念》，254页，北京：中国人民大学出版社，1999。

及英国功能学派（燕京大学），也出现于学术舞台上。到了20世纪30年代，随着相应学术研究机构的建立与成熟，社会调查（社会学）、民族学研究（中央研究院）及社区研究（燕京大学社会人类学），成为民国社会科学研究的几种带有学派性质的主要方法。①

带有不同学科身份的学者对其经验研究的“方法论地理单位”各自给予定义，他们有的倾向于社会学量化调查与城乡研究，有的倾向于研究“自然民族”②，有的倾向于研究地区文化，有些倾向于研究社区。③

在对所选择的“天然的”地理范围内历史、社会与文化面貌进行研究时，学者们采取不同路径进入中国不同的社会层次。他们中有不少人通过史籍提供的间接经验和实地考察提供的直接经验接触到了大量不见于政纲本本上的“民族”。对民族的多样性与政纲本本上定义的“民族”格局之间的不对称，学者们有不同的理解，他们有的认为，只有充分承认中国的民族多样性，才能认识中国的特殊性，有的认为，民族学研究应在当时的政纲下展开，不应过多强调“五族”框架之外的“族类”。

研究方式与见解的分化是学者之间分歧的主线，分歧又是学派多元化的基础，但它并不影响学者在学术研究中表现出的一致性。无论采取哪种观点，当时学者趋于坚信，妥当的经验研究，应以把握“天然的”地理范围内社会生活与文化面貌的整体性为宗旨。另外，民国学者多数也以少数民族“历史文化”之叙述衬托作为核心的中华，追求“使包纳汉与非汉的‘中华民族’概念更具体，内涵更灿烂”。④

1949年，一些学者跟着“中央研究院”迁往台湾，带着他们的“学术辎重”漂泊于异乡，在那里有了新的开拓⑤，而另一些则留在了大陆。无论他们是人文

---

①　杨堃：《中国社会学发展史大纲》，原载《正风》，1943，30（9），引自杨堃：《社会学与民族学》，184—191页，成都：四川民族出版社，1997。

②　这一概念，源于19世纪德国民族学的“naturvolker”，与Gustav Glemm的《自然民族与文化民族》及Theodor Waitz《自然民族的人类学》（1859—1871）的相关论述有密切关系（参见戴裔煊：《西方民族学史》，73—78页，北京：社会科学文献出版社，2001；王铭铭：《民族地区人类学研究的方法与客体》，载《西北民族研究》，2010［1］）。

③　吴文藻：《现代社区实地研究的意义与功用》，见其《吴文藻人类学社会学研究文集》，144—150页；王铭铭：《村庄研究法的谱系》，见其《经验与心态：历史、世界想象与社会》，164—193页。

④　王明珂：《导读》，见黎光明、王元辉：《川西民俗调查记录，1929》，14页，台北：“中央研究院”历史语言研究所，2004。

⑤　李亦园：《民族志学与社会人类学——从台湾人类学研究说到我国人类学发展的若干趋势》，见潘乃穆等编：《中和位育：潘光旦百年诞辰纪念》，545—566页。

主义者，还是科学主义者，无论是人类学家、社会学家，还是民族学家和民族史学家，都被历史带进了一个崭新阶段。

卸去学术的历史负担，成为一代学人借以获得“新生”的办法。

中华人民共和国成立前后，不少决心留居或返归大陆的学者（先后如费孝通、李安宅、谷苞、杨成志、冯汉骥、吴文藻等），以不同方式和渠道表露出了对新政权的热切期望。尔后，他们更积极呼应新政权的号召，热情地参与到促成不同民族对于新政权的承认及新中国的民族团结的工作中。①1950年，中央开始着力处理与民族地区的关系。除了提出民族平等的主张，自当年6月，即开始了一系列的“礼尚往来”，先向民族地区派出“访问团”（包括西南、西北、中南等），沟通中央人民政府同各民族的“精神联系”，宣传民族政策，拜访各少数民族，掌握其民族名称、人数、语言和历史及文化上的特点。不少学者成为访问团的领导或主要成员。②1951年这些学者们经过了“思想改造”，到1952年“院系调整”时，多数已“理解”了新政权的观念形态。1952年“院系调整”后，民族研究成为他们工作的重点。1953年，“全国进入社会主义改造和社会主义建设时期后，针对中国当时民族状况不清、族群认同混乱的现实情况，中央及时提出了明确少数民族成分，进行族别问题研究的任务”。③一时间，学者们获得了一显身手的机会。

“民族识别工作”成为这个新时段“民族学”的新特征。民族识别工作的宗旨，“是保障各少数民族实现民族平等，实行民族区域自治，发展少数民族地区的政治、经济、文化事业，促进各民族共同发展繁荣”。④民族识别工作的初衷，是创造大小民族既分又合、既自治又共存的面貌，这本与之前人类学、社会学与民族学的基本旨趣相呼应，但它的政治性却空前强烈，其本质诉求，是使作为政治工作对象的民族，在质上得到尊重，在量上得到尽可能贴近其“本原”的承认，尽可能地接近中国民族格局的本来面目（尤其是其多样性），在此基础上围绕中央形成一个“民族大家庭”。

这项工作有两个“相辅相成”的方面——“分”与“合”。“分”的一面，形成得比较早，与中国共产党建党之初遵循的列宁主义民族理论密切相关。承

① 王建民、张海洋、胡鸿保:《中国民族学史》（下），27—36页，昆明：云南教育出版社，1998。
② 同上，50—56页。
③ 同上，107页。
④ 同上。

袭这一理论，中国共产党在建党之初认为汉以外的族类是独立存在过的，因之也应具有“自治权”。“合”的一面，本已有之，但明确的观点，大抵形成于中日关系的矛盾阶段。“甲午”战后，中国民族的研究，早已采用一个一体的民族论。①“抗战”时期，这个一体的民族论得到了进一步强调。例如，“抗战”爆发后，顾颉刚在昆明《益世报》创办《边疆周刊》，并发表文章《中华民族是一个》，顾氏据历史研究，对时局加以解释，号召学界注意避免以“民族”称呼国内非汉共同体。他的观点以傅斯年的主张为背景，得到了傅氏及其他学者的广泛赞同，但费孝通、翦伯赞（1898—1968）等则对其观点提出了质疑。辩论之后，学界依旧保持分歧，但同时也使“一个”与“多个”不同民族兼容并蓄。这为中国民族的理论探讨做了学术讨论上的铺垫。②同一时期，中国共产党方面“分”和“独立权”的观念与统一国家的观念也得到了结合，孙中山先生提出的民族论亦得到部分复兴。综合了清末民初国族主义与列宁主义因素的新民主主义民族理论，从红军长征时期到延安时期，已有了区域性的“实验”，这些“实验”是新中国成立后民族政策的基础。③

自1950年起，承认此前研究者“发现”的民族政纲之外的“自然民族”，并使之标准化为带有一定区域管理功效的“行政民族”，成为一项政治任务。“民族识别就是对自报族称的、有自我认同的族体进行实地调查并做出科学的甄别，以确定单一民族（或民族支系）的法定地位和正式族称。这样做的主要目的在于，保障中国境内的少数民族充分享受民族平等和实施民族区域自治的权利。”④

为了展开民族识别工作，政府要求学界进行民族识别研究，其重点在于弄清：（一）识别的人们共同体哪些是汉族的一部分、哪些是少数民族？（二）如果是少数民族，他们系一单独的民族，还是某个民族的一部分？⑤

基于对“大民族主义”的批判，一种新民族政策得以建立。

政策出台后，自报为民族的申请书纷至沓来，其中不少确是符合学术的“民族”概念的民族，但也有不少并非如此；而更大的问题是，四周人民成为民族的热情，不一定符合中国民族状态的“本原”。在民族识别工作中，苏联模式的民

① 黄兴涛：《“民族”一词究竟何时在中文里出现》，载《浙江学刊》，2002（1）；罗志田：《天下与世界：清末士人关于人类社会认知的转变——侧重梁启超的观念》，载《中国社会科学》，2007（5）。

② 周文玖、张锦鹏：《关于“中华民族是一个”学术论辩的考察》，载《民族研究》，2000（3）。

③ 松本真澄：《中国民族政策之研究》，鲁忠慧译，北京：民族出版社，2003。

④ 胡鸿保主编：《中国人类学史》，133页，北京：中国人民大学出版社，2006。

⑤ 同上。

族概念得到了借用，甚至被当作“原则”，但从事民族识别研究的中国学者也深刻地意识到，斯大林的民族概念是基于“现代民族”提出的，这一概念既不符合20世纪50年代的历史处境，又不符合中国民族的民族面貌。历史上，中国各民族有其悠久渊源，各群体支系繁衍、族称有诸多复杂性，群体之间的交融关系亦十分重要，要如“现代民族”那样清晰地强加划分，并不容易。

民族研究者对苏式的民族概念加以“本土化”，强调民族识别应在重视民族特征时尊重本民族的意愿。有关于此，费孝通和林耀华1957年在《中国民族学当前的任务》中说：

> 我们进行的族别问题的研究并不是代替各族人民来决定应不应当承认为少数民族或应不应当成为单独民族。民族名称是不能强加于人或由别人来改变的，我们的工作只是在从共同体的形成上来加以研究，提供材料和分析，以便帮助已经提出民族名称的单位，通过协商，自己来考虑是否要认为是少数民族或者是否要单独成为一个民族。这些问题的答案是要各族人民自己来做的，这是他们的权利。①

不过，若是民族识别只凭本民族意愿来展开，那不仅会过于简单化，也会使被识别为“单一民族”的共同体数量大大超出人民代表制度和国家再分配制度的承受能力。20世纪50年代初，自报为“少数民族”者数以百计。为了找到一个“平衡”，民族识别工作尚需对自报民族加以深入研究，以便确认到底哪些民族既有成为民族的主观要求，又有“客观依据”。政府调动了留在大陆的民族学家以及与这一领域密切相关的社会学家、历史学家和文化人类学家的积极性，使他们参与到民族识别工作中来。

学者替民族识别展开的研究可以称为“民族识别研究”。这是民族识别工作的重要组成部分，其研究目标可以说是以“科学的方法”复原“民族的原貌”，为政府对民间成为民族的热情与人民代表制度等政纲的理性加以折中提供参考方案。

因有民族识别研究的任务，50年代初期的社会科学家们找到了一个为新社会的建设服务的机会，他们中不少人参与了空前集中的调查研究。由政府召集、主持并组织民族识别研究，让人喜忧参半。此前人类学家、社会学家、民族学家运用不同的方法展开研究，曾积累了许多经验，当学者被集合于政府之下、服务

① 费孝通、林耀华：《中国民族学当前的任务》，12—13页，北京：民族出版社，1957。

于其设定的目的之时，这些经验也被悄然运用于民族识别工作，对政治工作效用及民族志知识的增添，都起到了正面作用。然而，这些经验与学派多样性之间的关系在政治价值上遭到了否定，不仅未被继承，其生长还受到极大限制：“进行民族识别实践时，尽管学者们做了许多努力，依然存在着一定程度的简单套用马列主义关于现代民族的四个特征的现象，将理论简单化和教条化。而且，将民族作为一种政治和法律范畴的单位进行识别并固定下来，难以反映民族这一历史现象及其认同的长期发展变化。”①

（四）

> 潘先生对土家族民族史、土家民族识别的研究，付出了艰辛的劳动，做出了重大的贡献，为土家族的识别提供了宝贵的资料和可靠的依据。②

20 世纪 50 年代潘光旦因置身于土家民族识别研究而大起大落，其“运势之变”均与以上所述之“大变局”相关。

“‘土家’是在国家的民族政策推行以后，才在民族成分上受人注意的一个群体”，③从潘先生的有关论著看，50 年代初他对于土家族是哪些人、居住在哪些地方已有了相当清晰的认识。时下的土家族之全貌，可谓是其认识在政治上渐渐获得实现的结果。在他的言论与研究活动的推动下，土家族于 1956 年被承认为一个“单一民族”，其居住地之核心区域④，被界定为湘鄂川黔毗连的武陵山地区。⑤不同地方的土家族区域自治，建立于历史的不同阶段：湖南省湘西土家族苗族自治州成立于 1957 年 9 月，鄂西土家族苗族自治州成立于 1983 年 12 月 1 日（1997 年改为恩施土家族苗族自治州），四川省黔江土家族苗族自治州成立于 1984 年 11 月，当年，湖北长阳土家族自治县成立，1987 年湖北宜昌市的五峰

---

① 胡鸿保主编:《中国人类学史》，138 页。

② 施联珠:《潘光旦教授与土家族的识别》，见陈理、郭卫平、王庆仁主编:《潘光旦先生百年诞辰纪念文集》，157 页。

③ 宋蜀华:《潘光旦先生对中国民族研究的巨大贡献》，见陈理、郭卫平、王庆仁主编:《潘光旦先生百年诞辰纪念文集》，4—12 页。

④ 包括湘西的凤凰、泸溪、永顺、龙山、保靖、桑植、古丈等县，鄂西的来凤、鹤峰、咸丰、宣恩、利川、恩施、巴东、建始、五峰、长阳等市县，贵州的沿河、印江、镇远、思南、铜仁、松桃等市县，重庆市的酉阳、秀山、黔江、石柱、彭水等县。

⑤ 向达、潘光旦:《湘西北、鄂西南、川东南的一个兄弟民族——土家》，见其《潘光旦民族研究文集》，353—362 页。

县设为五峰土家族自治县，反映着潘先生身前身后民族政治变迁的轨迹。

土家族原有一部分自称“比兹卡”，他们主要分布于湘西州的永顺、龙山、保靖、吉首、古丈、张家界及湖北省恩施州、湖北省宜昌市的五峰、长阳，“比兹卡”意为本地人，这支土家族一般被定义为“北支”；与之相对，有“南支土家族”，他们自称“廪卡”，即始祖廪君的族人，分布在重庆、黔东、湖南凤凰、泸溪、麻阳一带。“土家”这个称呼历史上已存在，其居住地域往往与苗族相邻。

自称为“比兹卡”、与“土”字相联系的族类，本处于汉人与“苗夷”之间，他们处于一个“中间地带”，既与苗族不同，又与汉族不同。至于这个“中间共同体”到底是否“单一民族”？学界本认为无刨根问底之必要。

正式确认土家族为单一民族之前，民族学家早已在这个地区接触到这一人群。例如，1933 年，中央研究院凌纯声、芮逸夫受蔡元培委托前往湘西考察，1939 年完成《湘西苗族调查报告》，他们提到，在湘西除了苗人，还有非苗人群，而这些非苗人群中，就有生活在永顺、保靖等县的“土人”。[①] 这两位前辈运用的调查提纲，出自法国社会学年鉴派民族学导师之手，其调查研究侧重不同于汉人的苗人社会生活形态之研究，民族志描述围绕着苗人的房屋、聚落、婚姻、服饰、宗教、文艺、传说等具体事项展开。他们虽致力于寻找苗人不同于汉人的社会生活方式，但在“中国民族”观念的影响下，却又相信，苗人与汉人为古代华夏人的后裔。关于“土人”，他们猜测，这“或为古代僚族的遗民”。[②]

20 世纪 30 年代民族学家已认识到这一人群是“非苗”，但 1957 年土家被官方正式识别为“单一民族”之前，并无“民族身份”。

土家与“单一民族”概念之间形成直接的关系，最初是在新中国成立一年后的一场典礼上得到表达的。

1950 年国庆节，中央与少数民族之间的“礼尚往来”继续开展，政府召集大型庆典，邀请各少数民族派代表到北京观礼，土家代表田心桃以苗族的身份参加。田心桃的祖父母是土家，外祖母是苗族，会讲土家语，她利用观礼的机会强调了自己的民族身份的独特性。观礼之后的一段日子里，田心桃在中央民族事务委员会召集的一次座谈会上再次介绍了自己的民族语言，她的介绍引起了中央关注。中央派著名民族学家杨成志先生对她进行专访。田心桃进一步介绍了土家的语言、

---

① 凌纯声、芮逸夫:《湘西苗族调查报告》，24 页，北京：民族出版社，2003。

② 同上。

风俗、物质文化，引起了杨成志先生的重视。田心桃因有特殊的“民族身份”，观礼结束后即被送到中国人民大学学习，她于1950—1952年间，频繁参与大型庆典活动，借各种机会向政府反映承认土家族是一个单一民族的要求。[①]

1952年，中央筹建湘西苗族自治州，土家是否为一个“单一民族”的问题引发了争议。中南民委湘西工作队认为土家族是一个“单一民族”，而湖南省地方领导则对此有不同意见。其后，中南民委工作队将意见上交中央民委。1953年3月，中央民委开始着手处理这一问题，把土家族民族识别的任务交给了中央民族学院。[②]

在土家族民族识别成为一项“任务”之前，1952年高校进行院系调整，清华大学社会学系、燕京大学社会学系和北京大学东方语言文学系的民族语文专业相继并入新成立的中央民族学院。中央民族学院设立的宗旨是为国内各少数民族实行区域自治以及发展政治、经济、文化建设培养高级和中级的干部，研究中国少数民族问题、各少数民族的语言文字、历史文化、社会经济，发扬并介绍各民族的优秀历史文化，组织和领导关于少数民族方面的编辑和翻译工作。为了深入研究少数民族问题，中央民族学院设立研究部。[③]研究部阵容强大，“集中了当时中国大部分社会学、民族学、人类学、民族语言和民族史学领域的权威人物，真是星光灿烂，盛况空前”。[④]它最初由中央民族学院副院长费孝通教授负责，原燕京大学代校长翁独健（1906—1986）教授任研究部主任兼东北内蒙古研究室主任；原美国国会图书馆研究员冯家升（1904—1970）教授任西北研究室主任；后任北京大学副校长的翦伯赞教授任西南研究室主任；原燕京大学民族学系主任林耀华教授任藏族研究室主任；原清华大学教务长、社会学系主任潘光旦教授任中东南研究室主任；汪明禹教授任图书资料室主任。以后又建立了国内少数民族情况研究室，吴文藻教授任主任。民族文物研究室由原中山大学人类学系主任杨成志教授任主任。这些人物，几乎个个都是自己研究领域中的首席权威。吴文藻、潘光旦、费孝通和林耀华还将他们在燕京大学的学生带到了研究部，其中有

---

① 田心桃：《我所亲历的确认土家族为单一民族的历史进程》，见谭微任、胡祥华主编：《土家女儿田心桃》，3—33页，北京：民族出版社，2009。

② 施联珠：《潘光旦教授与土家族的识别》，见陈理、郭卫平、王庆仁主编：《潘光旦先生百年诞辰纪念文集》，157—166页。

③ 杨圣敏：《研究部之灵》，见潘乃谷、王铭铭编《重归“魁阁”》，116—130页，北京：社会科学文献出版社，2005。

④ 同上，119页。

陈永龄（1910—2004）、宋蜀华（1923—2004）、施联珠、吴恒、朱宁、王辅仁（1930—1995）、王晓义、陈凤贤、沈家驹等人及“傅乐焕（1913—1966）、马学良（1913—1999）、王钟翰（1913—2007）、吴泽霖、李森、程溯洛（1913—1992）、贾敬颜（1924—1990）等名重一时的学者”。①

土家人所处的地域，本处于西南与中南的交界，而从民族学的定义看，这一人群与西南语言－文化区更接近；但因土家族民族识别问题是在湖南省内先发生的，任务就交由潘光旦所负责的中南室。

（五）

1953年9月，研究部派出了调查组，考虑到潘光旦腿残不便行走（他在清华学校上学时，因运动致腿伤，后来由于结核菌侵入膝盖而不得不锯去一条腿），未同意他参加这次调查，调查组由汪明瑀（曾是潘光旦的学生）带队。负责土家族民族识别任务的潘光旦先生，在此期间主要进行汉文献研究。

潘先生一生爱书，从20世纪20年代起，稍有余钱就用于购书，到50年代初，已积累了大量书籍。调入中央民族学院后，他搬到民院宿舍居住，家里容不下那么多书，学校给予特殊照顾，在研究楼中专给他一间屋做书房，但书架太长放不进去，暂存过道中一度被人瓜分，书架在屋里绕墙摆也摆不过来，只得再往里边摆，最后只剩屋子中央一小块地方放一张红木书桌。②

潘先生正是在这间小书房里展开了他的土家族源研究。他于1955年11月写出《湘西北的“土家”与古代的巴人》，发表于《民族研究集刊》第4辑上。③《湘西北的“土家”与古代的巴人》一文，在学术旨趣上已与民国民族学大相径庭。

如果说民国民族学对于“自然民族”存在着既承认又不承认的矛盾心态，身处50年代新中国的民族研究者，相比而言则更真切地从政治上承认“自然民族”的原来身份。这一点从潘光旦文中对于凌纯声、芮逸夫湘西调查的评论可见

---

① 杨圣敏:《研究部之灵》，见潘乃谷、王铭铭编《重归“魁阁”》，119页，北京：社会科学文献出版社，119—120页。

② 潘乃穆等:《回忆父亲潘光旦先生》，载《中国优生与遗传杂志》，1999（4）。

③ 在当时研究部出版的权威性学术期刊《民族研究辑刊》第4辑，亦看出语言学家王静如先生《关于湘西土家语言的初步意见》、汪明瑀的《湘西土家概况》，加上潘先生的长论《湘西北的“土家”与古代的巴人》，一组科研报告分别从土家文化的诸方面——历史、语言、风俗习惯信仰、社会经济状况等——呈现作为一个单一民族的土家族的风貌。

一斑：

> 凌纯声、芮逸夫合著的《湘西苗族调查报告》（页二二）根据了法国人拉古伯瑞（T. de Lacouperre）《汉语形成以前的中国语言》一书中的话，说：永顺保靖等县的土人语言，属于泰掸语系，而藏缅化了的，因此，他们或者是古代“僚族”的逸民。“藏缅化”云云，像是说着了一些，因为“土家”与彝语有接近之处，但应知“土家”语本属藏缅系统，而不是“化”成的。仡佬语尚在研究中，以前有人以为属于侗台语系，现在看来颇有问题，如果终于证明为没有问题，则这话正可以说明“土家”与“僚”杂居已久，语言中不可能没有“僚”语的影响，但也只是影响而已，有些“泰掸化”而已，不能据此便以为“土家”语属于所谓泰掸语系……凌芮二氏，在这段讨论的上下文里，倒是把“土家”与苗划分清楚了的，到此却又把“土家”与“僚”纠缠在一起了，中南民族成分的难以识别，于此可见一斑。[①]

（六）

《湘西北的“土家”与古代的巴人》[②]一文长达14万字，基于传说、历史文献与实地考察所获资料，对古代巴人衍化为土家的历史进行了综合研究，为历史民族学的典范之作。潘先生广搜正史，及有关巴人、蛮与土家的史籍、地志、野史资料，摘抄资料卡片数以万计，共征引史籍50部、地志52部、野史杂记30部、其他文献50多部。除了考辨历史文献中有关土家的记录，他还对土家自己的传说加以分析，同时，对于严学窘（1910—1991）、汪明瑀等人的湘西调研报告善加利用。

《湘西北的“土家”与古代的巴人》一文，正文部分分前论与本论两大部分，有“引语”，文后附“直接参考与征引书目”。在“引语”中，潘先生明确表明，他的论文意在从不同的方面来说明巴人与土家之间的渊源关系，“巴人的历史就是‘土家’的古代史”。[③]

澄清土家的“族源”是潘先生研究巴人历史的主要目的，但这绝不是他在

① 潘光旦:《湘西北的“土家”与古代的巴人》，见其《潘光旦民族研究文集》，180页，北京：民族出版社，1995。

② 同上，160—330页。

③ 同上，164页。

文章中所做的唯一工作。在“引语”中，潘先生指出，从巴人到土家的演变史自身表明，“族类之间接触、交流与融合的过程是从没有间断过地进行着，发展着”[①]，而土家的生成史，“就是祖国的历史”[②]，也即中国整体历史的一个缩影。在“前论”中，潘先生概述了他展开研究之前关于土家由来的诸种说法，明确表示，在他看来，土家“是另一群非汉族的人民”，不过，这群“非汉族的人民”，既不是绝大部分史料中所说的瑶或苗，也不是近代民族学家所说的“僚”，而自有其自身的历史与认同。在“本论”中，潘先生从自然地理、民族分布的地理特征、传说、历史事实、自称、民间信仰、语言、姓氏等诸多方面说明巴人与土家之间的源流关系。

“本论”是《湘西北的“土家”与古代的巴人》一文的核心，该部分共包括10节，其前2节，探究巴人的起源与初期发展及地理分布，第三、四节，则集中考察了巴人进入湘西北的历史过程。

在潘先生笔下，巴人历史悠久，可以追溯到夏代。后来，巴人从西北不断向东南迁徙，到夏代与中原有了政治上的联系，西周初年建了巴子国，春秋战国时期与中原诸侯国和族类多有接触，巴子国灭后，巴人以鄂西川东为根据地，向四方散布，巴人迁入湘西北后，直到唐末，有些融入汉族，有些一直保留自己的生活方式与认同，文献上对此有直接说明。但是，“唐代以后，从五代起，巴人不见了。至少我们不再见到用‘巴人’称呼的记载，只剩下一些气息仅属的传说，代之而起的，在完全同一地区以内，却是被派作‘土’司，应募当‘土’兵，与被称为‘土人’或‘土家’的一群人”[③]。

“巴与‘土’是完全不相干的两群人吗？还是前后名称有了不同的一个人群呢？”这成为“本论”后面5节要回答的问题。

从第5—9节，潘先生分别举了五方面的证据来说明土家是巴人的后裔。证据一，是关于土家的自称。土家自称“比兹卡”，其中，“卡”的意思是“族”或“家”，而“比兹”则是特殊称谓，与古代巴人的称呼相近。古代的“巴”，也有“比”的音节，这反映于巴人曾活动过的区域内的地名。证据二，是“虎与生活”。潘先生认为，巴人和土家族都生活在多虎的环境里，故有白虎神崇拜，

① 潘光旦:《湘西北的“土家”与古代的巴人》，见其《潘光旦民族研究文集》，北京：民族出版社，1995，166页。

② 同上。

③ 同上，209页。

这在大量古籍中有记述。证据三延续证据二，涉及白虎神崇拜。巴人自称“白虎后裔”，早已有了白虎神崇拜，而《后汉书》与《华阳国志》，有廪君死魂魄化为白虎之说，及“白虎复夷”之说等。潘先生认为，虎在巴人与“土家”的生活中占有很高地位。巴人以虎皮衣木盾，用虎取名，铸虎于器物上。崇虎的结果，导致虎与人之间可以互换。在潘先生看来，巴人对虎信仰的演变脉络为：廪君→白虎神崇拜→白帝崇拜→白帝天王崇拜。他认为：“从白虎神到白帝天王是一个整体的发展过程，贯串着巴人与‘土家’的信仰生活前后至少已有两三千年之久。”[①] 在研究白虎崇拜的演变时，潘先生举出了方志记载的四川、湖北、贵州、湖南白帝寺、帝主宫及天王庙的分布情况，并对这些庙宇奉祀的诸神加以考证。[②] 证据四，“语言中的两个名词”——虎称“李”，鱼称“娵隅”。潘先生说，巴人和土家族语言中有相同的词汇，二者都将虎称为“李”，将鱼称为“娵隅”。证据五，姓氏。巴人和土家姓氏相近。潘先生考证了巴人五姓与七姓，并将之与土家大姓比较，发现了它们之间的相似性与连续性。

民族自称、图腾与生态、民间信仰（宗教）、语言、姓氏，是潘先生追溯土家与古代巴人之间关系的五个角度，这五个角度固然是符合20世纪50年代官方采用的民族定义的，但它们同时来自历史本身。

潘先生的土家研究并不旨在提供一项民族志范例，他的研究具有浓厚的历史民族学色彩，核心内容与“源流”的探寻紧密相关。然而，就是这样一份具有考据学色彩的民族研究文献，有极其强烈的民族志色彩。它的研究不是对一个横切面的“时空坐落”的民族志平面化描述，而是对一个人群的“纵向”的历史演变的追溯，但这个“纵向”的历史所起到的作用，恰又是对土家文化富有意义的描述。

潘先生文本的最后一节题目是“湘西北巴人成了‘土家’”，它衔接以上的考证，基于更为具体的文献与传说研究，提出了土家为古代巴人后裔的看法。潘先生认为，土家的自称“比兹卡”是古代巴人自称的延续，而作为他称，“土家”则与唐以后中国历史的演变有密切的关系。巴人的自称与土家这个他称之间，存在一种名称上的断裂，但两个名称所指的人群只有一个，如果说土家这个族称是对巴人这个族称的“机械性的衔接”的话，那么，这个“机械性的衔接却把人群本身的有机性的绵续给遮蔽了”。[③]

---

① 潘光旦：《湘西北的“土家”与古代的巴人》，见其《潘光旦民族研究文集》，261页。

② 同上，255—261页。

③ 同上，209页。

是什么造成这个“机械性的衔接”？为了解惑，潘先生对五代史中的“夷夏关系”进行了分析。

唐代与唐代以前，生活在湘西北的巴人无论是自称或他称都是“巴人”，但这个称谓到了五代，则消失了，代之而起的是与“土”字相关的称谓，如土兵、土丁、土人、土军。[①]潘先生认为这个变化不是偶然的，而是与五代期间从江西前来的彭氏势力有关。关于湘西彭氏的来源，史学界谭其骧先生（1911—1992）提出过“土著说”，认为，彭氏为土家本族人。[②]潘光旦先生不同意这一看法，他指出，彭氏可能源于江西一带的“蛮”（如畲族），但即使是如此，也早已汉化。他们是吉州庐陵吉水一带的土豪，本想在江西与湖南之间“造成一个局面”，后来江西一方面不行了，投奔了当时称了“楚王”的马氏（五代十国时期的十国之一楚国，史称“马楚”“南楚”“马楚国”“马楚政权”，以长沙府为王都，辖地湖南全境及广东、广西和贵州部分地区，907 年建国，951 年南唐乘马楚内乱，派军占领长沙，楚灭），以“培植力量，待机而动”。[③]一番经略，彭氏在湘西地区获得了支配地位，对内称土王，对外称刺史。

为了巩固自己对于巴人的统治，彭氏采取了一些手法，例如，对当地的大家族表示“好感”，将其领导人纳入自己的统治机构中。另外，彭氏还从正反两面造作一套“土龙地主”的传说。他们一面将自己宣扬为“土龙地主”，把巴人说成是“土龙”的子孙，另一面对巴人的虎崇拜进行了“修正”。“首先，彭士愁想把自己安排进这个传统，说他自己是传说中的铜老虎，而他的兄弟，彭士全，是铁老虎……这一类硬套的做法失败以后，他就更进一步地想摧毁这传统，而代之以他自己，作为一个汉人，或接受充分汉化的人，所习惯的传统，就是龙换虎”[④]，将本为巴人图腾的虎说成有害于人的东西，致使后来的土家地区巫师法术中有了“赶白虎”的仪式。[⑤]

借用结构－历史人类学的术语，这个“土换巴”“龙换虎”的权力与象征的转换过程，可谓是“陌生人－王”生成的过程。[⑥]这个过程本身是有两面性的，

① 潘光旦：《湘西北的“土家”与古代的巴人》，见其《潘光旦民族研究文集》，311 页。

② 同上，312 页。

③ 同上，300 页。

④ 同上，307 页。

⑤ 同上，308—309 页。

⑥ 萨林斯：《陌生人－王，或者说，政治生活的基本形式》，刘琪译，黄剑波校，载王铭铭主编：《中国人类学评论》，第 9 辑，117—126 页，北京：世界图书出版公司，2009。

它一方面是潘先生所阐述的外来势力到巴人地区称王、塑造自己的“土王”身份的过程，而另一方面，则亦可能如后来的人类学家所指出的，是一个“土著”主动接受外来之“王”的过程。

然而，彭氏对内称“土王”，对外称“刺史”，这一统治权的内外之别，还含有另一层意义：“刺史”是个大大低于“王”的“级别”。彭氏是对马氏的楚王国称臣的，而马氏政权不过是偌大的天下“乱世”的一个组成部分。从这一点看，彭氏深知自己虽为“土人”的“陌生人－王”，除了其统治领域，便只不过是个“刺史”罢了。

彭氏在政治权威上的双重性，形成于整体中国的一个大历史背景中。[①] 潘先生指出，中国的各个少数民族成分，在和中原族类发生接触之前，各有自己的政治组织与领导关系，而因参与组织与处于领导地位的，本都是“他们自己的人”[②]，因而，可以认为，其权威是单层的、本土的。到了“夷夏”有了接触之后，“中原的统治者开始把自己的权力伸展到他们中间去”，此后，权威形态才产生了变化。

在唐宋时期的羁縻制度下，有了土官，这种权威人物依旧是旧有的土生土长的上层人，只不过加上了一些名号，其余是原封不动的。

在滥觞于元代、完成于明清两代的土司制度下，中原统治者对周边民族加强了干涉与控制，对领导人物的产生办法和继承制度也加以干涉，这就使权威形态加进了更多的中原因素。

从清雍正年间开始改土归流，在民族地区设流官，“目的在把少数民族成分的人变成汉人”，把他们中“一部分已接受了中原族类的一些经济与文化影响的分子”视同汉人，一体管理。

从土官到土司，再从土司到改土归流，并没有在所有少数民族地区实行，但在土家地区，则前后都适用过。宋及宋以前，这里任命过土官，元代到清初，湘西北有永顺、保靖两个宣慰司，清初到1949年以前，这里设过流官。

潘先生认为，土家这个他称，形成于出现土官的阶段中。就中原与少数民族成分之间的关系史的大历史来看，以上三个阶段的变迁，确是大的线索。不过，各阶段、各地区都有其特殊的复杂性。就土官阶段来说，上述由本地人担任土官

---

① 冈田宏二：《中国华南民族社会史研究》，赵令志、李德龙译，276—447页，北京：民族出版社，2002。

② 潘光旦：《湘西北的“土家”与古代的巴人》，见其《潘光旦民族研究文集》，206页。

的情况，只是多种情况中的一类。除此之外，还有其他三种情况。其中，一种是中原族类的人进入少数民族地区，接受他们的语言与风俗习惯，而成为土官；一种是由中原直接派去；再一种是经过征伐之后留在少数民族地区的小部分军官与士兵，成为当地实际发号施令的人。在以上这些情况下，中原族类的人“大抵起初都未尝不想‘用夏变夷’，但终于成为‘用夷变夏’的对象”。[①] 因之，诸种情况各别，但实质都为“土官”制度的变异。

唐代末年江西彭氏的“入侵”，对内称王，对外称刺史、宣慰使等，情况持续到清初，前后维持了八百多年，是巴人地区继周代派子爵，东晋派官吏之后的又一种权威形态。这种形态与中国大历史中分治阶段的特殊性有关。潘先生说：

> 当中原干戈扰攘、封建秩序暂时发生混乱的时候，方疆官吏或地方豪绅纠合武力，打进少数民族地区，把领导权劫夺到手，终于成为当地的直接统治者，但为了缓和反抗，同时也接受了当地主要族类的语言风俗，日久也就与土著的土官分不清楚，终于和他们成为统一族类的人。[②]

为解析彭氏的权威形态，潘先生对溪州铜柱进行了研究。溪州铜柱是后晋天福五年（公元 940 年）楚王马希范与溪州刺史彭士愁战后议和所立，镌刻着双方盟词。潘先生根据盟词透露出的有关湘西土家的风俗、权威形态、族类关系、政治组织、土地所有制、兵役劳役、赋税、司法等方面的信息，提炼出了一种有关土家地区上下内外关系的观点。在潘先生看来，在溪州铜柱树立之前，彭氏与楚王马氏之间早已有联姻与政治结盟关系，而被统治的土家则不甘接受这种双重的外来统治。到了彭士愁的年代，外来之“王”与“土著”之间矛盾愈发激烈，于是爆发了战争。彭氏与马氏打仗，是打给“土著”看的，“从彭氏说来，是准备失败的，失败了，才可以让当地人死心塌地地接受他的统治，战争的失败就是彭氏的成功”。[③] 潘先生认为，这次战争“是为了达成铜柱上的这份‘盟约’而布置出来的一出双簧”，“彭氏的统治，从此以后，成了铁案”。[④] 铜柱的“盟约”，一面把彭氏与楚王之间关系拉得更近了些，一面又将彭氏带领“土著”对外作战的事迹镌刻于“土著”的内心中，使其接受了“陌生人－王”的统治，而由于彭氏

---

① 潘光旦：《湘西北的“土家”与古代的巴人》，见其《潘光旦民族研究文集》。
② 同上，297 页。
③ 同上，306 页。
④ 同上。

这个权威群体到了此时已介于我们可称之为“内外”（即“土著”与其“外部”）和“上下”（即超出“土著”范围的等级关系）之间，其统治得到了长期延续。

（七）

《湘西北的“土家”与古代的巴人》梳理了土家族形成史。在该文中，潘先生指出，土家族有一个“古代史”，有个未有“土家”这一他称之前的巴人（或巴子国）史。唐末以前的巴人，虽亦从异地迁徙而来，但有其自主的政治组织与社会生活形态。当时的巴人，更接近于“自然民族”的情形；到了彭氏进入湘西北地区之后，土家族就渐渐形成了。此时，土家不再是一群与世隔绝的“土著”，不再是不受人为政治干预的人群；相反，如果说巴人的“古代史”后面又出现了一个“土家族”，那么，这个民族是具有某种复合性的。

写作《湘西北的“土家”与古代的巴人》一文时，潘先生承担着民族识别的任务，但他并没有因为这个政治上的使命而舍弃学者本有的学术天职。

为了实现比“旧社会”更平等的民族关系，潘先生认为，土家这个民族确应被认可为一个“单一民族”，而为了承认其“单一民族”的属性，我们有必要对于“土家”的“土”字出现以前更为“原始”“自主”的巴人史加以研究，说明土家人的祖先在那个阶段有自己的自称、聚居地、信仰、姓氏及政治组织。但与此同时，潘先生指出，在承认其民族的“单一性”时，我们却又不应忘记，“历史上绝大部分的巴人，今日湘西北‘土家’人的一部分祖先也不例外，在发展过程中，变成了各种不同程度的汉人，终与汉人完全一样，成了汉族的组成部分”。[①]

潘先生认为，巴人渐渐纳入中原族类的视野，受其影响以至“统治”的过程，恰也可以说是巴人成为土家族的历史过程。

潘先生将这一过程与唐末以后中国历史大势的转型相联系，在“中国大历史”的氛围内考察土家认同的生成，这无疑堪称一种民族学的文化复合结构论。

潘先生是在一个特殊年代中书写湘西北历史的，不可能完全摆脱心态上的矛盾。他一方面热切响应新中国民族政策的号召，诚恳接纳土家人成为一个“单一民族”的愿望，且为此将土家的历史上溯到巴人的“古代史”中，另一方面，他却又本着知识分子的良知充分意识到了这些号召与愿望的特殊历史性。

如何在号召、愿望与学术研究的本分之间找到一个平衡？这一问题必然困扰

① 潘光旦:《湘西北的“土家”与古代的巴人》，见其《潘光旦民族研究文集》，165页。

过潘先生。潘先生无不尽力克服矛盾，将本具有结构关系论色彩的土家族形成史化作对于封建王朝不合理的民族政策的批判，对公正、合理的新民族政策加以展望。

在1951年发表的《检讨一下我们历史上的大民族主义》一文中[①]，潘先生已为此类研究做了理论的铺垫。如上所述，《检讨一下我们历史上的大民族主义》对古代民族关系的政治做了"朝贡的解释"，指出，既往民族政策的历史限度是，"一方面我们责成少数民族向我们'朝贡'，一方面对凡来'朝贡'的人，我们除摆出所谓'上国衣冠'的吓唬人的场面而外，自还有一番回答的礼教"。[②]"辛亥革命以后，'朝贡'政策是没有了，但所以造成'朝贡'政策的大民族主义还留下很多的残余。"[③]

如果说潘先生所说的历史上的"少数民族成分"有各自的政治组织，成其各自的社会，那么，也可以说，整体中国必定是一个超政治组织的政治组织、"超社会的社会"。[④]在这样一个宏大的政治组织和社会中处理诸政治组织与诸社会之间的关系，"旧社会"的王朝积累了一套办法。在潘先生笔下，这套办法都与"朝贡"这两个字有关，是礼教的一种延伸，其本质属性是文化的。从潘先生运用的词汇看，他早已深知，这一"文化体系"与"夷夏"这两个字渊源很深："朝贡"是处理"夷夏"关系、确立"文野之别"的方法。尽管1951年之前，潘先生的政治态度有过多次变化，但到1951年，他似乎已全然接受了新的政治价值观，也因此，他才可能对"旧社会"处理民族之间关系的做法进行批判。从现代人类学的伦理准则看，作为一位汉族知识分子，潘先生有此"文化自觉"，有此对于本文化偏见的"检讨"，本是应该的，有此对其所处的"帝国体系"加以"解构"的努力，本也是可取的。然而，生活在竭力试图从"旧社会"脱颖而出，成为一个"新社会"的"解放初"，潘先生对于历史的未来怀有的想象，不免有浪漫主义的因素。在他的脑海中，"旧社会"种种"大民族主义"的民族政策，似乎都有希望得到替代，而民族研究者能服务于"万象更新"，是一件难得的幸事。协助政府承认少数民族原来具有的政治自主性，恢复民族的"本来面目"，去除"旧社会"朝贡式大民族主义，成为潘先生发自内心的使命。

---

① 潘光旦：《检讨一下我们历史上的大民族主义》，见其《潘光旦民族研究文集》，146—159页。

② 同上，156页。

③ 同上，157页。

④ 王铭铭：《超社会体系——文明人类学的初步探讨》，见王铭铭主编：《中国人类学评论》，第15辑，北京：世界图书出版公司，2010。

潘先生一面务实地接受“土家”这个带有大民族主义色彩的他称，一面悉心复原这一族类的“远古史”，悉心认识其在古史上的政治自主性。在他笔下，唐末以后，巴人成为土家的过程获得了双重意义。一方面，从民族识别工作的实务需要看，这一过程造就的“土家”称谓，应当被接受；另一方面，接受这一称谓不应意味着接受称谓背后的历史，因为它背后的历史，与应得到“检讨”的大民族主义紧密相关，是古代王朝将“少数民族成分”或“自然民族”纳入其不平等的“朝贡体系”之下的过程。

生活在那个特殊的年代，富有浪漫主义情怀的潘先生无暇顾及思考他兴许已感觉到的问题:“新社会”即使能从“旧社会”的那一部合理、不公正的大民族主义脱胎换骨，也不能改变其命运，即，它依旧是一个“超政治组织的政治组织”“超社会的社会”。舍弃“旧社会”处理“夷夏关系”的文化方法，意味着“新社会”必须采取一套“非文化”的方法来维系这一关系。

舍弃“夷夏关系”的文化内涵，必然致使这一关系空前地获得越来越多实质的政治经济属性，而这些属性，同样具有难以克服的等级主义本质，甚至可能使之混杂于新国家的政治经济体系中，成为更实质化的体制。

（八）

在一个急切地盼望着革新的年代，心态矛盾的自觉，无法阻止急切的选择。相信“我们终于有了把握，足以克服我们根深蒂固的大民族主义”[①]，潘先生于1956年夏、冬两季进入了他对于土家的“田野工作”。

在研究土家期间，潘先生与祖籍湘西溆浦，怀疑自己属于“土著”或“土族”的著名学者向达先生有了交往。

向达先生（1900—1966）比潘先生小一岁，20世纪30年代致力于敦煌俗文学写卷和中西文化交流等领域的研究，是中西交通史及中国西北史地研究方面的名家。1949年后，向达曾任北京大学教授、图书馆馆长、中国科学院历史所第二所副所长兼学部委员等职。

1956年下旬，潘先生、向达等实现了同去湘西考察的愿望，他们于5月20日，与时任全国人民代表大会代表的田汉、翦伯赞、全国政协委员周凤九、李祖荫先生同行，由京南下。在长沙逗留几日之后，二人结伴前往湘西。

① 潘光旦:《检讨一下我们历史上的大民族主义》，见其《潘光旦民族研究文集》，158页。

一如向先生所言，当时“从省到州，都认为土族问题只是本地几个在外的知识分子闹起来的，这几个知识分子的阶级出身还成问题云云”。[①] 而向先生当时除了关注自己的祖籍为何的问题，更关注湘西 20 世纪 50 年代的社会经济状况及知识分子状况。在后一方面，他与潘先生有诸多共识，他们当时认为，“省民委会和州地委会这样简单化地去看问题，似乎有点主观和片面”[②]，意思兴许是说，不能因为当地土家知识分子有强烈的民族意识，而否认其观点及诸如潘先生在科学研究上的结论。从向先生的记述看，当年的民族识别问题，牵涉面很广，与阶级身份问题及知识分子问题是紧密相关的。

6 月 4 日之前，潘、向一起活动。6 月 4 日向达前去溆浦，6 日到麻阳水乡，8 日到怀化，9 日到晃县，10 日到安江，后由安江取道邵阳、湘潭，回到长沙。潘先生则一共访问了湘西 7 个县（吉首、凤凰、花园、古丈、保靖、永顺、龙山），前后走了 42 天。潘先生计划通过此行“取得一些实践的认识”，结合视察与民族团结工作，促进中央民族学院研究部民族实地考察工作的常规化，解决“土家”是否单一民族的问题。潘先生在 1956 年 7 月 25 日写出了《访问湘西北“土家”报告》，1956 年 11 月 15 日刊登于《政协会刊》第 15 期上。在报告中，潘先生对“土家”人的自称、人口与其聚居程度、语言与其使用程度、汉土关系、“土家”人的民族要求等进行了清晰的说明。关于“土家”的民族成分的问题，他给出的结论是：“无论从民族理论、民族政策、客观条件、主观要求等方面的哪一方面来说，‘土家’应该被接受为一个兄弟民族，不应再有拖延，拖延便有损党与政府的威信。”鉴于地方干部对于这一问题尚有争议，潘先生建议，“在明令承认‘土家’为一少数民族之前，中央必须对湖南省与湘西苗族自治州的领导同志进行教育与说服工作”[③]。

《湘西北的“土家”与古代的巴人》一文，展现的是潘先生对于时间的跨越，从土家在 20 世纪 50 年代的民族识别问题这一“当下时间”出发，进入古代史的“过去时间”，最后又回归于民族识别问题的这一“当下时间”。而潘先生的湘西北之行，则可以说是一种空间的跨越。他的出发点是“此处”，即中央民族学院研究部，他的行程是条穿梭于不同地点的线，所穿梭的区域，可谓“彼

---

① 向达：《视察湖南省工作的报告》，原载《1956 年上半年视察报告》，第 12 辑。这里引文所说的“土族”指的是后来识别出的“土家族”。

② 同上。

③ 潘光旦：《访问湘西北“土家”报告》，见其《潘光旦民族研究文集》。

处”，即土家人居住的区域，而他的“终点”还是“此处”。

若说潘先生的民族史研究与历史学研究的时间穿越规程一致，那么，他的调查则与人类学空间穿越的规程一致。

然而，这两种穿越都是特殊的。就潘先生的民族学式调查来看，他的空间穿越也不同于一般的“田野工作”。

不同于一般所谓的人类学“田野工作者”，潘先生去往土家地区时的身份不是单一的。

在《访问湘西北“土家”报告》[①]中，潘先生明确表明，他既是“作为一个科学研究工作者”而去的，又是“作为一个视察人员”而去的。作为一个科学研究工作者，他“想把研究所得和实地考察所得，对证一下，改正其中的错误，补充其中的不足”[②]，作为一个视察人员，其出行的意图是，“去了解一下，‘土家’人自己所提出的确定民族成分的要求，究属普遍到什么程度”。[③]作为一个“田野工作者”兼全国政协民族组的负责人之一，潘先生的调查不单纯是民族志田野工作，而兼有田野工作与视察的双重性。由此，他的调查便有了不同一般的风格。

一般的人类学“田野工作”，讲究与被研究者共同居住与作息，通过参与生活，观察所研究地区的情景与事件，聆听被研究者的“声音”，学者用被研究者的语言说话，用他们的“逻辑”思考。“田野工作”的宗旨，是为了以被研究者的“思维方式”为基础，理解所研究人群与地方的社会体制的总体面貌。对于“土著”，一般人类学者依然还是“居高临下”，但他们在所到之地，至少需要虚伪地作平等待人状，即使承认研究者与被研究者之间及被研究者内部有等级区分，也是要“大事化小、小事化了”。而潘先生的调查，因有特殊目的（民族识别），因此，并不追求这一人类学的“求全”和“虚伪的平等”，而是更现实地承认社会层次的种种差异。

潘先生的文章提供了一段“行程摘要”，对于其空间穿行的过程加以说明，接着，还对自己“访问的方式与方法”加以介绍。潘先生自己把“访问的方式”归纳为如下几类：

1. 听取报告；

2. 小型座谈；

---

① 潘光旦:《访问湘西北“土家”报告》，见其《潘光旦民族研究文集》，331—352页。

② 同上，332页。

③ 同上。

3. 个别叙话；

4. 逢人便问；

5. 转接信件。

所谓“报告”，是下级地方首长和机关负责人对于从中央来的政协民族组负责人的自下而上的“汇报”，有上下等级之分；而“小型座谈会”，主要是与土家师生及从事不同行业的人员交流，是“上对下”，但采取的方式是比较平等的。在调查和视察中，潘先生还约那些曾经给他本人或他负责的单位写过信，要求政府承认土家为单一民族或介绍土家历史传说、风俗习惯者进行“个别谈话”，从其所列表格看[①]，这些“个别谈话”者有11人，其中只有1人是农民，其他均为教师与地方干部。潘先生一路经过不少地方，碰见会说土家话的，就与之攀谈，这方面的谈话也是平等交流。“转接信件”也是调查和视察的一个环节。潘先生自己对此有段说明：

> 此行，特别是在龙山、永顺，我一趟收到了18封信，要我带给毛泽东主席和刘少奇委员长，写信的人似乎对全国政协还不大熟悉，以为视察人员全都是人民代表，所以一面总是称呼我为代表，一面也没有一封给政协主席周恩来同志的信。在这一点上政协还须做一些宣传。这18封信的寄者中有农民、职工、教师、学生，有独自一人署名的，有联合若干人署名的，也有用学校班级或机关部门的全体“土家”人的名义出面而不写具体姓名的。这些信件我归后便交政协秘书处了。[②]

在土家地区，潘先生有双重身份、双重使命，因之，他的“访问所得”也是双重的。他的那份当时未刊的“访问所得”，侧重对他的《湘西北的“土家”与古代的巴人》一文提出的有关历史、信仰、形式等方面的看法加以对证和补充，而公开发表的“访问所得”，则侧重说明土家人的自称、人口与聚居程度、语言、汉土关系、土家人的民族要求等此类公务所需的论据。从这几个方面出发，潘先生对土家成为单一民族的意见给出正面的结论。

（九）

在《访问湘西北“土家”报告》的引言部分，潘先生已说明这次考察想达到

---

① 潘光旦：《访问湘西北“土家”报告》，见其《潘光旦民族研究文集》，336—337页。

② 同上，337页。

的目的还有一个，即“作为一个科学工作者，也作为一个视察人员，我有权利知道，为什么这问题久悬不决”。[①]出发前两三年，潘先生已再三听说，“湖南省与湘西苗族自治州的领导方面不同意对这问题做出肯定的结论来”，这就使他想知道“这究竟是不是事实？如果是，原因何在？”[②]潘先生认为，“土家”应该被尽快接受为一个单一民族[③]，他还建议由土家人自己选择到底是用“土家”还是用“比兹卡”为族称，建议建立土家族自治区。但与此同时，潘先生经过调查已经认识到，“湖南省与湘西苗族自治州的领导方面不同意对这问题做出肯定的结论来”此事属实。[④]

潘先生主张土家成为一个民族，但对于历史上复杂的族间关系却是有认识的。

1949年以前，土家把汉人称为“客家”，他们与汉人之间的关系不好，土汉之间也基本不通婚，这些说明土家与汉人不属于同一个共同体。潘先生指出，从东汉到宋元，汉族的历史文献把湘西北的非汉民族统称为“蛮”，宋元以后，名称分化为“土”与苗，“蛮”字在文献上少见了。宋代到清初，湘西北有汉（当时称“客家”）、土、苗三个共同体，三者之间的关系大致是，“中原统治者有形无形地利用了‘土家’的统治阶层来约束‘苗人’”。[⑤]在说明关于湘西苗族自治州的有关领导不同意土家成为一个单一民族的原因时，潘先生进一步说：“新中国成立前，在很长的一个年代里……苗族确乎是吃过‘土家’土司、地主、富农、商人的亏的。”[⑥]这些片段的信息兴许意味着，潘先生深知，土家是介于汉与苗之间的一个“共同体”，土家社会内部分化为不同阶级，其“统治阶层”被“中原统治者”利用来治理“苗乱”，维持区域社会秩序。

土家这个“共同体”，尤其是其上层，似乎可以说构成了中原“边墙”之外的又一道“界线”，是介于汉与苗之间的一个中间层次。这一“共同体”与“层次”的合一现象，本是历史上中原四周“边疆”的常态，但到了中央号召建立民族自治区之时，它成为问题。一个被我称为“中间圈”的组成部分的“共同体”[⑦]，固然一方面不同于中原，另一方面有别于被华夏认为是“生蛮”的“少数

① 潘光旦：《访问湘西北“土家”报告》，见其《潘光旦民族研究文集》，332页。
② 同上。
③ 同上，349页。
④ 同上，350页。
⑤ 同上，344页。
⑥ 同上，550页。
⑦ 王铭铭：《中间圈：“藏彝走廊”与人类学的再构思》，北京：社会科学文献出版社，2008。

民族”，而由于这一“圈子”里的人群仍是“共同体”，因而亦可视作“民族”。唐末以后的土家，是典范的中间圈群体，他们的这一“中间属性”，用简单化的、“非此即彼”的民族论来解释是不够的。这点可从潘先生后来抄录的《明史》卷三一〇《土司列传·湖广土司》一段加以说明：

永顺，汉武陵、隋辰州、唐溪州地也。宋初为永顺州。嘉祐中，溪州刺史彭仕羲叛，临以大兵，仕羲降。熙宁中，筑下溪州城，赐名会溪。元时，彭万潜自改为永顺等处军民安抚司。

光旦：唐末，彭氏入主溪州，为此族历史上最大关键，不予叙及，是大疏漏。

洪武五年，永顺宣慰使顺德汪伦、堂厓安抚使月直遣人上其所受伪夏印，诏赐文绮袭衣。遂置永顺等处军民宣慰使司，隶湖广都指挥使司。领州三，曰南渭，曰施溶，曰上溪；长官司六，曰腊惹洞，曰麦着黄洞，曰驴迟洞，曰施溶溪，曰白崖洞，曰田家洞。

光旦：顺德汪伦、月直，疑俱蒙古化之名字。

光旦：麦着黄，麦着，土家自称，黄，姓，犹云黄姓土家。

［洪武］九年，永顺宣慰彭添保遣其弟义保等贡马及方物，赐衣币有差。自是，每三年一入贡。

永乐十六年，宣慰彭源之子仲率土官部长六百六十七人贡马。

宣德元年，礼部以永顺宣慰彭仲子英朝正后期，请罪之。帝以远人不无风涛疾病之阻，仍赐予如例。总兵官萧绶奏：“酉阳宋农里石提洞军民被腊惹洞长谋古赏等连年攻劫，又及后溪，招之不从，乞调兵剿之。”谋古赏等惧，愿罚人马赎罪。乃罢兵。

光旦：施州卫有“剌惹”长官，似属散毛，此与“腊惹”不知是一是二，然施州下于剌惹之所以为一长官司未交代，疑是邻近散毛，而蓝玉于攻克散毛时殃及之者。是则二者或一事也。

光旦：谋古赏之“赏”即它处之“什用”“踵”，亦有作“送”者，皆首领之尊称，土家语也。

正统元年，命彭仲子世雄袭职。

天顺二年谕世雄调土兵会剿贵州东苗。

成化三年，兵部尚书程信请调永顺兵征都掌蛮。

［成化］十三年以征苗功，命宣慰彭显英进散官一阶，仍赐敕奖劳。

光旦：此苗何苗，未详｛参“［巴］（酉阳）——沿革”成化十三年下，据《宪宗实録》为同一事｝。

［成化］十五年免永顺赋。

弘治七年，贵州奏平苗功，以宣慰彭世麒等与有劳，世麒乞升职。兵部言非例，请进世麒阶昭勇将军，仍赐敕褒奖。从之。

［弘治］八年，世麒进马谢恩。

［弘治］十四年，世麒以北边有警，请帅土兵一万赴延绥助讨贼。兵部议不可，赐敕奖谕，并赐奏事人路费钞千贯，免其明年朝觐，以方听调征贼妇米鲁故也。

光旦：一般不以南方土兵北调，明末始调以抵御满洲，乃出于万不得已。

正德元年以世麒从征（米鲁？）有功，赐红织金麒麟服。世麒进马谢恩。

［正德］二年，［世麒］进马贺立中宫。命给赏如例。

五年，永顺与保靖争地相攻，累年不决，诉于朝。命各罚米三百石。

六年，四川贼蓝廷瑞、鄢本恕等及其党二十八人倡乱两川，乌合十余万人，僭王号，置四十八营，攻城杀吏，流毒黔、楚。总制尚书洪锺等讨之，不克。已而为官军所遏，乏食，乃佯听抚，劫掠自如。廷瑞以女结婚于永顺土舍彭世麟，冀缓兵。世麟伪许之，因与约期。廷瑞、本恕及王金珠等二十八人皆来会，世麟伏兵擒之，余贼溃渡河，官兵追围之，擒斩及溺死者七百余人。总制、巡抚以捷闻……论者以是役世麟为首功云。

［正德］七年，贼刘三等自遂平趋东皋，宣慰彭明辅及都指挥曹鹏等以土军追击之，贼仓卒渡河，溺死者二千人，斩首八十余级。巡抚李士实以闻。命永顺宣慰格外加赏，仍给明辅诰命。

十年，致仕宣慰彭世麒献大木三十，次者二百，亲督运至京；子明辅所进如之。赐敕褒谕，赏进奏人钞千贯。

十三年，世麒献大楠木四百七十，子明辅亦进大木备营建。诏世麒升都指挥使，赏蟒衣三袭，仍致仕；明辅授正三品散官（按宣慰使从三品，此逾格矣），赏飞鱼服三袭，赐敕奖励，仍令镇巡官宴劳之。……世麒辞赏，请立坊，赐名曰表劳。会有保靖两宣慰争两江口之议，词连明辅，主者议逮治。明辅乃令蛮民奏其从征功，悉辞香炉山［之役］（是镇压布依者）应得升赏，以赎逮治之辱。部议悉已之。

嘉靖六年，［以］擒岑猛功，免应袭宣慰彭宗汉赴京，而加宗汉父明辅、祖世麒银币。

光旦：岑猛之擒，似为其岳父岑璋之力，何关彭氏，所不解。

［嘉靖］二十一年，巡抚陆杰言："酉阳与永顺以采木仇杀，保靖又煽惑其间，大为地方患。"乃命川、湖抚臣抚戢，勿酿兵端。是年，免永顺秋粮。

三十三年冬，调永顺土兵协剿倭贼于苏、松。

［三十四］年，永顺宣慰彭翼南统兵三千，致仕宣慰彭明辅统兵二千，俱会于松江。时保靖兵败贼于石塘湾。永顺兵邀击，贼奔王江泾，大溃。［论功，］保靖兵最，永顺次之，帝降敕奖励，各赐银币，翼南赐三品服。先是，永顺兵剿新场倭，倭故不出，保靖兵为所诱遽先入，永顺土官田菑、田丰等亦争入，为贼所围，皆死之。议者皆言督抚经略失宜，致永顺兵再战再北。及王江泾之战，保靖犄之，永顺角之，斩获一千九百余级，倭为夺气，盖东南战功第一云。……翼南遂授昭毅将军。已［而］升右参政管宣慰事，与明辅俱受银币之赐。

时保、永二宣慰破倭后，兵骄，所过皆劫掠，缘江上下苦之。御史请究治，部议以土兵新有功，遽加罚，失远人心，宜谕责之。并令浙、直（南直隶也）练乡勇，嗣后不得轻调土兵。

四十二年以献大木功再论赏，加明辅都指挥使，赐蟒衣，其子掌宣慰司事右参政彭翼南为右布政使，赐飞鱼服，仍赐敕奖励。

［嘉靖］四十四年，永顺复献大木，诏加明辅、翼南二品服。

万历二十五年，东事（朝鲜受日本侵略）棘，调永顺兵万人赴援。宣慰彭元锦请自备衣粮听调，既而支吾，有要挟之迹。命罢之。

三十八年赐元锦都指挥衔，给蟒衣一袭，妻汪氏封夫人。

四十七年，永顺贡马后期，减赏。兵部言："前调宣慰元锦兵三千人援辽（此为御满洲），已半载，到关者仅七百余人。"命究主兵者。

四十八年进元锦都督佥事。先是，元锦以调兵三千为不足立功，愿以万兵往。朝廷嘉其忠，加恩优渥。既而檄调八千，仅以三千塞责，又上疏称病，为巡抚所劾，得旨切责。元锦不得已行，兵抵通州北，闻三路败衄，遂大溃。于是巡抚徐兆魁言："调永顺兵八千，费踰十万，今奔溃，虚糜无益。"罢之。①

在抄录史料时，潘先生写了不少批注，从这些批注看，潘先生当年既十分关注土家的"当地性"，又十分关注诸如外来的彭氏对于其"当地性"形成的重要

① 潘光旦：《中国民族史料汇编：〈明史〉之部》（下卷），852—855 页，天津：天津古籍出版社，2007。

影响，其抄录的文献，则生动地呈现出明代永顺土司的内外上下关系。

永顺自汉有行政设置，宋设永顺州，但其地方长官彭氏，时服时叛，元时，开始设军民安抚司，明初，延续了元代体制，置永顺等处军民宣慰使司，隶湖广都指挥使司。彭氏属下的“共同体”，被皇帝称作“远人”，但又与其他“远人”有所不同。其宣慰使司长官是世袭的，与朝廷有朝贡关系（贡品包括马匹、木材等），但其纳贡并不总是按照朝廷规定行事。例如，宣德元年，“永顺宣慰彭仲子英朝正后期”。另外，宣慰使司下的“洞”这一级地方，相互之间有时会产生斗争，此时，朝廷能起以兵威解决斗争的作用。土司对内起维持秩序的作用，对外，其属下的将士，可被朝廷调用于镇压“苗乱”。如，“天顺二年谕世雄调土兵会剿贵州东苗”，“成化三年，兵部尚书程信请调永顺兵征都掌蛮”。土司所属军队，也被用以戡定周边州县的动乱（如四川“贼”蓝廷瑞等领导的叛乱），甚至用以“远征”。在“远征”方面，嘉靖三十三年冬，“调永顺土兵协剿倭贼于苏、松”；又如万历二十五年，“东事（朝鲜受日本侵略）棘，调永顺兵万人赴援”。

帝制晚期中间圈“共同体”与少数民族之别，正是新中国成立之初这一共同体的“民族识别问题”的根源。而潘先生基于对彭氏进入之前的状况之考察认为，公元10世纪之前，巴人是作为一个有自己的社会和政治组织的人群存在的，其上层并未成为中原统治者用以勘定其文化边疆的手段，因之，其本来面目是一个“民族”。有鉴于此，他认为，应充分承认土家的单一民族性。

关于土家“民族识别问题”的由来，潘先生还观察到另一缘由，这便是民族之间的利益之争问题。他看到，湖南地方领导怕承认土家为一个单一民族后“事情不好办”。具体而言：

> 承认以后，自治的问题就来了。自治区必须改组。两个民族联合搞罢，则“土家”知识分子多于苗族，人口可能也多些。人事上的重新安排就不简单。分开搞罢，则北4县的人口（100万）多于南6县（70万），面积也大些，物产也多些，分后的苗族自治州的发展显然受到很大的限制，苗族又要吃亏，这就结合到了第一点的“怕”。[①]

到1956年5月，除潘先生参与的政协民族组之外，中共中央也派出以民委的谢鹤筹为组长的中央土家族别调查组，该组的主要使命是通过交流来统一中央

---

① 潘光旦:《访问湘西北“土家”报告》，见其《潘光旦民族研究文集》，351页。

与地方有关部门对土家族民族成分识别的认识与意见。到当年10月，中央已同意土家族为单一民族，并将这一意见通知了湖南地方政府。

（十）

1956年11月，潘光旦又以全国政协委员的身份前往鄂西南、川东南的土家地区，他在《文汇报》记者杨重野、《新观察》记者张祖道的陪同下，行走共计65天，路线为武汉—宜昌—长阳—奉节—万县—重庆—綦江—武隆—彭水—酉阳—秀山—黔江—恩施—利川—宣恩—咸丰—来凤—建始—巴东—宜昌。[①]潘先生一行11月26日抵达湖北，“钻进盘亘在川湘鄂边界的武陵山区，一整天一整天地穿行在绵延不断、起伏不定的高山、深谷、丛林、雪海中，一个县一个县的调查、访问、座谈、寻觅、识别土家人，采集各种资料。直到1957年1月31日方才顺利结束此行”。[②]1956年底、1957年初，随潘先生前往鄂西南、川东南的张祖道先生于行程中写下了翔实的日记，拍摄了大量照片。2008年，张先生发表了他的这些日记，并有选择地公开了当时他所拍摄的照片，他的《1956，潘光旦调查行脚》翔实地记述了调查中的潘先生的风貌，为我们了解20世纪50年代民族识别研究的一个重要局部提供了重要的“目击者证据”。

在潘光旦结束旅程之前，中央已于1月3日正式完成其批准土族为单一民族的文件；而潘先生在鄂西南、川东南之行结束之后不久，1957年3月18日，即与向达一道在政协第二届全国委员会第三次全体会议上联合发言，题为“湘西北、鄂西南、川东南的一个兄弟民族——土家”，结合1956年夏冬两季湘西北、鄂西南、川东南的调查，提出了有关民族工作的建议，涉及民族政策的宣传教育问题、成立“土家”自治区的问题、“土家”与“土家”自治区域应有的正式名称问题及“土家”地区的进一步调查问题。不到一周，于1957年3月24日，《人民日报》刊登发言全文，且附向、潘二人合影，引起了广泛重视。土家被接受为单一民族，当年9月，湘西土家族苗族自治州得以成立。

（十一）

潘光旦先生从1953年接受土家民族识别研究任务，到1957年土家被承认

① 潘乃谷：《情系土家研究》，见张祖道：《1956，潘光旦调查行脚》，252—257页，上海：锦绣文章出版社，2008。

② 张祖道：《后记》，见其《1956，潘光旦调查行脚》，258—262页。

为一个单一民族之间，写下了一系列关于土家族的历史与文化的著述，主要包括《湘西北的“土家”与古代的巴人》(1955)、《访问湘西北“土家”报告》(1956)及《湘西北、鄂西南、川东南的一个兄弟民族》(1957)，加上1956年未刊的《1956年6月实地访问所得》[①]，及潘光旦先生为了研究土家族的历史而抄录的史料卡片。这一系列学术之作，从一个重要的侧面反映了20世纪50年代中国民族志研究的面貌。

20世纪50年代之前，民族志在中国学界或被定义为与“比较的民族学”相对的“描述的民族学”[②]，或被等同于民族学，或被融入社会学的社区研究[③]。在20世纪30年代之后的一个阶段，主张以“自然民族”为研究单位的民族学家与主张以社区为研究单位的社会学家，在关于何为民族志的理想状态这一问题上产生过严重的分歧：以中央研究院为中心的民族学派及受欧陆民族学传统影响的其他民族学家，多倾向于结合历史研究与实地考察来复原所研究的“民族群体”的文化全貌[④]，而以燕京大学为中心的社会学派则相信，只有借助规范的社区研究法，才可能对汉人乡村、少数民族“部落”及海外社会加以比较研究。[⑤]

20世纪50年代，中央民族学院研究部的成员与社会学派有密切关系，但这个杰出的研究机构，亦有历史学与民族学阵营的成员。该部的不少历史学方面的成员，早已是坚定的历史唯物主义者。而本来非历史唯物主义者的社会学家、民族学家与语言学家，也在展开民族识别研究之前受过“思想改造”。如此看来，研究部的学术，实有浓厚马克思主义民族学特征。不过，这一特征也并非研究部学术的全部。这个研究机构的研究亦兼容了50年代之前中国学界存在的不同学派的风格。在其民族识别研究中，既有社区研究法的因素，又有民国民族学派运用过的方法。

曾对当时的民族工作中起过引领作用的费孝通先生回忆说：

> 在解放初我们可以用作参考的民族理论是当时从苏联传入的。当时苏联流行的民族定义，简单地说就是“人们在历史上形成的一个有共同语言、共同地

---

① 潘光旦：《1956年6月实地访问所得》，见其《潘光旦文集》，第10卷，511—518页，北京：北京大学出版社，2000。

② 蔡元培：《说民族学》，见其《蔡元培民族学论著》，1—21页，台北：中华书局股份有限公司，1962。

③ 杨堃：《民族学与社会学》，见其《社会学与民族学》，44—64页，成都：四川民族出版社，1997。

④ 凌纯声：《松花江下游的赫哲人》。

⑤ 吴文藻：《现代社区实地研究的意义与功用》，原载《社会学研究》，1935(66)，引自《吴文藻人类学社会学研究文集》，144—150页，北京：民族出版社，1990。

> 域、共同经济生活以及表现于共同文化上的共同心理素质的稳定的共同体”。这个定义是根据欧洲资本主义上升时期所形成的民族总结出来的。这里所提出的“在历史上形成”这个限词，就说明定义里提到的四个特征只适用于历史上一定时期的民族，而我们明白我国的少数民族在解放初期大多还处于前资本主义时期，所以这个定义中提出的四个特征在我们的民族识别工作中只能起参考的作用，而不应当生套硬搬。同时我们也应当承认从苏联引进的理论确曾引导我们从这个定义所提出的共同语言、共同地域、共同经济生活、共同文化上的心理素质等方面去观察中国各少数民族的实际情况，因而启发我们有关民族理论的一系列思考，从而看到中国民族的特色。[①]

是什么观念更深刻地影响着20世纪50年代中国的民族识别研究者？对此，费先生也做了说明：

> 从我在民族地区实地和少数民族接触中体会到民族不是一个由人们出于某种需要凭空虚构的概念，而是客观存在的，是许多人在世世代代集体生活中形成，在人们的社会生活上发生重要作用的社会实体。[②]

倘若从苏联传入的民族概念是“政治民族”，那么，当年中国民族识别研究更侧重有传统集体生活的“社会实体”，此类“社会实体”，本可被理解为民国民族学意义上的“自然民族”。

以潘光旦先生的土家民族识别研究为例，这项研究无疑有苏联民族定义的印记。潘先生的研究框架，确由共同语言、共同地域、共同经济生活、共同文化上的心理素质等项目构成，也确重视民族的政治性，但潘先生力求在考察土家的“前身”巴人中，追溯“政治民族”的“自然前身”，且力求务实地依赖汉文文献，对所划定的土家区域文化特征的来龙去脉及内外上下关系加以深入研究。

无论是民国民族学，还是20世纪50年代的民族识别研究，都对古代构成民族关系重要环节的羁縻制度、土司制度有敌意。然而，在这两个阶段中，对此类体制的敌意，却来源于对其政治作用的不同判断。

20世纪50年代之前，民族学家论及这些古代制度时，多认为这些古代制度因有“分化”的作用，而妨碍中央对“边疆”的直接统治，因之，不再适宜于新

---

① 费孝通：《简述我的民族研究经历与思考》，见其《论人类学与文化自觉》，156页。

② 同上。

世纪的国族建设，应在政治上加以清除。以凌纯声先生的《中国边政治土司制度》为例[①]，该文为中国民族学土司制度研究的经典之作，它全面概括了土司制度的流变史，既集中考察了元明土司制度的内容，还追溯了其起源及清初“改土归流”之后的衰变。尽管凌先生深知，各省土司情形特殊，推行改革，只有因地制宜，但他却明确地提出，“政权必须统一于中央”。[②]对于土司政治的历史，他做了如下“判决”：

> 夫自明清以来，土司政治向列入于中国之内政，然土司政制实与内政迥异。且在清代又创立流土分治之法，虽以土司隶于流官，在名义上流官与土司有隶属之关系，实则流土各自为政，流官则以其为土司而漠视之，土官亦自以为土司而不受一般法令之管束。其流弊所至……故土司制度演变至今，实已成为部落而封建兼备之制，以土司为虚名，实行部落部酋之统治，较之盟旗之外藩旗制，有过之而无不及。目下中国政治统一，此种“不叛不服之臣”，当不能使其继续存在，听其逍遥于政府法令之外，急应加以改革，令其就范。[③]

凌先生视“边政”上的土司制度为不利于统一的分化力量，甚至视改土归流之后的“土流分治”为“部落而封建兼备之制”。

潘先生也对土官、土司及“改土归流”做了不少研究。不过，与凌纯声先生不同，他认为此类体制不仅不起“分化”作用，而且是“中原”为了直接控制“少数民族成分”而设的。

潘先生与凌先生在土家研究上有分歧，二者对于这一共同体的文化特征有不同认识，对于如何处理此一共同体的内外上下关系也有不同认识。潘先生笔下的土家，远比凌先生笔下的“土人”更像一个“民族”，潘先生笔下的土官与土司体制，远比凌先生笔下的土官与土司更像一种“中央化”的力量。潘先生与凌先生一样，对于土司制度有排斥心态，但二者处置此制度的方式却完全不同：凌先生提供的“方略”，是将起分化作用的土司制度当作“中央化”的历史过去，而潘先生提出的主张，则是恢复起“中央化”作用的土司制度实行之前“自然民族”的政治生活状态。

---

① 关于凌纯声先生的民族学，参见李亦园：《凌纯声先生的民族学》，见其《李亦园自选集》，430—438页，上海：上海教育出版社，2002。

② 凌纯声：《中国边政治土司制度》，见其《中国边疆民族与环太平洋文化：凌纯声先生论文集》，138页，台北：联经出版事业公司，1979。

③ 同上，137—138页。

20世纪50年代的民族识别研究，摆脱了“五族共和”政策的约束，进入了民族区域自治政策的框架中，更加承认分立民族的“历史本原”。既已接受民族区域自治主张的潘先生，不能不对土家的历史有矛盾心态。他一面对土家形成的时间做界定，巴人的称呼消失于五代之后，其为与“土”字相关的称呼相联系，与巴人被纳入外来的统治之历程紧密相关。由此，他认为，土家族形成于唐末五代。与此同时，为了论证土家有构成单一民族的理由，潘先生对于唐末五代之前的巴人史给予了大量关注，其笔下的巴人恢宏的迁徙史给人一种史诗的印象，从一个侧面反映出潘先生对于“中原化”之前的巴人史的民族自主性的向往，及对于“旧社会”处理民族关系时显露出的“大民族主义”的严厉批判。

土官、土司，以至被凌纯声认定为名义上虽为流官实质上却依旧是土官的这些“人物类型”，本是帝制时代一种中间形态的“边疆政治”模式，这一模式介于合与分之间，一方面的确如潘先生指出的那样，起着“中原化”的作用，另一方面，却亦如凌先生认为的那样，带有相当明显的分化作用。如潘先生指出的那样，这一模式源于朝廷的政治理性，是一种控制古代边疆与“少数民族成分”的手段，但也与时而分裂时而统一的中国历史过程相联系，其形成，大抵为统一阶段的政治产物，其实践，则可能如在武陵山区出现的情况那样，与朝代末的纷乱及“华夏权贵”与分治王国之间的互动关系紧密相关。同时，如凌先生指出的，这一模式虽源于中央朝廷的政治理性，但却是与中央朝廷无力全面控制边疆、实现充分的大一统或现代式全能国家之理想的局限性紧密相关的，因此它事与愿违，时常沦为分化的方式。帝制时代，国家尚未全能化，且并非帝王的最高政治理想（古代的政治理想是“天下”），这就使历史长期摆动于分与合之间，即使是在合的阶段，依然存在分的成分。兴许是因无法实现充分的合，或者是因为并不以近代式全能国家为政治理想，古代中国不仅长期处于分合之间，而且其大一统亦是以分合的互动论为特征的。

“分合互动论”，还有另一面，与不同“族类”本有的“合”与大一统意义上的“合”之间的分合关系紧密相关。对此，潘先生从“图腾意识形态”的构成方式来进行富有启发的论述：

> 构成祖国的许多兄弟民族，起初是由合而分，各有其图腾与有关图腾的传统意识形态，后来是局部的由分而合，这些彼此矛盾的意识形态传统，也就取得了局部的统一。佘瑶族类的褩瓠龙犬，是这种统一的一个例子，表示近日的瑶人佘民的祖先原属于犬图腾的一个族类，但在他们的发展期间，和属于蛇图

腾族类的人，有过一定时期的接触、融合，由此，单纯的犬图腾成为龙犬图腾了。就我们当前的研究对象与中原族类的关系来说，是一个蛇与虎的矛盾，初期与局部的由分而合，通过伏羲与女娲的关系，通过凤虎云龙并提的说法，通过白虎与白帝的被纳入形而上的宇宙观，这种矛盾算是统一了的。在统一的形势下，青龙好，白虎也好。所以相传“王者仁而不害，则白虎见；白虎者，仁兽也”（陈继儒《宋书》，卷二八，出处待查），所以白虎的出现是吉祥的，列入符瑞（例如，《宋书》，卷二八）。巡至于巴人全部相涉的地方，也未尝不可以有白虎庙（例如广东揭阳县，见干隆《揭阳县志》，卷一）。

但就后来长时期以来分道扬镳、各自发挥的不同的族类而言，这种有关图腾的意识形态也就各自发展、各自加强；而遇到族类彼此再有接触的时候，因而发生的矛盾也就加深了。同时，由于这时候各族类的发展已经越来越不平衡，蛇、龙图腾的族类已成为中原的主要族类，凌驾于其他族类之上，解决矛盾之法，往往趋于漠视蛇、龙图腾以外的其他图腾，或者更硬性地想用前者替换后者。[①]

对于古代跨族关系，潘先生有时倾向于用阶级理论来解释，意图淡化民族之间的紧张关系，将之与朝贡体制下民族关系的不平等联系起来。这点在他对所摘录的《明史》卷二〇〇《张岳传》一段关于“民族冲突”描述的批注中表现得淋漓尽致：

［嘉靖间，张岳讨湘、黔苗，湘西及黔东铜仁一带暂告平息。既而］酉阳宣慰冉元嗾［苗首龙］许保、［吴］黑苗突思州，劫执知府李允简。……已而冉元谋露，岳发其奸。元贿严世蕃责岳绝苗党，［藉以自脱］。［参“苗（湘、黔）——与张岳”片。］

光旦：酉阳之土家冉氏，其先应来自北周时之信州（今奉节），至唐代之冉人才，始与中原统治者有联系。亦巴人之后也。

光旦：思州本土家与苗旧地，永乐间改土归流后，其人口中之土、苗成分尚多，原宣慰田氏或尚掌握一部分地方势力，冉元此举殆旨在收复土家已失之地盘乎?

光旦：冉元贿严世蕃，欲其责成岳“绝苗党”（即擒取在逃之吴黑苗），固为自脱计，然亦于以见民族矛盾，究其极，实乃阶级矛盾。初之嗾龙许保、吴

---

① 潘光旦:《湘西北的“土家”与古代的巴人》，见其《潘光旦民族研究文集》，307—308 页。

黑苗，是以民族矛盾为辞者也；后之通贿世蕃，欲张岳竟灭苗之功，是阶级矛盾之终极表现，所谓图穷匕首见也。元之与世蕃，民族异，而阶级则同；元之与吴黑苗，虽同属非汉族，苗究服属于土家而属于不同阶级者。[①]

（十二）

20世纪的世界是个“全能国家”的时代，映照着这个时代的，除了西方人类学界种种“没有国家的好社会”，如马林诺夫斯基的西太平洋岛民社会[②]及埃文思–普里查德的“裂变式”（segmentary）部落政治体制[③]，还有法国年鉴派社会学于第一次世界大战爆发后开始探究的跨越不同社会的“文明”，如语言、宗教、技术。[④]

传统中国不是英国人类学家笔下“非集权的简单社会”，它在规模和体制上更接近于法国社会学家笔下的“文明”。传统中国似可定义为一个基于“文明”建立的政体，这个政体既将“国”放在“天下”之内（兼容分合两种形态），又试图实现“天下”在“家”这个意义上的一体化。

不同于全能国家的帝制中国政治形态，先成为民国民族学的“敌人”，后成为新中国怀抱民族区域自治的政治理想的一代学人试图克服的“黑暗史”。无论是民国的凌先生，还是新中国下的潘先生，都不同程度地受到了近代国族思想的影响。这种思想的通常表现是将族与国一一对应，但其实质是一种全能国家的理想。在这一理想下，人们或选择以全能国家的“大一统”之实现为历史目的，或浪漫地期盼借强有力的国家来实现自由。

有前一种期待的学者，易于如凌先生那样，认定古代的“封建体制”（如土司制度）是中国政治现代化的障碍，有后一种期待的学者，易于如潘先生那样，在寻求政治现代化的过程中对于没有国家直接控制的古老年代怀抱浪漫之情。

潘先生兴许没有充分估计到，他通过关系的过程与体制的形形色色的表现认识到的“分合”问题，到了他所处的年代依旧是一个难以解决的问题，对此一问题的论述，依旧可能导致矛盾。

认识到湘西土家与苗族历史上形成了隔阂，潘光旦在《访问湘西北“土家”

---

① 潘光旦编著:《中国民族史料汇编:〈明史〉之部》(下卷)，862—863页。

② 马林诺夫斯基:《西太平洋的航海者》。

③ 埃文思–普里查德:《努尔人》，褚建芳、阎书昌、赵旭东译，北京：华夏出版社，2002。

④ Marcel Mauss, *Techniques, Technology, and Civilisation.*

报告》中行文慎重，但仍显示出土苗分治取向。[①]

1957年初，土家族已被正式接受为一个单一民族，但土家到底是与苗族联合建州，还是单独建州，不同层级的领导干部存在着不同看法。1957年4月，湘西已出现了潘先生建议的激烈反对者。湘西苗族自治州副州长龙再宇给《政协会刊》编委会发了对潘先生《访问湘西北“土家”报告》的意见书，该文批评了潘先生的建议，代表了湖南省地方的一种意见。为了在两种意见中做出选择，湖南省组织了土家族访问团，于1957年5月21日—7月21日到湘西访问，经调查与讨论，决定选择“联合自治”的方案。

潘光旦于4月下旬在浙赣两省访问畲民。后来，潘先生还与费先生一同考察过畲族。对此，费孝通先生回忆说：“我仿佛记得60年代初，潘先生和我曾一起到过罗源、福安等地访问畲族。他对畲族的传说信仰特别感兴趣，因为这种信仰可以从地方志的材料看出它的分布，并推测它的传播路线。”[②]潘先生于6月30日返京。而此前，《政协会刊》已于6月25日刊登了潘先生的《重点视察与专题视察》一文，又微妙地在《问题讨论》栏中同时刊载龙再宇的批评文章及“潘光旦委员致本刊编辑委员会的信”。当时，潘先生还在畲民调查行程中，但“反右”斗争已开始。抵达北京当天，潘先生即出席了民盟中央整风小组召开的第二次会议，该会的内容是揭发批判罗隆基。此后不久，潘先生亦因有所谓“罗隆基小集团问题”而遭到批判。

湘西土家族苗族自治州筹备委员会是8月7日成立的，而8月3日，《新湖南报》已刊登彭武刚《潘光旦利用土家民族问题放出的毒箭》一文，8月6日，湖南省人民委员会已召开扩大会议批判支持土家单独自治的省政协委员彭泊。[③]两天后，《新湖南报》公开点名批判彭泊，同时在社论中批判潘光旦，此时潘先生已是“右派分子”，被指责为“处心积虑地利用民族问题进行反党反人民的阴

---

① 潘光旦:《访问湘西北“土家”报告》，见其《潘光旦民族研究文集》，359—360页。

② 费孝通:《代序：潘光旦先生关于畲族历史问题的设想》，见其《潘光旦民族研究文集》，1—6页。

③ 彭泊，本名彭司春，1924年出生于湖南省保靖县城郊董家冲一个贫穷的菜农家庭，1926年彭泊考入常德省立第二师范就读，期间，由滕久忠、胡名珍介绍加入共青团。“马日事变”中，因掩护粟裕、滕代远等共产党人逃离虎口，被捕入狱。被营救出狱后，赴长沙参加北伐军。1927年12月参加了广州武装起义，之后辗转到北京，1935年考入北京大学商学院经济系。1937年，彭泊到延安在抗日军政大学学习，成为共产党员。1949年彭泊到武汉参与地下党领导的策反护厂工作，新中国成立后，先后在中南局团委、中南局民委任职，中南局大行政区撤销后，被调到广西民院任教。彭泊是土家人，有土家单一民族的主张，且曾于1956年上书时任中共中央副主席的刘少奇，要求认定土家族为单一民族，1952年，又借出席全国少数民族教育会议的机会，求见了周恩来、贺龙等，表达其实现民族区域自治的愿望。

谋活动”。8 月 30 日，中央报刊《人民日报》转载 8 月 3 日《新湖南报》的彭武刚文，《光明日报》刊出《利用土家族问题向党猖狂进攻——潘光旦和彭泊狼狈为奸》。到 9 月中旬，湘西土家族苗族自治州第一届人民代表大会点名批判潘光旦、彭泊，中央民族学院也举行批判大会，下旬，全国人民代表大会民族委员会少数民族社会历史调查工作汇报会议扩大会议举行四天大会批判费孝通、潘光旦，特别批判了费孝通“阴谋复辟资产阶级民族学”和潘光旦“分裂民族”的“罪行”。10 月中旬，向达也遭到批判，被说成阴谋“破坏民族团结”的“史学界右派分子”。1958 年 1 月，潘光旦被定案处理为“右派分子”，罪状之一是“破坏民族关系”，“鼓动土家族知识分子和群众找中央要求自治”。①

潘光旦的土家族民族史与实地考察研究，成为一桩“公案”，这桩“公案”的生成有其代价（潘先生本人就是代价），“公案”之所以还有其意义，正是因为它表现出了一个时代的矛盾与困境，为我们理解 20 世纪 50 年代中国民族“再形成”过程中的两难，提供了一份珍贵的“历史档案”。

潘先生“在政治上的实际遭遇，并不是幸运的”；对潘先生的人生遭际做此感叹的全慰天先生还有以下评说：

> 在新中国成立前国民党统治下，右派吃香，左派倒霉。他日益被认为是左派，受到歧视迫害……新中国成立后的政治形势发生了翻天覆地的变化。左派地位上升、处境改善；右派地位下降，处境不妙。但潘先生不但不再被认为是左派，而且反过来被误认为是右派，又受到另外性质的歧视迫害。②

在潘先生生活于“右派分子”（他 1959 年 12 月因表现良好而“摘帽”，“摘帽右派”的待遇仅是保存“同志”的称呼）阴影下的日子里，他异常落寞，且时常要参加政治学习、完成突击任务。此时，土家族问题也几乎成为禁区，不少土家人不敢再申报为土家族，原本为土家族聚居的地方不再提出区域自治问题。③而潘先生并未停止其学术研究。1957—1967 年，潘先生在生命的最后十年里，坚持不懈，于 1957 年及 1961 年分别写就《浙赣两省畲民调查报告》及《从徐戎到畲族》（均佚）。潘先生从 1959 年开始读《二十五史》，抄录和圈点其中的

---

① 潘乃穆：《向达、潘光旦和土家族调查》，待版。

② 全慰天：《潘光旦传略》，载《中国优生与遗传杂志》，1999 年，第一卷，第 4 期，6—7 页。

③ 1979 年起，土家族民族成分登记工作，从湖北恩施地区开始，其后鄂西南、川东南、黔东北陆续进行，到 1987 年贵州印江土家族苗族自治县成立为止，土家族普遍实现区域自治。

民族史料。1961年10月23日，他阅讫其全部。此后，鉴于《南史》《北史》前阅本已出版，又重阅一遍，再加圈点，至1962年3月23日完成。紧接着，潘先生开始读《资治通鉴》，从同年3月24日开始至该年9月9日阅读完全书。同年5月起，潘先生开始摘录《史记》中有关民族的史料，将之做成资料卡片，至当年9月止，此项工作得以完成。1963年3月至5月间，潘先生摘录了《春秋·左传》《国语》《战国策》《汲冢周书》《竹书纪年》几种书。其中《春秋·左传》的资料对比了顾栋高《春秋大事表》中的《四裔表》，对顾著也做了一些摘录。1963年5月底，潘先生配合编绘《中国历史地图集》的工作，开始摘录《明史》的民族史料，该项工作于1964年12月12日完成。潘先生所做的近万张卡片，前有"总录"部分，其后按民族分类，以族类名称的拼音排序，每张卡片左上角列有片目，右上角以红笔标出所摘书名，每条资料写明所出卷数或章节，每张卡片上抄写资料一条至数条，除摘录了各书正文及部分注释外，在一些资料条文之下还加有署名"光旦"的按语。①这些卡片后由潘乃穆、潘乃和、石炎声、王庆恩诸先生整理校订，分《史记》《左传》《国语》《战国策》《汲冢周书》《竹书纪年》《资治通鉴》之部及《明史》之部，2007年正式出版。②

（十三）

> 吴文藻先生与谢冰心女士总是双双出门散步，潘光旦与费孝通先生一直形影不离。记得当时面容清癯的吴先生总是西服革履，身材挺拔，谢冰心则常着一身合体的旗袍，显得十分年轻典雅。记得那时候吴先生夫妇好像只是默默地走路，不怎么说话，也较少笑容。而潘先生和费先生则好像边走路，边谈笑从容。那时候只是觉得他们有一点与众不同，有一点另类……③

吴文藻与冰心（1900—1999）自20世纪20年代留美的日子延伸到中央民族学院的那一段浪漫史，兴许是不可思议的，但它却是实在的。潘光旦、费孝通师徒的"谈笑从容"，似乎亦不容易理解，而那道风景也确实有过。遗憾的只是，中央民族学院校园里的这两道风景已不再。

---

① 潘乃谷:《潘光旦先生和他的〈中国民族史料汇编〉》，载《历史档案》，2005（3）。

② 潘光旦编著:《中国民族史料汇编:〈史记〉〈左传〉〈国语〉〈战国策〉〈汲冢周书〉〈竹书纪年〉〈资治通鉴〉之部》，天津：天津古籍出版社，2005；《中国民族史料汇编:〈明史〉之部》（上、下卷）。

③ 杨圣敏:《研究部之灵》，见潘乃谷、王铭铭编:《重归"魁阁"》，121—122页。

作为“燕京学派”的传人，费先生在“民主教授”“英美派”“功能派”等方面，接续了吴文藻、马林诺夫斯基、派克前辈的事业，但他从民族学派的史禄国，甚至从与他主张不同的顾颉刚先生那里也获得了不少启发。关于其与潘先生的关系，费先生则曾说：

> 1938年我从英伦返国，一到昆明就被这位老师吸引住了。不仅在学术上我跟上了他的新人文思想，而且在政治上我也被他吸引上了同一道路，归入当时被称为“民主教授”这一群，并把我吸收进民主同盟。从此我们两人便难解难分，一直到成了难师难徒。而且从1940年开始，我们又毗邻而居，朝夕相见，1957年后更是出入相从，形影相依。这种师徒的亲密关系一直到他生命的最后一刻，一共有30多年。[①]

这对“难师难徒”在学术上和政治上有颇多共识，但这种共识的存在并不说明他们从未求同存异。就民族识别问题而言，两位先生的基本观点是一致的，他们都主张在“合”的框架下尊重少数民族的自我认同、历史与现实利益。但二者对于“合”与“分”的关系也有不同的理解。潘先生的历史民族学书写，呈现了一个民族从自主的“合”到被自上而下的“外力”切分而治，再到恢复其“合”的本原的过程；而从费先生20世纪80年代以来的论述看，他却更为关注如何在一个时间的横切面上处理合与分之间的关系。

潘先生本重历史，费先生本重功能。

潘先生笔下的“土家”，是一个原本规模相当大、活跃于中国历史舞台的“大民族”，“合”是其本来面目。这个民族由于其他民族势力的挤压迁徙至他处，即使此时，其“合”的面目依旧。从唐末起，它才被一步步为分治与大一统的“帝制中国”切分成一些零散的块块，尽管相互之间有联系，但却为阶级与科层制度所割裂。新中国给这个以“合”为本来面目的“自然民族”一个恢复其本来面目的机遇。作为士人，潘先生自认为有帮助他们掌握己身命运的使命。

还在为“土家”书写民族史的潘先生，以浓厚的笔墨描述了土家的“合–分–合”的历史。与民国期间诸如凌纯声、芮逸夫等民族学家不同，作为一个“民主教授”，他本来更关注“民间利益”，更善于从“土著的观点看”，试图保存既有的民族多样性，使新创的国族体系宽容种种“内部的他者”。为了帮助土家成

① 费孝通:《缅怀潘光旦老师的位育论》，见陈理、郭卫平、王庆仁主编:《潘光旦先生百年诞辰纪念文集》，1—3页。

为“单一民族”，他将这一历史化为一种阶段式的“否定之否定”图式，他来不及强调，这一阶段式的进程本身也含有积累式的“合 + 分 + 合”进程的成分。

不能说潘先生缺乏了解积累式的过程。他深知，这一积累式的进程既赋予土家特殊的民族身份，又使这一共同体在成为“单一民族”时存有“复合结构”。

只有关系地看历史，才能理解土家人的民族处境。潘先生本有这一认识，如费先生指出的，他“一向不主张孤立地研究某一民族的历史”①，但潘先生的研究是为民族区域自治而展开的，因而并未集中阐述他的这一取向。

费先生原本的主张，曾与20世纪50年代的潘先生何其相似。1939年初，顾颉刚先生在《益世报·每周评论》上发表《“中国本部”一名亟应废弃》一文，文中提出，中国的历代政府从不曾规定某一部分地方叫作“本部”，这个名词是从日本的地理教科书里抄来的，是日人伪造、曲解历史以窃取中国领土的凭证，应加以废弃。傅斯年在看到顾颉刚的文章后，给顾颉刚写信，信中他提出了“中华民族是一个”的概念。次日，顾颉刚即发表《中华民族是一个》一文，认为，除了中华民族，学界不该再于其他场合谈“民族”。顾颉刚的文章发表后引起了巨大反响。费先生读了顾先生的文章，即给报社编辑部去信，对“中华民族是一个”提出了质疑，指出，不应混同政治概念与学术概念。费先生认为，为了一致对外，我们不必否认中国境内有不同的文化、语言、体质的团体。顾先生对民族的阐释，不过是将民族等同于同一政府之下的国家及其“共同利害”及“团结情绪”。在“民族”之内部可以有语言、文化、宗教、血统不同的“种族”的存在，我们不应说“民族”就是指所有有团体意识的人民。我们不能把国家与文化、语言、体质团体画等号，国家和民族不是一回事。谋求政治的统一，不一定要消除“各种种族”以及各经济集团间的界限，而是在于消除因这些界限所引起的政治上的不平等。②

与强调“合”的顾先生相比，费先生试图在“合”与“分”之间找到平衡，他运用的概念，多与潘先生1937年发表的《中国之民族问题》一文有关，主张将“国族”与“种族”“国家”与“民族”区分开来。③并且，费先生当时已开始注重中国民族的“多元”。

20世纪50年代的费先生，依旧保持着对于“辩证分合论”的信念；此时，

---

① 费孝通：《代序：潘光旦先生关于畲族历史问题的设想》，见潘光旦：《潘光旦民族研究文集》，2页。

② 周文玖、张锦鹏：《关于“中华民族是一个”学术论辩的考察》，载《民族研究》，2000（3）。

③ 潘光旦：《中国之民族问题》，见其《潘光旦民族研究文集》，95—105页。

新中国给了他施展才华的机会。政府对于建立区域自治的、平等的民族体系的号召，引起了费先生的共鸣。潘先生何曾不是如此。

不过，相比理想主义的潘先生，费先生似乎更务实，他更早意识到，“合－分－合”这一历史模式需面对一个政治现实——“合＋分”的现实（他在与顾先生的辩论中也早已学到这一点）。他设想的有中国特色的民族学研究包含着宏观与微观两个方面，宏观方面就是对“中华民族形成”的研究，微观方面就是对“各民族的形成过程”的研究。这“一合一分”，本是历史上中国“时间轮回”的基本特质，也是任何朝代需要兼容的两种形态，若我们只侧重其中一面，便可能招致无名的压力，若我们不能同时注重两个方面，在“合”中看到“分”，在“分”中看到“合”，便无法把握与发挥中国历史的动力。因而，在论及对各民族的形成过程进行的微观研究时，费先生强调，这些民族“是由许多不同的民族成分逐步融合而成的”。[①]

一路上与潘先生“谈笑从容”的费先生，从他的老师那里学到许多，也保持着与他的区别。费先生说，“我们祖国的历史是一部许多具有不同民族特点的人们接触、交流、融合的过程”，这一观点是从潘先生那里学来的。[②]令人费解的是，教给费先生这一观点的潘先生，却因为有这个观点而被指责为“破坏民族团结”“分裂民族”，遭到他本不该遭受的折磨。

是什么使人们将一个学者的多民族融合观等同于其对立面？我们依旧需要在具体研究与理论上寻求答案；而比较潘先生与费先生，我们似乎看到了一点差异，这差异似乎可以为我们接近这个答案提供一点线索。

潘先生的“土家”研究具有浓厚的历史民族学色彩；费先生虽受此学风的启迪，却更强调“合”与“分”这两种形态在同一历史阶段的合一。致力于民族识别研究的潘先生，曾有一种历史的浪漫，以为自己能通过顺应一个民族“合－分－合”的历史规律，为促成其区域自治式的复兴做贡献，但历史没有给他机会来重点诠释他早已述及的、被费先生吸收的“合分辩证法”，更没有给他机会认识到“分”作为“合”的手段的可能性。

比潘先生小十一岁的费先生，后来获得更多机会来领悟潘先生的遗际所含有的教诲，他进行了政治上的“参与观察”，对潘先生有所触及的“分＋合＋分”

---

① 费孝通:《代序：潘光旦先生关于畲族历史问题的设想》，见其《潘光旦民族研究文集》，4页。

② 同上，3页。

的层层重叠的积累史及其近代延续加以调适与陈述。

（十四）

没有直接证据表明，漫步于中央民族学院小路上的潘、费二老当年“谈笑从容”间是否曾针对以上问题进行过对话，但历史留下的痕迹却容许我们猜测：这一对话不仅是进行过的，而且可能是频繁的。

假如他们的对话能持续到今天，那么，中国民族学一定会有更大的拓展。然而，历史不能用虚拟语句来形容。

“文革”期间，潘先生再次被批为“反动学术权威”，受到冲击。据潘先生的女儿们潘乃穆等老师回忆：

> 起初他和费先生常在家门口的土堆上分别挨批斗。那时乃谷的女儿小红还和他住在一起，红卫兵追问这个五岁小女孩：老人在家说了什么反动话？小红倒不怕，不紧不慢地回答说：“外公给我讲了一个故事，说懒人把大饼挂在脖子上，只会吃嘴巴前边的一块，后来就饿死了。”父亲被抄家。红卫兵因为抄不出巨额存款和贵重物品而要捅我家的顶棚。他们问：“别的教授有几万块钱，你怎么才有一百多块钱？”他说：“我就这么多钱，我的钱都买了书了。”抄完家就封了门，只留下厨房和贴着厨房增搭的一间小披屋。父亲和我的老保姆加上小红，只得在水泥地上席地而居，没有床和足够的被褥。幸亏隔壁费孝通先生把他家没有封掉的被褥抱过来给他们补充。费先生居然还会编织，用粗毛线给父亲织毛袜穿。那时候费太太被赶回苏州，费先生就在我家搭伙。不得已由四妹夫王庆恩来把小红领回内蒙古。庆恩到北京的那天，正值毛主席接见红卫兵，不通车，从火车站一直走到了民院。父亲告诉庆恩，他自制一个靠垫钉在墙上。庆恩买来赶大车人穿的光板山羊皮袄给他们御寒。但是小红的衣物也都被封，只好穿上费先生女儿的大毛衣上了火车；回到内蒙古，乃谷临时凑合给她缝上棉袄棉裤穿。父亲和谢冰心又曾在民院的“抄家物资展览会”旁分别挨批斗。那时民院红卫兵把“有问题的人”集中劳动，父亲也得参加拔草，别人能蹲，他一条腿蹲不了，带一只小凳，被红卫兵一脚踢开，禁止使用。他只能坐在地上拔草。后来让他到花坛劳动，算是照顾，因为其他人要打扫公共厕所和澡堂。吴丰培老先生告诉我：有一天红卫兵要大家挂牌，牌子必须够大够重，父亲挂上了一块写着“反动学术权威”的大木牌，行走困难；有一次红卫兵让大家站队跑步，强迫一条腿拄拐杖的父亲也得跑，后来才被别人劝止。在那场浩劫中

这些非人道的行为都是在"革命"口号下进行的"革命行动"。父亲那时年已67岁，原来身体健康，在这种摧残之下，就开始患病卧床，拖延未得治疗。①

在批斗中，潘先生身体每况愈下，于1967年5月13日住院，6月1日出院回家，"他没有说话的力气……一切尽在不言中"，去世时孩子不在身边，临终时并无遗言，那天晚上，老保姆看他情况不好，急忙请费先生过来。潘先生向费先生索要止痛片，费先生没有，他又要安眠药，费先生也没有。后来费先生将他拥在怀中，他遂逐渐停止了呼吸②，在费先生怀中告别了人生。

学人史上，另一个相近的"谢世案例"是波亚士。这位美国文化人类学的奠基人于1942年12月21日去世。当时，波氏在哥伦比亚大学教员俱乐部举办午餐会宴请路过的法国人类学家列维－施特劳斯。他很高兴，正说着话（据说提到他刚发现一种新的种族理论），猛然一推桌子，身子向后倒去，列氏慌忙去搀扶他……波氏抢救无效，撒手尘寰，在后来成为结构人类学开创者列维－施特劳斯怀里逝世了。③

1942年，波亚士逝世于教员俱乐部的聚会上，暗示着当时抱着他的列维－施特劳斯将创造一种承前继后的人类学。潘先生1967年逝世于贫寒的家中，远比波氏的故去场景更令人悲哀，但或许也有相同的暗示。此前费先生早已有了丰富的汉人社区、少数民族及比较文化研究经验，但潘先生的这一别，令他陷入更深的历史省思……

1991年10月，潘先生已过世整整24年，费孝通先生在其第二次学术生命中想做的事情太多，其中一件，就是前往他的恩师潘光旦到过的地方寻觅他留下的踪迹。

那时，既往的追问似已时过境迁。

中国的人类学、社会学与民族学，曾如同三个"难兄难弟"一样，经历过历史的考验。它们曾作为政府机器的"小组件"存在，不小心还会受到大机器的"报复"。民族识别工作于20世纪50年代初期开始，当1956年潘先生第二次展开实地考察时，社会历史调查早已开始。同年，"鉴于全国社会主义改造事业即将完成，各民族的面貌正在发生变化，毛主席向全国人大常委会副委员长彭真提

① 潘乃穆等：《回忆父亲潘光旦先生》，载《中国优生与遗传杂志》，1999年，第1卷，第4期。

② 同上；又见吕文浩：《潘光旦图传》，211页，武汉：湖北人民出版社，2006。

③ 贝多莱：《列维－施特劳斯传》，于秀英译，张祖建校，170页，北京：中国人民大学出版社，2008。

出，要动员力量组织一次全国性的少数民族社会历史调查，以期在4—7年内弄清各主要少数民族的经济基础、社会结构、历史沿革以及特殊的风俗习惯等，作为民族地区工作的依据。当时承办这项工作的是全国人大民族事务委员会。中国民族学界投入到全国少数民族社会历史调查之中，并成为这一工作的主要力量。”① 少数民族社会历史调查动用了空前多的人力与物力，是中国人类学、社会学与民族学史上最接近近代英国人类学与现代美国人类学调查研究规模的阶段。这个阶段运用的是社会进化论与历史唯物主义的理论框架，一改民族识别工作时的务实风气；加之这个阶段的研究，实为少数民族地区“民主改革”工作的一部分，其主观主义与政治至上主义的问题愈加显然。

从20世纪70年代末起，社会科学的三个“难兄难弟”渐渐恢复了学科的地位。此时，民族识别工作仍持续地进行着。作为一种政策实践，这项工作牵涉的研究，依然得到相关政府部门及人员的重视，依然影响着我们对于三门学科在研究地理单位上的定位。然而，在新一代学者的眼中，它却不再像当年那样辉煌了。

在新一代学人的感受中，三门学科似乎分化为“主流”与“边缘”，“主流”更注重西学的重新引进与运用，“边缘”停留于20世纪50年代的“旧梦”中，随之，二者渐渐合流，在民族地区研究中，一面无法摆脱被识别民族的基本框架对于我们界定研究单元的约束，一面采取现代化、发展、全球化等西式历史叙述的方式，对所研究单元加以简单以至粗暴的“理论干预”。

而费先生如此怀旧，他找到合适的机会去了潘先生去过的地方。费先生记述其“武陵行”一文的开头，掩饰了他对潘先生的“情”，而没有说白他此行是对潘先生年代之研究的重访。但这篇优美的札记，却继续着与潘先生的“谈笑”。“武陵行”从“桃花源”意境入手，进入对于武陵山区的叙述，生动地将潘先生当年民族识别研究之外的兴趣呈现在我们面前。接着，它在“说一点历史”这段中，重述了潘先生《湘西北的“土家”与古代的巴人》一文中追溯的历史。文章余下的部分，是费先生新的民族观的表白，而这一表白，实质是与更为关注政治制度史的潘先生的论述的“缺席的对话”。当年潘先生有依靠民主政治来帮助武陵山区的人民实现其历史理想的计划，1991年费先生则更侧重从经济上替这一带人民想办法。他热切期待武陵山区的人民能脱贫致富，从“温饱到小康”，成为有自己体面生活的民族，也热切期待他们在这个过程中相处得更和谐，从而渐

① 胡鸿保主编：《中国人类学史》，140页，北京：中国人民大学出版社，2006。

渐融合，并淡化对汉族、土家、苗族这三个民族历史上存在隔阂的社会记忆。①

潘先生的小女儿潘乃谷老师当时跟随费先生进入武陵山区，她在《费孝通先生讲武陵行的研究思路》②一文中记载了费先生的心思。据该文记，1991年10月8日，费先生在湘鄂川黔毗邻地区民委协作会第四届年会上发表讲话，提出了他关于“东西部结合研究”的有关看法。

费先生指出，他从事过农村研究与民族研究，过去这两块是分开的，但在武陵山区，“农村”和“民族”两个研究“碰头”了，“农村问题”与“民族问题”在这里成为一个相互关联的问题。因而，他指出，“要在这个地区把两篇文章结合起来做”。费先生比较了他自己与潘先生当年的调查，说二者主要的不同之处在于，潘先生做的是历史研究，而他的研究则是要“更加深入地考察民族的分、合变化，并从这个角度去看中华民族的形成历程”。费先生称自己的研究为对“分合机制”的研究，认为这一机制包括了“凝聚”与“分解”两类过程。这个观点与潘先生的论述有一致之处，但也有差异。相比潘先生，费先生更强调各个民族实际上都是一个“复杂体”，更反对用“孤立社会”的概念来进行民族区分。在反思民族识别研究存在的问题方面，费先生明确指出：“中国的民族问题非常复杂，各民族的发展历程、各民族之间的交往历程非常复杂。各族在血统上相互通婚，在文化中相互学习，在地域上混杂居住，分分合合，你中有我，我中有你，有的与中原的汉人融合得比较多，有的距离相对远一些。”而民族识别工作遗留了一些问题，如“分而未化，融而未合”，他认为，这充分说明了中国民族问题的复杂性和动态性。③

民族识别工作遗留的“分而未化，融而未合”问题，为费先生所长期关注。他在20世纪80年代初提出了“平等必须通过发展经济来实现”的观点④，而此后又于1988年在《中华民族的多元一体格局》一文中主张关系地看历史，重新认识“中华民族”“分”与“合”之间的关系。⑤20世纪90年代初，他在“武陵行”的谈话中则更明确地强调，“民族研究的发展方向有两个：一部分人可以从历史角度去研究；另一部分是要从正在进行的过程中去分析，深化我们

① 费孝通：《武陵行》，见其《行行重行行：乡镇发展论述》，500—519页，银川：宁夏人民出版社，1992。

② 潘乃谷：《费孝通先生讲武陵行的研究思路》，载《中国民族报》，2009年1月9日。

③ 同上。

④ 费孝通：《代序——潘光旦先生关于畲族历史问题的设想》，见潘光旦：《潘光旦民族研究文集》，4页。

⑤ 费孝通：《中华民族的多元一体格局》，见其《论人类学与文化自觉》，121—151页。

对民族演变的理解”。[①]他热忱地期待，“民族研究再向前进一步”，“分析中国各民族的特点、民族性，以及中国的民族概念、民族实体同西方国家民族之间的区别”，坚信“对于这个区别的研究将会成为今后50年中国民族研究的重点”。[②]

此刻离人类学、社会学、民族学在中国的土地上建立自己的基础已有70多年。在这个阶段，经过数十年的“历史破裂”，中国社会科学的诸学科从废墟中恢复生机刚十余年。诸学科借助“速成法”建立各自的“基地”与“门派”，由于可以理解的急于求成，将更多时间投入盲目“填补空白”的工作中。面对这一切，生于清末、成长于民国，在1949年以后对于政策的改良起到重要作用的费先生，必定有自己的判断。相比于后来人，费先生的研究具有高度的学术延续性。这位“最后的绅士”身上带有20世纪前期中国诸多不同学术元素的成分，这些成分到20世纪80年代已纷纷闪现，它们相互碰撞并发生综合。[③]

费先生本人的意图兴许是以身作则地综合相异门派的优点，兴许是为了中国学术发展的多样性。而与潘先生一样，费先生是一位有其精神诉求的士人。对于中国的士人而言，起始于贵州苗岭的武陵山脉，与发源于梵净山，盘亘于渝湘之乌、沅二江及澧水，和生活在其间的“武陵蛮”“五溪蛮”，以及后来的土家、苗、侗等族[④]，形成了一道特殊的“地景”。这道“地景”向来有双重含义。一方面它是士人赖以理解天下山川含义的远在境界，是他们借以表达对“好政府”期待的象征；另一方面，它又曾被认为是长期滞留其间，或自“中原”逃匿而来的“少数族类”的所在地之一，在那里，淳朴的、与古代治乱观中的“乱”字相关的人们，有时给士人一种借以塑造自身“文质彬彬”人格的参照，有时让他们感到世上依旧有人等待着被“教化”。无论是潘先生还是费先生，在亲身进入那个地带时，这种士人的双重心态都会油然而生。尽管他们都是20世纪中国最伟大的社会科学家，但他们也是背负着帝制中国历史的近代士人，与一味讴歌“野性思维”的西方人类学家心态常有不同。作为士人，“所谓学术也是文化的一部分”，而“文化”有时与时代紧密相关，“离不开当时的政治、经济

---

① 潘乃谷：《费孝通先生讲武陵行的研究思路》，载《中国民族报》，2009年1月9日。

② 同上。

③ 参见杨清媚：《最后的绅士——以费孝通为个案的人类学史研究》。

④ 李绍明：《论武陵民族区域民族走廊研究》，载《湖北民族学院学报》，2007（3）。

和社会的局势”。[①]

潘先生在畅想“民族大家庭”的远景时，采取了一种政治论式的主张，而20多年后，费先生在畅想同一愿景时，采取的则是一种经济论式的观点。两者之间的共同点似乎是一种关系论的历史诠释。

在“世界性的战国时代”[②]，实质的政治、经济、军事力量之培育，似乎已成为世界性的主流。过去的一个世纪里，对于如何治理一个国家，如何处理其内部关系，如何与“他人”交往，人们采取的多为进步主义与政治经济学的态度。作为生活于那个年代的社会成员，潘先生、费先生这些“民主教授”，不能不受洪水般潮流的影响，不能不成为这股潮流的组成部分。他们政治论式的与经济论式的主张，比他们的前辈、同辈，乃至晚辈，都更深刻地体现着新时代的特征。然而，他们是“活的载体”，他们那种关系论的历史诠释，更像士人基于“古老的年代”对于一个“未来主义的社会”的告诫。与政治论和经济论不同，这一告诫含有某种非政治、非经济的启迪。这一启迪是：历史上有过的那套处理团体之间、民族之间、阶级之间、国家之间关系的办法，既已成为“文化”，便似乎已成为过时的“传统”，但它不会停止发挥作用，更不会完全丧失价值。而我们这些在他们身后对于过去加以诠释的一辈，须注意到，包括潘先生、费先生在内的几代“最后的士人”，本身已是历史的一部分，我们在走向未来的路程上，还会再次与他们的告诫相遇。

（十五）

带着对于过往学者旧事的向往，我曾漫步于西南，去过潘光旦先生在昆明郊区的战时故居，访问过费孝通先生的“魁阁”及当时的“田野地点”禄村、喜洲、那目寨[③]，还去了“藏彝走廊”[④]，游荡于平武、甘孜、阿坝、陇南、青海、凉山、滇西北等地。我也到过李庄，惊叹幽灵犹在的“中央研究院”历史语言研究所、中央博物院筹备部、中国营造学社、同济大学战时所在地……到2007年5月，我终于有机会带着《潘光旦民族研究文集》，往恩施参与土家族确认五十年暨土家族学术研讨会。2010年5月，同一本书，再度成为我湘西之行的伴侣。

---

① 费孝通:《讲课插话》，见其《学术自述与反思》，362页。

② 费孝通:《从小培养21世纪的人》，见其《论人类学与文化自觉》，167—175页。

③ 潘乃谷、王铭铭编:《重归“魁阁”》。

④ 王铭铭:《中间圈——“藏彝走廊”与人类学的再构思》。

将这些脚步串联起来的，是数十年前不同学派的学术旧梦，而我的“停靠站”，则是现实之网上的节点，尤其是20世纪50年代建立的一系列“民族院校”以及渐渐与民族研究密切相关起来的综合院校——如云南民族大学、云南大学、大理学院、中南民族大学、西南民族学院、四川大学、西北民族大学、湖北民族学院、青海民族大学、吉首大学。

脚步与“停靠站”是两条线索，一条是在中国学术多元的年代中显现出来的，另一条则兴许与20世纪50年代以来的“学术一元化”及时下的“大学行政化”有关。而多元与一元之间总是相互替代；多元时代的国族一元论，与观念形态一元化及学术行政化时代的民族区分论，相互映照着，暴露出20世纪中国的思想现实。

今昔对比本来容易武断，因为历史绵延如流，前后相续。但对比虽有此弊端，却仍有其启示的意义。将前后相续与时间破裂交叉，我们或许能勾勒出一幅图景，让我们自己可以相信，为了历史地看今天，我们有必要将人类学、社会学、民族学由1949年之前的多元共存状态向20世纪50年代民族研究的转变视作一个“大变局”。

参与过那项带有政治性的研究工作的学者，有理由将这一时期的民族叙述放在中国人类学、社会学、民族学史中考察，他们会认为，民族识别研究不仅是百年中国学术史的重要组成部分，而且是一项“伟大的创举”。[①]而“后民族识别”的新一代学者，则也有理由反思事情的另一面。作为后来人，他们“旁观”到，“因为民族识别在很大程度上是政府行为，在学者的调查、分析和政府的意见及被识别族群的意愿这三者间，政府的意见在民族识别中常起到更重要的作用”[②]；有鉴于此，他们会认为，民族识别，绝不等同于学术研究。

远离于那个并不遥远的年代，我们或许会因沉湎于“再度欧化”而漠视我们的前辈们在20世纪50年代的经历，但我们却难以改变这一变局已被赋予不同价值且有其深远影响的既成事实。人们可以讴歌民族识别研究，说它是社会科学应用研究的“伟大创举”，也可以“反思”它，说它是有自身学术理想的中国民族学“政治化”的表现。人们的态度有分歧是正常的，但事实却不可改变。无论我们是讴歌它，抑或鄙视它，这个“大变局”获得的价值及留下的“遗产”都可

① 王建民、张海洋、胡鸿保:《中国民族学史》(下)，137—138页。

② 同上，125页。

谓是沉重的。我漫长的西南之行，处处遭遇这一变局留下的印记。一个广大的地域上，20世纪前期与中期的民族志学叙述，正在成为不同族类再创其独特性的理由与根据，而与此同时，这种独特性又在一个宏大的体系下渐渐变得形同虚设，甚至等同于独特性的对立面。过往的积累，似乎一再涌现，而我们看到的却是瞬间即逝的泡影。这种矛盾与困境，与我们有直接关系，兴许可以说，正是我们这些忘本之人，制造了这一切虚幻的"事实"。事情引人深思，有一条道理似乎已然明晰：我们无论是要继承还是要卸去它本身的负担，若不了解它的"本相"，都会使抉择流于随意。

要理解所谓"大变局"，我们需视之为一个总体，来加以更全面的"解析"。但我们又需要意识到，总体的把握时常也会有其弊端。某些"总体"，易于使人停留于空洞的概括，更易于使人无视局部状况的特殊性与个体学者的"能动性"。因之，我们亦有必要在把握"总体"的大概面貌基础上，深入学者个体的遭际，从中获得有关历史的更具体的信息。

学者个体当年的"运势之变"，固然不等同于"总体"。然而，某些个体，偶然或必然地成为一个时代的"范例"，留下了关于其活动的文献，使我们可以借之而回到"历史现场"，去领略它的样貌，感受它的内在张力，分析它的前因后果。

潘先生便是这样一个"范例"，他的土家研究，便是这样一部记载其活动的文献，他的人生与作品，勾画出一幅历史的图画，让我们得到"不忘本"的机会。

1948年，在《人文科学必须东山再起——再论解蔽》一文[①]中，潘先生论述了"世界一家"的理想，他批评了流行的平面化的"世界一家论"，指出，没有渊源和来龙去脉的"世界"，是没有生命和活力的，真正的"世界一家"须得有横断面的纬和"人文一史"的经之结合方可成立。他说：

> 如果当代的世界好比纬，则所谓经，势必是人类全部的经验了；人类所能共通的情意知行，各民族所已积累流播的文化精华，全部是这一经验的一部分；必须此种经验得到充分的观摩攻错，进而互相调集，更进而脉络相贯，气液相通，那"一家"的理想才算有了滋长和繁荣的张本。[②]

1993年，在第二届潘光旦纪念讲座上，费先生致辞说：

---

① 潘光旦：《人文科学必须东山再起——再论解蔽》，见潘乃谷、潘乃和编：《潘光旦选集》，卷三，292—305页，北京：光明日报出版社，1999。

② 同上，304页。

> 先生的新人文史观主张“自然一体”“世界一家”“人文一史”，但这一体、一家、一史，并不排斥异己，而是一种包含不同而和的统一体。他谆谆告诫其弟子务必去蔽、解蔽而允执其中。所以这种新人文史观引申所及将是一个多极、多元而又完整、统一的世界。在这个世界里人人都能克己自制并受到群体的保障和培育，因而优秀品质得以不断生长，自知自胜的人由而茁长成熟。①

潘先生的“人文一史”的告诫，仍能表达知识分子的“中和位育”对于世界、国家、民族之成为“一家”应当起到的作用。倘若这点属实，那么，我们也势必能在潘先生1949年之前业已提出的“新人文史观”与其20世纪50年代期间的民族论述之间找到某种“裂痕”。“新人文史观”中，含有培育“社会精英”的主张，有将一体、一家、一史的使命托付于士人的倾向，因之，对于士文化中的差序区分为正常。而潘先生20世纪50年代已接受的“平等”理想，使他论及注重上下关系之时，显露出一种“新民主主义”的心态，也使他在面对帝制时代民族关系的不平等时采取一种“检讨姿态”，有了某种“民族–阶级相对主义”的价值观。无论是这一姿态的发明者还是接受这一姿态的潘先生，所表露的心境与20世纪以来西式社会科学的“众生平等”的理念是相适应的。但这一“适应”，也易于使他们对富有等级主义色彩的过往体制一味加以不辩证的批判，由此，又易于使人轻视潘先生自己所畅想的“一史”所承载的传统。以潘先生对帝制时代的土官、土司与流官体制的全面“检讨”为例，他笔下的任何“支配”都如此的不平等，以至于在新时代都在等待着消灭，岂不知革命鲜有革命性之结果，新旧体制在上下关系这一层次上的延续，几乎是历史命定的，而有良知的政治家与知识分子所能做的，不是“质变”，而是“量变”，他们只能在“量”的轻重上减少或缓解这一意义上的区分。从这一点看，潘先生旧有的“新人文史观”比起他后来接受的观念，兴许有着更大的解释力与合理性——至少它解释了潘先生自己的“中和位育”之作。

① 费孝通：《第二届潘光旦纪念讲座致辞》，见潘乃穆等编：《中和位育：潘光旦百年诞辰纪念》，544页。

第三十五章

民族地区人类学研究的方法与课题

对于围绕着“民族”概念（我有时更宁愿将这个概念与希腊文“ethnos”联系起来，但也常常无法摆脱国内“民族”概念的影响）展开的学科综合，我有些许体会。

20 世纪 80 年代前几年，我学习考古学与中国民族史，后转入社会人类学。90 年代，我从英国回国，到北京大学社会学人类学研究所工作；之后不久，有学长好心相劝，说在国内从事人类学研究，只注重东部汉族地区的地方性研究是不够的，还应到西部或至少海南岛黎族当中从事田野工作。

对于中国民族，我确实所知甚少。不过，我学习考古学与中国民族史时，民族学的常识是必需的，因老师的关顾，我本来是有一定“民族经验”的；只不过，到了英国之后，得到的指导多数是关于中国“主体民族”（汉族）的，这致使我对西部民族地区如此无知，以至学长认定我需要补课。

幸亏 1999 年以来我得到机会到西部，先参与云南民族大学与北京大学省校合作课题，接着，借用费孝通先生“藏彝走廊”的定义，走过甘青交界地区、四川西部、滇西北等地。对我而言，到西部主要是为了补课，谈不上有什么“创新研究”的追求，我没有国内所谓“民族学”的底子，到西部去，我见到不少前辈与同行，计划通过穿行来为理解他们的论著做铺垫。

“读万卷书，行万里路”是对人类学理想的最好表达。“无知者无畏”；我在读书与行路的过程中，产生一些想法，且在教学中“软硬兼施”，要求我的两三批学生跟着我读关于西部的书，做关于西部的研究。

若说我的西部走读曾生发了什么体会，那这个体会便是，我们不能认为，中国的东西部应当分开研究（尽管很大程度上目前我们的学术状况如此），更不能认为，国内外人类学家的东部研究经验，无关乎西部研究。在我看来，人类学

（或以往所称的“民族学”）有通用的关怀和方法，无论是对于东部研究还是对于西部研究，都是适用的。时下，国内学界多以民族学指代西部少数民族研究，以人类学指代东部社区研究，如果研究者想要同时理解东西部结合而成的完整的中国，那么，学科综合便是必要的。

然而，我深知，一切体会都是矛盾的；以上体会只不过是铜板的一面，它绝不是说，任何地方的研究都要遵守统一观点。

人类学有一个其他社会科学没有的优点，即，它给予不同的地区性知识体系“地区性真理”（即，相对于知识的来源地而言更接近“真理”的东西）的位子，也就是说，尽管这门学科有其通用的关怀与方法，但它还代表一个坚信“地区性真理”才是“真理”的认识态度。对于民族地区的研究，这个观点尤其重要。

我曾花不少时间来想象中国学术与占支配地位的西式社会科学之间的合理关系，得出的一个结论是：一方面，这个关系要合理，就不能忘记，西式社会科学是在欧美的文化土壤中生长出来的；另一方面，我们不要以为，因社会科学有其文化特殊性，我们便应采取“彻底革命”的态度对待之。为了给中国学术找到一个合适的位子，我们反倒应当更多地了解世界史与西方社会科学的历史。

对于东西部人类学研究之间的关系，我的感想也是一样的。

20世纪下半叶，中国人类学（民族学）产生了一次区域重心大转移。20世纪50年代初的一段时间，西部“民族研究”的势力壮大，致使人类学改称民族学，运用“民族研究”的方法，对当地或临近之地的“民族”进行“识别”及“社会历史”的调查研究（我在东南地区的老师们对百越民族、畲族、高山族的研究，便属于此类）。相形之下，过去30年，区域研究重心出现了一个东西关系的大逆转；此时，东西部的学术势力表面上是对等的（有不少东部人类学教研机构仰赖着西部资源求生存，且其机构名称往往附带有“民族学”一词），但事实上，东部的方法却有西进之势。几年前我曾认为，注重在乡间搜集“民间文献”的历史人类学在华南的兴起，实属20世纪前期“北派”社区研究法的“南征”；而时下东部人类学的西进，则似乎可以说是这一“南征”的社区研究法的西进。

在所谓的“主流社会科学”（如经济学、政治学、社会学等）里，学术的世界情势是“西方压倒东方”；在人类学或民族学领域里，学术的国内情势是“东部覆盖西部”。任何不考虑学术形态与内涵的情势，都是不合理的。虽则“压倒”“覆盖”他方的学术体系之所以能获得支配地位必定是因为有其“权威性”，但这不意味着这个“权威性”全然是合理的、学术的，更不意味着出于“低处”的学术界，一无是处。

在一个矛盾的年代里，中国人类学有必要对地区性的学术关系展开更多对话，其一方面的使命，在于在“中国与世界”的意义上展开真正的学术性“礼尚往来”（这是有来有回而非单向投靠），另一方面的使命，则在于在“东西部结合研究”的意义上展开关系的论述。这两个方面的使命相互关联——国内的关系的论述，虽则不能脱离国际对话，却是国际对话的实际基础，中国人类学或民族学想在国际学园谋得一席之地，有赖于自身特色的形成。

有鉴于此，我拟在此围绕民族地区人类学研究谈谈自己的看法。

为了避免引起误会，在言归正传之前，我先做以下声明：

“民族地区”，大体是指20世纪50年代以来“识别”出的少数民族聚居或杂居的区域（不包括东部都市族群）。用“大体”二字，意思是说，要严格界定“民族地区”几乎是不可能的。“民族地区”概念里的“民族”，本意为“国族”，用“国族”来指同一个国家下的“民族”，会导致概念混淆。而所识别的“民族”，大抵都是筛选出来的，筛选工作固然有一定严谨的规范，但因依旧是筛选，故必然要使用排除法，其结果是，不仅要选进来，还要“筛出去”，本也可算得上“民族”的人群，被“筛出去”不少。而且，从文化上看，所谓“民族”，各自内部具有多元性，不甚符合“民族”的文化内在一致性标准。“被识别的民族”有其历史存在的依据，但因是人为的，不免会有特定政治性，不过，既然它已约定俗成，我们似乎还是可以用它来形容我们力求塑造的学术研究的地理范围。对于“民族地区”，我大体也采取这个态度。我用它的“约定俗成”的意思，来代指某些民族学家时常要去从事其研究的地方。这些地方，东西部都有，但相比而言，更集中存在于西部。这些地方与“民族”一样，是从行政上定义的，可以说是政治的产物。但在我看来，我们不因考虑到这类地方的行政性，而否认其对我们的研究意义。也就是说，在我看来，“民族地区”并非学理概念，而是作为学理分析的对象的经验事实的概念，在这个意义上，它的存在是合理的。

一、民族志研究

一提到人类学或民族学，我们不能不提到民族志。欧美民族学家曾将自己的研究分为两个层次，民族志与民族学，民族志是基础，民族学是“上层建筑”，前者重实证，后者重比较分析。人类学这个学科名称取得支配地位之后，学科研究的层次区分也随之产生了变化；此时，出现了可谓“三层次说”的观点，此说出现后，人类学不再简单基于民族志来进行比较研究，在多数情况下，它开始由重实证的民族志、重比较的民族学及重理论概括的人类学三层次构成。

人类学似乎是民族学的后来者，因而，在人们眼里，它显得比民族学先进。事实上，两个学科称呼代表的东西之间的知识形态关系与差异，远比我们想象的复杂。不过，一个事实似乎无须争辩：无论是对于曾自称为“民族学家”的学者，还是对于自称为“人类学家”的学者，民族志都代表其研究与论述的基本方法体系。

什么是民族志？

我们现在多数接受了现代英美派的定义，将之等同于对一地人民的生态、人口、地理、风俗习惯、体制、宗教精神等形态的整体研究，且因此将这里的“一地”定义为20世纪30年代被燕京大学社会学派所说的“社区”；所以，民族志时常又被等同于对于东西部乡村社区的研究。

其实，在20世纪30年代，中国已有发达的民族学，这一学问，不同于“社区研究法”。从事这项研究的学者，多数借鉴欧陆的民族志定义，不把民族志的研究单元定义为社区。“民族志”原文中含有的“ethnos”，在希腊文中，本有“乡野村夫”或“异教徒”的意思，后又常与德国的“常人文化”相联系，故民族学研究者，通常将自己的研究领域定义为与我们今日所谓之“民族”大体对应的范围之内。① 我们知道，中国的村庄可分自然村与行政村；这个区分，对于我们理解“民族”，似乎也是有用的。“民族”是否可以也有接近于自然村与行政村的区分，我不敢断言，但总觉得，民族学研究是有一段从“自然民族”研究向“行政民族”研究演化的过程的。

50年代之前的民族学家，多数研究“自然民族”，即那些在历史中衍生出来

---

① 关于“ethnos”这个词汇，后来渐渐与“ethnicity”（族群性）相关起来的历程，见 Thomas Eriksen, *Ethnicity and Nationalism: Anthropological Perspectives*, London: Pluto Press, 1993。

的有自己的“常人文化”的群体（这些群体有些建立过自己的政权，有些没有）。

另外，自30年代起，在德国和法国学派民族学的影响下，中国民族学家的研究，也不同于英美社会学和社会人类学研究，他们更注重文化传播与关系的探究，对于上古史“民族”、博物馆学、物质文化、神话关注得更多些。

50年代之后发展起来的民族学，是此前中国的两个人类学阵营（即广为人知的“北派”与“南派”）中的一些因素，与苏联民族志学的某种微妙结合。民族学中，民族志的研究单元，不再是“社区”，也不再是“自然民族”，而大抵可以说是“行政民族”。既往存在的方法依旧还是被沿用的，但因“行政民族”成为学者研究的主要对象，故，此时的民族志，成为“分族写志”，依据的分类体系是“被识别的民族”，这也就是我所谓的“行政民族”。

要对中国人类学研究方法的多样性及流变有所把握，有几本近期出自不同学派的著作值得比较阅读，包括北京大学社会学人类学研究所编的《社区与功能——派克、布朗社会学文集及学记》，凌纯声、林耀华等著的《20世纪中国人类学民族学研究方法与方法论》① 及杨堃的《民族学调查方法》②。

时下从事民族地区人类学调查的研究者，倾向于借用“社区研究”意义上的民族志，这无疑是对于50年代产生的“分族写志”方法的一种回应。这种回应有其合理性：以“行政民族”为单元研究民族地区，政治色彩较浓，往往不利于学理上的分析。不过，这种回应导致的学术结果也有问题。我认为，问题主要是，“社区研究法”的回归，使我们忘却了50年代之前中国民族学的另一笔丰厚的遗产：以历史语言研究和民族学为中心的“南派”。这一派别的民族志研究单元，超越社区，更注重区系关系，对于文化的事物及历史关注更多，在我看来，对于我们在民族地区展开研究，是有颇多启发的。

对于正要成为人类学从业者的研究生而言，在民族地区从事人类学研究，借助社区研究法，将研究落到实处，是有必要的。但要进一步提升研究的质量、拓展其视野，则有赖于民族学方法，这一方法有助于我们对社区所处的自然与文化地区展开更广泛的研究。

什么是“民族学方法”？除了基于民族志进行的比较，它还有什么含义？

---

① 凌纯声、林耀华等:《20世纪中国人类学民族学研究方法与方法论》，北京：民族出版社，2004。

② 杨堃:《民族学调查方法》，北京：中国社会科学出版社，1992。

20世纪前期，中国学界“民族学方法”多依据“自然民族”界分的圈定，而在德国，民族学则可以与“民俗学”同义，指对“国内常人文化”的研究，在法国的一个阵营，则又指区域性的文化研究。时下中国的民族学研究，不免还会保持其“自然民族”研究的独特性，但德式的“常人文化”研究与法式的“地区文化”研究，也值得我们参考：前者其实为现代派人类学的民族志方法准则做了最初的规定，就是指一种对于被研究者生活世界、体制及思想的内部特征的研究；后者，则强调以地区而非民族为单位展开调查。我认为，中国民族学也需要有其“常人文化”和“地区文化”研究的内涵，不应局限于“民族”。对于中国民族地区的人类学研究，国外近期出现了重新思考民族学的两部文集，一部是印度出版的《传统与传承：法国民族学的当代潮流及其与印度的相关性》①，另一部是1999年爱沙尼亚举办“1990年代民俗学与民族学的研究策略与传统”夏令营论文集《再思民族学与民俗学》②。

对于人类学研究者可以凭借直觉与研究确认的“自然民族”加以研究时，一方面关注的是，生活在研究地的人们与自然界之间的关系，另一方面关注的是，他们与远近不等的其他人群之间的关系。两者之间并不是没有关系的，在某些情况下，人们长期用来适应于自然界的那些技术与观念体系，也是人们借以与其他群体交往的东西，或至少对于他们与之交往的方式产生过深刻影响；在另一些情况下，人们适应于其他群体的交往方式，也可能反过来影响他们对待自然界的方式，在通常情况下，这两种方式是同时存在的，不可相互割裂的。民族学研究之所以重地区，是因为只有在多种方式并存的一个广大空间里，这两方面的关系才是清晰可见的；若人类学研究者将眼光局限于一个社区，他们便无法理解人群生活方式的普遍性。

二、文献、学术史与形象史

西方的现代人类学派多不重历史文献，这是因为它的研究对象多数为所谓“无文字社会”。

---

① Lotika Varadarajan and Denis Chevalier, eds., *Tradition and Transmission: Current Trends in French Ethnology, the Relevance for India*, New Dehli: Aryan Books International, 2003.

② Pille Runnel, ed., *Rethinking Ethnology and Folkloristics, Vanavaravedaja No.6*, Tartu: Taru Nefa Ruhm, 2001.

人类学家研究的许多地方，文字的确并非主要的交流和表达工具。然而，人类学家并不能真的将自己的论述建立在自己的“第一手资料”之上，通常，他们的论述多数是对有关所研究地方与人群的文字记述的重新解释。对“无文字社会”而言，这些记述是外来的；但对“有文字社会”来说，它们既有本地的，也有外来的。为了将民族志研究打扮成一项“科学的发现”，人类学家既运用文字记述，又不承认这些记述在其文本中的地位。

近年来不少研究表明，在人类学家进入“田野”时，不少被研究的群体已在文献中有了自己的形象；尤其是在“有文字社会”中，文献的覆盖面，常出乎人类学家的预料。

在中国，这个情况更普遍。这里不仅汉字发达，而且，不少民族也有自己的文字（这一点兴许表明，用“民族”来形容，仍有一定依据，因为有了自己的文字，就是有了“文化自觉”），另外，中国周边的国家，及近代西来的探险家、商人、旅行家、学者，对于中国的“边疆”也有不少记述。

近期西部出版了大量西人在中国内地的行纪，且有不少关于这些人物的人生与经历的研究，这类研究的意义很大。

另外，关于“少数民族文献学”，也有不少论述，其中，概论性的教材也出现了。[①]

关于20世纪前期国外民族学家的中国民族研究，应有更多的搜集整理工作。可喜的是，近年，这项工作在西南地区已展开，值得细读的，如李绍明、周蜀蓉选编的《葛维汉民族学考古学论著》[②]。

在“有文字社会”中从事研究，人类学家既要从事民族志研究，又得关注文献，难度较大。

在中国民族地区研究中，有哪几类文献特别值得关注？我认为有如下几类：

其一，当然是那些未并入正史的所谓“民间文献”了，这些散落的碑铭、宗教文献、谱牒等，无论是对于我们研究被研究者的文化精神，还是把握当时的历史观念与进程，都很重要。自20世纪前期以来，中国民族学界已搜集与翻译了不少少数民族文献，这些文献对于人类学研究者而言，弥足珍贵。这类研究，在20世纪前期的西方人类学中也颇受重视，美国人类学家当时注重语文学研究者

① 如包和平：《中国少数民族文献学概论》，北京：民族出版社，2004。

② 李绍明、周蜀蓉选编：《葛维汉民族学考古学论著》，成都：巴蜀书社，2004。

如萨丕尔，他的中国学生李方桂（1902—1987），与柯蔚南（W. South Coblin）合著的《古代西藏碑文研究》[①]，堪称此领域的经典。

其二，历史上，朝廷势力所到之处，都会建立方志体系。方志固然是帝国意象的副本，但不能因此而将之说成是与我们的研究无关的；至少，方志所呈现的地方世界作为“帝国意象的副本”这一事实，值得研究。[②]此外，民族地区的汉文方志里，对于当地的地理、风物、形胜、战争、仪式、物产、贸易、祭祀、族群分类等与人类学研究相关的事物，都有比较翔实的记载。过去的民族学研究，或后现代的族群人类学研究，都直接从远古越到近代看历史。现存的古代方志，多数成书于明以后，记载许多宋以来的历史，这对于我们纠正那个越过“帝制晚期历史”，从上古直接进入近代的失误，有很大帮助。

其三，20世纪初以来，大批中外民族学家、汉学家、考古学家、探险家、有综合学科素质的学者，曾在广大的民族地区活动，他们留下了关于民族地区的大量记述。去一个地方从事民族志研究，也要搜罗关于这个地方以前存在过的此类记述。其中，某些地方曾有民族学家专门研究过，并留下系统记述（如20世纪50年代民族学家为了“民族识别”与“民主改革”，展开过民族地区的深度研究，留下了丰厚的文献，这些文献之编排是按照进化论思想进行的，但也在主流观念形态的框架下，保留了珍贵的资料）。如果是这样，那么，民族志研究就必须基于对前人研究的反思性继承来展开。

其四，20世纪50年代，各地县级以上单位，均建立过政协，政协成员有不少是政权更替和时代更替的“中间者”。政协编辑的文史资料，多数出自当地老一辈精英的口述，内容涉及当地的所有事情，不少与人类学研究的专题有关，如风俗习惯、权威制度、宗教，等等。民族地区的研究，需要妥善保护与运用这些珍贵的记述。

其五，除了以上主要的地区性文献，还有更加“随意性”的记述，如游记、杂记、野史、诗歌、题记，等等，人类学与历史学的研究风范不同，后者多数要对文字资料“去伪存真”，所要的是被认为代表“客观历史真实”的记载，而人类学则不同，它对文字记述的研究，除了有历史学的主旨，还有其他。透过文字记述，了解所研究事项的历史，固然是最主要的，但人类学家也应关注到，研究

① 李方桂、柯蔚南:《古代西藏碑文研究》，王启龙译，拉萨：西藏人民出版社，2006。

② 王明珂:《英雄祖先与兄弟民族》，北京：中华书局，2009。

民族地区的种种文献（有汉文的，也有非汉文的），有助于我们更真切地理解学术史与形象史，更有助于我们借助前人的记载，透视所研究地区的传统。过去人类学的学术史论述多集中于对西方主流理论的译介，对本地文字记述的人类学考察，能使我们看到学术史的另一番景象，也能使我们更深刻地理解人群与地方之间"族群形象"的相互关系。

民族地区研究与东部汉人研究一样，需要在历史人类学方面多下功夫，这意味着，民族地区的民族志研究，要基于可获得的文献提出假设、验证假设，另外，它也意味着，我们应注重文字记述与口承传统的相通性（二者均为文化体系的组成部分），进而，更关注文字表达的文化意义（包括文化"异类"的形象表达的文化意义）。要在民族地区做好历史人类学，也就是要做好历史文献、学术史与形象史的综合研究工作。在很大程度上，西部研究地区性范式的提出，依赖这项综合研究工作的展开。

三、政治经济学在民族关系分析中的运用

对于民族地区的族间关系研究，我有一点感想，即，政治经济学派的人类学观对于我们的分析是有用的。这个学派与马克思主义关系最为密切，但20世纪70年代以来，有了新的开拓。例如，在世界政治经济关系的分析上，这个学派起到了重要的作用，为我们指出：现代人类学出现之前，被人类学家研究的种种"对象"（主要是"原始人"与"古史社会"），早已与其他"对象"产生过密切交往关系，且这些关系，是不平等的。这些关系到近代产生了变化。随着欧洲中心的近代世界体系的出现，人类学"对象"都被纳入一个中心、半边缘、边缘的政治经济等级秩序中来了。这个学派过于悲观地看待人类的未来，相信民族与文明的不平等关系将成为一个世界制度。我认为，尽管这个学派存在这个问题，但它对于我们思考国内民族关系问题是有重要启发的。

要理解这个学派的基本内涵及其在人类学中的运用，可参见人类学大师沃尔夫的大作《欧洲与没有历史的人民》。

我认为，在民族地区研究中，人类学研究者可借用宏观政治经济学的方法，对"多元一体格局"进行政治经济学分析。虽则实现民族平等是我们的理想，但研究者有必要看到，在现实社会生活中，等级化的层次是存在的。东西部各地，层次化现象是普遍存在的，在东西部各类民族关系中，也存在着程度不一的阶层

化。一盘棋地看待中国民族关系，我们可以发现，这其中也存在政治经济学派所谓中心、半边缘、边缘的格局，而大小不一、政治经济上重要性不等的城市及围绕城市形成的城乡关系体系，恰是这个格局的枢纽。

民族地区的城市，曾与其他城市一样，文化上是多元的，又常是政治、军事、宗教力量汇合的地方。自50年代以来，出现了“城市民族化”的现象（城市中，那些不属于其所在地“民族身份”的文化因素，常被排斥或清除）。但民族地区的城市，并未因之消除自身的“中心性”。这些城市是中心向边缘过渡的中间区域，其内涵的融合性本难彻底消除，但其同样内在的政治经济中心性是值得我们分析的。

做政治经济学式的分析，有以上宏观的方法，但也可以有微观的方法。人类学家从事民族志研究，所到之处可以说是一个“地区性的世界”，研究这个“世界”中层次分明、内外上下关系密切的事实，可以说明中心、半边缘、边缘的政治经济学区分是合理的。即使在一个村寨里，我们所研究的人之间，也存在这种区分：有的人更“外向”，与“多元一体格局”下的体系关系更为紧密，也因此，身份比他人高些；有的人更“内向”，更像“土著”，因缺乏“机会”而生活在社会的“底层”；更多的人，则穿行于内外之间，生活于“半边缘状态”。人与人的差异，有时是在人普遍适用的意义上的，有时则与族群性密切相关。

过去中国的民族关系研究，强调民族间的“友好关系”；在其本意上，这是善良的，但学术研究不应等同于政治慈善心的重复论证，分析社会事实意义上的现实存在，才是学者的本职工作。有鉴于此，我认为，在民族地区的民族志研究中加进政治经济学的分析方法，有助于我们更准确地认识和理解现实。

当然，这不是说政治经济学派的观点就是真理。我相信，民族地区的政治经济学式研究完全有可能对这一学派提出重要补充。其中一点补充正是，当族群问题与政治经济问题结合在一起时，便成为文化问题，而这是政治经济学派关注得不够的。这个学派似乎认为，历史上的地区性大体系，因生产力与意识形态的制约，无法成为世界性的体系，而近代的世界体系，因基于生产力与意识形态的突破，所以具有世界性。众多研究表明，这个结论下得太早，在所谓“全球化”的今天，文化差异仍然存在，并可能表现为“文明的冲突”。民族地区的文化问题也是政治经济问题，反之亦然。

我认为，对于我们研究民族地区政治经济格局下地区文化的内外关系而言，人类学大师萨林斯的很多人类学杰作，具有重要参考价值，其《历史之岛》及

《“土著”如何思考》尤其值得一读。

四、从族群性到“由不同文化构成的文化”

中国民族地区的政治经济与文化问题，已引起海内外人类学界的高度重视。在20世纪80年代之前，国内一般想当然地看待“被识别的民族”，对之没有反思；而在国外，则出现了相反的意见，不少人类学家认为，在“民间”存在着某些不同于“民族”的“族群性”，这种身份的认识是老百姓自己的，往往与人为的、政治的“民族”形成反差或相互抵牾的关系。另外一些学者，则侧重对“民族”的人为性、政治性的揭示。关于“族群”，人类学已提出原生论、建构论、工具论的解释。侧重批判“民族”概念的学者，多结合建构论和工具论来反思这个概念。

身份认同问题是文化的关键问题之一，但老是纠缠身份认同问题，也易于流俗，且易于使人类学研究者将眼光局限于某个层次，难以在民族志的研究中施展其学科整体把握的力量，更难以真正将族群问题放在更现实的政治经济与文化问题中考察。因而，在我看来，在民族地区从事人类学研究，还是要先从以上谈到的民族志、文献、政治经济关系入手，深入当地的世界中。

要理解族群性与地区研究结合的可能性，人类学大师巴特的有关著作《族群与边界》很重要[①]。而要基于地区性研究从内部理解任何群体对于自己所处的地方的感受与见解，则需参考地方感的现象学的研究。[②]

“深入当地的世界中”不是要抹杀一个事实，即，即使是最古老的族群，也是在与其他族群的关系中生成的，更不用说现存的族群了。怎样理解族群之间的关系？政治经济学提供了一个角度，它能使我们看到，族群大小不一、势力不等，那些有集中的王权体系的族群，历史上已取得某种地区性的支配地位，且围绕自身建立起当地的“世界体系”，将弱小族群纳入自己的“势力范围”中，而当这类王权体系有机会进一步扩大为区域性的帝国时，可能又将小型王权体系纳入自己的“势力范围”中。

---

① Frederick Barth, ed., *Ethnic Groups and Boundaries: The Social Organization of Culture Difference*, Long Grove, Illinois: Waveland Press, Inc., 1998.

② 此方面，20世纪90年代出版的最好研究文集是：Steven Held and Keith Basso, eds., *Senses of Place*, Santa Fe: School of American Research Press, 1996.

怎样理解族群关系的这一超族群的等级秩序？过去的西方社会科学建立在一种基督教的“公正论”基础上，反对一切等级。但据一些人类学家研究，这种所谓“公正论”的基础其实是抹杀群体性的个体主义。迄今为止，人都生活在社会层次分明、相互关联的现实中，彻底清除等级区分是不可能的，也不见得一定是人的使命。虽则基督教的新教把普遍的个人主义视作“解放全人类”的思想武器，但这种个人主义及其附带的“公正论”可能是有问题的。我认为，政治经济学派也有个人主义的问题，它见到世界体系的不平等格局，就立刻采取逆反态度来揭露之。我认为，我们只能在现实的限定内展开研究，而现实要求我们做更具体的比较：是否存在着某些根基较深、相对有益于作为社会的人的和平共处的关系体系？我认为，如果有的话，那这种体系一定是一种能包容不同文化的文化，也就是说，它一定是“由不同文化构成的文化”。

我们说，中国是一个民族意义上的“多元一体格局”①，这就是说，它是一个“由不同文化构成的文化”。我认为民族地区研究，应该重视在深入细致的民族志、历史与关系研究中探究“由不同文化构成的文化”之历史可能。“由不同文化构成的文化”可能被等同于“帝国”的政治一体性，因之，我们当中会有不少学者主张，中国是“文化多元”“政治一体”的。不应否认，历史上“由不同文化构成的文化”总与帝国的政治一体性相关，而其他的可能，似乎只与普遍主义宗教（即所谓“世界宗教”）相关。我认为，“由不同文化构成的文化”既不是帝国概念可以形容的，又不是普遍主义宗教可以实现的。帝国往往与文化有关，但其主要所指，是军事、政治、经济性质的东西；而普遍主义宗教，则明显不同于我所说的“由不同文化构成的文化”，它们包容“他人”却不包容“他心”。我们可以把超越族群与文化的体系称作“超社会体系”，但要看到，这种体系有很多类型。除了帝国型、普遍主义宗教型，恐怕还会存在某些“另类”。“由不同文化构成的文化”指的就是这一“另类”。理想上说，它是既能包容“他人”，又能包容“他心”的“超社会体系”，我简单称之为“文明”。

“由不同文化构成的文化”固然是一个理想形态，但民族地区给我留下的印象是，它在历史上似乎存在过有助于我们理解这一理想形态之现实基础的因素。族际通婚固然是我们最易于注意到的因素之一，但除此之外，还有其他。例如，

---

① 费孝通:《论人类学与文化自觉》，121—151页，北京：华夏出版社，2004。

在局部战争中仪式与通婚的因素，在贸易中表现出的对于其他族群的依赖与信任，在宗教信仰上广泛存在着的信仰混合性与对“外来宗教”的向往之心。这些表面上看起来极端不同的社会生活形式，常被我们分为“暴力性的”和“秩序性的”，但在历史现实和人们的观念中却关系紧密。我认为，民族地区的人类学研究，既是经验研究，又是伦理研究。关注通婚、贸易、宗教、战争，有助于我们展开经验研究与伦理研究，而这些都必然会触及“由不同文化构成的文化”概念。

五、比较宗教－政治学、城镇史、人物史

与历史学不同，人类学是一门关注现实的学科；但对于不同的人类学家，研究现实的方法又不同。在我看来，人类学既不是对现实的“浅描”，又不是与现实无关的历史研究，人类学要实现对于现实的“浓描”，有必要赋予现实一定的历史深度，却也有必要将历史视作与现实有关的“记忆”。

在民族地区，展开既有历史深度又有现实意识的人类学研究，对于我们寻找“由不同文化构成的文化”的种种可能的模型提供了基础。

我的印象是，文化之间的不同，有一个重要方面就是，在宗教－政治的范畴内，有的文化比较长期地处在横向的内外关系中，其社会构成的总体形貌之基础是群体间的互动。有的文化因本土或外来的原因，而在总体形貌上，更倾向于上下关系的这个纵轴，这种文化的社会构成，往往与发达的王权意识有密切关系，有的文化的总体形貌是纵横交错的。我深知，对文化差异做这样的论述，问题颇多。我充分意识到，所有文化都是上下内外关系的复合体，因而，做这样的区分，只不过是“相对而言的”，不是绝对的，其宗旨在于理解“由不同文化构成的文化”的历史可能。

我认为，所有的所谓“民族”，都是“由不同文化构成的文化”，不能简单地说，一个民族有一个文化；但不同“民族”的这一“由不同文化构成的文化”又有其各自特征，这一特征的形成，与其理想型意义上的“横式”“纵式”或“纵横交错式”形态是有关系的。一定意义上，我所喜欢的史禄国、石泰安（R. A. Stein，1911—1999）、拉铁摩尔所写的三部同等恢宏的著作，即史禄国的《北方通古斯的社会组织》[①]、石泰安的《西藏的文明》[②]及拉铁摩尔的

① 史禄国：《北方通古斯的社会组织》，吴有朋、赵复兴、孟凡译，呼和浩特：内蒙古人民出版社，1984。

② 石泰安：《西藏的文明》，耿昇译，王尧校，北京：中国藏学出版社，2005。

《中国的亚洲内陆边疆》[1]，很像对这三种形态的专门研究，其中，史禄国笔下的北方通古斯，不断地处在与自然界和临近“民族单位”的互动与适应中，带有明显的“横式”特征，石泰安笔下的西藏文明，虽则有其“封建基质”，但王权与宗教在凝聚文明方面的作用，易于使人想到“纵式”的形态，而拉铁摩尔笔下以长城为界区分的农耕与草原二元结构，“纵横交错”。要对民族地区进行更有历史深度和文化厚度的研究，这些著作显然极其有用。

从比较宗教－政治学角度，考察民族地区历史上有过的神圣性与权威性的不同形态，对于我们理解不同类型的文化体的形貌，是很重要的。这项工作的宏观层次，是对印欧式的王权神话与“华夏式”的“天下神话”的比较。我们的许多“少数民族”，是介于二者之间的，但要理解这个中间范畴，有必要对欧亚大陆的“大类型”加以更为清晰的比较。这项工作相对微观的层次是地区性的，这个层次的研究，有助于我们更好地把握“大类型”之外的其他形态，在经验基础上理解“理想型”如何与现实选择关联起来。

关于以上这一点，可参见我的近作《中间圈》。

为了理解“由不同文化构成的文化”，我们应该在一定“地点”展开民族志和历史学的研究。哪些是更合适的“地点”？在我看来，“由不同文化构成的文化”是普遍现象，在任何级别的地点，都是存在的，因而，即使我们展开的是村寨研究，也可以看到这种综合体的影子。不过，相比而言，我认为还是有些“地点”比其他“地点”更集中地表现这种综合体的特征。

民族地区历史上的城镇，有些是先在资源与交换的经济史中结晶，后在频繁的贸易与文化交互关系中发育而成的，有些则是帝国出于军事控制与行政先设置为“城”，而后演化为“市”的。从其原初状态看，前一种城镇，具有更多的经济色彩，后一种城镇，具有更多的政治色彩，一种是以市场为中心的，一种是以衙门为中心的。但我们所见的城镇，多数为两种类型的合一，既有经济内涵，又有政治内涵。在这个意义上，城镇已是一个综合体和不同力量的汇合所。另外，值得关注的是，尽管20世纪50年代“民族识别工作”开展以来，民族地区的城镇出现了“民族化”的现象，但这些城镇的原型，多数是多民族、多文化、多宗教的。从一定意义上说，这样的城镇，恰是我们探寻“由不同文化构成的文化”的良好场所。研究民族地区的城镇，有助于我们更好地理解为什么

---

① 拉铁摩尔：《中国的亚洲内陆边疆》，唐晓峰译，南京：江苏人民出版社，2005

没有脱离于其他族群的族群是一个重要的事实。西部历史上的城镇，不少又是欧亚大陆的交通网络的节点，对这些节点进行深入的历史与民族志调查，能让我们更清晰地看到王权神话与“天下神话”两个大类型如何产生关系（这个意义上的关系，可以是和平的，也可以是战争的，但二者的结果一致，都是交换性的关系）。

关于城镇研究，地理学与历史学做了许多工作，其中，我认为汉学大师施坚雅的以下著作特别重要，即《中华帝国晚期的城市》①。另外，芝加哥学派社会学奠基人之一派克创立的、对族群社会学具有深远影响的“人文区位学”方法，也值得参考。②

我认为，与城镇研究有异曲同工之妙的是人物史的研究。所谓“人物史”，就是所研究地区中的头人、宗教领袖、文化精英、重要商人、军绅等类型的出类拔萃之人的人生史。与城镇一样，民族地区出类拔萃的人物，汇合了各种“类型”，他们的生命，可谓恰是“由不同文化构成的文化”的表达。这些人物带有“民族主义”或“本土主义”的性格，有时，带领其所代表的群体排斥、抵制、侵袭其他群体，是他们之所以成为“人物”的“本钱”。不过，他们的人生中往往有丰富的跨文化活动，而其成为权威性的人物，乃因他们有跨文化的能力与经验。

民族地区这些出类拔萃的人物，自身构成了某种“地点”，汇合着不同的宗教－政治类型，通过文献与口述史的综合研究，探究他们的人生史，定能发现，他们在宗教、战争、贸易、文化诸领域有着自己的特殊地位，了解这些特殊地位，使我们能更具体地把握地区性的文化动态。

人物史研究对人类学是一个挑战。作为近代社会科学的组成部门，人类学局限于“集体叙事”。研究人物，是否就是在否定“集体叙事”？我看不见得。原因很简单，没有一个人物不是社会人物，其之所以成为人物，必然有“集体性的原因”。过去人类学与历史学有一个鲜明的区别，人类学研究“文化的性格”，历史学通过事件与人物的“堆积”，研究“文化转变”的过程。尽管学科有区分，但人的生活总是“混沌”的。社会科学如何真正面对人的生活的“混沌”？人物史研究对于我们解决这个问题是有助益的。

---

① 施坚雅：《中华帝国晚期的城市》，叶光庭等译，北京：中华书局，2002。

② 派克的相关论述见北京大学社会学人类学研究所编：《社区与功能——派克、布朗社会学文集及学记》及 Robert Park, *Race and Culture*, Glencoe: Free Press, 1950。

六、人与自然之间的关系

走访民族地区，我发现，虽然汉人地区的学者总是宣扬自己的文化是人与自然和谐相处的典范，但相较于汉人地区，民族地区人与自然关系的和谐色彩却要浓厚得多。这是不是说明，生活在民族地区的人比生活在非民族地区的人“自然”？对于这个问题，我的态度是双重的。

一方面，我觉得，将“少数民族”视作与自然贴近或生活在自然中的人，是西方人类学19世纪以来的一个误区。西方人类学研究的主要是“原始人”，而所谓“原始人”，常被理解为“自然人”。其实，就我们所知的历史来看，不存在不曾与文明接触过的“原始人”。中国的民族地区更是如此，这里生活着的人们，都直接或间接地与来自四面八方的文明接触过。20世纪50年代后期，中国民族学家进行“少数民族”社会历史调查，根据马克思主义的社会形态论，将少数民族分为原始社会、奴隶社会、农奴社会、封建社会等，其中，真正属于“原始社会”的例子，其实很难找到，所以民族学家找到了不少“从母系到父系过渡”的社会形态。从我的角度看，社会历史调查告诉我们，民族地区的多数“社会”，都与经典人类学意义上的“自然人”相去甚远。我们是可以从狩猎－采集群体的民族志中看到“自然人”的影子，但是这些民族志又告诉我们，这些“自然人”其实也与周边的市镇与衙门有着密切的交往关系。因而，我感到，想在民族地区发现“自然人”，并借此反观文明的“去自然化”，是有问题的。

另一方面，我又觉得，相比于非民族地区的开发主义，不少“少数民族”又的确是明显地置身于自然中的。从政治经济学派的角度看，其“置身于自然中”的特征，恰为开发主义的非民族地区将民族地区界定为自然资源的来源地提供了理由。也便是说，民族地区“少数民族”的“自然性”，恰是非民族地区对于民族地区过度资源利用的基础。在一定意义上可以说，多数的“少数民族”因宇宙观和宗教的原因，常把自然界的物体视作像人一样有生命和尊严的活生生的东西，这就使他们相对更有生态主义的生活价值。另外，也是因宇宙观与宗教的原因，多数的“少数民族”并不同于开发主义的“非少数民族”，他们没有发展出“剩余价值”的再投入机制，而将生产的“剩余价值”风险给了其祭祀活动，这就使其文化的破坏力，大大受到约束。因为有这些原因，所以，相对于非少数民族，少数民族确实有“置身于自然中”的特点。

对少数民族到底是否比非少数民族更亲近自然这个问题所持的矛盾观点，不是我个人的，它是我们中国的整体问题的一个投射。而无论如何，我认为，民族地区的人类学研究应有研究民族地区人与自然关系的紧迫任务。在开发主义不断膨胀的今天，如何处理这一关系，是一个世界性的课题。中国民族地区人与自然关系的研究，应是这个世界性课题的重要组成部分。

我认为，对于理解民族地区人与自然之间的关系，人类学家英格尔德的《对环境的看法》，会有不少帮助。①

如何研究民族地区的人与自然关系？不同的学者有不同的看法。兴许有些学者会坚持认为，在民族地区可以发现一种人置身于自然中的状态，这一状态，完全不同于人类中心主义的文化观。兴许有另外一些学者更注重从文化观出发，认为不存在完全脱离人的思维的自然，因此更侧重研究民族地区的人文世界对于自然世界的"观念表达"。对于两派学者来说，天空与大地的一切事物，都构成某种人类学应当集中探究的"景观"。我对于这些"景观"的研究，采取乐观其成的态度。

在西方人类学中，出现过分类、交换及政治经济学的人－物关系论；其中，第一种注重研究不同民族对于他们所需"适应"的物之世界的分门别类，"物以类聚，人以群分"，可谓是这类研究的最好概括②；第二种注重研究物与人难以分割的存在关系，特别是研究物在人之间的流动③；第三种，奠定于第二种研究的基础上，试图超脱于此，更集中研究与物的生产与交换密切相关的人的等级性关系④。

既有的人－物关系的人类学研究，多数有"人类中心主义"色彩，他们要么考察分类的文化体系，要么考察通过物表达的人的社会性，要么考察人间的不平等在物的生产与消费制度上的表现。我心存对于"人置身于自然中的状态"的向往，而这种状态是人类学研究得比较少的。但与此同时，我又认为，对于这一状

---

① Tim Ingold, *Perceptions of Environment: Essays in Livelihood*, Dwelling and Skill, London: Routledge, 2000.

② 如列维－施特劳斯:《类别、成分、物种、数目》，见其《野性的思维》，李幼蒸译，153—181 页，北京：商务印书馆，1997；利奇:《语言的人类学：动物范畴与骂人话》，见史宗主编:《20 世纪西方人类学文选》，金泽等译，331—362 页，上海：三联书店，1995。

③ 如何表达了人之间的关系如莫斯:《总体呈献体系的延伸：慷慨、荣誉与货币》，见其《礼物：古代社会中交换的形式与理由》，汲喆译，44—136 页。

④ 如 Igor Kopytoff, "The Cultural Biography of Things: Commodification as Process", in Arjun Appadurai, ed., *The Social Life of Things*, Cambridge: Cambridge University Press, 1986, pp.64–95; Sydney Mintz :《甜蜜之权力与权力之甜蜜》，载《历史人类学学刊》，2（2），143—164 页。

态的研究，有必要与比较宗教－政治学、城镇史、人物史等人类学一般问题的研究结合起来。

人类学如何在天地境界与文化的道德境界之间找到一种平衡？我认为，民族地区的研究，存在着提供这个问题的答案的基础。

与此相关，我需表明，对于人与自然之间关系的认识，我有矛盾心态。我对于人与自然之间关系的有关看法，深受费孝通先生《文化中人与自然关系的再认识》一文[①]的影响，但我同时感到，我们不应停留于对中西文化之别的对比研究上，而应将这项研究与民族地区研究结合起来。作为汉族学者，我易于落入一种信仰，即“天下神话”比王权神话更亲近于自然；但实地的观察又使我怀疑，兴许是那种视任何物为“神王”显圣物的王权神话，才真正有益于人与自然的和平相处。哪条道路在通向文化与文化的汇合之同时也通向人与自然的汇合？我从1999年开始在民族地区进行走访与游历，这一经验增添了疑惑。我深信，对于这一疑惑的进一步讨论，将大大有益于我们拓展民族地区人类学研究的视野。

* * *

自20世纪20年代英国人类学大师拉德克利夫－布朗借用法国年鉴派社会学理论对人类学进行社会学化以来，社会人类学成为世界各地人类学研究借助的主要模式。自30年代以来，中国东西部研究，也深受这一模式的影响。

近年来，对于社会学化的人类学，国外学者给予了批评。批评的目的，不是破坏，而是重建；有不少国外同仁认为，基于社会学化之前的民族学，建立新的“文化人类学”，是人类学的下一步发展必经的步骤。为此，不同学者对于如何重建民族学提出了不同看法。例如，法国学者可能基于法国民族学的地区研究重建民族学，受德国文化论影响的其他国家的学者，则可能选择从“民俗学”角度来重建民族学。[②]我认为，中国民族学有自己的传统，对于民族地区的研究，是我们的传统。如何基于“少数民族研究”，尤其是综合“旧民族学”的史语研究与社会学的“社区研究”来重新思考民族学，是我们目前面临的使命。

前面，我综合他人的看法，对人类学研究者参与民族地区研究时可借助的方

---

① 费孝通:《论人类学与文化自觉》，190—197页。

② 要理解法国与德国民族学传统的差异，可比较前引 Lotika Varadarajan and Denis Chevalier, eds., *Tradition and Transmission: Current Trends in French Ethnology* 及 Pille Runnel, ed., *Rethinking Ethnology and Folkloristics*。

法及可展开研究的课题，提出了一点一己之见，主张在民族地区研究中结合民族志方法与文献学方法，结合政治经济学方法与文化研究方法，也主张集中进行比较宗教研究、城镇史研究和人物史研究、人与自然关系的研究。

所说的这些不是什么新东西，我之所以用自己的方式重申某些既存的研究观念，是因为我相信中国人类学面临一个建立新民族学的使命，也是因为我相信，所谓“新民族学”只有建立在“旧民族学”基础上才是可行的和有扎实基础的，为了建立“新民族学”，在国际视野下重新思考20世纪前期中国学者所做的那些重要铺垫的意义，是很必要的。

参考文献

埃科. 2006. 符号学与语言哲学. 王天清译. 天津：百花文艺出版社

埃里邦. 2006. 神话与史诗——乔治杜梅齐尔传. 孟华译. 北京：北京大学出版社

埃利亚斯. 1998—1999. 文明的进程. 上卷. 王佩莉译；下卷. 袁志英译. 北京：生活·读书·新知三联书店

埃马纽埃尔·勒华拉杜里. 1997. 蒙塔尤：1294—1324 年奥克西坦尼的一个山村. 许明龙、马胜利译. 北京：商务印书馆

埃文思–普里查德. 1989. 英译本序. 见：莫斯. 礼物：旧社会中交换的形式与功能. 汪珍宜、何翠萍译. 台北：远流出版事业股份有限公司

埃文思–普里查德. 2002. 努尔人——对尼罗河畔一个人群的生活方式和政治制度的描述. 褚建芳等译. 北京：华夏出版社

埃文思–普里查德. 2006. 阿赞德人的巫术、神谕和魔法. 覃俐俐译. 北京：商务印书馆

巴赫金. 1998. 拉伯雷的创作与中世纪和文艺复兴时期的民间文化. 见：巴赫金全集. 第六卷. 石家庄：河北教育出版社

巴赫金. 1998. 史诗与小说. 见：巴赫金全集. 第三卷. 石家庄：河北教育出版社. 505—545 页

巴赫金. 1998. 长篇小说话语的发端. 见：巴赫金全集. 第三卷. 石家庄：河北教育出版社. 464—504 页

白谦慎. 2006. 傅山的世界. 北京：生活·读书·新知三联书店

包和平. 2004. 中国少数民族文献学概论. 北京：民族出版社

贝多莱. 2008. 列维–施特劳斯传. 于秀英译. 北京：中国人民大学出版社

本尼迪克特·安德森. 2003. 想象的共同体——民族主义的起源与散布. 吴叡人译. 上海：上海人民出版社

滨下武志. 1999. 近代中国的国际契机：朝贡贸易体系与近代亚洲经济圈. 北京：中国社会科学出版社

冰心. 1990. 代序. 我的老伴吴文藻. 见：吴文藻社会学人类学文集. 北京：民族出版社

博厄斯［波亚士］. 2004. 原始艺术. 金辉译. 贵阳：贵州人民出版社

波亚士. 1999. 人类学与现代生活. 刘莎等译. 北京：华夏出版社

布罗代尔. 2003. 文明史纲. 桂林：广西师范大学出版社

常硕. 2000［732］. 大唐开元礼. 卷八十. 北京：民族出版社

陈顾远. 1934. 中国国际法溯源. 北平：商务印书馆

陈梦家. 2006. 中国文字学. 北京：中华书局

陈其南. 1994. 台湾的传统中国社会. 台北市：允晨文化实业公司

蔡元培. 1962. 蔡元培民族学论著. 台北：中华书局

蔡元培. 1962. 说民族学. 见：蔡元培民族学论著. 台北：中华书局

蔡元培. 1993. 蔡元培选集. 下卷. 杭州：浙江教育出版社

曹锦清、张乐天、陈中亚. 1995. 当代浙北乡村的社会文化变迁. 上海：上海远东出版社

茨维坦·托多罗夫. 2004. 象征理论. 王国卿译. 北京：商务印书馆

崔明德. 2005. 中国古代和亲史. 北京：人民出版社

戴密微. 法国汉学研究史. 见：法国当代中国学. 戴仁主编、耿昇译. 北京：中国社会科学出版社. 1998

戴裔煊. 2001. 西方民族学史. 北京：社会科学文献出版社

德里达. 1999. 论文字学. 汪堂家译. 上海：上海译文出版社

迪尔凯姆. 1995. 社会学方法的准则. 狄玉明译. 北京：商务印书馆

董仲舒. 1989. 春秋繁露·同类相动. 上海：上海古籍出版社

董仲舒. 1989. 春秋繁露·玉杯. 上海：上海古籍出版社

董仲舒. 1989. 春秋繁露·必仁且知. 上海：上海古籍出版社

杜蒙［迪蒙］. 2003. 论个体主义——对现代意识形态的人类学观点. 谷方译. 上海：上海人民出版社

杜赞奇. 2003. 从民族国家拯救历史. 王宪明译. 北京：社会科学文献出版社

方慧容. 2001. 无事件境与生活世界中的真实. 见：杨念群主编. 空间·记忆·社会转型. 上海：上海人民出版社. 467—486 页

斐迪南·滕尼斯. 1999. 共同体与社会. 林荣远译. 北京：商务印书馆

费孝通. 1947. 美国人的性格. 上海：生活书店

费孝通、林耀华. 1957. 中国民族学当前的任务. 北京：民族出版社

费孝通、吴晗等. 1983. 皇权与绅权. 天津：天津人民出版社

费孝通. 1986［1939］. 江村经济：中国农民生活. 南京：江苏人民出版社

费孝通. 1985. 乡土中国. 北京：生活・读书・新知三联书店

费孝通等. 1990. 云南三村. 天津：天津人民出版社

费孝通. 1992. 武陵行. 见：行行重行行：乡镇发展论述. 银川：宁夏人民出版社. 500—519 页

费孝通. 1995. 代序：潘光旦先生关于畲族历史问题的设想. 见：潘光旦. 潘光旦民族研究文集. 北京：民族出版社. 1—6 页

费孝通. 1996. 个人・群体・社会. 见：学术自述与反思. 北京：生活・读书・新知三联书店

费孝通. 1996. 讲课插话. 见：学术自述与反思. 北京：生活・读书・新知三联书店

费孝通. 2000. 缅怀潘光旦老师的位育论. 见：陈理、郭卫平、王庆仁主编. 潘光旦先生百年诞辰纪念文集. 北京：中央民族大学出版社

费孝通. 1997. 开风气,育人才. 见：王庆仁等主编. 吴文藻纪念文集. 北京：中央民族大学出版社

费孝通. 1997. 学术自述与反思. 北京：生活・读书・新知三联书店

费孝通. 1997. 江村农民生活及其变迁. 兰州：敦煌文艺出版社

费孝通. 1998. 从实求知录. 北京：北京大学出版社

费孝通. 1998. 乡土中国 生育制度. 北京：北京大学出版社

费孝通. 1999. 鸡足朝山记. 见：费孝通文集. 第3 卷. 北京：群言出版社. 60—83 页

费孝通. 1999. 芳草茵茵——田野笔记选录. 济南：山东画报出版社

费孝通. 1999. 第二届潘光旦纪念讲座致辞. 见：潘乃穆等编. 中和位育：潘光旦百年诞辰纪念. 北京：中国人民大学出版社

费孝通. 2001. 师承・补课・治学. 北京：生活・读书・新知三联书店

费孝通. 2001. 补课札记——重温派克社会学. 见：师承・补课・治学. 北京：生活・读书・新知三联书店

费孝通. 2000 年11 月7 日. 经济全球化和中国三级两跳中的文化思考. 见：光明日报

费孝通. 2004. 论人类学与文化自觉. 北京：华夏出版社

费孝通. 2004. 从小培养21 世纪的人. 见：论人类学与文化自觉. 北京：华夏出版社

费孝通. 2004. 的民族研究经历和思考. 见：论人类学与文化自觉. 北京：华夏

出版社

费孝通. 2004. 重读江村经济・序言一文. 见：论人类学与文化自觉. 北京：华夏出版社. 71—100 页

费孝通. 2004. 中华民族的多元一体格局. 见：论人类学与文化自觉. 北京：华夏出版社. 121—151 页

费孝通. 2004 年2 月28 日. 推己及人——费孝通先生谈潘光旦先生的人格与境界. 见：北京日报

费孝通. 2005. 暮年自述. 见：费皖整理. 费孝通在2003——世纪学人遗稿. 北京：中国社会科学出版社. 1—7 页

费孝通、张之毅. 2006. 云南三村. 北京：社会科学文献出版社

费孝通. 2006. 中国绅士. 北京：中国社会科学出版社

费孝通. 2006. 关于我国民族的识别问题. 见：费孝通民族研究文集新编（上）. 北京：中央民族大学出版社

费孝通. 2007［1948］. 皇权与绅权. 见：乡土中国. 上海：上海人民出版社

费孝通. 2009［1951］. 中国士绅. 北京：生活・读书・新知三联书店

冯友兰. 2007. 新原人. 北京：生活・读书・新知三联书店

福柯. 2001. 词与物. 莫伟民译. 上海：上海三联书店

福柯. 1999. 疯癫与文明. 刘北成、杨远婴译. 北京：生活・读书・新知三联书店

弗雷泽. 1987. 金枝. 上卷. 汪培基、徐育新、张泽石译. 北京：中国民间文艺出版社

弗雷泽. 1998. 金枝. 徐育新等译. 北京：大众文艺出版社

弗洛伊德. 2005. 图腾与禁忌. 赵立玮译. 上海：上海人民出版社

傅斯年. 2002. 民族与古代中国史. 石家庄：河北教育出版社

傅斯年. 2003. 傅斯年文集. 第七卷. 长沙：湖南教育出版社

傅斯年. 2004. 夷夏东西说. 见：史学方法导论. 北京：中国人民大学出版社

傅斯年. 2006. 性命古训辨证. 桂林：广西师范大学出版社

盖尔纳. 2002. 民族与民族主义. 韩红译. 北京：中央编译出版社

冈田宏二. 2002. 中国华南民族社会史研究. 赵令志、李德龙译. 北京：民族出版社

高慧宜. 2006. 傈僳族竹书文字研究. 上海：华东师范大学出版社

高德耀. 2005. 斗鸡与中国文化. 张振军等译. 北京：中华书局

格尔兹. 1999. 文化的解释. 纳日碧力戈等译. 上海：上海人民出版社

格尔兹. 1999. 深层的游戏. 见：文化的解释. 纳日碧力戈等译. 上海：上海人民出版社. 471—521 页

格尔兹. 1999. 尼加拉——19 世纪巴厘剧场国家. 赵丙祥译. 上海：上海人民出版社

葛兰言. 2006. 古代中国的节庆与歌谣. 赵丙祥、张宏明译. 桂林：广西师范大学出版社

龚荫. 2004. 回顾20 世纪中国土司制度研究的理论与方法. 见：民族史考辨. 昆明：云南大学出版社. 373—392 页

宫哲兵. 1983. 关于一种特殊文字的调查报告. 载：中南民族学院学报（哲学社会科学版）. 第3 期

宫哲兵、唐功主编. 2007. 女书通——女性文字工具书. 武汉：湖北教育出版社

古德利尔. 2007. 礼物之谜. 王毅译. 上海：上海人民出版社

顾颉刚. 1928. 妙峰山. 广州：中山大学语言历史研究所民俗学会丛书

顾颉刚. 1988. 自序一. 见：中国上古史研究讲义. 北京：中华书局

顾颉刚. 1988. 中国上古史研究讲义. 北京：中华书局

顾颉刚. 1996. 中华民族是一个. 见：顾潮、顾洪编校. 中国现代学术经典・顾颉刚卷. 石家庄：河北教育出版社. 773—785 页

顾颉刚. 1998［1955］. 秦汉的方士与儒生. 上海：上海古籍出版社

顾颉刚. 2005. 古史辨. 二卷. 海口：海南出版社

顾颉刚. 2005. 古史辨. 七卷. 海口：海南出版社

观云. 1994. 神话历史养成之人物. 见：马昌仪编. 中国神话学文论选萃. 上编. 北京：中国广播电视出版社

哈贝马斯. 1999［1991］. 认识与兴趣. 李黎、郭官义译. 上海：学林出版社

哈登. 1988. 人类学史. 廖泗友译. 济南：山东人民出版社

郝瑞. 2002. 中国人类学叙事的复苏与进步. 载：广西民族学院学报. 第4 期

赫茨菲尔德. 1998. 人类学：付诸实践的理论. 载：国际社会科学杂志（中文版）. 第3 期

赫兹菲尔德. 2006. 什么是人类常识——社会和文化领域中的人类学理论实践. 刘珩、石毅、李昌银译. 北京：华夏出版社

赫丽生. 2004. 古希腊宗教的社会起源. 谢世坚译. 桂林：广西师范大学出版社

赫尔德. 2010. 反纯粹理性——论宗教、语言和历史文选. 张晓梅译. 北京：商务印书馆

赫西俄德. 2009. 工作与时日 神谱. 北京：商务印书馆

贺雄飞. 潘光旦. 2009 年8 月14 日. 拄着双拐的学者. 载：中国民族报

亨廷顿. 1997. 文明的冲突与世界秩序的重建. 周琪等译. 北京：新华出版社

胡鸿保主编. 2006. 中国人类学史. 北京：中国人民大学出版社

胡适. 1998［1933］. 中国的文艺复兴. 长沙：湖南人民出版社

胡寿文. 2000. 做人与做士. 见：陈理、郭卫平、王庆仁主编. 潘光旦先生百年诞辰纪念文集. 北京：中央民族大学出版社. 58—67 页

华勒斯坦. 1998. 现代世界体系. 第1 卷. 尤来寅等译. 北京：高等教育出版社

华友根. 1998. 西汉礼学新论. 上海：上海社会科学院出版社

黄美英. 1983. 访李亦园教授：从比较宗教学观点谈朝圣进香. 见民俗曲艺. 第25 期. 2—3 页

黄兴涛. 2002. "民族"一词究竟何时在中文里出现. 载：浙江学刊. 第1 期

黄应贵. 1997. 导论：从周边看汉人的社会与文化. 见：黄应贵、叶春荣主编. 从周边看汉人的社会与文化：王崧兴先生纪念论文集. 台北："中央研究研院"民族学研究所

黄应贵. 光复后台湾地区人类学研究的发展. 载："中央研究院"民族学研究集刊. 第55 期. 105—146 页

黄宗智. 1994. 中国研究的规范认识危机. 香港：牛津大学出版社

霍布斯鲍姆. 2000. 民族与民族主义. 李金梅译. 上海：上海人民出版社

霍布斯鲍姆、兰格. 2004. 传统的发明. 顾杭、庞冠群译. 南京：译林出版社

季羡林. 1985. 玄奘与大唐西域记. 见：大唐西域记校注. 上卷. 北京：中华书局. 1—138 页

江绍原. 1998. 研究宗教学之要素. 见：江绍原民俗学论集. 上海：上海文艺出版社. 36—49 页

江应樑. 1983. 人类学与论民族史研究的结合. 见：思想战线. 第2 期

金观涛、刘青峰. 2001. 从"群"到"社会""社会主义"——近代中国公共领域变迁的思想史研究. 见：近代史研究所集刊. 第35 期

卡岑巴赫. 1993. 赫尔德传. 任立译. 北京：商务印书馆

卡斯塔尼达. 1997. 巫士唐望的世界. 鲁宓译. 台北：张老师文化事业股份有限公司

卡西尔. 1992. 神话思维. 黄龙保、周振选译. 北京：中国社会科学出版社

克利福德、马尔库斯主编. 2006. 写文化. 高丙中、吴晓黎、李霞等译. 北京：商务印书馆

拉德克利夫–布朗. 2005. 安达曼岛人. 梁粤译. 桂林：广西师范大学出版社

拉德克利夫–布朗. 2002. 原始法律. 左景媛译. 见：北京大学社会学人类学所编. 社区与功能——派克、布朗社会学文集及学记. 北京：北京大学出版社

拉铁摩尔. 2005. 中国的亚洲内陆边疆. 唐晓峰译. 南京：江苏人民出版社

李大龙. 2006. 汉唐藩属体制研究. 北京：中国社会科学出版社

李璜译述. 1935. 古中国的跳舞与神秘故事. 上海：中华书局

利科. 1992. 法国史学对史学理论的贡献. 王建华译. 上海：上海社科院出版社

里克尔. 2005. 恶的象征. 公车译. 上海：上海人民出版社

李安宅. 回忆海外访学（未刊稿）

李安宅. 2005［1930］.《仪礼》与《礼记》之社会学的研究. 上海：上海人民出版社

李方桂、柯蔚南. 2006. 古代西藏碑文研究. 王启龙译. 拉萨：西藏人民出版社

李济. 2005. 中国民族的形成. 南京：江苏教育出版社

利奇. 1995. 语言的人类学. 动物范畴与骂人话. 见：史宗主编. 20 世纪西方人类学文选. 金泽等译. 上海：上海三联书店. 331—362 页

李绍明、周蜀蓉选编. 2004. 葛维汉民族学考古学论著. 成都：巴蜀书社

李绍明. 2007. 论武陵民族区域民族走廊研究. 见：湖北民族学院学报. 第3 期

李绍明. 2008. 中国人类学的华西学派. 载：王铭铭主编. 中国人类学评论. 第4 辑. 北京：世界图书出版公司. 41—63 页

李亦园. 2002. 凌纯声先生的民族学. 见：李亦园自选集. 上海：上海教育出版社. 430—438 页

李亦园. 1999. 民族志学与社会人类学——从台湾人类学研究说到我国人类学发展的若干趋势. 见：潘乃穆等编. 中和位育：潘光旦百年诞辰纪念. 北京：中国人民大学出版社. 545—566 页

梁漱溟. 1991［1949］. 中国文化要义. 台北：五南图书出版公司

梁启超. 1998. 中国历史研究法. 上海：上海古籍出版社

梁启超. 1989. 论君政民政相嬗之理. 见：饮冰室合集2. 北京：中华书局. 7 页

梁启超. 2001. 历史上中国民族之观察. 见：饮冰室文集点校. 第3 集. 吴松等点

校. 昆明：云南教育出版社. 1678—1691 页

梁永佳. 2006. 读罗德尼·尼达姆的象征分类研究. 见：西北民族研究. 第2 期

梁永佳. 2007. 玛丽·道格拉斯所著洁净与危险和自然象征的天主教背景. 载：西北民族研究. 第4 期

列维–布留尔. 1994. 原始思维. 丁山译. 北京：商务印书馆

列维–施特劳斯. 1995. 对神话作结构的研究. 见：结构人类学. 上卷. 谢维扬、俞孟宣译. 上海：上海译文出版社

列维–施特劳斯. 1995. 语言与社会法则的分析. 见：结构人类学. 上卷. 59—71 页. 谢维扬、俞孟宣译. 上海：上海译文出版社

列维– 施特劳斯. 1997. 类别、成分、物种、数目. 见：野性的思维. 李幼蒸译. 北京：商务出版社. 153—181 页

列维– 施特劳斯. 1999. 让– 雅克卢梭：人的科学的奠基人. 见：结构人类学. 第二卷. 俞孟宣、谢维扬、白信才译. 上海：上海译文出版社. 38—49 页

列维–施特劳斯. 2000. 忧郁的热带. 王志明译. 北京：生活·读书·新知三联书店

列维–施特劳斯. 2003. 马塞尔·毛斯的著作导言. 见：毛斯. 社会学与人类学. 佘碧平译. 上海：上海译文出版社

列维–施特劳斯. 2006. 嫉妒的制陶女. 刘汉全译. 北京：中国人民大学出版社

列维–施特劳斯. 2006. 人类学在社会科学中的地位及其教学问题. 见：结构人类学. 第一卷. 张祖建译. 北京：中国人民大学出版社

列维– 施特劳斯. 2007. 人类学讲演集. 张毅声、张祖建、杨珊译. 北京：中国人民大学出版社

列维–施特劳斯. 2007. 乘着太阳和月亮的独木舟去旅行. 见：餐桌礼仪的起源. 周昌忠译. 北京：中国人民大学出版社

林惠祥. 1934. 神话学. 上海：商务印书馆

林惠祥. 1991. 文化人类学. 北京：商务印书馆

林惠祥. 1993. 中国民族史. 北京：商务印书馆

林美容. 2000. 乡土史与村庄史——人类学者看地方. 台北：台原出版社

林耀华. 1985. 凉山夷家的巨变. 北京：商务印书馆

林耀华. 1995. 凉山彝家. 北京：商务印书馆

林耀华. 2000 [1936]. 义序的宗族研究. 北京：生活·读书·新知三联书店

林耀华. 2000 [1948]. 金翼：中国家族制度的社会学研究. 北京：生活·读

书·新知三联书店

林耀华. 2000. 从书斋到田野. 北京：中央民族大学出版社

凌纯声. 1934. 松花江下游的赫哲族. 上、中、下册. 中央研究院历史语言研究所单刊甲种之十四. 南京：中央研究院

凌纯声. 1965. 中国的封禅与两河流域的昆仑文化. 载："中央研究院"民族学研究所集刊. 第19期. 1—51页

凌纯声. 1964. 中国古代社之源流. 载："中央研究院"民族学研究所集刊. 第17期. 1—44页

凌纯声. 1963. 北平的封禅文化. 载："中央研究院"民族学研究所集刊. 第16期. 1—100页

凌纯声. 1979. 中国边疆民族与环太平洋文化（论集）. 台北：联经书局

凌纯声、芮逸夫. 2003. 湘西苗族调查报告. 北京：民族出版社

凌纯声. 2004. 民族学实地调查方法. 见：凌纯声、林耀华等. 20世纪中国人类学民族学研究方法与方法论. 北京：民族出版社

凌纯声、林耀华等. 2004. 20世纪中国人类学民族学研究方法与方法论. 北京：民族出版社

刘建华、孙立平. 2000. 乡土社会及其社会结构特征. 见：李培林等编. 20世纪的中国: 学术与社会——社会学卷. 济南：山东人民出版社

刘琪. 2006. 多样的"恶"——读恶的人类学. 见：西北民族研究. 第4期

刘守华. 1996. 论碧霞元君形象的演化及其文化内涵. 见：刘锡成主编. 妙峰山·世纪之交的中国民俗流变. 北京：中国城市出版社. 60—68页

刘锡诚. 2010. 20世纪中国神话学概观——中国神话学文论选萃（增订本）序言. 见：西北民族研究. 第1期

刘小萌. 2003. 关于知青口述史. 见：广西民族学院学报. 第3期

刘雪婷. 2007. 两位大师,两份礼物——从马氏日记到格尔兹. 载：王铭铭主编. 中国人类学评论. 第4辑. 北京:世界图书出版公司

刘泽华. 1998. 先秦礼论初探. 见：陈其泰等编. 20世纪中国礼学研究论集. 北京：学苑出版社

刘志伟. 1997. 在国家与社会之间：明清广东户籍赋税制度研究. 广州：中山大学出版社

卢梭. 1997. 论人类不平等的起源. 李常山译. 北京：商务印书馆

路威. 1984. 文明与野蛮. 吕叔湘译. 北京：生活·读书·新知三联书店

罗红光. 2000. 不等价交换：围绕财富的劳动和消费. 杭州：浙江人民出版社

罗兰（Michael Rowlands）. 2008. 从民族学到物质文化（再到民族学）. 梁永佳译. 载：王铭铭主编. 中国人类学评论. 第5辑. 北京：世界图书出版公司

罗志田. 2007. 天下与世界：清末士人关于人类社会认知的转变——侧重梁启超的观念. 载：中国社会科学. 第5期

吕文浩. 2006. 潘光旦图传. 武汉：湖北人民出版社

吕文浩. 2009. 中国现代思想史上的潘光旦. 福州：福建教育出版社

吕一燃主编. 2007. 中国近代边界史. 上、下卷. 成都：四川出版集团

马昌仪编. 1994. 中国神话学文论选萃. 上、下编. 北京：中国广播电视出版社

马丁·海德格尔. 2005. 物. 见：演讲与论文集. 孙周兴译. 北京：生活·读书·新知三联书店. 172—195页

马鹤天. 1986. 西夏文研究与夏文经籍之发现. 兰州：甘肃省图书馆

马戎. 2004. 民族社会学. 北京：北京大学出版社

毛丹. 2000. 一个村落共同体的变迁——关于尖山下村的单位化的观察与阐释. 上海：学林出版社

茅盾. 2009. 中国神话研究初探. 南京：江苏文艺出版社

马尔库斯、费彻尔. 1997. 作为文化批评的人类学——一个人文学科的实验时代. 王铭铭、蓝达居译. 北京：生活·读书·新知三联书店

马林诺夫斯基. 2002. 文化论. 费孝通译. 北京：华夏出版社

马林诺夫斯基. 2002. 西太平洋的航海者. 梁永佳、李绍明译. 北京：华夏出版社

马塞尔·莫斯. 2002. 礼物：古代社会中交换的形式与理由. 汲喆译. 上海：上海人民出版社

马林诺夫斯基. 2003. 两性社会学. 李安宅译. 上海：上海人民出版社

马林诺夫斯基. 2009. 自由与文明. 张帆译. 北京：世界图书出版公司

迈克尔·罗伯茨. 2000. 历史. 见：中国社会科学杂志社编. 人类学的趋势. 北京：社科文献出版社. 140—162页

毛斯. 2003. 一种人的精神范畴：人的概念，"我"的概念. 见：社会学与人类学. 佘碧平译. 上海：上海译文出版社. 171—198页

莫里斯·弗里德曼. 2000［1958］. 中国东南的宗族与社会. 刘晓春译. 上海：上海人民出版社

莫斯. 2002. 总体呈献体系的延伸：慷慨、荣誉与货币. 见：礼物：古代社会中交换的形式与理由. 汲喆译. 上海：上海人民出版社. 44—136 页

莫斯. 2003. 社会学与人类学. 佘碧平译. 上海：上海译文出版社

莫 斯（Marcel Mauss）. 2009. Religious polarity and division of macrocosmos: Aremark on Granet. 载：王铭铭主编. 中国人类学评论. 第13 辑. 北京：世界图书出版公司. 197—203 页

缪勒. 2010. 宗教学导论. 陈观胜、李培茱译. 上海：上海人民出版社

纳日碧力戈. 2003. 作为操演的民间口述和作为行动的社会记忆. 载：广西民族学院学报. 第3 期

诺贝特·埃利亚斯. 2005. 论文明、权力与知识. 刘佳林译. 南京：南京大学出版社

派克. 2002［1933］. 论中国之编者识. 见：北京大学社会学人类学研究所编. 社区与功能——派克、布朗社会学文集及学记. 北京：北京大学出版社

潘光旦. 1995. 中国之民族问题. 见：潘光旦民族研究文集. 北京：民族出版社. 95—105 页

潘光旦. 1995. 检讨一下我们历史上的大民族主义. 见：潘光旦民族研究文集. 北京：民族出版社. 146—159 页

潘光旦. 1995. 湘西北的“土家”与古代的巴人. 见：潘光旦民族研究文集. 北京：民族出版社. 160—330 页

潘光旦. 1995. 访问湘西北“土家”报告. 见：潘光旦民族研究文集. 北京：民族出版社. 331—352 页

潘光旦. 1999. 人文科学必须东山再起——再论解蔽. 见：潘乃谷、潘乃和编. 潘光旦选集. 卷三. 北京：光明日报出版社. 292—305 页

潘光旦. 2000. 开封的犹太人. 见：潘光旦文集. 第7 卷. 北京：北京大学出版社. 123—410 页

潘光旦. 2000. 1956 年6 月实地访问所得. 见：潘光旦文集. 第10 卷. 北京：北京大学出版社. 511—518 页

潘光旦编著. 2005. 中国民族史料汇编：《史记》《左传》《国语》《战国策》《汲家周书》《竹书纪年》《资治通鉴》之部. 天津：天津古籍出版社

潘光旦. 2007. 中国民族史料汇编：《明史》之部. 上、下卷. 天津：天津古籍出版社

潘乃谷. 2000. 读潘光旦论中国社会学的体会. 见：陈理、郭卫平、王庆仁主编. 潘光旦先生百年诞辰纪念文集. 北京：中央民族大学出版社. 290—320 页

潘乃谷. 2005. 潘光旦先生和他的中国民族史料汇编. 载：历史档案. 第3 期

潘乃谷. 2008. 情系土家研究. 见：张祖道. 1956,潘光旦调查行脚. 上海：锦绣文章出版社. 252—257 页

潘乃谷. 2009 年1 月9 日. 费孝通先生讲武陵行的研究思路. 载：中国民族报

潘乃穆. 1999. 回忆父亲潘光旦先生. 载：中国优生与遗传杂志. 第1 卷. 第4 期. 48—66 页

潘乃穆. 向达、潘光旦和土家族调查. 待版

潘年英. 1997. 扶贫手记. 上海：上海文艺出版社

钱杭、谢维扬. 1995. 传统与转型：江西泰和农村宗族形态. 上海：上海社会科学院出版社

钱穆. 1940. 国史大纲. 上海：商务印书馆

钱穆. 2000. 湖上闲思录. 北京：生活・读书・新知三联书店

钱穆. 2001. 现代中国学术论衡. 北京：读书・生活・新知三联书店

瞿同祖. 1998. 瞿同祖法学论著集. 北京：中国政法大学出版社

瞿同祖. 1981. 中国法律与中国社会. 北京：中华书局

全慰天. 1999. 潘光旦传略. 载：中国优生与遗传杂志. 第1 卷. 第4 期. 1—7 页

施坚雅. 2002. 城市与地方行政层级. 见：施坚雅主编. 中华帝国晚期的城市. 叶光庭等译. 北京：中华书局. 327—417 页

施坚雅. 2002. 中华帝国晚期的城市. 叶光庭等译. 北京：中华书局

施联珠. 1999. 潘光旦教授与土家族的识别. 见：陈理、郭卫平、王庆仁主编. 潘光旦先生百年诞辰纪念文集. 北京：中国人民大学出版社

史禄国. 1984. 北方通古斯的社会组织. 吴有朋、赵复兴、孟凡译. 呼和浩特：内蒙古人民出版社

施耐德. 2008. 真理与历史——傅斯年、陈寅恪的史学思想与民族主义. 关山、李貌华译. 北京：社会科学文献出版社

石泰安. 2005. 西藏的文明. 耿昇译. 王尧校. 北京：中国藏学出版社

萨林斯（Marshall Sahlins）. 1998. What is Anthropologcial Enlightenment? Some Lessons of the 20th Century. 迈向文化自觉与跨文化对话. 北京大学国际演讲系列讲稿

萨林斯. 2000. 甜蜜的悲哀. 王铭铭、胡宗泽译. 北京：生活・读书・新知三联

书店

萨林斯. 2001. 资本主义的宇宙观. 赵丙祥译. 载：人文世界. 第1辑. 北京：华夏出版社. 81—133页

萨林斯. 2002. 文化与实践理性. 赵丙祥译. 上海：上海人民出版社

萨林斯. 2003. 历史之岛. 蓝达居等译. 上海：上海人民出版社

萨林斯. 2003. 土著如何思考——以库克船长为例. 张宏明译. 上海：上海人民出版社

萨林斯. 2009. 陌生人–王，或者说，政治生活的基本形式. 刘琪译、黄剑波校. 载：王铭铭主编. 中国人类学评论. 第9辑. 北京：世界图书出版公司. 117—126页

萨林斯. 2009. 整体即部分：秩序与变迁的跨文化政治. 刘永华译. 载：王铭铭主编. 中国人类学评论. 第9辑. 北京. 世界图书出版公司. 127—139页

萨林斯. 2009. 石器时代经济学. 张经纬、郑少雄、张帆译. 北京：生活·读书·新知三联书店

塞尔维埃. 1996. 民族学. 王光译. 北京：商务印书馆

桑兵. 1999. 四裔偏向与本土回应. 见：国学与汉学——近代中国学界交往录. 杭州：浙江人民出版社

司马迁. 1982. 史记·封禅书. 见：史记. 北京：中华书局

司马迁. 2006. 史记. 北京：中华书局

斯特罗克. 1998. 结构主义以来：从列维–施特劳斯到德里达. 渠东、李康译. 沈阳：辽宁教育出版社

松本真澄. 2003. 中国民族政策之研究. 鲁忠慧译. 北京：民族出版社

宋蜀华、陈克进编. 2001. 中国民族概论. 北京：中央民族大学出版社

宋蜀华. 1999. 潘光旦先生对中国民族研究的巨大贡献. 见陈理、郭卫平、王庆仁主编. 潘光旦先生百年诞辰纪念文集. 北京：中国人民大学出版社. 4—12页

苏力. 1996. 法治及其本土资源. 北京：中国政法大学出版社

孙希旦. 礼记集解（上）. 北京：中华书局

泰勒. 2004. 人类学. 连树声译. 桂林：广西师范大学出版社

汤志钧. 1989. 近代经学与政治. 北京：中华书局

特纳. 2006. 仪式过程. 黄剑波等译. 北京：中国人民大学出版社

田汝康. 1946. 芒市边民的摆. 重庆：商务印书馆

田心桃. 2009. 我所亲历的确认土家族为单一民族的历史进程. 见：谭微任、

胡祥华主编. 土家女儿田心桃. 北京：民族出版社. 3—33 页

涂尔干、莫斯. 2000. 原始分类. 上海：上海人民出版社

涂尔干. 1999. 宗教生活的基本形式. 渠东、汲喆译. 上海：上海人民出版社

王国维. 1998 [1921]. 殷周制度论. 见：陈其泰等编. 20 世纪中国礼学研究论集. 北京：学苑出版社

王沪宁. 1991. 当代中国村落家族文化. 上海：上海人民出版社

汪晖. 2007. 如何诠释中国及其现代. 载：王铭铭主编. 中国人类学评论. 第1辑. 北京：世界图书出版公司.

王建民. 1997. 中国民族学史（上卷）. 昆明：云南教育出版社

王建民、张海洋、胡鸿保. 1998. 中国民族学史. 下卷. 昆明：云南教育出版社

王建民. 1999. 远离现代文明之外的对传统的蔑视和反叛. 见：博厄斯. 人类学与现代生活. 刘莎等译. 北京：华夏出版社. 1—9 页

王建民. 2007. 论中国背景下人类学与民族学的关系. 载：王铭铭主编. 中国人类学评论. 第1 辑. 北京：世界图书出版公司. 55—69 页

王泾. 2000 [805]. 大唐郊祀录洪氏公善堂刊本. 见：大唐开元礼. 卷1. 北京：民族出版社

王明珂. 1997. 华夏边缘——历史记忆与族群认同. 台北：允晨文化实业股份有限公司

王明珂. 2004. 导读. 黎光明、王元辉. 川西民俗调查记录,1929. 台北：中央研究院历史语言研究所

王明珂. 2006. 华夏边缘. 北京：社会科学文献出版社

王明珂. 2009. 英雄祖先与兄弟民族. 北京：中华书局

王铭铭. 1997. 社会人类学与中国研究. 北京：生活 · 读书 · 新知三联书店

王铭铭. 1997. 社区的历程——溪村汉人家族的个案研究. 天津：天津人民出版社

王铭铭. 1998. 村落视野中的文化与权力——闽台三村五论. 北京：生活 · 读书 · 新知三联书店

王铭铭. 1999. 逝去的繁荣——一座老城的历史人类学考察. 杭州：浙江人民出版社

王铭铭. 2002. 人类学是什么？. 北京：北京大学出版社

王铭铭. 2003. 关于西欧人类学. 见：漂泊的洞察. 上海：上海三联书店. 43—77 页

王铭铭. 2003. 无处非中. 济南：山东画报出版社

王铭铭. 2003. 附录："在历史的垃圾箱中"——人类学是什么样的历史学？. 见：走在乡土上——历史人类学札记. 北京：中国人民大学出版社. 239—258 页

王铭铭. 2004. 溪村家族——社区史、仪式与地方政治. 贵阳: 贵州人民出版社

王铭铭. 2004. 裂缝间的桥——解读摩尔根《古代社会》. 济南：山东人民出版社

王铭铭. 2005. 西学中国化的历史困境. 桂林：广西师范大学出版社

王铭铭. 2005. 西方人类学思潮十讲. 桂林：广西师范大学出版社

王铭铭. 2006 [2003]. 走在乡土上——历史人类学札记. 北京：中国人民大学出版社

王铭铭. 2006. 历史与文明社会. 载：社会学家茶座. 第16 期

王铭铭. 2006. 所谓"天下",所谓"世界观". 见：没有后门的教室. 北京：中国人民大学出版社. 127—140 页

王铭铭. 2007. 从江村到禄村. 见：经验与心态. 桂林：广西师范大学出版社. 194—200 页

王铭铭. 2007."村庄窥视法"的谱系. 见：经验与心态——历史、世界想象与社会. 桂林：广西师范大学出版社. 164—193 页

王铭铭. 2007. 从礼仪看中国式社会理论. 见：经验与心态. 历史、世界想象与社会理论. 桂林：广西师范大学出版社. 235—271 页

王铭铭. 2007. 从江村到禄村：青年费孝通的"心史". 载：书城. 第1 期

王铭铭. 2007. 命与历史. 载：读书. 第5 期

王铭铭. 2008. 中间圈：藏彝走廊与人类学的再构思. 北京：社会科学文献出版社

王铭铭主编. 2008. 20 世纪西方人类学主要著作指南. 北京：世界图书出版公司

王铭铭. 2009. 三圈说——中国人类学汉族、少数民族与海外研究的遗产. 载：中国人类学评论. 第13 辑. 北京：世界图书出版公司. 125—148 页

王铭铭. 2010. 葛兰言（Marcel Granet）何故少有追随者？. 载：民族学刊. 第1期（创刊号）

王铭铭. 2010. 民族地区人类学研究的方法与客体. 载：西北民族研究. 第1 期

王铭铭. 2010. 超社会体系——文明人类学的初步探讨. 载：王铭铭主编. 中国人类学评论. 第15 辑. 北京：世界图书出版公司

王斯福（Stephan Feuchtwang）. 文明的概念. 郑少雄翻译. 载：王铭铭主编. 中

国人类学评论. 第5辑. 北京：世界图书出版公司. 88—100页

王同惠、费孝通. 1988 [1936]. 花篮瑶社会组织. 南京：江苏人民出版社

韦尔南. 2003. 众神飞飏. 希腊诸神的起源. 曹胜超译. 北京：中信出版社

韦尔南. 1996. 希腊思想的起源. 秦海鹰译. 北京：生活·读书·新知三联书店

韦尔南. 2001. 神话与政治之间. 余中先译. 北京：生活·读书·新知三联书店

韦尔南. 2001. 古希腊的神话与宗教. 杜小真译. 北京：生活·读书·新知三联书店

维柯. 2006. 新科学（上下）. 朱光潜译. 合肥：安徽教育出版社

维拉莫威兹. 2008. 古典学的历史. 陈恒译. 北京：生活·读书·新知三联书店

威斯勒. 2004. 人与文化. 钱岗南、傅志强译. 北京：商务印书馆

沃尔夫. 2006. 欧洲与没有历史的人民. 赵丙祥、刘传珠、杨玉静译. 上海：上海人民出版社

巫鸿. 2005. 礼仪中的美术. 上下卷. 郑岩等译. 北京：生活·读书·新知三联书店

伍婷婷. 2009. 交往的历史、"文化"和"民族–国家". 载：王铭铭主编. 中国人类学评论. 第10辑. 北京：世界图书出版公司. 116—130页

吴文藻. 1926. 民族与国家. 载：留美学生季报. 第11卷. 第3期

吴文藻. 1990. 吴文藻人类学社会学研究文集. 北京：民族出版社

吴文藻. 1990. 布朗教授的思想背景与其在学术上的贡献. 见：吴文藻人类学社会学研究文集. 北京：民族出版社

吴文藻. 1990. 民族与国家. 见：吴文藻人类学社会学研究文集. 北京：民族出版社

吴文藻. 1990. 文化人类学. 见：吴文藻人类学社会学文集. 北京：民族出版社. 39—74页

吴文藻. 1990. 功能派社会人类学的由来与现状. 见：吴文藻社会学人类学论集. 北京：民族出版社. 122—133页

吴文藻. 1990. 边政学发凡. 见：吴文藻人类学社会学研究文集. 北京：民族出版社

吴文藻. 1990. 如何建立中国社会科学的基础. 见：吴文藻人类学社会学研究文集. 北京：民族出版社

吴文藻. 1990. 现代社区实地研究的意义和功用. 见：吴文藻人类学社会学研究文集. 北京：民族出版社

吴文藻. 2002. 布朗教授的思想背景与其在学术上的贡献. 见：北京大学社会学人类学研究所编. 社区与功能——派克、布朗社会学文集及学记. 北京：北京大学出版社

吴文藻. 2002. 派克社会学论文集导言. 见：北京大学社会学人类学所编. 社区与功能——派克、布朗社会学文集及学记. 北京：北京大学出版社. 7—17 页

吴文藻. 2002 [1933]. 导言. 见：北京大学社会学人类学研究所编. 社区与功能——派克、布朗社会学文集及学记. 北京：北京大学出版社

吴怡注译. 1995. 易经系辞传解义. 台北：三民书局

吴毅. 2002. 村治变迁中的权威与秩序：20 世纪川东双村的表达. 北京：中国社会科学出版社

吴泽霖. 1999. 中国境内犹太人的若干历史问题序. 见：潘乃穆等编. 中和位育：潘光旦百年诞辰纪念. 北京：中国人民大学出版社

西敏司（Sydney Mintz）. 甜蜜之权力与权力之甜蜜. 载：历史人类学学刊. 第2卷. 第2 期. 143—164 页

向达、潘光旦. 1995. 湘西北、鄂西南、川东南的一个兄弟民族——土家. 见：潘光旦民族研究文集. 北京：民族出版社. 353—362 页；146—159 页

萧登福. 2005. 文昌帝君信仰与敬惜字纸. 载：人文社会学报. 第4 期

谢和耐. 2004. 人类学和宗教. 见：中国人的智慧. 何高济译. 上海：上海古籍出版社. 75—103 页

谢和耐. 2004. 中国人的智慧. 上海：上海古籍出版社

许地山. 2004. 扶箕迷信的研究. 北京：商务印书馆

徐复观. 2001. 中国艺术精神. 上海：华东师范大学出版社

徐志刚译注. 2000. 子罕篇. 见：论语通译. 北京：人民文学出版社

燕京大学社会学会. 2002 [1933]. 序. 见：北京大学社会学人类学研究所编. 社区与功能——派克、布朗社会学文集及学记. 北京：北京大学出版社

阎云翔. 2000. 礼物的流动——一个中国村庄中的互惠原则与社会网络. 上海：上海人民出版社

杨国刚. 2001. 中国礼仪制度研究. 上海：华东师范大学出版社

杨堃. 1990. 与娄子匡书：论“保特拉吃”（Potlatch）. 见：杨堃民族研究文集. 北京：民族出版社

杨堃. 1991. 杨堃民族研究文集. 北京：民族出版社

杨堃. 1992. 民族学调查方法. 北京：中国社会科学出版社

杨堃. 1997. 民族学与社会学. 见：社会学与民俗学. 成都：四川民族出版社. 44—64 页

杨堃. 1997. 葛兰言研究导论. 见：社会学与民俗学. 成都：四川民族出版社. 107—141 页

杨堃. 1997. 法国社会学派民族学史略. 见：社会学与民俗学. 成都：四川民族出版社. 142—159 页

杨堃. 1997. 中国社会学发展史大纲. 见：杨堃社会学与民族学. 成都：四川民族出版社. 184—191 页

杨联陞. 2005［1982］. 国史探微. 北京：新星出版社

杨庆堃. 2002［1933］. 派克论都市社会及其研究方法. 见：北京大学社会学人类学研究所编. 社区与功能——派克、布朗社会学文集及学记. 北京：北京大学出版社. 179—223 页

杨清媚. 2010. 最后的绅士——以费孝通为个案的人类学史研究. 北京：世界图书出版公司

杨圣敏. 2005. 研究部之灵. 见：潘乃谷、王铭铭编. 重归魁阁. 北京：社会科学文献出版社. 116—130 页

杨圣敏. 2007. 中国民族学的现状与展望. 载：王铭铭主编. 中国人类学评论. 第1 辑. 北京：世界图书出版公司. 21—38 页

杨雅彬. 2001. 近代中国社会学. 下卷. 北京：中国社会科学出版社

叶舒宪编选. 1988. 结构主义神话学. 西安：陕西师范大学出版社

叶舒宪. 2005. 中国神话的特征之新解释. 见：中国社会科学院研究生院院报. 第5 期

伊利亚德. 2000. 宇宙与历史. 杨儒宾译. 台北：联经出版事业公司

伊利亚德. 2002. 神圣与世俗. 王建光译. 北京：华夏出版社

伊斯特林著. 1987. 文字的产生与发展. 左少兴译. 北京：北京大学出版社

张帆. 2008. 吴泽霖与他的美国人对黑人、犹太人和东方人的态度. 载王铭铭主编. 中国人类学评论. 第5 辑. 北京：世界图书出版公司. 11—19 页

张光直. 1993. 文字——攫取权力的手段. 见：美术、神话与祭祀. 台北：稻乡出版社

张光直. 1999. 中国考古学论文集. 北京：生活 · 读书 · 新知三联书店

张光直. 2002. 商文明. 沈阳：辽宁教育出版社

张乐天. 1998. 告别理想——人民公社制度研究. 上海：东方出版中心

张珣. 1995. 大甲妈祖进香仪式空间的阶层性. 见：黄应贵主编. 空间、力与社

会. 台北:“中央研究院”. 351—390 页

张祖道. 2008. 后记. 见：张祖道. 1956,潘光旦调查行脚. 上海：锦绣文章出版社. 258—262 页

赵丙祥. 2008. 葛兰言《古代中国的节庆与歌谣》的学术意义. 载：西北民族研究. 第4 期

赵丙祥. 2008. 曾经沧海难为水——重读杨堃葛兰言研究导论. 载：王铭铭主编. 中国人类学评论. 第11 辑. 北京：世界图书出版公司

赵楷. 1988. 白问《山花碑》译释. 昆明：云南民族出版社

赵世瑜. 1998. 国家正祀与民间信仰的互动——以京师的“顶”与东岳庙为个案. 载：北京师范大学学报. 第6 期

赵世瑜. 2002. 狂欢与日常——明清以来的庙会与民间社会. 北京：生活·读书·新知三联书店

折晓叶. 1997. 村庄的再造——一个超级村庄的社会变迁. 北京：中国社会科学出版社

郑大华. 2000. 民国乡村建设运动. 北京：社会科学文献出版社

郑振满. 1992. 明清福建家族组织与社会变迁. 长沙：湖南教育出版社

中生盛美. 1998. 现代中国研究与日本民族学. 载：人类学与民俗研究通讯(北京大学). 第47—48 期

周大鸣、郭正林. 1996. 中国乡村都市化. 广州：广东人民出版社

周大鸣. 2005. 凤凰村的变迁. 北京：社会科学文献出版社

周策纵. 1989. 古巫医与六诗考. 台北：联经出版事业公司

周昌忠. 2007. 译者序. 见：列维–施特劳斯. 神话学. 第四卷. 北京：中国人民大学出版社. 1—6 页

周文玖、张锦鹏. 2007. 关于“中华民族是一个”学术论辩的考察. 载：民族研究. 第3 期. 20—30 页

周作人. 1994. 童话略论. 见：马昌仪编. 中国神话学文论选萃. 上编. 北京：中国广播电视出版社. 48—53 页

庄孔韶. 2000. 银翅——中国的地方社会与文化变迁. 北京：生活 读书 新知三联书店

庄英章. 1994. 家族与婚姻：台湾北部两个闽客村落之研究. 台北：“中央研究院”民族学研究所

Abu-Lughod, Jane. 1989. *Before European Hegemony:The World System in A. D. 1250*. New York:Oxford University Press

Ahern, Emily M. 1974. *The Cult of the Dead in a Chinese Village*. Stanford:Stanford University Press

Ahern, Emily M. 1981. *Chinese Ritual and Politics*. Cambridge:Cambridge University Press

Hobsbawm, Eric and Ranger, Terence. eds. 1983. *The Invention of Tradition*. Cambridge:Cambridge University Press

Anderson, Benedict. 1983. *The Imagined Community*. London:Verso

Appadurai, Arjun. 1986. Theory in anthropology:Center and periphery. *Comparative Studies in Society and History*

Appadurai, Arjun. 1986. Introduction:Commodities and Politics of Value. in *The Social Life of Things:Commodities in Cultural Perspective*. Cambridge:Cambridge University Press

Appadurai, Arjun. 1988. Introduction:Place and Voice in Anthropological Theory. *Cultural Anthropology*. 3 (1): 16–20

Arnold Van Gennep. 1960. *Rites de Passage*. Chicago:University of Chicago Press

Asad, Talal. 1973. *Anthropology and the Colonial Encounter*. London:Ithaca Press

Asad, Talal. 1986. The concept of cultural translation in British social anthropology. in James Clifford and George Marcus. eds. *Writing Culture:The Poetics and Politics of Ethnography*. Berkeley:The University of California Press. pp. 141–165

Asad, Talal. 1993. *Genealogies of Religion:Discipline and Reasons of Power in Christianity and Islam*. Baltimore:Johns Hopkins University Press

Baker, Hugh. 1968. *A Chinese Lineage Village:Sheung Shui*. Stanford:Stanford University Press

Bakhtin, M. M. 1981. Epic and Novel in *The Dialogical Imagination*. Austin:University of Texas Press. pp. 3–40

Barth, Frederick. 1959. *Political Leadership among Swat Pathans*. London:The Athlone Press

Barth, Frederik. 1987. *Cosmologies in the Making:A Generative Approach to*

Cultural Variation in Inner New Guinea. Cambridge:Cambridge University Press

Barth, Frederick. ed. 1998. *Ethnic Groups and Boundaries:The Social Organization of Culture Difference*. Long Grove, Illinois:Waveland Press. Inc.

Beattie, John. 1964. *Other Cultures:Aims, Methods and Achievements in Social Anthropology*. London:Cohen and West

Berr, Henri. 1930. Preface:The Originality of China. in Marcel Granet. *Chinese Civilization*. Trans. Kathleen Innes and Mabel Brailsford. London:Kegan Paul, Trench and Co. LTD. p. xxii–xxiii

Beteille, Andre. 1998. The Idea of Indigenous People. *Current Anthropology*. 39 (2): 187–192

Bird-David, Nurit. 1992. Beyond "the Hunting and Gathering Mode of Subsistence" :Culture-sensitive Observations on the Nayaka and Other Modern Hunter-gatherers. *Man*. 27 (1): p. 41

Bloch, Maurice. 1986. *From Blessing to Violence:History and Ideology in the Circumcision Ritual of the Merina at Madagascar*. Cambridge:Cambridge University Press

Brook, Timothy. 1985. The Spatial Structure of Ming Local Administration. *Late Imperial China*. (6): 1–55

Boas, Franz. 1974. Tylor's "adhesions" and the Distribution of Myth-elements. in George W. Stocking, ed. *A Franz Boas Reader:The Shaping of American Anthropology*, 1883–1911. Chicago:University of Chicago Press

Boas, Franz. 1974. The Aims of Ethnology. in George Stocking, ed. *A Franz Boas Reader:The Shaping of American Anthropology*, 1883–1911. Chicago:University of Chicago Press. pp. 67–71

Bodde, Dirk. 1975. *Festivals in Classical China:New Year and Other Annual Observances during the Han Dynasty,* 206 *B. C–A. D.* 220. Princeton:Princeton University Press

Brandewie, Ernest. 1990. *When Giants Walked the Earth:The Life and Times of Wilhelm Schmidt*. Fribourg, Switzerland:University Press

Broomberger, Christian. 2003. From the Large to the Small:Variations in the Scales and Objects of Analysis in the Recent History of the Ethnology of France. in

Lotika Varadarajan and Denis Chevalier. eds. *Tradition and Transmission:Current Trends in French Ethnology, the Relevance for India*. New Dehli:Aryan Books International. pp. 1–42

Casey, Edward S. 1996. How to Get from Space to Place in a Fairly Short Stretch of Time:Phenomenological Prolegomena. in Steven Feld and Keith H. Basso. eds. *Senses of Place*. Santa Fe:School of American Research Press. pp. 13–52

Carsten, Janet. *After Kinship*. Cambridge:Cambridge University Press. 2004

Chan, Anita, Madsen, Richard and Jonathan, Unger. 1984. *Chen Village:The Recent History of a Peasant Community in Mao's China*. Berkeley:University of California Press

Chien, Chiao. 1987. Radcliffe-Brown in China. *Anthropology Today*. 3 (2)

Chun, Allen. 2000. *Unstructuring Chinese Society:The Fiction of Colonial Practice and the Changing Realities of "Land" in the New Territories of Hong Kong.* Amsterdam:OPA

Clemmer, Richard, Myers, Danial and Rudden, Mary. eds. *Julian Steward and the Great Basin:The Making of An Anthropologist*. Salt Lake City:University of Utah Press. 1999

Clifford, James and Marcus, George E. eds. 1986. *Writing Culture:The Poetics and Politics of Ethnography*. Berkeley:University of California Press

Cohen, Ronald and Middleton, John. eds. 1967. *Comparative Political Systems: Studies in the Politics of Pre-Industrial Societies.* Garden Gty, N. Y. : Natural History Press.

Crowder, Michael. 1964. Indirect rule:French and British Style. *Journal of the International African Institute*. 34(3): 197–205

Cohen, Abner. 1974. *Two-Dimensional Man*. London:Routledge and Kegan Pau

Cohen, Bernard. 1980. *The Newtonian Revolution:With Illustrations of the Transformation of Scientific Ideas*. Cambridge:Cambridge University Press

Comaroff, John and Jean. 1992. *Ethnography and the Historical Imagination*. New York:Westview

Davis, Natalie Z. 2000. *The Spirit of Gifts in Sixteenth Century*. France Wisconsin

Dean, Kenneth. 1993. *Taoist Ritual and Popular Cults of Southeast China*. Princeton, N. J. :Princeton University Press

Douglas, Mary. 1966. *Purity and Danger:An Analysis of the Concepts of Pollution and Taboo*. London:Routledge

Douglas, Mary. 1970. *Natural Symbols*. Harmondsworth:Penguin Books

Douglas, Mary. 1970. *Natural Symbols:Explorations in Cosmology*. London and New York:Routledge

Dumézil, Georges. *Archaic Roman Religion*. Ⅰ – Ⅱ . trans. Philip Krapp. Baltimore:Johns Hopkins Press. 1966

Dumont, Louis. 1980. *Homo Hierarchicus*. Chicago:George Weienfeld and Nicolson Ltd. and University of Chicago Press

Durkheim, Emile. 1995. *The Elementary Forms of the Religious Life, a Study in Religious Sociology*. New York:Free Press

Durkheim, Emile and Mauss, Marcel. 2006. Note on the Concept of Civilization. in Marcel Mauss. *Techniques, Technology, and Civilisation.* edited and introduced by Nathan Schlanger. New York and Oxford:Durkheim Press/Berghahn Books. pp. 35–40

Dutton, Michael. 1988. Policing the Chinese household:a comparison of modern and ancient forms. in *Economy and Society*. 17 (2): 195–224

Eisenberg, Leon. 1977. Disease and illness: Distinctions between Professional and Popular Ideas of Sickness. *Culture, Medicine and Psychiatry*. Vol. 7. No. 7

Elias, Norbert. 1983. *The Court Society*. New York:Pantheon House

Elias, Norbert. 1994. *The Civilizing Process*. Oxford:Blackwell

Elman, Benjamin. 1990. *Classicism, Politics, and Kinship:The Chang chou School of New Text Confucianism in Late Imperial China.* Berkeley:University of California Press

Eriksen, Thomas. 1993. *Ethnicity and Nationalism:Anthropological Perspectives.* London:Pluto Press

Evans-Pritchard, E. E. 1937. *Witchcraft, Oracles and Magic among the Azande.* Oxford:Oxford University Press

Evans-Pritchard, E. E. 1940. *The Nuer*. Clarendon:Oxford University Press

Evans-Pritchard, E. E. 1956. *Nuer Religion*. Oxford:Clarendon Press

Evans-Pritchard, E. E. 1965. *Theories of Primitive Religion*. Oxford:Oxford University Press

Evans-Pritchard, E. E. 1962. Religion and the Anthropologists. in *Social Anthropology and Other Essays*. New York:The Free Press. pp. 158–171

Fabian, Johnnes. 1983. *Time and the Other:How Anthropology Makes Its Object*. New York:Columbia University Press

Fardon, Richard. ed. 1990. *Localizing Strategies:Regional Traditions of Ethnographic Writing*. Edinburgh:Scottish Academic Press; Washingtong:Smithsonian Institution Press

Faure, David and Siu, Helen. eds. 1995. *Down to Earth:The Territorial Bond in South China*. Stanford:Stanford University Press

Faure, David. 1999. The Emperor in the Village:Representing the State in South China. in Joseph McDermott. ed. *State and Court Ritual in China*. Cambridge:Cambridge University Press. pp. 267–898

Fei, Hsiao-tung. 1939. *Peasant Life in China:A Field Study of Country Life in Yangtze Valley*. London:Routledge and Kegan Paul

Feit, Harvey. 1991. The Construction of Algonquian Hunting Territories:Private Property as Moral Lesson, Policy Advocacy and Ethonographic Error. in George Stocking. ed. *Colonial Situations:Essays on the Contextualization of Ethnographic Knowledge*. Madison:The University of Wisconsin Press. pp. 109–135

Feuchtwang, Stephan. 1975. Investigating Religion. in Mayrice Bloch. ed. *Marxism and Social Anthropology*. London:Malaby. pp. 61–82

Feuchtwang, Stephan. 1974. Domestic and Communal Worship in Taiwan. in Arthur Wolf. ed. *Religion and Ritual in Chinese Society*. Stanford:Stanford University Press

Feuchtwang, Stephan. 1991. A Chinese Religion Exists. in Stephan Feuchtwang and Hugh Baker. eds. *An Old State in New Settings*. Oxford:JASO. pp. 139–161

Feuchtwang, Stephan. 1992. *The Imperial Metaphor—Popular Religion in China*. London and New York:Routledge

Firth, Raymond. 1959. *Social Change in Tikopia:Re-study of a Polynesian Community after a Generation*. London:Allen & Unwin

Firth, Raymond. 1992. Art and Anthropology. in Jeremy Coote & Anthony Shelton. eds. *Anthropology, Art, and Aesthetics*. Oxford:Clarendon Press. pp. 15–39

Fortes, Meyer and Evans-Pritchard, E. E. eds. 1940. *African Political Systems*. Clarendon:Oxford University Press

Fortes, Meyer. 1945. *The Dynamics of Clanship among the Tallensi*. Oxford:Oxford University Press

Fortes, Meyer. 1955. The Structure of Unilinear Descent Groups. *American Anthropologist*. 55 (1): 17–51

Fortes, Meyer. 1959. *Odedipus and Job in West African Religion*. Cambridge:Cambridge University Press

Fortes, Meyer. 1970. *Time and Social Structure and Other Essays*. London:Athlone Press

Carrithers, Michael, Collins, Steven and Lukes, Steven. eds. 1985. *The Category of the Person:Anthropology, Philosophy, History*. Cambridge:Cambridge University Press

Foucault, Michel. 1988. *Politics, Philosophy, Culture*. London:Rouledge

Fournier, Marcel. 2006. *Marcel Mauss:A Biography*. Princeton:Princeton University Press

Fox, Robin. 1967. *Kinship and Mariage*. Harmondsworth:Penguin

Frank, A. G. 1978. *World Accummulation*, 1492–1789. New York:Academic Press

Freedman, Maurice. 1958. *Lineage Organization in Southeast China*. London:Athlone Press

Freedman, Maurice. 1963. A Chinese Phase in Social Anthropology. in *British Journal of Sociology*. 14 (1): 1–19

Freedman, Maurice. 1974. The Politics of an Old State:A View from the Chinese Lineage. in G. Skinner ed. *The Study of Chinese Society:Essays by Maurice Freedman*. Stanford, California:Stanford University Press. pp. 334–350

Freedman, Maurice. 1974. On the Sociological Study of Chinese Religion. in Arthur Wolf. ed. *Religion and Ritual in Chinese Society*. Stanford, California:Stanford University Press. pp. 19–41

Freedman, Maurice. 1975. Marcel Granet, 1884–1940, Sociologist. in Marcel Granet. *The Religion of the Chinese People*. trans. Maurice Freedman.

Oxford:Blackwell. pp. 1–29

Freedman, Maurice. 1979. *The Study of Chinese Society:Essays by Maurice Freedman*. selected and introduced by G. William Skinner. Stanford:Stanford University Press

Freedman, Maurice. 1979 [1962] . Sociology in China:A Brief Overview. in *The Study of Chinese Society*. selected and introduced by G. William Skinner. Stanford:Stanford University Press

Freedman, Maurice. 1979 [1974] . On the Sociological Study of Chinese Religion. in *The Study of Chinese Society*. selected and introduced by G. William Skinner. Stanford:Stanford University Press. pp. 351–283

Freeman, Derek. 1999. *The Fateful Hoaxing of Margaret Mead:A Historical Analysis of Her Samoan Research*. Boulder:Westwiew Press

Geertz, Clifford. 1963. *Peddlers and Princes*. Chicago:Chicago University Press

Geertz, Clifford. ed. 1968. *Old Societies and New States*. New York:The Free Press

Geertz, Clifford. 1973. Thick Description:Toward an Interpretative Theory of Culture. in his *The Interpretation of Cultures*. New York:Basic Books

Geertz, Clifford. 1973. *The Interpretation of Cultures*. New York:Basic Books

Geertz, Clifford. 1980. *Negara:The Theatre State in 19th Century Bali*. Princeton:Princeton University Press

Geertz, Clifford. 1983. *Local Knowledge*. New York:Basic Books

Gell, Alfred. 1992. The Technology of Enchantment and the Enchantment of Technology. in Jeremy Coote and Anthony Shelton. eds. *Anthropology, Art and Aesthetics*. Oxford:Clarendon Press

Gell, Alfred. 1998. *Art and Agency:An Anthropological Theory*. Oxford:Clarendon Press

Gellner, Ernest. 1983. *Culture, Identity and Politics*. Cambridge:Cambridge University Press

Gellner, Ernest. 1983. *Nations and Nationalism*. Ithaca:Cornell University Press

Gernet, Jacques. 1972. *A History Of Chinese Civilization*. Cambridge:Cambridge University Press

Giddens, Anthony. 1985. *The Nation-State and Violence*. Cambridge:Polity

Giddens, Anthony. 1990. *Modernity and Self-Identity*. Cambridge:Polity

Gingerich, Andre and Muckler, Hermann. 1997. An Encounter with Recent Trends in German-Speaking anthropology. *Social Anthropology*. 15 (1): 83–90

Gluckman, Max. 1956. *Customs and Conflict in Africa*. Manchester:Manchester University Press

Gluckman, Max. 1961. *Order and Rebellion in Tribal Africa*. London:Routledge

Gluckman, Max. ed. 1964. *Closed Systems and Open Minds:The Limits of Naivety in Social Anthropology*. Chicago:Aldine

Gluckman, Max. 1965. *Politics, Law and Ritual in Tribal Society.* Oxford:Basil Blackwell

Godelier, Maurice. 1977. *Perspectives in Marxist Anthropology*. Cambridge:Cambridge University Press

Godelier, Maurice. 1986. *The Making of Great Men:Male Domination and Power among the New Guinea Baruya*. Cambridge:Cambridge University Press

Good, Anthony. 1996. Kinship. in Alan Bernard & Jonathan Parry. eds. *Encyclopedia of Social and Cultural Anthropology*. London:Routledge

Goody, Jack. 1968. ed. *Literacy in Traditional Societies*. London:Cambridge University Press

Goody, Jack. 1976. *Production and Reproduction:A Comparative Study of Domestic Domain*. Cambridge:Cambridge University Press

Goody, Jack. 1996. Comparing Family Systems in Europe and Asia:Are there difference Sets of Rules?. *Population and Development Review*. 22 (1): 312

Goody, Jack. 1996. *The East in the West*. Cambridge:Cambridge University Press

Goody, Jack. 1995. *The Expansive Momen:Anthropology in Britain and Africa*, 1918–1970. Cambridge:Cambridge University Press

Goody, Jack. 2006. *The Theft of History*. Cambridge:Cambridge University Press

Graff, Harvey J. 1979. *The Literacy Myth, Literacy and Social Structure the Nineteenth Century City.* New York:Academic Press

Granet, Marcel. 1930. *Chinese Civilization*. trans. Kathleen Innes and Mabel Brailsford. London:Kegan Paul, Trench and Co. LTD.

Granet, Marcel. 1932. *Festivals and Songs of Ancient China*. trans. E. D. Edwards. London:George Routledge

Granet, Marcel. *The Religion of the Chinese People*. trans. Maurice Freedman. Oxford:Blackwell

Guldin ed. 1997. *Urbanizing China*. Westport:Greenwood Press

Harrell, Steven. ed. 1994. *Cultural Encounters in China's Ethnic Frontier.* University of Washington Press

Harrell, Steven. 1995. Introduction:Civilizing Projects and the Reaction to them. in *Cultural Encounters on China's Ethnic Frontiers*. Seattle:Washington University Press

Held, Steven and Basso, Keith. eds. 1996. *Senses of Place*. Santa Fe:School of American Research Press

Hevia, James. 1995. *Cherishing Men from Afar:Qing Guest Ritual and the Macarthy Embassy*. Durham and London:Duke University Press

Hill Gates. 1996. *China's Motor:A Thousand Years of Petty Capitalism.* Ithaca and London:Cornell University Press

Horton, Robin. 1967. African Traditional Thought and the Scientific Revolution. in B. R. Wilson. ed. *Rationality*. Oxford:Blackwell Publications

Hsu, Francis L. K. 1948. *Under the Ancestors'Shadow:Chinese Culture and Personality*. London:Routledge and Kegan Paul

Hsu, Francis. 1944. Sociological Research in China. *Quarterly Bulletin of Chinese Bibliography*. New (2d) Series 3. Nos. 1–4: 12–26

Huang, Shu-min. 1989. *The Spiral Road:Change and Development in a Chinese Village Through the Eyes of a Village Leader.* Boulder:Westview Press

Hymes, Dell. ed. 1969. *Reinventing Anthropology*. New York:Pantheon Books

Ingold, Tim. 1986. *The Appropriation of Nature*. Manchester:Manchester University Press

Ingold, Tim. 2000. *The Perception of the Environment:Essays on Livelihood, Dwelling and Skill.* London:Routledge

Jing Jun. 1999. Villages dammed, Villages Repossessed:A Memorial movement in Northwestern China. *American Ethnologist*. 26 (2): 324–343

Jordan, David. 1972. *Gods,Ghosts,and Ancestors:Folk Religion in a Taiwanese Village.* Berkeley and Los Angeles:University of California Press

Jordan, David and Overmyer, Daniel. 1986. *The Flying Phoenix:aspects of Chinese sectarianism in Taiwan.* Princeton, N. J. :Princeton University Press

Kelly, Michae. ed. 1995. *Critique and Power:Recasting the Foucault/Habermas Debate.* Cambridge and Mass. :The MIT Press

Kluckhohn, Clyde. 1961. *Anthropology and the Classics.* Providence:Brown University Press

Kopytoff, Igor. 1986. The Cultural Biography of Things:Commodification as Process. in Arjun Appadurai. ed. *The Social Life of Things*. Cambridge:Cambridge University Press. pp. 64–95

Krauss, Richard. 1991. *Brushes with Power:Modern Politics and the Chinese Art of Calligraphy*. Berkeley:University of California Press

Kroeber, Alfred. 1939. *Cultural and Natural Areas of Native North America.* Berkeley:University of California Press

Küchler, Susanne. 2002. The Anthropology of Art:Introduction. in Victor Buchli. ed. *The Material Culture Reader*. New York:Berg. pp. 57–62

Kuhn, Thomas. 1977. *The Essential Tension:Selected Studies in Scientific Tradition and Change.* Chicago, London: University of Chicago Press

Kuklick, Henrika. 1991. *The Savage Within:The Social History of British Anthropology, 1885–1945.* Cambridge:Cambridge University Press

Kuper, Adam. 1988. *The Invention of Primitive Society:Transformation of an Illusion.* London:Routledge

Kuper, Adam. 1999. *Culture:The Anthropologists'Account.* Cambridge. Massachusetts:Harvard University Press

Leach, Edmund. 1954. *Political Systems of Highland Burma:A Study of Kachin Social Structure*. London:Athlone Press

Leach, Edmund. 1961. *Rethinking Anthropology*. London:Athlone Press

Leach, Edmund. 1976. *Culture and Communication*. Cambridge:Cambridge University Press

Leach, Edmund. 1983. *Social Anthropology*. London and New York:Fontana

Lee, Richard and DeVore, Irven. 1968. eds. *Man the Hunter*. Chicago:Aldine

Levi-Strauss, Claude. 1969[1949]. *The Elementary Structures of Kinship*. Boston, London:Eyre and Spotiswoode

Levi-Strauss, Claude. 1963. The Place of Anthropology in the Teaching of the Social Sciences and Problems Raised in Teaching It. in his *Structural Anthropology*. Vol. 2. London:Penguin Books. pp. 346–381

Levi-Strauss, Claude. 1987. *Anthropology and Myth:Lectures*, 1951–1982. trans. by Roy Willis. Wiley:Blackwell

Lewis, Ioan. ed. 1968. *History and Social Anthropology*. London:Tavistock

Li Chi. 1977. *Anyang*. Seattle:University of Washington Press

Lienhardt, Godfrey. 1961. *Divinity and Experience:The Religion of Dinka*. Oxford:Oxford University Press

Lipzinger, Ralph. 2000. *Other Chinas*. Durham:Duke University Press

Liu, Kwang-Ching. ed. 1990. *Orthodoxy in Late Imperial China*. Berkeley and Los Angles:University of California Press

Liu Xin. 2000. *In One's Own Shadow:An Ethnographic Account of Post—Reform Rural China.* Berkeley:University of California Press

Lowie, Robert. 1937. *The History of Ethnological Theory*. New York:Rinehart

Madsen, Richard. 1984. *Morality and Power in a Chinese Village*. Berkeley:University of California Press

Malinowski, Bronislaw. 1922. *Argonauts of the Western Pacific*. New York:Dutton

Malinowski, Bronislaw. 1926. *Crime and Custom in Savage Society*. London:Kegan Paul

Malinowski, Bronislaw. 1932. *The Sexual Life of Savages*. London:Harcourt, Brace & World

Malinowski, Bronislaw. 1939. Preface. to Fei, Hsiao-Tung. *Peasant Life in China*. London:Routledge

Malinowski, Bronislaw. 1944. *A Scientific Theory of Culture*. Chapel Hill:North Carolina University Press

Malinowski, Bronislaw. 1945. *The Dynamics of Culture Change:An Inquiry into*

Race Relations in Africa. New Haven:Yale University Press

Malinowski, Bronislaw. 1948. *Magic, Science and Religion and Other Essays*. Chicago:Chicago University Press

Marcus, George and Fischer, Michael. 1986. *Anthropology as Cultural Critique:An Experimental Moment in the Human Sciences*. Chicago:University of Chicago Press

Marett, R. R. 1909. *The Threshold of Religion*. London:Methuen & Co.

Marshall, Lorna. 1967. The Kung Bushmen Bands. in Ronold Cohen, John Middleton. eds. *Comparative Political Systems*. Garden City:Natural History Press. pp. 15–43

Mauss, Marcel. 1985. A Category of the Human Mind:the Notion of Person; the Notion of Self. in Michael Carrithers, Steven Colins, Steven Lukes. eds. *The Category of the Person:Anthropology, Philosophy, History*. Cambridge:Cambridge University Press. pp. 1–25

Mauss, Marcel. 1990. *The Gift:Forms and Functions of Exchange in Archaic Societies*. London:Routledge & Kegan Paul

Mauss, Marcel. 1998. An Intellectual Self-Portrait. in Wendy James & N. J. Allen . eds. *Marcel Mauss:A Centenary Tribute*. New York and Oxford:Berghahn Books. pp. 29–42

Mauss, Marcel. 2006. *Techniques,Technology, and Civilization*. edited and introduced by Nathan Schlanger. New York and Oxford:Durkheim Press/Berghahn Books

Mauss, Marcel. 2006. Civilisations:Their Elements and Forms. In his *Techniques, Technology, and Civilisation*. edited and introduced by Nathan Schlanger. New York and Oxford:Durkheim Press/Berghahn Books. pp. 57–76

McDermott, Joseph P. ed. 1999. *State and Court Ritual in China*. Cambridge:Cambridge University Press

McGrane, Bernard. 1989. *Beyond Anthropology:Society and the Other*. New York:Columbia University Press

McKnight, Brian E. 1971. Village and Bureaucracy in Southern Sung China. Chicago:University of Chicago Press

Middleton, John and Tait, David. eds. 1958. *Tribes without Rulers*. London:Routledge & Kegan Paul

Minns, Ellis. 1948. Foreword. to Diringer David. *The Alphabet:A Key to the History of Mankind*. New York:Philosophical Library

Morris, Brian. 1987. *Anthropological Studies of Religion*. London:Routledge

Morton, H. Fried. *The Evolution of Political Society:An Essay in Political Anthropology*. New York:Random House. 1967

Mueggler, Eric. 2001. *The Age of Wild Ghosts*. Berkeley:University of California Press.

Myron, Cohen. 1993. Cultural and Political Inventions in Modern China:The case of the Chinese "Peasant" . in Tu, Wei-ming. ed. *China in Transformation*. Harvard:Harvard University Press. pp. 151–170

Naquin, Susan. 1992. The Peking Pilgrimage to Miaofeng Shan:Religious Organizations and Sacred Sites. in Susan Naquin and Chun-fang Yu. eds. *Pilgrims and Sacred Sites in China*. Berkeley:The University of California Press. pp. 333–337

Needham, Joseph. 1981. *The Shorter Science and Civilization in China*. 2. abridged by Colin Ronan. Cambridge:Cambridge University Press

Needham, Joseph. 1981. *Science in Traditional China*. Cambridge, Massachusetts:Harvard University Press, Hong Kong:The Chinese University Press

Ohnuki-Tierney, Emiko. 1987. *The Monkey as Mirror*. Princeton:Princeton University Press

Ohnuki-Tierney, Emiko. 1990. ed. *Culture through Time*. Stanford:Stanford University Press

Park, Robert, Burgess, W. Ernest and McKenzie, Roderick D. 1925. *The City*. Chicago:University of Chicago Press

Park, Robert. 1950. *Race and Culture*. Glencoe:Free Press

Pasternak, Burton. 1972. *Kinship and Community in Two Chinese Villages*. Stanford:Stanford University Press

Peter van der Veer. 1994. *Religious Nationalism:Hindu and Muslims in India*. Berkeley:University of California Press

Petrova-Averkieva, Yu. 1990. Historicism in Soviet Ethnographic Science. in

Ernest Gellner. ed. *Soviet and Western Anthropology*. London:Duckworth. pp. 19–58

Polanyi, Karl. 1944. *Great Transformation:The Political and Economic Origins of Our Time*. New York:Rinehart

Popkin,Samuel. 1979. *The Rational Peasant*. Berkeley & Los Angels:University of California Press

Potter,Sulamith and Potter, Jack. 1990. *China's Peasants:The Anthropology of a Revolution*. Cambridge:Cambridge University Press

Prasenji, Duara. 1999. Local Worlds:the Poetic and the Politics of the Native Place. in Shun-min and Hsu. Cheng-kuang. eds. *Modern China, in Imagining China:Regional Division and National Unity*. Taipei:Academia Sinica. pp. 161–200

Rabinow, Paul. 1997. Representations are Social Facts:Modernity and Post-modernity in Anthropology. in his *Essays on the Anthropology of Reason*. Princeton & New Jersey:Princeton University Press. pp. 30–58

Radcliffe-Brown, A. R. and Forde, Daryll. eds. 1950. *African Systems of Kinship and Marriage*. London:Kegan Paul International.

Radcliffe-Brown, A. R. 1952. *Structure and Function in Primitive Society*. London:Cohen and West

Radcliffe-Brown, A. R. 1977. The Comparative Method in Social Anthropology. in Adam Kuper. ed. *The Social Anthropology of Radcliffe-Brown*. London:Routledge & Kegan Paul Ltd. pp. 53–77

Radcliffe-Brown, A. R. 1977. Religion and Society. in Adam Kuper. ed. *The Social Anthropology of Radcliffe-Brown*. London:Routledge & Kegan Paul Ltd. pp. 107–110

Racliffe-Brown, A. R. 1977. Systems of Kinship and Marriage. in Adam Kuper. ed. *The Social Anthropology of Radcliffe-Brown*. London:Routledge & Kegan Paul Ltd. pp. 189–286

Rappaport, Roy. 1967 Ritual Regulation of Environmental Relations among a New Guinea people. Ethnology. 6 (1): 17–30

Roheim, Ceza. 1950. *Psychoanalysis and Anthropology:Culture, Personality, and the Unconscious*. New York:International Universities Press

Rostow, Walt. 1957. *The Stages of Economic Growth:A Non-Communist Manifesto*. Cambridge:Cambridge University Press

Runnel, Pille. ed. 2001. Rethinking Ethnology and Folkloristics. *Vanavaravedaja*. No. 6. artu:Taru Nefa Ruhm

Sahlins, Marshall. 1961. The Segmentary Lineage:An Organization of Predatory Expansion. *American Anthropologist*. 63(3): 332–345

Sahlins, Marshall. 1972. *Stone Age Economics*. Chicago:Aldine

Sahlins, Marshall. 1976. *Culture and Practical Reason*. Chicago:Chicago Ann Arbor: University Press

Sahlins, Marshall. 1981. *Historical Metaphors and Mythical Realities:Structure of the Early History of the Sandwich Islands Kingdom*. Ann Arbor: University of Michigan Press

Sahlins, Marshall. 1985. *Islands of History*. Chicago:University of Chicago Press

Sahlins, Marshall. 1988. Cosmologies of Capitalism:The trans-pacific sector of the "world system" . *Proceedings of the British Academy LXXIV*. pp. 1–51

Sahlins, Marshall. 1995. *How "Natives" Think, about Captain Cook, for Example*. Chicago:University of Chicago Press

Sahlins, Marshall. 1996. The Sadness of Sweetness:the native anthropology of Western cosmology. *Current Anthropology*. 37 (3): 395–428.

Sahlins, Marshall. 2000. *Culture in Practice*. New York:Zone Books.

Said, Edward. 1978. Orientalism. New York and London:Penguin

Sangren, P. Steven. 1987. *History and Magical Power in a Chinese Community*. Stanford:Stanford University

Sangren, P. Steven. 2000. *Chinese Sociologics:An Anthropological Account of the Role of Alienation in Social Reproduction*. London:Athlone

Schein, Louisa. 1999. *Minority Rules*. Durham:Duke University Press

Schneider, David. 1968. *American Kinship:A Cultural Account. Englewood Cliffs*. N. J. :Prentice-Hall

Schlanger, Nathan. 1998. The Study of Techniques as an Ideological Challenge:Techonology, Nation, and Humanity in the Work of Marcel Mauss. in Wendy James and N. J. Allen. eds. *Marcel Mauss:A Centenary Tribute*. New York and Oxford:Berghahn Books. pp. 192–212

Scott, James. 1985. *Weapons of the Weak:Everydays of Peasant Resistance*. New Haven & London:Yale University Press

Shils, Edward. 1961. *The Intellectual between Tradition and Modernity:The Indian Situation*. The Hague:Mouton

Shirokogoroff , S. M. 1934. *Ethnos*. Beijing:Qinghua University

Shirokogoroff, S. M. 1935. *Psychomental Complex of the Tungus*. London:Kegan Paul, Trench, Trubner

Shirokogoroff, Sergei. 1942. Ethnographic investigation of China. *Asian Ethnology* (Asian Folkore). 1

Shue, Vivienne. 1988. *The Reach of the State:Stretches of the Chinese Body Politics*. Stanford:Stanford University Press

Siu, Helen. 1989. *Agents and Victims in South China:Accomplices in Rural Revolution*. New Haven:Yale University Press

Skinner, G. William. 1964–1965. Marketing and Social Structure in Rural China. in *Journal of Asian Studies*

Skinner, G. William. 1978. Cities and the Hierarchy of Local Systems. in Arthur Wolf . ed. *Studies in Chinese Society*. Stanford:Stanford University Press. pp. 1–79.

Skinner, G. William. 1985. Presidential Address:the structure of Chinese history. in *Journal of Asian Studies*. 1042: 271–292

Skinner, G. William. 1979. *The Study of Chinese Society:Essays by Maurice Freedman*. Stanford:Stanford University Press

Smith, Arthur. 2003[1899]. *Village Life in China:A Study in Sooiology*. London:Kegan Paul International

Spencer, Jonathan. 1996. Symbolic Anthropology. in Alan Barnard and Jonathan Spencer. eds. *Encyclopedia of Social and Cultural Anthropology*. London and New York:Routledge. pp. 535–539

Spindler, G. D. 1987. *Education and Cultural Process*. Prospect Heights:Waveland Press

Skinner, G. William. 1977. Cities and the Hierarchy of Local Systems. in his *The City in Late Imperial China*. Stanford, California:Stanford University Press. pp. 275–353

Stocking, George. 1968. Race Culture and Evolution:Essays in the History of Anthropology. New York:Free Press

Stocking, George. 1987. *Victorian Anthropology*. New York:The Free Press

Stocking, George. ed. 1991. *Colonial Situations:Essays on the Contextualization of Ethnographic Knowledge*. Madison:The University of Wisconsin Press

Strathern, Marilyn. 1988. *The Gender of Gift*. Berkeley:University of California Press

Street, Brian. ed. 1993. *Cross-Cultural Approaches to Literacy*. Cambridge:Cambridge University Press

Tambiah, Stanley. 1976. *World Conqueror and World Renouncer:A Study of Buddhism and Polity in Thailand against a Historical Background, Cambridge Studies in Social and Cultural Anthropology*. Cambridge:Cambridge University Press

Taussig, Michael. 1980. *The Devil and Commodity Fetishism in South America*. Chapel Hill:University of North Carolina Press

Tishkiv, Velery. 1998. U. S. and Russian anthropology:Unequal dialogue in a time of transition. *Current Anthropology*. 39 (1): 1–18

Todorov, Tzvetan. 1984. *The Conquest of America*. New York:Harper & Row

Tonkin, Elizabeth. 1992. *Narrating Our Pasts*. Cambridge:Cambridge University Press

Trautmann, Thomas. 1987. *Lewis Henry Morgan and the Invention of Kinship*. Berkeley:University of California Press

Trescott, Paul. 1992. Institutional Economics in China:Yenching. 1917–1941. *Journal of Economic Issues*. xxvi (4): 1221–1255

Turner, Victor. 1967. *The Forest of Symbols*. Ithaca and London:Cornell University Press

Turner, Victor. 1957. *Schism and Continuity in an African Society:A Study of Ndembu Village Life*. Manchester:Manchester University Press

Turner, Victor. 1974. Pilgrimage as Social Process. in his *Dramas, Fields, and Metaphor*. Ithaca:Cornell University Press

Turner,Victor and Edith. 1978. *Image and Pilgrimage in Christian Culture*. New York:Oxford University Press

Turner, Victor. 1982. *From Ritual to Theatre*. New York:Performing Arts Journal Publications

Varadarajan, Lotika and Chevalier, Denis. eds. 2003. *Tradition and Transmission:Current Trends in French Ethnology, the Relevance for India*. New Dehli:Aryan Books International

Vincent, Joan. 1990. *Anthropology and Politics:Visions, Traditions and Trends*. Tucson:University of Arizona Press

Wallerstein, Immanuel. 1974. *The Modern World-System:Capitalist Agriculture and the Origins of the European World-Economy in the Sixteenth Century*. New York:Academic Press

Wallerstein, Immanuel. 1979. *The Capitalist World-Economy*. Cambridge:Cambridge University Press

Wallerstein, Immanuel. 1997. Social Science and the Quest for a Just Society. *American Journal of Sociology*. 102 (5): 1241–1257

Wang Fan-sen, FuSsu-nien. 2006. *A Life in History and Politics*. Cambridge:Cambridge University Press

Wang Ming-Ming. 1994. Quanzhou:the Chinese City as Cosmogram. *Cosmos*. (2)

Wang Ming-ming. 1995. Place, administration, and territorial cults in *late imperial China*:A case study from South Fujian. in *Late Imperial China*. 16 (4): 33–78.

Wang Mingming. 2001. Le renversement du ciel. in *Tranculturael Dialogue*(2). Alliage.

Ward, Barbara. 1965. Varieties of the Conscious Model. in Michael Banton. ed. *The Relevance of Models for Social Anthropology*. London:Tavistock Publications. pp. 112–138

Watson, James. 1993. Rites or Beliefs? The Construction of a Unified Culture in Late Imperial China. in Lowell Dittmer & Samuel S. Kim. eds. *China-s Quest for National Identity*. Ithaca and London:Cornell University Press

Weber, Max. 1951. T*he Religion of China*. trans. by Hans Gerth. New York:Free Press

Weiner, Annette. 1991. Inalianable possessions. in his *Inalianable Possessions:The Paradox of Keeping-While-Giving*. Berkeley:University of California Press. pp. 1–22

Wissler, Clark. 1975[1912–1916]. ed. *Societies of the Plains Indians*. New York:AMS Press

Wolf, Arthur. ed. 1974. *Religion and Ritual in Chinese Society*. Stanford:Stanford University Press

Wolf, Arthur. 1974. Gods, Ghosts, and Ancestors. in his *Religion and Ritual in Chinese Society*. Stanford:Stanford University Press. pp. 131–182

Wolf, Eric. 1982. *Europe and the People without History*. Berkeley:California University Press

Worsley, Peter. 1957. *The Trumpet Shall Sound:A Study of "Cargo" Cults in Melanesia*. London:MacGibbon & Kee

Wright, Arthur. 1979. Chinese civilization. in Harold D. Lasswell, Daniel Lettler, Hans Speier. eds. *Propaganda and Communications in World History, The Symbolic Instrument in Early Times*. Honolulu:University Press of Hawaii

Yang Liensheng. 1957. The Concept of Pao as a Basis for Social Relations in China. in John King Fairbank. ed. *Chinese Thought and Institutions*. Chicago:University of Chicago Press. pp. 253–256

Zito, Angela. 1997. *Of Body and Brush:Grand Sacrifice as Text/Performance in Eighteenth-Century China*. Chicago and London:The University of Chicago Press

索　引

A

B

C

D

E

F

G

H

J

K

L

M

N

P

Q

R

S

T

W

X

Y

Z

出版后记

如果说王铭铭教授于2003年所著《人类学是什么》是一本入门的手边书，《人类学讲义稿》则是一本深入的人类学著作、专为人类学以及相关专业的学生和读者而写就的优秀教材。

王铭铭教授依然秉持着他在编写《人类学是什么》一书时的初衷。他曾引用英国人类学家利奇（Edmund Leach）批评一些人类学教材时所说的话：他们以昆虫学家采集蝴蝶标本的方式来讲述“人”这个复杂的“故事”。并进一步解释了利奇的话：要让人理解人类学，不能简单地罗列概念和事例，而应想办法让学生和爱好者感知学科的内在力量。

本书自始至终都贯穿着这样的理念，没有连篇累牍的对著作和理论的概要介绍。王铭铭教授以其多年研究所得为读者勾勒了西式人类学的诸种类型，细述其局限，并深入思考其出路。更重要的是，其中处处渗透着对中国人类学研究的深切关怀。书中二分之一的篇章将立足点放在如何“反思地继承”前人的研究以及中国人类学的发展方向上。中国人类学的出路何在，该抱着怎样的情怀在这个尚处于“建设”中的学科中前行，是人类学者亟需解决的问题。本书将为中国青年一代人类学者提供一个可资借鉴的指南，以承担起复兴人类学的使命。

服务热线：133-6631-2326　　188-1142-1266

读者信箱：reader@hinabook.com

后浪出版公司

2019年1月

图书在版编目（CIP）数据

人类学讲义稿 / 王铭铭著. -- 北京：民主与建设出版社, 2018.8

ISBN 978-7-5139-2158-9

Ⅰ. ①人… Ⅱ. ①王… Ⅲ. ①人类学—研究 Ⅳ. ①Q98

中国版本图书馆CIP数据核字(2018)第105312号

人类学讲义稿
RENLEIXUE JIANGYIGAO

出 版 人　李声笑
著　　者　王铭铭
筹划出版　银杏树下
出版统筹　吴兴元
责任编辑　袁　蕊　王　越
特约编辑　马春华　汪　慧
封面设计　墨白空间 · 张莹
出版发行　民主与建设出版社有限责任公司
电　　话　（010）59417747　59419778
社　　址　北京市海淀区西三环中路 10 号望海楼 E 座 7 层
邮　　编　100142
印　　刷　北京画中画印刷有限公司
版　　次　2019 年 1 月第 1 版
印　　次　2019 年 1 月第 1 次印刷
开　　本　720 毫米 × 1030 毫米　1/16
印　　张　53.5
字　　数　929 千字
书　　号　ISBN 978-7-5139-2158-9
定　　价　110.00 元